AF731149

Nr. 52 1959
S. 16527–16886 30. Dezember

Chemisches Zentralblatt

Vollständiges Repertorium für alle Zweige der reinen und angewandten Chemie

1830 gegründet. 1897—1945 von der Deutschen Chemischen Gesellschaft fortgeführt. Im Auftrage der Deutschen Akademie der Wissenschaften zu Berlin, der Chemischen Gesellschaft in der DDR, der Akademie der Wissenschaften zu Göttingen und der Gesellschaft Deutscher Chemiker (in der BRD)

herausgegeben von Prof. Dr. Heinrich Bertsch und Prof. Dr. Dr. h. c. Wilhelm Klemm

130. Jahrgang

1959

Chefredakteure: Dr. Eugen Klever und Dr. Heinz Walter

Akademie-Verlag GmbH., Berlin — Verlag Chemie, GmbH., Weinheim/Bergstr.

Inhalt

Postverlagsort: Berlin

Heft Nr.	Seitenzahl	Ausgabedatum
48	15239—15558	2. Dezember 1959
49	15559—15886	9. Dezember 1959
50	15887—16210	16. Dezember 1959
51	16211—16526	23. Dezember 1959
52	16527—16886	30. Dezember 1959

Herausgeber: Prof. Dr. Heinrich Bertsch, Berlin, u. Prof. Dr. Dr. h. c. Wilhelm Klemm, Münster. Chefredakteure und verantwortlich für den Inhalt: Dr. Eugen Klever, Berlin SW 61, Dessauer Str. 28-31, Fernsprecher: 66 54 21, u. Dr. Heinz Walter, Berlin N 4, Schiffbauerdamm 19, Fernsprecher: 42 55 71.

©

Verlag: Akademie-Verlag GmbH, Berlin W 1, Leipziger Str. 3-4 (Fernsprecher: 22 04 41, Postscheckkonto Berlin 350 21), und Verlag Chemie, GmbH, Weinheim/Bergstr. (Fernsprecher: Weinheim 36 35 [Sammelnummer]; Fernschreiber: 04 655 16 chemieverl wnh; Postscheckkonten: Frankfurt/M. 1453 14 u. Berlin [West] 74 30). Bestellnummer: 1007/130. Das Chemische Zentralblatt erscheint wöchentlich. Preis des Jahrganges einschl. Autoren-, Patent-, Sach- u. Formelregister: DM 960,—; einseitig bedruckte Ausgabe: DM 1050,—. Abgabe der Zeitschrift nur mit sämtlichen Registern. Abbestellungen nur bis spätestens 6 Wochen vor Ablauf des Kalenderjahres.

Alle Rechte, auch die der Übersetzung sowie der photomechanischen Wiedergabe, sind vorbehalten. — All rights reserved (including those of translations into foreign languages). No part of this issue may be reproduced in any form, by photoprint, microfilm or any other means, without written permission from the publishers.

Die Wiedergabe von Gebrauchsnamen, Handelsnamen, Warenbezeichnungen usw. in diesen Heften berechtigt auch ohne besondere Kennzeichnung nicht zu der Annahme, daß solche Namen im Sinne der Warenzeichen- und Markenschutz-Gesetzgebung als frei zu betrachten wären und daher von jedermann benutzt werden dürften.

Satz und Druck: VEB Leipziger Druckhaus, Leipzig, III/18/203. 12/59.
Veröffentlicht unter der Lizenznummer ZLN 5002 des Ministeriums für Kultur, Hauptverwaltung Verlagswesen.
Printed in Germany.

CHEMISCHES ZENTRALBLATT

VOLLSTÄNDIGES REPERTORIUM FÜR ALLE ZWEIGE DER REINEN UND ANGEWANDTEN CHEMIE

1830 gegründet
1897—1945 von der Deutschen Chemischen Gesellschaft fortgeführt

Im Auftrage der Deutschen Akademie der Wissenschaften zu Berlin,
der Chemischen Gesellschaft in der DDR,
der Akademie der Wissenschaften zu Göttingen
und der Gesellschaft Deutscher Chemiker (in der BRD)
herausgegeben von

Prof. Dr. **Heinrich Bertsch** und Prof. Dr. Dr. h. c. **Wilhelm Klemm**

130. JAHRGANG

1959

SEITE 15239—16886

Chefredakteure: Dr. Eugen Klever und Dr. Heinz Walter

1959

AKADEMIE-VERLAG GMBH · BERLIN
VERLAG CHEMIE · GMBH · WEINHEIM/BERGSTR.

Patentregister

Als ein vortreffliches Hilfsmittel

- **für den Benutzer des „Chemischen Zentralblatts“**
  zum rascheren Auffinden spezieller Referate
- **für alle Dokumentationsstellen**
  auf chemischem und verwandtem Gebiet
- **für jeden Chemiker**
  als Anleitung zur Anlage und Ordnung seiner eigenen Literatur-Kartei

erschien:

CHEMISCHES ZENTRALBLATT

DAS SYSTEM

(Stand vom 1. April 1958)

95 Seiten · gr.-8° · DM 12,—

Dieses System-Buch bietet eine praktisch zu handhabende Übersicht über die Feingliederung der Zentralblattreferate, entsprechend den Systemnummern, die am Schluß jeden Referats (hinter dem Namen des Referenten) angefügt sind.
Das System wurde von den Zentralblatt-Redakteuren — unterstützt von namhaften Fachleuten — in jahrzehntelanger Arbeit entwickelt und erprobt. Anhand der Systemnummern können Referate der jeweiligen Spezialgebiete rasch nachgeschlagen und zusammengestellt werden.

Die Hauptgliederung des Systems

entspricht der bekannten Kapiteleinteilung des Zentralblatts:

A	Allgemeine, physikalische und anorganische Chemie	E	Biologische Chemie, Physiologie, Medizin
B	Allgemeine und theoretische organische Chemie	F	Pharmazeutische Chemie, Desinfektion
C	Präparative organische Chemie	G	Analyse, Laboratorium
D	Makromolekulare Chemie	H	Angewandte Chemie

Der 39 Seiten starke Registerteil

bringt zu rund 1950 Stichworten die entsprechenden Systemnummern.

Das mit Hilfe des „Systems“ bequeme und rasche Nachschlagenkönnen spezieller Referate ist besonders von Vorteil, solange das Sachregister zum „Chemischen Zentralblatt“ noch aussteht, dessen Fertigstellung bei der zunehmenden Stoffülle immer schwieriger und zeitraubender wird.

Bestellungen durch eine Buchhandlung erbeten

AKADEMIE-VERLAG
BERLIN

VERLAG CHEMIE
WEINHEIM/BERGSTR.

Justus von Liebig *Richard Willstätter*
Friedrich Wöhler *Hans Fischer*
Adolf von Baeyer *Adolf Windaus*
Alfred Werner *Heinrich Wieland*

und viele andere Chemiker haben grundlegende Arbeiten in

Justus Liebigs Annalen der Chemie

veröffentlicht. Ihre Bibliothek ist nicht vollständig, wenn Sie nicht neben den „Chemischen Berichten" und der „Angewandten Chemie" auch „Liebigs Annalen" laufend beziehen.

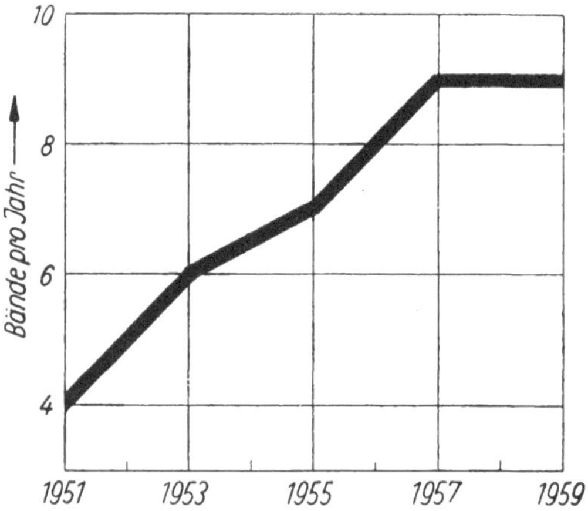

Entwicklung von Liebigs Annalen seit 1951

Justus Liebigs Annalen erscheinen zwanglos in Bänden, Bezugspreis pro Band DM 18.–

VERLAG CHEMIE · GMBH · WEINHEIM/BERGSTR.

- **Seit Anfang 1959**
- **erscheint**
- **die Zeitschrift**

Monatsberichte

der Deutschen Akademie der Wissenschaften zu Berlin

Herausgegeben im Auftrage der Deutschen Akademie der Wissenschaften zu Berlin von Prof. Dr. Günther Rienäcker

Monatlich ein Heft mit einem Umfang von 64 Seiten im Format 16,7 × 24 cm Bezugspreis je Heft DM 4,—

Durch die Angliederung naturwissenschaftlicher, technischer und medizinischer Institute seit 1946 und durch die wesentliche Erweiterung der bereits vorher bestehenden gesellschaftswissenschaftlichen Einrichtungen ist der Forschungsbereich der Deutschen Akademie der Wissenschaften zu Berlin außerordentlich groß geworden. Bisher gab es kein Organ, das zusammenfassend das vielfältige wissenschaftliche Leben der Deutschen Akademie der Wissenschaften zu Berlin reflektierte und eine Überschau ermöglichte.

Die neue Zeitschrift hat sich daher die Aufgabe gestellt, durch die Veröffentlichung von kurzen Originalarbeiten und von Kurzberichten über neue Forschungsergebnisse, wissenschaftliche Vorträge und Verhandlungen im Plenum, in den Klassen und in den Sektionen sowie in den Forschungsstätten der Deutschen Akademie der Wissenschaften zu Berlin einen möglichst lebendigen Querschnitt der wissenschaftlichen Arbeit auf allen von der Deutschen Akademie der Wissenschaften zu Berlin geförderten Fachgebieten zu geben.

Die Monatsberichte wenden sich an alle wissenschaftlich tätigen und interessierten Leser, denen es darum zu tun ist, über die schon vorhandenen Einzelschriften der Deutschen Akademie der Wissenschaften zu Berlin und deren Jahrbuch hinaus einen Einblick nicht nur in das eigene Fachgebiet zu gewinnen, sondern ebenso in die so vielseitige und umfassende Tätigkeit der Deutschen Akademie der Wissenschaften zu Berlin im ganzen.

Bestellungen durch eine Buchhandlung erbeten

AKADEMIE-VERLAG · BERLIN

A. I. M. Keulemans

Gas-Chromatographie

Deutsche Ausgabe von „Gas Chromatography"

Übersetzt von E. CREMER Innsbruck

1959. XVI, 208 Seiten mit 103 Abbildungen und 26 Tabellen Halbleinen DM 24,—

Inhaltsübersicht

Vorwort · Einleitung · Verzeichnis der verwendeten Symbole

Die chromatographischen Methoden; Gas-Chromatographie
Allgemeines über Chromatographie · Anwendungen von chromatographischen Trennungen · Einteilung und Geschichte der chromatographischen Trennungen · Zielsetzung dieses Buches · Gas-Flüssigkeits-Chromatographie · Gas-Festkörper-Chromatographie · Vorteile und Grenzen von GLC und GSC · Definitionen und Nomenklatur

Einige analytische Anwendungen der Gas-Flüssigkeits-Chromatographie
Wesentliche Faktoren der GLC · Faktoren, die die Trennung beeinflussen Die Identifizierung von Komponenten · Quantitative Bestimmung von Komponenten · Analysenbeispiele aus der GLC; Beispiel A: Trennung von Ammoniak und Methylaminen; Beispiel B: Bestimmung von hochsiedenden Substanzen in einem flüchtigen Produkt; Beispiel C: Bestimmung des Verhältnisses verzweigter Paraffine zu normalen Paraffinen in gesättigten Kohlenwasserstoff-Fraktionen; Beispiel D: Analyse von Oxydationsprodukten von Kohlenwasserstoffen; Beispiel E: Die Kombination eines chemischen Reaktionsgefäßes mit einem Analysenapparat; Beispiel F: Analyse von Lacklösungsmitteln; Beispiel G: Analyse von Lösungsmittelmischungen, die Wasser enthalten; Beispiel H: Analyse von Gasen (z. B. Kohlenwasserstoffen); Beispiel I: Verwendung der GLC für die Strukturuntersuchung hochsiedender Erdölfraktionen

Apparaturen für die Gas-Flüssigkeits-Chromatographie
Die Hauptbestandteile der Apparatur · Vorrichtung für das Einleiten und Messen des Trägergases Die Säule und ihre Temperatur-Regulierung · Methode der Probenaufgabe · Detektoren · Integralmethoden · Differentialmethoden · Faktoren, die die Empfindlichkeit eines Katharometers beeinflussen Aufbau der Katharometer · Charakteristiken von Wärmeleitfähigkeitszellen · Neuere Detektoren

Allgemeine Theorie der chromatographischen Trennungen
Die Verteilungsisotherme · Der Begriff: Boden · Klassifikation der chromatographischen Theorien Lineare ideale Chromatographie · Nichtlineare ideale Chromatographie · Lineare, nichtideale Chromatographie · Nichtlineare, nichtideale Chromatographie · Theorien der Chromatographie Theorie der idealen Chromatographie · Theorie der nichtidealen (linearen) Chromatographie · Liste wichtiger Formeln für die lineare nichtideale Chromatographie

Die bewegte Phase in der Gas-Flüssigkeits-Chromatographie
Die Auswirkung der Kompressibilität des Trägergases · Die Permeabilität der Säule Geschwindigkeitsgradient und Wirksamkeit der Säule

Der feste Träger und die stationäre Flüssigkeit
Der feste Träger · Die Funktion des Trägers · Quantitative Betrachtungen über Teilchengröße und Dicke von Flüssigkeitsfilmen · Die stationäre Flüssigkeit · Flüssige Lösungen · Qualitative Beobachtungen an der stationären Flüssigkeit · Quantitative Bemerkungen über die stationäre Flüssigkeit

Spezielle Anwendung der GLC
Die Bestimmung von Lösungsparametern · Berechnung von γ^0 für symmetrische Eluierungskurven Berechnung von γ^0 für asymmetrische Eluierungskurven · Lösungswärmen · Säulen für schwierige Trennungen

Gas-Festkörper-Chromatographie (GSC)
Arbeitsweisen der GSC · Die Entwicklung der GSC · Frontalanalyse · Verdrängungsentwicklung Molekular-Siebe · Neuere Anwendung der Gas-Festkörper-Chromatographie · Spezielle Modifikationen der GSC · Apparative Anordnung und Durchführung der GSC

Anhang I: Auswahl der stationären Flüssigkeiten für die GLC
Anhang II: Gas-Chromatographie an Adsorptionsschichten (von E. CREMER). Die „Tailing-Reduzierer"
Anhang III: Entfernung nichtkondensierbarer Gase aus handelsüblichem Kohlendioxyd

Autorenverzeichnis · Sachregister

Prospekt vorhanden

VERLAG CHEMIE · GMBH · WEINHEIM / BERGSTRASSE

Chemisches Zentralblatt

1959 Nr. 52 30. Dezember

A. Allgemeine, physikalische und anorganische Chemie.

E. Lange, *Zur IUPAP-SUN-Definition von Stoffmenge und Mol.* Vf. diskutiert die IUPAP-SUN-Empfehlung zur Definition der Einheit Mol. krit. im Zusammenhang mit den Bemerkungen von Vf., SCHWAB u. GÜNTHER zum DIN-Entwurf 5484 „Stoffmenge" (vgl. C. **1958.** 11419) u. einer früheren Mitteilung des Vf. (vgl. C. **1957.** 4870.) (Z. physik. Chem. **210.** 284—87. Mai 1959. Erlangen, Univ., Inst. für physik. Chem.) B. REUTER. 10

H. J. Emeléus and **A. G. Sharpe**, eds., Advances in inorganic chemistry and radiochemistry. Vol. 1. New York, London: Academic P. 1959. (XI + 449 S. m. Tab. u. Diagr.) 86 s.

G. Joos, Lehrbuch der theoretischen Physik. Zehnte, bearb. Aufl. Leipzig: Akademische Verlagsgesellschaft Geest & Portig K.-G. 1959. (XXIII + 842 S. mit 212 Abb.) 8°. DM 38.—.

Harry Hall Sisler, a. o., General chemistry: a systematic approach. 2nd ed. New York, London: Macmillan. 1959. (XI + 851 S. m. Abb., Tab. u. Diagr.) 55 s 6d.

A_1. Kernphysik und Kernchemie.

G. Raisski, *Bemerkungen zur Theorie bilokaler Felder.* (Журнал Экспериментальной и Теоретической Физики [J. exp. theoret. Physik] **31.** 705—06. Okt. 1956. Toruń, Kopernikus-Univ., Inst. für theor. Phys.) G. KIRSCHSTEIN. 80

Tamás Sándor, Antal Somogyi und **Ferenc Telbisz**, *Registrierung der Intensität der Höhenstrahlung in einer Tiefe von 7,9 m.* Beschreibung der App. (2 ident. Teleskope) u. der Kontrolle der Messungen. (Magyar Fizikai Folyóirat [Ung. Z. Physik] **6.** 295—305. 1958. Központi Fiz. Kutató Intézet, Kozmikus Sugárzási Osztály.) G. HALMI. 85

T. E. Cranshaw, J. F. De Beer, W. Galbraith, A. M. Hillas, S. Norris und **N. A. Porter**, *Beobachtungen über ausgedehnte Luftschauer.* 6. Mitt. *Verhältnis der weichen zur durchdringenden Komponente und ihre Schwächung in der Atmosphäre.* (5. vgl. C. **1959.** 6353.) Für Schauer von ca. $5 \cdot 10^6$ Teilchen auf Seehöhe wurde mittels einer Anordnung aus 91 GEIGER-Zählern u. einigen Detektoren der durchdringenden Strahlung das Verhältnis der μ-Mesonen zu den Elektronen zu 0,085, die Schwächungsweglänge der Elektronen zu 180 g/cm², nahezu unabhängig von der Schauergröße, u. die der μ-Mesonen zu näherungsweise 1400 g/cm² bestimmt. (Philos. Mag. [8] **3.** 811—25. Aug. 1958. Harwell, A.E.R.E.) M. WIEDEMANN. 85

N. A. Porter, T. E. Cranshaw, J. F. De Beer, A. G. Parham und **A. C. Sherwood**, *Beobachtungen über ausgedehnte Luftschauer.* 7. Mitt. *Die seitliche Energieverteilung in der Elektron-Photon-Komponente.* (6. vgl. vorst. Ref.) Durch Absorption in einem ČERENKOV-Zähler wurde die Energieverteilung in der Elektron-Photon-Komponente in Abständen von 60—500 m von der Achse der Schauer mit $5 \cdot 10^6$ Teilchen bestimmt. Die mittlere Elektronenenergie liegt nahe dem krit. Wert von 84 MeV. Die untere Grenze der Energie in der weichen Komponente liegt bei $6 \cdot 10^{14}$ eV. (Philos. Mag. [8] **3.** 826—30. Aug. 1958.) M. WIEDEMANN. 85

H. Überall und **L. Wolfenstein**, *Einfang von μ-Mesonen in Deuterium.* Für den μ-Meson-Einfang in ^2H werden in Abhängigkeit von der Neutronenenergie die Neutronenpolarisation, die Neutronenasymmetrie, bezogen auf die Richtung des μ-Spins, u. das Neutronenspektr. berechnet. Die Einfangrate u. ihre Abhängigkeit vom Hyperfeinzustand des Mesoatoms werden ermittelt. Die Rolle der Anteile von FERMI- u. GAMOW-TELLER-Kopplung u. einer pseudoskalaren Kopplung wird diskutiert. (Nuovo Cimento [10] **10.** 136—49. 1/10. 1958. Genève, CERN.) M. WIEDEMANN. 90

J. M. Cassels, T. W. O'Keeffe, M. Rigby und **J. R. Wormald**, *Energieabhängigkeit der räumlichen Asymmetrie beim Zerfall polarisierter μ-Mesonen.* Das longitudinal polarisierte μ-Bündel des Cyclotrons mit 110 MeV wurde in einem Polyäthylenabsorber abgebremst. Die Zerfallspositronen wurden mit NaJ-Kristallen in Koinzidenz-Antikoinzidenzmessung nachgewiesen. Die räumliche Verteilung gehorchte $1 + a\cos(\omega t)$, der Asymmetriekoeff. a betrug für die energiearmen Positronen —0,197, für die energiereichen —0,539. Die Tatsache, daß die energiereichen Positronen asymmetrischer sind,

steht im Einklang mit der Zweikomponententheorie des Neutrinos. (Proc. physic. Soc. **72.** 781—85. 1/11. 1958. Liverpool, Univ., Nucl. Phys. Res. Labor.)
M. Wiedemann. 90

W. Zellner, *Dispersionsbeziehungen für die π-Meson-Erzeugung.* Die Dispersionsbeziehungen für Prozesse $\pi + N \rightarrow \pi' + \pi'' + N'$ werden abgeleitet u. entsprechend den 12 Eigenwerten des Spins u. des Isotopenspins 1/2 erhalten. Die Übergänge vom Zustand mit dem Isotopenspin 3/2 in die beiden möglichen Zustände mit dem Isotopenspin 3/2, bei denen der Isotopenspin des Syst. der beiden Pionen 2 oder 1 ist, werden bes. behandelt. (Доклады Академии Наук СССР [Ber. Akad. Wiss. UdSSR] **123.** 838—40. 11/12. 1958. Verein. Kernforsch.-Inst.)
M. Wiedemann. 90

P. Palit und **E. H. Bellamy,** *Die Photoerzeugung von π^0-Mesonen in Helium.* In He von 2—5 at wurde die elast. Photoerzeugung von π^0 mit Photonenenergien von 220—320 MeV unter Winkeln (Schwerpunktssyst.) von 70, 90, 115 u. 135° untersucht. Zwischen ^{4}He- u. den ebenfalls erzeugten ^{3}He-Rückstoßteilchen wurde unterschieden. Verwendet wurden zwei Ionisationskammern mit Gitter in Koinzidenz. Der Wirkungsquerschnitt wurde aus dem Nachw. der Rückstoß-He bestimmt. Die Werte $d\sigma/d\Omega$ lagen zwischen 3 u. 24 µbarn/Raumwinkel. Sie stehen qualitativ in Übereinstimmung mit der Impulsapproximation. (Proc. physic. Soc. **72.** 880—86. 1/11. 1958. Glasgow, Univ., Dep. of Natural Philos.)
M. Wiedemann. 90

W. R. Hogg und **E. H. Bellamy,** *Die Photoerzeugung geladener Pionen aus Deuterium.* (Vgl. vorst. Ref.) Die relativen Ausbeuten an π^+ u. π^- aus Deuterium wurden unter 75° zum Photonenbündel von 235 ± 5 MeV gemessen. Die Pionen wurden in fl. D_2 gebildet u. mit einem doppelfokussierenden magnet. Spektrometer mit Proportionalzählern nachgewiesen. Es wurden Pionen in den Bereichen 11—15, 24—30 u. 44—51 MeV unterschieden. Extrapoliert auf die Schwelle ergab sich für $R_0 = \sigma(\gamma + n \rightarrow p + \pi^-)/\sigma(\gamma + p \rightarrow n + \pi^+)$ der Wert von 1,4 in Übereinstimmung mit dem theoret. Wert. Das Panofsky-Verhältnis ergab sich zu $P = 2{,}4 \pm 0{,}4$, ein Wert, der höher als die meisten experimentellen Werte liegt. (Proc. physic. Soc. **72.** 895—98. 1/11. 1958.)
M. Wiedemann. 90

L. Bertocchi und **L. Lendinara,** *Dispersionsbeziehungen für Pion-Proton-Streuung.* Es werden Kurven für die Dispersionsgrößen D_+^b/r_0 u. D_-^b/r_0 als Funktion der Gesamtenergie angegeben, die unter Berücksichtigung neuerer Meßwerte für den totalen π^--p-Streuquerschnitt unter 100 MeV berechnet worden sind. (Nuovo Cimento [10] **10.** 734—38. 16/11. 1958. Bologna, Univ., Ist. di Fis.; Ist. Naz. di Fis. Nucl.)
D. Geissler. 90

V. G. Vaks und **B. L. Ioffe,** *Über den $\pi \rightarrow e + \nu + \gamma$-Zerfall.* Die Annahme einer direkten Wechselwirkung von Pionen mit einem Elektron-Neutrino-Feld gibt die Möglichkeit einer Beziehung zwischen der Wahrscheinlichkeit des Zerfalls $\pi \rightarrow e + \nu + \gamma$ u. des Zerfalls $\pi^0 \rightarrow 2\gamma$ durch die Vektorvariante. Die Hauptrolle beim ersten Zerfall spielt die axiale Variante u. das Verhältnis seiner Wahrscheinlichkeit zu der des $\pi \rightarrow \mu + \nu$-Zerfalls ergibt sich zu $5 \cdot 10^{-6}$. Die Winkel- u. Energieverteilung der Quanten werden ermittelt. (Nuovo Cimento [10] **10.** 342—51. 16/10. 1958. Moskau, Akad. der Wiss. der UdSSR.)
M. Wiedemann. 90

Luis María Garrido, *Die starke Kopplung.* Die Wechselwrkg. des skalaren K-Mesons mit dem pseudoskalaren π-Meson wird auf Grund der Schrödinger-Gleichung berechnet; es ergeben sich Gleichungen für die erwarteten Werte der Energie, des Drehimpulses u. des magnet. Moments. (An. Real Soc. españ. Física Quím., Ser. A **53.** 217 bis 228. Nov./Dez. 1957. Madrid, Junta de Energía nucl., Div. de Fís.)
R. K. Müller. 90

G. B. Chadwick, S. A. Durrani, P. B. Jones, J. W. G. Wignall und **D. H. Wilkinson,** *Beobachtungen von K^--Meson-Wechselwirkungen in Kernemulsionen.* 125 Emulsionen von 15 · 15 cm · 0,4 mm wurden dem K^--Bündel von 70/cm² ausgesetzt. Auf 23,6 m K^--Bahn wurden 815 Absorptionen in Ruhe u. 106 im Flug beobachtet, die mittlere Wechselwirkungsweglänge ergibt sich zu 21,5 (+ 2,3, — 1,9) cm für K^- unterhalb 90 MeV. Die Zertrümmerungssterne u. die emittierten Hyperonen werden analysiert, bes. die Winkelkorrelation zwischen Hyperon u. Pion in Sternen mit 2 Zacken. Zur Deutung wird angenommen, daß das K^- in einer dünnen äußeren Schicht des Kerns aus einer hohen Bohr-Bahn absorbiert wird, u. nicht gleichmäßig im Kernvolumen. Hieraus ergibt sich eine starke Hyperon-Nucleon-Wechselwirkung. (Philos. Mag. [8] **3.** 1193—1212. Nov. 1958. Cambridge, Cavendish Labor.; Oxford, Clarendon Labor.)
M. Wiedemann. 90

F. Eisler, R. Plano, A. Prodell, N. Samios, M. Schwartz, J. Steinberger, P. Bassi, V. Borelli, G. Puppi, H. Tanaka, P. Waloschek, V. Zoboli, M. Conversi, P. Franzini, I. Mannelli, R. Santangelo und **V. Silvestrini,** *Lebensdauer von Λ^0,*

Θ^0 und Σ^-. In einer Propan- u. einer H_2-Blasenkammer von 12 in. Durchmesser u. 6 bzw. 8 in. Tiefe, die sich in einem Magnetfeld von 13,4 kGauss befanden, wurden die Lebensdauern der Λ^0 aus 454 Fällen u. der Annahme einer M. von 1115,2 MeV zu 2,29 (+ 0,15, — 0,13) · 10^{-10} sec, die der Θ^0 aus 259 Fällen u. einer M. von 494 MeV zu 1,06 (+ 0,08, — 0,06) · 10^{-10} sec u. die der Σ^- aus 107 Fällen u. einer M. von 1196,4 MeV zu 1,89 (+ 0,33, — 0,25) · 10^{-10} sec berechnet. (Nuovo Cimento [10] **10.** 150—54. 1/10. 1958. New York, N. Y., Columbia Univ. and Brookhaven Nat. Labor.; Bologna, Univ., Ist. di Fis.; Pisa, Univ., Ist. di Fis.) M. WIEDEMANN. 90

R. J. Blin-Stoyle, *Über die universelle Fermi-Wechselwirkung.* Im Zusammenhang mit der universellen FERMI-Wechselwirkung wird gezeigt, daß die Erhaltung des axialen Vektorstromes die Nicht-Renormalisierung der axial vektoriellen Kopplungskonstante für Teilchen mit starker Wechselwirkung nicht bedingt. Die möglichen Renormalisierungsprozesse u. ihre Wrkgg. werden diskutiert. (Nuovo Cimento [10] **10.** 132—35. 1/10. 1958. Oxford, Clarendon Labor.) M. WIEDEMANN. 90

J. G. Valatin und **D. Butler,** *Über die kollektiven Eigenschaften eines Boson-Systems.* Die kollektiven Eigg. der Bosonen werden mittels der in der Theorie der Supraleitfähigkeit angewandten Methoden untersucht. Die Ausdrücke sind formal denen für Fermionen sehr ähnlich, die physikal. Bedeutung ist jedoch verschieden. Gleichungen mit überwiegender Abstoßung führen für Bosonen infolge der partiellen BOSE-EINSTEIN-Kondensation zu kollektiven Lösungen. (Nuovo Cimento [10] **10.** 37—54. 1/10. 1958. Birmingham, Univ., Dep. of Mathemat. Phys.) M. WIEDEMANN. 90

C. A. Engelbrecht, *Elementarteilchen.* 2. Mitt. *Theoretische Überlegungen.* (1. vgl. Tydskr. Wet. Kuns. [N. S.] **17.** [1957.] 157.) Eine Erörterung der quantenmechan. Grundlagen der Erhaltungsgesetze u. der Unveränderlichkeitseigg. zeigt, daß die bestehenden Feldtheorien keine befriedigende Deutung u. Beschreibung der Teilchen, Felder u. Wechselwrkgg. geben. (Tydskr. Wet. Kuns [N. S.] **18.** 133—50. April 1958. Kalifornies. Inst. vir Teguologie, Dep. Fis.) W. WESLY. 90

Kanji Fujii und **Kenzō Iwata,** *Das phänomenologische Modell für die Wechselwirkung von Elementarteilchen.* 2. Mitt. (1. vgl. C. **1959.** 10459.) Phänomenolog. wird gezeigt, daß der β-Zerfall vom V–A-Typ sein muß, u. daß die universelle V–A-Kopplung der FERMI-Wechselwirkung mit Beteiligung von Leptonen eine natürliche Folge ist. (Progr. theoret. Physics [Kyoto] **20.** 126—32. Aug. 1958. Sapporo, Hokkaido Univ., Dep. of Phys. [Orig.: engl.]) M. WIEDEMANN. 90

L. M. Delves, *Erweiterung der Streumatrix nach der Theorie der effektiven Reichweite.* Verallgemeinerung der üblichen, für 1-Kanal-Nucleon-Nucleon-Stöße gültigen Theorie der effektiven Reichweite auf den Fall von beliebigen, über N Kanäle verlaufenden bin. Kernreaktionen. (Nuclear Physics **8.** 358—73. Okt. 1958. Oxford, Clarendon Labor.) D. GEISSLER. 90

F. Coester und **H. Kümmel,** *Zeitabhängige Theorie der Streuung von Nucleonen an Kernen.* Das opt. Kernmodell wird aus der allg. zeitabhängigen Streutheorie unter Berücksichtigung des PAULI-Prinzips hergeleitet. (Nuclear Physics **9.** 225—36. Dez. 1958. Iowa City, Io., State Univ., Dep. of Phys.) D. GEISSLER. 90

Lee M. Frantz, Robert L. Mills, Roger G. Newton und **Andrew M. Sessler,** *Ausschlußprinzip und phänomenologische Potentiale nach dem optischen Modell.* Vff. modifizieren die SCHRÖDINGER-Gleichung für die elast. Streuung von Nucleonen an Kernen durch Berücksichtigung des PAULI-Prinzips u. diskutieren die Verwendung phänomenolog. Potentiale im Rahmen des opt. Kernmodells. (Physic Rev. Letters **1.** 340—41. 1/11. 1958. Columbus, O., Ohio State Univ.) D. GEISSLER. 90

H. S. Köhler, *Über die unelastische Streuung von Nucleonen an Kernen bei hohen Energien.* Allg. Behandlung der unelast. Streuung bei hohen Energien einmal mit Hilfe des kollektiven Modells, wobei eine Spin-Bahn-Kopplung vom THOMAS-Typ als Störung angenommen wird, u. zum anderen mit Hilfe der Meth. von WATSON u. a. sowie Angabe von expliziten Ausdrücken für die Polarisation. (Nuclear Physics **9.** 49—64. Nov. 1958. Geneva, CERN.) D. GEISSLER. 90

A. K. M. Siddiq und **R. N. H. Haslam,** *Die Kernabsorption von Röntgenstrahlen durch Sauerstoff.* Zur Best. der Kernabsorption in O messen Vff. das totale Schwächungsverhältnis von Röntgenstrahlen in W. als Funktion der Energie zwischen 15 u. 25 MeV. Die beste Beschreibung des Absorptionsprozesses scheint die kontinuierliche Absorption zu sein, der relativ kleine Absorptionsspitzen überlagert sind. Untersucht werden die Rkk. ^{64}Zn (γ, n) ^{63}Zn, ^{12}C (γ, n) ^{11}C, ^{32}S (γ, d) ^{30}P u. ^{16}O (γ, n) ^{15}O. (Canad. J. Physics **36.** 963—76. Juli 1958. Univ. of Saskatchewan, Dep. of Phys.) E. HAHN. 90

S. K. Srinivasan und **N. R. Ranganathan,** *Numerische Berechnungen in einer neuen Näherung zur Kaskadentheorie.* 2. Mitt. (1. vgl. **1959.** 13060.) In Ergänzung früherer Berechnungen wird die Zahl der in einem Schauer, der durch ein einzelnes Elektron ausgelöst wurde, in geringen Dicken erzeugten Elektronen berechnet. (Proc. Indian Acad. Sci., Sect. A **45.** 268—72. April 1957. Madras, Univ., Dep. of Phys.) M. Wiedemann. 90

S. K. Srinivasan, J. C. Butcher, B. A. Chartres und **H. Messel,** *Numerische Berechnungen in einer neuen Näherung zur Kaskadentheorie.* 3. Mitt. (2. vgl. vorst. Ref.) Nach der Meth der Deformation des Integrationsweges wurde die mittlere Zahl der Elektronen in Tiefen bis zu 1,3 Kaskadenlängen in einem durch ein Elektron oder ein Photon ausgelösten Schauer berechnet Übereinstimmung mit den Beobachtungen kann erzielt werden, wenn Tridents mit berücksichtigt werden (Nuovo Cimento [10] **9.** 77—84. 1/7. 1958. Sydney, Univ., School of Phys., F. B. S. Falkiner Nucl. Res. Labor.) M. Wiedemann. 90

H. Fay, *Elektron-Photon-Kaskaden hoher Energie in photographischen Emulsionen.* (Vgl. C. **1959.** 2344.) Zur experimentellen Prüfung der Gültigkeit der Beziehungen der Quantenelektrodynamik bei hohen Energien wurden 8 Kaskaden, die durch einzelne γ-Quanten in Emulsionen erzeugt worden waren, bis zu einer Schauertiefe von mindestens t = 1,6 Strahlungseinheiten (1 radiation unit = 29 mm in Emulsion) untersucht. Die Analyse erstreckte sich auf die mittlere Anzahl der Schauerelektronen, die Energiespektren der Schauerteilchen, die Elektronenpaare sowie echte Tridents u. Pseudotridents. (Nuovo Cimento [10] **5.** 293—98. 1/1. 1957. Göttingen, MPI für Phys.) Herbert Weber. 90

T. R. Gerholm, *Über die Vernichtung von Positronen in kondensierten Stoffen.* Mit einer Koinzidenzanordnung wurden die Lebensdauern der Positronvernichtung in *Al, Fe, Cu, Pb,* plast. *S, W., Eis, Quarz, Borax, Cellulosenitrat, Isopropylalkohol, Polystyrol, Polyäthylen, Teflon* u. *Perspex* gemessen. Die Lebensdauern in den untersuchten Metallen waren gleich, sie betrugen $(2,5 \pm 0,3) \cdot 10^{-10}$ sec. Die Halbwertszeit des ersten angeregten Zustandes von ^{207}Pb betrug $(0,9 \pm 0,3) \cdot 10^{-10}$ sec. Es wird ein Modell entwickelt, das Werte in Übereinstimmung mit den Meßergebnissen liefert u. eine schwache Komponente mit längerer Lebensdauer in Al deutet. (Ark. Fysik **10.** Nr. 38. 523—52. 1956. Uppsala, Univ., Phys. Dep.) H. Liepack. 90

P. O. Davey und **H. S. Valk,** *Eine Bemerkung über die unelastischen Beiträge zur elastischen Streuung von Elektronen hoher Energie an Helium.* Vff. schätzen den totalen unelast. Streuquerschnitt ab, wobei der Zerfall von ^4He in ^3He bzw. ^3H u. Pionenerzeugung berücksichtigt werden, u. berechnen daraus nach einer phänomenolog. Meth. die unelast. Korrektur zum differentiellen Streuquerschnitt bei $E_{lab} = 400$ u. 600 MeV als Funktion des Streuwinkels zu 51 bzw. 34 μbarn. (Nuovo Cimento [10] **10.** 789—96. 1/12. 1958. Eugene, Ore., Univ. of Oregon, Dep. of Phys.) D. Geissler. 90

Sing-nan King, *Elastische Streuung energiereicher Elektronen an ^{12}C-Kernen.* Vf. berechnet die elast. Streuung von 187 MeV-Elektronen an ^{12}C-Kernen durch die Phasenverschiebung, wobei für die Ladungsverteilung des ^{12}C-Kerns exponentielle, Gausssche oder gleichförmige Verteilung angenommen wurde. Aus den Berechnungen ergab sich, daß die Gausssche Verteilung die experimentellen Ergebnisse besser wiedergibt als die beiden anderen Verteilungen. Ist R der Radius des ^{12}C-Kerns, dann ist $R = (12)^{1/3} r_0$ mit $r_0 = 1,35 \cdot 10^{-13}$ cm. (Acta physica sinica **15.** 25—31. 1959. Acad. Sinica, Inst. of Atom. Energy. [Orig.: japan.; Auszug: engl.]) C. Gottfried. 90

P. Cazzola und **C. Foglia,** *Unelastische Streuung von Elektronen an ^6Li und ^{14}N.* Vff. berechnen die unelast. Formfaktoren nach dem Schalenmodell bei ^6Li für die Anregung des 2,18 MeV-Zustandes (LS-Kopplung), bei ^{14}N für diejenige des 3,95 MeV-Zustands (LS- u. JJ-Kopplung). (Nuovo Cimento [10] **10.** 913—15. 1/12. 1958. Padova, Univ., Ist. di Fis.; Parma, Univ., Ist. di Fis.) D. Geissler. 90

C. A. Haywood, *Der Wirkungsquerschnitt für den Einfang von Elektronen in Helium durch Protonen.* Vf. berechnet den Wirkungsquerschnitt für den Einfang eines Elektrons aus einem He-Atom im Grundzustand durch ein vorbeifliegendes Proton, das nach dem Einfang ein H-Atom im Grundzustand wird, wobei der Vorgang als Einkörperproblem behandelt wird, bei dem sich das eingefangene Elektron zunächst in dem von He-Kern, Proton u. anderem Elektron erzeugten Gesamtfeld bewegt. (Proc. physic. Soc. **73.** 201—14. 1/2. 1959. Leicester, Univ., Phys. Dep.) D. Geissler. 90

A. Kind, *Über das Vorzeichen des realen Zentralteiles des komplexen Neutron-Kern-Potentials.* Eine Unters. nach dem opt. Kernmodell scheint die Vorstellung zu stützen, daß eine Änderung des Vorzeichens von V bei einer Energie des einfallenden Neutrons von ca. 300 MeV vorliegt (Übergang zu negativen V-Werten). (Nuovo Cimento [10] **5.** 318—20. 1/1. 1957. Padova, Univ., Ist. di Fis.; Ist. Naz. di Fis. Nucl.) Herbert Weber. 90

F. W. K. Firk, *Parameter für Neutronenresonanzen in Tantal zwischen 20 und 100 eV.* Vf. ermittelt die Durchlässigkeit von Ta-Targets verschied. Dicke für Neutronen zwischen 20 u. 100 eV, deren Energie durch ein Flugzeit-Spektrometer bestimmt wird, mit Hilfe eines ^{10}B-Detektors, der von 5 NaJ(Tl)-Kristallen umgeben ist, u. bestimmt die maximalen totalen Wirkungsquerschnitte, die Gesamt- sowie die Strahlungsbreiten für 13 Resonanzen. (Nuclear Physics **9.** 198—204. Dez. 1958. Harwell, A.E.R.E.) D. GEISSLER. 90

J. E. Evans, B. B. Kinsey, J. R. Waters und **G. H. Williams,** *Strahlungsbreiten von Neutronenresonanzen in Ta.* Vff. bestimmen die Strahlungsbreiten von 12 Neutronenresonanzen zwischen 4 u. 63 eV in Ta aus Ergebnissen von Messungen der Durchlässigkeit, der Resonanzstreuung u. des Einfangquerschnitts u. ermitteln in 2 Fällen den Spin des zugehörigen Compoundzustandes. (Nuclear Physics **9.** 205—17. Dez. 1958. Harwell, A. E. R. E.) D. GEISSLER. 90

W. Czyž und **J. Sawicki,** *Polarisationserscheinungen beim Neutron-Proton-Einfang.* Vff. geben eine allg. theoret. Analyse der Polarisationserscheinungen beim Neutron-Proton-Einfang u. beim Photozerfall des Deuterons. (Nuclear Physics **8.** 621—36. Nov. 1958. Copenhagen, Univ., Inst. for Theor. Phys.; Princeton, N. J., Univ., Palmer Physic. Labor.) D. GEISSLER. 90

F. A. Haas und **H. H. Robertson,** *Elastische Streuung von Neutronen an Deuteronen bei niedrigen Energien mit Yukawa-Wechselwirkung.* Berechnung von Phasenverschiebungen für 5 Energien zwischen 0 u. 10 MeV mit Zentralpotential von YUKAWA-Form (Tiefe = 68,01 MeV, Reichweite = $1,18 \cdot 10^{-13}$ cm) nach der Resonanzgruppenmethode. (Proc. physic. Soc. **73.** 160—68. 1/2. 1957. London, Univ. Coll.; Teddington, Middlesex, Nat. Physic. Labor.) D. GEISSLER. 90

Kristian Skarsvåg, *Proton-Proton-Streuung mit unpolarisiertem Bündel und Target.* Vf. gibt die allg. Form der Streumatrix in der Singulett-Triplett-Darst. an u. leitet daraus Formeln für differentiellen Wirkungsquerschnitt, Polarisation u. Korrelationskoeffizienten ab. (Nuclear Physics **8.** 55—60. 1/9. 1958. Kjeller per Lillestrøm, Joint Establ. for Nucl. Energy Res.) D. GEISSLER. 90

B. H. Bransden und **H. H. Robertson,** *Die elastische Streuung von Protonen an Tritonen und ^{3}He.* Vff. berechnen s-, p-, d- u. f-Phasenverschiebungen bei p–^{3}H- u. p–^{3}He-Stößen nach der Resonanzgruppenmeth. unter Verwendung von Zentralpotentialen mit GAUSSscher Radialabhängigkeit u. symm., SERBER-, neutralem u. MAJORANA-HEISENBERG-Austauschcharakter u. vergleichen die Ergebnisse mit dem Experiment. (Proc. physic. Soc. **72.** 770—80. 1/11. 1958. Glasgow, Univ., Dep. of Natural Philos.; Teddington, Middlesex, Nat. Physic. Labor.) D. GEISSLER. 90

C. J. Batty, P. J. Duke, S. J. Goldsack und **W. O. Lock,** *Kleinwinkel-Streuung von 970 MeV-Protonen an Kohlenstoff.* Vff. messen den differentiellen Streuquerschnitt zwischen 1 u. 3,75^0 (im Labor-Syst.) mittels der Emulsionstechnik. (Suppl. del Nuovo Cimento Nr. 2 (zu [10] **9**). 369—71. 1958.) D. GEISSLER. 90

C. J. Batty, *Analyse der Streuung von 310 MeV-Protonen an Kohlenstoff mit Hilfe des optischen Modells.* (Vgl. vorst. Ref.) Vf. berechnet in halbklass. Näherung das Verhältnis von Real- zu Imaginärteil des Zentralpotentials u. den Spin-Bahn-Kopplungsparameter. (Proc. physic. Soc. **73.** 185—92. 1/2. 1959. Birmingham, Univ., Phys. Dep.) D. GEISSLER. 90

Shigueo Watanabe, *Streuung von Deuteronen an komplexen Kernen bei hoher Energie.* Ausgehend von einem Nucleon-Kern-Potential mit komplexem Zentralteil vom SAXON-Typ plus einem Spin-Bahn-Term erhält Vf. ein effektives Deuteron-Kern-Potential u. berechnet daraus in WKB-Näherung Winkelverteilung u. Polarisation von 94 MeV-Deuteronen bei Streuung an C. (Nuclear Physics **8.** 484—92. Okt. 1958. Princeton, N. J., Univ., Palmer Physic. Labor.) D. GEISSLER. 90

Jean Reignier, *Streuung energiereicher Elektronen und elektrische Ladungsverteilung des Kerns.* (Vgl. C. **1958.** 10552.) Die Phase η_j der j-ten Partialwelle hängt von der Ladungsverteilung im Kern nur über den Wert einer Funktion γ_j (r) am Rande des Kerns ab, die sich als Lösung einer RICCATIschen Differentialgleichung ergibt. Mitt. zweier schnell konvergierender Methoden zur Berechnung dieser Funktion. (Nuclear Physics **7.** 526 bis 51. Juli 1958. Bruxelles, Univ. Libre.) F. LENZ. 95

P. Gombás, P. Szépfalusy und **E. Mágori,** *Die statistische Theorie des Atomkerns.* 4. Mitt. (3. vgl. C. **1957.** 1091.) Vff. untersuchen, wie die l. c. wiedergegebenen Resultate, die auf Grund einer reinen skalaren YUKAWA-Wechselwrkg. zwischen den Nucleonen erhalten worden sind, von der Reichweite dieser Wechselwrkg. abhängen. Wie sich zeigt, können frühere Ergebnisse (1. Mitt.) durch die Änderung der Reichweite im Verhältnis zu den empir. nur wenig verbessert werden. (Acta physica Acad. Sci. hung. **7.** 251—61. 1957. Budapest, Univ. für Techn. Wiss., Physik. Inst.) GERHARD SCHMIDT. 95

P. Gombás und **K. Ladányi,** *Über die Energie des statistischen Atoms, in welchem die Elektronen nach der Hauptquantenzahl gruppiert sind.* (Vgl. C. **1959.** 13994.) Auf

Grund des l. c. entwickelten statist. Atommodells, in welchem die Elektronen nach der Hauptquantenzahl gruppiert sind, wird die Energie der Edelgasatome *Ne*, *Ar*, *Kr* u. *Xe* berechnet. Die Resultate stimmen mit den halbempir. Energiewerten von SLATER überein. (Acta physica Acad. Sci. hung. **7.** 263—72. 1957.) GERHARD SCHMIDT. 95

N. V. Findler, *Kernbindungsenergien nach dem statistischen Modell.* Vf. berechnet nach dem THOMAS-FERMI-Modell Bindungsenergien für Kerne zwischen A = 4 u. 242 mit Hilfe von zentralen YUKAWA-Potentialen mit gemischtem WIGNER-, BARTLETT-, HEISENBERG- u. MAJORANA-Austauschcharakter u. Kern-Dichteverteilungen von GAUSSscher Form durch Variationsverfahren unter Berücksichtigung der Neutron-Proton-Streuergebnisse bei hohen Energien. Außerdem werden Kernradien u. Winkelverteilung der n–p-Streuung bei 14,1 u. 17,9 MeV angegeben. (Nuclear Physics **8.** 338—57. Okt. (1) 1958. Sidney, Univ., School of Phys., F. B. S. Falkiner Nucl. Res. and Adolph Basser Comput. Labors.) D. GEISSLER. 95

B. M. Foreman jr. und **G. T. Seaborg,** *Nucleare Thermodynamik der schwersten Elemente.* 2. Mitt. (1. vgl. GLASS u. Mitarbeiter, J. inorg. Nuclear Chem. **1.** [1955.] 3.) Unter Verwendung der geschlossenen Zerfallszyklen, die 2 α- u. 2 β-Zerfallsenergien umfassen, sowie der Systematik der α- u. der β-Zerfallsenergien werden die Massen der Isotope von Tl bis Element 104 ermittelt. Dabei werden die massenspektroskop. ermittelte M. von ^{208}Pb u. die Neutronenbindungsenergien von Tl, Pb u. Bi zugrunde gelegt. Energie u. Halbwertszeit für α-Zerfälle u. spontane Kernspaltung sind zusammengestellt. (J. inorg. Nuclear Chem. **7.** 305—35. Nov. 1958. Berkeley, Calif., Univ. of California, Radiat. Labor. and Dep. of Chem.) M. WIEDEMANN. 95

L. Verlet und **J. Gavoret,** *Über das optische Modell für Kernreaktionen.* (Vgl. C. **1959.** 5359.) Die Streumatrix in der Kernmaterie wird unter Verwendung trennbarer Nucleon–Nucleon-Wechselwirkung berechnet. Hieraus wird das komplexe Potential für die Streuung von Nucleonen durch Kerne abgeleitet u. die Konvergenz der Störungsreihe geprüft. Die Gültigkeit des klass. Modells wird erörtert. Die Absorption bei niedriger Energie scheint bes. an der Kernoberfläche stattzufinden. (Nuovo Cimento [10] **10.** 505—19. 1/11. 1958. Paris, École Normale Super., Labor. de Phys.) M. WIEDEMANN. 103

R. F. Coleman, B. E. Hawker, L. P. O'Connor und **J. L. Perkin,** *Wirkungsquerschnitte für (n,p)- und (n,α)-Reaktionen mit 14,5 MeV-Neutronen.* Targets mit Massenzahlen zwischen 109 u. 239 werden mit 14,5 MeV-Neutronen aus der (d,T)-Rk. beschossen. Nach chem. Abtrennung der gewünschten Reaktionsprodd. wird deren Aktivität mittels 4 π-Proportional- bzw. GEIGER-Zählern gemessen. Vff. geben die daraus ermittelten Wirkungsquerschnitte für 27 (n,p)- u. 22 (n,α)-Rkk. in Tabellenform u. graph. an u. vergleichen die (n,p)-Werte mit der Theorie direkter Wechselwirkung. (Proc. physic. Soc. **73.** 215—20. 1/2. 1959. Aldermaston, Berks., Atom. Weapons Res. Establ.) D. GEISSLER. 103

J. Catalá, R. Font, F. Senent, J. Aguilar und **M. de la Cuadra,** *Winkelverteilungen der bei der Reaktion $^{7}Li(d,n)^{8}Be$ erzeugten Neutronen.* Für die verschied. Anregungsniveaus von ^{8}Be werden folgende totale Wirkungsquerschnitte (in mbarn) der Rk. ^{7}Li(d,n)^{8}Be gefunden: Grundzustand 0,45 ± 0,06; 1,37 MeV 0,16 ± 0,05; 2,09, 2,82 u. 3,52 MeV 1,56 ± 0,14; 4,20 u. 5,01 MeV 0,23 ± 0,05; 5,91 MeV 0,16 ± 0,04; 6,68 MeV 0,14 ± 0,04. Die Winkelverteilungen werden graph. dargestellt. (Suppl. del Nuovo Cimento Nr. 2 (zu [10] **9**). 377—80. 1958. Valencia, Inst. de Optica Daza de Valdés. [Orig.: span.]) R. K. MÜLLER. 103

Joan M. Freeman und **J. H. Montague,** *γ-Strahlen aus der unelastischen Streuung von Neutronen in ^{23}Na.* Die γ-Strahlung nach unelast. Streuung von Neutronen bis 3,7 MeV – erzeugt durch Beschuß von ZrT-Targets mit 5 MeV-Protonen – an ^{23}Na wird mittels NaJ(Tl)-Scintillationszählern nachgewiesen. Bei der Messung der Übergänge in den Grund- u. den 1. angeregten Zustand wird der Detektorkristall ringförmig vom ^{23}Na-Target umschlossen, während bei der Koinzidenzmessung von Kaskadenübergängen (bei E_n = 2,95 u. 3,47 MeV) 2 Kristalle das Target flankieren. Es werden folgende γ-Energien gemessen (in MeV; * bedeutet Übergang zum 1. angeregten Zustand): 1) 0,438, 2) 2,088, 1,643*, 3) 2,386, 1,954*, 4) 2,635, 5) 2,27*, 6) 2,979, 2,56*. Außerdem werden die Intensitätsverhältnisse in einigen Fällen abgeschätzt u. die Wirkungsquerschnitte für die Anregung der Zustände bei 0,44, 2,08 u. 2,39 MeV bestimmt. (Nuclear Physics **9.** 181—97. Dez. 1958. Harwell, A.E.R.E.) D. GEISSLER. 103

J. Goldemberg und **E. Silva,** *Die Berechnung des Photoabsorptionsquerschnitts in ^{40}Ar.* Die Berechnungen über den Wirkungsquerschnitt für die Absorption von γ-Strahlen in einem unabhängigen Teilchenmodell für Neutronen wird auf Protonen erstreckt. Es wird ein 10mal kleinerer Querschnitt als der experimentell bestimmte gefunden. (An. Acad. brasil. Ci. **30.** 47—50. 1958. São Paulo, Univ. de São Paulo, Fac. de Filos., Cienc. e Letr., Dep. de Fis.) E. HAHN. 103

E. Silva und **J. Goldemberg,** *(γ, n)- und (γ,p)-Reaktionen in Titan.* (Vgl. vorst. Ref.) Vff. untersuchen die Rk. ^{46}Ti (γ,n)^{45}Ti mit einer Schwelle bei 13,3 MeV u. die Rk. ^{50}Ti (γ,n)^{49}Sc mit einer Schwelle bei 12,2 MeV bis herauf zu 22 MeV. Das sich daraus ergebende Querschnittsverhältnis R = (γ,p)/(γ,n) wird mit der Vorhersage nach der statist. Theorie verglichen. Der experimentelle Wert von R ist viermal kleiner als der theoretische. (An. Acad. brasil. Ci. **30.** 51—55. 1958.) E. HAHN. 103

Jeanne Laberrigue-Frolow und **Pierre Radvanyi,** *Die Fluorescenzausbeute der K-Schale. Spektrometrische Messungen an ^{99}Tc*(6,04 Stunden) und ^{115}In*(4,5 Stunden).* (Vgl. C. R. hebd. Séances Acad. Sci. **242.** [1956.] 901.) Die Fluorescenzausbeute R_K der K-Schale von Tc bzw. In wurde zu 0,70 ± 0,03 bzw. 0,87 ± 0,03 bestimmt. Die relativen Intensitäten der AUGER-K-LL-, K-LX- u. K-XY-Linien verhalten sich wie 1:0,48:0,05 bzw. 1:0,42:0,05. Unter Verwendung der R_K-Daten (1946) wurden die Koeffizienten in der von BURHOP (C. **1957.** 321) angegebenen theoret. Formel $(R_K/1-R_K)^{1/4} = A + BZ + CZ^3$ nach der Meth. der kleinsten Quadrate wie folgt bestimmt: A = —0,0217, B = 0,0332 u. C = —1,14 · 10^{-6}. (J. Physique Radium **17.** 944—49. Nov. 1956. Paris, Coll. de France, Labor. de Phys. et Chim. Nucl.) D. JÖRCHEL. 103

G. B. Zorzoli, *Über den Zerfall von ^{141}Ce.* Die ^{141}Ce-Proben wurden durch Reaktorneutronenbeschuß von reinem Ceroxyd nach der Rk. ^{140}Ce(n, γ)^{141}Ce erhalten. Gleichzeitig trat der β-Strahler ^{143}Pr (13 Tage) auf. Die γ- u. Röntgenstrahlen wurden mit einem 20 Kanal-Impulsanalysator untersucht. Durch das Scintillationsspektrometer wurden 2 Spitzen von 145 u. 41 keV identifiziert, von denen die erste der ^{141}Ce-γ-Energie u. die zweite der K-Röntgenenergie von Pr entspricht. Das β-Spektr. von ^{141}Ce zeigt 2 dem kontinuierlichen Spektr. überlagerte Spitzen (K- u. L-Konversionselektronen). Die FERMI-Darst. kann in 2 gerade Linien mit Endpunkten bei 447 u. 591 keV u. Intensitäten von 67 bzw. 33% aufgelöst werden. Die log *ft*-Werte betragen 7,0 bzw. 7,7; der Übergang sollte daher als erstverboten (ΔI = 0,1; yes) identifiziert werden. Aus den Intensitäten $I_γ$ u. I_K wird der Konversionskoeff. $C_K/γ$ = 0,37 abgeleitet. Ferner wird K/L = 6,2 erhalten. Die 145 keV-γ-Linie scheint aus einem M1-Übergang zu resultieren. Das Zerfallsschema ^{141}Ce–^{141}Pr wird angegeben. (Nuovo Cimento [10] **5.** 289—90. 1/1. 1957. Milano, Polytecn. Ist. di Fis. Sper.) HERBERT WEBER. 103

L. P. Roy und **L. Yaffe,** *Reaktorneutronen-Einfangquerschnitt von ^{143}Ce(33 Stunden).* ^{144}Ce wurde durch die sukzessive Neutroneneinfangreaktion ^{142}Ce(n,γ)^{143}Ce(n,γ)^{144}Ce erzeugt. Der Reaktorneutronen-Einfangquerschnitt des 33 Std.-^{143}Ce wurde durch Abtrennung von ^{144}Pr (Tochternuclid von ^{144}Ce) bestimmt. Der Betrag des gebildeten ^{144}Pr stieg linear mit dem Quadrat des Neutronenflusses. Der Reaktorneutronen-Einfangquerschnitt von ^{143}Ce ergibt sich zu 6,0 ± 0,7 barn. (Canad. J. Chem. **34.** 238—45. März 1956. Montreal, McGill Univ., Dep. of Chem., Radiochem. Labor.) HERBERT WEBER. 103

Rosalie M. Bartholomew und **A. P. Baerg,** *Die Ausbeute von ^{138}Cs bei der Spaltung von ^{235}U durch thermische Neutronen.* Die Ausbeute von ^{138}Cs bei der ^{235}U-Spaltung durch therm. Neutronen wurde mittels eines 4 π-Zählverf. bestimmt. Der für die Spaltausbeute erhaltene Wert von (7,22 ± 0,29)% basiert auf einem Wert von 6,32% für die Spaltausbeute von ^{140}Ba. Die Halbwertszeit des ^{138}Cs wurde zu 32,2 ± 0,1 Min. bestimmt. (Canad. J. Chem. **34.** 201—05. März 1956. Chalk River, Ont., AE of Canada Ltd.) HERBERT WEBER. 103

B. C. Purkayastha und **G. R. Martin,** *Die Ausbeuten an ^{129}J bei natürlicher und bei neutroneninduzierter Spaltung von Uran.* Durch ein Radioaktivierungsverfahren wurde die Bldg. von ^{129}J in U bei reaktorneutroneninduzierter Spaltung u. in Pechblende durch natürliche U-Spaltung gemessen. Die in mit Reaktorneutronen bestrahltem U gefundene Menge entspricht einer Spaltausbeute von 0,90% bei der M. 129. Die natürliche Erzeugung von ^{129}J in Pechblende wird im Hinblick auf massenspektroskop. Messungen des Xe aus spontaner Spaltung diskutiert. Für das Auftreten von ^{129}J in natürlichem J kann eine obere Grenze von 1 Teil in 10^8 festgesetzt werden. Die Messung des Reaktorneutronen-Einfangquerschnittes von ^{129}J ergab 35 barn. (Canad. J. Chem. **34.** 293—300. März 1956. Durham, Univ. of Durham, Londonderry Labor. for Radiochem.) HERBERT WEBER. 103

A. T. Blades, W. H. Fleming und **H. G. Thode,** *Das Verhältnis von Xenon zu Krypton bei der ^{235}U-Spaltung.* Das Verhältnis der Ausbeute von ^{86}Kr zur Ausbeute von ^{134}Xe bei der ^{235}U-Spaltung wurde durch Isotopenverdünnungsverfahren zu 0,257 ± 0,005 bestimmt. Das Ausbeuteverhältnis des gesamten Xe zum gesamten Kr bei der

^{235}U-Spaltung durch therm. Neutronen beträgt 5,52 ± 0,10. (Canad. J. Chem. **34.** 233—37. März 1956. Hamilton, Ont., McMaster Univ., Hamilton Coll., Dep. of Chem.)
HERBERT WEBER. 103

W. H. Fleming und **H. G. Thode,** *Die relativen Ausbeuten der Isotope von Xenon bei der Plutonium-Spaltung.* Die relativen Spaltausbeuten der 5 Xe-Isotope 131, 132, 133, 134 u. 136 bei der ^{239}Pu-Spaltung wurden bestimmt. Eine Feinstruktur, die der bei der ^{238}U-Spaltung beobachteten ähnlich aber kleiner ist, tritt bei der Pu-Spaltung im Xe-Massenbereich auf. Die Ausbeute der Massenkette 133 wurde bei Xe bestimmt, um die Normalisierung der relativen Xe-Ausbeuten zu den relativen Ce-Ausbeuten zu ermöglichen. (Canad. J. Chem. **34.** 193—200. März 1956. Hamilton, Ont., McMaster Univ., Hamilton Coll., Dep. of Phys. and Chem.) HERBERT WEBER. 103

D. M. Wiles, J. A. Petruska und **R. H. Tomlinson,** *Einige zusätzliche Ausbeuten von Isotopen, die bei der Spaltung von ^{239}Pu durch thermische Neutronen gebildet werden.* Die relativen Ausbeuten der Isotope von *Cs, Ce, Nd* u. *Sm* bei der Spaltung von ^{239}Pu durch therm. Neutronen wurde mit einem Massenspektrometer gemessen. Vorläufige Werte der absol. Ausbeuten von 16 Isotopen dieser Elemente, zusammen mit den Ausbeuten für 4 Xe-Isotope, wurden mittels Isotopenverdünnungsverfahren bestimmt. (Canad. J. Chem. **34.** 227—32. März 1956. Hamilton, Ont., McMaster Univ., Dep. of Chem.)
HERBERT WEBER. 103

Ralph H. Müller, *Wechselwirkung von β-Teilchen und Materie.* (Vgl. C. **1958.** 12626.) Zahlreiche Anwendungsbeispiele für β-strahlende Isotope zur 1. Dickenmessung (von Papier, Kaltwalzstahl, Gummiauflagen, Metallfolien, Kunststoffen u. a.), 2. Best. des H_2-Geh. fl. KW-Stoffe; Auswertung der Eluate aus der Dampfphasenchromatographie, 3. D.-Best. des Schlamms auf den Böden großer Wasserflächen oder in Flüssen, 4. Umwandlung der Energie der β-Teilchen in elektr. Energie, 5. Natur der Rückstreuung der β-Strahlung durch Alkalihalogenidkristalle (*NaF, KCl, RbBr, CsJ*) bes. bzgl. der Änderung der Atomzahlen der entsprechenden Kationen, u. ihre Anwendungsmöglichkeiten zur Messung kleinster Schichtdicken. — 14 Abbildungen. (Ind. Engng. Chem. **50.** 205—09. Febr. 1958. Los Alamos, N. Mex., Univ. of California, Los Alamos Scient. Labor.) H. ECKSTEIN. 106

Giovanni Biggiero, *Die Kernbrennstoffe: Eigenschaften und Herstellungsprobleme.* Übersicht über die Herst. der Brennelemente sowie über den Wiederaufbereitungsprozeß. — 32 Literaturhinweise. (Ingegneria Ferroviaria **12.** 637—53. Juli/Aug. 1957.)
R. K. MÜLLER. 110

N. J. Palladino, *Die thermische Auslegung von Leistungsreaktoren.* Vf. leitet Beziehungen zwischen der maximalen Oberflächentemp. der Brennelemente, dem Anstieg der Kühlmitteltemp., der Pumpleistung u. der Betriebsdampftemp. ab. Die abgegebene Wärme ist im allg. durch die maximale Oberflächentemp. bestimmt, bei der keine Korrosion bzw. andere Schädigungen des Reaktorkerns auftreten. (Trans. ASME **77.** 667—73. Juli 1955. Pittsburgh, Pa., Westinghouse Electr. Corp., Reactor Dep.)
G. KURDAL. 110

Henry C. Schwenk und **Robert H. Shannon,** *Hilfssysteme für Kernreaktoren.* (Vgl. C. **1958.** 616.) Übersicht. (Dyna [Bilbao] **32.** 162—66. März 1957.)
R. K. MÜLLER. 110

S. J. Goslovich, J. H. Pingel und **H. R. Fish,** *Analyse der EBWR-Radioaktivität mittels Scintillationszähler.* Beim Betrieb des EBWR (Experimenteller Siedewasser-Reaktor) wurde im Laufe des Januar 1957 eine hohe Luftaktivität innerhalb der Reaktorschale festgestellt; bei der Analyse einer Luftprobe wurde ^{138}*Cs* mit ~ 1,2 · 10^{-7} μc/cm³ nachgewiesen. Eine systemat. Unters. des Gases am Luftauslaß, des kondensierten Dampfes u. der Reaktor-W. mittels Scintillationszählung (Einkanal-Analysator mit NaJ-Kristall) ergab die Ggw. von ^{138}Cs (7,4 · 10^{-3}), ^{135}*Xe* (3,2 · 10^{-4}) u. ^{85m}*Kr* (1,2 · 10^{-4} μc/cm³) im Gas; im Filter des Luftauslasses wurden ^{139}*Ba* (Spuren), im Reaktor-W. ^{56}*Mn* (4,5 · 10^{-2}), ^{24}*Na* (1,5 · 10^{-2}), ^{58}*Co* (0,088 · 10^{-2}), ^{60}*Co* (Spuren) u. ^{18}*F* (1,3 · 10^{-2}), im Reaktordampf ^{18}*F* (0,3 · 10^{-2}) u. ^{58}Co (Spuren) u. im Nd. in den Kondensationsrohren ^{58}Co (8,8 · 10^{-2} μc/cm³) gefunden. (Nucleonics **16.** Nr. 5. 94—97. Mai 1958. Lemont, Ill., Argonne Nat. Labor., Industr. Hyg. and Safety Div.)
W. KARCHER. 112

A. F. Winogradow, *Scintillationszähler mit der Anordnung vom Typ „B".* 1. Mitt. Erforderliche Erweiterungen, um die n. nur für GEIGER-MÜLLER-Zählrohre geeignete Zählapparatur Typ B gleichzeitig für Scintillationszähler verwenden zu können, werden beschrieben. (Известия Академии Наук СССР, Серия Физическая [Nachr. Akad. Wiss. UdSSR, physik. Ser.] **22.** 83—87. Jan. 1958.) K.-E. SEYB. 112

M. M. Ssokolow und **N. I. Karabanow,** *Feld-γ-Radiometer SsG–42.* Ein tragbarer Scintillationszähler mit NaJ(Tl)-Kristall wird beschrieben. (Известия Академии

Наук СССР, Серия Физическая [Nachr. Akad. Wiss. UdSSR, physik. Ser.] **22.** 88—89. Jan. 1958.) K.-E. Seyb. 112

L. M. Schamowski, L. M. Rodionowa und **A. Ss. Gluschkowa,** *Methodik der Herstellung von Alkalihalogenidphosphoren für Scintillationszähler.* Halogenjodid(Tl)-Kristalle werden in einem Ofen in geschlossenen Quarzampullen aus der Schmelze gezüchtet. Die Verteilung des Aktivators im Kristall wird in Abhängigkeit von seiner Anfangskonzentration u. von der Art der zugesetzten Verb. (Metall, Tl_2O oder TlJ) untersucht. Spannungen in den Kristallen werden durch 2—3 std. Tempern 5—10° unter dem F. u. langsames Abkühlen (25—35 Std.) beseitigt. (Известия Академии Наук СССР, Серия Физическая [Nachr. Akad. Wiss. UdSSR, physik. Ser.] **22.** 3—11. Jan. 1958. Allunionsinst. für mineral. Rohstoffe.) K.-E. Seyb. 112

A. N. Nikitina, M. D. Galanin, P. M. Aronowitsch, T. A. Schtschegolewa und **B. M. Michailow,** *Untersuchung von bororganische Verbindungen enthaltenden Scintillatoren.* Eine p-Terphenyllösung in Toluol wird mit gleichen Voll. bororgan. Verbb. versetzt u. die Intensitäten der durch eine ^{60}Co-γ-Quelle hervorgerufenen Scintillationen gemessen. Gegenüber reiner p-Terphenyllösung betragen die Intensitäten mit Estern der Alkyl- u. Dialkylborsäure 100%, mit Trimethylborat 50% u. mit Estern von Aryl- u. Diarylborsäuren 50—10%. (Известия Академии Наук СССР, Серия Физическая [Nachr. Akad. Wiss. UdSSR, physik. Ser.] **22.** 12—13. Jan. 1958. Zelinsky-Inst. für org. Chem. der Akad. der Wiss. der UdSSR u. Phys. Lebedew-Inst.) K.-E. Seyb. 112

M. Forte, *Anwendung der Abhängigkeit des Zerfallsgesetzes organischer Scintillatoren von der Anregungsdichte zur Unterscheidung von schnellen Neutronen aus dem γ-Background.* Die Meth. wird zur Unterscheidung der Impulse schneller Neutronen einer Po–Be-Quelle aus dem natürlichen γ-Pegel sowie künstlich mit Quellen aus ^{137}Cs, Ra, Th erzeugter Neutronen angewandt. Als organ. Scintillatoren dienen Anthracen, trans-Stilben u. Fl. „NE 202" (Nuclear Enterprises Ltd.). Mit kristallinen u. plast. Scintillatoren wurden bisher langsame Komponenten mit mittlerer Lebensdauer $> 0{,}1\ \mu$sec u. mit einigen μsec nachgewiesen, die bei fl. Scintillatoren nicht nachweisbar waren; dagegen gelingt jetzt der Nachw. langsamer Emission auch mit fl. Scintillatoren. (Suppl. del Nuovo Cimento Nr. 2 (zu [10] **9**). 390—97. 1958. Milano, Labor. CISE.) R. K. Müller. 112

G. M. Dikarewa, *Scintillationsmethode zur Kontrolle der β-Verunreinigung in Gegenwart eines γ-Backgrounds.* Die Nachweisempfindlichkeit für $^{90}Sr/Y$-β-Strahlen (f_β) u. ^{60}Co-γ-Strahlen (f_γ) wird mit folgenden Scintillatoren gemessen: Tetraphenylbutadien-Lsg. in Polystyrol (**I**), ZnS–Ag-Phosphor auf Glas (**II**) u. Stilbenkristalle (**III**). Das Verhältnis $K = f_\beta/f_\gamma$ ist maximal für (**I**) 87 bei 7,2 mg/cm², (f_β 4,3%), für (**II**) ca. 55 bei 45 mg/cm² u. für (**III**) 64 bei 100 μ, $f_\beta = 23{,}6\%$. (Известия Академии Наук СССР, Серия Физическая [Nachr. Akad. Wiss. UdSSR, physik. Ser.] **22.** 90—93. Jan. 1958.) K.-E. Seyb. 112

B. Worthley, A. M. Thompson und **M. J. Tooze,** *Ladungspräzisionsvergleich zur Standardisierung von Röntgenstrahldosimetern.* Es werden 2 auf der Townsendschen Nullmeth. der Ladungsmessung beruhende Ladungskompensatoren zur Eichung sek. Röntgenstrahldosimeter gegen übliche Freiluft-Ionisierungskammern beschrieben. Es lassen sich damit elektr. Ladungen größer als 10^{-9} c mit einer Genauigkeit von ca. 0,03% vergleichen. Der minimal nachweisbare Strom beträgt 10^{-15} A. (Austral. J. appl. Sci. **8.** 261—70. Dez. 1957. Adelaide, Univ., Anti-Cancer Committee; Sydney, Univ. Grounds, C.S.I.R.O., Div. of Electrotechnol.) D. Jörchel. 112

F. Everling, *Justierung doppeltfokussierender Massenspektrographen.* (Vgl. C. **1958.** 7368.) Eine theoret. Unters. der Bedingungen, die erfüllt sein müssen, um in einem Massenspektrographen nach Mattauch-Herzog doppelte Fokussierung 1. Ordnung zu erhalten, zeigt, daß 4 geometr. Größen justiert werden müssen, um 4 Fokussierungsbedingungen zu erfüllen. Bei der prakt. Ausführung der Justierung werden paarweise je 2 Größen verändert, die möglichen Variationen eines Paares auf einer einzigen photograph. Platte festgehalten u. auf dieser die Stellen schärfster Abb. gesucht. Das erreichte Auflösungsvermögen M/dM beträgt 100000. (Suppl. del Nuovo Cimento Nr. 1 (zu [10] **6**). 274—79. 1957. Mainz, MPI für Chem.) R. Conrad. 112

A. P. Batson, B. B. Culwick, H. B. Klepp und **L. Riddiford,** *Betrieb einer Diffusionsnebelkammer mit einer Deuteriumfüllung von 23 at.* Die Arbeitsweise einer mit $^2H_2$ von 23 at Druck gefüllten Diffusionsnebelkammer wird erläutert. Auf die Bedeutung des $^3H_2$- bzw. O_2-Geh. der Füllung für die sichere Arbeitsweise wird hingewiesen. (J. sci. Instruments **34.** 17—19. Jan. 1957. Birmingham, Univ., Dep. of Phys.) G. Kurdal. 112

Ss. P. Kruglow, *Calorimetrische Messung des Energieflusses von γ-Strahlen des Synchrotrons.* (Vgl. C. **1959.** 2682.) Es wird ein Calorimeter beschrieben, mit dem der Energiestrom der γ-Strahlung mit bis zu 500 MeV gemessen werden kann. Verwendet werden absorbierende Zylinder von 4 u. 11 cm Länge. Zur Eichung werden Thermoelemente in absorbierenden Pb-Zylindern erwärmt (Fehler $\leqslant 1\%$). Der Energiestrom war nahezu unabhängig von der Maximalenergie der Bremsstrahlung bei 45, 65 u. 85 MeV. (Журнал Технической Физики [J. techn. Physik] **28.** 2310—23. Okt. 1958.)
M. Wiedemann. 112

Giovanna Mayr, *Einführung von Phosphor in Kernemulsionen durch Absorption.* Zur Beladung von Kernemulsionen mit P eignet sich am besten eine 15%ig. Lsg. von NaH_2PO_4, die durch NaOH auf $p_H = 7$ eingestellt wird; Emulsionen mit doppelter Gelatinemenge werden in diese Lsg. eine bestimmte Zeit bei 200 μ Schichtdicke 2 Std. eingetaucht. Die so behandelten Emulsionen geben eine gute photograph. Ausbeute. (Ricerca sci. **28.** 1205—10. Juni 1958. Milano, Univ., Fac. di med.)
R. K. Müller. 112

David Samuel and Fritz Steckel, eds., Bibliography of the stable isotopes of oxygen. London: Pergamon P. 1959. (VIII + 1224 S.) 50 s.

Albert Simon, An introduction to thermonuclear research: a series of lectures given in 1955. London: Pergamon P. 1959. (IX + 182 S. m. Tab. u. Diagr.) = International series of monographs on nuclear energy, division 14: Plasma physics and thermonuclear research, vol. 1. 35 s.

A_2. Optisches Verhalten der Materie.

Evry Schatzman, *Die Rotverschiebung der Spektrallinien.* Zusammenfassender Bericht, speziell über die Rotverschiebung in den Nebelspektren. Es wird festgestellt, daß die Rotverschiebung in dem ganzen Spektrum dieselbe ist, daß sie universell u. angenähert linear ist. Die Konstante von Hubble hat den Wert $H = 180\ \mathrm{km \cdot sec^{-1}}$ pro Megaparsekunde. Unter Zugrundelegung der Hypothese der Ausdehnung des Universums erhält man ein Alter der Größenordnung von $5{,}5 \cdot 10^9$ Jahren. (Cahiers de Physique **12.** Nr. 89—100. 240—46. Mai/Juni 1958. Paris, Inst. d'Astrophys.)
C. Gottfried. 113

R. G. Athay, *$H\alpha$- und D_3-Profile in chromosphärischen Protuberanzen.* Vf. untersuchte die Profile der $H\alpha$- u. D_3-Linien von über 100 Protuberanzen. Die meisten $H\alpha$-Profile zeigten Anzeichen von Selbstabsorption, die D_3-Profile dagegen nicht. Das mittlere D_3-Profil u. das mittlere $H\alpha$-Profil nach Korrektur für Selbstabsorption weisen, unter der Annahme einer konstanten Quellenfunktion, auf eine kinet. Temp. von 65000° u. eine Turbulenzgeschwindigkeit von Null hin. Für 22 einzeln untersuchte Protuberanzen lagen die kinet. Tempp. zwischen 37000 u. 83000°, mit einem Mittel von 58000°. (Suppl. Ann. Astrophysique **21.** 98—113. März/April 1958. High Altitude Observatory.)
C. Gottfried. 113

Silvio Guidarelli, *Theoretische photometrische Ausbeute eines Spektrographen.* Vf. schlägt eine adäquate Definition der theoret. photometr. Ausbeute für einen Sternspektrographen vor. (Atti Fondaz. Giorgio Ronchi Contr. Inst. naz. Ottica **12.** 10—12. Jan./Febr. 1957.) C. Gottfried. 114

Silvio Guidarelli, *Über die geometrische Breite von Spektrallinien.* (Vgl. vorst. Ref.) (Atti Fondaz. Giorgio Ronchi Contr. Inst. naz. Ottica **13.** 191—95. Mai/Juni 1958.)
C. Gottfried. 114

Henri Triché, *Anwendung der kinetischen Gastheorie auf die Untersuchung des spektralen Charakters einer Emission.* Auf Grund der Tatsache, daß die einem Gase zugeführte Wärmeenergie oberhalb eines bestimmten Wertes nicht mehr ausschließlich in kinet. Energie der Teilchen (Temp.), sondern infolge unelast. Stöße zwischen den Teilchen auch in einen Zuwachs an innerer Energie der Teilchen umgewandelt wird, die teilweise oder völlig durch Strahlung wieder emittiert wird, lassen sich gewisse Aussagen über das Emissionsverh. von Gasen machen, bes. in Abhängigkeit von der Anzahl der Teilchen im betrachteten Gasvolumen. (C. R. hebd. Séances Acad. Sci. **248.** 2743—45. 11/5. 1959.) D. Jörchel. 114

• **Per-Olov Löwdin** und **Lajos Rédei,** *Kombinierte Anwendung der Methoden der Superposition von Konfigurationen und Korrelationsfaktor auf die Grundzustände He-ähnlicher Ionen.* Vff. diskutierten die Lösung der Schrödinger-Gleichung durch Kombination der Meth. des Korrelationsfaktors u. der die Superposition von Konfigurationen benutzenden Methode. Das Verf. wird auf He-ähnliche Ionen (H^-, He, Li^+ u. Be^{2+}) angewandt. Die ermittelten Energien weichen von den exakten Werten nur um ca. 0,001 bis 0,002 atomare Einheiten ab. (Physic. Rev. [2] **114.** 752—57. 1/5. 1959. Uppsala, Univ., Quantum Chem. Group.) H. Liepack. 114

R. M. Sternheimer, *Wirkung eines elektrischen Dipolmoments des Protons auf die Energieniveaus des Wasserstoffatoms.* Es werden die Störungen der H-Energieniveaus durch ein mögliches Proton-Dipolmoment d berechnet. Die Verschiebung der Niveaus ist von zweiter Ordnung in d, bes. ergibt sich eine Verringerung der LAMB-Verschiebung zwischen den 2 $S_{1/2}$ u. 2 $P_{1/2}$-Niveaus. Durch Gleichsetzen dieser Verringerung mit der auf Grund einer Übereinstimmung zwischen Vers. u. Theorie maximal erlaubten erhält man als obere Grenze für d $1,3 \cdot 10^{-13}$ cm mal Elektronenladung. Ferner werden die durch ein mögliches elektr. Dipolmoment des Deuterons verursachten Energieniveauverschiebungen des Deuteriums berechnet. (Physic. Rev. [2] **113.** 828—34. 1/2. 1959. Upton, N. Y., Brookhaven Nat. Labor.) D. JÖRCHEL. 114

M. Krauss und **J. F. Wehner,** *Untersuchung der Korrelationskorrekturen für CH, NH und OH.* Die von HURLEY angewandte halbempir. intra-atomare Korrelationskorrektur u. eine Konfigurationswechselwirkungsberechnung werden dazu benutzt, früher durchgeführte Einzelkonfigurationsberechnungen der Grundzustände von *CH, NH* u. *OH* zu verbessern. Ergebnisse werden für die $^2\Pi$, $^4\Sigma^-$ u. $^2\Delta$-Zustände von CH, den $^3\Sigma^-$-Zustand von NH u. den $^2\Pi$-Zustand von OH angegeben. Bindungsenergien u. Dipolmomente werden mit experimentellen Daten u. den Resultaten einer ähnlichen Berechnung der Grundzustände durch HURLEY verglichen; ferner wird eine Berechnung des FERMI-Kontaktterms der magnet. Hyperfeinwechselwrkg. angegeben. (J. chem. Physics **29.** 1287—97. Dez. 1958. Washington, D. C., Nat. Bur. of Stand.) D. JÖRCHEL. 114

Constantin Kurylenko, *Bemerkungen über das K-Absorptionsspektrum der Röntgenstrahlen des Oxydes Al_2O_3 (Typ Korund).* Vf. nimmt Bezug auf eigene Unterss. (vgl. C. **1956.** 1798) u. Unterss. von RUNDSTRÖM (vgl. Ark. Fysik **12.** [1957.] 287) u. stellt fest, daß die selektiven BRAGGschen Reflexionen der elektron. Wellen auf den Netzebenen (220); (321); (310) u. $(2\bar{1}\bar{1}; 11\bar{2})$ die genaue Lage der K-Diskontinuität von Al_2O_3 maskieren u. mit dieser Diskontinuität ein Schwärungsminimum auf der Seite der langen Wellen. Die Wellenlänge der K-Diskontinuität von Al_2O_3 würde von der Größenordnung 7919,75 KX sein. Daraus folgt, daß ihre Verschiebung mit Bezug auf die K-Diskontinuität des *reinen Al* — 11,91 ± 0,50 KX sein würde. (Cahiers de Physique **12.** Nr. 89 bis 100. 237—39. Mai/Juni 1958.) C. GOTTFRIED. 116

J. Mason, *Distickstofftrioxyd. Einige Beobachtungen bezüglich des elektronischen Spektrums und der Struktur.* An N_2O_3-Lsgg. in Toluol, Ae. u. aliphat. KW-Stoffen führt Vf. bei — 80° spektrophotometr. Messungen im sichtbaren u. nahen UV-Gebiet durch. Die blaue Farbe der Toluollsgg. wird durch eine schwache Absorptionsbande (ε_{max} = 20,1) bei λ_{max} 6620 Å verursacht, die keine Feinstruktur aufweist u. der Nitroalkan-Bande ähnlich ist; die Oscillatorstärke beträgt $f \sim 4,5 \cdot 10^{-4}$. Mit steigender Polarität des Lösungsm. erfährt diese Bande eine Blauverschiebung. Eine weitere, starke Bande ($\varepsilon_{max} > 2500$) liegt im nahen UV bei < 3500 Å. Auf Grund elektronentheoret. Überlegungen in Verbindung mit spektroskop. u. thermochem. Daten ordnet Vf. die Bande bei 6620 Å einem Nitroso-n_N-π^*-Übergang u. die im nahen UV gelegene Bande einem π-π^*-Übergang in einem Nitro–Nitroso-Mol. mit nur einer π-N-N-Bindung zu. Eine Nitritostruktur, sowie eine Nitro–Nitroso-Struktur mit einer $(\sigma + \pi)$-N-N-Bindung würde mit dem Absorptionsspektr. der N_2O_3-Lsgg. im sichtbaren Gebiet u. mit der geringen Dissoziationswärme von N_2O_3 kaum in Einklang zu bringen sein. (J. chem. Soc. [London] **1959.** 1288—95. März. London, Univ. Coll., William Ramsay and Ralph Forster Labors.) D. ERTEL. 118

S. W. Shidkowa, *Über die Bestimmung der wahren Absorption adsorbierter Substanzen aus den Spektren der diffusen Reflexion.* Es wurden die Adsorptionsspektren von adsorbierten Pulvern untersucht, deren Teilchen eine nur oberflächliche Färbung besitzen. Alle physikochem. Faktoren, die die Spektren beeinflussen, mußten eliminiert werden. Es konnten dann einige Gesetzmäßigkeiten ermittelt werden, die die Maxima u. Minima der Kurven k(λ), —logR(λ) u. D(λ) beeinflussen (Korngröße u. a.). K = wahre Adsorption, R = Reflexionskoeff., D = Adsorption des Prüffilms. (Известия Академии Наук СССР, Серия Физическая [Nachr. Akad. Wiss. UdSSR, physik. Ser.] **21.** 1500—01. Nov. 1957.) A. v. WILPERT. 119

P. Camagni, *Thermische Umwandlungen der F- und Z_2-Zentren in zweiwertigpositive Verunreinigungen enthaltenden Alkalihalogeniden.* Zur Unters. gelangten *KCl*-Kristalle, die aus einer Schmelze erhalten worden waren, die geringe Mengen $SrCl_2$ enthielt; der Geh. an Sr^{++} betrug etwa 10^{-4} Mol. Die Verfärbung wurde durch Erhitzen auf ~ 570° im Na-Dampf erhalten. Die Best. der Banden geschah spektrophotometrisch. Eine Umwandlung $F \rightarrow Z_2$ wurde durch Erhitzen auf Tempp. zwischen 80 u. 110° beobachtet; hierbei verschwindet die Bande des F-Zentrums, während gleichzeitig die des Z_2-Zentrums auftritt. Durch längeres Erhitzen auf 100° strebt die Anzahl der F- u. Z_2-

Zentren einem Gleichgewicht zu. Andererseits verschwindet beim Erhitzen auf 158° allmählich die Bande der Z_2-Zentren u. die Bande der F-Zentren nimmt mit zunehmender Erhitzungszeit an Intensität zu. Der Unterschied zwischen den Aktivierungswärmen der beiden Zentren zwischen 100 u. 158° beträgt 0,32 eV/Zentrum. (Suppl. del Nuovo Cimento Nr. 2 (zu [10] 9). 372—76. 1958. Pavia, Univ., Ist. di Fis.) C. Gottfried. 119

Vladimir Schwetzoff, *Über die optischen Eigenschaften dünner photoelektrischer Schichten. Der Fall mikrokristalliner Bleisulfid-Schichten.* Vf. berechnet die opt. Eigg. von PbS-Schichten an Hand eines Modells, nach dem eine PbS-Schicht mit $n = 4$ von zwei Oxydschichten mit $n = 2$ u. einer Dicke $\ll \lambda$ begrenzt ist. Es zeigt sich u. wurde experimentell bestätigt, daß photoleitende oxydierte Schichten weniger ausgeprägte Interferenzen aufweisen als nichtoxydierte weniger gut photoleitende Schichten u. daß durch die Sensibilisierung (Oxydation) gleichzeitig die Absorption verstärkt wird. (C. R. hebd. Séances Acad. Sci. **248.** 2859—61. 20/5. 1959. Paris, Observat.) D. Jörchel. 119

Wilbur Kaye, *Hohe Auflösung des Infrarotspektrums von Ammoniak.* Das NH_3-Spektr. kann mit dem im Handel befindlichen „Beckman IR–7 Prismen-Gitter-Spektrophotometer" mit einem Grad der Auflsg. erhalten werden, der alles übertrifft, was bisher in der Literatur beschrieben ist. — Vf. geht auf verschied. Einzelheiten, wie Verunreinigung durch W.-Dampf, Lage einzelner Absorptionsbanden, Einfl. des Gasdrucks, ein. (Analytic. Chem. **31.** 1127. Juni 1959. Fullerton, Calif., Beckman Instruments, Inc.) W. Betcke. 120

Walter J. Lehmann, Jerome F. Ditter und **I. Shapiro,** *Infrarotspektren von partiell deuterierten Diboranen.* Vff. messen die IR-Spektren von 2 bis 15 μ von im Gleichgewicht befindlichen Mischungen von B_2H_6 u. B_2D_6 (von 0—99,3% D). Die Mischungen wurden durch Vereinigung beider Komponenten im gewählten Verhältnis u. anschließendes Erhitzen auf 50° 30 Min. lang zur Einstellung der H–D-Gleichgewichte bereitet, so dann wurde das Gemisch zur Abtrennung eventuell gebildeter höherer Borane auf —150° abgekühlt. Die so bereiteten Mischungen von B_2H_6 u. B_2D_6 enthalten 21 verschied. Verbb., die 7 Summenformeln B_2H_6, B_2H_5D, $B_2H_4D_2$, $B_2H_3D_3$, $B_2H_2D_4$, B_2HD_5 u. B_2D_6 entsprechen; jede dieser 21 Komponenten steht mit den anderen Komponenten im Gleichgewicht, daher ist eine Trennung auf chem. oder physikal. Wege nicht möglich. Vff. erhalten jedoch durch spektroskop. Kompensation der anderen im Gleichgewicht befindlichen Komponenten die Spektren der den Formeln B_2D_5H u. B_2H_5D (je 2 Isomere) entspr. Verbindungen. Die beobachteten u. nicht beobachteten Fundamental-Frequenzen werden den 4 Verbb. zugeordnet durch Vgl. mit den bekannten Spektren des B_2H_6 u. B_2D_6 u. durch Anwendung der Nichtkreuzungs-, der Produkt- u. der Summenregel. Vergleiche mit den bekannten Spektren der partiell deuterierten Äthylene u. des Dimethylaminodiborans bestätigen die getroffenen Zuordnungen. (J. chem. Physics **29.** 1248—56. Dez. 1958. Pasadena, Calif., Olin Mathieson Chem. Corp., Res. Labor.) L. Schwiegk. 120

E. A. Ballik und **D. A. Ramsay,** *Infrarot-Emissionsspektren eines Kohle-Ofens.* Vff. untersuchen das IR-Spektr., das ein mit CO gefüllter Kohle-Ofen vom King-Typ, der durch elektr. Widerstandsheizung beheizt wurde, aussendet. Oberhalb 2600° wurde ein neues Banden-Syst. aufgefunden; Vff. ordnen es einem $^3\Sigma_g^- \rightarrow {}^3\Pi_u$-Übergang des C_2-Mol. zu. Die stärkste Bande hat eine R-Spitze bei 5656,2 cm^{-1}, ihre Intensität nimmt mit steigender Temp. zu, die Bande hat eine Triplett-Struktur. Weiterhin wurden 3 schwächere Banden beobachtet, geordnet nach abnehmender Intensität liegen die R-Spitzenwerte bei 7103,0 4040,1 u. 8526,1 cm^{-1}.] Das zweite neu entdeckte Bandensyst. besteht aus einer Gruppe von 6 oder 7 Banden im Gebiet von 4400—5100 cm^{-1}. Es wurde bei einer Temp. von ca. 2400° erhalten, wenn der Ofen mit Si beschickt wurde. (J. chem. Physics **29.** 1418—19. Dez. 1958. Ottawa, Nat. Res. Council, Div. of Pure Phys.) L. Schwiegk. 120

Joseph Berkowitz, *Molekülstruktur und Schwingungsspektren von Alkalihalogenid-Dimeren.* Vf. berechnet die Mol.-Struktur u. die IR-akt. Schwingungsfrequenzen der Alkalihalogenid-Dimeren (*LiF, LiCl, LiBr, LiJ, NaF, NaCl, NaBr, NaJ, KF, KCl, KBr, KJ, RbCl, CsCl*) unter der Annahme eines ion. Modells. Die Ergebnisse liefern weitere Hinweise für die Ggw. großer Konzz. an Dimeren bei den Li-Halogeniden. Die bereits früher durchgeführte Zuordnung der IR-Banden zu den monomeren Alkalihalogeniden wurde verifiziert; es sprechen verschied. Anzeichen für die Abwesenheit von dimeren Banden. Durch diese Unters. werden einige Inkonsequenzen bei den durch Molekularstrahl-Unterss. erhaltenen Dimerisationsenergien aufgezeigt. (J. chem. Physics **29.** 1386—94. Dez. 1958. Lemont, Ill., Argonne Nat. Labor.) L. Schwiegk. 120

Hans Christoph Wolf, *Der Molekularverstärker.* Bericht über physikal. Grundlagen u. Ausführungsformen des Molekularverstärkers nach dem Stande von Juni 1958.

Es werden der NH_3-Maser, Festkörpermaser mit zwei u. drei Niveaus, Maser mit opt. Pumpen, Mikrowellenverstärker mit ferromagnet. Resonanzen, ferner Anwendungsbereich u. Empfindlichkeit der Maser behandelt. (Z. angew. Physik **10.** 480—88. Okt. 1958. Stuttgart, TH, II. Physikal. Inst.) H. C. WOLF. 121

F. J. Adrian, *Zeeman-Quadrupolspektrum des Cyanurchlorids.* Die Unters. der ZEEMAN-Aufspaltung der reinen ^{35}Cl-Quadrupolresonanzen in Cyanurchlorid bestätigten die Vermutung, daß dieses Mol. planar ist u. eine dreizählige Rotationsachse senkrecht zur Molekülebene hat. Die planaren Moll. liegen alle in den (1,0,1)-Ebenen des monoklinen Kristalls. Wahrscheinlich sind alle Moll. innerhalb dieser Ebenen derart orientiert, daß jedes Mol. eine C–Cl-Bindung längs der kristallograph. b-Achse hat, wobei die Bindungen benachbarter Moll. alternierend parallel u. antiparallel zu dieser (0,1,0)-Achse liegen dürften. Der Feldgradient-Asymmetrieparameter beträgt für alle Cl-Atome 0,24. Das Ergebnis wird im Hinblick auf die Wrkg. der Ring–N-Atome auf den Doppelbindungscharakter der C–Cl-Bindung gedeutet. (J. chem. Physics **29.** 1381—85. Dez. 1958. Silver Spring, Md., Johns Hopkins Univ., Appl. Phys. Labor.) D. JÖRCHEL. 121

Martin Peter, *Paramagnetisches Millimeterwellen-Resonanzspektrum der ^6S-Zustandsverunreinigung (Fe^{3+}) in $MgWO_4$.* Mit dem verwendeten Breitbandspektrometer konnten bei Raumtemp. bei einer Linienbreite von 1 Oe u. einer Zeitkonstanten von 1 sec als geringste Anzahl der Spins in vernünftiger Übereinstimmung mit theoret. Voraussagen $2 \cdot 10^{14}$ nachgewiesen werden. Es wurde das von BOWERS in leicht mit Ni dotiertem $MgWO_4$ gefundene Spektr. untersucht. Ursprung dürfte eine Verunreinigung im ^6S-Zustand (Fe^{3+}) sein. Als Werte für die Parameter der Spin-HAMILTON-Funktion wurden bestimmt: $S = 5/2$, $D = -20{,}6$ kMHz. $E = +5{,}22$ kMHz, $g = 2{,}0$ ($T = 78^0$ K). Die y-Achse liegt parallel zu b-Achse. Die z-Achse ist gegen die a-Achse in Richtung auf die c-Achse um $41{,}5^0$ geneigt. (Physic. Rev. [2] **113.** 801—03. 1/2. 1959. Murray Hill, N. J., Bell Telephone Labors.) D. JÖRCHEL. 121

A. P. Iwanow, *Untersuchung der Gesetzmäßigkeiten beim Leuchten feindisperser luminescierender Medien.* Bei der Unters. der Luminescenz von Glaspulver des Glases ShSs–9 wurden (theoret.) Formeln entwickelt (sie sind nicht angeführt), die die Intensität der Luminescenz sowohl von der Seite der Einstrahlung wie von der entgegengesetzten Seite kennzeichnen. Die Ausdrücke gelten für die Anregung der Luminescenz durch UV-Licht wie auch durch α- u. β-Teilchen. Die Analyse der Berechnungen ergab Gesetzmäßigkeiten für das Leuchten in Abhängigkeit von der Dispersion des Mediums, von dem Absorptions- u. Brechungskoeff., der Schichtdicke u. a. Bei unterschiedlicher Anregung erhält man beim Zerkleinern des Luminophorpulvers in einem Falle ein Ansteigen, im anderen ein Absinken der Leuchtintensität; daraus kann man das tatsächliche Spektr. u. die absol. Luminescenzausbeute beurteilen. Die Glasteilchen waren 5—1000 μ groß. Kurven für 2 verschied. Absorptionskoeffizienten für die Strahlungen $K = 0{,}5$ u. 10 mm^{-1} bei $\lambda = 365$ u. 312 $m\mu$ weisen Übereinstimmung von Theorie u. Vers. nach. (Известия Академии Наук СССР, Серия Физическая [Nachr. Akad. Wiss. UdSSR, physik. Ser.] **21.** 1503—04 Nov. 1957.) A. v. WILPERT. 125

A_3. Elektrizität. Magnetismus. Elektrochemie.

M. Je. Gerzenstein, *Fluktuationskorrelationen im Elektronengas.* 2. Mitt. Der Korrelationstensor für ein Elektronengas mit beliebiger Geschwindigkeitsverteilung wird berechnet. (Журнал Технической Физики [J. techn. Physik] **25.** 834—40. Mai 1955.) M. WIEDEMANN. 131

D. C. Frost und **C. A. McDowell,** *Die Bildung eines negativen Ions aus Stickoxyd durch einen Elektroneneinfangprozeß. Dissoziationsenergie des Stickoxyd-Moleküls.* Vff. untersuchen den Elektroneneinfang durch ein NO-Mol.; das Experiment ergibt, daß die Rk. $NO + e = N + O^-$ bei einem Potential von $6{,}99 \pm 0{,}05$ eV abläuft. Vff. nehmen an, daß sowohl das N-Atom als auch das O^--Ion im Grundzustand entstehen. Unter dieser Annahme errechnet sich die Dissoziationsenergie des NO-Mol. zu $6{,}34 \pm 0{,}25$ eV. Dieser Wert steht in guter Übereinstimmung mit dem Literaturwert von 6,5 eV. Der zweite in der Literatur als möglich angegebene Wert beträgt 5,3 eV. Dieser Wert läßt sich durch die Experimente nicht bestätigen, auch nicht durch die Annahme, daß die beiden bei der Rk. entstehenden Teilchen nicht im Grundzustand entstehen. (J. chem. Physics **29.** 1424—25. Dez. 1958. Vancouver, Brit. Columbia, Canada, Univ. of British Columbia, Dep. of Chem.) L. SCHWIEGK. 131

A. J. C. Nicholson, *Messung der Ionisationspotentiale durch Elektronenstoß.* Es wird ein Vgl. zwischen den verschied. Methoden zur Best. der Ionisationspotentiale aus durch Elektronenstoß gewonnenen Ionenstromkurven durchgeführt, der folgendes zeigt: 1. Die Meth. des verschwindenden Stromes u. die logarithm. Methoden liefern auf ± 0,1 eV genaue Potentiale, höhere Genauigkeiten sind wegen der zugrundeliegenden Annahmen nicht zu erwarten. Die Ggw. von Feinstrukturen in der Ionenstromkurve führt mitunter zu fehlerhaften Ergebnissen. 2. Die von MORRISON (C. **1956**. 8536) angegebene Meth. des 2. Differentials liefert für einfache Atome bis auf ± 0,02 eV genaue Potentiale u. läßt durch Mangel an Auflösung bedingte Fehler leicht erkennen. 3. Die Methoden der monoenerget. Elektronen liefern zwar etwas bessere Werte als nach 2., erfordern jedoch komplizierte Apparate u. eine Sonderkonstruktion der Massenspektrometer-Ionenkammer. — Die Überlegenheit der Methoden nach 2. u. 3. besteht in der Erfassung der Feinstruktur. Bei allen Methoden sollte darauf geachtet werden, daß der Elektronenstrom so klein wie möglich gehalten wird. (J. chem. Physics **29**. 1312—18. Dez. 1958. Melbourne, Commonwealth Sci. and Ind. Res. Organizat., Div. of Ind. Chem., Chem. Phys. Sect.) D. JÖRCHEL. 131

P. S. Rudolph, C. E. Melton und **G. M. Begun,** *Bildung von NO^- in Stickoxyd und Stickoxydul durch Elektronenstoß.* Unter Verwendung von markierten Verbb. wurden die massenspektroskop. Unterss. von KNOX u. BURTT (vgl. C. **1959**. 1016) wiederholt. Graph. ist die beobachtete Intensität von NO^- von N_2O in Abhängigkeit vom Druck wiedergegeben. Die Funktion wird bei einem Druck von etwa $8 \cdot 10^{-6}$ nichtlinear, was auf den Beitrag einer sek. Rk. auf den Ionenstrahlen hindeutet. Das Verhältnis NO^-/O^- ist etwa $^1/_{1000}$ bei 25 eV-ionisierenden Elektronen u. einen Quellendruck von $1 \cdot 10^{-6}$ mm Hg. Substitution von $^{14}N\ ^{15}NO$ u. $^{15}N\ ^{14}NO$ geben Ionen von 31 bzw. 30 m/e. Hieraus kann man schließen, daß die NO^--Ionen fast ausschließlich durch Spalten der N–N-Bindung gebildet werden. NO^- u. O^- wurden auch im Massenspektr. von NO beobachtet. Das Verhältnis NO^-/O^- war $^3/_{10000}$ für 25 eV-ionisierende Elektronen u. einem Quellendruck von $1 \cdot 10^{-6}$ mm Hg. Substitution von ^{15}NO für ^{14}NO verschob die Massenposition von 30 auf 31, wodurch die Identität von NO^- bestätigt wurde. (J. chem. Physics **30**. 588—89. Febr. 1959. Oak Ridge, Tenn., Oak Ridge Nat. Labor., Chem. Div.) C. GOTTFRIED. 131

Daniel Porte, *Herstellung einer Protonenquelle mit Niederspannungsbogen.* Es werden Aufbau u. Betrieb einer modifizierten PENNING-Quelle beschrieben, die einen zusätzlichen erhitzten W-Draht als Quelle der prim. ionisierenden Elektronen besitzt. Sie zeichnet sich dadurch aus, daß die Bogenzündspannung mit der Größe des Magnetfeldes wächst u. mit steigendem Druck abnimmt, ohne jedoch jemals 200 V zu überschreiten. Als von den Betriebsdaten nahezu unabhängiges Ergebnis einer Analyse des Ionenbündels ergaben sich: H_1^+ 17%, H_2^+ 34%, H_3^+ 28% u. (N_2^+ u. andere) ca. 20%. (C. R. hebd. Séances Acad. Sci. **245**. 2233—36. 16/12. 1957.) D. JÖRCHEL. 131

W. Haidinger, *Ein Beitrag zur Kenntnis der brennflecklosen Bogenentladung.* Beim brennflecklosen Bogen muß der Elektronenstrom vollständig durch therm. Emission erzeugt werden. Der Umschlag vom Bogen mit zu dem ohne Brennfleck kann daher, wie hier experimentell gezeigt wird, durch die Form der Kathode u. leichter emittierende Stoffe in einer Hohlkathode zu kleineren Strömen verschoben werden. Als emittierendes Material wurden ThO_2 u. BaO gewählt, der Umschlagstrom konnte von ca. 16 A bei n. geformter Kathode auf < 2 A, entspr. Tempp. von 3000° u. 1600° reduziert werden. Außerdem wurde die Wiederzündspitze bei Wechselstrombetrieb untersucht. (Z. Physik **151**. 106—13. 23/4. 1958. Eindhoven, N. V. Philips, Phys. Labor., Abt. Licht.) C. REUBER. 131

T. Kennedy, D. S. Payne, R. I. Reed und **W. Snedden,** *Die Massenspektren von Phosphor(V)-halogeniden. „Phosphorpentachlorid" $[PCl_4]^+[PCl_6]^-$* (**I**) u. eine Verb. der empir. Zus. P_2Cl_9F (**II**) wurden massenspektrometr. untersucht. Bei einer Ionisationsenergie von 50 eV traten im **I**-Zerfallsdiagramm zahlreiche peaks auf, die Vff. den Teilchen P_2Cl_n (n = 1—3, 5, 7, 9) zuordnen; daneben waren noch peaks vorhanden, denen Teilchen mit nur 1 P-Atom zugeordnet werden. Bei der **II**-Unters. stellten Vff. Ggw. folgender Teilchen fest: P_2Cl_nF (n = 1—3, 5—9), daneben Zerfallsprodd. mit nur 1 P-Atom. Die Vers.-Ergebnisse werden im Zusammenhang mit einem mutmaßlichen Zerfallsmechanismus krit. diskutiert. (Proc. chem. Soc. [London] **1959**. 133. April. Glasgow, Univ.) D. ERTEL. 131

A. Piekara und **S. Kielich,** *Theorie der Orientierungseffekte und verwandter Erscheinungen in dielektrischen Flüssigkeiten.* Ohne besondere Annahmen über die Natur der zwischenmol. Kräfte u. ein Modell der mol. Wechselwrkg. werden Formeln für die mol. Konstanten 5 linearer Effekte der mol. Orientierung in Fll. abgeleitet: dielektr. Sättigung in elektr., magnet. u. opt. Feldern sowie elektr. u. magnet. Doppelbrechung. Bei Moll. mit axialer Symmetrie lassen sich 4 Korrelationsfaktoren ableiten, die in den Formeln der mol. Konstanten des COTTON-MOUTON- u. des KERR-Effekts sowie der Sättigungeffekte auftreten u. als Funktionen des Winkels zwischen den Symmetrieachsen zweier Moll. bei Abwesenheit eines äußeren Feldes angegeben werden. Die Theorie erlaubt Voraussagen über die magnetodielektr. Sättigung in diamagnet. Fll. u. die photodielektr. Sättigung u. verbindet diese Effekte mit der magnet. oder elektr. Doppelbrechung, außerdem liefert sie eine quantitative Erklärung des in einigen polaren Fll. beobachteten, die DK vergrößernden inversen Sättigungseffekts. Eine Anwendung der Theorie auf die Lichtstreuung in Fll. u. die Gefrierpunktserniedrigung, bei der orientierungsabhängige zwischenmol. Kräfte eine wichtige Rolle spielen, liefert befriedigende Ergebnisse. (J. chem. Physics **29.** 1297—05. Dez. 1958. Poznań, A. Mickiewicz Univ., Polish Acad. of Sci., Inst. of Phys.) D. JÖRCHEL. 132

Graham Williams, *Die Messung von Dielektrizitätskonstanten und Verlustfaktoren von Flüssigkeiten und Lösungen zwischen 250 und 920 MHz durch eine coaxiale Transmissionslinie.* Vf. beschreibt eine Meth. zur Messung der dielektr. Eigg. fl. Systeme im Frequenzbereich 250—1000 MHz (u. höher), die im wesentlichen auf dem von ROBERTS, WESTPHAL u. VON HIPPEL (J. appl. Physics **17.** [1946.] 610) vorgeschlagenen Verf. beruht. Die Genauigkeit der an den Systemen *Wasser, Tetra-n-butylammoniumpikrat-Dioxan, Benzophenon-Xylol* u. *Chlorbenzol* gemessenen hohen und niedrigen ε'- u. ε''-Werte wird mit den nach anderen Methoden in diesem Bereich erhaltenen Daten verglichen. Verdampfungsverluste, Feuchtigkeitseinw. u. Tempp. der Fll. lassen sich bei der beschriebenen Meth. leicht kontrollieren. (J. physic. Chem. **63.** 534—37. April 1959. Aberystwyth, Wales, Univ. Coll. of Wales, Edward Davies Chem. Labors.) D. ERTEL. 132

Graham Williams, *Die Bestimmung dielektrischer Daten von Flüssigkeiten und Lösungen.* (Vgl. vorst. Ref.) Vf. schlägt eine Reihe nützlicher Abänderungen u. Verbesserungen elektr. Methoden zur Best. dielektr. Parameter von polaren Fll. u. Lsgg. vor u. erläutert diese an Beispielen. Eine vergleichende Betrachtung der für verd. Lsgg. u. reine Fll. geltenden Beziehungen für die Relaxationszeit, die Durchführung einfacher graph. Methoden zur Best. der Relaxationszeit u. ihres Verteilungsfaktors für die wichtigsten Fälle, sowie die Berechnung von Dipolmomenten nach der Gleichung von GUGGENHEIM (Trans. Faraday Soc. **45.** [1949.] 714) unter Verwendung der von SMYTH (J. Amer. chem. Soc. **72.** [1950.] 3447) angegebenen dielektr. Parameter wird beschrieben. (J. physic. Chem. **63.** 537—40. April 1959.) D. ERTEL. 132

W. A. Bokow, *Über die Natur der hohen dielektrischen Permeabilität einiger fester Lösungen mit seignetteelektrischen Eigenschaften.* (Vgl. C. **1959.** 5029.) Messung der Temperaturabhängigkeit der dielektr. Susceptibilität u. des Verlustwinkels in schwachen elektr. Feldern an einer Reihe von festen Lösungen: $(Ba,Sr)TiO_3$, $Ba(Ti,Sn)O_3$ u. $Ba(Ti,Zr)O_3$. Auf Grund vorliegender Daten über die Temperaturabhängigkeit der Koerzitivkraft u. der Beweglichkeit der Domänen wird der Charakter der Temperaturabhängigkeit des Verlustwinkels erklärt. Die hohen Werte der dielektr. Susceptibilität verschied. fester Lsgg. sind durch die erhebliche Orientierungs-Polarisation zu erklären. Die Hystereseverluste je Cyclus sind im Bereich nicht zu starker Felder proportional zur 3. Potenz der Feldstärke des Wechselfeldes, im Bereich starker Felder eine lineare Funktion der Wurzel aus der Feldstärke. (Журнал Технической Физики [J. techn. Physik] **27.** 1784—93. Aug. 1957. Leningrad, Akad. der Wiss. der UdSSR, Halbleiterinst.) F. LENZ. 132

Otto Böttger, *Über die Leistungsgrenzen der thermoelektrischen Effekte bei Halbleitern.* Als „Thermometallzahl" wird das dimensionslose Verhältnis aus dem Quadrat der Thermokraft eines Thermoelementes u. dem Quadrat der Summe aus den Quadratwurzeln der WIEDEMANN-FRANZ-LORENZ-Zahl der beiden Metalle definiert. Davon kommt man zur absol. Thermometallzahl bei Betrachtung eines Elementes aus Materialien mit gleichen u. nur entgegengesetzt gerichteten Eigenschaften. Für zahlreiche Metalle wurde die Thermokraft untersucht. Eine Abschätzung für die obere Grenze der absol. Thermometallzahl führt zu einem maximalen, theoret. Wirkungsgrad von etwa 13% für ein symm. Thermoelement bei 400° Temperaturdifferenz. (Z. Physik **151.** 296—306. 8/5. 1958. Halle-Wittenberg, Martin-Luther-Univ., II. Phys. Inst.) C. REUBER. 133

Ernest Baumgardt, *Über den statistischen Charakter der Photonenabsorption.* Vf. berichtet über einen Vers., der den statist. Charakter der Photonenemission u. -absorption beweist. Mit Hilfe einer Sb–Cs-Photokathode u. einem nachgeschalteten 20-Stufen-Multiplier (mittlere Verstärkung $5 \cdot 10^7$), die ein sehr kleines Untergrundrauschen (bei ca. — 70° nur im Mittel 8 Elektronen/sec) besaßen, konnten bei einer hinreichend schwachen Beleuchtung mit gefiltertem gestreutem Licht einer W-Lampe isolierte Photonen registriert werden. Unter Berücksichtigung des Umstandes, daß die Elektronenverstärkung im Multiplier selber statist. Natur ist, konnte gezeigt werden, daß die prim. Elektronenemission der Photokathode dem POISSONschen Gesetz gehorcht. (C. R. hebd. Séances Acad. Sci. **245.** 2236—38. 16/12. 1957.) D. JÖRCHEL. 134

S. Maruse und **Y. Sakaki**, *Über einige elektronenoptische Eigenschaften der Spitzenkathode.* Bericht über Messungen des Richtstrahlwertes an Spitzenkathoden (vgl. SAKAKI u. MÖLLENSTEDT, C. **1957.** 3740). Die Richtstrahlwerte liegen um 2 bis 3 Zehnerpotenzen höher als bei Glühkathoden gleicher Temperatur. Es wird vermutet, daß die hohe Emission im wesentlichen auf den SCHOTTKY-Effekt zurückzuführen ist, d. h. auf die Erniedrigung der Austrittsarbeit bei hohen elektr. Feldstärken an der Kathodenoberfläche. (Optik **15.** 485—91. Aug. 1958. Nagoya, Univ., Elektrotechn. Inst.) F. LENZ. 134

Fritz Lüty, *Feldemission aus angeregten Farbzentren.* Es werden Verss. an additiv verfärbten *KCl*-Einkristallen mit einer Farbzentrenkonz. von einigen 10^{17} cm^{-3} über die gleichzeitige Wrkg. von 5400 Å-Licht u. einer elektr. Spannung bei tiefer Temp. beschrieben. Durch das elektr. Feld wird die F-Bande stark reduziert, mit steigender Feldstärke steigen die Abbaugeschwindigkeit u. die Maximalzahl der abgebauten F-Zentren. Der Abbau entsteht durch ZENER-Emission aus dem angeregten Zustand in das Leitungsband. Die räumliche Ausdehnung eines F-Zentrums wird zu etwa 5 Å Durchmesser abgeschätzt. (Z. Physik **153.** 247—56. 14/11. 1958. Stuttgart, TH, II. Phys. Inst.) C. REUBER. 134

Ch. Kleint und **R. Fischer**, *Feldemission von Silicium- und Tellur-Einkristallen.* Vff. nahmen nach 24std. Ausheizen der Versuchsröhren (Te: 200°, Si: 400°) bei einem Druck von höchstens 10^{-7} Torr die I–1/U-Kennlinien auf. Bei den Si-Einkristallen wird ein Abknicken der Kennlinien zwischen ca. 10^{-10} u. $7 \cdot 12^{-12}$ A gefunden. (Z. Naturforsch. **14a.** 753. Aug. 1959. Leipzig, Karl-Marx-Univ., Phys. Inst.) H. LIEPACK. 134

I. M. Dykman, *Spurmethode beim Problem des Excitons.* (Vgl. C. **1958.** 7027.) Theoret. Unters. der Wechselwrkg. eines Elektrons u. eines Loches mit den Gitterschwingungen in Ionenkristallen nach der von KRIWOGLASS u. PEKAR eingeführten „Spurmeth." (C. **1958.** 1765). Berechnung der Energie des Grund- u. des ersten hier angeregten Niveaus des Syst. u. der Temperaturabhängigkeit der Energie des Grundzustands. Die Änderung der Energie bei tiefen Tempp. wird in erster Linie durch die Schwächung der Wechselwrkg. der geladenen Teilchen mit dem Feld der Polarisationsschwingungen bei Temperaturerhöhung bestimmt u. nicht durch eine Zunahme der kinet. Energie. Zur Beschreibung der fortschreitenden Bewegung des Excitons wird seine effektive Masse berechnet. (Журнал Технической Физики [J. techn. Physik] **27.** 1731—43. Aug. 1957. Akad. der Wiss. der UdSSR, Inst. für Physik.) F. LENZ. 135

Walter Houser Brattain, *Die Oberflächeneigenschaften der Halbleiter.* (Fizikai Szemle [Physikal. Rdsch.] **8.** 109—12. 1958. — C. **1958.** 12017.) J. PLANK. 135

John Bardeen, *Die Entdeckung des Transistoreffekts.* (Fizikai Szemle [Physikal. Rdsch.] **8.** 112—22. 1958. – C. **1958.** 12017.) J. PLANK. 135

M. Deracinois, *Messung des Basiswiderstandes von Schichttransistoren.* Ein Meßplatz für die Messung des Basiswiderstandes von Schichttransistoren (Brücke, Verstärker, Generator — 20 MHz —) wird eingehend beschrieben. (Électronique **1959.** Nr. 148. 11—15. 15/3. Dep. Transmission C. N. E. T.) K. ZÜCKLER. 135

J. Ross MacDonald, *Statische Raumladung und Kapazität für eine einzelne sperrende Elektrode.* Es werden die stat. Raumladungsverteilungen in Materialen mit einer ladungssperrenden u. einer OHMschen Elektrode behandelt, wobei bes. der Fall betrachtet wird, daß Ladungsträger nur eines Vorzeichens beweglich sind u. mit festen Ladungen entgegengesetzten Vorzeichens bimol. rekombinieren können. Die Abhängigkeit des Potentials, der Ladung u. des elektr. Feldes vom Sperrelektrodenabstand wurde, da sich exakte geschlossene Ausdrücke nicht angeben lassen, mit einem Digitalrechner berechnet. Die effektive DEBYE-Länge hängt vom Rekombinationsverhältnis ab, wenn nur Träger eines Vorzeichens beweglich sind. Die Kurven der stat. u. differentiellen Kapazität als Funktion des angelegten Potentials (die ebenso wie die Kurve der Gesamtraumladung in geschlossener Form darstellbar sind) können von der Rekombination herrührende Maxima aufweisen, deren Beobachtung eine einfache Meth. zur Best. des Rekombinationsverhältnisses u. anderer Materialparameter darstellt. Ferner wird der Einfl. einer zusätzlichen, in Reihe mit dem Raumladungsgebiet geschalteten ladungsfreien Schicht auf die differentielle Kapazität untersucht. Diese Kombination stellt, soweit es Kapazitätseffekte betrifft, eine Kombination der MOTTschen u. SCHOTTKYschen Theorien der Gleichrichtung dar u. ist deshalb für die Untersuchung von Schwellschicht-Gleichrichtern u. Materialien mit völlig sperrender Elektrode geeignet. (J. chem. Physics **29.** 1346—58. Dez. 1958. Dallas, Tex., Texas Instrument, Inc.) D. JÖRCHEL. 135

J. Lees und **S. Walton**, *Oberflächenzustände von Germanium.* Es werden Stromstärke–Spannung-Charakteristiken von *W*-Kontakten an n- u. p-halbleitendem Ge aufgenommen u. diskutiert. (Proc. physic. Soc., Sect. B **68.** 1152—53. 1/12. 1955. Wembley, Gen. Electr. Co. Ltd., Res. Labors.) K. FRIEDRICH. 135

G. G. E. Low, *Beeinflussung der Oberflächenleitfähigkeit von Ge durch pulsierende elektrische Felder.* (Vgl. C. **1956.** 23.) Durch Messung der Oberflächenleitfähigkeit wird nachgewiesen, daß das Oberflächenpotential von Ge (n-Halbleiter) beim Anlegen pulsierender elektr. Felder positiv wird. (Proc. physic. Soc., Sect. B **68.** 1154—57. 1/12. 1955. Reading, Univ., Dep. of Phys.) K. FRIEDRICH. 135

I. M. Zidilkowski, *Nernst-Ettingshausen-Effekt in Quecksilbertellurid.* Die experimentelle Unters. des NERNST-ETTINGSHAUSEN-Effekts u. der elektr. Leitfähigkeit ergibt, daß in Abhängigkeit von der Reinheit u. dem Kristallisationscharakter HgTe oberhalb von 200 bis 230° K ein Eigenhalbleiter mit großer Elektronenbeweglichkeit ist. Die maximale Elektronenbeweglichkeit bei Zimmertemp. erreicht bei den untersuchten Proben 1,15 · 10^4 cm^2/V sec. Damit war es möglich, die Theorie des NERNST-ETTINGSHAUSEN-Effekts für den Fall gleicher Elektronen- u. Löcherkonz. unter Bedingungen zu prüfen, die starkem effektivem Magnetfeld nahekommen. Die Übereinstimmung mit der Theorie war gut. Aus den Daten des NERNST-ETTINGSHAUSEN-Effekts wird das Verhältnis aus Elektronen- u. Löcherbeweglichkeit sowie seine Temperaturabhängigkeit bestimmt. Es beträgt bei 300° K 9,7. Die aus dem HALL-Effekt abgeschätzte Elektronenbeweglichkeit ist unterhalb von 200° K proportional zu $T^{3/2}$ u. zwischen 200 u. 500° K zu $T^{-1/2}$. (Журнал Технической Физики [J. techn. Physik] **27.** 1744—52. Aug. 1957. Akad. der Wiss. der UdSSR, Dagestan-Filiale.) F. LENZ. 135

Jaromír Horák, Jiří Klikorka und **Alex Čelikovský**, *Über Zinkselenid.* 3. Mitt. *Gleichrichtender Effekt des Elementes Zn | ZnSe | Al.* (2. vgl. C. **1959.** 16255.) Es wurden Erscheinungen untersucht, die bei der Berührung zwischen metall. Al u. ZnSe u. zwischen metall. Zn u. ZnSe entstehen. An der Berührungsstelle des Al u. ZnSe entsteht keine Sperrschicht. (Chem. Listy **52.** 1996—98. Okt. 1958. [Orig.: tschech.]; Collect. czechoslov. chem. Commun. **24.** 2795—97. Aug. 1959. [Orig.: deutsch.] Pardubice, Vysoká škola chem. technol., Kat. anorg. chem.) V. RŮŽIČKA/Prag. 135

B. Buras und **A. Zaręba**, *Der Einfluß der Röntgenbestrahlung auf die elektrische Leitfähigkeit lichtelektrischer PbS- und Tl_2S-Schichten.* An aufgedampften polykristallinen Schichten aus PbS u. Tl_2S der Dicke $\approx 1\ \mu$ wurde die lichtelektr. Empfindlichkeit untersucht, bes. unter dem Einfl. von Röntgenbestrahlung. (Schichten hoher Lichtempfindlichkeit zeigen Röntgenempfindlichkeit, solche mit geringer Lichtempfindlichkeit sind nicht röntgenempfindlich.) (Bull. Acad. polon. Sci., Cl. III **3.** 425—27. 1955. Polish Acad. of Sci., Inst. of Phys.) K. ZÜCKLER 135

I. D. Konosenko und **W. I. Usstjanow**, *Über die elektrischen Eigenschaften des Systems Blei–Antimon.* Messung der elektr. Leitfähigkeit, des Thermokraftkoeff. u. des HALL-Koeff. in Abhängigkeit von der Temp. u. der Zusammensetzung. Es zeigt sich, daß die elektr. Eigg. vollständig von den Kennzeichen der prim. Lsgg. in den Legierungen abhängen, wobei Sb im Syst. Pb–Sb anscheinend die Rolle eines Anionenbildners spielt. (Журнал Технической Физики [J. techn. Physik] **27.** 1686—94. Aug. 1957. Kiew, Akad. der Wiss. der UkrainSSR, Inst. für Phys.) F. LENZ. 135

R. H. Ritchie, *Wechselwirkung geladener Teilchen mit einem entarteten Fermi-Dirac-Elektronengas.* Es werden Ausdrücke für die Selbstenergie u. die Wechselwirkungswahrscheinlichkeit abgeleitet. (Physic. Rev. [2] **114.** 644—54. 1/5. 1959. Oak Ridge, Tenn., ORNL, Health Phys. Div.) H. LIEPACK. 136

T. Kjeldaas jr., *Theorie der Ultraschall-Cyclotronresonanz in Metallen bei tiefen Temperaturen.* Auf der Grundlage der kombinierten Lösung der BOLTZMANNschen u. der MAXWELLschen Gleichungen für ein Modell des freien Elektrons wird theoret. untersucht, wie weit Messungen der Fortpflanzungseigg. circular polarisierter akust. Scherwellen als Funktion eines parallel zur Fortpflanzungsrichtung angelegten Magnetfeldes Informationen über die Bandstruktur der Metalle zu liefern vermögen. Durch Einbeziehung einer Cyclotronresonanz läßt sich die Behandlung auf allg. Bändermodelle erweitern. Für den Fall, daß die mittlere freie Weglänge größer als die Wellenlänge ist, ergeben sich folgende Hauptaussagen: 1. Es existieren Absorptionskanten, deren Messung die Krümmung der FERMI-Fläche widerspiegelt. 2. Die Gestalt der FERMI-Fläche kann aus der Gestalt der Dämpfungs- u. Dispersionskurven im Absorptionsbereich bestimmt werden. 3. Die Cyclotronfrequenz ist meßbar. Die Ergebnisse 1. u. 2. hängen von den vereinfachenden Annahmen über die Elektron-Schallwellen-Wechselwrkg. ab. (Physic. Rev. [2] **113.** 1473—78. 15/3. 1959. Pittsburgh, Pa., Westinghouse Res. Labors.) D. JÖRCHEL. 136

Joseph-N. Daou, *Untersuchung des elektrischen Widerstandes des Systems Cer-Wasserstoff.* Vf. untersucht den elektr. Widerstand von Ce, das bei 500° mit steigenden Mengen H_2 mindestens 48 Std. behandelt wird. Die Abhängigkeit des relativen Widerstandes R/R_0 vom Verhältnis H/Ce wird mitgeteilt. R/R_0 fällt linear mit wachsender H-Menge bis zur Zus. $CeH_{1,7}$ u. steigt bei $CeH_{1,8}$ wieder stark an. Anzeichen für die Existenz von CeH sind nicht vorhanden. (C. R. hebd. Séances Acad. Sci. **247.** 1595—97. 10/11. 1958.) G. KRIEN. 136

J. H. Van Vleck, *Linienbreite und die Theorie des Magnetismus.* Ausführliche Darstellung der Theorie der Linienbreite u. der Effekte, die zur Linienverbreiterung oder -Verschmälerung in der Kern- und Elektronenspinresonanz führen. (Suppl. del Nuovo Cimento Nr. 3 (zu [10] **6**). 993—1014. 1957. Cambridge, Mass., Harvard Univ.) G. SCHOFFA. 137

J. H. Van Vleck, *Magnetische Eigenschaften der Metalle* (Vgl. vorst. Ref.) Moderne Darstellung der Theorie der magnet. Eigg. der Metalle. (Suppl. del Nuovo Cimento Nr. 3 (zu [10] **6**). 857—86. 1957.) G. SCHOFFA. 137

L. J. E. Hofer und **Ernst M. Cohn,** *Die Sättigungsmagnetisierung der Eisencarbide.* Als Grundlage für eine quantitative Best. der Fe-Carbide in FISCHER-TROPSCH-Katalysatoren u. in Stählen wurden die magnet. Eigg. der Fe-Carbide untersucht. Zu ihrer Darst. wurde Fe_2O_3-Pulver im H_2-Strom bei 208° reduziert u. bei 170° mit CO zu ε–Fe-Carbid carbonisiert. Durch Tempern des Prod. im Vakuum bei 343° bzw. 550° wurde das χ–Fe-Carbid bzw. der Zementit erhalten. Es wurde die spezif. Magnetisierung bei Feldstärken von 2000 bis 10000 Ørsted im Temperaturintervall von 50° bis 350° gemessen. Zur Best. der magnet. Momente wurden die Werte im Hinblick auf Verunreinigungen korrigiert u. auf die Feldstärke ∞ u. 0° K extrapoliert. Das ferromagnet. Moment für das ε-Carbid beträgt 1,70—1,72 BOHRsche Magnetonen pro Fe-Atom, für das χ-Carbid 1,72—1,79 u. für den Zementit 1,72—1,79. Die Fe-Carbide haben also das gleiche magnet. Moment wie metall. Co, so daß auf eine ähnliche Elektronenstruktur geschlossen werden kann. Die paramagnet. Momente liegen höher als die ferromagnet. u. betragen für das χ-Carbid 5,55 u. für den Zementit 3,89 BOHRsche Magnetonen pro Fe-Atom. (J. Amer. chem. Soc. **81.** 1576—82. 5/4. 1959. Pittsburgh, Pa., U. S. Dep. of the Interior, Bur. of Mines, Central Experiment Stat.) J. JASKOWSKY. 137

A. Abragam, *Einfluß der Elektronen auf die Kernspin-Resonanz in diamagnetischen Stoffen: „chemische" Verschiebung und indirekte Wechselwirkungen.* Ausführliche theoret. Darstellung. (Suppl. del Nuovo Cimento Nr. 3 (zu [10] **6**). 1015—62. 1957. Paris, Centre d'Études Nucléaires de Saclay.) G. SCHOFFA. 137

C. J. Gorter, *Paramagnetische Relaxation.* Allgemeiner Überblick über den gegenwärtigen Stand der Theorie der paramagnet. Relaxation. (Suppl. del Nuovo Cimento Nr. 3 (zu [10] **6**). 887—94. 1957. Leiden, Kamerlingh Onnes Labor.) G. SCHOFFA. 137

E. M. Purcell, *Kernmagnetismus und die Kernrelaxation.* Zusammenfassende Darstellung des gegenwärtigen Standes der Theorie. (Suppl. del Nuovo Cimento Nr. 3 (zu [10] **6**). 961—92. 1957. Cambridge, Mass., Harvard Univ.) G. SCHOFFA. 137

M. H. L. Pryce, *Paramagnetismus in Kristallen.* Zusammenfassende Darstellung über den gegenwärtigen Stand der Theorie des Paramagnetismus in Kristallen. (Suppl. del Nuovo Cimento Nr. 3 (zu [10] **6**). 817—56. 1957. Bristol, Univ. Wills Phys. Labor.) G. SCHOFFA. 137

R. Kubo, *Stochastische Theorie der magnetischen Resonanz.* (Suppl. del Nuovo Cimento Nr. 3 (zu [10] **6**). 1063—80. 1957. Tokyo, Univ., Dep. of Phys.) G. SCHOFFA. 137

Harden M. McConnell und **Richard E. Robertson,** *Isotrope Kernresonanzverschiebungen.* Es wird gezeigt, daß man an Hand der isotropen (oder mittleren) Kernresonanzverschiebungen für einen Kern in einem paramagnet. Mol. in Lsg. u. in einem polykrist. Festkörper zwischen den FERMI-Kontakt- u. „Pseudokontakt"-Beiträgen zur isotropen Kernhyperfeinwechselwrkg. unterscheiden kann. Die Pseudokontaktwechselwrkg. ist jene isotrope Hyperfeinkopplung, die von den kombinierten Wrkgg. der Elektronenspin–Kernspin-Kopplung, Elektronenbahn–Kernspinn-Kopplung u. der Elektronenspinbahnwechselwrkg. herrührt. Nähert man die magnet. Hyperfeinwechselwrkg. zwischen dem elektron. Moment u. dem Kernspin durch eine Punktdipolwechselwrkg. an u. ist die isotrope Hyperfeinwechselwrkg. eine ausschließliche Pseudokontaktkopplung, dann übersteigt die isotrope Kernverschiebung in einem polykrist. Festkörper die Verschiebung in der Lsg. um einen Faktor 3 $(g_{\parallel} + g_{\perp})/(g_{\parallel} + 2\, g_{\perp})$, wo $g_{\parallel}$ u. $g_{\perp}$ die spektroskop. Aufspaltfaktoren parallel u. senkrecht zur mol. Symmetrieachse bedeuten. Dagegen sind die von der FERMI-Kontaktwechselwrkg. herrührenden isotropen Verschiebungen im Festkörper- u. Lösungszustand dieselben. (J. chem. Physics **29.** 1361—65. Dez. 1958. Pasadena, Calif., California Inst. of Technol., Gates and Crellin Labors of Chem.) D. JÖRCHEL. 137

Jean Roch, *Vergleich der Empfindlichkeiten der Spektrographen zur Bestimmung von paramagnetischen Elektronenresonanzen im 3 cm-Band.* Die Empfindlichkeit der beiden klass. Spektrographentypen hängt weitgehend vom Wert des Faktors der Hohlraumüberspannung u. vom Koeff. α der Kopplung des Hohlraums an den Leiter ab. An Hand der für 2 Grenzfälle (vernachlässigbares Rauschen u Rauschintensität in der gleichen Größenordnung wie die Signalintensität) aufgenommenen Signal- bzw. Signal/Rausch-Kurven als Funktion von α wird gezeigt, daß beide Schaltungen äquivalent sind u. wie man α optimal zu wählen hat. (C. R. hebd. Séances Acad. Sci. **247.** 59—62. 7/7. 1958. Saint-Claude, Seine-et-Oise, École Norm. Supér. et Fontenay-aux-Roses, Labor. d'Électron. BP 9.) D. JÖRCHEL. 137

J. Eric Nordlander und **John D. Roberts,** *Die magnetischen Kernresonanzspektren. Allylmagnesiumbromid.* Das magnet. Kernresonanzspektr. von *Allylmagnesiumbromid* (I) in Ae. gehört dem Typus einer Verb. AX_4 an, in der A u. X chem. stark verschied. Kerne mit dem Spin 1/2 u. alle X untereinander u. bzgl. A äquivalent sind. Die Tatsache, daß die 1.3-Protonen sich in einer X_4-Gruppe ohne cis- u. Trans-Unterscheidung befinden, läßt auf eine schnelle Drehung um die C–C-Bindungen der Allylgruppe schließen. Alle Strukturmöglichkeiten mit starkem Doppelbindungscharakter fallen somit fort. Eine Deutung des Spektr. ist nur denkbar, wenn man annimmt, daß die beiden möglichen kovalenten Formen von I sich in einem dynam. Gleichgewicht gemäß $BrMg—CH_2—CHCH_2 \rightleftharpoons CH_2CH—CH_2—MgBr$ befinden u. die Lebensdauer einer jeden Form lang genug ist, um eine Rotation um ihre 1.2-C C-Bindung zu ermöglichen. (J. Amer. chem. Soc. **81.** 1769—70. 5/4. 1959. Pasadena, Calif., California Inst. of Technol., Gates and Crellin Labors. of Chem.) J. JASKOWSKY. 137

Luigi Sacconi, Piero Paoletti und **Renato Cini,** *Beiträge zur Koordinationschemie.* 4. Mitt. *Eine paramagnetische Form des Bis-[N-methylsalicylaldimin]-nickel-(II)-Komplexes.* (3. vgl. C. **1958.** 12915.) Durch 2 std. Erhitzen des diamagnet. *Bis-[N-methylsalicylaldimin]-nickel(II)*-Komplexes, $C_{16}H_{16}O_2N_2Ni$, auf 210° erhielten Vff. eine paramagnet. Verb. (I) der gleichen Zus., die in nichtkoordinierenden Lösungsmitteln unlösl. ist. Der Umwandlungsverlauf wurde durch magnet. Messungen bei 180° verfolgt; Vff. fanden $\mu_{eff} = 3{,}4$ B. M. Die Umwandlungswärme der diamagnet. in die paramagnet. Form beträgt —806 ± 70 cal bei 298° K. Für I wird eine polymere Struktur mit oktaedr. Konfiguration u. $4s\,4p^3\,4d^2$-Hybridisierung vorgeschlagen. (J. Amer. chem. Soc. **80.** 3583—84. 20/7. 1958. Palermo, Italy, Univ. of Palermo, Inst. of Gen. Chem.) D. ERTEL. 137

R. W. Snell, *Hochfrequenzmethode zur Messung der Sättigung einer leitenden Flüssigkeit in einem porösen Medium.* Vf. beschreibt eine elektrodenlose Meth. zur Messung der Sättigung einer leitenden Fl., die in den Poren eines porösen Mediums festgehalten wird. Die entwickelte Meth. hängt von der kleinen Änderung in der Resonanzfrequenz ab, wenn sich die Spulenimpedanz mit Änderung in der Wassersättigung ändert. Verss. mit einer schwachen Salzlsg. ergaben, daß man die besten Ergebnisse zwischen 700 kHz u. 1,5 MHz erhält. (Brit. J. appl. Physics **10.** 54. Jan. 1959. Birmingham, Univ., Dep. of Chem. Engng.) C. GOTTFRIED. 138

George Harrington und **Benson R. Sundheim,** *Beobachtungen an für Überführungsmessungen in geschmolzenen Salzen verwendeten Membranen.* Vff. untersuchen die Eignung von 5 Membranmaterialien zu Überführungsmessungen in Salzschmelzen ($AgCl$, $AgNO_3$, $PbCl_2$, $PbBr_2$). Für die einzelnen Materialien wird der elektr. Widerstand u. die Durchlässigkeit für die Salzschmelzen best., es ergibt sich, daß die letztere beim Anlegen eines schwachen Stromes zunimmt. Die erhaltenen Ergebnisse werden diskutiert. (J. physic. Chem. **62.** 1454—55. Nov. 1958. New York, N. Y., New York Univ., Dep. of Chem.) L. SCHWIEGK. 138

M. Mandel, *Ionentransport, Säuren und Acidität.* Für den Ionen- u. speziell den Protonentransport wird die Transportenergie als maßgebend angesehen. Sie setzt sich aus der „inneren" u. der temperaturabhängigen „Wechselwirkungsenergie" zusammen. Es wird gezeigt, daß die „Wechselwirkungsenergie" nicht nur abhängig sein kann von der DK des Lösungsm., sondern auch noch von der Solvatation abhängt. Auf diesen Grundlagen wird eine Theorie der Acidität aufgestellt u. dazu eine Funktion X eingeführt mit einer genau umschriebenen physikal. Bedeutung: $X = 1 - (J)^{sH}_{AH}/(J)^{sH}_{sH}$ [$(J)^{sH}_{AH}$ = Protonentransportenergie eines gelösten Säuremol. AH im Lösungsm. sH; $(J)^{H_s}_{H_s}$ = Eigentransportenergie eines Lösungsm.-Mol. sH im Lösungsm. sH]. Zwei Säuren haben in zwei verschied. Lösungsmitteln dann die gleiche Stärke, wenn ihre X-Werte identisch sind. Der Vgl. der X-Werte in verschied. Lösungsmitteln ermöglicht eine Abschätzung der „Wechselwirkungsenergie". (Analytica chim. Acta [Amsterdam] **15.** 301—11. Okt. 1956. Bruxelles, Univ. libre, Labor. de Chim. Analyt. et Minérale.) G. GÜNZLER. 139

Marcel Rey, Georges Danner und **Maurice Abraham,** *Über eine in Schmelzen zwischen 960 und 1300° C verwendbare Bezugselektrode.* Beschreibung einer genügend reversiblen, unpolarisierbaren, beständigen u. reproduzierbaren Elektrode, die auf dem

System Ag/Ag^+ beruht u. oberhalb 960° (F. des Ag) verwendbar ist. Sie besteht aus einem Pythagorasröhrchen, das im unteren Ende metall. Ag u. reines K_2SO_4 (F. 1076°) bzw. ein eutekt. K_2SO_4–Li_2SO_4-Gemisch (F. 535°), einen durchgehenden, den Elektrolyten nicht berührenden Pt-Draht zur Spannungsabnahme sowie Ar als bei den Betriebs-Tempp. genügend leitendes Füllgas enthält u. durch Verschmelzen mit einer Pyrexkappe abgedichtet ist. Zusatz von Ag_2SO_4 kann erfolgen, ist aber nicht erforderlich, da sich beim Erhitzen Ag^+ bildet. Sulfate sind geeigneter als Chloride; sie sind stabiler u. weniger flüchtig u. liefern beständigere u. besser reproduzierbare Elektroden. (C. R. hebd. Séances Acad. Sci. **248.** 2868—70. 20/5. 1959. Saint-Ouen, Soc. d'Électrochim., d'Électromét. et des Aciéries d'Ugine, Serv. Centr. de Rech.) A. BLASCHETTE. 140

William B. Treumann und **Leslie M. Ferris,** *Die Simultanbestimmung der Stabilitätskonstante für das $CdCl^+$-Ion und das Normalpotential der Zelle Cd–Hg/$CdCl_2$(m)/AgCl/Ag bei 25°.* Das Potential der Zelle Cd–Hg/$CdCl_2$(m)/AgCl/Ag wurde bei 24,96 ± 0,02° bei verschied. $CdCl_2$-Konzz. gemessen. Für jede $CdCl_2$-Konz. berechneten Vff. Werte für die Stabilitätskonstante K des *$CdCl^+$*-Ions. Sie verwendeten dafür verschiedene Näherungswerte für das Normalpotential. Der E_0-Wert, der den am besten konstanten K-Wert lieferte, wurde als der optimale Wert für das Normalpotential obiger Zelle angesehen. In dieser Weise bestimmten Vff. E_0 = 0,5745 ± 0,0002 absol. V u. K = 90 ± 4. (J. Amer. chem. Soc. **80.** 5048—50. 5/10. 1958. Fargo, N. D., North Dakota Agricult. Coll., Ladd Chem. Labor.) D. ERTEL. 140

William B. Treumann und **Leslie M. Ferris,** *Die Bestimmung einer thermodynamischen Stabilitätskonstante für das Cadmiumcitratkomplexion bei 25° mit einer EMK-Methode.* (Vgl. vorst. Ref.) Die Stabilitätskonstante des *Cadmiumcitratkomplexions* wurde bei 24,96 ± 0,02° durch EMK-Messungen an der Zelle Cd–Hg/$CdCl_2$, Na-Citrat/AgCl/Ag zu K = 2,3 · 10^5 bestimmt. Vff. bedienten sich dabei der von HARNED u. EHLERS (J. Amer. chem. Soc. **54.** [1932.] 1350) entwickelten Methode. (J. Amer. chem. Soc. **80.** 5050—52. 5/10. 1958.) D. ERTEL. 140

H. A. Laitinen und **J. W. Pankey,** *Halogen-, Eisen- und Vanadinpotentiale im Eutektikum Lithiumchlorid–Kaliumchlorid.* Die Elektrodenpotentiale von *Chlor-*, *Brom-*, *Jod-*, *Eisen-* u. *Vanadin*-Systemen im Eutektikum *LiCl–KCl* wurden bei 450° gemessen. Bezugselektrode war ein in Berührung mit Pt(II)-Lsgg. stehendes Pt-Blech. Die Halogenelektroden wurden durch Umspülen einer Graphit-Indicatorelektrode mit Halogendampf in den eutekt. Lsgg. des jeweiligen Halogenids realisiert: X_2 (1 Atm.), C, X^- (1 mol.), Pt(II) (1 mol.), Pt(X = Cl, Br, J). Fe(II)- u. V(II)-Ionen erhielten Vff. durch anod. Auflösen der betr. Metalle; die Metalle selbst dienten in diesen Fällen als Indicatorelektroden. Die Konz.-Abhängigkeit der Potentiale der zweiwertigen Ionen wurde bestimmt. Lsgg. von Fe(III) u. V(III) wurden durch anod. Oxydation der eutekt. Lsgg. der zweiwertigen Ionen mittels Graphitelektroden erhalten. Bei verschied. Verhältnissen Fe(II)/Fe(III) u. V(II)/V(III) führten Vff. Potentialmessungen durch (Graphitindicatorelectrode). Sie ermittelten folgende Normalpotentiale: Cl_2/Cl^- + 0,322 V, Br_2/Br^- + 0,177 V, J_2/J^- — 0,207 V, Fe(III)/Fe(II) + 0,86 V, Fe(II)/Fe(0) — 1,172 V, V(III)/V(II) — 0,748 V, V(II)/V(0) — 1,533 V. (J. Amer. chem. Soc. **81.** 1053—58. 5/3. 1959. Urbana, Ill., Univ. of Illinois, Noyes Chem. Labor.) D. ERTEL. 140

Ted B. Flanagan und **F. A. Lewis,** *Elektrodenpotentiale des Systems Palladium–Wasserstoff.* Vff. messen das Potential einer Pd/H_2-Elektrode in 2 n H_2SO_4 bei 25° gegen eine Normalwasserstoffelektrode in Abhängigkeit von der Zeit. Gleichzeitig best. Vff. den elektr. Widerstand der Pd-Elektrode. Es ergibt sich, daß ein anfängliches Potential von 80 mV in 100 Std. auf den Wert 0 zurückgeht. Dabei steigt der Widerstand des Pd-Drahtes von R_0 auf ca. 1,8 · R_0 an. Nach 100 Std. bleibt sowohl Potential als auch Widerstand konstant. In diesem Zustand lag eine Pd–H-Lsg. von 0,69 ± 0,01 H/Pd (Atomverhältnis) vor. Eine Verkürzung der Anlaufzeit der Pd/H_2-Elektrode läßt sich durch vorherige Aktivierung des Pd erreichen. (J. chem. Physics **29.** 1417–18. Dez. 1958. Belfast, Queen's Univ., Dep. of Chem.) L. SCHWIEGK. 140

Motoo Watanabe und **Seitaro Fukushima,** *Untersuchungen über die elektrolytische Raffinierung von Zink.* 2. Mitt. *Kathodische Absetzung von in dem Zinkelektrolyt gelöstem Blei.* (1. vgl. C. **1959.** 6396.) Vff. untersuchten unter verschied. Elektrolysebedingungen den Pb-Geh. der Zn-Kathode infolge elektrolyt. Niederschlagung der im Zn-Elektrolyt gelösten Pb-Ionen. Die Verss. ergaben ganz allg., daß es nicht möglich ist, den Pb-Geh. der Zn-Kathode nur durch Änderung der Elektrolysebedingungen herabzusetzen, so lange der Elektrolyt reich an Pb-Ionen ist. Es ist daher notwendig, das Pb aus dem Zn-Elektrolyt zu entfernen, da die Pb-Ionen bevorzugt an der Zn-Kathode entladen werden. Je geringer die Konz. der Pb-Ionen ist, um so kleiner ist der Pb-Geh. der Zn-Kathode, das Verhältnis des Pb-Nd. zu der Pb-Konz. in dem Elektrolyt wächst jedoch beim Verdünnen der Pb-Konzentration. (Sci. Rep. Res. Inst. Tôhoku Univ., Ser. A **8.** 406—20. Okt. 1956. Res. Inst. of Mineral Dressing and Metallurgy. [Orig.: engl.]) C. GOTTFRIED. 141

Motoo Watanabe und **Seitaro Fukushima,** *Untersuchungen über die elektrolytische Raffinierung von Zink.* 4. Mitt. *Prozeß des Einschlusses von Blei in der Zinkkathode.* (3. vgl. C. **1959.** 8050; 2. vgl. vorst. Ref.) Um festzustellen, wie die Verunreinigung des Kathodenzinks durch Pb vor sich geht, verglichen Vff. den Pb-Geh. des auf 2 Kathoden niedergeschlagenen Pb, die sich in derselben Zelle befanden u. von denen die eine Kathode (A) sich direkt in dem Elektrolyt befand, während die zweite Kathode (B) in einemDiaphragma untergebracht war, das aus einem unglasierten zylindrischen Al_2O_3-Gefäß bestand. Die Elektrolytlsg. enthielt 80 g Zn u. 100 g H_2SO_4 pro Liter; außerdem waren 24 mg PbO_2/Liter in der Lsg. suspendiert. Die Versuchstemp. war 40°, die Stromstärke 7 A/dm². Während der Verss. wurde die Elektrolytlsg. dauernd durch die Zelle gepumpt, wodurch die Pb-Ionenkonz. in der Zelle u. im Diaphragma stets gleich war. Es wurde gefunden, daß das Verhältnis der Pb-Ionenabsetzung zu dem gesamten Pb in dem Kathodenzink unerwartet groß ist. Das Entladungsverhältnis wird größer, wenn die Pb-Ionenkonz. des Elektrolyten hoch u. die Menge suspendierter PbO_2-Teilchen klein u. die Zelltemp. niedrig war. Der gesamte Pb-Geh. des Zn zeigt einen minimalen Wert bei der Stromdichte, bei der das Entladungsverhältnis u. das Okklussionsverhältnis 50% beträgt. Der Hauptfaktor bei der kathod. Verunreinigung mit Pb bei dieser Stromdichte wechselt von dem Pb ion. Entladung zu der Okklusion von PbO_2. Diese Grenzflächenstromdichte ändert sich mit Änderung des Verhältnisses zwischen Pb-Ionenkonz. u. der Menge suspendierter PbO_2-Teilchen sowie den angewandten Elektrolysebedingungen. (Sci. Rep. Res. Inst. Tôhoku Univ., Ser. A. **10.** 120—32. April 1958. [Orig.: engl.]) C. GOTTFRIED. 141

Julian Kamecki und **Jerzy Sędzimir,** *Fällung von Kobalt aus wässerigen Lösungen seiner Salze durch metallisches Zink.* Zn (Pulver, Blech, Elektrolyt-Zn) fällt Co aus neutraler Co^{2+}-Lsg. (0,3 g/Liter), wobei die Rk.-Geschwindigkeit mit steigender Temp. zunimmt. Die aus Geschwindigkeitskonstanten errechnete Aktivierungsenergie $E_{50°}$ beträgt etwa 15000, $E_{75°}$ 7000 cal/Mol. Diese niedrigen Werte u. die lineare Abhängigkeit der Rk.-Geschwindigkeit von der Co-Anfangskonz. deuten auf einen diffusionsbestimmten Charakter der Reaktion. Die Fällung verläuft nicht bis zur Einstellung des thermodynam. Gleichgewichtszustandes: Die Endkonz. an Co^{2+}-Ionen in der Lsg. ist um so kleiner, je kleiner das Verhältnis des Lösungsvol. zur Zn-Oberfläche u. je höher die Temp. ist. Im Verlauf der Rk. wird das Potential von Zn edler, da sich dessen Oberfläche durch Zementation mit Co bedeckt u. durch H_2 polarisiert. Die Menge des ausgefällten Co ist bei niedriger Rk.-Temp. von der Zeit abhängig. In sauerer Lsg. wird die Rk. durch stärkere H_2-Entw. u. Polarisierung verzögert. Die Rührgeschwindigkeit hat keinen Einfl. auf die Reaktion. — 15 Literaturangaben. (Arch. Górnictwa Hutnictwa **3.** 379 bis 399. 1955. Kraków, Akad. Górn.-Hutn., Kat. Chem. fiz., Elektrochem.) F. URBAN. 141

Julian Kamecki und **Jerzy Sędzimir,** *Anodische Oxydation von Eisen(II)-sulfat.* (Vgl. vorst. Ref.) $FeSO_4$ wurde in 0,8 n H_2SO_4 in Ggw. von 2,7 u. 0,66 n $ZnSO_4$ anod. oxydiert. Der von der Anodenfl. getrennte Katholyt enthielt dieselbe Lsg. ohne $FeSO_4$. Die Oxydation von Fe^{2+} verläuft direkt an der Anodenoberfläche. Der entwickelte O_2 hat keinen Einfl. auf den Prozeß. Durch Zusatz von Cu^{2+} wird die Rk. nicht katalysiert. Die Rk. verläuft nach der 1. Ordnung, die aus der Geschwindigkeitskonstanten berechnete Aktivierungsenergie $E_{20-60°}$ beträgt etwa 2000 cal/Mol. Die Rk.-Geschwindigkeit ist von der Diffusion der Fe^{2+}-Ionen abhängig u. steigt mit der Temp. langsam an. Höhere $ZnSO_4$-Konzz. erhöhen die Viscosität der Lsg. u. verlangsamen so die Geschwindigkeit der Oxydation. Die Stromausbeute erreicht 100% nur unterhalb des O_2-Entbindungspotentials (1,55 V an blankem Pt). Die Art des Anodenmaterials ist ohne Einfl. auf die Reaktion. Bei 2 V Anodenspannung werden 0,96 kWh/kg $FeSO_4$ verbraucht. (Arch. Hutnictwa **1.** 119—40. 1956.) F. URBAN. 141

Yung-Chao Chu, Tsen-Yen Shu, Tzy-Bao Huang und **Tzao-Chin Lin,** *Der Mechanismus der anodischen Sauerstoffentwicklung an Platinelektroden.* 1. Mitt. *In verdünnter Schwefelsäure.* Vff. untersuchen den Mechanismus der anod. O_2-Entw. an Hand von Polarisationskurven, die mit glatten, mehrfach bei verschied. Stromdichten (Sd) vorpolarisierten Platinelektroden in verd. H_2SO_4 unterschiedlicher Konz. bei 20° aufgenommen worden sind. Sie erhalten für jede H_2SO_4-Konz. einen aus 3 sich schneidenden Geraden bestehenden Kurvenzug, der bei Erniedrigung der Säure-Konz. nach kleineren Potentialwerten parallel verschoben wird. Vff. erhalten bei genügend langsamer Durchführung der Messungen auch bei entgegengesetzten Meßrichtungen (Erhöhung bzw. Erniedrigung der Sd) ident. Werte. Der Einfluß der Kations wurde durch Zugabe von Na_2SO_4 zu den sauren Lsgg. untersucht. Bei konstanter Gesamtelektrolyt-Konz. (1 n) nimmt die Überspannung bei Erhöhung des Na_2SO_4-Anteils ab. Auf Grund ihrer Unterss. nehmen Vff. als geschwindigkeitsbestimmenden Schritt bei geringen Sd (10^{-6} — $5 \cdot 10^{-5}$ A/cm²) die Entladung von H_2O-Moll. unter Abgabe von einem Elektron an. Wegen der schwächeren Neigung der Polarisationskurven wird bei höheren Sd eine Veränderung des Entladungsmechanismus oder verstärkte Absorption von Sulfationen an der Elektrodenoberfläche angenommen. (Sci. Rec. [Peking] [N. S.] **2.** 373—83. Nov. 1958. Academia Sinica, Inst. of Appl. Chem. [Orig.: engl.]) H. J. HARTMANN. 142

Yung-Chao Chu, Tsen-Yen Shu, Chi-Hsung King und **Tsen-Woo Wang,** *Der Mechanismus der anodischen Sauerstoffentwicklung an Platinelektroden.* 2. Mitt. *In konzentrierter Schwefelsäure.* (1. vgl. vorst. Ref.) Der Mechanismus der anod. O_2-Entw. wird in H_2SO_4-Konzz. von 0,5—12 n bei 7—10° untersucht. Die Polarisationskurven sind Geraden, deren Neigung bei Erhöhung der Säure-Konz. zunimmt. Wird die Konz. der Säure über 1 n erhöht, so tritt zusätzlich bei 2,17—2,33 Volt ein Potentialsprung auf [Stromdichte (Sd) $> 10^{-1}$ A/cm²], dessen Betrag mit der Acidität der Lsgg. zunimmt. Bei längerer Dauer der Verss. wurden im Sd-Bereich von $2 \cdot 10^{-2}$—10^{-1} A/cm² bei einigen Lsgg. Spannungsabfälle beobachtet, die die Neigung der Polarisationsgeraden zum Teil erheblich verringerten. Vff. weisen nach, daß der Verlauf der erhaltenen Kurven durch erhöhte Absorption von Sulfationen an der Elektrodenoberfläche bei gleichzeitiger Erniedrigung der Absorptionswärme von Sauerstoff oder durch die Verringerung der Aktivität der W.-Moll. in den Lsgg. erklärt werden kann. (Sci. Rec. [Peking] [N. S.] **2.** 384—93. Nov. 1958. [Orig.: engl.]) H.-J. HARTMANN. 142

H. Angerstein, *Kathodische Auflösung von Blei.* Die Abhängigkeit der kathod. Pb-Auflsg. von der Stromdichte, Potential der Pb-Kathode oder Zusätzen wurde untersucht, um die Ursache für die Auflösungsvorgänge zu bestimmen. Es ergibt sich, daß das Eindringen von Wasserstoff in das Metall als Ursache ausscheidet. Die möglichen Rkk. mit Metallen u. die spätere Zers. der MePb-Verbb. werden diskutiert. (Bull. Acad. polon. Sci., Cl. III **3.** 447—52. 1955.) K. ZÜCKLER. 142

R. I. Agladse und **G. M. Domanskaja,** *Die anodische Auflösung von Mangan unter Gewinnung von Permanganat und Dioxyd.* Bei der anod. Auflösung von Elektrolyt-Mn in K_2CO_3-Lsg. (100—500 g/Liter) entstehen $KMnO_4$ (I) u. MnO_2 (II). Die besten Ausbeuten an I wurden bei 25—28° (5,9—6,5 V, 16,7 A/dm² Anodenstromdichte) erzielt; es entstanden bzgl. verbrauchtem Mn 68,7(%) I u. 32,3 II bzw. bzgl. Stromverbrauch 39,6 I u. 10,2 II. Bei Verwendung eines Kathodenkühlers konnten bei 18° die Ausbeuten 81,0 u. 19,0 bzw. 32,1 u. 3,9 erzielt werden. In Kalilauge entsteht mit zunehmender Temp. u. KOH-Konz. K_2MnO_4 (III) an Stelle von I. Die Ausbeuten betragen bei 46% KOH, 28° 78,6 III u. 21,4 II bzw. 23,1 u. 4,23; bei 36% KOH, 38—47° 100 II bzw. 11,8 II; bei 18—20% KOH, 18° 29,1 I u. 0,29 II bzw. 96,6 u. 3,4. I fällt dabei chem. rein an. II entsteht teilweise auch aus I im alkal. Medium. Das auf diese Weise, bes. aus K_2CO_3-Lsg. gewonnene II eignet sich in Form eines Agglomerats mit C- u. NH_4Cl-Zusätzen ausgezeichnet als Elektrodenmaterial für galvan. Elemente. Seine galvan. Aktivität erreicht bis zu 189% bzgl. aktiviertem natürlichem Pyrolusit. (Сообщения Академии Наук Грузинской ССР [Mitt. Akad. Wiss. GrusinSSR] **18.** 695—702. Juni 1957. Tbilissi, Akad. der Wiss. der GrusinSSR, Abt. techn. Wiss.) H. HUBER-EMDEN. 142

Roberto Piontelli, *Beitrag zu Untersuchungsmethoden der elektrochemischen Kinetik.* Es werden einige allg. Aspekte von Überspannungsmessungen diskutiert, wobei bes. auf systemat. Fehler eingegangen wird, wie sie bei den gebräuchlichen Apparaturen u. Arbeitsweisen unterlaufen. Vf. weist auf verschied. Hilfsmittel u. Methoden hin, die von ihm u. Mitarbeitern zur Vermeidung solcher Fehler entwickelt wurden. Ferner wird auf die Bedeutung verschied. Spannungen bes. im Hinblick auf stationäre Bedingungen hingewiesen. — 12 Literaturzitate. (Rend. Ist. lombardo Sci. Lettere, Cl. Sci. mat. natur. **88** ([3] **19**). 51—71. 1955. Milano, Politecnico, Ist. di Elettrochim. e Chim. Fis.) H. HOFMANN. 142

H. Khalifa und **I. M. Issa,** *Das Verhalten von Molybdän bei der kathodischen Polarisation hinsichtlich des Einflusses von Anionen auf die Wasserstoffüberspannung.* Die H_2-Überspannung (η) wurde an *Mo*-Elektroden in 0,003—5,91 n HCl bei 25° gemessen. Die bei Stromdichten (i) von 10^{-5} bis $1,8 \cdot 10^{-4}$ A · cm^{-2} erhaltenen TAFELschen Funktionen zeigten Anstiegswerte (b) von 0,05—0,06 u. lassen daher auf das Vorliegen eines dualen elektrochem.-katalyt. Elektrodenvorganges schließen. Bei einem i von $2 \cdot 10^{-4}$ bis $1,8 \cdot 10^{-3}$ A · cm^{-2} ist im Falle geringer HCl-Konzz. ein Wechsel des Gesamtmechanismus, evtl. zu einem rein elektrochem. Elektrodenvorgang, anzunehmen, da hier die Werte für b bei 0,073—0,116 lagen. Wie bei früheren Verss. an Cr-Elektroden (vgl. C. **1956.** 1226) konnte auch bei Mo-Elektroden eine Beeinflussung von η u. b durch

weitere, dem Elektrolyten zugesetzte Anionen beobachtet werden. So wurden Nitrationen bei geringen i an der Elektrode red. u. wirkten ähnlich depolarisierend wie O_2, während bei höherem i keine merkliche Abweichung vom TAFELschen Verh. vorlag. Durch *Borat-* u. *Phosphat-*Ionen werden, besonders bei höheren p_H-Werten, η u. b erhöht, während in Ggw. von *Phthalat-*Ionen im Gegensatz zu den Verhältnissen bei Cr eine Wrkg. ausblieb. (J. Indian chem. Soc. **33.** 635—40. Sept. 1956. Giza, Cairo Univ., Fac. of Sci.)
E. MOISAR. 142

Shiro Yoshizawa und **W. C. Vosburgh,** *Die Überspannung der Mangandioxydelektrode. 2. Mitt. Saure Elektrolyte.* (1. vgl. C. **1957.** 5479.) Vff. untersuchen die Überspannung (ΔE_e) an auf elektrolyt. Wege hergestellten MnO_2-Elektroden in H_2SO_4-, Na_2SO_4- u. Mn(II)-haltigen Lsgg. bei Variation von Säure-Konz., Stromdichte (SD) u. Temperatur. Bei geringen SD ist ΔE_e eine lineare Funktion des Logarithmus von SD; der Kurvenanstieg bei höheren SD wird dem Säure-Geh. der Lsgg. zugeschrieben. Der funktionale Zusammenhang zwischen ΔE_e u. der Säure-Konz. der Lsgg. wird durch $\Delta E_e = 22 - 9 \log (2\,c)$ (c = H_2SO_4-Konz.) recht gut wiedergegeben. Vff. erklären ihre Ergebnisse quantitativ durch die Annahme, daß das erste Red.-Prod. an der MnO_2-Oberfläche *MnOOH* ist u. daß das Elektrodenpotential vom Verhältnis MnOOH zu MnO_2 an der Oberfläche abhängt. Unter dieser Voraussetzung entspricht der Temp.-Verlauf der Elektroden-Rk. der ARRHENIUSschen Gleichung. (J. electrochem. Soc. **104.** 399—406. Juli 1957. Durham, N. C., Duke Univ.) H.-J. HARTMANN. 142

M. L. Levin, *Die Bildung kristalliner anodischer Oxydfilme an Beryllium.* Während die Abscheidung eines anod. Oxydfilmes an elektropoliertem Be aus 1 u. 10%ig. wss. HNO_3-Lsgg. bzw. aus einer Mischung von HNO_3 u. H_2CrO_4 stets in kristalliner Form erfolgt, besitzt der aus ammoniakal. Äthylenglykol, einem nichtwss. Elektrolyt, anod. abgeschiedene Oxydfilm amorphe Eigenschaften. Vf. glaubt, dieses unterschiedliche Verh. in der Fähigkeit der wss. Lsgg. zur Bldg. hoher lokaler Stromdichten, wie sie zur Einleitung der Kristallisation erforderlich sind, zu finden, wogegen nach Ansicht des Vf. im Falle des nichtwss. Elektrolyt der hohe spezif. elektr. Widerstand nur geringe lokale Stromdichten zuläßt, u. somit an der Filmoberfläche keine lokalen Temperatursteigerungen auftreten, welche zur Kristallisation Anlaß geben. (Trans. Faraday Soc. **54.** 935—40. Juni 1958. London, Imp. Coll., Dep. of Chem. Engng.) D. FORST. 143

E. M. Khairy und **M. Kamal Hussein,** *Das Verhalten des Aluminiums im statischen Elektrodenpotential und das anodische Verhalten des reinen Metalls und seiner Legierungen in Gegenwart von Chloriden.* (Vgl. C. **1957.** 3185 u. 10571.) Das Verh. des Al in Pufferlsgg. zwischen p_H 4 u. 8 in Ggw. verschied. Cl^--Konzz. zeigt, daß das Elektrodenpotential mit den p_H-Änderungen nicht im Einklang steht: es verändert sich linear mit dem Cl^--Geh., wobei sich ein mehr oder weniger konstanter Wert $E_0 = -0{,}54$ V ergibt. Die korrodierende Wrkg. des Cl^- wird vermutlich auf ihre Adsorption auf der Oberfläche beschränkt. Oscillogramme mit reinem Al u. seinen Legierungen zeigen, daß die Oxydoberfläche der Korrosion bis zu einer 0,1 n Cl^--Lsg. widersteht; bei höheren Konzz. wird die Elektrodenoberfläche merklich aktiviert unter Bldg. relativ hoher Kapazitäten. (Corrosion [Houston] **13.** Nr. 12. 27—32. Dez. 1957. Cairo, Univ., Fac. of Sci.)
H. ECKSTEIN. 143

A_4. Thermodynamik. Thermochemie.

J. Mahanty, A. A. Maradudin und **G. H. Weiss,** *Schwingungsthermodynamische Eigenschaften von Gittern mit Fehlern. 1. Mitt. Das lineare Gitter.* Theoret. Untersuchung. (Progr. theoret. Physics [Kyoto] **20.** 369—94. Sept. 1958. College Park, Md., Univ., Dep. of Phys., Inst. for Fluid Dynamics and Appl. Math. [Orig.: engl.])
C. GOTTFRIED. 146

Kaoru Yamahuzi und **Tomoyasu Tanaka,** *Einflüsse von Fehlern auf Gitterschwingungen. Thermodynamische Eigenschaften.* Vff. beschreiben Methoden zur Berechnung der thermodynam. Größen hinsichtlich der Schwingungsfrequenzen von unvollkommenen Gittern. (Progr. theoret. Physics [Kyoto] **20.** 327—55. Sept. 1958. Fukuoka, Kyusyu Univ., Dep. of Phys. [Orig.: engl.]) C. GOTTFRIED. 146

L. W. Altschuler, A. A. Bakanowa und **R. F. Trunin,** *Phasenumwandlungen bei der Kompression von Wasser durch starke Stoßwellen.* Während WALSH u. RICE (C. **1957.** 12378) mit Stoßwellen bis 420000 at keine Phasenumwandlung beim W. nachweisen konnten, verwendeten Vff. Stoßwellen im Bereich 20000—800000 at, u. zwar bei vereinfachter Meth., indem die Stoßwelle an die Schicht des Prüfstoffes durch Schirme aus einem Stoff mit bekannter Druckkompression herangeführt wird. Gemessen wurde die Ausbreitungsgeschwindigkeit der Stoßwellen im W. u. im Schirm (aus Al). — Es ergab sich dabei ein Zerfall der dynam. Adiabate des W. in 2 Abschnitte: bei 115000 bis 135000 at beginnt eine Phasenumwandlung des W., die sich auch im rotierenden

Spiegel durch eine Verminderung der Durchsichtigkeit auswies. (Доклады Академии Наук СССР [Ber. Akad. Wiss. UdSSR] **121.** 67—69. 1/7. 1958.) A. v. Wilpert. 148

J. W. Tomlinson, M. S. R. Heynes und **J. O'M. Bockris,** *Die Struktur flüssiger Silicate. 2. Mitt. Molvolumen und Ausdehnungsvermögen.* (1. vgl. C. **1957.** 13567.) Die D. fl. Silicate in den Systemen $MgO + SiO_2$; $CaO + SiO_2$; $SrO + SiO_2$ u. $BaO + SiO_2$ wurde gemessen im Temp.-Bereich 1600—1950° mit einer Genauigkeit von ± 0,2%. Es wurde die archimed. Meth. in Verb. mit einem Graphit-Widerstandsofen angewendet. Im Syst. $BaO + SiO_2$ wurden die Messungen bis herab zu 5 Mol-% BaO durchgeführt. Es wurde gefunden, daß das Ausdehnungsvermögen bei ca. 12 Mol-% BaO auf Null absinkt. Damit wurden die früher (vgl. l. c.) für die Alkalisilicate gefundenen Ergebnisse bestätigt. Gefügemodelle werden diskutiert, u. ein Vgl. zwischen den errechneten Integral-Molvoll. auf der Grundlage verschied. Modelle u. den festgestellten Werten zeigt, daß $(Si_3O_9)^{6-}$-Anionen bei der 1:1-Metalloxyd: SiO_2-Zus. stabil sind. Bei höheren SiO_2-Gehh. sind jedoch polymere Anionen auf der Grundlage 4- oder 5-gliedriger Ringe wahrscheinlicher. (Trans. Faraday Soc. **54.** 1822—33. Dez. 1958. London, Imp. Coll.; Rubgy, Brit. Thompson-Houston, Res. Labors., Philadelphia, Pa., Univ. of Pennsylvania, John Harrison Labors. of Chem.) D. Rost. 148

Ludwig Luft, *Eine Methode zur Bestimmung der P–V–T-Beziehungen von Gasen bei konstantem Druck.* Eine App. zur Best. der P–V–T-Beziehungen von Gasen bei hohem Druck u. hoher Temp. wird beschrieben. Die Meth. beruht auf der Variation von Masse u. Vol. eines Gases, während Temp. u. Druck konstant gehalten werden. Die D. von N_2 wurde bei 300° u. bei sechs verschied. Drucken zwischen 4 u. 100 Atm. bestimmt. (Ind. Engng. Chem. **49.** 2035—39. Dez. 1957. Lawrence, Kan., Univ. of Kansas, Dep. of Chem.) W. Betcke. 149

James F. Ross und **George Martin Brown,** *Viscositäten von Gasen bei hohen Drucken.* Die Viscositäten von *Stickstoff, Methan* u. *Helium* bei Drucken zwischen 500 u. 10000 pound/inch² u. Temp. zwischen — 50° u. + 25° werden in einem in einer Stahlbombe untergebrachten Capillarviscosimeter (Capillare r = ca. 0,0027 cm) gemessen. Die Abhängigkeit der Viscosität vom Druck u. von der Temp. wird untersucht u. der Quotient Viscosität/Viscosität bei 0° wird als allg. Funktion der reduzierten Temp. u. des reduzierten Druckes dargestellt. Es wird gezeigt, daß der Einfl. des Druckes auf die Viscosität am größten in der Nähe der krit. Temp. ist u. darüber mit wachsender Temp. rasch abnimmt. (Ind. Engng. Chem. **49.** 2026—33. Dez. 1957. Evanston, Ill., Northwestern Univ.) W. Betcke. 149

I. Amdur und **T. F. Schatzki,** *Abhängigkeit des Diffusionskoeffizienten von der Zusammensetzung im System Ar-Xe.* (Vgl. C. **1958.** 7675.) Im Anschluß an l. c. vergleichen Vff. die experimentell ermittelten Diffusionskoeffizienten in verschied. Ar–Xe-Gemischen mit den theoret. errechneten Werten. Die Berechnungsgrundlagen werden eingehend diskutiert. Molenbruch Xe: 0 D_{Ar-Xe} = 0,1373 ± 0,0022 cm²/sec (gemessen), 0,1361 (berechnet); Molenbruch Xe: 1 D_{Ar-Xe} = 0,1366 ± 0,0008 (gemess.), 0,1370 (ber.). (J. chem. Physics **29.** 1425—26. Dez. 1958. Cambridge, Mass., MIT, Dep. of Chem.) L. Schwiegk. 149

Y. L. Yarnell, G. P. Arnold, P. J. Bendt und **E. C. Kerr,** *Anregungen in flüssigem Helium: Messungen der Neutronenstreuung.* Das Energie-Impuls-Spektr. der Anregungen in fl. He II wurde durch Neutronenstreuverss. bestimmt. Die bei T = 1,1° K aufgenommene Energieverteilung im Bereich $p/\hbar$ = 0,55—2,36 Å^{-1} entspricht weitgehend dem von Landau (1947) vorgeschlagenen Spektrum. Paßt man ein Phononenspektr. der Form $E = v_1 p$ dem Punkte $p/\hbar$ = 0,55 Å^{-1} an, ergibt sich für die Geschwindigkeit des ersten Schalls ein Wert v_1 = 239 ± 5 m/sec. Bei $p/\hbar$ = 1,11 ± 0,02 Å^{-1} hat das gemessene Spektr. ein Maximum von E/k = 13,92 ± 0,10° K, bei $p/\hbar$ = 1,92 ± 0,01 Å^{-1} ein Minimum, das durch den Landauschen Rotonenausdruck $E = \Delta + (p - p_0)^2/2\mu$ dargestellt werden kann (Δ/k = 8,65 ± 0,04° K, $p_0/\hbar$ = 1,92 ± 0,01 Å^{-1}, μ = (0,16 ± 0,01) m_{He}). Oberhalb $p/\hbar$ = 2,18 Å^{-1} steigt das Spektr. linear mit einer v_1 entsprechenden Steigung. — Weitere Meßwerte wurden im Bereich des Minimums für T = 1,6 bzw. 1,8° K aufgenommen; diese Spektren haben die gleiche allg. Form wie das Spektr. bei T = 1,1° K u. sind gegen dieses um 0,22 bzw. 0,50° K nach kleineren E/k-Werten verschoben. Die T-Abhängigkeit der Spektren läßt sich empir. durch $\Delta/k = 8{,}68 - 0{,}0084\,T^7$ (T = Grad K) beschreiben. Die beobachteten Energiebreiten δ (E/k) (bei halbem Maximum) betrugen ca. 1° K bei T = 1,6 u. ca. 2° K bei T = 1,8° K, da bei diesen Tempp. das δ (E/k) der Anregungen größer als die Energieauflösung des Geräts war. (Physic. Rev. [2] **113.** 1379—86. 15/3. 1959. Los Alamos, N. Mex., Univ. of California, Los Alamos Sci. Labor.) D. Jörchel. 149

P. J. Bendt, R. D. Cowan und **J. L. Yarnell,** *Anregungen in flüssigem Helium: Thermodynamische Berechnungen.* (Vgl. vorst. Ref.) Unter Anwendung der statist Mechanik auf die therm. Anregungen wurden auf der Grundlage der l. c. gewonnenen Energie-Impuls-Beziehung durch numer. Integration der gemessenen Anregungskurven mit einem Elektronenrechner folgende Größen für fl. He II im Temperaturbereich 0,2—2,1° K berechnet: Entropie, spezif. Wärme, Normalflüssigkeitsdichte, Geschwindigkeit des zweiten Schalls, mittlere effektive M. der Anregungen in 4 Impulsintervallen sowie die Werte — $\varkappa/\overline{B}$ u. $\eta/\overline{C}$ ($\varkappa$ = Wärmeleitfähigkeit, η = Viscosität, —B u. C sind die CHALATNIKOWschen kinet. Nichtgleichgewichtskoeffizienten [C. **1957.** 9293], der Strich bedeutet die Mittelung über die Impulse). Die Daten stimmen im allg. mit vorliegenden experimentellen Ergebnissen innerhalb weniger Fehlerprozente überein. (Physic. Rev. [2] **113.** 1386—95. 15/3. 1959.) D. JÖRCHEL. 149

Kazuyosi Ikeda, *Clustertheorie kondensierender Systeme.* (Vgl. C. **1959.** 7378.) Ausgehend von der URSELL-MAYER-Entw. der Verteilungsfunktion (vgl. z. B. J. chem. Physics **6.** [1938.] 87) wird eine strenge Theorie der Koexistenz von Dampf- u. Fl.-Phase bei der Kondensation eines aus einer sehr großen Zahl N wechselwirkender Moll. bestehenden Syst. aufgestellt. Es werden „kleine" u. „große" Cluster definiert, u. die Verteilungsfunktion des Syst. wird als Funktion von Faktoren ausgedrückt, die nur kleine u. nur große Cluster enthalten. Als Theorem I wird bewiesen: Eine Vielheit von Moll., die in eine beliebige Anzahl großer Cluster unterteilt ist, kann durch nur ein „größeres" Cluster ersetzt werden, das sich aus allen Moll. der Vielheit zusammensetzt, wobei der Fehler beliebig klein wird, wenn N hinreichend groß wird. Als Theorem II wird bewiesen: Sobald die D. des Syst. die des gesätt. Dampfes übersteigt, wird die Isotherme horizontal u. es erscheint ein „sehr großes" Cluster, das dadurch definiert ist, daß l/N (l = Anzahl der Moll. im Cluster) sich beliebig einer bestimmten positiven Konstanten nähert, wenn N hinreichend groß wird. Dieses „sehr große" Cluster hat eine makroskop. Größe u. stellt die mit dem gesättigten Dampf koexistierende fl. Phase dar. — Im Anhang wird auf Fehler in der Theorie von MAYER über die Kondensation hingewiesen u. eine verbesserte Theorie vorgeschlagen. Ferner wird die Theorie des Vf. mit der Theorie der BOSE-EINSTEIN-Kondensation verglichen. Vf. weist darauf hin, daß seine Theorie frei von den in der Sattelpunkt-Meth. enthaltenen Fehlern ist. (Progr. theoret. Physics [Kyoto] **19.** 653—98. Juni 1958. Fukuoka, Kyusyu, Kyusyu Univ., Fac. of Sci., Phys. Dep. [Orig.: engl.]) D. JÖRCHEL. 149

Charles R. Mueller und **Donald C. Stupegia,** *Gitter-Löcher-Theorie des flüssigen Zustandes.* Verschied. Modifikationen der Löchertheorie werden betrachtet u. einfache Formeln für freie Energie und Zustandsgleichung angegeben. (J. chem. Physics **26.** 1522—25. Juni 1957. Lafayette, Ind., Purdue Univ., Dep. of Chem.) H. FALKENHAGEN. 150

Louis Kaiser, *Stoffübergang zwischen flüssiger und dampfförmiger Phase in einer Rektifizierkolonne.* Für laminaren u. turbulenten Bereich werden die Änderungen der auf die Gasphase bezogenen globalen Wirkungshöhe H_G (Austauscheinheit, Kolonnenhöhe/theoret. Austauschzahl), der Wirkungshöhe h_G im Gas- u. h_L im Fl.-Film als Funktionen der Destillatabnahme angegeben (Syst. 1.2-Dichloräthan/Toluol). (C. R. hebd. Séances Acad. Sci. **248.** 2873—74. 20/5. 1959. Paris, École Centr. des Arts et Manufact., Labor. de Chim.) A. BLASCHETTE. 150

E. R. Alton, R. D. Brown, J. C. Carter und **R. C. Taylor,** *Dampfdrucke der Methylamin-Borane und des Ammoniak-Triborans.* Die Dampfdrucke P (in Torr) der festen Verbb. $CH_3NH_2BH_3$ (**I**), $(CH_3)_2NHBH_3$ (**II**), $(CH_3)_3NBH_3$ (**III**) u. $NH_3B_3H_7$ (**IV**) zwischen 0° u. den FF. werden mit Hilfe der KNUDSENschen Meth. gemessen u. zur Ermittlung der Sublimationswärmen Δ H (in kcal·Mol^{-1}) benutzt. **I**: log P = — 4114 (1 ± 0,053)/T + 11,411 (1 ± 0,063); T = 0—45°; Δ H = 18,8 ± 1,0; **II**: log P = — 4034 (1 ± 0,038)/T + 12,544 (1 ± 0,042); T = 0—35°; Δ H = 18,5 ± 0,7; **III**: log P = — 2962 (1 ± 0,014)/T + 9,894 (1 ± 0,014); T = 0—90°; Δ H = 13,6 ± 0,2; **IV**: log P = — 3739 (1 ± 0,0075)/T + 9,200 (1 ± 0,0096); T = 30—55°; Δ H = 17,1 ± 0,1. (J. Amer. chem. Soc. **81.** 3550—51. 20/7. 1959. Ann Arbor, Mich., Univ. of Michigan, Dep. of Chem.) A. BLASCHETTE. 150

J. C. Woolley und **B. A. Smith,** *Feste Lösungen in $A^{III}B^{V}$-Verbindungen.* Bereiche fester Lsgg. wurden in *GaSb–InSb*, *GaAs–InAs* u. *InAs–InSb* untersucht. In allen Fällen erhält man vollständige Mischbarkeit über den ganzen Bereich bei geeigneten Tempp. u. Anlaßbedingungen. Die Soliduskurven u. möglichen Mischungslücken bei tieferen Tempp. wurden ebenfalls untersucht. (Proc. physic. Soc. **72.** 214—23. 1/8. 1958. Nottingham, Univ., Dep. of Phys.) H. K. HOFMEISTER. 150

J. C. Woolley und **B. A. Smith,** *Feste Lösungen in $A_2^{III}B_3^{VI}$-Verbindungen vom Zinkblendetyp.* (Vgl. vorst. Ref.) Bereiche fester Lsgg. sind in folgenden Systemen untersucht worden: $InAs–In_2Te_3$, $GaAs–Ga_2Te_3$, $GaAs–Ga_2Se_3$, $InSb–InTe_3$, $GaSb–Ga_2Te_3$,

GaSb–Ga$_2$Se$_3$. Unter geeigneten Bedingungen kann über den ganzen Bereich vollständige Mischbarkeit erreicht werden. Die Möglichkeit von Ordnung u. das Vorhandensein von Tieftemp.-Mischungslücken wurde überprüft. (Proc. physic. Soc. **72.** 867—73. 1/11. 1958.) H. K. HOFMEISTER. 150

Alfred Zajac, *Thermische Bewegung in Eis und schwerem Eis.* Es wurden die Temperaturänderungen der Röntgenstrahlintensitäten der 00*l*-Reflexe an Eis u. schwerem Eis untersucht u. daraus die Amplituden der therm. Bewegung der O- u. H-Atome getrennt bestimmt. Diese Trennung ist möglich, da zu dem 004-Reflex nur die H-Atome beitragen. Die therm. Amplituden der O-Atome, die mol. Amplituden darstellen, lassen sich durch eine charakterist. DEBYE-Temp. ausdrücken, die für n. Eis 224° K u. für schweres Eis 237° K beträgt. Die therm. Schwingungen der H- u. D-Atome wurden für verschied. Tempp. aus dem 004-Reflex abgeleitet, sie können nicht mit Hilfe einer charakterist. Temp. dargestellt werden. Sie setzen sich aus überlagerten Streck- u. Biegebewegungen u. Librationen zusammen, außerdem scheint eine Rotationsbewegung geringer Nullpunktenergie vorhanden zu sein. (J. chem. Physics **29.** 1324—27. Dez. 1958. Brooklyn, N. Y., Polytechn. Inst. of Brooklyn.) D. JÖRCHEL. 151

S. R. Gupta, G. J. Hills und **D. J. G. Ives,** *Thermodynamische Eigenschaften von wäßriger Chlorwasserstoffsäure. Die Rolle der Wechselwirkungen zwischen Lösungsmittel und Ionen.* Messungen der mittleren molalen Aktivitätskoeffizienten von *HCl* in wss. Lsgg. ergaben, daß im Temp.-Bereich 0—50° bei Konzz. 0,05—0,5 molal die relative partielle molale Wärmekapazität ($\bar{J}_2$) von HCl negative Werte annimmt. Die Exaktheit dieser Beobachtung wird krit. geprüft. Ihre Ursache erklären Vff. durch eine Wechselwirkung zwischen Lösungsm. u. Ionen. (Discuss. Faraday Soc. Nr. **24.** 147—50. 1957. London, Imp. Coll., Chem. Dep.; Birkbeck Coll., Chem. Dep.) D. ERTEL. 151

Władysław Domański, *Die Wirkung von Chlor und Chlorverbindungen auf Metalle und ihre Oxyde.* Die chem. Affinität der Metalle (Me) K, Na, Li, Ca, Mg, Al, Tl, Zn, Cd, Pb, Fe, Sn, Cu, Ag, Sb u. Hg zu Cl wird durch Berechnung der freien Energie der Rkk. Me + Cl_2, MeO + Cl_2 u. MeO + HCl für den Temp.-Bereich 298,1—1500° K ermittelt. Das Ergebnis wird am Beispiel des BETTERTON-Prozesses Zn + $PbCl_2$ = Pb + $ZnCl_2$ überprüft. (Arch. Górnictwa Hutnictwa **3.** 401—35. 1955. Krakow, Inst. podst. Probl. Techn., Zakł. Metali.) F. URBAN. 156

W. P. Wladimirow und **W. D. Ponomarew,** *Einige thermische Angaben über das System SiO$_2$–FeO–CaO.* Vff. berichten über ihre Verss. zur Feststellung der Beziehungen zwischen der Zus. von Schlacken des Syst. SiO_2–FeO–CaO aus der Buntmetallurgie u. ihrer Schmelzwärme. Sie konstruierten erstmalig das Dreifachdiagramm der Schmelz-Isenthalpen dieser Schlacken, welches zeigte, daß mit Annäherung der Schlackenmischung an ihr Eutektikum der Wärmeaufwand für das Schmelzen der Schlacken abnimmt u. umgekehrt. Auf Grund ihrer Ergebnisse u. der nicht vollständigen Arbeiten anderer Autoren leiteten Vff. unter Zugrundelegung einer Wärmekapazität von 12,00 cal/Grad bei 0° für FeO folgende Gleichung für die Abhängigkeit des Wärmeinhaltes von FeO von der Temp. im Bereich 0—1100° ab: $Q^{T}_{273,1} = 13{,}32T + 0{,}34 \cdot 10^{-3} T^2 + 1{,}12 \cdot 10^5 T^{-1}$. Durch Differenzierung konnte hieraus entsprechend die Gleichung für die Wärmekapazität erhalten werden: $C_p = 13{,}32 + 0{,}68 \cdot 10^{-3}\,T - 1{,}12 \cdot 10^5\,T^{-2}$. Weiter ermittelten Vff. die Bildungswärme von *Fayalit* (FeO · SiO_2) aus gereinigtem Bergkristall (99,15% SiO_2) u. chem. reinem FeO (synthet. gewonnen). Durch Erhitzung u. Schmelzung bei 1300° betrug der Wärmeverbrauch 254 cal/g. Die experimentelle Best.des Wärmeinhaltes des gebildeten Fayalits bei 1300° war gleich 352 cal/g. Auf Grund der Wärmeentwicklung bei der Oxydation von Fe wurde die Bildungswärme des Fayalits mit 12,360 cal/mol gefunden, denn die chem. Analyse ergab, daß beim Bildungsprozeß des Fayalits 6% des Fe von Fe(II) zu Fe(III) oxydiert worden war. Diese Ergebnisse bestätigen, daß mittels der Meth. des Wärmeflusses genügend zuverläßliche Größen für die Bildungswärme von Silicaten erhalten werden können. (Вестник Академии Наук Казахской ССР [Nachr. Akad. Wiss. KasachSSR] **15.** Nr. 4. 78—84. April 1959). N. HVIID. 156

John R. Ferraro, Leonard I. Katzin und **George Gibson,** *Lösungswärmen von Thoriumnitrathydraten in Wasser und in gewissen organischen Lösungsmitteln.* Es wurden bei 25° die Lösungswärmen von *Th(NO$_3$)$_4$ · 4H$_2$O* u. *Th(NO$_3$)$_4$ · 5 H$_2$O* in *W.* u. in *Tributylphosphit, Dimethylformamid, Dibutylphosphonat, Tetrahydrofuran, Tributylphosphat, Äthylenglykoldiäthyläther, Diäthyläther, Äthylenglykolmonoäthyläther, Dibutyl-„carbitol", Aceton, Methyläthylketon, Essigsäureäthylester, Methylisobutylketon, Propionsäureäthylester, Chloressigsäureäthylester, Essigsäure-n-amylester, Isobutylalkohol* u. *Malonsäurediäthylester* gemessen. Die Versuchsergebnisse sind tabellar. wiedergegeben.

Ganz allgemein wurde gefunden, daß die relativen Werte der Lösungswärmen angenähert parallel den Basenstärken der Lösungsmittel verlaufen. (J. inorg. Nuclear Chem. **2.** 118—24. Febr. 1956. Lemont, Ill., Argonne Nat. Labor., Chem. Div.; Chicago, Ill., Inst. of Technol.) C. GOTTFRIED. 156

E. M. Bulewicz und **T. M. Sugden,** *Bestimmung der Dissoziationskonstanten und Bildungswärmen von Molekülen durch Flammenphotometrie.* 4. Mitt. *Die Stabilität von GaOH, InOH und TlH.* (3. vgl. C. **1957.** 5193.) Vff. bestimmten nach der bisherigen Meth. die Gleichgewichtskonstanten von *GaOH*(**I**), *InOH*(**II**) u. *TlH*(**III**), in dem sie Spuren hiervon den ca. 2000° K heißen Flammen von H_2–O_2–N_2-Gemischen (Vol.-Verhältnis $[N_2]/[O_2]$ im unverbrannten Gas konstant, $[H_2]/[O_2]$ veränderlich zwischen 4,0 u. 2,5) zusetzten, wobei H u. OH Rkk. eingehen, die zusammen das in Flammen bestehende Gleichgewicht bedingen. Ga, In u. Tl geben intensive, gut photometrierbare Spektren. **I** u. **II** erwiesen sich als sehr stabil, *TlOH* dagegen als sehr instabil. Wurden jedoch Tl-Verbb. den Flammen zugesetzt, so zeigte sich stets das Spektr. von **III**. Die auftretenden Tempp. wurden nach der Na-Linienumkehrmeth. gemessen, die Konzz. der H-Atome aus dem [Li]/[LiOH]-Gleichgewicht berechnet, die OH-Konz. aus dem Gleichgewicht der Rkk. $H_2O + H \rightleftharpoons H_2 + OH$. Für alle 3 Elemente wurden zur Messung die beiden Dublett-Linien ($^2S_{1/2} \rightarrow {}^2P_{1/2}$) als Resonanzlinie u. ($^2S_{1/2} \rightarrow {}^2P_{3/2}$) genommen. Es ergaben sich die Dissoziationswärmen (D_w) für **I**: 102,5 ± 5; **II**: 86 ± 7; **III**: 44 ± 7 kcal/Mol. In der gleichen Reihenfolge wie die D_w der Hydroxyde von Ga, In u. Tl nahmen auch die D_w der Chloride u. Fluoride dieser Elemente ab. Auffallend ist ferner, daß die D_w' von Ga u. Li untereinander in ihren Hydroxyden (beide 102), Fluoriden (141 gegen 137) u. Chloriden (beide 115) annähernd gleich sind. Ähnliches trifft für In u. Cs zu (86 gegen 91; 124 gegen 127; 104 gegen 106 kcal/Mol). (Trans. Faraday Soc. **54.** 830—37. Juni 1958. Cambridge, Univ., Dep. of Phys. Chem.) E. ROEDER. 156

I. Ginsburgh, *Anomal hohe Detonationsdrucke in einem Stoßrohr.* In einem Stoßrohr aus Edelstahl von 3 in. innerem Durchmesser u. 15 ft. Länge wurden an einem Ende Gemische von 12% Butan (**I**)/O_2 elektr. gezündet u. Druckproben in 5, 10 u. 15 ft. Abstand vom elektr. Funken oscillograph. aufgenommen. Die Detonationswelle wanderte mit der Geschwindigkeit v = 2200 m/sec, der maximal erreichte Druck p betrug ca. das 30fache des Anfangsdruckes p_0. Wurde ein geringer Anteil des O_2 durch Luft ersetzt, so trat Detonation erst in größerer Entfernung von der Funkenstrecke auf. Bevor sich die Gleichgewichte von p u. v einstellten, wurden Werte von p zwischen 100 p_0 u. 200 p_0 gefunden; v war dabei höher als der obige Wert. Über die Vorgänge, die zur Ausbldg. so hoher Überdrucke führen, wird eingehend diskutiert. Bei Verss. mit Gemischen von 6,7 % **I**, 51% O_2, Rest N_2, bei p_0 = 40 psia wurden p = 30000 psi in 1 in. Abstand vom entfernteren Rohrende gemessen. Hier scheinen Reflexionen für die hohen p-Werte mit verantwortlich zu sein. Die Dauer eines solchen Druckstoßes betrug ca. $^1/_2$ msec, gemessen an der Halbwertsdruckhöhe. (J. appl. Physics **29.** 1381—82. Sept. 1958. Whiting, Ind., Standard Oil Comp., Engng. Res. Dep.) E. ROEDER. 157

Richard J. Bearman, *Statistisch-mechanische Theorie der Wärmeleitfähigkeit binärer flüssiger Lösungen.* Die von BEARMAN u. KIRKWOOD (vgl. C. **1958.** 10855) angegebene Meth. der Berechnung der isothermen Transportwärme als Funktion der Gleichgewichtsgrößen u. Selbstdiffusionskoeffizienten wird durch Einschluß nichtisothermer Prozesse erweitert u. zur Best. des Wärmeleitkoeff. verwendet. Die Wärmeleitfähigkeit der Mischung wird als Funktion der Wärmeleitfähigkeiten der reinen Komponenten, der Selbstdiffusionskoeffizienten, der Molenbrüche u. der Molvolumina dargestellt. Numer. Ergebnisse sind in halbquantitativer Übereinstimmung mit dem Versuch. Der Zusammenhang zwischen den wechselseitigen u. Selbstdiffusionskoeffizienten sowie den Reibungskoeffizienten wird diskutiert. (J. chem. Physics **29.** 1278—86. Dez. 1958. Lawrence, Kan., Univ. of Kansas, Dep. of Chem.) D. JÖRCHEL. 158

B. Ramachandra Rao und **J. Satyanarayana Murty,** *Lichtbrechung durch schwache Ultraschallfelder.* Vff. leiten einen Ausdruck für die Intensitätsminderung beim senkrechten oder schrägen Durchgang von Licht durch schwache US-Felder unter Berücksichtigung der Brechung sowohl bei fortschreitenden als auch bei stehenden US-Wellen ab. Die experimentelle Nachprüfung an Hand der Beugungslinie 1. Ordnung in einem in einer Wassersäule erzeugten schwachen US-Feld bestätigt die Theorie. (Z. Physik **152.** 440—47. 26/9. 1958. Waltair, India, Andhra Univ., Phys. Dep.) W. BETCKE. 159

J. W. Hodgins, T. W. Hoffman und **D. C. Pei,** *Der Einfluß von Schallenergie auf den Massenübergang an Phasengrenzen fest-gasförmig.* Vff. teilen Ergebnisse mit über die Sublimation von Naphthalin, das als Schicht auf Glasperlen aufgebracht ist, in durchströmende Luft. Hierbei wurden Bedingungen vom Festbett bis zum Fließbett eingestellt u. Beschallung mit Intensitäten bis zu 160 (decibels) u. Frequenzen bis zu 12000 (Hz) angewandt. Die Effekte sind am größten bei geringen Geschwindigkeiten im Festbett. Bei voller Fluidisierung sind sie vernachlässigbar. Erst ab Intensitäten von 120 zeigten sich Effekte, die im Frequenzbereich 100—700 am stärksten waren u. Verbesserungen des Massenübergangs bis zu 220% bewirkten. Die verwendeten Apparaturen, die Versuchstechnik u. die Meßmethoden werden beschrieben. (Canad. J. Technol. **35.** 18—24. Juni 1957. Kingston, Ont., Royal Military Coll. of Canada, Chem. Engng. Labor.) GERHARD GÜNTHER. 159

W. C. Swinbank, *Kristallisation von unterkühltem Wasser durch Ultraschallbestrahlung.* Vf. berichtet über Verss. über den Einfl. von US auf die Kristallisation von unterkühlten Wassertröpfchen an Flugzeugen in großer Höhe. Ziel dieser Verss. war es, eine schnelle Erstarrung der Nebeltröpfchen durch US zu erreichen, um eine Kristallisation erst am Flugzeug selbst zu vermeiden. Die Experimente zeigten aber, daß die Kristallisation zwar beschleunigt wird, aber doch nicht schnell genug geht, um die Erstarrung vor dem Aufprall auf das Flugzeug zu beenden, so daß im Gegensatz zur ursprünglichen Absicht die Vereisung des Flugzeugs durch solche Bestrahlung nur vergrößert wurde. (J. Meteorol. **14.** 190. April 1957. Aspendale, Victoria, Australia, Commonwealth Sci. and Ind. Res. Org., Div. of Meteorol. Phys.) H. SCHINKE. 159

Yasaku Wada, *Die Druckabhängigkeit der Schallgeschwindigkeit in organischen Flüssigkeiten.* An Hand der Druckabhängigkeit der RAOschen Formel wird für *Bzl.*, CCl_4, CS_2 u. *W.* gezeigt, daß die Schallgeschwindigkeit in diesen Stoffen in erster Näherung durch das intermolekulare freie Vol. u. die Temperaturabhängigkeit der Schallgeschwindigkeit durch die Änderung des Volumens bestimmt werden. Die geringen Abweichungen beim W. sind wahrscheinlich auf Änderung der Wasserassoziate zurückzuführen. (J. physic. Soc. Japan **11.** 1203. Nov. 1956. Tokyo, Univ., Fac. of Engng., Dep. of Appl. Phys. [Orig.: engl.]) H. JACOB. 159

G. S. Verma und **S. K. Kor,** *Temperaturabhängigkeit der Ultraschallgeschwindigkeit in plastischen Materialien.* Bei 3 MHz werden die Schallgeschwindigkeiten der transversalen u. der longitudinalen Welle aus den krit. Winkeln der Reflexion für *Mouldrit, Perspex, Polystyrol* u. *Styron* in Abhängigkeit von der Temp. bestimmt. Gleichfalls werden die therm. Expansionskoeffizienten ermittelt. Es zeigt sich, daß die Umwandlungstemp. in beiden Fällen jeweils gleich ist. Ebenso sind die Verhältnisse aus den Kurven der Temperaturabhängigkeit der Schallgeschwindigkeit u. des Expansionskoeff. oberhalb u. unterhalb der Umwandlungstemp. jeweils gleich. (Physica [Utrecht] **23.** 306—08. April 1957. Allahabad, India, Univ., Dep. of Phys.) H. JACOB. 159

R. D. Morse, *Schallenergie bei der Fluidisierung körniger Feststoffe.* Vf. teilt Ergebnisse von experimentellen Arbeiten mit, die zeigen, daß das Fließverhalten von an sich zur Fluidisierung wenig geeigneten feinkörnigen Pulvern durch Einfl. von niedrigfrequentem (50—500 Schwingungen/sec) Schall hoher Intensität (über 110 decibels) erheblich verbessert werden kann. Bei grobem, gut fluidisierbarem Material wurde kein Schalleinfl. festgestellt. Verss. wurden mit 6 Materialien (*Gips, Pigmente*) durchgeführt. Die verwendeten Apparaturen, die Versuchstechnik u. die Meßinstrumente werden beschrieben. (Ind. Engng., Chem. **47.** 1170—75. Juni 1955. Wilmington, Del., E. I. du Pont de Nemours & Co.) GERHARD GÜNTHER. 159

John Geldart Aston and **James John Fritz,** Thermodynamics and statistical thermodynamics. New York: Wiley. 1959. (570 S.) 8°. $ 8.25.

Martti Hällström, Zur Thermodynamik der Gasreaktionen. Helsinki: Suomalainen Tiedeakatemia. 1959. (12 S.) 8° = Suomalaisen Tiedeakatemian Toimituksia. Annales Academiae scientiarum Fennicae. Sarja A, 2. Chemica, 95. Fmk. 120.—.

A_5. Kolloidchemie. Grenzschichtforschung.

T. Nash, *Thermodynamische Schranke für Bildung und Zerfall von Micellen.* 1. Mitt. *Cetyltrimethylammoniumsalze.* Es werden die qualitativen Gegebenheiten bei Bldg. u. Zerfall von Micellen u. die Existenz von Nichtgleichgewichtszuständen für Lsgg. von Cetyltrimethylammoniumbromid im Gebiet der krit. Micellkonz. betrachtet. Hierzu werden Lsgg. von Cetyltrimethylammoniumsalzen benutzt, die mit Naphthol u. NaBr oder K_2SO_4 versetzt werden. Die Einstellungsdauer des Gleichgewichtes beträgt bei K_2SO_4 30 Std. u. bei NaBr 70 Stunden. Da die konventionellen Methoden der Viscosimetrie versagen, wurde eine vom Vf. früher beschriebene Meth. angewendet, bei der das reproduzierbare Vol. eines Schaumes gewogen wird. Vf. beschreibt u. begründet seine Ansicht, nach der die Gleichgewichtseinstellung von der Schnelligkeit der Bldg. u. des Zerfalls der Micellen abhängt. Sie erfolgt langsam, wenn einer dieser Prozesse sehr langsam erfolgt oder wenn die Geschwindigkeitsdifferenz klein ist. (J. Colloid. Sci. **14.** 59—73. Febr. 1959. London, Central Public Health Labor.) FRIEDRICH WOLF/Berlin. 161

A. Watillon und **F. Van Grunderbeeck,** *Bestimmung des Durchmessers der Micellen einer kolloidalen Selensuspension mittels Spektrophotometer.* Vff. beschreiben eine absorptionsspektroskop. Meth., die verhältnismäßig schnell die Entscheidung über den iso- bzw. polydispersen Zustand eines Sols ermöglicht u. die Best. des mittleren Teilchendurchmessers gestattet. Die Messungen wurden an koll. *Se* durchgeführt, das durch Red. des SeO_2 mittels Hydrazinhydrat in Ggw. von Au erhalten wurde. Während die Absorptionskurven bei polydispersen Solen mehrere Maxima, entsprechend den verschied. Durchmessern, zeigen, tritt bei isodispersen Solen nur ein Maximum auf. Die Gültigkeit des LAMBERT-BEERschen Gesetzes wurde nachgeprüft, die Lage des Absorptionsmaximums ist unabhängig von der Konzentration. Für Se wurde eine lineare Abhängigkeit von mittlerem Teilchendurchmesser (elektronenopt. bzw. ultramkr. bestimmt) u. Absorptionsmaximum festgestellt. (Bull. Soc. chim. belges **65.** 657—63. Juli/Aug. 1956. Bruxelles, Univ., Fac. des Sci., Labor. de Chim. Gén. II.) S. LANZ. 162

M. J. Voorn, *Komplexkoazervation.* 1. Mitt. *Allgemeine theoretische Betrachtungen.* Einige Grundzüge der „Komplexkoazervation" (d. h., daß im Gegensatz zur ladungsunabhängigen „einfachen Koazervation" das Vorliegen entgegengesetzter Ladungen eine wesentliche Voraussetzung für die Phasentrennung bildet) werden kurz beschrieben. Unter Beschränkung auf den Fall von 2 Polyelektrolyten in wss. Salz-Lsg. wird ein allg. gültiges Phasendiagramm für den „symm. Fall" (d. h., daß die Äquivalent-Konzz. der Polyionen vor u. nach der Phasentrennung in jeder Phase gleich sind) wiedergegeben, das den Elektrolyt-Einfl. auf die Zus. des Zweiphasen-Syst. bei Konstanz von Ladungsdichte u. Mischverhältnis der Polyelektrolyte zeigt. Die Anwendbarkeit der Phasenregel wird diskutiert. Ein Modell zur Berechnung der „Komplexkoazervation" wird beschrieben, das auf die Wechsel-Wrkg. entgegengesetzt geladener Knäuel in einer Salz-Lsg. aufgebaut ist. Die Möglichkeit zur Ermittlung des Einfl. der Salzzusätze auf das Vol. Komplexkoazervate auf graph. Wege wird aufgezeigt. (Recueil Trav. chim. Pays-Bas **75.** 317—30. April 1956. Utrecht, Univ., van't Hoff Labor.) ERHARD ÜHLEIN. 163

M. J. Voorn, *Komplexkoazervation.* 4. Mitt. *Thermodynamische Berechnungen an Vierkomponenten-Systemen.* (3. vgl. Recueil Trav. chim. Pays-Bas **75.** [1956.] 427; 1. vgl. vorst. Ref.) Für den Fall der „Komplexkoazervation" (kK) werden die DONNAN-Gleichungen abgeleitet u. für einen einfachen Fall diskutiert. Der Einfl. des Mischungsverhältnisses zwischen zwei Polyelektrolyten auf die kK wird berechnet. (Recueil Trav. chim. Pays-Bas **75.** 925—37. Juli 1956.) ERHARD ÜHLEIN. 163

T. J. Marshall, *Eine Beziehung zwischen Permeabilität und Porengrößenverteilung.* (J. Soil Sci. **9.** 1—8. März 1958. — C. **1958.** 10572.) WILFRIED WERNER. 165

Marjorie J. Vold, *Die van der Waalssche Wechselwirkung anisometrischer kolloidaler Teilchen.* Es werden die bei koll. Systemen, wie z. B. Suspensionen von Metallseifen in KW-Stoffen, zur Best. der genauen Bindungsverhältnisse notwendigen LONDON-VAN DER WAALSschen Wechselwirkungsenergien für den Fall ellipt. Teilchen, die bei willkürlicher gegenseitiger Orientierung von nadel-, latten- oder plattenförmiger Struktur sein können, berechnet. Es zeigt sich, daß bei einer in gegebenem Abstand vorgenommenen Verschiebung der Teilchenzentren die Wechselwirkungsenergie bei nadel- u. lattenförmigen Teilchen am größten im Falle einer Ende–Ende-Orientierung ist, bei plattenförmigen Teilchen im Falle einer Kante–Kante-Orientierung. (Proc. Indian Acad. Sci., Sect. A **46.** 152—66. Aug. 1957. Bangalore, Indian Inst. of Sci., Dep. of Gen. Chem.) D. FORST. 166

D. J. O'Connor, *Eine neue Methode zum Ausdrücken elektrokinetischer Daten.* Die Zweckmäßigkeit des elektrokinet. Fundamental-Verhältnisses ζ D/$4\pi\eta$ zur Beschreibung der Eigg. der Doppelschicht aus experimentell zugänglichen Größen wird diskutiert. Es wird gezeigt, daß bei Benützung elektrostat. Einheiten dieser Ausdruck dimensionsgleich dem reziproken Werte der magnet. Induktion oder des magnet. Flusses je cm^2 ist. Es wird vorgeschlagen, für ζ D/4 $\pi\eta$ das Symbol „G" zu wählen und die entspr. Einheit (Magnet. Fluß in elektrostat. Einheiten/cm^2)$^{-1}$ „Gouy" zu nennen. (Recueil Trav. chim. Pays-Bas **75.** 938—42. Juli 1956. Melbourne, Univ., Chem. Dep.) E. ÜHLEIN. 168

Hiroshi Fujita, *Bemerkungen zur Berechnung der Elektrophorese von Polyelektrolyten mit teilweise freier Durchspülung.* Die von HERMANS u. Vf. (vgl. C. **1957.** 8817) abgeleiteten allg. Gleichungen für die elektrophoret. Beweglichkeit u eines geknäuelten Polyelektrolyt-Mol. in einer Salzlsg. wird numer. ausgewertet. Die Abhängigkeit von u von dem DEBYEschen Abschirmungsgrad u. vom relativen Radius des Mol.-Knäuels (bezogen auf die Dicke der diffusen Doppelschicht) wird formelmäßig u. tabellar. an-

gegeben. Die krit. Bemerkungen von OVERBEEK u. STIGTER (vgl. C. **1957.** 8724) werden zurückgewiesen (vgl. hierzu auch C. **1959.** 712). (J. physic. Soc. Japan **12.** 968—73. Aug. 1957. Kyoto, Maizuru, Univ., Dep. of Fisheries, Phys. Chem. Labor. [Orig.: engl.])
O. FUCHS. 168

Terrell L. Hill, *Osmotische elektrische oder magnetische Felder.* Vf. zeigt, daß in osmot. Systemen im Prinzip ein elektr. oder magnet. Feld eine viel empfindlichere Variable als der Druck darstellt, weil das elektr. Potential des Lösungsm. sich mit dem elektr. oder magnet. Feld viel langsamer ändert als der Druck. Damit könnten die experimentellen Grenzen, die sich bei Verwendung einer gelösten Komponente mit hohem Molgewicht dadurch ergeben, daß man sehr kleine Druckdifferenzen zu messen hat, umgangen werden. Die Verhältnisse werden am Beispiel einer bin. nichtelektrolyt. Lsg. veranschaulicht. (J. chem. Physics **29.** 1419. Dez. 1958. Eugene, Ore., Univ. of Oregon, Dep. of Chem.) D. JÖRCHEL. 170

Donald G. Miller, *Ternäre isotherme Diffusion und die Gültigkeit der Reziprozitätsbeziehungen von Onsager.* Beziehungen zwischen den experimentell gemessenen ternären Diffusionskoeffizienten D_{ij} u. den phänomenolog. Koeffizienten L_{ij} der thermodynam. Theorie irreversibler Vorgänge werden abgeleitet. Die Bedingungen für die Gültigkeit der ONSAGER-Reziprozitätsbeziehungen sind gegeben. Auf Grund der neu abgeleiteten Beziehungen u. unter Heranziehung der gemessenen D_{ij}-Werte sowie der durch Näherungsverff. abgeschätzten Aktivitätskoeffizienten führt Vf. eine vorläufige Prüfung der ONSAGER-Reziprozitätsbeziehungen durch u. stellt fest, daß diese Gleichungen innerhalb der Fehler, die den experimentell bestimmten D_{ij}-Werten anhaften, den gestellten Anforderungen genügen. Die Näherungsverff. zur Best. der Aktivitätskoeffizienten sowie deren mögliche Fehlerquellen werden diskutiert. (J. physic. Chem. **63.** 570—78. April 1959. Livermore, Calif., Univ. of California, Radiat. Labor.)
D. ERTEL. 171

Peter J. Dunlop, *Daten für die Diffusion in einer konzentrierten Lösung des Systems $NaCl$–KCl–H_2O bei 25°. Eine Prüfung der Onsager-Reziprozitätsbeziehung für diese Zusammensetzung.* Die für eine Beschreibung der Bewegung gelöster Stoffe in einer ternären Lsg. erforderlichen 4 Diffusionskoeffizienten wurden im Syst. KCl–$NaCl$–H_2O bei 25° gemessen; die Konz. jedes gelösten Stoffes war 1,5 molar. Zusammen mit früher gemessenen Aktivitätskoeffizienten in diesem Syst. führt Vf. mit den ermittelten Diffusionskoeffizienten eine Prüfung der Reziprozitätsbeziehung von ONSAGER für die ternäre Diffusion durch. Er stellt fest, daß die ONSAGER-Gleichung die Meßwerte mit einer Genauigkeit von $\pm$ 8% richtig wiedergibt. Diese Fehlerbreite ist geringer als der erwartete Maximalfehler, der aus abgeschätzten individuellen Fehlern, die den verschied. experimentell bestimmten Daten anhaften, berechnet wurde. (J. physic. Chem. **63.** 612—15. April 1959. Madison, Wis., Univ. of Wisconsin, Dep. of Chem.) D. ERTEL. 171

J. C. Geniesse, *Ein Vergleich von Viscositätsindexvorschlägen.* Krit. Diskussion u. Gegenüberstellung einer Reihe neuerer Vorschläge für Systeme zur Charakterisierung des Viscosität-Temp.-Verh. von Ölen, Schmiermitteln u. ähnlichen Stoffen. (ASTM Bull. **1956.** Nr. 215. 81—84. Juli. Atlantic Ref. Co., Res. and Developm. Dep.)
WOLFGANG WAGNER. 172

W. A. Wright, *Die Viscosität-Temperatur-Funktion.* (Sitzungsbericht.) Zur Charakterisierung des Viscositätsverh. von KW-Stoffen, Erdölprodd., Schmier- u. Treibmitteln u. ähnlichen Stoffen wird eine neue Beziehung, die Viscosität-Temp.-Funktion (VTF) vorgeschlagen, die gegenüber dem bis jetzt gebräuchlichen Viscositätsindex einige wesentliche Vorteile besitzt. Beim Auftragen des Verhältnisses der kinemat. Viscositäten bei 100 u. 210° F gegen die Viscosität bei 210° F werden für Stoffgruppen mit gleichen Eigg. Gerade erhalten, deren Neigung direkt die VTF ergeben. Anwendungsbeispiele. (ASTM Bull. **1956.** Nr. 215. 84—86. Juli. Marcus Hook, Pa., Sun Oil Co., Prod. Developm.) WOLFGANG WAGNER. 172

Shigetaka Kuroiwa, *Die Fließeigenschaften der Wasserlösung von nichtionischen, oberflächenaktiven Mitteln vom Ester-Typ und Einfluß der Diester.* (Vgl. C. **1959.** 712 u. 2034.) Die Fließeigg. von *Polyoxyäthylenglykolmonolaurat* ($\overline{P}$ = 7 u. 9) u. *Polyoxyäthylenglykolmonooleat* ($\overline{P}$ = 9) werden durch Zusatz solcher Diester, wie sie bei der Darst. der Monoester unvermeidbar entstehen, kaum beeinflußt. (J. chem. Soc. Japan, ind. Chem. Sect. [Kōgyō Kagaku Zassi] **60.** 798—99. Juni 1957. [Orig.: japan.])
E. MAEKAWA. 173

Vadim G. Drozin und **Victor K. La Mer,** *Die Bestimmung der Korngrößenverteilung in Aerosolen durch Fällung geladener Teilchen.* Zur Best. der Korngrößenverteilung werden die Teilchen eines Aerosoles durch Korona-Entladung aufgeladen u. in einem elektr. Feld niedergeschlagen. Die Experimente wurden mit monodispersen

Stearinsäure-Aerosolen durchgeführt; die Größe der Teilchen lag zwischen 1,0 u. 0,2 μ. Durch Messung der Ladung wird jeweils eine große Teilchenzahl erfaßt, u. hieraus werden die anderen Werte abgeleitet. Die Korngrößenverteilung kann aus der Darst. folgender Funktionen erhalten werden: r aufgetragen gegen t, n gegen r, ΔQ gegen t (r = Radius, n = Teilchenzahl, ΔQ = Ladungsdifferenz, t = Zeit). Je kleiner die Abschnitte der Zeitmessung gewählt werden, desto mehr Meßpunkte enthält die Korngrößenverteilungskurve. Die Zeitdauer für Aufnahme u. Darstellung einer Kurve beträgt etwa 20 Minuten. (J. Colloid Sci. **14.** 74—90. Febr. 1959. New York, N. Y., Columbia Univ.) Div. of Plant Ind.) FRIEDRICH WOLF/Berlin. 175

J. R. Philip, *Die Theorie der Infiltration.* 3. Mitt. *Wassergehaltsprofil und Übereinstimmung mit dem Versuch.* (2. vgl. C. **1958.** 9981.) Die l. c. aufgestellten math. Gleichungen werden überprüft, für gewisse Bedingungen vereinfacht u. in Unterss. über die Beeinflussung des Feuchtigkeitsprofils während der Infiltration von der Diffusions- u. Leitfähigkeitsfunktion angewandt. Die math. Untersuchungsergebnisse stimmen gut mit den experimentellen Beobachtungen anderer Autoren überein. (Soil Sci. **84.** 163—78. Aug. 1957. Deniliquin, New South Wales, Commonwealth Sci. and Ind. Res. Org., Div. of Plant Ind.) WILFRIED WERNER. 176

J. R. Philip, *Die Theorie der Infiltration.* 4. Mitt. *Sorption und algebraische Infiltrationsgleichungen.* (3. vgl. vorst. Ref.) Die Ad- u. Desorptionseigg. des Bodenmaterials werden besprochen. Für die Sorptionsgröße des Bodens werden eine physik. Einheit u. die Dimensionen angegeben. — Die auf Grund verschied. Gleichungen erhaltenen Ergebnisse der Infiltration in Abhängigkeit von Zeit u. Sorption werden verglichen u. ihre Anwendungsbereiche umgrenzt. (Soil Sci. **84.** 257—64. Sept. 1957.) WILFRIED WERNER. 176

J. R. Philip, *Die Theorie der Infiltration.* 5. Mitt. *Der Einfluß des Anfangswassergehaltes.* (4. vgl. vorst. Ref.) In kleinen Zeitspannen nach Beginn der Infiltration wirkt sich ein ansteigender anfänglicher W.-Geh. reduzierend auf die Infiltrationsgeschwindigkeit aus, vergrößert jedoch die Schnelligkeit des Vorrückens der Befeuchtungsfront. Mit zunehmender Zeitdauer der Infiltration nimmt der Einfluß des Anfangs-W.-Geh. auf die infiltrierte W.-Menge ab, um schließlich völlig zu verschwinden, sein Einfluß auf die Vorrückgeschwindigkeit der Befeuchtungsfront wird dagegen stärker ausgeprägt. (Soil Sci. **84.** 329—39. Okt. 1957.) WILFRIED WERNER. 176

J. R. Philip, *Die Theorie der Infiltration.* 6. Mitt. *Einfluß der Wasserhöhe über dem Boden.* (5. vgl. vorst. Ref.) Die Analyse der horizontalen Absorption u. Infiltration wird auf den Fall ausgedehnt, wo der hydrostat. Druck des W. an der Oberfläche > 0 ist. Resultate: Zunehmende W.-Höhe erhöht bei geringen Werten die Infiltrationsgeschwindigkeit u. die kumulative Infiltration um etwa 2%/cm sowie die Höhe der gesätt. Zone. Der Einfl. der W.-Höhe auf die Infiltration ist bei feuchten Böden relativ stärker als bei trockenen Böden. Die Langzeit-Infiltrationsgeschwindigkeit wird bei homogenem Boden nicht von der W.-Höhe beeinflußt. (Soil Sci. **85.** 278—86. Mai 1958.) B. SCHEIFELE. 176

J. R. Philip, *Die Theorie der Infiltration.* 7. Mitt. (6. vgl. vorst. Ref.) Fortsetzung der l. c. beschriebenen Untersuchungen. Resultate über die Abhängigkeit der Sorption von der W.-Höhe zeigen befriedigende Übereinstimmung mit der Theorie. (Soil Sci. **85.** 333—37. Juni 1958.) B. SCHEIFELE. 176

V. Srinivasan, *Einfluß von chemisorbiertem Kohlenmonoxyd auf eine nachfolgende physikalische Adsorption von Stickstoff.* Vff. zeigen auf experimentellem Wege, daß die an bestimmten akt. Zentren der Oberfläche zweier pulverförmigen Co-Proben chemisorbierte CO-Schicht eine nachfolgende physikal. Adsorption von N_2 bei — 191° behindert u. daß diese Behinderung, welche nach einer Ausheizung der Proben auf über 370° verschwindet, unabhängig vom Vol. des an der Oberfläche befindlichen CO ist. Die erhaltenen Ergebnisse stehen damit im Gegensatz zu der von EMMETT u. BRUNAUER vertretenen Ansicht, wonach der gesamten chemisorbierten Oberfläche die gleichen Adsorptionseigg. wie den reinen nichtmetall. Oberflächen zuzuschreiben sind. (Proc. Indian Acad. Sci., Sect. A **46.** 120—33. Aug. 1957. Bangalore, Indian Inst. of Sci., Dep. of Gen. Chem.) D. FORST. 176

R. Suhrmann, G. Wedler und **G. Krüger,** *Über die Elektronenbeanspruchung bei der Chemisorption des Benzols an Nickel bei tiefen Temperaturen.* (Vgl. C. **1959.** 10474.) In Fortsetzung früherer Unterss. (C. **1957.** 8435) wurden die Änderungen des elektr. Widerstandes R u. der lichtelektr. Empfindlichkeit I ermittelt, die an aufgedampften Ni-Filmen durch Chemisorption von Bzl.-Dampf niedrigen Druckes (10^{-4}—10^{-1} Torr) bei 90° K hervorgerufen werden. Sowohl R als auch I nehmen entsprechend einer kovalenten Bindung der Benzolmoll. am Ni-Film zu. Aus der Abhängigkeit der Δ R-Werte von der gemessenen adsorbierten Menge wurde die monomol. Bedeckung zu

55 · 10^{13} Moll. pro cm² Makrooberfläche berechnet. Der Rauhigkeitsfaktor der Filmoberfläche berechnete sich zu 2,2. Die adsorbierte Menge, die Widerstandsänderung Δ R/R u. die Zahl der Ni-Atome des Films ergeben eine Beanspruchung von 6,3 Leitungselektronen pro Bzl.-Molekül. Der zeitliche Übergang von der physikal. Adsorption zur Chemisorption läßt sich durch Rkk. 2. u. 1. Ordnung wiedergeben. (Z. Elektrochem., Ber. Bunsenges. physik. Chem. **63.** 155—62. 1959. Hannover, TH, Inst. für Physik, Chem. u. Elektrochem.) D. JÖRCHEL. 176

D. J. Hine und **W. C. Wake,** *Die Benetzungswärme von Gasruß und Mineralpulvern durch Benzol und verwandte Kohlenwasserstoffe.* Vff. messen die bei der Benetzung von trockenem *Gasruß* (es wird zwischen mit W.-Dampf u. mit Vakuum vorbehandeltem Ruß unterschieden), SiO_2, $BaSO_4$ u. $CaCO_3$ mit *Bzl.*, *Cyclohexan*, *Cyclohexen* u. *1-Methylcyclohexen* entstehende Wärmemenge H_E. Die freien Oberflächen der untersuchten Festkörper werden nach 3 voneinander unabhängigen Methoden bestimmt. Aus der Oberflächenspannung der Fll., der ermittelten freien Oberfläche u. H_E wird die bei der Benetzung auftretende Absorptionswärme H berechnet. Auf Grund ihrer Ergebnisse weisen Vff. nach, daß H größer wird, wenn Polarisierbarkeit u. Dipolmoment der benetzenden Fl. zunehmen u. wenn der Ionencharakter der festen Phase stärker wird. (Trans. Faraday Soc. **55.** 1017—24. Juni 1959. Shawbury, Shrewsbury, Salop, Res. Assoc. of British Rubber Manufacturers.) H.J. HARTMANN. 176

Edward L. King, Sister M. John Mark Woods, O. P. und **Henry S. Gates,** *Die isomeren Dichlorotetraquochrom(III)-Ionen; ihre Trennung, ihre Spektren und relativen Stabilitäten.* Das cis- u. das trans-Isomere des oktaedrischen *Dichlorotetraquochrom(III)*-Komplexes (cis = **I**, trans = **II**) werden nach einer bekannten Ionenaustauschermeth. mit Dowex-50W auf Grund der leichteren Eluierbarkeit von **II** getrennt. Eine Lsg. hoher Konz. an $CrCl_2^+$(**I** + **II**) wurde durch Erhitzen von $CrCl_3 \cdot 6\,H_2O$ im geschlossenen Rohr auf 170—190° für 1 Std. u. Eingießen der heißen syrupösen Masse in 0,001 mol. $HClO_4$ von 0° bereitet. Das in der Lsg. vorhandene neutrale $[Cr(OH_2)_3]Cl_3$ passiert die Austauschersäule, während **I** u. **II** festgehalten werden. Nach dem Auswaschen mit 0,001 mol. $HClO_4$ werden **II** u. **I** selektiv nacheinander bei 3—6° mit 0,10 mol. $HClO_4$ eluiert u. von dem gemäß dem Gleichgewicht $CrCl_2^+ \rightleftharpoons CrCl^{2+} + Cl^-$ gebildeten zweiwertigen Monochlorokomplex getrennt. — Beide Isomere weisen Absorptionsmaxima bei 450 u. 635 mμ auf. Ein charakterist. Unterschied besteht im Verhältnis der Absorptionsindices bei diesen Wellenlängen, die für **I** ca. 1,45 u. für **II** ca. 0,90 betragen. Die Gesamtabsorption von **I** übertrifft die von **II** um ca. 5%. Auf Grund der Elutions- u. Absorptionsmessungen wird **II** als ident. mit dem festen, grünen, aus konz. HCl-saurer Lsg. kristallisierenden $[Cr(OH_2)_4Cl_2]Cl \cdot 2\,H_2O$ erkannt. Seine Stabilität ist geringer als die von **I**. Das Verhältnis der Konz. von **II** u. **I** in gekühlten Gleichgewichtsmischungen wurde aus dem Verhältnis der Absorptionsindices bei 450 u. 635 mμ zu 0,56 ± 0,03, in Lsgg. der Ionenstärke ca. 4 bei 30—95° zu 0,5 ± 0,2 für (trans)/(cis) bestimmt. (J. Amer. chem. Soc. **80.** 5015—18. 5/10. 1958. Madison, Wis., Univ. of Wisconsin, Dep. of Chem.) W. BETCKE. 177

A$_6$. Strukturforschung.

René Beaufils, *Herstellung eines elektrostatischen Geschwindigkeitsfilters. Verwendung bei der elektronischen Mikrobeugung.* Das beschriebene Filter dient dazu, den von unelast. gestreuten Elektronen herrührenden Untergrund auf Elektronenbeugungsdiagrammen (bes. von dünnen metall. Legierungsproben) zu verringern, u. erlaubt, aus dem Elektronenbündel alle Elektronen zu eliminieren, die Energieverluste größer als 4 eV erlitten haben. Zwei Beugungsaufnahmen eines 140 mμ dicken Films mit u. ohne Filter veranschaulichen das Ergebnis. (C. R. hebd. Séances Acad. Sci. **248.** 3145—47. 1/6. 1959. Toulouse, C. N. R. S., Labor. d'Opt. électron.) D. JÖRCHEL. 181

Ryozi Uyeda, Tatsunosuke Masuda, Hiroshi Tochigi, Kazuo Ito und **Haruo Yotsumoto.** *Eichung der Vergrößerung von Elektronenmikroskopen durch Gitterabstände von Kristallen.* Die Möglichkeit, in dünnen Antigorit-Einkristallen Überstruktur-Gitterabstände von 90 Å im Elektronenmikroskop direkt sichtbar zu machen, kann zur genauen Feststellung des Vergrößerungsmaßstabes bei der elektronenmkr. Abb. ausgenutzt werden. Die Periode der Überstruktur wird durch Elektronenbeugung mit TlCl als Vergleichspräp. zu 89,7 Å bestimmt. Bilder von den bei Übereinanderliegen zweier dünner Einkristalle entstehenden MOIRÉ-Mustern werden wiedergegeben u. kurz diskutiert. (J. physic. Soc. Japan **13.** 461—63. Mai 1958. Nagoya, Univ., Physik. Inst.; Tokyo, Akashi Seisakusho Ltd.; Tokyo, Japan Electron Opt. Labors. Co. Ltd.) F. LENZ. 181

W. Weitsch, *Über eine Kompensation der Farbabhängigkeit der Vergrößerung im elektrostatischen Elektronenmikroskop.* Die bes. bei der Abb. dickerer Objekte störende

Farbabhängigkeit der Vergrößerung kann in Abbildungssystemen aus zwei oder mehreren Linsen kompensiert werden. Während im n. Arbeitsbereich einer Objektivlinse die asymptot. Brennweite mit der Elektronengeschwindigkeit gewöhnlich zunimmt, kann man den Arbeitspunkt des oder der Projektive so wählen, daß in ihnen die asymptot. Brennweite mit zunehmender Elektronengeschwindigkeit derart abnimmt, daß die Gesamtvergrößerung des mehrlinsigen Syst. in erster Näherung von der Elektronengeschwindigkeit unabhängig wird. Die Bedingungen für Verzeichnungsfreiheit u. für Freiheit vom Farbfehler der Vergrößerung sind für mehrlinsige Systeme im allg. nicht gleichzeitig erfüllbar. (Optik **15.** 492—99. Aug. 1958. Berichtigung **16.** 56. Jan. 1959. Oberkochen, Fa. Carl Zeiss, Abt. für Elektronenoptik.) F. LENZ. 181

E. Hahn, *Zur numerischen Durchrechnung von elektrostatischen Immersionsobjektiven.* Näherungsweise Berechnung der Feldverteilung auf der Achse elektrostat. Elektronen-Immersionslinsen nach der Rohrlinsen-Methode. Aus den derart berechneten u. geglätteten Feldverteilungen werden die paraxialen Elektronenbahnen u. daraus die paraxialen elektronenopt. Kenngrößen sowie Farb- u. Öffnungsfehlerkoeffizienten berechnet. (Optik **15.** 500—16. Aug. 1958. Jena, VEB Carl Zeiss.) F. LENZ. 184

Carlo L. Garavelli und **Fiorenzi Mazzi,** *Methode zur Herstellung von Röntgenbeugungsdiagrammen mit Proben im Gewicht von Centigrammen.* Beschreibung der Meth., bei der Proben von etwa 10 mg verwendet werden können. (Atti Fondaz. Giorgio Ronchi Contr. Inst. naz. Ottica **12.** 575—85. Nov./Dez. 1957. Firenze, Univ., Ist. di mineral. e geochim.) C. GOTTFRIED. 181

H. Kanzaki, *Punktdefekte in einem flächenzentriert-kubischen Gitter.* 2. Mitt. *Röntgenstrahlenstreueffekte.* (1. vgl. C. **1959.** 9817.) Die l. c. entwickelte Meth. wurde zur Berechnung der von Gitterfehlern herrührenden Röntgenstrahlenstreueffekte angewandt. Bei Anwendung der Meth. auf flächenzentriert-kub. Kristalle wurde geschlossen, daß mehrere mögliche Fälle vorhanden sind, bei denen die diffuse Streuung um einen reziproken Gitterpunkt eine ellipsenförmige Gestalt hat, im Gegensatz zu der von HUANG (vgl. Proc. Roy. Soc. [London], Ser. A **190.** [1947.] 102) vorhergesagten Lemniskatenform. Bes. auffallend ist, daß isolierte Punktfehler wie Leerstellen u. Zwischengitterstellenatome in möglichst begünstigter Lage in dem flächenzentriert-kub. Kristall den Lemniskatentyp zeigen, während Paare dieser Fehler den ellipt. Typ zeigen. (Physics Chem. Solids **2.** 107—14. April 1957. Bristol, Univ., H. H. Wills Phys. Labor.) C. GOTTFRIED. 181

Linus Pauling, *Moderne Strukturchemie. Nobel-Vortrag Dezember 1954.* Vf. skizziert die Entwicklung der Strukturchemie seit FRANKLAND, KEKULÉ, BUTLEROW u. VAN'T HOFF bis zur Elektronentheorie u. der Quantenmechanik der chem. Bindung. Die Resonanztheorie wird am Beispiel der Säureamide besprochen. Durch Verwendung berechneter Modelle von Polypeptiden konnten wesentliche neue Ergebnisse gewonnen werden. In der anorgan. Chemie führte der Begriff der nichtganzzahligen Bindungen zu einer neuen Resonanzbindungstheorie der Metalle, die es erlaubt, eine Theorie des Ferromagnetismus des Eisens zu entwickeln. (Angew. Chem. **67.** 241—44. 7/5. 1955. Science [Washington] **123.** 255—58. 17/2. 1956. Pasadona, Calif., California Inst. of Technol.) H. NÖTH. 182

W. James Lyons, *Statistisch-mechanische Theorie der Deformation, die den aktivierten Zustand einschließt.* Die von EYRING für chem. Rkk. entwickelte Theorie wird vom Vf. von der physikal. Seite aus, als Theorie der Materiedeformation, diskutiert. (Amer. J. Physics **23.** 268—75. Mai 1955. Akron, Ohio, Firestone Tire and Rubber Comp., Chem. and Phys. Res. Labors.) HUBERTUS ZIMMER. 182

C. W. F. T. Pistorius, *Potentialfeld- und Kraftkonstanten von oktaedrischen Molekülen.* Die Kraftkonstanten von SF_6, SeF_6, TeF_6, ReF_6, IrF_6, MoF_6, WF_6, UF_6, NpF_6, PuF_6, $TiCl_6^{2-}$, $SeCl_6^{2-}$, $SnCl_6^{2-}$, $SbCl_6^{2-}$ u. $SnBr_6^{2-}$ werden nach den bereits veröffentlichten Frequenzen der Raman- u. IR-Spektren nach der WILSONschen F-6-Matrix-Meth. berechnet; alle Moll. u. Ionen gehören dem XY_6-Typ an u. besitzen die O_h-Symmetrie. Obwohl nur 1 Kraftkonstante vernachlässigt wird, ergeben sich für MoF_6 u. WF_6 imaginäre Ergebnisse; die dafür möglichen Ursachen werden vom Vf. diskutiert. (J. chem Physics **29.** 1328—32. Dez. 1958. Pretoria, South Africa, Council for Scient. and Ind. Res., Nat. Phys. Res. Labor.) L. SCHWIEGK. 182

C. W. F. T. Pistorius, *Kraftkonstanten des P_4-Moleküls.* (Vgl. vorst. Ref.) Nach der von WILSON (J. chem. Physics **9.** [1941.] 76) angegebenen Methode der F–G-Matrix werden die Formeln zur Best. der Kraftkonstanten f des P_4-Mol. (tetraedr. Struktur, Symmetriepunktgruppe T_d) für den allgemeinsten Fall abgeleitet, wobei die Längenänderungen der 6 äquivalenten Valenzbindungen als die 6 notwendigen inneren Koordinaten gewählt werden. Unter Verwendung in der Literatur angegebener spektralen Daten ergeben sich für den unkorrigierten Fall: $f_d = 2{,}065$, $f_{dd} = —0{,}122$ u. $f'_{dd} = 0{,}096 \cdot 10^5$

dyn/cm, u. bei teilweiser Korrektur in bezug auf Anharmonizität: $f_d = 2{,}328$, $f_{dd} = -0{,}164$ u. $f'_{dd} = -0{,}008 \cdot 10^5$ dyn/cm. Die Annahme eines einfachen Valenzkraftfeldes mit $f_{dd} = f'_{dd} = 0$ ist also unbefriedigend. (J. chem. Physics **29.** 1421—22. Dez. 1958.) D. JÖRCHEL. 182

K. E. Banyard und **N. H. March,** *Beugung von Röntgenstrahlen an „Neon-ähnlichen“ Molekülen.* Vff. unternehmen den Vers. einer quantitativen Interpretation der von THOMER (Physik. Z. **38.** [1937.] 48) durch Beugungs-Verss. mit Röntgenstrahlen an „Neon-ähnlichen“ Moll. erhaltenen Ergebnisse. Für Ne u. CH_4 wird auf die ausgezeichnete Anwendbarkeit der Meth. von HARTREE zur Berechnung der Wellenfunktionen u. Beugungsfaktoren für Röntgenstrahlen hingewiesen. Für H_2O u. NH_3 wird eine neue analyt. Zentral-Feld-Wellenfunktion aufgestellt. Sie wurde aus einer totalen Molekular-Wellenfunktion unter Anwendung der Variations-Meth. aufgestellt. Die Übereinstimmung der errechneten Beugungsfaktoren mit den experimentell ermittelten ist bei H_2O u. NH_3 nicht so gut wie bei Ne u. CH_4, doch weisen Vff. auf die Möglichkeit einer Verfeinerung ihrer Meth. hin. (Acta crystallogr. [Copenhagen] **9.** 385—91. 10/4. 1956. Sheffield, Univ., Dep. of Phys.) H.-J. HARTMANN. 182

Willard E. Meador jr., *Berechnung der Energien von dreiatomigem Wasserstoff nach einem modifizierten Roothaan-Verfahren.* Die potentiellen Energien werden für einige lineare symm. Konfigurationen des H_3 berechnet nach einem modifizierten ROOTHAAN-Verf. mit Konfigurationswechselwirkung u. unter Verwendung eines variablen veränderlichen Parameters. Weiterhin werden Berechnungen für zwei angeregte Zustände angegeben; die verschied. Energie-Funktionen werden eingehend diskutiert. Die erhaltenen Ergebnisse stehen in guter Übereinstimmung mit den von HIRSCHFELDER, EYRING u. ROSEN angegebenen Werten. (J. chem. Physics **29.** 1339—45. Dez. 1958. Chapel Hill, N. C., Univ. of North Carolina, Phys. Dep.) L. SCHWIEGK. 182

A. Boltax, *Ein Vorschlag für mögliche Keimbildungsplätze innerhalb von Versetzungsnetzwerken für die Ausfällung in abgeschreckten übersättigten festen Lösungen.* Vf. nimmt Bezug auf Unterss. von KIMURA u. Mitarbeitern (vgl. Bull. Amer. physic. Soc. **3.** [1958.] 122 u. 125) über das Anlassen von durch Abschrecken in Metalle eingeführten Defekten u. entwickelt ähnliche Vorstellungen für übersättigte feste Lösungen. Die angenommenen Keimplätze für die Ausscheidung innerhalb der Versetzungsnetzwerke sind unbewegliche Ringe, die sich während der ersten Stadien der Alterung einer abgeschreckten festen Lsg. gebildet haben. Für die Ausscheidung der gelösten Komponente nimmt Vf. die folgende Reihenfolge an: Bldg. von Leerstellenhaufen während des Abschreckens von hoher Temp., Wachstum dieser Haufen, Zusammenbruch der Haufen unter Bldg. unbeweglicher Ringe. Hierauf tritt Wanderung der gelösten Atome zu den Ringen ein, die sich um den unbeweglichen Ring anhäufen u. sich ausscheiden, wenn das Gebiet übersättigt wird. Durch Beobachtungen aus der Literatur wird diese Annahme unterstützt. (Acta metallurg. [New York] **6.** 721—22. Nov. 1958. Cambridge, Mass., Nuclear Metals, Inc.) C. GOTTFRIED. 190

Z. Morlin, *Gleitlinien (slip-sources) auf Natriumchloridoberflächen.* Mkr. Untersuchung. (Nature [London] **183.** 1319—20. 9/5. 1959. Budapest, Hung. Acad. of Sci., Res. Inst. for Techn. Phys.) A. BLASCHETTE. 190

André Chrétien und **Bernard Gaudreau,** *Über die verschiedenen Modifikationen des Zirkoniumtetrafluorids.* (Vgl. C. **1958.** 10590.) *$ZrF_4 \cdot H_2O$*, dargestellt durch Einw. von 40%ig. HF auf ZrO_2 bei 100° u. Eindampfen der Lsg. bei 200°, geht in trockenem N_2- oder Luftstrom bei 250—600° in *β-ZrF_4* (**I**) über, wobei das α-ZrF_4 (**II**) bei 450—600° als Zwischen-Prod. auftritt. **I** entsteht ferner in stark exothermer Rk. durch direkte Fluorierung von Zr-Pulver bei 200° oder von ZrO_2 bei 600°, **II** durch therm. Zers. von NH_4ZrF_5 sowie durch Rk. von F_2 mit größeren Mengen $ZrCl_4$ (4—5 g) unter schnellem Erhitzen auf 200° (Ni-Schiffchen). Bei der Fluorierung von $ZrCl_4$ in dünner Schicht bei 150—200° bildet sich *röntgenamorphes ZrF_4* (**III**). Einw. von wasserfreiem HF auf Zr u. $ZrCl_4$ oder von fl. BrF_3 auf Zr, ZrO_2 u. $ZrCl_4$ führt nicht zu einheitlichen Produkten. — **I**, D_4^{18}, 4,61 ± 0,03, bei 300° in 8 Tagen unverändert; **II**, D_4^{18}, 4,25 ± 0,05, geht ab 450° in **I** über, scheint bei allen Tempp. > 25° metastabil zu sein; ZrF_4-Dampf kondensiert an einer Wand von 25° erst als **II**, welches spontan u. quantitativ in **I** übergeht. **III**, stärker hygroskop. als **I** u. **II**, absorbiert bis zu 5% F_2 u. gibt es im H_2-Strom bei 300° wieder ab, krist. bei 300° in 8 Tagen nicht, bei 500° in 2 Std. unter Bldg. von **I**. (C. R. hebd. Séances Acad. Sci. **248.** 2878—79. 20/5. 1959.) A. BLASCHETTE. 190

Paulette Pouillen und **Jean Jaffray,** *Über die polymorphen Umwandlungen der Kristalle von Kobaltnitrathexahydrat.* Thermoanalyt. u. dilatometr. Unterss. zeigen, daß auf — 75° abgekühltes *$Co(NO_3)_2 \cdot 6\,H_2O$* (**I**) beim Erwärmen drei polymorphe Umwandlungen erleidet, die durch latenten Wärmeeffekt u. Vol.-Diskontinuität (in %) gek. sind: bei — 33 ± 3° (— 0,3%), — 21 ± 2° (— 0,6%), + 22 ± 2° (+ 1,7%). Beim Abkühlen von 20° auf — 180° wird bei — 78° eine stark exotherme Umwandlung (— 6%), bei anschließendem Erwärmen Umwandlungen bei — 33° (+ 5%), — 21° (geringe Vol.-Änderung) u. + 22° (+ 1,7%) beobachtet. I schm. bei ca. + 51° in seinem Kristallwasser. (C. R. hebd. Séances Acad. Sci. **248.** 3129—30. 1/6. 1959. Clermont-Ferrand, C. N. R. S., Labor. de Thermodyn.) A. BLASCHETTE. 190

Heinz Börnert und **Ulrich von Weber,** *Notiz über die Permeation des Wasserstoffs durch palladiumbedecktes Quarzglas.* Die Permeation von H_2 durch Quarzglas, das mit einer aufgebrannten Pd-Schicht bedeckt ist, steigt zwischen 400 u. 700° um den Faktor 1,44 gegenüber der bei unbedecktem Quarzglas. Die Aktivierungsenergie beträgt in beiden Fällen 9800 cal/Mol. Lediglich der Häufigkeitsfaktor der ARRHENIUS-Gleichung erhöht sich. Oberhalb 700° geht der Effekt durch Rekristallisation der H_2-beladenen Pd-Schicht verloren. (Z. anorg. allg. Chem. **300.** 81—83. 1959. Rostock, Univ., Inst. für physikal. Chem.) M. LASER. 190

A. G. Guy, M. Golomb und **A. S. Yue,** *Angenäherte Methode für Berechnungen unter Verwendung von konzentrationsabhängigen Diffusionskoeffizienten.* Die Standardmethoden zur Berechnung von Diffusionsvorgängen verwenden einen konstanten Diffusionskoeffizienten. In Wirklichkeit ist der Koeff. konzentrationsabhängig. Es wird eine Meth. angegeben, bei der diese Konzentrationsabhängigkeit berücksichtigt wird. Am Beispiel der *Cu–Zn*-Diffusion wird die Leistungsfähigkeit der Meth. unter Beweis gestellt. (J. Metals **9.** Nr. 10. Sect. 2. AIME Trans. **209.** 1204—06. Okt. 1957. Lafayette, Ind., Purdue Univ.) F. VIER. 190

L. A. Harris, *Die Kristallstrukturen von Na_3ZrF_7 und Na_3HfF_7.* Die Röntgenaufnahmen an Na_3ZrF_7 u. Na_3HfF_7 ergaben für beide Verbb. eine raumzentriert-tetragonale Zelle; die Elementarzellen beider Verbb. sind innerhalb der Fehlergrenzen gleich mit $a = 5,31 \pm 0,02$ Å; $c = 10,50 \pm 0,02$ Å. Die Verbb. sind isostrukturell mit der von ZACHARIASEN (vgl. Acta crystallogr. [Copenhagen] **1.** [1948.] 265) gefundenen Struktur von α-Na_3UF_7. Die Raumgruppe ist daher D_{4h}^{17} — I 4/mmm mit Z = 2. Es liegen 2 Zr oder 2 Hf in 2 (a); 2 Na_1 in 2 (b); 4 Na_2 in 4 (d) u. 14 F in 16 (m) mit $x = 1/4$ u. $z = 1/8$. Die Atomabstände Na — 7 F, Zr — 7 F u. Hf — 7 F betragen 2,28 Å. (Acta crystallogr. [Copenhagen] **12.** 172. 10/2. 1959. Oak Ridge, Tenn., ORNL, Metallurgy Div., Ceramic Labor.) C. GOTTFRIED. 195

K. W. Plessner und **R. West,** *Ersatz von Titan in $BaTiO_3$-Sinterkörpern durch Silicium und Germanium.* Durch Sintern u. Pressen eines Gemisches entsprechender Mengen $BaCO_3$, TiO_2, GeO_2 u. SiO_2 bei 1120 bis 1350° wurden $BaTiO_3$, $Ba(Ti_{0,9}Ge_{0,1})O_3$ u. $Ba(Ti_{0,9}Si_{0,1})O_3$ hergestellt. Röntgenaufnahmen ergeben beim Ersatz von Ti durch Ge u. Si keine Veränderung der Elementarzelle. Der Sauerstoff ist als Oktaeder um das vierwertige Metallatom angeordnet, während in reinen Silicaten u. Germanaten der Sauerstoff tetraedrisch angeordnet ist. Auch elektr. Messungen werden durchgeführt. (Proc. physic. Soc., Sect. B **68.** 1150—52. 1/12. 1955. London, Brit. Dielectr. Res. Ltd.) K. FRIEDRICH. 195

O. S. Mills, *Pulverdaten für $ThF_4 \cdot 0,5$—$2,0\ H_2O$.* Vf. nimmt Bezug auf die Unters. von D'EYE u. BOOTH (vgl. C. **1956.** 10881) über $ThF_4 \cdot 0,5$ 2,0 H_2O u. stellt fest, daß die l. c. angegebene Raumgruppe nicht richtig ist. Raumgruppe ist I b c a mit den 16 Th-Atomen in allg. Lage. (J. inorg. Nuclear Chem. **2.** 135. Febr. 1956. Sheffield, Univ., Dep. of Chem.) C. GOTTFRIED. 195

R. W. M. D'Eye, *Pulverdaten für $ThF_4 \cdot 0,5$—$2,0\ H_2O$.* (Vgl. vorst. Ref.) Vf. stimmt den Einwänden von MILLS (vgl. l. c.) zu. (J. inorg. Nuclear Chem. **2.** 135—36. Febr. 1956. Harwell, Berks., AERE.) C. GOTTFRIED. 195

Ludwig Merker und **Hans Wondratschek,** *Bleiverbindungen mit Apatitstruktur, insbesondere Blei-Jod- und Blei-Brom-Apatite.* (Vgl. C. **1957.** 5791.) Die Bleiapatite $Pb_5(XO_4)_3Z$ (X = P, As, V; Z = F, Cl, Br, J.) werden durch Schmelzen der Grundsubstanzen (F- u. Cl-Pyromorphit) oder Sintern hergestellt. Alle Verbb. außer $Pb_5(PO_4)_3J$ haben Apatitstruktur, die bei $Pb_5(AsO_4)_3J$ rhomb. deformiert ist. Folgende Röntgendaten wurden mit GUINIER-Kammer u. kristallreflektierter CuKα-Strahlung aufgenommen: $Pb_5(PO_4)_3F$ a = 9,76, c = 7,29, V = 601,4; $Pb_5(PO_4)_3Cl$ a = 9,97, c = 7,32, V = 630,1; $Pb_5(PO_4)_3Br$ a = 10,07, c = 7,37, V = 647,2; $Pb_5(AsO_4)_3F$ a = 10,07, c = 7,42, V = 651,9; $Pb_5(AsO_4)_3Cl$ a = 10,25, c = 7,46, V = 679,2; $Pb_5(AsO_4)_3Br$ a = 10,31, c = 7,47, V = 6,87,6; $Pb_5(AsO_4)_3J$ tritt in 2 Modifikationen auf, (gelb) a = 17,88, b = 10,44, c = 7,53, V = 1406,2, rhomb.; (weiß) a = 10,37, c = 7,54, V = 702,2, hexagonal; $Pb_5(VO_4)_3F$ a = 10,10, c = 7,34, V = 648,4; $Pb_5(VO_4)_3Cl$ a = 10,32, c = 7,33, V = 676,1; $Pb_5(VO_4)_3Br$ a = 10,39, c = 7,36, V = 688,1; $Pb_5(VO_4)_3J$ a = 10,41, c = 7,46, V = 700,1 (a, b, c in Å, V in Å³). Die Verbb, sind gegen W. recht stabil. (Z. anorg. allg. Chem. **300.** 41—50. 1959. Würzburg, MPI für Silikatforsch.) M. LASER. 195

Olav Foss und **Kjartan Marøy**, *Struktur des Hexathionations im trans-Dichlorodienkobalt(III)-Salz.* Die Schwefelkette des Hexathionations besitzt im $K_2Ba(S_6O_6)_2$ die dem S_8-Ring des rhomb. S entspr. cis–cis-Konfiguration, im $[CoCl_2en_2]_2S_6O_6 \cdot H_2O$ (I) die rotationsisomere trans–trans-Anordnung. I ist rhomb. mit a = 12,12, b = 19,13, c = 6,43 Å, besitzt 2 Formeleinheiten in der Elementarzelle u. gehört zur Raumgruppe C_{2v}^8-Pba2; $S_6O_6^{2-}$ u. H_2O liegen auf zweizähligen Symmetrieachsen. Die Atomkoordinaten in Bruchteilen der Zellkonstanten betragen: Co: (x =) 0,0410, (y =) 0,2757; Cl_1: 0,1660; 0,2930; Cl_2: — 0,0840; 0,2584; S_1: 0,2530; 0,0917; S_2: 0,1638, 0,0050; S_3: 0,0722, — 0,0289. Die Länge der mittleren S–S-Bindung beträgt 2,07 ± 0,02 Å. (Acta chem. scand. **13.** 201—02. 1959. Bergen, Univ., Chem. Inst.) A. BLASCHETTE. 195

M. A. Hepworth, K. H. Jack und **G. J. Westland**, *Strukturen von komplexen Fluoriden.* 1. Mitt. *Kaliumhexafluoroosmat (V), $KOsF_6$.* Pulveraufnahmen an $KOsF_6$ ergaben rhomboedr. Symmetrie mit dem Elementarrhomboeder a = 4,991 ± 0,001 Å u. α = 97,18 ± 0,02°; die entsprechende hexagonale Zelle hat a = 7,487 ± 0,001 Å u. c = 7,487 ± 0,001 Å. Raumgruppe ist C_{3i}^2 — $R\bar{3}$; Z = 1. Zu Vergleichszwecken wurden Pulveraufnahmen von *$KRuF_6$*, *$KIrF_6$* u. *$NaOsF_6$* angefertigt. Aus ihnen ergab sich, daß $KOsF_6$ isostrukturell mit den beiden ersten Fluoriden ist, die Struktur des $NaOsF_6$ ist dagegen vollkommen verschieden von der des $KOsF_6$. In dem Gitter liegen 1 Os in 000; 1 K in $^1/_2$ $^1/_2$ $^1/_2$ u. 6 F in ± (xyz); ± (zxy); ± (yzx) mit x = 0,717 ± 0,005; y = 0,789 ± 0,005; z = 0,103 ± 0,005. Die gefundene Struktur entspricht einer verzerrten CsCl-Struktur von K- u. OsF_6-Ionen, wobei das komplexe Anion ein unregelmäßiges Oktaeder von F-Atomen darstellt, in dessen Mittelpunkt ein Os-Atom liegt. Atomabstände sind K — F = 2,84 u. 3,17 Å; Os — F = 1,82 Å u. F — F = 2,48; 2,66 u. 2,87 Å. (J. inorg. Nuclear Chem. **2.** 79—87. Febr. 1956. Newcastle-upon-Tyne, King's Coll., Chem. Dep.) C. GOTTFRIED. 195

John J. Randall und **Roland Ward**, *Die Darstellung einiger ternärer Oxyde der Platinmetalle.* Tern. Oxyde vom Typ *ABO_3*, *A_2BO_4* u. *A_4BO_6* (A = Ca, Sr oder Ba, B = Ru, Rh, Ir oder Pt) wurden aus einem feingepulverten Gemisch von ACO_3 u. B-Metall durch mehrstd. Erhitzen auf 1000—1500° an der Luft oder in einem evakuierten Quarzrohr gewonnen. Verbb. mit Ru waren blauschwarz, mit Rh u. Ir schwarz, mit Pt braun. Die Strukturen wurden durch Röntgenanalyse (Pulver- u. WEISSENBERG-Aufnahmen) in Verb. mit bekannten Strukturen ermittelt. — *$CaRuO_3$*, orthorhomb. vom Perowskit-Typ, a = 5,53, b = 5,36, c = 7,67 Å; *$SrRuO_3$*, analog, a = 5,57, b = 5,53, c = 7,85 Å; *$BaRuO_3$*, hexagonal, a = 9,95, c = 21,54 Å. Im System $SrIr_xRu_{(1-x)}O_3$ wurden bei $0 < x < 0,5$ homogene, orthorhomb. Prodd., bei $0,5 < x < 1$ Gemische von $SrIr_{0,5}Ru_{0,5}O_3$, Sr_2IrO_4 u. Ir erhalten. *$SrIr_{0,5}Ru_{0,5}O_3$*, orthorhomb., a = 5,58, b = 5,55, c = 7,84 Å. Verss. zur Darst. der Phasen $SrIr_xPt_{(1-x)}O_3$, $SrRu_x^{III}Ru_{(1-x)}^{IV}O_{(3-x/2)}$ u. $Sr_{(1-x)}Ru_x^{VI}Ru_{(1-x)}^{IV}O_3$ blieben erfolglos. — *Sr_2RuO_4* u. *Sr_2RhO_4* (nicht rein darstellbar), isotyp mit Sr_2IrO_4 (C. **1957.** 9028) u. K_2NiF_4, tetragonal raumzentrierte Zellen mit a = 3,87 bzw. 3,85 u. c = 12,74 bzw. 12,90 Å. — Homogene Prodd. vom Typ A_4BO_6 wurden durch Rk. von SrO oder $SrCO_3$ mit Rh-Metall oder Rh-Sesquioxyd bei 1250°, mit $PtO_2 \cdot H_2O$ bei 800° bzw. mit Ir-Metall bei 1500° erhalten. *Sr_4IrO_6*, *Sr_4PtO_6* u. *Sr_4RhO_{6-y}* (mit O-Unterschuß), rhomboedr. mit K_4CdCl_6-Struktur, Raumgruppe $R\bar{3}c$, hexagonale Zelldimensionen: a = 9,74, c = 11,90 Å. Für die Verbb. A_4BO_6 werden spezielle Analysenmethoden angegeben; sie hydrolysieren augenblicklich in W., vollständige Auflösung wird durch Zusatz von etwas HCl erreicht. — In der Reihe ABO_3, A_2BO_4, A_4BO_6 erfolgt ein Übergang von Perowskit-Strukturen mit dreidimensionalen B–O–B-Bindungen über K_2NiF_4-Strukturen mit zweidimensionalen B–O–B-Bindungen zu Strukturen mit diskreten BO_6-Oktaedern. — Weitere vorläufige Angaben: *$Sr_3Pt_2O_7$*, aus SrO u. $PtO_2 \cdot aq$ (Sr : Pt = 3/2) bei 800°, hexagonal, strukturell dem $Ba_3Pt_2O_7$ ähnlich, a = 9,69, c = 18,43 Å. Die aus SrO u. Ru (Sr : Ru = 1,5 bis 2,0) bei 1200° erhaltenen Prodd. scheinen dem Sr_2RuO_4 zu ähneln. Bei Verss. zur Darst. von Einkristallen einiger der genannten Verbb. wurden verschied. Phasen isoliert, für die unvollständige Strukturdaten mitgeteilt werden: $Sr_4Pt_{0,25}Ir_{0,75}O_6$ lieferte nach 1 Monat bei 1260° kleine Einkristalle, kub. flächenzentriert, a = 16,2 Å, LAUE-Gruppe m3m, Raumgruppe Fd3m. Bei der Darst. von Sr_4RhO_6 in geschm. PbO (Pt-Gefäß) wurden sechsseitige schwarze Nadeln erhalten, a = 9,53, c = 8,44 Å, Raumgruppe wahrscheinlich P31c, $P\bar{3}1c$, $P6_3mc$, $P\bar{6}2c$ oder $P6_3/mmc$, bei Verwendung eines Al_2O_3-Gefäßes hexagonale Kristalle, a = 10,27, c = 13,20 Å, Raumgruppe $P6_3cm$, $P\bar{6}c2$ oder $P6_3/mcm$. Beide Prodd. sind wahrscheinlich Pb-haltig. Erhitzen von PbO mit Ru oder Ir (Pb : Me = 2,00) auf 800—850° unter Luftzutritt ergab homogene schwarze Prodd.,

denen die Formel $Pb_2Me_2O_7$ u. Pyrochloritstruktur zugeschrieben wird. (J.Amer. chem. Soc. **81.** 2629—31. 5/6. 1959. Storrs, Conn., Univ. of Connecticut.)
A. BLASCHETTE. 195

V. R. Guru Moorti und **M. K. Gharpurey,** *Vergleichende Untersuchung der Wirkung von Silber-Unterlagen auf die Textur von im Vakuum aufgedampften Zink- und Cadmiumschichten.* Elektronenmkr. Unters. von Zn- u. Cd-Aufdampfschichten auf Kollodium, das zuvor mit Ag (mittlere „Schicht"-Dicke 10^{-3} bis 10^{-2} Å) bedampft worden war. Im Gegensatz zu früheren Unters. von ZEHENDER (C. **1951.** II. 791) wurde beobachtet, daß die mittlere Zahl von abgelagerten Kristallen je Oberflächeneinheit für Zn u. Cd prakt. die gleiche war. Das Aussehen der Aufdampfschichten im elektronenmkr. Bild ist nur von der Silbermenge, dagegen nicht von der Geschwindigkeit abhängig, mit der zuvor das Silber aufgedampft worden war. Es wird geschlossen, daß jeder Ag-Kristallit in gleicher Weise für Zn wie für Cd als Keim für die Kristallisation dienen kann. (Optik **15.** 481—84. Aug. 1958. Poona, India, Nat. Chem. Labor.)
F. LENZ. 196

H. Biloni und **L. H. de Destaillats,** *Erstarrungssubstrukturen von 99,99%igem Aluminium. Ihre Untersuchung durch epitaktische Oxydüberzüge und Korrosionsfiguren.* Auf der Oberfläche von Einkristallen aus Al mit 20—30 (ppm) *Mg*, 5 *Fe*, 5 *Si* u. 5 *Cu* konnten mit Hilfe von epitakt. Oxydüberzügen, die in einem Elektrolyten von 5%ig. H_2SO_4 mit einer Stromdichte von 1,5 A/dm² aufgebracht wurden, Erstarrungssubstrukturen an ihren Interferenzfarben mikrograph. mit Agfacolor-Negativ-Aufnahmen sichtbar gemacht werden. Die Korrosionsfiguren wurden auf chem. Wege erzeugt. Die Strukturen treten dendrit. oder in Streifenform auf. — 6 farb. Abb.; 21 Literaturangaben. (Métaux **34.** 137—50. April 1959. Buenos Aires, Comisiôn Nacional de Energia Atômica.)
F. VIER. 196

S. L. Couling und **C. S. Roberts,** *Korngrenzenverformung in feinkörnigem elektrolytischem Magnesium.* Korngrenzenverformung bei hohen Tempp. geht in polykristallinem Mg in 2 Stufen vor sich, u. zwar unter Korngrenzengleiten u. Wanderung. Es wird angenommen, der Mechanismus der Korngrenzenverformung bestehe in dem Wechsel der unelast. Korngrenzenschubkräfte mit der Auflösung dieser Kräfte, wenn die Korngrenzen zu neuen Lagen wandern. (J. Metals **9.** Nr. 10. Sect. 2. AIME Trans. **209.** 1252—56. Okt. 1957. Midland, Mich., Dow Chemical Co.) F. VIER. 197

W. J. James und **M. E. Straumanis,** *Gitterparameter und thermischer Ausdehnungskoeffizient von Thorium.* Es wird der Gitterparameter a von 99,86%ig., nach dem Verf. von VAN ARKEL dargestelltem Thorium mit Cu–Kα_1-Strahlung nach der asymm. Meth. im Temp.-Bereich von 10° bis 60° bestimmt. Vff. ermitteln a (bezogen auf 25°, mit Refraktions-Korrektion von 0,00016 kX) zu 5,0741 $\pm$ 0,0001 kX (5,0843 Å) mit einer Genauigkeit, die größer als 1 : 60000 ist, u. den linearen Ausdehnungs-Koeff. zu $11{,}6 \cdot 10^{-6}$ $(^0\,C)^{-1}$ (zwischen 10 u. 60°). Bezogen auf 4 Atome Th pro Elementarzelle berechnen sie die Röntgendichte bei 25° zu 11,724 $\pm$ 0,004 g · cm^{-3} u. den geringsten Atomabstand zu 3,5952 Å. Auf Grund des Verlaufs der Ausdehnungskurve wird auf das mögliche Vorliegen eines Umwandlungspunktes bei 38° hingewiesen. (Acta crystallogr. [Copenhagen] **9.** 376—79. 10/4. 1956. Rolla, Mo., Univ. of Missouri, School of Mines and Metallurgy, Dep. of Chem. and Metallurg. Engng.)
H.-J. HARTMANN. 197

J. H. Wernick, *Wirkung von Kristallorientierung, Temperatur und Dicke der geschmolzenen Zone beim Temperaturgradient-Zonenschmelzen.* Ein scharfer Orientierungseffekt wurde beim Temp.-Gradient-Zonenschmelzen von Al-reichen Drähten, die Einkristalle von *Ge* durchwandern, gefunden. Liegt der Schnitt einer {111}-Ebene mit der Ebene des Drahtdurchganges schräg zum Draht, so bricht der Draht in Teile, die parallel zur Schnittlinie liegen. Ist dagegen die Schnittlinie senkrecht oder parallel zum Draht, so bleibt der Draht fest. Diese kristalline Anisotropie wird verwendet zur Herst. genau paralleler npn-Kontakte unter Verwendung Al-reicher Drahtzonen in Ge. Die Geschwindigkeit der Zonenwanderung wächst ungewöhnlich schnell mit der Temp. u. dem Durchmesser der Drahtzone. Diese Ergebnisse lassen vermuten, daß der die Geschwindigkeit bestimmende Faktor nicht die Diffusion in der fl. Zone ist, sondern die Lsg.-Geschwindigkeit an der heißeren Oberfläche. Die Diffusion kann der begrenzende Prozeß bei höheren Tempp. u. niedrigeren Temp.-Gradienten werden. (J. Metals **9.** Nr. 10. Sect. 2. AIME Trans. **209.** 1169—73. Okt. 1957. Murray Hill, N. J., Bell Telephone Labors., Inc.) F. VIER. 197

Masashige Koyama, *Untersuchungen über die Linienstrukturen in Zinn-Einkristallen.* 5. Mitt. Unterss. der Strukturen von Sn-Einkristallen (99,87% Reinheit), in denen die [001]-Richtung parallel zur Probenachse verläuft, u. von Proben, die von der [100]- zur [100]-Richtung geneigt gewachsen sind. (Nippon Kinzoku Gakkai-Si [J. Japan Inst. Metals] **22.** 40—43. Jan. 1958. [Orig.: japan.; Auszug: engl.]) W. WESLY. 197

Masashige Koyama, *Untersuchungen über die Linienstrukturen in Zinn-Einkristallen.* 6. Mitt. (5. vgl. vorst. Ref.) Eine Bandstruktur (Abb.) wird senkrecht zur Wachstumsrichtung auf der Seitenfläche einer elektrolyt. geätzten Probe, deren Wachstumsgeschwindigkeit $<$ 1 mm/Min. beträgt, beobachtet. Es scheint, daß diese anomale Struktur mit der Temp.-Schwankung des elektr. Ofens zusammenhängt, weil sie nicht auftritt, wenn eine Batterie als Stromquelle dient. (Nippon Kinzoku Gakkai-Si [J. Japan Inst. Metals] **22.** 43—46. Jan. 1958. [Orig.: japan.; Auszug: engl.]) W. WESLY. 197

A. T. Gwathmey, *Einfluß des Kristallbildes auf die Oberflächeneigenschaften der Metalle.* (Vgl. C. **1957.** 7864.) Die Verss. wurden an sorgfältig gereinigten Einkristallen bes. des *Cu, Ni* u. *Fe* in Form von kleinen Kugeln oder runden Scheiben durchgeführt. Die Flächen eines Cu-Kristalls wurden bei Tempp. zwischen 70 u. 180° mit ellipt. polarisiertem Licht auf ihren Oxydationsgrad u. die Struktur des Oxydfilms auf röntgenograph. Wege u. mittels Elektronenstreuung untersucht, wobei man feststellte, daß die Orientierung u. das Gefüge je nach der Fläche stark variieren. Ferner werden elektronenmkr. Unterss. beschrieben. — Bei Ätzverss. mittels H_2SO_4–$CuSO_4$ an Cu-Einkristallen wurde der p_H-Einfl. geprüft: Je nach der Kristallfläche u. dem p_H traten unterschiedliche Ätzwirkungen auf. Die Flächen (111) u. (100) wurden bei p_H 0—4 nicht geätzt, während das die (111) direkt umgebende Gebiet stark angeätzt wurde; (110) wurde verschieden, je nach dem p_H, angegriffen. (Corrosion [Houston] **13.** Nr. 12. 40. Dez. 1957. Charlottesville, Va., Univ. of Virginia.) H. ECKSTEIN. 197

J. W. H. Clare, *Ein Überblick über Diffusion in Aluminium.* Veröffentlichungen über Diffusion in Al-Legierungen werden zu Vergleichszwecken und zur Auswertung gesammelt, auf die häufigsten Fehlerquellen bei Verss. wird hingewiesen. — 31 Schrifttumshinweise. (Metallurgia [Manchester] **57.** 273—78. Juni 1958. Banbury, Oxon, Aluminum Labors. Ltd.) K. STEIN. 197

A. R. Harding und **J. W. H. Clare,** *Eine Untersuchung über das berichtete Auftreten einer metastabilen Y-Phase in aluminiumreichen Legierungen des Systems Aluminium–Mangan–Nickel.* (Vgl. vorst. Ref.) Das Auftreten der metastabilen *Y*-Phase in Al–Mn–Ni-Legierungen, über das von RAYNOR (J. Inst. Metals **70.** [1944.] 507) berichtet wurde, konnte durch mikrograph. Unters. an geglühten u. an langsam abgekühlten Proben nicht bestätigt werden. Nur der α-Mischkristall, $NiAl_3$ u. eine tern. stabile Verb. *X* wurden festgestellt. (J. Inst. Metals **87.** 317—20. Mai 1959.) F. VIER. 197

R. E. Grace und **G. Derge,** *Diffusion in flüssigen Blei–Wismut-Legierungen.* Die Diffusion von Bi in fl. Pb–Bi-Legierungen wurde in Abhängigkeit von Temp. u. Zus. nach der Capillaren-Meth. (capillary reservoir technique) bestimmt. Die Aktivierungsenergien der Diffusion ΔH_D^* u. des viscosen Fließens ΔH_V^* sind in den verd. Legierungen annähernd gleich. In den wismutreichen Legierungen ist dagegen bei Anwendung eines großen Konz.-Gefälles ΔH_D^* viel größer als ΔH_V^*. (J. Metals **7.** Trans. AIME **203.** 839—42. Juli 1955. West Lafayette, Ind., Purdue Univ.; Pittsburgh, Pa., Carnegie Inst. of Technol.) G. BAUER. 197

N. C. Baenziger und **J. W. Conant,** *Die Kristallstrukturen von $SrZn_5$ und $BaZn_5$.* Es werden die Kristallstrukturen von $SrZn_5$ (I) u. $BaZn_5$ (**II**) untersucht. Die Verbb. werden als spröde, glänzende, an feuchter Luft trübe werdende Kristalle durch Zusammenschmelzen der Metalle bei 1000° u. durch anschließendes Herauswaschen des Überschusses an Erdkalimetall mit W. erhalten. Aus WEISSENBERG-Aufnahmen der 0. bis 3. Schichtlinie der [100]-Zone u. PATTERSON-Projektionen auf (hk0), (h02) u. (0kl) ergaben sich die Konstanten der orthorhomb. Elementarzellen: **I**: a = 5,32 ± 0,01 Å; b = 6,72 ± 0,02 Å; c = 13,15 ± 0,04 Å u. Z = 4, **II**: a = 5,32 ± 0,01 Å; b = 8,44 ± 0,02 Å; c = 10,78 ± 0,03 u. Z = 4. Elektronendichteprojektionen führen zu folgenden Raumgruppen u. Parametern: **I**: Pmcn — D_{2h}^{16}, 8 Zn in (d): x, y, z; $\frac{1}{2}-x$, $\frac{1}{2}-y$, $\frac{1}{2}+z$; $\frac{1}{2}+x$, $\bar{y}$, $\bar{z}$; $\bar{x}$, $\frac{1}{2}+y$, $\frac{1}{2}-z$; $\bar{x}$, $\bar{y}$, $\bar{z}$; $\frac{1}{2}+x$, $\frac{1}{2}+y$, $\frac{1}{2}-z$; $\frac{1}{2}-x$, y, z; x, $\frac{1}{2}-y$, $\frac{1}{2}+z$; mit x = 0, y = 0,150, z = 0,144, Standardfehler in Maximumslage (Δ) = ± 0,003 Å, 4 Zn_1 in (c): $\frac{1}{4}$, y, z; $\frac{3}{4}$, $\bar{y}$, $\bar{z}$; $\frac{3}{4}$, $\frac{1}{2}+y$, $\frac{1}{2}-z$; $\frac{1}{4}$, $\frac{1}{2}-y$, $\frac{1}{2}+z$; mit y = 0,601, z = 0,521; Δ = ± 0,006 Å. 4 Zn_2 in (c): mit y = 0,660, z = 0,715, Δ = ± 0,004 Å. 4 Zn_3 in (c) mit y = 0,455, z = 0,202, Δ = ± 0,006 Å; 4 Sr in (c) mit y = 0,144, z = 0,412, Δ = ± 0,003 Å. **II**: Amam — D_{2h}^{17}, 8 Zn in (g): $\frac{1}{4}$, y, z; $\frac{1}{4}$, y, $\bar{z}$; $\frac{3}{4}$, $\bar{y}$, z; $\frac{3}{4}$, $\bar{y}$, $\bar{z}$; mit y = 0,226, z = 0,309, Δ = ± 0,009 Å, 8 Zn in (e): 0,0, z; 0, 0, $\bar{z}$; $\frac{1}{2}$, 0,z; $\frac{1}{2}$, 0, $\bar{z}$; mit z = 0,204, Δ = ± 0,004 Å. 4 Zn in (c): $\frac{1}{4}$, y, 0; $\frac{3}{4}$, $\bar{y}$, 0; mit y = 0,926; Δ = ± 0,008 Å. 4 Ba in (c) mit y = 0,335, Δ = ± 0,004 Å. Die Strukturen sind der von $CaZn_5$ ähnlich. (Acta crystallogr. [Copenhagen] **9.** 361—64. 10/4. 1956. Iowa City, Iowa, State Univ. of Iowa, Dep. of Chem.) H.-J. HARTMANN. 197

A. U. Seybolt, H. Hansen, B. W. Roberts und **P. Yurcisin,** *Beitrag zum System Bi–Mn. Diskussion.* Diskussion zu der C. **1958.** 5011 referierten Arbeit. (J. Metals **8.** Nr. 10. Sect. 2. AIME Trans. **206.** 1406—08. Okt. 1956.) H. HOCHSTEIN. 197

S. Isserow, *Uran-Silicium-ε-Phase.* Die Eigg. der U–Si–ε-Phase wurden unter bes. Berücksichtigung der Möglichkeiten untersucht, eine gegen W. korrosionsbeständige Legierung zu erhalten. Die Korrosionsbeständigkeit hängt ab von der Abwesenheit der anderen Phasen als der ε-Phase. Ferner sollte die ε-Phase 3,9—4,0% Si enthalten, etwas mehr als der stöchiometr. Zus. von U_3Si = 3,78% entspricht. Durch Oxydation der Proben bei 500° an Luft vor dem Auflösen in $HNO_3 + H_2F_2$ konnte die Analysenmeth., die bisher zu niedrige Si-Werte ergab, verbessert werden. Über Verss. zur Herst. der Legierung durch gemeinsames Strangpressen mit Zircaloy-2 wird berichtet. (J. Metals **9.** Nr. 10. Sect. 2. AIME Trans. **209.** 1236—39. Okt. 1957. Cambridge, Mass., Nucl. Metals, Inc.) F. VIER. 197

H. I. Aaronson, W. B. Triplett und **G. M. Andes,** *Phasenumwandlungen in untereutektoiden Titan-Chrom-Legierungen.* Die Morphologie der untereutektoiden α-Phase in α–Ti–Cr-Legierungen wurde bei 550—725° untersucht. Sie ähnelt der früher bei der proeutektoiden Ferrit-Rk. in C-Stählen auftretenden. Die eutektoide Rk. in den untereutektoiden Ti–Cr-Legierungen besteht vornehmlich in der Ausscheidung der α-Phase u. von $TiCr_2$ aus der β-Phase in nichtlamellarer Form. (J. Metals **9.** Nr. 10. Sect. 2. AIME Trans. **209.** 1227—35. Okt. 1957. Pittsburgh, Pa., Carnegie Inst. of Technol.) F. VIER. 197

Robin O. Williams, *Natur des Systems Nickel-Chrom.* Die Löslichkeit von Ni in Cr nimmt mit sinkenden Tempp. sehr schnell ab. Das Altern in den Ni-reichen Legierungen ist nicht von der Ausscheidung von Cr abhängig. Die Ausscheidung von Ni beim Kühlen der Cr-reichen Legierungen geht sehr schnell vor sich; es kann nur durch sehr wirksames Abschrecken verhindert werden. Die sehr hohe Härte u. Brüchigkeit der Legierungen resultiert aus den Ausscheidungen. Magnet. Strukturen wurden nicht gefunden. Wenn eine eutektoide oder peritektoide Rk. existiert, dann über 1250°. (J. Metals **9.** Nr. 10. Sect. 2. AIME Trans. **209.** 1257—60. Okt. 1957. Cincinnati, O., Mill. Machine Co.) F. VIER. 197

J. B. Newkirk, *Mechanismus der Ausscheidung in Kupferlegierungen mit 2,5% Eisen.* Die Ausscheidung in einer Cu-Legierung mit 2,5% Fe wurde experimentell durch Röntgenbeugung, Härtemessung u. licht- u. elektronenmkr. untersucht. γ-Fe u. α-Fe scheiden sich gleichzeitig aus, wobei γ-Fe in den ersten Stufen dominiert. Später lösen sich die γ-Fe-Teilchen unter Eintritt in das Cu-Gitter, aus dem sie zu den stabileren α-Teilchen diffundieren. Die α-Teilchen wachsen, bis alles γ-Fe verschwunden ist. (J. Metals **9.** Nr. 10. Sect. 2. AIME Trans. **209.** 1214—20. Okt. 1957. Schenectady, N. Y., General Electric Res. Labor.) F. VIER. 197

Charles B. Jordan, *Kristallstruktur von TiRu und TiOs.* Zur Klärung der in der Literatur nicht übereinstimmenden Auffassungen über die Struktur von TiRu u. TiOs (vgl. LAVES u. WALLBAUM, Naturwissenschaften **27.** [1939.] 674, u. DUWEZ u. TAYLOR, C. **1950/54.** 73 S), u. um genaue Werte für die Gitterparameter zu erhalten, wurden Röntgenunterss. nach dem Pulververf. durchgeführt. TiRu u. TiOs kristallisieren in einem einfachen kub. Raumgitter mit einer Kantenlänge der Elementarzelle von 3,06 Å für TiRu u. 3,07 Å für TiOs. Die zwischen gemessenen u. berechneten Intensitätskurven auftretenden Abweichungen werden ausführlich diskutiert. Mit großer Wahrscheinlichkeit haben die beiden intermetall. Verbb. eine B2(CsCl)-Struktur, wobei ihre Bldg. mit einer Schrumpfung verbunden ist. Vergleicht man die mit Hilfe der GOLDSCHMIDTschen Atomradien (korrigiert für KZ = 8) berechneten Gitterparameter für TiRu (3,14 Å) u. TiOs (3,16 Å) mit den experimentell gefundenen Werten von 3,06 Å u. 3,07 Å, so ist eine Schrumpfung von ca. 2,5% festzustellen. (J. Metals **7.** Trans. AIME **203.** 832—33. Juli 1955. Pacoima, Calif., Poroloy Equipment Inc.) G. BAUER. 197

R. C. Hall, *Wachsen von Einkristallen aus Eisenlegierungen aus der Schmelze.* Es wird eine Vorr., basierend auf der Technik von BRIDGMAN, zur Herst. von Einkristallen aus ferromagnet. Al–Fe-Legierungen mit $> 1\%$ Al u. Si–Fe-Legierungen mit über 3% Si beschrieben. Die Einkristalle zeigten eine zellulare Struktur, die in feinere Strukturen unterteilt war. Der Winkel zwischen der Wachstumsrichtung u. der (110)-Ebene an der Oberfläche betrug etwa 5°. In Al–Fe-Legierungen mit > 12 Al wurden Segregationen von Al beobachtet. Die Orientierung der verschied. Einkristalle

von Al–Fe u. Si–Fe war ganz wahllos verteilt. (J. Metals **9.** Nr. 10. Sect. 2. AIME Trans. **209.** 1267—68. Okt. 1957. East Pittsburgh, Pa., Westinghouse Electric Corp.)
F. VIER. 197

Ladislav Špaček, *Decarbonisierung von Eisen mit Wasserstoff.* Prakt. ist bis zu einem Druck von ca. 10 Torr die Diffusionsgeschwindigkeit des C niedriger als die Rk. mit H_2. Der Decarbonisierungseffekt erhöht sich daher mit der Temperatur. Bei Druck < 10 Torr ist schon bei bestimmten Tempp. die Rk. mit H_2 geringer als die Diffusion, daher muß die Temp. geeignet gewählt werden, um $Q_1 + Q_t$ maximal zu machen (Diagramm); z. B. ist bei 1 Torr H_2-Druck ca. 1000° die geeignetste Temperatur. (Hutnické Listy **10.** 549—50. Sept. 1955. Praha, K. V., katedra atom. a fys. pevných látek.)
E. ROTTER. 197

Ralph Hultgren, „*Misfit*"-*Spannungsenergie im System Gold–Kupfer.* Die infolge verschiedener Größe der Atome im Kristallgitter von Mischkristallen vorhandene innere Spannungsenergie für das Au–Cu-Gitter wurde aus Zwischenatomabständen u. der MORSE-Funktion berechnet. Die Ergebnisse liegen in derselben Größenordnung wie die nach der elast. Theorie. Es wird gezeigt, daß elektron. Wiedereinordnungen während unaxialer Spannung auftreten, die die Spannungsenergie unter die berechneten Werte herabsetzen. Die Theorie von PAULING wird angewendet u. die elektron. Wiedereinordnungen von dieser Theorie abgeleitet, wobei sich die kleinen Werte der Spannungsenergie ergeben. (J. Metals **9.** Nr. 10. Sect. 2. AIME Trans. **209.** 1240—43. Okt. 1957. Pasadena, Calif., California Inst. of Technol.) F. VIER. 200

J. F. Smith, C. E. Carlson und **F. H. Spedding,** *Elastische Eigenschaften von Yttrium und elf der Seltenen Erdelemente.* Zur Best. des Elastizitätsmoduls wurde die Fortpflanzungsgeschwindigkeit von US-Impulsen in Y u. 11 Seltenen Erden gemessen. Die aus den Ergebnissen berechneten Moduln für Y, La, Ce, Pr, Nd, Sm, Gd, Tb, Dy, Ho, Er u. Yb werden angegeben. (J. Metals **9.** Nr. 10. Sect. 2. AIME Trans. **209.** 1212—13. Okt. 1957. Ames, I., Iowa State Coll.) F. VIER. 200

Hung-tu Zhang, *Plastische Probleme eines Kristalls mit einer zweizähligen Symmetrieachse.* Mit Hilfe einer FOURIER-Transformationsmeth. versuchte Vf., die ebenen Probleme eines elast. anisotropen Kristalls mit einer zweizähligen Symmetrieachse zu lösen. Hergeleitet wurden die Spannungsverteilungsformeln eines Kristalls unter dem Einfl. einer punktförmigen Kraft; aus ihnen wurde das Spannungsfeld einer Versetzung erhalten. Es wurde gefunden, daß ein verzwilligter *Zn*-Kristall seine elast. Energie um ca. 35% erniedrigen kann. (Acta physica sinica **15.** 1—12. 1959. Lanchow Univ. [Orig.: chines.; Auszug: engl.]) C. GOTTFRIED. 200

D. Hadzi and **H. W. Thompson,** eds., Hydrogen bonding: papers presented at the Symposium on Hydrogen Bonding held at Ljubljana, 29 July— 3 August 1957. London: Pergamon P. 1959. (XII + 428 S. m. Taf. u. Diagr. 5 £. 10 s.

Walter Jay Hamer, ed., The structure of electrolytic solutions. New York: Wiley; London: Chapman & Hall. 1959. (XII + 441 S. m. Abb., Tab. u. Diagr.) 7 £. 8 s.

A₇. Gleichgewichte. Kinetik.

Erich Thilo, *Anorganische Salze hochmolekularer Anionen im gelösten und im festen Zustand.* (Vgl. C. **1955.** 3810.) Vf. gibt eine Übersicht über den gegenwärtigen Stand der Unterss. anorgan. Salze mit hochmol. Anionen im gelösten u. festen Zustand. Die Bldg.-Möglichkeiten von Salzen mit hochmol. Kettenanionen durch therm. Kondensation saurer Salze oder gewisser bifunktioneller Derivv. von mehrbas. Säuren, durch Abbau von Mehrfachketten, durch Hydrolyse verzweigter oder partiell vernetzter Ketten sowie durch Radikalreaktionen werden besprochen. Die Resultate der verschied., auf physikal., chem. u. physikochem. Methoden basierenden Möglichkeiten zum Strukturbeweis der hochmol. Verbb., sowie die für sie als typ. anzusprechenden Eigg. sind Gegenstand einer ausführlichen Betrachtung. Einige Analogien zwischen den Eigg. der Salze mit hochmol. Kettenanionen u. denen mit komplizierter gebauten Anionen werden diskutiert. 37 Literaturhinweise. (Abh. dtsch. Akad. Wiss. Berlin, Kl. Chem. Geol. Biol. **1955.** Nr. 7. 57—71. 1957.) D. ERTEL. 223

E. U. Franck, *Zur Löslichkeit fester Stoffe in verdichteten Gasen.* Zur Beschreibung der Löslichkeit fester Stoffe in verdichteten Gasen in Ggw. von festem Bodenkörper wird die Wechselwrkg. der gelösten Moll. (Molenbruch X_2) mit den Gasmoll. als Assoziationsvorgang mit variabler Assoziationszahl aufgefaßt. Aus den Ansätzen für chem. Potentiale in nichtidealen Gasmischungen ergibt sich eine Beziehung, die sowohl die bei geringer D. beobachtete Proportionalität von $\log X_2$ mit V^{-1} (Konz. des verdichteten Gases) als auch die bei hoher D. oder starker Wechselwrkg. auftretende Proportionalität zwischen $\log X_2$ u. $\log V^{-1}$ wiedergibt. Die berechneten Werte stimmen mit experi-

mentellen Ergebnissen bei mehreren Systemen gut überein. (Z. physik. Chem., Frankf. Ausg. [N. F.] **6.** 345—55. März 1956. Göttingen, Univ., Inst. für Physikal. Chem.)
E. DEHMLOW. 224

R. H. Prince, *Reaktionsmechanismen in metallorganischen Verbindungen. Vergleichende Hydrolyse von Organozinn- und Organosiliciumchloriden.* Es wird die Solvolyse von Organozinnchloriden R_3SnCl (R Äthyl-, Isopropyl-, tert.-Butyl-, Phenylrest) in A. u. Propanol-(2) (I) durch Leitfähigkeitsmessungen untersucht. Hydrolyse-Verss. in Dioxan–W. u. potentiometr. Gleichgewichtsmessungen werden durchgeführt. Es wird das Solvolyse- u. Hydrolyseverhalten von *Triisopropylzinnchlorid* (**II**) u. *Triisopropylsiliciumchlorid* (**III**) in **I** verglichen. Alkoholyse u. Hydrolyse der Organozinn-Verbb. führen rasch zu Gleichgewichten, deren Lage vom Lösungsm. u. der Art des organ. Restes abhängig ist. Bei **II** in **I** u. bei Tris-[tert.-butyl]-zinnchlorid in A. u. **I** konnte der Verlauf der Hydrolyse gemessen werden, doch tritt eine meßbare Dissoziation erst dann auf, wenn sie durch Anwesenheit eines Protonendonators u. die Eigg. des Lösungsm. begünstigt wird. Die Solvolyse von **III** in **I** besitzt einen anomal kleinen ster. Faktor, sie wird katalysiert durch Pyridin; die Hydrolyse von **III** in **I** unter Zusatz von W. ist 2. Ordnung u. wird durch Pyridin nicht katalysiert.

V e r s u c h e : *Diisopropylzinndichlorid* (**IV**) $(C_3H_7)_2SnCl_2$, aus 0,063 Mol $SnCl_4$-Ae.-Komplex u. 0,189 Mol Lithiumisopropylat in Ae. bei —40°, es entstehen in annähernd gleichen Mengen Tetraisopropylzinn (**V**), **II** u. **IV**. **IV** wird durch Mol.-Dest. abgetrennt u. durch Resublimation im Vakuum gereinigt. — *Triisopropylzinnchlorid* (**II**) $(C_3H_7)_3SnCl$, aus **V** u. $SnBr_4$ (Mol.-Verh. 3:1) bei 125—165°, man behandelt die fl. Phase (90%iges Triisopropylzinnbromid) mit Ae. u. 20%iger Lsg. von KF in 60%igem A., filtriert den Nd. (Triisopropylzinnfluorid u. Diisopropylzinndifluorid) ab, löst Reste von **V** mit Ae. heraus, behandelt mit konz. HCl, extrahiert mit Ae., behandelt den Extrakt mit 10%iger NaOH, filtriert den Nd. (Diisopropylzinnoxyd) ab u. überführt das im Filtrat vorhandene Triisopropylzinnhydroxyd mit konz. HCl in **II**. Nach Mol.-Dest. 99,95% (Ausbeute). — *Tetraisopropylzinn* (**V**) $(C_3H_7)_4Sn$, $Kp._8$ · 100,6—101,2°, man gibt zu 2 Mol Isopropylmagnesiumbromid in Ae. 0,063 Mol $SnCl_4$, dest. Ae. ab, hält 1 Std. bei 100° u. fraktioniert; 61%. — *Bis-[tert.-butyl]-zinndichlorid* (**VI**) $(C_4H_9)_2SnCl_2$ u. *Tris-[tert.-butyl]-zinnchlorid* (**VII**) $(C_4H_9)_3SnCl$, entstehen bei Zugabe von Lithium-tert.-butylat (**VIII**) zu dem $ZnCl_4$-Ae.-Komplex bei 0°. Ausbeute u. Reinheitsgrad bei verschied. **VIII**: $SnCl_4$-Verhältnissen (nach Mol.-Dest.): 3:1 gibt 55% **VII**, 6:1 gibt 93%, 3,3:1 gibt 90%, 3,0:1,05 gibt 44%. (J. chem. Soc. [London] **1959.** 1783—90. Mai. London, Univ. Coll., William Ramsay and Ralph Forster Labor.; Cambridge, Univ., Chem. Labor.) H.-J. HARTMANN. 224

Bernard Małek, *Gegenstromverteilung von Naturstoffen.* 1. Mitt. Theoret. Grundlagen der Gegenstromverteilung u. Angaben zur prakt. Durchführung. — 28 Literaturangaben. (Biul. Inst. Roślin leczniczych **3.** 259—70. Sept. 1957. Poznań.)
F. URBAN. 224

R. P. Rastogi und **T. P. Pandya,** *Wirkung der Diffusion auf Reaktionswirkungsgrade.* An Hand einer Betrachtung komplexer reversibler Rkk. erster u. zweiter Ordnung sowie simultaner Rkk. werden die Reaktionswirkungsgrade in stat. u. Strömungssystemen verglichen. In den meisten Fällen erweist sich die Produktausbeute bei der gleichen Kontaktzeit in stat. Systemen größer als in Strömungssystemen, die eine vollständige Diffusion einschließen. Die abgeleiteten kinet. Gleichungen eignen sich zur Best. der Geschwindigkeitskonstanten aus experimentellen Daten oder für die Konstruktion von Reaktionssystemen. (J. sci. ind. Res. [New Delhi], Sect. B **17.** 5—11. Jan. 1958. Lucknow, Univ., Dep. of Chem. and Dep. of Phys.) D. JÖRCHEL. 225

Robert E. Huffman und **Norman Davidson,** *Stoßwellen in der chemischen Kinetik. Der thermische Zerfall von NO_2.* Vff. untersuchen den therm. Zerfall von NO_2 in NO_2–Ar-Gemischen nach der Stoßwellen-Meth. (einfallender u. reflektierter Stoß wird verwendet). Sie variieren das Verhältnis Ar:NO_2 von 360 bis 5,6 u. die Rk.-Temp. von 1400 bis 2300° K. Die Zerfallsgeschwindigkeit wird durch $-d(NO_2)/dt = k_u(M)(NO_2) + k_b(NO_2)^2$ [(M) Gesamtgas-Konz., (NO_2) NO_2-Konz.] wiedergegeben. Der Term mit k_b leitet sich von BODENSTEINs bimol. Rk.-Weg ab; da $k_b = 2{,}5 \cdot 10^{10} \exp[-25000(\pm 5000)/RT]$ [$Mol^{-1} \cdot Liter \cdot sec^{-1}$] rund 8mal größer ist als der für BODENSTEINs Mechanismus extrapolierte Wert, wird auf das Vorliegen andersartiger, gleichzeitig ablaufender, bimol. Rk.-Wege hingewiesen. Der k_u-Term wird dem monomol. Zerfall von NO_2 in NO u. O zugeschrieben, der atomare Sauerstoff reagiert rasch mit NO_2 zu NO u. O_2 weiter. $K_u = 3{,}06 \cdot 10^{13} \exp(-65400/RT)$ stimmt mit der Geschwindigkeitskonstante für die Bldg. von NO_2 aus NO u. O (Inertgaszusatz) bei tieferen Tempp. überein. (J. Amer. chem. Soc. **81.** 2311—16. 20/5. 1959. Pasadena, Calif., California Inst. of Technol., Gates and Crellin Labors. of Chem.) H.-J. HARTMANN. 225

Josef Vepřek-Šiška, František Šmirous und **Vladimír Pliška,** *Über die anorganischen Stickstoffverbindungen. 4. Mitt. Reduktionsmechanismus von Nitriten in alkalischen Lösungen.* (3. vgl. C. **1959.** 14203.) Vff. haben die Reaktionsprodd. bei der Red. von verschied. konz. *$NaNO_3$*-(**I**), *$NaNO_2$*-(**II**), *$Na_2N_2O_3$*-(**III**) u. *$Na_2N_2O_2$*-(**IV**)-Lsgg. durch 1%ig. *Na-Amalgam* (**V**) im alkal. Medium identifiziert u. den Reduktionsmechanismus von **II** näher untersucht. Die entspr. Lsgg. wurden unter Kühlen u. Rühren mit **V** in kleinen Portionen bis zu dessen 1,5fachem Überschuß versetzt; nach jeweiliger Zugabe von $^1/_5$ der Gesamtmenge von **V** wurden die Reduktionsprodd. in der Reaktionslsg. in der bereits beschriebenen Weise (vgl. die 3. u. früheren Mitteilungen) identifiziert. Bei der Red. konzentrierterer (0,8—2 mol.) **I**- u. **II**-Lsgg. wurden außer den gasförmigen Prodd. (N_2 u. N_2O) NO_2^-, $N_2O_3^{2-}$, $N_2O_2^{2-}$ u. NH_3 gefunden; aus **III** bilden sich $N_2O_2^{2-}$ u. NH_3, während **IV** nicht red. wird. Bei der Red. 0,1 mol. **I**-, **II**- u. **III**-Lsgg. wurde nur NH_3 nachgewiesen. Die Red. von **II** verläuft unter intermediärer Bldg. von HNO bzw. NO^-, dessen Rk. mit NO_2^- zu $N_2O_3^{2-}$ führt. $N_2O_2^{2-}$ bildet sich teils durch die direkte Red. von $N_2O_3^{2-}$, teils durch die Dimerisation von NO^-; diese letzte Rk. ist irreversibel. $N_2O_2^{2-}$ u. bes. HNO zers. sich teilweise unter Bldg. von N_2O: $N_2O_2^{2-} + H_2O = N_2O + 2OH^-$, bzw. $2\,HNO = N_2O + H_2O$. Im Widerspruch mit der Literatur wurde bei der Red. konzentrierterer **II**-Lsgg. durch **V** *NH_2OH* (**VI**) nicht festgestellt, was auf die Verwechslung von **III** mit **VI** in den älteren Arbeiten zurückgeführt werden könnte. Bei der Red. von HNO entsteht zwar vermutlich zuerst **VI**, verschwindet aber völlig aus der Reaktionslsg. durch die sek. Rkk.: $NH_2OH + HNO = N_2 + 2\,H_2O$, u. $2NH_2OH = NH_3 + HNO + H_2O$, indem N_2 u. NH_3 zu den Endprodd. der **II**-Red. durch **V** gehören. (Chem. Listy **52.** 2056—59. Nov. 1958. [Orig.: tschech.] Collect. czechoslov. chem. Commun. **24.** 2501—05. Aug. 1959. [Orig.: deutsch] Praha, Vys. škola chem.-technolog., kat. anorg. chem.) K. KÁMEN/ Prag. 225

M. Lewin und **M. Avrahami,** *Die Reaktion zwischen Bromat und Chlorwasserstoffsäure.* Eine Unters. der Rk. zwischen BrO_3^- u. HCl ergab Rkk. 1. Ordnung bzgl. BrO_3^-, 2. Ordnung bzgl. H^+ u. 1. Ordnung bzgl. Cl^-. Unter Vorbehalt wird ein Mechanismus vorgeschlagen, bei dem die Bldg. von BrO_2^- u. HClO als geschwindigkeitsbestimmender Schritt anzunehmen ist. Auf dieser Grundlage wird versuchsweise das Verhältnis HClO/HBrO = 2 erklärt, das bei Zugabe von Alkalihydroxyd zum Reaktionsgemisch gefunden wurde. (Bull. Res. Council Israel, Sect. A **5.** 56—60. Nov. 1955. Jerusalem, Hebrew Univ., Dep. of Phys. Chem. and Ministry of Agricult., Inst. for Fibres and Forest Prod. Res.) H. HOFMANN. 225

A. Glasner und **I. Mayer,** *Eine kontinuierliche konduktometrische Methode zur Messung der Hydrolysengeschwindigkeit von Chloriden.* Es wird eine Meth. u. dafür entwickelte App. (Skizze) zur Unters. der hydrolyt. Zers. von Chloridhydraten ($MgCl_2 \cdot 6\,H_2O$, $CuCl_2 \cdot 2\,H_2O$, $CaCl_2 \cdot H_2O$) beschrieben. Die Rk. erfolgt in einem geeigneten Thermostaten; das dabei entwickelte HCl wird mit einem Inertgas als Träger in dest. W. in einer Leitfähigkeitsmeßzelle geleitet u. dort konduktometr. bestimmt. Die Leitfähigkeit dieser Lsg. ist proportional dem Hydrolysengrad zur Zeit der Messung. Nach einer kurzen Diskussion auftretender experimenteller Schwierigkeiten beschreiben Vff. entspr. Modifizierungen der App. zu deren Vermeidung. Die Brauchbarkeit der Meth. wird am Beispiel der Hydrolyse von *$MgCl_2 \cdot 6\,H_2O$* bei 230° gezeigt. (Bull. Res. Council Israel, Sect. A **5A.** 71—72. Nov. 1955. Jerusalem, Hebrew Univ., Dep. of Inorg. and Analyt. Chem.) H. HOFMANN. 225

J. Goubeau und **H. Kallfass,** *Die Reaktion Natriumborhydrid und Wasser.* Aus der Geschwindigkeit der H_2-Entw. bei der Hydrolyse von *$NaBH_4$* geht hervor, daß das erste H-Atom des BH_4^--Ions schneller reagiert als die übrigen. Die Schlußfolgerung, daß sich ein prim. Rk.-Prod. *$Na[H_3BOH]$* bildet, konnten Vff. IR-spektroskop. bestätigen. Die weitere Hydrolyse verläuft ohne Bldg. definierter Zwischenverbb. bis zum *$Na[B(OH)_4]$*. Die in Tabellenform mitgeteilten IR-Spektren von $NaBH_4$, $Na[H_3BOH]$, $Na[H_3BOD]$ u. $Na[B(OH)_4]$ werden den Grundschwingungen zugeordnet. Bei der therm. Zers. der Hydrolyseprodd. wird lediglich H_2O abgespalten; nach 4 std. Erhitzen auf 240° ließen sich IR-spektroskop. keine OH-Banden mehr nachweisen. Bei höheren Tempp. dismutiert $Na[H_3BOH]$ gemäß: $4\,Na[H_3BOH] \rightarrow 3\,NaBH_4 + Na[B(OH)_4]$, wobei das letztere in Metaborat, $NaBO_2$, übergeht. (Z. anorg. allg. Chem. **299.** 160—69. 1959. Stuttgart, TH, Labor. für anorg. Chem.) D. ERTEL. 225

J. E. Todd und **W. S. Koski,** *Die Kinetik des Austauschs von Deuterium zwischen Diboran und Tetraboran.* Es wird die Kinetik des D-Austausches zwischen B_2D_6 u. B_4H_{10} bei verschied. Konzz. der Reaktanten, unterschiedlichen Gasdrucken u. Tempp. (25,0°; 34,5°; 45,0°) untersucht. Auf Grund ihrer Ergebnisse sehen Vff. zwei Rk.-Wege für wahrscheinlich an. Für die Haupt-Rk. gilt als geschwindigkeitsbestimmend der Rk.-Schritt zwischen BD_3 u. B_4H_{10} (Austausch von 1 BH_3). Für die Geschwindigkeit der

Neben-Rk. ist entscheidend die Aktivierung von 2 H-Atomen im B_4H_{10}-Mol., an die sich ein rascher D-Austausch mit B_2D_6 anschließt. (J. Amer. chem. Soc. **81.** 2319—24. 20/5. 1959. Baltimore, Md., Johns Hopkins Univ., Dep. of Chem.)
H.-J. HARTMANN. 225

J. C. Hindman, J. C. Sullivan und **Donald Cohen,** *Die Wirkung von Deuterium auf die Kinetik von Reaktionen mit Neptunium(IV)-, (V)- und (VI)-Ionen.* (Vgl. C. **1959.** 4725.) Vff. untersuchen H^+-, D^+- u. Temp.-Abhängigkeit der Dis- bzw. Symproportionierungs-Rkk. [(DP)- bzw. (SP)-Rkk.] von Np(V)- u. von Np(IV)–Np(VI)-Ionen. Die Geschwindigkeit der bimol. SP von Np(IV) u. Np(VI) zu Np(V) in H_2SO_4- u. $HClO_4$-haltigen Lsgg. nimmt bei Zugabe von D^+ ab. Das Verhältnis der beobachteten Geschwindigkeitskonstanten (VGK) (H-:D-haltige Lsgg.) beträgt in Perchloratlsgg. bei 25° 5,0 u. nimmt bei Temp.-Erhöhung ab. In Sulfat-Lsgg. beträgt VGK 4,6; daraus schließen Vff., daß die SP-Mechanismen in beiden Medien sich weitgehend ähneln. Die Geschwindigkeit der DP von Np(V) in H_2SO_4-Lsgg. bei 25° nimmt bei der Zugabe von D^+ zu, 1/VGK beträgt 2,5—2,7. Auf die Analogie der untersuchten Rkk. mit der DP von Pu(V) u. U(V) sowie mit der Rk. von U(IV) mit Pu(VI) im kinet. Verh. wird hingewiesen. (J. Amer. chem. Soc. **81.** 2316—19. 20/5. 1959. Lemont, Il., Argonne Nat. Labor.)
H.-J. HARTMANN. 225

R. Glocker, D. Messner und **S. Rösinger,** *Messung der absoluten Eisen(III)-Ausbeute von wäßrigen Eisen(II)-sulfatlösungen bei Einwirkung von Röntgen- und Elektronenstrahlen.* In Fortsetzung einer früheren Unters. von RÖSINGER (vgl. C. **1959.** 11465) bestimmten Vff. die Zahl der pro 100 eV absorbierter Energie gebildeten Fe(III)-Ionen (G-Wert) für die Röntgenwellenlängen 1,54; 0,71; 0,56 u. 0,15 Å u. für Elektronenstrahlen von 15 MeV. Als Ausgangslsg. diente eine mit Luft gesätt., 0,8 n schwefelsaure 10^{-3} mol. Lsg. von $Fe(NH_4)_2(SO_4)_2 \cdot 6\ H_2O$. Es wurde gefunden, daß in Abhängigkeit von der Ionendichte der G-Wert von einer Röntgenstrahlung mit einer Wellenlänge von 1 Å abwärts bis zu schnellen Elektronenstrahlen von 15 MeV prakt. konstant, G = 15,5 eV, ist, im langwelligen Röntgengebiet dagegen langsam abnimmt. (Z. physik. Chem., Frankf. Ausg. [N. F.] **13.** 129—39. Nov. 1957. Stuttgart, TH, Röntgeninst. u. MPI für Metallforsch., Inst. für Metallphys.)
C. GOTTFRIED. 226

K. Shibata und **H. Katsu,** *Der Einfluß von oberflächenaktiven Stoffen auf die katalytische Zersetzung von H_2O_2 durch Pt-Sol.* Oberflächenakt. Verbb. beschleunigen die katalyt. Zers. von H_2O_2 durch Pt-Sol, unabhängig davon, ob sie kationisch, anionisch oder nichtionisch sind. (J. Kyoto prefect. med. Univ. **62.** 572—76. Okt. 1957. Kyoto, Univ., Dep. of Physiol. [Orig.: japan.; Auszug: engl. S. XXXLX.]) H. STRUCK. 227

M. Tamura, S. Ishizuka, T. Kono und **M. Uruha,** *Thermoanalytische Untersuchung über die katalytische Zersetzung von H_2O_2 durch Pd-Sol, speziell im Hinblick auf F^--Ionen.* Der Einfl. von *NaCl, KCl, NaF* u. *KF* auf die katalyt. Zers. von H_2O_2 durch Pd-Sol mit oder ohne Ar wird thermoanalyt. untersucht. Es wird gefunden, daß die Reaktion durch Cl^- gehemmt u. durch F^- gefördert wird. (J. Kyoto prefect. med. Univ. **62.** 577—82. Okt. 1957. Kyoto, Univ., Dep. of Physiol. [Orig.: japan.; Auszug: engl. S. XXXLX.])
H. STRUCK. 227

M. Kokado, M. Nomura und **T. Okubo,** *Der Einfluß von Persimmon-Tannin auf die katalytische Zersetzung von H_2O_2 durch eine aktive Kohlenstoffsuspension.* Der Einfl. von *Persimmon-Tannin* (I) auf die katalyt. Zers. von H_2O_2 durch eine akt. Kohlenstoffsuspension wird thermoanalyt. untersucht. **I** hemmt die Rk.; es wird angenommen, daß **I** die Oberfläche blockiert u. so seine Wrkg. zustande kommt. (J. Kyoto prefect. med. Univ. **62.** 605—09. Okt. 1957. Kyoto, Univ., Dep. of Physiol. [Orig.: japan.; Auszug: engl. S. XLI.])
H. STRUCK. 227

G.-M. Schwab und **G. Greger,** *Die Spaltung von Hydroperoxyd an AlSb.* Vff. untersuchten mit Hilfe der WARBURG-BARCROFT-Technik die katalyt. Spaltung von H_2O_2 an n- u. p-dotiertem AlSb. Das AlSb wurde durch Zusammenschmelzen der Komponenten in graphitierten Quarzschiffchen hergestellt u. dabei mit Zusätzen von Se oder Ge nach n, von Zn, Sn u. Mg nach p dotiert oder im p-leitenden Ursprungszustand verwendet. Die spezif. Leitfähigkeiten lagen in der Größenordnung $10^2\ \Omega^{-1} \cdot cm^{-1}$. Es wurde gefunden, daß der Zerfall an den n-Leitern anfangs 25—50% rascher als an den p-Leitern erfolgt, wobei die Geschwindigkeit bei den n-Leitern über 90% der Rk. konstant bleibt, also von nullter Ordnung ist. An den p-Leitern sinkt die Geschwindigkeit mit einer Halbwertszeit von einigen Std. nach erster Ordnung ab u. wird Null, wenn erst ein ganz geringer Prozentsatz des H_2O_2 zerfallen ist. Hierdurch wird die Auffassung einer Acceptorreaktion bestätigt. Es wird noch kurz mitgeteilt, daß bei Bestrahlung der Reaktionsgefäße mit sichtbarem Licht die Geschwindigkeit an den p-Leitern um 20% zunahm, an den n-Leitern aber im Durchschnitt um ebensoviel

abnahm. Eine Deutung hierfür kann noch nicht gegeben werden. (Z. physik. Chem., Frankf. Ausg. [N. F.] **13.** 248—50. Nov. 1957. München, Univ., Physikal.-chem. Inst.)
C. Gottfried. 227

M.-L. Cooper und **J. B. Rose**, *Eine Untersuchung der Ziegler-Katalysatoren durch Behandlung von Titantetrachlorid mit Aluminiumalkylen.* $TiCl_4$ in Leichtbenzin wurde mit Al-Alkylen [*Trimethyl-*(**I**), *Triäthyl-*(**II**), *Tri-n-propyl-*(**III**), *Tri-n-butyl-Al*(**IV**)] bzw. Diäthylaluminiumchlorid bei 20° umgesetzt. Die Prodd. wurden isoliert u. analysiert. Die entstehenden braunen bis dunklen Ndd. erwiesen sich als Komplexe von Organo-Al-Verbb. mit niederen Ti-Chloriden (Wertigkeit des Ti 3 bis < 1). Bei der Red. des $TiCl_4$ entstehen u. a. KW-stoffe, die bei 100° aus der Lsg. ausgetrieben u. aufgefangen werden können. Bei der Umsetzung mit **I** entstehen 80—90% CH_4 u. 10—20% C_2H_4, mit **II** 94 ± 2% C_2H_6 u. 6 ± 2% C_2H_4 u. mit **III** C_3H_8 u. 10—35% C_3H_6. Die bei dieser Rk. prim. entstehenden Radikale disproportionieren in Alkane u. Alkene, wobei die Alkene zum Teil sofort polymerisieren, weshalb nicht das theoret. Verhältnis Alkan/Alken = 1:1 erreicht wird. Die Struktur der Komplexe u. der Mechanismus der Polymerisationskatalyse werden besprochen. (J. chem. Soc. [London] **1959.** 795—802. Febr. Welwyn Garden City, Herts., Imp. Chem. Ind. Ltd., Plastics Div.) M. Laser. 227

A_8. Präparative anorganische Chemie. Komplexverbindungen. Metallorganische Verbindungen.

O. Je. Swjaginzew, *Fortschritte der Chemie komplexer Verbindungen.* Übersicht über die Fortschritte der Chemie komplexer Verbb. mit bes. Berücksichtigung ihrer Anwendung in der Atomenergetik, bei der Herst. von Halbleitern u. in der Metallurgie sowie Betrachtung der Hauptrichtungen in der Entw. der Theorie komplexer Verbindungen. — 22 Literaturangaben. (Химическая Наука и Промышленность [Chem. Wiss. Ind.] **3.** 93—97. 1958.) E. v. Pezold. 228

Eleonora van Beek-Visser, *Zusammensetzung von Stickstoffoxyd-Gleichgewichten.* Auf Grund neuer spektroskop. Werte für die Dissoziationsenergie des N_2 berechnet Vf. die Werte für die Stickstoffoxyd-Gleichgewichte neu. Für 1 atm Druck u. ein Gesamt-N_2/Gesamt-O_2-Verhältnis **3,72** (natürliche Luft) werden für den Temp.-Bereich von 2000—5000° K die Konzz. an N_2, O_2, O, N, NO, NO_2 angegeben. Der Wert für gebundenen N_2 erreicht unter diesen Bedingungen bei 3500° K sein Maximum mit 5 Mol.%: 2000° K gebundener N_2 0,7847 Mol.%, 2500° 2,2574%, 3000° **4,1470%**, 3250° 4,8054%, 3500° 4,9684%, 3750° 4,5988%, 4000° 3,9129%, 4400° 2,7929%, 5000° 1,6673%. Für die optimale Temp. von 3500° K berechnet Vf. das Gleichgewicht zwischen den 6 Komponenten für 1 atm Druck auch für andere Verhältnisse Gesamt-N_2/Gesamt-O_2. Die beste Ausbeute an gebundenem N_2 ist für das Verhältnis 1:1 zu erwarten: Gesamt-N_2 78,8% gebundener N_2 4,968%, 60% 6,269%, 50% 6,426%, 33,3% 6,002%, 20% 4,974%. (J. chem. Physics **29.** 1358—60. Dez. 1958. Trondheim, Norges Tekniske Høgskole, Fys. Inst.) L. Schwiegk. 243

Jaime Cases-Casanova, *Thermische Zersetzung von Natriumnitrat.* 1. Mitt. *Thermogravimetrische Untersuchung und Klärung der Reaktion von Stickstoffoxyd mit Natriumoxyd.* (Vgl. Chrétien, Heubel u. Cases-Casanova, C. **1959.** 8484.) Vf. führt thermogravimetr. Unterss. mit $NaNO_3$ u. $NaNO_2$ bei stetig wachsender Temp. u. bei konstanter Temp. (700°) durch. Eine neue graph. Meth., verbunden mit klass. chem. Analyse, gestattet eine quantitative Unters. des Gleichgewichtes $2\,NaNO_3 \rightleftharpoons 2\,NaNO_2 + O_2$ sowie die Best. der Mengen der Rk.-Partner der kondensierten Phase zu jedem beliebigen Zeitpunkt. Die Pyrolyse von $NaNO_3$ geht in zwei Etappen vonstatten: 1) Bldg. von $NaNO_2$ unter O_2-Abgabe, 2) Zers. von $NaNO_2$. Letztere Rk. ist durch die Einw. der Stickstoffoxyde auf Na_2O verwickelt. Diese Rkk. werden quantitativ untersucht. (Bull. Soc. chim. France **1959.** 429—34. Febr. Sorbonne, Labor. de Chim. Min.)
G. Krien. 243

Jaime Cases-Casanova, *Thermische Zersetzung von Natriumnitrat.* 2. Mitt. *Systematische analytische Untersuchung und Reaktion in Gegenwart von Eisen(III)-oxyd.* (1. vgl. vorst. Ref.) Analysiert man sowohl die kondensierte als auch die Gasphase, die bei der Pyrolyse von $NaNO_3$ u. $NaNO_2$ in Ar-Atmosphäre u. im Vakuum auftreten, so findet man, daß sich schnell $NaNO_2$ bildet, das sich anschließend in der Gesamtrk. (1) $2\,NaNO_2 \rightleftharpoons Na_2O + N_2 + {}^3/_2O_2$ zersetzt. Dieser Rk. überlagern sich folgende, schnell verlaufende, aber entgegengesetzt gerichtete Rkk.: (2) $2\,Na_2NO_2 \rightarrow Na_2O + 2\,NO + {}^1/_2O_2$ u. (3) $Na_2O + 3\,NO \rightarrow 2\,NaNO_2 + {}^1/_2N_2$. Eine Zugabe eines amphoteren Oxyds, wie Al_2O_3, SiO_2 oder SnO_2, bes. aber Fe_2O_3 unterdrückt Rk. (3), fördert Rk. (2) u. vermindert gleichzeitig den Verlust an einfachen N-Verbindungen. (Bull. Soc. chim. France **1959.** 435—40. Febr.) G. Krien. 243

Asimbikash Ray und **Grihapati Mitra,** *Chemie der Monofluorotrioxojodate.* Kurze Mitt. über die Darst. der Monofluorotrioxojodate $MeJO_3F$ (Me = Zn, Ni usw.) nach $MeF_2 + Me(OH)_2 + 2\ HJO_3 \rightarrow 2\ MeJO_3F + 2\ H_2O$. Äquimol. Mengen der Ausgangsstoffe (das Hydroxyd in frischgefälltem Zustand) wurden in einer Pt-Schale während 30 Min. bei 80° mit 60 ml W. digeriert, dann nach u. nach Eisessig zugegeben, die nach weiteren 20 Min. fast klar gewordene Lsg. filtriert u. das sehr leicht lösl. $MeJO_3F$ durch Einengen über konz. H_2SO_4 auskristallisiert. Anwendung von überschüssigem Fluorid (MeF_2 oder HF) führte zur Bldg. der noch leichter lösl. Difluorodioxojodate. (J. Indian chem. Soc. **35.** 211—12. März 1958. Calcutta, City Coll., Dep. of Chem.)
A. BLASCHETTE. 249

Margot Becke-Goehring, Helmut Jenne und **Vladimír Rekalić,** *Über die Schwefelnitride $S_{15}N_2$ und $S_{16}N_2$.* Die Darst. der Schwefelnitride $S_{15}N_2$ (I) u. $S_{16}N_2$ (II) durch Rk. von SCl_2 bzw. S_2Cl_2 mit S_7NH wird beschrieben. Während sich **II** mit Sulfit zu $S_3O_6^{2-}$ u. $S_2O_3^{2-}$ abbauen läßt, gelingt dies mit **I** nicht; **I** ist auch therm. beständiger als **II.** Vff. führen dies auf eine Resonanzstabilisierung von **I** zurück. Der Rk.-Mechanismus bei der **I**- u. **II**-Darst., der **II**-Sulfitabbau u. die Resonanzstabilisierung von **I** werden diskutiert u. formelmäßig gedeutet. Die IR-Spektren u. DEBYE-SCHERRER-Aufnahmen beider Verbb. sind mitgeteilt.

. Versuche: **I,** F. 137°, aus S_7NH u. SCl_2 in CS_2 bei Ggw. von Pyridin. Nach Abtrennen des ausgefallenen Pyridinhydrochlorids wird das Lösungsm. im Vakuum abgedampft, wobei **I** zunächst verunreinigt auskrist. u. durch Extraktion mit wenig CS_2 gereinigt wird. Man löst das verbliebene **I** in CS_2, versetzt mit A. bis zur Trübung u. entfernt CS_2 im Vakuum; reines **I** bleibt zurück u. wird mit warmem $CHCl_3$ u. Bzl. gewaschen u. getrocknet. Gelbe Kristalle, sehr gut lösl. in CS_2. — **II,** F. 95—100°, aus S_7NH u. S_2Cl_2 analog **I.** Das Lösungsm. wird zur Hälfte abgedampft u. **II** mit viel A. ausgefällt; dieses Rohprod. löst man in CS_2, versetzt mit CCl_4, fällt langsam mit Methanol u. wiederholt diesen Vorgang noch zweimal. Gelbe Flocken, sehr gut lösl. in CS_2. (Chem. Ber. **92.** 855—57. 1959. Heidelberg, Univ., Chem. Inst., 1. Abt. für Anorg. u. Analyt. Chem.)
D. ERTEL. 253

R. W. Parry und **L. J. Edwards,** *Systematik in der Chemie der Borhydride.* Vff. ordnen die Borhydride zusammen mit den als LEWIS-Säuren in Form von Addukten mit Basen bekannten B–H-Gruppierungen in 4 Klassen der allg. Zus. B_nH_{n+6}, B_nH_{n+4}, B_nH_{n+2}, B_nH_n. Die Rkk. der Borane werden nach folgenden Gesichtspunkten eingeteilt: 1. symm. Spaltung der doppelten Brückenbindung; 2. asymm. Spaltung der doppelten Brückenbindung; 3. Abspaltung eines Protons aus einer Wasserstoffbrückenbindung; 4. Abspaltung von mol. H_2 aus dem Boranmolekül. Der Rk.-Typ, den eine Verb. eingeht, wird bestimmt durch ihre Stellung in vorst. Klassifizierung u. durch die Geometrie ihres Moleküls. (J. Amer. chem. Soc. **81.** 3554—60. 20/7. 1959. Ann Arbor, Mich., Callery Chem. Co.; Univ. of Michigan, Dep. of Chem.) A. BLASCHETTE. 258

J. H. de Boer und **A. B. C. van Doorn,** *Graphitoxyd.* 4. Mitt. *Einige chemische Eigenschaften.* (3. vgl. C. **1959.** 14033; 5. vgl. C. **1959.** 15918). Vff. untersuchten zuerst die Red. von Graphitoxyd, für das l. c. die Bruttoformel $C_7H_2O_4$ gefunden worden war durch KJ u. $TiCl_3$ in saurer Lsg. bei 55° u. Zimmertemperatur. In allen Fällen wurde gefunden, daß die mittlere Anzahl oxydierter Milliäquivalente pro g Graphitoxyd 32,7 ± 0,3 Milliäquivalente beträgt. Die Elementaranalyse für das reduzierte Oxyd ergab die Zus. $C_7H_{1,0}O_{1,0}$. Aus der Formel ergibt sich, daß pro Einheit $C_7H_2O_4$ 4,9 Milliäquivalente Sauerstoff verfügbar sind. Reduktionsverss. mit NaJ in Essigsäureanhydrid bei 55° u. Zimmertemp. zeigten nun, daß nur 4,4 Milliäquivalente verfügbaren Sauerstoffs pro Einheit $C_7H_2O_4$ verfügbar waren. Die Elementaranalyse des Reduktionsprod. ergab die Zus. $C_7H_{1,0}O_{1,3}$. Es wurde daher vermutet, daß die Red. teilweise durch Acetylierung der zu reduzierenden Gruppen behindert wird. Vff. untersuchten daher die Acetylierung von Graphitoxyd u. die Red. des acetylierten Produkts. Nach der Acetylierung betrug der mittlere Acetylgeh. 5,2 Milliäquivalente pro g acetyliertes Produkt. Nimmt man x-Acetylgruppen pro Einheit $C_7H_2O_4$ an u. ferner, daß die acetylierten Gruppen ursprünglich OH-Gruppen waren, dann kann man die Bruttoformel des acetylierten Prod. $C_7O_2(OH)_{2-x}(OCOCH_3)_x$ schreiben. Mit 5,2 Milliäquivalenten erhält man x = 1, d. h. es ist nur eine OH-Gruppe vorhanden, die sich acetylieren läßt. Aus den Reduktionsverss. des acetylierten Prod. mit NaJ jedoch ergab sich, daß sich diese Gruppe wie eine Ketogruppe verhält. Man muß daher ein Keto-Enolgleichgewicht der Form $[C_7(=O)(H)](O_3H) \rightleftharpoons [C_7(OH)](O_3H)$ annehmen, was bereits von CLAUS u. Mitarbeitern angenommen worden war. Für die Bruttoformel O_3H werden eine Reihe von Kombinationen diskutiert, von denen die folgenden in Übereinstimmung mit den Beobachtungen sind: (—O—O)(— OH); (— OOH)(= O); (— OOH)(— O —); (= O_2) (— OH); (— O —)$_2$(OH) u. (— O —)(= O)(— OH). (Proc., Kon. nederl. Akad. Wetensch.,

Ser. B 61. 160—69. 1958. Geleen, Central Labor. of Staatsmijnen; Delft, TU, Labor. for Chem. Engng. and Chem. Labor. of the Nat. Defence Res. Council TNO.)
C. Gottfried. 260

P. D. Goyal, R. L. Saksena und **P. S. Saksena,** *Ein Versuch zur Herstellung von Siliciumnitrit.* Aus $SiCl_4$ (I) u. $AgNO_2$ in trockenem Ae. konnte Siliciumtetranitrit $Si(NO_2)_4$ u. aus **I** u. fl. N_2O_4 Monochlorsiliciumtrinitrit $SiCl(NO_2)_3$ gewonnen werden. Aus **I** u. $NaNO_2$ entstand eine Verb. mit 22,4% Si u. 28% Cl. die vermutlich die Struktur **II** bzw. **III** besitzt, u. aus **I** und Amylnitrit eine solche mit 11% Si und 16,24% C, der die Struktur **IV** entsprechen kann.

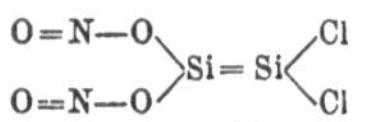

II

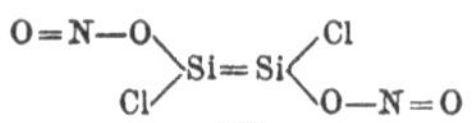

III

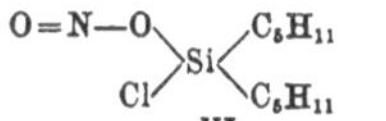

VI

(Agra Univ. J. Res. **6.** 23—29. Juli 1957.) H. Reuther. 261

K. Pätz, *Über Herstellung und Eigenschaften des schwarzen Phosphors.* Vf. beschreibt Verss. zur Darst. von *schwarzem Phosphor* (**I**) aus farblosem P unter Drucken von 8000—48000 kg/cm² u. Tempp. zwischen 110° u. 300° in N_2-Schutzgasatmosphäre. Die Unters. der Frage, ob eine Beziehung zwischen Temp. u. Druck im Umwandlungspunkt oder in dessen unmittelbarer Nähe besteht, ergab ein deutliches Abhängigkeitsverhältnis. Vf. stellt fest, daß der gleiche Effekt entweder mit einem sehr hohen Druck (z. B. 41604 kg/cm²) bei einer vergleichsweise geringen Temp. (128°) oder mit einem relativ niederen Druck (z. B. 13868 kg/cm²) u. entsprechend höherer Temp. (201°) erreicht wird; ob es sich dabei um eine logarithm. oder eine lineare Funktion der Komponenten handelt, konnte noch nicht geklärt werden. — Verss. zur Herst. von P-Metall-Verbb. (Cu, In, Ag) unter Nutzung des Umwandlungsmomentes bei hohem Druck werden kurz beschrieben. — Schmelzpunktbestimmungsverss. in N_2-Atmosphäre bei zugeschmolzener Capillare ergaben, daß **I** bei ca. 490° sublimiert. Bei elektronenopt. Unterss. von **I** zeigte sich, daß eine Sublimation von **I** eintrat, wenn er von Elektronenstrahlen größerer Spannung als 40 kV getroffen wurde. Leitfähigkeitsmessungen an bei 26000 kg/cm² u. 174° hergestelltem **I** ergaben Halbleitereigenschaften. (Abh. dtsch. Akad. Wiss. Berlin, Kl. Chem. Geol. Biol. **1955.** Nr. 7. 93—99. 1957.) D. Ertel. 264

Shigeru Ohashi und **Hiroko Sugatani,** *Die Zusammensetzung konzentrierter Phosphorsäuren.* Konz. Phosphorsäuren mit 67—80 Gew.-% P_2O_5 wurden aus 85%ig. H_3PO_4 durch Erhitzen unter verschied. Bedingungen hergestellt u. ihre Zus. mit Hilfe der Anionenaustauschchromatographie u. der für Orthophosphate üblichen colorimetr. Mo-Blau-Meth. untersucht. Die Bldg. von Di-, Tri- u. Tetrapolyphosphorsäure beginnt bei einem resp. P_2O_5-Geh. von 67, 72 u. 75 Gew.%. Konz. Präpp., die durch Erhitzen von H_3PO_4 auf 300° entstehen, zeigen je nach eingesetzter H_3PO_4-Menge u. Erhitzungsgeschwindigkeit unterschiedliche Zus.; die von Vff. als „300° C-konz. Phosphorsäure" bezeichnete, aus 300 g 85%ig. H_3PO_4 innerhalb 60 Min. durch Erhitzen auf 300° erhaltene Säure enthält in Gew.%: 44,4 H_3PO_4, 39,8 Di-, 12,3 Tri- u. 3,6 Tetrapolyphosphorsäure. Die Zusammenhänge zwischen Zus. u. P_2O_5-Geh. der Präpp. entspricht im allg. den früheren Befunden anderer Autoren. Die Abhängigkeit der Molenbrüche der Grundbausteine (mittel- u. endständige PO_4-Gruppen, H_3PO_4- u. H_2O-Moll.) vom Verhältnis H_2O/P_2O_5 steht in Übereinstimmung mit der von Parks u. Van Wazer (C. **1958.** 10298) entwickelten Reorganisationstheorie kondensierter Phosphate. (Bull. chem. Soc. Japan **30.** 864—67. Nov. 1957. Kanazawa, Univ., Fac. of Sci., Dep. of Chem. [Orig.: engl.]) A. Blaschette. 264

Léone Walter-Lévy und **Iréne Soleilhavoup,** *Einfluß der Natur und des Wassergehaltes von Alkoholen, die als Milieu für die Bildung von basischen Magnesiumacetaten benutzt werden.* Vff. untersuchen die Bldg. von bas. Mg-Acetaten durch Umsetzung von 1 bis 2 g MgO in 100 ml *Methanol, A.* bzw. *Isobutylalkohol* (**I**) mit 5 ml Essigsäure u. eventuell 5 bis 10ml H_2O. Je nach der MgO- oder Essigsäuremenge bilden sich neutrale oder bas. Salze bzw. das Hydroxyd. Aus wasserfreien Alkoholen entsteht $4(CH_3COO)_2Mg \cdot MgO \cdot H_2O$. Aus wasserhaltigem Methanol u. A. $Mg(OH)_2$ u. aus **I** eine neue bas. Verb. $6(CH_3COO)_2Mg \cdot MgO \cdot 8\ H_2O$ mit 5 bis 10% W., deren Debyeogramm mitgeteilt wird (orthorhomb. a = 22,5; b = 28,5; c = 14,6 Å; D. = 1,47). **I**, in dem W. a mwenigsten lösl. ist, begünstigt die Bldg. des wasserreichsten Salzes $4(CH_3COO)_2Mg \cdot MgO \cdot 2\ H_2O$ (C. R. hebd. Séances Acad. Sci. **247.** 1592—95. 10/11. 1958.) G. Krien. 282

O. K. Janatjewa, *Untersuchung der Löslichkeit des Systems Ca, Mg || CO_3, SO_4–H_2O bei 25° und $P_{CO_2} \simeq 0{,}0012$ at.* (Vgl. C. **1956.** 10667.) In Erweiterung der früheren Unterss. (C. **1958.** 6192) wurden die Löslichkeitsbeziehungen im Syst. Ca, Mg || CO_3, SO_4 — H_2O bei 25° u. CO_2-Partialdrucken von 0,0012 at unter gleichzeitiger Best. des p_H-Wertes der Lsgg. untersucht, wobei ein Einfl. des CO_2-Partialdruckes u. bes. der

$MgSO_4$-Konz. auf die Stabilität des *Dolomits* u. der Paragenes der Salze im untersuchten Syst. beobachtet wurde. Wenn bei $P_{CO_2} \sim$ 1 at u. 25° ein relativ hohes Kristallisationsgebiet des Dolomits bei $MgSO_4$-Konzz. von nicht höher als 16 mMol auf 100 g der Lsg. besteht, so verkleinert sich das Gebiet bei $P_{CO_2} \sim$ 0,0012 at beträchtlich u. bleibt nur bei $MgSO_4$-Konzz. nicht über 3—5 mMol auf 1000 g der Lsg noch erhalten; der p_H-Wert schwankt im ersten Fall zwischen 5,80 u. 6,20, im zweiten zwischen 7,48 u. 7,87. (Журнал Неорганической Химии [J. anorg. Chem.] **2.** 2183—87. Sept. 1957. Moskau, Kurnakow-Inst. für allg. u. anorg. Chem. der Akad. der Wiss. der UdSSR.) E. KLEVER. 283

Guy Baron, *Fällung von Giobertit und von Dolomit aus Lösungen von Magnesium- und Calciumchlorid.* Vf. führt eine Direktsynthese von Giobertit (I) durch. Eine Lsg. von $MgCl_2$ bei 25° unter 5 Atmosphären CO_2 wird auf 140—150° erhitzt u. mit Na_2CO_3-Lsg. versetzt. Dabei fällt I kristallin. Unter gleichen Bedingungen werden äquivalente Mengen von $MgCl_2$- u. $CaCl_2$-Lsgg. mit Na_2CO_3-Lsg. versetzt, wobei drei krist. Phasen: viel *Dolomit* neben *Magnesiumcalcinit* u. *Kalkgiobertit,* entstehen. (C. R. hebd. Séances Acad. Sci. **247.** 1606—08. 10/11. 1958. Inst. Français du Pétrole, Dép. de Physique.) G. KRIEN. 283

Klaus Brodersen und **Liselotte Kunkel,** *Über die Mercurierung des Diacethydrazids und des Quecksilber(II)-acetamids.* (Vgl. C. **1959.** 9502.) Diacethydrazid $(CH_3CONH)_2$ läßt sich in wss. Lsg. ohne Zusatz von Alkali mit Hg(II)-Acetamid zu *Quecksilber(II)-diacethydrazid* $Hg(NCOCH_3)_2$, das in W. u. gebräuchlichen Lösungsmitteln unlösl. ist, mercurieren. Durch Diskussion des IR-Spektr. u. des Debyeogramms, das sehr linienreich ist u. sich nicht indizieren läßt, wird das Vorliegen einer Kettenstruktur mit trans-Stellung der Acetylgruppen wahrscheinlich gemacht: Die aus dem Debyeogramm berechnete radiale Verteilungsfunktion ergibt den kleinsten Abstand zwischen 2 Hg-Atomen zu ca. 5 Å. Verss., Hg(II)-Acetamid mit Hg(II)-Acetat in wss. Lsg. bei Pyridinzusatz oder mit HgO in der Schmelze zu mercurieren, blieben ohne Erfolg. *Hg(II)-Acetamid* mercuriert sich jedoch beim Erhitzen auf 220—240° selbst unter Abspaltung von CH_3CONH_2. Daneben bildet sich durch therm. Zers. des Hg(II)-Acetamids Hg u. Diacethydrazid. Letzteres wird in der Schmelze nicht nur am N, sondern auch am C mercuriert, das Prod. hat die annähernde Zus. $Hg_2NC_2H_2O_2$. (Z. anorg. allg. Chem. **298.** 34—41. 1958. Tübingen, Univ., Chem. Inst., Anorgan. Abteilung.) L. SCHWIEGK. 290

Paul Hagenmuller und **Jean Rouxel,** *Thermolyse des Aluminiumchlorid-Diäthyläther-Komplexes.* Die Verb. $AlCl_3 \cdot$ Ae. zers. sich oberhalb 150° u. ergibt mit 95,5% ein Hydroxyäthoxyaluminiumchlorid (I) wie durch iR-Messungen bewiesen wurde. Als Nebenprodd. wurden Äthylchlorid (II), HCl, Buten-(1) u. Spuren Äthylen identifiziert. Steigt die Temp. auf 200° so zers. sich I nach 2 Rkk.: 1. in AlO(OH) u. II; 2. in AlOCl u. Äthylalkohol. Bei 300° laufen beide gleichzeitig, 1. zu 80,5%, 2. zu 19,5%. Analoge Ergebnisse erhält man bei der Thermolyse von $AlCl_3$-Lsgg. in Diäthyläther. (C. R. hebd. Séances Acad. Sci. **247.** 1623—24. 10/11. 1958. Rennes, Fac. des Sci., Labor. de Chim. min.) G. KRIEN. 294

J. N. Gour, H. C. Gour und **Abani K. Bhattacharya,** *Untersuchungen über die Zusammensetzung von Thalliumcyanoferrat(II) mittels physikochemischer Methoden.* Vff. untersuchen die Zus. des bei Zugabe von Kaliumhexacyanoferrat(II) zu vorgelegtem $TlNO_3$ in wss. u. alkoh.-wss. Lsgg. als Nd. entstehenden Thalliumhexacyanoferrat(II) an Hand von konduktometr., potentiometr. u. thermometr. Titrationen. Sie weisen für den Komplex Übereinstimmung mit der Formel $Tl_4[Fe(CN)_6]$ nach. Abweichungen der Ergebnisse in wss. Lsg. werden der partiellen Löslichkeit der Verb. in W. u. deren Dissoziation in Tl^+ u. $[Fe(CN)_6]^{4-}$ zugeschrieben. (J. Indian chem. Soc. **35.** 144—46. Febr. 1958. Jaipur, Maharaja's Coll., Dep. of Chem.) H. J. HARTMANN. 297

Wesley W. Wendlandt, *Die thermische Zersetzung der Hydrate von Yttriumsulfat und den Sulfaten der Seltenen Erden.* Vf. untersuchte die therm. Zers. der Hydrate von Sulfaten der Seltenen Erden mittels der Thermowaage mit einer linearen Temperaturzunahme von 5,4°/Minute. Als Ausgangsmaterial dienten die 8-Hydrate, außer für Ce (III) (5-), La (9-) u. Yb (11-Hydrat). Anfang u. Ende der Zers. zum wasserfreien $Me_2(SO_4)_3$ lagen bei: La 50—265°, Ce 90—245°, Pr 50—240°, Nd 40—290°, Sm 100—295°, Gd 110—260°, Dy 90—200°, Ho 105—240°, Er 85—155°, Yb 40—185°, Y 70—195°. Nur in einem Falle, beim $Ce_2(SO_4)_3$ wurde unterhalb der Maximaltemp. der Thermowaage ($\sim$ 900°) eine beginnende weitere Zers. (650°) zum bas. Sulfat festgestellt. Knickpunkte in der Erhitzungskurve, die auf wasserärmere Hydrate hindeuten, treten auf bei La 200°, 2-Hydrat; Ce 140°, 2-Hydrat; Pr 95°, 5-Hydrat u. 150° (entspricht nicht dem stöchiometr. 2-Hydrat); Nd 85 u. 145°, 5- u. 2-Hydrat; Er 110°, 5-Hydrat; Yb 140°, 2-Hydrat. Die Gd-, Dy-, Ho- u. Y-Sulfat-8-Hydrate zersetzen sich direkt zum wasserfreien Sulfat. (J. inorg. Nuclear Chem. **7.** 51—54. Aug./Sept. 1958. Lubbock, Tex., Texas Techn. Coll., Dep. of Chem. and Chem. Engng.) F. UMLAND. 316

Louis Domange, Jean Flahaut, Micheline Guittard und **Jean Loriers,** *Die Ytterbiumsulfide.* Vff. geben einen Überblick über Darst. u. strukturelle Eigg. der Verbb. im Syst. Yb–S. Alle Yb–S-Verbb. sind bläulich u. werden von Säuren angegriffen. *Polysulfide* des Yb sind nicht darstellbar. Yb_2S_3 bzw. $YbS_{1,57}$: orthorhomb. a = 6,78; b = 9,95; c = 3,61; D. 6,02 (gemessen); Magnet. Susceptibilität $\chi = 7130 \cdot 10^{-6}$. Darst.: Yb_2O_3 u. H_2S erst bei 1300° umsetzen, um O_2 zu entfernen, dann 3 bis 4 Std. bei 800° behandeln. — Yb_3S_4 bzw. $YbS_{1,49-1,33}$: aus Yb_2O_3 u. H_2S bei 1350—1400°. Es entsteht $YbS_{1,43}$, das im Vakuum über Yb_2S_3 bei 1000 bis 1100° Yb_3S_4 ergibt. $YbS_{1,48}$: D. 6,44; $\chi = 2977 \cdot 10^{-6}$. $YbS_{1,33}$: D. 6,72; $\chi = 2197 \cdot 10^{-6}$. — *YbS*: aus Yb_3S_4 im Vakuum bei 1450° gibt $YbS_{1,14}$ (NaCl-Typ). $YbS_{1,13}$: a = 5,673 Å; $YbS_{1,15}$: a = 5,658 Å. D. 6,68 (gefunden). D. 6,737 (berechnet). $YS_{1,11}$: $\chi = 1450 \cdot 10^{-6}$ bei 19°. — Yb_2O_2S hat gleiche Struktur wie analoge Lauthanidenverbindungen. (C. R. hebd. Séances Acad. Sci. **247.** 1614—16. 10/11. 1958.) G. KRIEN. 316

Akio Yamamoto und **Shu Kambara,** *Chelatverbindungen des Titans mit 2-Methylpentandiol-(2.4).* Durch Umsetzung von 1 Mol *2-Methylpentandiol-(2.4)* (I) mit 1 Mol $Ti(OR)_4$ (R = C_2H_5, C_3H_7, C_4H_9 oder C_5H_{11}) entstehen unter Abspaltung von 2 Mol Alkohol fl. Verbb. des Typs $(OR)_2Ti(O_2C_6H_{12})$, die durch Rk. mit einem weiteren Mol I in die krist. Verb. *Bis-[2-methylpentandiol-(2.4)]-titan* (**II**) überführt werden können, die auch durch direkte Umsetzung von $Ti(OR)_4$ u. **I** im Verhältnis 1 : 2 erhalten wird, wobei es gleichgültig ist, welche der angeführten Tetraalkoxytitanverbb. als Ausgangsstoff gewählt wurde. Die Umsetzung von **I** u. $Ti(OR)_4$ im Verhältnis $\geqslant 3$ liefert 4 Mole ROH u. eine krist. Verb., *Tris-[2-methylpentandiol-(2.4)]-titan* (**III**), die auch durch Einw. von **I** auf **II** darstellbar ist. Sie enthält 6-fach koordiniertes Ti mit 3 Chelatringen u. verliert beim Erhitzen 1 Mol **I** unter Rückbldg. von **II**. Die IR-Spektren der 1:1-Verbb., von **II** u. **III** [verglichen mit denen von **I** u. $Ti(OC_4H_9)_4$] werden tabellar. angeführt u. erläutert; es wird gezeigt, daß **III** in CCl_4-Lsg. bereits bei Zimmertemp. in **II** u. **I** dissoziiert. Aus kryoskop. Molgewichtsbestimmungen in Bzl. geht hervor, daß **II** entweder assoziiert vorliegt oder eine 2-kernige Struktur aufweist. Das beobachtete Molgewicht von **III** erreicht erst bei höheren Konzz. den theoret. Wert, woraus auch hier auf Dissoziation in verd. Lsg. geschlossen wird.

Versuche: *2-Methylpentandiol-(2.4)-diäthoxytitan*, $(C_2H_5O)_2Ti(O_2C_6H_{12})$, $Kp._{0,025}$ 137—38°, aus 0,01 Mol **I** u. 0,01 Mol $Ti(OC_2H_5)_4$, Entfernung des gebildeten A. unter vermindertem Druck u. Dest. des Prod. im Hochvakuum, $D.^{25}_4$ 1,115, n^{25}_D 1,517, in den meisten organ. Lösungsmm. lösl., durch Luftfeuchtigkeit schnelle Hydrolyse.– Analog dargestellt wurden *2-Methylpentandiol-(2.4)-dipropoxytitan* $(C_3H_7O)_2Ti(O_2C_6H_{12})$, $Kp._{0,025}$ 140—42°, $D.^{25}_4$ 1,067, n^{25}_D 1,512. — *2-Methylpentandiol-(2.4)-dibutoxytitan* $(C_4H_9O)_2Ti(O_2C_6H_{12})$, $Kp._{0,035}$ 150—52°, $D.^{25}_4$ 1,055, n^{25}_D 1,506. — *2-Methylpentandiol-(2.4)-dipentoxytitan* $(C_5H_{11}O)_2Ti(O_2C_6H_{12})$, $Kp._{0,030}$ 174—75°, n^{25}_D 1,505. — *Bis-[2-methylpentandiol-(2.4)]-titan* (**II**), $C_{12}H_{24}O_4Ti$, F. 148—53°, aus 0,01 Mol $Ti(OR)_4$ u. 0,02 Mol **I** oder aus je 0,012 Mol Mono-Verb. u. **I**, Kristallisation des nach Abziehen des Alkohols verbleibenden Rückstandes aus Chlf., Plättchen. — Analog dargestellt wurde *Tris-[2-methylpentandiol-(2.4)]-titan* (**III**), $C_{18}H_{38}O_6Ti$, F. 104—06°, aus 0,01 Mol $Ti(OR)_4$ u. 0,03 oder 0,04 Mol **I** oder aus je 0,006 Mol **II** u. **I**, nach mehrstd. Stehen Nadeln aus Chloroform. (J. Amer. chem. Soc. **81.** 2663—67. 5/6. 1959. Meguro, Tokyo, Inst. of Technol., Labor. of Polymer Chem.) H. J. OSTMANN. 321

Franz Fehér und **Josef Cremer,** *Die Darstellung von Germaniumwasserstoffen aus Magnesiumgermanid und Hydraziniumchlorid in wasserfreiem Hydrazin.* Vff. geben eine neue Meth. zur Darst. von Germaniumwasserstoffen an, bei der Mg_2Ge mit HCl in N_2H_4 als Rk.-Medium zers. wird. Die optimalen Rk.-Bedingungen sind: Man trägt Mg_2Ge bei 60—70° in eine Lsg. von $N_2H_4 \cdot 2$ HCl in völlig wasserfreiem N_2H_4 ein. Die Zers. des Germanides erfolgt mit einem Säureüberschuß von 120% — bezogen auf die stöchiometr. notwendige Menge — bei einer Konz. der HCl im N_2H_4 von 3 Mol/Liter. Die Germaniumwasserstoffausbeute liegt zwischen 70 u. 80%, wobei das Rohgas neben 2—3% Ge_2H_6 nur aus GeH_4 besteht. Vff. untersuchen den Einfl. der einzelnen Rk.-Bedingungen auf den Rk.-Ablauf; es ergibt sich, daß im Temp.-Bereich von 10—100° die Ausbeute u. die Produkt-Zus. unabhängig von der Temp. ist, jedoch ist die Rk.-Geschwindigkeit temperaturabhängig. Die Ausbeute war gleichfalls unabhängig davon ob feinkrist. oder amorphes Mg_2Ge eingesetzt wurde. Abschließend untersuchen Vff. den Einfl. eines W.-Geh. im N_2H_4 auf die Rk., es ergibt sich, daß bei steigendem W.-Geh. im N_2H_4 die Ausbeute von ca. 80% auf ca. 50% bei einem W.-Geh. von 4% kontinuierlich absinkt, bei einer weiteren Erhöhung des W.-Geh. erfolgt eine sprunghafte Abnahme der Ausbeute auf ca. 10%, eine weitere Erhöhung des W.-Geh. verursacht dann keine Änderung der Ausbeute mehr. Das bei der Zers. des Mg_2Ge in N_2H_4 erhaltene Rohgerman gleicht in Ausbeute u. Zus. dem von KRAUS u. CARNEY im Ammono-

Syst. erhaltenen Germaniumhydrid-Gemisch. Daraus ergibt sich, daß der Germaniumwasserstoff-Bldg. im wss. u. nicht-wss. Medium unterschiedliche Rk.-Abläufe zugrunde liegen müssen. (Z. anorg. allg. Chem. **297.** 14—22. 1958. Köln, Univ., Chem. Inst.)
L. SCHWIEGK. 326

Wahid V. Malik und **S. M. Fazlur Rahman,** *Physikalisch-chemische Untersuchungen über das Bleitartrat.* 1. Mitt. *Konduktometrische und thermometrische Titrationen zwischen Bleiacetat und Weinsäure in wäßrigem und wäßrig-alkoholischem Medium.* 2. Mitt. *Potentiometrische Titrationen zwischen Bleiacetat und Weinsäure in wäßrigem und wäßrig-alkoholischem Medium.* Vff. zeigen mit Hilfe der genannten Titrations-Verff., daß *Bleiacetat* u. *Weinsäure* (**I**) in äquimol. Mengen unter Bldg. eines Nd. von *Bleitartrat* (**II**) reagieren, indem die beiden H-Atome der Carboxylgruppen in **I** durch ein Pb^{2+}-Ion ersetzt werden. Der frischgefällte **II**-Nd. vermag Pb^{2+}- u. Tartrationen zu adsorbieren, wodurch die Bldg. elektr. geladener Koll. ermöglicht wird. Fällung in Ggw. von A. verringert das Adsorptionsvermögen. Die hydrolyt. Eigg. des Nd. werden durch Entfernung der adsorbierten freien Säure durch Alkalien begünstigt. (Ann. Chimie [13] **4.** 657—64; 664—68. Juli/Aug. 1959. Aligahr, India, Univ. de Muslim, Dép. de Chim.) A. BLASCHETTE. 328

D. Moskowitz, *Ein neues Vanadinborid von der Zusammensetzung* V_3B_4. Bei Röntgenunterss. von Vanadinborid-Pulvern wurde neben den bekannten VB- u. VB_2-Phasen eine zusätzliche Phase V_3B_4 beobachtet, die mit Cr_3B_4, Nb_3B_4, Ta_3B_4 u. Mn_3B_4 isomorph ist. Die Elementarzelle dieser neuen Verb. ist orthorhomb. mit den Abmessungen: a = 3,030 Å, b = 13,18 Å, c = 2,986 Å, V = 119,2 Å³. (J. Metals **8.** Nr. 10. Sect. 2. Trans. AIME **206.** 1325. Okt. 1956. Detroit, Ford Motor Corp.) H. HOCHSTEIN. 330

Martin Linhard und **Melitta Weigel,** *Über Komplexverbindungen.* 24. Mitt. *Rhodo-, Erythro- und Acido-erythro-Chrom(III)-komplexe.* (*Präparatives, allgemeine chemische Eigenschaften*). (22. u. 23. vgl. C. **1958.** 9717.) Vff. geben eine kurze Darst. über die in der Literatur vertretenen Ansichten über die als n. u. bas. Rhodo- u. Erythrosalze bezeichneten Zweikernkomplexe des Cr(III). 5 neue Salze dieser Reihen werden erstmals dargestellt u. die Methoden für die Darst. bekannter Salze werden präzisiert. Vff. führen an Stelle der bisherigen Bezeichnung n. oder saurer Erythrokomplex den Begriff „*Aquo-erythro-komplex*" für $[(NH_3)_5 \cdot Cr \cdot OH \cdot Cr \cdot (NH_3)_4H_2O]^{5+}$ u. für die bisherige Bezeichnung bas. Erythrokomplex „*Hydroxo-erythro-komplex*" für $[(NH_3)_5 \cdot Cr \cdot OH \cdot Cr \cdot (NH_3)_4OH]^{4+}$ ein. Die bisher nicht bekannten *Acido-erythro-komplexe* $[(NH_3)_5 \cdot Cr \cdot OH \cdot Cr \cdot (NH_3)_4X]^{4+}$ werden aufgefunden. Die in neuerer Zeit entdeckte Tatsache, daß sich die Erythro- ($Cr : NH_3 = 2 : 9$) von den Rhodokomplexen (= 2 : 10) durch den unterschiedlichen NH_3-Geh. unterscheiden, konnten Vff. bestätigen. Auf Grund von präparativen u. analyt. Unterss., Aufspaltung in Einkernkomplexe, Löslichkeits- u. p_H-Messungen kommen Vff. zu der Ansicht, daß in den Rhodo- u. Erythrokomplexen eine Olbrücke vorliegt. Da sämtliche untersuchten Salze mindestens 1 Mol Kristall-W. enthalten, liegt es nahe, seine Lokalisation an der Olbrücke zu vermuten. Auf dieser Grundlage werden die saure Rk. aller Olkomplexe durch Abspaltung von Hydroxoniumionen u. die leichte Aufspaltung der Zweikernkomplexe an der Olbrücke verständlich.

Versuche: Länger dauernde Verss. wurden unter Ausschluß von Tageslicht durchgeführt u. die Salze im Dunkeln aufbewahrt. Die Präpp. werden zuletzt stets mit A. u. Ae. nachgewaschen. — *n-Rhodochlorid* (**I**) $[(NH_3)_5CrOHCr(NH_3)_5]Cl_5 \cdot$ 1 bzw. 3 H_2O, 110 g grünes $CrCl_3 \cdot 6\,H_2O$ in 150 ml W. werden mit Zn + konz. HCl red.; die auf 0° gekühlte Lsg. drückt man unter Luftausschluß in eine eisgekühlte Lsg. von 300 g NH_4Cl in 750 ml konz. NH_3, saugt 1—2 Std. einen kräftigen Luftstrom hindurch, dekantiert von ungelöstem NH_4Cl, saugt ab u. wäscht mit 10%ig. HCl und fällt aus verd. HCl-saurer Lsg. mit 20%ig. HCl bei Zimmer-Temp. um; 90% Ausbeute an *Monohydrat,* hellrote feine, schlanke, stumpf abgeschnittene Prismen. Das Kristall-W. ist durch Trocknen leicht zu entfernen u. wird an der Luft schnell wieder aufgenommen; das feste Salz ist im Dunklen monatelang beständig, bei Tageslicht erfolgt schon nach einem Tag Zersetzung. *Trihydrat* aus dem Roh-Prod. durch Umfällen wie oben, jedoch unter Eiskühlung; (95% Ausbeute); rote Kristalle rechtwinklig verwachsene Prismen; der gesamte W.-Geh. läßt sich durch Trocknen entfernen, an feuchter Luft wird nur 1 Mol W. wieder aufgenommen. — *n-Rhodochloridperchlorat* $[(NH_3)_5CrOHCr(NH_3)_5]\,Cl_{1,5}\,ClO_4)_{3,5} \cdot (H_2O)_{0,5}$, aus **I** in wss. Lsg. durch Fällung mit 20%ig. $HClO_4$ unter Eiskühlung; hellrote Kristalle, etwas schwerer lösl. als **I**, sehr viel schwerer lösl. als das reine Perchlorat. Ausbeute prakt. quantitativ. — *n-Rhodoperchlorat* $[(NH_3)_5CrOHCr(NH_3)_5]\,(ClO_4)_5 \cdot 3\,H_2O$, aus vorst. Verb. in wss. Lsg. wird mit konz. $AgClO_4$-Lsg. alles Cl gefällt; zu dem Filtrat wird 20%ig. $HClO_4$ zugesetzt; nach je 1 std. Stehen bei Zimmer-Temp. u. in Eis wird der Nd. aus W. mit $HClO_4$ umkrist.; rote schlanke quadrat., meist senkrecht oder sehr stumpf abgeschnittene Prismen; verliert über P_2O_5 sein Kristall-W. vollständig ohne wesentliche Zers., das vakuumgetrocknete Prod. nimmt an der Luft 1 Mol. W.

wieder auf u. zers. sich dabei zu Aquo- u. Hydroxosalz, diese Zers. erfolgt auch, wenn man das Trihydrat bei 60° trocknet; durch $HClO_4$ u. HCl bei 70° Spaltung in Einkernkomplexe. — *Bas. Rhodoperchlorat* $[(NH_3)_5CrOCr(NH_3)_5](ClO_4)_4 \cdot 1\ H_2O$, aus 10 g vorst. Verb. in 300 ml. W. + 5 ml gesätt. $NaClO_4$-Lsg. durch Fällen mit 100 ml 0,5 n NH_3 dunkeleisblaue, sehr dünne Blättchen, an der Luft zers., 95%. — *Aquoertyhrochlorid* (II) $[(NH_3)_5CrOHCr(NH_3)_4H_2O]Cl_5 \cdot 1\ H_2O$, 100 g I (Monohydrat) werden in 800 ml 2 n NH_3 gelöst u. sofort filtriert. Nach 30 Min. wird unter Eiskühlung u. Rührung tropfenweise mit 1200 ml konz. HCl gefällt, mit verd. HCl nachgewaschen u. aus W. mit konz. HCl umkrist.; dunkelrote quadrat. Blättchen im Dunkeln monatelang haltbar; bei Entwässerung Bldg. von *Chloroerythrochlorid*; durch HCl bei 60° Spaltung in Einkernkomplexe; 90%. — *Hydroxoerythrochlorid* $[(NH_3)_5CrOHCr(NH_3)_4OH]Cl_4 \cdot 2\ H_2O$, die Lsg. von 10 g II in 80 ml eiskaltem W. + 20 ml 2 n NH_3 wird bei 0° tropfenweise unter Rührung mit 200 ml A. gefällt; violettbraune flache Prismen oder Blättchen von annähernd quadrat. Habitus; stark dichroit. 88%. — *Hydroxoerythroperchlorat* $[(NH_3)_5CrOHCr(NH_3)_4OH](ClO_4)_4 \cdot 2\ H_2O$, zur eiskalten Lsg. von 10 g II in 100 ml W. gibt man 10 ml 2 n NH_3 u. dann 50 ml gesätt. $NaClO_4$-Lsg., nach 30 Min. Stehen in Eis wird abgesaugt u. aus ammoniakal. Eis-W. mit gesätt. $NaClO_4$-Lsg. umgefällt; rotviolette flache Prismen; 81%. —*Fluoroerythroperchlorat* $[(NH_3)_5CrOHCr(NH_3)_4F](ClO_4)_4 \cdot 3\ H_2O$ die Lsg. von 10 g II in 35 ml W. wird unter Eiskühlung mit möglichst geringem Überschuß an konz. schwach HF-saurer AgF-Lsg. gefällt, anschließend gibt man 15 ml gesätt. $NaClO_4$-Lsg. zu u. saugt sofort ab; nach 12 Std. u. kurzer Eiskühlung wird abgesaugt u. aus schwach HF-saurer Lsg. mit gesätt. $NaClO_4$-Lsg. umgefällt; eosinrote, flache, stumpf abgeschnittene Prismen; 81%. — *Chloroerythrochlorid* $[(NH_3)_5CrOHCr(NH_3)_4Cl]Cl_4 \cdot 1\ H_2O$, 10 g II werden bei 90° bis zur berechneten Gewichtsabnahme (2 Mol W.) ca. 5—10 Std. erwärmt; die gepulverte Substanz wird in 1600 ml W. (Zimmer-Temp.) gelöst, in eine eisgekühlte Vorlage abgesaugt u. innerhalb von 30 Min. tropfenweise bei 0° mit 200 ml 10%ig. HCl gefällt; dunkelbräunlichviolette, deutlich dichroit. Bipyramiden, an der Luft wochenlang unverändert haltbar; 97%. — *Nitritoerythrochloridperchlorat* $[(NH_3)_5CrOHCr(NH_3)_4ONO]Cl_2 \cdot (ClO_4)_2 \cdot 1\ H_2O$, zur filtrierten Misch-Lsg. von 10 g II in 200 ml W. + 5 Tropfen Eisessig + 20 ml gesätt. $NaClO_4$-Lsg. gibt man die filtrierte Lsg. von 5 g $NaNO_2$ in 20 ml W. u. stellt in den Eisschrank; nach einer Std. wird abgesaugt u. mit verd. A. gewaschen; rote Prismen, quadrat. Blättchen oder spitze Bipyramiden; 79%. Man kann die Substanz aus wss. Lsg. mit einer Mischung von gesätt. NaCl-$NaClO_4$-Lsg. (2 : 3) umfällen; enthält die fällende Lsg. wesentlich mehr NaCl als $NaClO_4$, so krist. rote Nadeln mit einem Cl/ClO_4-Verhältnis 2 : 2 aus. — *Rhodanoerythrochlorid* $[(NH_3)_5CrOHCr(NH_3)_4NCS]Cl_4 \cdot 2\ H_2O$, in der Lsg. von 50 ml W., 20 g NH_4SCN, 20 ml gesätt. NH_4Cl-Lsg. u. 5 Tropfen Eisessig löst man 10 g II; nach 15 std. Stehen im Dunkeln bei Zimmer-Temp. wird abgesaugt u. aus W. mit 10%ig. HCl umkrist.; rote Prismen, im Dunklen an der Luft beständig; 76%. (Z. anorg. allg. Chem. **299.** 15—32. Febr. 1959. Clausthal, Bergakad., Chem. Inst.) L. SCHWIEGK. 335

D. V. Ramana Rao und **S. Pani,** *Dipyridylparamolybdat.* Bei tropfenweiser Zugabe von verd. HCl zu einer wss. Lsg. von Dipyridyl u. Natriummolybdat bildet sich bei p_H 1,92 ein weißer Niederschlag. Die gravimetr. Best. des MoO_3 ergibt die Zus. $[(Dipy.\ H_2)_2(H_4Mo_7O_{24})]$ u. zeigt in Übereinstimmung mit den Ergebnissen anderer Autoren das Auftreten von Mo_7-Aggregaten in Paramolybdaten. (Current Sci. **24.** 272. Aug. 1955. Cuttack, Ravenshaw Coll., Dep. of Chem.) K. FRIEDRICH. 336

G. G. Mannella und **J. O. Hougen,** *Reduktion von Wolframoxyd.* Untersucht wird die Wrkg. von Inertgas u. der Dichte von WO_2 u. WO_3-Kügelchen auf den Red.-Vorgang. Bei den Experimenten, deren Ergebnis graph. dargestellt ist, wurde ein Durchfluß von 0,4 feet²/min. u. ein Gesamtdruck von 5 pounds/in.² im Reaktor verwendet. Die Rk. ist bei Verwendung von He—H_2-Gemisch höher als bei N_2 oder Ar als Verdünnungsmittel. Ferner wurde beobachtet, daß bei der Red. von WO_3-Kügelchen mit H_2 u. in Ggw. von einem der Inertgase die He-Isotherme die höchste ist, u. daß die Redd. in Ggw. v. N_2 bzw. Ar fast ident. sind. (Ind. Engng. Chem. **49.** 893. Mai 1957. Troy, N. Y., Rensselaer Polytechn. Inst.) H. TREUMANN. 337

J. A. Elvidge und **A. B. P. Lever,** *Rechtwinklige Konjugation einiger oktaedrischer Metallphthalocyaninderivate.* Darst. u. Eigg. einer Reihe von oktaedr. Phthalocyanin-Metallkomplexen werden beschrieben, ihre mutmaßlichen Strukturen sind Gegenstand einer eingehenden elektronentheoret. Betrachtung. Die beiden erstmalig dargestellten Verbb. *Dihydroxymangan(IV)-phthalocyanin* (I), $PcMn(OH)_2$, [Pc = Phthalocyaninrest] u. *Aquohydroxychrom(III)-phthalocyanin* (II), $PcCr(H_2O)OH$, sind von besonderem Interesse, da sie sich wie zweibas. Säuren verhalten; bisher sind keine Beispiele aus der anorgan. Chemie dafür bekanntgeworden, daß das Proton einer OH^--Gruppe, die direkt an das Chelat-Metallatom gebunden ist, durch ein Metallatom ersetzt werden kann. Vff. erklären diese Eig. durch die außergewöhnliche Beständigkeit der Anionen dieser Phthalocyaninderivv., die durch eine Wechselwirkung der negativen Ladung mit dem aromat. π-Elektronensyst. zustande kommen soll.

Versuche: *Hydroxycyanomangan(IV)-phthalocyanin* (**III**), PcMn(CN)OH aus Mn(II)-Pthalocyanin u. methanol. KCN, $\mu_{eff.} = 3{,}88$ B. M., Θ —5. — Methanol. NaOH u. **III** liefern **I**, welches beim Auflösen in gesätt. methanol. NaOH in *Dinatriumdioxymangan(IV)-phthalocyanin*, $[PcMnO_2]^{2-}$ 2 Na^+, übergeht; $\mu_{eff.} = 4{,}00$ B. M., Θ —49. — *Hydroxychrom(III)-phthalocyanin* (**IV**), $[PcCr]^+OH^-$, aus Cr(III)-Acetat u. Phthalonitril; $\mu_{eff.} = 4{,}03$ B. M., Θ —15. **IV** gibt mit wss.-äthanol. Säure **II**, welches kein einfaches Hydrat, sondern ein Cr(III)-Komplex mit 6-er Koordination ist; $\mu_{eff.} = 3{,}52$ B. M., Θ —10. Die Umwandlung **II** → **IV** erfordert Erhitzen auf 400° bei 10^{-6} Torr. **II** liefert mit methanol. NaOH *Dinatriumoxyhydroxychrom(III)-phthalocyanin*, $[PcCr(OH)O]^{2-}$ 2 Na^+, $\mu_{eff.} = 3{,}91$ B. M., Θ —155; Pyridin ersetzt 2 Protonen unter Bldg. des *Dipyridiniumsalzes* $[PcCr(OH)O]^{2-}$ 2 pyH^+, $\mu_{eff.} = 4{,}06$ B. M., Θ —15. (Proc. chem. Soc. [London] **1959**. 123—24. April. London, Imp. Coll., Org. Chem. Res. Labors.) D. ERTEL. 350

Charles T. Baroch und **T. E. Evans,** *Herstellung von Zirkoniumdiborid aus Zirkoniumdioxyd und Borcarbid.* Aus ZrO_2, B_4C, B_2O_3 u. Ruß wird in einem Graphit-Widerstandsofen bei ca. 2000° $ZrBr_2$ erzeugt, das frei von Graphit-C u. Nitrid ist. In ähnlicher Weise werden *TiB_2*, *CrB*, *W_2B_5*, *CoB*, *FeB* u. *MnB_2* dargestellt. (J. Metals **7**. AIME Trans. **203**. 908—11. Aug. 1955. Boulder City, Nev., U. S. Bureau of Mines, Electrometallurg. Branch, Region III.) W. WESLY. 354

M. I. Gosstew und **Ju. A. Kljatschko,** *Die chemische Struktur des Eisencarbides.* Vff. weisen die red. Wrkg. von Fe_3C (Zementit) in wss. $FeCl_3$-Lsgg. nach, wobei die Rk. folgendermaßen verlaufen kann: $Fe_3C + 6\ FeCl_3 \rightarrow 9\ FeCl_2 + C$ (1); $2\ Fe_3C + 10FeCl_3 \rightarrow 15\ FeCl_2 + FeC_2$ (2); $2\ Fe_3C + 8\ FeCl_3 \rightarrow 12\ FeCl_2 + Fe_2C_2$ (3); $2\ Fe_3C + 6\ FeCl_3 \rightarrow 9\ FeCl_2 + Fe_3C_2$ (4); $Fe_3C + 2\ FeCl_3 \rightarrow 3\ FeCl_2 + Fe_2C$ (5). Es wurden Carbidproben nach Abschrecken bei 200 u. 600° untersucht, wobei sich ergab, daß die Rk. im ersten Fall nach (4), im zweiten aber nach (5) stattfindet. Wenn man die Identität der beiden Carbidarten ihrer chem. Zus. u. Kristallstruktur nach berücksichtigt, so muß nach Ansicht von Vff. angenommen werden, daß es sich hier um einen bes. Typ von Isomerie der chem. Bindung handelt. (Химическая Наука и Промышленность [Chem. Wiss. Ind.] **3**. 134—35. 1958.) E. v. PEZOLD. 354

Giovanni Schippa, *Die Calciumsulfatoferrithydrate.* Zum Teil röntgenograph. untersuchte Vf. das Syst. *$CaO—Fe_2O_3—CaSO_4—H_2O$*. Für Verhältnisse $SO_4/Fe_2O_3 < 1$ können die Bodenkörper als Endglieder einer festen Lsg. angesehen werden mit der allg. Formel $3\ CaO \cdot Fe_2O_3\ [CaSO_4,\ Ca(OH)_2]H_2O$ von denen *$4\ CaO \cdot Fe_2O_3 \cdot (H_2O)$* u. *$3\ CaO \cdot Fe_2O_3 \cdot CaSO_4 \cdot (H_2O)$* das erste u. letzte Glied darstellen. Unter dem Mikroskop u. röntgenograph. erscheinen die Kristalle homogen, sind aber als Gemische zweier kristalliner Phasen anzusehen. Für die mol. Verhältnisse SO_4^{2-}/Fe_2O_3 zwischen 1 u. 3 treten als Bodenkörper *$3\ CaO \cdot Fe_2O_3 \cdot 3\ CaSO_4(H_2O)$* u. *$3\ CaO \cdot Fe_2O_3 \cdot CaSO_4(H_2O)$* auf, u. zwar in wechselnden Mengen je nach dem Geh. an SO_4''. Die Röntgendiagramme sind prakt. gleich denen des Ettringits, $4\ CaO \cdot Al_2O_3 \cdot 3\ CaSO_4(H_2O)$ bzw. des $3\ CaO \cdot Al_2O_3 \cdot CaSO_4 \cdot (H_2O)$. Von dem $3\ CaO \cdot Fe_2O_3 \cdot CaSO_4 \cdot (H_2O)$ konnten 2 Hydrate identifiziert werden u. zwar *$3\ CaO \cdot Fe_2O_3 \cdot CaSO_4 \cdot (13—14)\ H_2O$* (**I**) u. *$3\ CaO \cdot Fe_2O_3 \cdot CaSO_4 \cdot (11—12)\ H_2O$* (**II**). **I** ist stabil bei einer relativen Feuchtigkeit von 94%, **II** von 55%. Die tetragonalen Zellen haben die Abmessungen $a = 8{,}80 \pm 0{,}02$ Å; $c = 10{,}40 \pm 0{,}02$ Å für **I** u. $a = 8{,}80 \pm 0{,}02$ Å; $c = 8{,}98 \pm 0{,}02$ Å für **II**. (Ricerca sci. **28**. 2334—40. Nov. 1958. Roma, Univ., Ist. di chim. appl. e ind.) C. GOTTFRIED. 354

Francis P. Dwyer und **Alan M. Sargeson,** *Die optische Spaltung der Tris-[thiooxalato]-Komplexe des Co(III), Cr(III) und Rh(III).* Die Tris-[thiooxalato]-Komplexe von Co(III), Cr(III) u. Rh(III) wurden in Form ihrer Calcium-cis-dinitro-bis-[äthylendiamin]-kobalt(III)-Salze in opt. Isomeren durch Behandeln von gelöstem Kalium-calcium-tris-[thiooxalato]-cobaltat(III), -chromat(III) u. -rhodat(III) mit opt. akt. cis-Dinitro-bis-[äthylendiamin]-kobalt(III)-chlorid aufgespalten. Der Cr(III)-Komplex racemisiert rasch im festen u. gelösten Zustand. Der Co(III)-Komplex zeigt keine Veränderung der Drehung nach mehreren Wochen im kristallinen u. beim 10-min. Erwärmen auf 90° im gelösten Zustand. Der Rh(III)-Komplex ist opt. stabil. Verss. zur Wiederauflösung des — wie durch magnet. Messungen nachgewiesen — wahrscheinlich spingepaarten analogen Fe(III)-Komplexes waren erfolglos.

Versuche: *Kaliumcalcium-tris-[thiooxalato]-cobaltat(III)-hexahydrat* (**I**) $KCa[Co(C_2O_2S_2)_3] \cdot 6\ H_2O$, aus 2,7 g Hexamminkobalt(III)-chlorid u. 6 g Kaliumthiooxalat (**II**) durch 15 Min. Erwärmen auf 80°, nach Abkühlen Neben-Prod. *Hexamminkobalt(III)-tris-[thiooxalato]-cobaltat(III)* abfiltrieren u. 10 g $CaBr_2$ zugeben. — *l-cis-Dinitro-bis-[äthylendiamin]-kobalt(III)-calcium-d-tris-[thiooxalato]-cobaltat(III)-hydrat* (**III**), *l*-$[Co(en)_2$

$(NO_2)_2]$ Ca · *d*-$[Co(C_2O_2S_2)_3]$ · H_2O, man löst 1,14 g I in 15 ml W. gibt bei 40° 0,3 g *l*-cis-Dinitro-bis-[äthylendiamin]-kobalt(III)-chlorid in 15 ml W. hinzu. Die Diastereomeren trennen sich beim Abkühlen. — *l-Kaliumbarium-tris-[thiooxalato]-cobaltat(III)-pentahydrat* (**IV**), $KBa[Co(C_2O_2S_2)_3]$. 5 H_2O, aus Filtrat von **III** durch Zugeben von 2 g $BaBr_2$. Dunkelbraune Kristalle, nach Umkristallisieren aus W. zeigt 0,02%ige Lsg. von **IV** spezif. Drehvermögen (D.V.) von $[\alpha]_{5893}$—750°, $[\alpha]_{5780}$ —500°, $[\alpha]_{5461}$ + 500°. — *d-Kaliumbarium-tris-[thiooxalato]-cobaltat(III)-pentahydrat,* Formel s. **IV**, Darst. analog **IV** unter Verwendung von *d*-$[Co(en)_2(NO_2)_2]Cl$ Drehvermögen bei gleichen Wellenlängen wie unter **IV** (D.V.) + 700°, + 450°, — 500°. — *Kaliumcalcium-tris-[thiooxalato]-rhodat(III)-tetrahydrat* (**V**), $KCa[Rh(C_2O_2S_2)_3]$. 4 H_2O, um die nach älteren Angaben auftretenden Abscheidungen größerer Schwefelmengen zu vermeiden, gibt man zu 2,2 g $RhCl_3$ · H_2O 5,9 g **II** in 15 ml W., erhitzt auf 80° bis zur Gelbfärbung, gibt 8 g $CaBr_2$ hinzu u. kühlt. Abscheidung gelber Kristalle, aus W. umkristallisierbar. — *l-cis-Dinitro-bis-[äthylendiamin]-kobalt(III)-calcium - l-tris-[thiooxalato]-rhodat(III)-hydrat* (**VI**), *l*-$[Co(en)_2(NO_2)_2]$ Ca · *l*-$[Rh(C_2O_2S_2)_3]$ · H_2O, analog **III** aus 1,22 g **V** u. 0,2 g *l*-$[Co(en)_2(NO_2)_2]$ Cl. — *d-Kaliumbarium-tris-[thiooxalato]-rhodat(III)-hexahydrat* (**VII**) $KBa[Rh(C_2O_2S_2)_3]$ · 6 H_2O aus den Filtrat von **VI** durch Zugabe von 2 g $BaBr_2$ analog **IV**, gelbe Kristalle, umkrist. aus W. zeigt 0,1%ige Lsg. D.V. + 240, + 480, + 530. — *l-Kaliumbarium-tris-[thiooxalato]-rhodat(III)-hexahydrat,* Darst. analog **VII** unter Verwendung von *d*-$[Co(en)_2$ $(NO_2)_2]Cl$, D.V. — 420, — 490, — 520 (0,1%ige Lsg.) — *d, l-Kaliumcalcium-tris-[thiooxalato]-chromat(III)-hexahydrat* (**VIII**), $KCa[Cr(C_2O_2S_2)_3]$ · 6 H_2O, man gibt 6 g **II** zur Lsg. von 5,7 g Hexacarbamidochrom(III)-chlorid in 30 ml W., erhitzt auf 80° bis der Nd. [Hexacarbamidochrom(III)-thiooxalat u. Hexacarbamidochrom(III)-tris-[thiooxalato]-chromat(III)] sich gelöst (0,3 Std.), filtriert, u. gibt 10 g $CaBr_2$ zu. Dunkelgrünes Salz, aus W. umkristallisierbar. — *l-Dinitro-bis-[äthylendiamin]-kobalt(III)-calcium-d-tris-[thiooxalato]-chromat(III)* (**IX**), *l*-$[Co(en)_2(NO_2)_2]$Ca · *d*-$[Cr(C_2O_2S_2)_3]$ · H_2O, man löst 1,2 g **VIII** in 25 ml W. bei 10°, fügt 0,3 g *l*-$[Co(en)_2NO_2)_2]Cl$ in 15 ml W. von 20° zu, kühlt mit Eis. Grüne Kristalle. — *l-Tris-{trans-dinitro-bis-[äthylendiamin]-kobalt(III)}-tris-[thiooxalato]-chromat(III)-dihydrat* (**X**), $[Co(en)_2(NO_2)_2]_3[Cr(C_2O_2S_2)_3]$ · 2 H_2O, aus dem eisgekühlten Filtrat von **IX** durch Zugabe von 2 g trans-$[Co(en)_2(NO_2)_2]Cl$, grüne Platten, D.V. — 360, — 120, + 520, **X** verliert opt. Aktivität im festen u. gelösten Zustand nach 10 Stunden. — *d-Tris-{trans-dinitro-bis-[äthylendiamin]-kobalt(III)}-tris-[thiooxalato]-chromat(III)-dihydrat,* Formel s. **X**, Darst. analog **X** unter Verwendung von *d*-$[Co(en)_2$ $(NO_2)_2]Cl$. D.V. + 400, + 200, — 600. — *Kaliumbarium-tris-[thiooxalato]-ferrat(III)-tetrahydrat,* (**XI**), $KBa[Fe(C_2O_2S_2)_3]$ · 4 H_2O, man löst 4,2 g $Fe(NO_3)_3$ · 10 H_2O in 50 ml W., fügt 6 g **II** hinzu, filtriert (FeS, S), fällt mit $BaBr_2$. Dunkelbraunes Salz, umkristallisierbar aus W. von 60°, magnet. Moment 2,95 BOHRsche Magnetonen. — *l-Dinitro-bis-[äthylendiamin]-kobalt(III)-calcium-tris-[thiooxalato]-ferrat(III)-dihydrat* (**XII**), $[Co(en)_2$ $(NO_2)_2]Ca[Fe(C_2O_2S_2)_3]$ · 2 H_2O, die bei Verss. zur Rein-Darst. von Kaliumcalcium-tris-[thiooxalato]-ferrat(III) analog **XI** erhaltenen Lsgg. wurden mit aktivem cis-$[Co(en)_2$ $(NO_2)_2]Cl$ behandelt. In der Mutterlauge von **XII** konnte keine opt. Aktivität festgestellt werden. — Für das Tris-[äthylendiamin]-kobalt(III)-tris-[thiooxalato]-ferrat(III)-trihydrat, $[Co(en)_3][Fe(C_2O_2S_2)_3]$ · 3 H_2O, wird ein magnet. Moment von 2,35 B. M. angegeben. (J. Amer. chem. Soc. **81.** 2335—36. 20/5. 1959. Canberra, Australian Nat. Univ.; Univ. of Adelaide, Dep. of Inorg. Chem.) H.-J. HARTMANN. 355

A. Ss. Tichonow, N. K. Wittschenko, O. D. Talalajewa und **P. I. Jakschowa,** *Untersuchung der Reaktion der Hydroxydbildung einiger Metalle mittels der Methode der physikalisch-chemischen Analyse.* Durch Methoden der physikal.-chem. Analyse (Löslichkeitsbest., potentiometr. Titration der Salzlsg. mit NaOH unter Verwend. einer Glaselektrode u. Best. der elektr. Leitfähigkeit) wurden die Umsetzungen von $CuSO_4$, $Cu(NO_3)_2$, $CuCl_2$ u. $Cu(CH_3COO)_2$; $ZnCl_2$, $Zn(NO_3)_2$ u. $Zn(CH_3COO)_2$; $CdCl_2$, $Cd(NO_3)_2$ u. $Cd(CH_3COO)_2$; $HgCl_2$ u. $Hg(NO_3)_2$ mit NaOH-Lsgg. untersucht. In Abhängigkeit von der Natur des Anions werden in allen Systemen charakterist. Besonderheiten beobachtet, wobei, mit Ausnahme von $Zn(NO_3)_2$, bei der Fällung des Oxydhydrates mit NaOH die Bldg. eines bas. Salzes vorangeht. Aus $Zn(NO_3)_2$ bildet sich $Zn(OH)_2$ nach $Zn(NO_3)_2$ + 2 NaOH = $Zn(OH)_2$ + 2 $NaNO_3$ ohne Zwischenstufe. (Журнал Неорганической Химии [J. anorg. Chem.] **2.** 2196—2201. Sept. 1957.) E. KLEVER. 358

H. P. Rothbaun, *Die Zusammensetzung von Kupferkomplexen in Kupfer(I)-cyanidlösungen.* Vf. untersucht das Verh. von Cu(I) in CN^--haltigen, wss. Lsgg. unter Variation des Cu(I): CN^--Verhältnisses u. der CN^--Konz. bei 20° u. 80°. Die Lichtabsorptionsspektren zeigen eine sprunghafte Verschiebung nach kürzeren Wellenlängen, wenn Cu(I) : CN^- unter 0,25 sinkt, daher wird auf das Vorhandensein von $[Cu(CN)_4]^{3-}$ geschlossen. Die Ergebnisse von Potentialmessungen (blanker, in Unters.-Lsg. eintauchender Cu-Draht, gegen Kalomelelektrode) stimmen mit nach der NERNSTschen Gleichung berechneten Potentialwerten überein, wenn Konz.- u. Temp.-abhängige Gleichgewichte zwischen verschied. Teilchen angenommen werden: $Cu^+ + 2\,CN^- \overset{k_1}{\rightleftarrows} [Cu(CN)_2]^-$; $[Cu(CN)_2]^- + CN^- \overset{k_2}{\rightleftarrows} [Cu(CN)_3]^{2-}$; $[Cu(CN)_3]^{2-} + CN^- \overset{k_3}{\rightleftarrows} [Cu(CN)_4]^{3-}$. Aus den Meßwerten u. dem Normalpotential von Cu werden für die Assoziationskonstanten folgende Werte berechnet: log k_1 21,7 ± 1,0; log k_2 4,6 ± 0,30, log k_3 2,3 ± 0,15 bei 20°; log k_1 17,7 ± 1,0, log k_2 3,9 ± 0,30, log k_3 1,23 ± 0,14 bei 80°. Der Zusatz von Alkali (0,7 mol. KOH) bei 20° beeinflußte die Ergebnisse der Lichtabsorptions- u. Potentialmessungen nicht. (J. electrochem. Soc. **104**. 682—86. Nov. 1957. Liverpool, Univ. of Liverpool, Dep. of Phys. Chem.) H. J. HARTMANN. 358

Nihar Sengupta und **Priyadaranjan Rây**, *Äthoxybiguanid als Komplexligand.* Beim Erhitzen der wss. Lsg. von 2 Mol Dicyandiamid, 3 Mol Äthanolamin u. 1 Mol $CuSO_4$ bildet sich neben einer unlösl. dunkelblauen Verb. (**I**) rotviolettes *Cu-Bis-[äthoxybiguanid]-sulfat* (**II**), $[Cu(C_4H_{11}N_5O)_2]\,SO_4 \cdot 5\,H_2O$, welches beim Abkühlen auskristallisiert. Durch Auflösen von **II** u. Behandeln der Lsg. mit H_2S kann Äthoxybiguanidsulfat, F. 148°, isoliert werden. **I** bildet sich auch beim Kochen von **II** mit W. u. wird von Vff. als *Di-µ-hydroxo-bis-[äthoxybiguanid]-di-kupfersulfat* $[(C_4H_{11}N_5O)\,Cu(OH)_2Cu(C_4H_{11}N_5O)]\,SO_4$ bezeichnet. Beim Erhitzen von **I** mit Alkali bildet sich die Base von **II**. Durch Erhitzen von **I** mit Säure bildet sich ein blauer Cu-Monoäthoxybiguanid-Komplex: $[Cu(C_4H_{11}N_5O)\,(H_2O)_2]\,SO_4$. Auf entspr. Weise bilden sich *Ni-* u. *Cr-Bis-[äthoxybiguanid]*-Komplexe, jedoch konnten keine Monokomplexe gefunden werden. Außer dem Sulfat wurden für **II** auch das *Thiosulfat, Dithionit, Chlorid, Bromid, Jodid, Carbonat, Nitrat, Nitrit, Chromat, Phosphat, Arsenat* u. die freie *Komplexbase* dargestellt. (Sci. and Cult. **22**. 519. März 1957. Calcutta, Indian Assoc. for the Cultivat. of Sci., Dep. of Inorg. Chem.) K. FRIEDRICH. 358

R. Kent Murmann, *Die Reaktion von 2-Methyl-2-amino-butanon-(3)-oxim mit Nickel(II)- und Kupfer(II)-Ionen.* (Vgl. C. **1957**. 6075.) Vf. berichtet über Unters. der Eigg. von intramol. H-Bindungen in Koordinationsverbb., über deren Einfl. auf die Konfiguration der Metallkomplexe u. auf die Stabilität von Zwischenverbindungen. Die Umsetzungen von *2-Methyl-2-amino-butanon-(3)-oxim* (**I**, AO), *2-n-Propylamino-* (**II**, PrAO), *2-n-Pentylamino-* (**III**, n-AmAO), *2-Phenylamino-2-methyl-butanon-(3)-oxim* (**IV**, PhAO) *2,2'-Äthylendiamin-bis-[2-methyl-butan-(3)-on]-dioxim* (**V**, EnAO), *Äthylendiamin* (**VI**), *Dimethylglyoxim* (**VII**) u. *Glyoxaldioxim* (**VIII**) mit Cu(II)- u. Ni(II)-Ionen werden quantitativ untersucht. Spektrophotometr. Messungen im sichtbaren u. IR-Gebiet, sowie Messungen der magnet. Susceptibilität an den Komplexverbb. wurden durchgeführt u. sind mitgeteilt; die Säure-Dissoziationskonstanten von **I**, **II**, **III** u. **V** wurden bei 24,2° bestimmt. Die thermodynam. Stabilität von $[Ni\,(AO)\,(H_2O)_4]^{2+}$ ist gegenüber der von $[Ni\,(AO)_2(H_2O)_2]^{2+}$ gering; die entsprechenden Cu(II)- Komplexe verhalten sich normal. Eine Alkylsubstitution am Aminstickstoff verursacht eine Verringerung der Stabilität der Ni-Komplexe, ohne daß dabei die Bldg. von H-Bindungen verhindert wird; demgegenüber bildet Cu(II) bei gleicher Behandlung zweikernige Komplexe mit OH-Brücken. Die thermodynam. Beständigkeit der H-Bindungen in den Ni- u. Cu-Komplexen weist große Unterschiede auf; am beständigsten sind die Ni(II)-Komplexe. — Säurezusätze zu Komplexen vom Typ $[Me(AO)_2-H]^+$ (Me = Ni, Cu; die Bezeichnung -H soll die vollständige Ionisation eines Oxim-H andeuten) führen zur sofortigen Bldg. von $[Me(AO)_2(H_2O)]^{2+}$-Verbb., die sich mit meßbarer Geschwindigkeit weiter zersetzen. Diese Dissoziationsgeschwindigkeit folgt dem Gesetz $d\,[Ni(AO)_2]^{2+}/dt = k \cdot [Ni(AO)_2]^{2+} \cdot [H^+]$. Die Substitution einer N-Alkylgruppe hat auf die Dissoziationsgeschwindigkeit einen beschleunigenden Einfl. während mit wachsender Zahl von Chelatringen die Zers.-Geschwindigkeit abnimmt. Die Löslichkeitsunterschiede von Ni(II)- u. Cu(II)-Dimethylglyoximaten werden im Zusammenhang mit diesen Ergebnissen diskutiert.

Versuche: **V**, $C_{12}H_{26}N_4O_2$, F. 181—182°, aus **VI** u. 2-Chlor-2-methyl-butanon-(3)-oxim in absol. Methanol durch Kochen unter Rückfluß, Abdampfen des Lösungsm. im Vakuum, Lösen des Rückstands in W., Neutralisation mit $NaHCO_3$ u. Abkühlen; farblose Nadeln (aus 95%ig. A.), Ausbeute 50—60%. — *[Cu(EnAO)—H]ClO₄* (**IX**), $C_{12}H_{25}ClCuN_4O_6$, durch Neutralisation einer Lsg. von $CuSO_4 \cdot 5\,H_2O$ u. **V** in W. mit NaOH auf p_H 7 u. Versetzen mit 2 mol. $NaClO_4$-Lsgg. unter Kühlen; dunkelblaue Kristalle (aus W.), 80%. — *[Cu(EnAO)] (ClO₄)₂*, $C_{12}H_{26}Cl_2CuN_4O_{10}$, analog **IX** bei p_H 2,6 u. höherer $NaClO_4$-Konz.; blauviolette Kristalle, 60%. — *[Cu₂(PrAO)₂(OH)₂–H] ClO₄* (**X**), $C_{16}H_{37}ClCu_2N_4O_8$, aus $CuSO_4 \cdot 5\,H_2O$ u. **II**-Hydrochlorid in W., Neutralisation mit NaOH auf p_H 6,1 u. Zusatz von krist. $NaClO_4$; tiefgrüne Kristalle (aus W.), 95%. — *[Cu₂(n-AmAO)₂(OH)₂–H] ClO₄* u. *[Cu₂(PhAO)₂ (OH)₂–H] ClO₄* analog **X**. (J. Amer. chem. Soc. **80**. 4174—80. 20/8. 1958. Storrs, Conn., Univ. of Connecticut, Dep. of Chem.) D. ERTEL. 358

A_9. Mineralogische und geologische Chemie.

M. N. Ponomarewa, *Über Abhängigkeit des Reflexionsvermögens von Erzen von ihren Strukturbesonderheiten.* Zwecks graph. Unterscheidung der Struktureigenheiten von Erzen wurde (zusammen mit L. M. SUBOWA) ein Diagramm aufgezeichnet, in welchem der Reflexionskoeff. roter Strahlen (isotroper u. einachsig-anisotroper Erze) R_L in der Luft auf der Ordinatenachse, der Reflexionskoeff. derselben Mineralien R_u in Zedernöl auf der Abscissenachse eingetragen wurde. Die Abhängigkeit der beiden Reflexionskoeffizienten vom Brechungsindex erscheint dann in Hyperbeln, die vom Absorptionskoeff. K als Kurvenschar, symm. um 45° zwischen den Koordinatenachsen gruppiert. In einem solchen Diagramm erscheinen (graph.) Zonen starker Entw. einer der 4 Bindungen: metall., kovalente, Ionen- u. VAN DER WAALS-Bindung, so daß man wenig untersuchte Strukturen hinsichtlich der im Versuchsmineral vorwiegenden Bindungen entsprechend einordnen kann. (Доклады Академии НаукСССР [Ber. Akad. Wiss. UdSSR] **121.** 162—64. 1/7. 1958.) A. v. WILPERT. 372

R. N. Ssobolew, *Über die Genesis der Plagiogranite.* Nach einer Beschreibung der Petrographie des *Plagiogranits* im Massiv Basch-kysyl-ssai in der Tschatkaler Gebirgskette, der aus Quarz (30—35%), Plagioklas (40—45% Andesin), Kalifeldspat (10—14% Mikroklin) u. Buntmineralien (vormals vorwiegend Biotit) besteht, kommt Vf. zum Schluß, daß das Magma bei der Kristallisation sich differenzierte, wobei die Buntmineralien (bes. Biotit) mit dem K in die Peripherie gelangten, während in der Tiefe das Magma das Carbonatmaterial assimilierte, wobei es sich an Ca u. Na anreicherte, an K, Fe u. Mg verarmte — u. auf diese Art entstand das Massiv des Plagiogranits. (Вестник Московского Университета, Серия Биологии, Почвоведения, Геологии, Географии [Nachr. Moskauer Univ., Ser. Biol., Bodenkunde, Geol., Geogr.] **13.** Nr. 2. 157—62. 1958. Lehrstuhl für Petrogr.) A. v. WILPERT. 378

M. S. Murty, *Vorkommen von Monazit in den Charnockiten von Visakhapatnam.* Vf. berichtet über das Vork. von Monazit in den sauren u. granatführenden Charnockiten des obigen Gebietes; seine Menge beträgt 0,08 bzw. 0,11%. In den feinkörnigen sauren u. den intermediären Charnockiten beträgt der Geh. $<$ 0,05%, in den *Leptyniten* 0,05%. (Current Sci. **27.** 347—48. Sept. 1958. Waltair, Andhra Univ., Dep. of Geol.) C. GOTTFRIED. 380

C. Paramasiviah, *Schwermineralien in den Sanden des Cauvery-Flusses nahe Talkad, Mysore.* In 14 verschied. Sandproben wurde die Häufigkeit der folgenden Mineralien bestimmt: *Magnetit* u. *Ilmenit, Hornblende, Chlorit, Epidot, Tremolit, Pyroxen, Granat, Cyanit, Turmalin, Zirkon, Rutil, Sphen* u. *Apatit.* Die numer. Ergebnisse sind in einer Tabelle zusammengefaßt. (Current Sci. **27.** 346—47. Sept. 1958. Bangalore, Central Coll., Dep. of Geol.) C. GOTTFRIED. 380

Francesco Vascellari, *„Acqua della Salute." Castel S. Angelo.* Vf. untersuchte das W. der Quelle „Acqua della Salute" aus der Gemeinde Castel Sant' Angelo in der Provinz Mocerata. Die Versuchsergebnisse sind tabellar. zusammengestellt. Das W. läßt sich als ein Bicarbonat-Sulfat-Ca- u. Mg-haltiges Oligomineralwasser klassifizieren. (Chimica [Milano] **33.** 246—47. Juni 1957.) C. GOTTFRIED. 393

Akito Koga, *Chemische Untersuchungen über die heißen Brunnen in Beppu.* 15. Mitt. *Gelöster Zustand der Bestandteile.* 1. Teil. *Gehalt an kolloidaler Kieselsäure beim Hervorquellen.* (14, vgl. Bull. Inst. Balneotherapeutics [Onkenkiyô] **10.** [1958.] 207). Von 44 heißen Brunnen in der Stadt Beppu wurde der Geh. an koll. SiO_2 (I) beim Hervorquellen bestimmt (0-38 mg/Liter). Er ist in sauren Brunnenwassern sehr klein, in neutralen Brunnenwassern je nach der Quelle relativ groß bzw. klein. Saures heißes Quellwasser hindert die Kolloidbildung. (Nippon Kagaku Zassi [J. chem. Soc. Japan, pure Chem. Sect.] **80.** 31—34. Jan. 1959. Beppu, Univ. Kyûsyû, Onsentiryô-Ken. [Orig.: japan.; Auszug: engl.) E. MAEKAWA 393

Akito Koga, *Chemische Untersuchungen über die heißen Brunnen in Beppu,* 16. Mitt. *Gelöster Zustand der Bestandteile.* 2. Teil. *Gehalt an kolloidaler Kieselsäure nach dem Stehenlassen.* (15. bzw. 1. Teil vgl. vorst. Ref.) Die Bldg. der koll. Kieselsäure (I) beim Stehenlassen erfolgt in den sauren Brunnenwässern in der Stadt u. auch in den neutralen Brunnenwässern im alten Stadtteil sehr langsam, wobei Gleichgewichte erst nach einigen Monaten oder Jahren erreicht werden. In den Brunnenwässern im Stadtteil Kannawa, die sehr heiß u. schwach bas. sind u. viel Abdampfrückstande sowie viel Gesamt-SiO_2 enthalten, bildet sich I jedoch viel schneller; Gleichgewichte werden in einem Tage erreicht, wobei ca. 70–70 % des SiO_2 koll. gelöst wird. (Nippon Kagadu Zassi [J. chem. Soc. Japan, pure Chem. Sect.] **80.** 35—37, Jan. 1959. [Orig.: japan., Auszug: engl.]) E. MAEKAWA 393

B. Allgemeine und theoretische organische Chemie.

Michèle Sender, *Untersuchung der Elektronenübergänge der Carbonylgruppe mittels der Methode der Elektronenpaare.* Vf. vergleicht die für die Elektronenübergänge des *Formaldehyd*-Mol. mittels der Meth. der Konfigurationswechselwrkg. u. der Meth. der Elektronenpaare berechneten numer. Werte. Während für die Energie des Grundzustandes mit —163,718 bzw. —163,732 eV eine sehr gute Übereinstimmung erhalten wird, treten bei der Berechnung der N → A- u. N → V-Übergänge ziemliche Differenzen zwischen beiden Methoden auf. Die theoret. Werte liegen erheblich über den experimentell bestimmten. (C. R. hebd. Séances Acad. Sci. **248.** 974—75. 16/2. 1959.)
K. FRENKLER. B 114

G. Cilento, *Ultraviolettabsorptionsspektren einiger o-Anisylester und -thiolester.* Die UV-Spektren von *o-Anisylacetat* (*Guajacolacetat;* aus Acetanhydrid u. Guajacol), *-thiolacetat, -benzoat* u. *-thiolbenzoat* wurden aufgenommen u. mit denen von Phenylacetat, -thiolacetat, -benzoat u. -thiolbenzoat verglichen. Im Gegensatz zu früher untersuchten p-Thiolestern ist bei den o-Derivv. keine Absorptionsbande zu finden, die auf Konjugation des Anisylringes mit dem S-Atom zurückzuführen ist.

V e r s u c h e : *Guajacolthiolacetat* (*o-Anisylthiolacetat*), $C_9H_{10}O_2S$, Kp.$_{01}$ 101°, durch Rk. von Thiogujacol (aus dem Diazoniumsalz von o-Anisidin u. K-Äthylxanthogenat) mit Acetylchlorid. — *Guajacolbenzoat* (*o-Anisylbenzoat*), F. 58—59° (Methanol), durch Rk. von Benzoylchlorid mit Guajacol. — *Guajacolthiolbenzoat* (*o-Anisylthiolbenzoat*), $C_{14}H_{12}O_2S$, F. 105—106,5°, analog. (J. org. Chemistry **24.** 413—15. März 1959. São Paulo, Brazil, Univ., Fac. de Fil., Ciências e Letras, Dep. of Chem.)
W. SCHRAMM. B 118

Stig Claesson, Lars Lindqvist und **Bertil Holmström,** *Absorptionsspektrum und Kinetik der Löschung des metastabilen Zustands von Chlorophyll b.* Mit der Blitztechnik von NORRISH u. PORTER (Nature [London] **164.** [1949.] 658) wurde das Spektr. von *Chlorophyll b* im metastabilen Zustand zwischen 290 u. 840 mμ in O_2-freier Benzollsg. aufgenommen. Die Kinetik der Löschung war in Übereinstimmung mit dem Schema von LIVINGSTON (J. Amer. chem. Soc. **77.** [1955.] 2179): 1. T → S (T bzw. S metastabiler bzw. Grundzustand), 2. T + S → S + S, 3. T + T → S + S. Für diese Rkk. wurden nachst. k-Werte ermittelt: k_1 0,4$_0$ · 10^3 sec^{-1}, k_2 0,03$_5$ · 10^9 sec^{-1} · Mol^{-1}, k_3 2,3$_5$ · 10^9 sec^{-1} · Mol^{-1}. Aus den spektroskop. Daten ergibt sich, daß nur ein metastabiler Zustand unter den Reaktionsbedingungen auftritt. (Nature [London] **183.** 661—62. 7/3. 1959. Uppsala, Univ., Inst. of Physic. Chem.) B. GNAUCK. B 118

Willis B. Person, Ray E. Humphrey und **Alexander I. Popov,** *Untersuchungen über die Chemie der Halogene und Polyhalogenide.* 18. Mitt. *Infrarotspektren von Ladungsübergangskomplexen.* 2. Mitt. *Jodcyankomplexe.* (14. bzw. 1. vgl. C. **1958.** 9970.) Vff. untersuchten die Änderungen im IR-Spektr. von *Jodcyan* bei der Bldg. von Ladungsübergangskomplexen verschied. Stärke. Die Änderung der (J—C)-Schwingung, die mit der Donatorstärke des mit JCN komplex verbundenen Mol. in Beziehung gesetzt werden kann, ist charakterist. für die Donator–Acceptor-Komplexbildung. Hierbei tritt eine Abnahme der Frequenz, ein starkes Anwachsen der Intensität u. ein Anwachsen der Halbwertsbreite ein. Die ν(C≡N) u. die δ(JCN) zeigen keine für die Komplexstärke charakterist. Veränderung. Dieses Verh. ähnelt stark den Veränderungen, die an der O—H-Bande bei der Wasserstoffbindungsbldg. beobachtet werden, die Änderungen der ν(J—X) u. der ν(OH) können, gegen die zugefügte effektive Ladung im Komplex aufgetragen, als gemeinsame Gerade dargestellt werden. Die Unterss. am *JCN* wurden mit folgenden Lösungsmitteln u. Donatoren durchgeführt: *Chlf.*; *Bzl.*; *Acetonitril* in Chlf.; in Bzl.: *Aceton, Dioxan, A., Dimethylformamid, Pentamethylentetrazol, 4.4'-* u. *2.2'-Bipyridyl, 5-Nitrochinolin, Chinolin, α-Picolin, Triäthylamin* u. *Piperidin; Pyridin* in CCl_4. (J. Amer. chem. Soc. **81.** 273—77. 20/1. 1959. Iowa City, Iowa, State Univ., Dep. of Chem.) M.-L. KLAAR. B 120

D. W. J. Cruickshank, *Über die Gitterschwingungen in Benzol, Naphthalin und Anthracen.* Zusammenfassender Überblick über Röntgen-, calorimetr. u. RAMAN-Daten an Hand der Literatur. (Rev. mod. Physics **10.** 163—67. Jan. 1958. Leeds, Univ., School of Chem.) C. GOTTFRIED. B 120

Enzo Borello und **Marina Colombo,** *Über die Struktur der Peroxyde der Glyoxime.* 2. Mitt. *Furoxane.* (1. vgl. C. **1958.** 12639.) Um die auf Grund der Darst. u. der chem. Eigg. vorgeschlagene Furoxanstruktur für die Glyoximperoxyde (**A**) zu beweisen, wurden die IR-Spektren einiger **A** untersucht. Anders als die hochschm. Isomeren der Verbb. $R(C_2N_2O_2)H$ (R = Arylgruppe) erweisen sich die hochschm. Isomeren der **A** als Furoxane. Es zeigt sich beim Vgl. der IR-Spektren von *Dibromglyoximperoxyd* mit denen von

Furazanen, daß für ein Furoxan starke Banden bei 995—1059 u. 920—978 cm^{-1} erwartet werden können, die Furazanbanden bei 884—894 u. ca. 1580 cm^{-1} nach 809 u. 1603 cm^{-1} (bes. stark) verlagert werden u. eine deutliche Bande ν(N→O) bei 1353 cm^{-1} erscheint. Derartige Absorptionen, die auf die Furoxanstruktur deuten, wurden für folgende Verbb. festgestellt: *Methylphenyl-* (F. 96°), *Methyl-p-bromphenyl-* (F. 109°), *Methyl-p-methoxyphenyl-* (F. 99°) u. *Dibenzoylfuroxan* (F. 87°); die Bande N→O schwankt von 1200—1400 cm^{-1}. Die Spektren des fl. *Dimethyl-* u. *Methyläthylglyoximperoxydes* zeigen Ähnlichkeit mit denen der entsprechenden Furazane; in beiden Fällen wird die Furoxanstruktur bestätigt, während der Nachw. der N→O-Bindung unsicher bleibt. Die niedrigschm. Isomeren, deren Spektren im einzelnen nicht wiedergegeben sind, weisen alle eine starke Bande bei 1600 cm^{-1} auf, aber keine anderen Banden (1200—1400 cm^{-1}), die auf Furoxanstruktur hinweisen. Nach mehrstd. Erhitzen des *Methylphenylglyoximperoxydes* vom F. 62° auf 60° erscheint die charakterist. Bande des hochschm. Isomeren. Diesen Isomeren kommt danach nicht die Furoxanstruktur zu. (Ann. Chimica **47.** 649—57. Juni 1957. Torino, Univ., Ist. di Chim. gen. e di Chim. fis.)
G. PLATZER. B 120

Günter Opitz, Heinrich Hellmann und **Hans Werner Schubert,** *Enamine.* 2. Mitt. *Einfache Immoniumsalze.* (1. vgl. Liebigs Ann. Chem. **623.** [1959.] 112.) Aus den entsprechend substituierten Vinylaminen wurden folgende Immoniumsalze durch Einleiten von HCl u. Zugabe von $SnCl_4$ bzw. $SbCl_5$ dargestellt: *N-Äthylidenäthylbutylimmonium-*, *N-Propylidenpiperidinium-* ($C_{16}H_{32}Cl_6N_2Sn$), *N-Butylidendiäthylimmonium-* ($C_{16}H_{36}Cl_6N_2Sn$) sowie *N-Isopentyliden-* ($C_{20}H_{40}Cl_6N_2Sn$), *N-[2-Äthylbutyliden]-* ($C_{22}H_{44}\cdot Cl_6N_2Sn$), *N-[2-Äthylhexyliden]-* (I; $C_{26}H_{52}Cl_6N_2Sn$) u. *N-Cyclohexylidenpiperidiniumhexachlorstannat* ($C_{22}H_{40}Cl_6N_2Sn$), *N-Cyclopentylidenpiperidiniumhexachlorantimonat* ($C_{10}\cdot H_{18}Cl_6NSb$) u. *N-[2-Äthylbutyliden]-piperidiniumchlorid* (**II**), ferner auf anderen Wegen *N-Cyclopentylidenpiperidiniumnitrat* u. *N-Methylenpiperidiniumchlorid* (**IV**). Die Salze zerfließen an der Luft. Nach der UV- u. IR-spektroskop. Unters. liegen alle Salze in der Immoniumstruktur vor. Die IR-Spektren von *1-Piperidino-2-äthylhexen-(1)* (in Hexan), **I** (in KBr) u. **IV** (in Paraffinöl) zwischen 2 u. 15 μ sowie die UV-Spektren von *1-Piperidino-2-äthylbuten-(1)* (**V**; in Hexan), **II** (in Acetonitril) u. **IV** (in Tetrahydrofuran u. Dioxan) zwischen 210 u. 280 mμ sind angegeben.

V e r s u c h e: *N-Äthylidenäthylbutylimmoniumhexachlorstannat,* $C_{16}H_{36}Cl_6N_2Sn$, durch Eintropfen von Vinyläthylbutylamin in Hexan bei —80°, Einleiten von HCl + N_2, Suspendieren des Nd. in Hexan u. Vereinigen mit einer Hexanlsg. von $SnCl_4$. Analog die anderen Salze. — *N-[2-Äthylbutyliden]-piperidiniumchlorid* (**II**), $C_{11}H_{22}ClN$, durch 15 Min. Einblasen von HCl in die Ae.-Lsg. von **V** bei —80°. — *N-Cyclopentylidenpiperidiniumnitrat,* durch Zutropfen von 1-Cyan-1-piperidinocyclopentan zu $AgNO_3$-Pulver in Acetonitril bei n. Temp. u. Umfällen mit Ae. aus Acetonitril. (Liebigs Ann. Chem. **623.** 117—24. 20/5. 1959. Tübingen, Univ., Chem. Inst.) B. GNAUCK. B 120

Cl. Béguin und **T. Gäumann,** *Das Dipolmoment der Dicarbonsäuren.* Vff. bestimmten die Dipolmomente einer Reihe von aliphat. u. aromat. Dicarbonsäuren bei 25° u. z. T. bei 70°. Die große Löslichkeit der Dicarbonsäuren in Dioxan wird auf eine Wasserstoffbrücke vom Dioxan zum Proton der COOH-Gruppe zurückgeführt. Das elektr. Moment einer aliphat. Fettsäure beträgt 1,74 D. Es ist anzunehmen, daß keine cis-trans-Isomerie der OH-Gruppe gegenüber der CO-Gruppe vorliegt. Das Moment der gesätt. Dicarbonsäuren hängt nur von der gegenseitigen Stellung der beiden COOH-Gruppen ab u. beträgt bei höhermol. Säuren als *Bernsteinsäure* (**I**; *Glutar-*, *Adipin-*, *Pimelin-*, *Kork-*, *Azelain-*, *Sebacinsäure*) im Mittel 2,35 D (25°). Da der Wert nur 0,1 D tiefer ist als der unter Annahme freier Rotation berechnete, besitzen somit die längeren Dicarbonsäuren nahezu freie Rotation. Der höhere Wert bei 70° wird mit Auflockerung der Wasserstoffbrücke u. der cis-Stellung der OH-Gruppe erklärt. — Für **I** selbst beträgt bei 25° das Moment 2,15 D; das entspricht dem Wert bei Annahme einer freien Rotation der COOH-Gruppe um die C—C-Achse der CH_2—COOH-Gruppierung u. trans-Stellung der zentralen C—C-Bindung. Bei der *Itaconsäure* kann letztere wegen ster. Hinderung nicht vollständig eintreten (2,25 D). Bei *Fumarsäure* spricht der gefundene Wert, 2,46 D, für ein Gleichgewicht zwischen den drei möglichen ebenen Strukturen. Ster. Hinderung verursacht bei *Mesaconsäure* ein kleineres Moment (2,36 D). Bei *Maleinsäure* ist das gemessene Dipolmoment (3,17 D) nur mit einer nichtebenen Struktur u. einer beinahe ebenen Konstellation vereinbar. Das Moment der *Mesoweinsäure* ist mit 3,67 D bedeutend größer als das der *Weinsäure* (3,28 D), ein Anzeichen für verschied. Strukturen. — Außer den genannten Verbb. sind die Dipolmomentwerte angegeben für *Malon-* (2,54), *α.α-Dimethylglutar-* (2,33), *Phthal-* (2,67), *Isophthal-* (2,37) u. *Benzoesäure* (1,81). (Helv. chim. Acta **41.** 1376—86. 1/8. 1958. Zürich, Eidgen. TH, Organ.-chem. Labor.)
S. NEUE. B 132

R. Bramley, C. G. Le Fèvre, R. J. W. Le Fèvre und **B. Purnachandra Rao,** *Molekülpolarisierbarkeit. Die Anisotropie der C=C-Bindung.* Die auf unendliche Verdünnung extrapolierten mol. KERR-Konstanten [$_\infty(mK_2)$] u. Mol.-Polarisationen ($_\infty P_2$) sowie die Dipolmomente (μ) wurden von *cis-Dichloräthylen* [I; Kp. 59,85—59,90°; n_D^{25} 1,44615; $_\infty(mK_2)\cdot 10^{12} = 5{,}25$; $_\infty P_2 = 88{,}13$ cm³; $\mu = 1{,}80$ D], *trans-Dichloräthylen* ($Kp._{757,6}$ 47,40°; n_D^{25} 1,44348; 9,96; 22,26; 0), *1.1-Dichloräthylen* (II; Kp. 31,4 bis 32,0°; 34,42; 53,67; 1,25), *Trichloräthylen* (III; Kp. 86,4—86,6°; n_D^{25} 1,47503; 14,29; 41,74; 0,85) u. *Tetrachloräthylen* (Kp. 120—122°; n_D^{25} 1,50328; 13,24; 30,82; 0) in CCl_4 bei 25° nach der (C. **1958.** 9677) beschriebenen Meth. bestimmt. Für die drei polaren Verbb. I, II u. III wurden ferner die mol. Anisotropie ($_\infty\delta_2^2$) u. die Halbachsen der Polarisierbarkeitsellipsoide (b) mit I ($_\infty\delta_2^2\cdot 10^3 = 31{,}5$; $b_1\cdot 10^{23} = 0{,}779$; $b_2\cdot 10^{23} = 0{,}946$; $b_3\cdot 10^{23} = 0{,}608$), II (35,7; 0,896; 0,879; 0,575) u. III (51,2; 1,003; 1,231; 0,692) angegeben. Daraus lassen sich bei Kenntnis der Polarisierbarkeiten der C—H- u. C—Cl-Bindungen für II die longitudinalen, transversalen u. vertikalen Polarisierbarkeiten der C=C-Bindung zu $10^{23}\, b_L = 0{,}28$ cm³, $10^{23}\, b_T = 0{,}073$ cm³ u. $10^{23}\, b_V = 0{,}077$ cm³ berechnen. Die erhaltenen Werte wurden mit früheren Ergebnissen (vgl. SACHSE [1935]) verglichen u. zur Betrachtung der Bindungsverhältnisse im Äthylen u. den anderen Chloräthylenen benutzt. Die daraus durch Rückrechnung erhaltenen mK-Werte stimmen mit den vorst. bestimmten Größen $_\infty(mK_2)$ befriedigend überein. (J. chem. Soc. [London] **1959.** 1183—88. März. Sydney, Univ.) E. MOISAR. B 132

C. G. Le Fèvre, R. J. W. Le Fèvre, B. Purnachandra Rao und **M. R. Smith,** *Molekülpolarisierbarkeit. Polarisierbarkeitsellipsoide einiger einfacher Heterocyclen.* (Vgl. C. **1959.** 8087.) Die mol. KERR-Konstanten [$_\infty(mK_2)$], Dipolmomente (μ) u. Halbachsen der Polarisierbarkeitsellipsoide (b_1—b_3) wurden bei 25° in CCl_4 für *Furan* [I; $_\infty(mK_2)\cdot 10^{12} = 6{,}26$; $\mu = 0{,}72$ D; $10^{23}b_1 = 0{,}743$; $10^{23}b_2 = 0{,}889$; $10^{23}b_3 = 0{,}537$], *Thiophen* (II; 11,19; 0,54; 1,015; 1,014; 0,670), *Pyrrol* (III; 44,59, 1,78; 0,869; 0,933; 0,579), *Pyridin* (150; 2,37; 1,072; 1,043; 0,645), *Chinolin* (149,1; 2,27; 1,68; 2,074; 0,949) u. *Isochinolin* (571,7; 2,65; 1,99; 1,914; 0,778) bestimmt. Die Ergebnisse stellen insofern eine Ergänzung früherer Arbeiten dar, als bei letzteren zur Berechnung der Polarisierbarkeitsellipsoide die Messung der $_\infty[mK_2]$-Werte u. der aus der Lichtstreuung erhaltenen Größen Θ_1 (vgl. l. c.) nicht im gleichen Lösungsm. erfolgte. Erwartungsgemäß ergibt sich bei den 6gliedrigen Heterocyclen eine geringe Abweichung der berechneten b_2- u. b_3-Halbachsen gegenüber früheren Angaben. Die 5gliedrigen Ringe zeigen eine positive Exaltation der Polarisierbarkeit nur in Richtung der b_2-Achse (2,5- bzw. 3,4-Richtung). Vermutlich infolge geringer Fehler der berücksichtigten Bindungswerte wird für II u. III eine negative, für I jedoch im Gegensatz zu experimentellen Befunden eine schwach positive Exaltation der mittleren Polarisierbarkeit berechnet. Die Achsenverhältnisse der Polarisierbarkeit in II sind prakt. ident. mit denjenigen im Bzl., was einen weiteren bemerkenswerten Fall der Ähnlichkeit der beiden Verbb. darstellt. (J. chem. Soc. [London] **1959.** 1188—92. März. Sydney, Univ.) E. MOISAR. B 132

Jacques Hervé, *Messung des zweiten Moments an Signalen der paramagnetischen Resonanz bei starker Verschmälerung infolge der Austauschkräfte.* Mit einer früher ausführlich beschriebenen (C. **1959.** 11146) Meßanordnung wird die Abhängigkeit des zweiten Moments von der Amplitude der Feldmodulation bei *1.1-Diphenyl-2-pikrylhydrazyl* u. an freien Radikalen in Zuckerkohle (I) untersucht. Im Bereich der Modulationsamplitude 10—70 Gauß wurde für beide Substanzen eine deutliche Abhängigkeit nachgewiesen, wobei für den I ab 22 Gauß ΔH^2 von der Amplitude der Modulation nicht mehr abhängt. Unter Benutzung der VAN VLECKschen Formel wird die Zahl der paramagnet. Zentren berechnet. (C. R. hebd. Séances Acad. Sci. **245.** 653—56. 5/8. 1957.) G. SCHOFFA. B 137

Edward S. Lewis und **Michael D. Johnson,** *Die Substituentenkonstanten der Diazoniumiongruppe.* Folgende Ionisationskonstanten wurden potentiometr. bestimmt: für 0° *o*- [pK] 1,47, *m*- 2,55 u. *p-Carboxybenzoldiazoniumfluoborat* 2,41; für 25° *p-Carboxymethylbenzoldiazoniumfluoborat,* 3,24; für 25° *p-Aminobenzoldiazoniumfluoborat* (I) —4,71 (H_0 für 63,4%ig. H_2SO_4); für 25° *p-Hydroxybenzoldiazoniumfluoborat* (II) 3,40; für 0° für *m-Hydroxybenzoldiazoniumfluoborat* >4,5 u. für II 3,47. Spektrophotometr. ermittelt wurden ferner 1. die Kupplungsgeschwindigkeiten von *2-Aminonaphthalinsulfonsäure* mit *m*- ([10^{-5} k in Liter/Mol·Sek.] 9,3 [infolge Zers. ungenau]) u. *p-Phenylen-bis-[diazoniumfluoborat]* (9,32) bei der Ionenstärke $\mu = 0{,}25$ u. 20° in $HClO_4$; 2. die Bromierungsgeschwindigkeiten von *m*- ([10^5 k in sec^{-1}] <13,1) u. *p-Acetylbenzoldiazoniumfluoborat* (<5,11) bei 25° in 50%ig. Essigsäure in Ggw. von 2mol. HCl. Aus den kinet. Daten u. den pK-Werten der substituierten Benzoe- u. Phenylessigsäuren wurden die Werte $1{,}8 \pm 0{,}5$ für σ_p bzw. 1,7 für σ_m der Diazoniumiongruppe erhalten. Aus den pK-Werten von I u. II ergibt sich ein σ_p-Wert von ca. 3. Die Diazoniumiongruppe ist demnach die bisher bekannte stärkste elektronenabziehende Gruppe. Sie besitzt neben einem starken induktiven auch einen großen mesomeren Effekt. Bei I u. II tritt dazu eine erhebliche Resonanz mit der NH_2- bzw. O^--Gruppe auf. — *p-Hydroxybenzoldiazoniumfluoborat* (II), durch Lösen von p-Aminophenol in 50%ig. HBF_4 u. Abkühlen auf -30^0 unter Einleiten von N_2O_3; 65%. — Analog *m-Verb.*, hellorange (unrein?); 79%. — *p-Phenylen-bis-[diazoniumfluoborat]*, aus p-Phenylendiamin; 80%. — *m-Verb.*, aus m-Phenylendiamindihydrochlorid nach KOSOLAPOFF u. DUNCAN (C. **1955.** 8605); 54%. — *p-Carboxymethylbenzoldiazoniumfluoborat*, durch Diazotieren von p-Aminophenylessigsäure in HCl bei $0-10^0$ u. Zugabe von $NaBF_4$-Lsg. im Überschuß; 30%. — *p-Aminobenzoldiazoniumfluoborat*, durch Hydrolyse von p-Acetamidobenzoldiazoniumfluoborat mit 1 mol. HBF_4 bei 70^0. (J. Amer. chem. Soc. **81.** 2070—72. 5/5. 1959. Houston, Texas, Rice Inst., Dep. of Chem.) B. GNAUCK. B 139

H. H. Jaffé und **R. W. Gardner**, *Tautomeriegleichgewichte.* 4. Mitt. *Die Basizitäten von monosubstituierten Azobenzolen. Eine Aciditätsskala in 20%ig. äthanolischer, wässeriger Schwefelsäure.* (3. vgl. J. org. Chemistry **22.** [1957.] 1281; 2. vgl. C. **1956.** 1845.) Es wurden die pK-Werte folgender Azobenzole in 20 Vol.-% A. u. 80% wss. H_2SO_4 (65%ig.) spektrophotometr. bestimmt: *Azobenzol* (F. 68—69,5⁰, pK = $-1,64 \pm 0,02$); *p-Äthoxy-* (F. 77,5—78,5⁰, $-0,02 \pm 0,03$); *p-Methoxy-* (F. 54—55⁰, $-0,11 \pm 0,02$); *p-Methyl-* (F. 68,5—69,0⁰, $-1,11 \pm 0,07$); *m-Methyl-* ($Kp._{15}$ 165⁰, $-1,47 \pm 0,01$); *p-Brom-* (F. 89—89,5⁰, $-2,22 \pm 0,02$); *m-Brom-* (F. 67—69,0⁰, $-2,55 \pm 0,02$); *p-Acetyl-* (F. 115⁰, $-2,71 \pm 0,01$); *p-Cyan-* (F. 120,5—121,5⁰, $-3,19 \pm 0,02$); *p-Nitro-* (I, F. 135 bis 136⁰, $-3,35 \pm 0,00$); *m-Nitro-* (F. 95—96,5⁰, $-3,30 \pm 0,04$); *p-Trimethylammonio-* ($-3,44 \pm 0,1$). Da für die Lsgg. die HAMMETTsche H_0-Skala versagt, wird mit I als Indicator eine H_0'-Skala aufgestellt. — Für die konjugierte Säure der Azobenzole wird eine gleichzeitige Bindung des Protons an beide N-Atome angenommen, da unter Verwendung der σ^+-Werte eine einzige HAMMETsche Gleichung mit $\varrho = 2,186 \pm 0,064$ gilt. (J. Amer. chem. Soc. **80.** 319—23. 20/1. 1958. Cincinnati, Ohio, Univ., Dep. of Chem.) I. PAETZKE. B 139

Georges Bocquet und **René A. Pâris**, *Untersuchung über 2-Phenyloxin und seine Chelate.* 2. Mitt. *Dissoziationskonstanten des 2-Phenyloxins.* (1. vgl. Analytica chim. Acta [Amsterdam] **13.** [1955.] 508; 4. vgl. C. **1959.** 13743.) Vff. bestimmten die Ionisationskonstante des *2-Phenyl-8-hydroxychinolins* mittels potentiometr. u. spektrophotometr. Methoden. Sie arbeiteten in wss.-alkoh. Lsg. (20—45⁰ G. L.), da die Ggw. von A. einen bemerkenswerten Einfl. auf die Dissoziation hat. (Analytica chim. Acta [Amsterdam] **14.** 1—3. 1956. Lyon, France, Fac. des Sci., Labor. de Chim. Minérale.) E.-M. KREBS. B 139

B. M. Lynch und **R. K. Robins** (unter Mitarbeit von **C. C. Cheng**), *Potentielle Purinantagonisten.* 10. Mitt. *Purine und Pyrazolopyrimidine. Vergleich ihrer Ionisation.* (9. vgl. C. **1958.** 10369.) Es werden die Ionisationskonstanten von 55 *Pyrazolo-[5'.4':4.5]-* u. *-[4'.5':4:5]-pyrimidinen* (**A** bzw. **B**; *Pyrazolo-[3.4:d]-* bzw. *-[4.3:d]-pyrimidinen*) UV-spektrophotometr. in W. bei 20⁰ gemessen u. mit denen einiger *Purine* (**C**) verglichen. Die **B** sind stärkere Basen als die **A**, die **A** stärkere Basen als die **C**. Danach ist in den **A** u. **B** das $N_{(1)}$-Atom des Pyrimidinringes das am stärksten bas. Zentrum. Dies wird durch die Berechnung (unter Mitarbeit von **Owen**) der Ladungsdichten nach der LCAO-Meth. unter Berücksichtigung der Resonanzstabilisierung des gebildeten p-chinoiden Ionentyps bestätigt. Die 6-Amino-, 6-Alkylamino- bzw. 6-Arylaminoverbb. der **A** besitzen zufolge zusätzlicher Resonanz der Amidingruppierung höhere pK_a-Werte als *Pyrazolo-[5'.4':4.5]-pyrimidin* (I), wobei die pK_a-Werte in der Reihe Anilino < Benzylamino < β-Phenyläthylamino zunehmen. Eine CH_3- oder NH_2-Gruppe in 2-Stellung erhöht die pK_a-Werte der 6-Aminoverbb. der **A** u. **C** weiter. Cl- u. CH_3S-Gruppen, überraschenderweise auch die $2\text{-}CH_3O$-Gruppe, wirken basenschwächend, während ein $6\text{-}CH_3O$-Substituent wenig Einfl. hat. Eine CH_3- oder C_6H_5-Gruppe in 1'-Stellung der **A** vermindert die Basenstärke. In den **B** ist der Verlauf der Protonierung offensichtlich anders als in den **A** u. **C**. Die **C** sind stärkere Säuren als die **A**. NH_2- u. CH_3-, aber auch CH_3S-Gruppen schwächen die Säurestärke der **A**. Die Antitumoraktivität der **A** ist an pK_a-Werte der entsprechenden Kationen von 4,0—4,7 gebunden. Verbb. mit CH_3-Gruppen in 2- oder 3'-Stellung u. alle **B** sind unwirksam. Die biol. Aktivität beruht offenbar auf einer Wechselwrkg. der **A** mit Adenin oder dessen Derivaten. — Für die Monokationen u. Anionen (in Klammern) wurden folgende pK_a-Werte gemessen: **I**, $2,84 \pm 0,10$ ($9,54 \pm 0,04$). — Pyrazolo-[5'.4':4.5]-pyrimidine (**A**): *1'-Methyl-*, $2,50 \pm 0,02$. — *1'.2-Dimethyl-*, $3,27 \pm 0,20$. — *6-Hydroxy-* ($9,38 \pm 0,05$). — *6-Hydroxy-1'-methyl-* ($9,26 \pm 0,03$). — *6-Methylmercapto-*, $1,0 \pm 0,5$ ($9,65 \pm 0,01$). — *6-Amino-*, $4,59 \pm 0,02$ ($10,84 \pm 0,05$). — *2.6-Diamino-*, $5,58 \pm 0,07$. — *6-Methylamino-*, $4,53 \pm 0,04$ ($10,55 \pm 0,10$). — *2.6-Bis-[methylamino]-*, $6,08 \pm 0,09$. — *6-Dimethylamino-*, $4,53 \pm 0,06$

(ca. 11). — *6-Äthylamino-*, 4,60 ± 0,05 (10,90 ± 0,04). — *6-Diäthylamino-*, 4,71 ± 0,10. — *6-Propylamino-*, 4,58 ± 0,05. — *6-Isopropylamino-*, 4,62 ± 0,06 (10,99 ± 0,10). — *6-Butylamino-*, 4,67 ± 0,06 (11,21 ± 0,05). — *6-[3-Methylbutylamino]-*, 4,62 ± 0,10. — *6-[2-Äthylhexylamino]-*, 4,60 ± 0,05. — *6-Anilino-*, 3,92 ± 0,03. — *6-Benzylamino-*, 4,16 ± 0,06 (10,93 ± 0,03). — *6-[4-Chlorbenzylamino]-*, 3,96 ± 0,10. — *6-Phenäthylamino-*, 4,38 ± 0,08. — *6-Furfurylamino-*, 4,01 ± 0,05. — *6-Amino-1'-methyl-*, 4,32 ± 0,05. — *6-Amino-2-chlor-1'-methyl-*, 2,69 ± 0,19. — *6-Amino-2-methoxy-1'-methyl-*, 3,66 ± 0,10. — *1'-Methyl-6-methylamino-*, 4,24 ± 0,05. — *6-Dimethylamino-1'-methyl-*, 4,06 ± 0,10. — *6-Äthylamino-1'-methyl-*, 4,24 ± 0,05. — *1'-Methyl-6-propylamino-*, 4,25 ± 0,07. — *1'-Methyl-6-isopropylamino-*, 4,22 ± 0,04. — *6-Butylamino-1'-methyl-*, 4,22 ± 0,04. — *6-Hexylamino-1'-methyl-*, 4,24 ± 0,01. — *1'-Methyl-6-[1.1.3.3-tetramethylbutylamino]-*, 3,96 ± 0,01. — *6-[2-Hydroxyäthylamino]-1'-methyl-*, 3,86 ± 0,06. — *6-Anilino-1'-methyl-*, 3,53 ± 0,05. — *6-Benzylamino-1'-methyl-*, 3,66 ± 0,15. — *6-Furfurylamino-1'-methyl-*, 3,80 ± 0,15. — *6-Amino-2-methyl-*, 5,41 ± 0,20 (11,30 ± 0,10). — *2-Methyl-6-methylamino-*, 5,56 ± 0,10 (11,27 ± 0,15). — *6-Furfurylamino-2-methyl-*, 4,65 ± 0,05. — *6-Amino-1'-[2-hydroxyäthyl]-*, 4,29 ± 0,02. — *6-Amino-1'-phenyl-*, 3,89 ± 0,02. — *2.6-Diamino-1'-phenyl-*, 4,49 ± 0,20. — *6-Amino-2-methyl-1'-phenyl-*, 4,52 ± 0,08. — *6-Amino-1'.2-dimethyl-*, 5,00 ± 0,10. — *1'.2-Dimethyl-6-methylamino-*, 5,00 ± 0,10. — *6-Amino-3'-methyl-*, 4,61 ± 0,05 (11,11 ± 0,10). — *6-Methylamino-2-methylmercapto-*, 3,61 ± 0,05 (11,40 ± 0,10). — *6-Methoxy-1'-methyl-*, 2,51 ± 0,05. — Pyrazolo-[4'. 5': 4. 5]-pyrimidine (**B**): *6-Amino-*, 5,00 ± 0,07 (10,15 ± 0,10). — *6-Amino-3'-methyl-*, 5,02 ± 0,05. — *6-Benzylamino-3'-methyl-*, 4,95 ± 0,10. — *6-Furfurylamino-3'-methyl-*, 4,84 ± 0,06. — *6-Anilino-3'-methyl-*, 4,61 ± 0,15. — *Purin*, 2,39 (8,93). — Purine (**C**): *9-Methyl-*, 2,36. — *6-Hydroxy-* (8,94). — *6-Hydroxy-9-methyl-* (9,32). — *6-Methylmercapto-*, 0,0 (8,75). — *6-Amino-*, 4,22. — *2.6-Diamino-*, 5,02 ± 0,10. — *6-Methylamino-*, 4,18 (9,99). — *6-Dimethylamino-*, 3,87 (10,5). — *2-Methyl-6-methylamino-*, 5,08 ± 0,04. (J. chem. Soc. [London] **1958.** 2973—81. Sept. Las Vegas, N. Mex., Highlands Univ., Chem. Dep.)
R. PASEDAG. B 139

Prakash Chandra Gupta, *Die Umsetzung von Salzsäuregas und Äthanol in flüssiger Phase unter dem Einfluß eines Wechselstromfeldes.* Aus A. mit verschied. Mengen HCl-Gas entsteht durch Wechselstromelektrolyse in geringer Menge *Acetaldehyd* u. etwas *Chloracetaldehyd* (I); die I-Bldg. wird begünstigt durch hohe Stromdichte. Mit steigender Periodenzahl nimmt die Aldehydbldg. ab. (Naturwissenschaften **46.** 261. 2. April-H. 1959. Varanasi, Banaras Hindu Univ., Dep. of Chem.) H. GOEBEL. B 141

S. Wawzonek und **D. Wearring,** *Polarographische Untersuchungen in Acetonitril und Dimethylformamid.* 4. Mitt. *Stabilität freier Anionenradikale.* (3. vgl. C. **1958.** 1246.) Aus Unterss. über die polarograph. Red. von *Stilben, Naphthalin* (I), *Phenanthren* (II), *Diphenyl, o-* u. *m-Terphenyl, Diphenylacetylen* (III) u. *Phenylacetylen* in *Dimethylformamid* unter Verwendung von Tetra-n-butylammoniumjodid als Überträgerelektrolyt geht hervor, daß einwertige Anionenradikale als Zwischenprodd. bei der Red. der ersten 7 KW-stoffe gebildet werden. Zur näheren Unters. des Reaktionsmechanismus wurden an I, II u. III Elektrolysen durchgeführt, u. zwar in Ggw. u. in Abwesenheit von CO_2, u. die Zwischenprodd. isoliert. Die Übereinstimmung der Resultate mit den aus Messungen der magnet. Susceptibilität u. aus spektrograph. Unterss. an Na-Additionsprodd. aromat. KW-stoffe gewonnenen Ergebnissen läßt erkennen, daß die polarograph. Meth. eine zufriedenstellende u. rasche Möglichkeit darstellt, um zu entscheiden, ob aromat. KW-stoffe fähig sind, mit Alkalimetallen stabile, einwertige Anionenradikale zu bilden. (J. Amer. chem. Soc. **81.** 2067—69. 5/5. 1959. Iowa City, Iowa, State Univ., Dep. of Chem.) W. NIEMITZ. B 142

M. Cevolani und **S. Petralia,** *Ultraschallabsorption in Anilin und in Mischungen.* Von *Anilin* (I) wurden bei Tempp. t zwischen —5 u. 80° u. von I-CCl_4-Mischungen (0—100% I) zwischen —20 u. 42° die Ultraschallabsorption α nach der von Vff. früher (vgl. C. **1957.** 635) beschriebenen Meth. im Frequenzbereich f = 9—23 MHz gemessen. $\beta = \alpha/f^2$ fällt mit steigendem t gleichmäßig ab; ein f-Einfl. liegt nicht vor. Das für I gemessene β ist größer als das nach der klass. Theorie berechnete. β der Mischungen fällt bei 25 u. 42° mit wachsendem I-Geh. anfangs stark, dann weniger stark ab, unabhängig von f. Bei —5° dagegen geht β bei zunehmendem I-Geh. beim I-Molenbruch ca. 0,2 durch ein Maximum, das um so stärker ausgeprägt ist, je tiefer f. Bei —20° ist dieser Effekt noch wesentlich deutlicher. Es ist bei den Mischungen $\beta_{exp.} \gg \beta_{ber.}$. Auf Grund der von NETTLETON (vgl. C. **1957.** 13259) angestellten Betrachtungen folgt aus den Verss.: bei hohem t verhält sich I wie eine nichtassoziierte Fl.; bei tieferem t bilden sich in I u. in den Mischungen Aggregate. (Nuovo Cimento [10] **7.** 866—76. 16/3. 1958. Bologna, Univ., Ist. di Fisica.) O. FUCHS. B 159

D. N. Hall, *Das Relaxationsverhalten von Methylcyclohexan auf Grund von Ultraschallmessungen an Lösungen in polaren und nichtpolaren Lösungsmitteln.* Durch Best. der US-Absorption bei 25° im Relaxationsgebiet (experimentelle Einzelheiten vgl. Proc. physic. Soc. **73.** [1959.] 354) untersucht Vf. das Relaxationsverh. von *Methylcyclohexan* (I) in Lsgg. von Aceton oder n-Hexan bis zu Konzz. von 60 Mol-%. Für Acetonlsgg. ist die maximale Absorption/Wellenlänge μ_m der mol. I-Konz. linear proportional bei wahrscheinlich konstanter charakterist. Relaxationsfrequenz fc von ca. 100 kHz. Es tritt also nur ein Relaxationsprozeß, die Störung des Gleichgewichts der beiden I-Sesselformen mit äquatorialer u. axialer CH_3-Gruppe ein. In n-Hexan-Lsgg. ist die Absorption größer, als für einen einzigen Relaxationsprozeß zu erwarten ist, μ_m u. I-Konz. sind nicht proportional. Als Ursache dafür wird als zweiter Relaxationsprozeß (mit fc $<$ 100) die Störung des Sessel–Wannenform-Gleichgewichts angesehen, der in Aceton-Lsgg. unterdrückt ist. (Trans. Faraday Soc. **55.** 1319—23. Aug. 1959. London, Imp. Coll., Dep. of Electric. Engng.) G. PÖTZSCHER. B 159

Yoichi Iitaka, *Die Kristallstruktur von γ-Glycin.* Vf. untersuchte röntgenograph. die früher von ihm (vgl. C. **1956.** 4382) gefundene neue Form des Glycins, das *γ-Glycin.* Die hexagonale Elementarzelle hat a = 7,037; c = 5,483 Å; Raumgruppe ist $P\,3_1$ oder $P\,3_2$; Z = 2. Mit Hilfe von HARKER-Schnitten u. FOURIER-Projektionen wurde eine Struktur hergeleitet, die kurz beschrieben wird. Parameter sind nicht angegeben. Die Form des Mol. ist nahezu dieselbe wie die in α-Glycin, ebenso die Bindungsabstände. Jedes N-Atom ist von 5 O-Atomen in kurzen Abständen umgeben. Das Mol. selbst ist als Zwitterion anzusehen. (Acta crystallogr. [Copenhagen] **11.** 225—26. 10/3. 1958. Tokyo, Univ., Sci. Dep., Mineral. Inst.) C. GOTTFRIED. B 195

John H. Bryden, *Die Kristallstruktur von Azo-bis-N-chlorformamidin. Azo-bis-N-chlorformamidin* (*Azochloramid*) krist. aus absol. A. in monoklinen Nadeln, kurzen Prismen oder diamantähnlichen Platten. — Dreh- u. WEISSENBERG-Aufnahmen lieferten die Elementarkörperdimensionen a = 3,70 ± 0,02; b = 10,43 ± 0,05; c = 9,01 ± 0,05 Å; β = 97° 50′ ± 20′. Raumgruppe ist C_{2h}^5 — $P\,2_1/c$; Z = 2. Die Struktur wurde durch eine PATTERSON-Projektion auf (1 0 0) u. 2 Elektronendichteprojektionen parallel den b- u. c-Achsen bestimmt. Die Parameter sind: Cl (x=) 0,429; (y =) 0,1358; (z =) 0,1376; $N_{(1)}$: 0,069; 0,4517; −0,0270; $N_{(2)}$: 0,289; 0,2590; 0,0150; $N_{(3)}$: 0,139; 0,3738; 0,2229; C: 0,172; 0,3549; 0,0822. Das Mol. ist innerhalb der Genauigkeit der Parameterwerte eben. Die Azobindungslänge mit 1,26 Å ist wesentlich länger als die für eine N—N-Doppelbindung zu erwartende Länge von 1,20 Å. Der Abstand C—Azo-N, C—$N_{(1)}$, mit 1,42 Å ist wenig kürzer als der einer gewöhnlichen C—N-Einfachbindung u. deutet auf etwas Doppelbindungscharakter hin. Die beiden anderen Bindungen C—$N_{(2)}$ u. C—$N_{(3)}$ betragen 1,28 bzw. 1,30 Å. Die Abstände Cl—$N_{(3)}$ u. Cl—$N_{(2)}$ betragen 2,85 bzw. 1,73 Å. (Acta crystallogr. [Copenhagen] **11.** 158—62. 10/3. 1958. China Lake, Calif., U. S. Naval Ordnance Test Stat., Res. Dep., Chem. Div.)
C. GOTTFRIED. B 195

E. G. Cox, *Kristallstruktur von Benzol.* (Vgl. C. **1959.** 12807.) Nach einem kurzen Überblick über bisherige Unterss. über die Struktur von *Bzl.* berichtet Vf. über eigene neuere Untersuchungen. Die rhomb. Elementarzelle — Raumgruppe P b c a — hat nach Cox u. Mitarbeitern (vgl. C. **1956.** 8035) bei −3° die Abmessungen a = 7,460; b = 9,666 u. c = 7,034 Å. In der Zelle sind 4 verschieden orientierte Moll. an den Zellenecken u. den Zentren der 3 Zellenflächen enthalten. Die Koordinaten der 3 C-Atome des Mol. im Ursprung bei −3° sind: $C_{(1)}$ (x =) −0,383; (y =) 1,339; (z =) −0,040 Å; $C_{(2)}$: −0,971; 0,465; 0,873; $C_{(3)}$: −0,591; −0,870; 0,921. Dieses Mol. ist vollkommen eben; die Normale auf die Mol.-Ebene schließt mit den a-, b- u. c-Achsen die Winkel 44° 49′; 77° 04′ u. 48° 04′ ein. Die anderen 3 verschieden orientierten Moll. lassen sich von diesem Mol. I ableiten: Mol. II im Mittelpunkt der c-Fläche durch Reflexion in einer Spiegelebene bei x = $^1/_4$, gefolgt von einer Translation $^1/_2$ b oder durch Rotation um eine 2zählige Achse bei x $^1/_4$ 0, gefolgt von einer Translation von $^1/_2$ a; Mol. III im Mittelpunkt der a-Fläche durch Reflexion in einer Spiegelebene bei y = $^1/_4$, gefolgt von der Translation ½ c oder durch Rotation um eine 2zählige Achse bei 0 y $^1/_4$, gefolgt von der Translation ½ b; Mol. IV im Mittelpunkt der b-Fläche durch Reflexion in einer Spiegelebene bei z = $^1/_4$, gefolgt von der Translation ½ a oder durch Drehung um eine 2zählige Achse bei $^1/_4$ 0 z, gefolgt von der Translation ½ c. Jedes Mol. hat 12 Nachbarn mit H · · · H-Annäherungen bis auf 2½—3 Å. Diese „Kontakte" sind dreierlei Art, je nach dem Typ der Moll., wobei der innigste zwischen Moll. vom Typ I u. II oder III u. IV stattfindet; diese 2 Mol.-Typen bilden jeweils gefaltete Schichten parallel (0 0 1). Die H—H-Abstände zwischen den einzelnen Moll. werden genau besprochen. (Rev. mod. Physics **30.** 159—62. Jan. 1958. Leeds, Univ., School of Chem.)
C. GOTTFRIED. B 195

J. Monteath Robertson, *Struktur von Naphthalin und Anthracen.* Zusammenfassender Überblick über die heute als richtig angenommenen Strukturen von *Naphthalin* u. *Anthracen.* (Rev. mod. Physics **30.** 155—58. Jan. 1958. Glasgow, Univ., Dep. of Chem.) C. Gottfried. B 195

A. F. Beecham, J. Fridrichsons und **A. McL. Mathieson,** *Die Kristallstruktur von Tosyl-L-prolyl-L-hydroxyprolinmonohydrat. Tosyl-L-prolyl-L-hydroxyprolinmonohydrat* krist. aus W. in monoklinen, oft verzwillingten Platten. Die Elementarzelle hat a = 6,291; b = 7,689; c = 19,640 Å; $\beta = 99^0$ 27,5′; Raumgruppe ist P 2; Z = 2. Die x- u. z-Parameter (nicht angegeben) wurden mit Hilfe einer Patterson-Funktion u. 3dimensionaler Daten festgelegt. Das Mol. kann man sich aufgebaut denken aus 4 ebenen oder angenähert ebenen Hauptgruppen: p-Methylthiophenyl, Prolyl, Peptid + Pyrrolidon u. Carboxyl, die alle gegeneinander unter ca. 90° liegen. (J. Amer. chem. Soc. **80.** 4739—40. 5/9. 1958. Melbourne, C.S.I.R.O., Div. of Ind. Chem., Chem. Phys. Sect.) C. Gottfried. B 195

S. Haussühl, *Elastische Konstanten von Hexamethylentetramin.* Mit dem von Vf. (vgl. C. **1958.** 13586) beschriebenem Verf. wurden die Elastizitätskonstanten von *Hexamethylentetramin* ($D.^{22}$ 1,3394) bestimmt. Für 22° ergaben sich folgende Werte: $c_{11} = 1{,}643 \cdot 10^{11}$; $c_{12} = 0{,}433 \cdot 10^{11}$ u. $c_{44} = 0{,}515 \cdot 10^{11}$ erg·cm^{-3}. (Acta crystallogr. [Copenhagen] **11.** 58—59. 10/1. 1958. Tübingen, Univ., Mineral. Inst.) C. Gottfried. B 200

D. Booth, F. S. Dainton und **K. J. Ivin,** *Die Thermodynamik der Bildung und die Absorptionsspektren der 1:1-Komplexe zwischen Schwefeldioxyd und Olefinen.* Vff. untersuchen die UV- u. IR-Spektren u. bestimmen spektrophotometr. die Gleichgewichtskonstanten K_c zwischen 10 u. 40° der SO_2-Komplexe einiger Olefine u. Aromaten in Lsgg. von n-Hexan. Die thermodynam. Größen der Bldg. der Komplexe ΔG^0 (25°, kcal/Mol), $-\Delta H$ (kcal/Mol), $-\Delta S^0$ (cal/Grad·Mol), K_c (25°, Liter/Mol) u. die UV-Maxima der Komplexe λ_{max} haben folgende Werte: *Octen-(1),* ΔG 1,85 ± 0,015; $-\Delta H$ 1,04 ± 0,04; $-\Delta S^0$ 9,7 ± 0,15; K_c 0,0438 ± 0,0011; λ_{max} 242 (ε = 3960 Liter/Mol·cm), 294 (1400); *Isobuten* (**IV**) 1,05 ± 0,03; 1,13 ± 0,04; 7,3 ± 0,2; 0,170 ± 0,010; 255 (1690), 295 (1320); *cis-Buten-(2)* (**V**) 1,53 ± 0,04; 1,03 ± 0,04; 8,6 ± 0,2; 0,0755 ± 0,005; 262 (2570), 295 (2260); *trans-Buten-(2)* (**VI**) 1,48 ± 0,06; 1,37 ± 0,12; 9,55 ± 0,5; 0,082 ± 0,009; 262 (2290), 295 (1960); *Cyclohexen* 1,74 ± 0,01; 0,80 ± 0,05; 8,5 ± 0,2; 0,0532 ± 0,0011; 272 (3430), 298 (3670); *Cyclopenten* 1,95 ± 0,02; 0,73 ± 0,06; 9,0 ± 0,2; 0,0374 ± 0,013; 271 (4170), 297 (4190); *2-Methylbuten-(2)* (II), 1,16 ± 0,05; 3,34 ± 0,05; 15,1 ± 0,25; 0,141 ± 0,011; 308 (3800); *2.3-Dimethylbuten-(2)* (I) 0,99 ± 0,045; 3,55 ± 0,03; 15,25 ± 0,2; 0,187 ± 0,015; 325 (7140); *Bzl.* 1,81 ± 0,07; 1,03 ± 0,15; 9,5 ± 0,6; 0,0471 ± 0,0059; < 275 (> 5000), 289 (3100, Schulter); *o-Xylol* 1,17 ± 0,04; 2,33 ± 0,09; 11,75 ± 0,35; 0,138 ± 0,010; 297 (2960) u. *Mesitylen* (**III**) 0,77 ± 0,03; 2,22 ± 0,03; 10,0 ± 0,15; 0,273 ± 0,012; 306 (3290). Im Phasendiagramm SO_2–I tritt bei 50 Mol-% ein breites Maximum mit F. — 36,0 ± 0,7° auf. In den IR-Spektren der Systeme SO_2–I, SO_2–II, SO_2–III u. SO_2–Bzl. sind geringfügige Änderungen gegenüber denen der Einzelkomponenten zu beobachten. Ferner werden die Dampfdrucke u. Aktivitätskoeffizienten der SO_2-Mischungen mit *Buten-(1),* **VI, V, IV** u. *3-Methylbuten-(1)* bestimmt. — Die Bande der Komplexe bei 296 ± 2 mμ wird der erhöhten Absorption des freien oder gebundenen SO_2 zugeschrieben. Zwischen dem Ionisationspotential J_D u. dem zweiten λ_{max} der Komplexe besteht eine lineare Beziehung, die Komplexe sind also durch Donator (Olefine u. Aromaten)–Acceptor-Wechselwrkg. stabilisiert. Im allgm. sind K_c, $-\Delta H$ u. $-\Delta S^0$ um so höher, je kleiner J_D ist. Die mögliche Struktur der Komplexe wird diskutiert. (Trans. Faraday Soc. **55.** 1293—1309. Aug. 1959. Leeds, Univ., Dep. of Phys. Chem.) G. Pötzscher. B 223

N. Ogimachi, L. J. Andrews und **R. M. Keefer,** *Die Koordinierung von Polyalkylbenzolen mit dem Silberion.* Vff. bestimmen spektrophotometr. aus den Löslichkeitsänderungen von Aromaten (Ar) in Lsgg. von $AgNO_3$ in W.-CH_3OH (1:1) bei 25,0° die Komplexbildungskonstanten K = $[Ag \cdot Ar^+]/[Ar][Ag^+]$ für *Bzl.* K = 1,10 (Liter/Mol), *Toluol* (**I**) 1,19, *Äthyl-* 0,98, *Isopropyl-* 1,01, *tert.-Butylbenzol* 0,90, *o-* 1,43, *m-* (Kp. 139,0 bis 139,2°) 1,35, *p-Xylol* 1,14, *m-Diäthyl-* 1,06, *m-Diisopropyl-* 0,93, *p-Di-tert.-butylbenzol* 0,62, *Mesitylen* (**II**) 0,80, *1.2.4-Trimethyl-* 1,30, *1.3.5-Triäthyl-* 0,65, *1.2.4-Triäthyl-* 1,18, *1.3.5-Triisopropyl-* 0,63, *1.3.5-Tri-tert.-butyl-* (**III**) 0,32, *1.2.4.5-Tetramethyl-* (*Durol,* F. 79—80°) 0,88, *1.2.3.5-Tetramethyl-* 0,88, *1.2.3.4-Tetramethyl-* 1,69, *1.2.4.5-Tetraäthyl-* 0,75, *1.2.3.5-Tetraäthyl-* 0,74, *1.2.3.4-Tetraäthyl-* ($Kp._{11}$ 119,4—120,1°) 1,05, *Pentamethyl-* 1,14, *Pentaäthyl-* 0,95, *Hexamethyl-* (**IV**) 0,63, *Hexaäthylbenzol* 0,36 u. *p-Chlortoluol* 0,17. Im Gegensatz zu den J_2- u. JCl-Komplexen (vgl. C. **1956.** 1259 u. C. **1956.** 2412) besteht keine lineare Beziehung zwischen log K u. der Zahl der Alkylgruppen, was auf sich überlagernde ster. u. elektron. Effekte zurückgeführt wird. Der Einfl. der ster. Erfordernisse der Alkylsubstituenten auf die K-Werte wird diskutiert. Die begünstigste Donatorkonfiguration scheint die zu sein, bei der Alkylgruppen benachbarte C-Atome besetzen. Die Änderung der Bildungswärme ΔH^0, -entropie ΔS^0 u. freien Energie ΔF^0 wird für folgende Ag^+-Komplexe für 25,0° berechnet: Bzl. $-\Delta H$ 2,86 (kcal), $-\Delta F^0$ 0,06 (kcal), $-\Delta S^0$ 9,40 (cal/Grad); **I** 2,72, 0,11, 8,77; **II** 2,93, −0,14, 10,3; **III** 3,29, −0,67, 13,3; **IV** 3,45, −0,27, 12,5. (J. Amer. chem. Soc. **78**. 2210—13. 20/5. 1956. Davis, Calif., Univ. of California, Dep. of Chem.) G. PÖTZSCHER. B 223

C. S. Marvel, S. Alan Aspey und **Edward A. Dudley,** *Vierzählige und sechszählige Chelate. Einige vorläufige Untersuchungen über ihre Darstellung und thermische Stabilität.* Dargestellt werden die *Zn(II)-, Ni(II)-, Cu(II)-* u. *Fe(II)-Chelate* von *N.N'-Bis-salicylal-* (**I**), *N.N'-Bis-[2-hydroxy-3-methylbenzyliden]-, N.N'-Bis-[2.4-dihydroxybenzyliden]-* u. *N.N'-Bis-[2-(2-hydroxybenzylidenamino)-äthyl]-äthylendiamin, 1.2-Bis-[2-hydroxybenzylidenamino]-* (**II**) u. *-[2-hydroxy-3-methylbenzylidenamino]-benzol* (**III**), *S.S'-Bis-[2-(2-hydroxybenzylidenamino)-äthyl]-* u. *-[2-(2-hydroxy-3-methylbenzylidenamino)-äthyl]-äthandithiol-(1.2), O.O'-Bis-[2-(2-hydroxybenzylidenamino)-äthyl]-* u. *-[2-(2-hydroxy-3-methylbenzylidenamino)-äthyl]-äthandiol-(1.2).* Am vorteilhaftesten ist die Darst. der Chelate aus der entsprechenden SCHIFFschen Base u. dem Metallsalz. Ihre therm. Stabilität wird aus den Gewichtsverlusten u. der Änderung des IR-Spektr. nach 48std. Erhitzen an der Luft auf 240—260° bestimmt. Alle Chelate besitzen nicht die erwartete therm. Stabilität. Die 6zähligen Chelate sind weniger stabil als die 4zähligen. Die Derivv. von **I, II** u. **III** besitzen die größte Stabilität, sie nimmt in der Reihe Fe < Cu < Ni < Zn zu. Bei der Zers. aller Chelate wird eine kurze Induktionsperiode beobachtet. Zn- u. Ni-Derivv. von **I** zeigen keinen Gewichtsverlust beim 4std. Erhitzen unter N_2 auf 250°, die Cu- u. Fe-Derivate zersetzen sich.

Versuche: *1.2-Bis-[2-hydroxy-3-methylbenzylidenamino]-benzol* (**III**), $C_{22}H_{20}N_2O_2$, F. 108,5—109°, durch 10 Min. Kochen von 2-Hydroxy-3-methylbenzaldehyd (**X**), o-Phenylendiamin u. Aktivkohle in absol. A.; aus absol. A. orangefarbene Nadeln; 89% (Ausbeute). — *S.S'-Bis-[2-(2-hydroxy-3-methylbenzylidenamino)-äthyl]-äthandithiol-(1.2)*, $C_{22}H_{28}N_2O_2S_2$, F. 87,5—88,5°, durch kurzes Kochen von S.S'-Bis-[2-amino-äthyl]-äthandithiol-(1.2) u. **X** in absol. A.; aus absol. A. hellgelbe Nadeln; 87%. — *O.O'-Bis-[2-(2-hydroxybenzylidenamino)-äthyl]-äthandiol-(1.2)*, $C_{20}H_{24}N_2O_4$, F. 46—47°, durch langsame Zugabe von Triglykoldiamin in heißem absol. A. zu Salicylaldehyd in heißem absol. A.; aus absol. A. gelbe Kristalle; 84%. — *O.O'-Bis-[2-(2-hydroxy-3-methylbenzylidenamino)-äthyl]-äthandiol-(1.2)* (**IX**), $C_{22}H_{28}N_2O_4$, F. 82—83°, aus **X** analog vorst. Verb.; aus absol. A. gelbe Kristalle; 97%. — *N.N'-Bis-salicylaläthylendiaminchelate,* durch Zugabe einer heißen Lsg. von Zn-, Ni- oder Cu-Acetat in Methanol bzw. Ferroammonsulfat in W. zu einer heißen Lsg. von **I** in Methanol: *Zn-*, F. >350°, aus Pyridin/Ae. schwachgelbes Pulver; 96%. *Ni-*, F. 345° (Zers.), aus Chlf./Ae. dunkelrotes Pulver; 94%. *Cu-*, F. 315—317° (Zers.), aus Chlf./Ae. grünschwarze Schuppen; 88%. *Fe-*, rostfarben; 10%. — Analog: *N.N'-Bis-[2-hydroxy-3-methylbenzyliden]-äthylendiaminchelate: Zn-*, F. >340°, schwachgelbe Kristalle; 82%. *Ni-*, F. >340°, aus Chlf./Ae. rotes Pulver; 95%. *Cu-*, F. 308°, aus Chlf./Ae. grau-purpurfarbene Schuppen; 85%. *Fe-*, F. 270°, rotbraune Kristalle; ca. 10%. — *S.S'-Bis-[2-(2-hydroxy-3-methylbenzylidenamino)-äthyl]-äthandithiol-(1.2)-chelate: Zn-*, F. 250—252°, hellgelbes Pulver; 100%. *Ni-*, F. 256—258° (Zers.), aus Chlf./Ae. grüngelbes Pulver; 100%. *Cu-*, F. ca. 115°, aus Bzl./PAe. olivgrünes Pulver; 79%. *Fe-*, F. 144—147°, aus Chlf./Ae. braunschwarzes Pulver; 100%. — *O.O'-Bis-[2-(2-hydroxybenzylidenamino)-äthyl]-äthandiol-(1.2)-chelate: Zn-*, F. 242—244°, aus Chlf./Ae. schwachgelbes Pulver; 62%. *Ni-*, F. ca. 125°, aus Chlf./Ae. schwachgrünes Pulver; 56%. *Cu-*, F. ca. 150°, aus Chlf./Ae. gelbgrünes Pulver; 43%. *Fe-*, F. 150°, mit $FeCl_2$ u. wasserfreiem Na-Acetat in Methanol; aus Chlf./Ae. purpurrotes Pulver. — *1.2-Bis-[2-hydroxybenzylidenamino]-benzolchelate,* in Methanol/Bzl. (2:1): *Zn-*, F. 342—344°, gelbes Pulver; 98%. *Ni-*, F. 352—354°, aus Chlf./Ae. rotes Pulver; 98%. *Cu-*, F. 318—320°, aus Chlf./Ae. purpurfarbene Kristalle; 91%. *Fe-*, F. 323—326°, mit $FeCl_2$ u. wasserfreiem Na-Acetat in Methanol; dunkelbraunes Pulver; 100%. — *1.2-Bis-[2-hydroxy-3-methylbenzylidenamino]-benzolchelate: Zn-*, F. 348°, gelbe Kristalle; 93%. *Ni-*, F. 290—292°, aus Chlf./Ae. dunkelrotes Pulver; 97%. *Cu-*, F. 284°, aus Chlf./Ae. braunes Pulver; 95%. *Fe-*, F. 287—289°, mit $FeCl_2$ u. wasserfreiem Na-Acetat in Methanol; schwarze Kristalle; 58%. — *N.N'-Bis-[2.4-dihydroxybenzyliden]-äthylendiaminchelate,* durch Zugabe einer heißen Lsg. von Zn-, Ni- oder Cu-Acetat bzw. $FeCl_2$ u. Na-Acetat in W. zu der heißen Lsg. des Amins in 1,5%ig. wss. NaOH u. $^1/_4$std. Kochen: *Zn-*, F. >350°; 97%. *Ni-*, F. >350°, rostfarbenes Pulver; 73%. *Cu-*, F. >350°, graues Pulver; 87%. *Fe-*, F. >350°, purpurrotes Pulver; 99%. — *S.S'-Bis-[2-(2-hydroxybenzylidenamino)-äthyl]-äthandithiol-(1.2)-chelate,* aus Thioäther u. Zn-

oder Cu-Acetat in Methanol bzw. dem Ni- bzw. Fe-Chelat des Salicylaldehyds u. S.S'-Bis-[β-aminoäthyl]-äthandithiol-(1.2) in W.: *Zn-*, F. 226,5—227°, schwachgelbes Pulver; 89%. *Ni-*, F. 268° (Zers.), braungrünes Pulver; 75%. *Cu-*, F. 160°, aus Bzl./PAe. olivgrünes Pulver; 62%. — *O.O'-Bis-[2-(2-hydroxy-3-methylbenzylidenamino)-äthyl]-äthandiol-(1.2)-chelate* aus dem Äther Zn-, Ni- oder Cu-Acetat bzw. $FeCl_2$ u. wasserfreiem Na-Acetat in Methanol: *Zn-*, F. 260°, schwachgelbes Pulver; 80%. *Ni-*, F. 261—263°, gelbgrünes Pulver; 95%. *Cu-*, F. ca. 245°, dunkelgrünes Pulver; 96%. — *Fe-*, F. ca. 165°, tiefrotpurpurfarbenes Pulver; 68%. — *N.N'-Bis-[2-(2-hydroxybenzylidenamino)-äthyl]-äthylendiaminchelate*, durch Zugabe von Triäthylentetramin in W. zu einer Suspension des entsprechenden Metallchelates von Salicylaldehyd in W. u. ½std. Kochen: *Zn-*, F. 235—236°, aus 25%ig. Methanol schwachgelbes Pulver; 81%. *Ni-*, F. 200° (Zers.), aus 25%ig. Methanol hellbraunes Pulver; 65%. *Cu-*, F. 186—188°, aus 25%ig. Methanol blaugrünes Pulver; 69%. *Fe-*, F. 153° (Zers.), aus n-Butanol, Aceton, Ae. schwarze Kristalle. (J. Amer. chem. Soc. **78.** 4905—09. 5/10. 1956. Urbana, Ill., Univ., Noyes Chem. Labor.)
W. LIEBSCHER. B 223

Nelson Fuson, Paul Pineau und **Marie-Louise Josien,** *Infrarotspektroskopische Bestimmung der Assoziationskonstanten von Protonendonator–Acceptor-Komplexen.* 1. Mitt. *Komplexe zwischen Pyrrol oder Phenol und einigen Protonenacceptoren.* Aus quantitativen Absorptionsmessungen der Schwingungen ν (XH) eines Protonendonators im inerten Lösungsm. in Ggw. eines Acceptors wurden die Assoziationskonstanten folgender Komplexe gemessen: *Pyrrol* u. *Phenol* mit *Chlorbenzol, Bzl., Mesitylen, Hexamethylbenzol, Pyridin.* Dabei wurde auch die Donator–Donator-Assoziation berücksichtigt. (J. Chim. physique Physico-Chim. biol. **55.** 454—63. Juni 1958. Bordeaux, Fac. des Sci., Centre de Physico-Chim. Structurale.) H. C. WOLF. B 223

Paul Pineau, Nelson Fuson und **Marie-Louise Josien,** *Infrarotspektroskopische Bestimmung der Assoziationskonstanten von Protonendonator–Acceptor-Komplexen.* 2. Mitt. *Allgemeine Methode.* (1. vgl. vorst. Ref.) Zur Auswertung der vorst. referierten Messungen wurde eine allg. Methodik zur Berechnung von Assoziationskonstanten der Donatoracceptorkomplexe in inerten Lösungsmitteln aus den IR-Absorptionsdaten an Hand der ν (XH) entwickelt. Dabei wird auch die Donator–Donator-Assoziation berücksichtigt. Die Meth. wird an experimentellen Ergebnissen mit einigen Phenolkomplexen u. den Komplexen *Chlf.-Ae.* erläutert. (J. Chim. physique Physico-Chim. biol. **55.** 464—69. Juni 1958.) H. C. WOLF. B 223

Gábor Vavrinecz, *Beiträge zur physikalischen Chemie der Saccharose.* 4. Mitt. *Weitere Doppelverbindungen der Saccharose mit anorganischen Salzen.* (3. vgl. C. **1959.** 8343.) Besprechung u. Kritik weiterer beschriebener Verbb. u. Ergebnisse von Verss. des Vf., wonach von den 24 beschriebenen komplexen *Saccharose* (I) - Salzverbb. die Verbb. *$NaCl \cdot I \cdot 2\,H_2O$*, $NaBr \cdot I \cdot 2\,H_2O$, $NaJ \cdot I \cdot 2\,H_2O$, $3\,NaJ \cdot 2\,I \cdot 3\,H_2O$, $KJ \cdot I \cdot 2\,H_2O$ u. $CuSO_4 \cdot I \cdot 4\,H_2O$ als tatsächlich existierend zu betrachten sind. Die Existenz der übrigen ist wegen unzulänglichen u. widersprechenden Daten mehr oder weniger zweifelhaft, was der sehr schwierigen Herst. zuzuschreiben ist. (Élemenzési Ipar [Lebensmittelind.] **12.** 114—16. April 1958.) J. PLANK. B 223

Paul Hagenmuller, André Lecerf und **Jean-Claude Boivineau,** *Einfluß einer dritten Komponente auf die gegenseitige Löslichkeit von Wasser und Phenol. Ternäre korrespondierende Systeme.* Vff. untersuchen den Einfl. einer 3. Komponente auf die gegenseitige Löslichkeit von *W.* (I) u. *Phenol* (II). Dabei wird die 3. Komponente nach folgenden Gesichtspunkten gewählt: 1. Sie ist lösl. in **I**, jedoch wenig lösl. in **II**. Dies ist der Fall bei starken Elektrolyten. 2. Die 3. Komponente ist lösl. in **II**, jedoch schwerlösl. in **I** (*Toluol*, auch *Xylole*). 3. Die 3. Komponente wird sowohl von **I** wie von **II** schwach solvatisiert (*Glucose, Oxalsäure* bzw. *Hexan, Heptan*). 4. Die 3. Komponente wird von **I** u. von **II** stark solvatisiert (Salze organ. Säuren, *Ameisensäure*). 5. Die Solvatation der 3. Komponente durch **I** u. **II** ist in verd. Lsgg. unterschiedlich, wird in konzentrierteren Lsgg. jedoch vergleichbar groß (Mineralsäuren). Für alle 5 Fälle werden Schemata der Ergebnisse angegeben, in denen die Menge der 3. Komponente pro 1000 g Mischung über dem Verhältnis **I** zu **II** für verschied. Tempp. aufgetragen ist. Die Ergebnisse werden diskutiert, Vff. können zeigen, daß der Einfl. der Solvatation neben der Affinität der 3. Komponente zu den beiden Lösungspartnern nicht vernachlässigt werden darf. (Bull. Soc. chim. France **1959.** 97—102. Jan. Rennes, Fac. des Sci., Labor. de Chimie Min.)
S. v. SCHIESZL. B 224

Pierre Martinet, *Allylverschiebung in der Reihe disubstituierter Hexadiene.* Nucleophiler Austausch von $CH_2 = CHCHX-CHXCH = CH_2$ durch AY kann in 2 halbseitigen Stufen über intermediäre, mesomere Carbeniumionen zu 4 Isomeren mit insgesamt 9 ster. möglichen Formen führen: $CH_2 = CHCHYCHYCH = CH_2$ (1 rac., 1 inakt.), $CH_2YCH =$

$CHCHYCH = CH_2$ (1 cis, 1 trans), $CH_2YCHYCH = CHCH = CH_2$ (1 cis, 1 trans) u. $CH_2YCH = CHCH = CHCH_2Y$ (1 cis.cis, 1 cis.trans, 1 trans.trans) führen. Von diesen sind oft nur einzelne faßbar, wie Vf. an Hand einer kurzen Literaturübersicht (vgl. Bull. Soc. chim. France **1956.** 746) zeigt. (C. R. hebd. Séances Acad. Sci. **245.** 181—83. 8/7. 1957.) K. LEHMSTEDT. B 225

Je. A. Schilow und **F. M. Wainstein,** *Zum Mechanismus der Wanderung von Sulfogruppen in aromatischen Sulfonsäuren.* Zur Unters. des Mechanismus der Umlagerung von *o-* (I) in *p-Toluolsulfonsäure* (II) wird I mit $H_2{}^{35}SO_4$ (1—1,2 mC) in verschied. Mengenverhältnis auf 120 u. 126 ± 1° erhitzt, nach bestimmten Zeiten werden I u. II mit $BaCO_3$ gefällt u. das Verhältnis der radioakt. u. inakt. Ba-I- bzw. Ba-II-Salze unter Ausnutzung ihrer unterschiedlichen Löslichkeit in W. [1 (Teil) Ba-II-Salz in 4,8 W.; 1 Ba-I-Salz in 26 W. bei 12°] ermittelt. Die Reaktionsprodd. besitzen schon im Anfangsstadium der Rk. eine hohe Radioaktivität, die nach ca. 9—30 Std. dem Reaktionsgleichgewicht entspricht. Vff. schließen, daß die gegenseitige Umlagerung von I u. II, wenn auch nicht ausschließlich, so doch vorwiegend intermol. unter prim. Hydrolyse von I bzw. II u. erneuter Sulfonierung erfolgt. (Украинский Химический Журнал [Ukrain. chem. J.] **21.** 58—65. 1955. Inst. für organ. Chem. der Akad. der Wiss. der UkrSSR.) W. KURTZMANN. B 225

David Y. Curtin, Edmund W. Flynn und **Robert F. Nystrom,** *Die Reaktion der stereoisomeren, ${}^{14}C$-markierten 1-Brom-2.2-diaryläthylene und β-Bromstyrole mit Butyllithium.* (Vorl. Mitt. vgl. Chem. and Ind. **1957.** 1453.) Zur Unters. der Stereochemie der Rk. von *cis-* (I) u. *trans-1-Phenyl-1-p-chlorphenyl-2-bromäthylen* (II) bzw. *cis-* (III) u. *trans-β-Bromstyrol* (IV) mit Butyl-Li (V) werden ${}^{14}C_{(1)}$-I, -II sowie ${}^{14}C_{(2)}$-III u. -IV dargestellt. Bei der Rk. von V mit ${}^{14}C_{(1)}$-I in Ae. bei —35° u. anschließende Carbonisierung entstehen 24% ${}^{14}C$-p-Chlordiphenylacetylen (VI) u. 45% ${}^{14}C$-cis-3-p-Chlorphenylzimtsäure (VII). VI gibt nach Oxydation p-Chlorbenzoesäure (VIII) mit 91% ${}^{14}C$ u. Benzoesäure (IX). Aus ${}^{14}C_{(1)}$-II, das nach dem IR-Spektr. noch 20% I enthält, entstehen analog 26% VI u. 30% VII; aus diesem VI entsteht VIII mit 18% ${}^{14}C$. Die Ergebnisse zeigen, in Übereinstimmung mit den Ergebnissen von BOTHNER-BY (vgl. C. **1956.** 68) bei der Rk. mit K-tert.-Butylat in tert.-Butanol, daß die transständige Arylgruppe zum Br hauptsächlich wandert u. ein Carbenzwischenprod. ausgeschlossen werden muß. — In analoger Rk. entsteht aus ${}^{14}C_{(\alpha)}$-III 26% Phenylpropiolsäure (X), aus ${}^{14}C_{(\alpha)}$-IV 51% X, Oxydation von X liefert jeweils IX mit 100% ${}^{14}C$, so daß in X ${}^{14}C$ in $C_{(3)}$ enthalten sein muß, was eine Phenylwanderung bei den Styrolen ausschließt; auch hier wird die Bldg. eines Carbens als Zwischenprod. als unwahrscheinlich angesehen.

V e r s u c h e (FF. korr.): *${}^{14}C$-Benzoylchlorid* (XI), $Kp._{10}$ 70—73°, aus der Säure (aus Phenyl-MgBr u. ${}^{14}CO_2$) mit $SOCl_2$. — *${}^{14}C_{(\alpha)}$-Benzaldehyd,* $Kp._{10-15}$ 62—65°, aus vorst. Verb. nach ROSENMUND. — *${}^{14}C_{(3)}$-Zimtsäure,* aus vorst. Verb. u. Acetanhydrid. — *${}^{14}C_{(3)}$-trans-Zimtsäuredibromid* (XII), F. 200—201°, aus vorst. Verb. u. Br_2 in CS_2; 80% (Ausbeute). — *${}^{14}C_{(1)}$-p-Chlorbenzophenon,* F. 76—77°, aus XI u. Chlorbenzol in Ggw. von $AlCl_3$; 70%. — *${}^{14}C_{(1)}$-1-Phenyl-1-p-chlorphenyläthylen,* $Kp._{10}$ 153—158°, aus vorst. Verb. u. Methyl-MgJ u. Dehydratisierung mit 20%ig. H_2SO_4; 47%. — *${}^{14}C_{(1)}$-cis-1-Phenyl-1-p-chlorphenyl-2-bromäthylen* (${}^{14}C_{(1)}$-I), $C_{14}H_{10}BrCl$, F. 88—89°, $Kp._{0,5-1,0}$ 165 bis 170°, aus 103 g vorst. Verb. u. Br_2 in CCl_4, 5,0 g; aus dem Vorlauf nach chromatograph. Reinigung: *${}^{14}C_{(1)}$-trans-1-Phenyl-1-p-chlorphenyl-2-bromäthylen* (${}^{14}C_{(1)}$-II), $C_{14}H_{10}BrCl$, $Kp._{0,5-1,0}$ 155—157°, 6,8 g; enthält ca. 20% I. — *${}^{14}C$-p-Chlordiphenylacetylen* (VI), F. 82 bis 83°, aus 5,00 g ${}^{14}C_{(1)}$-I bzw. -II in absol. Ae. u. V 1/2 Std. bei —35 bis —20° unter N_2 u. langsames Erwärmen auf Zimmertemp., chromatograph. Reinigung; 0,88 bzw. 0,95 g (Ausbeute), daneben aus I 1,96 g. *cis-3-p-Chlorphenylzimtsäure* (F. 177—178°, A.). — *${}^{14}C_{(1)}$-p-Chlorbenzoesäure,* $C_7H_5ClO_2$, F. 241—242°, aus 0,88 g. VI in Pyridin u. wss. $KMnO_4$, 4 Std. am Rückfluß, 210 mg, daneben 50 mg ${}^{14}C$-Benzoesäure (IX), $C_7H_6O_2$, F. 116—118°. — *${}^{14}C_{(\alpha)}$-trans-β-Bromstyrol* (${}^{14}C_{(\alpha)}$-IV), $Kp._{0,5}$ 50—52°, aus XII nach GROVENSTEIN u. LEE (vgl. C. **1954.** 48); n_D^{25} 1,6059; 45%. — *${}^{14}C_{(\alpha)}$-cis-β-Bromstyrol* (${}^{14}C_{(\alpha)}$-III), $Kp._{0,5}$ 37—39°, aus XII nach CRISTOL u. NORRIS (vgl. C. **1954.** 9011); n_D^{25} 1,5995; 59%. — *Phenylpropiolsäure,* F. 136—137°, aus ${}^{14}C_{(\alpha)}$-III bzw. -IV in absol. Ae. durch Zutropfen von V während 15 Min. bei —35° u. 1/2 Std. Stehen bei —35°; 26 bzw. 51%; gibt mit $KMnO_4$ in W. 5 Min. auf dem Dampfbad ${}^{14}C$-IX, F. 122—122,5°. (J. Amer. chem. Soc. **80.** 4599—4601. 5/9. 1958. Urbana, Ill., Univ., Dep. of Chem. and Chem. Engng.) K. BECKER. B 225

C. Gardner Swain, Anthony J. Dinilo und **John P. Cordner,** *Anwendung von Wasserstoffisotopeneffekten zur Bestimmung des Zeitpunkts des Protonenübergangs relativ zum nucleophilen Angriff bei der durch Essigsäure katalysierten Enolisierung von Ketonen und Reaktionen von Epoxyden.* Die durch Essigsäure (I) katalysierte Enolisierung von *α-Phenylisocaprophenon* [F. 51,5—52,5°; aus L-(—)-Leucin, $[\alpha]_D^{30}$ 150° (absol. A.); $[\alpha]_D^{28}$

157° (Dioxan)] in 59 Mol.-% W./41 Mol.-% Dioxanlsg. bei 100° ergab einen Isotopieeffekt (IE) k_{HOAc}/k_{DOAc} von 1,09 (vgl. C. **1959.** 10851). Demnach wird die Katalyse der Rk. durch I nicht durch einen Protonenübergang im geschwindigkeitsbestimmenden Schritt, sondern in einer vorgelagerten, schnellen Gleichgewichts-Rk. bewirkt. Ebenso zeigt der für die durch I katalysierte Rk. von J′ mit *Epichlorhydrin* (Kp. 161,1°) in wss. Lsg. bei 25° bestimmte IE von 1,0, daß auch hier ein „2-Schritt"-Mechanismus vorliegt. Zur Erklärung für das Auftreten eines Reaktionsschrittes 3. Ordnung bei der Enolisierung von Aceton in W. bei 25° u. der I-Katalyse der Mutarotation der Glucose werden cycl., durch H-Brücken gebildete Übergangszustände angenommen. Bei der durch das Pyridiniumionen katalysierten Mutarotation von Tetramethylglucose in wss. Aceton, wo eine Ausbldg. cycl. Strukturen nicht möglich ist, wird kein Schritt 3. Ordnung gefunden, was auch hier für ein vorgelagertes Gleichgewicht der Protonisierung, in diesem Fall durch das Pyridiniumion, spricht. (J. Amer. chem. Soc. **80.** 5983—88. 20/11. 1958. Cambridge, Mass., MIT, Dep. of Chem.) W. SCHRAMM. B 225

Rudolf Griot und **Theodor Wagner-Jauregg,** *Über eine neuartige Isomerisierung des Δ²-Cyclopentenylacetonoxims. Darstellung und Eigenschaften bicyclischer Pyrrolinderivate.* 2. Mitt. (1. vgl. C. **1959.** 1725.) Vff. zeigen, daß das bei der Umsetzung von Δ²-Cyclopentenylacetonoxim mit Zn in Eisessig gebildete *Amin E* (**II**; *Pikrat,* $C_{14}H_{16}\cdot N_4O_7$, F. 181°) nicht, wie l. c. angenommen, die Struktur eines 3-Methyl-3-aminotricyclo-[1.2.2.0^{2,7}]-heptans, sondern die eines *3-Methyl-2-azabicyclo-[3.3.0]-octens-(2)* bzw. -*(3)* besitzt, vgl. MEINWALD (Proc. chem. Soc. [London] **1958.** 286). IR- u. UV-Spektr. sind auch mit dieser Struktur zu vereinbaren. **II** gibt bei der Oxydation mit $KMnO_4$ Essig-, Bernstein- u. Glutarsäure. Sein *N-Methylderiv.* (**IV**; pK_a' 10,1; λ_{max} 211 mμ) läßt sich durch Dehydrierung des *N-Methylderiv.* (**III**; pK_a' 11,9; λ_{max} 236) des *Amins F* (**I**; *3-Methyl-2-azabicyclo-[3.3.0]-octan*; *N-Äthylderiv., Pikrat,* $C_{10}H_{19}N\cdot C_6H_3N_3O_7$, F. 133 bis 134°) mit Hg(II)-Acetat gewinnen. UV-Maximum u. pK_a-Wert von **IV** u. **III** verschieben sich in der für den Übergang eines Enamins in sein Hydrierungsprod. charakterist. Weise. Die Rk. von **II** mit HNO_2 zum Δ¹-Cyclopentenylaceton (l. c.) findet eine Analogie bei der gleichen Rk. von 2-Methyl-Δ²(Δ¹)-pyrrolin (Pikrat, $C_{11}H_{12}N_4O_7$, F. 125°), das dabei zu *5-Hydroxypentanon-(2)* umgesetzt wird. — Auf Grund der neuen Konst. von **II** werden auch für seine Umsetzungsprodd. die folgenden neuen Strukturen angenommen: 1-[2′-Acetylaminopropen-(1′)-yl]-Δ¹-cyclopenten (Kp.$_{12}$ 132°) als **II**-*N-Acetylderiv.*; 1-Cyclopentyl-2-acetylaminopropanon-(1) (F. 77—78°) als *N-Acetyl-1-amino-2-acetonylcyclopentan*; Verb. $C_{12}H_{17}NO_2$ (F. 100—102°) als *N.4-Diacetyl-3-methyl-2-azabicyclo-[3.3.0]-octen-(3)*; 1-Cyclopentyl-2-p-tosylaminopropanon-(1) (F. 105°) als *N-p-Tosyl-1-amino-2-acetonylcyclopentan* u. dessen Prod. der Rk. mit $LiAlH_4$, Verb. $C_{15}H_{23}NO_3S$ (F. 135—137°), als *N-p-Tosyl-1-amino-2-β-hydroxypropylcyclopentan.*

Versuche: *N.3-Dimethyl-2-azabicyclo-[3.3.0]-octen-(2)* bzw. -*(3)*, Kp.$_{12}$ 66—67°, a) durch 2std. Erhitzen von 20,4 g **III** mit Hg(II)-Acetat in 5%ig. Essigsäure auf dem Dampfbad; n_D^{20} 1,5235; 3,3 g (Ausbeute); b) aus 6,15 g **II** mit CH_3J in Methanol durch Erhitzen über das *Hydrojodid* ($C_9H_{15}N\cdot HJ$, F. 108—110°; 10,3 g). *Pikrat,* $C_9H_{15}N\cdot C_6H_3N_3O_7$, F. 165—166° (Essigester). *Perchlorat,* $C_9H_{15}N\cdot HClO_4$, F. 95—96,5° (absol. A.). (Helv. chim. Acta **42.** 121—28. 2/2. 1959. Zofingen, Siegfried AG., Forschungsabt.) G. PÖTZSCHER. B 225

Rudolf Griot und **Theodor Wagner-Jauregg,** *Über neuartige Isomerisierung des Δ²-Cyclopentenylacetonoxims. Darstellung und Eigenschaften bicyclischer Pyrrolinderivate.* 3. Mitt. (2. vgl. vorst. Ref.) Auf Grund der nachfolgenden Rkk. geben Vff. dem bei der Rk. von Δ²-Cyclopentenylacetonoxim mit Zn in Eisessig (vgl. 1. Mitt.) gebildeten *Amin I* die Konst. eines *3-Methyl-8-endo-hydroxy-cis-2-azabicyclo-[3.3.0]-octens-(2)* bzw. -*(3)* (**I**) u. seinen beiden isomeren Dihydroverbb. die eines *3-exo-Methyl-8-endo-hydroxy-* (**II**) bzw. *3-endo-Methyl-8-endo-hydroxy-2-azabicyclo-[3.3.0]-octans* (**III**; F. 124—126°). Durch CrO_3 wird das **II**-N-Acetylderiv. zum entsprechenden Keton oxydiert. Beim HOFMANNschen Abbau geht das Methojodid des **II**-N-Methylderiv. (**VI**) in *1-Hydroxy-2-dimethylamino-3-[propen-(2)-yl-(1)]-cyclopentan* (**IV**) über, dessen endständige CH_2-Gruppe mit CrO_3 als CO_2 u. mit $NaJO_4$ als CH_2O abgespalten wird. Beim weiteren Hofmannschen Abbau liefert das **IV**-Dihydroderiv. *1-n-Propylcyclopentanon-(3).* Der gleiche Abbau beim **I**-O-Äthyl-N-methylderiv. gibt *1-n-Propyl-3-äthoxycyclopentan* neben etwas *1-n-Propylcyclopentanon-(2)* (**V**). **I** läßt sich mit Weinsäure in opt. Antipoden zerlegen. Das **I**-N-Methylmethojodid wird mit $NaBH_4$ zu **VI** red., das durch Hg(II)-Acetat wieder rückläufig zum **I**-N-Methylderiv. dehydriert wird. Bei der Rk. von **I** mit HJ tritt Substitution der OH-Gruppe durch J ein, das Reaktionsprod. geht bei der Behandlung mit Zn unter HJ-Abspaltung in das *Amin E* (vgl. l. c.) über. Die Desaminierung von **I** mit HNO_2 liefert *Acetonylcyclopentanon-(3).* Das O.N-Diacetylderiv. von **I** wird katalyt. zum entsprechenden Deriv. von **II** hydriert. — Die Darst. eines *Isomeren* von **I** (**I b**) aus Δ²-Cyclopentenylaceton wird beschrieben; die Verb. läßt sich zu einem weiteren Isomeren von II u. III, der 3-exo-Methyl-8-exo-hydroxy- oder 3-endo-Methyl-8-endo-hydroxyverb., hydrieren. I b gibt im Gegensatz zu I keine blauviolette Komplexverb. mit $CuSO_4$; ebenso bildet II Cu-Komplexe, III dagegen nicht. Der Mechanismus der Bldg. von I wird diskutiert.

Versuche: *rac. 3-Methyl-8-endo-hydroxy-cis-2-azabicyclo-*[*3.3.0*]*-octen-*(*2*) bzw. -(*3*) (I), F. 75°. (—)-I, Kp.$_{0,01}$ 50°; n_D^{20} 1,5003; D.$^{20}_4$ 1,0663; $[\alpha]_D^{20}$ —157° (c = 1,3; Chlf.), aus rac. I mit D(+)-Weinsäure über das *Tartrat*, $C_{12}H_{19}NO_7$, F. 146° (A.-CH_3OH). — I-Salze: *Pikrat*, $C_{14}H_{16}N_4O_8$, F. 126° (Essigester). *Oxalat*, $C_{10}H_{15}NO_5$, F. 127° (A.-Ae.). *p-Toluolsulfonat*, $C_{15}H_{21}NO_4S$, F. 132—133°. *2.4-Dinitrophenolat*, $C_{14}H_{17}N_3O_6$, F. 99° (A.-Bzn.). — I-Derivv.: *N-Methylverb.*, $C_9H_{15}NO$, Kp.$_{1,5}$ 54°, aus dem II-N-Methylderiv. durch Dehydrierung mit Hg(II)-Acetat; n_D^{20} 1,5127; λ_{max} 237 mμ (log ε = 3,06, (Ae.); pK$_a'$ 11,7; 63% (Ausbeute). *Hydrojodid*, $C_9H_{16}JNO$, F. 133° (CH_3OH-Essigester), aus I mit CH_3J in CH_3OH. *Pikrat*, $C_{15}H_{18}N_4O_8$, F. 104°. *p-Toluolsulfonat*, $C_9H_{15}NO \cdot C_7H_7SO_3H \cdot H_2O$, F. 60—61° (A.), aus I mit p-Toluolsulfonsäuremethylester, 48 Std. bei Zimmertemperatur. *Phenylurethan*, $C_{16}H_{20}N_2O_2$, F. 139—141° (A.-Bzn. u. Essigester), aus der freien Base mit Phenylisocyanat in absol. Ae., Stehen über Nacht. *Methojodid*, $C_{10}H_{18}JNO$, F. 212—214° (A.-Ae.), aus 7 g I mit überschüssigem CH_3J u. NaOH; 3,3 g. Gibt beim HOFMANNschen Abbau eine Base $C_{11}H_{21}NO_2$ (Kp.$_{0,01}$ 50°; *Methojodid*, $C_{12}H_{24} \cdot JNO_2$, F. 138—140°, aus A.). — *3.5-Dinitrobenzoylderiv.*, $C_{15}H_{15}N_3O_6$, F. 213—215°, aus I mit 3.5-Dinitrobenzoylchlorid in Pyridin. — *2.4-Dinitrophenylderiv.*, $C_{14}H_{17}N_3O_6$, F. 165 bis 166° (Bzl.), aus I mit 2.4-Dinitrofluorbenzol in wss. $NaHCO_3$. *Dinitrophenylhydrazon*, $C_{20}H_{21}N_7O_9$, F. 200—203°. — *O.N-Di-p-toluolsulfonylderiv.*, $C_{22}H_{25}NO_5S_2$, F. 186° (Aceton), aus 7,0 g I, Pyridin u. p-Tosylchlorid in absol. Bzl. bei 0°, 3 std. Stehen; 2,0 g. — *O.N-Diacetylderiv.*, $C_{12}H_{17}NO_3$, F. 63—65° (PAe.-Essigester), Kp.$_{0,001}$ 100°, aus 2,8 g I u. Acetanhydrid, 30 Min. auf dem Dampfbad; n_D^{20} 1,5081; 3,0 g. — *1-Acetonylcyclopentanon-*(*3*), $C_8H_{12}O_2$, Kp.$_{0,01}$ 65°, durch Zutropfen von $NaNO_2$-Lsg. zur H_2SO_4-sauren Lsg. von 7 g I bei —5°, nach 1/2 Std. 30 Min. auf 30° erwärmen; n_D^{20} 1,4636; D.$^{20}_4$ 1,044; 4,0 g. *Disemicarbazon*, $C_{10}H_{18}N_6O_2$, F. 208° (wss. Methanol). *Bis-2.4-dinitrophenylhydrazon*, $C_{20}H_{20}N_8O_8$, F. 197—198° (Pyridin). — *1-*[*2-Hydroxypropyl*]*-cyclopentanol-*(*3*), $C_8H_{16}O_2$, Kp.$_{0,001}$ 65—70°, aus vorst. Verb. mit $LiAlH_4$; viscoses Öl. — *3-exo-Methyl-8-endo-hydroxy-2-azabicyclo-*[*3.3.0*]*-octan* (II), F. 75°, Darst. vgl. 1. Mitteilung. — II-Derivv.: *3-Nitrophthalat*, $C_{16}H_{18}N_2O_6$, F. 225°, aus II u. 3-Nitrophthalsäureanhydrid. — *N-Acetylderiv.*, $C_{10}H_{17}NO_2$, Kp.$_{0,5}$ 140°, a) aus 14,5 g II mit Acetylchlorid in Pyridin-PAe. unter Eiskühlung, 1/2 Std. bei Zimmertemp.; 6,25 g; b) aus I bei der katalyt. Hydrierung in Eisessig. 6 g geben mit CrO_3 in Eisessig, 2 1/2 Std. bei 60° *N-Acetyl-3-exo-methyl-2-azabicyclo-*[*3.3.0*]*-octanon-*(*8*), $C_{10}H_{15}NO_2$, F. 101—102° (Ae.); 1,05 g. *2.4-Dinitrophenylhydrazon*, $C_{16}H_{19}N_5O_5$, F. 116—117° (A.). — *O.N-Diacetylderiv.*, $C_{12}H_{19}NO_3$, F. 82° (Methanol), a) durch 1/2 std. Erhitzen von II mit Acetanhydrid auf 100°; b) durch Hydrierung des I-Diacetylderiv. an PtO_2 in Methanol. Gibt mit $LiAlH_4$ *N-Äthyl-3-methyl-8-hydroxy-2-azabicyclo-*[*3.3.0*]*-octan*, *Hydrochlorid*, $C_{10}H_{19}NO \cdot HCl$, F. 112° (Aceton-Ae.), auch durch Red. von 7,4 g des II-Acetylderiv. mit $LiAlH_4$; 3,4 g. — *N-Methylderiv.* (VI), $C_7H_{17}NO$, Kp.$_{12}$ 82—85°, aus dem Hydrojodid; n_D^{20} 1,4703; pK$_a'$ 10,1. *Hydrojodid*, $C_9H_{17}NO \cdot HJ$, F. 149,5—150,5° (absol. A.), aus 192 g II mit CH_3J in Methanol unter Kühlung, dann 5 Std. am Rückfluß; 389 g. *Hydrobromid*, $C_9H_{17}NO \cdot HBr$, F. 148—149°. *Hydrochlorid*, F. 140,5 bis 141° (Äthylacetat-A.). *Phosphat*, $C_9H_{17}NO \cdot H_3PO_4$, F. 164,5—166° (A.-Aceton). *Pikrat*, $C_{15}H_{20}N_4O_8$, F. 158° (Methanol-Ae.), aus 1,6 g Methojodid vom I-N-Methylderiv. mit $NaBH_4$ in W., Stehen über Nacht bei 0°; 52%. — VI-Derivv.: *Methojodid*, $C_{10}H_{20} \cdot JNO$, F. 234—242°, aus 23 g VI mit CH_3J in Methanol, 14 Std. im Rohr bei 80°. — *O-Acetylderiv.*, $C_{11}H_{19}NO_2$, Kp.$_{0,01}$ 31—35°, aus 50 g VI u. Acetanhydrid, 1 Std. auf dem Wasserbad; n_D^{20} 1,4669; D.$^{20}_4$ 1,0061; 52,7 g. Gibt beim 2 maligen HOFMANNschen Abbau V. — *Benzyläther*, $C_{16}H_{23}NO$, Kp.$_{0,1}$ 110°, durch Zugabe von K zu 29,5 g VI in Bzl., 5 std. Kochen u. Zugabe von Benzylbromid innerhalb 1 Std.; n_D^{20} 1,5235; 29,4 g. *Methojodid*, Öl, aus 29,4 g mit CH_3J in Methanol; 44,0 g. — *Äthyläther*, $C_{11}H_{21}NO$, Kp.$_{21}$ 100,5°, durch Zutropfen von 30,9 g VI zu einer Suspension von Na in Bzl. bei 70—80°, Zutropfen von C_2H_5J u. 4 std. Kochen; n_D^{20} 1,4637; 5,6 g. *Chloroplatinat*, $C_{11}H_{21}NO \cdot H_2PtCl_6$, F. 156 bis 156,5° (A.-Ae.). *Methojodid*, $C_{12}H_{24}JNO$, F. 108—108,5° (A.-Ae.), aus 33,4 g des Äthers mit CH_3J in Methanol, 2 1/2 Std. am Rückfluß; 52,4 g. — *2-p-Toluolsulfonylamino-3-acetonylcyclopentanol-*(*1*), $C_{15}H_{21}NO_4S$, F. 107—109° (Aceton-PAe.), durch Zugabe von p-Toluolsulfochlorid in Chlf. zu 7,0 g I in Chlf.-Pyridin bei 0°, 2 Std. bei 0° u. ca. 12 Std. bei Zimmertemp.; 4,6 g. *2.4-Dinitrophenylhydrazon*, $C_{21}H_{25}N_5O_7S$, F. 203—204°. — *3-*[*2-Hydroxypropyl*]*-2-p-toluolsulfonylaminocyclopentanol-*(*1*), $C_{15}H_{23}NO_4S$, F. 114—115° (Bzl.-PAe.), aus 8,2 g vorst. Verb. mit $LiAlH_4$ in Tetrahydrofuran, 5 std. Kochen; 7,5 g. Bei der gleichen Rk., 15 std. Kochen wird das I-*N-p-Toluolsulfonylderiv.* ($C_{15}H_{21}NO_3S$, F. 96—98°; 3,0 g) gebildet. — *3-*[*2-Hydroxy-1-acetylpropyl*]*-2-acetylamino-1-acetoxy-*

cyclopentan, $C_{14}H_{23}NO_5$, F. 105°, durch Hydrieren des I-O.N-Diacetylderiv. an PtO_2 in Eisessig. *Semicarbazon*, $C_{15}H_{26}N_4O_5$, F. 175°. — *1-Hydroxy-2-dimethylamino-3-[propen-(2)-yl-(1)]-cyclopentan*, Kp.$_{21}$ 78—82°, aus 68 g VI-Methojodid mit Ag_2O u. therm. Zers. der freien Base (47,7 g) in Ggw. von KOH; 19,8 g. *Pikrat*, $C_{16}H_{22}N_4O_8$, F. 150—151,5°. *Methojodid*, $C_{11}H_{22}JNO$, F. 125°. — *1-Hydroxy-2-dimethylamino-3-n-propylcyclopentan*, $C_{10}H_{21}NO$, F. 33°, Kp.$_{0,9}$ 76°, aus 20,8 g vorst. Verb. durch Hydrierung an PtO_2 in Eisessig; 17,6 g. *Methojodid*, $C_{11}H_{24}JNO$, F. 133—134° (Methanol-Essigester). — *1-n-Propylcyclopentanon-(3)*, Kp.$_{12}$ 73—77°, aus 15,9 g vorst. Methojodids mit Ag_2O u. Wasserdampfdest. in Ggw. von RANEY-Ni u. H_2. Daneben *1-n-Propylcyclopentanol-(3)* [*3.5-Dinitrobenzoat*, $C_{15}H_{18}N_2O_6$, F. 86—87,5°]. *Semicarbazon*, $C_9H_{17}N_3O$, F. 164—165 (Methanol). *2.4-Dinitrophenylhydrazon*, $C_{14}H_{18}N_4O_4$, F. 84—85° (A.). Wird die quartäre Base in Ggw. von KOH auf 180° erhitzt, so entsteht eine *Verb.* $C_{16}H_{30}O$, Kp.$_{0,01}$ 88°; n_D^{20} 1,4710; 0,86 g. — *1-Äthoxy-2-dimethylamino-3-[propen-(2)-yl-(1)]-cyclopentan*, Kp.$_{0,7}$ 77,5°, durch HOFMANNschen Abbau von 28,8 g des II-Äthyläthermethojodids; n_D^{20} 1,4628; 73,3%. *Pikrat*, $C_{12}H_{23}NO \cdot C_6H_3N_3O_7$, F. 172—172,5°. — *1-Äthoxy-2-dimethylamino-3-n-propylcyclopentan*, Kp.$_{11}$ 99—99,5°, durch Hydrierung vorst. Verb. an PtO_2 in Essigsäure; n_D^{20} 1,4539; 96%. *Pikrat*, $C_{12}H_{25}NO \cdot C_6H_3N_3O_7$, F. 182,5—183° (Essigester). *Methojodit*, $C_{13}H_{28}JNO$, F. 193,5—194,5°, mit CH_3J in Methanol; 94%. — *1-n-Propylcyclopentanon-(2)* (V), Kp. 175—177°, aus 35,4 g vorst. Methojodids mit Ag_2O u. Dest. bei 110° im Vakuum; n_D^{20} 1,4435; 2,05 g. *Semicarbazon*, $C_9H_{17}N_3O$, F. 200—201°. *2.4-Dinitrophenylhydrazon*, $C_{14}H_{18}N_4O_4$, F. 150—151°. Daneben 4,7 g *1-n-Propyl-3-äthoxycyclopenten-(2)*, Kp.$_{12}$ 101,5°, n_D^{20} 1,4496. Gibt bei der Hydrierung an RANEY-Ni *1-n-Propyl-3-äthoxycyclopentan*, $C_{10}H_{20}O$, Kp. 176—177°, n_D^{20} 1,4318—1,4321. — *1-Benzyloxy-2-dimethylamino-3-[propen-(2)-yl-(1)]-cyclopentan*, Kp.$_{0,001}$ 118—119°, aus 44 g des II-Benzyläthermethojodids mit Ag_2O u. Dest. unter vermindertem Druck; n_D^{20} 1,5190; 23,3 g. *Methojodid*, Öl; 96%. Gibt beim HOFMANNschen Abbau u. anschließender Hydrierung an Pt in Eisessig **V**. — III-*N-Acetylderiv.*, Kp.$_{0,001}$ 110°, aus 1,4 g III mit Acetylchlorid in PAe.-Pyridin; 0,97 g. — *N-Acetyl-3-endo-methyl-2-azabicyclo-[3.3.0]-octanon-(8)*, durch Oxydation vorst. Verb. mit CrO_3 in Eisessig. *2.4-Dinitrophenylhydrazon*, $C_{16}H_{19} \cdot N_5O_5$, F. 202—203° (A.). — *$\Delta^2$-Cyclopentyl-(1)-acetonäthylenketal*, Kp.$_{14}$ 94°, durch 12std. Kochen von 248 g Δ^2-Cyclopentyl-(1)-aceton mit Äthylenglykol in Bzl. in Ggw. von p-Toluolsulfonsäure am Wasserabscheider; n_D^{20} 1,4675; 266,0 g. — *[2.3-Epoxycyclopentyl-(1)]-acetonäthylenketal*, $C_{10}H_{16}O_3$, Kp.$_{13}$ 120°, aus vorst. Verb. mit Perbenzoesäure in Chlf., 14 Tage bei —5°; n_D^{20} 1,4695; 96%. — *[2(?)-Amino-3(?)-hydroxycyclopentyl-(1)]-acetonäthylenketal*, $C_{10}H_{19}NO_3$, Kp.$_1$ 132—134°, durch 1std. Erhitzen von vorst. Verb. mit 50%ig., NH_3-gesätt. A. im Autoklaven; n_D^{20} 1,4978; 67%. — *3-Methyl-8(?)-hydroxy-2(?)-azabicyclo-[3.3.0]-octen-(2)* bzw. -(3) (**Ib**; Isomeres von I), $C_8H_{13}NO$, F. 107 bis 109° (Bzl.-PAe.; Sublimation bei 80°/0,1 mm Hg), Kp.$_{0,01}$ 80°, aus 2,0 g vorst. Verb. durch 15 Min. Erhitzen auf dem Dampfbad; 150 mg. — *3-Methyl-8-hydroxy-2-azabicyclo-[3.3.0]-octan*, $C_8H_{15}NO$, F. 120—123°, aus vorst. Verb. durch Hydrierung an PtO_2 in Eisessig. (Helv. chim. Acta **42**. 605—28. 4/5. 1959.) G. PÖTZSCHER. B 225

John H. Knox, *Einige Merkmale der Oxydation von Propan und Äthan bei 318°.* Vf. zeigt durch kinet. u. analyt. Unterss. der Oxydation von C_3H_8 u. C_2H_6 bei 318°, daß die Länge der Induktionsperiode τ diffusionsbestimmt ist, also von der Schnelligkeit abhängt, mit der das reaktionsfähige Zwischenprod. von den Gefäßwänden entfernt wird. Zusätze von Inertgasen, wie CO_2 u. N_2, erniedrigen deshalb in steigender Konz. durch Besetzung („Vergiftung") der Wände τ u. erhöhen die Anfangsgeschwindigkeit, wobei CO_2 wirksamer ist als N_2. Zusätze von Ae. wirken als Promotor, sie erhöhen sowohl die Beschleunigungskonstante Φ (min.$^{-1}$), als auch die maximale Geschwindigkeit $\varrho = \delta(\Delta p)/\delta t$ der Druckzunahme. Die Haupt-Rk. bei der C_3H_8-Oxydation verläuft nach: $C_3H_8 + HO_2 \cdot \rightarrow C_3H_7 + H_2O_2$; $C_3H_7 + O_2 \rightarrow C_3H_6 + H_2O$. Zusätze von C_3H_6 bis zu seiner maximalen Konz. von ca. 10% im Reaktionsgemisch zeigen keinen Einfl. auf Φ u. ϱ, erniedrigen jedoch τ. Zusätze von C_3H_6, die seine Konz. im stationären Zustand übersteigen, wirken als Promotor, sie erhöhen also Φ u. ϱ. Daraus ergibt sich, daß die Verwendung von $1/\tau$ als Maß für die Reaktionsgeschwindigkeit während der Induktionsperiode unzulässig ist. Theoret. Beziehungen für die Abhängigkeit von φ von der Konz. der Reaktanten werden abgeleitet, u. es wird berechnet, daß die Lebensdauer der Zwischenprodd., die Kettenverzweigungen verursachen, ca. 1,8 für C_2H_6 bzw. 1,1 Min. für C_3H_8 beträgt. (Trans. Faraday Soc. **55**. 1362—74. Aug. 1959. Edinburgh, Univ., Dep. of Chem.)
G. PÖTZSCHER. B 225

Kenneth B. Wiberg, *Die Persulfatoxydation von Isopropylalkohol.* Den von MALINOWSKI u. LEVITT (C. **1959**. 13432) vorgeschlagenen Mechanismus der Oxydation von *Isopropylalkohol* (I) mit Persulfat, der als 1. Schritt eine bimol. Gleichgewichts-Rk. von S_2O_8'' u. I unter Bldg. von SO_4'' vorsieht, halten Vff. für inkorrekt, da sie feststellten, daß in Ggw. von $^{35}SO_4''$ kein Isotopenaustausch mit S_2O_8'' stattfindet. Die Rk. ist 1. Ordnung bzgl. S_2O_8'' u. abhängig von der Konz. an I. Die Zugabe von Allylacetat führt zu einer Erniedrigung der Geschwindigkeitskonstanten für die Abnahme von S_2O_8'' von $2,3 \cdot 10^{-4}$ sec^{-1} (je 0,02 mol. an I, S_2O_8'' u. SO_4'', p_H 5, bei 60°) auf $4 \cdot 10^{-6}$. Diese Inhibitorwrkg. deutet auf eine Radikal-Rk., die durch den Zerfall von S_2O_8'' eingeleitet wird u. über ein OH-Radikal zur Oxydation von I führt. Diese Annahme wird gestützt durch die Tatsache, daß die Rk. im p_H-Bereich 5—8 unabhängig von der OH'-Konz. ist, bei höheren p_H-Werten aber auf einen Wert von $0,2 \cdot 10^{-4}$ (sec^{-1}) bei 9,5—10,5 abfällt (Umwandlung des OH-Radikals in das nicht reagierende O-Radikal). Ein Mechanismus wird vorgeschlagen, u. eine Reaktionsgeschwindigkeitsgleichung aufgestellt. (J. Amer. chem. Soc. **81.** 252—53. 5/1. 1959. Cambridge, Mass., Harvard Univ., Dep. of Chem.) W. SCHRAMM. B 225

B. R. Cowley, R. O. C. Norman und **William A. Waters,** *Eine quantitative Untersuchung der homolytischen Methylierung einiger monosubstituierter Benzole.* Die direkte Methylierung folgender aromat. Verbb. durch Methylradikale [durch therm. Zers. von Ditert.-butylperoxyd (**IV**)] in verd. Lsg. wurde mit Hilfe der Dampfphasenchromatographie sowie IR-spektroskop. untersucht. Folgende Prozentsätze an o-, m- u. p-Methylderivv. wurden bestimmt: *Chlorbenzol* [Temp.] 130°, [o-Verb.] 64, [m-] 25, [p-] 11; *Brombenzol* 145°, 67,5, 23, 9,5; *Anisol* (I) 140°, 74, 15, 11; *Nitrobenzol* (II) 143°, 65,5, 6,28, 5; *Benzonitril* (III) 110°, 48, 9, 43. Bei sämtlichen Rkk. traten nichtflüchtige polymere Prodd. (Arylkupplungsverbb.) auf; bei Verwendung von verd. Lsgg. von **IV** war die Dimethylierung dagegen unbedeutend. I lieferte etwas freies Phenol. Trotz der von HEILMAN u. Mitarbeitern (C. **1957.** 8466) gefundenen hohen Affinität von III für CH_3-Radikale konnten keine Prodd. einer Addition an der CN-Gruppe gefunden werden. Bei II traten Seiten-Rkk. auf. Diskutiert werden die Unterschiede zwischen der Methylierung u. Phenylierung von Aromaten. Beide Substitutions-Rkk. greifen vornehmlich an der o-Stellung an. Die höheren Ausbeuten an o-Derivv. bei der Methylierung hängen wohl mit der geringeren ster. Hinderung dieser Rk. zusammen. Die Daten von ELIEL u. Mitarbeitern (C. **1958.** 8591) für die Methylierung von Toluol scheinen daher anomal zu sein. Für o-p-dirigierende Substituenten ist das m/p-Substitutionsverhältnis bei der homolyt. Methylierung größer als bei der Phenylierung. Dagegen ist bei den Substituenten NO_2 u. CN, die entgegengesetzte Richtwrkg. ausüben, das m/p-Verhältnis bei der Methylierung kleiner. Für die homolyt. aromat. Substitutions-Rkk. kann nachst. Folge der Elektrophilität angegeben werden: $CH_3 < C_6H_5 < C_6H_4Cl$, $C_6H_4NO_2$. (J. chem. Soc. [London] **1959.** 1799—1803. Mai. Oxford, Dyson Perrins Labor.) B. GNAUCK. B 225

G. Gopinathan Nair und **R. Anantaraman,** *Die Solvolyse von 1-Phenyl-n-propylchlorid.* Vff. zeigen, daß bei 50° die Geschwindigkeit der Solvolyse von *1-Phenyl-n-propylchlorid* in wss. A.- u. Aceton-Lsgg. ca. 25—36% der von 1-Phenyläthylchlorid beträgt. Das umgekehrte Verhältnis wäre anzunehmen auf Grund des Unterschieds im Induktionseffekt zwischen Methyl- u. Äthylgruppen. Zur Erklärung wird angenommen, daß die Hyperkonjugation dominiert. Dies ist überraschend, da die Alkylgruppe direkt an das Reaktionszentrum gebunden ist. Die Phenylgruppe scheint also im Übergangszustand die Hyperkonjugationsenergie zu verstärken. (Current Sci. **27.** 390. Okt. 1958. Trivandrum, Appl. Chem. Div.) S. v. SCHIESZL. B 225

R. R. Johnson und **E. S. Lewis,** *Isotopeneffekte als Maß der Hinderung im Übergangszustand.* Vff. geben die Isotopeneffekte k_H/k_D für die Solvolyse folgender Verbb. u. ihrer α-deuterierten Analoga an: *Cyclopentyl-p-toluolsulfonat* k_Hk_D 1,16 (Solvolyse in Essigsäure), *p-Tolyläthylchlorid* 1,10 (H_2O-Aceton), *1-Methylheptyl-p-brombenzolsulfonat* 1,10 (Methanol), *Phenäthyl-p-toluolsulfonat* 1,17 (Ameisensäure), *Methyl-p-brombenzolsulfonat* (0,94 (Methanol), 0,96 (S_N2 mit OCH_3^-) u. *Isopropylbromid* 1,00 (S_N2 mit $OC_2H_5^-$). Sie nehmen an, daß die Kraftkonstante für die Deformation der CH-Bindung im Übergangszustand abhängig ist von der Nähe der sich entfernenden oder ankommenden Gruppen u. daß der Einfl. der α-Deuterierung auf die Geschwindigkeit der Rk. ein Maß für die Hinderung dieser Bindungsänderung ist. Der kleinere Isotopeneffekt bei Methylgruppen wird der größeren Kraftkonstanten der Deformationsschwingung oder der Valenzschwingung im Übergangs- als im Anfangszustand zugeschrieben. (Proc. chem. Soc. [London] **1958.** 52. Febr. Houston, Texas, Rice Inst., Dep. of Chem.) H. SMALLA. B 225

Toshizo Isoshima, *Reaktionen von Keten mit Verbindungen mit aktiven Methylengruppen.* 7. Mitt. *Über den Mechanismus der Reaktionen von Keten mit Verbindungen mit aktiven Methylengruppen oder mit Phenolen.* (6. vgl. J. chem. Soc. Japan, pure Chem. Sect. [Nippon Kagaku Zassi] **77.** [1956.] 429.) Zusammenfassung der in der 1.—6. Mitt. erhaltenen Ergebnisse über die Rk. von *Keten* mit Verbb. mit akt. CH_2-Gruppen u. mit Phenolen u. Diskussion der Mechanismen der Rkk. ohne Katalysator oder in Ggw. von

Na-Salzen dieser Verbb., H_2SO_4 oder Pyridin u. anderen organ. Basen als Katalysatoren. (Bull. Inst. chem. Res., Kyoto Univ. [Kagaku Kenkyusho Hokuku] **34.** 193—209. Juli 1956. [Orig.: engl.]) G. PÖTZSCHER. B 225

André Cier, Claude Nofre und **Barthélémy Drevon** (unter techn. Mitarbeit von **Anne Lefier**), *Untersuchungen über die Zersetzung von Ascorbinsäure in inerter Atmosphäre.* Die spontane Zers. einer wss. *Ascorbinsäure*-Lsg. in inerter Atmosphäre bei 100° ist eine Rk. 1. Ordnung, Geschwindigkeitskonstante $k_1[h^{-1}]$ $157 \cdot 10^{-4}$, VAN'T HOFFscher Koeff. der Rk. 1,98. Diese Thermolyse entspricht der Bldg. von CO_2, Furfurol u. L-Xylose (Bis-dinitrophenylhydrazon, $C_{17}H_{16}N_8O_{11}$, F. 134,5°). Im Gegensatz zur Ascorbinsäure ist Na-Ascorbat unter den gleichen Bedingungen vollkommen stabil. Der Mechanismus dieser Rk. wird diskutiert. (Bull. Soc. chim. France **1959.** 74—77. Jan. Lyon, Fac. de Méd. et Pharm., Labor. de Chim. et de Pharmacochim.) CH. SASS. B 225

Shalom Sarel und **Leo A. Pohoryles,** *Die Stereochemie und der Mechanismus der reversiblen Polymerisation von 2.2-disubstituierten Propandiol-(1.3)-carbonaten.* Aus 2.2-Dimethylpropandiol-(1.3) (**III**) u. Diäthylcarbonat (**II**) entsteht in Ggw. von 2,5 bis 5 Mol $NaOCH_3$ das cycl. monomere (**A**), in Ggw. von 0,5 Mol $NaOCH_3$ das polymere Carbonat (**B**). **A** liegt als 6gliedriger Ring in der Sesselform, **B** als α-Helix einer Folge von vorgebildeten 6-Ringen in Sesselform vor, wie aus den gleichen Abständen der Ringebene von **A** u. **B** (4,9 ± 0,2 Å) hervorgeht. **B** unterliegt der therm. Depolymerisation (DP) zu **A**. Auf die Kettenlänge bei der Polymerisation (P) u. die DP haben Konformation u. Substituentengröße am $C_{(2)}$-Atom des Propandiols einen Einfl.: Solange ein Substituent eine Methylgruppe ist, erfolgt P, da die CH_3-Gruppe dann die axiale Stellung einnimmt u. die α-Helix ungestört ist [*Polypropan-* (Mol.-Einheiten) 38—45; *-2.2-dimethyl-* (I) 20—22; *-2-methyl-2-n-propyl-* 14—15; *-2-methyl-2-isoamylpropandiol-(1.3)-carbonat*]. Kinet. wird die P bzw. DP nicht beeinflußt, da die Monomeren 2-Methyl-2-isopropyl- u. -2-isoamylpropandiol-(1.3)-carbonat etwa gleich schnell hydrolysieren (vgl. POHORYLES u. SAREL, C. **1959.** 11851). 2.2-Diäthyl- u. 2-Äthyl-2-phenylpropandiol-(1.3) bilden nur die **A**. Für die DP wird eine intramol. Umesterung angenommen (vgl. CAROTHERS [1932]). Die α-Helix von **I** läßt sich therm. reversibel in die β-Form umwandeln. —

Versuche: *2.2-Dimethylpropandiol-(1.3)-carbonat* (**I**, *Neopentylencarbonat*), $C_6 \cdot H_{10}O_3$, F. 110° (Bzn.–Ligroin), Kp.$_2$ 122°, aus **III** u. **II** in Ggw. von 2,5—5 Mol Na-Methylat, 2 Std. bei 200° (Badtemp.), Reinigung durch Vakuumsublimation; 85—90% (Ausbeute). — *Polymeres* **I**, *α-Form,* F. 107—109°, aus **II** u. **III** in Ggw. von 0,5 Mol $NaOCH_3$ durch langsames Erwärmen auf 84°; 90%; depolymerisiert beim Erwärmen mit offener Flamme. *β-Form,* F. 117—119°, aus der α-Form durch Erwärmen auf 100 ± 1° für 1 Woche; geht durch Umkristallisieren in Bzn.–Ligroin bzw. Schmelzen in die α-Form über. — *2-Methyl-2-n-propylpropandiol-(1.3)-carbonat,* $C_8H_{14}O_3$, Kp.$_2$ 117—119°, analog **I** aus 2-Methyl-2-n-propylpropandiol-(1.3); n_D^{20} 1,4540; 60%, im Rückstand 25% polymere Verb., n_D^{20} 1,4650. (J. Amer. chem. Soc. **80.** 4596—99. 5/9. 1958. Jerusalem, Hebrew Univ., Hadassah Med. School, School of Pharm., Dep. of Pharm. Chem.)
K. BECKER. B 225

C. Sivertz, *Untersuchungen zur photoinitiierten Addition von Mercaptanen an Olefine.* 4. Mitt. *Allgemeine Bemerkungen zur Kinetik von Mercaptanadditionsreaktionen an Olefine unter Berücksichtigung der cis–trans-Formen.* (3. vgl. C. **1959.** 11199.) Zusammenfassung einiger Ergebnisse früherer Arbeiten zur Darst. allg. Probleme der Kinetik freier Radikale mit besonderer Berücksichtigung der Abbruchreaktion. Besprochen wurden die Rkk. zwischen *n-Butylmercaptan* (**I**) u. *Penten-(1)* (**II**), *Styrol* u. *Cyclohexen,* von *Thiophenol* u. **II**. Ein Vers. zur Best. der „wahren" Größe der Reaktionskonstanten der Angriffs-Rk. wird beschrieben, die Stereochemie der Addition von **I** an *cis-Buten-(2)* wird diskutiert. (J. physic. Chem. **63.** 34—38. Januar 1959. Lonson, Canada, Univ. of Western Ontario.) G. MEINHARDT. B 225

Seta Mahakian Luck, Douglas G. Hill, Theodore Stewart jr. und **Charles R. Hauser,** *Die Abspaltungsreaktion von α- und β-deuterierten n-Octylbromiden mit Kaliumamid in flüssigem Ammoniak.* Bei der Rk. von *$D_{2(1.1)}$-1-Bromoctan* (**I**) mit KNH_2 in fl. NH_3 u. Ae. (a) bzw. in fl. NH_3 (b) entsteht *$D_{2(1.1)}$-n-Octen-(1)* (**II**) im Gegensatz zu früheren Annahmen (vgl. C. **1953.** 7508) nicht durch teilweise α-Abspaltung, sondern ausschließlich durch β-Abspaltung von HBr, wie aus den gleichbleibenden Gehh. an D pro Mol. **I** u. **II** folgt. Bei den analogen Rkk. von *$D_{2(2.2)}$-1-Bromoctan* (**III**, mit 1-Bromoctan u. $D_{(2)}$-1-Bromoctan verunreinigt) entsteht ein Gemisch verschieden deuterierter *Octene-(1)*, aus dessen gegenüber **III** vermindertem D-Geh. pro Mol. errechnet wird, daß neben der β-Eliminierung auch zu 7—13% α-Eliminierung von DBr/HBr stattfindet, letztere unter 1.2-Verschiebung des D vom β- zum α-C. Das verschied. Verh. von **I** u. **III** sowie die bei **I** größeren Olefinausbeuten schreiben Vff. einem Isotopeneffekt zu.

Versuche: $D_{3(0.1.1)}$-*n-Octanol-(1)* (IV), Kp.$_{28}$ 104—108°, durch Red. von Caprylsäureäthylester mit Na u. CH_3COOD [Kp.$_{57}$ 50°, aus reinstem Acetanhydrid (Kp.$_{760}$ 138,5—139,2°, n_D^{20} 1,3903, n_D^{25} 1,3886, n_D^{31} 1,3860) u. D_2O; $n_D^{25,4}$ 1,3731; 100% (Ausbeute)] unter N_2, <0°, 3 Tage; n_D^{25} 1,4267; 94,8%. — $D_{2(1.1)}$-*1-Bromoctan* (I), Kp.$_{49}$ 112,5—113°, aus vorst. Verb. mit gasförmigem HBr; n_D^{25} 1,4498—1,4510; 85%. — $D_{2(1.1)}$-*n-Octen-(1)* (II), Kp.$_{108}$ 63,0°, durch Zusatz der Lsg. von I in Ae. (a) bzw. von I (b) zu in fl. NH_3 gelöstem KNH_2, 1 Std.; (a) 13 bzw. (b) 7%. — $D_{3(0.1.1)}$-*n-Heptanol-(1)*, Kp.$_{16-18}$ 82—85°, analog IV aus n-Hexancarbonsäureäthylester (Kp.$_{15}$ 75—78°, n_D^{15} 1,4148); $n_D^{22,4}$ 1,4228; 94%. — $D_{2(1.1)}$-*1-Bromheptan*, Kp.$_{17-20}$ 71,5—73,5°, aus vorst. Verb. mit HBr; n_D^{25} 1,4480; 92%. — $D_{2(2.2)}$-*n-Octanol-(1)*, Kp.$_{19}$ 96—100°, durch Behandeln der aus vorst. Verb. gewonnenen GRIGNARD-Verb. mit gasförmigem Formaldehyd; n_D^{25} 1,4273; 83%. — $D_{2(2.2)}$-*1-Bromoctan* (III), Kp.$_{20}$ 89,0—93,0°, aus vorst. Verb. mit HBr; n_D^{25} 1,4501; 92%. — Gemisch verschieden deuterierter *n-Octene-(1)*, nach Meth. a: Kp.$_{103}$ 63,5—64,0°, aus III analog II; n_D^{25} 1,4062; 6%; 1,04 D pro Mol.; nach Meth. b: Kp.$_{110}$ 64,5°, n_D^{25} 1,4065; 3%; 1,06 D pro Molekül. (J. Amer. chem. Soc. **81.** 2784—86. 5/6. 1959. Durham, N. C., Duke Univ., Dep. of Chem.)
W. DIEPERS. B 225

M. N. Kale, Allan Maccoll und **P. J. Thomas,** *Untersuchungen über die Pyrolyse organischer Bromide. 11. Mitt. Die maximal verzögerte Zersetzungsgeschwindigkeit von sek.-Butylbromid.* (10. vgl. C. **1959.** 10192.) Die Pyrolyse des *sek.-Butylbromid* zu Buten u. HBr in Ggw. von Cyclohexen (I) ist 1. Ordnung. Im untersuchten Temp.-Bereich (310—350°) zeigt sich nur eine geringe Inhibitorwirkung des **I.** Für die Rk. ohne **I** ist die ARRHENIUS-Gleichung $\log k_1 = 13{,}179 - 45400/2{,}303\ RT$, mit **I** $\log k_1 = 13{,}530 - 46470/2{,}303\ RT$. (J. chem. Soc. [London] **1958.** 3016—18. Sept. London, Univ. Coll., William Ramsay and Ralph Forster Labors.) I. PAETZKE. B 225

Frederick D. Greene, *Mechanismus der Hypochloritzersetzungen. Die thermische Zersetzung von L(+)-2-Methyl-3-phenylbutyl-(2)-hypochlorit.* Die therm. Zers. von zu 53% opt.-akt. *L(+)-2-Methyl-3-phenylbutyl-(2)-hypochlorit* (I) in trockenem CCl_4 (0,075mol., 80°, Dunkelheit, 18 Std.) liefert neben zurückgewonnenem *L(+)-2-Methyl-3-phenylbutanol-(2)* (II) *Aceton* u. zu nur 0,75% opt.-akt. *L(+)-α-Phenyläthylchlorid* (III) mit 98% Ausbeute, bezogen auf verbrauchtes **II.** *3-Phenylbutanon-(2)* u. *2.2.3-Trimethyldihydrobenzofuran* entstehen, wenn überhaupt, nur in minimalen Mengen. Die therm. Zers. in 6facher Verdünnung liefert zu 0,71% opt.-akt. **III.** Aus der Bldg. von nahezu rac., unter den angewandten Reaktionsbedingungen an sich opt. stabilen **III** u. aus dem stark hemmenden Einfl. von O_2 auf die Zersetzungsgeschwindigkeit schließt Vf. auf einen Radikalkettenmechanismus. Die auch bei Verdünnung zu 1,1—1,3% erhalten bleibende opt. Aktivität des gebildeten **III** wird einer von **I** ausgeübten asymm. Induktion zugeschrieben; weitere mögliche Ursachen der Restaktivität werden diskutiert.

Versuche: *(—)-Methylphenylessigsäuremethylester*, Kp.$_{0,2}$ 62—63°, aus (—)-Methylphenylessigsäure [Kp.$_{0,5}$ 121—123°, n_D^{25} 1,5211, $\alpha_D^{32,5}$ —52,31° ($l = 1$, fl.)] mit CH_2N_2; n_D^{32} 1,4967, $\alpha_D^{31,4}$ —57,98° ($l = 1$, fl.). — *L(+)-2-Methyl-3-phenylbutanol-(2)* (II), $C_{11}H_{16}O$, F. 36—45°, Kp.$_{0,35}$ 72—73°, durch Kochen von 16,9 g vorst. Verb. mit überschüssigem CH_3MgJ in Ae., 45 Min.; n_D^{28} 1,5131; α_D^{32} +10,16° ($l = 1$, fl.), $\alpha_D^{31,4}$ +10,1° ($l = 1$, 9% in CCl_4); 14,1 g (Ausbeute). *Racemat*, F. 45—46°. — *L(+)-α-Phenyläthylchlorid* (III), Kp.$_{17}$ 80,5—82,5°, aus 11,8 g *L*(+)-α-Phenyläthylamin [partiell opt.-akt., α_D^{28} +14,40° ($l = 1$, fl.)], mit NOCl in Dioxan, bei 10°; n_D^{30} 1,5210; α_D^{28} +7,21° ($l = 1$, fl.), u. $\alpha_D^{27,5}$ +8,69° ($l = 1$, fl.); 3,5 g. — *L(+)-2-Methyl-3-phenylbutyl-(2)-hypochlorit* (I), durch Behandlung von 5,0 g **II** in CCl_4 in Ggw. von Eisessig mit 80 ml Clorox (0,745mol. an NaOCl), 0°, 90 Minuten. (J. Amer. chem. Soc. **81.** 2688—91. 5/6. 1959. Cambridge, Mass., MIT, Dep. of Chem.) W. DIEPERS. B 225

Elizabeth Dyer und **George C. Wright,** *Thermischer Abbau von Alkyl-N-phenylcarbamaten.* N-Phenylcarbaminsäureäthylester (I) zers. sich bei der Dest. nur geringfügig unter Bldg. von CO_2 u. *Diphenylharnstoff* (II), durch längeres Erhitzen bei 230 bis 260° nimmt die CO_2-Bldg. zu u. *Triphenylisocyanurat* tritt auf. Beim Abbau von I bei 200° unter vermindertem Druck konnten dagegen über 90 Mol-% A. u. 60—75 Mol-% *Phenylisocyanat* (VIII) isoliert werden. N-Phenylcarbaminsäure-α-methylbenzylester (III) lieferte durch Erhitzen auf 230—260° 85% CO_2, 40% *Styrol* (IV), 35% *Anilin* (V), 24% *α-Methylbenzylanilin* (VI), 7% **II** u. 3% *α-Methylbenzylalkohol* (VII). Die Bldg. dieser Prodd. wird durch folgende Teil-Rkk. erklärt: 1. III → IV + V + CO_2; 2. III → VI + CO_2; 3. VIII + V ⇌ II; 4. III ⇌ VIII + VII. Rk. 1 dürfte über eine intramol. cycl. Zwischenstufe verlaufen. Da Carbazolcarbonsäure-(9)-äthylester (X) bei der therm. Zers. nur Carbazol, CO_2 u. C_2H_4 ergibt (vgl. FLETCHER u. Mitarbeiter, C. **1956.** 5543), wurde diese Rk. zwischen 271 u. 318° kinet. untersucht (ΔE 31,6 kcal/Mol, ΔS ca. —16cal/

Grad·Mol). Die Rk. ist bis zu 50% Umsatz von 1. Ordnung. Diese Werte sowie der Befund, daß weder Zusätze von Benzoesäure noch solche von N.N-Dibenzylanilin (**IX**) die Zersetzungsgeschwindigkeit von **X** vermindern, stützen die Annahme eines cycl. Übergangszustands. Die Kinetik der Zers. von **III** folgt bis zu 10%ig. Umsatz (bei 185°) der 1. Ordnung, dann nimmt die Geschwindigkeit erheblich zu. In Übereinstimmung mit dem obigen Reaktionsschema wurden beim Erhitzen von **III** mit überschüssigem p-Toluidin auf 214—237° 31% *α-Methylbenzyl-p-toluidin*, 56% CO_2, 51% **V**, 37% *symm.-Di-p-tolylharnstoff*, 9% **VII** u. 1% *N-Phenyl-N'-p-tolylharnstoff* erhalten; ähnliche Ergebnisse wurden für die Rk. in Ggw. von **V** erhalten. Ferner bildeten sich weder **VI** durch Erhitzen von **IV** mit **V**, noch **IV** aus **VII** (bei 295—305°), noch **II** aus **III** mit überschüssigem **V** (90 Min. bei 162—165°). Beim Abbau von N-Phenylcarbaminsäurebenzylester (**XI**) bei 250° entstanden 93% CO_2, 34% **V**, 25% *Benzylanilin* (**XII**), 21% **IX** u. 1,5% **II**, bei 300° verhielt sich **XI** ähnlich. Die Bldg. dieser Verbb. ist mit analogen Rkk. wie oben angeführt sowie mit den folgenden zu erklären: 5. **XI** → **XII** + CO_2; 6. **XI** + **XII** → **V** + CO_2 + **IX**; 7. **XI** + **V** → **V** + CO_2 + **XII**. Hiermit in Übereinstimmung sind kinet. Ergebnisse u. die Tatsache, daß die Rk. durch Zusatz von **V** oder **XII** beschleunigt wird. Rk. 6 verläuft nach einem S_N2-Mechanismus. Die früher festgestellte Bldg. eines Carbodiimids (C. **1959**. 9883) bei der Zers. von Bis-carbamaten spielt hier offenbar nur eine untergeordnete Rolle. (J. Amer. chem. Soc. **81**. 2138—43. 5/5. 1959. Newark, Del., Univ. of Delaware, Dep. of Chem.) B. GNAUCK. B 225

Rowland E. Johnson und **Charles E. Miller**, *Strahlungsinduzierter Austausch von ^{36}Cl zwischen ^{36}Cl-Chlorwasserstoff und Propylchloriden.* Vff. untersuchten die γ-Bestrahlung von *n-* (I) u. *Isopropylchlorid* (II) mit einer 388 C starken ^{60}Co-Quelle je für sich allein u. im Gemisch mit $H^{36}Cl$. Das überwiegende Radiolyseprod. ist HCl, dessen Menge durch direkte Titration ermittelt wurde. Die G-Werte (Molekülausbeute pro 100 eV) betragen G_{HCl} = 3,38 für **I** u. 3,82 für **II**. In größeren Mengen entsteht auch Propan. Gaschromatograph. wurden ferner Spuren H_2, CH_4 u. Hexan bei beiden Verbb. u. Äthan nur bei **I** nachgewiesen. — Zur Ermittlung des Cl-Isotopenaustauschs zwischen $H^{36}Cl$ u. **I** bzw. **II** wurde die Mischung nach der Bestrahlung mit Pyridin getrennt. Die G-Werte für den Austausch wurden zu 3,32 für **I** u. 1,27 für **II** gefunden. Vff. schlagen als Mechanismus des Austauschs vor: die Austausch-Rk. u. die HCl-Erzeugung sind im wesentlichen getrennte Rkk., die Übereinstimmung zwischen den beiden G-Werten des **I** ist zufällig. (J. physic. Chem. **63**. 641—43. Mai 1959. Tallahassee, Fla., Florida State Univ., Dep. of Chem.) F. UMLAND. B 226

R. G. Bennett, R. L. McCarthy, B. Nolin und **J. Zimmerman**, *Strahlungseffekte bei zwei organischen Verbindungen.* Vff. bestrahlen festes *Capronsäureamid* (**I**) u. *Caprolactam* (**II**) mit 2 MeV-Elektronen bei —80° u. untersuchen die Absorptionsspektren u. paramagnet. Resonanzspektren (EMR) dieser Verbb. nach der Bestrahlung. **I** färbt sich während der Bestrahlung gelb; im Spektr. tritt eine breite Absorptionsbande bei 3850 Å auf, die bei Ausschluß von Luft bei Zimmertemp. erst nach mehreren Std., in Ggw. von Luft schon nach 20 Min. verschwindet. Das EMR-Spektr. besitzt die gleichen Abklingzeiten wie das UV-Spektrum. **II** verhält sich bei der Bestrahlung ähnlich wie **I**; die Färbung der Probe bleibt jedoch auch in Ggw. von Luft mehrere Monate bestehen. Während das am Amidstickstoff deuterierte **I** das gleiche EMR-Spektr. wie das n. **I** zeigt, unterscheidet sich das EMR-Spektr. des deuterierten **II** wesentlich von dem des n. **II**. Vff. schreiben die durch die Bestrahlung erhaltenen Spektren dem Auftreten von Radikalen zu. (J. chem. Physics **29**. 249—50. Juli 1958. Wilmington, Del., E. I. du Pont de Nemours & Co., Inc.) K. FRENKLER. B 226

G. Hems, *Wirkung ionisierender Strahlung auf wässerige Lösungen von Guanylsäure und Guanosin.* Vff. untersuchen papierchromatograph. [Lösungsmittelsysteme: Isobuttersäure-NH_3; $(NH_4)_2SO_4$-Isopropanol; CH_3OH-HCl] die Prodd., die bei Bestrahlung mit Elektronen ($4 \cdot 10^6$v) von Guanylsäure (**II**, $4 \cdot 10^3$ m) u. Guanosin (**III**) in wss. Lsg. entstehen. In ungepufferter **II**-Lsg. wird in geringerer Ausbeute *Guanin* (**IV**) neben *GA-α* (*2.4-Diamino-5-formamido-6-hydroxypyrimidin*; **I**) gebildet. In gepufferter **II**-Lsg. (p_H 7, 0,02 mol. Phosphatpuffer) entsteht das durch Papierchromatographie mit neutralem Lösungsm. nachweisbare *GA-β* (**V**), das durch saure Hydrolyse in **I** (bei 37° mit 0,1 n HCl Halbwertszeit 4 Std.) übergeht. Da der Orcintest für Zucker im Gegensatz zu **I** bei **V** eine positive Farb-Rk. gibt, halten Vff. **V** für eine Verb. aus **I** u. Ribosephosphat. Bei Bestrahlung von **III**-Lsgg. entstehen ebenfalls **IV** sowie **I** oder **V**. Der beobachtete Strahlungsabbau von **II** u. **III** ist verschieden von dem entsprechender Adeninderivate. (Nature [London] **181**. 1721—22. 21/6. 1958. London, Middlesex Hosp., Barnato-Joel-Labor.) U. UHLICH. B 226

A. A. Balandin, O. K. Bogdanowa und **A. P. Schtscheglowa**, *Darstellung von Isopren durch katalytische Dehydrierung von Isopentenen.* (Vgl. C. **1957**. 4619.) *Isopren* (**I**) entsteht aus dem durch Dehydratisierung von Isoamylalkohol über Al_2O_3 erhaltenen Isomerengemisch von Isopentenen (**II**, Kp. 21—37°) beim Überleiten mit Wasserdampf (**III**) über einen (nicht näher bezeichneten) Katalysator bei 540—635° in Ausbeuten von 12—36%. Die optimalen Bedingungen sind: 580—620°, v = 5000—8000 ml **II**/ Liter·Std., **II**:**III** (Gewicht) = 1:2,3—3,3. Der Prozeß kann lange ohne Regenerieren des Katalysators durchgeführt werden. Neben **I** werden H_2 u. geringe Mengen *Butylen, Butadien, Isopentan,* niedere KW-stoffe u. CO_2 gebildet. Die Adsorptionskoeffizienten von **II**, H_2 u. **I** an Al_2O_3 verhalten sich bei 560° wie 1:0,8:3,55. Geschwindigkeitskonstante bei 590° 12,25 ml/Min.; Aktivierungsenergie 23,3 kcal/Mol. (Доклады Академии Наук СССР [Ber. Akad. Wiss. UdSSR] **120.** 297—300. 11/5. 1958. Zelinsky-Inst. für organ. Chem. der Akad. der Wiss. der UdSSR.) R. K. Müller. B 227

B. G. Gawrilow und **M. I. Busanow,** *Thermokatalytische Umwandlungen von α-Methylnaphthalin.* α-Methylnaphthalin (**I**; Kp. 244,7°) wurde mit der gleichen Gewichtsmenge aktivierter Tonerde (Gumbrin) 8 Std. auf 350° im Autoklaven erhitzt (Maximaldruck 31 at). Die erhaltenen gasförmigen Reaktionsprodd. hatten folgende Zus. (in %): CO_2 0,49; *KW-stoffe* 0,20; O_2 1,24; *CO* 0,44; H_2 17,09; CH_4 76; N_2 4,54. Die fl. u. festen Reaktionsprodd. wurden mit Bzl. extrahiert u. fraktioniert dest.: Es wurden dabei *Naphthalin, β-Methylnaphthalin, x.x-Dimethylnaphthalin* u. *β.β'-Dinaphthyl* erhalten. Die Bldg. von Naphthalin u. Dimethylnaphthalin ist auf eine „Disproportionierung" von **I** zurückzuführen, die Bldg. von β.β'-Dinaphthyl auf die Rk. von β-Methylnaphthalin mit H_2, wobei noch Methan entsteht. Als Quelle für den H_2 sind die hochkondensierten aromat. KW-stoffe anzusehen, die sich während der Rk. bilden. Der gesamte Umwandlungsgrad von **I** beträgt 69,2%. (Журнал Общей Химии [J. allg. Chem.] **28** (**90**). 2723—24. Okt. 1958. Leningrad, Univ.) A. Brenner. B 227

Hermann Mix, Werner Tittelbach-Helmrich und **Wolfgang Langenbeck,** *Über organische Katalysatoren.* 36. Mitt. *Chelatkatalysen.* 1. Mitt. (35. vgl. C. **1958.** 11193.) Die Unters. der Katalasewrkg. von Cu^{2+}-, Fe^{3+}- u. Co^{2+}-Ionen in Ggw. von *Arginin* (**I**) u. *Histidin* (**II**) in Abhängigkeit von p_H ergab, daß Cu^{2+} durch die komplexe Bindung an **I** stark, durch **II** schwach aktiviert wird. Co^{2+} wurde durch **I** u. **II** verschieden stark inaktiviert, Fe^{3+} nicht merklich aktiviert. Die Messungen erfolgten derart, daß zunächst eine abgemessene Metallsulfat–Aminosäure-Lsg. hergestellt u. durch verd. NaOH bzw. H_2SO_4 auf den gewünschten p_H gebracht wurde (1 Mol Metall auf 2 Mol Aminosäure). Dem Gemisch wurden zum Starten der Rk. unter Rühren 10 cm³ mol. H_2O_2-Lsg. zugesetzt, der mit der Katalyse einsetzende p_H-Abfall durch Laugezugaben abgefangen. (Chem. Ber. **89.** 69—72. 4/1. 1956. Rostock, Inst. für Katalyseforsch. der Dtsch. Akad. der Wiss. zu Berlin.) K. Maier. B 227

W. Langenbeck, K. Rühlmann, H. H. Reif und **F. Stolze,** *Über organische Katalysatoren.* 37. Mitt. *Künstliche Dehydrasen.* 7. Mitt. (36. vgl. vorst. Ref.; 6. vgl. C. **1959.** 11193; 38. vgl. C. **1958.** 653.) Es wurden Phenyl-, Styryl-, Indolo- u. Cumaronoisatine (**A**) synthetisiert u. als künstliche Dehydrogenasen bei der α-Aminosäuredehydrierung geprüft. Dimethylformamid als Lösungsm. verstärkte die Wrkg. der neuen Katalysatoren. Andere Säureamide wirkten ähnlich, aber schwächer. Lösungsmittelgemische bewirkten eine weitere Erhöhung der Reaktionsgeschwindigkeit. Die Darst. der Enzymmodelle ging in allen Fällen von den Aminen aus, die mit Mesoxalester in die **A** übergeführt wurden. Zur Konstitutionsaufklärung wurden einige **A** mit alkal. H_2O_2 zu den Anthranilsäuren oxydiert u. nach Diazotierung mit A. zu den Carbonsäuren verkocht. — Bei ähnlicher Mol.-Größe u. -form steigt die Dehydrogenaseaktivität mit zunehmendem Redoxpotential an, während bei Verbb. gleichen Redoxpotentials ein Anwachsen der Mol.-Größe ein Absinken der Aktivität nach sich zieht.

Versuche: Herst. der **A**: Durch 3—4std. Kochen gleicher Mengen Amin u. Mesoxalsäurediäthylesterhydrat in Eisessig, Wasserdampfdest., 3—5std. Oxydation der alkal. Lsg. im sd. Wasserbad mittels Luftstrom, Ansäuern des verd. Filtrats. — *5-Phenylisatin,* F. 208—210° (Zers.), dunkelrote Nadeln (A.), aus p-Aminodiphenyl; 21% (Ausbeute). — *6-Phenylisatin,* F. 235° (Zers.), orangebraune Nadeln, aus m-Aminodiphenyl; 34,5%. — *5-Styrylisatin,* F. 264—266°, dunkelrote Kristalle, aus p-Aminostilben; 53%. — *6-Styrylisatin,* F. 261—265° (Zers.), braune Nadeln, aus m-Aminostilben; 71%. — *Indolo-[2'.3':5.6]-isatin* (?), F. >360°, braunviolette Nadeln, aus 3-Aminocarbazol (18 g); 5,5 g. — *1'-Methylindolo-[2'.3':5.6]-isatin,* F. 323—324°, braunviolette Nadeln (A.–W.), aus N-Methyl-3-aminocarbazol (7 g); 9 g (roh). — *Indolo-[3'.2':6.7]-isatin,* F. 333—338°, rotbraune Nädelchen, aus 1-Aminocarbazol (6,5 g); 2,4 g. — *Indolo-[3'.2':5.6]-isatin,* F. >360°, ziegelrote Nadeln, aus 2-Aminocarbazol (17 g); 15,5 g (roh). — *Cumarono-[3'.2':6.7]-isatin,* F. 230—231°, rote Nadeln (Dimethylformamid–W.), aus 1-Aminodiphenylenoxyd; 57%. — *Cumarono-[2'.3':5.6]-isatin,* F. 275°, rote Nadeln, aus 3-Aminodiphenylenoxyd, chromatograph. Trennung von folgender Verb. an Al_2O_3; 10%. — *Cumarono-[3'.2':4.5]-isatin*, F. 288°, rote Nadeln; 16%. — *Cumarono-[3'.2':5.6]-isatin*, F. 270°, rote Nadeln, aus 2-Aminodiphenylenoxyd, chromatograph. Trennung von folgender Verb.; 9%. — *Cumarono-[2'.3':4.5]-isatin*, F. 297—298°, rote Nadeln; 30%; hieraus *Aminocarbonsäure*, F. 196°; *Diazoniumsalz*, Zers. 162°; *Diphenylenoxyd-1-carbonsäure*, F. 208°. — *Cumarono-[2'.3':6.7]-isatin*, F. 285°, dunkelrote Rhomben, aus 4-Aminodiphenylenoxyd; 66% (roh). — *2-Nitrodiphenylenoxyd-3-carbonsäure*, F. 237°, aus 3-Acetylaminodiphenylenoxyd durch Nitrierung, Diazotierung, Umsetzung mit CuCN u. Verseifung des 2-Nitro-3-nitrils mit methanol. KOH; 70%. — *2-Aminodiphenylenoxyd-3-carbonsäure*, durch Red. vorst. Verb. mit ammoniakal. $FeSO_4$; 90%. — *Cumarono-[2'.3':4.5]-isatin-7-carbonsäure*, kein F. bis 360° (Dimethylformamid); 11%. — *3-Aminodiphenylenoxyd-7-carbonsäure*, durch Nitrieren von Diphenylenoxyd-2-carbonsäuremethylester (63%), Verseifen mit Essigsäure–konz. HCl zu 3-Nitro-7-carbonsäure u. Red. mit $FeSO_4$. — *6'-Carboxycumarono-[3'.2':4.5]-isatin*, F. >360°, rote Nadeln, aus vorst. Verb., durch chromatograph. Trennung an Al_2O_3. — *6'-Carboxycumarono-[2'.3':5.6]-isatin*, F. >360°, rote Nadeln. — *2-Aminodiphenylenoxyd-6-carbonsäure*, aus 2-Nitrodiphenylenoxyd über *2-Nitro-6-acetyldiphenylenoxyd* (82%) u. *2-Nitrodiphenylenoxyd-6-carbonsäure* (72%); 78%. — *5'-Carboxycumarono-[2'.3':4.5]-isatin*, F. >360°, rote Nadeln, durch Ringschluß aus vorst. Verbindung. — *5'-Carboxycumarono-[3'.2':5.6]-isatin*, F. >360°, rote Nadeln. (J. prakt. Chem. [4] **4** (**276**). 136—46. Dez. 1956. Halle/Saale, Martin-Luther-Univ. Halle-Wittenberg, Inst. für organ. Chem.) K. MAIER. B 227

Hermann Mix und **Hans Walter Krause**, *Über organische Katalysatoren*. 40. Mitt. *Künstliche Dehydrasen*. 8. Mitt. (39. vgl. C. **1959.** 6424; 7. vgl. vorst. Ref.) Es wurde eine Reihe 4-substituierter *Isatine* (**A**), bes. verschied. *N-[7-(Methylisatincarbonyl-(4)]-aminosäureester* (**B**), hergestellt u. die Dehydraseaktivität gegenüber α-Aminosäuren bestimmt. Die **B** konnten mittels des Anhydridverf. (vgl. C. **1953.** 6860) erhalten werden. Die Darst. der freien **A**-Carbonylaminosäuren gelang nicht. Es wurden einige Aktivität–P_s-Kurven aufgenommen u. hieraus der jeweils geschwindigkeitsbestimmende Schritt der Katalyse berechnet. Während die k_3/k_1-Werte von *Isatin* (**I**; 1,09), *7-Methylisatincarbonsäure-(4)-anilid* (**II**; 0,91) u. *N-[7-Methylisatincarbonyl-(4)]-alaninäthylester* (**III**; 1,09) ca. 1 betragen, beide Teil-Rkk. also annähernd gleich rasch ablaufen, ist die 1. Teil-Rk. im Falle von *7-Methylisatincarbonsäure-(4)* (**IV**) 1,5mal schneller, von **IV**-*Äthylester* (**V**) 0,25mal langsamer als die 2. Teilreaktion.

V e r s u c h e: *3-Nitro-4-methylbenzoesäure*, F. 188—189°, durch Erhitzen von p-Toluylsäure mit rauchender HNO_3. — *3-Amino-4-methylbenzoesäure*, F. 162°, durch katalyt. Hydrierung vorst. Säure in Dioxan (RANEY-Ni, 100 at, 120°); 90% (Ausbeute). — *3-Isonitrosoacetamido-4-methylbenzoesäure*, durch schnelles Erhitzen vorst. Säure in W. mit konz. H_2SO_3, Chloralhydrat u. NH_2OH-Sulfat. — *7-Methylisatincarbonsäure-(4)* (**IV**), $C_{10}H_7NO_4$, F. 278—280°, gelbrote Nadeln (W., Eisessig, Dimethylformamid), durch Eintragen vorst. Säure in 85—90° warme konz. H_2SO_4, ½ std. Erhitzen auf 95—100°; 72%. — *Äthylester* (**V**), $C_{12}H_{11}NO_4$, F. 205°, orangefarbene Stäbchen (Bzl.), durch Veresterung mit absol. A.–HCl-Gas, Reinigung an Al_2O_3. — *Amid* (**VI**), $C_{10}H_8N_2O_3$, >270° Dunkelfärbung, ziegelrote Kristalle (Essigsäure), über *3-Nitro-4-methylbenzonitril*, F. 107°, *3-Amino-4-methylbenzonitril*, F. 81°, *3-Isonitrosoacetamido-4-methylbenzonitril* u. Erhitzen der letzten Verb. mit konz. H_2SO_4, ½ Std. bei 100—105°. — *Anilid* (**II**), $C_{16}H_{12}N_2O_3$, F. 308°, rote Stäbchen (Eisessig, Dimethylformamid), durch Rk. von **IV** in Chlf.–Tributylamin bei — 5° bis 0° mit Chlorameisensäureäthylester u. nach 30 Min. Zugabe von Anilin. — *Diäthylamid* (**VII**), $C_{14}H_{16}N_2O_3$, F. 192°, hellrote Blättchen (Bzl.), analog **II**. — *N-[7-Methylisatincarbonyl-(4)]-alaninäthnylester* (**III**), $C_{15}H_{16}N_2O_5$, F. 254°, hellrote Stäbchen (A.), wie vorst., ebenso folgende Verbindungen. — *N-[7-Methylisatincarbonyl-(4)]-norvalinäthylester* (**VIII**), $C_{17}H_{20}N_2O_5$, F. 220°, hellrote Blättchen (Bzl.–A.). — *N-[7-Methylisatincarbonyl-(4)]-α-aminobuttersäureäthnylester* (**IX**), $C_{16}H_{18}N_2O_5$, F. 218 bis 219°, rote Blättchen (Bzl., A.). — *N-[7-Methylisatincarbonyl-(4)]-glutaminsäurediäthylester* (**X**), $C_{19}H_{22}N_2O_7$, F. 171—172°. — *N-[7-Methylisatincarbonyl-(4)]-glutaminsäuremonoäthylester* (**XI**), $C_{17}H_{18}N_2O_7$, F. 186—187°, lange rote Nadeln (W.), durch Verseifen von **X** mit 10%ig. methanol. KOH (15 Min.). — *N-[7-Methylisatincarbonyl-(4)]-phenylalaninäthylester* (**XII**), $C_{21}H_{20}N_2O_5$, F. 225—226°, rote Nadeln (Bzl.–A.). — *N-[7-Methnylisatincarbonyl-(4)]-tryptophanmethylester* (**XIII**), $C_{22}H_{19}N_3O_5$, F. 254°, purpurrote Kristalle (Dimethylformamid–Eisessig). — *4.7-Dimethylisatin* (**XIV**), $C_{10}H_9NO_2$, F. 261°, gelbrot (Eisessig), über *Nitro-p-xylol*, Kp. 234—237°, *Amino-p-xylol*, Kp. 220—221°, *Isonitrosoacetamido-p-xylol*, u. Erwärmen der letzten Verb. mit konz. H_2SO_4 auf 65—70° (20 Min.). — *4-Amino-7-methylisatin* (**XV**), $C_9H_8N_2O_2$, >310° Verkohlung, hellrote Nadeln (A.), über *3-Nitro-4-methylanilin*, F. 77°, *3-Nitro-4-methylacetanilid*, F. 144°, *3-Amino-4-methylacetanilid*, F. 159°, u. *3-Isonitrosoacetamido-4-methylacetanilid* (aus vorst. Amin durch

4—5 Std. Verrühren der angesäuerten wss. Suspension mit Chloralhydrat–NH_2OH-Sulfat bei 35—40°) u. Erwärmen (45 Min.) der letzten Verb. in konz. H_2SO_4, Reinigung an Al_2O_3. — Dehydraseaktivität ($2 \cdot 10^{-5}$ Mol Methylenblau, $2{,}25 \cdot 10^{-4}$ Mol DL-Alanin; 71%ig. Dimethylformamid, $40 \pm 0{,}1°$): **I**, $2 \cdot 10^{-5}$mol., Entfärbungszeit (Min.) 59,0; **IV**, $2 \cdot 10^{-5}$, 4,5; **V**, $2 \cdot 10^{-5}$, 24,0; **V**, $5 \cdot 10^{-5}$, 1002,0; **II**, $2 \cdot 10^{-5}$, 97,5; **VII**, $2 \cdot 10^{-5}$, 368,0; **III**, $2 \cdot 10^{-5}$, 51,0; **VIII**, $2 \cdot 10^{-5}$, 72,0; **IX**, $2 \cdot 10^{-5}$, 76,0; **X**, $2 \cdot 10^{-5}$, 72,0; **XI**, $2 \cdot 10^{-5}$, 72,0; **XII**, $2 \cdot 10^{-5}$, 71,5; **XIII**, $2 \cdot 10^{-5}$, 75,0; **XIV**, $5 \cdot 10^{-5}$, 720—840; **XV**, $5 \cdot 10^{-5}$, keine Entfärbung. (Chem. Ber. **89**. 2630—36. 3/11. 1956. Rostock, Inst. für Katalyseforsch. der Dtsch. Akad. der Wiss. zu Berlin.) K. MAIER. B 227

Melvin Jensen Astle and **James Reid Shelton**, Organic chemistry, 2nd ed. New York: Harper. 1959. (781 S. m. Abb. u. Diagr.) 8°. $ 7,50.

T. A. Geissmann, Principles of organic chemistry. San Francisco; W. H. Freeman. 1959. (643 S. m. Abb. u. Diagr.) 8°. $ 7,—.

J.-P. Mathieu and others, Tables of constants and numerical data, affiliated to the International Union of Pure and Applied Chemistry; 10, Selected constants optical rotatory power: III, Amino-acids. New York; Pergamon Press. 1959. (61 S.) 4°. $ 6,50.

C. Präparative organische Chemie. Naturstoffe.

Shirō Kudō, *Dehydrierung von Alkoholen mit Cu–Zn-Chromit-Katalysatoren.* (Kurze Mitt.) Durch ein Cu-Rohr mit einem Cu–Zn-Chromit-Katalysator [durch Lösen von $Ba(NO_3)_2$, $Cu(NO_3)_2 \cdot 3\,H_2O$ u. $Zn(NO_3)_2 \cdot 6\,H_2O$ bei 70° in W., Fällen mit wss. $(NH_4)_2Cr_2O_7$·28%ig. NH_4OH, Filtrieren des Nd. u. 1std. Erhitzen auf 350°] werden bei 260—290° durchgeleitet: Je ca. 400 g *A.*, *Propanol*, *Butanol*, *Methylisobutylcarbinol* (I), *Cyclohexanol* (II) u. *2-Äthylhexanol*. Die Hauptbestandteile der Dehydrierprodd. sind Aldehyde u. Ketone zu ca. 20—58% der fl. u. gasförmigen Prodd. neben 0,2—1% Säuren u. 0,4—2,1% Estern. Aus I bzw. II entstehen daneben 9,3 bzw. 12,2% KW-stoffe. Die Wirksamkeit des Katalysators gegenüber Butanol bleibt in 25 Std. bei 250—260° [→ *n-Butyraldehyd* (ca. 37—40%)] unverändert. (J. chem. Soc. Japan, ind. Chem. Sect. [Kōgyō Kagaku Zassi] **58**. 719—20. Sept. 1955. Shuntōgun-Shizuoka, Kyowa Gärungsind. A.-G. [Orig.: japan.]) L. SCHULER. 560

W. I. Ljubomilow, *Reaktion von Isovaleraldehyd mit einer Lösung von Natriumisoamylat in Isoamylalkohol.* Isovaleraldehyd reagiert mit einer Lsg. von Na-Isoamylat in Isoamylalkohol bei 110—140° hauptsächlich unter Bldg. von *2.6-Dimethyl-3-[hydroxymethyl]-hepten-(3)* (I), *2.6-Dimethyl-3-[hydroxymethyl]-hepten-(4)* (II) u. *2.6-Dimethyl-3-[hydroxymethyl]-heptan* (III). Daneben entstehen wenig höhere Alkohole u. Glykole, Salze der Isovaleriansäure, gesätt. u. ungesätt. Säuren mit 10 u. 15 C-Atomen sowie Hydroxysäuren, die als Lactone isoliert wurden. Bei tieferer Temp. entstehen mehr ungesätt. Alkohole der C_{10}-Reihe, bei erhöhter Temp. oder bei Erhöhung der Reaktionsdauer erhöht sich der Anteil der C_{10}-Alkohole u. dabei auch die Ausbeute an **III**.

Versuche: Rk. von Na-Isoamylat mit Isovaleraldehyd: Man löst in 176 g Isoamylalkohol bei 100—110° 11,5 g Na, gibt in ½ Std. 43 g Isovaleraldehyd zu, kühlt ab, wäscht mit W. bis zur neutralen Rk. u. fraktioniert die organ. Schicht: *2.6-Dimethyl-3-[hydroxymethyl]-hepten-(4)* (II), $C_{10}H_{20}O$, $Kp._{761}$ 201,5—202°, $Kp._4$ 67—67,5°, $D.^{20}_4$ 0,8345; n_D^{20} 1,4440; 6 g II geben bei der Hydrierung in Ggw. von 2 g RANEY-Katalysator 4,9 g *2.6-Dimethyl-3-[hydroxymethyl]-heptan* (III), $Kp._{3,5}$ 73,5—74,7°; $D.^{20}_4$ 0,8352; n_D^{20} 1,4372; bei der $KMnO_4$-Oxydation von II wird *Isobuttersäure* erhalten (Ag-Salz, $C_4H_7AgO_2$, *Anilid*, F. 103,5—104,0°). — *2.6-Dimethyl-3-[hydroxymethyl]-hepten-(3)* (I), $C_{10}H_{20}O$, $Kp._{742}$ 204—205°, $Kp._{3,5}$ 66—67°; $D.^{20}_4$ 0,8485; n_D^{20} 1,4512 (*α-Naphthylurethan*, F. 67,8—68,5°); I wird auch durch Red. von 2.6-Dimethyl-3-formylhepten-(3) mit Al-Isopropylat in Isoamylalkohol erhalten; 57% (Ausbeute). — *2.6-Dimethyl-3-[hydroxymethyl]-heptan* (III), $C_{10}H_{22}O_2$, $Kp._{748}$ 208—209°; $D.^{20}_4$ 0,8361; n_D^{20} 1,4370; nach Entfernen der ungesätt. Alkohole aus der Fraktion $Kp._{10}$ 105—106° durch $KMnO_4$-Oxydation; wird auch durch katalyt. Hydrierung von 2.6-Dimethyl-3-formylhepten-(3) in A. in Ggw. von RANEY-Ni erhalten. — *2.6-Dimethyl-3-formylhepten-(3)*, $Kp._{3,5}$ 49,5 bis 50°, nach der Meth. von BATALIN u. SLAWINA [1937] aus Isovaleraldehyd bei 75°; $D.^{20}_4$ 0,8454; n_D^{20} 1,4519; 65,5%. — Aus der wss.-alkal. Schicht der Rk. von Isovaleraldehyd mit Na-Isoamylat wurden durch Ansäuern u. Dest. erhalten: *5-Methyl-2-isopropyl-4-hydroxycapronsäurelacton*, $C_{10}H_{18}O_2$, $Kp._4$ 98—102°; $D.^{20}_4$ 0,9906; n_D^{20} 1,4608, u. eine *Verb.* $C_{15}H_{28}O_2$ (*7-Methyl-2.4-diisopropyl-5-hydroxycaprylsäurelacton ?*), $Kp._4$ 127 bis 133°; $D.^{20}_4$ 0,9480; n_D^{20} 1,4666. (Журнал Общей Химии [J. allg. Chem.] **26** (**88**). 2738—43. Okt. 1956. Wiss. Forschungsinst. für Plaste.) A. BABCZYŃSKI. 560

Ferdinand Bohlmann, Hanni-Lore Ahrens und **Helmuth Kritzler**, *Über eine Nebenreaktion bei der Reduktion α.β-ungesättigter Ester mit Lithiumalanat.* Bei der Red. ungesätt.

Carbonsäuren mit $LiAlH_4$ werden meist in hoher Ausbeute die entsprechenden ungesätt. Alkohole erhalten. Die analoge Red. von *γ.γ.γ*-Trimethylcrotonsäuremethylester (I) u. Crotonsäuremethylester (II) gibt nur in ca. 60%ig. Ausbeute die entsprechenden Alkohole. Als Nebenprodd. treten dimere Alkohole gleicher Zus. auf, deren Struktur geklärt wird. Anzahl u. Stellung der C=C-Bindungen werden durch Hydrierung u. Ozonabbau weitgehend sichergestellt. Durch ZEREWITINOFF-Best. werden bei beiden Verbb. 2 akt. H-Atome nachgewiesen. — Die wahrscheinlichste Konst. der dimeren Alkohole ist die von *3.5-Di-tert.-butyl-4-hydroxymethylpenten-(4)-ol-(1)* (III) bzw. *3-Methyl-4-hydroxymethylhexen-4-ol-(1)*. Der Mechanismus dieser Neben-Rk. ist noch nicht geklärt. Verss., diese zu verhindern, verlaufen ohne Erfolg.

Versuche: *γ.γ.γ-Trimethylcrotonsäuremethylester* (I), $Kp._{12}$ 54°, durch Versetzen einer GRIGNARD-Lsg. aus 26 g Äthoxyacetylen in Bzl./Ae. mit 40 g Trimethylacetaldehyd (V) unter Rühren, 1std. Kochen, Zers. mit gesätt. NH_4Cl-Lsg. u. Umlagerung von entstandenem *1-Äthoxy-3-hydroxy-4.4-dimethylpentin-(1)* durch Lösen in CH_3OH in Ggw. von wenig H_2SO_4; 22 g (Ausbeute). *Freie Säure*, $C_7H_{12}O_2$, F. 59° (W.). — *δ.δ.δ-Trimethylcrotylalkohol* (IV), $Kp._{42}$ 83—85°, durch 1std. Red. von 16 g I mit $LiAlH_4$ in Ae. u. Zers. mit NH_4Cl-Lsg.; 7,5 g. *β-Anthrachinoncarbonsäurederiv.*, $C_{22}H_{20}O_4$, F. 98°; aus PAe. gelbliche Kristalle. — *3.5-Di-tert.-butyl-4-hydroxymethylpenten-(4)-ol-(1)* (III), $C_{14}H_{28}O_2$, F. 108,5°, $Kp._{20}$ 170—175°, Nebenprod. bei der Darst. von IV; Nadeln; 2,9 g. Nimmt bei der Hydrierung 0,98 Mol H_2 auf unter Bldg. der *Verb.* $C_{14}H_{30}O_2$, F. 127°; Nadeln. Durch Ozonabbau in Essigester bei —20° u. Zers. des *Ozonids* mit W. u. Zn-Staub erfolgt Abspaltung von V (*2.4-Dinitrophenylhydrazon*, F. 213°). — *Crotylalkohol*, $Kp._{12}$ 40—42°, aus 94 g II durch Red. mit $LiAlH_4$ analog IV; 40 g. Daneben *3-Methyl-4-hydroxymethylhexen-(4)-ol-(1)*, $C_8H_{16}O_2$, $Kp._1$ 120—130°; 25 g (*Dibenzoylderiv.*, $C_{22}H_{24}O_4$, $Kp._{0,001}$ 138°. *Bis-[p-nitrobenzoat]*, F. 233,5°). Gibt beim Ozonabbau analog III *Acetaldehyd*; 70% (*2.4-Dinitrophenylhydrazon*, F. 166°). Die Oxydation mit konz. HNO_3 gibt *Methylbernsteinsäure*, F. 109,5° (Ae./Bzl.). (Abh. braunschweig. wiss. Ges. **9.** 173—76. 1957.) W. HÖVERMANN. 570

William E. Parham, Robert F. Motter und **Gwendolyn L. O. Mayo,** *Die Reaktion von Bis-[substituierten-mercapto]-äthylenen mit n-Butyllithium.* (Vgl. C. **1957.** 2975.) *1.2-Bis-[alkylmercapto]-äthylene* u. *1-Alkylmercapto-2-alkoxyäthylene* reagieren mit n-Butyl-Li (I) unter Bldg. von *Alkylmercaptoacetylenen*. Durch kinet. Unterss. konnte der Reaktionsverlauf nicht geklärt werden, da sowohl cis- als auch trans-1.2-Bis-[phenylmercapto]-äthylen zu rasch mit I reagierten. Durch Unterss. der ster. u. elektr. Effekte wurde festgestellt, daß die Rk. unter *β*-Eliminierung verläuft. Die Darst. von *Alkyl-* bzw. *Arylmercaptoacetylenen* durch Rk. von 1.2-Bis-[alkyl(aryl)-mercapto]-äthylenen mit I ist allg. anwendbar. Aromat. u. aliphat. Derivv. sind etwa gleich reaktionsfähig; die Rk. von *1-Phenylmercapto-2-n-butylmercaptoäthylen* (II) mit I ergab etwa gleiche Mengen an *n-Butylmercaptoacetyle* (IX) u. *Phenylmercaptoacetylen* (V). Die Rk. von *1-n-Butylmercapto-2-tert.-butylmercaptoäthylen* (III) u. *1-Phenylmercapto-2-tert.-butylmercaptoäthylen* (IV) mit I erfolgte fast ausschließlich unter Eliminierung von *tert.-Butylmercaptan*; die Rk. ist also ster. Einfll. unterworfen. *1-Phenylmercapto-2-äthoxyäthylen* gab nur V, 1.2-Bis-[äthoxy]-äthylen reagierte nicht mit I; die bevorzugte Eliminierung von Alkohol aus 1-Alkylmercapto-2-alkoxyäthylenen u. das Ausbleiben der Rk. mit 1.2-Dialkoxyäthylenen lassen auf die Verstärkung der Acidität des α-H-Atoms durch bivalenten S u. *β*-Eliminierung schließen. Die symm. *1.2-Bis-[alkylmercapto]-äthylene* wurden durch Rk. von cis-Dichloräthylen mit dem entsprechenden Mercaptid in A. dargestellt; die Reaktionsprodd. haben wahrscheinlich cis-Konfiguration; durch Dest. tritt teilweise, durch längeres Erhitzen vollständige Umlagerung in die trans-Verbb. ein. Die Rk. der symm. Sulfide mit I wurde nach der früher beschriebenen Meth. (vgl. l. c.) durchgeführt; entstehen dabei aliphat. substituierte Mercaptoacetylene, so muß das gebildete Li-Mercaptid entfernt werden, da sonst bei Wasserzugabe rückläufige Rk. eintritt. Wurde V in Ae. 5 Min. mit alkal. n-Butyl- oder tert.-Butylmercaptanlsg. geschüttelt, so entstanden in 60%ig. Ausbeute die Additionsprodd.; Thiophenollsg. verhielt sich nicht analog. Unsymm. substituierte Bis-[alkylmercapto]-äthylene wurden durch Addition von Mercaptan an Alkylmercaptoacetylene dargestellt; Vinyläther wurden analog durch A.-Addition erhalten. Die Sulfide wurden als Sulfone charakterisiert. 1-Alkylmercapto-2-alkoxyäthylene gaben durch Rk. mit 2.4-Dinitrophenylhydrazin *Glyoxal-2.4-dinitrophenylosazon*. *1-Butylmercapto-2-äthoxyäthylen* (VI) ergab durch Rk. mit H_2O_2 in wss. Essigsäure *n-Butylsulfonylessigsäure*.

Versuche: *cis-1.2-Bis-[methylmercapto]-äthylen*, $C_4H_8S_2$, $Kp._{2,4}$ 55—56°, n_D^{25}, 1,5745—1,5753; 61,5% (Ausbeute). — *cis-1.2-Bis-[methylsulfonyl]-äthylen*, $C_4H_8O_4S_2$, F. 102—103° (CH_2Cl_2–PAe.), durch Oxydation vorst. Verb. mit H_2O_2 in Essigsäure

Abdest. der Essigsäure im Vakuum, Gießen in Eis, Filtrieren, Einengen, Kühlen u. Filtrieren; 65,5%. — *trans-1.2-Bis-[methylmercapto]-äthylen*, Kp.$_{2-3}$ 50—52°, durch 3std. Erhitzen der cis-Verb. auf 165° unter N_2 im Rohr; $n_D^{25,3}$ 1,5783. — *trans-1.2-Bis-[methylsulfonyl]-äthylen*, F. 249° (Acetonitril); 31%. — *cis-1.2-Bis-[n-butylmercapto]-äthylen* (**VII**), $C_{10}H_{20}S_2$, Kp.$_{0,25}$ 92—94°, durch Rk. von cis-Dichloräthylen mit n-Butylmercaptan; n_D^{25} 1,5222; 92%. — *cis-1.2-Bis-[n-butylsulfonyl]-äthylen*, $C_{10}H_{20}O_4S_2$, F. 61,5° (PAe.), durch Oxydation von **VII** mit H_2O_2; 79%. — *4.5-Dibutylsulfonylcyclohexen*, $C_{14}H_{26}O_4S_2$, F. 74—75° (PAe.–A.), durch 18std. Erhitzen von **VII** mit Butadien in Eisessig auf dem Wasserbad, Abdampfen des Butadiens, Gießen in Eis, Alkalisieren, Ae.-Extraktion u. Eindampfen; 37%. — *trans-1.2-Bis-[n-butylsulfonyl]-äthylen*, F. 148 bis 150° (A.), durch 3std. Erhitzen von **VII** auf 165° unter N_2 im Rohr, Dest. u. Oxydation der bei 88—90°/0,4 Torr ($n_D^{24,9}$ 1,5219) sd. Anteile mit H_2O_2 wie oben; 48,6%. — *cis-1.2-Bis-[tert.-butylmercapto]-äthylen* (**VIII**), $C_{10}H_{20}S_2$, F. 62—63° (wss. A.), analog **VII**; Kp.$_{0,4}$ 70—84°; 92%. — *n-Butylmercaptoacetylen* (**IX**), $C_6H_{10}S$, Kp.$_{93}$ 83°, a) durch Zugabe von **I** zu **VII** in Ae. bei —30° unter N_2, Erwärmen auf Raumtemp., 1std. Stehen, Filtrieren unter N_2, Zugabe von W. zum Filtrat, Ae.-Extraktion u. Dest.; n_D^{25} 1,4690; 63,5%; b) analog a) aus **II**; 23,8—33,7%; c) analog a) aus **III**; 40%; d) analog a) aus **VI**; 69%. Daneben nach a) *n-Butylmercaptan*, Kp.$_{140}$ 62°, durch Zers. des als Nd. erhaltenen Li-Mercaptides; n_D^{25} 1,4332; 62,3%, u. *n-Butanol* [*3.5-Dinitrobenzoat*, F. 64°]. — *tert.-Butylmercaptoacetylen*, Kp.$_{109}$ 61°, a) analog **IX** aus **VIII**; $n_D^{26,9}$ 1,4631; 61,7%; b) analog a) mit Phenyl-Li; 48%; c) analog a) aus **IV**, **III** oder 1-tert.-Butylmercapto-2-äthoxyäthylen; 3—6%, 9% bzw. 24%; daneben *tert.-Butylmercaptan* [*Hg-Mercaptid*, $C_{12}H_{18}HgS_2$, F. 145 bis 148°; 84,6%] u. *tert.-Butanol*. — *Phenylmercaptoacetylen* (**V**), Kp.$_{6,5}$ 72°, a) aus *cis-1.2-Bis-[phenylmercapto]-äthylen* analog l. c. mit Phenyl-Li, n_D^{25} 1,5913; 73—90°; b) analog **IX** aus **II**, **IV** bzw. 1-Phenylmercapto-2-äthoxyäthylen; 22—29%, 56% bzw. 82%. — *1-Phenylmercapto-2-n-butylmercaptoäthylen* (**II**), $C_{12}H_{16}S_2$, Kp.$_{0,2}$ 118—119°, a) durch Zugabe von **IX** zu Na-Thiophenolat in A., 40std. Kochen, Abdest. des A. bei 140 Torr, Verdünnen mit W., Ae.-Extraktion u. Dest., n_D^{25} 1,6010; 84%; b) analog a) aus **V** u. Na-n-Butylmercaptid; 86%; c) durch 5 Min. Schütteln von **V** in Ae. mit wss.-alkal. n-Butylmercaptanlsg.; 60%. — *1-Phenylsulfonyl-2-n-butylsulfonyläthylen*, $C_{12}H_{16}O_4S_2$, F. 81,5—82,5° (PAe.–A.) durch Oxydation von **II** mit H_2O_2; 75%. — *1-Phenylmercapto-2-tert.-butylmercaptoäthylen* (**IV**), $C_{12}H_{16}S_2$, Kp.$_{0,25}$ 112°, a) analog **II** nach a) aus **V** u. tert.-Butylmercaptan; $n_D^{2,5}$ 1,5983; 70%; b) analog **II** nach b) aus tert.-Butylmercaptoacetylen u. Thiophenol; 70%. — *1-Phenylsulfonyl-2-tert.-butylsulfonyläthylen*, $C_{12}H_{16}O_4S_2$, F. 151,5—152° (PAe.–Aceton), durch Oxydation von **IV** mit H_2O_2; 44%. — *1-n-Butylmercapto-2-tert.-butylmercaptoäthylen* (**III**), $C_{10}H_{20}S_2$, Kp.$_{0,2}$ 78°, a) analog **II** aus **IX** u. tert.-Butylmercaptan; $n_D^{24,4}$ 1,5187; 75%; b) aus tert.-Butylmercaptoacetylen u. n-Butylmercaptan; 65%. — *1-n-Butylsulfonyl-2-tert.-butylsulfonyläthylen*, $C_{10}H_{20}O_4S_2$, F. 98° (CH_2Cl_2–PAe.), durch Oxydation von **III** mit H_2O_2 in Essigsäure, Gießen in W. u. Extraktion mit CH_2Cl_2; 63%. — *1-n-Butylmercapto-2-methylmercaptoäthylen*, $C_7H_{14}S_2$, Kp.$_{0,2}$ 56—58°, analog **II** aus **IX** u. Methylmercaptan; $n_D^{26,9}$ 1,5398. — *1-Phenylmercapto-2-äthoxyäthylen*, $C_{10}H_{12}OS$, Kp.$_{0,2}$ 82°, durch Zugabe von **V** zu alkoh. Na-Äthylat-3tägiges Kochen, Abdest. des A. bei 140 Torr, Zugabe von W. u. Ae.-Extraktion; n_D^{25} 1,5790; 84%. — *Glyoxal-2.4-dinitrophenylosazon*, F. 325°, aus vorst. Verb. oder **VI** u. 2.4-Dinitrophenylhydrazin. — *1-tert.-Butylmercapto-2-äthoxyäthylen*, $C_8H_{16}OS$, Kp.$_7$ 77°, analog vorvorst. Verb.; $n_D^{33,5}$ 1,4747; 65,8%. — *1-n-Butylmercapto-2-äthoxyäthylen* (**VI**), $C_8H_{16}OS$, Kp.$_{2,5}$ 72°, analog vorst. Verb. aus **IX**; $n_D^{33,8}$ 1,4765; 84%. — *n-Butylsulfonylessigsäure*, $C_6H_{12}O_4S$, F. 70° (CH_2Cl_2–PAe.), a) durch Oxydation von **VI** mit H_2O_2; 27%; b) durch 16std. Stehen von α-Chloressigsäure, n-Butylmercaptan u. wss. KOH, Ansäuern mit HCl, Extraktion mit CH_2Cl_2, Lösen des Extraktes in Eisessig, Oxydation mit H_2O_2 auf dem Wasserbad, Gießen in Eis u. Extraktion mit CH_2Cl_2. (J. Amer. chem. Soc. **81**. 3386—91. 5/7. 1959. Minneapolis, Minn., Univ., School of Chem.)

H. BERTSCH. 600

D. Edwards und **J. B. Stenlake**, *Antituberkulosemittel*. 1. Mitt. *Bis-[dialkylaminoalkyl]-sulfone und verwandte Substanzen.* Dargestellt wurden *Bis-[ω-dialkylaminoalkyl]-sulfone*, die auf ihre tuberkulostat. Wirksamkeit gegen M. tuberculosis, var. hominis im DUBOS-Medium wie in Ei–Agar-Medium nach PEIZER u. SCHECTER untersucht wurden. Langkettige Verbb. sind wirksamer als kurzkettige, Sulfide aktiver als die entsprechenden Sulfone. Eine unerwartet hohe Aktivität besitzen kurzkettige, ungesätt. Sulfone, wie *Bis-[3-diäthylaminopropen-(1)-yl]-sulfon.*

Versuche: *Bis-[2.3-dibrompropyl]-sulfon*, nach LEWIN [1930]. — *Bis-[3-brompropen-(1)-yl]-sulfon*, $C_6H_8Br_2O_2S$, F. 73—74°, durch Zugabe von Pyridin zu vorst. Verb. in heißem Bzl. u. ½std. Kochen; aus CCl_4 Nadeln; 61% (Ausbeute). —*Bis-*

[3-diäthylaminopropen-(1)-yl]-sulfon, Dihydrochlorid, $C_{14}H_{30}Cl_2N_2O_2S$, F. 192—193°, durch Zugabe von Diäthylamin (I) zu vorst. Verb. in heißem Bzl., $^1/_4$std. Kochen, Eindampfen, Lösen in 10%ig. HCl u. Eindampfen; aus abslol. A. Nadeln; 53%. *Dipikrat*, $C_{26}H_{34}N_8O_{16}S$, F. 188—189° (Zers.). — *Bis-[3-brompropyl]-sulfon* (II), $C_6H_{12}Br_2O_2S$, F. 85—86°, durch 19½ std. Einleiten von HBr in eine in Abständen von 3 Std. zum Sieden erhitzte Lsg. von Diallylsulfon (III) in CCl_4 in Ggw. von Benzoylperoxyd u. mehrstd. Stehen; aus Ae. Plättchen; 43%; b) durch 8std. Einleiten von HBr; 39,2%. — *[2-Brompropyl]-[propen-(2')-yl]-sulfon*, $C_6H_{11}BrO_2S$, F. 102,5—103,5° (Ae.), durch 5std. Einleiten von HBr in eine sd. Lsg. von III in CCl_4 in Ggw. von Benzoylperoxyd, Eindampfen, Extrahieren mit Ae., Bzl. u. A., Eindampfen, 7std. Einleiten von HBr in das zurückbleibende Öl in CCl_4, Chromatographieren an Kohle/Cellulose u. an Al_2O_3; daneben *[3-Brompropyl]-[propen-(2')-yl]-sulfon* ($C_6H_{11}BrO_2S$, F. 72—74°; Ae.). — *Bis-[3-diäthylaminopropyl]-sulfon, Dihyorochlorid*, $C_{14}H_{34}Cl_2N_2O_2S$, F. 186,5—187°, durch 1std. Kochen von **II** in Bzl. mit **I**, Eindampfen, Lösen in 10%ig. HCl u. Eindampfen; Nadeln; 53%. — *N.N-Pentamethylenadipinamidsäureäthylester* (**IV**), $C_{13}H_{23}NO_3$, Kp.$_3$ 169—172°, aus Adipinsäuremonoäthylester (**V**) nach AVISON (C. **1953.** 835). — *N.N-Diäthyladipinamidsäureäthylester* (**VI**), $C_{12}H_{23}NO_3$, Kp.$_3$ 144°, durch 1½ std. Kochen von **V** mit $SOCl_2$ u. Zugabe von **I** in Ae.; $n_D^{17,5}$ 1,4572; 81%. — *N.N-Diäthylsebacinamidsäureäthylester* (**VII**), $C_{16}H_{31}NO_3$, Kp.$_3$ 183—190°, aus Sebacinsäuremonoäthylester (**VIII**) analog **VI**; n_D^{19} 1,4571; 57%. — *N.N-Pentamethylensebacinamidsäureäthylester* (**IX**), $C_{17}H_{31}NO_3$, Kp.$_{3,5}$ 208—211°, aus **VIII** analog **IV**; $n_D^{18,5}$ 1,4757; 66%. — *N-[6-Hydroxyhexyl]-diäthylamin* (**X**), Kp.$_{5,5}$ 110°, durch Zugabe von **VI** in Ae. zu $LiAlH_4$ in der Hitze u. $^1/_4$std. Kochen; n_D^{15} 1,4575; 90%. — *N-[6-Hydroxyhexyl]-piperidin* (**XI**), Kp.$_{3,5}$ 123°, aus **IV** analog **X**; $n_D^{19,5}$ 1,4781; 89%. — *N-[10-Hydroxydecyl]-diäthylamin* (**XII**), Kp.$_3$ 146°, aus **VII** analog **X**; $n_D^{19,5}$ 1,4602; 88%. — *N-[10-Hydroxydecyl]-piperidin* (**XIII**), F. 59,5°, aus **IX** analog **X**; aus Ae. Plättchen; 90%. — *N-[6-Chlorhexyl]-diäthylamin* (**XIV**), $C_{10}H_{22}ClN$, Kp.$_{11}$ 102,5°, durch Zugabe von $SOCl_2$ in Bzl. zu **X** in Bzl., Lösen der grünen Kristalle in W., Alkalisieren mit 20%ig. NaOH u. Ausäthern; n_D^{16} 1,4513; 95%. — *N-[6-Chlorhexyl]-piperidin* (**XV**), $C_{11}H_{22}ClN$, Kp.$_{12,5}$ 131°, aus **XI** analog **XIV**; $n_D^{17,5}$ 1,4752; 66%. *Hydrochlorid*, F. 154,5—155°; Plättchen. *N-[10-Chlordecyl]-diäthylamin* (**XVI**), Kp.$_{12}$ 161°, aus **XII** analog **XV**; n_D^{20} 1,4562; 86%. — *N-[10-Chlordexyl]-piperidin* (**XVII**), $C_{15}H_{30}ClN$, Kp.$_5$·151—152°, aus **XIII** wie **XV**; n_D^{18} 1,4753; 95%. *Hydrochlorid*, F. 135—136°. — *Bis-[6-diäthylaminohexyl]-sulfid* (**XVIII**), $C_{20}H_{44}N_2S$, Kp.$_{5,5}$ 208—209°, durch Zugabe von **XIV** in A. zu Na_2S in W./A., $3^1/_4$std. Kochen, Einengen, Gießen in W. u. Ausäthern; n_D^{19} 1,4757; 72,5%. *Dihydrochlorid*, $C_{20}H_{46}Cl_2N_2S$, F. 130,5—131,5° (A.). — *Bis-[6-piperidinohexyl]-sulfid* (**XIX**), Kp.$_3$ 230—231°, aus **XV** analog **XVIII**; $n_D^{16,5}$ 1,5022, gelbes Öl; 64%. *Dihydrochlorid*, $C_{22}H_{46}Cl_2N_2S$, F. 226,5—227° (A./Ae.). — *Bis-[10-diäthylaminodecyl]-sulfid* (**XX**), $C_{28}H_{60}N_2S$, Kp.$_{3,5}$ 275°, aus **XVI** analog **XVIII**; gelbes Öl; $n_D^{15,5}$ 1,4775; 40%. *Dihydrochlorid*, $C_{28}H_{62}Cl_2N_2S$, F. 141—142° (A./Ae.). — *Bis-[10-piperidinodecyl]-sulfid* (**XXI**), $C_{30}H_{60}N_2S$, aus **XVII** analog **XVIII**; hellgelbe, niedrigschm. M.; 73%. *Dihydrochlorid*, $C_{30}H_{62}Cl_2N_2S$, F. 204—204,5° (A./Ae.). — *Bis-[6-diäthylaminohexyl]-sulfon*, $C_{20}H_{44}N_2O_2S$, Kp.$_3$ 220°, durch Zugabe von $KMnO_4$ in Essigsäure zu kaltem **XVIII** in Essigsäure, Entfärben mit SO_2 nach 20 Min., Einengen im Vakuum, Alkalisieren mit $NaCO_3$-Lsg. u. Ausäthern; n_D^{20} 1,4743; 90%. *Dihydrochlorid*, $C_{20}H_{46}Cl_2N_2OS$, F. 139—140° (A./Ae.). — *Bis-[6-piperidinohexyl]-sulfon*, $C_{22}H_{44}N_2O_2S$, F. 50,5—51°, aus **XIX** analog vorst. Verb.; aus Ae./PAe. Plättchen; 86%. *Dihydrochlorid*, $C_{22}H_{46}Cl_2N_2O_2S$, F. 191,5—192,5° (A./Ae.). — *Bis-[10-diäthylaminodecyl]-sulfon*, aus **XX** analog vorst. Verb.; 97%. *Dihydrochlorid*, $C_{28}H_{62}Cl_2N_2O_2S$, F. 142,5° (A.). — *Bis-[10-piperidinodecyl]-sulfon*, $C_{30}H_{60}$·N_2O_2S, F. 74,5—75°, aus **XXI** analog vorst. Verb.; aus Ae. Schuppen; 100%. *Dihydrochlorid*, $C_{30}H_{62}Cl_2N_2O_2S$, F. 182° (Ae.). (J. Pharmacy Pharmacol. **7.** 852—61. Nov. 1955. Glasgow, Royal Technicol College, School of Pharmacy.) W. LIEBSCHER. 600

B. I. Michantjew und **E. A. Prjachina**, *Synthese von Äthyl-, Isopropyl-, n-Propyl-, Isobutyl-, n-Butyl- und Isoamylcrotylacetalen.* Durch Rk. von Crotylalkohol mit Vinylalkyläthern in Ggw. von HCl werden einige *Acetaldehydalkylcrotylacetale* [$CH_3CH(OR)$·$OCH_2CH{=}CHCH_3$; R = Äthyl, Isopropyl, n-Propyl, Isobutyl, n-Butyl, Isoamyl] dargestellt. Bei der Hydrierung geben sie die entsprechenden gesätt. Acetale.

Versuche: Acetaldehydacetale: *Äthylcrotyl-*, $C_8H_{16}O_2$, Kp.$_{13-14}$ 46,5 bis 48,5°, zu 10 g Crotylalkohol u. 20 g Vinyläthyläther gibt man 0,01 ml 30%ig. HCl (Selbsterwärmung auf 40—65°), läßt über Nacht stehen, neutralisiert durch 2—3std. Rühren mit K_2CO_3, filtriert u. dest.; D.$^{20}_4$ 0,8505, n_D^{20} 1,4148; 14 g (Ausbeute). — *Isopropylcrotyl-*, $C_9H_{18}O_2$, Kp.$_{23}$ 69—71°, analog Vorst. mit Vinylisopropyläther; D.$^{20}_4$ 0,8461, n_D^{20} 1,4156; 80%. — *n-Propylcrotyl-*, $C_9H_{18}O_2$, Kp.$_{23-24}$ 78—80°; D.$^{20}_4$ 0,8516,

n_D^{20} 1,4190; 74,1%. — *Isobutylcrotyl-*, $C_{10}H_{20}O_2$, Kp.$_7$ 53—56°; D.$^{20}_4$ 0,8462, n_D^{20} 1,4107; 65%. — *n-Butylcrotyl-*, $C_{10}H_{20}O_2$, Kp.$_{9-10}$ 69—71°; D.$^{20}_4$ 0,8493; 71,7%. — *Isoamylcrotyl-*, $C_{11}H_{22}O_2$, Kp.$_{5-6}$ 65—66°; D.$^{20}_4$ 0,8500, n_D^{20} 1,4250; 60%. — Durch Hydrierung an RANEY-Ni wurden aus vorst. Verbb. folgende gesätt. Acetaldehydacetale erhalten: *Äthyl-n-butyl-*, Kp.$_{14-15}$ 54°; D.$^{20}_4$ 0,8266, n_D^{20} 1,3980; 41%. — *Isopropyl-n-butyl-*, Kp.$_{23}$ 64—65°; D.^{20} 0,8212, n_D^{20} 1,4000; 79,6%. — *n-Propyl-n-butyl-*, Kp.$_{13}$ 58—59°, Kp. 164—166°; D.$^{20}_4$ 0,8283, n_D^{20} 1,4033; 77%. — *Isobutyl-n-butyl-*, Kp.$_{6-7}$ 52—54°; D.$^{20}_4$ 0,8250, n_D^{20} 1,4061; 74,9%. — *Di-n-butyl-*, Kp.$_{8-9}$ 60—62°; D.$^{20}_4$ 6,8298, n_D^{20} 1,4090; 31%. — *Isoamyl-n-butyl-*, Kp.$_{5-6}$ 62—63°; D.$^{20}_4$ 0,8295, n_D^{20} 1,4120; 73,2%. (Журнал Общей Химии [J. allg. Chem.] **29** (**91**). 179—81. Jan. 1959. Woronesh, Univ.) G. FROELICH. 670

Seiji Wakayama und **Haruki Maekawa,** *Darstellungsverfahren für aliphatische Methylketone.* (Kurze Mitt.) Das Verf. geht aus von β-Chlorvinylalkylketonen.

Versuche: Methylketone: *Undecyl-*, F. 28—29°, Kp.$_{14}$ 134°, aus 1,5 g β-Chlorvinylundecylketon in methanol. NaOH in 4 Std. bei n. Temp. durch Zusatz von wenig W. u. 50 Min. Kochen; 0,85 g (Ausbeute). *Semicarbazon,* $C_{14}H_{29}N_3O$, F. 125 bis 126°. — *Amyl-*, Kp.$_{758}$ 152°, analog vorst. Verb.; 73%. *Semicarbazon,* F. 123—124°. — *Hexyl-*, Kp.$_{105}$ 42°; 76%. *Semicarbazon,* F. 123°. — *Heptyl-*, Kp.$_7$ 88—90°; 78%. *Semicarbazon,* F. 118—119°. — *Nonyl-*, Kp.$_{5,5}$ 79—80°; 72%. *Semicarbazon,* $C_{12}H_{25}N_3O$, F. 123°. (J. chem. Soc. Japan, ind. Chem. Sect. [Kōgyō Kagaku Zassi] **58.** 716—17. Sept. 1955. Sapporo, Hokkaido, Univ. [Orig.: japan.]) L. SCHULER. 710

Jørgen Berger, *Die Identifizierung organischer Verbindungen.* 1. Mitt. *Die Darstellung der p-Bromphenacylester von Carbonsäuren.* Hydrolyse von p-Bromphenacylestern zu *p-Bromphenacylalkohol* (I) wird beobachtet, wenn der F. des Esters unter dem von I (F. 143°) liegt. Durch Alkaliüberschuß u. zu langes Kochen wird die Hydrolyse verstärkt. Sehr leicht hydrolysieren Ameisensäure-p-bromphenacylester u. Oxalsäure-bis-[p-bromphenacylester], für die eine bessere Darstellungsmeth. angegeben wird.

Versuche (FF. korr.): p-Bromphenacylester bzw. Bis-[p-bromphenacylester (von Dicarbonsäuren) durch Lösen von 0,004 Äquivalenten der Säure in 5 ml A., Neutralisieren mit 2n NaOH gegen Phenolphthalein, Zugabe von 3 ml W. u. 0,5n HCl bis zum Verschwinden der Rotfärbung. Zugabe von weiteren 10 bis 15 Tropfen HCl, Versetzen mit 1 g p-Bromphenacylbromid u. 5 ml A., 1std. Kochen (bei Dicarbonsäuren 2 Std.), Abkühlen u. Umkristallisieren aus A., 50%ig. A. oder Eisessig; 60—80% Ausbeute: *Vinylessigsäure-*, $C_{12}H_{11}BrO_3$, F. 60,5°. — *β.β-Dimethylacrylsäure-*, $C_{13}H_{13}BrO_3$, F. 101°. — *Fumarsäure-*, $C_{20}H_{14}Br_2O_6$, F. 256—257° (Zers.). — *d-Camphersäure-*, $C_{26}H_{26}Br_2O_6$, F. 142,5°. — *Diphenylessigsäure-*, $C_{22}H_{17}BrO_3$, F. 112°. — *3.4-Dichlorbenzoesäure-*, $C_{15}H_9BrCl_2O_3$, F. 123°. — *4-Bromphenylessigsäure-*, $C_{16}H_{12}\cdot Br_2O_3$, F. 100,5°. — *dl-Mandelsäure-*, $C_{16}H_{13}BrO_4$, F. 113°. — *o-Kresotinsäure-*, $C_{16}H_{13}\cdot BrO_4$, F. 172°. — *p-Kresotinsäure-*, $C_{16}H_{13}BrO_4$, F. 142°. — *4-Äthoxybenzoesäure-*, $C_{17}H_{15}BrO_4$, F. 141°. — *Veratrumsäure-*, $C_{17}H_{15}BrO_5$, F. 124°. — *Piperonylsäure-*, $C_{16}H_{11}BrO_5$, F. 165,5°. — *2-Chlorphenoxyessigsäure-*, $C_{16}H_{12}BrClO_4$, F. 95,5°. — *4-Chlor-3.5-dinitrobenzoesäure-*, $C_{15}H_8BrClN_2O_7$, F. 153°. — *3-Nitrophthalsäure-*, $C_{24}H_{15}Br_2NO_8$, F. 166°. — *3.4.5-Trimethoxybenzoesäure-*, $C_{18}H_{17}BrO_6$, F. 129°. — *Naphthyl-(1)-essigsäure-*, $C_{20}H_{15}BrO_3$, F. 112,5°. — *Ameisensäure-*, $C_9H_7BrO_3$, F. 101°, durch ½std. Kochen wie vorstehend. — *Oxalsäure-*, $C_{18}H_{12}Br_2O_6$, F. 244—245° (Zers.), durch 1std. Kochen in Methylcellulose wie vorstehend. (Acta chem. scand. **10.** 638—42. 1956. Copenhagen, Denmark, Royal Danish School of Pharmacy, Dep. of Org. Chem.)
W. HÖVERMANN. 800

Martin Stiles und **Herman L. Finkbeiner,** *Chelatisierung als treibende Kraft bei Synthesen. Ein neuer Weg zu α-Nitrosäuren und α-Aminosäuren.* Durch Rk. von Al-Isopropylat u. Nitroessigsäure (I) in Ae. entsteht ein weißes Pulver der Zus. $Al_2(C_2H_2NO_4)_3\cdot$(Lösungsm.)$_x$, das mit verd. HCl zu I zerlegt wird. Mg-Nitroacetat konnte nicht kristallin erhalten werden. Das aus $MgOCH_3$ u. CO_2 in Dimethylformamid erhältliche *Mg-Methylcarbonat* liefert mit Nitromethan quantitativ *Mg-Nitroacetat,* das mit verd. HCl in 63%ig. Ausbeute *Nitroessigsäure* (F. 89—92°) liefert. Auf analoge Weise konnte aus Nitroäthan (III) *α-Nitropropionsäure* (II; 40%) erhalten werden. Katalyt. Hydrierung von II in Essigsäure in Ggw. von Pd liefert *DL-Alanin* [F. 292—294° (Zers.); 46% (bezogen auf III)]. Ferner wird aus 1-Nitropropan *DL-α-Aminobuttersäure* [F. 283—285° (Zers.); 34%] u. aus 1-Nitrobutan *DL-Norvalin* [F. 290—292° (Zers.); 42%] synthetisiert. (J. Amer. chem. Soc. **81.** 505—06. 20/1. 1959. Ann Arbor, Mich., Univ., Dep. of Chem.)
E. SCHRÖDER. 950

H. D. Upadhyaya und **C. M. Desai,** *Bromierung von β-Arylaminomethylencyanessigsäureäthylester, -acetessigsäureäthylester und -malonsäurediäthylester.* Die Bromierung von [Anilinomethylen]-cyanessigsäureäthylester (I) in Chlf. liefert *α.β-Dibrom-β-ani-*

lino-α-cyanpropionsäureäthylester, während bei der Bromierung von α-[Anilinomethylen]-acetessigsäureäthylester (II) u. Anilinomethylenmalonsäurediäthylester (III) Zers. zu *p-Bromanilin-* bzw. *2.4.6-Tribromanilinhydrobromid* (IV) erfolgt. Die Behandlung von I mit 2 oder 3 Mol Br_2 in viel Chlf. oder Eisessig führt zu *α.β-Dibrom-β-[p-bromanilino]-α-cyanpropionsäureäthylester*, während mit einem Br_2-Überschuß in wenig Lösungsm. *α.β-Dibrom-β-[o.p-dibromanilino]-α-cyanpropionsäureäthylester* erhalten wird. Bei längerem Stehen der Reaktionsmischung findet Zers. zu **IV** statt. Verss. zur Darst. von α.β-Dibrom-β-[2.4.6-tribromanilino]-α-cyanpropionsäure- u. [2.4.6-Tribromanilinomethylen]-cyanessigsäureäthylester waren negativ. 1std. Rk. von **II** mit Br_2 in mol. Mengen in Eisessig liefert *α-Brom-α-[α'-brom-o.p-dibromanilinomethyl]-acetessigsäureäthylester*. Aus III entsteht mit der mol. Br_2-Menge in Eisessig in ½ Std. *[p-Bromanilinomethylen]-malonsäurediäthylester*, in 2 Std. mit der doppelten Br_2-Menge *[o.p-Dibromanilinomethylen]-malonsäurediäthylester*. Die Bromierung von [m-Nitroanilinomethylen]-malonsäurediäthylester (**V**) verlief auch in Eisessig negativ (Isolierung von *3-Nitro-6-bromanilinhydrobromid*). Die an der Seitenkette bromierten Derivv. sind instabil, mit W. findet leicht Zers. statt.

V e r s u c h e: *[p-Bromanilinomethylen]-cyanessigsäureäthylester*, F. 151°, durch 3tägiges Stehen von 0,015mol. **I**-Lsg. in Chlf. oder Eisessig mit der mol. Br_2-Menge. — *α.β-Dibrom-β-[p-bromanilino]-α-cyanpropionsäureäthylester*, $C_{12}H_{11}Br_3N_2O_2$, F. 116 bis 118° (Zers.), aus **I** in Chlf. oder Eisessig mit der doppelten Br_2-Menge u. Stehen über Nacht; mit W. → *[p-Bromanilinomethylen]-cyanessigsäureäthylester*, F. 151°. — *α.β-Dibrom-β-[o.p-dibromanilino]-α-cyanpropionsäureäthylester*, $C_{12}H_{10}Br_4N_2O_2$, F. 106—109° (Zers.), aus 0,0185mol. **I**-Lsg. in Chlf. oder Eisessig mit 0,074 Mol Br_2; mit W. → *[o.p-Dibromanilinomethylen]-cyanessigsäureäthylester*, $C_{12}H_{10}Br_2N_2O_2$, F. 199° (Zers.). — *p-Bromanilinhydrobromid*, F. 206° (Zers.), aus **II** oder **III** in Chlf. mit mol. Br_2-Menge. — *2.4.6-Tribromanilinhydrobromid* (**IV**), F. 196° (Zers.), durch 4std. Stehen von **II** oder **III** in Chlf. mit der 4fachen Br_2-Menge. — *α-Brom-α-[α'-brom-o.p-dibromanilinomethyl]-acetessigsäureäthylester*, $C_{13}H_{13}Br_4NO_3$, F. 94—96° (Zers.), aus **II** mit der mol. Br_2-Menge in Eisessig in 1 Std.; mit W. → *α-[o.p-Dibromanilinomethylen]-acetessigsäureäthylester*, $C_{13}H_{13}Br_2NO_3$, F. 160°. — *[p-Bromanilinomethylen]-malonsäurediäthylester*, F. 103°, aus **III** mit der mol. Menge Br_2 in Eisessig (½ Std.). — *[o.p-Dibromanilinomethylen]-malonsäurediäthylester*, $C_{14}H_{15}Br_2NO_4$, F. 126°, aus **III** in 2 Std. mit der doppelten Menge Br_2 in Eisessig. — *α-Brom-α-[α'-brom-3-nitro-x-bromanilinomethyl]-acetessigsäureäthylester*, $C_{13}H_{13}Br_3N_2O_5$, F. 97—101° (Zers.), aus **V** in Eisessig mit der 3fachen Br_2-Menge u. Stehen über Nacht; mit W. → *α-[3-Nitro-x-bromanilinomethylen]-acetessigsäureäthylester*, $C_{13}H_{13}BrN_2O_5$, F. 143°. — *3-Nitro-6-bromanilinhydrobromid*, F. 244° (Zers.), aus **V** in Eisessig mit der 3fachen Br_2-Menge in 2 Stunden. (J. Indian chem. Soc. **34**. 817—20. Nov. 1957. Surat, M. T. B. Coll., Chem. Dep.) E. SCHRÖDER. 950

Friedrich Weygand und **Wolfgang Steglich,** *N-Trifluoracetylaminosäuren.* 12. Mitt. *Peptidsynthesen mit N-TFA-Aminosäure- beziehungsweise N-TFA-Peptidtritylhydraziden.* (11. vgl. C. **1958**. 13754.) Durch Kondensation von N-Trifluoracetyl- (N-TFA-) aminosäuren bzw. N-TFA-Peptiden mit Tritylhydrazin (I) nach der Dicyclohexylcarbodiimid (II)-, Phosphit- oder Cyanmethylestermeth. entstehen *N-TFA-Aminosäuretritylhydrazide* (**C**) bzw. *N-TFA-Peptidtritylhydracide* (**D**), aus denen mit alkoh. HCl *N-TFA-Aminosäurs-* (**A**) bzw. *N-TFA-Peptidhydrazidhydrochloride*, mit alkoh. Lauge *Aminosäuretritylhydrazide* (**B**) bzw. *Peptidtritylhydrazide* erhalten werden. Die Umwandlung der **A** in *N-TFA-Aminosäureazide* u. ihre Rk. mit den **B** führt zu den **D**, die weiter am Amino- oder Carboxylende verlängert werden können. Bedingt durch die Löslichkeit der **C** u. **D** in verd. alkoh. NaOH lassen sich die Verbb. von wasserunlösl. Prodd. (Dicyclohexylharnstoff, Bis-tritylhydrazin oder Triphenylcarbinol) leicht abtrennen. Diese Reinigung ist nicht auf solche Verbb. anwendbar, die an der Trifluoracetamidgruppierung keinen Wasserstoff tragen. Neben einer Anzahl **C** u. **D** wird ferner die Darst. von *N-TFA-Glycylglycin-β.β.β-trifluoräthylester*, *N-TFA-L-Alanyl-L-alanyl-L-alaninäthylester*, *N-TFA-DL-Alanin-N-carbobenzoxydhydrazid* u. *N^{α}-TFA-N^{ε}-Tosyl-L-lysin* beschrieben.

V e r s u c h e: *Tritylhydrazin* (I), Hydrochlorid, F. 111—113°, durch 1—2std. Kochen von 80%ig. $N_2H_4 \cdot H_2O$ mit Tritylchlorid in Ae., Extrahieren mit W. u. Sättigen der Ae.-Lsg. mit HCl; 58—75% (Ausbeute). — N - TFA - A m i n o s ä u r e t r i t y l h y d r a z i d e (C), a) durch 1tägiges Stehen von N-TFA-Aminosäuren in Tetrahydrofuran oder CH_2Cl_2 mit **I** (aus dem Hydrochlorid mit Triäthylamin) in Ggw. von **II** bei 0° oder Raumtemp., Einengen, Lösen in Essigester, Extrahieren mit gesätt. $NaHCO_3$ u. 0,5n HCl u. Kristallisation aus Bzl./PAe. (Meth. **E**); b) durch 1std. Kochen von N-TFA-Aminosäurecyanmethylestern mit **I** in Dioxan (Meth. **F**): *-Glycin-* (III), $C_{23}H_{20}\cdot$

$F_3N_3O_2$, F. 180° (Zers.), nach **E**; 58—62%; nach der Phosphitmeth. 50%. — *-L-Alanin-*, $C_{24}H_{22}F_3N_3O_2$, F. 211—212° (Zers.), nach **E**; $[\alpha]_D^{20}$ —48,9° (c = 2,7; Tetrahydrofuran); 67—75%. — *-DL-Alanin-*, $C_{24}H_{22}F_3N_3O_2$, F. 204° (Essigester/PAe.), nach der Phosphitmeth.; 58%. — *-L-Valin-*, $C_{26}H_{26}F_3N_3O_2$, F. 174° (A.), nach **E**; $[\alpha]_D^{20}$ —36° (c = 1,5; A.); 51—60%. — *-L-Prolin-*, $C_{26}H_{24}F_3N_3O_2$, F. 171° (Zers.), nach **E**; $[\alpha]_D^{23}$ —46° (c = 3,0; Tetrahydrofuran); 69%. — *-L-Leucin-*, $C_{27}H_{28}F_3N_3O_2$, F. 170—171° (Zers.), nach **E**; $[\alpha]_D^{20}$ —34° (c = 1,5; A.); 40%. — *N^α-TFA-N^ε-Tosyl-L-lysintritylhydrazid*, $C_{34}H_{35}F_3 \cdot N_4O_4S$, F. 98—103° (Zers.), nach **E**; $[\alpha]_D^{20}$ —20,4° (c = 1,1; A.); 76%. — N-TFA-Aminosäurehydrazidhydrochloride (**A**): *-Glycin-*, F. 210—213° (Zers.), durch 2 Min. langes Erhitzen von **III** in n-absol. äthanol. HCl auf 80°, Einengen u. Digerieren mit Ae.; 90%. — *-L-Valin-*, F. 197—198° (Zers.); 94%. — *-DL-Alanin-*, $C_5H_8F_3N_3O_2 \cdot HCl$, F. 187° (Zers.); 84%. — N-TFA-Peptidtritylhydrazide (**D**): *-Glycylglycin-*, $C_{25}H_{23}F_3N_4O_3$, F. 209—212° (Bzl./PAe.), durch ½ std. Erwärmen von **III** in A. mit n-NaOH auf 50°, Einengen, Lösen in W., Extrahieren mit Essigester, Einengen u. 2tägiges Stehen des gebildeten *Glycintritylhydrazids* mit N-TFA-Glycin (**IV**) in Ggw. von **II** in Tetrahydrofuran (Meth. **G**); 60%; b) durch 1std. Erhitzen von Glycintritylhydrazid u. **IV** in Diäthylphosphit in Ggw. von Äthylenchlorphosphit u. Triäthylamin auf 80° (Meth. **H**); 64%. — *-Glycyl-L-alanin-* (**V**), $C_{26}H_{25}F_3N_4O_3$, F. 206 bis 207° (Zers.; Bzl./PAe.), a) nach **F**; $[\alpha]_D^{23}$ —25,5° (c = 1,3; Tetrahydrofuran); 63%; b) durch 1std. Erhitzen von L-Alanintritylhydrazid mit N-TFA-Glycincyanmethylester in Essigester auf 80°, Einengen, Lösen in alkoh. NaOH u. Ansäuern mit Essigsäure; 58%. — *-Glycyl-DL-alanin-*, $C_{26}H_{25}F_3N_4O_3$, F. 198—200° (Zers.; Bzl./PAe.), nach **H**; 71%. — *-L-Prolyl-L-valin-*, $C_{31}H_{33}F_3N_4O_3$, F. 138—140° (Zers.; Bzl./PAe.), nach **G**; $[\alpha]_D^{26}$ —48,8° (c = 1; A.); 85%. — *-Glycyl-L-alanylglycyl-L-alanin-* (**VI**), $C_{31}H_{33}F_3N_6O_5$, F. 210—215° (Zers.; Bzl./n-Hexan), durch 6 Min. langes Erwärmen von **V** in A. u. n-HCl auf 70°, Einengen, Digerieren mit Ae., Lösen des *N-TFA-Glycyl-L-alaninhydrazidhydrochlorids* in konz. HCl u. Eisessig, Zugeben von $NaNO_2$, Extrahieren mit Essigester u. 1tägiges Stehen mit Glycyl-L-alanintritylhydrazid bei —10°; $[\alpha]_D^{22}$ —55,0° (c = 1,0; Tetrahydrofuran); 57%. — *-L-Prolyl-L-valyl-L-prolyl-L-valin-*, $C_{41}H_{49}F_3N_6O_5$, F. ab 118° (Zers.), analog **VI**; $[\alpha]_D^{27}$ —51,5° (c = 1,0; A.) 72%. — *-Glycyl-N^ε-tosyl-L-lysyl-L-prolyl-L-valin-*, $C_{46}H_{54}F_3N_7O_7S$, F. 116—120° (Zers.), analog **VI**; $[\alpha]_D^{25}$ —21,8° (c = 1,6; A.) 79%. — *-Glycyl-L-alanylglycyl-L-alanylglycyl-L-alanin-*, $C_{36}H_{41}F_3N_8O_7$, F. 148—153° (Zers.; Essigester), analog **VI**; $[\alpha]_D^{27}$ —78° (c = 0,5; A.); 73%. — *N-TFA-L-Alanyl-L-alanyl-L-alaninäthylester*, F. 238—239° (Sublimation), durch 1tägiges Stehen von N-TFA-L-Alanyl-L-alaninazid mit L-Alaninäthylester in Essigester bei 0°; $[\alpha]_D^{20}$ —76,1° (c = 0,25; absol. A.); 68%. — *N-TFA-Glycylglycin-β.β.β-trifluoräthylester*, F. 132—133°, durch Azidieren von N-TFA-glycylglycinhydrazidhydrochlorid in Essigester u. Rk. des *N-TFA-Glycylglycinazids* (F. 77—78°; 73%) mit Trifluoräthanol in Ggw. von Triäthylamin, Stehen über Nacht, Einengen u. Zugeben von W.; 81%. — *N-TFA-DL-Alanin-N-carbobenzoxyhydrazid*, $C_{13}H_{14}F_3N_3O_4$, F. 149—155°, durch ¾std. Erhitzen von N-TFA-DL-Alanin in Diäthylphosphit mit Carbobenzoxyhydrazinhydrochlorid, Triäthylamin u. Äthylenchlorphosphit u. Zugeben von W.; 76%. — *N^α-TFA-N^ε-Tosyl-L-lysin*, $C_{15}H_{19}F_3N_2O_5S$, F. 81° (A./W.), durch Rk. von N^ε-L-Lysin in 2n NaOH mit Trifluorthioessigsäure-S-äthylester, Stehen über Nacht, Ansäuern mit HCl u. Extrahieren mit Essigester; Nadeln; $[\alpha]_D^{23}$ —4,2° (c = 1,7; A.); 88%. (Chem. Ber. **92**. 313—19. 14/2. 1959. Berlin, TU, Organ. Chem. Inst.) E. SCHRÖDER. 950

W. F. Mironow, A. D. Petrow und **W. W. Pissarenko,** *Hochtemperaturkondensation von Alkyldichlorsilanen mit Chlorolefinen.* Bei der Rk. von Äthyldichlorsilan mit Vinylchlorid (I) bei 600° wird unter HCl-Abspaltung *Vinyläthyldichlorsilan* in 27%ig. Ausbeute erhalten. Dagegen reagieren Trialkylsilane mit **I** nicht in vorst. Weise: Diäthylmethylsilan gibt mit **I** bei 600° *Diäthylmethylchlorsilan* u. *Äthylen.* Methyldichlorsilan (**II**) liefert sowohl mit cis- als auch mit trans-Dichloräthylen *β-Chlorvinylmethyldichlorsilan* u. *1.2-Bis-[methyldichlorsilyl]-äthylen* in 20 bzw. 18%ig. Ausbeute; die Struktur des letzteren wird nach Methylierung zu *1.2-Bis-[trimethylsilyl]-äthylen* durch RAMAN-Spektren vgl. bewiesen. Desgleichen werden sowohl aus Methallyl- als auch aus Crotylchlorid u. **II** hauptsächlich (13%) *[β-Methylpropenyl]-methyldichlorsilan* (**III**) neben wenig *Methallylmethyldichlorsilan* erhalten. Mit Allylchlorid reagiert **II** zu *Allylmethyldichlorsilan* (30%) u. wenig *Propenylmethyldichlorsilan* (**IV**), wobei bei Verwendung einer Eisenapp. etwas mehr **IV** als in einer Glasapp. gebildet wird. Wie die Chlorolefine reagieren auch Arylchloride bei 600° mit **II**: Äthylchlorbenzol gibt hierbei *Methyl-[x-äthylphenyl]-dichlorsilan* in 13%ig. Ausbeute. Dagegen reagieren gesätt. Alkylhalogenide wie Methyl-, Propyl-, Isopropylchlorid u. Dichlormethan nicht mit vorst. Halogensilanen, Äthylen setzt sich mit **II** in inertem Lösungsm. unter H_2-Abspaltung zu *Methylvinyldichlorsilan* um. Die Rk. von Chlortrifluoräthylen mit **II** bei >500° verläuft in stark exothermer

Rk. unter Flammenerscheinung (häufig explodiert das Rohr), aus dem Reaktionsprod. konnte *Methyl-α.β.β-trifluorvinyldichlorsilan* (?) isoliert werden.

Versuche: *Vinyläthyldichlorsilan*, $Kp._{753}$ 122,5°, durch ein auf 560° erhitztes Glasrohr leitet man I (15 Liter/Std.), u. in 3 Std. 40 Min. 300 g Äthyldichlorsilan u. fraktioniert das Kondensat; $D.^{20}{}_4$ 1,0712, $n_D{}^{20}$ 1,4398; 60 g (Ausbeute). — *β-Chlorvinylmethyldichlorsilan*, Kp. 138—139°, analog Vorst. aus 190 g II u. 150 g trans- oder cis-Dichloräthylen bei 600°; $D.^{20}{}_4$ 1,2629, $n_D{}^{20}$ 1,4690; 48 g; daneben *1.2-Bis-[methyldichlorsilyl]-äthylen*, Kp. 196°. — *[β-Methylpropenyl]-methyldichlorsilan* (III), $C_5H_{10}Cl_2Si$, Kp. 153°, a) aus 130 g Isocrotylchlorid u. 157 g II bei 600°; $D.^{20}{}_4$ 1,0697, $n_D{}^{20}$ 1,4582; 29 g; daneben aus der Fraktion Kp. 138—141° wenig *Methallylmethyldichlorsilan* (isoliert als *Methallyltrimethylsilan*, Kp. 109—111°) u. ein Gemisch von *m-* u. *p-Xylol*, Kp. 138—140°; b) III auch aus 320 g II u. 205 g Methallylchlorid bei 600°; 34 g. — *Allylmethyldichlorsilan*, $Kp._{746}$ 120°, aus 400 g II u. 220 g Allylchlorid (bei 600°); $D.^{20}{}_4$ 1,0743, $n_D{}^{20}$ 1,4419; 88 g; daneben 38 g eines Gemisches (Kp. 106—108°) aus *Propenylmethyldichlorsilan* (IV), *Bzl.* u. nicht näher untersuchten aromat. Verbindungen. — *Vinylmethyldichlorsilan*, Kp. 88—93°, aus 180 II u. Äthylen bei 600°; 20 g. (Доклады Академии Наук СССР [Ber. Akad. Wiss. UdSSR] **124**. 102—04. 1/1. 1959. Zelinsky-Inst. für Organ. Chem. der Akad. der Wiss. der UdSSR.) W. KURTZMANN. 980

Toshio Takiguchi, *Darstellung von einigen Organosilandiolen und von Phenylsilantriol durch direkte Hydrolyse unter Verwendung von Anilin als Hydrogenchloridacceptor.* Instabile Silanole werden durch Hydrolyse der entsprechenden Chlorsilane mit der berechneten Menge W. in äther. Lsg. gewonnen, wobei Anilin (I) als HCl-Acceptor zugesetzt wird. Nach dieser Meth. werden *Dimethylsilandiol*, *Diäthylsilandiol*, *Diphenylsilandiol* u. *Phenylsilantriol* hergestellt. Methyltrichlorsilan kann jedoch nicht auf diese Weise in ein monomeres Hydrolyseprod. übergeführt werden.

Versuche: *Dimethylsilandiol*, $C_2H_8O_2Si$, F. 99—100° (Zers.), durch Zusatz von 0,23 Mol Dimethyldichlorsilan in Ae. zu 0,46 Mol I u. 0,46 Mol W. in Ae. bei 0°; Schuppen; 71% (Ausbeute). — *Diäthylsilandiol*, $C_4H_{12}O_2Si$, F. 96—97°, analog vorst. Verb. aus Diäthyldichlorsilan; aus Aceton/n-Hexan, Ae./n-Hexan u. Methylacetat/Bzl. Blättchen; 76%. — *Diphenylsilandiol*, $C_{12}H_{12}O_2Si$, F. 133—155° (Zers.), analog vorst. Verb. aus Diphenyldichlorsilan; 90%. — *Phenylsilantriol*, $C_6H_8O_3Si$, F. 130°, durch Zusatz von 0,15 Mol Phenyltrichlorsilan in Ae. zu 0,45 Mol Anilin u. 0,45 Mol W. in Ae.; aus Methylacetat/Methyläthylketon Plättchen; 74%. — *Methylpolysiloxan*, $(CH_3SiO_{1,5})_n$, aus Methyltrichlorsilan wie vorst.; Gel. (J. Amer. chem. Soc. **81**. 2359—61. 2/6. 1959. Kiryu, Japan, Gumma Univ., Fac. of Technol., Dep. of Appl. Chem.) K. RÜHLMANN. 980

B. A. Arbusow und **D. Ch. Jarmuchametowa,** *Einige Äthylidenglycerinester der Phosphor-, phosphorigen- und Thiophosphorsäure.* Es werden *1.2-Diäthyl* (I) u. *-1.3-äthylidenglycerinphosphit* (II), *Bis-[dimethylamido]-1.2-* u. *1.3-äthylidenglycerinphosphit*, die entsprechenden *Ester* u. *Amide* der *Äthylidenglycerinphosphorsäuren* u. *-thiophosphorsäuren* sowie *Äthyl-* u. *Dimethylamido-bis-[1.2* (*bzw. 1.3*)*-äthylidenglycerin]-phosphit* u. daraus durch Anlagerung von S die entsprechenden Thiophosphate dargestellt. Ferner wird durch Umsetzung von I mit Äthylbromid *Äthylphosphonsäureäthyl-1.2-äthylidenglycerinester* erhalten. Analog reagieren Acetylchlorid, Chloracetonitril, Chlorkohlensäureäthylester, Chloressigsäuremethylester u. β-Brompropionsäuremethylester mit I unter Bldg. der entsprechenden Phosphonsäureester. Die dargestellten Verbb. besitzen gegenüber Getreiderüsselkäfern nur schwache insekticide Wirkung.

Versuche: Phosphite: *Diäthyl-1.2-äthylidenglycerin-* (I), $C_9H_{19}O_5P$, $Kp._{0,5}$ 79°, aus 11,8 g 1.2-Äthylidenglycerin (III) in 200 ml Ae. in Ggw. von 10,1 g Triäthylamin (IV) u. 15,6 g Phosphorigsäurediäthylesterchlorid (V) (4—5 Std. Rühren); $D.^{20}{}_4$ 1,0764, $n_D{}^{20}$ 1,4390; 16,5 g (Ausbeute). — *Diäthyl-1.3-äthylidenglycerin-* (II), $C_9H_{19}O_5P$, $Kp._2$ 97,5°, analog Vorst. aus 11,8 g 1.3-Äthylidenglycerin (VI) u. 15,6 g V; $D.^{20}{}_4$ 1,1017; $n_D{}^{20}$ 1,4490; 15,2 g. — *Bis-[dimethylamido]-1.2-äthylidenglycerin-* (VII), $C_9H_{21}N_2O_3P$, Kp.78—79°, aus 11,8 g III u. 15,5 g Bis-[dimethylamido]-phosphorigsäurechlorid in Ggw. von 10,1 g IV; $D.^{20}{}_4$ 1,0435, $n_D{}^{20}$ 1,4650; 14,2 g. — *Bis-[dimethylamido]-1.3-äthylidenglycerin-*, $C_9H_{21}N_2O_3P$, $Kp._2$ 85°; $D.^{20}{}_4$ 1,0522, $n_D{}^{20}$ 1,4708; 15,5 g. — *Äthyl-bis-[1.2-äthylidenglycerin]-* (VIII), $C_{12}H_{23}O_7P$, $Kp._{0,5}$ 125°, aus 20,6 g III u. 12,85 g Phosphorigsäureäthylesterdichlorid (IX) in Ggw. von 17,65 g IV, $D.^{20}{}_4$ 1,1533, $n_D{}^{20}$ 1,4555; 18,5 g. — *Äthyl-bis-[1.3-äthylidenglycerin]-*, $C_{12}H_{23}O_7P$, $Kp._1$ 137—139°, aus 11,8 g VI u. 7,35 g IX in Ggw. von 10,1 g IV; $D.^{20}{}_4$ 1,1916, $n_D{}^{20}$ 1,4688; 6,5 g. — *Dimethylamido-bis-[1.2-äthylidenglycerin]-*, $C_{12}H_{24}NO_6P$, $Kp._1$ 132°, aus 23,6 g III u. 14,6 g Dimethylamidophosphorigsäuredichlorid in Ggw. von 20,2 g IV; $D.^{20}{}_4$ 1,1340; $n_D{}^{20}$ 1,4644; 21 g. — *Dimethylamido-bis-[1.3-äthylidenglycerin]-*, $C_{12}H_{24}NO_6P$, $Kp._1$ 145°, F. 52—53°; analog aus 11,8 g VI; 6 g. — Phosphate- *Diäthyl-1.2-äthylidenglycerin-*, $C_9H_{19}O_6P$, $Kp._4$ 119°, zu 4 g Na

in 100 ml absol. Bzn. gibt man 11,8 g **III**, erhitzt 1 Std. auf 85°, entfernt überschüssiges Na, gibt 17,2 g Diäthylphosphorsäurechlorid zu u. erhitzt noch 3 Std.; $D._{4}^{20}$ 1,1603; n_D^{20} 1,4318; 13,5 g. — *Diäthyl-1.3-äthylidenglycerin-*, $C_9H_{19}O_6P$, $Kp._1$ 113°; analog Vorst. mit **VI**; $D._{4}^{20}$ 1,1757; n_D^{20} 1,4380; 11,3 g. — *Bis-[dimethylamido]-1.2-äthylidenglycerin-*, $C_9H_{21}N_2O_4P$, $Kp._1$ 113°, aus 23,6 g **III**, 7 g Na u. 34 g Bis-[dimethylamido]-phosphorsäurechlorid; $D._{4}^{20}$ 1,1241; n_D^{20} 1,4550; 32 g. — *Bis-[dimethylamido]-1.3-äthylidenglycerin-*, $C_9H_{21}N_2O_4P$, $Kp._2$ 104—105°; $D._{4}^{20}$ 1,1366; n_D^{20} 1,4600; 55%. — Thiophosphate: *Diäthyl-1.2-äthylidenglycerin-*, $C_9H_{19}O_5PS$, $Kp._1$ 113—114°, a) aus 7 g **I** u. 1 g S (Temperaturanstieg auf 95°), Erhitzen auf 150° u. Dest. im Vakuum; $D._{4}^{20}$ 1,1575; n_D^{20} 1,4636; 6,45 g; b) analog Vorst. aus 5,9 g **III**, 2 g Na u. 9,4 g Thiophosphorsäurediäthylesterchlorid; 7,5 g. — *Diäthyl-1.3-äthylidenglycerin-*, $C_9H_{19}O_5PS$, $Kp._1$ 113—114°, analog Vorst. nach a) aus **II**; $D._{4}^{20}$ 1,1651; n_D^{20} 1,4685; 65%; nach b) aus **VI** u. Thiophosphorsäurediäthylesterchlorid; 50%. — *Bis-[dimethylamido]-1.2-äthylidenglycerin-*, $C_9H_{21}N_2O_3PS$, $Kp._{0,2}$ 118—118,5°; aus 10 g **VII** u. 2 g S; $D._{4}^{20}$ 1,1317; n_D^{20} 1,4907; 5,5 g. — *Bis-[dimethylamido]-1.3-äthylidenglycerin-*, $C_9H_{21}N_2O_3PS$, $Kp._1$ 120°; $D._{4}^{20}$ 1,1446; n_D^{20} 1,4980; 62,5%. — *Äthyl-bis-[1.2-äthylidenglycerin]-*, $C_{12}H_{23}O_7PS$, $Kp._{0,5}$ 138°, aus 10,5 g **VIII** u. 1 g S; $D._{4}^{20}$ 1,2133; n_D^{20} 1,4740; 5,5 g. — *Äthyl-bis-[1.3-äthylidenglycerin]-*, $C_{12}H_{23}O_7PS$, $Kp._{0,5}$ 155—157°; n_D^{20} 1,4820; zähe Flüssigkeit. — *Dimethylamido-bis-[1.2-äthylidenglycerin]-*, $C_{12}H_{24}NO_6PS$, $Kp._{0,5}$ 153°; $D._{4}^{20}$ 1,1997; $_D^{20}$ 1,4848; 30%. — Phosphonsäureäthyl-1.2-äthylidenglycerinester: *Äthyl-*, $C_9H_{19}O_2P$, $Kp._2$ 163—164°, durch 8std. Erhitzen von 5 g **I** mit 3 g Äthylbromid auf 120—130° im Rohr; $D._{4}^{20}$ 1,1315; n_D^{20} 1,4400; 3,3 g. — *Acetyl-*, $C_9H_{17}\cdot O_6P$, $Kp._2$ 131°; aus 8 g **I** u. 2,6 g Acetylchlorid; $D._{4}^{20}$ 1,1962; n_D^{20} 1,4470; 4,2 g. — *Cyanmethyl-*, $C_9H_{16}NO_5P$, $Kp._{0,5}$ 156°; $D._{4}^{20}$ 1,2114; n_D^{20} 1,4536; 50%. — *Carboäthoxy-*, $C_{10}H_{19}O_7P$; $D._{4}^{20}$ 1,1993; n_D^{20} 1,4440; 51%. — *Carbomethoxymethyl-*, $C_{10}H_{19}O_7P$, $Kp._{0,5}$ 137°; $D._{4}^{20}$ 1,2248; n_D^{20} 1,4506; 68%. — *β-Carbomethoxyäthyl-*, $C_{11}H_{21}O_7P$, $Kp._3$ 150 bis 151°; $D._{4}^{20}$ 1,2012; n_D^{20} 1,4510; 30%. (Известия Академии Наук СССР, Отделение Химических Наук [Nachr. Akad. Wiss. UdSSR, Abt. chem. Wiss.] **1957**. 292—302. März. Kasan, Chem. Arbusow-Inst. der Zweigstelle der Akad. der Wiss. der UdSSR.)
W. KURTZMANN. 980

Arthur Levy und **Charles J. Ambrose**, *Die Hochtemperaturreaktion zwischen Schwefeldioxyd und Benzol.* Die Rk. von SO_2 u. *Bzl.* in äquimol. Mengen wurde im Bombenrohr im Temperaturbereich 400—540° bei einer Reaktionsdauer von 15 Std. (in einem Falle 2 Std.) untersucht. Reaktionsprodd. waren: S, Dibenzothiophen, CO_2, COS, O_2, Spuren CS_2, H_2S, W. u. ein polymerer Rückstand. Unter Annahme einer Rk. 2. Ordnung wurde eine Aktivierungsenergie von 88 kcal/Mol errechnet, die einem S–O-Bindungsbruch entspricht. (J. Amer. chem. Soc. **81**. 249. 5/1. 1959. Columbus, Ohio, Batelle Mem. Inst.)
W. SCHRAMM. 1010

Gordon L. Goerner, *1-Phenyl-2.2-dimethylbutan.* Durch Red. des aus Isopropylidenmalonester über *4-Phenyl-3.3-dimethyl-2-carbäthoxybutansäureäthylester* dargestellten *4-Phenyl-3.3-dimethylenbutansäure mit* $LiAlH_4$ stellen Vff. *4-Phenyl-3.3-dimethylbutanol-(1)* (I) dar, aus dem mit PBr_3 *4-Brom-1-phenyl-2.2-dimethylbutan* (II)erhalten wird. Die Konst. von **II** wird durch Oxydation der GRIGNARD-Verb. u. anschließende Hydrolyse zu I sichergestellt, das als *3.5-Dinitrobenzoat* identifiziert wird. Die Red. von **II** oder I-Tosylat mit $LiAlH_4$ in Tetrahydrofuran führt zu *1-Phenyl-2.2-dimethylbutan.*

Versuche: *Isopropylidenmalonsäurediäthylester*, $Kp._9$ 110—111°, aus Aceton u. Malonester; n_D^{20} 1,4490—1,4503; 50% (Ausbeute). — *4-Phenyl-3.3-dimethyl-2-carbäthoxybutansäureäthylester*, $Kp._1$ 148—153°, durch Zugabe vorst. Verb. zu Benzyl–MgCl in Ae. innerhalb 4 Std., 12std. Stehen bei Raumtemp. u. fraktionierte Dest.; n_D^{20} 1,4908 bis 1,4912, n_D^{25} 1,4887—1,4892; 49% (roh). — *4-Phenyl-3.3-dimethylbutansäure*, $Kp._2$ 152 bis 163°, aus vorst. Verb. u. KOH in Äthylenglykol durch $3^1/_2$std. Kochen u. Erhitzen des erhaltenen Prod. auf 230°; n_D^{20} 1,5142—1,5140; 60%. — *4-Phenyl-3.3-dimethylbutanol-(1)* (I), $C_{12}H_{18}O$, $Kp._2$ 107—108°, aus vorst. Verb. u. $LiAlH_4$ in absol. de. — durch $3^1/_2$std. Kochen, Stehen über Nacht u. fraktionierte Dest.; n_D^{20} 1,5168, n_D^{25} 1,5150, $D._{4}^{20}$ 0,9713, $D._{4}^{25}$ 0,9608; 79,7%. *3.5-Dinitrobenzoat*, $C_{19}H_{20}N_2O_6$, F. 75,5 bis 76,5° (korr.; A.). — *4-Brom-1-phenyl-2.2-dimethylbutan* (II), $C_{12}H_{17}Br$, $Kp._1$ 95—96°, a) durch Zugabe von PBr_3 zu I bei 65°, 4std. Erwärmen auf 95° u. dann 2 Std. auf 120°, $D._{4}^{20}$ 1,2110, $D._{4}^{25}$ 1,2065, n_D^{25} 1,5327; 86,5%. — *1-Phenyl-2.2-dimethylbutan*, $C_{12}H_{18}$, $Kp._{745}$ 213,5°, $Kp._{10}$ 85,3—86°, a) durch Red. von 50 g **II** mit $LiAlH_4$ in Tetrahydrofuran in 7 Std. bei 75° u. über Nacht bei Raumtemp.; 22,2 g; b) aus 29,7 g I durch Stehen mit Tosylchlorid in absol. Pyridin über Nacht u. 4std. Kochen des Tosylats mit $LiAlH_4$ in Ae.; n_D^{20} 1,4935; $D._{4}^{20}$ 0,8694, $D._{4}^{25}$ 0,8654, n_D^{20} 1,4935, n_D^{25} 1,4912; 7,6 g (roh). *Diacetamidoderiv.*, $C_{16}H_{24}N_2O_2$, F. 231,5—232,5° (korr.; A.) (J. org. Chemistry **24**. 888—91. Juni 1959. East Lansing, Mich., Univ., Kedzie Chem. Labor.) D. KIRSTEIN. 1010

A. A. Nemodruk, *Zur Darstellung von o-Nitrosophenol aus Salicylsäure.* Bei der Einw. von HNO_2 auf Salicylsäure (I) in essigsaurer Lsg. entsteht unter CO_2-Abspaltung *o-Nitrosophenol* (II), das mit weiterer HNO_2 zu o-Hydroxyphenyldiazoniumverbb. reagiert; dabei verläuft die Bldg. von II sehr viel langsamer als die zweite Stufe. Durch Zugabe von Cu-Salzen läßt sich II als Cu^{2+}-Komplexsalz abfangen, das im Gegensatz zu freiem II in wss. Lsg. stabil ist u. nicht weiter durch HNO_2 angegriffen wird. Man arbeitet z. B. in Ggw. von $CuSO_4$, zers. den gebildeten II-Cu-Komplex nach Beendigung der Rk. mit HCl u. zieht II mit PAe. aus; Sättigen des Extraktes führt zu II-*NH_4-Salz* ($C_6H_8N_2O_2$). Die Ausbeute beträgt ca. 65%. Als Nebenprodd. fallen zu 10% *3-Hydroxy-4-carboxyphenyldiazoniumsalze* (III) an; daraus geht hervor, daß das Cu-Salz der I im Gegensatz zum Al-, Cr- u. Zn-Salz gegenüber HNO_2 eine geringe Reaktionsfähigkeit besitzt. Das CuSalz der 5-Nitrososalicylsäure (IV) ist, da es rascher zu III weiterreagiert, als es gebildet wird, in der Reaktionsmischung nur zu 2% enthalten. Literaturangaben, nach denen aus dem Cu-Komplex von I mit HNO_2 bis 97% IV entstehen (z. B. HANTZSCH [1900], GAPTSCHENKO [1940]) werden als nicht zutreffend bezeichnet. (Журнал Общей Химии [J. allg. Chem.] **28** (**90**). 2672—76. Okt. 1958. Inst. für Geochemie u. analyt. Chemie der Akad. der Wiss. der UdSSR.) H.-E. TOUSSAINT. 1060

L. M. Jagupolski und **W. Ss. Mosspan,** *Synthese und Eigenschaften von Nitrophenolen, die eine Trifluormethylgruppe enthalten.* Durch Erhitzen von 3-Nitro-4-chlorbenzotrifluorid (I), das aus p-Chlorbenzotrichlorid über p-Chlorbenzotrifluorid dargestellt wurde, mit NH_4OH, Diazotierung des erhaltenen *3-Nitro-4-aminobenzotrifluorids* zur entsprechenden Diazoniumverb. u. deren Verkochung in Ggw. von $CuSO_4 \cdot 5\,H_2O$ wird *3-Nitro-4-hydroxybenzotrifluorid* (II) dargestellt. Durch Nitrierung von II wird *3.5-Dinitro-4-hydroxybenzotrifluorid* (III) erhalten. Verss., II oder III direkt aus I bzw. 3.5-Dinitro-4-chlorbenzotrifluorid durch Kochen mit gesätt. Sodalsg. oder einem Na-Acetat/Acetamidgemisch zu gewinnen, führten immer zu *3-Nitro-* (IV) bzw. *3.5-Dinitro-4-hydroxybenzoesäure* (V). Entgegen p-Hydroxybenzotrifluorid, das durch Alkali sehr leicht hydrolysiert wird, reagieren II u. III bei Zimmertemp. mit wss. Alkalien nicht. Erst bei 1std. Kochen mit n-NaOH geht II in IV u. (wesentlich langsamer) III in V über; beim Kochen mit 6n NaOH geben II u. III sehr schnell IV u. V.

Versuche: *3-Nitro-4-chlorbenzotrifluorid* (I), $Kp._4$ 81—83°; durch Nitrierung von p-Chlorbenzotrifluorid. — *3-Nitro-4-aminobenzotrifluorid*, F. 109—110°, durch Erhitzen vorst. Verb. mit 26%ig. NH_4OH im Rohr. — *3-Nitro-4-hydroxybenzotrifluorid* (II), $C_7H_4F_3NO_3$, $Kp._5$ 79°; man diazotiert 5 g vorst. Verb. unter schwachem Erwärmen mit Nitrosylschwefelsäure, bis eine Probe des Reaktionsgemisches nach Gießen auf Eis eine klare Lsg. bildet, läßt die gebildete Diazoniumverb. zu 250 ml einer gesätt. $CuSO_4 \cdot 5\,H_2O$-Lsg. zutropfen, treibt gleichzeitig das dabei entstehende II mit Wasserdampf ab u. extrahiert das Kondensat mit Ae.; n_D^{25} 1,5024; 3,5 g; gibt bei $^1/_2$std. Kochen in n-NaOH *3-Nitro-4-hydroxybenzoesäure* (IV), F. 182°; beim Erhitzen mit p-Nitrobenzoylchlorid *3-Nitro-4-[p-nitrobenzoyl]-benzotrifluorid*, $C_{14}H_7F_3N_2O_6$, F. 98—99°. — *3.5-Dinitro-4-chlorbenzotrifluorid*, $C_7H_2ClF_3N_2O_4$, F. 58° (A.); zu 20 g $H_2SO_4 \cdot H_2O$ u. 15 g HNO_3 (D. 1,52) läßt man unter Rühren bei $<50°$ 5 g I u. 10 g 30%ig. Oleum zutropfen, erhitzt 3 Std. auf 100° u. $^1/_2$ Std. auf 105—115°, läßt über Nacht stehen u. gießt auf Eis; 5,1 g (Ausbeute). *3.5-Dinitro-4-aminobenzotrifluorid*, $C_7H_4F_3N_3O_4$, F. 143—144°; durch 4std. Erhitzen von 2,4 g vorst. Verb. mit 4 ml gesätt. alkoh. NH_4OH u. Verd. mit W.; aus A. gelbe Kristalle. — *3.5-Dinitro-4-hydroxybenzotrifluorid* (III), $C_7H_3F_3N_2O_5$, F. 47—48°; zu 4 g II in 3 ml $H_2SO_4 \cdot H_2O$ läßt man Nitriergemisch [4 ml HNO_3 (D. 1,5), 8 ml $H_2SO_4 \cdot H_2O$] bei 50° zutropfen, erhitzt 1 Std. auf 80° u. 2 Std. auf 110°, läßt über Nacht stehen u. gießt auf Eis; aus Äthylacetat/PAe. gelbliche Nadeln; 3,2 g; gibt beim Erhitzen mit 10%ig. NaOH *3.5-Dinitro-4-hydroxybenzoesäure* (V). Neben III wenig *Pikrinsäure.* (Украинский Химический Журнал [Ukrain. chem. J.] **21.** 81—85. 1955. Inst. für org. Chem. der Akad. der Wiss. der UkrainSSR.) W. KURTZMANN. 1060

Wilhelm Treibs und **Herbert Albrecht,** *Über die Dihydroxycymole.* 3. Mitt. *Cymobrenzcatechin (2.3-Dihydroxycymol) durch Dehydrierung von Diosphenol.* (2. vgl. J. prakt. Chem. **138.** [1933.] 284.) *Cymobrenzcatechin* (*2.3-Dihydroxycymol*; I) läßt sich bequem durch Dehydrierung von Diosphenol (II) in fl. Phase in Ggw. von Pd/C-Katalysator durch Kochen oder durch katalyt. Dampfphasendehydrierung in Ggw. eines 10- u. 20%ig. Pd/C-Katalysators im N_2-Strom darstellen.

Versuche: *Cymobrenzcatechin* (I), $C_{10}H_{14}O_2$, F. 47—47,5°, a) durch 10std. katalyt. Dampfphasendehydrierung von 10 g II bei 330—335° in Ggw. von 10- u. 20%ig. Pd/C-Katalysator im N_2-Strom; aus PAe. Quadern; n_D^{48} 1,5246, n_D^{60} 1,5198; 80—85% (Ausbeute); b) durch 10std. Kochen von 20 g II u. 4 g gepulvertem 20%ig. Pd/C-Katalysator bei 220—230° im N_2-Strom; 60%; $FeCl_3$-Rk. olivgrün. *Diacetylderiv.*, $C_{14}H_{18}O_4$ F. 71,5—72°, aus A. Quadern; 85%. *Dibenzoylderiv.*, $C_{24}H_{22}O_4$, F. 77—78°; aus A.

Quadern; 72%. *Di-p-nitrobenzoylderiv.*, F. 156—156,5° (korr.); aus A. Quadern. *Monomethyläther*, $C_{11}H_{16}O_2$, Kp.$_{12}$ 116—118°, a) aus 5 g I durch portionsweises Eintragen unter Kühlung in 100 cm³ einer Lsg. von Diazomethan (III) in Cyclohexan; $D._{20}^{20}$ 0,972; n_D^{12} 1,5125; 78%; b) durch Dampfphasendehydrierung von II-Methyläther [durch Methylierung von II mit Dimethylsulfat (IV); 78%] bei 330—335° neben *Thymol. Dimethyläther*, $C_{12}H_{18}O_2$, Kp.$_{12}$ 104—105°, wie vorst. aus 3,3 g I, III u. 2,5 g IV; $D._{20}^{20}$ 0,9666; n_D^{12} 1,4985. *6-Bromderiv.*, $C_{10}H_{13}BrO_2$, F. 50—50,5° (Zers.), aus 5 g I u. 8 g Br_2 in CCl_4 bei 0—5°; aus PAe. Nadeln; 50—55% [gibt beim Erhitzen mit methanol. KOH an der Luft *6-Hydroxythymochinon* (V; F. 167—168°; aus A. orangerote Nadeln) u. bei längerem Erhitzen der Laugenlsg. *3.6-Dihydroxythymochinon* (F. 222°)]. *6-Nitrosoderiv.*, $C_{10}H_{13}NO_3$, F. 196—196,5° (Zers.), aus 5 g I u. 4 g $NaNO_2$ in mit HCl gesätt. A. bei —15°; aus Eisessig orangegelbe Blättchen; 59—66%. [(gibt beim Erwärmen in A. mit Zn-Staub u. 20%ig. H_2SO_4 u. anschließender Diazotierung des entstandenen Amins mit einer wss. Lsg. von $NaNO_2$ nach Erhitzen auf 100° V) *Diacetylderiv.* (VI), $C_{14}H_{17}NO_5$, F. 111—111,5°; aus Eis essig citronengelbe Nadeln. *Dimethyläther*, $C_{12}H_{17}NO_3$, grüngelbe Nadeln, F. 39,5—40°. *6-Amino-2.3-diacetylderiv.*, $C_{14}H_{19}NO_4$, F. 202,5—203°, aus 3 g VI durch Hydrieren in Ggw. von 50 mg PtO_2 in Essigester aus CH_3OH Quadern (daneben *Hydrazocymobrenzcatechindiacetat* (vermutlich *2.2'-Dimethyl-3.3'-diacetoxy-4.4'-dihydroxy-5.5-diisopropylhydrazobenzol*), $C_{24}H_{32}N_2O_6$, F. 249—250° (Zers.), durch Lösen der gelben Ausscheidung bei der Hydrierung in viel sd. Eisessig oder Essigsäureanhydrid; gelbe Nadeln. — Folgende *Azofarbstoffe* werden aus I, Cymorcin (VII) oder Orcin (VIII) u. Phenyldiazoniumchlorid (IX) in CH_3OH durch Versetzen mit Na-Acetat u. b) Na-p-Nitrophenylantidiazotat (X) in wss.-alkoh. Lsg., Versetzen mit wenig HCl, Fällen mit W. u. Umkristallisieren aus 40%ig. CH_3COOH oder 80%ig. A. dargestellt: aus I u. IX, F. 96—98°; erdbeerfarbige Kristalle. — Aus I u. X F. 190—191°; kirschrote Kristalle. Gibt durch Red. mit Zn u. HCl in 50%ig. A., Diazotieren u. Wasserdampfdest. im Vakuum V. — Aus VII u. IX, F. 1325+133°; kirschrote Spieße. — Aus VII u. X, F. 235—236°; dunkelrote Nadelo. — Aus VIII u. IX, F. 194,5—195°; rote Spieße. — Aus VIII u. X, F. 243—243,5°, hellrote Nadeln. (J. prakt. Chem. [4] **8** (**280**). 123—31. April 1959. Leipzig, Univ., Inst. für org. Chemie.)

S. PREISS. 1060

John R. Clark und **Michael Pugliese,** *Umlagerungen von substituierten 1.2-Glykolmonocarbamaten und verwandte Reaktionen.* Es wird der Einfl. der Substituenten auf die Umlagerung von β-Hydroxyäthylcarbamaten mit $SOCl_2$ untersucht. Das aus 4-Phenyldioxolon-(2) mit NH_3 erhaltene Gemisch von *1-Phenyl-1-carbamoxy-2-hydroxy-* u. *1-Phenyl-1-hydroxy-2-carbamoxyäthan* liefert mit $SOCl_2$ *1-Phenyl-1-chlor-2-carbamoxyäthan* (I), das auch aus Styroloxyd (II) durch successive Rk. mit $COCl_2$ u. NH_3 erhalten wird. Die von JONES (C. **1957.** 11552) als 1-Phenyl-1-carbamoxy-2-chloräthan (III) beschriebene Verb. wird als I erkannt. Bei den Verbb., die an Stelle der Phenylgruppe elektronenanziehende o-Chlorphenoxymethyl-, Naphthyl-(2)-oxymethyl-, o-Tolyloxymethyl- bzw. Piperidinomethylsubstituenten besitzen, werden dagegen in Parallele zu Rkk. an Epoxyden u. in Bestätigung früherer (C. **1958. 4759**) Ergebnisse durch $SOCl_2$ die prim. Carbamate zu den sek. Carbamaten umgelagert. Das mit I isomere III wird durch Red. von Phenacylchlorid (IV) u. stufenweise Umsetzung des *1-Phenyl-1-hydroxy-2-chloräthans* mit $COCl_2$ u. NH_3 synthetisiert.

Versuche (FF. korr.): *4-Phenyldioxolon-(2)*, $C_9H_8O_3$, F. 55,7—56,7 (A.), durch 2std. ansteigendes Erhitzen von Styrolglykol mit Diäthylcarbonat (V) u. $NaOCH_3$ unter Abdest. des A. auf 124°, Zugeben von NH_4Cl u. Einengen. — *1-Phenyl-1-carbamoxy-2-hydroxyäthan*, $C_9H_{11}NO_3$, F. 100,2—101,4° (Isopropylalkohol), durch Rühren vorst. Verb. mit Isopropylalkohol/NH_3 über Nacht, Kochen zur Entfernung von NH_3, Heißfiltration, Einengen u. Chromatographie aus Isopropylalkohol an Al_2O_3. — *1-Phenyl-1-hydroxy-2-carbamoxyäthan*, F. 111,6—112,6° (Isopropylalkohol). — *1-Phenyl-1-chlor-2-carbamoxyäthan* (I), $C_9H_{10}ClNO_2$, F. 67,5—68,5° (Toluol–Cyclohexan), a) durch Zugeben von $SOCl_2$ zu 18,1 g eines Gemisches der beiden vorst. Verbb. in absol. Toluol bei 30°, 2std. Kochen im N_2-Strom u. Heißfiltration; 14,43 g (Ausbeute); b) aus vorst. Verb.; c) aus vorvorst. Verb.; d) aus II mit $COCl_2$ u. NH_3 nach JONES (l. c.); 52,3%; e) durch Rühren von 7,85 g nachst. Verb. mit $(C_2H_5)_3N$ u. $COCl_2$ in absol. Toluol bei 5—7°, Zugeben von konz. NH_4OH < 15°, Stehen über Nacht bei Raumtemp. u. Einengen; 2,5 g. — *1-Phenyl-1-chlor-2-hydroxyäthan*, Kp.$_8$ 110—114°, durch Zugeben von 28 ml II zu konz. HCl bei 30—35° u. Extrahieren mit Bzl.; n_D^{29} 1,5532; 11 g. — *1-Phenyl-1-hydroxy-2-chloräthan*, Kp.$_{0,5}$ 82—85°, aus IV in Isopropanol mit Al u. $HgCl_2$; n_D^{20} 1,5480; 73%. *p-Nitrobenzoat*, F. 80—81°. — *1-Phenyl-1-carbamoxy-2-chloräthan* (III), $C_9H_{10}ClNO_2$, F. 84,2—84,8° (Cyclohexan–Toluol), durch Zugeben von 7,84 g vorst. Verb. mit $(C_2H_5)_3N$ in Toluol zu $COCl_2$/Toluol bei 3—7°, Zugeben zu 28%ig. NH_4OH bei 10 bis 15°, 1std. Rühren u. Einengen; 5,5 g. — *4-[o-Chlorphenoxymethyl]-dioxolon-(2)*,

$C_{10}H_9ClO_4$, F. 109,0—109,3°. — *4-[o-Tolyloxymethyl]-dioxolon-(2)*, F. 95,4—96,0°. — *4-[Naphthyl-(2)-oxymethyl]-dioxolon-(2)*, $C_{14}H_{12}O_4$, F. 127,0—127,5°. — *4-Piperidinomethyldioxolon-(2)*, $C_9H_{15}NO_3$, Kp.$_{0,5}$ 130—132°, $n_D{}^{20}$ 1,4798. *Pikrat*, F. 145°. — Propane: *1-[o-Chlorphenoxy]-2-carbamoxy-3-hydroxy-*, $C_{10}H_{12}ClNO_4$, F. 123,2 bis 123,5°. — *1-[o-Tolyloxy]-2-carbamoxy-3-hydroxy-*, $C_{11}H_{15}NO_4$, F. 115,0—115,6°. — *1-[Naphthyl-(2)-oxy]-2-carbamoxy-3-hydroxy-*, $C_{14}H_{15}NO_4$, F. 150,8—151,0°. — *1-Piperidino-2-carbamoxy-3-hydroxy-*, *Hydrochlorid*, $C_9H_{19}ClN_2O_3$, F. 170,0—171,0°. — *1-[o-Chlorphenoxy]-2-hydroxy-3-carbamoxy-*, $C_{10}H_{12}ClNO_4$, F. 98,4—98,8°. — *1-[o-Tolyloxy]-2-hydroxy-3-carbamoxy-*, F. 92,0—93,0°. — *1-[Naphthyl-(2)-oxy]-2-hydroxy-3-carbamoxy-*, $C_{14}H_{15}NO_4$, F. 144,5—145,0°. — *1-Piperidino-2-hydroxy-3-carbamoxy-*, $C_9H_{18}N_2O_3$, F. 121,5—122,0°. — *1-[o-Chlorphenoxy]-2-carbamoxy-3-chlor-*, $C_{10}H_{11}Cl_2NO_3$, F. 81,2 bis 82,0°. — *1-[o-Tolyloxy]-2-carbamoxy-3-chlor-*, $C_{11}H_{14}ClNO_3$, F. 87,2—88,0°. — *1-[Naphthyl-(2)-oxy]-2-carbamoxy-3-chlor-*, $C_{14}H_{14}ClNO_3$, F. 125,5—126,0°. — *1-Piperidino-2-carbamoxy-3-chlor-*, *Monohydrat*, $C_9H_{17}ClN_2O_2 \cdot H_2O$, F. 142—143°. — *1-[o-Methoxyphenoxy]-2-carbamoxy-3-chlor-*, F. 105,0—106,0°, durch 3std. Rühren des Hydroxycarbamatgemisches aus 1-[2-Methoxyphenoxy]-propandiol-(2.3), **V** u. NH_3 mit $SOCl_2$ in Toluol im N_2-Strom bei 85°; 85%. (J. org. Chemistry **24**. 1088—91. Aug. 1959. Nutley, N. J., S. B. Penick and Co., Res. Labors.) R. PASEDAG. 1070

Lothar Jaenicke und **Egon Brode**, *Modelluntersuchungen zur biologischen Aktivierung der Einkohlenstoffeinheiten.* 1. Mitt. *N.N'-Diaryläthylendiamine als Modelle der Tetrahydrofolsäure in nichtenzymatischen Reaktionen.* Da N.N'-Diaryläthylendiamine (I) wie Tetrahydrofolsäure (**II**) mit Einkohlenstoffverbb. reagieren, müssen sie die gleiche Wirkgruppe wie **II** besitzen. Mit HCHO entstehen *1.3-Diarylimidazolidine* (**III**), die zu *1.3-Diarylimidazoliniumsalzen* (**IV**) oxydiert werden können; diese Rk. ist umkehrbar. Das Redoxpotential des biolog. Syst. ist negativer als das der Modellsubstanzen; der Tetrahydropyrazinring ist daher wahrscheinlich an der biol. Red. des Formiats direkt beteiligt. **III** können Transhydroxymethylierungen auf andere Stickstoffbasen, N-Formyläthylendiamine (VI) Transformylierungen auf NH_2OH u. Diaminopyrimidine bewirken. Versuche: Äthylendiamine (I): *N.N'-Diphenyl-*, *Hydrat* (**XVIII**), $C_{14}H_{16}N_2 \cdot H_2O$, F. 68—69°, aus 300 g Anilin u. 37,6 g Äthylendibromid (V) durch 1std. Erhitzen auf 100°, Abkühlen, Zugabe von Chlf., Extraktion mit W., Eindampfen der $CHCl_3$-Lsg. im Vakuum, Aufnehmen des Rückstandes in CH_3OH, Fällen des *Hydrochlorids* mit HCl u. Alkalisieren mit 50%ig. KOH; aus CH_3OH/W. Blättchen; 66% (Ausbeute). — *N.N'-Di-[p-tolyl]-*, $C_{16}H_{20}N_2$, F. 94—95°, aus 43 g p-Toluidin u. 18,8 g **V** durch 5std. Erhitzen auf 140°, Abkühlen, Extrahieren mit A., Fällen des *Nitrats* mit 5n HNO_3 u. Alkalisieren; aus Bzn. Blättchen; 19%. — *N.N'-Di-[p-äthoxyphenyl]-*, $C_{18}H_{24}N_2O_2$, F. 97—99°, aus 35 g p-Phenetidinhydrochlorid, 18,8 g **V** u. 35 g Na_2CO_3 in W. durch 3std. Kochen, Alkalisieren mit 2,5n NaOH u. $^1/_2$std. Kochen; aus Essigester/CH_3OH (1 : 1) Blättchen; 37%. — *N.N'-Di-[p-bromphenyl]-*, $C_{14}H_{14}Br_2N_2$, F. 140—141°, a) wie vorst. Verb. aus p-Bromanilin; aus Essigester/CH_3OH Nadeln; 87%; b) durch Bromieren von **XVIII** in Essigester bei 0°; aus Essigester/CH_3OH (1 : 1) Nadeln; 26%. — *N.N'-Di-[p-carbomethoxyphenyl]-*, F. 212—214°, aus 30,2 g p-Aminobenzoesäuremethylester, 9,4 g **V** u. 15 g Na_2CO_3 durch 4std. Erhitzen auf 140° u. Auskochen mit W.; aus Glykolmonomethyläther Nadeln; 79%. *Freie Säure* (**XVII**), $C_{16}H_{16}N_2O_4$, F. 281° (Zers.; Pyridin), durch 18std. Verseifen des Esters mit 10%ig. KOH in der Hitze u. Fällen mit HCl; 93%. — *N.N'-Di-[p-nitrophenyl]-*, F. 220—221°, aus 27,6 g p-Nitranilin, 37,6 g **V** u. 55 g krist. Na-Acetat durch 5std. Erhitzen auf 145° u. Auskochen mit W.; aus Aceton/W. gelbe Spieße; 37%. — *N.N'-Di-[β-naphthyl]-*, $C_{22}H_{20}N_2$, F. 149—151°, aus 56,6 g β-Naphthylamin, 20 g Na_2CO_3 u. 37,6 g **V** durch Erhitzen auf 120°, dann auf 145° u. Extrahieren mit heißem W.; aus Essigester Plättchen; 72 %. — N-Formyläthylendiamine (**VI**), aus 5 g **I** u. 5 ml 98%ig. HCOOH durch 1std. Kochen, Abkühlen, Gießen in W., Fällen mit 50%ig. KOH u. Umkristallisieren aus CH_3OH (gehen beim Lösen in 2n HCl in die entsprechenden *Imidazoliniumchloride* über): *N.N'-Diphenyl-* (**VII**), F. 60—61°; 12,5%. — *N.N'-Di-[p-tolyl]-* (**VIII**), F. 77—78°; 67%. — *N.N'-Di-[p-äthoxyphenyl]-* (**IX**), F. 89—90°; 39%. — *N.N'-Di-[p-bromphenyl]-* (**X**), F. 128—130°; 21%. — *N.N'-Di-[p-carboxyphenyl]-*; 12%. — *Guanin*, a) aus 100 mg 2.5.6-Triamino-4-hydroxypyrimidin u. 300 mg **VIII** durch 10 Min. langes Erhitzen auf 180°, Abkühlen, Extrahieren mit konz. NH_4OH, Lösen in 2n NaOH u. Fällen mit H_2SO_4; 61%; b) ebenso mit **VII**; 51%. — *Formhydroxamsäure*, aus 0,02 mol. wss. Suspensionen von **X**, **VII** oder **VIII** u. dem doppelten Vol. 1,25mol. NH_2OH-Lsg. (p_H 7,5) durch Schütteln bei 34°. — Imidazolidine (**III**), aus **I** durch Lösen in CH_3OH oder Essigester, Versetzen mit überschüssiger 30%ig. HCHO-Lsg., Ansäuern mit CH_3COOH u. Umkristallisieren aus CH_3OH: *1.3-Diphenyl-* (**XIII**), F. 125—126°; 75%. — *1.3-Di-[p-tolyl]-* (**XIV**), F. 179—181°; 89%. — *1.3-Di-[p-äthoxyphenyl]-* (**XV**), F. 215—218°;

89%. — *1.3-Di-[p-bromphenyl]-* (**XVI**), F. 189—191°; 87%. — *1.3-Di-[p-carboxyphenyl]-* (**XII**), F. 293° (Zers.); 91%. — **XII** entsteht auch aus 1,0 g **XIII** u. 200 mg **XVII** durch 1std. Erhitzen in Pyridin auf 100°, Ausfällen mit W., Lösen von 50 mg des Nd. in Pyridin, Erhitzen mit 20 mg Pb-Tetraacetat (**XI**) auf 100°, wobei chromatograph. *1.3-Diphenylimidazoliniumacetat* u. *1.3-Di-[p-carboxyphenyl]-imidazoliniumacetat* nachweisbar ist, Extraktion des restlichen Nd. mit 2n NaOH, Fällen mit konz. HCl, Extraktion des Nd. mit CH_3OH zur Entfernung des Ausgangsmaterials u. Umkristallisieren aus Pyridin. — In gleicher Weise lassen sich **XIV** u. **XV** mit **XVII** umsetzen. — Durch a) Ansäuern von **III** in W. mit CH_3COOH, Versetzen mit überschüssiger wss. gesätt. $KMnO_4$-Lsg., Erwärmen auf 100°, Red. von überschüssigem $KMnO_4$ mit A., Alkalisieren des Filtrats u. Umkristallisieren aus CH_3OH/W. u. b) Erhitzen von **III** in Eisessig mit 30%ig. H_2O_2 auf 100°, Verdünnen mit W. u. Alkalisieren des Filtrats wird **VI** erhalten. — *1.3-Di-[p-bromphenyl]-imidazoliniumbromid*, $C_{15}H_{13}Br_3N_2$, aus **XVI** in Essigester durch langsames Versetzen mit Br_2 in Essigester in der Kälte; 93%. — Durch Lösen der 1.3-Diarylimidazoliniumsalze in 2n HCl, Versetzen unter Erwärmen mit Zn-Staub im Überschuß, 1std. Erhitzen auf 100°, Alkalisieren, Extraktion mit Essigester u. Umkristallisieren aus wss. CH_3OH werden **III** erhalten. — 10 μMol der Basen werden mit 0,01n $HClO_4$ in Eisessig unter O_2-freiem N_2 titriert. — Zur Best. der Redoxpotentiale werden 20 μMol **III** in Eisessig in 0,02 ml Schritten mit 0,02n **XI** unter O_2-freiem N_2 bei Zimmertemp. mit Pt- u. gesätt. Kalomelelektrode titriert. (Liebigs Ann. Chem. **624**. 120—36. Juli 1959. München, Univ., Inst. für Biochem.) CH. SASS. 1310

Henry Gilman, Mark B. Hughes und **Clare W. Gerow,** *Spaltungsversuche an einigen Organogermaniumverbindungen.* Darst. u. Eigg. von *n-Butyltriäthylgerman* (**I**), *Benzyltriäthylgerman, Biphenylyl-(2)-triäthylgerman, Triphenyl-[2-phenyläthyl]-german* (**IV**), *n-Octadecyltriphenylgerman* (**V**) u. *n-Octadecyldiphenyl-[2-phenyläthyl]-german* (**VI**) werden beschrieben. Zur Darst. von trialkylgermanylmetallorgan. Verbb. führten Vff. systemat. Spaltungsverss. an *Tetraäthyl-* (**VII**), *Tetra-n-butyl-, Tetra-n-octyl-, Tetrabenzyl-, Tetrakis-[2-phenyläthyl]-* u. *Tri-n-hexylphenylgerman* durch. Bei Spaltungsverss. von **VII** mit Li-Draht oder feinverteiltem Li in verschied. Lösungsmitteln blieb die Reaktionsausbeute nur sehr gering; mit K–Na-Legierung dagegen erhielten Vff. *Triäthylgermanylkalium*, das jedoch sofort mit dem Lösungsm. unter Bldg. nicht näher untersuchter Reaktionsprodd. weiterreagiert.

Versuche: *n-Butyltriäthylgerman* (**I**), $C_{10}H_{24}Ge$, Kp. 181—181,5°, aus Chlortriäthylgerman (**VIII**) u. n-Butyllithium in Ae., Hydrolyse mit Eiswasser u. Dest. der organ. Phase; n_D^{20} 1,4475; 51,1% (Ausbeute). — *Benzyltriäthylgerman*, $C_{13}H_{22}Ge$, $Kp._1$ 78—81°, aus **VIII** u. Benzyl-MgCl in Ae. analog **I**; n_D^{20} 1,5178; 79%. — *Biphenylyl-(2)-triäthylgerman*, $C_{18}H_{24}Ge$, $Kp._{3,3}$ 150—152°, aus **VIII** u. Biphenylyl-(2)-lithium in Ae. analog **I**; n_D^{20} 1,5697; 62,4%. — *Triphenyl-[2-phenyläthyl]-german* (**IV**), $C_{26}H_{24}Ge$, F. 147—149° (PAe.), aus 2-Phenyläthylbromid (**II**) u. Triphenylgermanyllithium (**IX**) in Äthylenglykoldimethyläther (**X**) u. Hydrolyse mit gesätt. NH_4Cl-Lsg.; 60%. — *n-Octadecyltriphenylgerman* (**V**), F. 76,5—77,5° (A.), aus n-Octadecylbromid (**III**) u. **IX** in **X** analog **IV**; 70%. — *n-Octadecyldiphenyl-[2-phenyläthyl]-german* (**VI**), $C_{38}H_{56}Ge$, F. 34,5 bis 36° (Methanol), a) aus **V** u. Li-Draht in **X**, nach 5 Std. Zugabe von **II** in **X** u. Hydrolyse mit gesätt. NH_4Cl-Lsg.; 17,6%; b) analog aus **IV** u. Li-Draht in **X** u. Zugabe von **III** in **X** nach 3½ Std.; 28,6%. IR-Spektr. von **VI** in CS_2: 3,3, 3,5 u. 9,2 μ. (J. org. Chemistry **24**. 352—56. März 1959. Ames, Io., Iowa State Coll., Chem. Labor.)
D. ERTEL. 1380

Alfred Roedig und **Ernst Klappert,** *Synthese und Lichtabsorption von α.α-Dichlor- und α.α.β-Trichlor-ω-phenylpolyenen.* Dargestellt werden *α.α-Dichlor-* (**I**) u. *α.α.β-Trichlor-ω-phenylpolyene* (**II**) mit bis zu 4 Doppelbindungen aus Chloral u. einem geeigneten Methylketon u. Einführung der Doppelbindungen durch Red. mit $LiAlH_4$, Dechlorierung, Substitution der Hydroxylgruppen durch Cl u. Dechlorieren. Bei β-Hydroxyketonen wird der nucleophile Austausch der Hydroxylgruppe, der sonst durch die reaktionshemmende Wrkg. der CCl_3-Gruppe auf das benachbarte —OH erschwert ist, durch Enolisierung erleichtert. *1.1.1.2-Tetrachlor-6-phenylhexen-(5)-on-(4)* (**IX**) tauscht beim Umkristallisieren aus Methanol ein (wahrscheinlich das β-) Cl-Atom gegen die Methoxylgruppe aus. Um Umlagerungen auszuschließen, wird die Struktur der **II** durch Ozonabbau bewiesen. Die Polyene stimmen im Spektraltypus u. der Lage der UV-Absorptionsmaxima mit den α.ω-Diphenylpolyenen überein. Die Hauptabsorptionsbanden der Reihen **I** u. **II** verschieben sich um 25—30 mμ pro —CH=CH-Gruppe nach längeren Wellen, wobei die Feinstruktur deutlicher hervortritt. Der maximale Absorptionskoeff. ist eine lineare Funktion der Doppelbindungen. Die Maxima der langwelligen Absorptionsbanden lassen sich mit Hilfe des von HIRAYAMA (C. **1955**. 6939) modifizierten Wurzelgesetzes berechnen, falls die Konjugation nicht ster. gehindert ist.

Versuche: *1.1.1.2-Tetrachlor-4-phenylbutanon-(4)* (III), $C_{10}H_8Cl_4O$, F. 63° (Bzn.), durch Zutropfen von $SOCl_2$ in Chlf. zu Chloralacetophenon [IV, 1.1.1-Trichlor-2-hydroxy-4-phenylbutanon-(4)] in Chlf. in Ggw. von Pyridin bei < 5° unter Rühren, 20std. Stehen bei Raumtemp. u. Eindampfen im Vakuum; 68% (Ausbeute). — *1.1.1-Trichlor-4-phenylbutandiol-(2.4)* (V), $C_{10}H_{11}Cl_3O_2$, F. 103° u. F. 84°, durch Zugabe von $LiAlH_4$ in Ae. zu IV in Bzl./Ae. bei 0—10° u. Trennung der Diastereomeren durch fraktionierte Kristallisation aus Bzl.; 92%. *Diacetat*, $C_{14}H_{15}Cl_3O_4$, F. 99° (Bzn.), durch 4std. Kochen von V u. Acetylchlorid; 85%. — *1.1.1.4-Tetrachlor-2-hydroxy-4-phenylbutan*, $C_{10}H_{10}Cl_4O$, F. 86° (Bzn.), durch Zutropfen von $SOCl_2$ in Ae. zu V in Ae. bei 5—10° unter Rühren, 20std. Stehen bei Raumtemp. u. Einengen im Vakuum; 35%. — *1.1.1.2-Tetrachlor-4-hydroxy-4-phenylbutan* (VI), $C_{10}H_{10}Cl_4O$, $Kp._{0,03}$ 126—130°, durch Zugabe einer äther. $LiAlH_4$-Lsg. zu III in Bzl. u. Ae. bei 0 bis — 5° unter Rühren, Schütteln mit 2n H_2SO_4 u. Fraktionieren; 90%. — *1.1.2-Trichlor-4-hydroxy-4-phenylbuten-(1)*, $C_{10}H_9Cl_3O$, $Kp._{0,01}$ 118—121°, durch Zutropfen von 20%ig. methanol. KOH zu VI in Aceton unter Rühren u. Kühlen, 5std. Rühren bei Raumtemp.; n_D^{20} 1,5679; 97%. — *1.1.2.4-Tetrachlor-4-phenylbuten-(1)*, $C_{10}H_8Cl_4$, $Kp._{0,04}$ 93—100° (geringe Zers.), durch Zutropfen von $SOCl_2$ in Chlf. zu vorst. Verb. in Chlf. in Ggw. von Pyridin bei 0° unter Rühren u. 20std. Stehen bei Raumtemp.; n_D^{20} 1,4755; 88%. — *1.1.2-Trichlor-4-phenylbutadien-(1.3)* (VII), $C_{10}H_7Cl_3$, F. 46° (Methanol, A. oder PAe.), $Kp._{0,04}$ 87°, durch Zutropfen von 20%ig. methanol. KOH zu vorst. Verb. in Aceton bei 0° unter Rühren u. 10std. Rühren bei Raumtemp.; 94%. — *1.1-Dichlor-4-hydroxy-4-phenylbuten-(1)* (VIII), $C_{10}H_{10}Cl_2O$, $Kp._{12}$ 156—158°, durch Zutropfen von VI in Aceton zu Zn-Staub in Aceton u. W. bei 45—50° unter Rühren; n_D^{20} 1,5580; 92%. — *1.1-Dichlor-4-phenylbutadien-(1.3)*, $C_{10}H_8Cl_2$, F. 41° (Bzn.), $Kp._{12}$ 141°, durch Zugabe von $SOCl_2$ in Chlf. zu VIII in Chlf. in Ggw. von Pyridin unter Rühren, 1std. Kochen, Einengen, Aufnehmen in Aceton, Zugabe von 20%ig. methanol. KOH unter Rühren u. Kühlen u. 5std. Rühren; 85%. — *1.1.1.2-Tetrachlor-6-phenylhexen-(5)-on-(4)*, (IX), $C_{12}H_{10}Cl_4O$, F. 83° (Bzn.), durch Zutropfen von $SOCl_2$ in Chlf. zu Chloralbenzalaceton [X, 1.1.1-Trichlor-2-hydroxy-6-phenylhexen-(5)-on-(4)] in Chlf. in Ggw. von Pyridin bei 0—5° unter Rühren u. 24std. Stehen bei Raumtemp.; 70%. — *1.1.1-Trichlor-6-phenylhexadien-(2.5)-on-(4)*, $C_{12}H_9Cl_3O$, F. 95°, durch 1$^1/_2$std. Kochen von X, $SOCl_2$ in Chlf. u. Pyridin; aus Bzn. gelbe Nadeln; 80%. — *1.1.1-Trichlor-2.4-dihydroxy-6-phenylhexen-(5)* (XI), $C_{12}H_{13}Cl_3O_2$, F. 133° u. F. 91°, aus X bei 0° analog V u. Trennung der Diastereomeren durch fraktionierte Kristallisation aus Bzl. bzw. Bzl./PAe.; 92%. — *1.1.1.4-Tetrachlor-2-hydroxy-6-phenylhexen-(5)*, $C_{12}H_{12}Cl_4O$, F. 70°, durch Zugabe von $SOCl_2$ in Chlf. zu XI in Chlf. in Ggw. von Pyridin bei 0° unter Rühren u. 20std. Stehen; aus Bzn. Nadeln; 17%. — *1.1.1-Trichlor-2-hydroxy-6-phenylhexadien-(3.5)* (XII), $C_{12}H_{11}Cl_3O$, F. 81°, durch 20std. Kochen von XI in Chlf. mit J_2; aus Bzl./PAe. Nädelchen; 82%. — *1.1.1.2-Tetrachlor-4-hydroxy-6-phenylhexen-(5)* (XIII), durch Red. von 100 g IX in Bzl./Ae. mit $LiAlH_4$ in Ae. bei — 10 bis — 5° analog VI u. Abdest. des Lösungsm. im Vakuum < 70°, nicht unzers. destillierbares hellbraunes, zähes Öl; 100 g. — *1.1.2-Trichlor-4-hydroxy-6-phenylhexadien-(1.5)*, $C_{12}H_{11}Cl_3O$, F. 56° (Bzn.), durch Zutropfen von 20%ig. methanol. KOH zu vorst. Verb. in Aceton bei 0—5° unter Rühren, 5std. Rühren bei Raumtemp., Gießen in W. u. 24std. Stehen; 68%. — *1.1.2.4-Tetrachlor-6-phenylhexadien-(1.5)*, durch Zutropfen von $SOCl_2$ in Chlf. zu 27,8 g vorst. Verb. in Chlf. u. Ggw. von Pyridin bei 0°, 5std. Stehen bei Raumtemp.; nicht unzers. destillierbares braunes Öl; 29,6 g. — *1.1.2-Trichlor-6-phenylhexatrien-(1.3.5)* (XIV), $C_{12}H_9Cl_3$, F. 79°, durch Zutropfen von 20%ig. methanol. KOH zu vorst. Verb. in Aceton bei 0—5° unter Rühren, 4std. Rühren, Zugabe von W. u. mehrstd. Stehen; aus Bzn. Täfelchen; 97%. — *1.1.1-Trichlor-2-methoxy-6-phenylhexen-(5)-on-(4)*, $C_{13}H_{13}Cl_3O_2$, F. 83° (Methanol), durch kurzes Kochen von IX in Methanol. — *1.1.1.4-Tetrachlor-2-methoxy-6-phenylhexen-(5)* (XV), $C_{13}H_{14}Cl_4O$, F. 85—93° (Bzn.), durch Red. vorst. Verb. in Bzl./Ae. mit $LiAlH_4$ analog VI, Zutropfen von $SOCl_2$ in Ae. zu dem erhaltenen hellbraunen zähen Öl in Ae. in Ggw. von Pyridin unter Rühren bei 0°, 24std. Stehen u. Einengen im Vakuum; 82%. — *1.1.1-Trichlor-2.4-dimethoxy-6-phenylhexen-(5)*, $C_{14}H_{17}Cl_3O_2$, F. 75° (Methanol), durch 4std. Erwärmen von XV in Methanol mit 20%ig. methanol. KOH auf 40—50°; 70%. — *1.1-Dichlor-2-dimethoxy-6-phenylhexatrien-(1.3.5)*, $C_{13}H_{12}Cl_2O$, F. 73°, durch 2$^1/_2$std. Erwärmen von XV in Eisessig mit Na-Acetat auf 85° u. Versetzen des erhaltenen orangegelben, zähen Öls (82%) in Methanol mit 20%ig. methanol. KOH bei 100°; aus Bzn. glänzende Blättchen; 58%. — *1.1-Dichlor-4-hydroxy-6-phenylhexadien-(1.5)*, aus XIII u. Zn-Staub in Aceton u. W. analog VIII; 90%. — *1.1-Dichlor-6-phenylhexatrien-(1.3.5)*, $C_{12}H_{10}Cl_2$, F. 81°, a) durch Zutropfen von $SOCl_2$ in Chlf. zu vorst. Verb. in Chlf. in Ggw. von Pyridin bei 0° unter Rühren, 15std. Stehen bei Raumtemp., Einengen u. Zutropfen von 20%ig. methanol. KOH zum erhaltenen öligen Rückstand in Aceton unter Kühlen; aus Bzn. glänzende Nadeln;

45%; b) durch Zugabe von PCl_5 zu 50 g **XII** in Bzl. u. $^3/_4$std. Kochen; 3,5 g. — *Chloralcinnamalaceton* [*1.1.1-Trichlor-2-hydroxy-8-phenyloctadien-(5.7)-on-(4)*], $C_{14}H_{13}Cl_3O_2$, F. 126° (Bzl.), durch 17std. Erwärmen von Cinnamalaceton, Chloral, Eisessig, Acetanhydrid u. K-Acetat auf 80°; schwachgrüngelbstichig; 36%. — *1.1.1.2-Tetrachlor-8-phenyloctadien-(5.7)-on-(4)* (**XVI**), $C_{14}H_{12}Cl_4O$, F. 112° (Zers.), durch Zutropfen von $SOCl_2$ in Chlf. zu vorst. Verb. in Chlf. in Ggw. von Pyridin bei 0° u. 20std. Stehen bei 0°; aus Bzl. glänzende Blättchen; 64%. — *1.1.2-Trichlor-4-hydroxy-8-phenyloctatrien-(1.5.7)*, $C_{14}H_{13}Cl_3O$, durch Red. von **XVI** in Bzl./Ae. mit $LiAlH_4$ analog **III** über *1.1.1.2-Tetrachlor-4-hydroxy-8-phenyloctadien-(5.7)* (**XVII**), Zutropfen von 20%ig. methanol. KOH in Aceton bei 0—5° unter Rühren, 12std. Rühren bei Raumtemp. u. Gießen in W.; aus Bzn. Nädelchen; 72%. — *1.1.2-Trichlor-8-phenyloctatetraen-(1.3.5.7)* (**XVIII**), $C_{14}H_{11}Cl_3$, F. 92°, durch Zutropfen von $SOCl_2$ in Chlf. zu vorst. Verb. in Chlf. in Ggw. von Pyridin bei 0° unter Rühren, 15std. Rühren bei 0° u. Schütteln mit $NaHCO_3$-Lsg.; aus Bzn. gelbe Nadeln; 68%. — *1.1-Dichlor-4-hydroxy-8-phenyloctatrien-(1.5.7)*, durch Dechlorieren von **XVII** mit Zn-Staub in Aceton u. W. analog **VIII**; braungelbes, zähes Öl; 74%. — *1.1-Dichlor-8-phenyloctatetraen-(1.3.5.7)*, $C_{14}H_{12}Cl_2$, F. 120°, durch Zutropfen von $SOCl_2$ in Chlf. zu vorst. Verb. in Chlf. in Ggw. von Pyridin bei 0° unter Rühren, 20std. Stehen bei Raumtemp., Einengen u. Zugabe von 20%ig. methanol. KOH in Aceton unter Kühlen; aus Bzn. citronengelbe Nadeln; 40%. — *Trichloracrolein*, $Kp._{12}$ 58—62°, a) durch 80 Min. Einleiten von O_3 in eine Lsg. von 5 g **VII** in Essigester bei 0°, Einengen im Vakuum < 30°, Zugabe von wenig W., $1^1/_2$std. Erwärmen auf 100° unter Rühren, Ausäthern u. Fraktionieren; 2,7 g; daneben *Benzoesäure*, F. 121°; b) aus **XIV** wie a), Zugabe einer Spur Hydrochinon u. Ausschütteln mit gesätt. $KHCO_3$-Lsg.; c) wie a) aus **XVIII**. *Oxim*, F. 133° (60%ig. Methanol), durch 5 Min. Erhitzen mit $NH_2OH \cdot HCl$ in 30%ig. HCl. (Liebigs Ann. Chem. **605**. 126—41. 15/6. 1957. Würzburg, Univ., Chem. Inst.) W. LIEBSCHER. 1410

W. W. Perekalin und **O. M. Lerner**, *Reaktion von Dinitrodiolefinen mit Verbindungen, die bewegliche Wasserstoffatome in Methylengruppen enthalten.* 1.4-Bis-[β-nitrovinyl]-benzol (**I**), 1.4-Bis-[β-methyl-β-nitrovinyl]-benzol (**II**) u. 1.4-Bis-[β-phenyl-β-nitrovinyl]-benzol (**III**) wurden in bas. Medium mit Verbb. mit akt. Methylengruppen [Malonester (**IV**), Cyanessigester (**V**), Acetessigester (**VI**), 1-Phenyl-3-methylpyrazolon-(5), Nitroessigester (**VIII**) u. Phenylnitromethan (**IX**)] umgesetzt. Es lagern sich hierbei 2 Moll. der letzteren Verbb. an 1 Mol. **I**—**III** an. Einige Reaktionsprodd. wurden zum Strukturbeweis auf einem unabhängigen Wege synthetisiert.

Versuche: *1.4-Bis-[β-nitrovinyl]-benzol* (**I**), F. 231—232° (Zers.); zu Terephthalaldehyd (**X**) u. Nitromethan (**XI**) in Methanol gibt man bei — 5° wss. NaOH, läßt 10 Min. stehen, gibt Eiswasser zu u. gießt in 4n HCl; goldgelbe Nadeln aus Aceton u. A.; 67% (Ausbeute). — *1.4-Bis-[β-methyl-β-nitrovinyl]-benzol* (**II**), F. 122—123° (A.); aus **X** u. Nitroäthan in Ggw. von wenig Äthylendiamin (**XII**) in A. (23—25 Tage Stehenlassen in zugeschmolzener Ampulle bei 28—30° u. period. Schütteln); hellgelbe Nadeln; 47%. — *1.4-Bis-[β-phenyl-β-nitrovinyl]-benzol* (**III**), F. 229° (Zers.; Aceton); aus **X**, **IX** u. wenig **XII** in Bzl. (16 Std. Erhitzen auf 60—65°); hellgelb; 46%. — *1.4-Bis-[β.β-dicarbäthoxyvinyl]-benzol* (**XIII**), $C_{22}H_{26}O_8$, F. 136—137° (A.), durch 20std. Erhitzen von **X** mit **IV** unter period. Hinzufügen (nach jeweils 1 Std.) von 1 Tropfen Piperidin (**XVII**), Zugeben von A., Erhitzen bis zur Auflösung des Nd. u. Abkühlen; 72%. — *1.4-Bis-[α-nitromethyl-β.β-dicarbäthoxyäthyl]-benzol*, $C_{24}H_{32}N_2O_{12}$, F. 158—160° (A. u. Aceton); a) zu der Suspension von **I** in absol. A. gibt man Na-Malonester (Na-**IV**) bei — 2°, schüttelt 90 Min. bei 2° u. fällt mit Essigsäure (**VII**); 72%; b) aus **XIII** u. **XI** in Methanol in Ggw. von $NaOCH_3$ bei 0—5°, Zufügen von **VII** u. Abfiltrieren nach $^1/_2$ Std.; 42%. — *1.4-Bis-[α-nitromethyl-β.β-dicarbomethoxyäthyl]-benzol*, $C_{20}H_{24}N_2O_{12}$, F. 161 bis 163° (Bzl. u. Aceton); aus **I** in absol. Methanol u. Na-**IV** bei — 2°; 72%. — *1.4-Bis-[β-carbäthoxy-β-cyanvinyl]-benzol* (**XIV**), $C_{18}H_{16}N_2O_4$, F. 198—199° (Toluol), aus **X**, **V** u. 1 Tropfen **XVII** in A. bei 20—25° u. 10 Std. stehen; gelblichgrüne Nadeln; 96%. — *1.4-Bis-[α-nitromethyl-β-carbäthoxy-β-cyanäthyl]-benzol*, $C_{20}H_{22}N_4O_8$, F. 170—171° (Aceton u. Methanol); a) aus **I** u. **V** in absol. Methanol bei — 5 bis 0° in Ggw. von $NaOCH_3$ u. Ansäuern mit **VII**; 76%; b) aus **XIV** u. **XI** in Methanol in Ggw. von $NaOCH_3$ bei 0—2°; 83%. — *1.4-Bis-[α-nitromethyl-β-acetyl-β-carbäthoxyäthyl]-benzol* (**XVI**), $C_{22}H_{28}N_2O_{10}$, F. 185—186° (A.), aus **I** u. **VI** in Methanol in Ggw. von Triäthylamin (**XV**), 20 Min. Erhitzen, nach 3std. Stehenlassen filtrieren; 86%. — *1.4-Bis-{α-[1-phenyl-3-methylpyrazolon-(5)-yl-(4)]-β-nitroäthyl}-benzol*, $C_{30}H_{28}N_6O_6$, F. 246—247° (Zers.; Essigsäure); a) durch Erhitzen von **I** mit 1-Phenyl-3-methylpyrazolon-(5) in Ggw. von **XV** u. nach $^1/_2$ Std. Filtrieren; 85%; b) aus **XVI** u. Phenylhydrazin in Ggw. von $NaHSO_3$ in Methanol (1 Std. Erhitzen). — *1.4-Bis-[α-nitromethyl-β-nitro-β-carbäthoxyäthyl]-benzol*, $C_{18}H_{22}N_4O_{12}$, F. 171—173° (Aceton u. A.); man erhitzt **I** u. **VIII** in Aceton kurz u. gibt bei 50° 1 Tropfen

XV zu u. reibt mit Methanol an; quantitative Ausbeute. — *1.4-Bis-[α-nitromethyl-β-nitro-β-phenyläthyl]-benzol*, $C_{24}H_{22}N_4O_8$, F. 219—222° (Zers.; Aceton u. A.); durch 5 Min. Erhitzen von **I** u. **IX** in Aceton in Ggw. von **XV**; 85%. — *1.4-Bis-[α-dicarbomethoxymethyl-β-nitropropyl]-benzol*, $C_{22}H_{28}N_2O_{12}$, F. 182—183° (wss. Methanol); zu **II** in Methanol gibt man bei 0—5° Na-**IV** in Methanol, läßt 1/2 Std. bei 8—10° stehen, gibt W. u. Aktivkohle zu, rührt bei 10—15°, filtriert, säuert bei 5° mit **VII** an u. filtriert nach 1 Std.; 91%. — *1.4-Bis-[α-dicarbomethoxymethyl-β-nitro-β-phenyläthyl]-benzol*, $C_{32}H_{32}N_2O_{12}$, F. 193—196° (Bzl. u. Methanol); aus **III** u. Na-**IV** in Methanol, 1/2 Std. Rühren bei 50°, 1 Std. Stehenlassen u. Ansäuern mit **VII**; 73%. (Журнал Общей Химии [J. allg. Chem.] **28** (**90**). 1815—23. Juli 1958. Leningrad, Pädagog. Hertzen-Inst.)

O. DOLD. 1410

O. L. Chapman und **D. J. Pasto,** *2.5-Dibenzylidencyclopenten-(3)-on.* Bei der Unters. der photochem. Eigg. stellten Vff. fest, daß *2.5-Dibenzylidencyclopenten-(3)-on* (**I**) nach WANZLICK (vgl. C. **1953.** 3231) durch 2.5-Dibenzylidencyclopentanon (**II**) verunreinigt ist. Während **II** durch wiederholte Umkristallisation aus verschied. Lösungsmitteln nicht entfernt werden konnte, gelang die Reindarst. von **I** durch Bldg. des **II**-*Uranylchlorid-Komplexes.* Einen entsprechenden Komplex liefert **I** nicht. Zur Charakterisierung wurden die IR- u. UV-Spektren herangezogen.

Versuche: *2.5-Dibenzylidencyclopenten-(3)-on* (**I**), $C_{19}H_{14}O$, F. 156—157° (Trichloräthylen), durch 2std. Rühren von **II** [F. 182—186° (Bzl.); gelbe Nadeln] u. N-Bromsuccinimid in CCl_4 unter UV-Bestrahlung, Eindampfen des Filtrats, Lösen von 14,7 g Rohprod. [50% (Ausbeute)] in heißer Essigsäure/Aceton, Zugabe von 10 g Uranylacetatdihydrat in HCl, 2std. Stehen im Dunkeln u. Entfernung des **II**-*Uranylchlorid-Komplexes* [F. >300°; orangerote Kristalle; 5%]; grünlichgelbe Platten; 9 g. (J. org. Chemistry **24.** 120—21. Jan. 1959. Ames, Iowa, State Coll., Dep. of Chem.)

O. WOLF. 1960

Hans-Werner Wanzlick und **Wolfgang Sucrow,** *Die Umlagerung des 3.3-Dichlorcyclopentandions-(1.2).* (Vorl. Mitt. vgl. C. **1957.** 6123.) Durch Chlorierung von 3-Chlorcyclopentandion-(1.2) (**I**), das als Enol-(2) vorliegt, erhält man *3.3-Dichlorcyclopentandion-(1.2)-2-hydrat* (**II**). Dieses läßt sich reversibel zum *Diketon* entwässern, gibt leicht ein *Chinoxalinderiv.* u. liefert bei der Oxydation *Bernsteinsäure.* Die Umlagerung von **II** führt zur Enol-(2)-form des *3.5-Dichlorcyclopentandions-(1.2)* (**III**), bei dessen Permanganatabbau erhält man *Chlorbernsteinsäure.*

Versuche: *3.3-Dichlorcyclopentandion-(1.2)-2-hydrat* (**II**), $C_5H_6Cl_2O_3$, F. 80 bis 100° (CCl_4, unter Wasserabspaltung), aus **I** in W. durch Chlorierung bei 30—40°; Blättchen; 92% (Ausbeute; roh); *Chinoxalinderiv.*, $C_{11}H_8Cl_2N_2$, F. 101° (PAe.); 88%. — *Bernsteinsäure*, F. 183°, aus **II** in W./30%ig. H_2O_2 durch Zugabe von 30%ig. NaOH, 1std. Erhitzen auf dem Wasserbad, Ansäuern mit H_2SO_4 u. Ae.-Extraktion; 78,6%. *Anhydrid*, F. 120°. — *3.5-Dichlorcyclopentandion-(1.2)* (**III**), $C_5H_4Cl_2O_2$, F. 124° (W., CCl_4 oder Chlf.), a) aus **II** in W. mit konz. HCl (10 Min. auf dem Wasserbad); 86% (roh; die gleiche Umlagerung erfolgt auch im Dunkeln in Ggw. von Hydrochinon, $FeSO_4$ oder Phenolüberschuß); b) aus nachst. Ester durch 40 Min. Kochen in 22%ig. H_2SO_4 unter CO_2; 47%. **III** *Dicarbonsäure-(3.5)-diäthylester*, aus Cyclopentandion-(1.2)-dicarbonsäure-(3.5)-diäthylester (F. 118°, nach DIECKMANN [1894]) in Chlf. durch Chlorieren bei 0°; 97,5%. — *3-Chlor-5-hydroxycyclopentandion-(1.2)*, $C_5H_5ClO_3$, F. ca. 140 bis 155° (Zers.; Chlf./Essigester), a) aus **II** in 40%ig. H_2SO_4 (10 Min. auf dem Wasserbad); 76,5% (roh); b) durch 8 Min. Erhitzen von **II** mit 17%ig. $HClO_4$ u. $AgClO_4$ auf 100°. — *Chlorbernsteinsäure*, $C_4H_5ClO_4$, F. 151—153° (Essigester/PAe.), aus **III** mit $KMnO_4$ in W. durch 1 Tag Stehen, Ansäuern u. Ae.-Extraktion; 50% (roh; entsteht auch beim Abbau mit CrO_3 bzw. Peressigsäure). — *2-Hydroxy-3-chlor-5-benzyl-5.5α-oxidocyclopenten-(2)-on*, $C_{12}H_9ClO_3$, F. 168—172° (Zers.; CCl_4), aus **III** u. Benzaldehyd in verd. NaOH, Lösen des Na-Salzes in W. u. Zugabe von Essigsäure; 75%. — *3.5.5-Trichlorcyclopentandion-(1.2)* (**IV**), $C_5H_3Cl_3O_2$, F. 93—94° (CCl_4), aus 12 g **III** in W. durch Chlorierung bei 30—40°; 14,5 g (roh). — *3.3.5.5-Tetrachlorcyclopentandion-(1.2)-dihydrat* (**V**), $C_5H_6Cl_4O_4$, F. 63—66° (unter Wasserabspaltung; CCl_4), a) aus **IV** in W. durch Sättigen mit Cl_2-W. bei 20°, 1 Tag Stehen im Eisschrank u. Ae.-Extraktion; 98% (roh); b) aus **III** in W. durch Einleiten der Hälfte der berechneten Menge Cl_2 bei 30°, 3 Tage Stehen im Eisschrank u. nochmalige Chlorierung; 98% (roh); c) neben **IV**. *Chinoxalinderiv.*, $C_{11}H_6Cl_4N_2$, F. 215—217° (Aceton); 88%. Durch 1½std. Erhitzen von 544 mg **V** mit H_2O_2/NaOH auf dem Wasserbad entsteht *Na-Oxalat* (200 mg); durch Ansäuern mit H_2SO_4, Sättigen mit $(NH_4)_2SO_4$ u. 12std. Ae.-Extraktion konnten papierchromatograph. *Oxalsäure* u. *Malonsäure* (F. ca. 130°; 20 mg; *Di-p-nitrobenzylester*, F. ca. 85°) nachgewiesen werden. — *Cyclopenten-(1)-dion-(3.4)*, $C_5H_4O_2$, F. 87—92° (Ae.), aus Cyclopentenon (Kp.$_{11}$ 43—43,5°; n_D^{20} 1,4802) u. SeO_2 in W. durch 15std. Rühren bei Raumtemp., Chloroformextraktion, Dest. des Eindampfrückstands bei 55—85° (Badtemp.)/0,5 mm Hg u. Lösen des Sublimats in Chlf.; kanariengelbe Kristalle; 1,1%. — *2-Chlorcyclopenten-(1)-dion-(3.4)*, $C_5H_3ClO_2$, F. 91—92° (Ae.), aus 2-Chlorcyclopenten-(1)-on-(3) ($Kp._{10}$ 89—90°; n_D^{20} 1,5105) u. SeO_2 in Eisessig durch Erhitzen auf 100°, dann 10 Min. auf 110°; goldgelbe Kristalle; 27%. *Chinoxalinderiv.*, $C_{11}H_7ClN_2$, F. ca. 145° (Zers.; Nadeln aus Methanol); 92% (roh). (Chem. Ber. **91**. 2727—33. 19/12. 1958. Berlin, TU, Organ.-chem. Inst.) P. LOTZ. 1970

Gerhard Hesse und **Fritz Urbanek**, *Halogenierte Cyclooctanone und ihre Favorski-Umlagerung.* Die Halogenierung des *Cyclooctanons* (I) mit Cl_2 u. Br_2 wird untersucht. Die alkal. Verseifung der *Halogenderivv.* führt in den meisten Medien überraschend leicht unter FAVORSKI-Umlagerung zu *Carbonsäuren* der Siebenringreihe. *2.8-Dichlorcyclooctanon* (II), $C_8H_{12}Cl_2O$, $Kp._{0,01}$ 72—82°, $Kp._{0,2}$ 97—120°, F. 47—48° (wss. HCOOH), a) durch 3std. Einleiten von Cl_2 in eine Lsg. von I in CH_3OH/verd. H_2SO_4 in Ggw. von J_2 unter Bestrahlung mit einer Hg-Dampflampe, Lösen des Eindampfrückstands in Ae. u. Fraktionierung; 60—70% (Ausbeute); b) aus 12,6 g I u. SO_2Cl_2 in CCl_4 durch 13std. Kochen unter Belichtung u. Fraktionierung des Eindampfrückstands; 12 g. — *2.2.8-Trichlorcyclooctanon* (III), $C_8H_{11}Cl_3O$, $Kp._{0,2}$ 105—110°, F. 89—90° (PAe.), neben II nach a); Nadeln; ca. 10%. — *2-Bromcyclooctanon* (IV), $C_8H_{13}BrO$, $Kp._{12}$ 114—118°, aus I in CCl_4 durch Bromierung unter Belichtung; 80%. — *2.8-Dibromcyclooctanon* (V), $C_8H_{12}Br_2O$, F. 82° (Methanol), aus I u. Br_2 analog **IV**; Blättchen; 64%. — *2.2.8-Tribromcyclooctanon* (VI), $C_8H_{11}Br_3O$, F. 112° (Methanol), aus I durch 5std. Bromierung analog **IV** unter Wasserausschluß u. 1 Tag Stehen; 79%. — *2.8-Dichlor-2-bromcyclooctanon*, $C_8H_{11}BrCl_2O$, F. 93—94° (CH_3OH), durch Lösen des Chlorierungsgemisches analog II nach a) in CCl_4 u. 4tägige Bromierung unter Wasserausschluß (dabei 3 Tage Belichtung); 69% (roh). — *Cyclooctanon* (I), $Kp._{12}$ 78—80°, aus VI, HCOONa u. KJ in HCOOH durch 16std. Rühren bei 100—105°; 65%. *2.4-Dinitrophenylhydrazon*, F. 172°; gelbe Kristalle. Neben I entsteht *Cyclooctandion-(1.2)* (*2.4-Dinitrophenylosazon*, F. 214°; rot). — *Cycloheptancarbonsäure*, $C_8H_{14}O_2$, $Kp._{11}$ 135—136°, durch Zugabe von verd. NaOH zu einer sd. Lsg. von 10,2 g **IV** in 80%ig. A., 1½std. Rühren, Ansäuern u. Ae.-Extraktion; 69%. *p-Bromphenacylester*, F. 97—98° (A./W.). — *Cycloocten-(1)-on-(3)*, neben vorst. Säure aus der alkal. Reaktionslsg.; 700 mg (roh). *2.4-Dinitrophenylhydrazon*, $C_{14}H_{16}N_4O_4$, F. 168° (Nitromethan/Methanol); dunkelrote Kristalle. — *Cyclohepten-(1)-carbonsäure-(1)* (VII), $C_8H_{12}O_2$, F. 53° (wss. A. oder wss. CH_3OH), a) aus **V** in 5%ig. NaOH durch 8std. Rühren; Blättchen; 96%; b) aus **II** u. verd. NaOH in A.; 85,5%; c) aus nachst. Säure durch Hydrierung in Ggw. von PdO/$BaSO_4$ bei 40—50° in alkal. Lsg.; 71%. — *2-Bromcyclohepten-(1)-carbonsäure-(1)* (**VIII**), $C_8H_{11}BrO_2$, F. 113—114° (wss. A. oder W.), a) aus **VI** analog **VII** nach a); 82,5%; b) aus **VI** analog **VII** nach b) u. 1 Std. Kochen; 88%; c) aus **VI** u. Na-Acetat in Eisessig durch 8std. Erhitzen auf 120°; 83%; d) durch 10std. Verseifung nachst. Esters; 65,5%. *Äthylester* (**X**), $C_{10}H_{15}BrO_2$, $Kp._{0,6}$ 94—96°, aus **VI** u. Na-Äthylat in absol. A.; 82%. —*Suberon* (**IX**), $Kp._{12}$ 63°, a) aus **VIII** durch 10std. Kochen mit 50%ig. KOH (25%ig. A.) u. Ansäuern; 35%; b) durch Verseifung von **X** mit 20%ig. alkoh. KOH. *2.4-Dinitrophenylhydrazon*, F. 147°. — *Cycloheptanon-(2)-carbonsäure-(1)-äthylester* (**XI**), $C_{10}H_{16}O_3$, $Kp._{0,05}$ 76—83°, a) aus **X** durch Verseifung mit alkoh. Äthylatlsg.; b) aus **VI** in absol. A. durch 18std. Kochen mit überschüssigem Na-Äthylat, Konz., Aufnehmen in W. u. Ae.-Extraktion; 43%. *2.4-Dinitrophenylhydrazon*, $C_{16}H_{20}N_4O_6$, F. 96—97°. — *1-Phenyl-3.4-pentamethylen-Δ^2-pyrazolon-(5)*, $C_{14}H_{16}N_2O$, F. 204°. Die Ketonspaltung von 1 g **VI** durch 8std. Kochen mit KOH in 30%ig. A. lieferte **IX** [0,6 g], während aus dem sauren Ae.-Auszug analog **XI** nach b) **IX** [34,1%] u. **VIII** [4,6%] erhalten wurden. — *2-Chlorcyclohepten-(1)-carbonsäure-(1)*, $C_8H_{11}ClO_2$, F. 96—97° (wss. HCOOH), aus **III** in sd. A. u. verd. NaOH; 68%. (Chem. Ber. **91**. 2733—42. 19/12. 1958. Erlangen, Univ., Inst. für Organ. Chem.) P. LOTZ. 2010

D. Stanley Tarbell, Kenneth I. H. Williams und **Eugene J. Sehm**, *4-Carboxytropolone und verwandte Verbindungen.* Durch Permanganatoxydation von 2-Carbomethoxy-3-[3.4-dimethoxystyryl]-7-methoxytropon (**Ia**) wurden über *Tropolondicarbonsäure-(3.4)-anhydrid 4-Carboxytropolon* (**II**) u. dessen *Benzoat* dargestellt. 4-Styryltropolon (**III**) lieferte bei der Oxydation mit OsO_4-Perjodat *4-Formyltropolon* (**VIII**), aus dem mit Ag_2O **II** erhalten wird. **III** reagiert mit Diazomethan zu *2-Methoxy-6-styryltropon* (**IV**) u. einem öligen Anteil, der vermutlich *2-Methoxy-4-styryltropon* (**V**) enthält, da er zu *2-Methoxy-4-formyltropon* (**VII**) oxydiert wird. Gleiche Oxydation von **IV** liefert *2-Methoxy-6-formyltropon* (**VI**). Mit Ag_2O entsteht aus **VI VIII**, aus **VII** *2-Methoxy-4-carboxytropon*, das mit fl. NH_3 *2-Amino-4-carboxytropon* liefert, dessen *Acetylderiv.* ein relativ stabiles *Chlorid* bildet. **VIII** kondensiert sich mit Malonsäure zu *4-[β-Carboxyvinyl]-tropolon.*

Versuche: *3-Carboxy-4-[3.4-dimethoxystyryl]-tropolon* (I), $C_{18}H_{16}O_6$, F. 195 bis 197° (Zers.; A.) u. 208—210° (Zers.), durch 1½std. Rühren von 3-Carboxy-4-carboxymethyltropolon in Essigsäure–Acetanhydrid bei 70°, Zugabe von Pyridin u. Veratrumaldehyd u. 3std. Rühren bei 40—50°; 56% (Ausbeute). *Methyläthermethylester* (Ia), $C_{20}H_{20}O_6$, F. 75—79° (CH_3OH-W.), a) aus I, Dimethylsulfat u. K_2CO_3 in absol. Aceton durch 23std. Kochen; 93%; b) aus I in Dioxan u. äther. Diazomethan. Gibt durch ½std. Erhitzen auf 108° ein *Isomeres vom F. 137—138°*. *Methylester*, $C_{19}H_{18}O_6$, F. 171—173°, aus I u. äther. CH_2N_2. — *Tropolondicarbonsäure-(3.4)-anhydrid*, F. 253—255°, aus Ia, $KMnO_4$ u. $MgSO_4$ in W. in 1½ Std. u. Sublimation bei 120—160°/0,2 mm; 23%. — *4-Carboxytropolon* (II), F. 217—218°, aus vorst. Verb. durch Erhitzen auf 170—180° in 40 Min.; 46%. *Benzoat*, $C_{15}H_{10}O_5$, F. 187—190°. — *4-[3.4-Dimethoxystyryl]-tropolon*, $C_{17}H_{16}O_4$, F. 108—109°, durch Erhitzen von I mit Cu-Chromit in Chinolin auf 140° bis 165°; gelb aus verd. CH_3OH; 41%. *Benzoat*, $C_{24}H_{20}O_5$, F. 157,5—158° (A.). — *3-Carboxy-4-styryltropolon*, aus 3-Carboxy-4-carboxymethyltropolon in Eisessig–Acetanhydrid durch ½std. Erhitzen auf 80—90°, dann Zugabe von Benzaldehyd u. Pyridin, 4½std. Rühren bei 40—45° u. 60°; 59%. — *4-Styryltropolon* (III), F. 90—91°, aus vorst. Verb., Cu-Pulver u. Chinolin bei 150° in 1 Std., dann Zusatz von Ae. u. ½std. Rühren; aus Heptan orangegelb; 67%. *Acetat*, $C_{17}H_{14}O_3$, F. 99—99,5°. *Benzoat*, $C_{22}H_{16}O_3$, F. 183 bis 184°. — *4-Formyltropolon* (VIII), F. 158—160° (Bzl.), a) durch Zugabe von $NaJO_4$ zu III in Dioxan–W. in Ggw. von OsO_4 u. 2½std. Rühren; 84%; b) aus VI durch Hydrolyse mit warmer 3%ig. HCl, warmer 5%ig. Na_2CO_3 oder warmem 3%ig. H_2O_2. *Oxim*, $C_8H_7NO_3$, F. 207—209°, gelbe Tafeln aus A.; 64%. *Benzoat*, $C_{15}H_{10}O_4$, F. 137,5—138,5° (A.), aus III-Benzoat u. OsO_4 in 75%ig. wss. Dioxan durch Zugabe von $NaJO_4$ u. 20½std. Rühren bei 50° u. 20°; 50%. — *2-Methoxy-6-styryltropon* (IV), $C_{16}H_{14}O_2$, F. 142°, aus III u. CH_2N_2 in Aceton–Ae. in 15 Min. im Eisbad; gelb aus Essigester; 42%; daneben *2-Methoxy-4-styryltropon* (V, Öl). — *2-Methoxy-6-formyltropon* (VI), $C_9H_8O_3$, F. 137—138° (Bzl.), aus IV analog VIII nach a); 79%. — *2-Methoxy-4-formyltropon* (VII), F. 183 bis 184°, aus V analog VIII nach a); gelbe Nadeln aus CH_3OH; 50%. — *2-Methoxy-4-carboxytropon*, F. 253—254°, durch Zugabe von VII zu einer bas. Suspension von frischem Ag_2O bei 0° in ¾ Std.; aus 25%ig. CH_3OH gelbe Nadeln; 70%. — *2-Amino-4-carboxytropon*, $C_8H_7NO_3$, F. 280° (Zers.), aus vorst. Verb. u. fl. NH_3 im Rohr in 3 Tagen bei 20°; orangefarbene Nadeln aus wss. A.; 93%. — *2-Acetamido-4-carboxytropon*, $C_{10}H_9NO_4$, F. 230° (Zers.), aus vorst. Verb.; aus A. gelbes Pulver. *Chlorid*, aus dem K-Salz u. Oxalylchlorid in Bzl. in 3 Std. bei 20°. *p-Bromanilid*, $C_{16}H_{13}BrN_2O_3$, F. 225—227° (Bzl.). — *2-Amino-6-styryltropon*, $C_{15}H_{13}NO$, F. 137—138°, aus IV u. fl. NH_3 in 45 Std. bei 20°; aus Bzl. goldfarbene Tafeln; 86%. *N-Acetylderiv.*, $C_{17}H_{15}NO_2$, F. 179,5—181° (Bzl.-Heptan). — *2-Hydrazino-6-styryltropon*, $C_{15}H_{14}N_2O$, F. 165,2—163,5°, aus IV u. 95%ig. N_2H_4 in CH_3OH–Dioxan in 5 Min. auf dem Dampfbad; rot aus CH_3OH; 88%. — *4-[β-Carboxyvinyl]-tropolon*, $C_{10}H_8O_4$, F. 226,5—227,5° (Zers.), aus VIII, Malonsäure u. Piperidin durch 12std. Erhitzen in Pyridin auf dem Dampfbad; aus A. gelbe Nadeln. (J. Amer. chem. Soc. **81**. 3443—46. 5/7. 1959. Rochester, N. Y., Univ., Chem. Dep.)
D. KIRSTEIN. 2070

C. van der Stelt und **W. Th. Nauta,** *Die katalytische Reduktion des 4-amino-2-hydroxybenzoesauren Methylesters.* Durch katalyt. Hydrierung von *4-Amino-2-hydroxybenzoesäuremethylester* in Ggw. von Pt-Schwarz oder Rh-Kohle in Eisessig bei 50° wird in geringer Ausbeute *4-Amino-2-hydroxycyclohexancarbonsäuremethylesterhydroacetat*, $C_{10}H_{19}NO_5$, F. 136—137°, erhalten, das keine tuberkulostat. Wrkg. zeigt u. beim Erhitzen auf 160° in eine schwerlösl. *Verb. vom F. 260°* übergeht. Bei der von ROMEO (C. **1955**. 6964) durch Red. von PAS mit Na in Amylalkohol erhaltenen „β-Aminopimelinsäure" dürfte es sich vermutlich um PAS-Hydrochlorid gehandelt haben. (Arzneimittel-Forsch. **7**. 278—79. April 1957. Amsterdam, N. V. Kon. Pharmac. Fabrieken v/h Brocades-Stheeman en Pharmac; Amsterdam, Vrije Univ., Scheikundig Labor.)
E. HANSCHKE. 2150

L. G. Makarowa, M. K. Matwejewa und **Je. A. Gribtschenko,** *Zersetzung von Aryldiazoniumborfluoriden in Nitrobenzol.* Bei der Zers. von Phenyldiazoniumborfluorid (I) in Nitrobenzol wird von den 3 theoret. möglichen Phenylnitrobenzolen nur *3-Nitrodiphenyl* erhalten. Analog reagieren p-Tolyl-, p-Methoxyphenyl-, p-Chlorphenyl-, o-Carbomethoxyphenyl- u. p-Carbäthoxyphenyldiazoniumborfluorid. Die ausschließliche Bldg. von m-Isomeren wird durch Vgl. mit den UV-Spektren von auf bekanntem Wege dargestellten o- u. p-Isomeren bestätigt. Die Rk. trägt heterolyt. Charakter. Dagegen geben o-Nitrophenyl- (II) u. o-Chlorphenyldiazoniumborfluorid (III) nur *2.2'-Dinitrodiphenyl* (IV) bzw. *2-Chlor-2'-nitrodiphenyl* (V). Als Ursache für die Bldg. von IV nehmen Vff. eine verkreuzte Konjugation der NO_2-Gruppen u. der Benzolkerne u. eine coplanare Anordnung der Benzolkerne in IV, für V die Ausbldg. einer —N···Cl-Beziehung an.

Versuche: *3-Nitrodiphenyl*; durch Zers. von I in Nitrobenzol nach NESSMEJANOW u. MAKAROWA [1947]; nach Beendigung der Rk. verd. man das Reaktionsprod. mit Bzl., wäscht mit 10%ig. NaOH u. dest. Bzl. ab. — Zum Vgl. werden *2-Nitrodiphenyl* [F. 37° (A.); durch Zers. von diazotiertem o-Nitroanilin in Bzl. in Ggw. von Na-Acetat] u. *4-Nitrodiphenyl* [F. 113—114° (A.); a) durch Zers. von diazotiertem Anilin in Nitrobenzol in Ggw. von Na-Acetat; oder b) durch Nitrierung von Diphenyl mit HNO_3 (D. 1,42)/Eisessig-Gemisch] dargestellt. — *4-Methyl-3'-nitrodiphenyl*, $C_{13}H_{11}NO_2$, Kp.$_5$ 170—175°, F. 74,5—75,7° (A. u. n-Heptan); zu 250 g Nitrobenzol gibt man in 3 Std. bei 75° 103 g p-Tolyldiazoniumborfluorid u. erhitzt 1 Std. auf 80—85°; 1,95 g (Ausbeute), gibt bei 6std. Kochen mit $K_2Cr_2O_7/H_2SO_4$ *3-Nitrodiphenyl-4'-carbonsäure*, $C_{13}H_9NO_4$, F. 301°. — *4-Methyl-4'-nitrodiphenyl*, F. 144°; durch Zers. von p-Tolyldiazoniumborfluorid in Nitrobenzol in Ggw. von NaOH. — *4-Methoxy-3'-nitrodiphenyl*, $C_{13}H_{11}NO_3$, F. 82°; durch Zugabe von 128 g p-Methoxyphenyldiazoniumborfluorid in 4 Std. zu 300 g Nitrobenzol bei 130° u. 1½ std. Erhitzen auf 135°; aus n-Heptan u. A. Blättchen; 3,75 g; gibt bei 6 std. Erhitzen mit 9 g Pyridiniumchlorid auf 200—220° u. Zinkstaubdest. *3-Nitrodiphenyl*, F. 59°. — *4-Methoxy-4'-nitrodiphenyl*, F. 111° (A.); nach JONES u. CHAPMAN (C. **1953**. 7283). — *4-Methoxy-2'-nitrodiphenyl*, F. 64°; durch Zers. von diazotiertem o-Nitroanilin in Anisol in Ggw. von Na-Acetat. — *4-Chlor-3'-nitrodiphenyl*, F. 89°; durch Zugabe von 130 g p-Chlorphenyldiazoniumborfluorid in 3 Std. zu 300 g Nitrobenzol bei 120° u. 1std. Erhitzen auf 125°; aus Methanol u. PAe. Kristalle; 2,56 g. — *4-Chlor-4'-nitrodiphenyl*, F. 143°; durch Zers. von diazotiertem p-Chloranilin in Nitrobenzol in Ggw. von Na-Acetat; daneben *4-Chlor-2'-nitrodiphenyl*, F. 64°. — *2-Carbomethoxy-3'-nitrodiphenyl* (**VI**), $C_{14}H_{11}NO_4$, F. 86—87° (A.); durch Zugabe von 126 g o-Carbomethoxyphenyldiazoniumborfluorid in 2 Std. zu 274 g Nitrobenzol bei 120°. Gibt bei 3std. Kochen mit 10%ig. KOH in A., Abdest. des A. u. Ansäuern mit HCl *3-Nitrodiphenyl-2'-carbonsäure*, $C_{13}H_9NO_4$, F. 265° (Methanol); diese auch durch Oxydation von 0,9 g 2-Methyl-3'-nitrodiphenyl mit $K_2Cr_2O_7/H_2SO_4$; gibt beim Kochen in Methanol/HCl **VI**. — *2-Carbomethoxy-4'-nitrodiphenyl*, $C_{14}H_{11}NO_4$, Kp.$_{4-5}$ 197—200°, F. 75—76° (Methanol); durch Zers. von diazotierter Anthranilsäure in Nitrobenzol in Ggw. von Na-Acetat. — *2-Carbomethoxy-2'-nitrodiphenyl*, $C_{14}H_{11}NO_4$, F. 56—58° (n-Heptan); durch Kochen von 2-Nitrodiphenyl-2'-carbonsäure mit Methanol/HCl. — *4-Carbäthoxy-3'-nitrodiphenyl*, F. 113—114,5° (A.); durch Zugabe von 95 g p-Carbäthoxyphenyldiazoniumborfluorid zu 204 g Nitrobenzol bei 90° u. 1std. Erhitzen auf 95°; 3,5 g. — *4-Carbäthoxy-4'-nitrodiphenyl*, F. 112°; durch Kochen von 4-Nitrodiphenyl-4'-carbonsäure mit A./HCl. — *4-Carbäthoxy-2'-nitrodiphenyl*, $C_{15}H_{13}NO_4$, F. 71—72° (n-Heptan); durch Kochen von 2-Nitrodiphenyl-4'-carbonsäure [F. 250° (A.); durch Oxydation von 2-Nitro-4'-methyldiphenyl] mit A./HCl. — *2-Chlor-2'-nitrodiphenyl* (**V**), Kp.$_{7-8}$ 185 bis 193°; F. 71° (A. u. n-Heptan); durch Zugabe von 100 g **III** in 2 Std. zu 230 g Nitrobenzol bei 130° u. 1std. Erhitzen auf 130°; 12,2 g. — *2.2'-Dinitrodiphenyl* (**IV**), F. 124°; durch Zugabe von 100 g **II** in 4 Std. zu 225 g Nitrobenzol bei 120° u. 4std. Erhitzen auf 120°; aus Eisessig Kristalle; 10 g. (Известия Академии Наук СССР, Отделение Химических Наук [Nachr. Akad. Wiss. UdSSR, Abt. chem. Wiss.] **1958**. 1452—60. Dez. Inst. für metallorgan. Verbb. der Akad. der Wiss. der UdSSR.) W. KURTZMANN. 2200

Csaba Szántay und **Rudolf Soós**, *Eine aliphatische Nitrogruppe enthaltende Insekticide.* 2. Mitt. *Einige DDT-Analoga.* Es wurden einige, eine aliphat. Nitrogruppe enthaltende *DDT-Analoga* hergestellt. Die insekticide Wrkg. dieser Abkömmlinge ist annähernd unabhängig von dem am Benzolkern befindlichen Halogenatom. Weiterhin wurde festgestellt, daß die intermediären *Nitroalkohole* einen bemerkenswerten insekticiden Effekt besitzen.

Versuche: *1-p-Bromphenyl-2-nitropropanol-(1)*, $C_9H_{10}BrNO_3$, aus p-Brombenzaldehyd u. Nitroäthan in A. durch Zugabe von alkoh. KOH, 30 Min. Rühren, Zugabe von Essigsäure $< -5°$ u. Verdünnen mit W.; 96% (Ausbeute). — *1-p-Chlorphenyl-1-p-bromphenyl-2-nitropropan*, F. 81—82° (absol. A.), aus 1-p-Chlorphenyl-2-nitropropanol-(1) u. Brombenzol durch Zugabe von SO_3-haltiger $H_2SO_4 < 10°$, 12std. Rühren bei Raumtemp., Gießen auf Eis u. Ae.-Extraktion; 34,7%. — Analog: *1.1-Bis-[p-chlorphenyl]-2-nitroäthan*, Kp.$_{0,8}$ 204—205°. — *1-p-Chlorphenyl-1-p-bromphenyl-2-nitroäthan*, Kp.$_{0,6}$ 217—218°. — *1-p-Chlorphenyl-1-p-fluorphenyl-2-nitroäthan*, Kp.$_{0,4}$ 171—172°. — *1.1-Bis-[p-bromphenyl]-2-nitroäthan*, Kp.$_{0,6}$ 180—182°. — *1.1-Bis-[p-chlorphenyl]-2-nitropropan*, F. 80—81° (absol. A.). — *1.1-Bis-[p-bromphenyl]-2-nitropropan*, Kp.$_{0,8}$ 173—174°. — *1-p-Chlorphenyl-1-p-fluorphenyl-2-nitropropan*, Kp.$_{0,6}$ 166—168°. — *1.1-Bis-[p-fluorphenyl]-2-nitropropan*, Kp.$_{0,6}$ 161—162°. (Magyar Kémiai Folyóirat [Ung. Z. Chem.] **64**. 470—71. Dez. 1958. Budapest, Müszaki Egyetem Ipari Szerves-Kém. Tanszéke.)
G. HALMI. 2210

A. W. Toptschijew und **W. L. Waisser,** *Hydrierung einiger asymmetrischer Diaryläthane.* Durch Hydrierung der entsprechenden 1.1-Diaryläthane in Ggw. von $H_3PO_4 \cdot BF_3$ werden *1.1-Bis-[4-methylcyclohexyl]-, 1.1-Bis-[4-isopropylcyclohexyl]-, 1.1-Bis-[2.4-diisopropylcyclohexyl]-, 1.1-Bis-[4-hydroxycyclohexyl]-, 1.1-Bis-[3-methyl-4-hydroxycyclohexyl]-äthan* u. *4-Methyl-1'.1''.2'.2''.3'.3''.4'.4''-oktahydrodinaphtho-[5'.6':3.2;5''.6'':4.5]-pyran* erhalten.

Versuche: *1.1-Bis-[4-methylcyclohexyl]-äthan,* $C_{16}H_{30}$, Kp.$_2$ 108—110°; durch 8std. Hydrierung von 20 g 1.1-Bis-[p-tolyl]-äthan in Ggw. von 5 g $H_3PO_4 \cdot BF_3$ bei 250—300° u. 100—150 at; D.$^{20}_4$ 0,8502; n_D^{20} 1,4800. — *1.1-Bis-[4-isopropylcyclohexyl]-äthan,* $C_{20}H_{38}$, Kp.$_4$ 160—162°; analog Vorst. aus 1.1-Bis-[4-isopropylphenyl]-äthan; D.$^{20}_4$ 0,8989; n_D^{20} 1,4898. — *1.1-Bis-[2.4-diisopropylcyclohexyl]-äthan,* $C_{26}H_{50}$, Kp.$_1$ 177 bis 179°; n_D^{20} 1,4980. — *1.1-Bis-[4-hydroxycyclohexyl]-äthan,* $C_{14}H_{26}O_2$, Kp.$_6$ 160—165°; D.$^{20}_4$ 1,007; n_D^{20} 1,5065. — *1.1-Bis-[3-methyl-4-hydroxycyclohexyl]-äthan,* $C_{16}H_{30}O_2$, Kp.$_3$ 160—165°; D.$^{20}_4$ 0,9620; n_D^{20} 1,4815. — *4-Methyl-1'.1''.2'.2''.3'.3''.4'.4''-oktahydrodinaphtho-[5'.6':3.2;5''.6'':5.6]-pyran,* $C_{22}H_{24}O$, Kp.$_1$ 178—179°; D.$^{20}_4$ 0,9800; n_D^{20} 1,5151. (Доклады Академии Наук СССР [Ber. Akad. Wiss. UdSSR] **122.** 409—11. 21/9. 1958. Moskau, Gubkin-Erdölinst.) W. Kurtzmann. 2260

F. H. Howell und **D. A. H. Taylor,** *Die Birch-Reduktion einiger substituierter Oktahydro-2-hydroxy-12-methylphenanthrene.* trans-1.2.3.4.9.10.11.12-Oktahydro-2β-hydroxy-12-methylphenanthren (I) oder 2.3.4.9.10.12-Hexahydro-12-methyl-2-oxophenanthren (II) werden durch Na in Methanol u. fl. NH_3 zu *trans-1.2.3.4.5.8.9.10.11.12-Dekahydro-2β-hydroxy-12-methylphenanthren* red., dessen Benzoat (III) durch $KMnO_4$ zu I-*Benzoat* u. durch Perameisensäure zum *6.7;13.14-Diepoxyd* oxydiert wird, sowie an Pd zum *6.7-Dihydroderiv.* hydriert wird. Die Hydrierung von **II** an Raney-Ni liefert *cis-1.2.3.4.9.10.11.12-Oktahydro-2α-* u. *2β-hydroxy-12-methylphenanthren,* von denen das 2α-Isomere nach Birch zum entsprechenden *5.8-Dihydro-* u. *5.6.7.8-Tetrahydroderiv.* red. wird. Die gleiche Red. von 2.3.4.9.10.12-Hexahydro-6-methoxy-12-methyl-2-oxophenanthren (**IV**) oder trans-1.2.3.4.9.10.11.12-Oktahydro-2β-hydroxy-6-methoxy-12-methylphenanthren führt zu einem Gemisch von *trans-1.2.3.4.6.7.8.9.10.11α.12.14β-* u. *trans-1.2.3.4.6.7.8.9.10.11α.12.14α-Dodekahydro-2β-hydroxy-12-methyl-6-oxophenanthren,* von denen das 14β-Isomere zu *trans-anti-trans-2β-Hydroxy-12-methyl-6-oxoperhydrophenanthren* hydriert wird. Sein 7-Furfurylidenderiv. wird nach Acetylierung durch O_3 zu *6β-Acetoxy-1β.2α-bis-[carboxymethyl]-9β-methyl-trans-dekalin* abgebaut. **IV** wird an Raney-Ni zu *cis-1.2.3.4.9.10.11.12-Oktahydro-2α-hydroxy-6-methoxy-12-methylphenanthren* hydriert, das zum entsprechenden *cis-Keton* oxydiert u. nach Birch zu *cis-1.2.3.4.6.7.8.9.10.11.12.14-Dodekahydro-2α-hydroxy-12-methyl-6-oxophenanthren* red. wird. Analoge Redd. unter Ätherspaltung erfolgen mit 7-Methoxy- (**V**) u. 6.7-Dimethoxy-2.3.4.9.10.12-hexahydro-12-methyl-2-oxophenanthren (**VI**).

Versuche: *trans-2β-Benzoyloxy-1.2.3.4.5.8.9.10.11.12-dekahydro-12-methylphenanthren* (**III**), $C_{22}H_{26}O_2$, F. 137—139°, durch Zugabe von Na zu **II** in absol. Methanol–fl. NH_3 in 20 Min. u. Benzoylierung des Reaktionsprod.; Prismen aus A.; 72% (Ausbeute). *6.7-Dihydroderiv.,* $C_{22}H_{28}O_2$, F. 118—121°, durch Hydrieren von 0,2 g **III** an Pd–$CaCO_3$ in Essigester; Tafeln aus A.; 182 mg; *13.14-Epoxyd,* $C_{22}H_{28}O_3$, F. 120—122°, durch 15std. Rühren von 0,1 g des **III**-Dihydroderiv. in Chlf. mit HCOOH u. H_2O_2; Prismen aus Methanol; 70 mg. *6.7;13.14-Diepoxyd,* $C_{22}H_{26}O_4$, F. 176—178° (A.), aus 0,2 g **III** mit HCOOH u. H_2O_2 in Chlf. in 15 Std.; 140 mg. — *trans-2β-Cyclohexancarbonyloxy-$\Delta^{13,14}$-dodekahydrophenanthren,* $C_{22}H_{34}O_2$, F. 54—58° (A.), aus 0,1 g **III**-6.7-Dihydroderiv. in Ae.–Eisessig mit H_2/Adams-Katalysator; 62 mg. — *Ungesätt. Keton* $C_{22}H_{24}O_3$, F. 149 bis 151° (A.), durch Ozonisieren von 0,2 g **III** in Essigester bei —60°, ½std. Kochen des Reaktionsprod. mit W. u. Ae.-Extraktion; 60 mg. *2.4-Dinitrophenylhydrazon,* $C_{28}H_{28}N_4O_6$, F. 272—274°. — *cis-1.2.3.4.9.10.11.12-Oktahydro-2β-hydroxy-12-methylphenanthren,* $C_{15}H_{20}O$, F. 69—70°, Prismen aus PAe.; *Benzoat,* $C_{22}H_{24}O_2$, F. 96°, durch Hydrierung von 5 g **II** an Raney-Ni in A. u. Benzoylierung; Tafeln aus A.; 1,45 g. — *2α-Isomeres, Benzoat,* F. 150—154° (A.), neben dem 2β-Benzoat; 5,2 g. — *cis-1.2.3.4.5.8.9.10.11.12-Dekahydro-2α-hydroxy-12-methylphenanthren,* $C_{15}H_{22}O$, F. 87—89°, durch Red. vorst. 2α-Alkohols mit Na in CH_3OH-fl. NH_3; Nadeln aus PAe.; 80%. *Benzoat,* $C_{22}H_{26}O_2$, F. 106—108°; *6.7-Dihydroderiv.,* $C_{22}H_{28}O_2$, F. 111—113°, aus 0,1 g des Benzoats mit H_2/Pd–$CaCO_3$ in Essigester; 80 mg. — *2.3.4.9.10.12-Hexahydro-6-methoxy-12-methyl-2-oxophenanthren* (**IV**), F. 62° (PAe.), durch Zugabe von 7-Methoxy-1-methyltetralon-(2) in methanol. Na-Methylat zu 4-Chlorbutanon-(2) unter N_2, Zugabe von methanol. Na-Methylat nach 30 Min., ¾std. Rühren u. ½std. Kochen; 58%. — *trans-2β-Benzoyloxy-1.2.3.4.9.10.11.-12-oktahydro-6-methoxy-12-methylphenanthren,* $C_{23}H_{26}O_3$, F. 141—142°, durch Hydrieren von 0,1 g des 1.11-Dihydroderiv. vorst. Verb. über Adams-Katalysator in A. u. Benzoylierung; 110 mg. — *trans-1.2.3.4.6.7.8.9.10.11α.12.14β-Dodekahydro-2β-hydroxy-12-methyl-6-oxophenanthren*, $C_{15}H_{22}O_2$, F. 118—120°, a) durch Zugabe von Li zu 2,5 g der vorst. Verb. entsprechenden Alkohols in CH_3OH-Ae.-fl.NH_3 u. 3std. Kochen des Eindampfrückstandes mit wss.-alkoh. HCl; gelbe Prismen aus Ae.; 0,5 g; b) aus 2,5 g **IV** wie a) mit Na an Stelle von Li; 410 mg; c) aus **VI** nach b); *Benzoat*, $C_{22}H_{26}O_3$, F. 174 bis 175°; *2.4-Dinitrophenylhydrazon* [$C_{21}H_{26}N_4O_5$, F. 236—237° (Zers.); *Acetat*, $C_{23}H_{28}N_4O_6$, F. 239—241° (Zers.)]. *14α-Isomeres*, neben dem 14β-Isomeren nach b); *Benzoat*, $C_{22}H_{26}O_3$, F. 174—175°. — *2β-Benzoyloxy-1.2.3.4.x.x.x.x.9.10.11.12-Dodekahydro-12-methylphenanthren*, $C_{22}H_{28}O_2$, F. 113—116°, neben vorst. 14α-Alkohol durch Benzoylierung; 345 mg. *Perhydroderiv.*, $C_{22}H_{30}O_2$, F. 66—68°, mit H_2/ADAMS-Katalysator in Eisessig. — *trans-anti-trans-2β-Hydroxy-12-methyl-6-oxoperhydrophenanthren*, $C_{15}H_{24}O_2$, F. 98—102° (Ae.), durch Hydrieren von 250 mg vorvorst. 14β-Alkohols an Pd-$CaCO_3$ in A.; 0,1 g. *2.4-Dinitrophenylhydrazon*, $C_{21}H_{28}N_4O_5$, F. 180—220°. *Benzoat*, $C_{22}H_{28}O_3$, F. 175—177°. *7-Furfurylidenderiv.*, $C_{20}H_{26}O_3$, F. 197—207°, durch Stehen von 120 mg des Ketoalkohols mit Furfurol u. 33%ig. NaOH in Methanol über Nacht unter N_2; gelbe Prismen aus A.; 80 mg. — *6β-Hydroxy-1β.2α-bis-[carboxymethyl]-9β-methyl-trans-dekalin, Acetatdimethylester*, $C_{19}H_{30}O_6$, F. 103°, durch Acetylierung von 140 mg vorst. Furfurylidenderiv., Ozonisierung bei —80° in Essigester, Stehen des Reaktionsprod. mit H_2O_2 u. verd. Essigsäure über Nacht u. Rk. mit CH_2N_2; 129 mg. *Benzoat*, $C_{22}H_{28}O_6$, F. 277°. — *cis-1.2.3.4.9.10.11.12-Oktahydro-2α-hydroxy-6-methoxy-12-methylphenanthren*, $C_{16}H_{22}O_2$, F. 98—100°, durch Hydrieren von 0,3 g **IV** an RANEY-Ni in A. über das *Benzoat* ($C_{23}H_{26}O_3$, F. 117—119°; 260 mg); Nadeln aus PAe.; wird zum *2-Keton* ($C_{16}H_{20}O_2$, F. 79—81°) oxydiert. — *cis-2α-Benzoyloxy-1.2.3.4.6.7.8.9.10.11.12.14-dodekahydro-12-methyl-6-oxophenanthren*, $C_{22}H_{26}O_3$, F. 124—126°, aus 2 g vorst. Alkohols durch Red. mit Na in CH_3OH-fl. NH_3, Hydrolyse, Chromatographie an Al_2O_3 u. Benzoylierung; Prismen aus CH_3OH; 0,2 g. Daneben ein *2α-Benzoyloxydodekahydro-12-methylphenanthren vom F. 102—104°*, $C_{22}H_{28}O_2$; 390 mg. — *1.2.3.4.5.6.7.9.10.11α.12.13α-Dodekahydro-2β-hydroxy-12-methyl-7-oxophenanthren*, $C_{15}H_{22}O_2$, F. 122—124°, aus 1 g **V** wie vorst.; gelbe Prismen aus Ae.; 32 mg. *Benzoat*, $C_{22}H_{26}O_3$, F. 175°. (J. chem. Soc. [London] **1959**. 1607—13. April. Liverpool, Univ.; Ibadan, Nigeria, Univ. Coll.) H. KAMPFER. 2850

Klaus Hafner und **Joachim Schneider**, *Darstellung und Eigenschaften von Derivaten des Pentalens und Heptalens.* Die Rk. von 4.6.8-Trimethylazulen (I) mit Dimethylformamid u. $POCl_3$ führt zu *N.N.4.6.8-Pentamethylazulenaldimmoniumchlorid-(1)* (**II**), das bei Einw. von CH_3ONa in sd. Methanol durch intramol. Kondensation in *2'-Dimethylamino-4.6-dimethylcyclopenteno-[1'.5'.4':1.9.8]-azulen* (blauviolettes Öl) übergeht. Daraus erhält man mit CH_3J bei —10° das *Jodmethylat* (**III**), das nur in fester Form längere Zeit beständig ist, in Chloroform-, CH_2Cl_2- u. Acetonlsg. aber blaue, vermutlich polymere Prodd. bildet. Durch Rk. von **III** mit CH_3OH bei 0° bzw. Phenyl-MgBr entsteht die krist. *2'-Methoxy-* (rotviolett, säureinstabil) bzw. die krist. blaue *2'-Phenylverbindung*. Die Red. von **III** mit $LiAlH_4$ führt zu *4.6-Dimethylcyclopenteno-[1'.5'.4':1.9.8]-azulen*. Durch schonenden HOFMANN-Abbau von **III** mit CH_3ONa in Methanol bei 20° unter Abspaltung von Trimethylamin konnte das wenig stabile, gelbbraune *3'.5'-Dimethylcycloheptatrieno-[1'.7'.6':1.7.6]-pentalen* (**IV**) in 61%ig. Ausbeute erhalten werden. **IV** polymerisiert sich beim Erhitzen sowie in Ggw. von Säuren; mit Tetracyanäthylen erfolgt Bldg. einer instabilen, violetten *Additionsverbindung*. Wird **I** in Tetrahydrofuran oder Bzl. mit N-Methylanilinoacrolein (**V**) u. $POCl_3$ umgesetzt, so entsteht ein **II** entsprechendes vinyloges *Immoniumsalz*, das sich fast quantitativ als *Perchlorat* isolieren läßt. Hieraus erhält man durch ca. 2std. Erhitzen mit CH_3ONa in Methanol das dunkelrote *2.4-Dimethylcyclopentadieno-[1'.5'.4':1.11.10]-heptalen* (**VI**), eine im Gegensatz zu **IV** stabile Verb. mit aromat. Charakter. **VI** ist in den meisten organ. Lösungsmitteln mit grüner, in 50%ig. H_2SO_4 mit roter Farbe löslich. Durch elektrophile Substitution nach VILSMEIER kann in **VI** eine Aldehydgruppe (wahrscheinlich in 2'- oder 3'-Stellung) eingeführt werden. Mit Maleinsäureanhydrid in sd. Toluol liefert **VI** ein blaues, krist. *2.5-Addukt*. Spektren im UV u. Sichtbaren sind angegeben.

Versuche: *N.N.4.6.8-Pentamethylazulenaldimmoniumchlorid-(1)* (**II**), F. 186 bis 187° (Zers.), aus **I**, Dimethylformamid u. $POCl_3$ in benzol. Lsg. unterhalb 50° unter Rühren u. Feuchtigkeitsausschluß (1 Std.); rote Kristalle; 83%. — *2'-Dimethylamino-4.6-dimethylcyclopenteno-[1'.5'.4':1.9.8]-azulen*, $C_{16}H_{19}N$, aus **II** u. CH_3ONa in sd. Methanol unter Rühren (2½ Std.); blauviolettes Öl; 65%; in saurer Lsg. unbeständig. *Jodmethylat* (**III**), $C_{17}H_{22}JN$, aus der Base in Ae. durch Zugabe von CH_3J bei —10° (ca. 10 Std.); rotviolette Kristalle; 84%; zers. sich beim Erhitzen u. in polaren Lösungsmitteln. — *2'-Methoxy-4.6-dimethylcyclopenteno-[1'.5'.4':1.9.8]-azulen*, $C_{15}H_{16}O$, F. 39—40°, aus **III** u. viel Methanol bei 0° unter Rühren (1½ Std.); rotviolette Kristalle; 34%. *Trinitrobenzolat*, $C_{21}H_{19}N_3O_7$, F. 115—116°, aus A. braunrote Nadeln. — *2'-Phenyl-4.6-dimethyl-*

cyclopenteno-[1'.5'.4':1.9.8]-azulen, $C_{20}H_{18}$, F. 113—114°, aus 3 g III u. Phenyl-MgBr in sd. Ae. unter Rühren (30 Min.); aus A. blauviolette Nadeln; 30 mg. — *4.6-Dimethylcyclopenteno-[1'.5'.4':1.9.8]-azulen*, $C_{14}H_{14}$, F. 64°, durch Red. von III mit $LiAlH_4$ in Ae. bei ca. 20°, Zugabe von absol. CH_2Cl_2 u. ½ std. Erhitzen zum Sieden; aus Methanol blaue Nadeln; 73%. *Trinitrobenzolat*, $C_{20}H_{17}N_3O_6$, F. 181—182°, aus A. braunrote Nadeln. — *3'.5'-Dimethylcycloheptatrieno-[1'.7'.6':1.7.6]-pentalen* (**IV**), $C_{14}H_{12}$, Zers. bei 77°, aus III u. CH_3ONa in Methanol-PAe. unter Schütteln (einige Min.); aus PAe. gelbbraune Kristalle; 61%. *1.1.2.2-Tetracyanäthylenaddukt*, $C_{20}H_{12}N_4$, Zers. bei 190°, durch Zugabe von Tetracyanäthylen in Essigester zu IV in Ae.; aus Essigester-PAe. rotviolette Kristalle; 58%. — *N-Methyl-N-phenyl-3-[4.6.8-trimethylazulenyl-(1)]-acroleinaldimmoniumperchlorat*, $C_{23}H_{24}ClNO_4$, F. 203°, durch Zutropfen von $POCl_3$ zur Lsg. von I u. V in Bzl. (5 Min.), nach weiteren 15 Min. Zugabe von $NaClO_4$ in Methanol u. 3std. Stehen; aus Eisessig blauschwarze, feine Nadeln; 97%. — *2.4-Dimethylcyclopentadieno-[1'.5'.4':1.11.10]-heptalen* (**VI**), $C_{16}H_{14}$, F. 85°, durch Zugabe vorst. Salzes im Verlauf von 90 Min. zu CH_3ONa in Methanol/Chlorbenzol u. 3std. Erhitzen zum Sieden unter Rühren; aus PAe. rotbraune, quadrat. Blättchen; 57%. *Trinitrobenzolat*, $C_{22}H_{17}N_3O_6$, F. 207—208°, aus A. braunrote Nadeln. *2.5-Maleinsäureanhydridaddukt*, $C_{20}H_{16}O_3$, F. 239°, aus den Komponenten in sd. absol. Toluol (9 Std.); aus Nitromethan blaue Kristalle; 67%. — *2.4-Dimethyl-2'* (oder *3'*)*-formylcyclopentadieno-[1'.5'.4':1.11.10]-heptalen*, $C_{17}H_{14}O$, F. 162°, durch Zugabe von $POCl_3$ zur Lsg. von VI in Dimethylformamid/Bzl.; aus A. gelbbraune Kristalle; 57%. (Liebigs Ann. Chem. **624**. 37—47. Juli 1959. Marburg/Lahn, Univ., Chem. Inst.) D. HOLZNER. 2950

Hans-Werner Wanzlick und **Oswald Wolf**, *Anthracenaddukte der Cyclopentenone.* Durch Diensynth. von Cyclopentadiencarbonsäuremethylester (I) mit Anthracen u. Verseifung des erhaltenen Esters wird *8.9;10.11-Dibenzotricyclo-[5.2.2.0^{2,6}]-undecatrien-(3.8.10)-carbonsäure-(4)* (**II**) dargestellt. Nach CURTIUS-OESTERLIN läßt sich II zum *8.9;10.11-Dibenzotricyclo-[5.2.2.0^{2,6}]-undecadien-(8.10)-on-(4)* abbauen. Analog II wird aus Anthracen u. Cyclopenten-(1)-on-(3) *8.9;10.11-Dibenzotricyclo-[5.2.2.0^{2,6}]-undecadien-(8.10)-on-(3)* erhalten.

Versuche: *8.9;10.11-Dibenzotricyclo-[5.2.2.0^{2,6}]-undecatrien-(3.8.10)-carbonsäure-(4)* (II), $C_{20}H_{16}O_2$, F. ca. 250° (Zers.; Eisessig), durch 8std. Erhitzen von dimerem **I**, Anthracen u. Diphenyläther in Ggw. von Hydrochinon auf 165—175° unter N_2, Lösen des Reaktionsgemisches in sd. Bzl., mehrstd. Kochen des Eindampfrückstands mit methanol. KOH, Zugabe von W. u. Ansäuern des Filtrats mit verd. HCl; Nadeln; 44,5% (Ausbeute). *Chlorid*, $C_{20}H_{15}ClO$, F. 166° (Ligroin), durch 1std. Kochen mit überschüssigem $SOCl_2$; >90%. *Azid*, aus 7 g des Chlorids in Aceton durch Zugabe von 1,95 g NaN_3 in W. bei —10°, 45 Min. Rühren bei —5° u. Fällung mit Eiswasser; 6,73 g. — *8.9;10.11-Dibenzotricyclo-[5.2.2.0^{2,6}]-undecadien-(8.10)-on-(4)*, $C_{19}H_{16}O$, F. 185° (CH_3OH), aus vorst. Azid in trocknem Xylol durch 3std. Zers. bei 80—100° unter N_2, Entfernen des Lösungsm. u. 1std. Kochen des *Isocyanats* [6,33 g (roh)] in einer Mischung von Eisessig, konz. HCl u. W.; Nadeln; 34%. *2.4-Dinitrophenylhydrazon*, $C_{25}H_{20}N_4O_4$, F. ca. 242° (Zers.; CH_3OH), orangefarbene Kristalle. *Disalicylalverb.*, durch Einleiten von trocknem HCl in eine Lsg. von 100 mg des Ketons u. 500 mg Salicylaldehyd in Eisessig bei 0°, Stehen über Nacht u. Gießen in W.; gelbbraunes Pulver; 170 mg. — *8.9;10.11-Dibenzotricyclo-[5.2.2.0^{2,6}]-undecadien-(8.10)-on-(3)*, $C_{19}H_{16}O$, F. 194° (CH_3OH), aus Cyclopenten-(1)-on-(3) u. Anthracen in Ggw. von Hydrochinon durch 6std. Erhitzen auf 170—180° unter N_2, Lösen in heißem Bzl., 1std. Kochen des Eindampfrückstands in CH_3OH/Eisessig mit GIRARD-Reagens P, Gießen in Eiswasser, teilweise Neutralisation der Essigsäure mit Na_2CO_3, Ae.-Extraktion u. Zugabe von verd. H_2SO_4 zur wss. Phase; Nadeln; 56%. *2.4-Dinitrophenylhydrazon*, $C_{25}H_{20}N_4O_4$, F. 245—248° (Zers.; Eisessig), gelbe Kristalle. *Monobenzalverb.*, $C_{26}H_{20}O$, F. 184° (CH_3OH), blaßgelbe Kristalle. (Chem. Ber. **92**. 1970—72. 25/8. 1959. Berlin, TU, Organ.-chem. Inst.) O. WOLF. 2950

H. Hopff und **H. R. Schweizer**, *Über Carbonsäuren des Coronens.* Vorl. Mitt. der C. **1957**. 13033 referierten Arbeit. (Chimia [Zürich] **11**. 97—98. 18/4. 1957. Zürich, ETH, Labor. für organ.-chem. Technol.) K. BLUMRICH. 2950

Calvin L. Stevens und **Robert L. McLean**, *Epoxyäther.* 17. Mitt. *Synthese aus einem α-Chlor-β-hydroxyäther.* (16. vgl. C. **1959**. 8536.) Vff. synthetisierten *1.2-Epoxy-1-methoxy-2-methyl-1-phenylpropan* (**III**) aus α-Hydroxyisobutyrophenondimethylketal (I) durch Behandlung mit CCl_3COCl über *α.α-Dimethyl-β-chlor-β-methoxyphenäthylalkohol* (**II**) u. Ammonolyse. **I**-*p-Nitrobenzoat* (**IV**) bzw. **I**-*3.5-Dinitrobenzoat* (**V**) lieferten bei Behandlung mit CH_3COCl entsprechende **II**-*Ester*, aus denen jedoch bei Rk. mit $NaNH_2$ bzw. fl. NH_3 nicht Epoxyde, sondern *5.5-Dimethyl-4-methoxy-4-phenyl-2-[p-nitrophenyl]-Δ^2-oxazolin* (?) (**VI**) bzw. *5.5-Dimethyl-4-methoxy-4-phenyl-2-[3.5-di-*

nitrophenyl]-2-hydroxyoxazolidin (?) u. *5.5-Dimethyl-4-methoxy-4-phenyl-2-[3.5-dinitrophenyl]-Δ^2-oxazolin* (?) (**VII**) entstanden.

Versuche: *1.2-Epoxy-1-methoxy-2-methyl-1-phenylpropan* (**III**), $Kp._5$ 70—74°, a) aus **I** durch 12std. Stehen mit CCl_3COCl bei 0°, Eindampfen bei n. Temp. u. Leiten von NH_3 durch die Ae.-Lsg. (2 Std.); n_D^{25} 1,4909; 63% (Ausbeute); b) aus dest. **II** mit NH_3; 55%. — *α.α-Dimethyl-β-chlor-β-methoxyphenäthylalkohol* (**II**), $C_{11}H_{15}ClO_2$, $Kp._{0,15}$ 82 bis 90°, aus **I** durch 12std. Stehen mit CCl_3COCl bei 0°, Eindampfen bei n. Temp. u. schnelle Dest.; raucht an der Luft; Aufbewahrung bei 0°; n_D^{25} 1,5260; 89%. *p-Nitrobenzoat*, $C_{18}H_{18}ClNO_5$, F. 125—126° (Zers.; Hexan), aus **IV** durch 1std. Kochen mit CH_3COCl u. Stehen über Nacht u. Hexanzusatz zur heißen Lsg.; sehr instabil; stabiler in Ggw. von NH_3; raucht an der Luft; 94%. *3.5-Dinitrobenzoat*, $C_{18}H_{17}ClN_2O_7$, F. 124° (Zers.; PAe. + wenig CH_3COCl), aus **V** durch ½std. Kochen mit CH_3COCl u. Stehen über Nacht; 99%. — *α-Hydroxyisobutyrophenondimethylketal* (**I**), *p-Nitrobenzoat* (**IV**), $C_{19}H_{21}NO_6$, F. 125—126° (Heptan), aus **I** in absol. Ae. durch Kochen mit $NaNH_2$, 1std. Rühren mit p-Nitrobenzoylchlorid in Ae. bei n. Temp. u. 1std. Kochen; 74%. *3.5-Dinitrobenzoat* (**V**), $C_{19}H_{20}N_2O_8$, F. 147—148° (CH_3OH), analog **IV**; 66%. — *5.5-Dimethyl-4-methoxy-4-phenyl-2-[p-nitrophenyl]-Δ^2-oxazolin* (?) (**VI**), $C_{18}H_{18}N_2O_4$, F. 185°, durch Zusatz von **II**-p-Nitrobenzoat zu einer Suspension von frisch bereitetem $NaNH_2$ in Ae. u. 4std. Kochen; 31,5%; daneben *p-Nitrobenzoesäure* (F. 230—235°; 8,75%). — *5.5-Dimethyl-4-methoxy-4-phenyl-2-[3.5-dinitrophenyl]-2-hydroxyoxazolidin* (?), $C_{18}H_{19}N_3O_7$, F. 163° (Aceton/Hexan; Zers.), durch 3std. Rühren von 5 g **II**-3.5-Dinitrobenzoat in fl. NH_3 bei —80°; 0,93 g; daneben *5.5-Dimethyl-4-methoxy-4-phenyl-2-[3.5-dinitrophenyl]-Δ^2-oxazolin* (?) (**VII**, $C_{18}H_{17}N_3O_6$, F. 186—187°; 0,3 g). — *α-Hydroxyisobutyrophenon, Semicarbazon*, F. 185—187°, aus **II** durch 2std. Kochen mit wss. A., Stehen über Nacht, Zusatz von Semicarbazidhydrochlorid u. Na-Acetat, 10 Min. langes Kochen u. Zusatz von heißem W.; 62%. *p-Nitrobenzoat*, $C_{17}H_{15}NO_5$, F. 137—138° (Hexan), a) aus dem Keton mit p-Nitrobenzoylchlorid/Pyridin; 90%; b) aus **IV** durch Kochen mit Aceton/W./HCl; 58,5%; c) aus **II**-p-Nitrobenzoat analog b); 51,5%; daneben *p-Nitrobenzoesäure*; 42%; d) aus **II**-p-Nitrobenzoat mit fl. NH_3 in Ae.; 10%; daneben *dimeres α-Hydroxyisobutyrophenon* (F. 185—186°); e) aus **VI** analog b); 98%. *3.5-Dinitrobenzoat*, F. 151—152° (CH_3OH), a) aus **III** durch Rk. mit 3.5-Dinitrobenzoesäure; 75%; b) aus **V** mit Aceton u. HCl; 70%; c) aus **VII** analog b); 98%; d) aus **II**-3.5-Dinitrobenzoat durch Kochen mit Aceton/wss. NaOH; 41%. (J. Amer. chem. Soc. **81**. 119—22. 5/1. 1959. Detroit, Mich., Wayne State Univ., Dep. of Chem.) H.-J. KÖTZSCH. 3030

Calvin L. Stevens und **Bradley L. Winch**, *Epoxyäther*. 18. Mitt. *Reaktionen von α-Hydroxyacylalen mit Aminen.* (17. vgl. vorst. Ref.) Aus 1.2-Epoxy-1-methoxyisobutan (**I**) durch Einw. von Fluoren-9-carbonsäure (**II**) hergestellter *Fluoren-9-carbonsäure-[1-methoxy-2-hydroxy-2-methylpropyl]-ester* (**III**) reagierte mit NH_3 zu **II**-*Amid*, unter Abspaltung von CH_3OH mit $(C_2H_5)_3N$ u. Piperidin zu *9-[1.2-Dihydroxy-2-methylpropyl]-fluoren-9-carbonsäure-γ-lacton* (**IV**) u. mit Cyclohexylamin zu *9-[1-Cyclohexylamino-2-hydroxy-2-methylpropyl]-fluoren-9-carbonsäure-γ-lacton* (**V**). **IV** lieferte durch Oxydation *9-[2-Hydroxy-2-methyl-1-oxopropyl]-fluoren-9-carbonsäure-γ-lacton* (**VI**). **IV** u. **VI** wurden durch $LiAlH_4$ zu *α-[α-Hydroxyisopropyl]-fluoren-9.9-dimethanol* red., bei dessen Oxydation der neben *Aceton* gebildete Aldehyd durch Red. mit $LiAlH_4$ zu *Fluoren-9.9-dimethanol* nachgewiesen wurde. **V** wurde auch aus **IV** durch Behandlung mit $SOCl_2$ u. Cyclohexylamin dargestellt u. durch $LiAlH_4$ zu *9-[1-Cyclohexylamino-2-hydroxy-2-methylpropyl]-9-hydroxymethylfluoren* red., das mit $NaJO_4$ unter *Aceton*-Bldg. oxydativ gespalten wurde.

Versuche: *Fluoren-9-carbonsäure-[1-methoxy-2-hydroxy-2-methylpropyl]-ester* (**III**), $C_{19}H_{20}O_4$, F. 98—100° (Ae./PAe.), durch Zusatz von **II** zu **I** in absol. Ae. u. 2std. Stehen; 90% (Ausbeute). — *Fluoren-9-carbonsäureamid*, F. 252—255° (A.), aus **III** in absol. Ae. durch 1std. Einleiten von NH_3 u. Stehen über Nacht; 95,5%. — *9-[1.2-Dihydroxy-2-methylpropyl]-fluoren-9-carbonsäure-γ-lacton* (**IV**), $C_{18}H_{16}O_3$, F. 198—200° (A./W.), a) durch Kochen von **III** in Tetrahydrofuran über Nacht in Ggw. von wenig $(C_2H_5)_3N$; 67%; b) durch 18std. Kochen von **III** in absol. Diäthylcarbitol in Ggw. von wenig $(C_2H_5)_3N$, Dest. bis 85° in vorgelegte p-Nitrobenzoylchlorid/Pyridin-Lsg., Isolierung von *Methyl-p-nitrobenzoat* (F. 95—96°; 60%) aus der Vorlage u. Eindampfen; 76%; c) durch 6std. Kochen von **III** in absol. Bzl. mit Piperidin; 60%. *p-Nitrobenzoat*, $C_{25}H_{19}NO_6$, F. 195° (Chlf./Hexan), mit p-Nitrobenzoylchlorid/Pyridin durch Stehen über Nacht u. 1std. Kochen; 92,5%. — *9-[2-Hydroxy-2-methyl-1-oxopropyl]-fluoren-9-carbonsäure-γ-lacton* (**VI**), $C_{18}H_{14}O_3$, F. 218—220° (Bzl.), durch Zusatz von JONES-Reagens zu **IV** in Aceton unter N_2, ¼std. Rühren, Verdünnen mit viel W. u. Stehen über Nacht; 98%. — *α-[α-Hydroxyisopropyl]-fluoren-9.9-dimethanol*, $C_{18}H_{20}O_3$, F. 145° (W.), a) durch Rühren von **IV** in absol. Ae. mit $LiAlH_4$ über Nacht; 87%; b) durch

Zutropfen von VI in absol. Ae./Bzl. zu $LiAlH_4$ in Ae., 36std. Rühren, Zers. mit W., Einengen u. Fällen mit Pentan; 73%. — *Fluoren-9.9-dimethanol*, $C_{15}H_{14}O_2$, F. 144° (Toluol), a) aus vorst. Verb. in CH_3OH durch Zusatz einer $NaJO_4$-Lsg., 2tägiges Stehen, Dest. der niedrigsd. Anteile in vorgelegte 2.4-Dinitrophenylhydrazinlsg., Isolierung von *Aceton-2.4-dinitrophenylhydrazon* (F. 124°; 90%), Wasserzusatz, Ae.-Extraktion u. Red. mit $LiAlH_4$; 62%; b) aus Fluoren, KOH, Formalin in A. durch 48std. Kochen; 7,4%; c) aus nachst. Verb. durch Red. mit $LiAlH_4$; 86%. — *9-Hydroxymethylfluoren-9-carbonsäure*, $C_{15}H_{12}O_3$, F. 157—158° (Chlf.), durch 2tägiges Stehen von II, NaOH, Formalin in CH_3OH, Ansäuern bei 0° u. CH_2Cl_2-Extraktion; 63%. — *9-[1-Cyclohexylamino-2-hydroxy-2-methylpropyl]-fluoren-9-carbonsäure-γ-lacton* (V), $C_{24}H_{27}NO_2$, F. 188° (Aceton/Hexan), a) durch 6std. Kochen von III u. Cyclohexylamin in absol. Bzl.; 72%; b) durch 14std. Kochen von IV in absol. Bzl. mit $SOCl_2$, Eindampfen, Zusatz von absol. Bzl. u. Cyclohexylamin u. 36std. Kochen; 49%. *Hydrochlorid*, $C_{24}H_{28}ClNO_2$, F. 240° (Zers.). — *9-[1-Cyclohexylamino-2-hydroxy-2-methylpropyl]-9-hydroxymethylfluoren*, $C_{24}H_{31}NO_2$, F. 152° (Toluol/Pentan), durch Zutropfen von V in Bzl. zu $LiAlH_4$ in Ae.; 50%; liefert *Aceton* bei $NaJO_4$-Oxydation. — *Fluoren-9-carbonsäure-[2-methyl-1.1-dimethoxypropyl-(2)]-ester*, $C_{20}H_{22}O_4$, F. 89° (Hexan), durch Zugabe von α-Hydroxyisobutyraldehyddimethylacetal zu II-Chlorid in Pyridin bei 0° u. Stehen über Nacht; 60%. — *Methacrolein-2.4-dinitrophenylhydrazon*, F. 197—199° (Zers.), mit 2.4-Dinitrophenylhydrazin a) aus vorst. Verb.; b) aus III. (J. Amer. chem. Soc. **81.** 1172—75. 5/3. 1959.)

H.-J. KÖTZSCH. 3030

Robert G. Taborsky, *Darstellung von Halogen-5-nitrofuran-2-acrylaniliden.* Die Kondensation von 5-Nitrofurfural mit Malonsäure liefert nur teerige Produkte. *5-Nitrofuran-2-acrylsäure* (I) konnte durch Nitrierung von Furan-2-acrylsäure in Acetanhydrid erhalten werden u. gibt mit PCl_5 oder PCl_3, nicht aber mit $SOCl_2$, das *Chlorid.* I reagiert nicht mit halogensubstituierten Anilinen. Die *Halogenanilide* werden aber durch Umsetzung von I mit den Anilinen u. PCl_3 in Bzl. bzw. besser nach SCHOTTEN-BAUMANN ohne Isolierung der Säurechloride synthetisiert.

Versuche: *Furan-2-acrylsäureäthylester*, $Kp._{10}$ 111—114°, $Kp._4$ 97—99°, aus Furfural u. Essigsäureäthylester. — *5-Nitrofuran-2-acrylsäure* (I), *Äthylester*, F. 123,5 bis 124°, durch Nitrierung vorst. Verb. in Acetanhydrid. — 5-Nitrofuran-2-acrylanilide: *4'-Chlor-*, $C_{13}H_9ClN_2O_4$, F. 216° (A.), a) durch 16std. Kochen von I u. p-Chloranilin (II) mit PCl_3 in Bzl.; 65% (Ausbeute); b) durch 4std. Kochen von I u. PCl_5 in Bzl., Verdünnen mit Bzl., Zugeben von II in Bzl. u. wss. NaOH in 30 Min. u. 30 Min. Rühren; 76,5%. — *3'-Chlor-*, F. 205,5—206°, nach b); 89%. — *2'-Chlor-*, F. 187°, nach b); 72%. — *2'.4'-Dichlor-*, $C_{13}H_8Cl_2N_2O_4$, F. 217,5—218°, nach b). — *4'-Brom-*, $C_{13}H_9BrN_2O_4$, F. 230,5—231°, nach b); 77,1%. (J. org. Chemistry **24.** 1123—25. Aug. 1959. Bedford, Ohio, Ben Venue Labors., Inc.) R. PASEDAG. 3061

Alicja Świrska, *Neue Derivate des 5-Nitrofurfurols mit antibakterieller Wirkung. 1-[5-Nitrofurfuryliden-(2)]-semicarbazido-(2)-essigsäure und ihre Ester.* (Vgl. C. **1959.** 6457.) *1-[5-Nitrofurfuryliden-(2)]-semicarbazido-(2)-essigsäure* (I), die in Form des Esters als Nebenprod. der Kondensation von 5-Nitrofurfuroloxim (II) mit KOCN u. Hydrazinoessigsäureesterhydrochlorid zu *1-[5-Nitrofurfuryliden-(2)-amino]-hydantoin* (*Furin*) bei ungenügendem Erhitzen entsteht, ist in W. u. in organ. Lösungsmitteln schwer lösl. u. decarboxyliert beim Lösen in heißem Alkali. I ist toxischer (DL_{50} 1,87 g/kg weißer Mäuse per os) als sein *Methylester* (DL_{50} 3,67), *Äthylester* (DL_{50} 3,22) u. *n-Propylester* (DL_{50} 7,65). Mit steigender Länge der Estergruppe steigt deren Löslichkeit in organ. Lösungsmitteln. Durch Cyclisierung von I oder ihren Estern mit 50%ig. H_2SO_4 entsteht *Furin*, das eine noch höhere akute Toxizität (DL_{50} 0,8) besitzt. Die I-Ester hemmen im Gegensatz zu I selbst das Bakterienwachstum.

Versuche: *1-[5-Nitrofurfuryliden-(2)]-semicarbazido-(2)-essigsäure* (I), $C_8H_8N_4O_6$, F. 234° (Zers.), durch Erhitzen von 0,1 Mol Hydrazinoessigsäure mit 10 g KOCN u. 0,05 Mol II in Ggw. von 25 ml 20%ig. H_2SO_4 während 15 Min.; orangefarbige Blättchen aus Eisessig; 60% (Ausbeute). Durch Veresterung in Ggw. katalyt. Mengen konz. H_2SO_4 werden erhalten: *Methylester*, $C_9H_{10}N_4O_6$, F. 207° (wss. Essigsäure); 83%. *Äthylester*, $C_{10}H_{12}N_4O_6$, F. 176° (wss. Essigsäure); 80%. *n-Propylester*, $C_{11}H_{14}N_4O_6$, F. 165° (wss. Aceton); 74%. *n-Butylester*, $C_{12}H_{16}N_4O_6$, F. 159° (wss. Aceton); 70%. *Isobutylester*, $C_{12}H_{16}N_4O_6$, F. 162° (wss. Aceton); 64%. — Die Ester werden auch direkt durch Rk. von II (0,05 Mol) mit KOCN (0,12 Mol) u. den entsprechenden Estern des Hydrazinoessigsäurehydrochlorids (0,1 Mol) in Ggw. von 25 ml 20%ig. H_2SO_4 in 60—70%ig. Ausbeute erhalten. — Hydrazinoessigsäureesterhydrochloride: *-methylester-*, $C_3H_9ClN_2O_2$, F. 137° (Methanol), durch 1std. Erhitzen von 1 Mol Hydrazinhydrat mit 0,32 Mol Chloressigsäure in 50 ml Methanol, Abkühlen, Zutropfen von 170 g methanol. HCl (72 g HCl), Erhitzen zum Sieden u. Kühlen auf —10°; 44,6%. —

Analog: *-äthylester-*, F. 148°. — *-n-propylester-*, $C_5H_{13}ClN_2O_2$, F. 132° (n-Propanol); 32,5%. — *-n-butylester-*, $C_6H_{15}ClN_2O_2$, F. 134° (n-Butanol); 16%. (Acta polon. pharmac. **16.** 1—7. 1959. Warszawa, Inst. Farmac., Zakl. Synt. I.) F. URBAN. 3061

Emil J. Geering, *Neue Synthese von Tetrachlorthiophen.* Durch Rk. von Hexachlorbutadien (I) mit S entstehen quantitativ *Tetrachlorthiophen* u. S_2Cl_2.

Versuche: *Tetrachlorthiophen*, C_4Cl_4S, F. 29,5—29,7° (CH_3OH), durch 13std. Erhitzen von äquimol. Mengen I u. S auf 205—240° unter Abdest. von S_2Cl_2; 99% Ausbeute. (J. org. Chemistry **24.** 1128. Aug. 1959. Hooker Chem. Corp., Res. and Developm. Dep.) R. PASEDAG. 3071

N. Ss. Andrejewa, W. I. Iweronowa, T. D. Kosarenko, K. T. Poroschin, W. A. Schibnew und **N. Je. Schutzkewer,** *Untersuchung der Struktur von Peptiden, die Glycin und L-Prolin enthalten.* Vff. synthetisieren die im Kollagen enthaltenen Dipeptide *Glycyl-L-prolin, L-Prolylglycin* sowie *Glycyl-L-prolinanhydrid* u. *Carbobenzoxyglycyl-L-prolin* nach bekannten Methoden, stellen Einkristalle her u. unterwerfen sie der Röntgenkristallstrukturanalyse, um den Einfl. des Pyrrolidinringes auf die Eiweißstruktur zu untersuchen. Die Maße der Elementarzellen, die Raumgruppen u. andere kristallograph. Daten sind angegeben.

Versuche: *Glycyl-L-prolin*, F. 184° (Zers.), aus A./Ae. hygroskop. Kristalle; $[\alpha]_D^{20}$ —112,8° (W.); a = 10,45, b = 11,45, c = 6,65 Å; P 2_1; β = 110°; 66,7% (Ausbeute). — *L-Prolylglycinhydrat*, F. 236° (Zers.); $[\alpha]_D^{20}$ —19,8° (W.); a = 6,59, b = 5,45, c = 12,89 Å; P 2_1; β = 100,5°; 37%. — *Gylcyl-L-prolinanhydrid*, F. 203—213° (Methanol/Ae.), durch 8std. Erhitzen von Glycyl-L-prolinäthylester auf 105°/10^{-3} mm; $[\alpha]_D^{20}$ —217,4°; a = 5,38, b = 9,62, c = 12,89 Å; P 2_1 2_1 2_1. — *Carbobenzoxyglycyl-L-prolin*, F. 156—157°; a = 9,35, c = 36,4 Å; P 4_1 2_1 oder P 4_3 2_1; 77,5%. (Известия Академии Наук СССР, Отделение Химических Наук [Nachr. Akad. Wiss. UdSSR, Abt. chem. Wiss.] **1958.** 376—77. März. Moskau, Univ., Physikal. Fak.; Zelinsky-Inst. für organ. Chem. der Akad. der Wiss. der UdSSR.) H. NIEDRICH. 3081

Yvon G. Perron und **William F. Minor,** *Bequeme Synthese von Indol-3-bernstein- und -3-propionsäure.* Der aus Indol-3-aldehyd (II) zugängliche *2-Cyan-3-[indolyl-(3)]-acrylsäureäthylester* liefert mit KCN in sd. A. *Indolyl-(3)-succinodinitril*, das sich bas. zu *Indolyl-(3)-bernsteinsäure* (I) hydrolysieren läßt. I wird auch aus II durch Kondensation mit Malonsäurediäthyester (IV), Rk. des *2-Carbäthoxy-3-[indolyl-(3)]-acrylsäureäthylesters* (III) mit KCN u. Hydrolyse erhalten. I gibt mit wss. NH_4OH oder besser mit Harnstoff (V) *Indolyl-(3)-succinimid* u. beim Erhitzen über den F. *β-Indolyl-(3)-propionsäure.* Letztere entsteht auch durch Hydrierung von III über PtO_2 zu *Indolyl-(3)-methylmalonsäurediäthylester* u. dessen Hydrolyse u. Decarboxylierung.

Versuche: *2-Cyan-3-[indolyl-(3)]-acrylsäureäthylester*, F. 162—164°, durch 10 Min. Kochen von II mit Cyanessigsäureäthylester in A. in Ggw. von Piperidin; hellgelbe Kristalle; 98% (Ausbeute). — *2-Carbäthoxy-3-[indolyl-(3)]-acrylsäureäthylester* (III), $C_{16}H_{17}NO_4$, F. 99—100° (A.-W.; sintert bei 92°), durch 4std. Kochen von IV u. II in Bzl. in Ggw. von Piperidin/Eisessig unter Entfernung des W. u. Einengen; hellgelbe Kristalle; 70%. — *Indolyl-(3)-succinodinitril*, $C_{12}H_9N_3$, F. 117—118° (50%ig. wss. CH_3OH), durch 3std. Rühren u. Kochen vorvorst. Verb. mit KCN in 90%ig. A., Filtrieren bei 0°, Konz. u. Erhitzen auf 65—70°; 66%. *Pikrat*, $C_{18}H_{12}N_6O_7$, F. 117—118° (A.), gelbe Kristalle. — *3-Cyan-3-[indolyl-(3)]-propionsäureäthylester*, $C_{14}H_{14}N_2O_2$, F. 110 bis 111° (Essigester u. Bzl.), analog vorst. Verb. aus III; 61%. — *Indolyl-(3)-bernsteinsäure* (I), $C_{12}H_{11}NO_4$, F. 204—205° (Zers.; W.), durch 3std. Kochen vorst. oder vorvorst. Verb. mit 15%ig. wss. KOH, Heißfiltration u. Ansäuern mit konz. HCl bis p_H 2; 95%. *Diäthylester*, F. 80—81°; 88—93%. *Dimethylester*, $C_{14}H_{15}NO_4$, F. 74° (Bzl./n-Pentan); 85—95%. — *Indolyl-(3)-succinimid*, $C_{12}H_{10}N_2O_2$, F. 197—198° (CH_3OH), a) durch 2½std. Erhitzen von I mit V auf 180—190° u. Verdünnen mit W.; 53%; b) durch ansteigendes Erhitzen von I mit konz. NH_4OH auf 240°. — *Indolyl-(3)-methylmalonsäure*, $C_{12}H_{11}NO_4$, F. 185—187° (Zers.; W.), aus dem Diäthylester mit 15%ig. KOH; 89%. *Diäthylester*, $C_{16}H_{19}NO_4$, F. 63—65° (Bzl./n-Heptan u. A./W.), durch Hydrierung von III in A. in Ggw. von PtO_2 bei 50 lbs./sq.in.; 62%. — *β-Indolyl-(3)-propionsäure*, F. 133—134° (20%ig. A.), a) durch 2—3 Min. Pyrolyse von I bei 205°; b) aus vorst. Säure bei 190—200°; 46%. (J. org. Chemistry **24.** 1165—67. Aug. 1959. Syracuse, N. Y., Bristol Labors., Inc., Res. Div.) R. PASEDAG. 3081

Walter Ried und **Bernhard Schleimer,** *Über die Aminolyse von 1-Acyl-3.5-dimethylpyrazolen.* Durch Kondensation von Säurehydraziden mit Acetylaceton (V) oder durch Rk. von 3.5-Dimethylpyrazol mit Säurechloriden wurden *1-Acyl-3.5-dimethylpyrazole* dargestellt; ihre Aminolyse ist von der Natur der Acylgruppe, von der Basizität der aminolysierenden Base u. vom Lösungsm. abhängig. Sie konnten aus wss. A. umkrist.

werden; enthielt der Acylrest jedoch eine positivierende Gruppe, so trat in geringem Maße Hydrolyse ein. *1-[p-Nitrobenzoyl]-3.5-dimethylpyrazol* (I) wird von Anilin leicht aminolysiert, während das *1-[p-Aminobenzoyl]-Analoge* (II) selbst bei 180° von Anilin nicht gespalten wird. Die übrigen dargestellten 1-Acylderivv. reihen sich in ihrer Reaktionsfähigkeit zwischen **I** u. **II** ein. *1-[N-Tosylglycyl-, -DL-alanyl-* (**IV**), *-glycyl-DL-alanyl-* (**VI**) u. *-L-tyrosyl]-3.5-dimethylpyrazol* ließen sich ebenfalls durch Anilin spalten. p-Nitroanilin (pK 12,90) konnte durch *1-Cyanacetyl-3.5-dimethylpyrazol* (**III**) cyanacetyliert werden, während mit o-Nitroanilin (pK 13,45) keine Rk. erfolgte; die Grenze für die Aminolyse von **III** in indifferenten Lösungsmitteln liegt also bei Basen mit einem pK-Wert von ca. 13. Die Aminolyse von **IV** erfolgt mit Basen vom pK 9,42—12,90. *1-Tosyl-3.5-dimethylpyrazol* u. *1-[N-Tosyl-DL-valyl]-3.5-dimethylpyrazol* konnten durch Anilin nicht gespalten werden. Das Verh. von Verbb., die an Stelle des 3.5-Dimethylpyrazol-syst. das 3-Methylpyrazolon-(5)-syst. enthalten, gegenüber nucleophilen Agentien wird diskutiert. **III** reagiert mit Benzaldehydphenylhydrazon in Eisessig zu *α-Cyanacetylbenzaldehydphenylhydrazon*, während in Bzl. keine Rk. erfolgt. Analog wurde *α-Cyanacetyl-β-[p-nitrobenzyliden]-phenylhydrazin* dargestellt. Die Transacylierungen in Eisessig verlaufen bei Raumtemp.; die protonisierende Wrkg. des Eisessigs wird diskutiert.

Versuche: 3.5-Dimethylpyrazole: *1-Mercaptoacetyl-*, $C_7H_{10}N_2OS$, F. 118—119,5° (CH_3OH), durch Mischen von 0,02 Mol Thioglykolsäurehydrazid in 2n HCl mit 0,02 Mol **V** in A. unter Eiskühlung, Schütteln u. 10—15 Min. Stehen; 73,5% (Ausbeute). — *1-Phenoxyacetyl-*, $C_{13}H_{14}N_2O_2$, F. 85—87° (CH_3OH), analog vorst. Verb.; 69,2%. — *1-Phenylacetyl-*, $C_{13}H_{14}N_2O$, F. 56,5—58° (50%ig. A.), analog; 84%. — *1-[p-Nitrobenzoyl]-* (**I**), $C_{12}H_{11}N_3O_3$, F. 122,5—123,5° (gelbliche Nadeln aus wss. CH_3OH), durch 1 std. Kochen von p-Nitrobenzoesäurehydrazid u. **V** in CH_3OH; 47%. — *1-[p-Aminobenzoyl]-* (**II**), $C_{12}H_{13}N_3O$, F. 95,5—96,5° (50%ig. CH_3OH), durch Zugabe von **V** in A. zu p-Aminobenzoesäurehydrazid in 2n HCl unter Eiskühlung, 20 Min. Stehen, Zugabe von W., Neutralisieren mit $NaHCO_3$ u. Filtrieren; 67%. — *1-p-Toluolsulfonyl-*, $C_{12}H_{14}N_2O_2S$, F. 96,5—97,5° (A.), durch 2std. Kochen von p-Toluolsulfonylhydrazin mit **V** in A. u. Kühlen; 94%. — *1-[N-Tosyl-L-leucyl]-*, $C_{18}H_{25}N_3O_3S$, F. 164—166° (wss. CH_3OH), durch portionsweise Zugabe von 0,05 Mol p-Tosylchlorid zu 0,035 Mol L-Leucinmethylester in Pyridin unter Eiskühlung, 12std. Stehen, Zugabe von wenig W., Ae.-Extraktion, Reextraktion mit 2n HCl u. $NaHCO_3$-Lsg. u. Einengen, 3std. Kochen von 0,01 Mol des erhaltenen *N-Tosyl-L-leucinmethylesters* [F. 54—55° (PAe.); 52%] mit 0,02 Mol Hydrazinhydrat in CH_3OH, Kühlen, Zugabe von wenig CH_3OH, Filtrieren, 30 Min. Erhitzen von 0,01 Mol des erhaltenen *N-Tosyl-L-leucinhydrazids* [$C_{13}H_{21}N_3O_3S$, F. 136 bis 138° (wss. A.); 83%] mit 0,012 Mol **V** in CH_3OH, Kühlen u. Zugabe von wenig W.; 66%. — *1-[N-Tosyl-L-tyrosyl]-*, $C_{21}H_{23}N_3O_4S$, F. 165—166° (wss. A.), analog vorst. Verb. über *N-Tosyl-L-tyrosinmethylester* [$C_{17}H_{19}NO_5S$, F. 133—134° (Chlf.-PAe.); 69%] u. *N-Tosyl-L-tyrosinhydrazid* [$C_{16}H_{19}N_3O_4S$, F. 217,5—218,5° (CH_3OH); 83%], durch 1std. Kochen mit **V** in A.; 89%. — *N-Tosyl-DL-alaninanilid*, $C_{16}H_{18}N_2O_3S$, F. 163 bis 164,5° (wss. CH_3OH), durch 30 Min. Erwärmen von 0,002 Mol **IV** mit 0,005 Mol Anilin auf dem Wasserbad u. Kühlen; 63%. — *N-Tosylglycyl-DL-alaninanilid*, $C_{18}H_{21}N_3O_4S$, F. 156—157,5° (CH_3OH), durch 2std. Erhitzen von **VI** mit Anilin auf dem Wasserbad, Kühlen, Anreiben mit CH_3OH u. Filtrieren; 75%. — *N-Tosyl-L-tyrosinanilid*, $C_{22}H_{22}N_2O_4S$, F. 182—183,5° (wss. CH_3OH), analog vorst. Verb.; 60%. — *N-Cyanacetyl-p-nitroanilin*, $C_9H_7N_3O_3$, F. 225—227° (hellgelbe Kristalle aus CH_3OH), durch 30 Min. Kochen von p-Nitroanilin mit **III** in Bzl.; 73%. — *N-Cyanacetyl-N-phenyl-N'-benzylidenhydrazin*, $C_{16}H_{13}N_3O$, F. 201—203° (Bzl.-PAe.), durch Lösen von 0,02 Mol Benzaldehydphenylhydrazon in Eisessig–Acetanhydrid bei 40—45°, portionsweise Zugabe von 0,02 Mol **III**, 12std. Stehen im Eisschrank u. Filtrieren; 42%. — *N-Cyanacetyl-N-phenyl-N'-[p-nitrobenzyliden]-hydrazin*, $C_{16}H_{12}N_4O_3$, F. 205—207° (orangegelbe Kristalle aus A.), durch Zugabe von **III** zu p-Nitrobenzaldehydphenylhydrazon in Eisessig–Acetanhydrid, 12std. Stehen, Filtrieren, Eindampfen im Vakuum unterhalb 40°, Stehen über NaOH, Auskochen mit CH_3OH u. Filtrieren; 60%. (Liebigs Ann. Chem. **626**. 98—105. 12/8. 1959. Frankfurt/M., Univ., Inst. für organ. Chem.) H. BERTSCH. 3122

G. I. Poos, J. Kleis und **C. K. Cain**, *2-Alkoxy-Δ^2-imidazoline und verwandte Verbindungen.* Ausführliche Wiedergabe der C. **1958**. 3010 referierten vorl. Mitteilung. Zusätzlich wird gezeigt, daß 2-Methylmercapto-Δ^2-imidazolin (**I**) mit absol. methanol. HCl keine „Umesterung" erleidet. Die Rk. von **I** mit CH_3OH in Ggw. von p-Toluolsulfonsäure (**II**) führt ebenfalls nur zu *Äthylenharnstoff* (**V**), der auch beim Erhitzen mit **II**-Methylester nur 1,5% *2-Methoxy-Δ^2-imidazolin* (**VI**) u. beim Vers. der O-Methylierung mit $(CH_3)_2SO_4$ nur *1-Methylimidazolidinon-(2)* gibt. Äthylenthioharnstoff (**III**) reagiert nicht mit HgO in CH_2Cl_2–CH_3OH. **I** setzt sich nicht mit Benzylalkohol/Na-Benzylat

(23 Std. bei 100°) um. Aus **III** wird über *Äthylenthioharnstoffdisulfidhydroperjodid* (**IX**) *1-[Δ²-Imidazolinyl-(2)]-imidazolidinthion-(2)* (**IV**; JAFFES *Base*) synthetisiert u. durch potentiometr. Titration sowie UV- u. IR-Spektr. charakterisiert. **IV** liefert mit HgO/wss. A. glatt *1-[Δ²-Imidazolinyl-(2)]-imidazolidinon-(2)* (**VII**). **III** reagiert nicht mit HgO in Bzl., gibt aber in Xylol 9% **IV**. **V** konnte nicht mit **I** in tert.-Butylalkohol/K-tert.-Butylat umgesetzt werden, ebensowenig **I** mit **VI**. Aus **I**, **III** u. NaOH/A. werden **IV** u. *2-Äthoxy-Δ²-imidazolin* (**VIII**), aber kein **VII** erhalten. **VII** konnte auch nicht aus **VIII** u. **III** dargestellt werden. **V** reagiert nicht mit **III** in äthanol. NaOH.

Versuche: *2-Methoxy-Δ²-imidazolin* (**VI**), F. 70—72° (Heptan u. Ae.-PAe.), a) durch 23std. Kochen von **I** (F. 102—107°, aus dem Hydrojodid) mit $NaOCH_3$ in CH_3OH, Einengen, Zugeben von Eiswasser, 6std. Extrahieren mit CH_2Cl_2, Einengen, Extrahieren mit Ae. u. Chromatographie an Al_2O_3 aus Ae.-PAe. (1 : 4); 70% (Ausbeute); b) durch 4std. Erhitzen von **V** u. **II**-Methylester auf 100° u. Verteilen zwischen Ae.-HCl; 1,5%. *Saures Fumarat*, $C_8H_{12}N_2O_5$, F. 136—139° (CH_3OH). *Pikrat*, $C_{10}H_{11}N_5O_8$, F. 168 bis 170° (CH_3OH). — *Äthylenharnstoff* (**V**), F. 132—134° (A.), neben **VI** als in Ae. unlösl. Anteil; 5,3%. — *2-Isopropoxy-Δ²-imidazolin*, $C_6H_{12}N_2O$, F. 65—67°, in 63 Std.; 10%. *Pikrat*, $C_{12}H_{15}N_5O_8$, F. 131—133° (CH_3OH). — *2-Äthoxy-Δ²-imidazolin* (**VIII**), F. 50 bis 51,5°, in 47 Std. als in Ae.-lösl. Anteil nach Chromatographie aus Ae.-PAe. an Al_2O_3. *Saures Fumarat*, $C_9H_{14}N_2O_5$, F. 123—125° (A.-Ae.). — *1-[Δ²-Imidazolinyl-(2)]-imidazolidinon-(2)* (**VII**), $C_6H_{10}N_4O$, F. 200—204° (Zers.; Aceton-Heptan u. Bzl.), a) neben **VIII** als in Ae. unlösl. Anteil; 40%; b) durch 4½std. Kochen von **IV** mit gelbem HgO in 50%ig. A., Heißfiltration u. Einengen; 5%. *Normales Fumarat*, $C_{16}H_{24}N_8O_6$, F. 232—234° (Zers.; CH_3OH-Ae.). — *2-n-Butoxy-Δ²-imidazolin*, F. 56—58° (Aceton-Heptan), in 22 Std.; 13%. — *1-[Δ²-Imidazolinyl-(2)]-imidazolidinthion-(2)* (**IV**), $C_6H_{10}N_4S$, F. 236 bis 238° (Zers.; A.), a) durch Kochen von **IX** (Zers. bei ca. 100°, aus **III**, J_2 u. KJ; violette Kristalle) in W. u. Behandeln des *Hydrojodids* ($C_6H_{11}JN_4S$, F. 296—299° [Zers.; W.], Nadeln; 50%) mit wss. NH_4OH; Prismen; b) durch 4std. Kochen von **III** mit gelbem HgO in Xylol, Heißfiltration u. Extrahieren mit Chlf.; 9%. — *1-Methylimidazolidinon-(2)*, $C_4H_8N_2O$, F. 115—116° (Bzl. u. Bzl.-Ae.), aus **V** u. $(CH_3)_2SO_4$; 11%. (J. org. Chemistry **24**. 645—48. Mai 1959. Philadelphia, Pa., McNeil Labors., Inc.) R. PASEDAG. 3122

N. V. Subba Rao und **C. V. Ratnam**, *Reaktion zwischen o-Phenylendiamin und aromatischen Aldehyden.* Auf Grund von Unterschieden in ihrer Basizität werden Gemische aus 1.2-disubstituierten u. 2-substituierten *Benzimidazolen*, dargestellt durch Kondensation von 1 Mol o-Phenylendiamin (**I**) u. 2 Mol des entsprechenden Aldehyds unter sauren Bedingungen in Abwesenheit von spezif. Oxydationsmitteln nach HINSBERG [1878], getrennt. Dargestellt werden folgende Benzimidazole: *1-Benzyl-2-phenyl-*, aus **I** u. Benzaldehyd, daneben *2-Phenyl-* u. eine *Verb. vom F. 159°* (**II**). — *1-[o-Hydroxybenzyl]-2-[o-hydroxyphenyl]-*, F. 220°, aus **I** u. Salicylaldehyd. — *1-[p-Hydroxybenzyl]-2-[p-hydroxyphenyl]-*, aus **I** u. p-Hydroxybenzaldehyd. — *1-[p-Hydroxy-m-methoxybenzyl]-2-[p-hydroxy-m-methoxyphenyl]-*, aus **I** u. Vanillin. — *1-[p-Methoxybenzyl]-2-[p-methoxyphenyl]-*, aus **I** u. Anisaldehyd, daneben *2-[p-Methoxyphenyl]-*. — *2-[2.4-Dichlorphenyl]-*, aus **I** u. 2.4-Dichlorbenzaldehyd. — *1-[p-Brombenzyl]-2-[p-bromphenyl]-*, F. 155°, aus **I** u. p-Brombenzaldehyd, daneben *2-[p-Bromphenyl]-*. — *1-[o-Nitrobenzyl]-2-[o-nitrophenyl]-*, F. 120°, aus **I** u. o-Nitrobenzaldehyd, daneben *2-[o-Nitrophenyl]-*. — *1-[m-Nitrobenzyl]-2-[m-nitrophenyl]-*, aus **I** u. m-Nitrobenzaldehyd, daneben *2-[m-Nitrophenyl]-* u. eine *Verb. vom F. 195°* (**III**). — *1-[p-Nitrobenzyl]-2-[p-nitrophenyl]-*, aus **I** u. p-Nitrobenzaldehyd, daneben *2-[p-Nitrophenyl]-*. **II** ist wahrscheinlich mit dem von WEIL u. MAREINKOWSKA (Roczniki Chem. [Ann. Soc. chim. Polonorum] **14**. [1934.] 1312) beschriebenen *5.6.7-Triphenyl-2.3-benzo-1.4-diazacycloheptadien-(4.7)* ident., **III** ist wahrscheinlich *5.6.7-Tris-[m-nitrophenyl]-2.3-benzo-1.4-diazacycloheptadien-(4.7)*. (Current Sci. **24**. 299—301. Sept. 1955. Hyderabad, Osmania Univ., Dep. of Chem.)
W. LIEBSCHER. 3122

B. K. Patnaik und **H. K. Pujari**, *Darstellung einiger 5-substituierter 2-Arylimino-thiazolidone-(4).* Vff. berichten über die Darst. verschied. *5-[p-Aminosulfonylphenyl]-*, *5-Phenyl-* u. *5-[p-Sulfophenyl]-2-aryliminothiazolidone-(4)*.

Versuche: 5-[p-Aminosulfonylphenyl]-2-arylimino-thiazolidone-(4): *-2-[p-tolylimino]-*, $C_{16}H_{15}N_3O_3S_2$, F. 185° (A.), durch Zugeben von diazotiertem Sulfanilamid zu 2-[p-Tolylimino]-thiazolidon-(4) in Aceton/A. (5 : 1) in Ggw. von Na-Acetat bei 0°, Zutropfen einer $CuCl_2$-Lsg. in 3—4 Std. unter Erwärmung auf 45° u. Digerieren des Nd. mit Aceton; graue Nadeln; 66% (Ausbeute). — *-2-[o-tolylimino]-*, F. 175°, braune Blättchen; 60%. — *-2-[o-chlorphenylimino]-*, F. 145°, gelbe Nadeln; 55%. — *-2-[m-chlorphenylimino]-*, F. > 300°, gelbe Flocken; 50%. — *-2-[m-nitrophenylimino]-*, F. 105°, dunkelbraune Nadeln; 50%. — *-2-[p-nitrophenylimino]-*, F. > 300, gelbe Nadeln; 55%. — *-2-[o-carboxyphenylimino]-*, F. 130°, graue Nadeln; 60%. — *-2-[m-carboxyphenylimino]-*, F. 210°, graue Flocken; 55%. — *-2-[p-carboxyphenylimino]-*, F. 217°, graue Nadeln; 63%. — *-2-[α-naphthylimino]-*, F. 160°, braune Nadeln; 60%. — 5-[p-Sulfophenyl]-2-aryliminothiazolidone-(4): *-2-phenylimino-*, $C_{15}H_{12}N_2O_4S_2$, F. 226°, durch Zutropfen diazotierter Sulfanilsäure zu 2-Phenyliminothiazolidon-(4) (I) in Aceton in Ggw. von Na-Acetat, Zutropfen von $CuCl_2$ unter Erwärmen, Digerieren des Nd. mit Aceton, Lösen in 2n NaOH u. Ansäuern; hellbraune Nadeln; 63%. — *-2-[p-nitrophenylimino]-*, F. 207°, gelbbraune Nadeln; 56%. — *-2-[β-naphthylimino]-*, F. 93°, braune Nadeln; 68%. — 5-Phenyl-2-aryliminothiazolidone-(4): *-2-phenylimino-*, $C_{15}H_{12}N_2OS$; F. 154°, durch Rk. von diazotiertem Anilin mit I in Aceton; gelbe Nadeln; 68%. — *-2-[m-chlorphenylimino]-*, F. 161°, gelbe Flocken; 65%. — *-2-[p-chlorphenylimino]-*, F. 267°, gelbe Nadeln; 64%. — *-2-[p-nitrophenylimino]-*, F. 216°, braune Nadeln; 74%. (J. Indian chem. Soc. **34.** 814—16. Nov. 1957. Cuttack, Ravenshaw Coll., Mayurbhanj Chem. Labor.) E. SCHRÖDER. 3142

Frances C. Brown, Charles K. Bradsher, Betty F. Moser und **Sherri Forrester,** *Struktur und antimikrobielle Aktivität von 3-Aminorhodaninen.* (Vgl. C. **1956.** 6666.) Aus N_2H_4 u. substituierten Hydrazinen werden durch Rk. mit CS_2 in Ggw. einer Base, Umsetzung der *Dithiocarbazate* mit Na-Chloracetat (II) u. anschließende Cyclisierung mit HCl *3-Aminorhodanine* (**Rh**) dargestellt. Ihre Konst. wird durch die IR- u. UV-Spektren bewiesen. *3-Amino-* (I) u. *3-Anilinorhodanin* bzw. im Phenylkern substituierte Derivv. zeigen bei 3335 u. 1590 cm^{-1} die NH-Valenz- u. NH-Deformationsschwingung, die vergleichweise im *N-Aminophthalimid* bei 3335 u. 1605 cm^{-1} gefunden werden u. im *Phthalhydrazid* sowie *3-Dimethylaminorhodanin* fehlen. Die **Rh** zeigen weiter bei 1745—1760 (CO), 1470—1525, 1250, 1092—1155 (bes. 1100—1130 cm^{-1}; CS?) Banden. Die UV-Spektren der **Rh** besitzen entsprechend dem Rhodanin 2 Maxima bei ca. 250 (fehlt nur bei I) u. 294 mμ. In den 3-Anilinorhodaninen treten geringe hypsochrome Verschiebungen auf. Die **Rh** inhibieren nicht das Wachstum von *E. coli* oder *B. subtilis*. Die p-Halogenanilinoverbb. sind gegenüber *A. niger* wirksam.

Versuche: *p-Jodphenylhydrazin*, F. 95—102°; 80% (Ausbeute). — *p-Methoxyphenylhydrazin*, F. 35—40°; 73%. — *p-Fluorphenylhydrazinhydrochlorid*, F. 208—210° (W.); 64%. — Rhodanine: *3-Amino-* (I), $C_3H_4N_2OS_2$, F. 94,5—94,6° (95%ig. A.). — *3-Amino-5-benzyliden-*, F. 192—195°. — *3-Benzylidenamino-*, F. 134—135°. — *5-Benzyliden-3-benzylidenamino-*, F. 168—172°. — *Carboxymethyl-3.3-dimethylaminodithiocarbazat*, $C_5H_{10}N_2O_2S_2$, F. 141—142,5° (W.), durch 2std. Rühren von 1.1-Dimethylhydrazin u. CS_2 in äthanol. NH_3, 1std. Rühren des Salzes mit II in W., Gießen in 25%ig. HCl u. Einstellen auf p_H 4; 61%. — *Rhodanin*, F. 167—168°, aus I mit HNO_2. — *3-Dimethylaminorhodanin*, $C_5H_8N_2OS_2$, F. 104—104,5°, durch 2std. Kochen vorvorst. Verb. in Ae.-Dioxan mit PBr_3 u. Gießen auf Eis; 36%. — Durch Zugaben von CS_2 zu dem Phenylhydrazin in absol. Ae.-$(C_2H_5)_3N$ bei 0°, mehrstd. Rühren, ½—4std. Rühren des Nd. mit II in W. bei Raumtemp., Gießen in 24%ig. HCl, 20 Min. Erhitzen u. Umkristallisation aus absol. A. nachst. Rhodanine: *3-Anilino-*, $C_9H_8N_2OS_2$, F. 133—134°; 38%. — *3-[p-Fluoranilino]-*, $C_9H_7FN_2OS_2$, F. 135—137°; 23%. — *3-[p-Chloranilino]-*, $C_9H_7Cl\cdot N_2OS_2$, F. 108,5—110,5°; 17,5%. — *3-[p-Bromanilino]-*, $C_9H_7BrN_2OS_2$, F. 137,5 bis 138,5°; 17%. — *3-[p-Jodanilino]-*, $C_9H_7JN_2OS_2$, F. 163—164,5°; 21%. — *3-[p-Toluidino]-*, $C_{10}H_{10}N_2OS_2$, F. 157—158°; 21%. — *3-[p-Methoxyanilino]-*, $C_{10}H_{10}N_2O_2S_2$, F. 114,5—116°; 22%. — *3-[o-Chloranilino]-*, $C_9H_7ClN_2OS_2$, F. 138,5—140°; 42%. — *3-[2.5-Dichloranilino]-*, $C_9H_6Cl_2N_2OS_2$, F. 189—190°; 6%. — *N-Aminophthalimid*, Doppel-F. 192—199° u. 338°. — *Phthalhydrazid*, F. 330—333° (A.), durch 4std. Kochen von Phthalsäureanhydrid, $N_2H_4\cdot H_2SO_4$ u. Na-Acetat in verd. Essigsäure; 52%. (J. org. Chemistry **24.** 1056—60. Aug. 1959. Durham, N. C., Duke Univ., Dep. of Chem.) R. PASEDAG. 3142

M. A. Alperowitsch, I. K. Uschenko und **L. N. Tjurina,** *Synthese von Thiacarbocyaninen mit ungesättigten Substituenten.* Durch Rk. von β-Arylacrylsäuren oder Cumarin mit diazotiertem 2-Methyl-5-amino- (I) bzw. -6-aminobenzthiazol in Ggw. von $CuCl_2\cdot 2H_2O$ u. Na-Acetat in Aceton werden *2-Methylbenzthiazolderivv.* dargestellt, die in 5- oder 6-Stellung *Styryl* (oder substituierte Styryl)- bzw. *Cumarinyl-(3)-Reste* enthalten. Die Ausbeuten bei diesen Rkk. sind gering, was durch Neben-Rkk. zu 2-Methyl-5(bzw. 6)-chlorbenzthiazol, Chloraceton u. Azoverbb. erklärt wird. Die durch Erhitzen mit p-Toluolsulfonsäureäthylester oder Diäthylsulfat dargestellten Quartärsalze der Benzthiazolderivv. werden mit Orthocarbonsäureestern zu *Thiacarbocyaninen* kondensiert. Von den Farbstoffen besitzen die 6.6'-disubstituierten Thiacarbocyanine einen stärkeren bathochromen Effekt als die 5.5'-disubstituierten, da die Verknüpfung der ungesätt. Gruppen mit dem Polymethinchromophor stärker über den Stickstoff als über den Schwefel des Benzthiazolkernes erfolgt. Der durch p-ständige Methyl- oder Methoxygruppen substituierte Styrylrest bewirkt nur eine geringe Verschiebung der Absorptionsmaxima zum längerwelligen Gebiet.

V e r s u c h e: *2-Methyl-5-styrylbenzthiazol* (II), $C_{16}H_{13}NS$, F. 138—139° (Methanol), zu einem Gemisch von 14,8 g Zimtsäure, 120 ml Aceton, 27,2 g Na-Acetat u. 5,1 g $CuCl_2 \cdot 2H_2O$ gibt man bei —2° die Diazoniumsalzlsg. von 16,4 g I, läßt über Nacht stehen, dest. mit Wasserdampf u. chromatographiert das verbleibende Öl aus Chlf. an Al_2O_3; 20% (Ausbeute). — *2-Methyl-5-[p-methylstyryl]-benzthiazol*, $C_{17}H_{15}NS$, F. 128—129° (Methanol), analog Vorst. aus I u. p-Methylzimtsäure (III); 11,7%. — *2-Methyl-6-[p-methylstyryl]-benzthiazol* (IV), $C_{17}H_{15}NS$, F. 155—156° (Methanol), analog aus 2-Methyl-6-aminobenzthiazol u. III; 16,8%. — *2-Methyl-5-[p-methoxystyryl]-benzthiazol*, $C_{17}H_{15} \cdot NOS$, F. 151° (A.), aus I u. p-Methoxyzimtsäure; 14,6%. *Jodäthylat*, $C_{19}H_{20}JNOS$, F. 254—255° (A.); 51%. — *2-Methyl-5-[β-(α-thienyl)-vinyl]-benzthiazol*, $C_{14}H_{11}NS_2$, F. 90° (Bzn.), aus I u. β-[α-Thienyl]-acrylsäure; 9,3%. — *2-Methyl-5-[cumarinyl-(3)]-benzthiazol*, $C_{17}H_{11}NO_2S$, F. 203—204°, analog aus I u. Cumarin; 8,3%. — *2-Methyl-6-[cumarinyl-(3)]-benzthiazol* (V), $C_{17}H_{11}N_2OS$, F. 178—179°, analog Vorst.; 5,4%. — *3.3'-Diäthyl-6.6'-bis-[p-methylstyryl]-thiacarbocyaninperchlorat*, $C_{39}H_{37}ClN_2O_4S_2$, F. 229° (Zers.; A.), durch 6 std. Erhitzen von IV mit p-Toluolsulfonsäureäthylester (1,2 Mol) auf 145—155°; Lösen des Salzes in Pyridin, Zugabe von Orthoameisenester, 20 Min. Kochen u. Fällen mit heißer $NaClO_4$-Lsg.; bronzefarben; λ_{max} 600 mμ; 30%. — *3.3'-Diäthyl-6.6'-bis-[cumarinyl-(3)]-thiacarbocyanin-p-toluolsulfonat*, $C_{46}H_{36}N_2O_7S_3$, F. 230—232°; analog aus V-Äthyl-p-toluolsulfonat u. Orthoameisenester; violett; λ_{max} 582 mμ; 28%. — *3.3'-Diäthyl-5.5'-distyrylthiacarbocyanin-p-toluolsulfonat*, $C_{44}H_{40}N_2O_3S_3$, F. 257—260° (A.) violett; λ_{max} 578 mμ; 34,6%. — *3.3'-Diäthyl-5.5'-distyryl-9-methylthiacarbocyaninjodid*, $C_{38}H_{35}JN_2S_2$, F. 273—274° (aus A.), analog aus II-Äthoäthylsulfat u. Orthoessigester (15 Min. Kochen), Fällen mit Ae. u. Behandeln mit KJ-Lsg.; violett; λ_{max} 565 mμ; 16,8%. — *3.3'.9-Triäthyl-5.5'-distyrylthiacarbocyaninjodid*, $C_{39}H_{37}JN_2S_2$, F. 264—265°, aus II-Äthoäthylsulfat u. Orthopropionester (15 Min. Kochen); violett; λ_{max} 567 mμ; 22%. — *3.3'-Diäthyl-5.5'-bis-[p-methylstyryl]-thiacarbocyaninäthylsulfat*, $C_{41}H_{42}N_2O_4S_3$, F. 292—293°; grüne metall. glänzende Nadeln; λ_{max} 582 mμ; 58%. — *3.3'-Diäthyl-5.5'-bis-[p-methoxystyryl]-thiacarbocyanin*, *Bromid*, $C_{39}H_{37}BrN_2O_2S_2$, F. 235—236°; dunkelgrüne Tafeln; λ_{max} 582 mμ; 54%. *Äthylsulfat*, F. 280—281°. — *3.3'-Diäthyl-5.5'-bis-[p-methoxystyryl]-9-methylthiacarbocyanin*, *Jodid*, $C_{40}H_{39}JN_2O_2S_2$, F. 244—245°; bronzefarben; λ_{max} 568 mμ; 30%. *Äthylsulfat*, F. 189—190°. — *3.3'.9-Triäthyl-5.5'-bis-[p-methoxystyryl]-thiacarbocyaninäthylsulfat*, $C_{43}H_{46}N_2O_6S_3$, F. 252—255°, violett; λ_{max} 574 mμ; 17,2%. — *3.3'-Diäthyl-5.5'-bis-[β-(α-thienyl)-vinyl]-thiacarbocyanin-p-toluolsulfonat*, $C_{40}H_{36}N_2O_3S_5$, F. 220° (Zers.); dunkelgrün; λ_{max} 584 mμ. — *3.3'-Diäthyl-5.5'-bis-[β-(α-thienyl)-vinyl]-9-methylthiacarbocyanin*, *Jodid*, $C_{34}H_{31}JN_2S_4$, F. 227—228°, dunkelgrün; λ_{max} 567 mμ; 29%. *Äthylsulfat*, F. 292—293°. — *3.3'.9-Triäthyl-5.5'-bis-[β-(α-thienyl)-vinyl]-thiacarbocyaninjodid*, $C_{35}H_{33}JN_2S_4$, F. 208—209° (A.), bronzefarben; λ_{max} 572 mμ. — *3.3'-Diäthyl-5.5'-bis-[cumarinyl-(3)]-thiacarbocyanin-p-toluolsulfonat*, $C_{46}H_{36}N_2O_7S_3$, F. 255—257°; violett; λ_{max} 570 mμ; 31%. — *3.3'-Diäthyl-5.5'-bis-[cumarinyl-(3)]-9-methylthiacarbocyaninäthylsulfat*, $C_{42}H_{36}N_2O_8S_3$, F. 272—273°; grüne, metall. glänzende Kristalle; 556 mμ. (Журнал Общей Химии [J. allg. Chem.] **28** (**90**). 2538—47. Sept. 1958. Zweiginst. für Fotokino-Forsch. u. Inst. für organ. Chem. der Akad. der Wiss. der UdSSR.) ULRICH SCHULZE. 3142

Charles D. Hurd und **Swiatoslaw Trofimenko**, *Die Struktur der bei der Reaktion von Acrylonitril mit α-Desoxykojisäure erhaltenen Verbindung.* Die aus α-Desoxykojisäure (I) u. Acrylonitril erhaltene Verb. „*D-I*" (II; vgl. J. Amer. chem. Soc. **81**. [1959.] 1684) besitzt je eine enol. u. alkoh. OH-Gruppe, eine Nitril-, eine Carbonylgruppe sowie ein γ-Pyronsystem. Bei der Alkalispaltung mit $Ba(OH)_2$ wurden *Aceton* u. *Methylglyoxal* gebildet, während mit H_5JO_6 ebenso wie bei 6-Propyl-α-desoxykojisäure langsam J_2 frei wird, ohne daß identifizierbare Verbb. isoliert werden konnten. Ebenso gaben Verss. zum Abbau mit O_3, $KMnO_4$, NaBrO, CrO_3 keine brauchbaren Resultate; gegen H_2 an Pd-Kohle oder Br_2 in Dimethylformamid war II indifferent. Die Rkk., die IR-Spektren von II u. seinen Derivv. sowie das magnet. Resonanzspektr. von II machen es wahrscheinlich, daß II die Konst. des *2-[3-Hydroxy-4-oxo-6-methyl-γ-pyranyl-(2)-methyl]-2-cyan-1-methyl-3-oxo-4-hydroxy-6-oxabicyclo-[2.2.1]-heptans* besitzt. Vff. nehmen an, daß sich zunächst Acrylonitril an das I-Anion in 2-Stellung zum

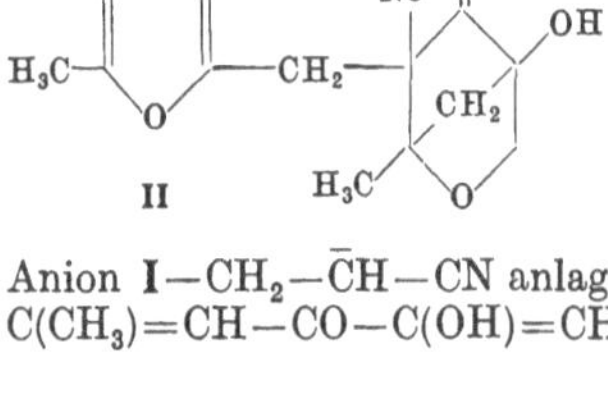

II

Anion $I-CH_2-\bar{C}H-CN$ anlagert, das mit einem 2. I-Mol. das Anion $I-CH_2-CH(CN) \cdot C(CH_3)=CH-CO-C(OH)=CH-O^-$ gibt. Dieses wird nach Umlagerung in das Carbanion $-CH_2-\overline{C}(CN)-$ zu 2-[1-Methyl-3-oxo-4-hydroxy-7-cyan-6-oxabicyclo-[2.2.1]-heptyl-(7)-methyl]-α-desoxykojisäure cyclisiert, die durch Benzilumlagerung in II übergeht. — Spektren vgl. Original.

Versuche: *2-[3-Hydroxy-4-oxo-6-methyl-γ-pyranyl-(2)-methyl]-2-cyan-1-methyl-3-oxo-4-hydroxy-6-oxabicyclo-[2.2.1]-heptan* (II; *Verb. „D-I"*), $C_{15}H_{15}NO_6$, SZ. 297—303; gibt mit NaBrO einen *Sirup* [*2.4-Dinitrophenylhydrazon*, Zers. bei 285° (Brombenzol)]. *Monomethyläther*, $C_{16}H_{17}NO_6$, F. 229—230° (CH_3OH), aus II u. 1 Mol Dimethylsulfat in 6%ig. KOH bei 25° (3 Std.); 88% (Ausbeute); reagiert nicht mit Cu-Acetat oder CrO_3 in Eisessig. *Dimethyläther*, $C_{17}H_{19}NO_6$, F. 193—194° (CH_3OH), aus 3,05 g II u. 2 Mol Dimethylsulfat in verd. KOH bei n. Temp. (6 Std.); 0,80 g. *Monoallyläther*, $C_{18}H_{19}NO_6$, F. 147°, neben einer *Verb. vom F. 162—164°* (A.), aus 6,10 g II u. 1 Mol Allylbromid in sd. wss.-methanol. NaOH (4 Std.) u. Stehen bei n. Temp. über Nacht; aus Bzl.–PAe. Plättchen; 3,6 g. *Diacetylderiv.*, $C_{19}H_{19}NO_8$, F. 230—231,5° (Äthylacetat–Pentan), a) aus II u. Acetanhydrid in heißem Pyridin (5 Min.); 80%; b) ebenso aus der Verb. „D-III" (vgl. unten), 10%. *Dibenzoylderiv.*, $C_{29}H_{23}NO_8$, F. 265,5° (Toluol–Chlf.), a) aus II u. Benzoylchlorid in Pyridin bei n. Temp. (48 Std.); 78%; b) ebenso aus der Verb. „D-III"; 70%. — *Verb. $C_{17}H_{19}NO_6$*, F. 247° (CH_3OH), durch Ansäuern der alkal. Mutterlauge des II-Dimethyläthers; 1,65 g. — *2-[3-Hydroxy-4-oxo-6-methyl-γ-pyranyl-(2)-methyl]-3-oxo-4-hydroxy-1-methyl-6-oxabicyclo-[2.2.1]-heptan-2-carbonsäure* (*Verb. „D-II"*), $C_{15}H_{16}O_8$, F. 256° (Essigsäure), a) aus 4 g II u. sd. HCl (1 Std.); 3,2 g; b) wie vorst. aus dem Amid. *Amid* (*Verb. „D-III"*), $C_{15}H_{17}NO_7$, Zers. bei ca. 300°, a) aus 1,0 g II u. heißer 70%ig. H_2SO_4 (½ Std.) u. Gießen auf Eis; 0,65 g; b) aus 3,0 g II u. konz. HCl bei n. Temp. (2 Tage); 2,4 g; c) durch Zugeben von CH_3ONa zu 3 g I in heißem Isopropanol, Zutropfen von W. u. Zutropfen von Acrylamid in CH_3OH zur sd. Lsg. u. 3std. Kochen; 1,70 g; nach Reinigung über das Na-Salz cremefarbene Nadeln. — *2-[3-Hydroxy-4-oxo-6-methyl-γ-pyranyl-(2)-methyl]-1-methyl-2-cyan-3.4-dihydroxy-6-oxabicyclo-[2.2.1]-heptan* (*„Dihydro-D-I"*), $C_{15}H_{17}NO_6$, F. 233—234° (A.), durch Zugeben von Alkali, dann von $NaBH_4$ zu 3 g II in CH_3OH bei n. Temp., 4std. Stehen, Ansäuern, Eindampfen im Vakuum, Zugeben von HCl u. CH_3OH u. Abdest. von $B(OCH_3)_3$ u. CH_3OH; 65%. *Benzoylderiv.*, $C_{22}H_{21}NO_7$, F. 249,5° (Toluol), durch Red. von 3 g II wie vorst. u. Rk. des Rohprod. mit Benzoylchlorid in Pyridin bei n. Temp. (8 Std.); 0,5 g; $FeCl_3$-Rk. positiv. Daneben 0,4 g einer Verb., die bei Kristallisation aus CH_3OH in das Benzoat übergeht; $FeCl_3$-Rk. negativ. — *Aceton*, aus II oder dem Monomethyläther u. $Ba(OH)_2$ u. Dampfdestillation. *2.4-Dinitrophenylhydrazon*, F. 119—121° (verd. A.). — *Methylglyoxal*, neben vorst. Verbindung. *2.4-Dinitrophenylhydrazon*, F. 300—301° (Essigsäure–Pyridin). — *Verb. vom F. 134—139°*, aus II u. $KMnO_4$ in Aceton in sehr geringer Menge. — *Verb. $C_{23}H_{19}N_9O_{11}$*, F. 290°, aus II u. O_3, Red. mit Zn-Staub u. Rk. des Sirups mit 2.4-Dinitrophenylhydrazin; aus Brombenzol orangefarbene Mikrokristalle. (J. Amer. chem. Soc. **81.** 2430—37. 20/5. 1959. Evanston, Ill., Northwestern Univ., Chem. Labors.)

F. HELLER. 3211

David Herbst, Walter B. Mors, Otto Richard Gottlieb und **Carl Djerassi,** *Natürlich vorkommende Sauerstoffheterocyclen.* 4. Mitt. *Die Methylierung von Pyrononen.* (3. vgl. C. **1959.** 5800.) 6-Alkylpyronone-(2.4) geben mit CH_2N_2 ein Gemisch aus *6-Alkyl-4-methoxy-α-pyronen* u. *6-Alkyl-2-methoxy-γ-pyronen*, die durch Chromatographie an Al_2O_3 getrennt werden konnten. Die UV- u. IR-Spektren (vgl. Original) sind zur Unterscheidung der Isomeren geeignet u. beweisen das Vorliegen der 4-Methoxy-α-pyron-Struktur in den natürlich vorkommenden Pyrononderivaten.

Versuche: *6-Methyl-4-methoxy-α-pyron*, F. 86,5—87,5° (Cyclohexan), a) aus 6-Methylpyronon-(2.4) (F. 188—189°) u. CH_2N_2 in Ae. bei n. Temp. (6 Std.), dann bei 10° (16 Std.), Eindampfen im Vakuum, Chromatographie in Bzl. an inaktiviertem Al_2O_3 u. Eluieren mit Bzl.-Hexan, Bzl. u. Bzl.-Ae.; 64% (Ausbeute); b) wie vorst. bei 0—5°; 52%. — *6-Methyl-2-methoxy-γ-pyron*, F. 94—94,5° (Cyclohexan), neben vorst. Verb.; 19 bzw. 8%. — *3-Benzoyl-4-hydroxy-6-phenyl-α-pyron*, $C_{18}H_{12}O_4$, F. 169—171° (CCl_4), aus 8,0 g Benzoylessigsäureäthylester u. $KHCO_3$ in sd. Nitrobenzol (2 Std.); 2,68 g. — *6-Phenylpyronon-(2.4)*, $C_{11}H_8O_3$, F. 235—236° (Zers.; Methyläthylketon), aus 1 g vorst. Verb. u. H_2SO_4 bei 120° (10 Min.) u. Gießen in W.; 0,67 g. — *6-Phenyl-4-methoxy-α-pyron*, $C_{12}H_{10}O_3$, F. 129,5—131,5° (Cyclohexan), a) aus 0,57 g vorst. Verb. u. CH_2N_2 bei n. Temp. (16 Std.); 0,33 g; b) wie vorst. aus 0,42 g; 0,36 g. — *6-Phenyl-2-methoxy-γ-pyron*, $C_{12}H_{10}O_3$, F. 112,5—114,5° (Diisopropyläther), neben vorst. Verb. nach b); 33 mg. (J. Amer. chem. Soc. **81.** 2427—30. 20/5. 1959. Detroit, Mich., Wayne State Univ., Dep. of Chem.; Rio de Janeiro, Ministerio de Agric., Inst. de Quím.) F. HELLER. 3211

E. Ziegler und **U. Roßmann,** *Zur Chemie des 4-Hydroxycumarins.* 8. Mitt. *Eine Synthese blutgerinnungshemmender Stoffe.* (7. vgl. C. **1958.** 3881.) Durch Kondensation von 4-Hydroxycumarin (I) mit prim. Phenolalkoholen werden die entsprechenden *substituierten 3-Benzyl-4-hydroxycumarine* dargestellt. Die Kondensation von 2-Methoxy-3-chlor-5-methylbenzylalkohol mit I gelang nicht. Aus 2-Methoxy-3-methyl-5-chlorbenzylalkohol u. I in Ggw. von HCl entsteht als Hauptprod. *2.2'-Dimethoxy-3.3'-dimethyl-5.5'-dichlordibenzyläther*. Die Senkung des Prothrombinspiegels wird am Kaninchen getestet. Als stark wirksam erweisen sich *3-[2-Methoxy-3.5-dichlorbenzyl]-4-hydroxycumarin*, *3-[2-Methoxy-3-methyl-5-chlorbenzyl]-4-hydroxycumarin*, während *3-[2-Hydroxy-3.5-dichlorbenzyl]-4-hydroxycumarin* (VI), *3-[2-Hydroxy-3-methyl-5-chlorbenzyl]-4-hydroxycumarin* u. *3-[2-Hydroxy-3-chlor-5-methylbenzyl]-4-hydroxycumarin* gute bzw. schwache Aktivität besitzen. Die schwerlösl. Kondensationsprodd. von I mit Phenoldialkoholen sind schwach- bzw. unwirksam.

Versuche: *3-[2-Hydroxy-3.5-dimethylbenzyl]-4-hydroxycumarin* (II), $C_{18}H_{16}O_4$, F. 252,5—253° (Tetrachloräthan), a) durch 2std. Kochen von *2-Hydroxy-3.5-dimethylbenzylalkohol* (III) u. I in A. mit H_2SO_4; geringe Ausbeute; b) durch Versetzen von III u. I mit $POCl_3$, 10 Min. langes Erwärmen auf 100° u. Extrahieren mit A.; geringe Ausbeute, daneben *Dicumarol* (IV); c) analog b) in Bzl.; geringe Ausbeute, daneben vorwiegend IV; d) analog b) in Tetrachloräthan u. $^3/_4$std. Erwärmen bei 100°; 56,3% (Ausbeute), daneben 10% IV; e) durch 1std. Einleiten von HCl in I u. III in Tetrachloräthan bei 100—105° u. Extrahieren mit A.; 74,3%, daneben 3% IV; f) durch 20 Min. lange Rk. von 2-Hydroxy-3.5-dimethylbenzylchlorid (V) u. I bei 100—110°, Anreiben mit A. u. Waschen mit Tetrachloräthan; 37,1%, daneben 3% IV; g) durch ½std. Erwärmen von V u. I in Tetrachloräthan auf 100°; 66,6%. — *3-[2-Acetoxy-3.5-dimethylbenzyl]-4-acetoxycumarin*, $C_{22}H_{20}O_6$, F. 134—135°, durch 4std. Erhitzen von II mit Acetanhydrid; aus Methanol Nadeln. — *6'.8'-Dimethylbenzopyrano-[2'.3':4.3]-cumarin*, $C_{18}H_{14}O_3$, F. 209 bis 210°, durch 40 Min. langes Kochen von II mit $POCl_3$, Zers. mit W. u. Auskochen mit verd. Lauge; aus viel A. oder Amylacetat Nadeln; 93%. — *3-[2-Hydroxy-3.5-dichlorbenzyl]-4-hydroxycumarin* (VI), $C_{16}H_{10}Cl_2O_4$, F. 252°, durch ½std. Einleiten von HCl in eine Lsg. von 2-Hydroxy-3.5-dichlorbenzylalkohol (VII) bei 50°, Zugabe von I, 1½std. Kochen u. Waschen des Nd. mit A.; aus Tetrachloräthan Spieße; 66,4%. *2'.4.Diacetylderiv.*, $C_{20}H_{14}Cl_2O_6$, F. 169°, durch 1std. Erhitzen von VI mit Acetanhydrid; aus Methanol Nadeln. — *3-[2-Methoxy-3.5-dichlorbenzyl]-4-hydroxycumarin*, $C_{17}H_{12}Cl_2O_4$, F. 138,5°, a) durch 1std. Schütteln von VI in 2n NaOH mit Dimethylsulfat, Ansäuern, kurzes Erwärmen auf 100° u. Umfällen aus Methanol/W.; 11,4%, durch Kreisprozeß ca. 60%; b) durch Zutropfen von $POCl_3$ zu einer sd. Lsg. nachst. Verb. u. I in Tetrachloräthan während 10 Min., Abblasen des Lösungsm., Extrahieren mit verd. NaOH u. Fällen mit HCl; aus Cyclohexan große Tafeln; geringe Ausbeute. — *2-Methoxy-3.5-dichlorbenzylalkohol*, $C_8H_8Cl_2O_2$, F. 86°, durch 1std. Schütteln von VII in 2n NaOH mit Dimethylsulfat; aus Methanol/W. oder Cyclohexan feine Nadeln; 69,4%. — *3-[2-Hydroxy-3-methyl-5-chlorbenzyl]-4-hydroxycumarin*, $C_{17}H_{13}ClO_4$, F. 261,5°, durch 20 Min. langes Einleiten von HCl in eine Lsg. von 2-Hydroxy-3-methyl-5-chlorbenzylalkohol (VIII) in Tetrachloräthan bei 50° u. 1std. Kochen mit I; aus Tetrachloräthan Prismen; 96%. — *3-[2-Methoxy-3-methyl-5-chlorbenzyl]-4-hydroxycumarin*, $C_{18}H_{15}ClO_4$, F. 166,5°, a) durch ½std. Einleiten von HCl in nachst. Verb. u. I in Tetrachloräthan bei 60°, 8std. Kochen, Abblasen des Lösungsm. u. Extrahieren mit Lauge; aus Methanol Lanzetten; 9,8%, daneben *2.2'-Dimethoxy-3.3'-dimethyl-5.5'-dichlordibenzyläther* ($C_{18}H_{20}Cl_2O_3$, F. 112°, aus A. Plättchen) als laugenunlösl. Verb.; b) durch Zutropfen von $POCl_3$ zu einer sd. Lsg. nachst. Verb. u. I in Tetrachloräthan während 15 Min.; 33,2%. — *2-Methoxy-3-methyl-5-chlorbenzylalkohol*, $C_9H_{11}ClO_2$, F. 51,5—52,5° (PAe.), durch 1std. Schütteln von VIII in 2n NaOH mit Dimethylsulfat; 66,8%. — *3-[2-Hydroxy-3-chlor-5-methylbenzyl]-4-hydroxycumarin*, $C_{17}H_{13}ClO_4$, F. 252—253°, durch 40 Min. langes Einleiten von HCl in eine Lsg. nachst. Verb. u. I in Tetrachloräthan bei 50° u. 1 Std. Erhitzen auf 135°; aus Tetrachloräthan Nadeln; 54%. *2'.4-Diacetylderiv.*, $C_{21}H_{17}ClO_6$, F. 160—161°, durch Erhitzen vorst. Verb. in Acetanhydrid; aus 80%ig. Essigsäure Nadeln. — *2-Hydroxy-3-chlor-5-methylbenzylalkohol*, $C_8H_9ClO_2$, F. 30—31°, durch 24std. Rk. von 2-Chlor-4-methylphenol in NaOH-Lsg. mit 40%ig. Formalin bei 50°, 48std. Stehen bei 30°, Lösen des Na-Salzes in W. u. Einstellen mit 10%ig. Essigsäure auf p_H 6; aus W. Nadeln; 26,4%. — *2-Methoxy-3-chlor-5-methylbenzylalkohol*, $C_9H_{11}ClO_2$, F. 81°, durch 1std. Schütteln des Na-Salzes vorst. Verb. in verd. NaOH mit Dimethylsulfat; aus Methanol/W. oder Cyclohexan lange Nadeln; 69,4%. — *3-[4-Methoxybenzyl]-4-hydroxycumarin*, $C_{17}H_{14}O_4$, F. 185 bis 186°, durch 20 Min. langes Einleiten von HCl in eine Lsg. von Anisalkohol in Tetrachloräthan in Ggw. von $CaCl_2$ bei 15°, Filtrieren, 25 Min. langes Erhitzen mit I auf 130°, Abblasen des Lösungsm., Extrahieren mit NaOH, Ansäuern u. Extrahieren mit heißem Methanol; aus Trichloräthylen/A. Nadeln; 76,8%, daneben IV. — *1-Hydroxy-2.6-bis-[4-hydroxycumarinyl-(3)-methyl]-4-methylbenzol*, $C_{27}H_{20}O_7$, F. 254°, durch 20 Min. langes

Einleiten von HCl in 2.6-Bis-[hydroxymethyl]-p-kresol u. I in Tetrachloräthan bei 50° u. $^3/_4$std. Erhitzen auf 130°; aus Tetrachloräthan Plättchen; 73%. *1.4'.4''-Triacetylderiv.*, $C_{33}H_{26}O_{10}$, F. 226—227°, durch 2½std. Kochen vorst. Verb. mit Acetanhydrid; aus 80%ig. Essigsäure Nadeln. — *1-Hydroxy-2.6-bis-[4-hydroxycumarinyl-(3)-methyl]-4-chlorbenzol*, $C_{26}H_{17}ClO_7$, F. 296° (getaucht bei 280°), durch ½std. Einleiten von HCl in 4-Chlor-2.6-bis-[hydroxymethyl]-phenol u. I in Tetrachloräthan bei 50° u. 1std. Kochen; aus Phenylacetat feine Nadeln; 86%. — *1-Hydroxy-2.6-bis-[4-hydroxycumarinyl-(3)-methyl]-4-[p-tert.-butyl]-benzol*, $C_{30}H_{26}O_7$, F. 252—253°, durch ½std. Einleiten von HCl in 4-tert.-Butyl-2.6-bis-[hydroxymethyl]-phenol u. I in Tetrachloräthan bei 50°, 2std. Erhitzen auf 140° u. Waschen des Nd. mit heißem A.; aus Phenylacetat Prismen; 63%. — *6-tert.-Butyl-8-[4-hydroxycumarinyl-(3)-methyl]-cumarino-[4'.3':2.3]-chromen*, $C_{30}H_{24}O_6$, F. 262 bis 263°, a) aus dem alkoh. Filtrat vorst. Verb.; aus Nitrobenzol oder Tetrachloräthan Nadeln; b) durch ½std. Kochen vorst. Verb. mit $POCl_3$; 20,8%. — *1-Hydroxy-2.4-bis-[4-hydroxycumarinyl-(3)-methyl]-6-methylbenzol*, F. 272°, durch ½std. Einleiten von HCl in 4.6-Bis-[hydroxymethyl]-o-kresol u. I in Tetrachloräthan bei 50° u. 1std. Kochen; aus Nitrobenzol (teilweise Zers.) Nadeln; 51,6%, daneben **IV**. *Triacetat*, $C_{33}H_{26}O_{10}$, F. 138° (80%ig. Essigsäure, Nadeln, Hydrat), 226—227° (Tetrachloräthan/A.). — *4.4'-Dihydroxy-5.5'-dimethyl-3.3'-bis-[4-hydroxycumarinyl-(3)-methyl]-diphenylmethan*, enthält Tetrachloräthan, $C_{35}H_{28}O_8 \cdot C_2H_2Cl_4$, F. 264—265°, durch 3std. Rk. von 3.3'-Dimethyl-4.4'-dihydroxy-5.5'-bis-[hydroxymethyl]-diphenylmethan u. I; aus viel Tetrachloräthan/A .(1: 10) quadrat. Plättchen; 49,2%. *Tetraacetat*, $C_{43}H_{36}O_{12}$, F. 221—223°, aus Toluol Nadeln. (Mh. Chem. **88**. 25—34. 15/2. 1957. Graz, Univ., Inst. für Organ. u. Pharmazeut. Chem.) W. LIEBSCHER. 3211

E. Ziegler, U. Roßmann und **F. Litvan**, *Zur Chemie des 4-Hydroxycumarins. 9. Mitt. Eine Synthese blutgerinnungshemmender Stoffe.* (8. vgl. vorst. Ref.) 4-Hydroxycumarin (**I**) wird mit sek. Phenolalkoholen (dargestellt aus Aceto- bzw. Propiophenonen durch Red. in viel A. mit Na-Amalgam bei niedriger Temp.), Benzhydrol (**VI**) u. Äthylphenylcarbinol (**VIII**) in Ggw. saurer Katalysatoren zu entsprechenden *substituierten 3-Benylz-4-hydroxycumarinen* kondensiert, die eine gut steuerbare Senkung des Prothrombinspiegels bewirken. Starke Wrkg. zeigen *3-[1¹.3-Dimethyl-2-hydroxy-5-chlorbenzyl]-4-hydroxycumarin*, *3-[1¹-Äthyl-2-hydroxy-3-methyl-5-chlorbenzyl]-4-hydroxycumarin*, *3-[1¹-Äthyl-2-methoxy-3-methyl-5-chlorbenzyl]-4-hydroxycumarin*, *3-[1-Phenylpropyl]-4-hydroxycumarin* u. *3-[1-Phenylpropyl]-4-hydroxythiocumarin.*

Versuche: *2-Hydroxy-3-methyl-5-chloracetophenon*, F. 70°, durch Umlagerung von 2-Methyl-4-chlorphenylacetat mit $AlCl_3$; 60,5% (Ausbeute). — *1¹.3-Dimethyl-2-hydroxy-5-chlorbenzylalkohol*, $C_9H_{11}ClO_2$, F. 96°, durch $^1/_4$std. Schütteln von 4,6 g vorst. Verb. in A. mit 69 g 3%ig. Na-Amalgam unter Kühlen, Filtrieren, Neutralisieren mit 10%ig. Essigsäure u. Eindampfen im Vakuum bei 30°; aus Cyclohexan Nadeln; 3,9 g. — *3-[1¹.3-Dimethyl-2-hydroxy-5-chlorbenzyl]-4-hydroxycumarin*, $C_{18}H_{15}ClO_4$, durch ½std. Einleiten von HCl in vorst. Alkohol in Tetrachloräthan in Ggw. von $CaCl_2$ bei 40°, Filtrieren, Zugabe von I, 2std. Erwärmen auf 130° u. $^3/_4$std. Kochen; krist. beim Erkalten in Nadeln; 35%. — *4'.8'-Dimethyl-6'-chlorbenzopyrano-[2'.3':4.3]-cumarin* (**II**), $C_{18}H_{13} \cdot ClO_3$, F. 174,5—175°, a) durch Abtreiben des Tetrachloräthans aus der Mutterlauge vorst. Verb. mit Wasserdampf u. Auskochen des harzigen Rückstandes mit A.; aus viel A. oder Butanol Spieße, aus Aceton Nadeln; 32,2%; b) durch 1std. Einleiten von HCl in eine sd. Lsg. vorst. Verb. in Tetrachloräthan. — *2-Hydroxy-3-methyl-5-chlorpropiophenon*, F. 61°, durch FRIESsche Verschiebung aus 2-Methyl-4-chlorphenylpropionat mit $AlCl_3$; 66,2%. — *1¹-Äthyl-2-hydroxy-3-methyl-5-chlorbenzylalkohol* (**III**), $C_{10}H_{13}ClO_2$, F. 72° (Cyclohexan), durch $^1/_4$std. Schütteln vorst. Verb. in A. mit 3%ig. Na-Amalgam unter Kühlen, Filtrieren, Einstellen mit 10%ig. Essigsäure auf p_H 6 u. Eindampfen im Vakuum; 65%. — *3-[1¹-Äthyl-2-hydroxy-3-methyl-5-chlorbenzyl]-4-hydroxycumarin*, $C_{19}H_{17}ClO_4$, F. 223 bis 224 (Tetrachloräthan), durch $^1/_4$std. Einleiten von HCl in eine Lsg. von **III** in Tetrachloräthan in Ggw. von $CaCl_2$ bei 30°, Filtrieren, Zugabe von I u. 40 Min. langes Erhitzen auf 140°; krist. beim Erkalten in Nadeln; 33,4%. — *4'-Äthyl-6'-chlor-8'-methylbenzopyrano-[2'.3':4.3]-cumarin*, $C_{19}H_{15}ClO_3$, F. 172,5°, aus der Mutterlauge vorst. Verb. analog **II** a); aus Aceton Plättchen; 36,9%. — *1¹-Äthyl-2-methoxy-3-methyl-5-chlorbenzylalkohol*, $C_{11}H_{15}ClO_2$, F. 43—44°, durch 1std. Schütteln von **III** in 2n NaOH mit Dimethylsulfat u. Ausäthern; aus viel W. Nadeln. — *3-[1¹-Äthyl-2-methoxy-3-methyl-5-chlorbenzyl]-4-hydroxycumarin*, $C_{20}H_{19}ClO_4$, F. 178—179°, durch ½std. Einleiten von HCl in vorst. Verb. in Tetrachloräthan in Ggw. von $CaCl_2$ bei 60°, Filtrieren, Zugabe von I, 2½std. Kochen, Abblasen des Lösungsm., Extrahieren mit Lauge, Fällen mit Säure, Auskochen mit W. u. Anreiben des Rückstandes mit Methanol; aus Methanol Nadeln, aus A. Prismen; 16,7%. — *2-Hydroxy-3.5-dichlorbenzhydrol*, F. 94°, durch Red. von

2-Hydroxy-3.5-dichlorbenzophenon mit Na-Amalgam; aus Cyclohexan Spieße; 91%. — *4'-Phenyl-6'.8'-dichlorbenzopyrano-[2'.3':4.3]-cumarin*, $C_{22}H_{12}Cl_2O_3$, F. 200—202°, durch ½ std. Einleiten von HCl in vorst. Verb. in Tetrachloräthan in Ggw. von $CaCl_2$ bei 50°, Filtrieren, Zugabe von **I**, 1 std. Erhitzen auf 130°, Abblasen des Lösungsm. u. Waschen mit heißer NaOH; aus A. lange Nadeln; 15%. — *1¹.1'¹-Diphenyl-2.2'-dihydroxy-3.3'.5.5'-tetrachlordibenzyläther*, $C_{26}H_{18}Cl_4O_3$, F. 155—156°, durch Ansäuern des alkal. Filtrats vorst. Verb. mit verd. HCl u. Auskochen des Nd. mit W.; aus Trichloräthylen/A. lange Nadeln; 92,9%. — *1¹.1'¹.2.2'-Tetrahydroxy-1¹.1'¹-dimethyl-3.3'.5.5'-tetrachlordiphenyläthan* (**IV**), $C_{16}H_{14}Cl_4O_4$, F. 198,5—200°, durch 20 Min. langes Schütteln von 2-Hydroxy-3.5-dichloracetophenon in absol. A. mit Na-Amalgam, Neutralisieren mit 10%ig. Essigsäure, Zugabe von W., Extrahieren des Nd. (A) mit Methanol u. Fällen mit W.; aus 50%ig. Methanol Nadeln, aus Tetrachloräthan Prismen; 45,2%, daneben *1¹.1'¹-Dimethyl-2.2'-dihydroxy-3.3'.5.5'-tetrachlordibenzyläther*, $C_{16}H_{14}Cl_4O_3 \cdot ½ H_2O$, F. (im Einschlußröhrchen) 261°, sublimiert bei 220°; aus Aceton/W. Plättchen, aus dem Rückstand von Nd. A. — *2.3-Dimethyl-5.5'.7.7'-tetrachlorcumarano-[2'.3':3.2]-cumaran*, $C_{16}H_{10}Cl_4O_2$, F. 247—250°, durch 5 std. Erhitzen von **IV** in Tetrachloräthan mit $POCl_3$ auf 150°, Abblasen des Lösungsm. u. Auskochen des Rückstands mit 10%ig. Lauge; aus Trichloräthylen/A. Prismen; 94,4%. — *β.β-Diphenylpropionylchlorid*, durch 2—3 std. Kochen von 50 g β.β-Diphenylpropionsäure mit 70 cm³ $SOCl_2$; 55 g. — *[Benzhydrylacetyl]-salicylsäuremethylester* (**V**), F. 100—102° (Methanol), durch 12 std. Kochen vorst. Chlorids mit Salicylsäuremethylester in Xylol; 90,5%. — *3-Benzhydryl-4-hydroxycumarin*, $C_{22}H_{16}O_3$, F. 183—184° (Methanol/W.), a) durch 12—15 std. Kochen von **I** u. Diphenylchlormethan in Tetrachloräthan; 86%; b) durch Erhitzen von Benzhydrol (**VI**) u. **I** in Tetrachloräthan mit $POCl_3$ auf 130—140° bis zur Beendigung der HCl-Entw., Abblasen des Lösungsm., Lösen des harzigen Rückstands in warmer verd. Lauge, Behandeln mit A-Kohle u. Ansäuern; 67%; c) durch Sättigen von **VI** in Tetrachloräthan in Ggw. von $CaCl_2$ mit HCl bei 20°, Dekantieren u. Erwärmen mit **I** auf 130—140°; 94%; d) durch Zugabe von Na zu unter N_2 auf 165—175° erhitztem **V** unter Rühren, 1 std. Rk. bei 170°, Versetzen mit wenig Methanol u. W., Ausäthern u. Ansäuern der wss. Lsg.; 9,5%. — *3-Benzhydryl-4-hydroxythiocumarin*, $C_{22}H_{16}O_2S$, F. 235—237° (Dioxan/W.), durch Sättigen von **VI** in Tetrachloräthan in Ggw. von $CaCl_2$ mit HCl bei 20°, Dekantieren u. Erwärmen mit 4-Hydroxythiocumarin (**VII**) auf 130—140° bis zur Beendigung der HCl-Entw.; 35%. — *3-[1-Phenylpropyl]-4-hydroxycumarin*, F. 177—179° (Toluol/Methylcyclohexan oder A./W.), durch Sättigen von Äthylphenylcarbinol (**VIII**) in Tetrachloräthan in Ggw. von $CaCl_2$ mit HCl bei 20°, Dekantieren, Erhitzen mit **I** auf 130—140° analog vorst. Verb.; 7%. — *3-[1-Phenylpropyl]-4-hydroxythiocumarin*, $C_{18}H_{16}O_2S$, F. 145—146° (A./W.), durch Sättigen von **VIII** mit HCl u. Zugabe von **VII** analog vorst. Verb.; 7%. — *3-Benzyl-4-hydroxycumarin*, $C_{16}H_{12}O_3$, durch 15 std. Kochen von **I** u. Benzylchlorid in Tetrachloräthan; 14%. — *4-Hydroxy-3-[phthalimidomethyl]-cumarin*, $C_{18}H_{11}NO_5$, F. 229—230°, a) durch 3 std. Kochen von N-Chlormethylphthalimid, **I** u. $FeCl_3$ in Tetrachloräthan; aus Butanol Nadeln; 91%; b) durch Erhitzen nachst. Verbindung. — *4-Hydroxy-3-[2-carboxybenzamidomethyl]-cumarin*, $C_{18}H_{13}NO_6$, durch ½ std. Kochen vorst. Verb. in 2 n NaOH/A., Ansäuern mit HCl, Extrahieren mit $NaH \cdot CO_3$-Lsg. u. Ansäuern; aus Aceton/W. lange Nadeln; 88%. *Dikaliumsalz*, $C_{18}H_{11}K_2NO_6$, durch Aufkochen vorst. Säure mit 2 n NaOH/A., Ansäuern, Lösen in konz. $KHCO_3$-Lsg.; aus W. + Aceton feine Nadeln; 79,3%. — *4-Allyloxycumarin*, $C_{12}H_{10}O_3$, F. 115,5°, durch 1½ std. Kochen von 2,7 g Ag-Salz von **I** u. 3,6 g Allylbromid (**IX**) in absol. A.; aus Methanol oder Cyclohexan lange Nadeln; 2 g. — *3-Allyl-4-hydroxycumarin*, $C_{12}H_{10}O_3$, F. 130—131°, durch 3 std. Kochen von 10 g K-Salz von **I** mit 18,3 g **IX** in A.; aus Trichloräthan oder Bzl./Cyclohexan Nadeln; 0,7 g, daneben 3,9 g vorst. Verbindung. — *4-[β-Bromäthoxy]-cumarin*, $C_{11}H_9BrO_3$, F. 163°, a) durch ½ std. Kochen von 2,7 g Ag-Salz von **I** u. 6,7 g Äthylenbromid (**X**) in A. analog vorvorst. Verf.; aus Methanol oder Trichloräthylen Nadeln; 2,7 g; b) durch 24 std. Kochen von 8,3 g K-Salz von **I** u. 31,2 g **X**; 66%. (Mh. Chem. **88**. 587—96. 27/9. 1957. Graz, Univ., Inst. für Organ. u. Pharmazeut. Chem.; Basel, J. R. Geigy A.-G., Pharmazeut. Forschungsabt.)

W. LIEBSCHER. 3211

R. N. Usgaonkar und **G. V. Jadhav**, *Sulfinierung*. 1. Mitt. *Sulfinierung einiger 7-Hydroxycumarinderivate*. Durch Rk. von 7-Hydroxycumarinen mit $SOCl_2$ u. $AlCl_3$ wurden verschied. *Sulfinsäuren* erhalten, die mit $HgCl_2$ unter Abspaltung des Sulfinsäurerestes in *Chlormercuriverbb.*, durch Rk. der K-Salze mit C_2H_5J in die entsprechenden *Äthylsulfone* übergeführt wurden. Die 8-Stellung der Sulfinsäuregruppe wurde durch Oxydation mit H_2O_2 u. Vgl. der Sulfonsäuren mit authent. Präpp. bewiesen.

V e r s u c h e: *4-Methyl-7-hydroxycumarin-8-sulfinsäure* (**I**), $C_{10}H_8O_5S$, F. 175 bis 177° (Zers.), durch Zugeben von 2 Mol $SOCl_2$ zu 1 Mol 4-Methyl-7-hydroxycumarin

(5 g) u. 3 Mol $AlCl_3$ unter Eiskühlung, Stehen bei n. Temp. über Nacht u. Zers. mit Eis u. HCl; 3,4 g (Ausbeute); Reinigung über das NH_4-Salz; $FeCl_3$-Rk. tiefpurpurfarben. *NH_4-Salz*, $C_{10}H_{11}NO_5S$, F. 205—207° (Zers.), aus A. u. wenig W. glänzende Nadeln. *S-Benzylisothiuroniumsalz*, $C_{18}H_{18}N_2O_5S_2$, F. 121—123° (25%ig. A.). — *4-Methyl-7-hydroxycumarin-8-sulfonsäure, Na-Salz*, aus I in $NaHCO_3$-Lsg. u. H_2O_2 bei n. Temp. (1 Std.), dann auf dem Wasserbad (1 Std.). *S-Benzylisothiuroniumsalz*, $C_{18}H_{18}N_2O_6S_2$, F. 195—197°, aus sehr verd. A. glänzende Nadeln. — *4-Methyl-7-hydroxycumarinyl-(8)-äthylsulfon* (II), $C_{12}H_{12}O_5S$, F. 179—180°, neben einer *Verb. vom F. 285° (Zers.)* aus dem K-Salz von I u. C_2H_5J in sd. A. (15 Std.); aus A. flache Nadeln. — *4-Methyl-7-hydroxy-8-chlormercuricumarin*, $C_{10}H_7ClHgO_3$, erweicht bei 270° aus I u. $HgCl_2$ in sd. A.; Lsg. in NaOH fluoresciert blau. — *3.4-Dimethyl-7-hydroxycumarin-8-sulfinsäure* (III), $C_{11}H_{10}O_5S$, F. 169—170° (Zers.), wie I; aus A. Nadeln; 2,5—3 g; $FeCl_3$-Rk. blau. *NH_4-Salz*, $C_{11}H_{13}NO_5S$, F. 205—207° (Zers.), aus A. u. wenig W. glänzende prismat. Nadeln. *S-Benzylisothiuroniumsalz*, $C_{19}H_{20}N_2O_5S_2$, F. 185—187° (Zers.), aus A. glitzernde Nadeln. — *3.4-Dimethyl-7-hydroxycumarinyl-(8)-äthylsulfon*, $C_{13}H_{14}O_5S$, F. 207—208°, wie II aus III; aus A. glänzende Platten. — *3.4-Dimethyl-7-hydroxycumarin-8-sulfonsäure, Na-Salz*, aus III u. H_2O_2 in wss. $NaHCO_3$. *S-Benzylisothiuroniumsalz*, $C_{19}H_{20}N_2 \cdot O_6S_2$, F. 185—187°, aus verd. A. monokline Nadeln. — *3.4-Dimethyl-7-hydroxy-8-chlormercuricumarin*, $C_{11}H_9ClHgO_3$, erweicht bei 270°, aus III u. $HgCl_2$ in sd. A.; glänzende Nadeln. — *4-Methyl-6-äthyl-7-hydroxycumarin-8-sulfinsäure* (IV), $C_{12}H_{12}O_5S$, F. 165 bis 167° (Zers.), wie I; aus verd. A. (1:1) kleine quadrat. Platten; 3—4 g. *NH_4-Salz*, $C_{12}H_{15}NO_5S$, F. 213—215° (Zers.), aus A. u. wenig W. glitzernde Nadeln. *S-Benzylisothiuroniumsalz*, $C_{20}H_{22}N_2O_5S_2$, F. 167—168° (Zers.), aus verd. A. Nadelbüschel. — *4-Methyl-6-äthyl-7-hydroxycumarin-8-sulfonsäure, Na-Salz*, aus IV u. H_2O_2 in wss. $NaHCO_3$. *S-Benzylisothiuroniumsalz*, F. 161—162°, aus verd. A. Nadelbüschel. — *4-Methyl-6-äthyl-7-hydroxycumarinyl-(8)-äthylsulfon*, $C_{14}H_{16}O_5S$, F. 125—127°, neben einer *Verb. vom F. 255° (Zers.)* aus IV wie II; aus A. glänzende rechteckige Platten. — *4-Methyl-6-äthyl-7-hydroxy-8-chlormercuricumarin*, $C_{12}H_{11}ClHgO_3$, erweicht bei 270°, aus IV u. $HgCl_2$ in sd. A.; glänzende Nadeln. (J. Indian chem. Soc. **35**. 251—56. April 1958. Bombay, Inst. of Sci., Organ. Chem. Labors.) F. HELLER. 3211

J. W. Clark-Lewis und **D. G. Roux**, *Natürliches Vorkommen von enantiomorphen Leukoanthocyanidinen: (+)-Mollisacacidin (Gleditsin) und Quebracho-(—)-Leukofisetinidin.* Das aus *Gleditschia japonica* isolierte *Gleditsin* wurde als (+)-*Mollisacacidin* (I) identifiziert. Der *Trimethyläther* des aus I u. dem aus *Schinopsis quebracho-colorado* isolierten (—)-*Leukofisetinidins* (II) gebildeten *Racemats* ist ident. mit dem von CHANDORKAR u. KULKARNI (C. **1959**. 4145) durch Red. von trans-(±)-7.3'.4'-Trimethoxydihydroflavonol mit $LiAlH_4$ sowie mit dem durch Hydrierung u. Methylierung von Fustin dargestellten (±)-*7.3'.4'-Trimethoxyflavandiol-(3.4)* (III). Durch die Bldg. von *Isopropylidenderiv.* wird in I u. II die *3.4-cis*-Stellung der *OH-Gruppen* gesichert; die Bldg. von III aus Fustin macht die *2.3-trans*-Konfiguration (s. obenst. Formeln) wahrscheinlich.

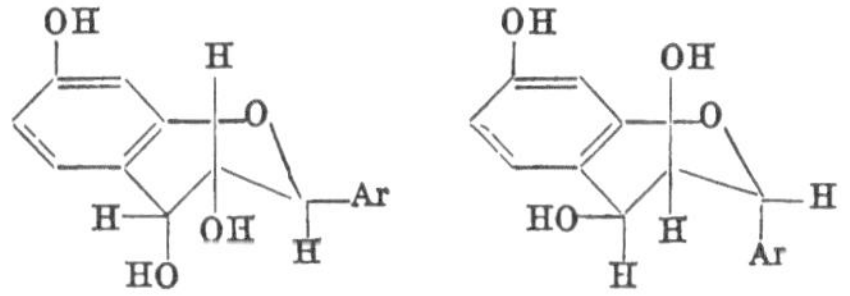

(Ar = 3.4-Dihydroxyphenol)

Versuche: (+)-*Mollisacacidin* (I), *Dihydrat*, F. 125—130°, Nadeln; $[\alpha]_D^{12}$ +31,4° (c = 0,8; Aceton-W. 1:1); $[\alpha]_D^{16}$ +14° (c = 0,5; CH_3OH); R_F 0,62 (Butanol-Eisessig-W. 5:1:4), 0,58 (2%ig. Essigsäure), 0,76 (Butanol-W.). *7.3'.4'-Trimethyläther*, F. 130°, *Sesquihydrat*, $C_{18}H_{20}O_6 \cdot 1\frac{1}{2}H_2O$, F. 91—94° (sintert bei 76—77°), aus verd. CH_3OH Nadeln; $[\alpha]_D^{16}$ —10,3° (c = 1,12; Tetrachloräthan). *Pentaacetylderiv.*, F. 82—87°, amorph; $[\alpha]_D$ —17,2° (c = 1,02; Tetrachloräthan). *3.4-Diacetylderiv. des Trimethyläthers*, $C_{22}H_{24}O_8$, F. 102°, aus A. Nadeln; $[\alpha]_D$ —17,1° (c = 1,52; Tetrachloräthan). *O.O-Isopropylidenderiv. des Trimethyläthers*, $C_{21}H_{24}O_6$, F. 120—122°, aus A. Prismen; $[\alpha]_D^{12}$ +5,8° (c = 1,03; Tetrachloräthan). — (—)-*Leukofisetinidin* (II), F. 130° (Zers.), *Dihydrat*; $[\alpha]_D^{25}$—11,1° (CH_3OH), $[\alpha]_D^{12}$ —31,7° (c = 0,8; Aceton-W. 1:1); R_F 0,62;0,52; 0,73 (Lösungsmittel wie bei I). *7.3'.4'-Trimethyläther*, F. 134°, *Sesquihydrat*, F. 81—84°; $[\alpha]_D^{16}$ +9,4° (c = 1,12; Tetrachloräthan). *Pentaacetylderiv.*, F. 82—84°, amorph; $[\alpha]_D^{15}$ +16° (c = 1,16; Tetrachloräthan). *3.4-Diacetylderiv. des Trimethyläthers*, F. 101—102°; $[\alpha]_D^{15}$ +16,5° (c = 1,22; Tetrachloräthan). *O.O-Isopropylidenderiv. des Trimethyläthers*, F. 120—122°, aus A. Prismen; $[\alpha]_D^{12}$ —6,3° (c = 1,04; Tetrachloräthan). — (±)-*Leukofisetinidin*, F. 127 bis 146°; $[\alpha]_D^{15}$ —2,2° (c = 0,82; Aceton-W.; 1:1). *7.3'.4'-Trimethyläther* (III), F. 149°, *Sesquihydrat*, F. 81—84°; $[\alpha]_D^{15}$ —1,2° (c = 0,82; Tetrachloräthan). *Pentaacetylderiv.*, F. 82—84°, amorph; $[\alpha]_D^{15}$ (c = 1,49; Tetrachloräthan). *3.4-Diacetylderiv. des Tri-*

methyläthers, F. 121–122°; $[\alpha]_D^{15}$ +1,2° (c = 1,24; Tetrachloräthan). *O.O-Isopropylidenderiv. des Trimethyläthers*, F. 134°; $[\alpha]_D^{15}$ –1,1° (c = 0,94; Tetrachloräthan). (J. chem. Soc. [London] **1959**. 1402–06. April. Grahamstown, South Africa, Leather Ind. Res. Inst.; Adelaide, South Australia, Univ.) F. HELLER. 3211

V. K. Ahluwalia, N. R. Krishnaswami, S. K. Mukerjee, V. V. S. Murti, T. R. Seshadri und **C. Venkataramani,** *Die Farbreaktionen von Flavonolen mit Alkali beeinflussenden Faktoren: eine Untersuchung von Flavonolen mit ungewöhnlicher Struktur.* Zur Unters. ihrer Farb-Rkk. wird eine Anzahl von *Polyhydroxyflavonolen* mit nicht natürlich vorkommenden Strukturen dargestellt u. bei den *2'.5'*-Dihydroxyverbb. eine gegenüber den isomeren 5.8-Dihydroxyverbb. schwächere Farb-Rk. mit Alkali festgestellt. Analoge Verminderung der Farbintensität zeigen 2'.3'.4'- gegenüber den 3'.4'.5'-Trihydroxyverbindungen.

Versuche: *3.5.3'.4'.5'-Pentahydroxyflavon* (I), $C_{15}H_{10}O_7$, F. 278–280°, aus 0,5 g 5-Hydroxy-3.3'.4'.5'-tetramethoxyflavon u. HJ in sd. Acetanhydrid (1½ Std.); aus Äthylacetat–PAe. gelbe Prismen; 0,2 g (Ausbeute); $FeCl_3$-Rk. in A. grün; Lsg. in wss. $NaHCO_3$ orangegelb; in wss. Na_2CO_3 blaßgrün → purpurrot → braun; in wss. NaOH grün → purpurfarben → braun. *Pentaacetylderiv.*, F. 207–208°, aus A. rechteckige Platten. *Pentamethyläther* (II), $C_{20}H_{20}O_7$, F. 152–153°, aus 0,5 g I, $(CH_3)_2SO_4$ u. K_2CO_3 in sd. Aceton (30 Std.); aus Äthylacetat dünne rechteckige Platten; 0,4 g. — *3.5.8.3'.4'.5'-Hexahydroxyflavon*, $C_{15}H_{10}O_8$, F. 297–300°, aus dem 3.3'.4'.5'-Tetramethyläther wie I; aus Äthylacetat–PAe. dicke gelbe Prismen; (Reihenfolge der Farb-Rkk. wie bei I) grün; gelb; gelb → braun → tiefrot; tiefrot → braun. *Hexaacetylderiv.*, F. 236–237°, aus Äthylacetat kleine rechteckige Platten. *Hexamethyläther*, $C_{21}H_{22}O_8$, F. 170–171°, wie II aus dem Tetramethyläther; aus Äthylacetat–PAe. dünne Platten. — *o-Veratrumsäureanhydrid* (III), F. 93°, aus 20 g o-Veratrumsäure in absol. Ae.–Pyridin u. $SOCl_2$ unter Kühlung u. Stehen über Nacht; aus PAe. Nadeln; 16 g. — *7-Hydroxy-3.2'.3'-trimethoxyflavon* (IV), $C_{18}H_{16}O_6$, F. 210–211°, aus 3 g ω-Methoxyresacetophenon, Na-o-Veratrat u. III bei 180–190° im Vakuum (6 Std.); aus CH_3OH dicke gelbe Prismen; 1,2 g; $FeCl_3$-Rk. negativ, Lsg. in konz. H_2SO_4 gelb. *Acetylderiv.*, F. 125–126°, aus Äthylacetat–PAe. kleine Prismen. — *3.7.2'.3'-Tetramethoxyflavon*, $C_{19}H_{18}O_6$, F. 82–83°, aus IV wie II; aus Bzl.–PAe. Prismen; Lsg. in konz. H_2SO_4 gelb. — *3.7.2'.3'-Tetrahydroxyflavon*, $C_{15}H_{10}O_6$, F. 290–292° (Zers.), aus 0,3 g IV wie I; aus Äthylacetat–Bzl. gelbe Prismen; 0,15 g; Farb-Rkk. (wie bei I): rötlichbraun → bräunlichgrün; —; hellgelb; —; in H_2SO_4 blaßgelb. *Tetraacetylderiv.*, F. 204–205°, aus CH_3OH lange dünne Platten. — *5.7-Dihydroxy-3.2'.3'-trimethoxyflavon*, $C_{18}H_{16}O_7$, F. 196–197°, aus 4 g ω-Methoxyphloracetophenon, Na-o-Veratrat u. III wie IV (7 Std.); aus CH_3OH Büschel langer dünner Nadeln u. zugespitzter Platten; 1,3 g; $FeCl_3$-Rk. grünlichbraun; Lsg. in H_2SO_4 gelb. *Diacetylderiv.*, F. 118–119°, aus Äthylacetat–PAe. Prismen. — *3.5.7.2'.3'-Pentahydroxyflavon*, $C_{15}H_{10}O_7$, F. 300° (Zers.), aus vorst. Verb. wie I; aus A. kleine gelbe Prismen; $FeCl_3$-Rk. grünlichbraun; Lsg. in H_2SO_4 gelb. *Pentamethyläther*, $C_{20}H_{20}O_7$, F. 170–171°, aus vorvorst. Verb. wie II; aus Äthylacetat–PAe. dicke Rhomben; Lsg. in H_2SO_4 gelb. — *2.3.4-Trimethoxybenzoesäure*, F. 99°, a) aus 50 g Pyrogallolcarbonsäure wie II u. Verseifung des Methylesters; 30 g; b) aus Gallacetophenon wie II u. Oxydation des rohen *2.3.4-Trimethoxyacetophenons* bei 65–70° mit NaOCl; ca. 100%; aus W. Nadeln. *Anhydrid*, $C_{20}H_{22}O_9$, aus 30 g Säure wie III; aus Bzl.–PAe. dicke Prismen; 26 g. — *7-Hydroxy-3.2'.3'.4'-tetramethoxyflavon* (V), $C_{19}H_{18}O_7$, F. 226–227°, aus 3 g ω-Methoxyresacetophenon, Na-Trimethoxybenzoat u. vorst. Anhydrid wie IV; aus CH_3OH Prismen; 0,8 g; $FeCl_3$-Rk. negativ; Lsg. in konz. H_2SO_4 gelb. *Acetylderiv.*, F. 120–121°, aus Äthylacetat–PAe. lange dünne Nadeln u. Platten. — *3.7.2'.3'.4'-Pentahydroxyflavon*, $C_{15}H_{10}O_7$, Zers. bei 314–315°, aus V wie I; aus Äthylacetat kleine gelbe Prismen. Farb-Rkk. (wie bei I): grünlichbraun → bläulichgrün → violett; —; tiefgelb → orangerot → braun; braunrot → orangefarben → blaßbraun; Lsg. in H_2SO_4 gelb. *Pentaacetylderiv.*, F. 185–186°, aus Äthylacetat–PAe. Platten. *Pentamethyläther*, $C_{20}H_{20}O_7$, F. 145–146°, aus V wie II; aus CH_3OH dicke Prismen; Lsg. in H_2SO_4 gelb. — *5.7-Dihydroxy-3.2'.3'.4'-tetramethoxyflavon*, $C_{19}H_{18}O_8$, F. 174–175°, wie V aus 3 g ω-Methoxyphloracetophenon; aus A. dicke blaßgelbe Prismen; 1,1 g; $FeCl_3$-Rk. in A. olivbraun; Lsg. in H_2SO_4 gelb. *Diacetylderiv.*, F. 146–147°, aus Äthylacetat–PAe. Prismen. — *3.5.7.2'.3'.4'-Hexahydroxyflavon*, $C_{15}H_{10}O_8$, Zers. bei 308–310°, wie I aus vorst. Verb.; aus CH_3OH bräunlichgelbe Prismen; Farb-Rkk. (wie bei I) olivgrün → braun; —; gelb → braun; gelb → orangerot; Lsg. in H_2SO_4 gelb. *Hexamethyläther*, $C_{21}H_{22}O_8$, F. 153–154°, wie II aus vorvorst. Verb.; aus A. kleine Prismen; Lsg. in H_2SO_4 gelb. (Proc. Indian Acad. Sci., Sect. A **47**. 230–37. April 1958. Delhi, Univ., Dep. of Chem.) F. HELLER. 3211

I. N. Nasarow, N. Ss. Prosstakow und **N. N. Michejewa,** *Heterocyclische Verbindungen.* 63. Mitt. *Synthetische schmerzstillende Mittel.* 26. Mitt. *Stereoisomerie von*

2.5-Dimethyl-4-phenylpiperidolen-(4) und *1-Acyl-2.5-dimethyl-4-phenylpiperidolen-(4).* (62. vgl. C. **1959.** 13473; 25. vgl. C. **1959.** 13472.) 2.5-Dimethylpiperidon-(4) (I) reagiert mit Li-Phenyl zu *2.5-Dimethyl-4-phenylpiperidol-(4)* (II), das als Stereoisomerengemisch erhalten wird. II kann durch Kristallisation aus Bzn. oder Chromatographieren an Al_2O_3 in γ-II (ca. 85—90% des II-Gemisches) u. α-II getrennt werden. Aus dem nach der Trennung verbleibenden Öl wird β-II als *N-Acetylderiv.* isoliert. — Die γ-, α- u. β-Formen von *1.2.5-Trimethyl-4-phenylpiperidol-(4)* (III) werden durch Methylierung von γ-II bzw. α-II oder durch Synth. des III-Isomerengemisches aus 1.2.5-Trimethylpiperidon-(4) mit anschließender chromatograph. Trennung erhalten. — Bei der Dehydratisierung von γ-II u. α-II entsteht *2.5-Dimethyl-4-phenyl-1.2.3.6-tetrahydropyridin* (IV), das bei der Methylierung *1.2.5-Trimethyl-4-phenyl-1.2.3.6-tetrahydropyridin* (V) liefert. V wird auch durch Dehydratisierung von γ-III u. α-III erhalten. — Durch Acylierung werden einige *N-Acyl-* u. *N-Sulfonylderivv.* von α-, β- u. γ-II sowie von IV dargestellt. — Bei der Einw. von HCl auf N-Acetyl-γ-II wird dieses zu *O-Acetyl-γ-*II-Hydrochlorid umacyliert, das beim Behandeln mit Soda wieder in N-Acetyl-γ-II übergeht. Analog verhält sich N-Propionyl-γ-II. N-Acetyl-α-II reagiert mit HCl zu *O*-Acetyl-γ-II-*Hydrochlorid*, das mit beim Behandeln mit Soda in *N-Acetyl-γ*-II übergeht. N-Acetyl-α-II ändert auch bei der Einw. von Acetylbromid seine Konfiguration u. bildet *N-Acetyl-γ-2.5-dimethyl-4-phenyl-4-brompiperidin* (VI), das auch aus N-Acetyl γ-II mit Acetylbromid neben O-Acetyl-γ-II-*Hydrobromid* erhalten wird. O-Acetyl-II- u. O-Propionyl-II-Hydrochlorid besitzen keine analget. Eigenschaften. — Aus den Versuchsergebnissen wird gefolgert, daß in den γ-Isomeren von II u. III die 2-Methyl- u. die 4-Phenylgruppe in trans-Stellung zur 5-ständigen Methylgruppe stehen; in den α-Isomeren von II u. III besitzt die 2-Methylgruppe in bezug auf die 5-Methylgruppe trans-, die 4-Phenylgruppe dagegen cis-Konfiguration.

Versuche: *2.5-Dimethyl-4-phenylpiperidol-(4)* (II), a) man tropft zu Li-Phenyl (57 g Li, 650 g Brombenzol, 1000 ml Ae.) 150 g I in 3 Std. zu, zers. mit HCl, macht die wss Lsg. alkal. u. dest.; durch fraktionierte Kristallisation der Fraktionen $Kp._3$ 110 bis 160° (93,8 g) u. $Kp._3$ 160—180° (35,3 g) aus Bzn. erhält man: γ-II, $C_{13}H_{19}NO$, F. 121 bis 122°, 38 g (Ausbeute), α-II, $C_{13}H_{19}NO$, F. 163—166°, 4,6 g u. ein nichtkristallisierendes Öl (enthält β-II); b) man erhält aus 19 g Li, 225 g Brombenzol u. 50 g I in 500 ml Ae. 36,9 g II-Gemisch ($Kp._3$ 138—185°), das aus Bzn. fraktioniert krist. wird; man erhält 15,2 g Gemisch (F. 104—111°) u. 21,7 g Öl; 3 g des Gemisches F. 104—111° werden in Chlf. an Al_2O_3 chromatographiert; beim Eluieren mit Chlf. erhält man γ-II mit Methanol α-II: γ-II, F. 121—122°; 2,3 g; α-II, F. 164—166°; 0,4 g. *N-Acetyl-γ*-II, $C_{15}H_{21}NO_2$, F. 108—110° (Bzn.), aus 3 g γ-II u. 1,8 ml Acetanhydrid in 15 ml Bzl. (1 Std. kochen); 3,1 g. *O-Acetyl-γ*-II-*Hydrochlorid*, $C_{15}H_{22}ClNO_2$, F. 137—138° (Aceton), a) man löst N-Acetyl-γ-II in Ae. u. leitet HCl ein; b) man läßt 0,8 g N-Acetyl-α-II in 80 ml Dioxan, in die vorher 4,3 g HCl-Gas eingeleitet wurden, 2 Tage stehen; 0,6 g. Liefert mit Sodalsg. N-Acetyl-γ-II. *N-Acetyl-α*-II, $C_{15}H_{21}NO_2$, F. 200—202° (Bzl.), man kocht 1 g α-II u. 1,3 ml Acetanhydrid in 10 ml Bzl. 1½ Std.; 1,1 g. *N-Acetyl-β*-II, $C_{15}H_{21}NO_2$, F. 179—180° (absol. A.), a) man gibt zu 35 g N-Acetyl-I (F. 60—61°) in 200 ml Ae. in 2 Std. Phenyl-MgBr (6 g Mg, 36 g Brombenzol, 350 ml Ae.), läßt über Nacht stehen, kocht 1 Std. u. versetzt mit 150 ml gesätt. NH_4Cl-Lsg.; 11,7 g; b) man kocht 11,2 g der bei der Darst. von γ-II u. α-II erhaltenen Öls in Bzl. mit 16,3 g Acetanhydrid 1 Std.; 0,4 g. *N-Propionyl-γ*-II, $C_{16}H_{23}NO_2$, F. 81—83° (Ae.), man erhitzt 1 g γ-II u. 1,4 ml Propionanhydrid in 10 ml Bzl. 1 Std.; 0,7 g. *O-Propionyl-γ*-II-*Hydrochlorid*, $C_{16}H_{24}ClNO_2$, F. 125—126° (Aceton), aus 4 g N-Propionyl-γ-II in Ae. mit HCl; 2,5 g. Liefert mit wss. Soda N-Propionyl-γ-II. *N-Benzoyl-γ*-II, $C_{20}H_{23}NO_2$, F. 187,5—188° (Aceton), $Kp._{2,5}$ 198°, man rührt 5 g γ-II in 6 g NaOH + 15 ml W. mit 5,8 g Benzoylchlorid 4 Std. bei 20°; 1,5 g. *N-Benzoyl-x*-II, $C_{20}H_{23}NO_2$, $Kp._{2,5}$ 230—232°, F. 89—94° (Bzl.), aus Phenyl-MgBr (9 g Mg, 52 g Brombenzol, 700 ml Ae.) u. 70 g N-Benzoyl-I (Isomerengemisch) in 200 ml Ae. durch 2std. Kochen u. Dest.; 14 g. Daneben 8,7 g *N-Benzoyl-x*-I, F. 65,5—67,5°. *N-Diäthylaminoacetyl-γ*-II, $C_{19}H_{30}N_2O_2$, $Kp._{2,5}$ 199—203°, F. 136—139° (Bzn.), man gibt zu 7,5 g γ-II in 100 ml Bzl. bei 0° 2 g Chloracetylchlorid in 50 ml Bzl., rührt 1½ Std. bei 20°, filtriert γ-II-*Hydrochlorid* [$C_{15}H_{20}ClNO$, F. 210—211° (Aceton–A.); 4 g] ab, dampft die Mutterlauge ein, löst in 15 ml Bzl. u. kocht 6 Std. mit 5,7 g Diäthylamin; 2,1 g. *N-Methansulfonyl-γ*-II, $C_{14}H_{21}NO_3S$, F. 168—170° (Aceton), man tropft zu 1,75 g γ-II in 15 ml Bzl. 0,5 g Methansulfochlorid; 0,55 g. *N-Benzolsulfonyl-γ*-II, $C_{19}H_{23}NO_3S$, F. 127 bis 129° (absol. A.), man erhitzt 0,5 g γ-II u. 2,5 g Benzolsulfochlorid mit 1 g 12%ig. NaOH 9 Std. auf dem Wasserbad; 0,2 g. *O-Acetyl-γ*-II-*Hydrobromid*, F. 130—130,5°, man löst 0,5 g N-Acetyl-γ-II in 3,5 ml Acetylbromid u. filtriert nach 5 Min. ab; 0,3 g. — *1.2.5-Trimethyl-4-phenylpiperidol-(4)* (III), a) aus 50 g Li, 565 g Brombenzol u. 423 1.2.5-Trimethylpiperidon-(4) in 800 ml Ae. erhält man durch Dest. 470 g III-Isomerengemisch ($Kp._{2,5}$ 136—138°), durch fraktionierte Kristallisation aus Bzn. erhält man daraus 210 g γ-III, F. 107—108°, 173 g neuer krist. Substanz vom F. 68—76° u. 85 g Öl. 4 g der Substanz F. 68—76° chromatographiert man an Al_2O_3 u. erhält durch Eluieren mit Chlf. γ-III, F. 105—107°, 2,2 g, mit Methanol α-III, F. 103—105° (Bzn.); 1,3 g. 20 g des Öls chromatographiert man an Al_2O_3 u. wäscht mit Chlf.; dann Methanol aus: γ-III, F. 105—107,5° (Bzn.); 0,9 g; β-III, F. 96—102° (Bzn.); 4,4 g; α-III, F. 105 bis 107° (Bzn.); 8,6 g. b) γ-III, man erhitzt 0,5 g γ-II u. 0,6 g Formalin 4 Std. im Rohr auf 130—140°; 0,5 g. γ-III-*Jodmethylat*, F. 217—221° (A.), man kocht 1 g γ-II u. 3,5 g CH_3J in 30 ml Bzl. 5 Std.; 0,5 g. α-III, F. 106—107° (Bzn.), aus 0,5 g α-II u. 0,6 g Formalin; 0,4 g. — *2.5-Dimethyl-4-phenyl-1.2.3.6-tetrahydropyridin* (**IV**), $Kp._{2,5}$ 93°, a) man erhitzt 1,5 g γ-II, 4 g 70%ig. H_2SO_4 u. 0,3 g $CuSO_4$ 4½ Std. auf dem sd. Wasserbad; 1,1 g; b) man erhitzt 0,5 g α-II, 1,5 g 70%ig. H_2SO_4 u. 0,1 g $CuSO_4$ 5 Std. auf 90—95°; 0,3 g. *Hydrochlorid*, $C_{13}H_{18}ClN$, F. 144—145° (Aceton). *Pikrat*, $C_{19}H_{20}N_4O_7$, F. 141—143° (A.). *N-Acetylderiv.*, $C_{15}H_{19}NO$, F. 67—68° (Bzn.), a) man erhitzt 1 g **IV** u. 1,6 ml Acetanhydrid in 5 ml Bzl. 1½ Std. auf dem sd. Wasserbad; 0,6 g; b) man behandelt 0,5 g **VI** mit 8%ig. Sodalsg.; 0,3 g. *N-Propionylderiv.*, $C_{16}H_{21}NO$, $Kp._{2,5}$ 173—174°, man erhitzt 2 g γ-II mit 30 ml Propionanhydrid u. 2 ml Propionylchlorid 10 Std. auf dem sd. Wasserbad; n_D^{20} 1,5562; 1,6 g. — *1.2.5-Trimethyl-4-phenyl-1.2.3.6-tetrahydropyridin* (**V**), $Kp._{2,5}$ 85°, $Kp._3$ 92—94°, a) man erhitzt 2 g α-III, 4 g 70%ig. H_2SO_4 u. 0,5 g $CuSO_4$ 5 Std. auf 90—95°; n_D^{17} 1,5479; 1,3 g; b) man erhitzt 3 g γ-III in 10 ml konz. HCl 3 Std. auf 90—95°; 1,8 g; c) man erhitzt 1,5 g **IV** u. 1,8 g Formalin 4 Std. im Rohr auf 130—140°; 0,9 g. *Pikrat*, F. 126—128° (A.). — *N-Acetyl-γ-2.5-dimethyl-4-phenyl-4-brompiperidin* (**VI**), $C_{15}H_{20}BrNO$, F. 159—161° (Aceton), a) aus der Mutterlauge der Darst. von N-Acetyl-γ-II-Hydrobromid durch Eindampfen; 0,1 g; b) man läßt N-Acetyl-α-II in Acetylbromid 1 Std. stehen u. dampft im Vakuum ein. — *N-Acetyl-2.5-dimethyl-4-phenyl-4-chlorpiperidin*, $C_{15}H_{20}ClNO$, F. 143—146° (Bzl.), man kocht 1 g N-Acetyl-γ-II u. 0,6 ml Acetylchlorid in Bzl. mit 0,2 g Mg 16 Std. u. dampft ein; 0,2 g. — *N-Acetyl-2.5-dimethyl-4-phenyl-4.5-dibrompiperidin*, $C_{15}H_{19}Br_2NO$, F. 38°, man gibt zu 0,5 g N-Acetyl-**IV** in 10 ml CCl_4 unter Kühlen 0,11 ml Br_2 in 5 ml CCl_4; 0,5 g. (Журнал Общей Химии [J. allg. Chem.] **28** (**90**). 2746—57. Okt. 1958. Moskau, Inst. für chem. Feintechnol.) HELMUT SCHÄFER. 3231

Walter Ried und **Bernhard Schleimer,** *Über N-substituierte α-Pyridone und Bis-[pyridon-(2)-yle-(1)]*. Durch Aminolyse von 1-Cyanacetyl-3.5-dimethylpyrazol (I) wurden *N-[Cyanacetyl]-anilin, N-[Cyanacetyl]-4-aminoantipyrin, -N'-phenylhydrazin, -N'-phenacetylhydrazin, -N'-tosylhydrazin, N.N'-Bis-[cyanacetyl]-hydrazin* (**II**), *Kohlensäure-bis-[β-cyanacetylhydrazid]* (**IV**), *Oxalsäure-* (**V**) u. *Malonsäure-bis-[β-cyanacetylhydrazid]* (**VI**) dargestellt. Diese Cyanacetylverbb. reagieren mit 1 Mol Acetylaceton (**III**) in bas. Medium zu *1-Acyl-4.6-dimethyl-3-cyanpyridonen-(2)* bzw. den analogen *1-Acylaminoverbindungen*. Durch Rk. von **II** mit 2 Mol **III** entstand *Bis-[4.6-dimethyl-3-cyanpyridon-(2)-yl-(1)]*, das durch Behandlung mit H_2SO_4 in *Bis-[4.6-dimethylpyridon-(2)-yl-(1)-carbonsäure-(3)-amid]* u. durch Einw. von HNO_2 weiter in *Bis-[4.6-dimethylpyridon-(2)-yl-(1)-carbonsäure-(3)]* übergeführt werden konnte. Aus **IV** u. **III** wurde *N.N'-Bis-[4.6-dimethyl-3-cyanpyridon-(2)-yl-(1)]-harnstoff* dargestellt. **VI** gab analog *N.N'-Bis-[4.6-dimethyl-3-cyanpyridon-(2)-yl]-malonsäurediamid*, während **V** nicht mit **III** umgesetzt werden konnte. *N.N'-Bis-[mercaptoacetyl-(1)]-, N-Cyanacetyl-N'-mercaptoacetyl-* (**VII**) u. *N.N'-Bis-[phenoxyacetyl]-hydrazin* reagierten mit **III** unter Bldg. undefinierter Prodd.; obige Verbb. wurden durch Aminolyse von 1-Acyl-3.5-dimethylpyrazolen mit Hydrazinen dargestellt. **VII** wird durch O_2 leicht zu *Dithiodiglykolsäure-bis-[β-cyanacetylhydrazid]* oxydiert.

Versuche: *N-[Cyanacetyl]-anilin*, F. 198—199°, durch 10 Min. Kochen von I mit Anilin in Ae. u. Einengen; 75% (Ausbeute). — *1-Phenyl-4.6-dimethyl-3-cyanpyridon-(2)*, $C_{14}H_{12}N_2O$, F. 162—262,5° (CH_3OH), durch 6std. Kochen vorst. Verb. mit **III** in CH_3OH in Ggw. von Diäthylamin u. Kühlen; 68%. — *1-Phenyl-4.6-dimethylpyridon-(2)-carbonsäure-(3)-amid*, $C_{14}H_{14}N_2O_2$, F. 275,5—278,5° (CH_3OH), durch 5std. Erwärmen vorst. Verb. mit konz. H_2SO_4 auf dem Wasserbad, Neutralisieren mit NH_4OH unter Eiskühlung u. Filtrieren; 86%. — *4-Cyanacetamidoantipyrin*, $C_{14}H_{14}N_4O_2$, F. 225 bis 226° (A.), durch 30 Min. Kochen von 4-Aminoantipyrin mit I in Bzl.; 85%. — *1-[Antipyryl-(4)]-4.6-dimethyl-3-cyanpyridon-(2)*, $C_{19}H_{18}N_4O_2$, F. 244,5—246,5° (A.), durch 2std. Erwärmen vorst. Verb. mit **III** in CH_3OH in Ggw. von Diäthylamin u. Kühlen; 84%. — *N-Cyanacetyl-N'-phenylhydrazin*, F. 105—106° (wss. A.), durch Zugabe von I zu Phenylhydrazin in Eisessig, 3std. Stehen, Abdest. des Eisessigs bei 30—35°/12—18 Torr, Aufnehmen in 50%ig. A., Neutralisieren mit $NaHCO_3$, Stehen, Filtrieren, Lösen des Nd. in A., Behandeln mit Kohle u. Verdünnen mit W.; 59%. — *1-Anilino-4.6-dimethyl-3-cyanpyridon-(2)*, $C_{14}H_{13}N_3O$, F. 213,5—215° (A.), durch 1std. Kochen vorst. Verb. mit III in A. in Ggw. von Diäthylamin u. Filtrieren; 79%. — *N-Cyanacetyl-N'-phenacetylhydrazin*, $C_{11}H_{11}N_3O_2$, F. 198—199° (A.), durch 30 Min. Stehen von 0,02 Mol Phenylessigsäurehydrazid u. 0,02 Mol I in Eisessig u. Filtrieren; 71%. — *1-Phenacetylamino-4.6-dimethyl-3-cyanpyridon-(2)*, $C_{16}H_{15}N_3O_2$, F. 223,5—225° (CH_3OH), durch 1std. Kochen vorst. Verb. mit III in CH_3OH in Ggw. von Diäthylamin u. Kühlen; 84%. — *N-Cyanacetyl-N'-tosylhydrazin*, $C_{10}H_{11}N_3O_3S$, F. 184—185° (W.), durch portionsweise Zugabe von I zu p-Tosylhydrazin in Bzl., 3std. Stehen u. Filtrieren; 50%. — *1-Tosylamino-4.6-dimethyl-3-cyanpyridon-(2)*, $C_{15}H_{15}N_3O_3S$, F. 255—256,5° (CH_3OH), durch 30 Min. Kochen vorst. Verb. mit III in CH_3OH in Ggw. von Diäthylamin u. Kühlen; 52%. — *N.N'-Bis-[cyanacetyl]-hydrazin* (II), $C_6H_6N_4O_2$, F. 195—196,5° (W.), durch Lösen von I u. Cyanacethydrazid in Eisessig unterhalb 40°, Stehen, Filtrieren u. Einengen der Mutterlauge; 80%. — *Bis-[4.6-dimethyl-3-cyanpyridon-(2)-yl-(1)]*, $C_{16}H_{14}$·N_4O_2, F. 303—304,5° (A.), durch 2std. Erhitzen von 0,02 Mol II mit 0,04 Mol III u. Diäthylamin in absol. A. auf dem Wasserbad; 65%. — *Bis-[4.6-dimethylpyridon-(2)-yl-(1)-carbonsäure-(3)-amid]*, $C_{16}H_{18}N_4O_4 \cdot H_2O$, F. 295—298° (A.), durch 5std. Erwärmen vorst. Verb. mit konz. H_2SO_4 auf dem Wasserbad, Kühlen, Gießen auf Eis, Neutralisieren mit konz. NH_4OH u. Filtrieren; 53%. — *Bis-[4.6-dimethylpyridon-(2)-yl-(1)-carbonsäure-(3)]*, $C_{16}H_{16}N_2O_6$, F. 225—228° (Zers.; gelbbraune Kristalle aus CH_3OH), durch Zutropfen von konz. $NaNO_2$-Lsg. zu vorvorst. Verb. in konz. H_2SO_4, kurzes Erwärmen auf dem Wasserbad u. Filtrieren; 48%. — *Kohlensäure-bis-[β-cyanacetylhydrazid]* (IV), $C_7H_8N_6O_3$, F. 193,5—195° (wss. CH_3OH), durch Zugabe von I zu Kohlensäuredihydrazid in Eisessig, 4std. Stehen u. Filtrieren; 42%. — *N.N'-Bis-[4.6-dimethyl-3-cyanpyridon-(2)-yl-(1)]-harnstoff*, $C_{17}H_{16}N_6O_3$, F. 310—313°, durch 2std. Kochen vorst. Verb. mit III u. Diäthylamin in CH_3OH unter Rühren, Filtrieren u. Auskochen des Nd. mit wss. CH_3OH; 79%. — *Oxalsäure-bis-[β-cyanacetylhydrazid]* (V), $C_8H_8N_6O_4$, F. 250° (Zers.; W.), durch Zugabe von I zu einer Oxalsäuredihydrazidsuspension in Eisessig, 3std. Stehen u. Filtrieren; 54%. — *Malonsäure-bis-[β-cyanacetylhydrazid]* (VI), $C_9H_{10}N_6O_4$, F. 201—204° (wss. CH_3OH), durch portionsweise Zugabe von I zu Malonsäuredihydrazid in Eisessig u. 3std. Stehen; 53%. — *N.N'-Bis-[4.6-dimethyl-3-cyanpyridon-(2)-yl-(1)]-malonsäurediamid*, $C_{19}H_{18}N_6O_4$, F. 276—278° (80%ig. CH_3OH), durch 20 Min. Kochen von VI mit III u. Diäthylamin in CH_3OH u. Kühlen, Filtrieren u. Einengen der Mutterlauge; 46%. — *N.N'-Bis-[mercaptoacetyl]-hydrazin*, $C_4H_8N_2O_2S_2$, F. 205° (Zers.), durch 20 Min. Rk. von Mercaptoacetylhydrazin u. 1-Mercaptoacetyl-3.5-dimethylpyrazol in Eisessig, Filtrieren u. Auskochen des Nd. mit A.; 89%. — *N-Mercaptoacetyl-N'-cyanacetylhydrazin* (VII), $C_5H_7N_3O_2S$, F. 196—197,5° (50%ig. CH_3OH), a) durch 20 Min. Rk. von Mercaptoacetylhydrazin u. I in Eisessig, Filtrieren u. Abpressen auf Ton; 70%; b) aus 1-Mercaptoacetyl-3.5-dimethylpyrazol u. Cyanacethydrazid in Eisessig bei Raumtemp.; 81%. — *Dithiodiglykolsäure-bis-[β-cyanacetylhydrazid]*, $C_{10}H_{12}$·$N_6O_4S_2$, F. 177,5—178,5° (gelbliches Pulver aus wss. CH_3OH), durch mehrmaliges Umkristallisieren vorst. Verb. aus wss. CH_3OH. — *N.N'-Bis-[phenoxyacetyl]-hydrazin*, $C_{16}H_{16}N_2O_4 \cdot H_2O$, F. 170—172° ($CH_3OH$), durch Zugabe von 1-Phenoxyacetyl-3.5-dimethylpyrazol zu Phenoxyacetylhydrazin in Eisessig; 93%. (Liebigs Ann. Chem. **626**. 106—13. 12/8. 1959. Frankfurt/Main, Univ., Inst. für Organ. Chem.)

H. BERTSCH. 3231

Richard C. Mansfield, *Darstellung einiger N-[tert.-Alkyl]-thiopicolinamide.* Die Rk. von α-Picolin (III) mit S u. tert.-Octylamin (I) führt in guter Ausbeute zu *N-[tert.-Octyl]-thiopicolinamid* (II), das nach den IR-Banden bei 3325 cm^{-1} (NH-Valenzschwingung) u. 1470 cm^{-1} (—N—C=S) ausschließlich in der Thionform vorliegt. 2.4-Lutidin (VI) liefert analog *N-[tert.-Octyl]-4-methylthiopicolinamid* (IV), das bei der Hydrolyse u. Decarboxylierung *4-Methylpyridin* gibt. Im 2.6- (V) u. 2.3-Lutidin (VII) werden nur die 2-Methylgruppen angegriffen. *N-[tert.-Octyl]-6-methylthiopicolinamid* setzt sich nicht mehr mit S u. I um. Obige Rkk. liefern bei Anwendung eines Mol-Verhältnisses von Methylpyridin:Amin:S wie 1:1:6 nur geringe, aber bei Anwendung des Mol-Verhältnisses 2:1:6 sehr gute Ausbeuten. II konnte nicht mit Äthyljodid quaternisiert werden.

Versuche: Durch Kochen der Methylpyridine mit den tert. Alkylaminen u. S, Verdünnen mit Heptan, 1½std. Erwärmen mit Na_2S in wss. CH_3OH auf 80° u. Extrahieren mit Heptan nachst. Thiopicolinamide: *N-[tert.-Octyl]-* (II), $C_{14}H_{22}N_2S$, $Kp._{0,6}$ 128—133°, 2:1:6 (Mol-Verhältnis III:I:S), 22 Std. (Reaktionszeit), 135° (Endtemp.); 85% (Ausbeute). — *N-[tert.-Octyl]-6-methyl-*, $C_{15}H_{24}N_2S$, $Kp._{0,6}$ 136—151°, 2:1:6, 8 Std., 164°; 90%. — *N-[tert.-Octyl]-4-methyl-* (IV), $Kp._{1,0}$ 150—160°, 2:1:6, 4 Std., 190°; 82%. — *N-[tert.-Butyl]-5-äthyl-*, $C_{12}H_{18}N_2S$, $Kp._{0,4}$ 120—123°, 4:1:3, 10 Std., 162°; 22%. — *N-[tert.-Octyl]-5-äthyl-*, $C_{16}H_{26}N_2S$, $Kp._{1,0}$ 163—173°, 2:1:6, 8 Std., 200°; 90%. — *Verb. aus III, Primen 81-R* (**A**; *Gemisch aus tert.-Un-, -Do-, -Tri- u. -Tetradecylamin*) *u. S*, $Kp._{0,7}$ 160—175°, 2:1:6, 20 Std., 143°; 87%. — *Verb.*

aus **III**, *Primen JM-T* (*Gemisch aus tert.-Octadecyl-, -Nonadecyl-, -Eikosyl-, -Heneikosyl- u. -Dokosylamin*) *u. S*, Kp.$_{0,5}$ 170—220°, 2:1:3, 28 Std., 147°; 31%. — *Verb. aus* **V**, **A** *u. S* (*Gemisch*), Kp.$_{0,6}$ 160—172°, 2:1:6, 8 Std., 190°; 79%. — *Verb. aus* **VI**, **A** *u. S* (*Gemisch*), Kp.$_{0,8}$ 173—183°, 2:1:6, 4 Std., 200°; 75%. — *Verb. aus 2-Methyl-5-äthylpyridin*, **A** *u. S* (*Gemisch*), Kp.$_{0,6}$ 175—190°, 1:1:3, 6 Std., 218°; 50%. — *Verb. aus* **VII**, **A** *u. S* (*Gemisch*), Kp.$_{0,5}$ 165—180°, 2:1:6, 12 Std., 187°; 70%. — *N-[tert.-Octyl]-thioisonicotinamid*, $C_{14}H_{22}N_2S$, F. 117,5—118,5° (Heptan), aus 2 Mol γ-Picolin, 1 Mol **I** u. 6 Mol S in 12 Std.; 27%. — *4-Methylpyridin, Pikrat*, $C_{12}H_{10}N_4O_7$, F. 161 bis 163° (A.), durch 3std. Rühren u. Kochen von **IV** mit konz. HCl u. Eisessig, Konzentrieren, Alkalisieren mit 25%ig. NaOH, Extrahieren mit Heptan, Ansäuern der wss. Phase mit konz. HCl, Einengen, Ausziehen mit A., Lösen in Isopropanol, Ausfällen mit Ae., Lösen in W. (p_H 6), Einengen, Extrahieren mit Aceton, Einengen u. 5 Min. Erhitzen auf 200°. (J. org. Chemistry **24**. 1111—14. Aug. 1959. Bristol, Pa., Rohm & Haas Co.) R. Pasedag. 3231

Horst Pracejus, *Bicyclische Basen mit einem asymmetrischen N-Atom.* 1. Mitt. *2.2-Dimethylchinuclidon-(6), ein mesomeriefreies Säureamid.* Die Umsetzung von β-Aminoisovaleriansäureäthylester mit Acrylsäureäthylester (**V**) in Ggw. von Essigsäure führt zu *β-[N-(β-Carbäthoxyäthyl)-amino]-isovaleriansäureäthylester*, dessen *N-Benzoylderiv.* bei der Dieckmann-Kondensation mit Na *1-Benzoyl-2.2-dimethyl-5-carbäthoxypiperidon-(4)* (**I**) neben *β.β-Dimethylacrylsäureäthylester* (**IV**) liefert. Bei der alkal. Ketonspaltung von **I** entsteht *1-Benzoyl-2.2-dimethylpiperidon-(4)*, das durch Kondensation mit Cyanessigsäureäthylester (**VI**), katalyt. Hydrierung, alkal. Totalhydrolyse, Decarboxylierung u. Veresterung in *dl-2.2-Dimethylpiperidyl-(4)-essigsäureäthylester* (*dl*-**II**) übergeführt wurde. Bei der Ketonspaltung von **I** mit konz. HCl resultieren nur verharzte Prodd., ebenso bei Hydrolyseverss. von *1-Benzoyl-2.2-dimethylpiperidyl-(4)-cyanessigsäureäthylester* mit konz. HCl. Nebenher wurden hierbei geringe Mengen *4-[2-Chlor-2-methylpropyl]-piperidon-(2)* isoliert. Das durch Verseifung u. Rk. mit $SOCl_2$ zugängliche *Säurechlorid* von dl-**II** gibt mit $(CH_3)_3N$ oder $(C_2H_5)_3N$ glatt *2.2-Dimethylchinuclidon-(6)* (**III**). Die opt. Antipoden lassen sich analog nach Antipodenspaltung von dl-**II** mit neutralem Dibenzoyl-D-tartrat darstellen. Die ster. Mesomeriehinderung der Amidgruppierung in **III** zeigt sich durch relativ hohe Basizität (pKs-Wert 5,33 ± 0,05 bei 21°), Bldg. eines *Carbonamidiniumchlorids*, ungewöhnliche Labilität der C—N-Bindung, gesteigerte Additionsfreudigkeit oder C=O-Funktion, das UV-Absorptionsmaximum bei 246 mμ u. Verschiebung der Carbonylbande im IR auf 5,77 μ bei **III** bzw. auf 5,56 μ beim **III**-Hydrochlorid. **III**-Hydrochlorid wird unter Sprengung der Lactanbindung glatt in pseudomonomol. Rk. (gemessen an der Drehungsänderung von *l*-**III**-*Hydrochlorid*) hydrolysiert bzw. äthanolysiert.

V e r s u c h e (FF. korr.): *β-Aminoisovaleriansäureäthylester*, Kp.$_{13}$ 64—68°, aus **IV** mit konz. NH_3 bei 150° im Autoklaven, Veresterung mit A./HCl u. Behandeln des *Hydrochlorids* mit KOH; 50% (Ausbeute). — *β-[N-(β-Carbäthoxyäthyl)-amino]-isovaleriansäureäthylester*, $C_{12}H_{23}NO_4$, Kp.$_{1,5}$ 111—114°, durch 24std. Erwärmen vorst. Verb. mit **V** in Ggw. von Eisessig auf 50°, 48 Std. auf 60° u. Verdünnen mit Ae.; $D.^{20}_4$ 0,988, n_D^{20} 1,4418; 89—92%. *N-Benzoylverb.*, Kp.$_{2-3}$ 210—215°, mit Benzoylchlorid/$(C_2H_5)_3N$ in absol. Bzl.; n_D^{20} 1,5043; 90—93%. — *1-Benzoyl-2.2-dimethyl-5(?)-carbäthoxypiperidon-(4)* (**I**), $C_{17}H_{21}NO_4$, F. 79,5—81,0° (Ae.), durch 12—15std. Erhitzen vorst. Benzoylverb. mit Na in absol. Bzl. in Ggw. von A. auf dem Wasserbad, Versetzen mit 10%ig. Essigsäure, Verdünnen der Benzolphase mit Ae., Extrahieren mit n-NaOH, Ansäuern mit verd. H_2SO_4 u. Ausäthern; Nadeln; 36,2—39,6%. — *1-Benzoyl-2.2-dimethylpiperidon-(4)*, $C_{14}H_{17}NO_2$, F. 116—117° (Ae.), durch 18std. Erhitzen von **I** mit n-KOH auf dem Wasserbad u. Auskochen mit Ae.; 83%. — *1-Benzoyl-2.2-dimethylpiperidyliden-(4)-cyanessigsäureäthylester* (*cis–trans-Isomerengemisch*), $C_{19}H_{22}N_2O_3$, F. 131, bis 136,5° (Isopropylalkohol u. CH_3OH), durch 4std. Kochen vorst. Verb. mit **VI**, NH_4-Acetat u. Eisessig in Bzl. unter Entfernung des W., Verdünnen mit Bzl., Einengen u. Chromatographie an Al_2O_3; 89%. — *1-Benzoyl-2.2-dimethylpiperidyl-(4)-cyanessigsäureäthylester* (*Diastereomerengemisch*), $C_{19}H_{24}N_2O_3$, F. 81—105°, Kp.$_{10^{-4}}$ 143—147°, durch 10—15std. Hydrieren vorst. Verb. in Dioxan bei Raumtemp. in Ggw. von PtO_2. — *dl-2.2-Dimethylpiperidyl-(4)-essigsäureäthylester* (*dl*-**II**), $C_{11}H_{21}NO_2$, Kp. ca. $_{0,5}$ 82—83°, durch 2std. Abdestillieren von W. aus einer Lsg. vorst. Verb. in wss. KOH, 24std. Erhitzen der Restlsg. auf 140—150° im Autoklaven, Verkochen der NH_3-Reste, Ansäuern mit halbkonz. HCl, Abfiltrieren der Benzoesäure, Einengen, Zugeben von A., Entfernen von KCl bei —10°, Einengen, 1std. Erhitzen auf 200°, Verestern mit absol. alkoh. HCl, Alkalisieren des Hydrochlorids in A./Ae. u. Ausäthern; n_D^{20} 1,4588; 74%. *dl*-**II**-*Hydrochlorid*, $C_{11}H_{21}NO_2 \cdot HCl$, F. 144—146,5° (absol. A./Ae.); 93%. *dl*-**II**-*Pikrat*, $C_{11}H_{21}$ ·

$NO_2 \cdot C_6H_3N_3O_7$, F. 169,5—171° (absol. Ae.). *l*(—)-II-*Hydrochlorid*, F. 131,5—133,5° (A./Ae.), aus dl-II in absol. A. über das *neutrale Dibenzoyl-D-tartrat* [$C_{40}H_{56}N_2O_{12}$, F. 190 bis 193° (Zers.; absol. A.), Nadeln, $[\alpha]_D^{20}$ 62,5 ± 0,5° (c = 1 in absol. A.); 61,5%] u. dessen Rk. mit HCl/Ae.; $[\alpha]_D^{20}$ —11,3 ± 0,5° (c = 1 in absol. A.); 92,5%. *d*(+)-II-*Hydrochlorid*, F. 120—126° (A./Ae.), $[\alpha]_D^{20}$ +8,0 ± 0,7° (c = 1 in absol. A.). — *dl-2.2-Dimethylpiperidyl-(4)-essigsäurehydrochlorid*, F. 222—225° (absol. A./Ae.), durch 3std. Kochen von dl-II bzw. des Hydrochlorids mit halbkonz. HCl; 100%. *l*(—)-*Hydrochlorid*, F. 209—213,5°, $[\alpha]_D^{20}$ —11,2 ± 0,5° (c = 1 in W.). — *dl-2.2-Dimethylchinuclidon-(6)* (*dl*-III), $C_9H_{15}NO$, F. 48—51° (sublimiert bei 40—65°/0,5—2 mm), durch 3std. Erwärmen vorst. Verb. mit $SOCl_2$ auf 60°, Einengen < 35°, 9std. Rühren des getrockneten, krist. Säurechlorids mit $(C_2H_5)_3N$ in Ae. bei Raumtemp. u. Stehen über Nacht; 40—65%. *l*(+)-III, F. 47—50°, $[\alpha]_D^{20}$ + 2,5° (c = 1,5 in Bzl.). *l*(+)-III-*Hydrochlorid*, $C_9H_{15}NO \cdot HCl$, F. 133—136° (Zers.), $[\alpha]_D^{20}$ +45° (c = 1 in absol. A.) bzw. +39° (c = 1 in W.). (Chem. Ber. **92**. 988—98. 1959. Halle/Saale, Univ., Inst. für Organ. Chem.)

R. PASEDAG. 3231

Horst Pracejus und **Margrit Grass,** *Bicyclische Basen mit einem asymmetrischen N-Atom.* 2. Mitt. *2-Methyl-1-azabicyclo-[1.2.2]-heptan.* (1. vgl. vorst. Ref.) Die Kondensation von 1-Carbäthoxy-2-methylpyrrolidon-(4) (II) mit Cyanessigsäureäthylester (III) führt zum Gemisch der stereoisomeren *1-Carbäthoxy-2-methylpyrrolidyliden-(4)-cyanessigsäureäthylester.* Durch Hydrierung über PtO_2 in Dioxan, Totalhydrolyse u. Decarboxylierung mit HCl u. Veresterung wurde *2-Methylpyrrolidyl-(4)-essigsäureäthylester* erhalten, der wahrscheinlich in der cis-Form vorliegt. Bei Red. mit $LiAlH_4$ entsteht *β-[2-Methylpyrrolidyl-(4)]-äthanol.* Das daraus mit PBr_5 zugängliche *Bromidhydrobromid* läßt sich mit Alkali zu *2-Methyl-1-azabicyclo-[1.2.2]-heptan* (I) cyclisieren, in dem sich wahrscheinlich die CH_3-Gruppe in trans-Stellung zur Endomethylenbrücke befindet. Die Basizität von I (pKs 10,62 ± 0,1 bei 25° in W.) ist nicht von der Ringspannung beeinflußt.

V e r s u c h e : *1-Carbäthoxy-2-methylpyrrolidyliden-(4)-cyanessigsäureäthylester*, $C_{13} \cdot H_{18}N_2O_4$, $Kp._{10^{-2}-10^{-3}}$ 119—122°, durch 13std. Kochen von II ($Kp._{15}$ 127—128°) mit III, NH_4-Acetat u. Eisessig in Bzl. unter Abtrennung des W.; schwach gelb, n_D^{20} 1,4968; 50% (Ausbeute). — *1-Carbäthoxy-2-methylpyrrolidyl-(4)-cyanessigsäureäthylester*, $C_{13}H_{20} \cdot N_2O_4$, $Kp._{10^{-2}-10^{-3}}$ 127°, durch 50std. Hydrieren vorst. Verb. in Dioxan in Ggw. von PtO_2 bei Raumtemp.; n_D^{20} 1,4675; 94,5%. — *2-Methylpyrrolidyl-(4)-essigsäureäthylester*, $C_9H_{17}NO_2$, $Kp._6$ 83—86°, durch 3std. Kochen vorst. Verb. mit konz. HCl, Einengen, Ausziehen mit absol. A., 3std. Kochen unter Einleiten von HCl u. Behandeln mit NaOH; 64%. *Pikrat*, $C_9H_{17}NO_2 \cdot C_6H_3N_3O_7$, F. 11,5—113° (korr.; W.). — *β-[2-Methylpyrrolidyl-(4)]-äthylalkohol*, $C_7H_{15}NO$, $Kp._2$ 97—100°, durch 2std. Kochen vorst. Verb. mit $LiAlH_4$ in Ae. u. Zutropfen von 20%ig. NaOH; 90%. — *2-Methyl-1-azabicyclo-[1.2.2]-heptan* (I), $C_7H_{13}N$, $Kp._{155}$ 86,5—88°, $Kp._{16}$ 36°, durch 3std. Kochen vorst. Verb. mit PBr_5 in absol. A., Stehen mit wss. $NaHCO_3$ über Nacht, 2std. Erwärmen mit 50%ig. KOH auf 40°, Dampfdest., Ansäuern des Destillats mit HCl, Einengen, Behandeln mit 50%ig. KOH/Ae. u. Abtrennen sek. Amine durch Benzoylierung; n_D^{20} 1,4684; 45%. *Hydrobromid*, $C_7H_{13}N \cdot HBr$, F. 270—272° (Zers.; absol. A./Ae.). *Pikrat*, $C_7H_{13}N \cdot C_6H_3N_3O_7$, F. 272—274° (Zers.; W.). (J. prakt. Chem. [4] **8** (**280**). 367—71. 1959.)

R. PASEDAG. 3231

Horst Pracejus und **Egon Köhler,** *Bicyclische Basen mit einem asymmetrischen N-Atom.* 3. Mitt. *2.3-Benzo-1-azabicyclo-[1.2.2]-hepten.* (2. vgl. vorst. Ref.) Während Na in sd. A. oder Butanol bzw. in fl. NH_3 nicht auf *β*-Indolylessigsäure (I; Heteroauxin) reduzierend wirkt u. die Hydrierung über Pt in Eisessig Gemische von I mit der *2.3-Dihydro-* (II) u. *Oktahydroverb.* liefert, wird II-*Äthylester* glatt durch Hydrierung in Ggw. von mehr als der äquivalenten Menge konz. HCl u. Veresterung erhalten. Die Red. mit $LiAlH_4$ führt zu *β-[Indolinyl-(3)]-äthylalkohol*, der sich nach Veresterung mit HJ zu *2.3-Benzo-1-azabicyclo-[1.2.2]-hepten* (III; *1.3-Endoäthylenindolin*) cyclisieren ließ. Die weitgehende ster. Mesomeriebehinderung in III zeigt sich in der relativ starken Basizität (pKs 7,10 ± 0,05 in W. bei 25°), im Verlauf des UV-Spektr. (graph. angegeben) u. darin, daß III mit diazotierter Sulfanilsäure nicht kuppelt.

V e r s u c h e : *Indolinyl-(3)-essigsäureäthylester* (II-Äthylester), $C_{12}H_{15}NO_2$, $Kp._2$ 140 bis 145°, durch 4—6std. Hydrieren von I (F. 165°) in Eisessig-konz. HCl in Ggw. von PtO_2, Einengen, 2std. Kochen mit absol. alkoh. HCl u. Freisetzen des Esters; n_D^{20} 1,5391—1,5404; 39—44% (Ausbeute). — *Oktahydroindolyl-(3)-essigsäureäthylester* (*Stereoisomerengemisch?*), $C_{12}H_{21}NO_2$, $Kp._2$ 112—118°, durch mehrtägiges Hydrieren von I in Eisessig über PtO_2; n_D^{20} 1,4873; 42,5%. — *β-[Indolinyl-(3)]-äthanol*, $C_{10}H_{13}NO$, $Kp._3$ 156—164°, durch ½std. Rühren von II-Äthylester mit $LiAlH_4$ in absol. Ae. u. Zers. mit 40%ig. NaOH; n_D^{20} 1,5782—1,5835; 45%. — *2.3-Benzo-1-azabicyclo-[1.2.2]-*

hepten (III), $C_{10}H_{11}N$, Kp.$_{11}$ 94—95°, durch 6std. Rühren vorst. Verb. mit HJ (D. 1,70) u. rotem P auf dem sd. Wasserbad, Stehen über Nacht, Lösen des Nd. in W., Zutropfen von n-NaOH zur sd. Lsg., Kochen bis zur Neutral-Rk., Sättigen mit NaCl u. Ausäthern; n_D^{20} 1,5681; 54%. *Pikrat*, $C_{10}H_{11}N \cdot C_6H_3N_3O_7$, F. 170—172° (Zers.; korr.; W.), lange gelbe Nadeln. (J. prakt. Chem. [4] **8** (280). 362—66. 1959.) R. PASEDAG. 3231

Carl-Wolfgang Schellhammer und **Siegfried Petersen**, *Über Derivate des Chinolinchinons-(5.8)*. Die durch halogenierende Oxydation von 5-Amino-8-hydroxychinolinsulfat mit $NaClO_3$ bzw. $NaBrO_3$ darstellbaren *6.7-Dihalogenchinolinchinone-(5.8)* lassen sich in wss. oder alkoh. Lsg. mit Aminen zu 6-Aminoderivv. umsetzen, die, teilweise nach Acetylierung oder Einführung einer Mercaptogruppe in 7-Stellung, verschiedenartige Chinolinchinone mit anellierten heterocycl. Ringen bilden. — Das entsprechende *6.7-Dichlorchinaldinchinon-(5.8)* wurde ebenfalls durch oxydierende Chlorierung von 5.8-Diaminochinaldindihydrochlorid erhalten u. gibt entsprechende Derivv. des Chinaldinchinons bzw. des Naphthothiazolchinons.

Versuche: *5.8-Diaminochinaldindihydrochlorid* (I), $C_{10}H_{13}Cl_2N_3$, F. 287° (Zers.), aus 8-Aminochinaldin u. diazotierter Sulfanilsäure unterhalb 10° u. Red. des Farbstoffes mit $Na_2S_2O_4$; gelbe Nadeln; 72% (Ausbeute). — *5.8-Diacetylaminochinaldin*, $C_{14}H_{15}N_3O_2$, F. 242°, aus I u. Acetanhydrid in Pyridin. — -7-chlorchinaldinchinone-(5. 8): *6-Chlor-* (II), $C_{10}H_5Cl_2NO_2$, F. 185°, aus I u. $NaClO_3$ in konz. HCl bei 50—55°; nach 1 Std. auf Eis gießen; aus n-Butanol hellgelbe Kristalle; 87%. — *6-Amino-* (**XIII**), $C_{10}H_7ClN_2O_2$, F. 260° (Zers.), durch Einleiten von NH_3 in die methanol. Lsg. von **II** bei 45° u. 2std. Rühren; aus 1.2-Dichlorbenzol (DCB) rote Kristalle; 65,5%. — *6-Acetamido-* (III), $C_{12}H_9ClN_2O_3$, F. 219° (A.), aus **XIII** u. Acetanhydrid in Ggw. überschüssiger konz. H_2SO_4 u. Gießen nach 1 Std. in kalte Na-Acetatlsg.; 68%. — *6-Phenylamino-*, $C_{16}H_{11}ClN_2O_2$, F. 187° (Zers.; Butanol, aus **II** u. Anilin. — -7-chlorchinolinchinone-(5. 8): *6-Hydroxy-*, $C_9H_4ClNO_3$, Zers. bei 285° (Eisessig), aus 6.7-Dichlorchinolinchinon-(5.8) (**V**; nach URBAŃSKI u. KRZYZANOWSKI, vgl. C. **1950/54.** 230 S) u. 2n NaOH in der Hitze; 76,5%. — *6-Acetoxy-*, $C_{11}H_6ClNO_4$, F. 181° (CCl_4), vorst. Verb. mit Acetanhydrid u. 3 Tropfen konz. H_2SO_4 erhitzen; gelbliche Nadeln; 50%. — *6-Amino-* (**VI**), $C_9H_5ClN_2O_2$, Zers. bei 304° (Nitrobenzol), aus **V** in sd. A. unter 2std. Einleiten von NH_3; nach insgesamt 3std. Sieden rote Kristalle; 88%. — *6-n-Butylamino-* (**VII**), $C_{13}H_{13}ClN_2O_2$, F. 112° (CCl_4), aus **V** u. n-Butylamin. — *6-[β-Chloräthylamino]-* (**VIII**), $C_{11}H_8Cl_2N_2O_2$, F. 151° (A.), aus **V** u. β-Chloräthylaminhydrochlorid in alkoh.-alkal. Lsg.; rote Kristalle; 67%. — *6-[γ-Dimethylaminopropylamino]-, Hydrochlorid*, $C_{14}H_{17} \cdot Cl_2N_3O_2$, F. 199°, analog vorst. Verb.; aus Dimethylformamid (DMF) rote Kristalle. — *6-Phenylamino-* (**IX**), $C_{15}H_9ClN_2O_2$, F. 208° (A.), aus **V** u. Anilin. — *6-[p-Aminophenylamino]-*, $C_{15}H_{10}ClN_3O_2$, F. 360° (Zers.), aus **V** u. p-Phenylendiamin; rote Kristalle aus 1.2.4-Trichlorbenzol (TCB). — *6-Dimethylamino-*, $C_{11}H_9ClN_2O_2$, F. 165° (W.), aus **V** u. 50%ig. wss. Dimethylaminlsg. unterhalb 30° in DMF; nach 1 Std. dunkelrote Kristalle; 53%. — *6-Piperidino-*, $C_{14}H_{13}ClN_2O_2$, F. 114° (Ligroin). — *6-Morpholino-*, $C_{13}H_{11}ClN_2O_3$, F. 154° (A.). — *6-Acetamido-* (**X**), $C_{11}H_7ClN_2O_3$, F. 248° (DCB), aus **VI** entsprechend **III**; gelbe Kristalle; 38%. — *6-Diacetylamino-*, $C_{13}H_9ClN_2O_4$, F. 160° (Xylol), aus **VI**, Acetanhydrid u. 5 Tropfen konz. H_2SO_4 durch 2std. Erhitzen auf 100 bis 110°; orangefarbige Kristalle; 28%. — *6-Propionylamino-*, $C_{12}H_9ClN_2O_3$, F. 178° (Xylol), aus **VI** entsprechend **III**; gelbe Kristalle; 63%. — -7-bromchinolinchinone-(5. 8): *6-Brom-* (**XI**), $C_9H_3Br_2NO_2$, Zers. bei 245° (DMF), aus 5-Amino-8-hydrochinolinsulfat mit $NaBrO_3$ in 24%ig. HBr bei 50—60°; nach 30 Min. auf Eis gießen; gelbbraune Kristalle; 70%. — *6-Phenylamino-*, F. 193° (Bzl./Ligroin), aus **XI** u. Anilin; rote Kristalle; 91%. — *6-Amino-* (**XII**), $C_9H_5BrN_2O_2$, F. 300° (Zers.), aus **XI** entsprechend **VI**. — -mercaptochinolinchinone-(5. 8): *6-n-Butylamino-7-äthyl-*, $C_{15}H_{18}N_2O_2S$, F. 68° (CCl_4), aus **VII** u. Na_2S durch $^1/_4$std. Kochen in A. u. Zusatz von Dimethylsulfat; dunkelrote Kristalle; 61%. — *6-Amino-7-methyl-*, $C_{10}H_8 \cdot N_2O_2S$, F. 222° (Zers.), aus **VI** analog vorst. Verb.; aus n-Butanol rote Nadeln; 85%. — *6-Acetamido-7-methyl-*, $C_{12}H_{10}N_2O_3S$, F. 183° (Zers.), durch $^1/_4$std. Kochen von **X** mit Na_2S u. Dimethylsulfat in A.; aus wss. A. orangefarbige Nadeln; 55%. — *6-Amino-7-carbomethyl-*, $C_{11}H_8N_2O_4S$, F. 236—237° (Zers.), aus **XII** u. Na_2S in A. u. 1std. Erhitzen mit Na-Chloracetat; aus wss. DMF dunkelrote Kristalle; 60%. — -8-azalinnaphthothiazolchinone-(4. 9): *2-Methyl-*, $C_{11}H_6N_2O_2S$, F. 316°, aus **X** u. Na_2S unter ½std. Kochen mit Eisessig; aus Dimethylsulfoxyd gelbgrüne Kristalle; 59%. — *2-[o-Hydroxyphenyl]-* (**IV**), $C_{16}H_8N_2O_3S$, F. 320° (Zers.), **VI** u. Na_2S in W. suspendieren, nach 30 Min. mit o-Hydroxybenzaldehyd, nach weiteren 15 Min. mit Eisessig versetzen u. 1½ Std. erhitzen, mit $Na_2S_2O_4$ u. verd. NaOH verküpen, über Kohle filtrieren u. an der Luft ausrühren; 60%. — *2-Phenyl-*, $C_{16}H_8N_2O_2S$, F. 294° (DCB), aus

Benzaldehyd analog **IV**. — *2-[Furyl-(2')]-*, $C_{14}H_6N_2O_3S$, F. 326° (TCB), aus Furfurol. — *2-[5'-Methylfuryl-(2')]-*, $C_{15}H_8N_2O_3S$, F. 280° (DCB), aus 5-Methylfurfurol. — *2-[5'-Hydroxymethylfuryl-(2')]-*, $C_{15}H_8N_2O_4S$, F. 268° (DCB), aus 5-Hydroxymethylfurfurol. — *2-[Thienyl-(2')]-*, $C_{14}H_6N_2O_2S_2$, F. 329° (TCB), aus Thiophen-2-aldehyd. — *2-[Pyridyl-(4')]-*, $C_{15}H_7N_3O_2S$, F. 334° (DMF), aus Pyridin-4-aldehyd. — *2-[Pyridyl-(3')]-*, $C_{15}H_7 \cdot N_3O_2S$, F. 296° (TCB), aus Pyridin-3-aldehyd. — *2-[Pyridyl-(2')]-*, $C_{15}H_7N_3O_2S$, F. 322° (TCB), aus Pyridin-2-aldehyd. — *2-[Furyl-(2')]-7-methyl-*, $C_{15}H_8N_2O_3S$, F. 292° (TCB), aus **XIII** u. Furfurol entsprechend **IV**. — *2-[Thienyl-(2')]-7-methyl-*, $C_{15}H_8N_2O_2S_2$, F. 281° (DCB), analog vorst. Verbindung. — *2-[Pyridyl-(4')]-7-methyl-*, $C_{16}H_9N_3O_2S$, F. 298° (TCB). — *2-[Pyridyl-(2')]-7-methyl-*, $C_{16}H_9N_3O_2S$, F. 283° (TCB). — *6-Acetamido-7-aminochinolinchinon-(5.8)*, $C_{11}H_9N_3O_3$, F. 233° (Zers.), 45 Min. NH_3 in die Lsg. von **X** in Nitrobenzol bei 145° einleiten; aus Xylol rote Kristalle; 72%. — *2-Methyl-8-aza-lin.-naphthoxazolchinon-(4.9)*, $C_{11}H_6N_2O_3$, Zers. >250°, durch 6std. Erhitzen von **VI** mit Acetanhydrid u. wenig konz. H_2SO_4; aus DMF gelborangefarbene Kristalle; 31%. — *2.3-Dihydro-9-aza-lin.-naphthothiazinchinon-(5.10)*, $C_{11}H_8N_2O_2S$, F. 263° (Zers.), **VIII** u. Na_2S in wss. A. 20 Min. bei Raumtemp. u. 40 Min. unter Rückfluß rühren; 65%. — *1.4-Dioxo-1.4-dihydropyridino-[2'.3':2.3]-phenthiazin*, $C_{15}H_8N_2O_2S$, F. 361° (Zers.), aus **IX** u. Na_2S in heißem A., Versetzen nach 10 Min. mit heißem W., Filtrieren auf Eis/HCl u. 1½std. Erhitzen des Nd. in A. unter Einblasen von Luft; 34%. (Liebigs Ann. Chem. **624**. 108—19. Juli 1959. Leverkusen, Farbenfabriken Bayer AG, Wiss. Hauptlabor.) U. SCHULZE. 3231

K. Elliott und **E. Tittensor**, *Pyranochinoline.* 1. Mitt. *Anwendung der Kostanecki-Robinson-Reaktion auf Derivate von 3-Acetyl-4-hydroxychinolin.* Durch Rk. einiger im aromat. Ring substituierter 3-Acetyl-4-hydroxychinoline mit Benzoe- (**I**), 2-Furoe- (**II**) bzw. Zimtsäureanhydrid (**III**) werden *4'-Oxo-6'-phenyl-*, *-6'-[furyl-(2)]-* bzw. *-6'-styryl-pyrano-[3'.2':3.4]-chinoline* erhalten, die an $C_{(5')}$ entweder unsubstituiert sind oder die **I**—**III** entsprechende Acylreste tragen. Die Verbb. geben charakterist. Farb-Rkk. mit konz. H_2SO_4, nicht jedoch mit $FeCl_3$ in A. u. bilden keine Oxime oder 2.4-Dinitrophenylhydrazone. Die Darst. einiger Ausgangs- u. Nebenprodd. wird beschrieben.

V e r s u c h e: *α-Acetyl-β-[p-bromanilino]-acrylsäureäthylester* (**IV**), $C_{13}H_{14}BrNO_3$, F. 89—91°, durch Erhitzen von je 1 Mol Orthoameisensäuretriäthylester, Acetessigsäureäthylester u. p-Bromanilin auf 160—165°, Abdest. von A., Kühlen, Aufkochen in Methanol u. Heißfiltrieren vom mitgebildeten *α-Acetyl-β-[p-bromanilino]-N-[p-bromphenyl]-acrylamid* [$C_{17}H_{14}Br_2N_2O_2$, F. 188—189°, aus Toluol Nadeln; 39,8 g (Ausbeute)]; aus Methanol Nadeln; 135 g. — Analog aus o-Nitroanilin *α-Acetyl-β-[o-nitroanilino]-acrylsäureäthylester*, $C_{13}H_{14}N_2O_5$, F. 107—109°; daneben *α-Acetyl-β-[o-nitroanilino]-N-[o-nitrophenyl]-acrylamid*, $C_{17}H_{14}N_4O_6$, F. 233—235°, Nadeln. — *α-Acetyl-β-[m-chloranilino]-N-[m-chlorphenyl]-acrylamid*, $C_{17}H_{14}Cl_2N_2O_2$, F. 151—152°. — *α-Acetyl-β-[m-nitroanilino]-N-[m-nitrophenyl]-acrylamid*, F. 188—190°. — *α-Acetyl-β-[p-nitroanilino]-N-[p-nitrophenyl]-acrylamid*, F. 245—246°. — *3-Acetyl-6-brom-4-hydroxychinolin* (**V**), $C_{11}H_8BrNO_2$, F. >300°, durch ½std. Rk. von 10 g **IV** in sd. Diphenyläther, Verdünnen mit Ae., Lösen des gebildeten Nd. in verd. NaOH u. Ansäuern; 4,25 g. — 4'-O x o - p y r a n o - [3'. 2': 3. 4] - c h i n o l i n e: *6-Brom-6'-phenyl-*, $C_{18}H_{10}BrNO_2$, F. 228 bis 229°, durch 3std. Erhitzen von 2,66 g **V** u. 11,3 g **I** mit 6,06 g Triäthylamin auf 170 bis 180° u. Behandeln mit Ae.; aus Essigsäure Nadeln; 2,5 g. *Pikrat*, $C_{24}H_{13}BrN_4O_9$, F. 260—261°. — *7-Chlor-6'-phenyl-*, $C_{18}H_{10}ClNO_2$, F. 203—204°, durch 4¼std. Erhitzen von 3,5 g 3-Acetyl-7-chlor-4-hydroxychinolin (**VI**) u. 18 g **I** mit 9,6 g $(C_2H_5)_3N$ auf 170—180°, Behandeln mit Ae., dann A. (→ Nd. von *3-Acetyl-4-benzoyloxy-7-chlorchinolin*, $C_{18}H_{12}ClNO_3$, F. 245—246°, aus Essigsäure Nadeln; 0,8 g) u. Einengen des Filtrats; Nadeln; 3,3 g. — *5'-Benzoyl-6-nitro-6'-phenyl-*, $C_{25}H_{14}N_2O_5$, F. 249—250° (Zers.), analog vorst. Verbb. (3½ Std. bei 150—160°) aus 3-Acetyl-4-hydroxy-6-nitrochinolin (**VII**); aus Essigsäure Prismen. Daneben (Trennung durch Extraktion mit heißem A.) *6-Nitro-6'-phenyl-*, $C_{18}H_{10}N_2O_4$, F. 268—270° (Zers.), aus A. Prismen; *Methojodid*, $C_{19}H_{13}JN_2O_4$, F. 188° (Zers.). — *5'-Benzoyl-7-nitro-6'-phenyl-*, F. 282° (Zers.), aus 3-Acetyl-4-hydroxy-7-nitrochinolin (**VIII**; 3 Std., 170—180°); aus Aceton Prismen. Daneben (Trennung durch Extraktion mit heißem Methanol) *7-Nitro-6'-phenyl-*, F. 285 287° (Zers.), aus Nitrobenzol Prismen. — *5'-Benzoyl-8-nitro-6'-phenyl-*, F. 192°, aus 3-Acetyl-4-hydroxy-8-nitrochinolin (**IX**; 2 Std., 170—180°); aus n-Propanol Prismen. Daneben (Trennung durch Extraktion mit heißem Toluol) *8-Nitro-6'-phenyl-*, F. 222 bis 225° (Zers.), aus Essigester-PAe. Prismen. — *6-Brom-5'-[furoyl-(2)]-6'-[furyl-(2)]-*, $C_{21}H_{10}BrNO_5$, F. >300°, durch 3½std. Erhitzen von 2,66 g **V** u. 10,3 g **II** mit 11,1 g $(C_2H_5)_3N$ auf 170—180° u. Behandeln mit Aceton; aus Nitrobenzol Nadeln; 3,2 g. — Analog *7-Chlor-5'-[furoyl-(2)]-6'-[furyl-(2)]-*, $C_{21}H_{10}ClNO_5$, F. >300°, aus **VI** (2½ Std., 160—170°); aus Nitrobenzol Nadeln. — *6-Nitro-5'-[furoyl-(2)]-6'-[furyl-(2)]-*, $C_{21}H_{10}N_2O_7$,

F. 228° (Zers.), aus **VII** (2 Std., 170—180°); aus Nitrobenzol Prismen. — *7-Nitro-5'-[furoyl-(2)]-6'-[furyl-(2)]-*, F. >300°, aus **VIII** (2½ Std., 150—160°); aus Nitrobenzol Prismen. — *8-Nitro-5'-[furoyl-(2)]-6'-[furyl-(2)]-*, F. >300°, aus **IX** (2½ Std., 160—170°); aus Nitrobenzol Nadeln. — *6-Brom-5'-cinnamoyl-6'-styryl-*, $C_{29}H_{18}BrNO_3$, F. 271—273° (Zers.), durch 3¼std. Erhitzen von 2,66 g **V** u. 13,9 g **III** mit 6,06 g $(C_2H_5)_3N$ auf 170 bis 180°, 2tägiges Stehen bei Raumtemp. u. Behandeln mit Aceton; aus Dioxan Nadeln; 0,2 g geben bei 1½std. Kochen in 0,1n NaOH–A. u. Ausäthern 0,05 g *Acetophenon* (*2.4-Dinitrophenylhydrazon*, F. 238—240°) u. nach Ansäuern der wss. Phase 0,13 g *6-Brom-4-hydroxychinolin-3-carbonsäure*, $C_{10}H_6BrNO_3$, F. 276° (Zers.). — *7-Chlor-5'-cinnamoyl-6'-styryl-*, $C_{29}H_{18}ClNO_3$, F. 250°, analog aus **VI** (3½ Std., 170—180°); aus n-Butanol Prismen. — *5'-Cinnamoyl-6-nitro-6'-styryl-*, $C_{29}H_{18}N_2O_5$, F. 250° (Zers.), aus **VII** (3 Std., 160—170°), aus Nitrobenzol Nadeln. — *7-Nitro-6'-styryl-*, $C_{20}H_{12}N_2O_4$, F. 288° (Zers.), aus **VIII** (2 Std., 160—170°); aus Nitrobenzol Prismen. — *5'-Cinnamoyl-8-nitro-6'-styryl-*, F. 236° (Zers.), aus **IX** (2½ Std., 160—170°); aus Essigsäure Prismen; 0,2 g geben bei der alkal. Hydrolyse 0,05 g *Acetophenon* u. 0,25 g *4-Hydroxy-8-nitrochinolin-3-carbonsäure*, $C_{10}H_6N_2O_5$, F. 264°. (J. chem. Soc. [London] **1959**. 484—86. Febr. Nottingham and District Techn. Coll.; Huddersfield Coll. of Technol.)

W. HOFFMANN. 3231

Fritz Kröhnke und **Hans Ludwig Honig**, *Additionen aktiver Methylenverbindungen an Acridin.* Die Addition akt. Methylenverbb., wie Nitromethan, Malodinitril, Desoxybenzoin, Acetylaceton, Acetessigester, Benzoyl- u. Cyanessigester sowie Malonester an Acridin zu farblosen, nicht sehr stabilen *9-substituierten Acridanen* erfolgt um so leichter, je stärker die Methylengruppe des nucleophilen Partners aktiviert ist. Die Acridanstruktur der Addukte sowie deren reversibler Zerfall in Abhängigkeit vom Lösungsm. u. der CH-Acidität der Methylenverb. ist durch UV-Spektren als auch durch Dehydrierung mit Pb(IV)-Acetat zu *9-substituierten Acridinen* (ident. mit den aus 9-Chloracridin auf anderem Weg erhaltenen) nachgewiesen. Die Addukte von Indandion-(1.3) u. bes. Dimedon dehydrieren sich an der Luft spontan zu den entsprechenden Acrylverbindungen.

Versuche: *Acridanyl-(9)-nitromethan* (**I**), $C_{14}H_{12}N_2O_2$, F. 148—149° (A.), durch 24std. Stehen von Nitromethan in heißer alkoh. Acridinlsg. bei Raumtemp.; citronengelbe Polyeder; 77% (Ausbeute). — *2-[Acridanyl-(9)]-malodinitril* (**II**), $C_{16}H_{11}N_3$, F. 128 bis 129°, analog **I**; aus Dioxan/PAe. (1 : 2) Tafeln; 92%. — *α-[Acridanyl-(9)]-desoxybenzoin*, $C_{27}H_{21}NO$, F. 131—136° (Dioxan/PAe. 2 : 5), entsprechend **I** in 3 Tagen; 35%. — *3-[Acridanyl-(9)]-acetylaceton* (**III**), $C_{18}H_{17}NO_2$, F. 99—100° (Dioxan/PAe.), durch Verschmelzen von Acridin u. Acetylaceton auf dem Wasserbad; nach 6 Std. Stäbchen; 30%. — *2-[Acridanyl-(9)]-acetessigsäureäthylester* (**IV**), $C_{19}H_{19}NO_3$, F. 85—87°, entsprechend **III** in 24 Std.; rhomb. Tafeln aus Dioxan/PAe. (3 : 23); 53%. — *2-[Acridanyl-(9)]-benzoylessigsäureäthylester* (**V**), $C_{24}H_{21}NO_3$, F. 91—95°, aus Dioxan/PAe. (3 : 7) Stäbchen; 58%. — *2-[Acridanyl-(9)]-cyanessigsäureäthylester* (**VI**), $C_{18}H_{16}N_2O_2$, F. 89 bis 91°, aus Dioxan/PAe. (1 : 5) rosafarbene Kristalle; 57%. — *2-[Acridanyl-(9)]-malonsäurediäthylester* (**VII**), $C_{20}H_{21}NO_4$, F. 110—113°, im Dunkeln Acridin u. Malonester 5 Wochen bei 25—30° stehenlassen; gibt mit Malodinitril bei Raumtemp. in alkoh. Lsg. **II**; aus Dioxan/PAe. (1 : 15) Prismen; 20—40%. — *Acridyl-(9)-nitromethan* (**VIII**), $C_{14}H_{10}N_2O_2$, F. 156—157°, aus **I** mit Pb(IV)-Acetat (BTA) in Bzl. in 30 Min.; aus Bzl. blaßgelbe Tafeln; 50%. — *9-Nitromethylen-10-methylacridan*, $C_{15}H_{12}N_2O_2$, F. 154 bis 155° (Zers.), a) aus **VIII** u. Dimethylsulfat in methanol.-ammoniakal. Lsg. auf dem Wasserbad; b) aus 10-Methyl-9-nitromethylacridan u. BTA in Bzl. unter Rühren in 30 Min.; aus Essigester tiefrote Stäbchen; 60%. — *2-[Acridyl-(9)]-malodinitril*, F. >330°, a) aus **II** mit MnO_2 in Pyridin u. Gießen in 10%ig. HCl nach 3 Std.; b) aus 9-Chloracridin u. Malodinitril; aus Pyridin/A. (1 : 5) zinnoberrote Plättchen; 36%. — *3-[Acridyl-(9)]-acetylaceton*, $C_{18}H_{15}NO_2$, F. 184—186°, aus **III** mit BTA in Bzl.; aus wss. A. gelbliche Blättchen; 60%. — *2-[Acridyl-(9)]-acetessigsäureäthylester*, F. 130°, aus **IV** wie vorst.; aus wss. A. Nadeln; 59%. — *2-[Acridyl-(9)]-benzoylessigsäureäthylester*, $C_{24}H_{19}NO_3$, F. 174—177°, a) aus **V** u. BTA in Pyridin/Bzl. (1 : 300); b) durch Kondensation von 9-Chloracridin u. Benzoylessigester in Ggw. von Na-Äthylat; aus Essigester/A. (2 : 3) rhomb. Prismen; 48%. — *2-[Acridyl-(9)]-cyanessigsäureäthylester*, F. 222°, a) aus 9-Chloracridin entsprechend vorst. Verb.; b) aus **VI** mit BTA; aus A. rotbraune Tafeln; 41%. — *2-[Acridyl-(9)]-malonsäurediäthylester*, F. 100—102°, a) aus 9-Chloracridin wie vorst.; b) aus **VII** mit BTA; aus PAe. gelbliche Prismen. — *4-[Acridyl-(9)]-dimedon*, $C_{21}H_{19}NO_2$, Zers. bei 268° (*Dihydrat*), a) durch Aufkochen einer alkoh. Lsg. von Acridin u. Dimedon unter N_2 u. 5tägiges Stehen bei Raumtemp.; b) aus 9-Chloracridin, Dimedon u. Na-Äthylat; aus A. violette Rhomboeder; 82%. — *9.10-Dihydroacridin*, F. 169—170°, neben vorst. Verb.; aus Bzl. Plättchen; 81%. — *2-[Acridyl-(9)]-indandion-(1.3)* (**IX**), $C_{22}H_{13}NO_2$, sublimiert bei 300°, durch Aufkochen von Indandion-(1.3) u. Acridin in A., 3tägiges Stehen bei Raumtemp., Lösen des Nd. in wss.-alkoh. NaOH u. Ansäuern; violette Nadeln; 51%. — *Acridin-Indandion-Addukt*, $C_{22}H_{15}NO_2$, F. 125°, neben vorst. Verb. als in NaOH unlösl. Rückstand (ziegelrot); zers. sich mit HCl in die Komponenten. — *9-Methylacridin*, F. 117—118° (wss. A.), durch 70std. Kochen von **IX** in wss. A. in Ggw. von konz. H_2SO_4; gelbliche Nadeln; 73%. (Liebigs Ann. Chem. **624**. 97—108. Juli 1959. Gießen, Univ., Chem. Inst.) U. Schulze. 3231

Władysław Kahl und **Mirosława Melzacka**, *N-Naphthylderivate des Luminals.* Durch Umsetzung von Ag-Salzen des Luminals mit α- u. β-Chlornaphthalin wurden *1-Mono-* u. *1.3-Dinaphthylderivv.* des *Luminals* erhalten.

Versuche: *5-Phenyl-5-äthylmalonylharnstoff-Ag-Salz* (I), $C_{12}H_{11}AgN_2O_3$, aus dem Na-Salz u. $AgNO_3$ (1 : 1) nach Biltz [1916]. *Di-Ag-Salz* (II), $C_{12}H_{10}Ag_2N_2O_3$, analog unter Anwendung des Mol-Verhältnisses 1 : 2. — *1-[α-Naphthyl]-5-phenyl-5-äthylmalonylharnstoff*, $C_{22}H_{18}N_2O_3$, F. 170—171° (Dioxan), durch 8std. Erhitzen von 0,118 Mol I mit 0,2 Mol α-Chlornaphthalin in 250 ml Methanol am Rückfluß, Wasserdampfdest. u. Extraktion des Rückstandes mit Dioxan. — *1.3-Bis-[α-naphthyl]-5-phenyl-5-äthylmalonylharnstoff*, $C_{32}H_{24}N_2O_3$, F. 155° (Dioxan), analog vorst. Verb. mit **II**. — *1-[β-Naphthyl]-5-phenyl-5-äthylmalonylharnstoff*, $C_{22}H_{18}N_2O_3$, F. 173—175° (Dioxan), aus I u. β-Chlornaphthalin analog vorst. Verbindung. — *1.3-Bis-[β-naphthyl]-5-phenyl-5-äthylmalonylharnstoff*, $C_{32}H_{24}N_2O_3$, F. 159—161° (Dioxan), analog vorst. Verb. mit **II**. (Acta polon. pharmac. **16**. 9—12. 1959. Kraków, Akad. Med., Zakł. Chem. organ.) F. Urban. 3272

Tadeusz Tkaczyński, *Synthese von Äthylenaminen.* 2. Mitt. *Die Kondensationsreaktion zwischen Äthylendiamin und Äthylenchlorhydrin.* (1. vgl. C. **1959**. 7459.) Bei der Kondensation von 1 Mol Äthylendiaminhydrat (I) mit 1 Mol Äthylenchlorhydrin (II) bei 100° entstehen 0,4 Mol *N-[β-Hydroxyäthyl]-äthylendiamin* (**III**; Kp.$_{20}$ 142—148°) u. 0,3 Mol *N.N'-Bis-[β-hydroxyäthyl]-äthylendiamin* (**IV**; Kp.$_{20}$ 195—205°). 0,3 Mol I werden nicht umgesetzt. Mit steigendem I-Überschuß (bis 4 : 1) steigt die Ausbeute an **III** (0,84 Mol) auf Kosten von **IV** (0,08 Mol). Bei Anwendung des Verhältnisses **I** : **II** = 1 : 2,5 unter Zusatz von 1 Mol 40%ig. NaOH werden neben 18 g **III** u. 75 g **IV** 50 g *N.N'-Bis-[β-hydroxyäthyl]-piperazin* [$C_8H_{18}N_2O_2$, F. 134—135° (Methanol). *Dihydrochlorid*, C_8H_{18}·N_2O_2·2HCl, F. 200—202°] erhalten, das durch Ringschluß des erwarteten *N.N.N'-Tris-[β-hydroxyäthyl]-äthylendiamins* entsteht. (Acta polon. pharmac. **15**. 347—50. 1958. Łódź, Akad. Med., Zakł. Techn. Chem. Środków Lecz.) F. Urban. 3272

Tadeusz Tkaczyński, *Synthese von Äthylenaminen.* 3. Mitt. *Pyrolyse von N.N'-Bis-[β-hydroxyäthyl]-äthylendiamin.* (2. vgl. vorst. Ref.) Die Dihydrochloride von N-[β-Hydroxyäthyl]-äthylendiamin (I) u. N.N'-Bis-[β-hydroxyäthyl]-äthylendiamin (II) geben bei trocknem Erhitzen auf 260° *Piperazindihydrochlorid* (**III**). Beim Erhitzen von **II** auf 200° entsteht neben 14% **III** *N-[β-Hydroxyäthyl]-piperazindihydrochlorid* [$C_6H_{14}N_2O$·2HCl, F. 187—189°], das beim Erhitzen auf 260° quantitativ in **III** übergeht. Damit besteht die Möglichkeit, **III** aus I herzustellen, wobei für I Äthylenchlorid u. Äthanolamin als billige Ausgangsstoffe dienen können. (Acta polon. pharmac. **15**. 351—54. 1958.) F. Urban. 3272

Roland K. Robins, *Potentielle Purinantagonisten.* 15. Mitt. *Darstellung einiger 6.8-disubstituierter Purine.* (14. vgl. C. **1959**. 14716.) 6.8-Dihydroxypurin (I) gibt mit $POCl_3$/N.N-Diäthylanilin (III) glatt *6.8-Dichlorpurin* (IV). Die Schmelze von 4.5-Diamino-6-hydroxypyrimidin (**VII**) mit Thioharnstoff (**VI**) liefert *6-Hydroxypurinthiol-(8)* (II), die von 4.5-Diaminopyrimidinthiol-(6) (**VIII**) mit Harnstoff (**XIII**) *8-Hydroxypurinthiol-(6)* (**V**). **V** entsteht auch aus I mit P_2S_5 in sd. Pyridin. **II** läßt sich mit CH_3J zur *8-Methylmercaptoverb.* methylieren, diese mit $POCl_3$/III in *6-Chlor-8-methylmercaptopurin* (**XI**) überführen. *8-Chlor-6-methylmercaptopurin* wird entweder aus **IV** mit CH_3SNa oder aus **V** durch Methylierung u. Umsetzung der *Methylmercaptoverb.* (**XVI**) mit $POCl_3$ erhalten u. gibt mit **VI** in sd. A. *6-Methylmercaptopurinthiol-(8)*. Die Rk. von **VII** mit Guanidin (**IX**) bei 200° führt zu *8-Amino-6-hydroxypurin*, das sich mit P_2S_5 zu *8-Aminopurinthiol-(6)* umsetzt. Letzteres entsteht auch aus **VIII** u. **IX**. *6.8-Diaminopurin* wird entweder aus **IV** mit wss. NH_4OH bei 135° oder aus *6-Amino-8-methylmercaptopurin* (**X**) mit NH_4OH bei 160° gewonnen. **X** wird aus **XI** mit wss. NH_4OH bei 110° oder durch Methylierung von *6-Aminopurinthiol-(8)* (**XIX**) synthetisiert. **XIX** entsteht bei der Schmelze von 4.5.6-Triaminopyrimidin (**XII**) mit **VI**. Bei der Schmelze mit **XIII** liefert **XII** *6-Amino-8-hydroxypurin*, zu dem sich auch *6-Amino-8-chlorpurin* (**XIV**) mit konz. HCl hydrolysieren läßt. **XIV** entsteht aus **IV** mit wss. NH_4OH bei 100°, liefert mit

$NaOCH_3/CH_3OH$ bei 130° *6-Amino-8-methoxypurin* u. mit heißer HNO_2 *8-Chlor-6-hydroxypurin*, das auch aus **IV** mit sd. verd. KOH erhalten wird. **IV** wird schließlich mit konz. HCl zu *6-Chlor-8-hydroxypurin* hydrolysiert. Der hierbei auftretende, ungewöhnliche nucleophile Austausch des Cl^8-Atoms wird durch eine vorherige Protonierung der N-Atome im Imidazolring erklärt. Die Umsetzung von **IV** mit aliphat. Aminen führt zu den *6-Alkylamino-8-chlorpurinen*. *6-Methylamino-8-chlorpurin* (**XV**) läßt sich zur *8-Hydroxyverb.* hydrolysieren u. setzt sich mit NaHS zu *6-Methylaminopurinthiol-(8)* um. Die Rk. von **IV** mit wss. Alkylaminen in der Bombe bei 125° liefert *6.8-Bis-[alkylamino]-purine*. Bei längerem Erhitzen mit $N_2H_4 \cdot H_2O$ auf dem Wasserbad entsteht auch *6.8-Dihydrazinopurin*. Aus **IV** wird mit **VI** in sd. A. *Purindithiol-(6.8)* bzw. nach dessen Methylierung *6.8-Bis-[methylmercapto]-purin* erhalten. Letzteres ist auch aus **XI** mit CH_3SNa zugänglich. **IV** gibt mit $NaOCH_3$ in sd. CH_3OH bzw. $NaOC_2H_5$/sd. A. *8-Chlor-6-methoxy-* bzw. *-6-äthoxypurin*. Aus **IV** wird ferner mit 1 Mol **VI** in sd. CH_3OH oder mit sd. 2n KHS *8-Chlorpurinthiol-(6)* synthetisiert. **XV** gibt mit $(CH_3)_2NH$ bei 125° *8-Dimethylamino-6-methylaminopurin*, mit $NaOCH_3$ bei 130° die *8-Methoxyverb.*, während *6-Dimethylamino-8-methylaminopurin* aus der entsprechenden *8-Chlorverb.* (**XVIII**) gewonnen wird. *8-Chlor-6-methylmercaptopurin* ist aus **IV** u. Äthanthiol (**XVII**) zugänglich. **XI** wird mit verschied. Aminen zu *6-Alkylamino-8-methylmercaptopurinen*, mit $NaOCH_3$ zur *6-Methoxyverb.*, mit **VI** in sd. A. zum *Thiol-(6)* u. mit **XVII** zur *6-Äthylmercaptoverb.* umgesetzt. Die UV-Spektren aller Verbb. sind tabellar. angegeben u. bestätigen die angenommenen Strukturen.

Versuche: Purine: *6.8-Dihydroxy-* (**I**), durch 20 Min. Erhitzen von 400 g **VII**-Sulfat mit **XIII** auf 130—160°, Kochen mit verd. KOH, Ansäuern mit HCl u. Heißfiltration; 295 g (Ausbeute). — *6.8-Dichlor-* (**IV**), *Hydrat*, $C_5H_2Cl_2N_4 \cdot H_2O$, F. 178° (Zers.; Bzl.-CH_3OH u. W.), durch 3½std. Kochen von 100 g **I** mit $POCl_3$ u. **III**. Einengen, Gießen auf Eis, Alkalisieren mit KOH, 30 Min. Stehen, Ausäthern von **III** u. Ansäuern; 47,0 g. — *6-Amino-8-chlor-* (**XIV**), durch 12std. Erhitzen von 10 g **IV** mit konz. NH_4OH auf 100° in der Bombe, Einengen u. Umfällen aus NaOH mit Essigsäure; 4,6 g. — *8-Chlor-6-hydroxy-*, *Hemihydrat*, $C_5H_3ClN_4O \cdot ½ H_2O$, a) durch 4std. Kochen von 15 g **IV** mit wss. KOH, Heißfiltration u. Ansäuern mit Essigsäure; 10,1 g; b) aus **XIV** mit HNO_2 bei 70°. — *8-Chlor-6-methoxy-*, $C_6H_5ClN_4O$, F. 203—204° (Zers.; W.), durch 3std. Kochen von **IV** mit Na in absol. CH_3OH, Filtrieren, Einengen u. Einstellen auf p_H 4; Nadeln. — *8-Chlor-6-äthoxy-*, $C_7H_7ClN_4O$, F. 197—199° (Zers.; Toluol-A.). — *8-Chlor-6-methylmercapto-*, $C_6H_5ClN_4S$, F. 194—196° (Toluol), a) aus 10,0 g **XVI** mit $POCl_3$/**III** in 4 Std.; 10,2 g; b) durch 1std. Erhitzen von 4,0 g **IV** mit wss. KOH u. CH_3SH auf dem Wasserbad u. Neutralisieren mit Essigsäure; 2,6 g. — *8-Chlor-6-äthylmercapto-*, $C_7H_7ClN_4S$, F. 158—159° (Bzl.-Heptan), aus **IV** u. **XVII**. — *6-Methylamino-8-chlor-* (**XV**), F. 300° (Dimethylformamid-W.), durch 8std. Erhitzen von **IV** mit 20—40%ig. wss. CH_3NH_2 auf dem Wasserbad; 88%. — *6-Dimethylamino-8-chlor-* (**XVIII**), F. 264 bis 266° (Dimethylformamid-W.); 50%. — *6-Äthylamino-8-chlor-*, F. 276—278° (Zers.; Dimethylformamid-W.); 50%. — *6-Propylamino-8-chlor-*, F. 290—292° (Dimethylformamid-W.); 22%. — *6.8-Dimercapto-*, $C_5H_4N_4S_2$, durch 3std. Kochen von 15 g **IV** mit **VI** in absol. A. u. Umfällen aus KOH-HCl; 14,5 g. — *6.8-Bis-[methylmercapto]-*, $C_7H_8N_4S_2$, F. 252—258° (A.-W.), a) durch 15 Min. Rühren von 10,0 g vorst. Verb. mit CH_3J u. KOH, Erwärmen auf 50° u. Ansäuern mit Essigsäure; 10,3 g; b) durch 1std. Erhitzen von 10 g **XI** mit n-KOH u. CH_3SH auf dem Wasserbad; 10,1 g. — *6-Chlor-8-hydroxy-*, $C_5H_3ClN_4O$, durch Einengen von 10 g **IV** mit wss. HCl, Kochen mit wss. KOH, Heißfiltration u. Neutralisieren mit Essigsäure; 2,3 g. — *6-Hydroxy-8-mercapto-* (**II**), *Hemihydrat*, $C_5H_4N_4OS \cdot ½ H_2O$, durch 30 Min. Erhitzen von 50 g **VII**-Sulfat mit **VI** auf 200°, Lösen in 2n NaOH u. Ansäuern mit HCl; 22,2 g. — *8-Hydroxy-6-mercapto-* (**V**), *Hydrat*, $C_5H_4N_4OS \cdot H_2O$, a) durch 4std. Kochen von 50 g **I** u. P_2S_5 in Pyridin, Einengen, 2std. Erhitzen mit W. auf dem Wasserbad, Umfällen aus KOH-HCl u. Umkristallisieren aus W. u. Essigsäure; 18,0 g; b) durch 15 Min. Erhitzen von 5 g **VIII** mit **XIII** auf 190—210°; 5,5 g. — *6-Amino-8-hydroxy-*, $C_5H_5N_5O$, a) durch 4std. Kochen von 1,5 g **XIV** mit konz. HCl u. Einstellen auf p_H 7 mit NH_4OH; 0,4 g; b) durch 20 Min. Erhitzen von 10 g **XII** mit **XIII** auf 200°; 9,7 g. *Sulfat*, $C_5H_5N_5O \cdot ½ H_2SO_4$, flache Nadeln. — *8-Amino-6-hydroxy-*, $C_5H_5N_5O$, durch 30 Min. Erhitzen von **IX** (aus dem Hydrochlorid mit $NaOC_2H_5$/A.) mit 37 g **VII** auf 200—205°, Umfällen aus KOH-Essigsäure u. Reinigen über das *Sulfat* ($C_5H_5N_5O \cdot ½ H_2SO_4$); 26,1 g. — *8-Amino-6-mercapto-*, $C_5H_5N_5S$, a) durch 10std. Kochen von 10 g vorst. Verb. mit P_2S_5 in Pyridin; 2,4 g; b) aus 3 g **VIII** u. **IX** bei 200°; 0,8 g. — *6-Amino-8-mercapto-* (**XIX**), $C_5H_5N_5S$, aus 10 g **XII** u. **VI** bei 200—220° in 20 Min. u. Umkristallisation aus 30% Essigsäure; 10,2 g. — *8-Hydroxy-6-methylmercapto-* (**XVI**), $C_6H_6N_4OS$, durch 25 Min. Rühren von 10 g **V**-Monohydrat mit n-KOH/CH_3J bei 15—20°, Erwärmen auf 50°, Ansäuern mit Essigsäure u. Umkristallisieren aus 50%ig. Essigsäure; 15 g. — *6-Hydroxy-8-methylmercapto-*, $C_6H_6N_4OS$, aus 120 g II nach Aufkochen u. Umkristallisation aus Eisessig; 105 g. — *6-Chlor-8-methylmercapto-*, (XI) $C_6H_5ClN_4S$, F. 220—222° (Zers.; A.), aus 50 g vorst. Verb. mit $POCl_3$/III; Nadeln; 5,5 g. — *8-Methylmercapto-6-mercapto-*, $C_6H_6N_4S_2$, aus 5 g XI u. VI in A. in 1 Std.; 3,7 g. — *6-Methoxy-8-methylmercapto-*, $C_7H_8N_4OS$, F. 205—206° (A.), durch 3std. Kochen von 7 g XI mit Na in absol. CH_3OH; Nadeln; 1,5 g. — *6-Äthylmercapto-8-methylmercapto-*, $C_8H_{10}N_4S_2$, F. 175—177° (A.), durch 2std. Erhitzen von 5,0 g XI mit XVII in 2n KOH auf dem Wasserbad; 2,6 g. — *6-Methylmercapto-8-mercapto-*, $C_6H_6N_4S_2$, durch 2std. Kochen von 1 g der 8-Chlorverb. mit VI in A.; 0,8 g. — *8-Chlor-6-mercapto-*, $C_5H_3ClN_4S$, a) aus 26,5 g IV u. VI in CH_3OH in 2 Std. u. Stehen über Nacht; 16,2 g; b) durch 1std. Kochen von 3 g IV mit 2n KHS, Heißfiltration u. Ansäuern mit HCl; 0,8 g. — *6.8-Diamino-*, *Hydrochloridhydrat*, $C_5H_6N_6 \cdot HCl \cdot H_2O$, a) durch 6std. Erhitzen von 20 g IV mit konz. NH_4OH auf 135° in der Bombe; 12,0 g; b) analog aus XI. — *6-Amino-8-methoxy-*, $C_6H_7N_5O$, durch 5std. Erhitzen von 3,5 g XIV mit Na/CH_3OH auf 130° in der Bombe; hellbraune Kristalle; 2,1 g. — *8-Methoxy-6-methylamino-*, $C_7H_9N_5O$, aus XV u. $NaOCH_3$ bei 135°. — *6.8-Bis-[dimethylamino]-*, $C_9H_{14}N_6$, F. 291 bis 293° (A.), durch 5std. Erhitzen von 8 g IV mit 20%ig. wss. $(CH_3)_2NH$ auf 125° in der Bombe; Nadeln; 5,2 g. — *6.8-Bis-[äthylamino]-*, *Hydrat*, $C_9H_{14}N_6 \cdot H_2O$, F. 215—217°. — *6.8-Bis-[methylamino]-*, *Dihydrochloridmonohydrat*, $C_7H_{10}N_6 \cdot 2\,HCl \cdot H_2O$, F. 300 bis 305°. — *6.8-Dihydrazino-*, $C_5H_8N_8$, F. >300°. — *6-Dimethylamino-8-methylmercapto-*, $C_8H_{11}N_5S$, F. 260° (absol. A.), durch 4std. Erhitzen von 5 g XI mit 30%ig. wss. $(CH_3)_2NH$ auf dem Wasserbad, Kochen mit wss. HCl, Heißfiltration u. Neutralisieren mit NH_4OH; Nadeln; 2,6 g. — *6-Äthylamino-8-methylmercapto-*, $C_8H_{11}N_5S$, F. 235—236° (A.-W.). — *6-[p-Chloranilino]-8-methylmercapto-*, $C_{12}H_{10}ClN_5S$, F. 275—277° (Äthoxyäthanol). — *8-Dimethylamino-6-methylamino-*, *Hydrat*, $C_8H_{12}N_6 \cdot H_2O$, F. 278° (W.), aus 5 g XV mit 20%ig. $(CH_3)_2NH$ in 5 Std. bei 125°; 1,1 g. — *6-Dimethylamino-8-methylamino-*, *Dihydrochloridsesquihydrat*, $C_8H_{12}N_6 \cdot 2\,HCl \cdot 1\frac{1}{2}\,H_2O$, aus 4 g XVIII mit 20%ig. wss. $CH_3 \cdot NH_2$ bei 125° in 5 Std.; 4,2 g. — *8-Hydroxy-6-methylamino-*, *Hydrat*, $C_6H_7N_5O \cdot H_2O$, F. >300° (KOH–Essigsäure), durch 3std. Kochen von 1,2 g XV mit konz. HCl u. Einstellen auf p_H 8 mit NH_4OH; 0,7 g. — *6-Methylamino-8-mercapto-*, $C_6H_7N_5S$, durch 3std. Erhitzen von 3,0 g XV mit 2n NaHS auf 125° in der Bombe, Neutralisieren mit Essigsäure u. Umkristallisieren aus 50%ig. wss. Essigsäure; 1,6 g. — *6-Amino-8-methylmercapto-* (X), $C_6H_7N_5S$, F. 288—290° (Zers.; NaOH–Essigsäure u. 50%ig. wss. A.), a) durch 6std. Erhitzen von 15,0 g XI mit konz. NH_4OH auf 110° u. Einengen; 10,5 g; b) aus 3,0 g XIX mit KOH/CH_3J bei 15—20° in 30 Min.; 2,1 g. (J. Amer. chem. Soc. **80**. 6671—79. 20/12. 1958. Tempe, Ariz., State Coll., Dep. of Chem.) R. PASEDAG. 3272

Raj N. Prasad, C. Wayne Noell und **Roland K. Robins,** *Potentielle Purinantagonisten.* 16. Mitt. *Darstellung einiger 2-, 6- und 8-Methylpurine.* (15. vgl. vorst. Ref.) *2-Methylpurin* wird durch Hydrierung von 2-Methyl-6-chlorpurin (XIV) über Pd-Kohle in Ggw. von NH_4OH oder aus 2-Methylpurinthiol-(6) (XV) mit RANEY-Ni erhalten. 4.5-Diamino-6-hydroxy-2-methylpyrimidin (XVI) wird mit Acetanhydrid (I) in *2.8-Dimethyl-6-hydroxypurin*, dieses mit $POCl_3$ in die *6-Chlorverb.* u. letztere mit H_2/Pd-Kohle in *2.8-Dimethylpurin* übergeführt. 4-Amino-2-chlor-5-nitro-6-methylpyrimidin (II) gibt bei der Hydrierung *4.5-Diamino-6-methylpyrimidin* (XIII), dieses mit Orthoessigsäuretriäthylester (III) u. I *6.8-Dimethylpurin.* Aus II läßt sich ferner *4-Amino-2.6-dimethyl-5-nitropyrimidin* (VII) synthetisieren, dessen katalyt. Red. zu *4.5-Diamino-2.6-dimethylpyrimidin* (XI) führt. XI wird mit Orthoameisensäuretriäthylester (IV) u. I zu *2.6-Dimethylpurin.* mit III u. I zu *2.6.8-Trimethylpurin* cyclisiert. II wird über RANEY-Ni zu *2-Chlor-4.5-diamino-6-methylpyrimidin* (VIII) hydriert, VIII mit IV u. I zu *2-Chlor-6-methylpurin* (V) cyclisiert. V ist gegen Thioharnstoff (VI) in sd. A. u. gegen Amine in alkoh. u. wss. Lsg. beständig, kann aber in *2-Methoxy-6-methylpurin* übergeführt werden. *2-Methylmercapto-* bzw. *2-Methylamino-6-methylpurin* werden analog V dargestellt. Die UV-Spektren der C-Methylpurine sind tabellar. angegeben.

Versuche: Pyrimidine: *2-Chlor-4.5-diamino-6-methyl-* (VIII), $C_5H_7 \cdot ClN_4$, F. 265° (Zers.; W.), durch 3std. Hydrieren von 10 g II in absol. CH_3OH in Ggw. von RANEY-Ni bei 2,7 at, Filtrieren u. Extrahieren mit absol. CH_3OH; lange Nadeln; 5 g. — *4-Amino-6-methyl-2-methylamino-5-nitro-* (X), $C_6H_9N_5O_2$, F. 198—199° (75%ig. A.), durch 45 Min. Erhitzen von 5 g II mit 40%ig. wss. CH_3NH_2 in 95%ig. A. auf dem Wasserbad; gelbe Nadeln; 75%. — *4.5-Diamino-6-methyl-* (XIII), F. 207—208°, durch 15 Min. Hydrieren von II in absol. A. bei 3 at in Ggw. von Pd-Kohle u. konz. NH_4OH. — *4.5-Diamino-6-methyl-2-methylamino-*, *Dihydrochloridhemihydrat* (IX), $C_6H_{11}N_5 \cdot 2\,HCl \cdot \frac{1}{2}\,H_2O$, F. 248—250° (A.-Bzl.), durch $^3/_4$ std. Hydrieren von 3,6 g X in absol. A. bei 2,7 at über Ni; 3,5 g. — *4-Amino-6-methyl-2-mercapto-5-nitro-*, *Sesquihydrat*, $C_5H_6N_4O_2S \cdot$

$1^1/_2$ H_2O, F. 220—221° (Zers.; verd. A.), durch 30 Min. Kochen von **II** mit **VI** in absol. A. u. Stehen über Nacht; 100%. — *4-Amino-6-methyl-2-methylmercapto-5-nitro-*, $C_6H_8 \cdot N_4O_2S$, F. 155,5° (70%ig. A.), durch 6std. Kochen von 20 g vorst. Verb. mit CH_3J/Na_2CO_3 in 10%ig. A.; gelbe Kristalle; 14 g. — *4-Amino-2.6-dimethyl-5-nitro-* (**VII**), $C_6H_8N_4O_2$, F. 159—160° (W.), durch 40 Min. Zugeben von 11n NaOH zu einem Gemisch von 24 g **II** u. Malonsäurediäthylester in Aceton <50°, Rühren mit W., Filtrieren, Ansäuern mit Eisessig, 3std. Erhitzen des Nd. (F. 180—185°) mit 3n HCl, Filtrieren u. Alkalisieren mit NH_4OH; hellbraune Nadeln; 5 g. — *4.5-Diamino-6-methyl-2-methylmercapto-* (**XII**), $C_6H_{10}N_4S$, F. 194—195° (A.-W.), durch 1std. Hydrieren von 4 g vorvorst. Verb. in absol. A. bei 3,1 at über Ni; hellbraune Nadeln; 3 g. — *4-Amino-2-äthoxy-6-methyl-5-nitro-* (**XVII**), $C_7H_{10}N_4O_3$, F. 168° (sublimiert), durch Zugeben von 5 g **II** zu $NaOCH_3/CH_3OH$ u. 1std. Erhitzen auf dem Wasserbad; 1,9 g. — *4.5-Diamino-2.6-dimethyl-* (**XI**), $C_6H_{10}N_4$, F. 252—254° (Bzl.), aus 3 g **VII** in absol. A. bei 3,4 at über Ni in 20 Min.; 1 g. — Purine: *2-Chlor-6-methyl-* (**V**), $C_6H_5ClN_4$, F. 275° (Zers.; A.-Bzl.) durch 2std. Kochen von **IV** u. **I** mit 5 g **VIII**, Einengen, Erwärmen mit verd. KOH, Filtrieren u. Ansäuern mit Eisessig; 2,5 g. — *2-Methylamino-6-methyl-*, $C_7H_9N_5$, F. >300° (HCl-NH_4OH), a) durch 35 Min. Kochen von 4,5 g **IX** mit Formamid, Gießen in W. u. Stehen über Nacht; 0,5 g; b) durch Red. von 3,7 g **X** in absol. A. u. 1std. Kochen des Rückstandes mit **I** u. **IV**; 1,6 g. — *2-Methoxy-6-methyl-*, $C_7H_8N_4O$, F. 283—284° (absol. A.), durch Einengen von $NaOCH_3$ u. 1,8 g **V** in CH_3OH u. 2std. Kochen mit Toluol; 0,8 g. — *2.6.8-Trimethyl-*, $C_8H_{10}N_4$, F. 222° (Bzl.-Heptan; sublimiert), durch 3std. Kochen von 1 g **XI** mit **I** u. **III**, Einengen, 15 Min. Erhitzen mit absol. äthanol. KOH auf dem Wasserbad, Neutralisieren mit Eisessig u. Einengen; 0,8 g. — *6-Methyl-2-methylmercapto-*, $C_7H_8N_4S$, F. 290—294° (sublimiert), durch 1std. Kochen von 2 g **XII** mit Dimethoxymethylacetat, Einengen u. Extrahieren mit 95%ig. A.; cremefarben; 1,3 g. — *6.8-Dimethyl-*, $C_7H_8N_4$, F. 263—265° (Bzl. u. Toluol; sublimiert), durch 2std. Kochen von 3 g **XIII** mit **III** u. **I**; 0,5 g. — *2.6-Dimethyl-*, $C_7H_8N_4$, F. 271° (Bzl.-Heptan; sublimiert), aus **XI** in 4 Std. mit **I** u. **IV**. — *2-Methyl-*, $C_6H_6N_4$, F. 286° (Toluol, Bzl. u. CH_3OH), a) durch 3std. Hydrieren von 9 g **XIV** in verd. NH_4OH bei 1 at über Pd-Kohle; 3,8 g; b) durch $1^1/_2$std. Kochen von 5 g **XV** mit RANEY-Ni in W.; 2 g. — *2.8-Dimethyl-6-hydroxy-, Hydrat*, $C_7H_8N_4O \cdot H_2O$, F. >300° (W. u. CH_3OH), durch 5std. Kochen von 38,0 g **XVI** mit **I**, Einengen, Lösen in wss. KOH (p_H 14), Filtrieren u. Ansäuern mit Essigsäure; 25 g. — *6-Chlor-2.8-dimethyl-*, $C_7H_7ClN_4$, F. 242° (Bzl.-CH_3OH), durch 3std. Kochen von 10 g vorst. Verb. mit $POCl_3$, Einengen, Gießen auf Eis, Alkalisieren u. Ausäthern bei p_H 5; 4,5 g. — *2.8-Dimethyl-6-mercapto-*, $C_7H_8N_4S$, durch 3std. Kochen von 1,8 g vorst. Verb. mit **VI** in absol. A.; 1,2 g. — *2.8-Dimethyl-*, $C_7H_8N_4$, F. 217°, aus 1 g vorvorst. Verb. in wss. NH_4OH über Pd-Kohle mit H_2 bei 1 at in 3 Std.; 0,3 g. — *2-Äthoxy-6-methyl-, Hemihydrat*, $C_8H_{10}N_4O \cdot {}^1/_2H_2O$, F. 236°, (Bzl., A.-Bzl.), a) durch 4std. Kochen von 4.5-Diamino-2-äthoxy-6-methylpyrimidin (aus 4 g **XVII** in absol. A. über Ni) mit **IV** u. **I**; cremefarben; 0,8 g; b) durch 24std. Kochen von **V** mit $NaOC_2H_5$/A., Zugeben von Toluol, Einengen, Lösen in W. u. Ausäthern mit Eisessig. (J. Amer. chem. Soc. **81**. 193—97. 5/1. 1959.) R. PASEDAG. 3272

C. Wayne Noell und **Roland K. Robins**, *Potentielle Purinantagonisten*. 17. Mitt. *Synthese einiger 6.8-disubstituierter 2-Methyl- und 2-Methylmercaptopurine*. (16. vgl. vorst. Ref.) Die Schmelze von 4.5-Diamino-6-hydroxy-2-methylpyrimidinsulfat (**VII**) mit Harnstoff (**I**) gibt *6.8-Dihydroxy-2-methylpurin* (**II**), die von 4.5-Diamino-6-hydroxy-pyrimidinthiol-(2) (**VIII**) mit **I** *6.8-Dihydroxypurinthiol-(2)*, das sich zur *2-Methylmercaptoverb.* methylieren läßt. Letztere u. **II** liefern mit $POCl_3$/N.N-Diäthylanilin (**IV**) *2-Methyl-* (**VI**) u. *2-Methylmercapto-6.8-dichlorpurin* (**V**), die sich mit Thioharnstoff (**III**)/A. in *2-Methyl-* bzw. *2-Methylmercaptopurindithiol-(6.8)*, mit wss. HCl in *2-Methyl-* bzw. *2-Methylmercapto-6-chlor-8-hydroxypurin*, mit verd. NaOH in *2-Methyl-* bzw. *2-Methylmercapto-8-chlor-6-hydroxypurin* u. mit Aminen in die entsprechenden *8-Chlor-6-aminoverbb.* überführen lassen. Aus 6-Hydroxy-2-methylmercaptopurin (**X**) wird mit $POCl_3$/**IV** die *6-Chlorverb.*, daraus mit $(CH_3)_2NH$ *6-Dimethylamino-2-methylmercaptopurin* bzw. mit **III**/A. *2-Methylmercaptopurinthiol-(6)*-erhalten. 4.5-Diaminopyrimidinthiol-(2) (**IX**) gibt mit **III** *8-Hydroxypurinthiol-(2)*, dieses die *2-Methylmercaptoverb.*, letztere schließlich mit $POCl_3$/**IV** *8-Chlor-2-methylmercaptopurin*. Die Umsetzung von **V** mit KHS führt zu *8-Chlor-2-methylmercaptopurinthiol-(6)*. Aus **VI** wird analog die *2-Methylverb.* gewonnen. Die UV-Spektren der 2-Methyl- u. 2-Methylmercaptopurine sind tabellar. angegeben u. wurden zur Bestätigung der Strukturen benutzt.

Versuche: *6.8-Dihydroxy-2-methylpurin* (**II**), $C_6H_6N_4O_2$, durch 30 Min. Erhitzen von 300 g **VII**-Sulfat mit **I** auf 160—180°, Lösen in verd. KOH, Heißfiltration, Ansäuern mit Eisessig u. Umkristallisieren aus W.; 105 g (Ausbeute). — *6.8-Dichlor-2-methyl-*

purin (**VI**), $C_6H_4Cl_2N_4$, F. 205—206° (Toluol), durch 6std. Kochen von 80 g **II** mit $POCl_3$ u. **IV**, Einengen, Gießen auf Eis u. Ausäthern; 59 g. — *6-Chlor-8-hydroxy-2-methylpurin*, $C_6H_5ClN_4O$, F. >300° (W.), durch 12std. Kochen von 4 g **VI** mit 3n HCl; 1,5 g. — *8-Chlor-6-hydroxy-2-methylpurin*, $C_6H_5ClN_4O$, F. >300° (W.), durch 2std. Kochen von 10 g **VI** mit 2n NaOH, Heißfiltration, Ansäuern mit Eisessig u. 3tägiges Stehen; 3,1 g. — *8-Chlor-2-methylpurinthiol-(6)*, $C_6H_5ClN_4S$, durch 4std. Kochen von 3 g **VI** mit KSH; orangefarbene Nadeln; 1,9 g. — *2-Methylpurindithiol-(6.8)*, $C_6H_6N_4S_2$, durch 4std. Kochen von 8 g **VI** mit **III** in absol. A. u. Umfällen aus bas. Lsg. mit Eisessig; 7,9 g. — *8-Chlor-6-diäthylamino-2-methylpurinhydrochlorid*, $C_{10}H_{14}ClN_5 \cdot HCl$, F. 163—165° (Bzl.-$CH_3OH$), durch Einengen einer Lsg. von 2 g **VI** mit $(C_2H_5)_2NH$ in absol. A. u. Kochen in Bzl.; 3,0 g. — *8-Chlor-6-di-n-propylamino-2-methylpurinhydrochlorid*, $C_{12}H_{18}ClN_5 \cdot HCl$, F. 163 bis 165°, mit Di-n-propylamin; 2,3 g aus 2 g. — *6.8-Dihydroxypurinthiol-(2)*, $C_5H_4N_4O_2S$, analog **II** aus 190 g **VIII**; 225 g. — *6.8-Dihydroxy-2-methylmercaptopurinmonohydrat*, $C_6H_6N_4O_2S \cdot H_2O$, F. >300°, durch 45 Min. Rühren von 200 g vorst. Verb. mit KOH u. CH_3J unter ansteigendem Erwärmen auf 50° u. Ansäuern mit Eisessig; 205 g. — *6.8-Dichlor-2-methylmercaptopurin* (**V**), $C_6H_4Cl_2N_4S$, F. 230° (Toluol-Bzl.), aus 150 g vorst. Verb.; 109 g. — *8-Chlor-6-hydroxy-2-methylmercaptopurin*, $C_6H_5ClN_4OS$, F. >300° (W.); 8,5 g aus 10 g. — *6-Chlor-8-hydroxy-2-methylmercaptopurin*, $C_6H_5ClN_4OS$, F. >300° (W.); 7,5 g aus 10 g. — *8-Chlor-2-methylmercaptopurinthiol-(6)*, $C_6H_5ClN_4S_2$, gelbe Nadeln aus verd. NaOH-Eisessig; 2,7 g aus 3 g. — *2-Methylmercaptopurindithiol-(6.8)*, $C_6H_6N_4S_3$, aus Dimethylformamid-W.; 6,5 g aus 10 g. — *8-Chlor-6-dimethylamino-2-methylmercaptopurin*, $C_8H_{10}ClN_5S$, F. 291° (Dimethylformamid/A.), durch 3std. Erhitzen von 3 g **V** mit 25%ig. wss. $(CH_3)_2NH$ auf dem Wasserbad; 3 g. — *8-Chlor-6-[o-chloranilino]-2-methylmercaptopurin*, $C_{12}H_9Cl_2N_5S$, F. 282° (A.), mit o-Chloranilin u. 3 g **V** in absol. A.; 3,2 g. — *8-Hydroxypurinthiol-(2)*, $C_5H_4N_4OS$, F. >300°, aus 21 g **IX** u. **III** bei 160 bis 180°; 18 g. — *8-Hydroxy-2-methylmercaptopurin*, $C_6H_6N_4OS$, aus W.; 42 g aus 50 g. — *8-Chlor-2-methylmercaptopurin*, $C_6H_5ClN_4S$, F. 208° (Toluol-CH_3OH), aus 20 g vorst. Verb. mit $POCl_3$/**IV** in 5 Std.; 9,9 g. — *6-Chlor-2-methylmercaptopurin*, $C_6H_5ClN_4S$, F. 274° (Zers.; A.), durch 1½std. Kochen von 20 g **X** mit $POCl_3$/**IV**; gelbe Nadeln; 12 g. — *2-Methylmercaptopurinthiol-(6)*, $C_6H_6N_4S_2$, durch 5std. Kochen von 1 g vorst. Verb. mit **III** in absol. A. u. Umfällen aus verd. NaOH-Eisessig; 0,7 g. — *6-Dimethylamino-2-methylmercaptopurinhydrochlorid*, $C_8H_{11}N_5S \cdot HCl$, F. 297—299° (CH_3OH), durch Erhitzen von 1 g vorvorst. Verb. mit 25%ig. wss. $(CH_3)_2NH$ auf dem Wasserbad; 1,1 g. (J. org. Chemistry **24**. 320—23. März 1959.) R. PASEDAG. 3272

Henry C. Koppel, Darrell E. O'Brien und **Roland K. Robins**, *Potentielle Purinantagonisten*. 18. Mitt. *Darstellung einiger 6-Alkylmercaptopurine und 4-Alkylmercaptopyrazolo-[3.4:d]-pyrimidine*. (17. vgl. vorst. Ref.) Durch Umsetzung von 6-Chlorpurin (I) bzw. 4-Chlorpyrazolo-[3.4:d]-pyrimidin mit Alkanthiolen werden verschied. *6-Alkylmercaptopurine* bzw. *4-Alkylmercaptopyrazolo-[3.4:d]-pyrimidine* dargestellt.

V e r s u c h e: Durch Zugeben von **I** zu dem Alkanthiol in 4%ig. KOH, 30 Min. Erhitzen auf dem Wasserbad u. Einstellen auf p_H 7 mit verd. HCl (Meth. **A**) oder durch Zugeben des Thiols u. von Dioxan zu 4%ig. KOH, 30 Min. Rühren u. Erwärmen auf 75°, 1std. Rühren mit **I** bei 75°, 30 Min. Rühren bei p_H 7 u. Umkristallisieren aus Essigester-Heptan (Meth. **B**) oder durch Kochen u. Rühren von Purinthiol-(6) mit dem Alkyljodid in 5%ig. KOH, Einstellen auf p_H 7 u. 4—10std. Extrahieren mit Bzl. (Meth. **C**) nachst. P u r i n e: *6-Äthylmercapto-*, F. 203—204°, nach **A**; 57%. — *6-n-Propylmercapto-*, F. 184—185°, nach **A**; 61%. — *6-Isopropylmercapto-*, F. 243—244°, nach **A**; 43%. — *6-Allylmercapto-*, F. 173 bis 174°, nach **C**; 74%. — *6-n-Butylmercapto-*, F. 150—151°, nach **A**; 69%. — *6-sek.-Butylmercapto-*, F. 197—198°, nach **C**; 61%. — *6-Isobutylmercapto-*, F. 202—203°, nach **C**; 61%. — *6-n-Amylmercapto-*, F. 107—108°, nach **B**; 58%. — *6-Isoamylmercapto-*, F. 124—125°, nach **C**; 63%. — *6-n-Hexylmercapto-* F. 95—96°, nach **B**; 43%. — *6-n-Heptylmercapto-*, F. 109—110°, nach **B**; 51%. — *6-n-Octylmercapto-*, F. 97—98°, nach **B**; 49%. — *6-n-Nonylmercapto-*, F. 95—96°, nach **B**; 44%. — *6-n-Dodecylmercapto-* F. 92—93°, nach **B**; 47%. — P y r a z o l o - [3.4:d]- p y r i m i d i n e (aus Essigester-Heptan): *4-Äthylmercapto-*, F. 163°, nach **A**; 58%. — *4-n-Propylmercapto-*, F. 107°, nach **A**; 55%. — *4-Isopropylmercapto-*, F. 116°, nach **A**; 50%. — *4-n-Butylmercapto-*, F. 97—98°, nach **A**; 61%. — *4-n-Amylmercapto-*, F. 86—87°, nach **B**; 54%. — *4-n-Hexylmercapto-*, F. 82°, nach **B**; 47%. — *4-n-Heptylmercapto-*, F. 68—69°, nach **B**; 49%. — *4-n-Octylmercapto-*, F. 64°, nach **B**; 45%. — Die UV-Maxima aller Verbb. bei p_H 1 u. 11 sind tabellar. angegeben. (J. org. Chemistry **24**. 259—61. Febr. 1959.) R. PASEDAG. 3272

B. Ss. Tschlenowa, Z. M. Gelfer und **Ss. F. Petrow**, *Über einige Derivate der Phenoxazonreihe*. Besser als nach dem D. R. P. 620 346 läßt sich *7-Nitro-1.3.4-trichlorphenoxazon-(2)* (**II**) durch Kondensation von 5-Nitro-2-aminophenol (**I**) mit Chloranil in

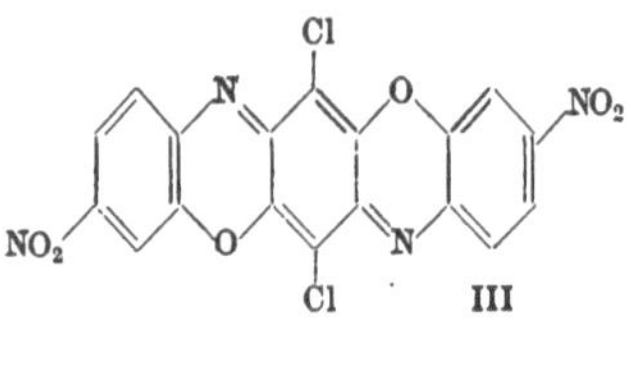
III

wss. Medium in Ggw. von Na-Acetat u. eines Dispersionsmittels darstellen. Bei der Einw. von 2 Mol I auf 1 Mol Chloranil in A. bildet sich leicht *2.7'-Dinitro-5.8-dichlorbenzoxazino-[2'.3':6.7]-phenoxazin*(III; *2.6-Dinitro-9.10-dichlortriphenoxazin*). Bei der Red. von II mit $NaHSO_3$ entsteht *7-Nitro-1.3.4-trichlor-2-hydroxyphenoxazin* u. bei Anwendung von größeren Mengen $NaHSO_3$ *7-Amino-1.3.4-trichlor-2-hydroxyphenoxazin*, das an der Luft sehr leicht zu *7-Amino-1.3.4-trichlorphenoxazon-(2)* oxydiert wird. Von letzterem werden einige N-Acylderivv. erhalten.

V e r s u c h e: *7-Nitro-1.3.4-trichlorphenoxazon-(2)* (II), $C_{12}H_3Cl_3N_2O_4$, F. 238 bis 240° (Essigsäure); man rührt eine Suspension von 25,8 g Chloranil in 450 ml W. in Ggw. eines Dispersionsmittels 20 Std., gibt 17 g Na-Acetat u. in 1 Std. 15,4 g I hinzu u. erhitzt dann 7—8 Std. auf 70—80°; rote Nadeln; λ_{max} 480 mμ; 98—99,5% (Ausbeute). — *2.7'-Dinitro-5.8-dichlorbenzoxazino-[2'.3':6.7]-phenoxazin* (III), $C_{18}H_6Cl_2N_4O_6$, F. >360°, man rührt 25,48 g Chloranil, 25 g Na-Acetat u. 250 ml A. 10 Min., gibt in 1 Std. 33,9 g I zu, erhitzt langsam zum Sieden u. kocht 20 Std.; dunkelrote Nadeln aus Chlorbenzol oder Plättchen aus Nitrotoluol; λ_{max} 490 u. 530 mμ; 83%. — *7-Nitro-1.3.4-trichlor-2-hydroxyphenoxazin*, $C_{12}H_5Cl_3N_2O_4$, durch Red. von 13,8 g II mit $NaHSO_3$ in alkal. Lsg.; orangefarbene Kristalle aus Essigsäure. — *7-Amino-1.3.4-trichlor-2-hydroxyphenoxazin*, durch Red. von 34,55 g II mit 42,56 g $NaHSO_3$ (als 5%ig. wss. Lsg.) u. Ansäuern mit HCl bis auf p_H 7,1—7,8; hellrosafarbener Nd.; wird an der Luft schnell zu nachst. Verb. oxydiert. — *7-Amino-1.3.4-trichlorphenoxazon-(2)*, $C_{12}H_5Cl_3N_2O_2$, F. >360°, durch Einleiten von Luft in die Suspension vorst. Verb. in W.; violette Nadeln aus Nitrobenzol oder gelbe Nadeln aus Dimethylformamid; λ_{max} 555 mμ; 93—96%. *N-Acetyl-deriv.*, $C_{14}H_7Cl_3N_2O_3$, F. >360°, durch 8std. Erhitzen vorst. Verb. mit Acetylchlorid in einem Polychlorbenzolgemisch (Kp. 155—190°); braune Nadeln aus Dimethylformamid; λ_{max} 430 u. 540 mμ; 75—76%. *N-Benzoylderiv.*, $C_{19}H_9Cl_3N_2O_3$, F. >360°, analog mit Benzoylchlorid; dunkelrote Plättchen aus Dimethylformamid; λ_{max} 425 u. 500 mμ; 70%. *N-[3-Nitrobenzoyl]-deriv.*, $C_{19}H_8Cl_3N_3O_5$, F. >360°, analog mit m-Nitrobenzoylchlorid; dunkelrote Nadeln aus Polychlorbenzolgemisch; λ_{max} 420 u. 500 mμ; 78%. — *N-[4-Nitrobenzoyl]-deriv.*, $C_{19}H_8Cl_3N_3O_5$, F. >360°, rote Plättchen aus Dimethylformamid; λ_{max} 425 u. 500 mμ; 83%. (Журнал Общей Химии [J. allg. Chem.] **28** (**90**). 2977—81. Nov. 1958. Wiss. Woroschilow-Forschungsinst. für org. Zwischenprodd. u. Farbstoffe.) A. BRENNER. 3282

Alfonso R. Gennaro, *Pyrido-[3.2:b]-1.4-benzothiazin* (*1-Azaphenothiazin*). *1-Azaphenothiazin* (I) wird durch Erhitzen von 2-Anilinopyridin (II) mit S in Ggw. von J_2 synthetisiert u. als *Monopikrat* charakterisiert. Ein Hydrochlorid definierter Zus. konnte nicht isoliert werden, die Oxydation von I mit H_2O_2 liefert nur II, mit Acetanhydrid entsteht die *10-Acetylverbindung*. I konnte nicht durch Erhitzen von 2-Aminopyridin mit Phenol u. S in Ggw. von J_2 oder $AlCl_3$, aus **II** u. S in Ggw. von $AlCl_3$ oder aus **II** u. SO_2Cl_2 erhalten werden. I konnte mit $NaNH_2$ u. Alkylhalogeniden alkyliert werden. Beim Erhitzen mit Cu liefert I nur II. N-Phenyl-N-[pyridyl-(2)]-N'.N'-dimethyläthylendiamin konnte nicht mit S cyclisiert werden. Die IR-Absorptionsmaxima von I u. seinen Derivv. sind angegeben.

V e r s u c h e: *1-Azaphenothiazin* (I), $C_{11}H_8N_2S$, F. 112,5—113,5° (A.), Kp.$_{3}$ 178 bis 184°, durch 3std. Erhitzen von II u. S in Ggw. von J_2 auf 160—180° (Badtemp.); gelbe Rosetten; 42% (Ausbeute). *Pikrat*, $C_{17}H_{11}N_5O_7S$, F. 198—200° (Zers.). *Hydrochlorid*, F. 182—183° (Zers.; absol. A.-Ae.), gelbe Kristalle. — *10-Acetyl-1-azaphenothiazin*, $C_{13}H_{10}N_2OS$, F. 167—168° (A.), durch ½std. Kochen von I mit Na-Acetat/Acetanhydrid u. Gießen in Eiswasser; hellgelbe Platten; 83,5%. — *2-Anilinopyridin* (II), F. 108—109° (A.), a) durch Erwärmen von I in A. mit 30%ig. H_2O_2 auf 50°; b) durch 1std. Erhitzen von 1 g I mit Cu auf 130° unter N_2 u. Ausäthern; 0,27 g. (J. org. Chemistry **24**. 1156—57. Aug. 1959. Philadelphia, Pa., Coll. of Pharmacy and Sci., School of Chem.) R. PASEDAG. 3292

A. Raychaudhuri, *Dihydrotriazine als mögliche Antimalariamittel*. Durch Kondensation von Arylaminen mit Dicyandiamid (I) u. Aceton (II) in Ggw. von HCl werden die *Hydrochloride* einiger *Triazine* synthetisiert, die eventuell eine Aktivität gegen Bakterien oder Malaria zeigen. Aus Sulfanilamid (III), I u. Methyläthylketon (**IV**) kann in Ggw. von einem geringen Überschuß an HCl *2.4-Diamino-1-[p-aminosulfonylphenyl]-6-methyl-6-äthyl-1.6-dihydro-1.3.5-triazinhydrochlorid* (**V**) erhalten werden. BAMI (C. **1959**. 4477) erhielt bei der Rk. von **I, III** u. wss. **IV** in Ggw. von HCl nur *p-Aminosulfonylphenylbiguanidhydrochlorid* (**VI**) u. bei einem HCl-Überschuß *N-[p-Aminosulfonyl-*

phenyl]-N'-guanylharnstoffhydrochlorid (**VII**). Ein Vgl. der UV-Absorptionsmaxima von **V**, **VI** u. **VII** in 0,01n HCl zeigt eindeutig, daß es sich bei **V** um ein Triazinderiv. handelt.
Versuche: *p.p'-Bis-[2.4-diamino-6.6-dimethyl-1.6-dihydro-1.3.5-triazinyl-(1)]-diphenylsulfon, Dihydrochlorid*, $C_{22}H_{28}N_{10}O_2S \cdot 2$ HCl, F. 266—268° (wss. A.), aus p.p'-Diaminodiphenylsulfon, **I**, **II** u. HCl in W. in 24 Std. bei Zimmertemperatur. — 2.4-Diamino-6.6-dimethyl-1.6-dihydro-1.3.5-triazine: *1-[p-Methylsulfonylphenyl]-, Hydrochlorid*, $C_{12}H_{17}N_5O_2S \cdot HCl$, F. 242° (wss. A.), durch 4std. Kochen von p-Methylsulfonylanilin, **I**, **II** u. HCl in W. u. 12std. Stehen bei Zimmertemperatur. — *1-[4'-Hydroxy-3'-(diäthylaminomethyl)-phenyl]-, Dihydrochlorid*, $C_{16}H_{26}N_6O \cdot 2$ HCl, F. 196° (A./**II**), durch 1std. Kochen von 3-Diäthylaminomethyl-4-hydroxyacetanilid u. HCl in W., Eindampfen im Vakuum, Aufnehmen des Rückstandes in absol. A., Zugabe von **II**, W. u. anschließend **I**, 16std. Kochen, Dest. im Vakuum u. Behandeln des Rückstandes mit **II**. — *2.4-Diamino-1-[p-aminosulfonylphenyl]-6-methyl-6-äthyl-1.6-dihydro-1.3.5-triazin, Hydrochlorid* (**V**), *Hydrat*, $C_{12}H_{18}N_6O_2S \cdot HCl \cdot H_2O$, F. 210° (wss. A.), durch 4std. Kochen von **I**, **III**, **IV** u. HCl in W. u. 12std. Stehen bei Zimmertemperatur. Von den dargestellten Triazinderivv. sind die UV-Absortionsmaxima in 0,01n HCl angegeben. (J. Indian chem. Soc. **35**. 75—77. Jan. 1958. Calcutta, Bengal, Immunity Res. Inst.)
U. KRÜGER. 3313

A. A. Balandin und **N. A. Wassjunina**, *Selektive Hydrierung von Monosacchariden und mehrwertigen Alkoholen.* Die nach der Multiplettheorie über den Multiplettkomplex M verlaufende Rk. A—B + D—C → M → A—D + B — C besitzt eine um so größere Reaktionsgeschwindigkeit, je besser die Struktur- u. energet. Übereinstimmung aufrechterhalten wird, bzw. je niedriger die Energiebarriere —E oder je größer die Bildungsenergie (E) von M ist (E = —$^4/_3$ Aktivierungsenergie). Die nach E = — Q_{AB} — Q_{CD} + (Q_{AK} + Q_{BK} + Q_{CK} + Q_{DK}) (Q = Bindungsenergie, K = Katalysator) ermittelten Werte von E für verschied. Reaktionstypen sind (cal/Mol): —10000 (Hydrierung der Carbonylbindung von Monosacchariden), —17000 (Red. der Alkoholgruppe, Hydrogenolyse der >C—O-Bindung), —32000 (CANNIZZARO-Rk., Bldg. von Uronsäuren), > —48000 (Hydrogenolyse der C—C-Bindung). Nach $\delta E = -\delta \Delta F - (T\delta\Delta S - \delta Q_{AD} + \delta Q_{AK})$ (S = Entropie, ΔE = relative Leichtigkeit des Reaktionsverlaufs) verläuft die Rk. bei einem substituierten A um so schneller, je kleiner $\delta\Delta F$ ist. Die hiernach berechneten Größen δE für den Verlauf der Hydrogenolyse der C—O-Bindung in mehrwertigen Alkoholen an Ni sind für die Rkk.: Hexit → Methylpentit 2600, Pentit → Methylerythrit 2600, Erythrit → Methylglycerin 2700, Erythrit → Butantriol-(1.2.4) —300, Glycerin → Propylenglykol 2100, Glycerin → Trimethylenglykol —1300, Propylenglykol → n-Propanol —1600, Propylenglykol → Isopropanol 2500, Äthylenglykol → A. —2700. Danach werden die prim. Hydroxylgruppen leichter abgespalten als die sekundären. Die relative Leichtigkeit des Reaktionsverlaufes δE für die Hydrogenolyse der C—C-Bindung in mehrwertigen Alkoholen an Ni ist für nachst. Rkk.: Hexit → 2 Mol Glycerin 1200, Hexit → Erythrit + Äthylenglykol 400, Hexit → Methanol + Pentit 160, Methylpentit → Glycerin + Propylenglykol 700, Methylpentit → Methylglycerin + Äthylenglykol 500, Methylpentit → Methylerythrit + Methanol —1060, Pentit → Äthylenglykol + Glycerin 1100, Pentit → Erythrit + Methanol —40, Methylerythrit → Äthylenglykol + Propylenglykol 600, Methylerythrit → A. + Glycerin —600, Methylerythrit → Methanol + Methylglycerin —40, Erythrit → 2 Mol Äthylenglykol 1200, Erythrit → Glycerin + Methanol 200, Methylglycerin → A. + Äthylenglykol —1200, Methylglycerin → Methanol + Propylenglykol 200, Glycerin → Äthylenglykol + Methanol —40. Daraus geht hervor, daß mit der Anzahl der Hydroxylgruppen die C—C-Bindung geschwächt u. dadurch bei höheren Alkoholen der Bruch der C—C-Bindung erleichtert wird. (Доклады Академии Наук СССР [Ber. Akad. Wiss. UdSSR] **117**. 84—87. 1/11. 1957. Org. Chem. Zelinsky-Inst. der Akad. der Wiss. der UdSSR.)
CH. WEISKE. 3400

Irwin A. Pearl, Donald L. Beyer und **Dawn Laskowski**, *Glucoside von Vanillin- und Syringasäure im Holz von Laubbäumen.* Alkal. Hydrolyse der 75%ig. n-Propanolextrakte aus verschied. Hölzern von Laubbäumen gibt *Vanillin* (**I**), *Syringaaldehyd* (**II**), *Vanillinsäure* (**III**) u. *Syringasäure* (**IV**). Das Auftreten von **I** u. **II** in den alkal. Hydrolysaten wird auf die Anwesenheit von Coniferaldehyd u. Sinapaldehyd in den Extrakten u. deren Umwandlung durch einen umgekehrten Aldolmechanismus zurückgeführt. **III** u. **IV** könnten durch alkal. Hydrolyse acyloinartiger Seitenketten entstanden sein. Die 75%ig. n-Propanolextrakte werden mit 0,5n H_2SO_4 hydrolysiert u. das Reaktionsgemisch auf Zucker u. phenolartige Substanzen untersucht. Es werden wiederum **I**, **II**, **III** u. **IV** gefunden, wobei die Ausbeuten an **I** u. **II** denen bei der alkal. Hydrolyse aus denselben Hölzern entsprachen. Dagegen war die Ausbeute an **III** u. **IV** nach der sauren Hydrolyse höher. In all diesen Fällen war eine entsprechend höhere Ausbeute an *Glucose* zu verzeichnen. Es wird angenommen, daß die verschied. Holzextrakte Glucoside von III u. IV enthalten, die durch alkal. Hydrolyse zum Teil, durch Säurebehandlung aber völlig in die freien Säuren gespalten werden. (J. org. Chemistry **24**. 443. März 1959. Appleton, Wis., Inst. of Paper Chem.) J. RUHNKE. 3450

Gábor Fodor, *Die Rolle stereochemischer Gesichtspunkte bei der Synthese der Alkaloide.* Inhaltlich ident. mit der C. **1959**. 9237 referierten Arbeit. (Magyar tudományos Akad., kémiai Tudományok Osztályának Közleményei [Ung. Akad. Wiss., Ber. Abt. chem. Wiss.] **7**. 467—79. 1956.) F. HELLER. 3500

Yoshio Sasaki, *Untersuchungen über die Alkaloide der Menispermaceen.* 126. Mitt. *Spaltung des Cepharanthins durch metallisches Natrium in flüssigem Ammoniak.* 5. Mitt. *Die Struktur der gespaltenen phenolischen Base.* 2. Mitt. (125. bzw. 4. vgl. Pharmac. Bull. [Tokyo] **3**. [1955.] 178.) Es war l.c. vermutet worden, daß die bei der Spaltung des Cepharanthins entstehende Base vom F. 205—207° (Zers.) *d-1-[4-Hydroxybenzyl]-7-hydroxy-N-methyl-1.2.3.4-tetrahydroisochinolin* (I) ist, was durch diese Unters. bestätigt werden konnte. Die katalyt. Hydrierung des O.O-Dimethyläthers von I führte zum *4'.5-Dimethoxy-2-[β-dimethylaminoäthyl]-dibenzyl,* dessen Methojodid durch HOFMANN-Abbau das *Vinyldimethoxydibenzyl* gab, das durch $KMnO_4$-Oxydation u. Decarboxylierung des Prod. *3.4'-Dimethoxydibenzyl* (II) lieferte. II wurde auch durch Kondensation von 3-Methoxybenzaldehyd mit 4-Methoxyphenylessigsäure zu *3.4'-Dimethoxystilben-β-carbonsäure,* Decarboxylierung zu *3.4'-Dimethoxystilben* u. anschließende katalyt. Hydrierung erhalten.

Versuche: 4'.5-Dimethoxydibenzyle: *2-[β-Dimethylaminoäthyl]-Methojodid,* $C_{20}H_{27}JNO_2$, F. 146°, aus dem O.O-Dimethyläther von I in CH_3OH über Pd-Mohr mit H_2 bei n. Druck u. durch Behandlung des Prod. mit CH_3J in Bzl.; Nadeln. — *2-Vinyl-,* durch Erwärmen vorst. Verb. in 20%ig. KOH auf dem Wasserbad. Hydrochlorid krist. nicht. — *2-Carboxy-,* F. 115—116°, durch Oxydation vorst. Verb. mit $KMnO_4$ in Aceton bei 20°; aus Ae.-PAe. Nadeln. — *3.4'-Dimethoxydibenzyl* (II), $C_{16}H_{18}O_2$, F. 36—38°, durch Decarboxylierung vorst. Säure in Chinolin in Ggw. von Cu-Pulver. — *3.4'-Dimethoxystilben-β-carbonsäure,* $C_{17}H_{16}O_4$, F. 167—168°, aus 3-Methoxybenzaldehyd u. Na-4-Methoxyphenylacetat durch 30std. Kochen in Acetanhydrid; gelbliche Nadeln. — *3.4'-Dimethoxystilben,* $C_{16}H_{16}O_2$, F. 105—107°, aus vorst. Säure durch Decarboxylierung in Chinolin; aus A. Plättchen. Hydrierung an Pd bei n. Druck in Methanol → II. (Pharmac. Bull. [Tokyo] **3**. 250—53. Aug. 1955. Kyoto, Univ., Med. Fac., Pharmac. Inst. [Orig.: engl.]) K. NEZEL. 3500

Marvin Carmack, James P. Ferris, John Harvey jr., Phyllis L. Magat, Eric W. Martin und **Dana W. Mayo,** *Strukturelle Beziehungen zwischen Deltalin, Delphelin und Lycoctonin.* Vff. stellen fest, daß die strukturell ähnlichen Alkaloide *Deltalin* (I), *Delphelin* (II) u. *Lycoctonin* (III) zusammen in *Delphinium barbeyi Huth* vorkommen. I, $C_{27}H_{41}NO_8$, wurde als Hauptbase aus *D. barbeyi* u. *D. occidentale* isoliert: F. 193,5 bis 194° (korr., im evakuierten Röhrchen); $[\alpha]_D^{33}$ —28,5° (CH_3OH). In aus *D. occidentale* isoliertem I konnten Vff. die Ggw. eines weiteren Alkaloids, *Delphoccin,* nachweisen. Ersatz der OH-Gruppe von I durch H u. Umwandlung der Acetoxygruppe in OH führt zu II. Durch Einw. von Thionylchlorid auf II bei Zimmertemp. erhält man *Chloracetyldelphelin* (IV), $C_{27}H_{40}ClNO_7$, F. 173,3—173,5° (korr., im evakuierten Röhrchen); $[\alpha]_D^{26}$ —40,7 (Chlf.). Rk. von IV mit $LiAlH_4$ in sd. Ae. liefert II in sehr guter Ausbeute. Die CrO_3-Oxydation von III liefert den Aldehyd *Lycoctonal,* der sich zur Base *Desoxylycoctonin* (V) red. läßt, die 2 C-Methylgruppen enthält. V wurde aus II in 2 Stufen synthetisiert: die sek. OH-Gruppe von II wurde mit NaH u. Methyljodid methyliert. Das gebildete *O-Methyldelphelin* (VI; $C_{26}H_{41}NO_6$) hat F. 102,5—103° (korr., im evakuierten Röhrchen) u. $[\alpha]_D^{24}$ —6,3° (Chlf.). Hydrolyse der Acetalfunktion von VI mit heißer 10%ig. H_2SO_4 lieferte V. (J. Amer. chem. Soc. **80**. 497. 20/1. 1958. Philadelphia, Pa., Univ., Dep. of Chem.; Bloomington, Ind., Univ., Dep. of Chem.) C. GOTTFRIED. 3500

Ernest Wenkert und **N. V. Bringi,** *Eine stereochemische Deutung der Biosynthese der Indolalkaloide.* (Vgl. C. **1959**. 1791 u. C. **1959**. 6146.) Vff. untersuchen die Beziehungen zwischen Stereochemie u. Biogenese einiger *Indolalkaloide* u. entwickeln eine neue Theorie über die Biosynth. dieser Naturprodukte. Die 13 Alkaloide vom Yohimbintyp bekannter Konst. lassen sich in 2 Gruppen einordnen, u. zwar in Verbb. mit D/E-trans-[Yohimbin (I)] oder Verbb. mit D/E-cis-Verknüpfung [3-Epi-α-yohimbin (II)]. Da die Darst. von Apoyohimboasäurehydrazid nur schwer gelingt, ist der CURTIUS-Abbau von Apoyohimbin für diese Unterss. nicht geeignet. Durch SCHMIDT-Rk. wird aus Apoyohimboasäurehydrochlorid in einer Stufe *16-Yohimbon* (IV) u. aus 3-Epi-α-apoyohimboasäurehydrochlorid über *16-Epialloyohimbon,* das sich wegen der der cis-D/E-Verknüpfungsstelle benachbarten Carbonylgruppe sofort in die stabilere *trans-Verb.* umlagert, ein *Enantiomeres* (V) von IV erhalten, was durch die Identität von F., IR-Spektr. u. Größe der opt. Drehung, aber entgegengesetzter Richtung, bewiesen wird. Ein analoger

Abbau von Verbb. mit Heteroatomen im Ring E, wie z. B. Ajmalicinsäure (**VI**; D/E-cis-Typ) u. Tetrahydroalstoninsäure (**VII**; D/E-trans-Typ) liefert nur geringe Ausbeuten an Rohprodd., die merkwürdigerweise als *Isocyanate* erkannt werden. Vermutlich entstehen die Ketoverbb. durch Umlagerung einer hydratisierten Form des Säureazids ($-CH{=}C\!\!\mid C(OH)_2N_3 \rightarrow -CH{=}C\!\!\mid NHCO_2H \xrightarrow{-CO_2} -CH_2-C\!\!\mid{=}NH \xrightarrow[-NH_3]{+H_2O} -CH_2-C\!\!\mid{=}O$), während sich die Isocyanate aus einer nicht hydratisierten Form der weitgehend konjugierten Systeme von **VI** u. **VII** bilden ($-O-CH{=}C\!\!\mid-\overset{(+)}{C}O_2H_2 \xrightarrow{-H_2O} -O-CH{=}C\!\!\mid-\overset{(+)}{C}{=}O \xrightarrow{+HN_3} -O-CH{=}C\!\!\mid-C\begin{smallmatrix}OH\\ N_3^{(+)}H\end{smallmatrix} \xrightarrow{-H^{(+)}} -O-CH{=}C\!\!\mid-N{=}C{=}O$; hier können auch mesomere Formen der Zwischenprodd. in Betracht kommen). Die Bldg. von **IV** u. **V** aus Alkaloiden vom Yohimbintyp mit D/E-trans- bzw. D/E-cis-Verknüpfung ist der 1. chem. Beweis dafür, daß in allen natürlich vorkommenden Verbb. dieser Alkaloidklasse die Konfiguration am $C_{(15)}$ gleich ist, u. zwar ist das H-Atom am $C_{(15)}$ α-orientiert. Die säurekatalysierte Hydratisierung u. anschließende Decarboxylierung von **VI** (Tetrahydroserpentinsäure) führt zu dem Halbacetal *Ajmalicial* (**VIII**). Die Red. von **VIII** durch Überführung in das Äthylendithioacetal u. anschließende Ni-Desulfurierung gelingt nicht. Die WOLFF-KISHNER-Red. von **VIII** führt zu *Ajmaliciol* (**X**), das nicht durch Red. seines *Tosylats* (**IX**) mit $LiAlH_4$ in die O-freie Verb. übergeführt werden kann. Die Darst. von **IX** gelingt nur sehr schwer wegen intramolekularer H-Brücken in **X**, außerdem ist **IX** sehr leicht zersetzlich. Die Oxydation von **X** nach OPPENAUER liefert durch Gleichgewichtseinstellung der Konfiguration am $C_{(3)}$ u. $C_{(15)}$ in dem stark bas. Medium unter Ausbldg. der stabilsten Normalkonfiguration, ungeachtet der stereochem. Anordnung des Ausgangsmaterials, *19-Dihydrocorynantheon* (**XI**), das durch WOLFF-KISHNER-Red. in *Dihydrocorynanthean* (**XII**) übergeführt werden kann. **XII** ist in jeder Hinsicht ident. mit dem Abbauprod. von Corynanthein (**XV**). Ein ähnlicher Abbau von **VII** zu einem **XII** entsprechenden Syst. gelingt nicht. Die säurekatalysierte Hydratisierung u. Decarboxylierung von **VII** u. anschließende WOLFF-KISHNER-Red. liefert *Tetrahydroalstoniol* (**XIV**), das als *Acetat* charakterisiert wird. Die Überführung von **VI** in **XII** zeigt, daß **VI** u. damit Ajmalicin (**III**) als Alkaloid mit einem Heteroatom im Ring E u. **XV** als Alkaloid vom 17.18-seco-Typ am $C_{(15)}$ die gleiche Konfiguration haben, u. zwar ist das H-Atom α-orientiert. Zur Best. der absol. Konfiguration der Yohimbinalkaloide wird ihre Beziehung zu den Cinchonaalkaloiden untersucht, deren absol. Konfiguration bereits bestimmt ist (PRELOG u. ZALAN, Helv. chim. Acta **27.** [1944.] 545) u. deren dem $C_{(15)}$ der Yohimbinalkaloide entsprechendes C-Atom ein α-orientiertes H-Atom trägt. Die Tosylierung von Dihydrocorynantheol u. anschließendes Rückflußkochen in Dimethylformamid führt zu dem quaternären *Ammoniumtosylat* **XVI**, das auch durch Tosylierung von Dihydrocinchonamin über ein quaternäres *Chlorid* u. dessen Behandlung mit Ag-Tosylat erhalten wird. Hierdurch ist die absol. Konfiguration von **III** u. **XV** festgelegt. Die Tatsache der α-Stellung des H-Atoms am $C_{(15)}$ ist bei der Entw. einer Theorie über die Biosynth. der Indolalkaloide von Bedeutung u. muß berücksichtigt werden. Ein Schema über die Bldg. von Indolalkaloiden aus Tryptophan, Phenylalanin (**XVII**) oder ihren Phenolderivv. u. Glycin wurde bereits von BARGER u. HAHN (Helv. chim. Acta **16.** [1933.] 1343 u. Liebigs Ann. Chem. **520.** [1935.] 123) entwickelt. Als Endprod. ist eine Verb. der Konst. **XVIII** angegeben. Aus diesem Schema ist der Oxydationsgrad des Ringes E, die absol. Konfiguration am $C_{(15)}$ u. der Ursprung der Carbomethoxygruppe nicht ersichtlich. Da außer in Alstonilin (**XIII**) in keinem Alkaloid der Yohimbingruppe der Ring E aromat. ist u. außer Sempervirin (**XXV**) alle Alkaloide asymm. Zentren an der D/E-Ringverknüpfung zeigen, ist die Bldg. einer Verb. wie **XIII** mit einem aromat. Ring E unwahrscheinlich. Auch die von ROBINSON (Clarendon Press, Oxford 1955) entwickelte Theorie über die Bldg. der Carbomethoxygruppe im Ring E ist unbefriedigend. Da die

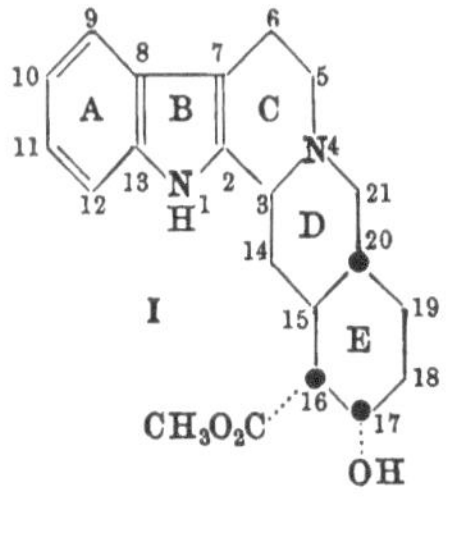

I

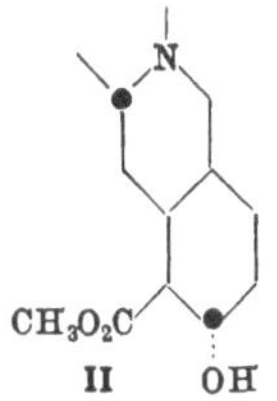

II

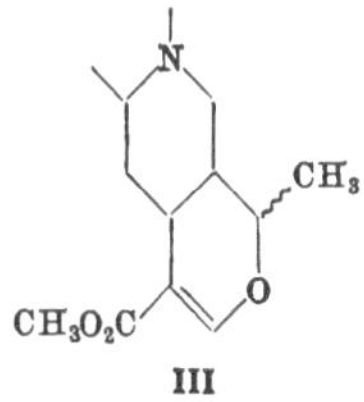

III

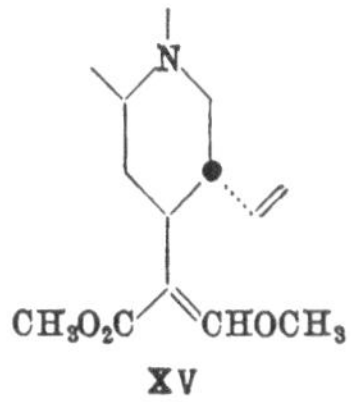

XV

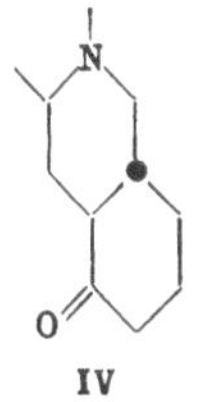

IV

Unstimmigkeiten im BARGER-HAHN-Schema sich auf den **XVII**-Anteil des Yohimbinskeletts beziehen, ist es möglich, daß ein carboxysubstituiertes, hydroaromat. Syst. an Stelle von **XVII** die C-Atome des Ringes E u. z. T. des Ringes D für die Yohimbinbasen liefert. Hierfür käme die sich aus Shikimisäure bildende *Prephensäure* in Frage. Beide Säuren sind natürliche Vorläufer von aromat. Aminosäuren. Das Vork. von Chinasäure, deren 5-Dehydroderiv. ein Vorläufer der Shikimisäure ist, in der Cinchonapflanze sowie die Isolierung von 3.4.5-Trimethoxybenzoyl- u. 3.4.5-Trimethoxycinnamoylgruppen enthaltenden Yohimbinbasen, z. B. Rauwolfiaalkaloiden, machen diese Annahme wahrschein-

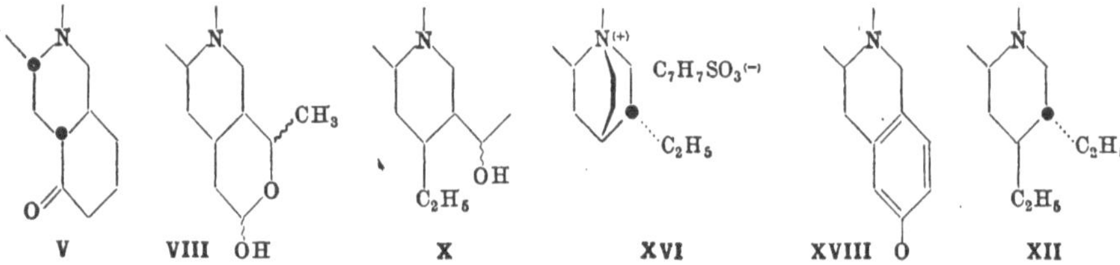

V VIII X XVI XVIII XII

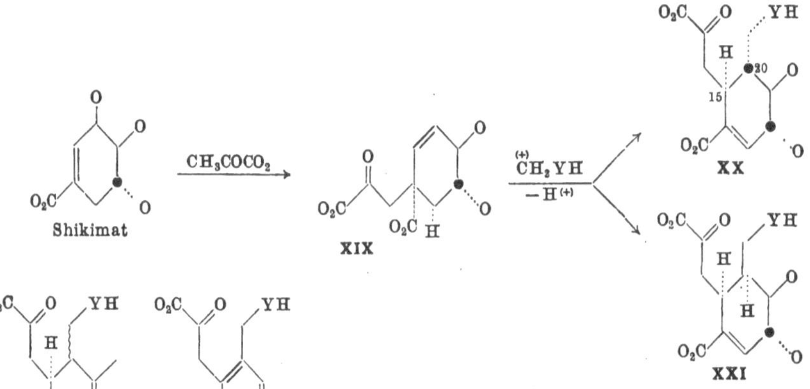

XXII XXVI

lich. Die Bldg. von Prephenat aus Shikimat u. Pyruvat kann auf 2 Wegen erfolgen: durch nucleophilen Ersatz des Phosphats von 5-Phosphoshikimat durch Enolpyruvat am $C_{(1)}$ (S_N2'-Rk.) oder durch Bldg. eines Enoläthers des Pyruvats mit der 5-Hydroxygruppe im Shikimat u. anschließenden Übergang des Pyruvatanteils an das $C_{(1)}$ (S_N1'-Rk.). Unter Beibehaltung der Konfiguration muß die Pyruvatseitenkette in dem Reaktionsprod. **XIX** dieselbe Orientierung haben wie die 5-Hydroxygruppe im Shikimat. Die Rk. von **XIX** mit $\overset{(+)}{C}H_2YH$, der Säure aus Formaldehyd (Y = O), Formaldimin (Y = NH) oder N-Formaltryptamin (Y = N-[β-Indolyl-(3)-äthyl]), kann entweder zu einer 15.20-trans- (**XX**) oder einer 15.20-cis-Verb. (**XXI**) führen. Die Pyruvatseitenkette muß in beiden Fällen ihre Konfiguration beibehalten. Hydratations/Dehydratations- u. Oxydations/Reduktionsprozesse u. Kondensation der Pyruvatseitenkette von **XX** oder **XXI** an das $C_{(2)}$ eines Indolringes kann zu Alkaloiden führen wie **I**, **II**, Reserpin, **XIII** u. **XXV**. Eine Ringöffnung von **XX** oder **XXI** führt über **XXII** nicht zu Systemen vom Corynanthein-, Rhyncophyllin- u. Ajmalicintyp, sondern auch zu Cinchona- u. Strychnosbasen sowie zu Alkaloiden mit dem Skelett von Mavacurin, Ajmalin u. Emetin. Das von GOVINDACHARI u. Mitarbeitern (Experientia [Basel] **14**. [1958.] 5) für die Bldg. von Gentianin (**XXIII**) aufgestellte biogenet. Schema wird mit Hilfe der angegebenen Theorie berichtigt. Dabei kann die Struktur von *Erythrocentaurin* (**XXIV**), dem bitteren Bestandteil der **XXIII** enthaltenden Pflanzen, vorausgesagt werden. Durch Oxydations/Reduktionsprozesse entsteht aus **XXII** vermutlich **XXIII** u. aus dem durch H_2O-Abspaltung aus **XX** oder **XXI** gebildeten **XXVI** wahrscheinlich **XXIV**, dem demnach die Konst. des 2-[β-Hydroxyäthyl]-3-carboxybenzaldehydlactons zukäme. Ausführliche Schemata sind angegeben.

V e r s u c h e: *Verb. vom F. 270°* (Zers.; verd. A.), durch 8std. Kochen von Apoyohimbin mit 95%ig. Hydrazin u. 2 Tropfen Wasser. — *16-Yohimbon* (**IV**), $C_{19}H_{22}N_2O$, F. 260—262° (Zers.; wss. Methanol), $[\alpha]_D$ —86,1° (Pyridin), durch Zugabe von Chlf. u. NaN_3 zu einem Gemisch von Apoyohimboasäurehydrochlorid u. eiskalter, konz. H_2SO_4

unter Rühren, 15 Min. langes Erwärmen auf 40°, Zugabe von Eis u. verd. NH_3 u. Extrahieren mit Chlf.; 17% (Ausbeute). — *Enantiomeres 16-Yohimbon* (**V**), F. 254—256° (Zers.), $[\alpha]_D$ +85° (Pyridin), analog **IV** aus 3-Epi-α-apoyohimboasäurehydrochlorid; aus verd. Methanol Nadeln; 17%. — *Ajmalicinsäure* (**VI**; *Tetrahydroserpentinsäure*), *Hydrochlorid*, F. 235—240° (Zers.), durch 18std. Kochen von **III** in 20%ig. alkoh. KOH unter N_2, Eindampfen im Vakuum, Zugabe von W., Ansäuern mit HCl u. Extrahieren mit Butanol-(1); 66%. — *Isocyanat vom F. 140—145°*, durch SCHMIDT-Rk. aus vorst. Hydrochlorid; 20%. — *Isocyanat vom F. 120—125°*, durch Hydrolyse von Tetrahydroalstonin u. SCHMIDT-Rk. von **VII**-*Hydrochlorid*; 17%. — *Ajmalicial* (**VIII**), $C_{19}H_{24}N_2O_2$, F. 226 bis 228°, $[\alpha]_D$ —124° (Pyridin), durch 4std. Erhitzen von **VI**-Hydrochlorid auf dem Wasserbad u. Zugabe von Na_2CO_3; aus A. Nadeln; 52%. — *Ajmaliciol* (**X**), $C_{19}H_{26}N_2O$, F. 200 bis 201°, $[\alpha]_D$ —25° (Pyridin), durch 1std. Kochen von **VIII**, KOH, 95%ig. Hydrazinhydrat u. Äthylenglykol, 4std. Erhitzen auf 200°, Verdünnen mit W., Extrahieren mit Chlf., Abdampfen des Chlf. u. Behandeln des Rückstandes mit kaltem Methanol; aus Methanol Nadeln; 80%. — *19-Dihydrocorynantheon* (**XI**), $C_{19}H_{24}N_2O$, F. 225—227° (Methanol), $[\alpha]_D$ 0° (Pyridin), $[\alpha]_D$ —57° (Chlf.), durch 7std. Kochen von **X**, Al-Phenolat, Cyclohexanon u. Xylol, Extrahieren des Gemisches mit 2n H_2SO_4, Zugabe von NH_4OH u. Extrahieren mit Chlf.; Nadeln; 37%. — *Dihydrocorynanthean* (**XII**), F. 189° (verd. Methanol), $[\alpha]_D$ —94° (Pyridin), durch $^1/_2$std. Kochen von **XI**, Hydrazinhydrat, Eisessig u. Äthylenglykol, Zugabe von KOH u. Hydrazinhydrat, 4std. Erhitzen auf 200—210°, Verdünnen u. Extrahieren mit Chlf.; Nadeln; 42%. — *Tetrahydroalstoniol* (**XIV**; *19-Hydroxydihydrocorynanthean*), F. 80—88°, durch säurekatalysierte Hydratisierung u. Decarboxylierung von **VII**-Hydrochlorid u. WOLFF-KISHNER-Red. des so erhaltenen amorphen *Hemiacetals* (51%); 76%. *Acetat*, $C_{21}H_{28}N_2O_2$, F. 224°, $[\alpha]_D$ —51° (Chlf.); aus Methanol Nadeln; 21%. — *Quaternäres Chlorid*, $C_{19}H_{25}ClN_2$, F. des *Chloroformsolvats* 320—321° (Chlf./Methanol), durch 36std. Stehen einer Lsg. von Dihydrocinchonamin u. p-Toluolsulfochlorid in wasserfreiem Pyridin im Eisschrank. — *Quaternäres Tosylat* **XVI**, F. 315—316° (Zers.), $[\alpha]_D$ —69,5° (90%ig. Methanol), a) durch Zugabe von Ag-p-Toluolsulfonat zu einer wss. Lsg. vorst. Chlorids, Versetzen des Filtrats mit NH_4OH u. Extrahieren mit Chlf.; b) durch 36std. Stehen von Dihydrocorynantheol (F. 185—187°), p-Toluolsulfochlorid u. Pyridin im Eisschrank, Suspendieren der ausgefallenen Kristalle (F. 260°) in verd. NaOH, Extrahieren mit Chlf., Eindampfen u. $^1/_2$std. Kochen der so erhaltenen Substanz (F. 305—310° Zers.) in Dimethylformamid; aus Dimethylformamid lange Nadeln. Von den beschriebenen Verbb. sind die IR-Banden angegeben. (J. Amer. chem. Soc. **81.** 1474—81. 20/3. 1959. Ames, Iowa, Iowa State College, Dep. of Chem.)

U. KRÜGER. 3500

Milton D. Soffer, Marlene Brey und **Jane Fournier**, *Die Struktur von kristallinem Cadinol aus Citronellöl.* Cadinol wird mit Perbenzoesäure zu einem *Gemisch der stereoisomeren Epoxyde* **Ia** *u.* **Ib** oxydiert, das durch Einw. von CH_3MgJ eine *Mischung der Diole* **IIa** *u.* **IIb** sowie vielleicht **IIc** liefert, aus der ein *Dihydroxytetrahydromethylcadinen vom F. 211—212,5°* isoliert wird. Erhitzen des **II**-Gemisches mit Pd-Kohle auf 300—330°

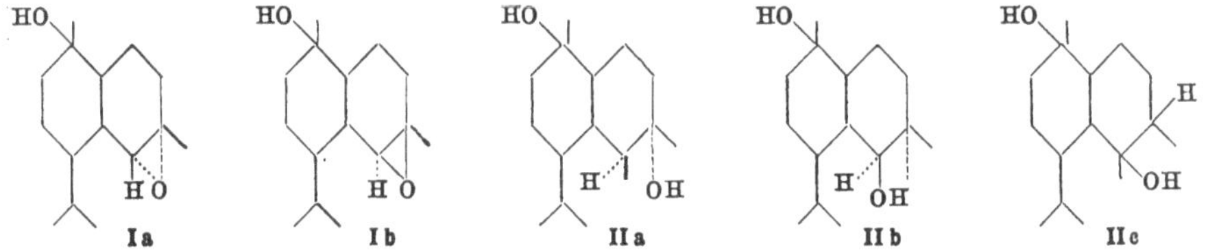

Ia **Ib** **IIa** **IIb** **IIc**

liefert *1.2.5-Trimethylnaphthalin* (**III**). Die von DEV (vgl. J. Indian chem. Soc. **25.** [1948.] 69) als 5-Methylcadalin (**IV**) bezeichnete Verb. stellt ein Gemisch von **IV** u. **III** dar, wie der Vgl. der FF. der *Trinitrobenzolate* u. *Pikrate* zeigt.

V e r s u c h e (FF. korr.): *α-Cadinol*, F. 74,5—75°, aus 2,42 g des p-Nitrobenzoats durch Kochen mit methanol. KOH unter N_2 in 4 Std.; 1,43 g. *p-Nitrobenzoat*, $C_{22}H_{29}NO_4$, F. 137—138°, aus 54,5 g der aus Citronellöl durch Dest. bei 97—112°/0,2 mm erhaltenen Cadinolfraktion mit p-Nitrobenzoylchlorid–Pyridin; $[\alpha]_D^{24,5}$ —83,1° (c = 1,1 in Chlf.); Blättchen aus A., Nadeln aus PAe.; 3,41 g. — *Dihydroxytetrahydromethylcadinen vom F. 211—212,5°*, $C_{16}H_{28}(OH)_2$, aus 0,88 g α-Cadinol durch 3std. Einw. von Perbenzoesäure in Chlf. bei 5°, 48std. Kochen des erhaltenen **I**-Gemisches mit CH_3MgJ in absol. Ae. unter N_2 u. Kristallisation des erhaltenen **II**-Gemisches (F. 196—204°; 0,87 g) aus verd. Alkohol. — *1.2.5-Trimethylnaphthalin* (**III**), aus 0,87 g vorst. **II**-Gemisches durch Erhitzen mit Pd-Kohle auf 300—330°; 0,48 g. *Trinitrobenzolat*, $C_{19}H_{17}N_3O_6$, F. 160—160,5°. *Pikrat*, F. 139—140°. — *5-Methylcadalin* (**IV**), *Pikrat*, $C_{22}H_{23}N_3O_7$, F. 103—104°. — *7-Methyl-*

cadalintrinitrobenzolat, $C_{22}H_{23}N_3O_6$, F. 126—126,5°, orangegelbe Nadeln aus CH_3OH. (J. Amer. chem. Soc. **81**. 1678—80. 5/4. 1959. Northampton, Mass., Smith Coll., Dep. of Chem.) D. KIRSTEIN. 3600

J. Kalvoda und **H. Loeffel**, *Zur Kenntnis der Triterpene.* 193. Mitt. *Synthese von (±)-trans-4.4.7.9-Tetramethyl-3β-hydroxydekalon-(8).* (192. vgl. C. **1959.** 8563.) Durch partielle Ketalisierung von Δ^4-9-Methyloktalindion-(3.8) (**I**), Methylieren von (±)-Δ^4-9-Methyloktalindion-(3.8)-äthylenketal-(8) (**II**), Red. von (±)-$\Delta^{5,10}$-*4.4.9-Trimethyloktalindion-(3.8)-äthylenketal-(8)* zu (±)-$\Delta^{5,10}$-*4.4.9-Trimethyl-3β-* (**III**) u. *-3α-hydroxyoktalon-(8)-äthylenketal* (**IV**), Hydrolyse von **III**, Acetylieren, Hydrieren u. Nachoxydieren zu (±)-*O-Acetyl-trans-4.4.9-trimethyl-3β-hydroxydekalon-(8)* (**VI**) neben dem *cis-Isomeren* (**V**), Rk. von **VI** mit Ameisensäureäthylester (**VIII**), Acetylieren u. Hydrieren zu (±)-*O-Acetyl-trans-4.4.7.9-tetramethyl-3β-hydroxydekalon-(8)* (**VII**) u. Verseifen wird (±)-*trans-4.4.7.9-Tetramethyl-3β-hydroxydekalon-(8)* (**IX**) dargestellt. Oxydation von **IX** gibt (±)-*trans-4.4.7.9-Tetramethyldekalindion-(3.8)* (**X**). Analog wird **IV** über (±)-*O-Acetyl-trans-4.4.9-trimethyl-3α-hydroxydekalon-(8)* (**XI**) u. das *cis-Isomere* (**XII**) in (±)-*trans-* bzw. (±)-*cis-4.4.9-Trimethyl-3α-hydroxydekalon-(8)* umgewandelt. **XII** gibt über (±)-*O-Acetyl-cis-4.4.7.9-tetramethyl-3α-hydroxydekalon-(8)* → (±)-*cis-4.4.7.9-Tetramethyl-3α-hydroxydekalon (8)* → (±)-*cis-4.4-7.9-Tetramethyldekalindion-(3.8)*. Die IR-Spektren von **VII**, **IX** u. **X** sind mit den Spektren der entsprechenden Abbauprodd. von α-Amyrin identisch. Die Konfiguration von **III** u. **VI** wird durch die Überführung in **IX** bzw. **VII** bewiesen.

Versuche (FF. korr.): (±)-Δ^4-*9-Methyloktalindion-(3.8)-äthylenketal-(8)* (**II**), $C_{13}H_{18}O_3$, Kp.$_{0,1}$ 124° (teilweise Zers.), durch $2^1/_4$std. Kochen von 6 g **I** u. Äthylenglykol in Bzl. in Ggw. von p-Toluolsulfonsäure u. Chromatographie an Al_2O_3; n_D^{20} 1,5370; 4,12 g (Ausbeute); daneben (±)-$\Delta^{5,10}$-*9-Methyloktalindion-(3.8)-bis-äthylenketal-(3.8)* [$C_{15}H_{22}O_4$, F. 92—93° (Hexan); 1,08 g]; bei 1std. Rk. auch (±)-$\Delta^{5,10}$-*9-Methyloktalindion-(3.8)-äthylenketal-(3)* [$C_{13}H_{18}O_3$, F. 61—62° (Hexan)]. *Semicarbazon*, $C_{14}H_{21}N_3O_3$, F. 203 bis 204° (Methanol). — (±)-$\Delta^{5,10}$-*4.4.9-Trimethyloktalindion-(3.8)-äthylenketal-(8)*, $C_{15}H_{22}O_3$, Kp.$_{0,05}$ 110°, durch $^1/_2$std. Zugabe von CH_3J zu einer Lsg. von K u. 4,7 g **II** in tert.-Amylalkohol unter N_2 bei 0°, 3tägiges Stehen bei 20° unter N_2, Gießen auf Eis, Ausäthern u. Chromatographie an Al_2O_3; n_D^{20} 1,510; 4,7 g. — (±)-$\Delta^{5,10}$-*4.4.9-Trimethyl-3β-hydroxyoktalon-(8)-äthylenketal* (**III**), $C_{15}H_{24}O_3$, F. 86,5—87° (Hexan), Kp.$_{0,02}$ 110°, durch Zutropfen von 7,33 g vorst. Verb. in absol. Ae. zu $LiAlH_4$ in absol. Ae. unter Schütteln, 3std. Kochen, 15std. Stehen bei 20°, Zugabe von W. unter Kühlung u. von Seignettesalzlsg. u. Chromatographie an Al_2O_3; 2,00 g; daneben (±)-$\Delta^{5,10}$-*4.4.9-Trimethyl-3α-hydroxyoktalon-(8)-äthylenketal* (**IV**) ($C_{15}H_{24}O_3$, F. 147—148°, sublimiert bei 110°/0,02 Torr; aus Hexan Nadeln; 2,3 g). — (±)-*O-Acetyl-cis-4.4.9-trimethyl-3β-hydroxydekalon-(8)* (**V**), $C_{15}H_{24}O_3$, F. 53,5—54,5° (Hexan), sublimiert bei 100°/0,02 Torr, durch 40 Min. langes Erwärmen von 1,086 g **III** mit 90%ig. Essigsäure bei 100°, Verdünnen mit W., Ausäthern, 14std. Stehen mit Acetanhydrid/Pyridin bei n. Temp., Hydrieren in Eisessig in Ggw. von vorhydriertem PtO_2, 4std. Stehen in Eisessig mit CrO_3 bei 20° u. Chromatographie an Al_2O_3; 179 mg; daneben (±)-*O-Acetyl-trans-4.4.9-trimethyl-3β-hydroxydekalon-(8)* (**VI**) [$C_{15}H_{24}O_3$, F. 93,5—94,5° (Hexan, Sublimation); 600 mg]. — (±)-*cis-4.4.9-Trimethyl-3β-hydroxydekalon-(8)*, $C_{13}H_{22}O_2$, F. 138—139° (Hexan), durch 1std. Erwärmen von 17 mg **V** mit 5%ig. wss. alkoh. KOH bei 100°, Verdünnen mit W. u. Chromatographie an Al_2O_3; 8 mg. — (±)-*trans-4.4.9-Trimethyl-3β-hydroxydekalon-(8)*, $C_{13}H_{22}O_2$, F. 74° (Hexan), durch 1std. Erwärmen von 20 mg **VI** mit 5%ig. wss. alkoh. KOH bei 100°; 10 mg. — (±)-*O-Acetyl-trans-4.4.7.9-tetramethyl-3β-hydroxydekalon-(8)* (**VII**), $C_{16}H_{26}O_3$, F. 98—98,5° (Hexan, Hochvakuumsublimation), durch Zugabe von **VIII** zu CH_3ONa in absol. Bzl. unter N_2 u. Feuchtigkeitsausschluß, Zutropfen von 213 mg **VI** in absol. Bzl. während $^1/_2$ Std., 15std. Schütteln bei n. Temp., 16std. Stehen mit Acetanhydrid/Pyridin bei 20°, Verdünnen mit W., Ausäthern, $^1/_2$std. Hydrieren in Eisessig in Ggw. von vorhydrierter Pd/Kohle u. Chromatographie an Al_2O_3; 180 mg. — (±)-*trans-4.4.7.9-Tetramethyl-3β-hydroxydekalon-(8)* (**IX**), $C_{14}H_{24}O_2$, F. 111,5—112° (Hexan), Kp.$_{0,02}$ 110°, durch 1std. Erwärmen von 51 mg **VII** mit 5%ig. wss. alkoh. KOH bei 100° u. Chromatographie an Al_2O_3; 42 mg. — (±)-*trans-4.4.7.9-Tetramethyldekalindion-(3.8)* (**X**), $C_{14}H_{22}O_2$, F. 68—69° (Hexan), durch Zutropfen von CrO_3 in 90%ig. Essigsäure zu 10 mg **IX** in Eisessig, Verdünnen mit W. u. Chromatographie an Al_2O_3; 8,5 mg. — (±)-*O-Acetyl-trans-4.4.9-trimethyl-3α-hydroxydekalon-(8)* (**XI**), $C_{15}H_{24}O_3$, F. 102—103° (Hexan), durch 40 Min. langes Erwärmen von 559 mg **IV** mit 90%ig. Essigsäure bei 100°, 14std. Stehen mit Acetanhydrid/Pyridin bei 20°, $4^1/_2$std. Hydrieren in Eisessig in Ggw. von vorhydriertem PtO_2, Zugabe von CrO_3 in 90%ig. Essigsäure u. Chromatographie an Al_2O_3; 90 mg; daneben (±)-*O-Acetyl-cis-4.4.9-trimethyl-3α-hydroxydekalon-(8)* (**XII**) [$C_{15}H_{24}O_3$, F. 99—99,5° (Hochvakuumsublimation); 430 mg]. — (±)-*cis-4.4.9-Trimethyl-3α-hydroxydekalon-(8)*, $C_{13}H_{22}O_2$, F. 88,5—89° (Hexan), Kp.$_{0,02}$ 100°, durch 1std. Erwärmen von

19,5 mg **XII** mit 5%ig. wss. alkoh. KOH bei 100° u. Chromatographie; 16 mg. — *(±)-trans-4.4.9-Trimethyl-3α-hydroxydekalon-(8)*, $C_{13}H_{22}O_2$, F. 88—89° (Hexan), Kp.$_{0,05}$ 115°, durch 1std. Erwärmen von 18,5 mg **XI** mit wss. KOH u. Chromatographie an Al_2O_3; 15 mg. — *(±)-O-Acetyl-cis-4.4.7.9-tetramethyl-3α-hydroxydekalon-(8)*, $C_{16}H_{26}O_3$, F. 101—102° (Hexan), Kp.$_{0,05}$ 105°, durch Zugabe von 115 mg **XII** in absol. Bzl. zu CH_3ONa u. **VIII** in absol. Bzl. unter N_2 u. Schütteln bei 0°, 15std. Schütteln bei 20°, 15std. Stehen mit Acetanhydrid/Pyridin bei 20°, ½std. Hydrieren in Eisessig in Ggw. von vorhydrierter Pd/Kohle u. Chromatographie an Al_2O_3; 112 mg. — *(±)-cis-4.4.7.9-Tetramethyl-3α-hydroxydekalon-(8)*, $C_{14}H_{24}O_2$, F. 129° (Hexan), durch 1std. Erwärmen von 86 mg vorst. Verb. mit 5%ig. wss. methanol. (1:3) KOH bei 100° u. Chromatographie an Al_2O_3; 68 mg. — *(±)-cis-4.4.7.9-Tetramethyldekalindion-(3.8)*, Kp.$_{0,04}$ 95°, durch Zugabe von 0,67%ig. CrO_3-Lsg. in 99%ig. Essigsäure zu 10 mg vorst. Verb. in Eisessig, 4std. Rühren bei 20° u. Chromatographie an Al_2O_3; 11 mg. (Helv. chim. Acta **40.** 2340 bis 2353. 2/12. 1957. Zürich, ETH, Org.-chem. Labor.) W. LIEBSCHER. 3600

G. Cainelli, A. Melera, D. Arigoni und **O. Jeger**, *Zur Kenntnis der Triterpene. 194. Mitt. Konstitution des Äscigenins.* (193. vgl. vorst. Ref.) Die Struktur von Äscigenin (I) wird durch Ermittlung des C-Gerüsts u. Lokalisierung der Hydroxylgruppen u. der Ätherbrücke durch Acetylieren, oxydativen Abbau, Red. u. IR-Spektren bewiesen. Ob **I** das genuine Aglykon von Äscin (II) vorstellt, kann nicht entschieden werden, da **I** erst bei der sauren Hydrolyse von **II** durch Dehydratisierung eines hypothet. Zwischenprod. Δ^{12}-3β·16α.21α.22β.24.28-Hexahydroxyoleanen entstanden sein kann.

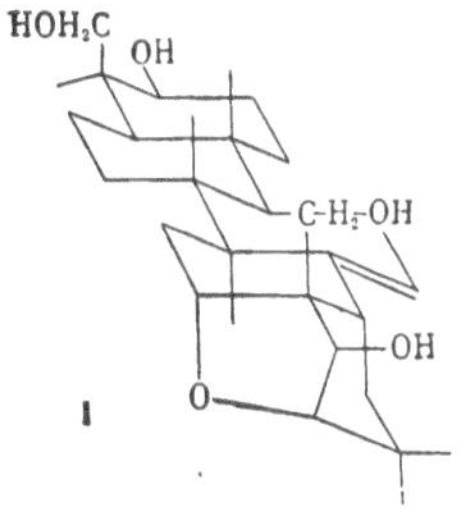

I

V e r s u c h e (FF. korr.): *Äscigenin* (**I**). *Tetraacetat*, a) nach RUZICKA u. Mitarbeitern (C. **1950.** II. 50), b) aus **III** (s. nachst.) u. Acetanhydrid/Pyridin bei 20°; c) aus **IV** (s. unten) u. Acetanhydrid/Pyridin. *Triacetat* (*Δ^{12}-3β.22β.24-Triacetoxy-28-hydroxy-16α.21α-oxidooleanen*, **III**), $C_{36}H_{54}O_8$, F. 234—235° (CH_3OH), durch 20std. Stehen von 660 mg vorst. Verb. in Bzl. mit 0,285n methanol. KOH bei n. Temp., Chromatographie an Al_2O_3 u. Eluieren mit Chlf. u. Chlf./CH_3OH (100:2); $[\alpha]_D$ +51° (c = 0,773); 461 mg (Ausbeute). *Diacetat* (*Δ^{12}-3β.24-Diacetoxy-22β.28-dihydroxy-16α.21α-oxidooleanen*, **IV**), $C_{34}H_{52}O_7$, F. 234—235°, durch Zugabe von CH_3OH u. wenig konz. H_2SO_4 zu 3,50 g **VI** (s. nachst.) in CH_2Cl_2 u. Einengen unter Wasserzugabe; $[\alpha]_D$ +48° (c = 0,995) aus CH_2Cl/CH_3OH Nadeln; 2,52 g. [*Isopropylidenderiv.* (**VI**), $C_{37}H_{56}O_7$, F. 232—233° (Hochvakuumsublimation), a) durch 10 Min. langes Stehen von 60 mg **III** in Aceton mit wenig 21%ig. H_2SO_4 bei 0° u. Gießen in $NaHCO_3$-Lsg.; aus CH_3OH Nadeln; $[\alpha]_D$ +34° (c = 0,823); 60 mg; b) durch 5std. Rk. von **V** (s. nachst.) mit Acetanhydrid/Pyridin bei 20°; c) durch 2std. Kochen von **VII** (s. unten) in absol. Dioxan u. absol. Ae. mit $LiAlH_4$, mehrstd. Rk. mit Acetanhydrid/Pyridin bei 20° u. Chromatographieren in Bzl. an Al_2O_3]. *Bis-isopropylidenderiv.*, $C_{36}H_{56}O_5$, F. 200—201° (Hochvakuumsublimation), durch Zugabe von konz. H_2SO_4 zu 2 g **I** in Aceton bei 20°, ¾std. Rühren, Gießen in wss. $NaHCO_3$ u. Chromatographie an Al_2O_3; aus Bzl./$CHCl_3$ (4:1) Nadeln; $[\alpha]_D$ +42° (c = 0,97); 650 mg; daneben 1450 mg **V**. *Monoisopropylidenderiv.* (**V**), $C_{33}H_{52}O_5$, F. 281—282° (Hochvakuumsublimation), durch 2std. Kochen von 550 mg **VI** mit 5%ig. methanol. KOH, Versetzen mit heißem W. u. 2std. Stehen bei —2°; aus Aceton/Hexan Nadeln; $[\alpha]_D$ +36° (c = 1,275); 474 mg. — *Δ^{12}-22β.28-Dihydroxy-3.24-dioxo-16α.21α-oxidooleanen, Isopropylidenderiv.* (**VII**), $C_{33}H_{48}O_5$, F. 231—232°, durch Zugabe von 225 mg **V** in Pyridin zu CrO_3 in Pyridin, mehrstd. Stehen bei n. Temp.; aus Methanol Prismen; $[\alpha]_D$ +29° (c = 0,878); 183 mg; daneben 30 mg der entsprechenden *Ketosäure*, krist. nicht. — *Δ^{12}-24-Nor-22β.28-dihydroxy-3-oxo-16α.21α-oxidooleanen, Isopropylidenderiv.*, $C_{32}H_{48}O_4$, F. 256 bis 257° (Hochvakuumsublimation), a) durch kurzes Erhitzen vorst. Ketosäure auf 300°; b) durch 20 Min. langes Erhitzen von 400 mg **VII** in 2 Ansätzen auf 240° u. Chromatographie an Al_2O_3; $[\alpha]_D$ +59° (c = 1,10); 337 mg. — *Δ^{12}-24-Nor-22β.28-dihydroxy-16α.21α-oxidooleanen* (**VIII**), $C_{29}H_{46}O_3$, F. 259—260° (Hochvakuumsublimation), durch ½std. Stehen von 123 mg des nachst. Isopropylidenderiv. in Chlf./CH_3OH in Ggw. von konz. HCl bei 20°; aus CH_2Cl_2/CH_3OH Nadeln; $[\alpha]_D$ +68° (c = 0,80); 95 mg. *Isopropylidenderiv.*, $C_{32}H_{50}O_3$, F. 205—206° (Hochvakuumsublimation), durch 3½std. Kochen von 180 mg vorst. Isopropylidenderiv. in A., Diäthylenglykol u. $N_2H_4 \cdot H_2O$, Zugabe von KOH, 4std. Erhitzen auf 200° u. Chromatographie an Al_2O_3; $[\alpha]_D$ +37° (c = 0,855); 150 mg. — *Δ^{12}-3β.22β.24-Triacetoxy-28-oxo-16α.21α-oxidooleanen* (**IX**), $C_{36}H_{52}O_8$, F. 228—229° (CH_2Cl_2/CH_3OH), a) durch 1½std. Stehen von 100 mg **III** in Pyridin mit CrO_3 bei 20°, Nachacetylieren u. Chromatographie an Al_2O_3, $[\alpha]_D$ + 59° (c = 1,03); 92 mg; b) durch Acetylieren von **X** (s. unten). — *Δ^{12}-3β.22β.24-Trihydroxy-16α.21α-oxidooleanen*, $C_{30}H_{48}O_4$, F. 296—297° (Hochvakuumsublimation), durch 2std. Kochen von 304 mg nachst. Triacetats in Dioxan mit 0,5n methanol. KOH; aus CH_2Cl_2/CH_3OH Nadeln; $[\alpha]_D$ + 58° (c = 0,734; A.); 253 mg. *Triacetat*, $C_{36}H_{54}O_7$, F. 209 bis 210° (CH_3OH), durch 3std. Kochen von 70 mg **IX** in A., Diäthylenglykol u. $N_2H_4 \cdot H_2O$, Zugabe von KOH, Nachacetylieren u. Chromatographie; $[\alpha]_D$ + 67° (c = 1,08); 65 mg. — *Δ^{12}-28-Oxo-22β-hydroxy-3β.24-diacetoxy-16α.21α-oxidooleanen* (**X**), $C_{34}H_{50}O_7$, F. 236—237° (Hochvakuumsublimation), durch mehrstd. Stehen von 500 mg **IV** in 2 Ansätzen mit CrO_3 in Pyridin bei 20°; 362 mg, daneben 100 mg **XIII** (s. unten). — *Δ^{12}-22-Oxo-3β.24-diacetoxy-16α.21α-oxidooleanen-28-säuremethylester* (**XI**), $C_{35}H_{50}O_8$, F. 218—219° (Hochvakuumsublimation), durch Versetzen von 3 g **IV** in Aceton mit einer 8n nach KILIANI bereiteten Oxydationsmischung bei n. Temp., 5 Min. langes Stehen, Verestern mit Diazomethan u. Chromatographie an Al_2O_3; aus Methanol/W. Nadeln; $[\alpha]_D$ — 5° (c = 0,773); 358 g; daneben neutrale Prodd. u. *Δ^{12}-22β-Hydroxy-3β.24-diacetoxy-16α.21α-oxidooleanen-28-säuremethylester* (**XII**), [$C_{35}H_{52}O_8$, F. 247—248° (Hochvakuumsublimation; $[\alpha]_D$ + 49° (c = 0,794)], der durch Oxydieren mit CrO_3 **XI** gibt. — *Δ^{12}-3β.22β.24-Trihydroxy-16α.21α-oxidooleanen-28-säure, Semihydrat* (**XIII**), $C_{30}H_{46}O_6 \cdot {}^1/_2\, H_2O$, F. 256—258° (Zers.), durch 1std. Kochen von 725 mg **XII** mit 10%ig. methanol. KOH; aus CH_3OH/W. Plättchen; $[\alpha]_D$ + 60° (c = 0,945; A.); 615 mg. *Triacetylderiv.*, $C_{36}H_{52}O_9$, F. 301—303° (Zers.); CH_2Cl_2/CH_3OH), durch 3std. Rk. von **XIII** mit Acetanhydrid/Pyridin bei 20°; aus Aceton/W. Plättchen; $[\alpha]_D$ + 64° (c = 1,20). — *Dicarbonsäure $C_{30}H_{46}O_7$*, F. 216—217° (Zers.), durch 2std. Kochen von 300 mg **XI** mit 5%ig. alkoh. KOH; aus CH_2Cl_2/Aceton Plättchen; $[\alpha]_D$ — 16° (c = 0,715; A.); 270 mg. *Diacetyldimethylester*, $C_{36}H_{54}O_9$, F. 159—160°, durch Verestern von 50 mg vorst. Säure mit Diazomethan in Ae., Rk. mit Acetanhydrid/Pyridin bei n. Temp. u. Chromatographie an Al_2O_3; aus CH_3OH Plättchen; $[\alpha]_D$ — 11° (c = 0,623). — *Δ^{12}-24-Nor-22β-hydroxy-28-oxo-16α.21α-oxidooleanen*, $C_{29}H_{44}O_3$, F. 245—246° (Hochvakuumsublimation), durch mehrstd. Stehen von 95 m **VIII** mit CrO_3/Pyridin bei 20°; aus CH_3OH Nadeln; $[\alpha]_D$ + 39° (c = 1,07); 82 mg. *Acetylderiv.*, $C_{31}H_{46}O_4$, F. 158—159°; aus CH_2Cl_2/CH_3OH Nadeln; $[\alpha]_D$ + 69° (c = 0,95). — *Δ^{12}-24-Nor-22β-hydroxy-16α.21α-oxidooleanen* (**XIV**), $C_{29}H_{46}O_2$, F. 254—255° (Hochvakuumsublimation), a) durch Red. vorst. Verb. nach HUANG-MINLON; aus CH_2Cl_2/CH_3OH Prismen; $[\alpha]_D$ + 69° (c = 0,94); b) durch 16std. Rühren von 2 g **I** in Bzl./Eisessig u. CrO_3 bei n. Temp., WOLFF-KISHNER-Red. u. Chromatographie an Al_2O_3; 450 mg. *Acetylderiv.*, $C_{31}H_{48}O_3$, F. 153—154° (CH_2Cl_2/CH_3OH); $[\alpha]_D$ + 81° (c = 0,98). — *Δ^{12}-22β-Hydroxy-16α.21α-oxidooleanen* (**XV**), $C_{30}H_{48}O_2$, F. 200—201° (Hochvakuumsublimation), durch 2std. Kochen nachst. Acetats mit 5%ig. methanol. KOH; $[\alpha]_D$ + 58° (c = 0,878). *Acetat*, $C_{32}H_{50}O_3$, F. 202—203° (CH_3OH/W.), durch Acetylieren der Mutterlaugen von **XIV** (nach b); $[\alpha]_D$ + 74° (c = 0,90). — *Δ^{12}-24-Nor-22-oxo-16α.21α-oxidooleanen* (**XVI**), $C_{29}H_{44}O_2$, F. 202—203°, a) durch 20 Min. lange Rk. von 100 mg **XIV** in Aceton u. wenig Bzl. mit 8n nach KILIANI bereiteter Oxydationsmischung u. Chromatographie an Al_2O_3; aus CH_2Cl_2/CH_3OH Plättchen; $[\alpha]_D$ — 14° (c = 0,735); 50 mg; b) durch 4 Tage lange Rk. von 100 mg **XIV** in Pyridin mit CrO_3 bei n. Temp.; c) durch Rk. von nachst. Alkohol mit CrO_3. — *Δ^{12}-24-Nor-22α-hydroxy-16α.21α-oxidooleanen*, $C_{29}H_{46}O_2$, F. 223—224° (Hochvakuumsublimation), a) durch 2std. Kochen von 45 mg **XVI** in Dioxan/Ae. mit $LiAlH_4$; $[\alpha]_D$ + 48° (c = 0,90); 42 mg; b) durch 24std. Kochen von 60 mg **XVI**, $NaBH_4$ u. Dioxan u. Chromatographie an Al_2O_3; 29 mg. *Acetylderiv.*, $C_{31}H_{48}O_3$, F. 202—203° (CH_2Cl_2/CH_3OH). — *Δ^{12}-24-Nor-22-oxo-16α-hydroxyoleanen*, $C_{29}H_{46}O_2$, F. 226—227° (Hochvakuumsublimation), durch 24std. Rühren von 200 mg **XVI** in Ae. mit amalgamiertem Al-Grieß in Ggw. von W. bei 20° u. Chromatographie an Al_2O_3; $[\alpha]_D$ + 16° (c = 0,865); 148 mg. — *Δ^{12}-24-Nor-16.22-dioxooleanen*, $C_{29}H_{44}O_2$, F. 200—201° (Hochvakuumsublimation), durch $3^1/_2$ Min. lange Rk. von 30 mg vorst. Alkohol in Aceton mit 8n nych KILIANI bereiteten Oxydationsmischung; $[\alpha]_D$ + 56° (c = 0,73); 25 mg. — *Δ^{12}-24-Nor-16α-hydroxyoleanen*, $C_{29}H_{48}O$, $Kp._{0,01}$ 190°, durch 2std. Kochen von 80 mg vorvorst. Alkohols mit Diäthylenglykol, A. u. Hydrazinhydrat, Zugabe von KOH, 4std. Erhitzen bei 195° u. Chromatographie an Al_2O_3; 42 mg. — *Δ^{12}-24-Nor-16-oxooleanen*, $C_{29}H_{46}O$, F. 163—164°, a) durch 3 Min. lange Rk. von 30 mg vorst. Alkohols in Aceton mit 8n KILIANI-Oxydationsmischung bei 20° u. Chromatographie an Al_2O_3; $[\alpha]_D$ + 37° (c = 0,616); 13 mg; b) durch 1std. Kochen von 81 mg **XVII** (s. unten) in Diäthylenglykol, A. u. Hydrazinhydrat, Zugabe von KOH, $1^1/_2$std. Erhitzen auf 200°, Chromatographie an Al_2O_3 u. Oxydieren wie vorst.; aus CH_2Cl_2/CH_3OH Plättchen; 50 mg. — *Δ^{12}-22-Oxo-16α.21α-oxidooleanen*, $C_{30}H_{46}O_2$, F. 180—181° (Hochvakuumsublimation), durch 3 Min. lange Rk. von 787 mg **XV** in Aceton mit 8n KILIANI-Oxydationsmischung u. Chromatographie an Al_2O_3; $[\alpha]_D$ —22° (c = 0,93); 453 mg. — *Δ^{12}-16α-Hydroxy-22-oxooleanen*, $C_{30}H_{48}O_2$, F. 264 bis 265° (CH_2Cl_2/CH_3OH), durch 48std. Rühren von 600 mg vorst. Verb. in Ae. mit Al-Amalgam in Ggw. von W. u. Chromatographie an Al_2O_3; $[\alpha]_D$ + 11° (c = 0,632);

75 mg. — *Δ^{12}-16-Oxooleanen*, $C_{30}H_{48}O$, F. 182—183°, durch Red. von 205 mg vorst. Verb. nach HUANG-MINLON u. Oxydieren mit 8n KILIANI-Oxydationsmischung; aus CH_2Cl_2/CH_3OH Plättchen; $[\alpha]_D$ + 31° (c = 0,835); 195 mg. — *Δ^{12}-Oleanen*, $C_{30}H_{50}$, F. 160—161° (CH_2Cl_2/CH_3OH), durch Red. von 155 mg vorst. Verb. nach HUANG-MINLON u. Chromatographie an Al_2O_3; $[\alpha]_D$ + 94° (c = 0,70); 95 mg. — *Δ^{12}-3β.23-Dihydroxy-16α-acetoxyoleanen*, $C_{32}H_{52}O_4$, F. 203—204° (Hochvakuumsublimation), durch $1^1/_2$std. Kochen von 1,056 g Δ^{12}-3β.16α.23-Triacetoxyoleanen in Bzl./CH_3OH mit konz. HCl u. Chromatographie an Al_2O_3; aus Aceton/W. Nadeln; $[\alpha]_D$ + 20° (c = 0,83); 577 mg. — *Δ^{12}-16α-Acetoxy-3.23-dioxooleanen*, $C_{32}H_{48}O_4$, F. 218—220°, durch 3std. Rk. von 1 g vorst. Verb. in Pyridin mit CrO_3 bei 20° u. Chromatographie an Al_2O_3; aus CH_3OH/W. Prismen; $[\alpha]_D$ + 33° (c = 0,67); 590 mg. — *Δ^{12}-23-Nor-16α-acetoxy-3-oxooleanen* (**XVII**), $C_{31}H_{48}O_3$, $Kp._{Hochvakuum}$ 230°, durch 6 Min. lange Rk. von 445 mg vorst. Verb. in Aceton mit 8n KILIANI-Oxydationsmischung bei 20°, 2std. Kochen in Toluol u. Chromatographie an Al_2O_3; $[\alpha]_D$ + 33° (c = 0,88); 145 mg. (Helv. chim. Acta **40**. 2390—2409. 2/12. 1957.) W. LIEBSCHER. 3600

Michio Shiota, *Abnorme HBr-Addukte von Cholesterinabkömmlingen.* Bei Red. mit Zn–Cu oder mit Ni nach URUSHIBARA u. Mitarbeitern (Bull. chem. Soc. Japan **15.** [1940.] 442) ergibt das anomale HBr-Addukt (**I**) von Cholesterylacetat (**II**) *Cholestanylacetat*; 6β-Bromcholestanylbromid gibt analog *Cholestan.* Die genannten Reduktionsverff. red. die 5,6-Doppelbindung in Cholesterinderivv. nicht; daher wird angenommen, daß die anomalen **I** der Cholestanreihe angehören u. demnach sich das H am $C_{(5)}$ in α-Stellung befindet. Aus Substitutions-Rkk. u. Unterschieden des mol. Drehungsvermögens ergibt sich, daß das Br am $C_{(6)}$ die β-Stellung einnimmt. Die Reaktivität des Cl-Atoms im 6β-Chlorcholestan-3β.5-diol-3-acetat (**III**) wird durch die $C_{(5)}$-ständige OH-Gruppe stark beeinflußt.

Versuche: *6β-Bromcholestanylacetat* (**I**), F. 138—140°, aus 1 g **II** (F. 114°, aus 0,25 g **I** in trocknem Pyridin mit Ag-Acetat durch Stehen über Nacht bei n. Temp.; 0,16 g [Ausbeute], in CCl_4 durch Einleiten von trocknem HBr (1 Std.) in Ggw. von Benzoylperoxyd, Lösen des braunen Öls in Chlf. u. Fällen mit Methanol; 0,7 g. — *Cholestanylacetat*, F. 110° (A.), a) aus 0,5 g **I** in A., Zn-Staub u. 10%ig. wss. $CuSO_4$-Lsg.; 0,3 g; b) aus 0,2 g **I** mit frisch gefälltem Ni nach URURSHIBARA (vgl. l. c.); 0,12 g. — *6β-Bromcholestan-3β-ol(?*; **IV**), $C_{27}H_{47}BrO$, F. 113—114° (Zers.), aus 0,35 g **I** u. $LiAlH_4$ in Ae. in 2 Std.; Nadeln; 0,12 g; daraus **I**, F. 136—137°. *Oxydationsprod.*, F. 172—175°, a) aus 0,13 g **I** in Bzl. mit CrO_3 in 50%ig. Essigsäure; lange Nadeln aus CH_3OH/Äthylacetat; 65 mg; b) aus **IV** mit CrO_3–Essigsäure. — *Δ^4-Cholestenon*, F. 79—81° (Aceton), aus 60 mg **I** in Essigsäure u. K-Acetat (bzw. Pb-Acetat) durch 4std. Kochen; 24 mg. — *Cholestan-3β.5-diol*, F. 219—221° (Äthylacetat), aus 0,12 g **III** mit $LiAlH_4$ in Ae. durch 2std. Sieden; 70 mg. — *Cholesterylacetat-α-oxyd*, F. 92° (CH_3OH), aus 70 mg **III** in A. mit Zn–Cu durch $2^1/_2$std. Kochen; 40 mg (roh). — *Cholestan-3β.5.6β-triol-3.6-diacetat*, F. 165—166° (CH_3OH), a) aus 20 mg **III** in verd. Essigsäure durch $3^1/_2$std. Kochen; b) aus 70 mg **III** u. Essigsäure durch 2std. Kochen; 60 mg. — *5α-Hydroxy-6β-chlor-6-methylcholestanylacetat*, F. 151—153° (CH_3OH), durch Einleiten von HCl-Gas in eine Chlf.-Lsg. von 0,18 g 6-Methylcholesterylacetatoxyd (**V**; F. 140 bzw. 149°) u. 1std. Stehen; 0,12 g; 1std. Kochen von 50 mg mit K-Acetat in A. oder Rk. von 80 mg mit $LiAlH_4$ in Ae. u. Acetylierung → **V** (20 bzw. 11 mg). (J. chem. Soc. Japan, pure Chem. Sect. [Nippon Kagaku Zassi] **76**. 402—06. April 1955. Tokyo, Ochanomizu Frauenuniv. [Orig.: japan.]) L. SCHULER. 3700

Fumikazu Mukawa und **Susumu Mōri**, *Selektive Hydrierung von Ergosterin.* Kurze Mitt. *5.6-Dihydroergosterin*, F. 176—177° (CH_3OH–Chlf.), aus Ergosterin durch katalyt. Red. bei n. Temp. in A. an Ni nach URUSHIBARA (Bull. chem. Soc. Japan **27.** [1954.] 480). *Acetylderiv.*, F. 184—185°, analog aus Ergosterylacetat. (J. chem. Soc. Japan, ind. Chem. Sect. [Kōgyō Kagaku Zassi] **58**. 718—19. Sept. 1955. Tokyo, Metrop. Univ. [Orig.: japan.]) L. SCHULER. 3700

Hans Herloff Inhoffen und **Wilhelm Bartmann**, *Untersuchungen an Steroiden.* 42. Mitt. *Darstellung einer Gallensäure mit einer β-Ketoseitenkette und ihre Cyclisierung zu einem Derivat des 20-Isodehydronorcholens.* (41. vgl. Chem. Ber. **87.** [1954.] 1154.) Vff. untersuchen die basenkatalysierte Cyclisierung von Cholansäurederivv. zu Ring-E-Verbb. vom Typ des 20-Isodehydronorcholens. 3α-Acetoxy-12.22-diketocholansäureäthylester (**I**) läßt sich bereits mit 1%ig. wss.-alkoh. Alkali bei Zimmertemp. zum *Na-Salz* der *3α-Hydroxy-20-iso-22-ketodehydronorcholen-23-carbonsäure* cyclisieren, das durch Decarboxylierung zu *3α-Hydroxy-20-iso-22-ketodehydronorcholen* (**III**) führt. Analog **I**, jedoch unter energischeren Bedingungen, läßt sich 3α-Hydroxy-12-ketoternorcholanylmethylketon zu **III** cyclisieren. Aus $\Delta^{1.3.5.10}$-1-Methoxy-4-methyl-12-keto-19.24-bisnorcholatrienylphenylketon, 3α-Acetoxy-12-ketocholansäurenitril u. aus *3α-Hydroxy-12-ketonorcholanylmethylketon* werden hingegen auch unter energ. Bedingungen keine Ring-E-Verbb. erhalten, was auf den ungünstigen ster. Effekt der Methylgruppe an $C_{(20)}$ zurückgeführt wird. Ein biogenet. Zusammenhang zwischen Cholesterin u. Verbb. vom Typ I wird angedeutet.

Versuche: *$\Delta^{1.3.5,10}$-1-Methoxy-4-methyl-12-keto-19.24-bisnorcholatrienylphenylketon*, $C_{31}H_{38}O_3$, F. 144—145° (A.), aus $\Delta^{1.3.5,10}$-1-Methoxy-4-methyl-12-keto-19-norcholatriensäure mit $SOCl_2$ bei —15°, 1std. Rühren bei —15 bis —10° unter Durchleiten von N_2, 1std. Rühren bei Zimmertemp., Eindampfen, Aufnehmen in Bzl. u. Kochen mit äther. Diphenyl–Cd-Lsg.; 58% (Ausbeute). Gibt keine Kondensation a) durch 4std. Kochen mit $NaOCH_3$ in absol. Methanol, b) durch 4std. Kochen mit $NaNH_2$ in Bzl., c) durch 5std. Kochen mit NaH in Xylol u. wenig absol. Methanol. *Dioxim*, $C_{31}H_{40}N_2O_3$, F. 187—188° (Ae./PAe.), durch 3std. Kochen mit $NH_2OH \cdot HCl$/Pyridin. — *3α-Acetoxy-12-ketocholansäureamid*, $C_{26}H_{41}NO_4$, F. 225—226° (Bzl.), aus 3α-Acetoxy-12-ketocholansäure mit $SOCl_2$, 1 Std. bei Zimmertemp. u. Umsetzung mit NH_3 in Ae./Bzl.; 86%. — *3α-Acetoxy-12-ketocholansäurenitril*, $C_{26}H_{39}NO_3$, F. 192—194° (Essigester), aus vorst. Verb. mit p-Toluolsulfonsäurechlorid in Pyridin, 15 Min. bei Zimmertemp.; 95%. Gibt keine Kondensation durch 36std. Kochen mit K-tert.-Butylat in absol. Xylol unter N_2. — *Na-Malonsäure-bis-tetrahydropyranylester* (II), aus Malonsäure, Dihydropyran u. wenig konz. H_2SO_4 in Bzl. unter Rühren, Zugabe von pulverisiertem KOH, 15 Min. Rühren, Eindampfen zur Trockne, Aufnehmen in absol. Bzl., Zugabe von Na u. Neutralisation überschüssiger Säure mit $(C_2H_5)_3N$. — *3α-Formyloxy-12-ketocholansäurechlorid*, aus 2,5 g 3α-Formyloxy-12-ketocholansäure mit $SOCl_2$, 1 Std. bei Zimmertemp.; 2,2 g. — *3α-Hydroxy-12-ketonorcholanylmethylketon*, $C_{25}H_{40}O_3$, F. 123° (Ae./PAe.), durch 14std. Stehen von II u. vorst. Verb. in Bzl. bei 20°, 1½std. Kochen mit Eisessig u. wenig W., Neutralisation der benzol. Lsg. u. ½std. Kochen mit 2n methanol. KOH; Nadeln aus A./W.; 67%. Gibt keine Kondensation a) durch 12std. Kochen mit NaH in absol. Xylol u. wenig A., b) durch 36std. Stehen mit K-tert.-Butylat in absol. Xylol unter N_2. *Dioxim*, $C_{25}H_{42}N_2O_3$, F. 154—157° (Zers.), aus 200 mg mit $NH_2OH \cdot HCl$ in Pyridin durch 2std. Kochen; Nadeln aus absol. A./PAe.; 190 mg. — *3α-Formyloxy-12-ketobisnorcholansäure*, $C_{23}H_{34}O_5$, F. 237,5—238° (absol. A.), durch 5std. Erhitzen von 3α-Hydroxy-12-ketobisnorcholansäure [aus Desoxycholsäure über *Bisnordesoxycholsäure* nach HOEHN u. MASON (vgl. J. Amer. chem. Soc. **60.** [1938.] 1493) u. Umsetzung von deren *3-Hydrogensuccinat* nach SCHWENK u. Mitarbeitern (vgl. J. Amer. chem. Soc. **65** [1943.] 549) mit HCOOH auf 80°; 93%. — *3α-Hydroxy-12-ketoternorcholanylmethylketon*, $C_{23}H_{36}O_3$, F. 206—207° (wss. A.), aus vorst. Verb. mit $SOCl_2$, Umsetzung des Säurechlorids mit II in absol. Bzl. (14 Std. bei 20°), 90 Min. Kochen mit Eisessig/wenig W. u. 16std. Rühren mit gesätt. Na_2CO_3-Lsg. bei 20°; 72%. *Dioxim*, $C_{23}H_{38}N_2O_3$, F. 148° (Zers.; verd. A. u. Bzl.), durch 2std. Kochen mit $NH_2OH \cdot HCl$ in Pyridin. — *3α-Hydroxy-20-iso-22-ketodehydronorcholen* (III), $C_{23}H_{34}O_2$, F. 167°, a) durch 5std. Erhitzen vorst. Verb. mit NaH in absol. Xylol u. wenig A. u. Chromatographie an Kieselgel; 54%; b) durch 8tägiges Stehen von 140 mg I mit 0,2n KOH in A. bei Zimmertemp., 4std. Kochen mit 4n HCl in verd. Methanol, Adsorption an Kieselgel, Elution mit Bzl./Aceton u. nochmalige Chromatographie an Kieselgel; 17 mg; c) aus I durch 4wöchiges Stehen mit Triäthylamin bei 20° u. Kochen mit 4n HCl in verd. Methanol; aus A./W. u. Ae./PAe. Nadeln. *Oxim*, $C_{23}H_{35}NO_2$, F. >110° (unscharf; Bzl./PAe. u. Ae./PAe.), durch 2std. Kochen mit $NH_2OH \cdot HCl$ in Pyridin. *Semicarbazon*, $C_{34}H_{37}N_3O_2$, F. 270° (Zers.), durch 4std. Kochen mit Semicarbazidacetat in A.; aus Ae. Nadeln. *Acetat*, $C_{25}H_{36}O_3$, F. 142° (PAe.), durch 12std. Stehen mit Acetanhydrid/Pyridin bei Zimmertemp. u. Chromatographie an Al_2O_3; 70%. — *3α-Acetoxy-12-keto-20-isobisnorcholansäure*, $C_{24}H_{36}O_5$, F. 217—218°, aus 230 mg III-Acetat durch Ozonisierung in Chlf. bei —15° u. 10 Min. Kochen mit 30%ig. H_2O_2; filzige Nadeln aus Ae., $[\alpha]_D^{20}$ +108° (Dioxan); 160 mg. *Methylester*, F. 138—140° (PAe.), aus 80 mg Säure mit CH_2N_2, 3 Std. bei Zimmertemp.; $[\alpha]_D^{20}$ +84° (Aceton); 48 mg. — *3α-Acetoxy-12.22-diketocholansäureäthylester* (I), $C_{28}H_{42}O_6$, F. 120—122° (A./W.), aus 800 mg vorst. Verb. nach Umwandlung in das Säurechlorid durch Umsetzung mit II (4 Std. bei 20°), 1½std. Kochen mit Eisessig, Waschen mit $NaHCO_3$-Lsg., Eindampfen u. Chromatographie des Rohprod. [56%] an Kieselgel. (Liebigs Ann. Chem. **619.** 177—87. 1958, herausgeg. 2/2. 1959. Braunschweig, TH, Organ.-chem. Inst.) G. SCHMIDT-KASTNER. 3700

Hiroshi Hirano, *Untersuchungen über Vitamin B_1 und verwandte Verbindungen.* 78. Mitt. *Bromierung von Thiaminthiazolonhomologa.* (77. vgl. J. pharmac. Soc. Japan [Yakugakuzasshi] **76.** [1956.] 706.) Wird Thiaminthiazolon {2-Oxo-3-[2-methyl-4-amino-pyrimidyl-(5)-methyl]-4-methyl-5-[2-hydroxyäthyl]-Δ^4-thiazolin, I} in Chlf. suspendiert

u. mit der mol. Menge Br_2 bromiert, so wird vermutlich *3-[2-Methyl-4-aminopyrimidyl-(5)-methyl]-3a-methyl-6a-bromtetrahydrofurano-[2.3:d]-thiazolidinon-(2)* erhalten. Anschließende Behandlung mit Alkalicarbonat liefert eine *Verb. vom F. 162°*. — Bromierung von I-*Acetat* oder von 2-Oxo-3-[2-methyl-4-aminopyrimidyl-(5)-methyl]-4.5-dimethyl-Δ^4-thiazolin (**II**) führt zu deren *4.5-Epoxyverbindungen.*

Versuche: *2-Keto-3-äthyl-4-phenylthiazolin*, $C_{11}H_{11}NOS$, F. 76° (A.), aus 2-Thioketo-3-äthyl-4-phenylthiazolin ($C_{11}H_{11}NS_2$, F. 84°, aus 2 Mol Äthylamin, CS_2 u. 1 Mol Phenacylchlorid) in 80%ig. A. durch 2std. Erhitzen mit 10%ig. wss. KOH-Lsg. u. 28%ig. H_2O_2 auf 60°. — *2-Keto-3-äthyl-4-phenyl-5-bromthiazolin*, $C_{11}H_{10}BrNOS$, F. 89 bis 90°, aus 1,1 g vorst. Verb. in Chlf. u. Br_2 in $CHCl_3$. — *3-[2-Methyl-4-aminopyrimidyl-(5)-methyl]-3a-methyl-6a-bromtetrahydrofurano-[2.3:d]-thiazolidinon-(2)*, $C_{12}H_{15}BrN_4O_2S$, F. 171° (Zers.), aus a) 0,8 g I in Chlf. u. Br_2 in Chlf.; b) 1 g 3-[2-Methyl-4-aminopyrimidyl-(5)-methyl]-3a-methyltetrahydrofurano-[2.3:d]-thiazolidinon-(2) in Chlf. u. Br_2 in Chlf.; gibt beim Lösen in heißem W. u. schwachem Alkalisieren mit K_2CO_3 eine *Verb. vom F. 162°* (CH_3OH). — *2-Oxo-3-[2-methyl-4-aminopyrimidyl-(5)-methyl]-4.5-dimethyl-Δ^4-thiazolin* (**II**), $C_{11}H_{14}N_4OS$, F. 217° (Zers.; A.), aus 10 g 2-Methyl-4-amino-5-aminomethylpyrimidindihydrochlorid in W. durch Einw. von 3,8 g NaOH in A., Abfiltrieren des gebildeten NaCl, Versetzen des Filtrats mit 28%ig. NH_4OH u. 5,2 g 3-Chlorbutanon-(2), 2std. Rk. mit COS, Lösen in 5%ig. HCl, 1/4std. Erhitzen auf 100°, Abkühlen u. Alkalisieren mit 10%ig. NaOH; 7,5 g (Ausbeute). — *3-[2-Methyl-4-aminopyrimidyl-(5)-methyl]-4-methyl-5-[β-acetoxyäthyl]-4.5-epoxythiazolidinon-(2)*, $C_{14}H_{18}N_4O_4S$, F. 230° (Zers.; A.), aus 1 g I-Acetat in Chlf. durch Einw. von 0,7 g Br_2 in Chlf., Lösen in heißem W. u. Alkalisieren mit K_2CO_3. — *3-[2-Methyl-4-aminopyrimidyl-(5)-methyl]-4-methyl-5-[β-hydroxyäthyl]-4.5-epoxythiazolidinon-(2)*, $C_{12}H_{16}N_4O_3S$, F. 259° (Zers.; CH_3OH), aus 1 g vorst. Verb. in 5%ig. HCl durch 1/4std. Erhitzen auf 100° u. Neutralisieren mit K_2CO_3. — *3-[2-Methyl-4-aminopyrimidyl-(5)-methyl]-4.5-dimethyl-4.5-epoxythiazolidinon-(2)*, $C_{11}H_{14}N_4O_2S$, F. 263° (Zers.; CH_3OH), aus 2,5 g **II** in Chlf. durch Einw. von 1,6 g Br_2 in Chlf., Lösen in heißem W. u. Neutralisieren mit K_2CO_3. (J. pharmac. Soc. Japan [Yakugakuzasshi] **76**. 1153—56. 25/10. 1956. Takeda Yakuhin-Kōgyō Kabushiki Kaisha, Kenkyūsho. [Orig.: japan.; Auszug: engl.) F. MOSSNER. 3800

Renee A. Corral und **Orfeo O. Orazi**, *Synthesen von den Vitaminen K verwandten Verbindungen.* 4. Mitt. (3. vgl. C. **1959**. 14738.) Ausgehend von 1.4-Diacetoxy-2-brommethylnaphthalin werden durch Rk. mit Dialkylbenzylaminen *1.4-Diacetoxy-2-dialkylaminomethylnaphthalinbrombenzylate* hergestellt; die gleichen Prodd. werden auch durch Rk. von 1.4-Diacetoxy-2-dialkylaminomethylnaphthalin mit Benzylbromiden, zumeist in wasserfreiem Aceton unter Kühlung oder auch durch Kochen erhalten. Sie haben blutdrucksenkende Wrkg., lediglich die Dibutylverb. bewirkt deutliche Blutdrucksteigerung.

Versuche (FF. korr.): 1.4-Diacetoxynaphthaline: *2-Diäthylaminomethyl-, Hydrochlorid*, $C_{19}H_{23}NO_4 \cdot HCl$, F. 165—166° (Isopropanol); 68% (Ausbeute). — *2-[p-Methylphenylaminomethyl]-*, $C_{22}H_{21}NO_4$, F. 148—148,5° (A.); 65%. — *2-[p-Bromphenylaminomethyl]-*, $C_{21}H_{18}BrNO_4$, F. 137,5—138° (A.); 61%. — *2-[p-Carbäthoxyphenylaminomethyl]-*, $C_{24}H_{23}NO_6$, F. 150—151° (A.); 55%. — *2-[α-Naphthylaminomethyl]-*, $C_{25}H_{21}NO_4$, F. 125,5—126,5° (CH_3OH); 50%. — *N.N-Diäthyl-[1.4-diacetoxynaphthyl-(2)-methyl]-amin, Brombenzylat*, F. 141—143°; 38%. *Brom-p-chlorbenzylat*, $C_{26}H_{29}BrClNO_4$, F. 140—141,5° (Isopropanol); 36%. *Brom-p-nitrobenzylat*, $C_{26}H_{29}BrN_2O_6$, F. 156,5—157,5° (CH_3OH); 50%. *Brom-p-acetoxybenzylat*, $C_{28}H_{32}BrNO_6$, F. 138—139° (absol. A.); 68%. *Brom-p-methoxybenzylat*, $C_{27}H_{32}BrNO_5$, F. 133—134° (Aceton/Ae.); 55%. — [1.4-Diacetoxynaphthyl-(2)-methyl]-aminbrombenzylate: *N.N-Dimethyl-*, $C_{24}H_{26}BrNO_4$, F. 167—168° (A.); 85%. — *N.N-Dibutyl-*, $C_{30}H_{38}BrNO_4$, F. 135,5—136,5° (Aceton; 65%. — *N.N-Diäthyl-[naphthyl-(2)-methyl]-aminbrombenzylat*, Komplex mit ½ CCl_4, $C_{22}H_{26}BrN \cdot ½ CCl_4$, F. 133—136° (Gasentw.; CCl_4), aus 2-Brommethylnaphthalin. u. Benzyldiäthylamin in CCl_4 (8 Tage bei 35°). (An. Asoc. quím. argent. **45**. 71—78. Juni 1957.) J. ALTPETER. 3800

Gordon Alderton und **Neva Snell**, *Isolierung von Subtilin A.* Vff. beschreiben eine Meth. zur Isolierung von *Subtilin A*, $[\alpha]_D^{25}$ —34,4° (c = 0,228; 1%ig. Essigsäure) im präparativen (2 g) Maßstab durch Verteilungschromatographie an Silicagel. Das Prod. wurde durch Gegenstromverteilung, UV- u. IR-Spektren, Papierelektrophorese, Stabilitäts- u. antibiot. Aktivitätsmessungen charakterisiert. (J. Amer. chem. Soc. **81**. 701—04. 5/2. 1959. Albany, Calif., U.S. Dep. of Agric., Agric. Res. Serv., Western Utilization Res. and Developm. Div.) E. SCHRÖDER. 3900

Alfred Stracher und **Lyman C. Craig**, *Untersuchungen zur Charakterisierung von Subtilin.* Durch Gegenstromverteilung (1000 Stufen) gereinigtes *Subtilin A* (**I**) wurde mit 6n HCl 22—70 Std. bei 108° einer Hydrolyse unterworfen u. nach der Meth. von

MOORE, SPECKMAN u. STEIN (Analytic. Chem. **30.** [1958.] 1185) an XE 69 quantitativ chromatographiert. Die Aminosäurezus. ergab sich danach zu *Asp, Pro, Gly_2, Ala, Val, Ileu, Leu_4, Phe, Lys_3, Lan, β-Methyl-lan_4, Glu_3, Try, Sar_2.* Umsetzung von **I** mit 1-Fluor-2.4-dinitrobenzol führte zu einem *Mono-* bzw. *Tetrakis-2.4-dinitrophenylderiv.*, aus dem *Sarkosin* als N-endständige Aminosäure ermittelt wurde u. 3 Dinitrophenylreste an den ε-NH_2-Gruppen der Lysine lokalisiert werden konnten. Veresterung von **I** mit CH_2N_2 ergab die Aufnahme von 2 OCH_3-Gruppen. Absorptionsspektren u. Rotationsdispersionskurve von **I** sind angegeben. Auf Grund der analyt. Daten wird für *Subtilin A* die Formel $C_{144}H_{226}N_{38}O_{37}S_5$ u. für *Subtilin-A-diacetat* $C_{148}H_{234}N_{38}O_{41}S_5$ ermittelt. Für **I** wird von Vff. ein cycl. bas. Polypeptid, bestehend aus 5 Ringen u. der Seitenkette *Sar·(glu·leu·sar·asp)·lan* angenommen. Einer der 5 Ringe hat vermutlich Peptidnatur, während 4 Ringe mit Hilfe der Thioätherbindungen der β-Methyllanthione gebildet werden. (J. Amer. chem. Soc. **81.** 696—700. 5/2. 1959. New York, N. Y., Rockefeller Inst. for Med. Res.) E. SCHRÖDER. 3900

T. R. Govindachari, K. Nagarajan und **B. R. Pai,** *Wedelolacton aus Eclipta alba.* Aus *Eclipta alba* wird durch Extraktion der grünen Blätter mit heißem A., der Essigsäure enthält, Konz. u. Ausäthern *Wedelolacton* [F. 327—330° (Zers.; CH_3OH), hellgelbe Nadeln] isoliert u. als *Triacetat* [$C_{22}H_{16}O_{10}$, F. 248—250° (CH_3OH-Essigsäure), dünne Nadeln] bzw. *Tri-O-methyläther* [F. 247—248° (Essigsäure), Nadeln] charakterisiert. (J. sci. ind. Res. [New Delhi], Sect. B **15.** 664—65. Nov. 1956. Madras, Presidency Coll., Dep. of Chem.) R. PASEDAG. 3950

Louis Frederick Fieser and **Mary A. Fieser,** Steroids. New York; Reinhold. 1959. (962 S. m. Abb.) 8°. $ 18,—.

Houben-Weyl, Methoden der organischen Chemie. 4. völlig neu gestaltete Aufl. Bd. 1, 2; Allgemeine Laboratoriumspraxis. Stuttgart; Thieme. 1959. (XLV + 1017 S. m. 680 Abb.) 4°. DM 196,—.

Aleksandr Nikolaevič Nesmejanov und **P. A. Bobrow,** Hrsg. Synthesen organischer Verbindungen. Berlin; Verl. Technik. 1959. (160 S. m. Abb.) 8°. DM 16,—.

D. Makromolekulare Chemie.

O. B. Ptitzyn, *Hydrodynamik von Lösungen Polymerer.* 1. Mitt. *Diffusion und Sedimentation von verzweigten Makromolekülen.* Es werden Korrekturgrößen für die FLORY-Gleichung der Reibung $F = P'(R^2)^{1/2}\eta_0$ für den Fall verzweigter Makromoll. errechnet, durch die das Diffusions- u. Sedimentationsverh. charakterisiert wird. P' wächst mit dem Grad der Verzweigung u. erreicht für eine fixierte Länge der Seitenketten einen um 40% u. für eine zufällige Verteilung der Seitenketten einen um 30% höheren Wert. Das ergibt sich aus der geringeren Raumbeanspruchung eines verzweigten Mol. gegenüber einem linearen gleichen Mol.-Gewichts. Auf Grund dieser Überlegungen werden für verschied. einfach verzweigte sowie ein cycl. Modellmol. die Korrekturgrößen errechnet. Aus experimentell erhaltenem Zahlenmaterial (vgl. SENTI u. Mitarbeiter, C. **1955.** 7953) errechnet Vf. die Korrekturgröße mit 1,6—0,2, die recht gut mit der theoret. von 1,4 übereinstimmt. Für ein langkettiges Mol. mit vielen kurzen Verzweigungen wird für ideale Lösungsmittel nur eine sehr geringe Abweichung gegenüber einem linearen Mol. angenommen. (Журнал Технической Физики [J. techn. Physik] **29.** 75—93. Jan. 1959. Leningrad, Inst. für hochmol. Verbb. der Akad. der Wiss. der UdSSR.) O. KRAMM. 4000

Shuji Saito, *Die Untersuchung der Adsorptionskomplexe von Polymeren mit Netzmittelionen.* Die Unterss. wurden mit folgenden Substanzen ausgeführt: *Polyvinylpyrrolidon* (**I**), *Polyvinylalkohol* (**II**), *Methylcellulose* (**III**), *Hydroxyäthylcellulose* (**IV**), *Polyäthylenglykol* (**V**), *Polypropylenglykol* (**VI**), *Stärke* (**VII**), *Na-Dodecylsulfat* (**VIII**), *Aerosol OT* (**IX**), *Dodecylaminhydrochlorid* (**X**), *Dodecyltrimethylammoniumchlorid* (**XI**), *Stearyltrimethylammoniumchlorid* (**XII**), *Cetylpyridiniumchlorid* (**XIII**), *Polyäthylenglykollauryläther* (**XIV**) u. *Yellow OB* (**XV**). Die Adsorption der Netzmittel **VIII—XIV** an den Polymeren **I—VII** wurde nach der vom Vf. u. Mitarbeitern (vgl. Kolloid-Z. **144.** [1955.] 41) angegebenen Meth. in Ggw. von 0,1 Mol NaCl/Liter gemessen; die durch Polymeres + Netzmittel solubilisierte **XV**-Menge wurde colorimetr. bestimmt; schließlich wurde die Wechselwrkg. zwischen den Polymeren u. Netzmitteln viscosimetr. in Abhängigkeit von der Netzmittelkonz. c in NaCl-freien wss. Lsgg. gemessen. Ergebnisse: Bei den Systemen **I + X, I + XI, II + IX, II + X, II + XI, III + IX, III + X, III + XI** nimmt η_{red} der Lsgg. bei Erhöhung von c nicht oder nur wenig zu. Bei den gleichen Systemen ist die Menge an solubilisiertem **XV** nur wenig größer als bei den polymerfreien Lsgg.; auch bei **I + XII, I + XIV, II + XII, II + XIV, III + XII, III + XIV, V + X, V + XI, V + XII** u. **V + XIV** haben die Polymeren prakt. keinen Einfl. auf die Solubilisation. Bei **I + VIII** u. **I + IX** steigt η_{red} mit c an. Die Solubilisation von **XV** wird durch das Polymere in den Systemen I + VIII, II + VIII, III + VIII u. IV + VIII stark erhöht; bei Zusatz von NaCl findet eine weitere Erhöhung der Solubilisation statt. Der synergist. Effekt bei der Solubilisation bei einigen Systemen wird auf eine Adsorption des Netzmittels an das Polymere zurückgeführt. Oberhalb eines gewissen c fällt η_{red} wegen der Elektrolytwrkg. des Netzmittels wieder ab. η_{red} von VII + VIII fällt mit wachsendem c zunächst ab u. steigt dann wieder auf den ursprünglichen Wert an; ebenso verhält sich III + VIII. VIII wird nach den Adsorptionsmessungen an I u. II adsorbiert, IX nur an I, nicht an II; XI wird weder von I noch von II adsorbiert. Das dispers an I adsorbierte VIII besitzt ein viel größeres Solubilisationsvermögen als die VIII-Micellen allein. Die Adsorption von VIII an I ist zwischen 10 u. 35° temperaturunabhängig. Das monomere *Vinylpyrrolidon* zeigt in Ggw. von VIII eine fast ebenso starke Solubilisation von XV wie I + VIII. Bei steigender Konz. c′ von I bzw. III u. konstantem c von XIII steigt die solubilisierte Menge zunächst an u. bleibt dann konstant. η_{red} von III wird oberhalb $c' = 0{,}5\%$ durch VIII stark erhöht (Bldg. von intermol. Brücken zwischen III u. dem adsorbierten VIII); dieser Effekt ist bei VII + VIII nicht vorhanden. An I adsorbiertes VIII hat ein größeres Solubilisationsvermögen als an III adsorbiertes. η_{red} von IV + VIII ist prakt. unabhängig von c; es liegt keine synergist. Wrkg. bei der Solubilisation vor. Die Solubilisation von XV in V + VIII steigt mit dem Mol.-Gew. von V etwas an. VI, das nur wenig wasserlösl. ist, wird durch VIII, X u. XI solubilisiert. Über weitere zahlreiche Einzelergebnisse vgl. das Original. Aus der Diskussion dieser u. weiterer der Literatur entnommener Daten folgt u. a.: Während die Adsorption von Netzmittelionen an den Latices von wasserunlösl. Polymeren (z. B. von Polystyrol) unabhängig von der Ladungsnatur ist, wirken bei wasserlösl. Polymeren sowohl die polaren Anziehungskräfte zwischen den Netzmittelionen u. den hydrophilen Teilen der Polymeren als auch die unpolaren Kräfte zwischen den oleophilen Teilen. Es werden nur die Anionen, nicht die Kationen des Netzmittels an Polymere adsorbiert, bes. oberhalb der krit. Micellkonzentration. Der Grad der synergist. Wrkg. des Polymeren bei der XV-Solubilisation hängt von der Struktur des Polymeren u. von der Zus. des Adsorptionskomplexes ab. (Kolloid-Z. **154.** 19—29. Sept. 1957. Nakanosima Osaka, Japan, Univ., Chem. Inst.) O. FUCHS. 4000

I. I. Twerdochlebowa, *Die „isopiestische" Methode der Bestimmung der Molekulargewichte von Polymeren.* Als eine über einen weiten Bereich von Mol.-Geww. anwendbare Meth. wird die „isopiest." Meth. empfohlen, die darauf beruht, daß 2 verschieden konz. Lsgg. des gleichen Stoffs im gleichen Lösungsm. verschied. Sättigungsdampfdruck p_s zeigen, daß also bei ihrem Einbringen in einen geschlossenen Raum so lange Lösungsm. aus der Lsg. mit höherem p_s in die Lsg. mit niedrigerem p_s überdest., bis Ausgleich der Partialdrucke der Lösungsmittel erreicht ist. Verschied. Ausführungsformen des Verf. werden beschrieben u. die Auswertung zur Best. des Mol.-Gew. der gelösten Substanz wird erläutert. — 28 Literaturhinweise. (Успехи Химии [Fortschr. Chem.] **27.** 990—95. Aug. 1958. Moskau.) R. K. MÜLLER. 4000

A. A. Tager, *Über ein „gutes" und ein „schlechtes" Lösungsmittel für Polymere.* Auf Grund neuerer Unterss. kommt Vf. zu der Definition, daß ein „gutes" Lösungsm. für ein Polymeres ein solches ist, in dem das Polymere ein thermodynam. stabiles Syst., also eine Lsg. mit Verminderung des chem. Potentials des Lösungsm. in einem weiten Konzentrations- u. Temperaturbereich bildet; die entstehende Lsg. muß durchsichtig sein. Bei der Beziehung zwischen Lösungsvermögen u. Viscosität der Lsg. spielt die Biegsamkeit der Polymeren eine Rolle. — 19 Literaturhinweise. (Успехи Химии [Fortschr. Chem.] **27.** 481—87. April 1958. Swerdlowsk.) R. K. MÜLLER. 4000

P. M. Chomikowski, *Kinetik und topochemische Besonderheiten der Emulsionspolymerisation.* Übersicht: Topochemie u. Kinetik der Latexpolymerisation; Polymerisationsgeschwindigkeit, Einfl. des Phasenverhältnisses, der Natur u. der Konz. der Initiatoren u. der Emulgatoren, Temperaturabhängigkeit; Mol.-Gew. der Latexpolymeren. — 119 Literaturhinweise. (Успехи Химии [Fortschr. Chem.] **27.** 1025—55. Sept. 1958. Moskau.) R. K. MÜLLER. 4000

W. T. Kyner, J. R. M. Radok und **M. Wales,** *Kinetik und Molekulargewichtsverteilung bei Polymerisationen mit Polymeren im unbeständigen Zustand, die unter Abbruch durch Kettenübertragung des Monomeren erfolgen.* Es werden die kinet. Verhältnisse bei einem Polymerisationsvorgang untersucht, dessen Start-Rk. nach einer Rk. 1. Ordnung abläuft u. dessen Abbruch durch Kettenübertragung des Monomeren bedingt ist. Da die für den Aufbau der Kette im Mittel erforderliche Zeit in der Größenordnung der experimentellen Beobachtungszeit liegt, ist eine diesem quantitativ nicht erfaßbaren Zustand entsprechende Näherungslösung anzuwenden. Die für die Polymerisationswahrscheinlichkeit u. das durchschnittliche Mol.-Gew. gültigen Ausdrücke werden ebenso wie die sich für die Polymerisationsgeschwindigkeit in Abhängigkeit von der Zeit ergebende Beziehung abgeleitet. Die von GOLD erhaltenen Ergebnisse sind als Sonderfall bei fehlendem Polymerisationsabbruch mit einbezogen. (J. chem. Physics **30.** 363—68. Febr. 1959. Emeryville, Calif., Shell Developm. Co.) D. FORST. 4000

David W. McCall, Dean C. Douglass und **Ernest W. Anderson,** *Diffusion in Äthylenpolymeren.* 4. Mitt. (3. vgl. C. **1958.** 13794.) Nach der von DOUGLASS u. MCCALL (vgl. C. **1959.** 9514) angegebenen Meth. (Kernresonanz, Spin–Echo-Meth.) wurde der Selbstdiffusionskoeff. D für 2 Fraktionen von *Niederdruckpolyäthylen* mit den Mol.-Geww. $M_n = 4100$ (**Ia**) bzw. 5800 (**Ib**) bestimmt. Aus dem (log D, 1/T)-Diagramm berechnet sich die Aktivierungsenergie E für **Ia** zu 5,3 kcal/Mol; E von **Ib** scheint etwas kleiner zu sein. Diese E-Werte sind nur wenig kleiner als der von DOUGLASS u. MCCALL (l. c.) für n-$C_{32}H_{66}$ gefundene. D von **Ia** bzw. **Ib** beträgt bei 150° $1{,}6\cdot10^{-7}$ bzw. $1{,}1\cdot10^{-7}$ $cm^2\,sec^{-1}$. Durch Kombination mit den l. c. erhaltenen Daten ergibt sich $D = k\,n^{-5/3}$, wobei n = Zahl der C-Atome pro Mol. u. $k = 4{,}5\cdot10^{-3}$ $cm^2\,sec^{-1}$ bei 200° u. $2{,}5\cdot10^{-3}$ bei 150°. (J. chem. Physics **30.** 771—73. März 1959. Murray Hill, N. J., Bell Telephone Labors.) O. FUCHS. 4010

Shneior Lifson, *Nachbarwechselwirkung und innere Rotationen in Polymermolekülen.* 3. Mitt. *Statistik der voneinander abhängigen Rotationen und deren Anwendung auf das Polyäthylenmolekül.* (2. vgl. C. **1959.** 3503.) Die innere Rotation um die Hauptkette von *Polyäthylen* wird durch die Wechselwrkg. zwischen den benachbarten H-Atomen behindert. Diese inneren Rotationen sind daher voneinander abhängig. Auf Grund der l. c. entwickelten Vorstellungen wird die Statistik der abhängigen Rotationen abgeleitet; daraus ergeben sich weiter die Verteilungsfunktion u. das mittlere Quadrat des Kettenendenabstands der Makromoleküle. (J. chem. Physics **30.** 964—67. April 1959. Rehovoth, Israel, Weizmann Inst. of Sci.) O. FUCHS. 4010

R. Worrall und **S. H. Pinner,** *Strahlungspolymerisation von Isobuten und Methylmethacrylat in heterogener Phase.* Vff. untersuchen die Polymerisation von *Isobuten* (I) bei —78,5° u. *Methylmethacrylat* (II) bei Raumtemp. im Vakuum, wobei die Rk. durch Strahlung gestartet wird (mit γ-Strahlen einer ^{60}Co-Quelle von 930 rad/Min. oder mit im VAN DE GRAAFF beschleunigten Elektronen von 2 meV bis ca. 10^8 rad/Min.). Mit steigender Strahlendosis nimmt der Umsatz linear zu. Durch Zusatz verschied. anorgan. Verbb., bes. Metalloxyde (ZnO, CaO, MgO, SiO_2, $NaHCO_3$) wird die ion. Polymerisation von I erhöht. Setzt man steigende Mengen ZnO zu, so wird bei einem Optimum von 41% ZnO ein **I**-Umsatz von 95,9% erreicht. *Aktivruß* u. *Polyäthylenpulver* (**III**) scheinen den Umsatz zu hemmen. Das Mol.-Gew. wird durch die Beschleunigung der Rk. nicht beeinflußt. Bei **II** wird die Polymerisationsgeschwindigkeit durch **III** stark beschleunigt. Der Umsatz erreicht prakt. 100% beim Zusatz von 60% **III.** Vff. führen die Beschleunigung der Polymerisations-Rk. in der heterogenen Phase auf eine Erhöhung der Geschwindigkeit der Start-Rk. bei **I** u. der Abbruch-Rk. bei **II** zurück. (J. Polymer Sci. **34.** 229—42. Jan. 1959. Saffron Walden, Essex, England, Tube Investment Res. Labors.) O. KRAMM. 4010

Shogo Saito und **Tatsuji Nakajima,** *Dielektrisches Verhalten von Copolymeren des Vinylidenchlorids und Vinylchlorids.* Die dielektr. Eigg. von Copolymeren von *Vinylidenchlorid* (I) u. *Vinylchlorid* verschied. Zus. im Frequenzbereich 0,1—10^6 Hz u. im Temperaturbereich —23 bis 84° werden untersucht. Es wird die Frequenzabhängigkeit der DK. u. des dielektr. Verlusts bei verschied. Tempp. angegeben. Die Glasumwandlungstemp. der Copolymeren wird nach einer dielektr. Meth. bestimmt, die auf der Temperaturabhängigkeit der Größe der dielektr. Dispersion beruht. Je größer der Geh. an I ist, desto niedriger ist die Glasumwandlungstemperatur. Diese Ergebnisse stimmen überein mit denen aus Volumenausdehnungsmessungen. Der dielektr. Verlust nimmt ab mit geringerer Abkühlungsgeschwindigkeit. Außerdem wird der Einfl. derselben auf die Größe der Dispersion untersucht. Bei der Glasumwandlung scheint danach neben einem Relaxationsphänomen noch eine wesentliche Umwandlung zu erfolgen. Aus dem Frequenzmaximum des dielektr. Verlustes u. der absol. Temp. wird eine Kurve erhalten, aus der die Aktivierungsenergien berechnet werden. Sie hängt jedoch für den Relaxationsvorgang von der Temp. ab u. erreicht bei einer Temp., die etwas höher liegt als die Glasumwandlungstemp., ein Maximum. Sie wird durch langsamere Abkühlung der Probe erniedrigt. Der Parameter von COLE-COLE für die Verteilung der Relaxationszeit ist unterhalb der Glasumwandlungstemp. konstant, nimmt oberhalb derselben linear mit der Temp. zu u. scheint bei der Schmelztemp. den Wert 1 zu erreichen. Dieses Ergebnis entspricht demjenigen für den Parameter von Polytrifluoräthylen. (J. Polymer Sci. **37.** 229—40. Mai 1959. Tokyo, Agency of Ind. Sci. and Technol., Electrotechn. Labor.) W. SCHRAMM. 4010

H. Luther und **G. Weisel,** *Zur Messung der dielektrischen Verluste zur Bestimmung der Wechselwirkungen in Polyvinylchlorid–Weichmacher-Systemen.* Für die Meßfrequen-

zen f = 0,1—10 MHz wurden zwischen t = —30 u. 140° die dielektr. Verluste von *Polyvinylchlorid* (I) + *Dioctylphthalat* (II) gemessen; die Konz. c von II wurde von 0—100% variiert. tgδ geht bei wachsendem t durch ein Maximum; zwischen c = 40 u. 60% liegen 2 Maxima vor. Eine Abhängigkeit von f besteht nicht. Unter der Annahme, daß die (tgδ, c)-Kurven von reinem I bzw. II symm. relativ zum Maximum verlaufen, läßt sich der Kurvenverlauf der Mischungen durch Überlagerung der beiden Kurven von I u. II berechnen. Daraus folgt, daß jeder Komponente der Mischung ein bestimmtes Maximum zuzuordnen ist, dessen Lage von c abhängt, z. B. beträgt t_{max} für die in () genannten c-Werte 107 u. 63 (25); 51 u. 7 (60); 33 u. —11 (95). Die Differenz Δt beider t_{max}-Werte beträgt im Mittel 44°. Ähnliche Ergebnisse wurden für *Dibutylphthalat* an Stelle von II gefunden; Δt beträgt hier 53°. Aus diesen Daten folgt, daß aus dem t-Verlauf von tgδ keine Schlüsse hinsichtlich des Vorliegens von freiem u. gebundenem Weichmacher in der Mischung gezogen werden können. Zwar können durch die zwischenmol. Kräfte Abweichungen von einer ideal statist. Verteilung der Komponenten auftreten, es bilden sich aber keine stöchiometr. zusammengesetzte Assoziate. Zwischen t_{max} des Weichmachers in der Mischung u. der Einfriertemp. t_E der Mischung besteht die Beziehung $t_{max} = 0{,}95\, t_E + 60$. Schließlich wurde noch die Abhängigkeit der DK. der I-II-Mischung von c u. t gemessen. Daraus folgt, daß die im reinen I bestehende Hemmung der Beweglichkeit der Dipole durch den II-Zusatz z. T. aufgehoben wird. (Kolloid-Z. **154**. 15—19. Sept. 1957. Braunschweig, TH, Inst. für Chem. Technol.)
O. Fuchs. 4010

Junji Furukawa, Teiji Tsuruta, Takayuki Fueno, Ryôzô Sakata und **Kazuo Itô,** *Vinylpolymerisation in Gegenwart von Diäthylcadmium.* Diäthyl-Cd (I) kann die Polymerisation von Vinylverbb. bei Raumtemp. hervorrufen, wobei das Kettenwachstum über eine Radikal-Rk. verläuft. Diese Polymerisation wird durch O_2 oder Oxyde der Übergangselemente beschleunigt. Bei der Polymerisation von *Methacrylsäuremethylester* sind Chinone oder Phenole wirksame Beschleuniger. Verwendung von Brenzcatechin, Resorcin, Hydrochinon oder Pyrogallol als Beschleuniger erhöht das Mol.-Gew. der Prodd. erheblich. Gemischte Katalysatoren aus I u. $TiCl_4$ beschleunigen die Polymerisation von nichtpolaren Monomeren, wie *Styrol* oder *Butadien,* jedoch die Polymerisation polarer Vinylverbb. weniger als I allein. Das in Ggw. von I-$TiCl_4$ hergestellte *Polystyrol* enthält 1—2% isotakt. Polymeres. (J. chem. Soc. Japan, ind. Chem. Sect. [Kōgyō Kagaku Zassi] **61**. 1631—35. Dez. 1958. Kyôtô, Univ., Techn. Fak. [Orig.: japan.])
E. Maekawa. 4010

A. A. Berlin, L. W. Stupen, B. I. Fedossejewa und **D. M. Janowski,** *Untersuchung der Pfropfmischpolymerisation von Vinylchlorid mit Derivaten der Methacrylsäurereihe.* Durch Polymerisation von *Vinylchlorid* (I) in einem Latex von *Butylmethacrylat–Methacrylsäure-Copolymerem* (II) oder von II in *Polyvinylchlorid* (III)-Latex werden Propfcopolymere (PC) erhalten. Die Polymerisation von I in II-Latex erfolgt im Autoklaven in Ggw. von $(NH_4)_2S_2O_8$ bei 45—60° in verschied. Mengenverhältnissen unter Anwendung von CCl_4 oder CH_3J als Regulator (R). Die Prodd. werden aus Cyclohexanonlsg. 3mal mit Methanol umgefällt, mit Aceton von überschüssigem II befreit u. getrocknet. Die Huggins-Konstante ist höher als bei den linearen Homopolymeren, bei dem mechan. Gemisch von III u. II liegt sie dazwischen. Der Reaktionskoeff. f zeigt, daß >60% monomeres I mit II in Rk. getreten sind. Durch Trübungsmessung in Dioxan oder Dimethylformamid + Aceton mit Isopropanol + W. (3:1) oder Methanol + W. (19:1) wird die Pfropfung von I auf II bestätigt. Bei Zunahme von I im Gemisch nimmt f u. die Ausbeute an PC zu. Der Zusatz von R setzt die Ausbeute an PC herab. Der Übergang in den zähfließenden Zustand erfolgt bei dem PC mit I:II = 1:1 bei T_f = 190°, beim Gemisch der Homopolymeren bei 135°. Der Glaspunkt T_g ist bei beiden ca. 50°. Bei I:II = 4:1 ist T_g höher (80°), T_f niedriger (155°). Wenn umgekehrt II (95:5) in III-Latex polymerisiert wird (III:II = 1,12), nimmt der Cl-Geh. der in 50 Std. in Aceton oder in 47 (%) Chlf. + 30 Aceton + 23 Methanol gelösten Fraktion auf das 7—8fache zu, der Trübungsbeginn ist etwa der gleiche, T_g ist höher, T_f niedriger. T_g wird vor allem durch die Beweglichkeit der Hauptkette bestimmt, T_f durch die Seitenketten; wenn diese länger werden, verstärkt sich ihr Einfl. auf T_g, weil sie dann auf die Biegsamkeit der Hauptkette einwirken. (Доклады Академии Наук СССР [Ber. Akad. Wiss. UdSSR] **121**. 644—47. 1/8. 1958.)
R. K. Müller. 4010

A. I. Yurzhenko und **I. I. Maleyev,** *Adsorption bestimmter Hochpolymerer durch Ruß aus verdünnten Lösungen.* Einige Gesetzmäßigkeiten bei der Adsorption von Makromoll. [*Polystyrol, Polyisopren, Polyacryl-* u. *-methacrylsäurealkyl*(C_1—C_7)*-ester*] an Ruß bzw. mit Capronsäure hydrophobiertes Al_2O_3 (I) aus verd. Lsgg. wurden untersucht (Einfl. des Mol.-Gew., der Art des Lösungsm. u. der Mol.-Gestalt in Lsg. auf die bis zur prakt. vollständigen Adsorption erforderliche Zeit T_a). In allen Fällen war T_a direkt proportional $[\eta]^2$ ($[\eta]$ = Viscositätszahl). Schlechte Lösungsmittel führen zu kleineren T_a-Werten. Bei der Adsorption der polymeren Ester zeigte sich, daß T_a bei Polyacrylsäurealkylestern in der Reihe von CH_3 nach C_7H_{15} kleiner wird, während bei den Polymethacrylsäurealkylestern das Umgekehrte der Fall ist. I adsorbiert Polyacrylsäuremethylester reversibel aus der Lösung. (J. Polymer Sci. **31.** 301—07. Sept. 1958. Lwow, UdSSR, Lwow State Franko Univ.) R. Schäff. 4010

F. H. Müller und **F. Krum,** *Zur Frage der Molekulargewichtsbestimmung Hochpolymerer aus Untersuchungen des Spreitungsverhaltens* (*Untersuchungen an Polystyrol*). Von 4 Fraktionen von *Polystyrol* (I) mit Mol.-Geww. M zwischen 2700 u. 1700000 wurden durch Aufbringen der benzol. Lsgg. auf W. monomol. Schichten hergestellt, von denen die F–A-Kurven aufgenommen wurden (vgl. hierzu Krum, C. **1959.** 16349). Eine Berechnung von M aus den Spreitungsmessungen nach der Volmerschen Zustandsgleichung oder nach der Dichtpunktmeth. (Annahme des Vorliegens von kleinen I-Kügelchen auf dem W.) war unbefriedigend; für kleines M der I-Probe wurden zu große u. für großes M zu kleine M-Werte erhalten. Das Versagen der Dichtpunktmeth. dürfte z. T. daran liegen, daß es bei dem Spreitungsvorgang prinzipiell schwierig ist, alle Makromoll. als anfänglich isolierte Kügelchen aufzubringen. (Kolloid-Z. **154.** 29—41. Sept. 1957. Marburg/Lahn, Univ., Labor. für Hochpolymere.) O. Fuchs. 4010

Shigeharu Onogi, Isao Hamana und **Hidefumi Hirai,** *Viscoelastische Eigenschaften konzentrierter Polyvinylalkohollösungen.* Die dynam. Viscosität u. Scherelastizität konz. Lsgg. u. Schmelzen unfraktionierter Proben verschied. Mol.-Gew. von *Polyvinylalkohol* werden mit Hilfe von Schwingungsviscosimetern im Frequenzbereich von 0,08—400 Hz u. im Temperaturgebiet von 20—50° gemessen. Für den Niederfrequenzbereich wird ein Torsions-Schwingungs-Viscosimeter verwendet. Die Beobachtung erfolgt mit Hilfe einer opt. Anordnung. Im Bereich von 45—400 Hz erfolgt die Messung mit dem von Smith, Ferry u. Schremp (J. appl. Physics **20.** [1949.] 144) entwickelten elektromagnet. Wandler. Die Geräte werden beschrieben. Bei niederen Frequenzen verhalten sich die Lsgg. nahezu wie Newtonsche Flüssigkeiten. Bei Frequenzen um 1—10 Hz beginnt die Viscosität abzunehmen, während die Scherelastizität schnell zunimmt. Der Wechsel im Verh. der dynam. Viscosität u. der Scherelastizität tritt bei um so niedrigeren Frequenzen ein, je höher die Konz., je höher das Mol.-Gew. u. je niedriger die Temp. ist. Vergleiche der dynam. Viscosität mit der Viscosität bei laminarer Strömung (letztere gemessen mit dem Capillarviscosimeter u. der Kugelfallmeth.) zeigen, daß die Frequenzabhängigkeit der dynamischen Viscosität nicht ganz der Abhängigkeit der Viscosität bei laminarer Strömung von der Schergeschwindigkeit entspricht. Ein Vgl. mit theoret. Aussagen wird durchgeführt. (J. appl. Physics **29.** 1503—10. Okt. 1958. Kyoto, Kyoto Univ., Dep. of Textile Chem.) E. Wagenfeld. 4010

Albert Zilkha, Ben-Ami Feit und **Max Frankel,** *Alkylate als Initiatoren der anionischen Polymerisation von Vinylmonomeren.* 1. Mitt. *Polymerisation von Acrylonitril bei Verwendung von Natriumalkylaten.* Die C. **1958.** 5160 beschriebenen Verss. werden mit Na-Alkylaten (**A**) (bes. Na-Methylat, **IV**) als Katalysatoren (**K**) für die Polymerisation von *Acrylonitril* (**I**) weitergeführt. Die Polymerisationen werden bei 150° in Leichtbenzin (**II**) unter N_2 ausgeführt u. durch HCl nach 120 Min. abgebrochen. Bei steigendem Zusatz von **A** wird die Induktionsperiöde (IP) verringert, jedoch durchläuft die Ausbeute (A.) ein Maximum. Wird die alkoh. Lsg. des **A** (ca. 5—6 mol.) weiter verdünnt, so durchläuft auch hier die A. ein Maximum u. die IP nimmt ab. Die Polymerisationsprodd. bei hohem **K**-Anteil sind braunrot gefärbt. Die Zunahme der A. ist bes. groß zwischen 30 u. 60 Min. (150%), während die A. zwischen 2 u. 4½ Std. nur noch 6% beträgt. Die A. wird nur erhöht, wenn die **K**-Lsg. vor Zugabe von **I** dem **II** zugesetzt wird, nicht in umgekehrter Reihenfolge. Wird die **I**-Konz. erhöht, so durchläuft die A. ein Maximum. Ohne **II** verläuft die Rk. sehr heftig, u. man erhält niedermol. rote Produkte. Die A. ist von der Menge des **II** abhängig (Maximum). Unterhalb —30 bis 40° findet keine Polymerisation statt, während sie bei —5 bis 0° unkontrollierbar wird. Wird festes, handelsübliches Na-Methylat (**IV**) verwandt, erhält man nur eine sehr geringe A., die erst durch Zusatz von Methanol (**V**) erhöht wird. Auch hierfür wird ein optimales Lösungsverhältnis gefunden. Abschließend werden verschied. **A** [Na-Äthylat, -Propylat, -Isopropylat, -Allylat (**VI**), -Butylat, -Amylat u. -Benzylat] in den Ausgangsalkoholen bzw. auch in anderen Alkoholen gelöst u. auf ihre **K**-Wrkg. geprüft. Je saurer ein Alkohol (Acidität des H-Atoms der OH-Gruppe) ist, um so geringer ist die **K**-Wrkg. bei Verwendung seines entsprechenden **A. VI** u. Allylalkohol (**III**) zeigen keine Wirkung. Wird ein saurer Alkohol mit einem aus einem bas. Alkohol gewonnenen **A** oder umgekehrt kombiniert, kann man eine sehr gute A. bei sehr kleiner IP erhalten (z. B. **IV** mit **III**

oder **VI** mit **V**), wobei verschied. Rkk. explosiv verlaufen. (J. chem. Soc. [London] **1959**. 928—33. März. Jerusalem, Israel, Hebrew Univ., Dep. of Organ. Chem.)
O. KRAMM. 4010

C. H. Bamford, A. D. Jenkins und **E. F. T. White,** *Die Kinetik der Block- und Graftcopolymerisation von Acrylonitril.* Vff. verfolgen kinet. die Block- u. Pfropfcopolymerisation von *Acrylonitril* (**I**) mit vorpolymerisiertem *Polysarkosindimethylamid* (**II**) vom Polymerisationsgrad DP 10, 50 u. 90, mit *N-Acetylpolysarkosindimethylamid* (**III**) vom DP 50, mit *Polymethylmethacrylat* (**IV**), das als Endgruppe ein *Cl*-Atom (**IVa**), eine *Triäthylamingruppe* (**IVb**) oder eine Doppelbindung (**IVc**) enthält, u. vergleichsweise mit *Triäthylamin* als Kettenüberträger in Ggw. von α.α'-Azo-bis-isobutyronitril (**V**) als Initiator auf dilatometr. Wege. Die Darst. von **II** u. **III** erfolgte nach BALLARD u. BAMFORD (vgl. C. **1959**. 8183), die von **IVb** u. **IVc** nach BAMFORD u. WHITE (vgl. C. **1959**. 16350). **IVa** vom DP 274 mit 0,2% Cl-Geh. wurde durch Polymerisation von 1,3 mol. Methylmethacrylat (**VI**) in Dimethylformamid u. 0,03 mol. $FeCl_3$-Lsg. konstanter Konz. in Ggw. von 0,01 mol. **V**-Lsg., Verdünnen mit Bzl. u. Fällung mit PAe. erhalten. Die Blockpolymerisation von **I** (15,22 Mol/Liter) erfolgte mit wechselnden Mengen **II** bis **IVc** u. $2,44 \cdot 10^{-3}$ Mol/Liter **V** bei 60° in kleinen Umsätzen von 1 bzw. 20%, die Lösungspolymerisation mit 5,07 Mol/Liter **I** u. $6,25 \cdot 10^{-4}$ Mol/Liter **V** in Dimethylformamid bei 60°. Die bas. Endgruppe von **II** als Kettenüberträger reagiert rasch mit **I** unter Bldg. von $-N(CH_3)CH_2CH_2CH_2CN$-Resten. **IVc** bildet mit **I** ein Pfropfcopolymerisat, es verhält sich wie das **VI**-Monomere, besitzt aber nur $^1/_{10}$ der Reaktionsfähigkeit von **VI** gegenüber **I**-Radikalen. Ergebnisse: Alle polymeren Kettenüberträger setzen die Polymerisationsgeschwindigkeit v gegenüber der von Triäthylamin wesentlich herab, die Depression von v ist um so größer, je höher der DP von **II** u. am geringsten, wenn die bas. Endgruppe von **II** acetyliert ist, wie bei **III**. Dies wird durch die solubilisierende Wrkg. der Primärpolymeren erklärt, da dadurch die wachsenden Radikale relativ lange in Lsg. bleiben, die Abbruchkonstante daher für sie verhältnismäßig hoch u. v entsprechend niedrig ist. Bei Pfropfpolymeren wie **IVc** ist der Solubilisierungseffekt geringer, was auch theoret. mit dem diskutierten Solubilisierungsmechanismus erklärt wird. (J. Polymer Sci. **34**. 271—85. Jan. 1959. Maidenhead, Berks., Courtaulds Ltd., Res. Labor.)
O. KRAMM. 4010

O. W. Kallistow, *Über den Einfluß des Geschwindigkeitsgradienten auf die charakteristische Viscosität hochmolekularer Fraktionen von Polymeren.* Da sich die Lsgg. von Mikromoll. nicht wie NEWTONsche verhalten, ergeben sich verschied. Koeffizienten der Viscosität für Apparaturen mit verschied. Durchflußgeschwindigkeit. Die beschriebenen Messungen werden an einem Capillarviscosimeter nach UBBELOHDE durchgeführt. Untersucht werden verschied. Fraktionen von *Polymethylmethacrylat* in Bzl., $CHCl_3$, Aceton u. Toluol. Auf Grund der Ergebnisse wird eine Gleichung gefunden, die die Zusammenhänge beschreibt u. für das Intervall des Geschwindigkeitsgradienten von 50—3000 sec^{-1} gilt. Danach ist die Abhängigkeit der Viscosität vom Geschwindigkeitsgradienten in erster Linie durch die charakterist. Viscosität u. erst dann durch die Art des Lösungsm. bestimmt. (Журнал Технической Физики [J. techn. Physik] **29**. Nr. 1. 70—74. Jan. 1959. Leningrad, Inst. für hochmol. Verbb. der Akad. der Wiss. der UdSSR.)
O. KRAMM. 4010

Santi R. Palit und **Tilak Guha,** *Einige Beobachtungen über den Einfluß des physikalischen Charakters der abgetrennten Phase auf die Geschwindigkeit der heterogenen Polymerisation.* Vff. untersuchen die Polymerisation von *Methylmethacrylat* (**I**), *Acrylonitril* (**II**) u. *Methylacrylat* in Ggw. eines Redoxsyst. ($K_2S_2O_8$ u. $Na_2S_2O_4$) unter N_2 bei 35°. Bei **I** wird unter Konstanthaltung der ersteren Katalysatorkomponente (0,001%) die letztere zwischen 0,001 u. 0,3% variiert. Im Bereich von 0,001—0,01% nimmt der Polymerisationsgrad zu, um bei höherer Dosierung langsam abzufallen. Gleichzeitig wird die klare koll. Lsg. milchig trübe. Erst bei ca. 0,1% setzt eine allmähliche Steigerung der Polymerisation ein. Dieses Verh. wird auf den physikal. Zustand der sich trennenden Phasen zurückgeführt, u. zwar bildet sich beim Milchigwerden ein instabileres gröberes Sol, während bei Überdosierung des Katalysator ein Koagulat ausfällt. Für **II** werden die gleichen Beobachtungen gemacht, nur liegt die Katalysatordosierung etwas höher. Durch Zusatz von Peptisatoren (Na_2SO_4, $MgSO_4$) wird der Polymerisationsgrad verringert. (J. Polymer Sci. **34**. 243—50. Jan. 1959. Jadavpur, Calcutta, India, Assoc. for the Cultivation of Sci.)
O. KRAMM. 4010

R. J. Parsons und **H. Warson,** *Heterogene Copolymerisation von Methacrylestern mit Methacrylationen in wässerigem Medium.* Vff. polymerisieren das wasserunlösl. *Methylmethacrylat* (**I**) mit wasserlösl. *Na-Methacrylat* (**II**) in wss. Emulsion. **II** wird durch partielle Hydrolyse von **I** gewonnen, u. die Copolymerisation in dieser Lsg. mit $Na_2S_2O_8$

als Katalysator ausgeführt. Die Temp. beträgt dabei 75° u. steigert sich auf 100°. Es wird meist mit einem mol. Verhältnis von 1 : 2 bzw. 1 : 1 für II u. I gearbeitet. Die Rk. von I setzt sofort ein, während die von II eine Verzögerung von ca. 10 Min. erfährt. Dementsprechend ist der II-Anteil im zuerst gebildeten Copolymeren gering (nach 35 Min. 93% I, nach 100 Min. 65—50% I). Weitere Verss. werden so ausgeführt, daß die Inhibierungsperiode von II ausgeschaltet wird, indem man I erst nach 10 Min. der Reaktionslsg. zusetzt. Der Polymerisationsgrad von I nimmt mit steigender Verdünnung zu, während der von II unabhängig von der Konz. ist. Beim mol. Verhältnis von 2 : 1 ist der Polymerisationsgrad von II etwas geringer, während der von I prakt. gleich dem beim Verhältnis 1 : 1 ist. Danach entspricht die Reaktionskinetik für I der 0. u. für II der 1. Ordnung. Die 4fache $Na_2S_2O_8$-Menge verdoppelt die Reaktionsgeschwindigkeit. Bei 60° wird eine sehr geringe Polymerisation beobachtet, bis nach ca. 140 Min. ein plötzlicher Anstieg der Reaktionsgeschwindigkeit (nur für I) eintritt. Vff. erklären diese Änderungen der Polymerisationsgeschwindigkeit mit einer dem Trommsdorff-Effekt entsprechenden Erscheinung. Auch die Copolymerisation von *Äthyl-*, *β-Äthoxyäthyl-* u. *Butylmethacrylat* (III) mit II wird untersucht. Die Neigung Copolymere zu bilden nimmt in gleicher Reihenfolge ab; zwischen III u. II findet prakt. keine Copolymerisation statt. Ein Polymerisationsmechanismus wird diskutiert. (J. Polymer Sci. **34.** 251—69. Jan. 1959. Carshalton, Surrey, Vinyl Products Ltd.) O. Kramm. 4010

Bernhard Wunderlich und **Malcolm Dole,** *Spezifische Wärmen von synthetischen Hochpolymeren.* 9. Mitt. *Poly-[äthylensebacat].* (8. vgl. C. **1958.** 2153.) Die spezif. Wärmen u. Dichten von getempertem *Poly-[äthylensebacat]* (I) im Temperaturbereich von —20 bis 140° wurden gemessen u. der %-Satz der Kristallinität u. die Schmelzwärmen ermittelt. Der Kristallisationsgrad bei Raumtemp. wurde zu 57% u. die Schmelzwärme von 100%-kristallinem I zu 30,5 cal·g^{-1} berechnet. Der Befund, daß dieser Wert beträchtlich größer ist als der von Edgar u. Hill (C. **1952.** 6702) aus Mischpolymerisationsdaten berechnete Wert wird auf die kleinen Mischpolymerisatkristallite zurückgeführt. Es wird gezeigt, daß der niedrige F. der aliphat. Polyester im Vgl. zu dem von Polyäthylen eher mit der geringen Schmelzwärme als mit einer großen Schmelzentropie (wie früher angenommen) zusammenhängt. Im fl. Bereich ist der Wärmeinhalt nahezu proportional dem Volumen. (J. Polymer Sci. **32.** 125—30. Okt. 1958. Evanston, Ill., Northwest. Univ., Dep. of Chem.) R. Schäff. 4010

W. James Lyons, *Theoretische Werte des Dehnungs- oder Youngschen Moduls von faserformenden Polymeren.* Die Begriffe, die zuerst von Meyer u. Lotmar (Helv. chim. Acta **19.** [1936.] 68) auf faserbildende Polymere angewandt wurden, um den Dehnungsmodul der krist. Bereiche der Cellulose zu berechnen, werden übernommen. Der Dehnungsmodul von *Polyhexamethylenadipinamid* (**I**; α-Form, *Nylon 66*), u. von *Polyäthylenterephthalat* (**II**) werden aus schon bekannten Gitterdaten abgeleitet. Der Elastizitätsmodul für die krist. Zelle von **I** wird zu 15,7·10^{11} dyn·cm^{-2}, der für **II** zu 14,6·10^{11} dyn·cm^{-2} errechnet. Im Vgl. liegen die experimentell von Ballou u. Silverman [1944] für **I** u. von Lyons u. Prettyman (J. appl. Physics **19.** [1948.] 473) für **II** gefundenen Werte um eine Größenordnung niedriger, nämlich bei 15,5·10^{10} dyn·cm^{-2} u. 10,9·10^{10} dyn·cm^{-2}. Es wird darauf verwiesen, daß kein ersichtlicher Zusammenhang besteht zwischen: a) den Werten des theoret. errechneten Elastizitätsmoduls des Polymeren, b) den Werten des experimentell gefundenen Elastizitätsmoduls u. c) dem krist. Anteil des Polymeren. (J. appl. Physics **29.** 1429—33. Okt. 1958. Princeton, N. J., Textile Res. Inst.) E. Wagenfeld. 4010

Fred G. Hewitt und **Robert L. Anthony,** *Messung der isothermen Volumenvergrößerung von Gummi, die im Falle einer einseitigen Ausdehnung auftritt.* Die Unterss. von Gee u. Mitarbeitern (C. **1955.** 7458) wurden um die Ausdehnungen von $\varepsilon = 14{,}33$ u. 51% erweitert. Die untersuchten Proben hatten ein mittleres Mol.-Gew. von 3000—5500. Die Volumenvergrößerung wird mit einer in W. befindlichen Torsionswaage gemessen. Die verwendete App. wird beschrieben. Die gefundenen Werte der Volumenzunahme betragen zwischen 3,2·10^{-5} für $\varepsilon = 14{,}33\%$ bis 14·10^{-5} Anteile für $\varepsilon = 51\%$, bei verschied. Kettenlängen u. Dehnungen. Ein Vgl. der Elastizitätskonstanten, erhalten [aus a) der Spannungs–Dehnungs-Kurve, b) der theoret. von Gee (l. c.) berechneten Kurve, c) ermittelt aus der Gleichung $E = 3\gamma\ \varrho\ RT/M_c$ (wobei E = Elastizitätsmodul, ϱ = D. des Kautschuks, γ = numer. Größe, M_c = mittleres Mol.-Gew., R = Gaskonstante ist), fällt befriedigend aus. (J. appl. Physics **29.** 1411—14. Okt. 1958; Rubber Chem. Technol. **32.** 428—33. April/Juni 1959. Notre Dame, Ind., Univ. of Notre Dame, Dep. of Phys.) E. Wagenfeld. 4030

Peter Kovacic und **Richard W. Hein,** *Neue Vernetzungsmittel für Polymere.* 1. Mitt. *Vernetzung von Polymeren mit Dimaleinimiden.* Nach der von Searle (A. P. 2 444 536 u. 2 462 835) angegebenen Meth. wurden folgende D i m a l e i n i m i d e (**A**)

dargestellt: *N.N'-[m-Phenylen]-* (**I**), $C_{14}H_8N_2O_4$, F. 202° (Toluol/A./wss.Dioxan), aus Maleinsäureanhydrid u. m-Phenylendiamin u. Erhitzen der gebildeten *N.N'-[m-Phenylen]-dimaleinamidsäure* mit Acetanhydrid (1 : 2,5) auf > 92°. — *N.N'-[p-Phenylen]-*, $C_{14}H_8N_2O_4$, F. 346—350° (Toluol/A./wss. Dioxan), anlog aus p-Phenylendiamin über *N.N'-[p-Phenylen]-dimaleinamidsäure.* — *N.N'-[p.p'-Diphenylen]-*, $C_{20}H_{12}N_2O_4$, F. 340 bis 349° (wss. Dioxan), aus Benzidin über *N.N'-[p.p'-Diphenylen]-dimaleinamidsäure.* — *N.N'-Diphenylmethan-4.4'-*, $C_{21}H_{14}N_2O_4$, F. 158° (Toluol), aus 4.4'-Diaminodiphenylmethan über *N.N'-Diphenylmethan-4.4'-dimaleinamidsäure.* — *N.N'-Äthylen-* (**II**), $C_{10}H_8N_2O_4$, F. 190—192° (wss. A.), aus Äthylendiamin über *N.N'-Äthylendimaleinamidsäure* [$C_{10}H_{12}N_2O_6$, F. 181—182° (wss. A.)]. — *N.N'-Hexamethylen-*, $C_{14}H_{16}N_2O_4$, F. 139 bis 140° (wss. Methanol), aus Hexamethylendiamin über *N.N'-Hexamethylendimaleinamidsäure* [$C_{14}H_{20}N_2O_6$, F. 173—174° (wss. Methanol)]. Die Vernetzung von Polymeren mit den **A** erfolgte nach folgenden Beispielen: 6 g *Naturkautschuk* wurden unter N_2 in 194 g o-Dichlorbenzol unter Erwärmen gelöst u. bei 65° 0,3 g **I** u. 0,03 g Dicumylperoxyd zugegeben; bei 125° wird die Lsg. dickfl., bei 128° erfolgt Gelbildung. Ähnliche Vernetzungs-Rkk. wurden mit *GR-S-Kautschuk, Polyäthylen* (niedriger u. hoher D.) u. *Polypropylen* erzielt. 5 g *Gelatine* (**III**), 0,5 g **II** u. 100 g W. wurden zum Sieden erhitzt, dabei Gelbldg.; mit N-Phenylmaleinimid u. **III** tritt unter den gleichen Bedingungen keine Vernetzung auf. Mit *Polyäthylenimin* u. *Urethanpolymeren* tritt in gleicher Weise eine Vernetzung auf. Keine Vernetzung erfolgt mit *Polymethylmethacrylat, Polystyrol, Polyvinylalkohol, Polyvinylpyrrolidon, Polyvinylchlorid, Polyvinylbutyral, Polyisobutylen, Polybutadien, chlorsulfoniertes Polyäthylen, Thiokol, Polydimethylsiloxan, Polyformaldehyd* u. *Methylcellulose* (je unter Verwendung von **I**). Der Mechanismus der Vernetzungs-Rkk. wird kurz diskutiert (vgl. nachst. Ref.). (J. Amer. chem. Soc. **81.** 1187—90. 5/3. 1959. Cleveland, Ohio, Case Inst. of Technol., Dep. of Chem. and Chem. Engng.)
O. FUCHS. 4030

Peter Kovacic und **Richard W. Hein,** *Neue Vernetzungsmittel für Polymere.* 2. Mitt. *Vernetzung von ungesättigten Polymeren mit Dimaleinimiden.* (1. vgl. vorst. Ref.) Mit den l. c. genannten *N.N'-[m-Phenylen]-* (**I**), *N.N'-[p-Phenylen]-* (**II**), *N.N'-[p.p'-Diphenylen]-* (**III**), *N.N'-Diphenylmethan-4.4'-* (**IV**), *N.N'-Äthylen-* (**V**) u. *N.N'-Hexamethylendimaleinimid* (**VI**) wurden *Naturkautschuk* (**VII**) u. *GR-S-Kautschuk* (**VIII**) bei höherer Temp. (vgl. l. c.) vernetzt. Von den Vulkanisaten wurden die Zusammendrückbarkeit, die Rückprallelastizität, die Dehnung u. der Elastizitätsmodul bestimmt. Die besten gummitechn. Eigg. wurden mit 3% **I** u. 0,3% *Dicumylperoxyd* (**IX**) (je bezogen auf die **VII**- bzw. **VIII**-Menge) erhalten (45 Min. lange Behandlung der Proben bei 155°). Bei Erniedrigung der **IX**-Menge oder bei Verwendung von Benzoylperoxyd, Di-tert.-butyldisulfid oder Tetramethylthiuramdisulfid an Stelle von **IX** waren die Eigg. schlechter. Ähnliche Ergebnisse wurden mit **II** bis **VI** erhalten, jeweils bei Verwendung von **IX.** Füllmittel wie Ruß, TiO_2 oder ZnO stören die Vernetzungs-Rk. nicht. N-Phenylmaleinimid u. Dimaleinamidsäuren (vgl. l. c.) wirken auf **VII** zwar auch vernetzend, aber viel schlechter als **I** bis **VI**. Die mit **I** bis **VI** erhaltenen Vulkanisate besitzen ähnliche Eigg. wie die mit S oder mit **IX** allein bei höherer Konz. hergestellten. In Abwesenheit von **IX** gibt **I** mit **VII** zwar auch eine gewisse Vernetzung, doch ist das Vulkanisat unbrauchbar. Zur Deutung der Vernetzungs-Rkk. nehmen Vff. an, daß **IX** zuerst in Radikale zerfällt, die z. B. **VII** ein H-Atom entziehen. An das **VII**-Radikal lagert sich das eine C der einen C=C-Bindung von z. B. **I** an. Das 2. C der C=C-Bindung, das dadurch Radikalcharakter bekommt, erzeugt durch H-Entzug ein neues **VII**-Radikal. Findet der gleiche Vorgang an der 2. C=C-Bindung von **I** statt, so resultiert daraus eine Vernetzung zwischen 2 **VII**-Molekülen. Die gummitechn. Eigg. der Vulkanisate hängen von der Struktur von **I** bis **VI** ab; **I, II** u. **III** geben bessere Prodd. als **IV, V** u. **VI** (vermutlich durch den z. T. aliphat. Charakter von **IV, V** u. **VI** bedingt). (J. Amer. chem. Soc. **81.** 1190—94. 5/3. 1959.)
O. FUCHS. 4030

I. G. Wywalko, A. I. Duschetschkin, K. I. Matkowski, Je. A. Schilow und **A. A. Jassnikow,** *Mechanismus der Biosynthese von Isoprenverbindungen.* 1. Mitt. *Beteiligung von Zuckern und organischen Säuren bei der Bildung von Kautschuk in Kok-Saghys.* Durch Anwendung markierter Verbb. untersuchen Vff. den Mechanismus der Bldg. von *Kautschuk* in Kok-Saghys. Es werden ^{14}C-Saccharose, $^{14}C_{(1)}$-D-Glucose, $^{14}C_{(3,4)}$-D-Glucose, $^{14}C_{(1)}$-D-Fructose, $^{14}C_{(1)}$-D-Gluconsäure, $^{14}C_{(1)}$-Lävulinsäure, $^{14}C_{(2)}$-Brenztraubensäure u. $^{14}C_{(1)}$-Essigsäure in Form ihrer wss. Lsgg. auf die Blätter der Pflanze aufgetragen, u. nach bestimmten Zeitabständen (bis zu 16 Tagen) wird die Verteilung der Radioaktivität auf die Fraktionen der wasserlösl. Stoffe, die Cellulose, das Carotin, den Kautschuk, die Harze u. die von der Pflanze abgegebene CO_2 untersucht. Es wird festgestellt, daß die eingeführten Verbb. zu 60—80% in CO_2 verwandelt werden, ca. 3—4% des radioakt. C gelangen in die Fraktion der wasserlösl. Stoffe, u. ca. 1% findet sich in der Cellulose, im Carotin, Kautschuk u. in den Harzen wieder. Die vorst. genannten markierten Verbb. werden von der Pflanze in etwa gleichen u. in nur unbedeutenden Mengen zur Biosynth. des Kautschuks verwendet. Die Verss. zeigen, daß diese Verbb. offenbar nicht als direkte Vorstufen der Biosynth. des Kautschuks anzusehen sind. (Украинский Химический Журнал [Ukrain. chem. J.] **22.** 644—54. 1956. Inst. für organ. Chem. u. Inst. für Pflanzenphysiol. u. Agrochem. der Akad. der Wiss. der Ukrain. SSR.) G. FROELICH. 4030

I. G. Wywalko, A. I. Duschetschkin, G. M. Luschtschewskaja, K. I. Matkowski, B. G. Ssawinow, Je. A. Schilow und **A. A. Jassnikow,** *Mechanismus der Biosynthese von Isoprenverbindungen.* 2. Mitt. *Bildung von Carotinpigmenten in den Blättern von Kok-Saghys.* (1. vgl. vorst. Ref.) Vff. führen in Kok-Saghys $^{14}C_{(1)}$-D-Glucose, ^{14}C-Saccharose, $^{14}C_{(1)}$-Essigsäure, $^{14}C_{(1)}$-Lävulinsäure, $^{14}C_{(2)}$-Brenztraubensäure, $^{14}C_{(1)}$-Glykokoll, $^{14}C_{(1)}$-Alanin u. $^{14}C_{(OOH)}$-Benzoesäure ein u. untersuchen die Beteiligung jeder dieser Verbb. bei der Biosynth. des Carotins in der Pflanze. Die angeführten Verbb. verleihen dem Carotin u. den Carotinen nur eine sehr geringe Radioaktivität. Eine relativ hohe Radioaktivität der Carotine (im Verhältnis zu den anderen Verbb.) wird bei der Einführung von $^{14}C_{(1)}$-Essigsäure beobachtet. Somit dürfte die Essigsäure direkt an der Bldg. der Vor- u. Zwischenprodd. bei der Biosynth. der Carotine beteiligt sein. Es wird ferner festgestellt, daß Carotin u. die Carotine in der grünen Pflanze ständig erneuert werden. Die mittlere Lebensdauer eines radioakt. Carotinmol. in den Blättern von Kok-Saghys beträgt im Juni 3—5 Tage. (Украинский Химический Журнал [Ukrain. chem. J.] **22.** 655—59. 1956.) G. FROELICH. 4030

A. Thompson und **M. L. Wolfrom,** *Die Zusammensetzung von Pyrodextrinen.* Durch Rösten von Amylose in Abwesenheit von Säure u. W. bei 185—200° hergestelltes *Pyrodextrin* liefert bei partieller Hydrolyse D-*Glucose, Maltose, Isomaltose* (I), *Gentiobiose* (II) u. *1.6-Anhydro-β-D-glucopyranose* (III). Ein bei 200° bis zum halbfl. Zustand erhitztes Prod. wurde bei partieller Hydrolyse in *D-Glucose*, **I, II** u. *Sophorose* umgewandelt, während keine Maltose entstand. Die Verss. zeigten, daß α-D-(1 → 6)-, β-D-(1 → 6)-, β-D-(1 → 2)- u. wahrscheinlich α-D-(1 → 2)-Bindungen sowie III-Endgruppen bei der Dextrinbldg. auf Kosten der ursprünglichen α-D-(1 → 4)-Bindungen der Amylose entstehen. Vielleicht ist die Dextrinbldg. eine beginnende Pyrolyse, bei der α-D-(1 → 4)-Bindungen ohne Bldg. von reduzierenden Gruppen gespalten werden u. in Abwesenheit von W. die Glykosylbindung anderer OH-Gruppen des Mol., bes. der prim. OH-Gruppe der benachbarten Glucoseeinheit angegriffen wird; dabei werden größtenteils unverzweigte (1 → 6)-Bindungen gebildet.

Versuche: Amylose wurde nach 20std. Trocknen bei 100° unter Umrühren auf 200° erhitzt (Badtemp. in 90 Min. auf 225° erhöht, dann eine weitere Std. [*Dextrin A*] bzw. 1½ Std. [*Dextrin B*] bei dieser Temp. gehalten). Dextrin B war beim Erhitzen halbfest, nach Abkühlen glasig. — *Dextrin A* wurde in 0,15n HCl 4 Std. auf dem sd. Wasserbad hydrolysiert, die Lsg. mit Anionenaustauscherharz behandelt u. an mit HCl u. NH_4OH behandelter Kohle chromatographiert. Nach Waschen mit W. unter Entfernung von *D-Glucose* lieferte die Elution mit 3%ig. A. 7,5 g u. mit 5%ig. A. 8,0 g sirupöse Substanz. Die Acetylierung der beiden Fraktionen mit Acetanhydrid/Na-Acetat beim Kp. gab 15 g Fraktion A u. 12 g Fraktion B. Die Kristallisation von Fraktion B lieferte *β-Gentiobioseoktaacetat* (V), F. 189—190° (korr.; A.); $[\alpha]_D^{26}$ —3,0° (c = 3,5; Chlf.); 1 15 g (roh). — Die Mutterlauge (M) von V sowie Fraktion A wurden in Bzl. an Magnesol/Celite (5 : 1) chromatographiert (Entw. mit Bzl./tert.-Butanol 100 : 1): *β-D-Glucopyranosepentaacetat* (IV) F. 126—128° (korr.; A.) aus der Fraktion A u. M; $[\alpha]_D^{26}$ +3,4° (c = 2,8; Chlf.); 810 mg (roh). — *1.6-Anhydro-β-D-glucopyranose* (III)-*Triacetat,* aus A; $[\alpha]_D^{26}$ —62,7° (c = 2,7; Chlf.); 510 mg. — *β-Maltoseoktaacetat* (VII), F. 158,5—160° (korr.; A.), aus A u. M; $[\alpha]_D^{26}$ +60,5°; 3,1 g (roh). — *β-Isomaltoseoktaacetat* (VI), F. 144 bis 145° (A.), aus A; $[\alpha]_D^{26}$ +97° (c = 3,3; Chlf.); 1,5 g (roh). — *Dextrin B* wurde analog Dextrin A hydrolysiert u. chromatographiert. Die A entsprechende acetylierte Fraktion lieferte nur **IV**, die B entsprechende Fraktion nur **VI**. Aus einem mit 10%ig. A. erhaltenen Eluat krist. V, u. die Mutterlauge von V lieferte durch Chromatographie an Magnesol/Celite *β-Sophoroseoktaacetat,* F. 184°; 100 mg. — Partielle Hydrolyse der ursprünglichen Amylose gab nach Acetylierung nur **IV, VII** u. *β-Maltotrioseoktaacetat.* (J. Amer. chem. Soc. **80.** 6618—20. 20/12. 1958. Columbus, Ohio, Ohio State Univ., Dep. of Chem.) W. WILLENBERG. 4050

K. T. Poroschin, Ju. I. Churgin und **T. D. Kosarenko,** *Polykondensation von Glycinäthylester in Gegenwart seines Carbamats.* Beim Einleiten von CO_2 in überschüssigen Glycinäthylester (I) entsteht dessen Carbamat ($R'OCOCHR \cdot NH_3^+OCO^-NHCHRCOOR'$) in dessen Ggw. die Polykondensation von I (wie auch in Ggw. von CO_2) nach dem Schema einer Rk. 1. Ordnung abläuft. Die Reaktionsgeschwindigkeitkonstante beträgt k = 7,72·

10^{-5} $sec^{-1}\cdot Mol^{-1}$. Während aber in Ggw. von CO_2 die I-Polykondensation mit großer Anfangsgeschwindigkeit einsetzt, fehlt bei der Polykondensation in Ggw. des I-Carbamats diese 1. schnell ablaufende Reaktionsstufe. Damit wird bewiesen, daß die Bldg. des I-Carbamates auf die Polykondensation des I keinen Einfl. hat. — In I in absol. Ae. leitet man bei —40° unter Rühren CO_2 ein, dest. Ae. ab u. gibt zu dem gebildeten I-Carbamat bei —40° nunmehr die 10fache Menge des vorher eingesetzten I, so daß das Verhältnis von I-Carbamat zu I 0,05 beträgt. (Доклады Академии Наук СССР [Ber. Akad. Wiss. UdSSR] **124**. 105—06. 1/1. 1959. Zelinsky-Inst. für Organ. Chem. der Akad. der Wiss. der UdSSR.) W. KURTZMANN. 4070

J. Kohn, *Eine einfache Methode zur Konzentrierung proteinhaltiger Flüssigkeiten.* Die zu konzentrierende Fl. wird in eine Art Reagensglas mit einer am Boden befindlichen kleinen Erweiterung zur Aufnahme der eingeengten Lsg. gegeben. In das Glas wird ein Dialysierschlauch eingeführt, der mit Polyäthylenglykol (Mol.-Gew. ca. 20000) oder Polyvinylpyrrolidon gefüllt ist. Die Füllung wird zweckmäßig kurz vor dem Einsetzen in die proteinhaltige Fl. mit wenig W. angefeuchtet. Durch mehrfaches Biegen des Dialysierschlauches läßt sich die Dialysierfläche vergrößern. Der Elektrolytgeh. der eingeengten Lsg. ist der gleiche wie bei der Ausgangslösung. Mit dieser Meth. lassen sich 10 ml Harn in 3—4 Std. auf ca. 0,25 ml einengen, ohne daß eine Denaturierung erfolgt. (Nature [London] **183**. 1055. 11/4. 1959. Roehampton, Queen Mary's Hosp.)
E. SCHWERDTFEGER. 4070

Terrell L. Hill, *Verallgemeinerung des eindimensionalen Ising-Modells zur Anwendung auf Helixübergänge in Nucleinsäuren und Proteinen.* Theoret. Untersuchung. (J. chem. Physics **30**. 383—87. Febr. 1959. Eugene, Oreg., Univ., Dep. of Chem.)
C. GOTTFRIED. 4090

C. B. Anfinsen jr. and others, eds. Advances in protein chemistry; v. 13. New York; Academic Press. 1958. (535 S. m. Abb.) 8°. $ 13,80.

Ss. A. Glikman, Einführung in die physikalische Chemie der Hochpolymeren. Lehrbuch für Universitäten. Saratow: Verl. der Univ. Saratow. 1959. (379 S. m. Abb.) 12 Rbl. 60 Kop. [russ.]

M. W. Selenski, Die Diffusionsaussalzung der Eiweißstoffe. Kiew: Akad. der Wiss. der UkrainSSR. 1959. 7 Rbl. 50 Kop. [ukrain.]

E. Biologische Chemie. Physiologie. Medizin.

E_1. Allgemeine Biologie und Biochemie.

Yoshirō Nishimura, *Der Einfluß des p_H auf das Ferricyanid–Ferrocyanid-Redoxpotential.* Das Redoxpotential von *Ferricyanid* (I)–*Ferrocyanid* (II) bildet mit dem Logarithmus des Konzentrationsverhältnisses eine Gerade mit dem Neigungswinkel von 56,972°. Bei p_H 4 ist er 57,50°, bei p_H 7,0 51,85° u. bei p_H 10 51,84°. Unter p_H 6—7 ist das Potential labil, wenn weniger I als II da ist. (J. Kyoto prefect. med. Univ. **60**. 1077—80. Dez. 1956. Kyoto, Univ., Dep. of Physiol. [Orig.: japan.; Auszug: engl. S. LXXXVII.])
H. STRUCK. 4102

Yoshirō Nishimura, *Die Messung des Reduktionsvermögens verschiedener Substanzen in Übereinstimmung mit dem „Redoxpotential".* (Vgl. vorst. Ref.) Das Reduktionsvermögen von *Glucose* (I) konnte mit der im vorst. Ref. erwähnten Meth. der Redoxpotentialmessung im Syst. $K_3Fe(CN)_6$—$K_4Fe(CN)_6$ ebenso gut geprüft werden wie mit der Meth. von HAGEDORN-JENSEN. Außer I wurden auf diese Weise auch (allein oder zusammen mit anderen Stoffen) *Saccharose, Milchzucker, Stärke, Eieralbumin* (II), *Serumalbumin, Globulin* (III), *Gelatine, Casein* (IV), *Fibrin* (V), *Eosin, Methylenblau, Orange G, Kongorot, Indigocarmin, Neutralrot; Speichel* (Sp), *Vitamin B_1* (VI) u. *Ascorbinsäure* auf ihr Reduktionsvermögen untersucht. Bezogen auf I red. $^1/_4$%ig. III > Sp > VI > $^1/_8$%ig. V > $^1/_2$%ig. IV > $^1/_8$%ig. II. — Bei der Unters. des Reduktionsvermögens tier. Fll. (Menschenharn, Milch, Gesamtblut, Plasma, Serum) wurde von Menschenblut als Standard ausgegangen. Es red. Menschenmilch > Kuhmilch > Gesamtblut (Mensch) > Gesamtblut (Rind) > Serum (Mensch) > Plasma (Mensch) > Serum (Rind) > Plasma (Rind). (J. Kyoto prefect. med. Univ. **60**. 1081—99. Dez. 1956. Kyoto, Prefectural Med. Univ., Dep. of Physiol. [Orig.: japan.; Auszug: engl. S. LXXXVIII.])
H. STRUCK. 4102

Allen S. Fox, Charles G. Mead und **Ilse L. Munyon,** *Geschlechtspeptid von Drosophila melanogaster.* In methanol. (80%ig.), alkoh. (80%ig.) u. wss. Extrakten von ♂ *Drosophila melanogaster* (untersucht wurden verschied. Genotypen) wurde auf papierchromatograph. Wege (zweidimensionale Meth.; Laufmittel: Phenol bzw. Butanol–Essigsäure–W., 4 : 1 : 1; Anfärbung mit Ninhydrin) ein *Peptid* (I) nachgewiesen, das in entsprechenden Extrakten ♀ Tiere fehlte. I kommt bei der durch die recessive Mutante

„transformer" aus genet. ♀ Tieren in sterile ♂ Tiere verwandelten Drosophila ebenfalls vor, woraus Vff. auf geschlechtsbestimmende Loci der I-Bldg. schließen. (Science [Washington] **129.** 1489—90. 29/5. 1959. East Lansing, Mich., Michigan State Univ., Dep. of Zool.) H. KOCKERT. 4130

C. S. Venkata Ram, *Die Bildung ultraviolettinduzierter Mutationen bei Fusarium vasinfectum unter besonderer Berücksichtigung der Fusarsäuresynthese.* UV-Bestrahlung (λ 2536 Å) von Sporen eines ausgewählten *F. vasinfectum* ATK.-Stammes führte zur Bldg. von Mutanten mit veränderten morpholog. u. physiol. Eigenschaften. Bei Strahlungsenergien $>24{,}73 \cdot 10^7$ Erg wurden bei diesem λ alle Sporen abgetötet. Von insgesamt 30 untersuchten bestrahlten Stämmen, die während 10 Übertragungen (Kartoffel-Dextrose-Agar) konstant geblieben waren, synthetisierten 10 in vitro mehr *Fusarsäure* (I) als der Ausgangsstamm. Nur 6 hiervon erwiesen sich als Kulturmutanten. Die Mehrzahl der Stämme mit verändertem Kulturverh. hatte die Fähigkeit zur I-Synth. verloren. Die Erhöhung des I-Synthesevermögens in Kultur ist anscheinend keine bevorzugte Rk. UV-induzierter Mutanten, da nur ca. 33% derselben verstärkt I bildeten. (Proc. nat. Inst. Sci. India, Part B **23.** 117—22. Okt./Dez. 1957. Madras, Univ., Bot. Labor.) K. MAIER. 4130

L. S. Altenburg und **Edgar Altenburg,** *Das in Drosophila durch Phenylalaninlost hervorgerufene Verhältnis sichtbarer zu letalen Mutationen.* Injektion von 0,001 ml 10^{-2}mol. *Phenylalaninlost* (*p-Bis-*[*β-chloräthyl*]*-aminophenylalanin*) in *Drosophila melanogaster* per abdomen ruft zwar letale jedoch keine sichtbaren Mutationen hervor. (Nature [London] **183.** 699—700. 7/3. 1959. Houston, Texas, Rice Inst.) J. DITTMANN. 4130

O. Suschny, *Die Anwendung radioaktiver Indicatoren in der Gewebezucht.* Zusammenfassung von Unterss. über den Stoffwechsel tier. Gewebezellen mittels Markierung durch ^{14}C oder ^{32}P. Darst. hochradioakt. Substrate wie Glucose, Fructose u. Saccharose, Carbon- u. Aminosäuren u. die ^{14}C-Best. im GEIGER-Zählrohr mit 90% Zahlausbeute. Die Meßgrenze liegt bei $2 \cdot 10^{-11}$ g Zucker der spezif. Aktivität 135 μc/mg. Es wird die Züchtung von Geweben mit radioakt. Substraten, die Aufarbeitung der Stoffwechselprodd., die Veratmung der Aminosäuren, Carbonsäuren, Zucker u. der Eiweißstoffwechsel sowie die Biosynth. der Desoxyribonucleinsäure erörtert. Fragen des Energiehaushaltes einer Gewebekultur sowie der Einfl. der radioakt. Strahlung auf Neubldg. u. Mitosen in den Kulturen werden besprochen. — 96 Literaturangaben. (Atompraxis **4.** 287—91. 363—70. 1958. Wien, Univ., I. Chem. Inst.) W. REUSSE. 4150

André Goris und **Louis Duhamet,** *Untersuchung über die Wirkung der Cocosmilch auf das Wachstum und die Zuckerzusammensetzung von Pflanzengewebekulturen in vitro.* Bericht über Wachstumsverss. an Gewebekulturen unter verschied. Bedingungen bei Zusatz von *Cocosmilch* (CM). Es fand sich nach CM-Zusatz hauptsächlich eine Verdünnung des *Zucker*-Geh., der jedoch weder von Auxinen noch vom Aminosäuren- oder Vitamingeh. der CM abhing, wie an Karottengewebe gezeigt werden konnte. Es muß eine bisher noch nicht bestimmte Substanz der CM dafür vorhanden sein. Vergleichende Unterss. an n. u. Tumorgewebe zeigen profunde Unterschiede im Enzymmechanismus, der die Saccharose- u. Inulinsynth. reguliert. (Rev. gén. Bot. **65.** 5—47. Jan. 1958. Amiens, l'Ecole nat. de Méd. et de Pharm.; Paris, Labor. de Biol. végétale du P.C.B.) U. BALZER. 4150

Olaf Klamerth, *Einbau von ^{32}P in Chorioallantoiszellen nach Infektion mit Influenzavirus in vitro.* Mit Influenzavirus (B/Lee) infizierte Chorioallantoiszellen wurden mit $^{32}PO_4$ incubiert. In die Desoxyribonucleinsäure (I) findet kein ^{32}P-Einbau statt. Der $^{32}PO_4$-Einbau in die Ribonucleinsäure (II) ist gleich zu Beginn gegenüber den Kontrollen erhöht, sinkt jedoch später unter deren Werte. Ähnlich verhält sich der Lipid-^{32}P. Der anorgan. ^{32}P u. der ^{32}P der lösl. Nucleotide liegen anfangs etwas unter den Werten der Kontrollen, erreichen diese jedoch bald u. steigen stetig weiter. Das Verhältnis II-^{32}P/I-^{32}P sinkt beständig. (Z. Naturforsch. **14b.** 78—81. Febr. 1959. Heidelberg, Inst. für Virusforschg.) J. DITTMANN. 4150

R. Duncan Dallam und **Lincoln Shimomura,** *Verteilung und chemische Analyse von Mitochondrienlipoproteinlipiden.* Die *Lipide* (I) aus dem alkalilösl. Lipoprotein (II)-Material salzextrahierter Mitochondrien (Hunde-, Rattenleber) wiesen hinsichtlich der extrahierten Mitochondrien-I nur geringe physikal. u. chem. Veränderungen auf. Der %-Satz des mit verschied. Lösungsmitteln (feuchter u. trockener Ae., A.-Ae.) aus beiden Fraktionen (II u. extrahierte Mitochondrien) extrahierbaren I-Materials war prakt. gleich. In beiden Mitochondrienfraktionen liegen wahrscheinlich mehrere Kombinationen von Cholesterin, Phospholipiden u. unbekanntem Lipid sowie Protein vor. Die 3 genannten Solventien ermöglichen eine gewisse Aufteilung der mit Mitochondrien-

u. Erythrocytenhüllen-II-Material verbundenen I. (Arch. Biochem. Biophysics **79.** 187—90. Jan. 1959. Louisville, Ky., Univ., School of Med., Dep. of Biochem.)
K. MAIER. 4150

Hugo Kaho, *Über die Beeinflussung der Hitzekoagulation des Pflanzenplasmas durch Rhodanide von Neutralsalzen, in Verbindung mit organischen Stoffen.* 1. Mitt. Zusatz von *Xylose, Arabinose, Fructose, Glucose, Mannose, Saccharose, Maltose, Lactose, Erythrit, Mannit* u. *Sorbit* zu Pflanzenplasma (Flächenschnitte der Blattunterseite von Zebrina pendula) in Lsgg. verschied. Rhodanide (I) setzt die durch I im Vgl. zu rein wss. Aufschlämmungen erniedrigte Koagulationstemp. wieder herauf. Als Ursache wird die Dehydratisierung der Kolloide durch vorst. Zucker, die zu einer Herabsetzung der Permeabilität des Plasmas für I führt, angenommen. (Protoplasma **50.** 149—65. 1958. Hamburg.)
H. KLUGE. 4150

S. K. Bhattacharya, *Amperometrische Bestimmung des Sulfhydrylgehaltes von Blut und Gewebe.* In Gewebehomogenaten u. hämolysierten Blutproben wird der Gesamtsulfhydrylgeh. u. nach Enteiweißung mit 2,5%ig. Sulfosalicylsäure u. Neutralisation mit 0,8 mol. $NaHCO_3$-Lsg. das nicht an Eiweiß gebundene Sulfhydryl amperometr. durch Titration mit 0,002 mol. $AgNO_3$-Lsg. in Tris-[hydroxymethyl]-aminomethanpuffer von p_H 7,4 bestimmt. Ein Blindwert wird nach Zugabe eines Überschusses von 0,001 mol. Lsg. von p-Chloromercuribenzoat in 0,05 n NaOH titriert. Bei der Titration entsprechen 1 ml 0,002 mol. $AgNO_3$-Lsg. 0,066 mg Sulfhydryl. (Nature [London] **183.** 1327. 9/5. 1959. Leeds, Univ., Dep. of Biochem.)
KLAUS BECKER. 4150

O. Braun-Falco und **H. Theisen,** *Über die Wirkung von Enzyminhibitoren auf das Haarwachstum bei Ratten.* Einige Enzyminhibitoren, wie *KCN*, *NaN_3*, *NaF*, *Malonsäure*, *Monojodessigsäure*, *p-Chlormercuribenzoesäure*, *Pyridin-3-sulfonsäure*, *Ninhydrin* u. *Berylliumsulfat*, werden nach intradermaler Injektion auf ihre Wrkg. gegenüber dem Haarwachstum der Ratte untersucht. Es stellte sich ein Stillstand des Wachstums u. reversibler Haarausfall ein. Es wird angenommen, daß die Matrixzellen stark geschädigt werden u. keine Mitosen mehr auftreten. (Arch. klin. exp. Dermatol. **208.** 317—24. 1959. Mainz, Johannes-Gutenberg-Univ., Hautklinik.)
H. STRUCK. 4150

Philip Feigelson, M. Feigelson und **C. Fancher,** *Die Kinetik der Lebernucleinsäureumwandlung während der Enzyminduktion bei der Ratte.* Nach peroraler Verabreichung von Tryptophan (I) an SPRAGUE-DAWLEY-Ratten wird eine temporäre Erhöhung der Leber-*Protein*-Synth. u. -*Tryptophanperoxydase*-Aktivität beobachtet, die sich in einem gesteigerten Einbau von *anorgan.* ^{32}P u. $^{14}C_{(2)}$-*Glycin* in Ribonucleinsäure (RNA) kundtut. Die relative Kinetik dieser Phänomene deutet darauf hin, daß nach der Periode der akt. Enzymproteinsynth. ein plötzlicher Anstieg der RNA-Synth. erfolgt u. daß diese erhöhte RNA-Synth. 8 Std. anhält u. danach auf n. Werte abfällt. — Vff. schlagen eine Arbeitshypothese vor, in der angenommen wird, daß die erhöhte Enzymproteinsynth. vorher schon vorliegender RNA verwendet u. verbraucht u. daß diese RNA nachher nachgeliefert wird. Diese Hypothese deutet an, daß RNA als Reaktant dient, der verbraucht wird u. nicht als Katalysator für die Proteinsynth. wirksam ist. (Biochim. biophysica Acta [Amsterdam] **32.** 133—39. März 1959. New York, N. Y., Columbia Univ., Coll. of Physicians and Surgeons, Dep. of Biochem.) U. BALZER. 4150

Stuart A. Narrod, Thomas A. Langan jr., Nathan O. Kaplan und **Abraham Goldin,** *Wirkung von Azaserin (O-Diazoacetyl-L-serin) auf den Pyridinnucleotidspiegel der Mäuseleber.* Nach subcutaner Verabfolgung von Azaserin (I; 200 mg/kg) an 2—3 Monate alte Mäusebastarde (F_1-Generation; BALB/cAN × DBA/2 J) wird eine merkliche Abnahme des *Diphosphopyridinnucleotid* (*DPN*)-Spiegels in den Lebern der Tiere festgestellt. Die DPN-Konz. fällt nach ca. 2 Std. post injectionem auf ca. $^1/_9$ der n. DPN-Konz. ab. Innerhalb von 24 Std. steigt der DPN-Geh. wieder langsam an u. nähert sich innerhalb dieser Periode allmählich den Werten der nur mit 0,85%ig. NaCl-Lsg. behandelten Kontrolltiere. Es konnte gezeigt werden, daß der gelöste Teil des Leberhomogenats I-behandelter Tiere die markanteste DPN-Abnahme aufweist; danach folgen in weitem Abstand die Mitochondrien, Nuclei u. Mikrosomen des Lebergewebes. *6-Diazo-5-oxo-L-norleucin* beeinflußt den DPN-Spiegel der Mäuseleber ähnlich wie I. (Nature [London] **183.** 1674—75. 13/6. 1959. Waltham, Mass., Brandeis Univ., Graduate Dep. of Biochem.; Bethesda, Md., Nat. Inst. of Health, Nat. Cancer Inst., Labor. of Chem. Pharmacol.)
H. KOCKERT. 4150

Charles Heidelberger, Lois Griesbach, Betty Jo Montag, Dorothy Mooren, Olivia Cruz, R. J. Schnitzer und **E. Grunberg,** *Untersuchungen über fluorierte Pyrimidine.* 2. Mitt. *Wirkungen auf transplantierte Tumoren.* (1. vgl. C. **1958.** 452.) Die orientierende Prüfung der Aktivität einer neuen Reihe fluorierter Pyrimidine gegenüber mehreren

Transplantationstumoren ergab allgemein stärkere Wrkg. von *5-Fluoruracil* (I) als von *5-Fluororotsäure*. *5-Fluorcytosin*, *2-Methylmercapto-5-fluoruracil* u. *2-Thio-5-fluoruracil* wiesen keine nennenswerte tumorhemmende Wrkg. auf. Die I-Toxizität äußerte sich in Diarrhoe, Gewichtsverlust, Hämorrhagien (Lunge, Darm), Verminderung der Hämatopoese usw. Die geprüften Verbb. wirkten mehr tumorwachstumshemmend als carcinolytisch. Die Aktivität von I übertraf bei EHRLICH-Ascitescarcinom, NOVIKOFF-Hepatom u. L1210-Leukämie diejenige von 6-Mercaptopurin (II) u. N.N'-Oxapentamethylen-N''-diäthylenthiophosphorsäuretriamid erheblich, während sie gegenüber Sarkom 180, Mammaadenocarcinom 755 u. E 0771, Sarkom A-1, FLEXNER-JOBLING-Carcinom, WALKER 256-Carcinosarkom u. YOSHIDA-Ascitessarkom geringer war. Bei Kombination von I mit II, 5-Bromuracil oder Röntgenbehandlung wurde bei den festen Tumoren eine gewisse Verstärkung der Wirksamkeit erzielt. (Cancer Res. **18**. 305—17. April 1958. Madison, Wis., Univ. of Wisconsin, Med. School, McArdle Memorial Labor.; Nutley, N. J., Hoffmann-La Roche, Inc.) K. MAIER. 4160

N. K. Chaudhuri, Betty Jo Montag und **Charles Heidelberger,** *Untersuchungen über fluorierte Pyrimidine*. 3. Mitt. *Die in vivo-Umwandlung von* $^{14}C_{(2)}$*-5-Fluoruracil und* $^{14}C_{(2)}$*-5-Fluororotsäure*. (2. vgl. vorst Ref.) Unters. von Ausscheidung, Verteilung und Stoffwechsel von $^{14}C_{(2)}$*-5-Fluoruracil* (I) u. $^{14}C_{(2)}$*-5-Fluororotsäure* (II) bei n. u. Tumormäusen sowie einem Krebskranken ergab schnelle Ausscheidung beider im Harn. I erschien kurz nach intraperitonealer Injektion unverändert, später in Form mehrerer, noch nicht identifizierter Metabolite. Nach I erschien mehr ^{14}C im Atemluft-CO_2 als nach II. Nach I-Injektion bei Mäusen mit Sarkom 180 fand sich stets im Tumor eine höhere spezif. Aktivität als in den übrigen Geweben. Tumorbiopsie des Patienten ergab eine höhere spezif. Aktivität als im umgebenden Haut-, Muskel- u. Fettgewebe u. in der Leber. ^{14}C-II wurde im Tumor nicht selektiv gespeichert. I u. II wurden in Form des Mono-, Di- u. Triphosphats in säurelösl. Fluoruridinnucleotide übergeführt u. in Mäuseleber, -milz, Sarkom 180, EHRLICH-Ascitescarcinom u. einem metastat. Humancarcinom in Ribonucleinsäure (III), nicht aber in Desoxyribonucleinsäure, eingebaut. Die Aufnahme in III betrug höchstens 6% des Uracilgehaltes. II wurde decarboxyliert u. lag in III als I in Nucleotidbindung, wahrscheinlich im Makromol. statist. verteilt, vor. (Cancer Res. **18**. 318—28. April 1958. Madison, Wis., Univ. of Wis., Med. School, McArdle Mem. Labor.) K. MAIER. 4160

Peter B. Dannenberg, Betty Jo Montag und **Charles Heidelberger,** *Untersuchungen über fluorierte Pyrimidine*. 4. Mitt. *Die Wirkung auf den Nucleinsäurestoffwechsel in vivo*. (3. vgl. vorst. Ref.) Die Unters. der Wrkg. von *5-Fluoruracil* (I) u. *5-Fluororotsäure* (II) auf die Nucleinsäurebiosynth. in Leber, Milz u. EHRLICH-Ascitescarcinomzellen von Mäusen ergab Hemmung der Umwandlung von Uracil-$^{14}C_{(2)}$ u. Orotsäure-$^{14}C_{(6)}$ in *Desoxyribonucleinsäurethymin* (IV), Ribonucleinsäure–Uracil u., schwächer, Nucleinsäure–Cytosin. Die Hemmung war in Milz u. Ascitestumorzellen gewöhnlich größer als in Leber. Die Überführung von Formiat-^{14}C in die CH_3-Gruppe von IV wurde durch I u. II völlig blokkiert. Auf Grund von in vivo-Dosisreaktionskurven besteht hier eine gewisse selektive Wrkg. fluorierter Pyrimidine auf die Tumorzellen. 5-Fluoruridin u. 5-Fluor-2'-desoxyuridin waren wirksamere Inhibitoren dieser Rk. als die freien fluorierten Pyrimidinbasen. Der Einbau von Phosphat-^{32}P in Desoxyribonucleinsäure wurde durch I u. II gehemmt. Jedoch blockierten I u. II die Umwandlung von ^{14}C-Thymidin in IV nicht. (Cancer Res. **18**. 329—34. April 1958.) K. MAIER, 4160

L. Bosch, Eberhard Harbers und **Charles Heidelberger,** *Untersuchungen über fluorierte Pyrimidine*. 5. Mitt. *Die Wirkung auf den Nucleinsäurestoffwechsel in vitro*. (4. vgl. vorst. Ref.) Es wurde der Einfl. fluorierter, die Glykolyse nicht hemmender Pyrimidine (I) auf die Nucleinsäure (II)-Biosynth. in Suspensionen von EHRLICH-Asciteszellen bei anaerober Incubation mit verschied. markierten Substraten untersucht. Die Umwandlung von Formiat (I)–^{14}C in *Desoxyribonucleinsäure–Thymin* (III) wurde in steigendem Maße durch *5-Fluororotsäure* (IV), *5-Fluoruracil* (V), *5-Fluoruridin* (VI) u. *5-Fluor-2'-desoxyuridin* (VII) gehemmt. Die Blockierung durch V u. IV war durch Desoxyuridin aufhebbar. Der Einbau von I in II-Adenin wurde gehemmt. Permeabilitätsunterss. zeigten, daß Asciteszellen V in stärkerem Maße als Uracil, Orotsäure (IX) u. IV aufgenommen wurden. VI rief verstärkte Uracil- u. IX-Aufnahme der Zellen hervor. Fluorierte I beeinflussten die Überführung von Thymidin (IIIa)–$^{3}H_{(6)}$ in III u. den Einbau von ^{32}P-Phosphat in Desoxyribonucleinsäure oder Ribonucleinsäure (X) in Zellsuspensionen nicht. Fluorierte I hemmten die Umwandlung von Uracil–$^{14}C_{(2)}$ u. IX–$^{14}C_{(6)}$ in III u., VII ausgenommen, den Einbau dieser Vorstufen in X-Uracil. Die Umwandlung von Uracil u. IX in II-Cytosin wurde durch Fluor-I nicht stark beeinflußt. V–$^{14}C_{(2)}$ wurde in VII-Monophosphat übergeführt u. als solches in X eingebaut. Vermutlich hemmen fluorierte I im Stoffwechsel die Methylierung von Desoxyuridinmonophosphat zu IIIa-Monophosphat. Mit Ausnahme von VII hemmen die geprüften Verbb. die Umwandlung von I in X-Uracil. Die Befunde werden im Hinblick auf die tumorhemmenden Eigg. dieser Verbb. besprochen. (Cancer Res. **18.** 335—43. April 1958.) K. MAIER. 4160

G. H. Spray und **L. J. Witts,** *Thymidin bei Megaloblastenanämie.* Bei perniciöser Anämie ließ sich mit 250—500 mg *Thymidin,* über die Dauer von 8—14 Tagen täglich intramuskulär injiziert, kein bes. Effekt in 4 Fällen von perniciöser Anämie u. 1 Fall mit ernährungsmäßig bedingter Megaloblastenanämie erzielen. Lediglich in 1 Fall kam es zu geringer hämatopoet. Reaktion. Eine daran anschließende Behandlung mit Vitamin B_{12} u. Folsäure war von sofortigem Erfolg begleitet. (Lancet **2.** 869—71. 25/10. 1958. Oxford, Univ., Nuffield Dep. of Clin. Med.) U. TAUSENDFREUND. 4160

Alan J. Thomas, *Isolierung und Basenzusammensetzung der DNA aus normalem und Tumorgewebe von Karotten.* Es wird eine Modifikation der in C. **1953.** 4542 beschriebenen Meth. zur Isolierung nicht abgebauter, relativ reiner *Desoxyribonucleinsäure* (I) aus n. (Blätter, Phloem) u. Tumorgewebe (Kronzellenbldg. durch *Agrobacterium tumefaciens*-Infektion) beschrieben. Beide I-Typen hatten die gleiche, durch einen hohen 5-Methylcytosingeh. gekennzeichnete Basenzusammensetzung. (Arch. Biochem. Biophysics **79.** 162—64. Jan. 1959. New York, Broux Park, Botan. Garden.) K. MAIER. 4160

P. J. Barnard und **J. F. Danielli,** *Durch Gebrauch eines Stickstofflostderivates nach Vorbehandlung mit seinem einfachen Analogon erzielter Tumorrückgang. Isopropylphenylurethan* (I) hemmt WALKER-Carcinome nicht. Die Hemmwrkg. von *4-[Bis-(2′-chloräthyl)-amino]-phenylcarbaminsäureisopropylester* (II) auf das gleiche Carcinom, die bei alleiniger Einw. nicht groß ist, wird jedoch durch vorhergehende I-Anwendung sehr verstärkt, die Tumoren gehen völlig zurück. Vertauschung der Reihenfolge gibt keine stärkere Wrkg. als II allein, dasselbe ist bei gleichzeitiger Eingabe von I u. II der Fall. — Der Behandlungserfolg eines substituierten Phenols wird durch vorhergehende Einw. des Urethananalogen nicht erhöht. (Biochem. J. **71.** 20P. Febr. 1959. London, King's Coll., Dep. of Zool.) J. DITTMANN. 4160

I. M. Peissachowitsch, Ja. M. Telengator und **L. D. Protzenko,** *Die antiblastische Wirkung von 1.4-Dioxyphenyl-O.O-bis-phosphorsäurediäthylendiamid. 1.4-Dioxyphenyl-O.O-bis-phosphorsäurediäthylendiamid* (I), ein weißes, in W. gut lösl. krist. Prod. (F. 104 bis 106°), zeigte in Verss. an 250 Ratten, 26 Kaninchen u. 20 Hühnern, in 1%ig. Lsg. intravenös, subcutan oder intramuskulär verabreicht, eine gute antiblast. Wrkg. gegenüber dem Sarkom 45 u. dem GUERIN-Carcinom der Ratte, dem BROWN-PEARCE-Epitheliom des Kaninchens u. der Hühnerleukose. Die DL_{50} beträgt für Kaninchen 40, für Mäuse 170 u. für Ratten 150 mg/kg, die DL_{100} entsprechend 70, 250, 200 u. für Hühner 300 mg/kg. I ist bedeutend weniger tox. als *2.4-Diäthylenimino-6-chlorpyrimidin* (II) u. *Anilin-N-oxydiäthyleniminophosphin* (III), deren DL_{100} für Kaninchen nur 2 bzw. 25 mg/kg beträgt. Der chemotherapeut. Index von I für Kaninchen ist 2mal höher als jener von III u. 3mal höher als jener von II. Bei frühzeitiger Anwendung von I kommt es zu einer Hemmung des Tumorwachstums u. Resorption des Tumors (in einigen Serien in 99,7%). I beeinflußt die Mitosen der Tumorzellen durch Störung des Nucleinsäureumsatzes. Bei Anwendung von I kann es zu Veränderungen der blutbildenden Organe, vor allem der Milz, kommen. (Архив Патологии [Arch. Pathol.] **21.** Nr. 6. 67—72. 1959. Kiew, Ukrain. Wiss. San.-Chem. Forsch.-Inst.) E. RENTZ. 4160

Austin S. Weisberger und **Jack Pensky,** *Tumorhemmende Wirkung eines aktiven Prinzips der Knoblauchzwiebeln* (*Allium sativum*). Im wesentlichen mit der C. **1959.** 4513 referierten Arbeit identisch. Zu ergänzen ist: Zufügung von enzymat. (durch Einw. von Alliinase auf S-Äthyl-L-cysteinsulfoxyd) gebildetem oder synthet. *Äthylthiosulfinsäureäthylester* (I) zu zentrifugierten u. gewaschenen leukäm. Leukocyten resultiert in einer progressiven Abnahme der Aufnahme ^{35}S-markierter Aminosäuren durch diese Leukocyten, wobei 2,5 μMol I/ml eine ca. 10%ig. ^{35}S-Aufnahmesenkung bewirken. In direktem Kontakt wirken I-Gaben also offensichtlich tumorhemmend; ob sie das auch bei nicht direktem Kontakt tun, kann nur vermutet werden. Diese Wrkg. scheint an die Anwesenheit der —SO—S-Bindung gebunden u. das Resultat einer —SH-Inaktivierung durch direkte Bindung oder durch Oxydierung von —SH zu —S—S— zu sein. Damit scheint die Wichtigkeit des —SH-Stoffwechsels in Neoplasmen erneut deutlich zu werden. (Science [Washington] **126.** 1112—14. 29/11. 1957. Cleveland, Ohio, Western Res. Univ., Univ. Hosp. and School of Med., Dep. of Med.) U. TAUSENDFREUND. 4160

K. Lapis, L. Németh, M. Békés und **E. Unger,** *Die leberschädigende Wirkung von tumorhemmenden Mitteln.* Vff. untersuchten die leberschädigende Wrkg. von *Stickstofflost* u. einiger Derivv.: *1.6-Bis-[chloräthylamino]-1.6-desoxy-d-mannitdihydrochlorid* (I; *BCM,*

Degranol); *Stickstofflost-N-oxyd* u. *Sarkolysin*. Einmalige, halbletale Dosis sämtlicher Mittel verursachte in 24—48 Std. prakt. vollständige Glykogenverarmung der Leber. Danach folgte nach I eine schwere, großtröpfige Fettdegeneration, bei den anderen Verbb. eine baldige Rückbldg. des Leberglykogens u. höchstens schwache Fettdegeneration. Chron. Behandlung mit tumorhemmenden Dosen von I führte zu schweren morpholog. Veränderungen bei jeweils 2—3 von 10 Versuchstieren. Bei den anderen 3 Verbb. wurden herdige, kleintröpfige Fettdegenerationen beobachtet. Die Leberfunktionsprüfung (Bromsulphaleinretention) lieferte dem Ausmaß der morpholog. Veränderungen parallele Ergebnisse. (Acta morphol. Acad. Sci. hung. **8.** 337—48. 1958. Budapest, Nat. Oncolog. Inst., Oncopatholog. Res. Inst.) H. BREUER. 4160

Mario Piazzi, *Über Beziehungen zwischen Leberfunktion und Androgenstoffwechsel bei Bestrahlten.* Nach Zufuhr von 100 mg *Testosteronpropionat* an Patienten mit bösartigen Geschwülsten vor u. nach Bestrahlung wird kein wesentlicher Unterschied der Testosteronausscheidung in Form von Ketosteroiden festgestellt, woraus geschlossen werden kann, daß keine Leberinsuffizienz vorliegt. Bei Leberkranken dagegen ist die Ausscheidung verringert. — 16 Literaturangaben. (Radioterap., Radiobiol. Fisica med. [3] **11.** 425—36. 1956. Bologna, Univ., Ist. di Radiol. e del Radio.) B. STIEB. 4160

Austin M. Brues, *Kritische Betrachtung zur linearen Theorie der Carcinogenese.* Es wird krit. erörtert, ob es für die Dosis cancerogener Agentien einen unteren Schwellenwert gibt oder ob eine lineare Beziehung zwischen Dosis u. Wrkg. bis zu kleinsten Dosen besteht. An Hand bekannter Befunde, bes. der strahleninduzierten Leukämie, wird gezeigt, daß mit großer Wahrscheinlichkeit die Schwellenwerthypothese als gültig zu betrachten ist. — 73 Literaturangaben. (Science [Washington] **128.** 693—99. 26/9. 1958. Lemont, Ill., Argonne Nat. Labor., Div. of Biol. and Med. Res.) W. REUSSE. 4160

Lucien Mallet und **Marguerite Héros-Dekeirel,** *Nachweis einer Substanz in Leberextrakten, welche im Spektrum und chromatographisch das Verhalten von 3.4-Benzpyren aufweist.* (Vgl. C. **1959.** 1544.) Durch Extraktion der pulverisierten Leber mit alkoh. KOH, Chlf., Hexan u. anschließender Chromatographie an Al_2O_3 erhält man 4 Zonen. Wird die letzte Zone nochmals chromatographiert, so ergibt sich aus ihr eine Substanz, die ein dem *3.4-Benzpyren* (I) analoges Spektrum aufweist. Weiter zeigt sich, daß papierchromatograph. (R_F-Wert, Fluorescenz) zwischen I u. der Substanz auch keine Unterschiede vorhanden sind. (Ann. Méd. légale Criminol. **39.** 51—54. Jan./Febr. 1959. Paris, Inst. Méd. légale.) H. STRUCK. 4160

W. A. Nikolski, W. W. Martirossjan und **E. Ss. Temirow,** *Zur Frage des Kohlenhydratumsatzes im Gehirn und in den Muskeln bei Hirntumoren.* Beim gesunden Menschen verbraucht das Gehirn, gemessen an der arteriovenösen Differenz, im Mittel 12 mg% Glucose (I), die Muskeln im Mittel 15—17 mg%. Bei 32 Kranken mit intracraniellen Tumoren war der I-Stoffwechsel stark gestört. Von 21 Fällen von extracerebralen Tumoren war in 12 Fällen die I-Aufnahme durch das Gehirn bei einer arteriovenösen Differenz von 2—6 mg% stark erniedrigt; in 4 Fällen bestand sogar eine I-Abgabe durch das Gehirn. Bei 50% der Kranken war die I-Aufnahme durch die Muskeln stark herabgesetzt. Der Grad der Störung des I-Stoffwechsels ist in den meisten Fällen abhängig vom Stadium der Entw. u. der Schwere der Erkrankung. Bei intracerebralen Tumoren war in 4 Fällen die I-Aufnahme durch das Gehirn bei einer arteriovenösen Differenz von 17—45 mg% I erhöht, einmal n., in 2 Fällen bestand I-Abgabe durch das Gehirn. 3 metastat. Tumoren des Gehirns zeigten eine arteriovenöse I-Differenz von 5—18 mg%. Bei extracerebralen Tumoren kann das Gehirn die I des arteriellen Blutes nicht vollständig verwerten. Daher findet sich hier eine geringe arteriovenöse Differenz. Auch der O_2-CO_2-Gasaustausch im Gehirn ist als Folge einer Hemmung der Atmungsfermente erniedrigt. Die Fermentaktivität der Hexokinase ist gehemmt; die Phosphorylierung der I ist gestört. Bei intracerebralen Tumoren wird die erhöhte I-Aufnahme durch das Gehirn durch die intensive Glykolyse im Tumorgewebe selber erklärt. (Журнал Невропатологии и Психиатрии имени С. С. Корсакова [Korssakow J. Neuropathol. Psychiatr.] **58.** 560—66. 1958. Rostow/Don, Med. Inst., Klinik für Nervenkrankh. u. Neurochirurgie.) G. BREHM. 4160

D. L. Dewey und **F. O. Green,** *Untersuchungen über die Umwandlung von Glucose in Milchsäure im Ehrlich-Ascitestumor.* Zusatz von *Glucose* (I) hemmt die — manometr. gemessene — Atmung von EHRLICH-Ascitestumorzellen in Salzlsg. (CRABTREE-Effekt). Die Hemmung ist bei p_H 6,0 Null u. steigt beim Übergang zu p_H 7,5 laufend an. Der I-Verbrauch ist dagegen selbst bei p_H 6,0 noch deutlich. Oberhalb 100 mg I/100 ml steigt die Hemmung mit steigender I-Konz. nur sehr langsam. Unterhalb dieser Grenze ist der CRABTREE-Effekt jedoch stark konzentrationsabhängig. — Bei Zusatz hoher Mengen I wird I während des Vers. nicht völlig abgebaut, u. die *Milchsäure* (II)-Menge steigt laufend. Kleine I-Mengen werden dagegen rasch, nahezu völlig abgebaut, u. die II-Bldg. hört

gleichzeitig auf. — In vivo ist der II-Geh. der EHRLICH-Ascitestumorzellen fast Null. II befindet sich in der Ascitesflüssigkeit. In vitro wird dagegen bei I-Zusatz der II-Geh. der Zellen größer als der der umgebenden Flüssigkeit. Einige Zeit nach Abbau der I nähert sich die II-Konz. in den Zellen wieder den Verhältnissen in vivo. — Diese Ergebnisse lassen vermuten, daß eine Beziehung zwischen intracellulärem p_H u. Stärke der Atmungshemmung besteht. (Biochem. J. **72**. 160—65. Mai 1959. Northwood, Middlesex; Mount Vernon Hosp., Brit. Empire Cancer Campaign Res. Unit in Radiobiol.)
S. DITTMANN-MITZSCHERLICH. 4160

David I. Seibel, *Der Glykogengehalt der Vulvaepidermis bei Leukoplakie und Spindelzellcarcinom. Histochemische Untersuchungen an 98 Fällen.* Vff. haben bei 98 Fällen von Leukoplakie oder Spindelzellcarcinom der Vulva operativ oder biopt. gewonnene Stückchen der Schleimhaut in Schnitte zerlegt u. nach HOTCHKISS-MCMANUS zur Darst. des Glykogens (I) gefärbt. Das Epithel der n. Vagina von Frauen aller Altersstufen enthält I; es fehlt in den Labia majora u. minora, außer in den äußeren Wurzelscheiden der dort vorhandenen Haare. Bei Leukoplakie der Vulva kommt im Epithel ebenfalls I vor, nicht jedoch beim Vulvacarcinom, außer an einzelnen Bezirken der Oberfläche dieser Tumoren. (Amer. J. Obstetr. Gynecol. **77**. 298—305. Febr. 1959. Minneapolis, Minn., Univ. Med. School, Dep. of Obstetrics.)
HEINRICH HERMANN. 4160

L. Spolter und **W. Marx,** *Der Übergang radioaktiven Sulfats von Phosphoadenosinphosphosulfat auf Heparin.* Nach Incubation von Homogenisaten eines übertragbaren Mäusemastzellentumors (J. Nat. Cancer Inst. **18**. [1957.] 587) mit $^{35}SO_4{}^{2-}$ war im extrahierten, papierchromatograph. gereinigten *Heparin* (I) Einbau von ^{35}S feststellbar. Incubationsverss. mit *^{35}S-3'-Phosphoadenosin-S-phosphosulfat* (II) zeigten, daß II bei der Sulfatierung von I als Sulfatdonator dienen kann, wobei die aufgenommene Radioaktivität 10—15fach höher als in Ggw. von $^{35}SO_4{}^{2-}$ ist. (Biochim. biophysica Acta [Amsterdam] **32**. 291—92. März 1959. Los Angeles, Calif., Univ., Dep. of Biochem. and Nutrit.)
K. MAIER. 4160

Mortimer B. Lipsett und **Barbara Damast,** *Die Ausscheidung von Pregnan-3α.17α.21-triol-20-on (Tetrahydro S) bei Patienten mit Nebennierencarcinom.* Bei 5 Patienten mit Nebennierencarcinom, welche eine starke Produktion von PORTER-SILBER-Chromogenen aufwiesen, wurde eine tägliche Ausscheidung von 7—44 mg *Pregnan-3α.17α.21-triol-20-on (Tetrahydro S;* I) festgestellt. Bei Nebennierencarcinompatienten mit n. Ausscheidung von PORTER-SILBER-Chromogenen war die I-Ausscheidung im Harn normal. (Proc. Soc. exp. Biol. Med. **99**. 285—87. Nov. 1958. Bethesda, Md., Nat. Cancer Inst., Endocrinology Branch, Dep. of Health, P.H.S.)
WOLFGANG ALBRECHT. 4160

E$_2$. Enzymologie. Gärung.

Ronald W. Estabrook, *Das Tieftemperaturspektrum von Cytochrom c.* Vf. ermittelte das Absorptionsspektr. von red. Cytochrom c bei —189° mit Hilfe eines registrierenden Geräts. Es wurde bestätigt, daß bei diesen Tempp. die Absorption zunimmt, die Banden schärfer werden u. die Maxima geringfügig nach kürzeren Wellenlängen hin verschoben sind (vgl. KEILIN u. HARTREE, Nature [London] **165**. [1949.] 254.). (Biochim. biophysica Acta [Amsterdam] **19**. 184. Jan. 1956. Philadelphia, Pa., Univ., Johnsen Found. F. Met. Physics.)
G. REINISCH. 4210

H. O. Kunkel, John F. Spalding, Giovanni de Franciscis und **Mary F. Futrell,** *Cytochromoxydaseaktivität und Körpergewicht bei Ratten und bei drei Arten von großen Tieren.* Vff. fanden, daß zwischen dem Körpergewicht (W) von Ratten, Schweinen, Schafen u. Rindern u. der *Cytochromoxydaseaktivität* im Skelettmuskel (A_{Muskel}) dieser Tiere folgender numer. Zusammenhang besteht: $\log A_{Muskel} = 2{,}318 - 0{,}239\ (\log W)$. (Amer. J. Physiol. **186**. 203—06. Aug. 1956. College Station, Texas, Agricult. and Mechan. Coll. Syst., Deps. of Biochem. and Nutr. and of Animal Husbandry.) G. REINISCH. 4210

C. G. Schmidt, *Über das Cytochromsystem der Leber bei kurzfristigem Hunger.* In der Leber von Ratten ist nach kurzfristigem Hunger (12—18 Std.) die Konz. an *Cytochrom c* (I) u. die Aktivität der *Cytochromoxydase* (II) um über 100% angestiegen, während Ribo- u. Desoxyribonucleinsäuregeh. nicht wesentlich verändert sind. Vf. vermutet, daß I u. II in der Leber aus niedermol. Bausteinen synthetisiert werden können. (Klin. Wschr. **34**. 457—61. 1/5. 1956. Münster, Univ., Physiol.-Chem. Inst.) G. REINISCH. 4210

P. V. Vignais, *Wirkung von Vitamin A auf die Transhydrogenase und die TPNH-Cytochrom-c-Reduktase.* Die Aktivitäten von *Transhydrogenase* (I), *red. Triphosphopyridinnucleotid (TPNH)-Cytochrom-c-Reduktase* (II) u. *red. Diphosphopyridinnucleotid (DPNH)-Cytochrom-c-Reduktase* (III) wurden in Lebern von Ratten bestimmt. Durch Mangel an *Vitamin A* im Futter wurde III nicht beeinflußt, die I-Aktivität stieg um 50% an u. die II-Aktivität wurde auf weniger als die Hälfte reduziert. Die Verlagerung des

Stoffwechsels auf die Oxydation von TPNH u. der damit verbundene Energieverlust soll im Einklang mit der Steigerung des Grundstoffwechsels bei Vitamin-A-Mangel stehen. (Exp. Cell Res. **13.** 414—16. Okt. 1957. Alger, Fac. de Méd. Labor. de Biochim.) F. RADLER. 4210

M. I. Dolin, *Nachweis eines Enzym–Substrat-Komplexes zwischen Pyridinnucleotiden und dem Flavoprotein DPNH-Peroxydase.* Vf. wies spektroskop. nach, daß DPNH mit dem Flavoprotein red. Diphosphopyridinnucleotid (DPNH)-Peroxydase einen Enzym-Substrat-Komplex bildet, der nur in geringem Maße durch Dithionit red. wird. (Arch. Biochem. Biophysics **60.** 499—501. Febr. 1956. Oak Ridge, Tenn., National Labor., Biol. Labor.) G. REINISCH. 4210

Th. Wieland, G. Pfleiderer und **F. Ortanderl,** *Über die Verschiedenheit der Milchsäuredehydrogenasen.* 3. Mitt. *Vergleiche der Milchsäuredehydrogenasen aus verschiedenen Rattenorganen.* (2. vgl. C. **1958.** 14343.) *Milchsäuredehydrogenasen* (**I**) wurden aus Skelettmuskel, Leber, Milz, Erythrocyten, Niere, Herz u. Gehirn von Ratten isoliert. Während sich die **I** aus Skelettmuskel, Leber, Milz, Erythrocyten elektrophoret. einheitlich verhalten, sind die **I**-Präpp. aus Gehirn, Herz u. Niere heterogen. (Die **I** der Niere wird bereits in den Mikrosomen in heterogener Form synthetisiert). Ihre Auftrennung erfolgte durch präparative Stärkeelektrophorese. Gleich schnell wandernde **I**-Präpp. haben etwa gleiche Sulfithemmbarkeit (steigt mit der Wanderungsgeschwindigkeit) u. ein Optimum bei etwa der gleichen Brenztraubensäurekonzentration. Es konnten im Serum eines Patienten mit Herzinfarkt elektrophoret. **I**-Fraktionen des Herzmuskels nachgewiesen werden, die in n. Serum nicht auftreten. (Biochem. Z. **331.** 103—09. 1959. Frankfurt/M., Univ., Inst. für organ. Chem., Biochem. Abt.) S. DITTMANN-MITZSCHERLICH. 4210

Tatsuhiko Yagi, *Enzymatische Oxydation von Kohlenmonoxyd.* Die von vielen Autoren beschriebene Oxydation von *CO* zu *CO_2* mittels verschied. Bakterienarten konnte jetzt in zellfreien Extrakten aus dem Sulfat reduzierenden *Desulfovibrio desulfuricans* in Ggw. von *Sulfit* als Oxydans gezeigt werden; dabei erfolgt Red. von Sulfit zu H_2S: $H_2SO_3 + 3\,CO = 3\,CO_2 + H_2S$. Unregelmäßige Verzögerungen dieser Rk. wurden durch kleine Mengen *Formiat* beseitigt; die Geschwindigkeit der Gasaufnahme wird durch *Methylviologon* gesteigert. (Biochim. biophysica Acta [Amsterdam] **30.** 194 bis 195. Okt. 1958. Tokyo, Univ. of Tokyo, Fac. of Sci., Dep. of Biophysics and Biochem.) A. HESSE. 4210

Deane N. Calvert und **Theodore M. Brody,** *Biochemische Änderungen der Leberfunktion durch halogenierte Kohlenwasserstoffe.* 1. Mitt. *In vitro- und in vivo-Änderungen und deren Modifikation durch Äthylendiamintetraacetat.* Durch Zugabe von *CCl_4* kommt es in vitro u. in vivo (Endkonz. $3 \cdot 10^{-3}$ mol. bzw. orale Verabreichung von 0,5 ml eines Gemisches aus gleichen Teilen CCl_4 u. Erdnußöl/100 g an Ratten) zur Steigerung der Permeabilität der Lebermitochondrien mit nachfolgendem Verlust an *Diphosphopyridinnucleotid* (**I**), was sich an einem Absinken der **I**- gebundenen *Dehydrogenase* (**II**)-Aktivität zeigt. Zugabe von **I** vermag die oxydative **II**-Aktivität teilweise wiederherzustellen. Gleichzeitig mit der **II**-Aktivitätsabnahme ist eine Aktivierung der Mg^{2+}-abhängigen *Adenosintriphosphatase* zu beobachten, die offenbar für die Hemmung der oxydativen Phosphorylierung verantwortlich ist. Gesteigert ist außerdem die Oxydation von Cholin (**III**); die Serumkonz. der *Glutaminsäure-Oxalessigsäure-Transaminase* ist als Zeichen der Zellschädigung gesteigert. Alle diese Veränderungen lassen sich durch Zugabe von *Dinatriumäthylendiamintetraessigsäure* (Endkonz. 0,003 mol. bzw. 400 mg/kg intraperitoneal) blockieren. **III**-Zugabe übt keine Schutzwrkg. aus. (J. Pharmacol. exp. therapeut. **124.** 273—81. Dez. 1958. Ann Arbor, Mich., Univ. of Michigan, Med. School, Dep. of Pharmacol.) U. TAUSENDFREUND. 4210

J. C. Houck und **L. B. Berman,** *Die Serumribonucleaseaktivität.* Es wird eine nephelometr. Meth. zur Best. von *Ribonuclease* (**I**) beschrieben, die auf Rk. polymerisierter Ribonucleinsäure mit Serumalbumin in Acetatpuffer (p_H 3,7) unter Bldg. eines beständigen Kolloids (Stabilisierung durch Gelatine) u. Messung der hierdurch hervorgerufenen Trübung beruht. Der **I**-Geh. in Humanserum u. dessen Beeinflussung durch verschied. Krankheiten wurden untersucht. Bei solchen mit Leukocytose verbundenen u. Nierenerkrankungen wurden Erhöhungen von **I** beobachtet. Der Serum-**I**-Geh. resultiert aus der **I**-Bldg. durch Leukocyten, der Nierenclearance u. der Abgabe von **I**-Inhibitoren aus Körpergeweben. Ein Zusammenhang zwischen Serum-**I** u. -Glutaminsäure-Oxalessigsäure-Transaminase bestand nicht. (J. appl. Physiol. **12.** 473—76. Mai 1958. Washington, D. C., Georgetown Univ. Hosp., Surg. Res. Metabolic and Renal Labors.) K. MAIER. 4210

Oscar Gawron, John Keil und **Andrew J. Glaid, III,** *Die Einwirkung von Cyanid auf Ribonuclease.* Bei p_H 5 u. 50° bleibt die *Ribonuclease* (**I**)-Aktivität bei Einw. von Cyanid über 23 Std. voll erhalten, SH-Gruppen werden nicht gefunden. Bei p_H 8,03 u. in noch größerem Umfange bei p_H 10,14 entstehen SH-Gruppen in dem Maße, wie die

CN^--Ionkonz. durch Dissoziation zunimmt, gleichzeitig nimmt die **I**-Aktivität ab. Nach Vff. beweisen diese Ergebnisse, daß **I** keine SH-Gruppen enthält. Sie entstehen vielmehr erst durch Aufspaltung der Disulfidbindung gemäß $P\langle{}^{S}_{S}| \rightleftharpoons P\langle{}^{S-}_{SCN}$; dabei sinkt die **I**-Aktivität ab. (Biochim. biophysica Acta [Amsterdam] **19.** 170. Jan. 1956. Pittsburgh, Pa., Duquesne Univ., Dep. of Chem.) G. REINISCH. 4210

Harold H. Clum und **Alvin Nason,** *Triphosphopyridinnucleotiddiaphorase aus Weizenkeim.* Aus Weizenkeim wurde eine spezif. auf *red. Triphosphopyridinnucleotid* (**I**) eingestellte *Diaphorase* (**II**) ca. 10fach angereichert (Homogenisatextrakt, p_H 7,5, 140000·g-Überstand, Dialyse gegen Trispuffer, p_H 7,9, $Ca_3(PO_4)_2$-Gelüberstand). **II** ist mit einer DPNH (red. Diphosphopyridinnucleotid)-spezif. **II** assoziiert. Die relative Aktivität beider Enzyme ist in den einzelnen Eiweißfraktionen so unterschiedlich, daß sie als 2 Systeme anzusehen sind. Es besteht kein Bedarf an zugesetztem Flavin oder Metallionen. Metallbindende Agenzien beeinflussen die **II**-Aktivität nicht. Zusatz eines Rohextrakts aus Weizenkeim (hitzestabiler Faktor) steigert die Cytochrom-c-Reduktase (**III**)- u. **I**-Oxydaseaktivität von **II** 7—10fach. Verschied. chinonähnliche Verbb., wie 2-Methylnaphthochinon-(1.4), p-Benzochinon, p-Xylochinon, 2.6-Dichlorchinon usw., können die **II**-Aktivität ebenfalls in **III**- u. **I**-Oxydaseaktivität umwandeln. Die Dissoziationskonst. K_m des **I**–**II**-Komplexes wurde zu ca. $5 \cdot 10^{-5}$ mol. berechnet. Das p_H-Optimum von **II** liegt in Pyrophosphatpuffer bei ca. 5,5, in Phosphatpuffer bei 7,5. (Plant Physiol. **33.** 354—59. Sept. 1958. New York, N. Y., Hunter Coll., Dep. of Biol. Sci.; Baltimore, Md., Johns Hopkins Univ., McCollum-Pratt Inst.) K. MAIER. 4210

Gaston Ducet, Geneviève Vandewale und **Myriam Shealtiel,** *Oxydative Phosphorylierung durch Mitochondrienfraktionen aus Wurzeln und Blättern.* Die Mitochondrien (Mi; Blätter u. Wurzeln von Erbsen, Weizenwurzeln, Gerstenwurzeln) wurden durch fraktioniertes Zentrifugieren gewonnen. Der O_2-Verbrauch der Succinatoxydation wurde in der WARBURG-App. [in 3 ml 30 (μMol) Phosphatpuffer, 20 $MgCl_2$, 30 NaF, 5 Adenosintriphosphat (ATP), 40 Trishydroxymethylaminomethan (**I**), 100 Glucose, 100 Succinat, 500 Saccharose (**II**), dazu 0,5 mg Hexokinase u. 0,5 ml Mi-Suspension] bei p_H 7,4 u. 20° bestimmt. Die ATPase wurde in 3 ml mit 10 μMol $MgCl_2$, 40 **I**, 3 oder 5 ATP, 750 **II** u. 0,5 ml Mi-Suspension bei 30 oder 20° (in 10 bzw. 20 Min.) bestimmt. Mi aus Blättern u. Wurzeln von Erbsen zeigten gute Veresterung anorgan. Phosphats, aber kaum ATPase. Die Veresterung durch Mi aus Weizenwurzeln war geringer, konnte aber durch Infiltration der Wurzeln mit 0,5 mol. **II** u. 0,05 mol. Versene verbessert werden, während mehr ATPase gefunden wurde. Die Veresterung durch Mi aus Gerstenwurzeln war gleich Null, auch bei Zugabe von Diäthyldithiocarbamat oder Cyanid u. erreichte auch nach Infiltration mit **II** u. Versene trotz guten O_2-Verbrauchs nur geringe Werte, während viel ATPase gefunden wurde. Die Veresterungsfähigkeit von Erbsen-Mi wurde durch Gersten-Mi herabgesetzt. Vff. schließen, daß die natürliche Ggw. eines Metalles in den Gersten-Mi die Veresterung hemmt. (C. R. hebd. Séances Acad. Sci. **246.** 1585—87. 10/3. 1958. Versailles, Stat. de Physiol. végétale.) W. SCHÖNBORN. 4210

Georg W. Oertel und **Kristen B. Elk-Nes,** *Dehydroepiandrosteron im Blut.* 1. Mitt. *Spaltung von Dehydroepiandrosteronbindungen durch Phosphatasen. Dehydroepiandrosteron* (**I**) befindet sich in menschlichem Blut auch als Phosphorsäurekonjugat, da durch Einw. von *saurer* oder *alkal. Phosphatase* **I** freigesetzt werden kann. NaF u. p-Nitrophenylphosphat hemmen durch ihre Einw. auf die Phosphatasen die **I**-Freisetzung. (Acta endocrinol. [Copenhagen] **28.** 293—99. Juli 1958. Salt Lake City, Utah, Univ. of Utah, Coll. of Med., Dep. of Biol. Chem.) U. TAUSENDFREUND. 4210

Benjamin J. Kripke und **Arley T. Bever,** *Thyroxin und Bernsteinsäureoxydation. Thyroxin* schützt die Aktivität der *Succinat–Cytochrom-c-Reduktase* aus Homogenaten des Rattenherzens, ohne jedoch die ursprüngliche Aktivität zu steigern. Dieser Schutz scheint mehr chem. als physikal. bedingt. Sicher ist der *Succinatdehydrogenasekomplex* ein Angriffspunkt, wo Sulfhydrylgruppen vor der Oxydation geschützt werden. (Arch. Biochem. Biophysics **60.** 320—28. Febr. 1956. Cambridge, Mass., Harvard Univ., Biological Labors.) WOLFGANG ALBRECHT. 4210

P. Vishwakarma und **W. D. Lotspeich,** *Die Ausscheidung der l-Äpfelsäure in Beziehung zum Citronensäurecyclus in der Niere.* ♀ Hunde erhielten Dauerinfusionen von *Citronensäure* (**I**), *α-Ketoglutarsäure* (**II**), *Fumarsäure* (**III**), *Bernsteinsäure* (**IV**) u. zusätzlich *Äpfelsäure* (**V**). Vermittels Clearance wurde nach BRAUN u. Mitarbeitern die Menge **I, II, III, IV** u. **V** im Glomerulusfiltrat u. im Urin bestimmt. Gleichzeitig wurde im Urin festgestellt, wieviel **V** bei gleichzeitiger Infusion von **I, II, III** oder **IV** ausgeschieden wird. Wie die graph. u. tabellar. Wiedergabe der Resultate zeigt, war bei Infusion von **I, II** u. **IV** die Glomerularfiltration von **V** nicht gestört. Wird mit **I, II** oder **IV** gleichzeitig Bernsteinsäureoxydasehemmer infundiert, hört die Tubularfiltration von V völlig auf, weil V gänzlich rückresorbiert wird. Infusion von Fumarsäure (VI) oder V führt lediglich zur Filtration u. Rückresorption von V. Gleichzeitige Infusion von V u. VI steigert die Rückresorption von V. (J. clin. Invest. **38.** 414—23. Febr. 1959. Cincinnati, Ohio, Univ. of Cincinnati Coll. School of Med., Dep. of Physiol.)

HEINRICH HERMANN. 4210

G. Favelukes und **A. O. M. Stoppani,** *Fumarase der Bäckerhefe, ein Thiolenzym.* Acetonpulver aus Bäcker-*Hefe* wurde nach Suspendieren in 0,092 mol. Phosphat während 4—5 Tagen bei 4° u. p_H 7,0—7,5 autolysiert; aus der abzentrifugierten Lsg., welche die *Fumarase* (I) enthält, wird nach Klären mittels Calciumphosphatgel die I bei p_H 7,0 mit $(NH_4)_2SO_4$ gefällt (0,4—0,6 Sättigung), darauf dialysiert, mit Aceton (bei 38—45 Vol.-%, p_H 7,0 u. 4°) gefällt, nochmals mit $(NH_4)_2SO_4$ bei 0,52—0,56 Sättigung gefällt u. schließlich gegen 0,01 mol. Phosphat, p_H 7,0, dialysiert. — Im Gegensatz zu I anderer Herkunft ist I der Hefe vollkommen von SH-Gruppen abhängig: Hemmung durch *3-Melaminylphenylarsenoxyd* („*Melarsen*"), ferner durch *o-Jodosobenzoat, p-Chlorquecksilberbenzoat* (II) oder Ag^+. Die Hemmung durch II kann durch kleine Mengen Cystein vollkommen wieder aufgehoben werden. *Fumarat* (III) u. *l-Malat* schützen gegen II. Phosphat (III) schützt nur wenig gegen II, wohl aber gegen die anderen organ. Inhibitoren. Die Hydratation von III wird durch hohe IV-Konzz. kompetitiv gehemmt. (Biochim. biophysica Acta [Amsterdam] **28.** 654—55. Juni 1958. Buenos Aires, School of Med., Inst. of Biochem.)

A. HESSE. 4210

Arne Dahlqvist, *Charakterisierung von Darminvertase als Glucosidoinvertase. 1. Mitt. Die Wirkung auf verschiedene Substrate.* Die Unters. der Wrkg. eines Darm-*Invertase* (I)-Präp. (aus Schweinedarmmucosa durch Extraktion der Mikrosomenfraktion mit Na-Desoxycholat) auf einige mit Saccharose (II) verwandte Di- u. Trisaccharide ergab keine gegenüber Raffinose, O-α-D-Galaktopyranosyl-(1→6)-O-α-D-glucopyranosyl-(1→2)-β-D-fructofuranosid oder *Gal*-II, α-D-Galaktopyranosyl-β-D-fructofuranosid. Dies bestätigt die Annahme, daß I sehr spezif. auf den Glucopyranosidteil des II-Mol. eingestellt ist (*Glucosido*-I). Melezitose, O-α-D-Glucopyranosyl-(1→3)-O-β-D-fructofuranosyl-(2→1)-α-D-glucopyranosid (III), wurde von I sehr langsam hydrolysiert, d. h. die Substitution im Fructofuranosidanteil des II-Mol beeinflusst anscheinend stark die Wirkung. Es ist jedoch noch nicht gesichert, ob II u. III wirklich durch das gleiche Enzym hydrolysiert werden. Der Nachw., ob die II-Bindung von III vor der Furanosebindung spaltbar ist, gelang nicht. (Acta chem. scand. **12.** 2012—20. 1958. Lund, Univ., Dep. of Physiol. Chem.)

K. MAIER. 4210

R. Ammon und **H. Meyer,** *Zur stereochemischen Spezifität der Cholin- beziehungsweise Acetylcholinesterase. Acetylcholinesterasen* (I) zeigten ebenso wie andere Esterasen eine stereochem. Spezifität. Bei p_H 5,4 (wo im Gegensatz zu neutraler u. alkal. Rk. die Eigenhydrolyse der untersuchten Ester sehr gering ist) wird von der unspezif. I des menschlichen Serums *D-Mandelsäurecholinester* bevorzugt gespalten, dagegen wird durch die spezif. I des Gehirnes die L-Form besser gespalten.

Versuche: *DL-Mandelsäurecholinesterbromid,* nach HORENSTEIN u. PÄHLICKE (Ber. dtsch. chem. Ges. **71.** [1938.] 1644) aus Trimethyl-[β-bromäthyl]-ammoniumbromid u. Ag-Salz der DL-Mandelsäure, F. 153—154°, weiße Kristalle (Isopropylalkohol); 93%. — *Ag-Salz der D-Mandelsäure,* $[\alpha]_D^{20}$ —50,7° (c = 0,0197; 0,5n NH_3). — *Ag-Salz der L-Mandelsäure,* $[\alpha]_D^{20}$ +51,6° (c = 0,0195; 0,5nNH_3). Aus diesen hergestellt: *D-Mandelsäurecholinesterbromid,* weiße, in W. leicht lösl. Kristalle (Isopropylalkohol), F. 138—140°; $[\alpha]_D^{20}$ —57,3° (c = 0,0082; W.); 56%, sowie *L-Mandelsäurecholinesterbromid,* weiße leicht in W. lösl. Kristalle, F. 140—142° (Isopropylalkohol); $[\alpha]_D^{20}$ —57,3° (c = 0,0082; W.); 52%. — Durch Zutropfenlassen einer wss. Lsg. von *Natriumtetraphenyloborat* („Kalignost"-HEYL) zu den Bromiden der Ester wurden erhalten: *Tetraphenyloborat von DL-Mandelsäurecholinester,* F. 169—172°. — *Tetraphenyloborat von D-Mandelsäurecholinester,* F. 189—191°; $[\alpha]_D^{20}$ —25,6° (Aceton). — *Tetraphenyloborat von L-Mandelsäurecholinester,* F. 189—192°; $[\alpha]_D^{20}$ +22,4° (Aceton). (Hoppe-Seyler's Z. physiol. Chem. **314.** 198—204. 27/4.1959. Homburg (Saar), Univ. des Saarlandes, Physiol.-chem. Inst.)

A. HESSE. 4210

Lech Działoszyński, *Reinigung der Arylsulfatase aus „Clarase" durch fraktionierte Fällung mit Äthanol.* Durch fraktionierte Fällung des Enzympräp. *Clarase* mit 19,2%ig. A. reichert sich Arylsulfatase im Eiweiß-Nd. auf das 3fache an. Höhere A.-Konzz. geben eine geringere Anreicherung. Die Behandlung mit A. verändert die Aktivität des Enzyms nicht. (Sprawozdania Poznańsk, Towarzystwa Przyjaciół Nauk **1956.** Nr. 1. 55. Poznań, WSR, Zakł. Fizjolog. Zwierząt.)

F. URBAN. 4210

R. Ammon und **K. H. Ney,** *Die Verwendung manometrischer und elektrotitrimetrischer Methodik zur Sulfatasebestimmung.* (Vgl. vorst. Ref.) Zur Best. der *Aryl-* u.

Steroidsulfatasen wurden eine manometr. u. eine elektrotitrimetr. Meth. ausgearbeitet, die auch zur Best. von *Chondro-*, *Myro-* bzw. *Glykosulfatase* dienen können. — Zur manometr. Meth. (vgl. LOWENSTEIN u. YOUNG (C. **1953**. 2700) wird ein WARBURG-App., Modell Z, verwendet, incubiert wurde 30 Min. bei 37°. — Bei der elektrometr. Titration wurde mit Glaselektrode u. Metrohm-p_H-Meter der nach je 5 Min. durch das fermentativ freigesetzte $KHSO_4$ verursachte p_H-Abfall bestimmt, indem mit 0,01 n NaOH auf das Ausgangs-p_H zurücktitriert wurde. — Als Substrate dienten *Östronsulfat*, *Dehydro-epi-androsteronsulfat* (**II**), *Androsteronsulfat* (**III**), *Decyl-2-sulfat*, *Laurylsulfat*, *Stearylsulfat*, *Myristylsulfat*, *Phenylsulfat* (**IV**), *p-Nitrophenylsulfat* (**V**), *Phenolphthaleinsulfat* (**VI**) u. *2-Hydroxy-5-nitrophenylsulfat* (**I**). — Untersucht wurde die Wrkg. von Acetontrockenpulver aus Rattenleber (**VII**), Steroidsulfatase (SCHERING; **VIII**), Verdauungssaft der Weinbergschnecke (**VII**) u. Sulfatase von Aspergillus (**X**). — Von **VII** wird **V** u. **I** gespalten, nicht aber **VI**. Von **VIII** werden **II** u. **V** gespalten. **IX** spaltet **II** u. **VI**; eine alkylsulfatat. Wrkg. ist nicht erkennbar. **X** spaltet **V**, **VI** u. **IV** gut, nicht aber **III**. — Elektrotitrimetr. wurde an der Wrkg. von **IX** gegen **II** das p_H-Optimum zu 6,0 ermittelt. — Hingewiesen wird auf die Spezifität von **IX**, die wohl **II** (3β-Verb.), nicht dagegen **III** (3α-Verb.) spaltet. — Die manometr. Meth. hat den Vorteil, leichter Reihenverss. durchführen zu können, aber den Nachteil, nur innerhalb des p_H-Bereiches des CO_2-Bicarbonatpuffers zu arbeiten. (Hoppe-Seyler's Z. physiol. Chem. **314**. 240—44. 27/4. 1959.) A. HESSE. 4210

L. A. Lokschina und **W. N. Orechowitsch**, *Untersuchung des bei Aktivierung von Pepsinogen freigesetzten Peptids mit endständigem N.* (Vgl. C. **1958**. 6576.) Bei der Aktivierung von Dinitrophenylpepsinogen (aus Pepsinogen u. 2.4-Dinitro-1-fluorbenzol in Phosphatpufferlsg. p_H 7,0 bei Zimmertemp.) in 5%ig. wss. Lsg. durch Ansäuern mit n HCl bis p_H 2 bei Zimmertemp., nach 3 Min. Zugabe von n NaOH bis p_H 11—12, Fällung mit Trichloressigsäure (**I**), Zentrifugieren, 3 maliges Waschen mit 5%ig. **I**-Lsg. u. mehrmaliges Waschen mit A. wird eine meist intensiv gefärbte alkoh. Fraktion von Dinitrophenylpeptid (**II**) mit endständigem N erhalten, das bei Papierchromatographie nur einen intensiv gelbgefärbten Fleck ergibt. Nach Elution mit A. bewegt sich die Verb. bei der Elektrophorese in einer einzigen gefärbten Bande, sie ist also offenbar homogen. **II** enthält je einen Rest *Alanin*, *Glycin*, *Serin* u. *Phenylalanin*, 2 *Valin*, 4 *Leucin* u. *Isoleucin*, 4 *Asparaginsäure* u. *Glutaminsäure*, 1—2 *Prolin*, 1—1,5 *Lysin*; Mol.-Gew. ca. 2000. Die Unters. der Reihenfolge der Aminosäuren ergibt für die Gruppen mit endständigem C die Folge ···Alanin–Leucin, für die mit endständigem N Leucyl–Valyl–Leucyl. Im ersteren Falle erfolgt die Unters. mit Carboxypeptidase, im letzteren nach der Phenylisothiocyanatmeth. unter Abspaltung der N-endständigen Aminosäuren in Form von Phenylthiohydantoin. (Доклады Академии Наук СССР [Ber. Akad. Wiss. UdSSR] **118**. 1150—52. 21/2. 1958. Inst. für biol. u. med. Chem. der Akad. der med. Wiss. der UdSSR.) R. K. MÜLLER. 4210

Shanta S. Rao und **S. S. Rao**, *Wirkung von kristallinem Trypsin auf Eialbumin.* 1. Mitt. *Wirkung auf natives hitzedenaturiertes und formalinbehandeltes kristallines Eialbumin.* 2,4%ig. Lsgg. von 3 mal umkrist. Eialbumin (**I**) wurden von krist. Trypsin (**II**) in 24 Std. bei 37° u. p_H 7,6 nicht hydrolysiert. 30 Min. hitzedenaturierte **I**-Lsgg. koagulierten u. wurden von **II** hydrolysiert. Dagegen wurden **I**-Lsgg. nach Behandlung mit 0,3 bzw. 0,6% Formalin (**III**) auch nach 30 Min. Erhitzen auf 100° von **II** nicht angegriffen. Die mit **III** behandelten **I**-Lsgg. blieben beim Erhitzen klar. Auch durch krist. *Chymotrypsin* wurden formalinbehandelte **I**-Lsgg. nicht hydrolysiert. (Indian J. med. Res. **43**. 617—21. Okt. 1955. Bombay, Haffkine Inst., Dep. of Antitoxins and Sera.) H. CARLS. 4210

Shanta S. Rao und **S. S. Rao**, *Wirkung von kristallinem Trypsin auf Eialbumin.* 2. Mitt. *Papierchromatographische Analyse von durch die Wirkung von Trypsin auf hitzedenaturiertes Eialbumin freigemachten Aminosäuren.* (1. vgl. vorst. Ref.) Während der Hydrolyse von dialysierten 2%ig. Lsgg. von krist. Eieralbumin mit krist. Trypsin wurde die Abspaltung folgender freien Aminosäuren chromatograph. nachgewiesen: Nach 1—3 Std. *Arginin*, nach 6—10 Std. *Lysin*, nach 24 Std. *Glutaminsäure*, *Tyrosin* oder *Tryptophan* u. *Leucin*, nach 32 Std. *Histidin* oder *Glycin*, *Threonin* oder *Alanin*, *Methionin* u. *Serin*. (Indian J. med. Res. **43**. 623—26. Okt. 1955.) H. CARLS. 4210

Sunita Inderjit Singh und **Inderjit Singh**, *Die von proteolytischen Enzymen hervorgerufene aktive Erschlaffung ungestreifter Muskeln und der Wirkungsmechanismus dieser Enzyme.* Die proteolyt. Fermente *Trypsin* u. *Papain* rufen am isolierten, absterbenden oder durch Hitze abgetöteten Magenringmuskel von *Rana tigrina* noch vor der hydrolyt. muskelrelaxierende Wrkg. hervor, die wahrscheinlich auf einer Auffaltung der Polypeptidketten beruht. *Pepsin* bleibt unter gleichen Bedingungen wirkungslos.

(Proc. Indian Acad. Sci., Sect. B **42.** 85—89. Sept. 1955. Agra, Med. Coll., Dep. of Physiol.) H. KLUGE. 4210

Masao Oka, *Untersuchungen über die Glutathion-hydrolysierenden Enzyme.* 1. Mitt. *Über Verteilung und p_H-Optimum des reduziertes Glutathion hydrolysierenden Enzyms in Organen von Ratte und Schwein.* Während in Ratten- u. Schweinenieren beachtliche Aktivitäten des Enzyms, das reduziertes *Glutathion* hydrolysiert, festgestellt wurden, waren diese in Ratten- u. Schweineleber u. in Schweinehirn nur schwach. Ebenfalls nur geringe Aktivitäten wurden in Intestinalmucosa u. Milz von Ratte u. Schwein beobachtet. Nach 5—24std. Incubation vorgenommene Unterss. der Enzymaktivitäten ergaben, daß das p_H-Optimum nach 5 Std. bei 7—8 u. nach 24 Std. bei 4,5 liegt. (Jap. Arch. intern. Med. **5.** 578—81. 1958. Hyogo Prefectural Amagasaki Hosp. [Orig.: japan.; Auszug: engl.]) F. KRUSEN. 4210

Masao Oka, *Untersuchungen über die Glutathion-hydrolysierenden Enzyme.* 2. Mitt. *Über die Spezifität der reduziertes Glutathion hydrolysierenden Enzyme in Rattenniere.* (1. vgl. vorst. Ref.) Die Hydrolyse von reduziertem *Glutathion* (**I**) in Rattenniere wird durch Dialyse bei p_H 4,5 stark, durch solche bei p_H 7,5 aber nur schwach gehemmt. Bei p_H 4,5 wird die I-Hydrolyse durch Cystein gehemmt u. durch KCN etwas gesteigert, bei p_H 7,0 wird sie durch Mn^{2+} inhibiert u. durch Co^{2+} schwach stimuliert. In dialysiertem Filtrat von Rattenniere steigern bei p_H 4,5 Co^{2+}, Mn^{2+} u. Mg^{2+} die Aktivität, während sie bei p_H 7,0 durch Co^{2+}, Mg^{2+}, Fe^{3+} u. Ni^{2+} gehemmt wird u. Mn^{2+} u. Zn^{2+} ohne Einfl. bleiben. (Jap. Arch. intern. Med. **5.** 582—84. 1958. [Orig.: japan.; Auszug: engl.]) F. KRUSEN. 4210

Božidar Štraus, *Die Bestimmung der Transaminaseaktivität im Blutserum.* Bei Patienten mit Herzinfarkt wurde eine erhöhte Aktivität der Serum-*Glutaminsäure–Oxalessigsäure-Transaminase* (**I**) festgestellt, während die Serum-*Glutaminsäure–Pyruvat-Transaminase* (**II**) weniger deutlich erhöht ist u. rasch zum n. Wert zürückkehrt. Nachinfarkte sind an der Erhöhung der I-Aktivität viel besser zu erkennen als am EKG. Bei anderen Herzkrankheiten sind die **I**- u. **II**-Werte normal. Bei Virushepatitis sind die **I**- u. bes. die **II**-Werte stets stark erhöht, bei Verschlußikterus, Lebercirrhose u. lokalisierten Leberprozessen teils n., teils erhöht. (Farmac. Glasnik **15.** 1—9. Jan./Febr. 1959. Zagreb, Vojna bolnica, Centr. klin. labor.) S. BECKMANN. 4210

Gunnar Biörck und **Arne Hanson,** *Glutaminsäure–Oxalessigsäure-Transaminase in der Diagnose des Myocardinfarkts.* 1. Mitt. *Die Beziehung zwischen Serum-Transaminase-Aktivität und klinischem Bild.* Die Best. der Serum-*Glutaminsäure–Oxalessigsäure-Transaminase* (**I**) bei 86 Patienten mit klin. oder elektrocardiograph. begründetem Verdacht auf Myocardinfarkt sowie bei 3 Patienten mit Erkrankungen unter Beteiligung der Skelettmuskulatur ergab, daß bei frischem Infarkt die **I**-Aktivität innerhalb 12 bis 36 Std. um ca. 40 E. zunimmt u. anschließend in den nächsten 2—4 Tagen abfällt. Ein negativer Test schließt einen frischen Infarkt fast sicher aus. (Acta med. scand. **155.** 317—24. 8/10. 1956. Lund, Univ., Dep. of Med. and Clin. Chem.; Malmö, Allmänna Sjukhuset.) K. MAIER. 4210

George N. Bowers jr., John R. Durant, Ronald S. Beckett und **Robert Tennnant,** *Eine zuverlässige Vereinfachung der Bestimmung von Glutaminsäure–Oxalessigsäure- und Glutaminsäure–Brenztraubensäure-Transaminase im Serum. Methode, Beobachtungen und Normalwerte.* Es wird eine einfache, zuverlässige spektrophotometr. Meth. zur Best. von Serum-*Glutaminsäure–Oxalessigsäure-Transaminase* (**III**) u. -*Glutaminsäure–Brenztraubensäure-Transaminase* (**V**) mittels folgender Rkk. angegeben: 1. DL-Asparaginsäure + α-Ketoglutarsäure (**VI**) $\xrightarrow{\text{III}}$ Oxalessigsäure + Glutaminsäure, 2. Oxalessigsäure + DPNH $\xrightarrow{\text{Äpfelsäurehydrogenase}}$ Äpfelsäure + DPN (Diphosphopyridinnucleotid); 1. DL-Alanin + **VI** $\xrightarrow{\text{V}}$ Brenztraubensäure + Glutaminsäure, 2. Brenztraubensäure + DPNH $\xrightarrow{\text{Milchsäuredehydrogenase}}$ Milchsäure + DPN. Steigerung der Reaktionstemp. auf 37° korr. den durch Messung bei 355 mμ anstatt bei 340 mμ entstehenden Aktivitätsverlust. Die oberen Grenzen von **III** u. **V** betragen 40—44 Karmeneinheiten. 0,2 cm^3 Serum geben bei n. wie anomalen Werten eine gute Reproduzierbarkeit. Eine anomal. Hefe-**III**-Aktivität (3400 E.) wurde bei Serumverdünnung 1:100 festgestellt. (Amer. J. clin. Pathol. **30.** 1 —6. Juli 1958. Hartford, Conn., Dep. of Med. and Pathol.) K. MAIER. 4210

Arthur Yuwiler, Edward Geller und **Samuel Eiduson,** *Untersuchungen über 5-Hydroxytryptophandecarboxylase.* 1. Mitt. *In vitro-Hemmung und Substratwechselwirkung.* Das Enzympräp. aus rasch eingefrorener Schweineniere decarboxyliert *L-5-Hydroxytryptophan* (**I**), *L-3.4-Dihydroxyphenylalanin* (**II**), *L-erythro-* (**III**) u. *L-threo-3.4-Dihydroxyphenylserin.* Die enzymat Aktivität gegenüber **I** oder **II** wurde durch folgende Verbb. nicht gehemmt: *5-Hydroxytryptamin, α-Methyltryptaminmethansulfonat, 5-[Indo-*

lyl-(3)-acroyl]-salicylsäure, 1-Benzyl-2.5-dimethylserotonin, 5-Hydroxyindol-(3)-butenon-(3); folgende Verbb. hemmten: *2-[3.4-Dihydroxyphenyl]-äthylamin* (**IV**), *m-Hydroxypropadrin (2-Amino-1-[3'-hydroxyphenyl]-propanol-(1), Adrenalin, Noradrenalin, Thiosemicarbazid, β-Indolyl-(3)-acrylsäure, 3.4'-Dihydroxy-3'-carboxychalcon, 3.4.4'-Trihydroxy-3'-carboxychalcon* u. *1-[5'-Hydroxyindolyl-(3)]-2-[3''-carboxy-4''-hydroxybenzoyl]-äthylen*. Die Hemmung durch **IV** wurde durch Pyridoxalphosphat (**V**) aufgehoben. Gemische von **I** u. **II** wurden mit einer Geschwindigeit, die zwischen der der einzelnen Substrate lag (gegenseitige kompetitive Hemmung), decarboxyliert, wobei Zusatz von **V** prakt. ohne Einfl. war. In Ggw. eines Enzymüberschusses oder bei relativ langen Incubationszeiten ergaben sich bei Substratmischungen additive stöchiometr. Verhältnisse. Die gegenseitige Hemmung der **I**- u. **II**-Decarboxylierung durch **I**–**II**-Gemische ist möglicherweise physiol. wichtig. (Arch. Biochem. Biophysics **80.** 162—73. Jan. 1959. Los Angeles, Calif., Dep. of Anatomy, Veterans Administr. Center, Neuropsychiatric Hosp., Neurobioch. Labor.; Univ. of Calif., School of Med., Dep. of Physiol. Chem. and Psychiatry.) K. MAIER. 4210

Takashi Murachi, *Die enzymatische Synthese von Acyllysinaniliden.* 3. Mitt. *Eine kinetische Untersuchung.* (2. vgl. C. **1957.** 12795.) Die Papain-katalysierte Synth. von *α.ε-N.N'-Diacyllysinanilid* u. *-p-phenetidid* wurde in Ggw. eines großen Überschusses an Acylsubstrat gegen Aminsubstrat untersucht. Hierdurch verläuft die Anfangs-Rk. hinsichtlich Amin nach 1. Ordnung. Bei 20 Acylsubstraten wurden Anfangsgeschwindigkeit u. maximale Synth. bei verschied. Substratkonzz. verglichen. 12 DL-Lysindiacylderivv. wurden neu hergestellt (ε- u. anschließend α-Acylierung; Ausbeute 70—95%): *α-Acetyl-ε-n-butyryl-DL-lysin*, $C_{12}H_{22}N_2O_4$, F. 113—114° (Äthylacetat); *α-Acetyl-ε-carbobenzoxy-*, $C_{16}H_{22}N_2O_5$, F. 118—119° (W.); α-Propionyl-ε-acetyl-, $C_{11}H_{20}N_2O_4$, F. 109—110° (Äthylacetat); *α-Propionyl-ε-n-butyryl-*, $C_{13}H_{24}N_2O_4$, F. 93—94° (Äthylacetat); *α-Propionyl-ε-carbobenzoxy-*, $C_{17}H_{24}N_2O_5$, F. 112—113° (W.); *α-n-Butyryl-ε-carbobenzoxy-*, $C_{18}H_{26}N_2O_5$, F. 123—124° (W.); *α-n-Butyryl-ε-acetyl-*, $C_{12}H_{22}N_2O_4$, F. 130—131° (Dioxan–Äthylacetat); *α-n-Valeryl-ε-acetyl-*, $C_{13}H_{24}N_2O_4$, F. 121—122° (Dioxan); *α-n-Valeryl-ε-n-butyryl-*, $C_{15}H_{28}N_2O_4$, F. 125—126° (W.); *α-n-Valeryl-ε-carbobenzoxy-*, $C_{19}H_{28}N_2O_5$, F. 137—138° (W.); *α-Benzoyl-ε-acetyl-*, $C_{15}H_{20}N_2O_4$, F. 162—163° (W.); *α-Benzoyl-ε-carbobenzoxy-*, $C_{21}H_{24}N_2O_5$, F. 131—132° (W.). (Arch. Biochem. Biophysics **78.** 115—24. Nov. 1958. Kyoto, Japan, Univ., Fac. of Med., Dep. of Med. Chem.) K. MAIER. 4210

S. Razin, I. Gery und **U. Bachrach,** *Der Abbau natürlicher Polyamine und Diamine durch Bakterien.* Der Mechanismus u. das Vork. von Enzymen der Poly- bzw. Diaminoxydation bei Bakterien werden untersucht. Von 20 getesteten Bakterienarten waren 3 akt.: *Pseudomonas aeruginosa* [oxydiert Spermin (**I**), Spermidin (**II**), Putrescin (**III**), Agmatin (**IV**) u. Cadaverin (**V**)]; *Serratia marcescens* (**II, III** u. **IV**) u. *Corynebacterium pseudodiphtheriticum* (**III**). — Die O_2-Aufnahme wurde mit der WARBURG-App. gemessen, die gebildeten Intermediärprodd. papierchromatograph., elektrophoret. u. mikrobiol. identifiziert. — Für den **I**-Abbau durch *Ps. aerug.* wird folgender Weg diskutiert: **I** → **II** → *1.3-Diaminopropan* (**VI**) → *β-Alanin* (**VII**) → $CO_2 + NH_3$. Die außerdem entstehende *γ-Aminobuttersäure* soll aus dem $(CH_2)_4$-Bruchstück des Polyamins gebildet werden, während **VII** aus den $(CH_2)_3$-Bruckstücken entsteht. *S. marcescens* akkumuliert während der **II**-Oxydation **VI**; offenbar sind die Enzyme der Poly- von denen der Diaminoxydation verschieden. — Diaminoxydaseinhibitoren wie *Hydroxylamin* u. *Semicarbazid* hemmen den Poly- u. Diaminabbau. Weniger akt. waren *Isonicotinsäurehydrazid* u. *Dihydrostreptomycin.* Nicht durch die betreffenden Bakterien abbaubare Amine hemmen den Abbau der oxydablen kompetitiv; z. B. hemmt **V** die Oxydation von **III** bei *S. marcescens.* (Biochem. J. **71.** 551—58. März 1959. Jerusalem, Hebrew Univ.-Hadassah Med. School, Dep. of Clin. Microbiol.) R. OBENAUS. 4210

F. Edmund Hunter jr. und **Lillian Ford,** *Nitritbildung durch enzymatische Reaktion von Mannithexanitrat mit Glutathion.* In frischen Rattenlebermitochondrien ist ein *Ferment* enthalten, das die Rk. zwischen *Mannithexanitrat* (**I**), *Pentaerythrittetranitrat* (**II**) u. *Glycerintrinitrat* (**III**) einerseits u. *Glutathion* (**IV**) andererseits katalysiert: In allen drei Fällen wurde nur jeweils eine Nitratgruppe als Nitrit abgespalten. Die Ggw. von **IV** ist für die Rk. unentbehrlich, *Cystein* konnte allerdings **IV** bis zu einem gewissen Grade ersetzen. Die Geschwindigkeit der Nitritbldg. u. die Fähigkeit zur Entkopplung der oxydativen Phosphorylierung nimmt von **I**—**III** ab u. steht deshalb in keinem Zusammenhang mit den beobachteten vasodilator. Eigg. der Verbb., die gerade bei **III** bes. ausgeprägt sind. Die Abspaltung der restlichen Nitratgruppen erfolgt zunehmend langsamer u. tritt unter physiol. Bedingungen im Körper kaum ein. Das Ferment ist wahrscheinlich ident. mit dem von HEPPEL u. HILMOE (C. **1951.** II. 3323) iso-

lierten. (J. Pharmacol. exp. Therapeut. **113.** 186—91. Febr. 1955. St. Louis, Mo., Washington Univ., School of Med., Edward Mallinckrodt Dep. of Pharmacol.)
H. KLUGE. 4210

B. P. Eddy, *Die Wirkung von Nitrit auf die Nitrataseadaptation bei Escherichia coli.* Die *Natratase* (I)-Adaptation bei Escherichia coli wurde bei p_H 7,2 durch ca. $6 \cdot 10^{-3}$ mol. *Nitrit* (II) gehemmt. Der Grad der Hemmung war eher auf die Konz. nichtionisierter HNO_2 zurückzuführen als auf den Gesamtgeh. an II. Da die Adaptationsbedingungen auch die II-Produktion förderten, muß die I-Adaptation selbsthemmend sein. Der Hemmeffekt, der mit der Adaptation parallel verlief, besteht wahrscheinlich in einer allg. Hemmung der Proteinsynthese. Die stimulierende Wrkg. von Aminosäuren auf die Adaptation war nicht auf den II-Abbau zurückzuführen. (Antonie van Leeuwenhoek **24.** 81—95. 1958. Cambridge, Univ. of Cambridge and Dep. of Sci. and Ind. Res., Low Temp. Stat. for Res. in Biochem. and Biophys.) M. EBERT. 4210

G. Malmström, Gösta Fåhraeus und **Rolf Mosbach,** *Reinigung der Laccase.* Nach FÅHRAEUS u. TULANDER (Physiol. Plantarum [Copenhagen] **9.** [1956.] 494) erhaltene Kulturen von *Polyporus versicolor* werden nach 4 Tagen Schütteln bei 24° mit *2.5-Xylidin* (I) versetzt, das eine starke Bldg. von *Laccase* (II) „induziert". II wird dabei quantitativ an das Nährmedium abgegeben; ohne I ist die II-Bldg. prakt. Null. Nach 2—3 Tagen ist gewöhnlich das Maximum der II-Bldg. (Messung mit Brenzcatechin) erreicht. Reinigung der II erfolgt durch Fällen mit $(NH_4)_2SO_4$, Dialyse gegen Acetatpuffer, p_H 5 (4°; 2—3 Tage), Lyophylisieren der grüngefärbten Lsg.; das erhaltene Pulver (Fraktion A) zeigt bei Papierelektrophorese zwei Proteinkomponenten mit II-Aktivität, die durch Elektrophorese an einer Cellulosesäule getrennt werden können: Fraktion B u. C. Die Hauptfraktion B enthält als N-endständige Aminosäure Glykokoll, $<1\%$ Kohlenhydrat (gegenüber 16% in A), zeigt mit Brenzcatechin als Substrat den sehr hohen $Q_{O_2} = 36000$ mm³/mg/Std. u. enthält 0,40% *Cu* (wahrscheinlich Cu^{2+}). (Biochim. biophysica Acta [Amsterdam] **28.** 652—53. Juni 1958. Uppsala, Univ., Inst. of Biochem. and Coll. of Agric., Inst. of Microbiol.) A. HESSE. 4210

Z. Szmalowa, *Die Lokalisation der Lipase und des Myrosins in Senfsamen.* Die Myrosinzellen, die bes. in der Art *Sinapis alba L.* zahlreich auftreten, sowie *Lipase* sind anfangs im Samen gleichmäßig verteilt. Nach längerer Lagerung sind die Enzyme in besonderen Zellen in der Nähe der Leitgefäßbündel lokalisiert. Ihre Identifizierung wird durch die Ggw. von Fett- u. Aleuronkörpern erschwert. Das Senföl soll nur aus vollreifen Samen gepreßt werden. (Biul. pańśtwowego Inst. naukowego, leczniczych Surowców roślinnychw Poznaniu **2.** 36—39. März 1956. Poznań.) F. URBAN. 4210

H. Engelberg, *Untersuchungen über die Inaktivierung von post-heparin- und endogener menschlicher Lipoproteinlipase aus Plasma während der Lipolyse der Triglyceride.* Die lipolyt. Aktivität (*Lipoproteinlipase*, I) von menschlichem Plasma nach *Heparin* (II)-Gabe oder endogener Natur wird in vitro unter der Lipolyse der *Triglyceride* inaktiviert. Nach Entfernung der I-Aktivität durch Adsorption an $Ca_3(PO_4)_2$ wird durch Zusatz von II die Lipämieklärungsaktivität wieder hergestellt. II ist demnach eine Komponente des Enzyms, deren Dissoziation vom Apoenzym leicht vonstatten geht. (Proc. Soc. exp. Biol. Med. **99.** 489—93. Nov. 1958. Los Angeles, Calif., Cedars of Lebanon Hosp.) WOLFGANG ALBRECHT. 4210

Craig L. Squires, P. K. Stumpf und **Charlotte Schmid,** *Die Wirkung von Bicarbonat auf die enzymatische Synthese langkettiger Fettsäuren.* Die enzymat. Synth. langkettiger Fettsäuren (III) aus Acetat (I) (lösl. Enzymextrakt aus Acetonpulver von Avocadofruchtpartikeln) benötigt Bicarbonat (II). Als Cofaktoren sind Adenosintriphosphat, Coenzym A, $MnCl_2$, $KHCO_3$, Olivenöl, Triphosphopyridinnucleotid u. Cystein erforderlich. Als Hauptprod. der Rk. wurde chromatograph. freie Ölsäure, neben Palmitinsäure, identifiziert. Kurzkettige Zwischenstufen wurden nicht im Reaktionsgemisch angereichert. In Ggw. von 0—4 μMol $^{14}C_{(1)}$-I (1,8 cm³) wurden durch frische Avocadopartikel 9—23% I in Fett eingebaut. Markiertes II wird weder in langkettige noch in flüchtige III eingebaut. (Plant Physiol. **33.** 365—66. Sept. 1958. Berkeley, Calif., Univ. of Calif., Dep. of Agric. Biochem.) K. MAIER. 4210

Josef Dieckhoff und **Reinhard Koch,** *Die Lipaseaktivität unter peroraler Chloramphenicoltherapie.* Bei 16 gesunden Säuglingen, die mit *Chloramphenicol* (100 mg/kg/Tag) behandelt wurden, ergab die Unters. des Verhältnisses der Fettsäure zur Gesamtfettausscheidung u. die tägliche Gesamtfettausscheidung im Trockenstuhl, daß im Gegensatz zu den Untersuchungsergebnissen in vitro die Fettspaltung im Darm unter oraler Chloramphenicoltherapie nicht beeinflußt wird. (Ärztl. Forsch. **12.** I/493—95. 10/10. 1958. Halle-Wittenberg, Univ., Kinderklinik.) G. KIMMERLE. 4210

H. Breuer, Lieselotte Nocke und **R. Knuppen,** *Stoffwechsel der Östrogene in Leberschnitten der Ratte.* Bei 1 std. Incubation von Rattenleberschnitten bei 37° mit *Östron* (I) oder *β-Östradiol* (II) werden nach Ae.-Chlf. (3:1)-Extraktion u. papierchromatograph. Auftrennung neben I u. II u. 2 nichtidentifizierten Verbb. 2 stärker polare phenol. Metabolite identifiziert, von denen einer als *6-Hydroxyöstron* (III) auf Grund des R_F-Wertes nach Kupplung mit Fast Black Salt K der Absorptionskurven nach H_2SO_4-W.- u. H_2SO_4-A.-Rk. u. durch Red. mit $NaBH_4$ zu 6-Hydroxy-β-östradiol (IV) identifiziert wird. Die andere phenol. Fraktion, deren R_F-Wert in verschied. Lösungsmittelsystemen dem des *Östradiol* (V) entspricht, setzt sich aus IV u. V zusammen. Der Nachw. gelingt durch Reincubation, wobei 6-Keto-β-östradiol (VI), III u. ein weiterer Metabolit gebildet wird, der auch bei Incubation von V entsteht. Die Identifizierung von VI erfolgt durch R_F-Wert, Absorptionskurve nach H_2SO_4-W.-Rk. u. Red. mit $NaBH_4$ zu IV, die von III durch R_F-Wert u. $NaBH_4$-Red. zu IV. Die Trennung von IV u. V gelingt durch Chromatographie der 3-Methyläther an Al_2O_3 u. Elution mit alkoh. Benzol. V wird außerdem durch DAVID-Rk. u. Absorptionskurve in H_2SO_4-W. identifiziert. Incubation von V liefert neben der unveränderten Verb. einen nichtidentifizierten Metaboliten, aber kein I oder II. Bei der Incubation von III wird IV neben unverändertem III gebildet. Incubation von VI liefert III, IV u. 6-Ketoöstron (VII) u. Incubation von VII ergibt III, IV u. VI neben den Ausgangsverbindungen. Quantitative Unterss. mit Hilfe der KOBER-, der H_2SO_4-W.- u. der H_2SO_4-A.-Rk., durch Kupplung mit Fast Black Salt K u. durch Rk. mit FOLIN-CIOCALTEU-Reagens (auf 6substituierte Östrogene) zeigen, daß I zu 72% umgewandelt wird, wobei 4% II gebildet wird. II wird zu 89% umgewandelt u. ergibt 4% I. Aus diesen Unterss. geht hervor, daß das Reaktionsgleichgewicht zwischen 6-Keto- u. 6-Hydroxyderivv. zugunsten der letzten verschoben ist. u. zwischen 17-Keto- u. 17-Hydroxyverbb. bei 6-OH-Steroiden auf Seiten der 17-Keto- u. bei 6-Ketosteroiden auf Seiten der 17-Hydroxyderivv. liegt. Da IV bei der Incubation von I u. II als Hauptmetabolit entsteht, liegt die Vermutung nahe, daß I zunächst in II umgewandelt wird u. dann 6-Hydroxylierung stattfindet. — Ein Reaktionsschema ist beigefügt. (Hoppe-Seyler's Z. physiol. Chem. **315**. 72—79. 1959. Bonn, Univ., Chirurg. Klinik u. Poliklinik, Chem. Abt.) B. RÄSSLER. 4210

E. Forchielli, K. Brown-Grant und **R. I. Dorfman,** *Steroid-Δ^4-Hydrogenasen der Rattenleber.* Das Ausmaß der Δ^4-Red. in Homogenisaten der Rattenleber war bei Verwendung von *11-Desoxycortisol* bei Weibchen 3—4mal stärker als bei Männchen, ein Geschlechtsunterschied, welcher auch bei Mikrosomenfraktionen, welche *Δ^4-5-α-Hydrogenase* (I) enthielten, festzustellen war. In der Rattenleber des Weibchens ist nur eine *Δ^4-Hydrogenase* (*5-α-Mikrosomenhydrogenase*) enthalten, bei Männchen außerdem die lösl. *Δ^4-5β-Hydrogenase.* Ovarektomie bei ausgewachsenen Weibchen war ohne signifikanten Einfl. auf die Enzymaktivität, Hypophysektomie verursachte dagegen einen steilen Enzymabfall, welcher z. T. durch *ACTH*, *Wachstumshormon* oder *Schwangerenserum* aufgehoben werden konnte. — Ein schneller Aktivitätsanstieg von I war bei Rattenweibchen vor der sexuellen Reifung festzustellen. (Proc. Soc. exp. Biol. Med. **99**. 594—96. Dez. 1958. Shrewsbury, Mass., Worcester Found. for Exp. Biol.) WOLFGANG ALBRECHT. 4210

E. Albert Zeller, James Barsky, Elaine R. Berman, Marshall S. Cherkas und **James R. Fouts,** *Abbau von Mescalin durch Aminoxydasen.* Die in Rattenleber nachweisbare *Mescalinoxydase* (I), welche in der Mitochondrien- u. Mikrosomenfraktion ihren Platz hat, kann als *Diaminoxydase* charakterisiert werden. Mit Hilfe von Diaminoxydase aus Hundenieren (Histaminase) u. Sperminoxydase aus Schafplasma lassen sich gleiche Ergebnisse erzielen wie mit I. Alle 3 Fermente können zur Gruppe der Semicarbazid (II)-empfindlichen Diaminoxydasen gerechnet werden. In Hundenieren- u. -leber- sowie Mäuseleberzubereitungen ist eine II-resistente Monoaminoxydase zur oxydativen Desaminierung von Mescalin wirksam. (J. Pharmacol. exp. therapeut. **124**. 282—89. Dez. 1958. Chicago, Ill., Northwestern Univ., Med. School, Dep. of Biochem.) U. TAUSENDFREUND. 4210

J. Květina, *Papierchromatographie des Pethidins und Zersetzung von Pethidin durch Leberhomogenat.* Es konnte nachgewiesen werden (papierchromatograph. Meth.), daß Leberhomogenate in der Lage sind, Pethidin zu *Pethidinsäure* abzubauen. (Českoslov. Fysiol. **7**. 357—58. Juli 1958. Hradec Králové, Farmakologický ústav VLA.) E. L. SCHMELING. 4210

J. F. Scaife und **D. H. Campbell,** *Zerstörung von O.O-Diäthyl-S-2-diäthylaminoäthylthiophosphat durch Lebermikrosomen. O.O-Diäthyl-S-2-diäthylaminoäthylthiophosphat* wird durch ein in homogenisierter Leber festgestelltes Enzym oder -syst. bei Ratten, Kaninchen, Mäusen u. Meerschweinchen zu 150—200 γ/Std./g, bei Schweinen, Hunden, Kühen u. Fröschen zu 50—100 g/Std./g frisches Gewebe zerstört, während die Menschen- u. Katzenleber prakt. inakt. ist. Plasma, Gehirn, Nieren, Zwerchfell, Eingeweide u. Milz der Ratte zeigen keine oder nur geringe Wrkg.; das Enzym ist in den Mikrosomen lokalisiert, mit deren Auflsg. es unwirksam wird. Die Aktivität ist an die Ggw. von O_2, anorgan. Phosphat u. Diphosphopyridinnucleotid gebunden. Die spezif. Wrkg. verschied. Inhibitoren (wie Schwermetallionen) spricht für die Ggw. von SH-Gruppen im Enzym. Es wirkt nicht auf Diisopropylfluorphosphat, Isosystox u. Tetraäthylpyrophosphat, Verbb., die sonst durch die Leber schnell abgebaut werden. Mutmaßungen über den Aufbau des Enzyms u. Hinweis auf hier mögliche Zusammenhänge bei der physiol. Wrkg. von Insekticiden. — 15 Literaturangaben. (Canad. J. Biochem. Physiol. **37.** 297—305. Febr. 1959. Kingston, Ontario, Defence Res. Labor.) W. Schulenburg. 4210

E_3. Mikrobiologie. Bakteriologie. Immunologie.

J. G. Carr, *Vitaminbedarf von Milchsäurebakterien aus Apfelweinen.* Unterss. über Vitaminbedarf von Milchsäurebakterien zeigten bei allen angeführten Stämmen ein absol. Bedürfnis an *Ca-Panthothenat* u. — mit einer Ausnahme — *Nicotinsäure. Riboflavin*-Bedarf war fast vollkommen auf homofermentative Organismen u. Leuconostoc-Arten beschränkt, heterofermentative Stämme bedurften dagegen unbedingt des *Thiamins.* Während 5 der getesteten Stämme auch *Biotin* (I) als Wuchsstoff benötigten, wirkte I bei Leuc. mesenteroides als Hemmstoff. 4 homofermentative Organismen benötigten *Vitamin* B_6; *Folsäure* wirkte nur bei einem einzigen Leuc.-Stamm stimulierend; p-Aminobenzoesäure- u. Inositolbedarf wurde bei keinem der untersuchten Organismen beobachtet. Die mögliche Abhängigkeit des Vitaminbedarfs von der Zus. des Mediums wird diskutiert. (Antonie van Leeuwenhoek **24.** 63—68. 1958. Bristol, Long Ashton, Res. Stat.) M. Ebert. 4310

Masahiko Yamamoto, *Untersuchungen über das Polyphosphat von Mycobacterium avium.* Aus der säureunlösl. Fraktion von *Mycobacterium avium* (M) wurde ein *Polyphosphat* (I) isoliert. I wurde durch Chromatographie an Dowex-1 u. Dowex-50 u. Bariumacetatfällung (p_H 4,5) von *Ribonucleinsäure* (II) abgetrennt. Bei Bebrütung von M-Zellsuspensionen mit ^{32}P tritt rascher ^{32}P-Einbau in *Adenosintriphosphat* ein, dann folgt der Einbau in I, der ^{32}P-Einbau in II erfolgt nur langsam. Der ^{32}P-Einbau in I wird durch *Streptomycin* verhindert. (Nagoya J. med. Sci. **21.** 261—71. Dez. 1958. Nagoya, Univ., School of Med., Dep. of Internal Med. [Orig.: engl.]) H. Goebel. 4315

James Cason, C. Freeman Allen, William DeAcetis und **Gerhard J. Fonken,** *Verzweigtkettige Fettsäuren.* 35. Mitt. *Fettsäuren aus den Lipiden nichtvirulenter Tuberkelbakterienstämme.* (34. vgl. C. **1959.** 10869.) Die Unters. der *Fettsäuren* (I) aus den Lipiden von 3 Proben des avirulenten Tuberkelbakterienstammes *H-37 Ra* u. aus dem abgeschwächten Stamm Calmette-Guérin 173 ergab bei I $> C_{20}$ eindeutige Unterschiede gegenüber früher geprüften virulenten Stämmen. Die höheren I einer H-37 Ra-Probe bestand ausschließlich aus linksdrehenden Säuren mit einer oder mehreren, nicht zur COOH-Gruppe konjugierten, Doppelbindungen. Aus den nichtvirulenten Stämmen war keine physiol. akt. C_{27}-*Phthiensäure* isolierbar. I der avirulenten Stämme unterscheiden sich außerdem noch in anderer Hinsicht. Gesätt. linksdrehende I fehlen oder sind nur in sehr geringer Menge zugegen. An deren Stelle treten höhere I mit 1 oder mehreren, nicht mit COOH konjugierten, C—C-Doppelbindungen auf. Diese I-Type ist wiederum bei virulenten Stämmen nur in kleinen Konzz. anzutreffen. (J. biol. Chemistry **220.** 893—904. Juni 1956. Berkeley, Calif., Univ., Chem. Labors.) K. Maier. 4315

Soeur Marie Suzanne, V. Portelance und **M. Panisset,** *Untersuchungen über Mycobakterien.* 1. Mitt. *Cytochemische Untersuchung und chemische Analyse der Lipide von Mycobacterium marianum.* Es werden Einzelheiten über Isolierung u. Fraktionierung einiger Lipoidfraktionen von *Mycobacterium marianum* (M.m.) zusammen mit ihren Eigg. beschrieben. Die Ergebnisse werden in bezug auf die Arbeitshypothese der Vff. besprochen, daß die chem. Zus. von M.m., welches unter ihren Bedingungen gewachsen ist, viel mehr der von in vivo wachsenden Bakterien gleicht als die der meisten kultivierten Mycobakterien. Die chem. Analysen der Lipoidfraktionen sind noch nicht vollständig, bisher kann gesagt werden, daß M.m. zwei in Aceton unlösl. Fraktionen enthält, die Phosphatide u. die D-Wachse (der in kochendem Aceton unlösl. Ae.-Extrakte, F. 38—39,5°) mit spezieller chem. Zusammensetzung. Es ist anzunehmen, daß der Unterschied zwischen einem Mycobacterium aus einer Kultur in vivo u. einer solchen in vitro nicht bloß ein quantitativer, sondern auch ein qualitativer ist. (Canad. J. Microbiol. **2.** 685—701. Dez. 1956. Lyon, France, Fac. catholiques, Labor. de Rech. sur la Lèpre; Montreal, Univ., Inst. of Microbiol. and Hyg.) H. Aman. 4315

Ss. I. Kusnetzow, *Geologische Tätigkeit der Mikroorganismen.* Es werden die Hauptergebnisse u. Aufgaben der Unters. der geolog. Tätigkeit von Mikroorganismen besprochen. Erdöl kann unter dem Einfl. von Bakterien unter Luftabschluß unter Entw. von CH_4, N_2 u. CO_2 zerfallen. In den letzten Jahren wurde die Verbreitung von desulfurierenden natürlichen Gewässern u. S-Fundstätten untersucht. Bes. wird auf die Tätigkeit von *Thiobac. thiooxidans* (unter Bldg. von H_2SO_4 u. Alaun), *Thiobac. ferrooxidans*, das den Übergang von Fe^{2+} in Fe^{3+} bewirkt, u. auf die $CaCO_3$ fällenden Mikroorganismen hingewiesen. (Вестник Академии Наук СССР [Nachr. Akad. Wiss. UdSSR] **29**. Nr. 2. 30—33. Febr. 1959.) E. v. PEZOLD. 4320

Vincent W. Cochrane und **Philip L. Hawley**, *Der Stoffwechsel von Streptomyces-species*. 9. Mitt. *Der Stoffwechsel von Pentose- und Hexosephosphaten*. (8. vgl. C. **1957**. 6173.) Bei Incubation von *S. coelicolor*-Extrakten mit *Ribose-5-phosphat* (I) entstehen *Ribulose, Sedoheptulose, Triose, Fructose* u. *Glucosemonophosphat*, daneben kleinere Mengen von *Fructose-1.6-diphosphat* (II) u. vermutlich *Sedoheptulose-1.7-diphosphat*. I erleidet durch einen zellfreien Extrakt nahezu vollständige Oxydation, die über eine Anzahl *Triphosphopyridinnucleotid* (III)-abhängiger, durch Thiaminpyrophosphat stimulierbarer, jodacetatunempfindlicher Rkk. verläuft. II wird durch ein oder mehrere Enzyme entphosphoryliert, deren p_H-Optimum bei 4,5—5,0 liegt. II ist durch III-abhängige Rkk., mit Glucose-6-phosphat als Zwischenstufe, oxydierbar. In Verbindung mit früheren Befunden ergibt sich, daß *S. coelicolor* Glucose aerob auf einem oder auf 2 Wegen, nach dem „Hexosemonophosphat"- bzw. dem EMBDEN-MEYERHOF-Schema umwandeln kann. (J. Bacteriol. **71**. 308—14. März 1956. Middletown, Conn., Wesleyan Univ.) K. MAIER. 4320

N. A. N. Rao und **T. K. Wadhwani**, *Untersuchungen über den Aminosäurestoffwechsel von Mycobacterium tuberculosis H 37 Rv*. Die Veränderungen der Aminosäurezus. der klaren Kulturfiltrate u. ihrer Hydrolysate, der klaren Zellhomogenate (ZH) u. ihrer Hydrolysate (H) sowie der unlösl. Proteinanteile von *M. tuberculosis* H 37 Rv wurde in Abhängigkeit vom Alter der Kulturen bestimmt u. gefunden, daß ZH u. H sich am besten zur Charakterisierung dieser Veränderungen eignen. Ferner wurden drei Proteinfraktionen (*Tuberculinprotein* nach SEIBERT, Amer. Rev. Tubercul. **59**. [1949.] 86) auf ihre Aminosäurezus. untersucht u. darin eine bisher nicht identifizierte *ninhydrinpositive Substanz* gefunden. (Proc. Indian Acad. Sci., Sect. B **42**. 105—13. Sept. 1955. Bangalore, Indian Inst. of Sci., Sect. of Pharmacol.) H. KLUGE. 4320

D. H. Peterson, P. D. Meister, A. Weintraub, L. M. Reineke, S. H. Eppstein, H. C. Murray und **H. M. Leigh**, *Mikrobiologische Umwandlungen von Steroiden*. 13. Mitt. *Oxydation von 16α.17α-Epoxyprogesteron zu 11α-Hydroxy-16α.17α-epoxyprogesteron durch Rhizopus nigricans Ehrb. (A.T.C.C. 6227b)*. (12. vgl. J. Amer. chem. Soc. **76**. [1954.] 4050.) Beim Bebrüten von 16α.17α-Epoxy-Δ^4-pregnen-3.20-dion (I) mit *Rhizopus nigricans* entsteht in guter Ausbeute 11α-Hydroxy-16α.17α-epoxy-Δ^4-pregnen-3.20-dion (II). Seine Konst. wurde durch reduktive Öffnung des Epoxydringes bewiesen, wobei *11α.17α-Dihydroxyprogesteron* erhalten wird.

Versuche: *11α-Hydroxy-16α.17α-epoxy-Δ^4-pregnen-3.20-dion* (II), $C_{21}H_{28}O_4$, F. 247—249° (Äthylacetat), durch Bebrüten von I mit R. nigricans EHRB. A.T.C.C. 6227b, Extraktion mit Methylenchlorid, dann mit Ae.; λ_{max} (in A.) 242 mμ (ε = 15300); $[\alpha]_D^{23}$ +136° (c = 0,82 in Chlf.); 73,5% (Ausbeute). *Acetat*, $C_{23}H_{30}O_5$, F. 225—226° (Äthylacetat); $[\alpha]_D^{23}$ +113° (c = 0,52 in Chlf.). — *16α.17α-Epoxy-Δ^4-pregnen-3.11.20-trion*, $C_{21}H_{26}O_4$, F. 192,5—194,5° (Methanol oder Aceton), durch Oxydation von 60,2 mg II in Eisessig mit 13,5 mg CrO_3 (6 Std. bei 20°); λ_{max} (in A.) 239 mμ (ε = 15600); $[\alpha]_D^{23}$ +250° (c = 0,854 in Chlf.); 49,5 mg. — *11α-Hydroxy-16α.17α-epoxyprogesteron-3.20-bis-(äthylenketal)*, $C_{25}H_{36}O_6$, F. 192,5—193,5° (Äthylacetat–Ae.), aus 800 mg II in Bzl. mit Äthylenglykol in Ggw. von p-Toluolsulfonsäure durch 5std. Kochen, Trennung durch Chromatographie an Florisil mit Äthylendichlorid–Aceton (15:1 bis 12:1); $[\alpha]_D^{23}$ −185° (c = 0,829 in Chlf.); 269 mg. — *11α.17α-Dihydroxyprogesteron*, F. 218—220° (Äthylacetat u. Ae.), durch Red. vorst. Verb. (158 mg) mit $LiAlH_4$ (100 mg) in Bzl. (½ Std. Kochen) u. Verseifung des Reaktionsprod.; $[\alpha]_D^{23}$ +74° (Chlf.); 85 mg. (J. Amer. chem. Soc. **77**. 4428—29. 20/8. 1955. Kalamazoo, Mich., Upjohn Co., Res. Labors.) H. SCHEURLEN. 4320

Lucile Smith und **José Ramírez**, *Änderungen des Absorptionsspektrums bei photosynthetischen Bakterien nach Belichtung oder Sauerstoffeinwirkung*. Messung der Differenzabsorptionsspektren anaerober Suspensionen photosynthet. Bakterien (*Rhodospirillum rubrum, Rhodopseudomonas spheroides*) bei Belichtung oder Belüftung im Dunkeln zeigte, daß O_2-Zutritt oder Lichteinw. eine Abnahme der den Carotinoidfarbstoffen entsprechenden Absorptionsbanden hervorrufen. Ferner erscheinen bei längeren Wellenlängen neue Absorptionsbanden. Cytochromfarbstoffe (I) werden bei O_2-Zutritt oder Belichtung oxydiert. Einige I scheinen bei lichtinduzierten Rkk. spezif. beteiligt zu sein. (Arch. Biochem. Biophysics **79**. 233—44. Jan. 1959. Philadelphia, Pa., Univ., Johnson Res. Found.) K. MAIER. 4330

Alexander Effinger, *Cu-Ionen als Inhibitoren der anaeroben Säurebildung bei Hefen.* Unter den Cariesmischfloren findet man als Symbionten auch Hefen, welche anaerob *Milchsäure* bilden. Wie bei Lactobacillus casei, dem Hauptsäurebildner bei Zahncaries, konnte nun auch bei den Carieshefen eine völlige Hemmung der Säurebldg. durch Cu^{2+}, u. zwar in Konzz. von ca. 80 γ Cu^{2+}/cm^3, nachgewiesen werden. Die Hefen wurden aus den cariösen Belägen isoliert, in schwermetallfreien Glucosenährlsgg. angereichert u. abzentrifugiert. Vf. weist darauf hin, daß es sich bei diesem Cu-Effekt möglicherweise um den gleichen Blockierungseffekt handelt, wie ihn GUILLEMET (vgl. Bull. Soc. Chim. biol. **18.** [1936.] 1125) für die aerobe alkoh. Gärung nachgewiesen hat. (Naturwissenschaften **45.** 295. 2. Juni-H. 1958. Tübingen, Univ., Physikal.-chem. Inst., Arbeitsgruppe für physikal. Biochem.) B. GÖRLICH. 4330

T. Minagawa, *Adaptation von Hefe an Kupfer.* 14. Mitt. *Qualitative Veränderung der Ribonucleinsäure von Hefe in kupferhaltigem Medium.* (11. vgl. Biochim. biophysica Acta [Amsterdam] **16.** [1955.] 539.) Bei Kultur eines Stammes von *Saccharomyces ellipsoideus* wird in Ggw. von 1 mMol $CuSO_4$ eine *Ribonucleinsäure* (I) gebildet, die beim Ausgangsstamm eine Resistenz gegen Cu bewirkt. I wird in Cu-haltigen Hefekulturen nachweisbar, sobald sich resistente Zellen in den Kulturen entwickeln. (Exp. Cell Res. **13.** 224—29. Okt. 1957. Hyogoken, Japan, Kobe Univ., Fac. of Sci., Biol. Inst., Himeji Branch.) F. RADLER. 4330

Kurt Wendel, *Über 2.2'-Dihydroxy-3.3'.5.5'.6.6'-hexachlordiphenylmethan.* 1. Mitt. *Die bakteriostatische und baktericide Wirkung der Cl-substituierten „Dihydroxydiphenylmethane" in Abhängigkeit von der chemischen Konstitution.* Mit *Staphylococcus aureus, St. albus* u. *Streptococcus* als Testorganismen wurde die baktericide Wirksamkeit von chlorierten Dihydroxydiphenylmethanen geprüft. Die 2.2'-Dihydroxyverbb. waren wirksamer als die entsprechenden 4.4'- oder 5.5'-Derivate. Außerdem nahm die Wirksamkeit mit dem Cl-Geh. zu. — Untersuchte D i p h e n y l m e t h a n e: *2.2'-Dihydroxy-5.5'-dichlor-*, 1 : 130000 (Hemmwrkg. bei St. aureus); *2.2'-Dihydroxy-3.3'.5.5'-tetrachlor-*, 1 : 200000; *2.2'-Dihydroxy-3.3'.5.5'.6.6'-hexachlor-*, 1 : 230000; *4.4'-Dihydroxy-2.2'.5.5'-tetrachlor-*, 1 : 100000; *5.5'-Dihydroxy-2.2'.4.4'.6.6'-hexachlor-*, 1 : 70000. Durch Acetylierung von 2.2'-Dihydroxy-3.3'.5.5'.6.6'-hexachlordiphenylmethan entstand ein Gemisch von *2-Hydroxy-2'-carboxymethoxy-* u. *2.2'-Diacetoxy-3.3'.5.5'.6.6'-hexachlordiphenylmethan*, das verstärkte fungicide u. sporicide Eigg. aufweist. (Zbl. Bakteriol., Parasitenkunde Infektionskrankh. Hyg., II. Abt. **110.** 145—49. 30/3. 1957. Ingelheim/Rh.) U. GERHARDT. 4330

E. D. Weinberg, J. H. Billman und **D. Borders,** *Lysis von Bacillus subtilis durch Amine, Acridine und Phenothiazine.* An *B. subtilis*-Kulturen wurde die lyt. Wrkg. verschied. Verbb. untersucht. Von Aminen erwiesen sich *Dithiooxamid, Na-Dimethyldithiocarbamat, Cysteamin, n-Butylamin, sek.-Butylamin, tert.-Butylamin, n-Amylamin, Isoamylamin, Cadaverin, β-Phenyläthylamin, Tyramin* u. *Tryptamin* als lyt. wirksam, während *Isopropanolamin, Putrescin, Spermin, Spermidin, Prolamin, Histamin, n-Phenyläthylamin* u. *Protamin* unwirksam waren. Von den Acridinen bewirkten *Acriflavin, Proflavinsulfat* u. *Chinacrin* Lyse, *Acridin* war nicht wirksam, während unter den Phenothiazinen *Thionin, Methylenblau* u. *Chlorpromazin* Lysis verursachten, wogegen *Phenothiazin* nicht lyt. wirkte. (Exp. Cell Res. **15.** 625—28. Dez. 1958. Bloomington, Ind., Indiana Univ., Deps. of Bacteriol. and Chem.) WOLFGANG ALBRECHT. 4330

Helen B. Funk und **Helene A. Nathan,** *Wachstumshemmung von Mikroorganismen durch Benzimidazole. Benzimidazol* (I) u. *2-Äthyl-5-methyl-*I hemmten das Wachstum der *Vitamin* B_{12} (II) bedürfenden Algen *Euglena gracilis*, Stamm Z, u. *Ochromonas malhamensis*, u. von den II synthetisierenden Bakterien *Rhizobium meliloti, R. trifolii, R. leguminosum* u. *R. japonicum.* Außerdem erwies sich *5-Methyl-*I gegen O. malhamensis als sehr wirksam. (Proc. Soc. exp. Biol. Med. **99.** 394—97. Nov. 1958. New York City, N. Y., Columbia Univ.; Barnard Coll., Haskins Labors., Dep. of Bot.)
WOLFGANG ALBRECHT. 4330

H. M. Rauen, G. Hess und **J. Mechery,** *Verlaufsformen und quantitative Auswertung des Horizontalwuchstestes mit Neurospora crassa.* Vff. unterscheiden im Wachstumsverlauf von N. crassa drei Stadien: a) Induktions- u. Auskeimperiode, b) Periode zunehmenden Mycelwachstums, c) Periode konstanten Mycelwachstums. Stadien a) u. b) werden bei gleicher Konz. von verschied. Substanzen unterschiedlich gehemmt, a) ist empfindlicher gegen *Sulfanilamid* (I), weniger empfindlich gegen *Jodacetat.* Die Adaption an I geht parallel mit der zunehmenden Biosynth. von *Coenzym A*, sie variiert je nach Struktur bei anderen Sulfonamiden. Die Empfindlichkeit kann von anderen Verbb. synergist. oder antagonist. beeinflußt werden; eindeutigen Antagonismus zeigen *Sulfathiazolpteroinsäure.* Citrat hemmt neben I zusätzlich Stadium a), Succinat enthemmt den I-Einfl. im Stadium b). Das Gesamtverh. des Organismus wird durch Blockierung

oder Freigabe eines Enzymsyst. in gesetzmäßiger Weise beeinflußt, so daß mehrere Verlaufstypen der Wuchskurven gefunden wurden, die sich graph. als Dosis–Zeit- bzw. Dosis–Wrkg.-Beziehungen analysieren lassen. Charakterist. u. gesetzmäßig verläuft die Enthemmung durch kompetitive u. nichtkompetitive Antagonisten. (Hoppe-Seyler's Z. physiol. Chem. **315**. 46—59. 1959. Münster/Westf., Univ., Physiol.-chem. Inst.)
REINHARD HÜTTENRAUCH. 4330

Stanley Schneierson, Daniel Amsterdam und **Morton S. Bryer,** *Die Bakterienempfindlichkeit gegenüber Ristocetin.* Die Unters. der *Ristocetin* (I)-Empfindlichkeit verschied. *S. aureus-*, *S. albus-*, *Enterococcus-*, *S. viridans-*, *Pneumococcus-* u. β-hämolyt. *Streptococcus*-Stämme aus klin. Material ergab Hemmung durch kleinere Konzz., als sie im Blut nachweisbar sind. Von wenigen Ausnahmen abgesehen, ist die Primärwrkg. von I auf *S. aureus-*, *S. albus-* u. *Enterococcus*-Stämme vorwiegend bakteriostat. Natur, diejenige auf *S. viridans*, *Pneumococcus* u. β-hämolyt. *Streptococcus* bakteriostat. wie baktericid. (Antibiotics and Chemotherapy **8**. 204—07. April 1958. New York, N. Y., Mount Sinai Hosp., Dep. of Microbiol.) K. MAIER. 4340

A. G. Mistretta, *Die Gegenstromverteilung der Tetracyclin-Antibiotica.* 2. Mitt. (1. vgl. C. **1958**. 10111.) Mit einer Lsg. von 4 Teilen Chlf. u. 1 Teil n-Butanol konnte Vf. mittels Gegenstromverteilung eine gute Trennung der Verbb. der *Tetracyclin*-Familie sowie ihrer Epimere erreichen. Lediglich *Hydroxytetracyclin* konnte nicht in seine Epimere getrennt werden. (Antibiotics and Chemotherapy **8**. 392—93. Aug. 1958. Pearl River, N. Y., Amer. Cyanamid Co.) H. DÖLLE. 4340

Jan Stanecki, J. Fast und **T. Krzywy,** *Die Inaktivierung der bakteriostatischen Wirkung von Chlortetracyclin durch im Bakterienstoffwechsel gebildete Substanzen.* (Vgl. C. **1958**. 7795.) Die Stoffwechselprodd. von *Pseudomonas*, *Escherichia* u. *Proteus* hemmen die *bakteriostat.* Wrkg. von *Chlortetracyclin* (I). Die Unters. dieser Prodd. ergab, daß 1 ml Filtrat von 120—144-Std.-Kulturen einiger *Pseudomonas-* u. *Proteus*-Stämme ca. 10 γ I inaktivierte. 48-Std.-Kulturfiltrate waren auf I ohne Wirkung. (Antibiotics and Chemotherapy **8**. 167—70. April 1958. Wroclaw, Poland, Med. Acad.) K. MAIER. 4340

H. M. Rauen und **G. Hess,** *Die Wirkung der Actinomycine C und D auf Neurospora crassa.* (Kurze Mitt.) *Actinomycine C* u. *D* (I) hemmen im Horizontalwuchstest stark das Mycelwachstum von N. crassa vollständig bei 7 μg I/ml Nährmedium. Die Wrkg. ist beträchtlich abhängig vom p_H-Wert, sie wird verstärkt von 10 bis 50 μMol Mg^{2+} u. Ca^{2+}/ml u. 1—10 μMol Zn^{2+} u. Mn^{2+}/ml. 10 μMol Fe^{2+}/ml heben die Hemmung von 5 μg I/ml fast auf, vermutlich durch Red. der Chinoniminkonfiguration des Phenoxazonchromophors im I. Komplexbildende Wrkg. von I mit Metalloenzymen war nicht nachweisbar. Keine Enthemmung zeigten Guanin, Thymin, Uracil, Riboflavin, Pyridoxin, Aneurin, Nicotinsäureamid, Inosit, Cholin, Pantothensäure, teilweise enthemmten Methionin, Adenin, Serin u. Histidin. Nicht blockiert wird die Biosynth. von Purinen, Pyrimidinen, den meisten in W. lösl. Vitaminen, CoF u. dem Komplex der C_1-Übertragung; Pteroinsäure u. Leucovorin wirken nicht enthemmend. Die Hemmung von 5 μg I/ml heben 10 μg p-Aminobenzoesäure/ml um 35% auf, 10 μg Tyrosin/ml um 33% u. 0,5 μg Phenylalanin/ml um 16%. Vff. nehmen an, daß die Actinomycine in die Biosynth. aromat. Verbb. auf einer noch nicht bekannten Stufe blockierend eingreifen. (Hoppe-Seyler's Z. physiol. Chem. **315**. 70—71. 1959. Münster/Westf., Univ., Physiol.-chem. Inst.) REINHARD HÜTTENRAUCH. 4340

J. Uri, *Über die Prüfung der antagonistischen Wirkung einzelner Actinomyceten auf menschenpathogene Pilze.* Ausführliche Darst. der C. **1958**. 6585 referierten Arbeit. Zu ergänzen ist: Trichophyton gypseum wird durch 40%, Cryptococcus neoformas durch 23% der Stämme im Wachstum gehemmt. (Pharmazie **12**. 194—97. April 1957. Debrecen, Univ., Pharmakol. Inst.; Ungar. Akad. der Wiss., Exp. Med. Forschungsinst., Antibioticum-Abt.) H. ZELLER. 4340

Klaus Wechselberg, *In vitro-Studien über den Einfluß öliger Pflanzenextrakte aus Tropaeolum maius, Cochlearia armoracia und Allium sativum auf das Wachstum von Tuberkelbakterien.* In einer geschichtlichen Einleitung über die Bedeutung der Antibiotica aus höheren Pflanzen im allg. u. speziellen Ausführungen über die antibakterielle Aktivität der Kapuzinerkresse (K), des Meerrettichs u. Knoblauchs wird das Wesentliche über die 3 Pflanzenarten angegeben, die in Form öliger Extrakte für die experimentellen Unterss. zur Prüfung ihrer Wrkg. auf das Wachstum von Tuberkelbakterien ausgewählt wurden. Im Gastestverf. hatten nur die flüchtigen Inhaltsstoffe von K wachstumshemmende Aktivität auf TbB H 37 Rv (tuberkulostat. Gastestgrenzdosis von 0,06 bis 0,14 cm^3; Wirkstoff wahrscheinlich *Benzylsenföl* [I]). Reines, synthet. I war um ein vielfaches stärker tuberkulostat. wirksam als K-Spermölextrakt im Gastest. Im Kontaktverf. (Emulsionsmeth. in fl. Nährmedium) ließ sich bei keinem der 3 Pflanzenextrakte eine Tuberkulostase nachweisen; dies dürfte z. T. auf eine Inaktivierung der Pflanzenwirkstoffe durch Eiweißkörper des Nährsubstrats zurückzuführen sein. (Z. Hyg. Infektionskrankh. **145.** 380—94. 1958. Köln, Univ., Kinderklinik.) H. GOEBEL. 4340

Sebastiano Genovese, Francis Pichinoty und **Jacques C. Senez,** *Über sulfatreduzierende Bakterien des Faro-Sees* (*Messina*). Vom Schlamm u. von Wasserproben aus verschied. Tiefen des Sees von Faro wurden die sulfatreduzierenden Bakterien ausgezählt. Nach Anreicherung in STARKEYscher Fl. (Zus.: 1 Liter H_2O, 2,0 g NH_4Cl, 4,0 g $MgSO_4 \cdot 7\,H_2O$, 1,0 g Na_2SO_4, 0,15 g K_2HPO_4, 0,1 g $CaCl_2 \cdot 2\,H_2O$, 20 g NaCl, 7,0 g Natriumlactat, 1,0 g Hefeextrakt Difko, Spur MOHRsches Salz, p_H 7,2) wurde aus einem reinen Nährmedium ein Stamm der Art *Desulfovibrio desulfurivans*, „*Faro 57*", isoliert, dessen biochem. Eigg. nach der Meth. von WARBURG bestimmt wurden. Faro 57 red. Sulfite gut, Sulfate weniger gut u. Thiosulfate nicht; er besitzt eine wirksame *Hydrogenase*, zeigt schwache oder keine Wirksamkeit in Ggw. von Nitrit, red. jedoch sehr gut Hydroxylamin. (Ricerca sci. **28.** 131—40. Jan. 1958. Messina, Univ., Ist. di Zool.; Marseille, Centre de Rech. Sci. Ind. et Maritimes.) C. GOTTFRIED. 4350

A. Hirsch, C. Cattaneo und **M. Morellini,** *Zur Frage der Reduzierung von 2.3.5-Triphenyltetrazoliumchlorid durch Mikroorganismen verschiedener Familienzugehörigkeit.* Besprechung der biol. Reduktionsprozesse u. ihrer Messung durch Überführung von *Tetrazoliumsalzen* in *Formazan.* 95 verschied. Bakterienstämme aus 12 Familien wurden auf ihre Fähigkeit zur *2.3.5-Triphenyltetrazoliumchlorid* (**I**)-Red. untersucht. Es ist festzustellen, daß die **I**-Red. zwar eine allen Stämmen mögliche, aber sehr von den Verhältnissen abhängige Rk. ist, wobei unter gegebenen Versuchsbedingungen eine sichere Differenzierung in parasitäre u. saprophytäre Stämme nur bei den Mycobakterien u. Candidae anzutreffen ist. Es erscheint wahrscheinlich, daß durch entsprechende Verss. unter Verwendung spezif. Substrate auch an den Stämmen der anderen Familien eine Unterscheidung möglich wird. (Z. Hyg. Infektionskrankh. **145.** 355—66. 1958. Roma, Univ., Clinica tisiol., Ist. C. Forlanini.) H. GOEBEL. 4350

Gerhard Pulverer, *Zur Morphologie, Biochemie und Serologie des Bacteroides melaninogenicus.* Es werden morpholog. kulturelle Eigg. des *Bacteroides melaninogenicus* besprochen; als optimaler Nährboden wird die hämolysierte Blutplatte nach SCHÄFER benutzt. 29 Stämme wurden isoliert (von Mensch, Rind u. Schaf) u. biochem. u. serolog. differenziert. Sowohl biochem. als auch serolog. sind die untersuchten Stämme in 4 Untergruppen einzuordnen; die aus dem Maul von Rindern gezüchteten Stämme gehören einer isolierten Gruppe an. Alle Stämme bilden H_2S u. verflüssigen *Gelatine.* Harnstoffspaltung u. *Nitrat*-Red. traten nie auf. Von allen 4 Gruppen werden *Äsculin, Glucose, Glykogen, Maltose* u. *Stärke* gespalten; *Galaktose, Lactose, Lävulose, Saccharose, Arabinose* u. *Mannit* werden teilweise, Dulcit, Inosit, Inulin, Rhamnose, Sorbit, Xylose u. Glycerin nie angegriffen. (Z. Hyg. Infektionskrankh. **145.** 293—303. 1958. Köln, Univ., Hygien. Inst.) H. GOEBEL. 4350

F. Schmid und **M. Brosius,** *Zur Zusammensetzung des Alttuberkulins, Leertuberkulins und gereinigten Tuberkulins* (*GT Hoechst*). Im Alttuberkulin (AT) u. Leertuberkulin (LT) wurden bei Anwendung der zweidimensionalen Chromatographie mit Phenol u. Butylalkohol–Eisessig–W. als Lösungsm. 16 Aminosäuren (As) nachgewiesen. Auf dem Elektropherogramm (Hochspannungselektrophorese) sind im AT zwei Peptide erkennbar, die im LT fehlen. Im gereinigten Tuberkulin (GT) sind weder As noch die beiden Peptide vorhanden. Im AT ist elektrophoret. neben einer Eiweißkomponente mit einer Wanderungsgeschwindigkeit wie Serumalbumin ein weiteres Protein geringerer Wanderungsgeschwindigkeit nachweisbar. Das rasch wandernde Protein ist auch im LT zu finden, das langsam wandernde ist im GT in schwacher Konz. vorhanden. Der Kohlenhydratgeh. ist im LT 25mal, im GT 10mal geringer als im AT. Die Lipoidelektrophorese zeigt im dialysierten AT ein Überwiegen der Komponenten im Neutralfettbereich, im LT im Phosphatidbereich. Mit GT wurde kein brauchbares Lipoiddiagramm erhalten. (Mschr. Kinderheilkunde **107.** 13—17. Jan. 1959. Heidelberg, Univ.-Kinderklinik.) E. FISCHOEDER. 4370

Charles Yanofsky und **Joan Stadtler,** *Die enzymatische Aktivität in einem Protein, das immunologisch nachweisbare Beziehungen zur Tryptophansynthetase hat.* Innerhalb der *Escherichia coli*-Gruppe gibt es Stämme, die ein bei der Tryptophansynth. aus Indol (**I**) u. Serin als Tryptophansynthetase (TSase) wirksames Protein (CRM) besitzen, u. andere mutierte Stämme, die CRM nicht haben, außerdem Indolglycerin (**II**) statt **I** speichern u. kein Enzym besitzen, um **II** zu **I** zu überführen. Vff. prüften 7 Colistämme mit verschied. Enzymausstattung u. stellten fest, daß CRM auch bei der **II** → **I**-Rk. beteiligt ist, da ein Anti-CRM-Serum vom Kaninchen nicht nur die TSase, sondern auch eine der beiden Enzymkomponenten hemmt, unter deren Einfl. die **II** → **I**-Rk. zustande kommt. (Proc. nat. Acad. Sci. USA **44.** 245—53. März 1958. Cleveland, Ohio, Western Res. Univ., School of Med., Dep. of Microbiol.) E. FISCHOEDER. 4370

Helen Van Vunakis, James L. Barlow und **Lawrence Levine,** *Die Neutralisation eines Bakteriophagen durch das Properdinsystem.* Frisches Menschenserum neutralisiert die Colibakteriophagen T_2 infolge seines Geh. an Komplement u. Properdin in Ggw. 2wertiger Kationen. (Proc. nat. Acad. Sci. USA **42.** 391—94. Juli 1956. Albany, N. Y., New York State Dep. of Health, Div. of Labor. and Res.) E. FISCHOEDER. 4374

Lydia Sverak und **Anna Sikuler,** *Versuche mit markierten Atomen über den Mechanismus der Vermehrung von Tabakmosaikvirus in Nicotiana tabacum.* Jeweils ein Nicotiana tabacum-Blatt wurde mit biosynthet. erhaltenem ^{32}P- u./oder ^{14}C-markiertem Tabakmosaikvirus (TMV) hoher spezif. Aktivität infiziert u. ein Transport von intaktem TMV im pflanzlichen Leitungssyst. durch Durchtrennung der Leitgefäße des betreffenden Blattes weitgehend aufgehoben. Aus unbehandelten Blättern nach 17½, 48 u. 72 Std. isoliertes TMV zeigte, verglichen mit dem zur Infektion verwendeten, viel weniger Gesamt-^{14}C im Protein, d. h. das TMV dieser Blätter enthält höchstens nur sehr wenig intakt transportiertes TMV. Die Nicht-TMV-Polynucleotide unbehandelter Blätter enthielten nach 7 Std. relativ viel ^{32}P, der innerhalb 70 Std. überwiegend in niedermol. Verbb. überging. Pufferunlösl. TMV unbehandelter Blätter zeigten ein mit der Zeit abfallendes $^{32}P/^{14}C$-Verhältnis. Letztes fällt zunächst auch innerhalb der TMV-Nucleinsäure (I) dieser Blätter ab u. steigt später wieder an. Anscheinend spaltet TMV **I** ab, die mindestens teilweise die system. Infektion der Pflanze u. die TMV-Vermehrung bewirkt. Freie Virus-**I** wird großenteils lebhaft abgebaut, wobei ihre Komponenten wahrscheinlich dem Aufbau n. Blattbestandteile dienen. (Mh. Chem. **89.** 774—86. 29/12. 1958. Wien, Univ., I. Chem. Inst.; Linz, Österr. Stickstoffwerke A. G., Biol. Forschungsabt.) K. MAIER. 4374

R. Thomas, *Synthese der Desoxyribonucleinsäure bei Escherichia coli nach Infektion mit einem abgeschwächten Bakteriophagen.* Vf. untersucht die Synth. von *Desoxyribonucleinsäure* (I) bei *Escherichia coli* mit u. ohne Infektion durch den mit 0,005mol. KCN abgeschwächten Bakteriophagen λ in einer ^{32}P-haltigen Nährlsg. u. fand, daß 25 γ/cm³ Chloramphenicol (II) die I-Synth. in 60—80 Min. nach der Infektion um 70 bis 80% red. u. die Beladungskurven in den Kulturen $\pm$ Infektion ohne u. mit **II** verschieden langer Einw. prakt. ident. sind. Die Unterschiede der viralen (VS) u. bakteriellen Synth. (BS) von **I** durch Behandlung der Bakterien mit UV-Strahlung (900 Erg/mm²) zur Ausschaltung der BS mißlang infolge gleich starker Blockierung der ^{32}P-Einführung in den beiden Kulturen. Die VS in den bestrahlten Bakterien setzt nicht vor dem Zeitpunkt ein, in dem die BS in den nichtinfizierten Bakterien beginnen würde. Die Resultate zeigen beim abgeschwächten Phagen die enge Abhängigkeit der Vermehrung der genet. Substanz gegenüber der Resistenz der Wirtszelle. (Arch. int. Physiol. Biochim. **67.** 126—27. Febr. 1959. Brüssel, Univ., Labor. de Morphol. animale; Cold Spring Harbor, L. I., Carnegie Inst. of Washington, Dep. of Genet.) W. SCHULENBURG. 4374

Olaf Klamerth, *Ribonucleaseaktivität virusinfizierter Gewebe.* Infektion der Chorioallantoismembranen 14tägig bebrüteter Hühnereier mit dem Influenzavirus (Stamm B/LEE) steigert die *Ribonuclease*-Aktivität der Zellen. (Z. Naturforsch. **14b.** 76—77. Febr. 1959. Heidelberg, Inst. für Virusforsch.) J. DITTMANN. 4374

Mituhiko Hisada, *Membranruhe- und -aktionspotential des Protozoons Noctiluca scintillans.* Das mit Innenelektroden einige Min. nach der Einführung meßbare Ruhepotential bei Noctiluca scintillans beträgt je nach Elektrodenart 45—48 mV; es ist von der *K*-Konz. im Außenmedium derart abhängig, daß ein Anstieg der K-Konz. zum starken, wenn auch reversiblen Abfall des Ruhepotentials führt. Bei spontaner Tentakelaktivität ist ein Aktionspotential bis zu ca. —75 mV gegenüber dem Außenmedium nachweisbar. (J. cellular comparat. Physiol. **50.** 57—71. Aug. 1957. Kanagawa-ken, Japan, Misaki Marine Biol. Stat.) U. TAUSENDFREUND. 4380

E_4. Pflanzenchemie. Pflanzenphysiologie. Pflanzenpathologie.

F. C. Lanning, B. W. X. Ponnaiya und **C. F. Crumpton,** *Die chemische Natur des Siliciumdioxyds in Pflanzen.* Petrograph. mkr. u. Röntgenbeugungsunterss. zeigten, daß SiO_2 in Sorghum (*S. subglabrascens*), Weizen, Mais, Sonnenblume u. Bambus als *Opal* (I) abgelagert wird, während es bei Lantana (*L. camara* L.) als **I** u. α-*Quarz* vorliegt. Verteilung u. Teilchengröße der SiO_2-Ablagerungen wurden mittels Spodogrammen u. mkr. untersucht. Die Blattscheidenwände von Sorghum, Weizen u. Mais zeigen Verkieselungserscheinungen. Neben der epidermalen SiO_2-Ablagerung im Bambusrohr waren im inneren Gewebe im Bereich der Knoten lange SiO_2-Stäbchen beobachtbar. Bei Lantana u. Sonnenblume waren die Zellwände nicht verkieselt. (Plant Physiol. **33.** 339—43. Sept. 1958. Manhattan, Kans., State Coll., Dep. of Chem.) K. MAIER. 4410

P. A. Wlassjuk, S. M. Klimowitzka und **K. L. Wisir,** *Über die Lokalisierung und Formen des Mangans in den Chloroplasten.* Bei Zusatz von *Mn* zur KNOPschen Lsg. wird das 100-Pflanzengewicht von 269 auf 400 g erhöht, der Mn-Geh. der Chloroplasten von 31,6 auf 19,8% vom Gesamtgeh. in den Blättern der Bohnenpflanze vermindert. Bei Maispflanzen wird durch Mn das 100-Pflanzengewicht von 250 auf 277 g erhöht, der Mn-Geh. der Chloroplasten von 20,2 auf 17,4% gesenkt. Bei Zusatz von $MnSO_4$ zur KNOPschen Lsg. findet man in den Blättern von Gerste, Weizen u. Zuckerrübe viel durch CH_3COONH_4 extrahierbares Mn, jedoch sehr wenig Mn, das durch W. oder Säure extrahiert wird. (Доповіді Української Академії Сильськогосподарських Наук [Ber. ukrain. Akad. landwirtsch. Wiss.] **2.** Nr. 2. 8—13. März/April 1959. Ukrain. Wiss. Forschungsinst. für Pflanzenphysiol.) O. LEBTAG. 4410

Tiborné Bártfay, *Veränderungen des Gehaltes an Phosphorverbindungen während des Wachstums der Erbsen.* Vf. untersuchte in Erbsen vier phosphorhaltige Fraktionen während der Wachstumsperiode. Es wurde gefunden, daß während des Wachstums die säurelösl., phosphorhaltige Fraktion vorherrschend war. Dagegen ging der Geh. des Nucleinsäurephosphors u. des an Proteine gebundenen Phosphors stetig zurück. (Növénytermelés [Pflanzenbau] **5.** 321—30. Dez. 1956. Budapest, Hungarian Acad. of Sci., Inst. of Agrochem. Res.) G. MAYR. 4420

A. L. Kursanov und **M. N. Zaprometov,** *Eine Untersuchung über Bildung und Umsetzungen von Catechinen in Teeblättern mittels $^{14}CO_2$.* $^{14}CO_2$ wurde während 2 Std. unter Lichtzutritt über Schößlinge von georg. Teepflanzen geleitet u. die in den Blättern enthaltenen Zucker papierchromatograph. getrennt. Bis zu 82% des akt. ^{14}C fand sich in der Saccharose, 15% in Glucose u. Fructose, geringe Mengen in der Raffinose. Nach beendeter Behandlung mit $^{14}CO_2$ werden die markierten Zucker schnell abgebaut. Danach setzt die Bldg. von radioakt. *Catechinen* (I) ein, deren *Galloylester* (II) wesentlich schwächer akt. sind. Nach 3 Std. sinkt die Aktivität von I, diejenige von II steigt an. Rechner. Auswertung der Ergebnisse läßt erkennen, daß bis zu 80% der Zucker durch die Catechinsynth. verbraucht werden. Die Veresterung der Gallussäure erfolgt langsam. (Atompraxis **4.** 280—86. 1958. Moscow, USSR Acad. of Sci., Timiryazew Inst. of Plant Physiol.) W. REUSSE. 4420

Fritz Tiemann und **Friedrich W. Blumenberg,** *Über Gerbstoffe und Polyphenole in verschiedenen Äpfelsorten.* Die Unterss. von 17 Äpfelsorten auf ihren Geh. an *Gerbstoffen* u. *Polyphenolen* wurde qualitativ mit der zweidimensionalen Papierchromatographie nach CARTWRIGHT u. ROBERTS (vgl. J. Sci. Food Agric. **5.** [1954.] 593) durchgeführt. Die quantitative Best. erfolgte nach LANG (vgl. C. **1952.** 954) durch Fällen der Gerbstoffe mit bas. Zinkacetat u. anschließender photometr. Messung nach KÜNZEL (vgl. Gerberei-Taschenbuch, Berlin [1943]) mit dem Arsenwolframsäurereagens. In allen untersuchten Äpfelsorten konnte *Gallussäure* als freie Säure oder verestert mit Chinasäure als *Theogallin* nachgewiesen werden. Außerdem fanden sich *Chlorogensäure* u. *p-Cumarylchinasäure* sowie *d-Gallocatechin, l-Epicatechingallat,* je nach den Sorten in verschied. Menge. Im Trockenobst fanden sich weniger freie phenol. Substanzen u. mehr Kondensationsprodd. (Ellagsäure). Im Fruchtsaft u. Trockenobst betragen die Gerbstoffe nur etwa den 10.—30. Teil u. enthalten weniger der gesamten phenol. Verbindungen. (Ärztl. Forsch. **12.** I/481—87. 10/10. 1958. Bonn, Univ., Med. Poliklinik.)
E. KIMMERLE. 4420

M. Shibata, *Über Fritillaricyanin, ein neues Anthocyanin aus den Blüten der japanischen Schachblume.* Vf. konnte den von ihm Fritillaricyanin genannten Blütenfarbstoff von *Fritillaria camschatcensis* KER-GAWL krist. darstellen: $C_{26}H_{29}ClO_{14} \cdot 3H_2O$, F. 182°. Cyanidinchlorid, Xylose u. Rhamnose wurden als Spaltstücke der Hydrolyse nachgewiesen. Wahrscheinlich liegt der Farbstoff als *Cyanidin-3-biosid* vor. Reihenfolge u. Bindungsart der beiden Monosen im Disaccharid des ursprünglichen Farbstoffs sind noch ungewiß. (Experientia [Basel] **14.** 274. 15/8. 1958. Toyama, Japan, Univ., Biol. Inst., Pflanzenphysiol. Labor.) H. ECKSTÄDT. 4420

Lucienne Bézanger-Beauquesne, *Die Alkaloide in den Pflanzen.* Die Übersicht behandelt Nachw. u. Struktur der Alkaloide, ihre Verteilung im Syst. der Pflanzen, ihre Lokalisation in Geweben u. Organen, den Geh. der Gewebe in Abhängigkeit von Alter u. Umweltfaktoren sowie Bldg. u. biol. Bedeutung in den Pflanzen. — 47 Literaturstellen. (Bull. Soc. bot. France **105.** 266—91. Mai/Juni 1958.) W. SCHÖNBORN. 4420

Marie L. Solt und **R. F. Dawson,** *Bildung, Transport und Speicherung von Alkaloiden in auf Tomatenwurzeln gepfropften Tabaksprossen.* Entfernen der apikalen Knospe des Tabaksprosses im Syst. Tabakpfropfreis–Tomatenwurzel bewirkte Wiederherst. des n. Alkaloid (I)-Geh., der nach dem Aufpfropfen stark abgesunken war. Substitution einer apikalen Tabakknospe durch eine Tomatenpfropfung gab dazwischenliegende Ausbeuten. Entfernen der Tabakblätter verminderte die I-Werte nicht. Die

Hauptmenge I des Tabaksprosses war in der Pfropfverbindung u. im unmittelbar darüber befindlichen Stengelteil lokalisiert. Eine derartige Lokalisierung fehlte bei der Pfropfung von Tomate auf Tabak. ^{3}H-markierte Nicotinsäure wurde in excisierten, auf Tabak gewachsenen Tomatensprossen nicht in Nicotin umgewandelt. Der Hauptort der I-Synth. im Syst. Tabakspross–Tomatenwurzel ist anscheinend die Pfropfstelle u. der unmittelbar darüber befindliche Stengelteil. Ein Teil von I wird nach oben transportiert u. im Blatt u. höher liegenden Stengelteil lokalisiert. Die Pfropfverbindung bildet für den I-Transport nach unten eine gewisse Schranke. (Plant Physiol. **33.** 375—81. Sept. 1958. New York, N. Y., Columbia Univ., Dep. of Bot.) K. MAIER. 4420

Gestur Johnson und **L. A. Schaal,** *Akkumulation von phenolischen Substanzen und von Ascorbinsäure in Kartoffelknollengewebe bei Verletzung und ihre mögliche Rolle bei der Krankheitsresistenz. Chlorogensäure* u. andere o-Dihydroxyphenole reichern sich schnell in Nähe der Schnittfläche von Kartoffelknollenscheiben an, die bei Zimmertemp. in einer feuchten Kammer aufbewahrt werden. Niedrigere Temp., *Resorcin*-Lsg., $NaHSO_3$–$NaCl$-Lsg. bewirken in den Schnitten eine Verminderung der Anreicherungsgeschwindigkeit. Den gleichen Effekt erreicht man durch Eintauchen der ganzen Knollen in W. von Zimmertemp. 24 Std. vor dem Schneiden. Die Phenole reichern sich auch in den nekrot. Bezirken der mit „aster yellow"-Virus infizierten Knollen an. Eine Anreicherung von *Ascorbinsäure* (I) wird in den Schnitten der Kartoffelknollen nur vorübergehend beobachtet. Die mögliche Funktion der phenol. Substanzen u. von I-Oxydationsprodd. bei der Resistenz gegenüber Krankheiten wird diskutiert. (Amer. Potato J. **34.** 200—09. Juli 1957.) U. WÖRFFEL. 4420

S. Kuppuswamy, J. Meena Rao, M. Srinivasan und **V. Subrahmanyan,** *Ascorbinsäure in keimenden Samen von Sesbania grandiflora Pers.* Sesbaniasamen enthalten ca. 70% Eiweiß u. keine Stärke. Bei der Keimung, selbst im Dunkeln, erfolgt mit der Bldg. von Stärke auch ein beträchtlicher Anstieg des *Ascorbinsäure*-Geh. (z. B. von 17 auf 128 mg%), der höher ausfällt als bei Leguminosen, die vergleichsweise untersucht wurden. Dazu sind die Kohlenhydrate von Hülse u. Samenschale nicht erforderlich. Das Temperaturoptimum liegt bei 37°. Die Ausbeute wird um 40% gesteigert, wenn die Samen vor der Keimung 12 Std. in 0,05%ig. Citronensäurelsg. eingeweicht werden. Der Keimling enthält mehr Ascorbinsäure in der Radicula als in den Cotyledonen. (Current Sci. **27.** 343—45. Sept. 1958. Mysore, Central Food Techn. Res. Inst.) B. GASSMANN. 4425

J. E. Räder-Roitzsch, *Untersuchungen über die Stoffwanderung im Keimungsverlauf der Quercus pedunculata Ehrh.* Es wurden Veränderung u. Wanderung wichtiger Nährstoffgruppen im Keimungsverlauf der Stieleiche verfolgt (Frisch- u. Trockengewicht, Wassergeh., ätherlösl. Stoffe, direkt reduzierende u. invertierbare Zucker, Stärke, Rohprotein, Eiweiß- u. Nichteiweiß-N, Rohfasergeh., Gesamtasche). (Forstwiss. Cbl. **77.** 109—24. März/April 1958. München, Inst. für Forstsamenkunde u. Pflanzenzücht.) K. MAIER. 4450

Ch. U. Ussmanow, L. I. Kurgulzewa, Ch. F. Gumarowa und **Ss. F. Fasylowa,** *Die Rolle der Saccharose bei der Biosynthese von Cellulose.* Baumwollfaser enthält die *Saccharose* im Verlauf der gesamten Vegetationsperiode. Es wird angenommen, daß die an der *Cellulose*-Synth. in der Baumwollfaser beteiligten Glucosemoll. durch die Saccharose aktiviert werden. (Доклады Академии Наук УзССР [Ber. Akad. Wiss. UsbekSSR] **1958.** Nr. 1. 21—24. Inst. für Chem. der pflanzl. Stoffe der Akad. der Wiss. der Usbek-SSR.) M. GORDIENKO. 4460

R. Kasting und **C. C. Delwiche,** *Ornithin-, Citrullin- und Argininstoffwechsel in Wassermelonenkeimlingen.* (Vgl. C. **1958.** 11865.) Zur Unters. des Verlaufs von Synth. u. Abbau von Aminosäuren (I) des KREBS-HENSELEIT-Ornithin (II)-Cyclus wurden $^{14}C_{(2)}$-DL-II, ^{14}C-L-Arginin (III) u. ^{14}C-Harnstoff (IV) mit Keimlingen u. Homogenisaten incubiert, wobei eine schnelle Ineinanderumwandlung von II, III u. Citrullin (V) erfolgt. IV wird aus III abgespalten u. wahrscheinlich weiter zu CO_2 u. NH_3 hydrolysiert, die unter III- u. V-Bldg. aus II durch Rkk., die den im tier. Organismus vorkommenden analog sind, gebunden werden können. Auf Grund vergleichbarer spezif. Aktivitäten läßt sich die enge Beziehung von Glutaminsäure (VI) u. Prolin (VII) zu II in höheren Pflanzen ersehen. Die spezif. Aktivität dieser I schließt VI als Zwischenstufe zwischen II u. VII aus. Die Beziehungen zwischen diesen Rkk. u. ähnlichen bei Tieren u. Mikroorganismen werden besprochen. (Plant Physiol. **33.** 350—54. Sept. 1958. Berkeley, Calif., Univ. of California, Kearney Found. of Soil Sci.) K. MAIER. 4460

D. Arigoni, *Zur Biogenese pentacyclischer Triterpene in einer höheren Pflanze.* An keimenden Sojabohnen wurde die Biogenese pentacycl. Triterpene mit Hilfe von *Na*-$^{14}C_{(1)}$- oder -$^{14}C_{(2)}$-*Acetat* (I bzw. II) u. $^{14}C_{(2)}$-*Mevalonsäure* (III) verfolgt. III erwies sich bei Sterinen wie bei Triterpenen gegenüber I um fast eine Zehnerpotenz überlegen.

Sitosterin u. Soja-*Sapogenole* (IV) stimmten in ihrer spezif. Aktivität bei Anwendung von I, II oder III weitgehend überein. Vf. sieht darin eine Bestätigung der Hypothese, daß Squalen (V) eine gemeinsame Zwischenstufe beider Verbindungstypen ist. Der oxydative Abbau der IV ergab, daß das axial angeordnete $C_{(24)}$ in keinem Falle akt. war u. somit der ursprünglichen CH_3-Gruppe der III entsprechen mußte. Hieraus schließt Vf., daß beim Übergang von III in V die Decarboxylierung u. Wasserabspaltung ster. streng kontrolliert werden u. daß die Cyclisierung zu Ring A stereospezif. u. in Sesselfaltung stattfinden muß. (Experientia [Basel] **14.** 153—55. 15/4. 1958. Zürich, ETH, Organ.-chem. Labor.) H. FRANK. 4460

Thomas Griffith und **Richard U. Byerum,** *Biogenese von Nicotin. Nicotiana rustica* L. synthetisierte radioakt. *Nicotin* (I), nachdem der Pflanze die folgenden markierten I-Vorläufer als Substrate angeboten wurden: *Na*-$^{14}C_{(1)}$-*Acetat* (II) bzw. *Na*-$^{14}C_{(2)}$-*Acetat* (III) bzw. *Na*-$^{14}C_{(1)}$-*Pyruvat* (IV) bzw. *Na*-$^{14}C_{(3)}$-*Pyruvat* (V). III u. V wurden mit der geringsten, IV hingegen mit der relativ höchsten Isotopenverdünnung in I eingebaut. Nach Verabreichung von II an die Tabakpflanzen wurde nur im Pyrrolidinring, nach Gaben von III im Pyrrolidin- u. Pyridinring von I Radioaktivität festgestellt. (Science [Washington] **129.** 1485—86. 29/5. 1959. East Lansing, Mich., Michigan State Univ., Kedzie Chem. Labor.) H. KOCKERT. 4460

D. Gröger, H. J. Wendt, K. Mothes und **F. Weygand,** *Untersuchungen zur Biosynthese der Mutterkornalkaloide.* Nach Injektion von $^{14}C_{(\beta)}$-*DL-Tryptophan* (I; Gesamtmenge: 3 mg/Pflanze) in die beimpften Roggenpflanzen (Freilandvers.) wurde in den Sklerotien eine Einbaurate von 0,158% des applizierten I in *Ergokryptin* gefunden; in saprophyt. Kulturen ergaben sich hingegen hohe Einbauraten von 10—39% in *Elymoclavin* + *Agroclavin* bei steigenden Mengen an Pyridoxalphosphat (II). Danach ist I ziemlich sicher als Vorläufer des Ergolinsyst. anzusehen. Ferner scheint aus den saprophyt. Verss. hervorzugehen, daß II am Prozeß der Alkaloidbldg. beteiligt ist. — Durch chromatograph. Auftrennung der gebundenen Aminosäuren der Sklerotien u. des saprophyt. Materials wurde festgestellt, daß nur I u. keine andere Aminosäure radioakt. war; diese Tatsache deutet darauf hin, daß ein wesentlicher Ab- u. Umbau des I in andere Aminosäuren auch in saprophyt. Kultur nicht erfolgt. — Verss. unter Verwendung von $^{14}C_{(COOH)}$-I ergaben, daß die COOH-Gruppe von I an der Biosynth. des Ergolingerüstes der Clavinalkaloide nicht beteiligt ist. (Z. Naturforsch. **14b.** 355—58. Juni 1959. Berlin-Charlottenburg, TU, Inst. für organ. Chem.; Berlin, Deutsche Akad. der Wiss., Arbeitsstelle für Biochem. der Pflanzen in Halle.) H. KOCKERT. 4460

Max Milner, C. Stacy French und **H. W. Milner,** *Die Wirkung von Petrolätherextraktion und erneutem Zusatz verschiedener Verbindungen auf die photochemische Aktivität isolierter Chloroplasten.* Die durch die Red. von 2.6-Dichlorphenolindophenol während der Belichtung wss. Suspensionen lyophil getrockneter *Beta vulgaris* L. (var. *cicla*)- u. *Phytolacea americana* L.-Chloroplasten gemessene photochem. Aktivität ist durch PAe.-Extraktion größtenteils entfernbar. Die extrahierten Plastiden sind leicht durch *β-Carotin* (I), schwächer durch α-I, *Kryptoxanthin* (III) u. *Lutein* (IV) reaktivierbar. Ersatz von 0,5mol. Saccharose (II) durch 15%ig. CH_3OH bei der Chloroplastenisolierung erleichtert die Lyophilisierung u. ermöglichte prakt. vollständige Abtrennung der Aktivität durch Kurzbehandlung mit niedrigsd. Petroläther. Die Reaktivierungseffekte sind bei mit CH_3OH hergestellten Chloroplasten deutlicher. Eine gepufferte 15%ig. CH_3OH-Lsg. hemmt auch den schnellen Aktivitätsverlust bei Suspendierung von Chloroplasten in einem gepufferten II-haltigen Medium. Die Absorptionsspektren im sichtbaren Bereich wss. Suspensionen PAe.-extrahierter Chloroplasten sowie diejenigen verschied. PAe.-Extrakte geben, abgesehen von β-I, keine Erklärung für den extraktionsbedingten Aktivitätsverlust. Die β-I-Reaktivierung war, verglichen mit der Aktivität nichtextrahierter Plastiden u. der durch Zusatz von PAe.-Extrakt bewirkten, stets gering, so daß an dem Vorgang noch andere Verbb. als β-I beteiligt sind. α-I, III, IV u. manchmal Cholesterin wirken ebenfalls reaktivierend. Fettlösl. Substanzen, die die Restaktivität extrahierter Chloroplasten hemmen, sind Maisöl, weißes Mineralöl, Tocopherolgemische, Paraffin, Weizenkeimextrakt, Ergosterin, Stigmasterin, Phytol, Äthyloleat u. Lecithin. Möglicherweise beruht die Reaktivierung teilweise auf einem Carotinoiden u. einigen nichtcarotinoiden fettlösl. Verbb. gemeinsamen Molekülteil. (Plant Physiol. **33.** 367—72. Sept. 1958. Stanford, Calif., Carnegie Inst. of Washington, Dep. of Plant Biol.) K. MAIER. 4460

Je. I. Pantelejewa und **M. M. Latziss,** *Der Eintritt der stabilen und radioaktiven Kaliumisotopen in die Gerstenpflanze.* Beim Wachstum von Gerstenpflanzen bis zur Reife auf Quarzsand mit ZINZADSE-Nährlsg. u. wechselnden Mengen KCl (Geh. an ^{40}K ca.0,012% vom Gesamtgeh. an K) beobachtet man bei Unters. des K-Geh. in

Wurzeln, Stroh u. Korn nach der Kobaltnitritmeth. eine stärkere Aufnahme von ^{40}K durch die Pflanze, als sie dem ^{40}K-Geh. von KCl entspricht. Bes. stark zeigt sich dies bei den jungen Pflanzen. Die bevorzugte Aufnahme von ^{40}K wird auch massenspektrograph. bestätigt. Die Trennung des K in Isotopen durch die Pflanze ist bei Anwendung der markierten Atome bei biol. Unterss. zu berücksichtigen. (Доповіді Української Академії Сильськогосподарських Наук [Ber. ukrain. Akad. landwirtsch. Wiss.] **2.** Nr. 2. 18—22. März/April 1959. Leningrad, Landw.-Inst.) O. Lebtag. 4470

Oscar F. Wiegand und **A. R. Schrank,** *Die Krümmung von elektrisch gereizten Avena-Coleoptilen bei Applikation von Indolyl-(3)-essigsäure.* Doppelt decapitierte *Avena-Coleoptilen* entwickeln bei direkter elektr. Reizung (20 μA Gleichstrom; 2 Min.) transverse elektr. Polarität u. krümmen sich, falls *Indolyl-(3)-essigsäure* (I) vorhanden ist. Diese Krümmungen werden durch I-bedingte Wachstumsänderungen vermittelt, ihr Ausmaß ist eine Funktion der Kontaktstellen u. der I-Konzentration. (Arch. Biochem. Biophysics **56.** 459—68. Juni 1955. Austin, Texas, Univ. of Texas, Dep. of Zool.) Wolfgang Albrecht. 4485

Kenneth V. Thimann, *Die Auxinaktivität einiger Indolderivate.* Es wurde die Wrkg. von 20 *Indol* (I)-Derivv. u. 4 verwandten Verbb. im Streckenwachstumstest von *Avena*-Coleoptilenabschnitten (A) u. *Pisum*-Stengelabschnitten (B) sowie im Krümmungstest von *Pisum*-Stengelabschnitten (C) untersucht. Verbb. [relative Aktivität, Indolylessigsäure (II) = 100]: I, A 0,02, B —, C —; *Skatol,* A, B, C: Hemmung; *Indolyl-(3)-glykolsäure,* 0,4, 0,2, 2; *Indolyl-(3)-glyoxylsäure,* 0,1?, ca. 0, 0,3?; *Indolyl-(3)-isobuttersäure,* 0,6—5,0, 1,7, 33—130; *5-Hydroxy*-II, 0,12, ca. 0, 4; *7-Hydroxy*-II, 0,06, ca. 0, 16; *Indolyl-(3)-milchsäure,* 0,16, 0,4, 1,8; *Indolyl-(3)-methylenmalonsäure,* 0, 0, 0,3; *Indolyl-(4)-essigsäure,* 1,0, 1—6, 2; *7-Aza*-II, 50, 6—100, ca. 100; *Indenyl-(3)-propionsäure,* A —, B ca. 0, C 3,5; inakt.: *5-Methyl*-I, *6-Methoxy*-I, *N-Acetylindoxyl, Oxindolyl-(3)-acetonitril, Oxindolyl-(3)-brenztraubensäureoxim, Oxindolenyl-(3)-acetonitril, Oxindolenyl-(3)-brenztraubensäure, 3-Dehydrodioxindol, 3-Methyldoxindol, Imidazolylessigsäure, -acetonitril-, -acrylsäure.* (Plant Physiol. **33.** 311—21. Sept. 1958. Cambridge, Mass., Harvard Univ., Biol. Labors.) K. Maier. 4485

David R. Ergle, *Die mit der Wachstumsreaktion junger Baumwollpflanzen auf Gibberellsäure verknüpfte Beeinflussung der Zusammensetzung der Komponenten. Gibberellsäure* (I; Na-Salz) steigerte in Mengen von 10—1000 γ (1 γ unwirksam) proportional die Länge des Hauptstengels junger Baumwollpflanzen (n. u. Mutanten). 10 u. 100 γ I erhöhten das Trockengewicht der Stengel u. Blattstiele. 1000 γ I beeinflußten letzteres wenig, verminderten jedoch stark das Blatttrockengewicht u. riefen, ähnlich wie *N*-Mangel, eine ausgeprägte Chlorose hervor. Ferner verminderte diese Dosis den Durchmesser des Hauptstengels. Die I-Wrkgg. auf die einzelnen Kohlenhydrat (II)-Fraktionen waren etwas unterschiedlich, jedoch nahmen mit steigender I-Dosis Gesamt-II u. Lignin in Stengeln u. Blattstielen zu. Die Blätter blieben, abgesehen von Zunahmen bei hemmenden Konzz., prakt. unbeeinflußt. Wachstumsfördernde I-Konzz. erhöhten in Stengeln u. Blattstielen den Geh. an Gesamtasche u. Gesamt-N (g/Pflanze), während 1000 γ I diesen herabsetzten. (Plant Physiol. **33.** 344—46. Sept. 1958. Texas, U. S. Dep. of Agric., Agric. Res. Service, Crops Res. Div.; Agric. Exp. Stat., Coll. Stat.) K. Maier. 4485

P. N. Nair, *Die Wirkung von Maleinsäurehydrazid, Thioharnstoff und 2.4-Dinitrophenol auf die Resistenz gegen Flachswelke.* In Treibhausverss. wurde der Einfl. von *Maleinsäurehydrazid* (I), *Thioharnstoff* (II) u. *2.4-Dinitrophenol* (III), die die Phosphorylierung bei bestimmten Stufen des Atmungscyclus hemmen, auf die Resistenz zweier Flachsvarietäten (B 5128 u. Redwood) gegen die durch *Fusarium oxysporum f. lini* (Bolley) Snyd. & Hans hervorgerufene Welke untersucht. Alle nichtbeimpften Pflanzen (Keimlinge) waren symptomfrei. Bei I—III-behandelten infizierten Pflanzen lag der Anteil derjenigen mit Welkeerscheinungen höher als bei unbehandelten geimpften. Die Zahl der erkrankten Pflanzen nahm mit der Konz. der Verbb. zu. III verringerte die Welkeresistenz am stärksten. Die Redwoodvarietät verlor die Welkeresistenz unter keinen Bedingungen vollständig. I—III aktivierten in den angewendeten Konzz. das Pilzwachstum. Bei höheren I- u. III-Konzz. nahm dieser Effekt ab, während größere II-Konzz. stärker wachstumsfördernd wirkten. Die Verbb. beeinflussen wahrscheinlich außerdem die Wirt–Pilz-Beziehung, so daß die Pflanze anfälliger wird. (Phytopathology **48.** 288—89. Mai 1958. St. Paul, Minn., Univ., Dep. of Plant Pathol. and Bot., Inst. of Agric.) K. Maier. 4490

Elio Baldacci und **Eliseo Betto,** *Prüfung einiger Antibiotica gegenüber Uromyces appendiculatus (Per.) Lk. auf ihre fungicide Spreitungs- und Systemwirksamkeit.* In Verss. an der Bohne wird die fungicide Wrkg. von *Distamycin* (I), *Chloramphenicol* (II) u. *Griseofulvin* (III) gegenüber Uromyces appendiculatus untersucht. Eine Spreitungsaktivität zeigt I, nur teilweise II u. III; III wirkt besser bei gleichzeitiger Zufuhr von

Glycerin u. Indolylessigsäure, es zeigt in dieser Kombination auch Systemwrkg., Zusatz von Carbowax wirkt nicht. II hat keine Systemwrkg., ist schon in Dosen 300 p.p.m. tox., es scheint nur bakterieid zu wirken. Bei starker Aufnahme durch die Blätter ist I systemwirksam. III wird nicht oder wenig von prim. auf sek. Blätter transportiert. Streptomycin, Patulin u. Aureomycin sind unwirksam, Actidion stark tox. schon bei Konz. 10 p.p.m. Über die Wurzeln wirkt III in Dosis 100 p.p.m., bewirkt aber Vergilben u. Abfallen der Blätter nach 10—12 Tagen. (Agric. ital. **58** ([N. S.] **13**). 289—301. Okt. 1958. Milano, Univ., Ist. di Patol. veget.) R. K. MÜLLER. 4490

Shu-fung Lee und **Duane Le Tourneau,** *Chlorogensäuregehalt und Verticillium-Welkeresistenz der Kartoffeln.* Die Best. des Geh. an *Chlorogensäure* (I) von Kartoffelvarietäten mit unterschiedlicher Resistenz gegen die durch den Pilz *Verticillium alboatrum* REINCKE & BERTH hervorgerufene Welke ergab einen höheren I-Geh. in Blättern als in Wurzeln, während Stengel nur sehr wenig I enthielten. Welkeresistente Varietäten enthielten in den Wurzeln mehr I als anfällige. In vitro-Verss. ergaben in fl. Nährböden eine Umwandlung von I durch den Pilz, wobei I als *C*-Quelle dienen kann. Zylinderteste auf festen Nährboden zeigten eine stärkere I-Hemmwrkg. in neutralem oder alkal. Medium als in saurem. Auch bei hohem p_H erforderte die Hemmung des Pilzes 50 bis 100 mg% I. Das Pilzwachstum wurde in fl. Medien bei $p_H < 3{,}4$ gehemmt. Brenzcatechin u. Kaffeesäure hemmten *Verticillium* auf Glucose-Asparagin-Nährboden stärker als I. (Phytopathology **48**. 268—74. Mai 1958. Moscow, Id., Univ., Dep. of Agric. Chem.) K. MAIER. 4490

E₅. Tierchemie. Tierphysiologie. Tierpathologie.

D. R. Kominz, W. R. Carroll, E. N. Smith und **E. R. Mitchell,** *Eine Untereinheit des Myosins.* 0,1 mol. Na_2CO_3 spaltet aus *Myosin* (I) ein Protein vom Mol.-Gew. ca. 29000 ab, das anscheinend dem durch konz. Harnstofflsg. aus I abgetrennten sehr ähnlich ist. Die Unters. der Aminosäurezus. dieser I-Untereinheit (**Ia**) ergibt in Übereinstimmung mit einer Voraussage von LAKI für **Ia** einen relativ hohen Phenylalaningehalt. Der C-endständige Rest ist Isoleucin (II). Die beiden C-endständigen II-Moll. von I beruhen wahrscheinlich auf Ggw. von 2 dieser Untereinheiten. **Ia** ist von der Tropomyosin-ähnlichen Untereinheit von I verschieden. (Arch. Biochem. Biophysics **79**. 191—99. Jan. 1959. Bethesda, Md., Nat. Inst. of Arthritis and Metabolic Diseases.) K. MAIER. 4520

G. Hübscher und **B. Clark,** *Die Isolierung von Phosphatidsäure aus Rinderleber.* Frische Rinderleber wurde zerkleinert u. mit Aceton versetzt. Der daraus gewonnene Chlf.-Methanol-Extrakt wurde bei p_H 8,0 mit A. versetzt. Der alkoh. Nd. wurde in Chlf. gelöst u. die *Phosphatidsäure* (I) chromatograph. von den Phospholipoiden getrennt. Die Darst. der I erfolgte als Na-Salz nach KATES. Die Ausbeute betrug 0,5—1,0% der Gesamtlipoide bei einem Reinheitsgrad von 90%. Die weitere Analyse von I ergab folgende mol. Verhältnisse: P: Glycerin = 1:1,08; P:Ester = 1:1,98; P:N = 1:0,08. (Biochem. J. **72**. 7P. Mai 1959. Birmingham, Univ., Dep. of Biochem. and Pharmacol.) K. RUCKPAUL. 4520

N. F. Cunningham und **R. A. Morton,** *Unverseifbare Bestandteile der Leber; Ubichinon und Substanz SC bei verschiedenen Tierarten.* Die Lebern verschied. Tierarten wurden zerkleinert u. 45—60 Min. mit wss. KOH, A. u. Pyrogallol verseift. Der Ae.-lösl. Teil wurde an Al_2O_3 chromatographiert u. die Verbb. spektroskop. identifiziert. — Aus der methanol. Lsg. krist. *Cholesterin* (I), das *Ubichinon* (II) u. „*Substanz SC*" (III; HEATON u. Mitarbeiter; vgl. C. **1957**. 3328 u. 3329) mit sich reißt. Zugabe von I zur Mutterlauge erhöht die Abscheidung von an I absorbiertem II u. III. Vitamin A fällt nicht aus. II kann von I durch Chromatographie abgetrennt werden. III läßt sich nach Acetylierung durch Chromatographie abtrennen. — Der II-Geh. der untersuchten Lebern von 10 Säugetierarten schwankte zwischen 10 u. 40 γ/g Gewebe. Hühnerleber enthielt mehr. III wurde mit Sicherheit nur in der Leber von Hund, Schaf u. Huhn gefunden. Bei folgenden Tieren wurden außerdem nachgewiesen: Katze: *Carotin* (**IV**), *Lycopin* (**V**) u. *7-Dehydrocholesterin* (**VI**). Hund: **VI**. Meerschweinchen: *Xanthophylle* u. **VI**. Pferd: **IV** u. **VI**. Mensch: **IV** u. **V**. Maus: **VI**. Rind: **IV**, **V** u. **VI**. Schwein: **IV** u. **VI**. Huhn: **IV** u. **VI**. Kaninchen: **VI**. Schaf: **IV** u. **VI**. (Biochem. J. **72**. 92—99. Mai 1959. Liverpool, Univ., Dep. of Biochem.) S. DITTMANN-MITZSCHERLICH. 4520

Bunzo Sakai, *Untersuchungen über das Membranpotential von biologischen Membranen.* 1. Mitt. *Das Hautmembranpotential in situ beim Frosch.* Zwischen zwei Elektrolytlsgg., in welche die Beine eines Frosches tauchen, wird das Potential gemessen. In sehr verd. NaCl-Lsg. wirkt die *Froschhaut* (FH) unter 0,112n als negativ geladene Membran, oberhalb 0,112n positiv. In HCl-Lsg. ist FH positiv. In 0,112n Chloridlsg. adsorbiert FH die Kationen in der Reihenfolge: $K^+ < Na^+ < Li^+$; $Ba^{2+} < Ca^{2+} < Mg^{2+}$. (J.

Kyoto prefect. med. Univ. **60.** 1105—12. Dez. 1956. Kyoto, Prefectural Med. Univ., Dep. of Biophysico-chem. [Orig.: japan.; Auszug: engl. S. LXXXIX.) H. STRUCK. 4550

Bunzo Sakai, *Untersuchungen über das Membranpotential von biologischen Membranen.* 2. Mitt. *Das Potential in bezug auf die durchspülten Blutgefäße des Froschbeines in situ.* (1. vgl. vorst. Ref.) Es wird mit einer neuen Meth. das Membranpotential eines Froschbeines in situ im Hinblick auf seine durchspülten Blutgefäße gemessen. Bei natürlichem Zustand der Haut war die Membran positiv geladen. Wird das Bein enthäutet, so wirkt es in einer Salzlsg. negativ. Das Membranpotential nimmt ab, wenn Formalin in die Gefäße gespritzt oder die Membran erwärmt wird. Die Membranpotentiale zwischen 0,112n NaCl in den Gefäßen u. 0,112n Chlorid in der Außenlsg. waren folgende: $LiCl > NaCl > KCl$; $MgCl_2 > CaCl_2 > BaCl_2$. (J. Kyoto prefect. med. Univ. **60.** 1113 bis 1122. Dez. 1956. Kyoto, Univ., Dep. of Biophysico-chem. [Orig.: japan.; Auszug: engl. S. LXXXIX.) H. STRUCK. 4550

Yutaka Tashiro, *Untersuchungen über die Permeabilität der Froschhaut gegenüber Cl bei Verwendung radioaktiver Isotope.* Cl^- dringt sowohl bei der isolierten Froschhaut als auch in vivo vorwiegend schnell durch das Interstitium; die Permeabilität der isolierten überlebenden Froschhaut gegenüber Cl^- verläuft dabei etwa nach der USSING-Formel, wie sie von JOHNSEN u. Mitarbeiter (Acta physiol. scand. **25.** [1952.] 150) gefunden wurde. (Acta Scholae med. Univ. Kioto **34.** 123—29. 1957. Kyoto, Japan, Univ., Fac. of Med., Dep. of Physiol. [Orig.: engl.]) U. TAUSENDFREUND. 4550

Yutaka Tashiro, *Eine Untersuchung der Permeabilität der Froschhaut gegenüber anorganischem PO_4 unter Verwendung radioaktiver Isotope.* PO_4^{3-} wird durch die Froschhaut in einer, linear mit der Zeit ansteigenden Menge u. in einem linearen Verhältnis zur Höhe der PO_4^{3-}-Konz. transportiert, wobei der Weg vermutlich durch die Zellen geht; es existiert auch geringer gegenläufiger Transport. Bei p_H-Änderung in der Außen-Fl., sowohl nach der sauren als auch nach der alkal. Seite, kommt es zum Anstieg der Permeabilität gegenüber PO_4^{3-}. (Acta Scholae med. Univ. Kioto **34.** 130—39. 1957. Kyoto, Japan, Univ., Fac. of Med., Dep. of Physiol. [Orig.: engl.]) U. TAUSENDFREUND. 4550

Yutaka Tashiro, *Eine Untersuchung über die Permeabilität der Krötenblase gegenüber Cl und anorganischem PO_4.* (Vgl. vorst. Ref.) Unter physiol. Bedingungen wird PO_4^{3-} durch die Harnblase der Kröte in gleichem Maße hinein- wie hinaustransportiert, während bei Cl^- der Transport in die Blase größer als der Transport in umgekehrter Richtung ist, was mit der Annahme einer passiven Penetration bzw. nach der USSING-Formel nicht übereinzustimmen scheint; nur bei der isolierten überlebenden Harnblase ist der Transport in beiden Richtungen auch für Cl^- gleich groß. (Acta Scholae med. Univ. Kioto **34.** 140—46. 1957. Kyoto, Japan, Univ., Fac. of Med., Dep. of Physiol. [Orig.: engl.]) U. TAUSENDFREUND. 4550

Wolfgang Müller, *Eine einfache Präcipitationsreaktion zum qualitativen Nachweis des „Rheumafaktors".* In eine Glascapillare werden zu gleichen Teilen Patientenserum u. auf 63° erhitzte γ-Globulinlsg. (1,0—2,5% ig) gefüllt u. das Resultat nach 2 Std. Incubation bei 37° u. ca. 18 Std. bei 4° abgelesen. In Ggw. des *Rheumafaktors* im Patientenserum tritt eine mehr oder weniger starke Präcipitation auf. Bei 324 Personen, darunter 224 mit rheumat. Erkrankungen, durchgeführte Parallelunterss. mit diesem Capillarpräcipitationstest (CPT), dem Hämagglutinations-, Latexfixationstest u. der Grenzschicht-Rk. zeigten zwar im allg. eine weitgehende Übereinstimmung, die anderen Methoden haben aber eine geringere Fehlerbreite als der CPT. (Klin. Wschr. **37.** 86—91. 15/1. 1959. Freiburg/Br., Univ., Med. Klinik.) E. FISCHOEDER. 4551

R. Heimer, O. M. Federico und **R. H. Freyberg,** *Reindarstellung eines Rheumatoidfaktors.* Aus Serum von Patienten mit rheumatoider Arthritis wurde ein *Makroglobulin* dargestellt, welches sensibilisierte Schafserythrocyten agglutinierte u. γ-Globulin-Latexpartikel-Suspensionen fixierte. Die homogen befundene Fraktion ist eine Komponente des Rheumatoidfaktors, welcher seinerseits ein Gemisch nahe miteinander verwandter Makroglobuline darstellt. (Proc. Soc. exp. Biol. Med. **99.** 381—84. Nov. 1958. New York City, N. Y., Cornell Univ., Med. Coll., Hosp. for Special Surgery, Dep. of Med.) WOLFGANG ALBRECHT. 4551

Mary Alexander Fink und **Charles E. Gardner,** *Anaphylaxie beim Meerschweinchen: Unwahrscheinlichkeit der Serotoninfreisetzung bei der Schultz-Dale-Reaktion.* Im Gegensatz zu den Arbeiten von GEIGER u. ALPERS (vgl. Science [Washington] **125.** [1957.] 1141) konnten Vff. mit den Serotonin (I)-Antagonisten *Lysergsäurediäthylamid* (II) u. *Bromlysergsäurediäthylamid* (III) die SCHULTZ-DALE-Rk. bei mit *Eiweiß* oder Rinder-*Serumalbumin* sensibilisierten Meerschweinchenuteri nicht unterdrücken. Ebenso konnte keine I-Freisetzung aus sensibilisierter Meerschweinchen-Lunge, -Uterus oder -Ileum mittels I-empfindlichen Mäuseuteri konstatiert werden. Die anaphylakt. Kontraktion

dieser Gewebe konnte teilweise oder völlig durch *Yohimbin*, *Gramin* oder *Bufotenin* blockiert, diejenige *Histamin*-vergifteter Meerschweinchenuteri durch die Ggw. von II oder III nicht verändert werden. (Proc. Soc. exp. Biol. Med. **97.** 554—57. März 1958. Denver, Colo., Univ. of Colorado Med. School, Dep. of Microbiol.)
U. TAUSENDFREUND. 4551

K. F. Støa, H. H. Bassøe und **R. Emberland,** *Östrogenstoffwechsel bei normaler und pathologischer Leberfunktion, untersucht durch chromatographische Harnanalyse.* Nach intramuskulärer Injektion von 20 mg *Östradiolbenzoat* (I) in öliger Lsg. lassen sich bei n. Personen im Lauf der nächsten 15 Tage 12% dieser Dosis im Urin, teils als unverändertes I, teils in Form von *Östriol* u. *Östron* in einem Verhältnis 1 : 7 : 2 chromatograph. nachweisen. Von 3 Hepatitisfällen zeigten 2 n. Ausscheidungswerte nach I-Injektion, nur 1 Fall schied größere Mengen aus, die auf verminderten Abbau in der Leber schließen lassen. In 2 Fällen mit Lebercirrhose u. Krebsmetastasen in der Leber war die Steroidausscheidung sogar geringer als normal. Da das im Gegensatz zu den Ergebnissen anderer Unterss. mit biol. Nachweismethoden steht, wird vermutet, daß diese biol. Östrogenaktivität sich dem chem. Nachw. noch entzieht. (Acta endocrinol. [Copenhagen] **28.** 357—65. Juli 1958. Bergen, Univ. Clinic, Med. Dep. B, Endocrinol. Res. Labor.)
U. TAUSENDFREUND. 4559

A. E. Harrop, *Ein Versuch zur Bestimmung von Östrogen im Blut der schwangeren Hündin.* Vf. konnte weder mittels der GIEMSA- noch mit der LEISHMAN-Meth. *Östrogen* im Blut der schwangeren Hündin bestimmen, obwohl es vorhanden war. (Brit. veterin. J. **114.** 236—37. Juni 1958. London, Royal Veter. Coll., Dep. of Animal Husbandry, Senior Lecture.) H. DÖLLE. 4559

I. Schrire, *Progesteronstoffwechsel bei Myasthenia gravis.* Unterss. an 49 Patienten, wobei das *Progesteron* (I) in Form seines Stoffwechselproduktes *Pregnandiol* (II) im Harn bestimmt wird. Die II-Ausscheidung im Harn liegt bei Myastheniagravis-Patienten an der unteren Grenze des Normalen; auf Injektion von I wird nur die Hälfte als II im Harn gefunden. Injektion von *Corticotrophin* u. Exstirpation der Thymusdrüse steigert die II-Ausscheidung beträchtlich. (Quart. J. Med. [N. S.] **28.** 59—75. Jan. 1959. London, New End Hosp., Dep. of Endocrinol.) R. LAFFERENZ. 4559

Philip S. Chen jr., Harold P. Schedl, George Rosenfeld und **Frederic C. Bartter,** *Die Umwandlung von $^{14}C_{(4)}$-Progesteron in Aldosteron durch perfundierte Kälberebennieren.* Kälbernebennieren wurden 2 Std. mit dem von ROSENFELD (C. **1956.** 1352) beschriebenen Medium unter Zusatz von 101 μc $^{14}C_{(4)}$-Progesteron/40 mg in 5 ml Propylenglykol perfundiert. Getrocknete Dichlormethanextrakte der Organe erst im Syst. Toluol/Propylenglykol chromatographieren, Cortison u. Aldosteron (I) enthaltende Zone mit A. extrahieren u. im Syst. Toluol-Äthylacetat-CH_3OH-H_2O rechromatographieren; Eluat der I u. Hydrocortison enthaltenden Zone mit 0,5 γ ^3H- u. 52 γ inakt. I versetzen; die Mischung hat vor der Acetylierung in drei chromatograph. Systemen u. danach in 2 Systemen das gleiche konstante Isotopenverhältnis von $^3H/^{14}C$. Im Perfusat konnte demnach mit Sicherheit radioakt. I isotopentechn. u. papierchromatograph. nachgewiesen werden. (Proc. Soc. exp. Biol. Med. **97.** 683—85. März 1958. Bethesda, Md., Nat. Heart Inst., N.I.H., Clin. Endocrinol. Sect. and Naval Med. Res. Inst.) L. LASCHET. 4559

Charles D. Kochakian und **Jane A. Webster,** *Der Einfluß von Testosteronpropionat auf Eßlust, Körpergewicht und Zusammensetzung der normalen Ratte.* Die Beigabe von 0,25—2,5 mg *Testosteronpropionat*/Tag zur Nahrung hatte bei n. Ratten eine proportional zur Dosis verlaufende Abnahme der Eßlust, des Körpergewichtes sowie des Fettes u. Proteingeh. zur Folge. Vff. konnten eine Abnahme der Wachstumsrate bei jungen wachsenden Ratten beobachten. Wurde die Behandlung unterbrochen, so trat wieder starke Eßlust mit einer raschen Zunahme des Körpergewichtes ein. (Endocrinology **63.** 737—42. Dez. 1958. Oklahoma, Okla., Alabama and Oklahoma Med. Res. Foundation; Birmingham, Univ. of Alabama, Med. Center.) H. DÖLLE. 4559

Henry C. Damm und **Charles W. Turner,** *Beweis für die Existenz eines mammogenen Hormons.* An der Rk. der Kropfdrüsen der Taube wurde die lactogene u. mammogene (Wachstum der Brustdrüsen steigernde) Wrkg. verschied. *Hypophysenpräparate* untersucht. Die starke Verschiedenheit des Verhältnisses lactogener/mammogener Wrkg. läßt sich nur so deuten, daß für diese Effekte zwei verschied. Hypophysenhormone verantwortlich sind. (Proc. Soc. exp. Biol. Med. **99.** 471—73. Nov. 1958. Columbia, Univ. of Missouri, Dep. of Dairy Husbandry.) WOLFGANG ALBRECHT. 4560

W. Hohlweg, *Über die Bedeutung der Regulation der peripheren Hormondrüsen im Hinblick auf eine praktische Hormontherapie.* Vf. erläutert an Hand zahlreicher Beispiele eingehend die Steuerung der peripheren Hormondrüsen durch die glandotropen Hormone des Hypophysenvorderlappens u. deren Beeinflussung durch die Höhe des Hormonspiegels in der Peripherie, die über bestimmte Zentren im Zwischenhirn geht. Die Bedeutung dieser Zusammenhänge für die Hormontherapie wird herausgestellt. (Dtsch. Gesundheitswes. **11.** 245—57. 23/2. 1956. Berlin, Charité, Inst. exp. Endokrinol.) H.-D. BELITZ. 4560

Claude Fortier, *In vitro-Vergleich der corticoidogenen Wirkung von Adenohypophysenextrakten der Ratte mit U.S.P.-Bezugsstandard-Corticotropin.* In vergleichenden Unterss. in dem in vitro-Syst. nach SAFFRAN u. SCHALLY wurde festgestellt, daß sich Hypophysenextrakte von Ratten u. U.S.P.-Bezugsstandard-Corticotropin hinsichtlich Inaktivierung, corticoidogenem Effekt u. corticotropher Aktivität nicht unterschieden. Die einzige Differenz wurde im Ausmaß der residualen Aktivität gefunden: die relative Potenz des Hypophysenextrakts stieg linear zur Kontaktzeit an, was durch verschied. Adsorptionsgeschwindigkeiten durch die Drüsen für die beiden Corticotropine erklärt wird. (Proc. Soc. exp. Biol. Med. **99.** 628—32. Dez. 1958. Houston, Tex., Methodist Hosp., Blue Bird Neurological Res. Labors., and Baylor Univ. Coll. of Medicine, Dep. of Physiology.) WOLFGANG ALBRECHT. 4560

E. M. Nadel, B. G. Young, A. C. Hilgar und **S. Burstein,** *Corticosteroide im Harn normaler, skorbutischer und mit Stilböstrol behandelter Meerschweinchen vor und nach Verabreichung von Corticotropin.* Im Tagesurin n. Meerschweinchen lassen sich etwa 47 μg freie Corticosteroide [*6β-Hydroxycortisol, 2a-Hydroxycortisol* u. *Cortisol* (I)] nachweisen. Der Anteil von I beträgt ca. 55%. Nach Verabreichung von 5 mg *adrenocorticotropes Hormon* (*ACTH*) kommt es zu einem starken Anstieg dieser Steroide auf 233 μg/Tag, was einer 407%ig. Steigerung gleichkommt. Der Anteil von I an dieser Menge beträgt 80%. Bei skorbut. Meerschweinchen liegt bereits die Dauerausscheidung dieser Steroide bei 110 μg%/Tag, nach ACTH-Zufuhr kommt es nur zu einem geringen Anstieg auf 128 μg/Tag, was einer nur 16%ig. Steigerung entspricht. Der Anteil von I beträgt vor u. nach ACTH gleichbleibend 80% der Gesamtmenge. Es wird vermutet, daß die Nebenniere bei Skorbut entweder refraktär gegenüber ACTH ist bzw. unter maximaler endogener ACTH-Stimulation oder aus anderen Gründen bereits fast maximal sezerniert. Unter 3—4wöchiger *Stilböstrol*-Einw. beträgt die Steroidausscheidung 59 μg/Tag. Davon beträgt der I-Anteil 55%. Nach ACTH-Zufuhr steigt die Ausscheidung auf 149μg/Tag, was einer 152%ig. Steigerung entspricht. Der Anteil von I ist nun 66%. Die Rk. auf ACTH entspricht also eher derjenigen bei Skorbut als derjenigen bei n. Tieren; die Ursachen mögen auch etwa die gleichen sein, da jeweils eine Verarmung der Nebennierenrinde an *Ascorbinsäure* vorliegt. (Acta endocrinol. [Copenhagen] **28.** 283—92. Juli 1958. Bethesda, Md., Nat. Cancer Inst., Labor. of Pathol.; Nat. Inst. of Health, Dep. of Health Educ. and Welfare, Public Health Serv.) U. TAUSENDFREUND. 4561

K. Kowalewski, *Die Aufnahme von radioaktivem Sulfat in wachsenden Knochen von jungen Hähnen nach der Behandlung mit Cortison und verschiedenen anabolisch-androgenen Steroiden. Cortison* (I) vermindert u. *17-Äthyl-19-nortestosteron* (II) erhöht die Aufnahme von ^{35}S durch wachsende Knochen bei jungen Hähnen. Vf. bezeichnet dieses als anti-anabol. bzw. anabol. Effekt dieser Hormone, bes. ist es auch auf die Synth. verschied. Mucopolysaccharide des wachsenden Gewebes, die ^{35}S einbauen, anzuwenden. II als anabol. Steroid wirkt gegen den anti-anabol. Effekt durch I. Demgegenüber zeigten *Methyltestosteron* u. *Testosteronpropionat* keinen Einfl. auf die ^{35}S-Aufnahme. Sie wirken auch nicht gegen den anti-anabol. Effekt von I. (Endocrinology **63.** 759—64. Dez. 1958. Edmonton, Canada, Univ. of Alberta, McEachern Cancer Res. Labor. and Dep. of Surgery.) H. DÖLLE. 4561

Hans Selye, *Über den Sitz der Beziehungen zwischen NaH_2PO_4 und $MgCl_2$ oder KCl bei der Verhütung der Phosphat–Steroidcardiopathie.* Es konnte geklärt werden, daß der Verhütungseffekt von oral zugeführtem *KCl* bzw. *$MgCl_2$* gegenüber der nach subcutaner Injektion von täglich 100 μg *2α-Methyl-9α-chlorcorticol* (I) zusammen mit oraler Verabreichung von *NaH_2PO_4* auftretenden infarktähnlichen Herzmuskelnekrose nicht auf lokaler Beeinflussung der intestinalen PO_4-Resorption beruhen kann, da die nach I- u. NaH_2PO_4- u. *$NaHPO_4$*-Gabe (neutrales Gemisch zur besseren Verträglichkeit) zu beobachtende Phosphat-Steroidcardiopathie gleichfalls durch die K- u. Mg-Salze verhütet werden kann; die Entstehung einer Nephrocalcinose wird ebenfalls verhindert. (Acta endocrinol. [Copenhagen] **28.** 273—78. Juli 1958. Montréal, Canada, Univ. de Montréal, Inst. de Méd. et de Chir. exp.) U. TAUSENDFREUND. 4561

Hans Selye, *Synergismus zwischen Mineralo- und Glucocorticoiden bei der Entstehung der Phosphat–Steroid-Cardiopathie.* (Vgl. vorst. Ref.) Im Gegensatz zu der häufigen antagonist. Wrkg. zwischen *Mineralo-* u. *Glucocorticoiden* konnte bei der Hervorrufung der Phosphat–Steroid-Cardiopathie ein Synergismus zwischen diesen beiden Corticoidtypen gefunden werden. Während weder *Δ^1-9α-Fluor-16-hydroxycortisol* (I) als reines Glucocorticoid in täglichen subcutanen Dosen von 500 μg noch *11-Desoxycorticosteronacetat* (II) als reines Mineralocorticoid in täglichen Dosen von 2,5 mg allein zu der infarktähnlichen Herzmuskelnekrose bei mit *NaH_2PO_4* vorbehandelten Ratten führte (wobei ihre gegensätzliche Wrkg. bzgl. der Nephrocalcinose deutlich wurde: **I** verminderte, **II** verstärkte die durch NaH_2PO_4 bewirkten Nierenveränderungen), kam es auf gleichzeitige **I**- u. **II**-Gaben hin zu ausgedehnten Herzveränderungen im obenerwähnten Sinne. (Acta endocrinol. [Copenhagen] **28.** 279—82. Juli 1958. Montréal, Canada, Univ. de Montréal, Inst. de Méd. et de Chir. exp.) U. TAUSENDFREUND. 4561

W. J. Eversole und **B. E. Romero,** *Die Wirkung von 11-Hydroxycorticoiden auf die Ausscheidung von Wasser und Elektrolyten durch die Niere bei katheterernährten normalen Ratten.* Bei katheterernährten n. Ratten verstärkten niedere tägliche Dosen von *Cortison, Hydrocortison* (I) u. ihren Acetaten bzw. Δ^1-Analogen die Harnausscheidung von *W.*, *Na* u. *K* bei höchstens geringem Einfl. auf den *Na*- u. *K*-Spiegel des Serums, u. setzten Körpergewichtszunahme u. Nebennierengewicht herab. **I**-Acetat u. *Prednisolon* wirkten am stärksten hinsichtlich der erzeugten Nebennierenatrophie. *9α-Fluorhydrocortison* verursachte einen starken Anstieg des Serum-Na bei ausgeprägtem Abfall des Serum-K, Körpergewichtsverlust u. einen schwachen Anstieg des Harnvol. u. Urin-K bei gleichbleibendem Na. *Corticosteron, 11-Dehydrocorticosteron* oder *$\Delta^{1,4}$-Pregnadien-17.20.21-triol-3.11-dion* (II) war auf W.- u. Elektrolytbalance ohne Wirkung. Dagegen setzten sie das Nebennierengewicht herab u. verursachten, außer **II**, eine schwache Reduktion der Körpergewichtszunahme. (Proc. Soc. exp. Biol. Med. **99.** 282—85. Nov. **1958.** Albuquerque, N.Mex., Univ. of New Mexico, Dep. of Biol.) WOLFGANG ALBRECHT. 4561

C. Paoletti, M. Durand und **M. Boiron,** *Die depressive Wirkung von Cortison auf die Hämoglobinsynthese in vitro.* Vff. stellten fest, daß Cortison (**I**; 100 μg/ml Blut) in vitro die Hämoglobin (**II**)-Synth. von Reticulocyten im Blut sukzessive ausgebluteter Kaninchen unterdrückt; diese Hemmung macht sich in einer Verminderung des Einbaus von $^{14}C_{(\alpha)}$-*Glykokoll* u. ^{59}*Fe* in das Häm bemerkbar. Der Mechanismus der Hemmung der **II**-Synth. durch **I** ist nicht spezifisch. (C. R. Séances Soc. Biol. Filiales **151.** 2122—25. 1957; herausgeg. 22/7. 1958. Tours, Centre de Rech. de l'École nat. de Méd. et de Pharm. et de la Fondation Métadier.) R. LENSCHAU. 4561

Friedrich Hohensee und **Gerhard Langbein,** *Darstellung eines Isomeren von Reichsteins Substanz S und Untersuchungen zu dessen Wirkungsweise.* Bei der Darst. von REICHSTEINS *Substanz S-Acetat* (I) aus 17α-Hydroxy-21-acetoxypregnan-3.20-dion durch Bromierung u. HBr-Abspaltung wird aus den Mutterlaugen eine Verb. isoliert, für die auf Grund der UV- u. IR-Absorptionsspektren die Konst. des *Δ^1-17α-Hydroxy-21-acetoxypregnen-3.20-dion* (**II**) angenommen wird. **II** hat im Lebenserhaltungstest 50% der Aktivität von **I**. Im Thymusinvolutionstest hat **II** mit 1,5 mg keine Glucocorticoidwrkg.

Versuche: *Δ^1-17α-Hydroxy-21-acetoxypregnen-3.20-dion* (II), $C_{23}H_{32}O_5$, F. 218 bis 220°, aus 17α-Hydroxy-21-acetoxypregnan-3.20-dion durch Bromierung in Dimethylformamid mit p-Toluolsulfonsäurezusatz, Dehydrobromierung mit Li_2CO_3 u. LiCl durch 2std. Erhitzen auf 115° in N_2, Umkristallisation des krist. Rohprod. aus Aceton, Abtrennung der nadelförmigen Kristallfraktion u. Reinigung der durch Einengen der Mutterlauge gewonnenen quaderförmigen Kristalle von **II** durch Umkristallisation aus Aceton; $[\alpha]_D$ 104° (c = 1,07, Dioxan). (Hoppe-Seyler's Z. physiol. Chem. **315.** 83—85. 1959. Jena, Labor. des VEB Jenapharm.) B. RÄSSLER. 4561

Anna E. Newman, Edward S. Redgate und **Gordon Farrell,** *Die Einflüsse von diencephalisch-mesencephalischer Beschädigung auf die Ausscheidung von Aldosteron und Hydrocortison.* Durch Isolierung der Steroide *Aldosteron* (I) u. *Hydrocortison* (II) mit Hilfe der Papierchromatographie aus venösem Blut der Nebennieren konnten Vff. einen Einfl. der durch Hochfrequenzkoagulation hervorgerufenen diencephal.-mesencephal. Beschädigung auf die Ausscheidung von **I** u. **II** bei männlichen Katzen beobachten. (Endocrinology **63.** 723—36. Dez. 1958. Cleveland, Ohio, Western Reserve Univ. School of Med., Dep. of Physiol.) H. DÖLLE. 4561

Steffen Gjørup und **Jørn Hess Thaysen,** *Anabolische Steroide bei der Urämiebehandlung.* Mit Hilfe der 19-Norsteroide, *17α-Äthyl-19-nortestosteron* (*Noräthandrolon*; I) u. *19-Nortestosteron-17β-phenylpropionat* (*Nondrolon*; II) ist eine Senkung des Rest-N bei uräm. Zuständen möglich. **I** wird dabei in Dosen von 50—100 mg täglich peroral u. **II** in Dosen von 50 mg/Woche intramuskulär gegeben. Virilisierende Nebenwrkgg. sind höchstens schwach zu beobachten. Wenn auch letztlich der Ausgang von der erfolgreichen Behandlung der Nierenstörung abhängt, kann doch mit **I** u. **II** der fortschreitende Rest-N-Anstieg verhindert werden. (Lancet **2.** 886—87. 25/10. 1958. Kopenhagen, Univ. Hosp., Rigshosp., Med. Dep. A, Hämatodialytic Unit.) U. TAUSENDFREUND. 4561

J. D. P. Graham, *Pressoramine und Neuroblastome.* Von einem ca. 450 g schweren Neuroblastom wurden 50 g Gewebe excisiert, zerkleinert u. in einer 10%ig. wss. Ascorbinsäurelsg. (50 ml W.) homogenisiert; das Homogenisat wurde zentrifugiert (3000 U/Min., 15 Min.) u. der Überstand (Ü) auf ihre Blutdruckaktivität an der Spinalratte (Injektion von Ü zusammen mit Atropin u. einem Ganglienblocker) untersucht. — In 3 Versuchsreihen wurde festgestellt, daß die Ü eine 0,25 μg *Noradrenalin* (I)/ml äquivalente Blutdruckaktivität besitzt. Außerdem bewirkt die Ü eine scharfe Kontraktion glatter Meerschweinchenmuskeln (in Ggw. von Atropinsulfat, 10^{-7}, u. Mepyraminmaleat, 10^{-7}). Diese Aktivität der Ü wird genau wie die durch *5-Hydroxytryptamin* (**II**) induzierte durch *Lysergsäurediäthylamid* merklich reduziert. Die Pressor-Rk. bei der Ratte nach Ü-Gaben wird darüber hinaus von *LSD 25* red., nicht jedoch zum Verschwinden gebracht. — Vf. schließt aus diesen Ergebnissen, daß das Neuroblastom blutdruckakt. Substanzen enthält, wobei vorzugsweise an **I**, aber auch an *Adrenalin* u. **II** zu denken ist. Die Konz. an diesen Verbb. ist im Vgl. zu den im Phäochromocytom vorliegenden Mengen sehr gering. (Nature [London] **183.** 1733—34. 20/6. 1959. Cardiff, Welsh National School of Med., Dep. of Pharmacol.) H. KOCKERT. 4561

Yoshio Goto und **Isao Ito,** *Die Wirkung von Adrenalin auf den Adenosintriphosphatgehalt des Blutes von Diabetikern.* Vff. geben Diabetikern (a) u. n. Versuchspersonen (b) nach einer Hungerperiode *Adrenalinhydrochlorid* (**I**; 0,5 mg subcutan) u. bestimmen die Konzz. an *Adenosintriphosphat* (**II**) u. anorgan. P im Blut vor u. 1—5 Std. nach **I**-Zufuhr. Zur Durchführung der Best. wird die Blutprobe nach Ausfällung des Eiweißes (mit 10%ig. Trichloressigsäure) mit 2n HCl versetzt; ein Teil dieses Gemisches wird zur Ermittlung des Geh. an anorgan. P, der andere Teil nach Hydrolyse (nHCl, 100°, 10 Min.) zur Feststellung des **II**-Geh. verwendet, der als „Pyrophosphat"-Fraktion (säurelabiler P aus **II**) auf photoelektr. Wege nach Versetzen mit 2,5%ig. NH_4-Molybdat in 5n H_2SO_4 (Indicator: α-Aminonaphtholsulfonsäure) gemessen wird. Es zeigt sich, daß der Blut-**II**-Geh. bei a u. b nach **I**-Zufuhr absinkt, wobei der niedrigste **II**-Wert bei a nach einer, bei b nach 2 Std. auftritt. Der Anfangs-**II**-Geh. wird bei a nach 5 Std. wieder erreicht, während bei b nach der gleichen Zeit nur 70—80% desselben gefunden werden. Die Konz. an anorgan. P sinkt nach **I**-Applikation bei a zunächst ab u. steigt nach der 3. Std. an; b zeigen dagegen eine geringe, fortschreitende Zunahme des anorgan. P, ohne daß vorher ein Minimum beobachtet wird. Eine Steigerung des Blutzuckers nach **I**-Gaben tritt bei a u. b ein; die hyperglykäm. Phase ist aber bei b verlängert. Aus den Ergebnissen wird geschlossen, daß bei b durch Einw. von **I** eine latente Störung der **II**-Bldg. in den Blutzellen hervorgerufen wird, während die Erythrocyten von a gegen **I** eine größere Widerstandsfähigkeit besitzen. (Tohoku J. exp. Med. **67.** 65—71. 25/12. 1957. Sendai, Tohoku Univ., School of Med., Med. Clin. [Orig.: engl.]) P. FAHRNLAENDER. 4561

Richard T. Jones und **William D. Blake,** *Die Bestimmung von Adrenalin und Noradrenalin durch Fluorescenzmessung.* Die quantitative Meth. zur Best. von *Brenzcatechinäthanolaminen* durch Fluorescenzmessung nach LUND (vgl. Acta pharmacol. toxicol. [Köbenhavn] **5.** [1949.] 75. 121. 231; **6.** [1950.] 137) wurde für die zuverlässige Best. von *Adrenalin* (**I**) u. *Noradrenalin* (**II**) in Harn u. Plasma modifiziert. Während **I** in Plasma u. Urin relativ beständig ist, nehmen die Harn-**II**-Konzz. bei mehrtägiger Lagerung des Urins merklich zu. (J. appl. Physiol. **12.** 448—52. Mai 1958. Portland, Oreg., Univ. of Oregon, Med. School, Dep. of Physiol.) K. MEIER. 4561

R. A. Millar und **B. G. Benfey,** *Die fluorimetrische Bestimmung von Adrenalin und Noradrenalin während einer hämorrhagischen Hypertension.* Vff. beschreiben eine fluorimetr. Bestimmungsmeth. für *Adrenalin* u. *Noradrenalin* u. stellen auf Grund ihrer Unterss. fest, daß die vermehrte Ausscheidung von Adrenalin, wahrscheinlich aus dem Nebennierenmark, auf die hämorrhag. Schockwrkg. zurückzuführen ist. (Brit. J. Anaesthesia **30.** 158—65. April 1958. Montreal, Canada, McGill Univ., Dep. of Anaesthesia and Pharm.) G. MAYR. 4561

A. M. Ermans, *Eine neue Methode zur klinischen Überprüfung der Schilddrüsenfunktion: Die Schnelligkeit der Phosphorerneuerung in den Erythrocyten.* Inhaltlich ident. mit der C. **1959.** 12291 referierten Arbeit. (Ann. d'Endocrinol. **19.** 858—72. Juli/Aug. 1958. Bruxelles, Univ. Libre, Clin. Méd. de l'Hôp. Saint-Pierre et Labor. de Méd. exp., Dép. des Isotopes radio-actifs.) H. P. FIEDLER. 4562

Benjamin H. Ershoff, *Die verstärkende Wirkung von Reserpin auf die Thyreotoxizität bei der Ratte.* Bei jungen Ratten wirkten *Reserpin* in einer Dosierung von 10 bis 20 mg/kg u. getrocknete Schilddrüse (0,125—0,5% im Futter) bei separater Verabreichung nicht letal, doch führte gleichzeitige Verabreichung der beiden Verbb. innerhalb von 14 Tagen in 100% zum Tode der Tiere. (Proc. Soc. exp. Biol. Med. **99.** 189—92. Okt. 1958. Los Angeles, Calif., Univ. of California, Dep. of Biochem. and Nutr.) WOLFGANG ALBRECHT. 4562

Bernard R. Landau und **Herbert A. Lubs,** *Reaktion von Tieren auf 2-Desoxy-D-glucose-Verabreichung.* Verabreichung hoher Dosen von *2-Desoxy-D-glucose* (I) führte bei Mäusen u. Kaninchen zu Symptomen ähnlich einer Insulinhypoglykämie, was wahrscheinlich die Folge einer I-bedingten cellulären Glykopenie durch Hemmung der Glucoseverwertung ist. — Chron. I-Verabreichung subcutan führte bei der Ratte zu erhöhten Blutzuckerwerten u. Gewichtsverlust. — Niedrige Dosen von I verursachten bei intravenöser oder oraler Applikation bei Kaninchen eine rapide Erhöhung des Blutzuckers, die wenigstens 5 Std. dauerte; der Glucosetoleranztest ergab vom Normalen abweichende Werte, doch sprachen die Tiere auf *Insulin* an. (Proc. Soc. exp. Biol. Med. **99.** 124—27. Okt. 1958. Bethesda, Md., Nat. Cancer Inst., Endocrinol. Branch, Dep. of Health, Education and Welfare.) Wolfgang Albrecht. 4564

Kenneth W. McKerns, Barbara Coulomb, Edwin Kaleita und **Edward C. de Renzo,** *Einige Wirkungen von in vivo verabreichten Östrogenen auf den Glucosestoffwechsel und die adrenale corticale Ausscheidung in vitro.* Die Östrogene *Stilböstrol* (I), *Äthinylöstradiol* (II) u. *Östradiol* (III) werden auf ihren Einfl. auf Körpergewicht, Glucoseaufnahme, Glykogenbldg. im Diaphragma, Leberglykogen, Fettspiegel u. die adrenale corticale Ausscheidung bei jungen männlichen Ratten untersucht. Das Körpergewicht nahm etwas ab. Mit I u. II behandelte Ratten zeigten erhöhte Glucoseverwertung u. eine größere Insulinwirkung. Derselbe Effekt konnte bei der Glykogenbldg. beobachtet werden. Die Werte für das Leberglykogen lagen in behandelten Ratten höher bei I u. II als in der Kontrolle, Fettspiegel sank ab, während der Glucosespiegel im Blut gleich der Kontrolle blieb. Auf die adrenale corticotrope Ausscheidung übte II größten Hemmeffekt aus, während I u. III geringere Hemmungen zeigten. Die Identifizierung erfolgt durch Papierchromatographie (Toluol–Propylen–Glycerin-Syst.; Entw. durch blaue Tetrazolium-Rk.). — 10 Tabellen. (Endocrinology **63.** 709—22. Dez. 1958. Pearl River, N. Y., Amer. Cyanamid Comp., Res. Div., Biochem. Res. Sect.) H. Dölle. 4564

Hans H. Bassøe und **Hans-Kr. Krogh,** *Insulintoleranztest bei ovarektomierten Ratten.* Zur Klärung, ob Dysfunktionen der Ovarien zu der beim Turner-Syndrom u. bei gesteigerter *Gonadotropin* (I)-Ausscheidung beobachtbaren *Insulin* (II)-Resistenz beitragen, wurden n. u. ovarektomierte Ratten einem II-Toleranztest unterworfen. Trotz beträchtlicher (bis 500%) gesteigerter I-Sekretion ließ sich kein Unterschied zwischen n. u. Versuchstieren bei der Durchführung des Testes erkennen. (Acta endocrinol. [Copenhagen] **28.** 366—68. Juli 1958. Bergen, Univ. Clinic, Med. Dep. B, Endocrinol. Res. Labor.) U. Tausendfreund. 4564

Giorgio Galansino, Giuseppe D'Amico, Doris Kanameishi und **Piero P. Foa,** *Die Wirkungsweise von Insulin, Carbutamid und Tolbutamid.* Bei Injektion von *Insulin* (I) in die V. femoralis oder die Pfortader von anästhesierten Hunden war kein qualitativer Unterschied bei beiden Applikationsarten festzustellen: Abfall der Blut-*Glucose* (II) u. des Blut-*K* u. Anstieg der *Brenztraubensäure* (III) u. *Milchsäure* (IV) im Blut. Nach intravenöser Verabreichung von *Carbutamid* u. *Tolbutamid* war dagegen ein Abfall von II, *K*, III u. IV zu beobachten, was im Sinne einer I-Stimulierung gedeutet wird. (Proc. Soc. exp. Biol. Med. **99.** 447—51. Nov. 1958. Chicago, Ill., Chicago Med. School, Dep. of Physiol. and Pharmacol.) Wolfgang Albrecht. 4564

W. Stich, R. Marx und **H. Ehrhart,** *Hämotologie des Diabetes mellitus und Rastinontherapie.* Es werden keine signifikanten Veränderungen im hämatolog. Bild bei *Rastinon*-behandelten Diabetikern im Vgl. zur Insulinbehandlung festgestellt. (Dtsch. med. Wschr. **82.** 1533—37. 6/9. 1957. München, Univ., I. Med. Klinik.) W. Schuler. 4564

Bernt Sachsse, *Untersuchungen der Leberfunktion nach lang dauernder Sulfonylharnstoff-Therapie.* Behandlung mit Sulfonylharnstoffen (*BZ 55, D 860*) über die Dauer eines Jahres hatte bei Diabetikern keine Veränderungen des Ausfalls der Eiweißlabilitäts-Rkk., des Elektrophoresediagramms, der Kunkel-Rkk. u. des Cholesterinspiegels im Serum gegenüber Diabetikern ohne diese Therapie zur Folge. Ein Hinweis auf Leberschädigung konnte weder aus der Bromsulfaleinprobe u. Bilirubinbelastung noch aus Leberpunktaten in 10 Fällen ersehen werden. (Ärztl. Wschr. **13.** 886—87. 3/10. 1958. Düsseldorf, Med. Akad., II. Med. Klinik.) U. Tausendfreund. 4564

K. Schöffling, E. F. Pfeiffer, H. Steigerwald, I. Bachrach und **U. Becker,** *Die Nebenwirkung der langfristigen D 860-Behandlung.* Bei mit dem Sulfonylharnstoffpräp. D 860 behandelten Diabetikern waren hämolyt. keine sicheren Nebenwrkgg. feststellbar. Hingegen traten in ca. 1,6% der Fälle Magen–Darm-Störungen sowie Haut-Rk. auf, die zu einer vorübergehenden Absetzung des Präp. Anlaß gaben. (Dtsch. med. Wschr. **82.** 1537—39. 6/9. 1957. Frankfurt/M., Univ., I. Med. Klinik.) W. Scheler. 4564

S. E. Strauzenberg, H. Haller und **H. Meyer,** *Beitrag zum Problem der Versagerfälle bei der peroralen Diabetestherapie.* Vff. berichten über Erfahrungen an 1000 mit *Sulfonylharnstoffpräpp.* (I; peroral) behandelten Diabetikern. Sie differenzieren die einzelnen Verlaufsformen einer negativen Behandlung mit I u. behandeln ausführlicher das sogenannte „Spätversagen" der I-Therapie. Nach Ansicht der Vff. beruht es nicht auf einer Schädigung der β-Zellen im Pankreas durch I, sondern auf einer Weiterentw. der diabet. Stoffwechselstörung. (Münchener med. Wschr. **100.** 1535—40. 3/10. 1958. Dresden, I. Med. Klinik d. Stadtkrankenhauses Dresden-Friedrichstadt u. Med. Klinik der Med. Akademie.) H. SCHIMASSEK. 4564

Jaroslav Vlk, *Über den Acetylcholingehalt im rechten und linken Herzvorhof bei Kaninchen und Ratten.* Bei Kaninchen u. Ratten wird nach Extraktion des Gewebes der Herzvorhöfe der *Acetylcholin*-Geh. am Musculus rectus abdominis des Frosches bestimmt. Im rechten Vorhof des Kaninchens wurden 1,37 γ, im linken 0,78 γ Acetylcholin/g Frischgewicht gefunden; bei Ratten entsprechend 5,36 γ u. 2,07 γ. Der Acetylcholin-Geh. ist also im rechten Herzvorhof deutlich höher als im linken. (Naunyn-Schmiedebergs Arch. exp. Pathol. Pharmakol. **235.** 19—22. 12/9. 1958. Pilsen, CSR, Karlsuniv., Physiol. Inst.) G. KIMMERLE. 4569

James L. Leitch, D. Maryn, V. G. Debley und **Thomas J. Haley,** *Einfluß von p_H und Atropin auf das mit 5-Hydroxytryptamin und Acetylcholin durchströmte Gewebe.* Unterss. mit der Überströmungsmeth. nach GADDUM am Rattenuterus u. Meerschweinchenileum zeigen, daß erster gegen *5-Hydroxytryptamin* (I) u. *Acetylcholin* (II) empfindlicher ist. Es ist möglich, I in Ggw. von II zu bestimmen, nachdem diejenige Konz. von *Atropin* (III) ermittelt ist, welche II blockiert u. die I-Wrkg. nur unwesentlich vermindert. Am Rattenuterus wird die Sensibilität gegenüber I u. II durch sauren p_H verringert, während die III-Empfindlichkeit hierbei gesteigert ist. (J. Pharmacol. exp. Therapeut. **119.** 408—11. Aug. 1957. Los Angeles, Calif., Univ. of Calif., Atomic Energy Project, School of Med., Div. of Pharmacol. and Toxicol.) R. LAFFERENZ. 4569

Charles E. Lewis, *Die von der Zeit abhängige Ausscheidung von 5-Hydroxyindolylessigsäure nach oraler Verabreichung von Bananen und 5 Hydroxytryptamin.* Reines *5-Hydroxytryptamin* (I) oder aus dem Fruchtfleisch von Bananen wird rasch u. vollständig bei oraler Verabreichung resorbiert u. unverzüglich in *5-Hydroxyindolylessigsäure* umgewandelt. Dieses wird schnell im Urin ausgeschieden. Für klin. Unterss. ist von Wichtigkeit, daß mindestens 8 Std. vor der Harnunters. kein exogenes I zugeführt wurde. (Proc. Soc. exp. Biol. Med. **99.** 523—25. Nov. 1958. Univ. of Cincinnati, Kettering Labor.) WOLFGANG ALBRECHT. 4569

Ralph Kohn und **J. Gordon Millichap,** *Über die Eigenschaften von histamininduzierten Krämpfen.* Die bei intracerebraler Injektion von *Histamin* (I) zu beobachtenden klon. Krämpfe bei Maus u. Meerschweinchen werden durch Verabreichung von *Trimethadion* verhindert, durch *Diphenylhydantoin* verstärkt u. teilweise durch *Acetazolamid* beherrscht. Außer *Chlorpromazin* waren Tranquilizer wie *Serpasil* wirkungslos. *Cortison* u. *Desoxycorticosteron* verursachten geringfügige Exazerbation bei gewisser Herabsetzung der Schwere der Anfälle. Antihistaminica (*Tripelenamin, Diphenhydramin* u. *Thephorin*) verhinderten Krämpfe bei Meerschweinchen, nicht bei der Maus. — Die Verhinderung von *Metrazol*-induzierten Krämpfen durch I wird als unspezif. Antagonismus gedeutet. (Proc. Soc. exp. Biol. Med. **99.** 623—28. Dez. 1958. New York City, N. Y., Yeshiva Univ., Albert Einstein Coll. of Med., Deps. of Pharmacol. and Pediatrics.) WOLFGANG ALBRECHT. 4569

Ibert C. Wells und **Samuel Mallov,** *Cholinantimetaboliten. Untersuchungen am Darmmuskel.* (Vgl. C. **1957.** 3578; **1958.** 1350.) Im Kaninchenileum wurden eine Reihe von Verbb. mit cholinähnlicher Struktur auf ihre muskelakt. Eig. geprüft. *β-Hydroxyäthylammoniumchlorid,* 0,3 (cholinähnliche Wrkg., Cholin = 1) u. folgende N-substituierte Analoga: *N.N-Diäthyl-,* 0,1; *N.N-Dimethyl-N-äthyl-,* 4,0; *N-Methyl-N.N-diäthyl-,* 0 (auch keine Anticholinwrkg.); *N.N.N-Triäthyl-,* 0 (besitzt Anticholinwrkg.). — *γ--Hydroxy-n-propylammoniumchlorid,* 0,2 u. folgende Derivv.: *N.N-Diäthyl-,* 0,1; *N-Methyl-N.N-diäthyl-,* 0,1; *N.N.N-Triäthyl-,* 0 (auch keine Anticholinwrkg.). — *β-Hydroxypropylammoniumchloride: N.N-Diäthyl-,* 0,1; *N.-Methyl-N.N-diätyl-,* 0,1; *N.N.N-Trimethyl-,* 0,5; *N.N.N-Triäthyl-,* 0 (besitzt Anticholinwrkg.). — *α.α-Dimethyl-β-hydroxyäthylammoniumchlorid,* 0,1 u. folgende Derivv.: *N.N.N-Trimethyl-,* 0,2; *N.N.N-Triäthyl-,* 0,1. — *α.α-Bis-[hydroxymethyl]-äthylammoniumchlorid,* 0,1 u. folgende Derivv.: *N.N.N-Trimethyl-,* 0 (besitzt Anticholinwrkg.); *N.N.N-Triäthyl-,* 0 (besitzt keine Anticholinwrkg.). — *Thiocholinchlorid* 3,1. — Die Ergebnisse werden diskutiert. (Proc. Soc. exp. Biol. Med. **93.** 81—84. Okt. 1956. Syracuse, N. Y., State Univ. of New York, Med. Coll., Deps. of Biochem. and Pharmacol.) WOLFGANG ALBRECHT. 4569

K. G. Davey, *Serotonin und Farbänderung bei Fröschen.* Injektion von 10 bis 1000 γ *Tryptamin* oder *Serotonin* (I) führt bei hypophysektomierten Fröschen (Rana pipiens) nach 15 Min. zu einer Pigmentausbreitung in den Melanocyten, die an den Schwimmhäuten photograph. registriert wird u. die 15—30 Min. anhält. *Histamin-*

phosphat u. *Acetylcholin* sind ohne·melanophorotrope Wirkung. Die nach Injektion eines Extraktes aus Froschhypophysen auftretende u. normalerweise mehrere Std. andauernde Pigmentausbreitung kann durch gleichzeitige Injektion von 100 γ *Lysergsäurediäthylamid* stark verkürzt werden. Ein nach WEISSBACH, WALKES u. UDENFRIEND (C. **1959**. 10976) hergestellter, gereinigter Hypophysenextrakt zeigt die gleichen Wirkungen wie **I**, während ein Extrakt aus Froschnerven unwirksam ist. Unters. der UV-Absorption dieser Extrakte zeigt, daß sie kein **I** enthalten. Die wirksame Substanz des Hypophysenextraktes ist möglicherweise eine **I**-Vorstufe oder ein **I**-Derivat. (Nature [London] **183**. 1271—72. 2/5. 1959. Toronto, Canada, Univ., Dep. of Zool.)

K. BOHLE. 4569

Jack W. Miller, Anthony Kisley und **William J. Marray,** *Die Wirkung eines Relaxin enthaltenden Ovarialextraktes auf verschiedene Arten von glatter Muskulatur.* Der *Relaxin*-enthaltende Ovarialextrakt bewirkt am Hund Senkung des Blutdruckes, Bradykardie u. Inhibierung der Uretermotilität mit Tachyphylaxie. Eine Komponente des Extrakts hat *Histamin*-Ausschüttung zur Folge, deren Menge hinreicht, um den Blutdruck zu senken. Der Extrakt inhibiert zwar in vitro bei der Ratte die spontane Uterusmotilität, nicht jedoch bei Mensch u. Kaninchen. (J. Pharmacol. exp. Therapeut. **119**. 426—37. Aug. 1957. Madison, Wis., Univ. of Wis., Dep. of Pharmacol. and Toxicol.) R. LAFFERENZ. 4569

R. H. Fox und **S. M. Hilton,** *Bradykininbildung in menschlicher Haut als ein Faktor bei Hitzegefäßerweiterung.* Es werden die Mechanismen der Gefäßerweiterung u. exokriner Schweißdrüsentätigkeit in menschlicher Unterarmhaut beim Erhitzen untersucht u. mit denjenigen der unter dem Unterkiefer liegenden Speicheldrüse der Katze verglichen. *Bradykinin* (**I**) bildendes Enzym ist in menschlichem Schweiß u. im Speichel vorhanden. Bei Durchfluß einer sterilen Salzlsg. durch die subcutanen Zwischenräume des menschlichen Unterarms wird nach Unters. der Fl. am isolierten Rattenuterus gegenüber einem Standard-**I**-Präp. darin eine Wirksamkeit entsprechend 1—5 $\mu g/cm^3$ ermittelt. Diese erhöht sich bei Körpererhitzung um das 5fache, was durch die Schweißdrüsentätigkeit bewirkt wird. Beim Erhitzen setzt die Gefäßerweiterung vor Beginn des Schwitzens ein, bes. bei niederer Temperatur. Verss. über Sekretionen u. venösem Ausfluß der submandibularen Drüse der Katze zeigen, daß bei maximaler Stimulierung der Chorda tympani Gefäßerweiterung u. Speichelfluß gleichzeitig auftreten, bei submaximaler Stimulierung Gefäßerweiterung zuvor auftritt, sogar ohne Speichelentleerung. Plethysmograph. bei venösem Ausschluß wird gezeigt, daß während rascher Körpererwärmung *Atropin* (arterielle Injektion von 5 $\mu g/kg$) die offene Schweißabsonderung eher als die Gefäßerweiterung unterdrückt. Atropininjektionen in die Speicheldrüse bewirken bei maximaler Reizung n. Gefäßerweiterung ohne Speichelfluß, bei submaximaler Reizung stark red. Gefäßerweiterung. Aus den Ergebnissen wird geschlossen, daß **I**-Bldg. in menschlichen exokrinen Schweißdrüsen, hervorgerufen durch eine Gefäßerweiterung um die Drüse, eine wichtige Rolle bei der Schweißsekretion, analog derjenigen in der Speicheldrüse, spielt u. die mit der Körpererhitzung einhergehende Gefäßerweiterung in menschlicher Unterarmhaut gleichfalls in der Hauptsache durch aus der Schweißdrüsentätigkeit herrührendem **I** entsteht. (J. Physiology **142**. 219—32. 14/7. 1958. London, Hampstead, Nat. Inst. for Med. Res.) ANTJE SCHMIDT. 4569

Marion E. Erlandson, Irving Schulman, Beatrice Walden und **Carl H. Smith,** *Elution von ^{51}Cr aus Hämoglobin und intakten Erythrocyten von Erwachsenen, Kindern und Patienten mit Cooley-Anämie.* In Dialyseverss. wurde ^{51}Cr aus Hämoglobin-Lsgg., welche fetales Hämoglobin wie bei Säuglingen u. bei Patienten mit COOLEY-Anämie enthielten, schneller eluiert als aus Hämoglobin-Lsgg. von Erwachsenen. Diese Beschleunigung verlief parallel dem Prozentsatz an fetalem Hämoglobin. Dagegen war das Phänomen bei mit ^{51}Cr gezeichneten Erythrocyten trotz ihrem Geh. an fetalem Hämoglobin nicht nachzuweisen. (Proc. Soc. exp. Biol. Med. **99**. 173—75. Okt. 1958. New York, N. Y., New York Hosp., Cornell Medical Center, Dep. of Pediatrics.)

WOLFGANG ALBRECHT. 4572

A. Breccia, A. L. Fantola, G. Giustina und **E. Lazzarini,** *Markierte Ketosäuren in Entenblut, das in vitro in $NaH^{14}CO_3$ incubiert wurde.* Retikulocytenreiches Entenblut kann in vitro ^{14}C aus $NaH^{14}CO_3$ aufnehmen u. in Globin, Häm u. Stroma einbauen. In vorliegenden Unterss. weisen Vff. *Brenztraubensäure* (**I**) u. *α-Ketoglutarsäure* (**II**) als ^{14}C-markierte Vorstufen nach. Aus dem Überstehenden wurden nach 18std. Incubation u. Fällung der abgetrennten Plasmaproteine mit 5%ig. Metaphosphorsäure **I** u. **II** als 2.4-Dinitrophenylhydrazone isoliert u. papierchromatograph. getrennt. Die Best. der Radioaktivität erfolgte nach Elution mit 2n NaOH u. Ae.-Extraktion. Vff. nehmen an, daß die Bldg. von **I** u. **II** bei der CO_2-Fixierung über den KREBS-Cyclus erfolgt. Für **I** wird als 2. Stoffwechselweg der über Ribulose-5-phosphat diskutiert, der für gewisse

n. Zellen u. für Tumorzellen von BARON nachgewiesen wurde. (Nature [London] **183.** 1328—29. 9/5. 1959. Milano, Politecnico, Ist. di Fisica.) K. RUCKPAUL. 4572

Peter H. Lowy, Geoffrey Keighley und **Henry Borsook,** *Die Frage des Reinheitsgrades von Konzentraten des erythropoietischen Faktors.* Der Hauptanteil der erythropoiet. Aktivität aus Anämieplasma von Kaninchen läßt sich in einer Fraktion konzentrieren, welche weniger als 0,5% der Plasmaeiweißkörper enthält. Die Tatsache, daß eine aus inakt. Plasma gewonnene Fraktion der wirksamen hinsichtlich Ausbeute u. elektrophoret. Verh. sehr ähnlich ist, spricht dafür, daß der erythropoiet. Faktor nur einen kleinen Teil der vorliegenden Konzentrate ausmacht. (Proc. Soc. exp. Biol. Med. **99.** 668—70. Dez. 1958. Pasadena, Calif., California Inst. of Technology, Kerckhoff Labors. of Biology.) WOLFGANG ALBRECHT. 4573

R. S. Piha, *Das Verhalten der Brenztraubensäure im Plasma und in roten Zellen bei Kaninchen nach wiederholtem Blutverlust.* Bei Blutregeneration zeigt sich bei Kaninchen ein merklicher Anstieg der *Brenztraubensäure* (I) im Plasma u. in den Erythrocyten. Es wird angenommen, daß eine gesteigerte Bldg. der I außerhalb des Blutes stattfindet. (Acta physiol. scand., Suppl. **44.** Nr. 151. 1—43. 1958.) H. MATTHIES. 4573

H. Banaschak, *Über den Kationentransport bei Rindererythrocyten.* Mit zunehmendem Alter nimmt bei Kälbern der anfänglich hohe *K*-Geh. der Erythrocyten ab u. erreicht nach ca. 3 Monaten den Wert der erwachsenen Tiere. Der *Na*-Geh. nimmt in der gleichen Zeit entsprechend zu. Durch fraktionierte Hämolyse (f.H.) in Saccharoselsg. werden im Kälberblut eine *Na*-reiche (I) u. eine *K*-reiche (II) Zellfraktion nachgewiesen. Parallel mit dem K-Abfall der Gesamterythrocyten nimmt der Anteil von II ab. Infolge der größeren osmot. Resistenz von II ist durch f.H. deren Anreicherung möglich. Lediglich diese Zellen zeigen Kationentransport. Das Auftreten von I zusammen mit dem Nachlassen der glykolyt. Aktivität wird als Zeichen der zunehmenden Zelldifferenzierung angesehen. (Acta biol. med. german. [Berlin] **1.** 293—303. 1958.) H. MATTHIES. 4573

John E. Davis und **James P. Fields,** *Experimentell erzeugte Polycytämie beim Menschen infolge Verabreichung von Kobaltchlorid.* Bei 6 n. Versuchspersonen verursachte tägliche orale Verabreichung von 150 mg *Kobaltchlorid* eine verstärkte Erythropoiese, die in den erhöhten Erythrocytenzahlen ihren Ausdruck fand. Nach Absetzen der Medikation, welche 7—22 Tage durchgeführt worden war, normalisierte sich die Erythrocytenzahl innerhalb von 9—15 Tagen. (Proc. Soc. exp. Biol. Med. **99.** 493—95. Nov. 1958. Austin, Texas, Univ. of Texas, Coll. of Pharmacy.) WOLFGANG ALBRECHT. 4573

Eric Ponder und **Ruth V. Ponder,** *Untersuchung über Hemmung der Hämolyse mit der Methodik zur Untersuchung fortschreitender Reaktionen und mit radioaktiven Hämolysinen.* Vff. untersuchten die Hemmung der Hämolyse durch Plasma (I) in Systemen, die *Saponin* (II), *Digitonin* (III) u. *Na-Laurylsulfat* (IV) enthielten. Die Ergebnisse zeigten, daß die fortschreitende Natur der hämolyt. Rk. in II-Systemen bei Zugabe von I abnahm u. in III-Systemen keinen Einfl. auf das endgültige Ergebnis hatte, obwohl die Reaktionsgeschwindigkeit vermindert war. Die Wrkg. von I in IV-Systemen lag zwischen denen von II u. III. Zur Erklärung des Wirkungsmechanismus waren Vff. der Ansicht, daß das Lysin in III-Systemen sehr fest an der Zelloberfläche adsorbiert wird, in IV-Systemen weniger fest u. in II-Systemen nur schwach, um eine „innere Phase“ zu bilden. Der Beweis hierfür wurde durch Anwendung von radioakt. Hämolysinen wie ^{35}*S-Na-Laurylsulfat* (V) u. ^{35}*S-Na-Cetylsulfat* (VI) erbracht. Vff. bestimmten die Verteilung von V u. VI zwischen der „inneren Phase“ (Zelloberfläche) u. der „Hauptphase“ vor u. nach Zugabe von I. Vor der Zugabe von I wurden V oder VI von der Oberfläche der roten Blutzellen aufgenommen, nach Zugabe von I zu den Systemen war die „innere Phase“ stark an V oder VI reduziert. Mit Albumin an Stelle von I erzielten Vff. ähnliche Ergebnisse. (J. gen. Physiol. **40.** 37—46. 20/9. 1956. Mineola, Long Island, Nassau Hosp.) G. BRATFISCH. 4573

Blanche Ann Borek und **Max Bovarnick,** *Ein durch Adenosintriphosphat aktiviertes hämolytisches System.* Kaninchenerythrocytenhämolysat enthält einen Faktor, der in vitro Humanerythrocyten lysiert, wenn das Syst. Mg^{2+} u. bestimmte Nucleotide enthält. Von den untersuchten Nucleotiden war *Adenosintriphosphat* (ATP) am wirksamsten. Maximale Hämolyse wurde hervorgerufen durch Anwesenheit von $5 \cdot 10^{-4}$ bis $5 \cdot 10^{-3}$mol. Mg^{2+} u. $1{,}65 \cdot 10^{-4}$mol. ATP. $3{,}3 \cdot 10^{-4}$mol. Adenin, Adenosin oder anorg. Pyrophosphat verursachten weder Hämolyse in Abwesenheit von ATP, noch hemmten diese Verbb. die Wrkg. von ATP. Adenylsäure hemmte die Hämolyse in Ggw. von $6{,}67 \cdot 10^{-4}$mol. ATP. $6{,}67 \cdot 10^{-4}$mol. *Adenosindiphosphat* führte im Vgl. zu ATP in gleicher Konz. zu 60% der durch ATP erreichten Hämolyse. $4 \cdot 10^{-4}$mol. *Cytidintri-*

phosphat u. *Uridintriphosphat* verursachten geringe Hämolyse (25%). Mg^{2+} kann bedingt durch Mn^{2+} oder Co^{2+} ersetzt werden. Der lyt. Faktor ist nicht dialysabel u. ist wahrscheinlich ein Sulfhydrylenzym (I), durch das die Membranen der Humanerythrocyten angegriffen werden. Die hämolyt. Aktivität von I wird durch Humanstroma gehemmt. Das Enzymsystem wird durch Glutathion (II) aktiviert u. durch Schwermetalle, oxydiertem II, Cystein, Ergothionin u. einer Zahl von Stoffwechselinhibitoren gehemmt. Physostigmin hat keine Wirkung. Durch fraktioniertes Zentrifugieren erreichten Vff. eine partielle Reinigung von I. (J. gen. Physiol. **40.** 121—34. 20/9. 1956. Brooklyn, N. Y., The Veterans Administration Hospital and State Univ., Coll. of Med., Dep. of Med.) G. BRATFISCH. 4573

Sakae Mukaino, *Grundlegende Untersuchungen über die papierelektrophoretische Analyse von Serumproteinfraktionen. Anhang: Serumproteinfraktionierung bei normalen Erwachsenen.* Die Ergebnisse elektrophoret. Serumproteinfraktionierungen sind weitgehend von den verschied. Versuchsbedingungen abhängig. Die besten Ergebnisse erhielt Vf. mit Veronalpuffer von p_H 8,6 u. Ionenstärke 0,05 bei einer Spannung von 250 V, einer Stromstärke von 0,2 mA/cm, bei Raumtemp. nach 15—18 Stunden. Angewendet wurden 0,005 ml Serum je cm, 8 cm von der Kathode entfernt u. Filterpapier Toyo Nr. 50, 51 oder 131. Die so an gesunden Erwachsenen durchgeführten Unterss. ergaben gute Reproduzierbarkeit des Verfahrens. (Jap. Arch. intern. Med. **5.** 585—89. 1958. Kyoto, Univ., Med. Fac., 1. Med. Clinic. [Orig.: japan.; Auszug: engl.]) F. KRUSEN. 4574

Gerald B. Phillips, *Die Lipidzusammensetzung von menschlicher Serumlipoproteinfraktion mit einer Dichte von mehr als 1,210.* Eine durch Ultrazentrifugieren dargestellte *Lipoprotein*-Fraktion aus menschlichem Serum mit einer D. von mehr als 1,210 enthielt etwa 8% der gesamten *Serumphospholipide* (I), *Nicht-Phospholipidester*, vor allem *Triglyceride*, u. wenig oder kein *Cholesterin*. Etwa die Hälfte von I lag in Form von *Lysolecithin*, etwa der Hälfte der ganzen im Serum vorkommenden Menge, vor. (Proc. Soc. exp. Biol. Med. **100.** 19—22. Jan. 1959. New York, City, N. Y., Columbia Univ.; Presbyterian Hosp., Coll. of Physicians and Surgeons, Deps. of Biochem. and Med.) WOLFGANG ALBRECHT. 4574

Samuel Losner, Bruno W. Volk und **Rudolph E. Fremont** (unter techn. Mitarbeit von **Alice Einhorn**), *Untersuchungen über den Fibrinogenpolymerisationstest.* Durch den *Fibrinogen* (I)-Polymerisationtest wird das Vorhandensein oder Fehlen von I im Überstand des Citratserums 2 Std. nach der Hauptgerinnung von 3 cm^3 Vollblut, zu dem 8 μg Heparin gegeben wurden, bestimmt. Der Test ist „positiv", wenn der Überstand kein I enthält u. ist „negativ", wenn nach 2 Std. beträchtliche I-Mengen darin enthalten sind. Mit dem I-Polymerisationstest untersuchten Vff. das Blut von Patienten mit den verschiedensten Krankheiten. Parallel hierzu wurden bestimmt: Erythrocytensedimentation, C-reakt. Protein, Plasma-I u. Antistreptolysin-O-Titer. Der I-Polymerisationstest war positiv bei akutem rheumat. Fieber (mit u. ohne Carditis), akuter rheumatoider Arthritis, Chorea minor, idiophat. Peri- u. Myocarditis u. in der frühen Phase von akuter Glomerulonephritis. Der I-Polymerisationstest wird durch therapeut. Verabreichung von Steroidhormonen nicht unterdrückt. (Amer. J. clin. Pathol. **27.** 609—18. Juni 1957. New York, N. Y., Jewish Chronic Disease Hosp., Isaac Albert Res. Inst.; Albert Einstein Coll. of Med., Dep. of Pathol. and Brooklyn Veterans Administration Hosp., Cardio-Vascular Sect.) G. BRATFISCH. 4574

H. Kranz, *Bemerkungen zur Bestimmung der Gerinnungsvalenz nach Quick und zum Thrombokinaseproblem.* Neben Problemen der Prothrombinindices wird vom Vf. bes. auf die Bedeutung einer genügend exakten $CaCl_2$-Lsg. im Rahmen gerinnungsphysiol. Unterss. hingewiesen. Als geeignet zur Herst. konstanter Lsgg., auch bzgl. längerer, unkomplizierter Lagerungszeit, hat sich das Präp. *Thrombokinase*-GEIGY-*calciumhaltig* erwiesen. (Ärztl. Wschr. **13.** 882—85. 3/10. 1958. Würzburg, Univ., Chirurg. Klinik.) U. TAUSENDFREUND. 4574

Irena Gawęcka, *Kritische Bewertung thromboplastischer Präparate.* Die untersuchten Präpp. „*Haemostypt*", „*Coagulen*" u. „*Styptan*" verkürzen bei gesunden u. normalisieren kurzzeitig bei mit Heparin oder Dicumarol behandelten Kaninchen die Blutungs- u. Blutgerinnungszeit. (Acta polon. pharmac. **15.** 261—70. 1958. Warszawa, Inst. Lekow, Zakł. Farmakolog.) F. URBAN. 4574

Edwin E. Gordon, *Die Wirkung von Polycarbonsäuren auf die Blutgerinnung.* In Incubationsverss. wirkten die Na-Salze von *cis-Aconitsäure, trans-Aconitsäure, Isocitronensäure* u. *Tricarballylsäure* in Form ihrer Natriumsalze in vitro stark verlängernd auf die Gerinnungszeit von menschlichem Vollblut ein. Die untersuchten Dicarbonsäuren *α-Ketoglutarsäure, Bernsteinsäure, Fumarsäure, Äpfelsäure, Glutarsäure, Citracon-*

säure, Glutaminsäure u. *Malonsäure* verursachten eine nur geringfügige Verlängerung der Gerinnungszeit. (Proc. Soc. exp. Biol. Med. **99.** 192—94. Okt. 1958. Boston, Mass., Harvard Med. School, Dep. of Med.; Yamins Res. Labors., Med. Res. Dep.; Beth-Israel Hosp., Med. Service). WOLFGANG ALBRECHT. 4574

I. McLean Baird, E. K. Blackburn und **G. M. Wilson,** *Die Pathogenese der Anämie nach partieller Gastrektomie.* 1. Mitt. *Entwicklung der Anämie in bezug auf Operationszeit, Blutverlust und Diät.* (Quart. J. Med. [N. S.] **28.** 21—34. Jan. 1959. Sheffield, Univ., Dep. of Pharmacol. and Therapeutics; Dep. of Hämatol.) R. LAFFERENZ. 4575

I. McLean Baird und **G. M. Wilson,** *Die Pathogenese der Anämie nach partieller Gastrektomie.* 2. Mitt. *Eisenabsorption nach partieller Gastrektomie.* (1. vgl. vorst. Ref.) Klin. Unterss. unter Anwendung von ^{59}*Fe* ergeben, daß die Resorption von anorgan. wie von organ. gebundenem *Fe* bei partieller Gastrektomie dann nicht vermindert ist, wenn es mit einer leichten Mahlzeit verabreicht wird. Bei Patienten, die nach der Gastrektomie eine Anämie entwickelten, ist die Resorption von organ. Fe nicht vermindert. (Quart. J. Med. [N. S.] **28.** 35—41. Jan. 1959. Sheffield, Univ., Dep. of Pharmacol. and Therapeutics.) R. LAFFARENZ. 4575

E. Gisinger, *Der Eisenstoffwechsel in seinen theoretischen und therapeutischen Aspekten.* Nach einem Überblick über Vork., Menge, Bedeutung u. physiol. Verh. des *Fe* im menschlichen Organismus beschreibt Vf. die Symptome des Eisenmangels u. die Methoden zur Unters. des Eisenstoffwechsels (Eisenmangel wird auf Grund des erhöhten Transferringeh. im Serum diagnostiziert), sowie die Anwendung radioakt. Fe. Nach eingehender Beschreibung der Ursachen der Eisenmangelzustände erläutert Vf. die Therapie u. diskutiert den Wirkungsmechanismus der parenteral applizierten koll. Ferrisaccharate. — 76 Literaturangaben. (Wiener Z. inn. Med. Grenzgebiete **38.** 199—210. Mai 1957. Wien, Univ., II. Med. Klinik.) W. LAUER. 4575

Ian P. Ross, *Toxische Reaktion nach intravenösem Eisen.* Bei der intravenösen Behandlung von anäm. Patienten mit *Ferrisaccharat* wurden nach 100 bzw. 500 mg-Dosen in 75 bzw. 43% der Fälle tox. Rkk. beobachtet, die, von der Dosierung abgesehen, in Zusammenhang mit dem Vorliegen von Kreislauf- u. Lungengefäßerkrankungen standen u. von der Art der Anämie abhängig waren. (Lancet **273.** 77—79. 13/7. 1957. London, Hospital.) K. MAIER. 4575

Karlheinz Stalder, *Über das Vorkommen von Äthylmalonsäure im Harn. Äthylmalonsäure* (I) wurde als regelmäßiger Bestandteil im Harn von Mensch u. Ratte gefunden. Ausscheidung je Tag u. m² Körperoberfläche beim Menschen 1,47 bzw. 1,97 mg, bei der Ratte 0,64 bzw. 1,66 mg. Nach Fütterung von *DL-Isoleucin* an Ratten war die Ausscheidung von I u. *Bernsteinsäure* (II) vermehrt. Subcutan als Na-Salz zugeführte I wurde in den folgenden Tagen zu ca. 20% wieder ausgeschieden; dabei war die II-Ausscheidung erhöht. Die Bldg. der I aus *Isoleucin* wird in Zusammenhang mit den bisher bekannten Abbaumechanismen dieser Aminosäure besprochen. — Zur Isolierung von I aus n. Menschenharn diente die Kombination von präparativer Papierchromatographie (mit A./$(NH_4)_2CO_3$-Puffer) u. anschließender Säulenchromatographie an Kieselsäure (mit $CHCl_3$/Butanol). Identifizierung durch F., Misch-F., Farb-Rk. nach RIESTER, ferner Decarboxylierung u. Nachw. der entstandenen *Buttersäure.* (Hoppe-Seyler's Z. physiol. Chem. **314.** 205—10. 27/4. 1959. Göttingen, Max Planck-Gesellsch., Med. Forschungsanstalt.) EBERHARD MÜLLER. 4577

Alfred H. Free und **Helen M. Free,** *Die Natur des mit Nitroprussid reagierenden Materials im Harn bei Ketosis.* Beschreibung einer einfachen Diffusionsmeth. zur Unterscheidung zwischen *Acetessigsäure* (I) u. *Aceton* (II) im Harn. Unterss. an über 1000 menschlichen Ketonurinen ergaben, daß die Nitroprussid-Na-Rk. im wesentlichen auf Ggw. von I beruht. Das Verschwinden von I aus Harn, das auf mikrobieller Zers. beruht u. bei der II nicht als Hauptprod. entsteht, erfolgt nicht zwangsläufig rasch. (Amer. J. clin. Pathol. **30.** 7-10. Juli 1958. Elkhart, Ind., Miles-Ames Res.) K. MAIER. 4577

F. Heine und **E. Schürmeyer,** *Untersuchungen über den Zuckergehalt in Exsudaten.* Bei Unterss. des Zuckergeh. von Exsudaten verschied. Genese konnte kein Unterschied ermittelt werden, welcher eine Aussage bzgl. der Ätiologie des Exsudates erlauben würde. Unterschiede ergeben sich nur durch die Dicke der Pleuraschwarte sowie durch die Zell- u. Keimzahl des Exsudates, wobei allerdings Tuberkelbacillen keinen Einfl. ausüben; ein niedriger Geh. wird z. B. in zell- u. erregerreichem Empyemeiter gefunden. (Beitr. Klin. Tuberkul. **118.** 395—402. 20/8. 1958. Münster, Univ., Med. Klinik.) U. TAUSENDFREUND. 4578

D. M. Hegsted, J. J. Vitale und **Helen McGrath,** *Der Einfluß von niederer Temperatur und Nahrungscalcium auf den Magnesiumbedarf.* Die effektive Nahrungsverwertung von Ratten beträgt bei 13° nur $^1/_4$ derjenigen bei 25°, die Wachstumsrate ist

halb so groß u. die Futteraufnahme ca. 20% größer. Desgleichen ist der Mg-Bedarf um das 2—5fache gesteigert. Bei niedrigen Mg-Aufnahmen wirkt sich Futter mit hohem Ca-Geh. schädlich aus. (J. of Nutrit. **58.** 175—188. 10/2. 1956. Boston, Mass., Harvard Medical School, Harvard School of Publ. Health and of Biochem., Dep. of Nutrit.)
B. GASSMANN. 4585

Herbert R. Heinicke, Alfred E. Harper und **C. A. Elvehjem,** *Über den Protein- und Aminosäurenbedarf beim Meerschweinchen.* 2. Mitt. *Einfluß von Alter, Kalium und Magnesium und Art des Eiweißes.* (1. vgl. C. **1959.** 8223.) Trotz einer Kost mit hohem Caseingeh. benötigen Meerschweinchen während der gesamten Schnellwuchsphase zusätzlich *Arginin* u. *Methionin.* Der Bedarf nimmt mit zunehmendem Alter ab. Eine bessere Protein- bzw. Aminosäurenverwertung bei Zulagen von K- u. Mg-Salzen, erkennbar an Gewichtszu- u. -abnahmen, ist mehr als ein bloßer Effekt des Salz–W.-Gleichgewichts. Wegen des erhöhten Argininbedarfs reagieren junge Tiere auf Sojaeiweiß- oder Gelatinefütterung mit gesteigertem Wachstum. (J. of Nutrit. **58.** 269—80. 10/2. 1956. Madison, Wis., Univ. of Wis., Dep. of Biochem.)
B. GASSMANN. 4585

Paul Griminger, H. M. Scott und **R. M. Forbes,** *Der Einfluß des Eiweißgehaltes der Nahrung auf den Tryptophanbedarf des wachsenden Kükens.* Enthält die Kost 10, 20, 30 oder 40% Eiweiß (säurehydrolysiertes Casein), so wird aus den Gewichtszunahmen der Minimalbedarf an *Tryptophan* (I) zu 0,09, 0,143, 0,182 u. 0,2% ermittelt. Antibiotica wirken sich nicht sparend auf den I-Bedarf aus. (J. of Nutrit. **59.** 67—76. 10/5. 1956. Urbana, Ill., Agricult. Exp. Stat.)
B. GASSMANN. 4585

Ancel Keys, J. T. Anderson, Olaf Mickelsen, Sadye F. Adelson und **Flaminio Fidanza,** *Nahrung und Serumcholesterin beim Menschen. Das Fehlen eines Einflusses von Nahrungscholesterin.* Umfangreiche Studien in Minnesota u. Sardinien mit Männern verschied. Alters u. Berufs, die sich unterschiedlich ernähren bzw. denen bestimmte Kostformen mit Zulagen oder Entzug von *Cholesterin* (I) oder Fett angeboten werden, beweisen, daß keinerlei Beziehungen zwischen I-Aufnahme u. I-Geh. des Blutserums bestehen. (J. of Nutrit. **59.** 39—56. 10/5. 1956. Minneapolis, Minn., Univ. of Minn., Labor. of Physiol. Hyg.; Hastings, Minn., Hastings State Hosp., U. S. Dep. of Agricult., Agricult. Res. Serv. and the Metabolism Unit.)
B. GASSMANN. 4585

Kathleen P. Warnick, Mary V. Zaehringer, Shirley V. Bring und **Ella Woods,** *Die physiologische Verwertbarkeit des Thiamins von Kartoffeln und braunem Reis.* Menschen, die $^1/_3$ des Thiamins (I) ihrer Kost Kartoffeln entnehmen, scheiden weniger I im Harn aus, als wenn sie dieselbe Menge aus Reis, Lammfleisch oder synth. Präpp. beziehen. Schweine, welche die Hälfte des Gesamt-I-Angebots in Form von Kartoffeln gefüttert bekommen, lagern mehr I in die Muskelgewebe ein als bei entsprechender Reiskost. Das zeigt, daß die I-Verwertung stark von begleitenden Nahrungsfaktoren abhängen kann. (J. of Nutrit. **59.** 121—33. 10/5. 1956. Moscow, Idaho, Univ. of Idaho, Dep. of Home Econom. Res.)
B. GASSMANN. 4587

Margaret L. Ross und **Ruth L. Pike,** *Die Beziehung des Vitamins B_6 zum Eiweißstoffwechsel während der Trächtigkeit der Ratte.* Die Gewichtszunahmen von Muttertieren, die vor der Paarung mit B_6-Mangelkost gefüttert worden sind, liegen signifikant niedriger als bei ausreichender Versorgung u. sind bis zu einem Maximum von 0,4 mg% dem Geh. des Futters an *Pyridoxin* (I) proportional. Bei Applikation von *Desoxypyridoxin* (II) ist der Effekt noch größer. Ähnlich verhält sich bei gleicher N-Aufnahme die N-Retention, nur besteht keine deutliche Beziehung zum I-Geh. des Futters. W.- u. N-Geh. sowie Gewicht der mütterlichen Lebern geben gewisse Anhaltspunkte für einen Einfl. des I auf die Eiweißsynthese. Die Foetusgewichte sind trotz gleicher I-Gabe während der Gestation bei Muttertieren mit vorangegangener I-Versorgung größer als bei I-Mangel. Sie bleiben bei I-Mangeltieren während der Gravidität mit I-Zusätzen genauso niedrig oder niedriger wie bei ausreichender I-Versorgung vor der Paarung u. II-Zusätzen während der Gravidität. (J. of Nutrit. **58.** 251—68. 10/2. 1956. University Park, Pa., State Univ., Dep. of Foods and Nutrit.)
B. GASSMANN. 4587

Albert B. Eisenstein (unter techn. Mitarbeit von **Loma Coday**), *Beziehungen zwischen Vitamin B_6 und Nebennierenfunktion bei der Ratte.* Bei Ratten unter diätet. *Vitamin B_6* (I)-Mangel u. bei Tieren, bei welchen dieser Zustand durch Verabreichung eines I-Antagonisten, *Desoxypyridoxin,* beschleunigt erreicht worden war, wurde eine starke Hypertrophie der Nebennieren festgestellt. Die Nebennierenfunktion war jedoch, wie die Steroidsekretion dieser Nebennieren unter *ACTH* in Incubationsverss. zeigte, gegenüber n. Tieren unverändert. (Proc. Soc. exp. Biol. Med. **100.** 111—14. Jan. 1959. St. Louis, Washington Univ. School of Med., Jewish Hosp. of St. Louis and Deps. of Preventive Med. and Med.)
WOLFGANG ALBRECHT. 4587

Mary Elizabeth Reid, Mary G. Martin und **George M. Briggs,** *Fütterungsversuche mit dem Meerschweinchen.* 4. Mitt. *Folsäure.* (3. vgl. C. **1956.** 1360.) Durch eine Kost.

die keine *Folsäure* (I) enthält, wird beim jungen Meerschweinchen I-Mangel erzielt, der durch Verlangsamung des Wachstums, Appetit- u. Aktivitätsverlust, Neigung zu Diarrhöe, Fettinfiltration der Leber u. Nebennierenblutung, Schwäche, gesteigerte Sialorrhöe, aplast. Zustände des Knochenmarks, Hypoleukocytose u. Anämie charakterisiert wird. Gemessen an der Wachstumssteigerung u. Aufhebung der anäm. Zustände, beträgt der minimale I-Bedarf 3—6 mg/kg Futter, zur Verhinderung der Leukopenie werden mindestens 6 mg benötigt. Ascorbinsäure vermehrt bei einem I-Geh. des Futters von 2 mg/kg die Leukocyten, zeitigt jedoch keinen Einfl. auf das Wachstum. *β-Aminobenzoesäure* ist für Meerschweinchen normalerweise kein essentieller Wirkstoff, wird aber bedeutungsvoll bei unzureichendem I-Angebot. (J. of Nutrit. **59.** 103—19. 10/5. 1956. Bethesda, Md., U. S. Dep. of Health, Educat. and Welfare, Publ. Health Serv., Nat. Inst. of Health, Labor. of Biochem. and Nutrit.) B. GASSMANN. 4587

Sachchidananda Banerjee und **Sunil Kumar Pain,** *Untersuchungen über die Art der Umwandlung der Pteroylglutaminsäure in den Citrovorumfaktor bei Ratten.* Normal ernährte Ratten zeigen eine größere tägliche Ausscheidung von *Pteroylglutaminsäure* (I) u. *Citrovorumfaktor* (II) im Urin als mit Sulfasuxidin oder Chloromycetin injizierte oder mit CCl_4 behandelte Tiere. Leber, Dünndarm, Niere, Pankreas, Milz u. Gehirn n. u. CCl_4-behandelter Ratten wurden 4 Std. mit I incubiert u. I u. II bestimmt. Die Umwandlung findet bei n. Tieren in der Leber u. im Dünndarm statt, sie wird in diesen Organen bei CCl_4-Tieren gestört. In einigen Organen wird I zerstört, bei CCl_4-Tieren ist das Ausmaß der Zerstörung größer. Aus den Unterss. folgt, daß an der Umwandlung von I in II die Leber, der Dünndarm u. die Darmflora entscheidend beteiligt sind. (Proc. nat. Inst. Sci. India, Part B **23.** 89—92. Juni/Aug. 1957.) W. FELDHEIM. 4587

V. M. Doctor und **F. Gonzales,** *Untersuchungen über die Umwandlung von Folsäure in Citrovorumfaktor durch den sich entwickelnden Kükenembryo.* (Vgl. C. **1959.** 2530.) Vff. stellten fest, daß Kükenembryohomogenate (Gesamtembryo- u. Embryoorganhomogenate) nur in Ggw. von *Pteroylglutaminsäure* (I), *Serin, Homocystein, Diphosphopyridinnucleotid* (*DPN*) u. *Adenosintriphosphat* (*ATP*) in der Lage sind, optimal I in Citrovorumfaktor (II) umzuwandeln. Die Maxima der Umwandlungsfähigkeit der Homogenate liegen bei $2^1/_2$ u. $6^1/_2$, die Minima am 4. u. 10. Tage während der 11tägigen Bebrütungsdauer. Mg^{2+}-Ionen senken die Umwandlungsrate. Kükenembryoleberhomogenate besitzen eine 20—25mal höhere I → II-Umwandlungsfähigkeit als Gesamtembryohomogenate u. zeigen optimale Umwandlungsraten am 13. u. 16. Tage der 22tägigen Bebrütungszeit. Röntgenbestrahlung (9000 r) von 2,5, 6, 7 u. 8 Tage alten Kükenembryonen hat keinen Einfl. auf die I → II-Umwandlungsfähigkeit der Gewebe. (Exp. Cell Res. **13.** 116—21. Aug. 1957. Houston, Texas, Univ. of Texas, M. D. Anderson Hosp. and Tumor Inst. and The Dental Branch.) H. KOCKERT. 4587

Bunichi Nakagawa, *Untersuchungen über die blutmorphologischen Änderungen bei Albinoratten unter Folsäuremangel.* 2. Mitt. *Die morphologischen Veränderungen in peripherem Blut und Knochenmark bei Albinoratten mit vollständigem oder teilweisem Folsäuremangel und der Einfluß von Folsäurezufuhr darauf.* Vollständiger Mangel an *Folsäure* (I) bei jungen Ratten führt im peripheren Blut zu makrocyt. Anämie, Leukopenie u. Thrombocytopenie u. im Knochenmark zu deutlicher Verzögerung der Bldg. u. Reifung von erythro-, leuko- u. thrombocytopen. Zellen. Außerdem kommt es hier zu einer Vergrößerung der Erythroblasten u. der basophilen, polychromat. u. orthochromat. Zellen sowie zu einer Hemmung der mitot. Aktivität der Erythroblasten. Zufuhr von I an solche Tiere läßt diese morpholog. Veränderungen nach 4—6 Wochen verschwinden. Bei Tieren mit teilweisem I-Mangel treten diese Erscheinungen in wesentlich stärkerem Ausmaß als bei vollständigem I-Mangel auf. (Jap. Arch. intern. Med. **5.** 593—605. 1958. Kyoto, Univ., Med. Fac., 2. Med. Clinic. [Orig.: japan.; Auszug: engl.]) F. KRUSEN. 4587

J. Gad Andresen und **Arne P. Skouby,** *Isolierung und klinische Wirkung hochgereinigter Vitamin B_{12}–Protein-Komplexe.* Es werden Verff. zur Reinigung u. Isolierung von *Vitamin B_{12}* (I)-Proteinen beschrieben (Reinigung durch HCl-Fällung der Ausgangslsg., Dialyse des Überstands, Adsorption an Kaolin, Elution bei p_H 8). Ein isoliertes Prod. (30fache Anreicherung) mit 15γ I/mg Trockensubstanz war in täglichen Mengen von 1 mg klin. wirksam. Es enthielt 2 Komponenten, deren eine (Mol-Gew. ca. 70000) 80% des akt. Materials ausmachte, jedoch klin. inakt. war. (Acta med. scand. **155.** 311—16. 8/10. 1956. Copenhagen, Res. Dep. A/S GEA, Univ. Hosp., Med. Outpatient Clin. and Country Hosp., Med. Dep. N.) K. MAIER. 4587

David W. Yesair, Don E. McOsker und **Louise J. Daniel,** *Die Wirkung von Vitamin B_{12} auf die Synthese von Phospholipiden und Sphingosin im sich entwickelnden Hühnerembryo.* Im Hühnerembryo mit *Vitamin-B_{12}* (I)-Mangel waren Gesamtphospholipid (II) u. die 3 Fraktionen *Lecithin* (III), *Cephalin* (IV) u. *Sphingomyelin* (V) vermindert. Der Gesamt-II-Geh. von 21,Tage alten Embryonen war stärker herabgesetzt als das, gemessen an Trockengewicht oder Gesamt-N, erheblich verminderte Wachstum am 18. u. 21. Tag. Die 3 II-Fraktionen waren nicht proportional dem I-Mangel herabgesetzt. Die III-Abnahme stand mit der Wachstumsverlangsamung in Korrelation, während IV u. V stärker als die Entw. red. waren. Bei I-Mangelembryonen nahm die Sphingosinsynth. ab. Die verminderte Synth. ging der Wachstumsverlangsamung direkt proportional, d. h. diese war kein begrenzender Faktor der V-Bildung. (Arch. Biochem. Biophysics **79.** 168—76. Jan. 1959. Ithaca, N. Y., Cornell Univ., Dep. of Biochem. and Nutrit.) K. MAIER. 4587

W. T. Wong und **B. S. Schweigert,** *Die Rolle des Vitamins* B_{12} *im Nucleinsäurestoffwechsel.* 1. Mitt. *Hämoglobin- und Nucleinsäurespiegel bei der Ratte.* Eine Jodcaseinkost ohne *Vitamin* B_{12} (I) hat bei Ratten eine Verringerung der Wachstumsrate, des Desoxyribonucleinsäure- u. des Ribonucleinsäuregeh. der Leber sowie der Leberregenerierfähigkeit nach partieller Hepatektomie zur Folge. Junge von Muttertieren, die während der Gravidität u. Lactation die I-Mangelkost ohne Jodcasein erhalten haben, zeigen dieselben Eigg. u. ein charakterist. Syndrom. Während durch Zulagen von getrockneter Leber zur I-Mangelkost der Hämoglobingeh. des Blutes erhöht wird, wird bei einer Kost, die einfaches Casein u. 50 μg I/kg enthält, die wachstumsfördernde I-Aktivität durch Leberzulagen nicht gesteigert. (J. of Nutrit. **58.** 231—42. 10/2. 1956. Chicago, Ill., Univ. of Chicago, Amer. Meat Inst., Found and Dep. of Biochem. Div. of Biochem. and Nutrit.) B. GASSMANN. 4587

Leslie P. Dryden, George H. Riedel und **Arthur M. Hartman,** *Vergleichende Untersuchung über das Vitamin* B_{12} *in gewissen Milchprodukten nach verschiedenen Formen des Rattenwachstumstestes.* Wenn die Grundkost mit A. extrahiertes *Casein, Soja-* oder *Baumwollsaatmehl* enthält, geht das Wachstum junger Ratten durch Zusatz von *Trockenmagermilch* (I) oder rohem *Casein* (II) zurück. Dieser Effekt wird durch *Jodcasein* (III) in der Grundkost verstärkt u. durch Erhöhung des Geh. an *Vitamin* B_{12} (IV) aufgehoben. Bei Pflanzenproteingrundkost einschließlich III ohne IV zeigen I- u. II-Gaben keine deutliche Beziehung zum Wachstum, eine Mais–Sojakost ausgenommen; wird IV zugesetzt, tritt Wachtumsdepression auf. Wird bei der IV-Best. in II bei beliebigem Eiweiß des Grundfutters auf gleichen Proteingeh. eingestellt, so erzielt man stets gleiche Ergebnisse. Bei der Best. in I hängen die Ergebnisse von der Eiweißart der Grundkost, der Meth. zur Erzielung des IV-Mangels u. dem III-Geh. des Futters ab. (J. of Nutrit. **59.** 89—102. 10/5. 1956. Beltsville, Md., US Dep. of Agric., Agric. Res. Serv., Dairy Husbandry Res. Branch.) B. GASSMANN. 4587

Werner G. Jaffé, *Der Vitamin-*B_{12}*-Bedarf von Ratten während des Wachstums, der Fortpflanzung und der Lactation.* Über 18 Generationen (7 Jahre) wurde eine Rattenkolonie mit einer hauptsächlich aus Sojabohnenölmehl u. Maismehl bestehenden Kost (24% Rohprotein), die nur Spuren an Vitamin B_{12} (I) enthielt, gefüttert. Von der 2.Generation ab zeigten die Würfe hohe Mortalität, geringe Geburtsgewichte, schwaches Wachstum nach der Milchentwöhnung u. niedrige I-Gehh. von Lebern u. Nieren. Blutbilder u. Leberglutathiongeh. waren normal. Diese Charakteristica blieben bei allen Folgegenerationen bestehen. Bei Kostergänzungen von 3 μg I/kg Futter verschwanden die meisten Symptome. Optimale Gewichts- u. Längenzunahmen während u. nach der Milchentwöhnung wurden erst bei 5 μg I/kg erzielt. (J. of Nutrit. **59.** 135—46. 10/5. 1956. Caracas, Venezuela, Inst. Nacional de Nutrición.) B. GASSMANN. 4587

Arthur M. Hartman, Leslie P. Dryden und **George H. Riedel,** *Der Vitamin-*B_{12}*-Gehalt von Milch und Milchprodukten, bestimmt nach dem Rattentest.* Das Wachstum von 21 Tage alten männlichen Ratten, deren Mütter während der Lactation u. die selbst während der Versuchszeit mit einer Vitamin-B_{12}-Mangelkost gefüttert wurden, dient als Grundlage eines biol. Vitamin-B_{12}-Tests. Der Vitamin-B_{12}-Geh. von Milch u. Milchprodd. beträgt, unabhängig von der Kuhrasse (Jersey, Holsteiner) u. der Art der Fütterung (Weide, Trockenheu) 7,1 μg/Liter. Pasteurisieren oder 3tägiges Aufbewahren bei 0° bleibt ohne Einfluß. (J. of Nutrit. **59.** 77—88. 10/5. 1956. Beltsville, Md., U. S. Dep. of Agric., Agric. Res. Serv., Dairy Husbandry Res. Branch.) B. GASSMANN. 4587

Ian F. S. MacKay, S. J. Patrick, Doreen Stafford und **Fred S. Cleveland jr.,** *Der Einfluß von Vitamin* B_{12} *und Aureomycin auf das Wachstum von Kindern mit Eiweißmangel.* (Vgl. C. **1956.** 3082.) In umfangreichen 2jährigen Erhebungen auf Jamaica wird festgestellt, daß im Gegensatz zu *Vitamin* B_{12} (100 μg) *Aureomycin* (50 mg) zwar einen geringen positiven Einfl. auf die Gewichtszunahme von Eiweißmangelkindern in schlechtem Ernährungszustand aber nicht auf das Längenwachstum ausübt. Der prakt. Nutzen bei Anwendung in Gebieten mit Unterernährung ist gering. (J. of Nutrit. **59.** 155—70. 10/5. 1956. Jamaica, Univ., Coll. of the West Indies, Dep. of Physiol.; Rahway, N. J., Merck & Co.) B. GASSMANN. 4587

Nobuyoshi Ikemoto, *Klinische Untersuchung des Vitamin-B_{12}-Stoffwechsels. 1. Mitt. Über die mikrobiologische Bestimmung von Vitamin B_{12} in Vollblut mit Ochromonas malhamensis.* Zur mikrobiol. Best. von *Vitamin B_{12}* (I) in Vollblut mit *Ochromonas malhamensis* wird das Verf. nach FORD verwendet, jedoch mit den Abänderungen, daß das Schütteln des Mediums u. das Erhitzen vor der Turbidimetrie unterbleiben. Zur Freisetzung des I verwendet man entweder das enzymat. Verf. (1 ml Blut 24 Std. mit 20 mg Papain u. 10 γ KCN behandeln) oder das Erhitzungsverf. (1 ml Blut mit 1 ml $^1/_{10}$mol. Phosphatpuffer vom p_H 5,0 u. 10 γ KCN 5 Min. im Autoklaven mit 15 lbs. erhitzen). Als Mittelwerte wurden bei 25 gesunden Personen 0,441 mit dem enzymat. Verf. u. 0,243 γ I/ml mit dem Erhitzungsverf. gefunden. (Jap. Arch. intern. Med. **5.** 572—77. 1958. Kyoto, Univ., Med. Fac., 1. Med. Clin. [Orig.: japan.; Auszug: engl.])
F. KRUSEN. 4587

O. Neal Miller und **Fred M. Hunter,** *Die Wirkung von Intrinsic faktor-Konzentraten auf Vitamin-B_{12}-Receptorprotein von Geweben.* Gewebe u. Serum der Ratte enthalten Receptorproteine, die sich in Ggw. von *Intrinsic factor* (I) enthaltenden Präpp. mit Vitamin B_{12} verbinden. Diese Rk. ist proportional der zugefügten Konz. an I. Die Receptorproteine der Gewebe sind intracellulär vorhanden in den Mikrosomen u. lösl. Proteinfraktion von Leberhomogenaten. (Proc. Soc. exp. Biol. Med. **97.** 863—67. April 1958. New Orleans, La., Tulane Univ., School of Med., Dep. of Biochem., Nutrit. and Metabolism Res. Labor., Dep. of Med.) G. BRATFISCH. 4587

H. O. Nieweg, S. C. Shen und **W. B. Castle,** *Mechanismus der Intrinsic factor-Wirkung bei der gastrektomierten Ratte.* Gastrektomierte Ratten können *Vitamin B_{12}* (I) nicht mehr resorbieren, auch dann nicht, wenn sie Präpp. mit Intrinsic factor (II)-Aktivität erhalten. ^{60}*Co*-I wird z. B. bei Gabe von hochgereinigtem II (Schwein) nicht resorbiert. Die Ansäuerung einer I-Mischung mit Rattenmagenhomogenat (p_H 1,85) verhinderte die I-Resorption, die im allg. durch den Magensaft gefördert wird. Unterss. an einzelnen Darmschlingen zeigten, daß die I-Resorption bei einer Mischung von I u. Magensaft besser war als bei einer Mischung von I u. erhitztem Magensaft, in dem also der II zerstört war. Menschlicher Magensaft hatte gar keine Wirkung. (Proc. Soc. exp. Biol. Med. **94.** 223—30. Jan. 1957. Boston, Mass., Harvard Med. School, Boston City Hosp. and Dep. of Med., Thorndike Mem. Labor. and Second and Fourth Med. Serv.)
I. WEINMANN. 4587

J. Abels, M. G. Woldring, H. O. Nieweg, J. G. Faber und **J. A. de Vries,** *Äthylendiamintetraacetat und die Darmresorption von Vitamin B_{12}.* Vff. berichten über die Wrkg. von *Di-Na-äthylendiamintetraacetatdihydrat* (I) auf die Intestinalresorption von ^{58}*Co-Vitamin B_{12}* (II) bei total gastrektomierten Ratten. Die Tiere erhielten 0,005 μg II u. 0,5 ml Rattenmagensaft mit 1 ml Trinkwasser bzw. 1 ml 5%ig. oder 1 ml 10%ig. I-Lsg. mit Hilfe eines in die Speiseröhre eingeführten Gummikatheters verabreicht. In den der Verabreichung folgenden 4 Tagen wurde die Radioaktivität der Faeces bestimmt. — Die Ergebnisse zeigen, daß die z. T. hohen I-Mengen wohl Diarrhöen auszulösen vermochten, nicht aber die Darmresorption von II beeinträchtigten. (Nature [London] **183.** 1395—96. 16/5. 1959. Groningen, Holland, Univ., Radioisotope Inst., Dep. of Med.; Weesp, N. V. Philips-Roxane, Res. Labors.) H. KOCKERT. 4587

I. J. Lichton, *Ausbleiben der normalen Blutdruckerhöhung bei wachsenden Hühnchen nach Entzug von Cholin im frühen Alter.* Junge, einen Tag alte Hühnchen erhielten eine synthet., *Cholin* (I)-freie Kost über 5 Wochen. Am Ende dieser Periode waren die Tiere schwach u. untergewichtig. Blutdruckverss. ergaben, daß unter I-Entzug der n. Altersanstieg des Blutdrucks ausblieb, was durch eine direkte Hemmung der *Gonadotropin*-Sekretion durch die Hypophyse infolge I-Mangel bedingt ist. (Proc. Soc. exp. Biol. Med. **99.** 634—37. Dez. 1958. Chicago, Ill., Michael Reese Hosp., Med. Res. Inst., Cardiovascular Dep.) WOLFGANG ALBRECHT. 4587

D. P. Groth, J. A. Bain und **C. C. Pfeiffer,** *Die vergleichende Verteilung von ^{14}C-2-Dimethylaminoäthanol und Cholin bei der Maus.* Beim Vgl. der Inkorpierung von $^{14}C_{(1.2)}$-*Dimethylaminoäthanol* (I), $^{14}C_{(1.2)}$-*Cholin* (II) u. $^{14}C_{(CH_3)}$-*Cholin* in die säurelösl., Lipid- u. Proteinfraktion des Mäusehirns nach intraperitonealer Injektion von 1—3 μg konnte festgestellt werden, daß I in größerem Ausmaß als II inkorporiert wird, wenn II auch als wirksamerer Vorläufer des in der säurelösl. u. Lipidfraktion nachweisbaren Cholins gelten kann. Wenn die Rolle von I als Vorläufer des Acetylcholins im Zentralnervensyst. auch noch ungeklärt bleibt, so lassen sich damit doch die physiol. Wirkungen der I-Verabreichung erklären. ^{14}C von II erscheint im CO_2 der Ausatmungsluft u. im Urin in stärkerem Maße als ^{14}C von I. (J. Pharmacol. exp. therapeut. **124.** 290—95. Dez. 1958. Atlanta, Ga., Emory Univ., Div. of Basic Health Sci., Dep. of Pharmacol. and Biochem.)
U. TAUSENDFREUND. 4587

Günter Eisfeld, Horst Julich und **Eberhard Mampel,** *Veränderung des Brenztraubensäurespiegels im Blut unter der Wirkung von α-Liponsäure.* Eine Reihe von Versuchspersonen (Gesunde, Herz-, Lungen-, Leberkranke, stoffwechselkompensierte Diabetiker) erhielten 20 mg *α-Liposäure* (*6.8-Dithiooctansäure, Thioctsäure,* HOMBURG) intraarteriell injiziert. Mit Ausnahme der Leberkranken fiel dadurch bei den anderen Versuchspersonen der arterielle Brenztraubensäurespiegel ab; bei ersten kam es zu einer Zunahme. Dieses zeigte sich auch in den Verlaufskurven von Venenblutwerten. Die arteriellen u. venösen Mittelwerte bei Gesunden u. Leberkranken zeigten keine nennenswerten Unterschiede. Die Injektion von α-Liposäure bewirkte bei einem Kranken im Coma hepaticum eine Aufhellung des Bewußtseins, u. es kam zu einem Anstieg des venösen Brenztraubensäurespiegels. (Ärztl. Forsch. **12.** I/490—93. 10/10. 1958. Halle/Saale, Univ., 1. Med. Klinik.) G. KIMMERLE. 4587

Włodzimierz Mozołowski, *Bildung der Ascorbinsäure in lebenden Zellen.* Übersicht. — 12 Literaturangaben. (Wiadomósci chem. **9.** 165—74. März 1955. Gdańsk, Akad. Med.) F. URBAN. 4587

Ellen H. Morse, Martha Potgieter und **Georgianna R. Walker,** *Die Ascorbinsäureverwertung bei der Frau. Die Reaktion von Blutserum und weißen Blutkörperchen auf steigenden Gehalt der Nahrung.* Der Blutserumgeh. an *Ascorbinsäure* (**I**) fällt innerhalb von 6 Wochen bei 19 Frauen nach dem Absetzen von einer **I**-reichen Kost auf eine solche mit 33 mg **I**/Tag von 0,97 auf 0,47 mg/100 ml, steigt bei 5wöchiger **I**-Aufnahme von 58 mg auf 0,74 mg, von 83 mg auf 1,47 mg u. erreicht bei 133-mg-Dosen 1,69 mg/100 ml. Mit Ausnahme der letzten Steigerung verhält sich der **I**-Geh. der weißen Blutkörperchen entsprechend (Maximum 34,55 mg/100 g), so daß vom **I**-Geh. des Serums auf den der Leukocyten geschlossen werden kann. (J. of Nutrit. **58.** 291—98. 10/2. 1956. Storrs, Conn., Univ. of Connecticut, School of Home Econom.; Storrs Agric. Exp. Stat.) B. GASSMANN. 4587

Dorothy A. Ehmke, Bessie L. Davey und **E. Neige Todhunter,** *Der Einfluß von Alter und Kost auf den Ascorbinsäurestoffwechsel von Ratten.* Junge Ratten, die Futter mit u. ohne *Ascorbinsäure* (**I**) erhalten, werden einmal nach 63 u. einmal nach 112 Tagen auf den **I**-Geh. von Organen, Blut u. Harn untersucht. Die **I**-Werte liegen mit Ausnahme von Leber u. Nebennieren bei weiblichen Tieren beiden Alters niedriger als bei männlichen. Tägliche **I**-Gaben von 50 mg bewirken einen Anstieg des Harn-**I**-, aber nicht des Blut-**I**-Spiegels. Das bedeutet, daß der **I**-Spiegel des Blutes für den Stoffwechsel des Weibchens ausreicht u., da der **I**-Geh. des Harns für beide Geschlechter vergleichbar ist, daß beim Weibchen eine größere Zerstörung oder bessere Verwertung nicht vorliegt. (J. of Nutrit. **58.** 281—90. 10/2. 1956. Tuscaloosa, Ala., Univ. of Alabama, School of Home Econom., Labor. of Human Nutrit.) B. GASSMANN. 4587

Helen L. Mayfield und **Richard R. Roehm,** *Der Einfluß von Ascorbinsäure und der Vitamin-B-Quelle auf die Carotinverwertung.* Bei einem Angebot von 30 oder 60 μg *Carotin* (**I**) speichern weibliche Ratten mehr *Vitamin A* (**II**) in der Leber, wenn gleichzeitig 25, aber nicht wenn 50 mg *Ascorbinsäure* (**III**) gegeben werden. Bei männlichen Tieren tritt dieser Effekt trotz gleicher Dosierung nicht auf. Werden 120 μg **I** gefüttert, so erfolgt im Verlauf einer **III**-Fütterungsreihe von 25—75 mg bei beiden Geschlechtern eine maximale **II**-Einlagerung bei 50 mg **III**. Die **I**-Verwertung ist bei Fütterung synthet. B-Vitamine besser als bei Hefefütterung. (J. of Nutrit. **58.** 203—17. 10/2. 1956. Bozeman, Montana State Coll., Agric. Exp. Stat., Dep. of Home Econom. Res.) B. GASSMANN. 4587

Ludmiła Nowicka und **Barbara Secomska,** *Der Gehalt an Vitamin B_1, B_2 und PP in diätetischen Zusammenstellungen für die Behandlung einiger Verdauungstraktkrankheiten.* Kalbfleisch verliert beim Kochen in Ggw. von Gemüse im Mittel 66,7% *Thiamin* u. 92,7% *Vitamin PP.* Der Geh. an *Riboflavin* steigt etwas an (+9,2%). Beträchtliche Mengen der Vitamine gehen dabei in den Saft u. in das Gemüse. Die entsprechenden Vitaminverluste bei Dorschfleisch sind etwas geringer, da die Kochzeit für Fisch kürzer ist. (Roczniki państwowego Zakładu Hig. **9.** 321—30. 1958. Warszawa.) F. URBAN. 4587

Zdzisław Brzozowski, *Das Problem des Methionin-S-methochlorids und Vitamins B, C, D und K als antiulceröses Syndrom.* Die Heilwrkg. von rohem Krautsaft bei Darm- u. Magengeschwüren wird dem Komplex *Methionin-S-methochlorid* (*Vitamin U?*), *Vitamin B, C, D, K* u. *P* zugeschrieben. (Farmacja polska **14.** 297—98. 30/9. 1958.) F. URBAN. 4587

E. Lesly Jervis und **D. H. Smyth,** *Gegenseitige Hemmung der Enantiomorphen des Methionins und Histidins während der Darmresorption.* An weißen, mit Pentobarbitonnatrium anästhesierten Ratten wird nach dem Verf. von JERVIS, JOHNSON, SHEFF u. SMYTH (vgl. J. Physiology **134.** [1956.] 675) der Resorptionsgrad der D- u. L-Enantiomorphen von *Histidin* (**I**) u. *Methionin* (**II**) u. allen Kombinationen von diesen im Darm — in der ersten u. zweiten Resorptionsperiode mit verschied. Verbb. am selben Tier —

gemessen. Es ergibt sich, daß die L-Verbb. durchweg rascher als die entsprechenden D-Enantiomorphen aufgenommen werden. Der durchschnittliche Resorptionsgrad einer 20mmol. Lsg. von L-I in Ggw. von 20mmol. L-II beträgt nur ca. 40% dessen einer 20mmol. L-I-Lsg. allein, während L-I nur eine schwache Wrkg. auf die L-II-Resorption ausübt, derjenige einer 20mmol. D-I-Lsg. in Ggw. von 20mmol. D-II beträgt nur ca. 25% dessen von D-I allein; D-I hat keinen Einfl. auf die Resorption von D- oder L-II, D-II möglicherweise eine geringe Wrkg. auf die L- u. D-I-Aufnahme. Für die leichtere Resorption der L-Aminosäuren könnten zwei Stufen angenommen werden: 1. ein Stadium mit einem für D- u. L-Enantiomorphe gemeinsamen Aufnahmemechanismus; 2. ein stereochem. spezif. Mechanismus, welcher zur bevorzugten Übernahme der L-Verbb. führt. (J. Physiology **142.** 51P—52P. 14/7. 1958. Sheffield, Univ., Dep. of Physiol.) ANTJE SCHMIDT. 4594

J. Jowsey, *Die Verteilung von Radioelementen im Knochengewebe.* Zusammenfassender Bericht über die Lokalisierung u. das Verteilungsmuster knochenaffiner Radioisotopen im Skelett, bes. von ^{90}Sr u. ^{45}Ca. — 33 Literaturangaben. (Atompraxis **4.** 291—94. 1958. Lemont, Ill., Argonne Nat. Labor., Radiol. Physics Div.) W. REUSSE. 4596

H. Laborit, B. Weber, J. Jouany, P. Niaussat und **C. Baron,** *Der Ammoniakstoffwechsel und seine Störungen. Die therapeutische Bedeutung der Salze der Asparaginsäure. (Zusammenfassung einer experimentellen und klinischen Untersuchung.)* Vff. geben eine Übersicht über Versuchsergebnisse u. klin. Beobachtungen unter besonderer Berücksichtigung der therapeut. Erfolge der Behandlung mit K- u. Mg-Salzen der *Asparaginsäure* u. schließen theoret. Betrachtungen über den N-Stoffwechsel an. — 18 Literaturangaben. (Presse méd. **66.** 2125—28. 31/12. 1958. Paris, Hôsp. Boucicant, Labor. d'Eutonol., Sect. de Rech. Physio-biol. de la Marine Nat.) HEINRICH HERMANN. 4596

Andrea M. Cullen und **W. Eugene Knox,** *o-Hydroxyphenylessigsäureausscheidung im Phenylalanin-Toleranztest bei Überträgern der Phenylketonurie.* Als anomales Stoffwechselprod. von *Phenylalanin* (I) wird im Harn von Patienten mit Phenylketonurie u. von heterozygoten Überträgern dieser Erkrankung nach I-Belastung *o-Hydroxyphenylessigsäure* (II) gefunden. Allerdings wird II auch im Harn n. Versuchspersonen mit entsprechend erhöhtem I-Blutspiegel (Verabreichung von 0,1—0,13 g/kg) festgestellt. Es wird geschlossen, daß II durch ein anderes Enzymsyst. als das bei Phenylketonurie gestörte gebildet wird. (Proc. Soc. exp. Biol. Med. **99.** 219—22. Okt. 1958. Boston, Mass., New England Deaconess Hosp., Cancer Res. Inst., and Harvard Med. School, Dep. of Biol. and Chem.) WOLFGANG ALBRECHT. 4596

Dieter Müting, *Über die Wirkung oraler Glucosebelastungen auf die Aminosäurenausscheidung im Urin gesunder und leberkranker Menschen.* Um die Wrkg. von *Glucose* auf die Aminosäurenausscheidung im Urin zu untersuchen, wurde bei 12 Gesunden u. Leberkranken die Ausscheidung der einzelnen Aminosäuren im 24-Std.-Harn vor, während u. nach oraler Gabe von 100 g Glucose quantitativ papierchromatograph. bestimmt. Bei den 12 Gesunden ergab sich vor der Glucosebelastung ein Geh. an α-Amino-N von 11,4 mg% u. nachher von 10,3 mg%. Diese Durchschnittswerte waren bei den Leberkranken 20,4 bzw. 16,5 mg%. Im einzelnen wurden in mg% für Gesunde u. Leberkranke vor u. nach der Belastung gefunden: *Asparaginsäure* 1,6, 1,6; 2.4, 2,7 *Glutaminsäure* 4,6, 4,4; 7,3, 7,6. *Lysin* 4,5, 5,2; 7,9, 7,3. *Arginin* 1,6, 1,5; 2,6, 2,1. *Histidin* 8,8, 6,8; 8,6, 9,1. *Thyrosin* 1,6, 1,5; 3,0, 2,6. *Tryptophan* 1,5, 1,5; 2,4, 2,0. *Phenylalanin* 1,3, 1,0; 1,8, 1,8. *Cystin* 4,8, 4,6; 6,6, 8,6. *Methionin* 3,4, 3,2; 12,1, 10,5. *Taurin* 10,7, 9,5; 19,1, 18,8. *Leucin* 1,1, 1,0; 1,9, 2,1. *Isoleucin* 0,7, 0,5; 0,7, 0,8. *Valin* 3,4, 3,3; 3,6, 4,8. *Glycin*: 13,3, 13,7; 25,7, 24,6. *α-Alanin* 3,8, 3,6; 5,3, 4,9. *Serin* 3,7, 3,7; 6,7, 6,7. *Threonin* 1,4, 1,3; 2,2, 2,1. Man erkennt daraus, daß bei den Leberkranken durch die Glucosegabe bes. die S-haltigen Aminosäuren vermindert werden. Die aminosäurensparende Wrkg. der Glucose dürfte entweder in einer reaktiven Insulinausschüttung oder einer Besserung der Entgiftungsfunktion der Leber zu suchen sein. (Ärztl. Forsch. **12.** I/595—I/599. 10/12. 1958. Minden/Westf., Stadt- u. Kreiskrankenhaus, Innere Abt.) G. KIMMERLE. 4596

K. S. V. Sampath Kumar, T. A. Sundararajan und **P. S. Sarma,** *Die Biosynthese von Phosphoprotein beim Frosch.* Nach intraperitonealer Verabreichung von radioakt. *Phosphor* an Rana esculenta wird das Isotop zu einem Teil in die *Phosphoprotein*-Fraktion der Leber, bedeutend weniger in die entsprechende Fraktion des Ovars eingebaut. Außerdem konnte in der Leber ein stoffwechselmäßig akt. *Phosphopeptid* nachgewiesen werden. (Proc. Soc. exp. Biol. Med. **99.** 539—41. Nov. 1958. Madras, Univ., Univ. Biochem. Labor.) WOLFGANG ALBRECHT. 4596

G. V. Marinetti, J. Erbland, M. Albrecht und **Elmer Stotz,** *Zeitstudie über den in vivo-Einbau von ^{32}P-Orthophosphat in die Phosphatide von Rattengewebe.* Nachdem

Ratten 300 µC ^{32}P-Orthophosphat subcutan injiziert erhalten hatten, wurde der ^{32}P-Einbau in die Lipidkomponenten verschied. Organe durch Papierchromatographie u. anschließender Autoradiographie in Abhängigkeit von der Zeit verfolgt. Nach 10—14 Std. wird jeweils beim *Lecithin* der geprüften Gewebe ein Maximum der Aktivität erreicht, die nach einem sich anschließenden Abfallen nach 96 Std. wieder ansteigt; ähnliches Verh. zeigt sich beim *Phosphatidyläthanolamin, Sphingomyelin* sowie *Phosphatidylserin.* Im Gegensatz dazu erweist sich die Aktivität von *Inositphosphatid* als signifikant geringer, ohne daß eine Erklärung dafür abgegeben werden kann. Das abgebildete Autoradiogramm (mit Kieselsäure imprägniertes Papier) veranschaulicht die Aktivität der verschied. Phospholipide. (Biochim. biophysica Acta [Amsterdam] **30.** 543—48. Dez. 1958. Rochester, N. Y., Univ. of Rochester, School of Med. and Dent., Dep. of Biochem.) K. TÄUFEL. 4596

I. Gordon Fels, Ervin Kaplan, Joseph Greco und **Roger Veatch,** *Der in vivo Einbau von ^{32}P aus kondensierten Phosphaten.* Vff. untersuchten den Einbau von ^{32}P aus *Trimetaphosphat* (I) u. *Polymetaphosphat* (II) bei Mäusen u. Kaninchen. ^{32}P lagert sich bevorzugt in Knochen ab, bes. in akt. wachsenden Bereichen. I u. II sind für Knochen günstigere Phosphatspender als $NaH_2{}^{32}PO_4$ (III); bes. II hat eine längere Retentionszeit im Körper als III; außerdem ist das Verhältnis der ^{32}P-Konz. in Knochen zur durchschnittlichen ^{32}P-Konz. in anderen Körpergeweben bei I (5) u. II (8,2) größer als bei III (3,5). Der ^{32}P-Einbau in Kerne u. Mitochondrien von Leberzellen erfolgt gleichwertig aus I, II u. III, was als Beweis dafür angesehen wird, daß dem Einbau ein enzymat. Abbau der Metaphosphate zu Orthophosphat vorausgeht. (Proc. Soc. exp. Biol. Med. **100.** 53—55. Jan. 1959. Hines, Ill., Vet. Admin. Hosp., Radioisotope Serv.) H. BREUER. 4596

Stanley M. Garn und **Joan A. Haskell,** *Veränderungen des Fettgehaltes in der Jugend.* Vff. stellten bei 259 Kindern u. Jugendlichen im Alter zwischen 6 u. 18 Jahren fest, daß die Dicke der äußeren Fettschicht des Brustkorbes (in Höhe der 10. Rippe) mit zunehmendem Alter bei Mädchen bedeutend stärker zunimmt als bei Jungen. Ein Verlust an „Babyfett" konnte bei Mädchen nicht festgestellt werden; der Verlust bei Jungen war statist. nicht signifikant. (Science [Washington] **129. 1615—16.** 12/6. 1959. Yellow Springs, Ohio, Fels Res. Inst., Phys. Growth Dep.) H. KOCKERT. 4596

Alan C. Levy und **Estelle R. Ramey,** *Wirkung von autonom blockierenden Agentien auf die Mobilisierung von Depotfett bei normalen und bei adrenoektomierten Tieren.* Unter Anknüpfung an die im Schrifttum veröffentlichen Arbeiten über die Beeinflussung der Fettmobilisierung aus Organen bzw. aus Fettdepots werden analoge Verss. mit dem epididymalen Fett der Ratte durchgeführt, u. zwar einmal mit n., zum anderen mit adrenoektomierten Tieren; als autonom blockierende Agentien finden *Ergotamintartrat* (I), *Hexamethoniumchlorid* (II) u. *Dibenzylin* (III) Verwendung. I verhindert bei den ektomierten Tieren in signifikanter Weise den Fettabtransport aus dem Epididymalgewebe während des 12std. Fastens. Bei intakten Tieren tritt dieser Effekt nicht auf. II u. III üben weder beim n. noch beim ektomierten Tier eine den Fetttransport beeinflussende Wrkg. aus. Es wird die Vermutung ausgesprochen, daß die adrenalen Steroide u. die Epinephrine in Zusammenwrkg. den Zellfettstoffwechsel regulieren. (Proc. Soc. exp. Biol. Med. **99.** 637—39. Dez. 1958. Washington, D. C., Georgetown Univ., School of Med., Dep. of Physiol.) K. TÄUFEL. 4596

B. M. Tolbert, Ann M. Hughes, M. R. Kirk und **M. Calvin,** *Die Wirkung von Coenzym A auf die Oxydation markierter Fettsäuren im Stoffwechsel: Untersuchung über die Geschwindigkeit, Apparate und Leberfraktionierung.* Die Wrkg. von *Pantothensäure* (I)-Mangel nach Verabreichung von $^{14}C_{(2)}$-*Na-Acetat* (II) oder $^{14}C_{(7)}$-*Na-Heptanat* (III) wurde an der Ratte untersucht. Dabei wurde die Ausatmungsgeschwindigkeit von $^{14}CO_2$ nach eigener Meth. bestimmt, die sich dadurch auszeichnet, daß eine empfindliche Ionisierungskammer u. Elektrometer direkt u. kontinuierlich das ausgeatmete $^{14}CO_2$ registrieren. — Nach der Ausatmungsgeschwindigkeit von $^{14}CO_2$ ergab sich, daß bei I-Mangeltieren das Methyl-C von II schneller oxydiert wird als bei n. Tieren, daß jedoch die Oxydationsgeschwindigkeit bei Ratten, welchen *Coenzym A* (CoA) gegeben wurde, gegenüber unbehandelten Tieren verlangsamt war. Die Oxydation des Methyl-ωC von III zu $^{14}CO_2$ wird durch CoA stärker gehemmt als die des entsprechenden C von II. — Fraktionierung, Papierchromatographie u. Radioautographie von Lebern n. u. I-Mangelratten mit u. ohne CoA-Verabreichung ergaben, daß bei I-Mangelratten, denen CoA gegeben war, in der Leber u. speziell im Leberfett mehr spezif. Aktivität festzustellen war als bei n. Tieren u. I-Mangelratten, die kein CoA erhalten hatten. Der Einbau der Radioaktivität in Aminosäuren war bei allen Versuchsarten ähnlich. (Arch. Biochem. Biophysics **60.** 301—19. Febr. 1956. Berkeley, Calif., Univ. of California, Radiat. Labor. and Dep. of Chem.) WOLFGANG ALBRECHT. 4596

K. K. Carroll, *Rapsöl- und Cholesterinstoffwechsel bei verschiedenen Tierarten im Hinblick auf die experimentelle Atherosklerose.* In den Verss. wurden Ratten, Mäuse, Küken, Kaninchen, Meerschweinchen, Katzen u. Hunde eingesetzt. Den Versuchsdiäten (typ. käufliche Futtermischungen) wurden 2% Cholesterin (I) oder 25% Rapsöl (RÖ) zugesetzt; sie wurden vier Wochen verabreicht. I wurde in Plasma, Leber u. Nebennieren bestimmt, Gesamtfett im Stuhl. Ausgesprochene Hypercholesterinämie u. I-Ablagerungen in Leber, Nebenniere u. anderen Geweben bestanden bei Kaninchen, dieselben Effekte, nur nicht so ausgeprägt, beim Meerschweinchen. Auch Küken sind für die experimentelle Atherosklerose geeignet. Dagegen zeigten Ratten u. Mäuse so gut wie keine Rk. auf die I-Gabe. Bei RÖ-Fütterung stieg der I-Geh. der Nebenniere bei Ratten u. Mäusen stark an, während bei den vier anderen Tierarten keine Rk. erfolgte. Das Ergebnis steht nicht im Zusammenhang mit der unterschiedlichen Verdaulichkeit von RÖ bei den einzelnen Species. (Proc. Soc. exp. Biol. Med. **94.** 202—05. Jan. 1957. London, Canada, Univ. of Western Ontario, Collip Med. Res. Labor.) I. WEINMANN. 4596

D. C. Edwards und **R. P. Cook,** *Cholesterinstoffwechsel.* 5. Mitt. *Die Exkretion von Säuren nach Cholesterineinnahme bei Ratten.* (4. vgl. C. **1959.** 10988.) Es wurden die in den Faeces von Ratten (die mit verschied. Mengen Cholesterin gefüttert waren) enthaltenen Säuren untersucht. Nach Sterolfütterung erhöhte sich die Menge der ätherlösl. Säuren (bes. Palmitin- u. Ölsäure) u. an Cholesterinester. Analyt. wurden die Methylester der Säuren durch fraktionierte Dest. bzw. durch Adsorptionschromatographie an Tonerde getrennt. Einige in PAe. unlösl. Säureester stellen wahrscheinlich Ketogallensäuren dar, die eine Zwischenstufe des Cholesterinmetabolismus darstellen. (Biochem. J. **61.** 671—76. Dez. 1955. Dundee, Univ. of St. Andrews, Queen's Coll., Dep. of Biochem.) U. GERHARDT. 4596

R. P. Cook, D. C. Edwards, Christine Riddell und **R. O. Thomson,** *Cholesterinstoffwechsel.* 6. Mitt. *Der Weg von aufgenommenem Cholesterin in normalen Ratten.* (5. vgl. vorst. Ref.) Vff. untersuchten die Lipide der Faecalexkretion u. die der Leber n. Ratten, deren Nahrung verschied. Mengen an Cholesterin enthielten. Cholesterinadsorption ist bei Fettzusatz erhöht, ebenso die Umwandlung in nicht digitoninfällbare neutrale Bestandteile u. in petrolätherlösl. Säuren. Mangel an Fett ruft Bldg. von gesätt. Sterolen hervor. Die Bldg. von Ketogallensäuren ist bei den beiden Ernährungsweisen unverändert. (Biochem. J. **61.** 676—81. Dez. 1955.) U. GERHARDT. 4596

William T. Beher, Gizella D. Baker und **William L. Anthony,** *Die Wirkung von Cholsäure in der Nahrung auf den Cholesterinstoffwechsel in vivo.* (Vgl. C. **1959.** 12613.) *Cholsäure* (I) im Futter (0,5%) setzte die *Cholesterin* (II)-Synth. in der Leber von Ratten innerhalb von 3 Tagen herab, wie am Einbau von $^{14}C_{(1)}$-*Acetat* zu verfolgen war. Fortsetzung der I-Fütterung über 21 Tage verursachte keinen weiteren Abfall der II-Synthese. Die Erhöhung des Gallensäurespiegels im Serum ging der Herabsetzung der II-Synth. in der Leber parallel. — Außerdem wurde ein kleiner, aber signifikanter II-Anstieg in der Leber nach I-Verabreichung festgestellt, welcher über die ganze Versuchsperiode anhielt. — Auf die II-Synth. in Niere u. Darm war I ohne Wrkg. in vivo. (Proc. Soc. exp. Biol. Med. **100.** 3—6. Jan. 1959. Detroit, Mich., Henry Ford Hosp., Edsel B. Ford Inst. for Med. Res.) WOLFGANG ALBRECHT. 4596

Traugott Baumgärtel, *Neue Forschungsergebnisse über den Gallenfarbstoffwechsel.* Es wird ein Überblick über die Erforschung des Gallenfarbstoffwechsels gegeben. Es wird gezeigt, daß das Urobilinogen nur extraintestinalen Ursprungs ist u. vorwiegend in der Leber gebildet wird. Dagegen entsteht das Sterkobilin durch Luftoxydation von Sterkobilinogen, wobei letztes durch enteral-bakterielle Bilirubinred. im Darm gebildet wird. — 53 Literaturangaben. (Ärztl. Forsch. **12.** I/600—609. 10/12. 1958. Gräfelfing b. München, Labor. für Coli-Forsch.) G. KIMMERLE. 4596

R. E. F. Matthews, *Der biosynthetische Einbau von Metabolitanalogen.* Übersicht. Analoge der Purin- u. Pyrimidinbasen in Nucleinsäuren (I): Einbau solcher in Desoxyribo- u. Ribonucleinsäure, biol. Effekte dieses Einbaus; Aminosäureanaloge in Proteinen: Tryptophan- u. Phenylalaninanaloge, Äthionin, Norleucin, Se-Vergiftung; Analoge von Vitaminen, Coenzymen u. verwandten Verbb.: Diphosphopyridinnucleotid-, Vitamin-B_6-, Vitamin-B_{12}-Analoge, ein mögliches Vitamin-B_1-Analoges, Nucleoside u. Nucleotide wachstumshemmender Basen (z. B. 2.6-Diaminopurin, 6-Mercaptopurin, 8-Azaguanin, 6-Azathymin, 6-Azauracil); Analoge von organ. Säuren u. Kohlenhydraten: Monofluoressigsäure, 2-Desoxyglucose; Cholinanaloge (Trialkylanaloge, Arsenocholin); Einbau Analoger u. kompetitive Hemmung. — 184 Literaturangaben. (Pharmacol. Rev. **10.** 359—406. Sept. 1958. Auckland, New Zealand, D. S. I. R., Plant Diseases Div.) K. MAIER. 4596

Martin F. Gellert, Peter H. von Hippel, Howard K. Schachman und **Manuel F. Morales,** *Studien über die kontraktilen Proteine des Muskels.* 1. Mitt. *Die ATP-*

Myosin-B-Wechselwirkung. Myosin B (I) wurde aus dem Kaninchenmuskel durch 5- bzw. 24std. Extraktion mit carbonathaltigem Puffer von hoher Ionenstärke extrahiert (I_5 bzw. I_{24}). Streulichtunterss. zeigen, daß das Mol.-Gew. (Gewichtsdurchschnitt $\overline{M}_w$) von I_5 bzw. I_{24} durch Zusatz von Adenosintriphosphat (ATP) nicht wesentlich verändert wird, daß ATP aber den durchschnittlichen Gyrationsradius erheblich vergrößert. Durch Sedimentationsanalyse von I_5 wird gezeigt, daß durch ATP bzw. Pyrophosphat (PP) eine zu 35% in I vorhandene höhermol. Komponente beeinflußt wird, während die restlichen 65% freies Myosin (**II**; *Myosin A*) darstellen, das nicht durch ATP bzw. PP beeinflußt wird. I_{24} zeigt das in der Ultrazentrifuge für **II** charakterist. Maximum erst nach Zusatz von ATP. Die durch ATP beeinflußbaren hochmol. Anteile von I zerfallen in 2 Klassen. ATP u. PP depolymerisieren weitgehend die leichtere Klasse vorwiegend zu **II**, wobei ca. 25% der Gesamtmenge der schweren Moll. depolymerisiert werden. Das Sedimentationsverh. der schweren Klasse ändert sich nicht bei Einw. von ATP, aus den Lichtstreuungsunterss. kann gefolgert werden, daß sich diese Moll. unter der Wrkg. des ATP bei konstantem $\overline{M}_w$ aufblähen. (J. Amer. chem. Soc. **81.** 1384—93. 20/3. 1959. Bethesda, Md., Naval Med. Res. Inst.; Berkeley, Calif., Univ. of California, Virus Labor.)
W. WALTER. 4597

Peter H. von Hippel, Martin F. Gellert und **Manuel F. Morales,** *Studien über die kontraktilen Proteine des Muskels.* 2. Mitt. *Polymerisationsreaktionen im Myosin-B-System.* (1. vgl. vorst. Ref.) Verdünnung von *Myosin-B* (I)-Lsgg. auf 0,01 g/100 ml führt zu einem spontanen Abfall der Trübung. Bei 5° ist nach 24 Std. oder mehr etwa der Endwert erreicht, den man durch eine Sättigungskonz. an ATP erhält. Durch Erwärmung auf 25° steigt die Trübung stark an u. strebt bei erneuter Abkühlung wieder dem bei 5° erreichten Wert zu. Sie erreicht beim Erwärmen einer verd. Lsg. von I_{24} (vgl. vorst. Ref.) fast wieder den Ausgangswert. Steigender p_H-Wert beschleunigt den „Verdünnungseffekt“, der oberhalb von p_H 10 augenblicklich eintritt. Das ZIMM-Diagramm gibt Hinweise dafür, daß der Trübungsabfall auf eine Depolymerisation zurückzuführen ist. Es wird gezeigt, daß die Gleichgewichtslage dieser Depolymerisation von der Proteinkonz. abhängig ist. Das in I_{24} in konz. Lsg. nach Zusatz von ATP in der Ultrazentrifuge nachweisbare Maximum des Myosins (**II**; *Myosin A*) verschwindet fast vollständig wieder, wenn ATP durch Dialyse entfernt wird. Vff. deuten dies als Rückpolymerisation. Ca. $^1/_5$ von I bildet mit überschüssigem ATP Prodd., die abzentrifugiert werden können; das Überstehende zeigt nach der Entfernung des ATP keine Rückpolymerisation mehr. (J. Amer. chem. Soc. **81.** 1393—1400. 20/3. 1959.)
W. WALTER. 4597

Alan S. Cohen und **Evan Calkins,** *Elektronenmikroskopische Untersuchungen an einer fibrillären Komponente im Amyloid verschiedener Herkunft.* Amyloid verschied. Ursprungs hat ähnliche submkr. Strukturcharakteristika. Soweit Fibrillen untersucht wurden, erscheinen sie morpholog. von *Kollagen* verschieden. (Nature [London] **183.** 1202—03. 25/4. 1959. Harvard Med. School and Med. Serv. of Massachusetts Gen. Hosp., Dep. of Med.) W. KÖNIGSDORF. 4597

David B. Scott und **Marie U. Nylen,** *Verbesserter Schutz der Sehne bei der Elektronenmikroskopie durch Gefriertrocknung.* Die Dehydratisierung mit tiefgekühltem Aceton u. Äthylchlorid vermeidet weitgehend Denaturierung, da die Fibrillen nach Wiederbefeuchtung noch schrumpfen. Bei Anwendung dieser Präpariermeth. haben die *Kollagen*-Mikrofibrillen unter dem Elektronenmikroskop noch enge Berührung miteinander u. bilden weite Bänder mit definierter Ausrichtung der 640 Å-Streifung. (Nature [London] **183.** 1205—06. 25/4. 1959. Bethesda, Md., Nat. Inst. of Health, Inst. of Dental Res., Labor. of Histol. and Pathol.) W. KÖNIGSDORF. 4597

H. Rollhäuser, *Histologische und cytologische Untersuchungen über den Mechanismus der tubulären Farbstoffausscheidung in der Rattenniere.* Nach intravenöser Injektion von *Phenolrot* (*Phenolsulfonphthalein,* BAYER) werden Ratten nach verschied. Zeiten getötet, um durch histolog. Schnitte den Ausscheidungsmechanismus für diesen Farbstoff u. die an der Ausscheidung beteiligten Zellstrukturen morpholog. untersuchen zu können. (Z. Zellforsch. mikroskop. Anatom. **46.** 52—66. 17/5. 1957. Marburg, Univ., Anatom. Inst.) G. KIMMERLE. 4597

E6. Pharmakologie. Therapie. Toxikologie. Hygiene.

A. Morczek, *Vergleichende Untersuchungen über strahleninduzierte Ionenverschiebungen zwischen Erythrocyten und Plasma beim Menschen und verschiedenen Tieren.* Nach Röntgenbestrahlung von Menschen-, Rinder-, Schweine- u. Hundeerythrocyten erfolgt ein Austausch von *Na* u. *K* im Sinne der Konzentrationsgradienten. Es wird angenommen, daß die Strahlen die Grenzflächen der Membranen durch Entladung lockern u.

dadurch ein passiver Ionenaustausch möglich wird. (Fortschr. Gebiete Röntgenstrahlen verein. Röntgenprax. **88.** 584—91. Mai 1958.) H. MATTHIES. 4601

R. Logan, M. Errera und **A. Ficq,** *Die Wirkung von Röntgenstrahlen und ultraviolettem Licht auf die in vitro-Aufnahme von $^{14}C_{(8)}$-Adenin und $^{14}C_{(2)}$-Phenylalanin durch isolierte Kerne.* Die in vitro-Aufnahme von $^{14}C_{(8)}$-*Adenin* (I) in Zellkernnucleinsäuren des Kalbsthymus wird durch vorangehende Röntgenbestrahlung gehemmt. Durch Behandlung mit Ribonuclease bzw. Desoxyribonuclease wurde gefunden, daß durch Röntgenstrahlen der Einbau von I in Ribonucleinsäuren gehemmt, der in Desoxyribonucleinsäuren nicht beeinflußt wird. Ebenso wird der Einbau von $^{14}C_{(8)}$-*Phenylalanin* (II) in die Proteine inhibiert. Die Bestrahlung von isolierten Rattenleberkernen in Ggw. von bestrahlten oder nichtbestrahlten Bestandteilen des Cytoplasmas hemmt den I- u. II-Einbau. Die Einw. von UV-Strahlen auf das Syst. führt zur analogen Hemmung, die jedoch durch Tageslicht aufgehoben wird. (Biochim. biophysica Acta [Amsterdam] **32.** 147—55. März 1959. Brüssel, Univ. Libre de Bruxelles, Labor. de Morphol. animale.) GOTTFRIED FAUST. 4601

W. O. Caster und **W. D. Armstrong,** *Paarfütterung als Kontrollmethode bei Stoffwechselstudien an der röntgenbestrahlten Ratte.* Ein Hauptproblem bei Stoffwechselunterss. an Ratten nach Ganzkörperbestrahlung mit Röntgenstrahlen besteht darin, in welchem Ausmaß Erschöpfung das Versuchsergebnis beeinflußt. Vff. wenden darum den Paarvers. mit red. Nahrungsaufnahme als Kontrollverf. an. Die Annahme, daß die Stoffwechseleinfll. des Hungerns die Versuchsergebnisse beeinträchtigen u. auf diese Weise ausgeschaltet werden, erweist sich jedoch als irrig. Dadurch können fehlerhafte Schlußfolgerungen gezogen u. die Ergebnisse nicht voll ausgewertet werden. Vff. raten daher zu eingehender Kritik vor Anwendung von Paarversuchen. (J. of Nutrit. **59.** 57—65. 10/5. 1956. Minneapolis, Minn., Univ. of Minnesota, Dep. of Physiol. Chem.) B. GASSMANN. 4601

E. Betz, H. Hundeshagen und **H. G. Scholtze,** *Untersuchung der Lungendurchblutung mit ^{131}J-markiertem Albumin während Herzkatheterisierung bei Lungentuberkulose.* In die Pulmonalarterien beider Lungenseiten wurden Herzkatheter eingeführt u. das Herzminutenvol. nach FICK ermittelt. Gleichzeitig wurden 2,5 cm^3 ^{131}J-Albumin (15 μc) injiziert u. in Abständen von 2 Sek. Blutproben entnommen. Anschließend wurde eine Lungenangiographie durchgeführt, ferner Druckmessung in der Pulmonalarterie, dem Ventrikel u. dem Vorhof. Die entnommenen Blutproben wurden mittels eines Bohrlochkristallscintillationszählers auf ihre Radioaktivität untersucht. Es zeigte sich, daß in von Tuberkulose befallenen Lungenteilen das Kontrastmittel langsamer abtransportiert wird als in gesunden. In der gleichen Richtung einer verlangsamten Durchströmung liegen auch die Befunde bei der Aktivitätsbest. des Blutes (verspätetes Auftreten des Maximums). (Atompraxis **4.** 273—79. 1958. Marburg/Lahn, Univ., Med. Klin. u. Strahlenklin., Abt. für Strahlenbiol. u. Isotopenforsch.; LVA Hessen, Sanatorium „Sonnenblick".) W. REUSSE. 4601

Merril Eisenbud, *Die Ablagerung von Strontium-90 im Oktober 1958.* Es wird die globale Ablagerung von Strontium-90 in Beziehung zu seiner Resorption durch den Menschen diskutiert. — 16 Literaturangaben. (Science [Washington] **130.** 76—80. 10/7. 1959. New York, N. Y., US Atomic Energy Comm., New York Operation Office.) H. KOCKERT. 4601

H. Hammerl, O. Pichler und **H. Siedek,** *Beeinflussung allergischer Zustände durch ^{198}Au unter besonderer Berücksichtigung des Asthma bronchiale.* Vff. berichten über Therapieerfolge bei 25 Patienten mit Asthma bronchiale bei Behandlung mit ^{198}Au. Die Dosis betrug 8—10 mc intravenös. Bei 72% der Fälle trat eine deutliche Besserung ein, wobei der Erfolg 6—12 Wochen anhielt. Die Thrombocytenzahl, die Eosinophilen u. der Albumin-Globulin-Quotient fielen, während der Kongorotindex stieg. Dies wird als Beweis für eine Umstimmung des vegetativen Syst. u. für eine Verschiebung einer trophotropen in eine ergotrope Reaktionslage, hervorgerufen durch die intracellulare Bestrahlung des reticuloendothelialen Syst. durch ^{198}Au, die einen unspezif. Reiz ausübt, angesehen. (Wiener Z. inn. Med. Grenzgebiete **38.** 188—96. Mai 1957. Wien, Wilhelminenspital, I. Med. Abt.) W. LAUER. 4601

Irene U. Boone, Betty S. Rogers, D. C. White und **Payne S. Harris,** *Toxizität, Ausscheidung und Gewebeverteilung von Ionium (^{230}Th) bei Ratten.* SPRAGUE-DAWLEY-Ratten im Gewicht von 200—300 g erhielten Ionium (^{230}Th; I) in Mengen von 130, 108, 86,9, 38,6, 29,0 u. 19,3 μc/kg intravenös injiziert. Die mittlere Überlebenszeit der Tiere wurde bestimmt, die Ausscheidung von I in Harn u. Kot untersucht. Histopathologie u. Radioautographie wurden nach bestimmten Zeiten ausgeführt. Die DL^{30}_{50} (30 Tage DL_{50}) von I für ♂ SPRAGUE-DAWLEY-Ratten betrug 42,7 μc/kg. Bei Applikation von Mengen in Höhe der DL^{30}_{50} betrug die Exkretion von I im Harn nach 20—30 Tagen ca. 10%, im Kot unter denselben Bedingungen ca. 5%. Die Höhe der Gewebeablagerung von I variierte leicht in Abhängigkeit von der Dosis. Durchschnittlich 70—80% der injizierten Menge waren bei Dosen von 19—130 μc/kg bei Eintritt des Todes im Gewebe retiniert, davon ca. 25—30% in den Knochen u. ca. 50—60% in den inneren Organen, die Hälfte davon in der Leber. Histopatholog. fanden sich Cytolyse u. Zellatrophien hauptsächlich in Nieren, Knochenmark u. im lymphat. System. Mit der Radioautographie konnte gezeigt werden, daß die Verteilung von I in Leber u. Milz etwa der in den reticuloendothelialen Zellen entsprach. In der Niere wurde I vorwiegend in der Rinde gefunden; in den langen Knochen ließ sich I vorwiegend in Epiphysenfugen, Periost, Knochenmark u. Trabekeln der Metaphyse nachweisen. (Amer. ind. Hyg. Assoc. J. **19.** 285. Aug. 1958. Los Alamos, N. Mex., Univ. of California, Los Alamos Scient. Labor.) H. ZELLER. 4601

R. C. von Borstel und **R. W. Rogers,** *Die Beschießung des Habrobraconeies mit α-Teilchen.* 2. Mitt. *Die Reaktion des Plasmas.* (1. vgl. Radiation Res. **7.** [1957.] 484.) Frisch gelegte Eier des Wespe Habrobracon wurden derart mit den α-Strahlen von ^{210}Po bestrahlt, daß die Kerne durch einen Kunststoffkörper gegen die Bestrahlung abgeschirmt blieben u. nur das Cytoplasma bestrahlt wurde. Beobachtung des Schlüpfens der Eier zeigte, daß dieses oberhalb einer Dosis von $5 \cdot 10^6$ α-Teilchen abzusinken beginnt. Bestrahlung mit $20 \cdot 10^6$ Teilchen senkt das Vitalitätsverhältnis der Eier auf 10%, während der Kern durch ein einziges α-Teilchen bereits derart geschädigt wird, daß das Ei inakt. ist. (Radiation Res. **8.** 248—53. März 1958. Oak Ridge,., Tenn., Oak Ridge Nat. Labor., Biol. Div.; Tallahassee, Fla., Florida State Univ., Dep. of Zool.) W. REUSSE. 4601

H. Ramioul und **J. Lecomte,** *Die Rolle des Histamins in der Pathogenese des Späterythems durch Röntgenstrahlen.* Wird beim Menschen durch Injektion eines *Histamin*-freisetzenden Mittels (*1935 L*) *Histamin* der Haut mobilisiert, so zeigt sich kein Einfl. auf das durch Röntgenstrahlen hervorgerufene Späterythem. (J. Radiol. Électrol. Méd. nucléaire **39.** 378—79. Juni/Juli 1958. Liège, Univ., Inst. de Pathol. méd., Serv. de Radiothérapie de l'Hôp. civil de Verviers.) H. STRUCK. 4601

J. Papillon und **A. Pinet,** *Anwendung eines neuen Antihistaminicums gegen die Strahlenkrankheit.* 58 krebskranke Patienten, die mit Röntgenstrahlen behandelt wurden, erhielten peroral (12 mg/Tag) das neue Antihistaminicum *Dimethylaminoisopropylthiophenylpyridylaminhydrochlorid.* Es zeigte sich eine außerordentliche Besserung der Strahlenkrankheit bei fast allen Behandelten. (J. Radiol. Électrol. Méd. nucléaire **39.** 421—22. Juni/Juli 1958.) H. STRUCK. 4601

S. M. Bak, *Chemischer Schutz gegenüber ionisierenden Strahlen.* Vf. zeigt den Weg auf, der ihn zur Entdeckung des *Cysteamins* (I) u. *Cystamins* (II), den bisher besten chem. Schutzmitteln gegenüber der radioakt. Strahlung, geführt hat. I ist eine unbeständige Substanz, die in Ampullen unter N_2 aufbewahrt werden muß, u. hat auch einen unangenehmen Geruch. Es muß intravenös gegeben werden. Seine Wrkg. läßt bald nach, da es im Stoffwechsel rasch verändert u. ausgeschieden wird. II ist demgegenüber stabil, leicht synthet. herzustellen u., per os verabreicht, mehrere Std. lang wirksam. Beide Präpp. haben aber noch verschied. Nachteile (kein Schutz der Generationsorgane vor irreversiblen Strahlenschädigungen). Die Erforschung der Natur der Strahlenkrankheit dürfte weitere Fortschritte auch auf dem Gebiet des chem. Strahlenschutzes bringen. (Природа [Natur] **48.** Nr. 7. 33—38. Juli 1959. Löwen, Belgien, Univ.) E. RENTZ. 4601

John F. Wohnus und **Roberts Rugh,** *Beruhigungsmittel und Röntgenstrahlenletalität.* 396 ♂ CF-1-Mäuse wurden mit 600 r röntgentotalbestrahlt. Bestrahlungsbedingungen: 184 kV, Filter 0,18 mm Cu u. 0,50 mm Al, Dosisleistung 200 r/Minute. Vor der Bestrahlung erhielten die Tiere intraperitoneale Injektionen mit verschied. Dosen von *Reserpin* (I), *Chlorpromazin* (II), *Meprobamat* (III), *Benactyzin* (IV), *Phenobarbital-Na* (V) u. *Acetylsalicylsäure* (VI). Die Injektionen wurden 18—20 I, 2 II, 2 III, 1 IV, 1,5 V bzw 1 Std. VI vor der Bestrahlung vorgenommen. Beobachtung von Körpergewicht u. Überlebensrate u. Vgl. mit nichtinjizierten Tieren ergab, daß sämtliche geprüften Beruhigungsmittel nur einen sehr geringen, jedoch nahezu gleichen Schutzeffekt gegen die Röntgenbestrahlung bewirken. Injektionen mit physiol. Kochsalzlsg. ergeben eine stärkere Schutzwirkung. Das Gewicht der mit I—VI injizierten Tiere zeigt in den ersten 15 Tagen einen schwachen progressiven Abfall, dann wieder Anstieg zum Ausgangswert. (Military Med. **123.** 228—36. Sept. 1958. Columbia Univ., Radiolog. Res. Labor.) W. REUSSE. 4601

J. George Teplick, Bernard P. Adelman und **Stanley B. Steinberg,** *Orabilex, ein neues orales cholecystographisches Mittel. Ein klinischer Bericht über 112 Fälle.* Vff. berichten über ihre Erfahrungen mit den cholecystograph. Substanzen *Telepaque* (I;

β-[3-Amino-2.4.6-trijodphenyl]-α-äthylpropionsäure) u. *Orabilex* (**II**; *α-Äthyl-m-butyramido-o.o'.p-trijodzimtsaures Na*, E. FOUGERA & Co., Hicksville, N. Y.) bei 112 Patienten, deren Gallenblasen oder -gänge untersucht wurden. Die Patienten erhalten 3 mg **I** oder 6 mg **II**. Ein Vgl. von **I** u. **II** nach den Werten der Vff. u. a. zeigt für **I** bei 45,5—62,5% gute Verträglichkeit, bei 40—59,6% vorzügliche Darst. der Gallenblase u. als Neben-wrkgg. hauptsächlich Übelkeit u. Diarrhoe, während für **II** bei 87,5—95% gute Verträglichkeit, nur ganz schwache Übelkeit u. bei 70—95% vorzügliche Darst. der Gallenblase beobachtet werden. Wegen seiner besseren Verträglichkeit bevorzugen Vff. **II** vor **I**. (Amer. J. Roentgenol. Radium Therapy Nuclear Med. **80**. 961—66. Dez. 1958. Philadelphia, Pa., Kensington Hosp., Dep. of Radiol.) R. LENSCHAU. 4601

Adolf Morczek und **Klaus Jungmann**, *Hämolyse und Verschiebung der Kaliumionen unter dem Einfluß von Ultraschallwellen.* In K-freier phosphatgepufferter RINGER-Lsg. suspendierte Erythrocyten wurden im stehenden Feld mit 2 W/cm bei 37° beschallt. Der *K*-Austritt in 3 Std. beträgt bei den Kontrollen 4,69 ± 0,119 mval K/Liter Erythrocyten; bei 9 Min. beschallten Zellen 17,142 ± 0,186 mval K/Liter Erythrocyten; nach weiteren 3 Std. 20,530 ± 0,163 mval K/Liter Erythrocyten. Der K-Verlust tritt nur bei der Beschallung auf u. ist hinterher normal. Die Hämolyse ist dem K-Verlust proportional. Die Ultraschallhämolyse wird durch eine mechan. Zerstörung der Membranen während der Beschallung hervorgerufen. (Arch. physik. Therap. **10**. 59—69. Jan./Febr. 1958. Leipzig, Univ., Röntgeninst.) H. MATTHIES. 4601

F. Hauschild, **R. Ludewig** und **H. Mühlberg**, *Über die „ätzende" Wirkung von Wasserstoffperoxyd.* Haut, Schleimhäute u. seröse Häute verschied. Regionen von verschied. Tierarten u. Haut von menschlichen Operationspräpp. wurden mit 1—30%ig. Lsgg. von H_2O_2 (*Perhydrol*, MERCK) wenige Sek. bis zu 4 Std. behandelt. Es wird histolog. gezeigt, daß durch die H_2O_2-Einw. unterschiedlich große Gasblasen im behandelten Gewebebereich u. seinen Gefäßen entstehen. Dadurch kommt es durch Verdrängung des Blutes aus den Capillaren zu einer Weißfärbung (Anämie) der Haut, die später wieder verschwindet. Durch große Gasblasenentwicklungen kann es dort zu Zerreißungen des Gewebes mit Blutungen kommen. Eine irreversible Schädigung der Haut (Verätzung) entsteht also durch H_2O_2-Einw. nicht. (Naunyn-Schmiedebergs Arch. exp. Pathol. Pharmakol. **235**. 51—62. 1958. Leipzig, Univ., Pharmakol. Inst. u. Pathol. Inst.) G. KIMMERLE. 4606

Alfred W. Richardson, **Joseph C. Muhler** und **Jack G. Bishop**, *Die vasodepressorische Wirkung von Fluor nach oraler Gabe bei Hunden.* Orale Gaben von je 5 mg *F* (NaF bzw. SnF_2) erzeugten bei Hunden eine Senkung des Blutdrucks um 16 bzw. 11%, von 1 mg F als NaF bzw. SnF_2 eine solche von 3 bzw. 9%. Nach Verabfolgung von SnF_2 trat außerdem eine deutliche Senkung der Körpertemp. auf. Die 5 mg-Dosierung verdoppelte den Blutspiegel an F; eine hypotensive Wrkg. von 1,0 p.p.m. F im Trinkwasser ist nicht zu befürchten. (J. Pharmacol. exp. Therapeut. **113**. 200—05. Febr. 1955. Bloomington, Ind., Univ. of Indiana, Dep. of Chem. und School of Med., Dep. of Physiol.) H. KLUGE. 4606

O. Heidenreich, **W. Schneider** und **H. Ganster**, *Untersuchungen über das Auftreten einer Alkalose nach Infusion von Natriumsulfat.* Nachdem zunächst durch die Verdünnungswrkg. nach Infusionen (schon ab 10 mval/Liter Sulfat) von iso- oder hyperton. Na_2SO_4-Lsgg. bei Hunden eine Verminderung der Plasmabicarbonatkonz. u. ein geringes Absinken des Blut-p_H auftritt, kommt es später durch die atemanregende Wrkg. des Sulfats zu einer akuten, nicht kompensierten respirator. Alkalose. Das Verhältnis von $HCO_3^-:H_2CO_3$ im Blut ist erhöht bis auf Werte von 30:1. Da ein saurer, wenig Bicarbonat enthaltender Harn ausgeschieden wird, ist eine renale Kompensation nicht möglich. Hyperton. Mannit- u. NaCl-Lsgg. verändern das Säure-Basen-Gleichgewicht kaum. (Naunyn-Schmiedebergs Arch. exp. Pathol. Pharmakol. **235**. 78—86. 12/9. 1958. Freiburg i. Br., Univ., Pharmakol. Inst.) G. KIMMERLE. 4606

R. D. MacKenzie, **R. A. Anwar**, **R. U. Byerrum** und **C. A. Hoppert**, *Resorption und Verteilung von ^{51}Cr bei der Albinoratte.* Oral gegebenes $Na_2{}^{51}CrO_4$ wurde auf Grund der *Cr*-Ausscheidung im Harn von der hungernden Ratte zu ca. 6%, von der n. zu ca. 3% resorbiert. In beiden Fällen wurde 6wertiges *Cr* viel stärker als 3wertiges resorbiert. Im Magen trat eine erhebliche, im Darm eine schwächere Red. von Chromat zu 3wertigem *Cr* ein. Nach Verfütterung von ^{51}Cr-Chromat hatten die Leber nach 1 Tag maximal ca. 1%, Nieren u. Blut 0,1—0,2% der Dosis aufgenommen. Diese Mengen nahmen während 2 Wochen wieder ab. Von der Milz absorbiertes *Cr* scheint fester als in anderen Geweben gebunden zu sein. (Arch. Biochem. Biophysics **79**. 200—05. Jan. 1959. East Lansing, Mich., State Univ., Kedzie Chem. Labor.) K. MAIER. 4606

H. Lang und **M. Fingerhut**, *Intracelluläre Verteilung von intravenös injiziertem ^{210}Pb in Kaninchenorganen.* Nach intravenöser Injektion von 0,14—0,19 mg ^{210}Pb/kg

(Bleiacetat) wurde bei Kaninchen in Homogenat, Zellkernen, Mitochondrien, Mikrosomen u. Cytoplasma von Leber, Milz u. Niere in den folgenden 1—35 Tagen die intracelluläre Verteilung von ^{210}Pb untersucht. Es zeigt sich, daß das Pb bes. in den Mitochondrien der Leber angereichert wird u. die spezif. Aktivität dort lange Zeit erhalten bleibt. Der absol. Anteil der Mitochondrien an der Gesamtaktivität der Leber erhöht sich von 12% nach einem Tag auf ca. 38% nach 15—35 Tagen. Wenn auch in den anderen Organen die Anreicherung von ^{210}Pb wesentlich geringer ist, so herrscht auch dort die Tendenz zur Anreicherung in den Mitochondrien vor. Es wird angenommen, daß die Hemmung von Rkk. des Energiestoffwechsels in den Mitochondrien bei der Bleivergiftung eine Rolle spielt. (Naunyn-Schmiedebergs Arch. exp. Pathol. Pharmakol. **235**. 41—50. 12/9. 1958. Mainz, Univ., Physiol.-chem. Inst.) G. KIMMERLE. 4606

A. Estève und **J. Laporte,** *Cyanessigsäurehydrazid und die mittlere Blutungszeit des Kaninchens.* Vff. stellten fest, daß, im Gegensatz zu Isoniazid, Cyanessigsäurehydrazid, in Dosen von 50 u. 100 mg/kg an Kaninchen verabfolgt, keine Verlängerung der mittleren Blutungszeit (Meth. nach ROSKAM u. POWEN, Arch. int. Pharmacodyn. am. Thérap. **57**. [1937.] 450) hervorruft. (Experientia [Basel] **14**. 148—49. 15/4. 1958. Barcelona, Labor. du Dr. Estève.) H. FRANK. 4607

W. Je. Mchejan, *Einfluß des Dichlorbutens auf einige Kennzahlen des Kohlenhydratumsatzes, die morphologische Zusammensetzung des peripherischen Blutes und verschiedene Organe von Tieren bei der Gifteinwirkung durch Inhalation und auf die Haut. 1.3-Dichlorbuten-(2)* (**I**) hat narkot. Wrkg. u. besitzt als Protoplasma- u. Gefäßgift beträchtliche Toxizität. Im Tiervers. (Hunde) wurde sowohl bei akuter als auch bei chron. Vergiftung erhöhter Glucose (**II**)- u. Traubensäureblutspiegel beobachtet, der durch Adrenalin- oder Insulingaben nur unwesentlich beeinflußt werden konnte. Die zur Senkung des **II**-Spiegels erforderliche Insulinmenge wird gegenüber der Kontrolle um das 2—4fache erhöht. Bei der chron. **I**-Vergiftung bewirkt die perorale Zufuhr von 4,0 u. 8,0 g **II**/kg keine Zunahme des Blutgeh. an **II**, wie dies bei der Kontrolle eintritt. Die intravenöse Zufuhr von **II** erhöht den **II**-Blutspiegel. Unter dem Einfl. von **I** treten im Magen-Darm-Trakt vermutlich solche patholog. Erscheinungen auf, welche die **II**-Resorption stören. Im Anfangsstadium der Vergiftung wird eine Leukocytose beobachtet, die bald in ausgeprägte Leukopenie mit deutlicher Linksverschiebung des weißen Blutbildes übergeht. Im Endstadium treten ebenfalls patholog. Erythrocytenformen auf. Durch Schädigung der Gefäßwände tritt hämorrhag. Diathese auf. Die Erscheinungen werden sowohl durch Inhalation von **I** als auch durch Hautresorption ausgelöst. (Известия Академии Наук Армянской ССР, Биологические Науки [Nachr. Akad. Wiss. ArmenSSR, biol. Wiss.] **12**. Nr. 3. 85—93. März 1959. Erewan, Med. Inst., Lehrstuhl für Arbeitshyg.) H.-W. GRAMM. 4607

Kurt Fleischhauer und **Friedrich-Karl Ohnesorge,** *Zur Pharmakologie des Dithizons.* Nach intravenöser Injektion von 75 mg *Dithizon* (*Diphenylthiocarbazon*)/kg wird bei Mäusen u. Katzen die spontane Motilität stark herabgesetzt u. die Krampfschwelle deutlich erhöht. Bei der Katze wird außerdem die Atmung beschleunigt u. vertieft. Dithizon bewirkt diese Erscheinungen durch Angriff an den übergeordneten Zentren des Zentralnervensystems. Diese Wrkgg. kommen also nicht durch die Stoffwechselstörungen des Dithizons (Dithizondiabetes, Schädigung der β-Zellen der LANGERHANSschen Inseln des Pankreas) zustande. Dithizon hat auch eine tox. Wrkg. auf eine Reihe weiterer Organe (Augen, Leber, Niere, Milz). (Naunyn-Schmiedebergs Arch. exp. Pathol. Pharmakol. **235**. 63—77. 12/9. 1958. Kiel, Univ., Anatom. Inst. u. Pharmakol. Inst.) G. KIMMERLE. 4607

J. J. Chart, H. Sheppard, M. J. Allen, W. L. Bencze und **R. Gaunt,** *Neue Amphenonanaloge als Nebennierenrindeninhibitoren.* An Hunden wurde nach intravenöser, oraler u. intragastraler Gabe die Wrkg. von *2-Methyl-1.2-di-*[*pyridyl-*(*3*)]*-propanon-*(*1*)*-ditartrat* (*Su 4885*; I) auf die Nebennieren getestet. **I** hemmt die Ausscheidung von 17-Hydroxysteroiden. In vitro hemmt **I** in einer Konz. von 200 mg/Liter die Wrkg. des adrenocorticotropen Hormons auf Ratten-, Meerschweinchen- u. Hundenebennieren ähnlich wie 3.3-Bis-[p-aminophenyl]-butanon-(2)-dihydrochlorid (Amphenon B). **I** erhöht das Nebennierengewicht (Hunde) gegenüber der Kontrolle um ca. 50%. In situ zeigt **I** bei der Ratte keine Amphenonwirkung. (Experientia [Basel] **14**. 151—52. 15/4. 1958. Summit, N. J., CIBA Pharmaceut. Prod., Inc., Res. Dep.) H. FRANK. 4607

Stanisław Homrowski, *Akute Toxizität von α-Naphthylessigsäuremethylester.* Die akute Toxizität von α-Naphthylessigsäuremethylester ist gering. Die letale Dosis für Ratten (per os) beträgt 5,7 g/kg. (Acta polon. pharmac. **16**. 73. 1959. Warszawa, Wojskowe Centr. Labor. sanit.-hig.) F. URBAN. 4607

J. La Barre und **Ch. S. Lieber,** *Die Wirkung von Reserpilin auf die Hypersekretion und Hyperacidität des Magens nach Insulingaben.* Bei Hunden mit Magenfisteln wurde der Magensaft nach Gaben von Insulin (I; 0,5 E./kg) allein oder von *Reserpilin* (II; 2 mg/kg, intravenös), denen solche von I folgten, gesammelt u. auf Menge u. Geh. an freier Säure (III) hin untersucht. Gehen den I-Gaben solche von II voraus, so steigen Menge u. Geh. an III sehr stark an, während II allein diesen Effekt nicht hat. (C. R. Séances Soc. Biol. Filiales **152.** 683—85. 4/10. 1958.) HEINRICH HERMANN. 4607

M. Wassermann, G. Sandulescu, H. Berinzon und **V. Sava,** *Die schützende Wirkung der Nicotinsäure bei der chronischen Vergiftung der weißen Ratte durch Hexachlorcyclohexan (HCH).* An weißen Ratten, bei denen durch tägliche Gaben von 2 mg *Hexachlorcyclohexan* (I; bis zu 250 Tagen) an verschied. inneren Organen cytoplasmat. u. nucleare Schädigungen sowie ödemat. Entzündungen u. Nekrosen aufgetreten waren, bewirkte gleichzeitige Verabreichung von 2 mg *Nicotinsäure* (II) täglich Minderung der Zellschädigung, die Entzündungserscheinungen blieben bestehen. Die schädigende Wrkg. von I wird auf die Verdrängung von Mesoinosit zurückgeführt. II verzögert die durch I verursachten Schädigungen als Schutzstoff bei Vitamin-B-Avitaminosen. (Arch. Maladies profess. Méd. Travail Sécurité soc. **19.** 29—39. Jan./Febr. 1958. Iassy.) K. ZOPFF. 4607

Györgyi Bruckner, *Herstellung und Prüfung auf insekticide Wirksamkeit der Dialkylthiophosphorylmercaptobernsteinsäure und ihrer Derivate.* Vf. beschreibt eine neue Synth. der *Dialkylthiophosphorylmercaptobernsteinsäure* aus Maleinsäureanhydrid u. Dialkyldithiophosphorsäure. Es wird die insekticide Wrkg. dieser Säure u. deren Monoalkylester auf *Doralis fabae* festgestellt, sowie daß die insekticide Wirksamkeit mit der Zahl der freien Carboxylgruppen abnimmt. (Növénytermelés [Pflanzenbau] **5.** 343—48. Dez. 1956. Budapest, Res. Inst. for Plant Protection.) G. MAYR. 4607

Donald G. Walker und **Zolton T. Wirtschafter,** *Resorption von Rattenembryos mit einer Lathyrus odoratus-Kost.* Der Grad für die Resorption des Rattenembryos hängt von der Zeit zwischen Beginn der Schwangerschaft u. Ende des Blatterbsenverzehrs ab. In Ggw. des *Lathyrusfaktors* überlebt der Embryo den 16. Schwangerschaftstag nicht. Wöchentliche Röntgenaufnahmen zeigen bei nichtgraviden Tieren Knochenveränderungen ab 14. Tag der Lathyruskost, während sich bei graviden solche erst ab 28. Tag nach der Konzeption u. des Beginns der Blatterbsenfütterung abzeichnen. (J. of Nutrit. **58.** 147—53. 10/2. 1956. Portland, Univ. of Oregon, Med. School and Veterans Admin. Hosp., Res. Labor. of the Med. Serv.) B. GASSMANN. 4608

Donald G. Walker und **Zolton T. Wirtschafter,** *Östrogene Hemmung der Fetusresorption bei Lathyrismus.* (Vgl. vorst. Ref.) Während normalerweise bei Blatterbsenfütterung vom 18. Schwangerschaftstag an die Rattenfoetusentw. grundsätzlich durch einen Resorptionsvorgang unterbrochen wird, unterliegen bei täglicher Applikation von 10 μg *Östron* u. 4 mg *Progesteron* vom 1—21. Tag der Gestation nur 18 von 50 Implantationen der Resorption. (J. Nutrit. **58.** 161—65. 10/2. 1957. Portland, Univ. of Oregon, Med. School; Veterans Admin. Hosp., Res. Labor. of the Med. Serv.) B. GASSMANN. 4608

H. Beeuwkes, *Die Anwendung von Chlorhexidin. Chlorhexidin* (I; *1.6-Bis-[N^1-p-chlorphenyldiguanido-(N^5)]-hexan*; *„Hibitan“*, IMPERIAL CHEMICAL INDUSTRIES; 1%ig. Lsg. = „Sterilon“ ROTER COMPANY) erwies sich als ein wertvolles Therapeuticum mit sehr wenig tox. Nebenwirkungen. Es wurde mit großem Erfolg als Desinfektionsmittel in der chirurg. Praxis, in der urolog. Praxis, bei der Behandlung von Brandwunden, als Prophylakticum in der Kinderheilkunde u. zur allg. Verhütung von Infektionen angewandt. Es hat fungistat. u. fungicide Wirkung. Außerdem zeigte I nach vorläufigen Unterss. eine günstige therapeut. Wrkg. bei durch Pilze u. Candida albicans verursachten Hautkrankheiten. In vitro-Teste mit I wiesen auf eine mögliche Bekämpfung von β-hämolyt. Streptokokken im Munde ohne Schädigung der Oralflora hin. (Antonie van Leeuwenhoek **24.** 49—62. 1958. Heerlen, St. Joseph's Hosp.) M. EBERT. 4610

S. F. Snieszko und **G. L. Bullock,** *Behandlung Sulfonamid-resistenter Furunkulose bei Forellen und Bestimmung der Arzneimittelempfindlichkeit.* Die Behandlung der Furunkulose bei Fischen mit *Sulfonamiden* (I) wird erfolglos, wenn die Krankheit durch I-resistente *Aeromonas salmonicida*-Stämme verursacht wird. In diesem Falle wird eine Antibioticabehandlung mit *Chloramphenicol* in einer Konz. von 2,5—3,0 g/100 engl. Pfund Fisch pro Tag empfohlen. (U. S. Dep. Interior, Fish Wildlife Serv., Fishery Bull. **57.** 555—64. 1957. Kearneysville, Va., Microbiol. Labor. at Ceetown.) G. BREITIG. 4610

W. Steenken jr., V. Montalbine, M. M. Smith und **E. Wolinsky,** *Antituberkulöse Wirksamkeit von Thiocarbanidin in vitro und beim Versuchstier. 4-Isobutoxy-4'-pyridyl-(2)-thiocarbanilid* (I; *Thiocarbanidin,* PARKE, DAVIS & Co.) hemmt in vitro das Wachstum von verschied. humanen Tuberkelbacillenstämmen (H 37 Rv, gegen Isoniazid u.

PAS resistente H 37 Rv, 4 frisch isolierte Stämme, 4 photochromogene Stämme). Ein gegen Thiosemicarbazon resistenter H 37 Rv-Stamm wird nicht gehemmt. Bei mit H 37 Rv infizierten Meerschweinchen ist I (40 mg/kg/Tag) stark wirksam. Sehr gut ist eine Kombination von I mit Streptomycin oder Isoniazid. Eine Kaninchenmiliartuberkulose wird mit I erfolgreich behandelt, nicht aber mit PAS. Bei einer täglichen oralen Gabe von 10—80 mg/kg kommt es bei Kaninchen nach 194 u. bei Meerschweinchen nach 150 Tagen zu keinen patholog. Veränderungen. (Amer. Rev. Tubercul. Pulmonary Diseases **78**. 570—75. Okt. 1958. Saranac Lake, N. Y., Troudeau Found., Labor.)
G. KIMMERLE. 4610

A, Schmiedel und **K. Bartmann,** *Weitere Untersuchungen über Azorhodanid (Dairin).* Vff. konnten in Meerschweinchenverss. keine statist. signifikanten Unterschiede bei mit *2.4-Diaminoazobenzolmonorhodanid* (*Dairin*; I) in maximalen Dosen (subcutane Injektion von Kristallsuspensionen) behandelten Tieren gegenüber Kontrolltieren erkennen, während *INH* (Isonicotinsäurehydrazid) ein völliges makroskop. Freibleiben von Tuberkulose bei weiteren Versuchstieren zur Folge hatte. Es besteht nach Ansicht der Vff. kein Grund zu der Annahme, daß I beim Menschen eine Wrkg. entfaltet, die es beim Tier nicht besitzt. In vitro konnte auf ruhenden Tuberkelbacillen im eiweißhaltigen Milieu keine starke abtötende Wrkg. festgestellt werden. Auch durch hochkonz. Aufschwemmungen von I-Pulver in Konservenplasma wurden keine kürzeren Abtötungszeiten erzielt als durch eine gesätt. eiweißfreie I-Lösung. Subcutane u. intramuskuläre Kristalldepots verursachen ebenso wie das ölige Depot-I eine Eiweißfällung mit histolog. nachweisbaren Gewebenekrosen. (Beitr. Klin. Tuberkul. **118**. 421—34. 20/8. 1958. Berlin-Wannsee, Landestuberkulosekrankenhaus Heckeshorn u. Zschadraß, Bakteriol. Abt.)
U. TAUSENDFREUND. 4610

Albert Schmiedel, *Die hochgradige Isoniazidinaktivierung im Körper, ihre Häufigkeit, ihr Wesen und klinische Bedeutung.* Nach einmaliger Gabe von 5 mg *Isonicotinsäurehydrazid* (*INH*)/kg wurde bei ca. 15% der Patienten ein nur sehr niedriger INH-Spiegel festgestellt. Es konnte keinerlei Beziehung zwischen dem starken INH-Abbau u. dem Geschlecht, der Dauer der Behandlung oder einer diabet. Disposition nachgewiesen werden. Gegen INH stark resistente Tuberkelbacillen wurden fast stets bei Kranken mit hohem INH-Blutspiegel aufgefunden u. nur selten bei Kranken mit niedrigem INH-Blutspiegel. Vf. schließt aus dieser Tatsache, daß bei diesen Patienten auch die Tuberkelbakterien im Gewebe nur von niedrigen INH-Konzz. getroffen werden. (Beitr. Klin. Tuberkul. **119**. 206—17. 21/11. 1958. Colditz, Sachsen, Heilstätten Zschadraß.)
HEINRICH HERMANN. 4610

R. Gajzler und **E. Mikulaszek,** *Die hemmende Wirkung von Polysacchariden auf die Bildung von Komplexen aus Streptomycin mit Nucleinsäuren und Heparin. Streptomycin* (I) bildet mit Nucleinsäuren, Phosphatiden, Mycolsäuren u. Heparin unlösl. Komplexe. Die in vitro als Präzipitation erscheinende Rk. zwischen I u. Desoxyribonucleinsäure bzw. I u. Heparin kann durch Polysaccharide (II) bakteriellen, tier. oder pflanzlichen Ursprungs gehemmt werden. Vff. prüften 59 verschied., vorwiegend aus Bakterien isolierte II auf den Hemmungseffekt, die Differenz der Präzipitate mit u. ohne II turbidometr. bestimmend. Am stärksten hemmten II aus Enterobakterien (Shigella, Salmonella), am schwächsten aus Tuberkelbakterien. Desoxyribonucleinsäure u. Heparin verhielten sich in diesen Verss. ungefähr gleich. (Bull. Acad. polon. Sci., Sér. Sci. biol. **6**. 193—200. 1958. Warszawa, Inst. of Antibiotics.)
E. FISCHOEDER. 4611

James N. Liles, *Einige Wirkungen von Nahrungspenicillin auf die deutsche Schabe, Blattella germanica (L.) (Orthoptera: Blattidae).* Fütterungsverss. an 2 *B. germanica* L.-Generationen mit einer 0,6—100000 mg% *Penicillin* (I) enthaltenden Hundediät ergaben in der 1. Generation mit denjenigen der Kontrollen äquivalente Wachstumsgeschwindigkeiten, wenn der I-Geh. $\gtrless$ 40 mg%, dagegen zunehmende Hemmung ab 78 mg%. In der 2. Generation wurden bei der Nachkommenschaft von Tieren, die nur 5 mg% I erhalten hatten, verminderte Wachstumsgeschwindigkeit beobachtet, unabhängig davon, ob die Nachkommen n. oder I-Diät bekamen. Die 1. Generation, die $<$ 78 mg% erhielt, war annähernd nach der gleichen Zeit ausgewachsen. Bei 78 oder mehr mg% bestand zwischen Wachstumsgeschwindigkeit u. der für das Erreichen der vollen Größe erforderlichen Zeit eine umgekehrte Relation. Während die 1. Generation auch bei den höchsten I-Dosen gegenüber den Kontrollen keine merklich erhöhte Mortalität zeigte, war diese bei der 2., deren Eltern 10—20 mg% I erhalten hatten, erhöht. Bei allen I-Konzz. $\geqq$ 20 mg% verringerte sich die Fortpflanzungsfähigkeit (keine Eibldg. bei 10000 mg% I). Die 2. Generation wurde in jeder Hinsicht weit nachteiliger beeinflußt als die erste. (Ohio J. Sci. **58**. 84—96. März 1958. Columbus, Ohio, Ohio State Univ., Dep. of Zool. and Entomol.)
K. MAIER. 4611

Sidney Friedlaender, *Penicillinase bei der Behandlung allergischer Reaktionen gegenüber Penicillin.* Intramuskuläre Injektionen von 800000 E. *Penicillinase* (I) in 3tägigem Abstand eignen sich zur Behandlung von Serumkrankheit sowie urticariellen u. nichturticariellen Hautausschlägen als Begleiterscheinung von Penicillinbehandlungen. In einigen Fällen ist die Wirksamkeit nicht überzeugend, I eignet sich auch nicht zur Behandlung des plötzlichen anaphylakt. Schocks. Als Neben-Wrkgg. der intramuskulären Verabreichung werden Schmerzen an der Injektionsstelle angegeben, es kommt zu Schwellungen u. febrilen Reaktionen. Es wird für möglich gehalten, daß I selbst durch wiederholte Injektionen zur Entw. einer Sensibilität führt. (J. Allergy **30.** 181—87. März/April 1959. Detroit, Mich., Amer. Acad. of Allergy, Comm. of Drug.) U. TAUSENDFREUND. 4611

C. B. Pittinger und **J. P. Long,** *Die neuromuskuläre Hemmwirkung von Neomycinsulfat.* Die neuromuskuläre Blockwrkg. von *Neomycinsulfat* (I) bei Kaninchen u. Hunden sowie die Steigerung dieses Effekts durch Ae. (Kaninchen) wurden nachgewiesen. Beim Hund antagonisierte Neostigminmethylsulfat (II) die I-bedingte neuromuskuläre u. respirator. Hemmung in Ggw. von Äther. Bei Kaninchen u. Mäusen wurden tox. I-Effekte u. deren antagonist. Beeinflussung durch II beobachtet. (Antibiotics and Chemotherapy **8.** 198—203. April 1958. Iowa City, Iowa, State Coll., Coll. of Med., Dep. of Surgery and Dep. of Pharmacol.) K. MAIER. 4611

E. Fulchiero, Maurice R. Turcotte und **Stevens J. Martin,** *Curareähnlicher Effekt von Neomycin und seinen Fraktionen beim Frosch.* Am Ischias-gastrocnemius-Präp. des Frosches weist kommerzielles *Neomycin* (I) u. seine Fraktion B curarimimet. Aktivität auf, Fraktion A (*Neamin*) u. C waren ähnlich, aber schwächer wirksam. Die Blockade durch I u. Fraktion B u. C, nicht nach Fraktion A, konnte durch *Neostigmin* oder *Edrophonium* in entsprechender Dosierung aufgehoben werden. Diese Wrkg. konnte durch Ätheranästhesie bei Anwendung von I, Fraktion B oder C nicht verstärkt werden. (Proc. Soc. exp. Biol. Med. **99.** 537—39. Nov. 1958. Hartford, Conn., St. Francis Hosp.) WOLFGANG ALBRECHT. 4611

Arthur R. English, *Erhöhung des Tetracyclinserumspiegels durch Glucosamin als Adjuvans. Vergleichende Versuche an Spürhunden.* Nach gleichzeitiger oraler Verabreichung von *Tetracyclin-HCl* (I; 10 mg/kg) u. *D-Glucosamin* (10 mg/kg) war der I-Spiegel im Serum von Spürhunden nach einer Std. um 76% u. nach 7 Std. um 34% gegenüber den Tieren erhöht, die I allein in derselben Dosis erhalten hatten. (Proc. Soc. exp. Biol. Med. **99.** 208—10. Okt. 1958. Maywood, N. Y., Pfizer Therapeutic Inst., Bacteriol. Labor.) WOLFGANG ALBRECHT. 4611

Anneliese Walter und **Walter Marget,** *Eine Mikromethode, geeignet zur Bestimmung von Blutkonzentrationen der meisten gebräuchlichen Antibiotica; unter Ausnutzung des beobachteten Hemmeffektes von Hämoglobin gegenüber Bakterien.* Es wird über eine Meth. zur Best. von *Antibiotica*-Konzz. in Vollblut beschrieben, die bei Verwendung kleinster Blutmengen auch bei Säuglingen unter Vermeidung einer Venenpunktion anwendbar ist. Es gelang, die Meth. zur Erfassung der meisten gebräuchlichen Antibiotica auszubauen, was bisher infolge Fehlens geeigneter hochempfindlicher Teststämme nicht möglich war. Durch eingehende Unterss. konnte ein gewisser hemmender Effekt des *Hämoglobins* auf das Bakterienwachstum aufgezeigt werden. Die Meth. arbeitet nach dem Papierblättchentest, der für *Penicillin* (I) von KLEIN angegeben wurde (für 1 Best. 0,07 cm^3 Vollblut). Als Teststamm dient Bac. subtilis ATCC 6633 in Form einer Sporensuspension; die durch die Papierblättchen hervorgerufenen Hemmungshöfe auf Agarplatten werden mit denen bekannter Antibiotica-Lsgg. verglichen. Außer I wurden *Chloramphenicol* u. *Tetracyclin* bestimmt. (Z. Hyg. Infektionskrankh. **145.** 320—30. 1958. Freiburg i. Br., Univ., Kinderklinik.) H. GOEBEL. 4611

J. Hladovec, V. Mansfeld und **Z. Horáková,** *Der Hemmeffekt von Trypsin und Trypsininhibitoren auf die experimentelle Entzündung bei Ratten.* (Vgl. C. **1959.** 12908.) Der antiphlogist. Effekt von Trypsin (I), *Pankreas-Trypsininhibitor* (II), *Sojabohnen-Trypsininhibitor* (III), *Inhibitor S* (IV) u. *Ovomucoid* (V) wurde an Ratten mit experimenteller Kaolinarthritis, mit Senfölaugen- u. -hautentzündungen u. generalisiertem Dextranödem verglichen. Die akute Phase wurde über 5 Std. verfolgt, die chron. über 14 Tage. II wirkte akut u. chron. etwa wie I; IV u. III wirkten akut besser als I, V blieb in beiden Fällen hinter der Wrkg. von I zurück (I = 20 mg/kg Tier, II—V = 50 mg/kg Tier). Vff. schließen aus den Ergebnissen, daß die entzündungshemmende Wrkg. von I auf eine reaktive Mobilisierung endogener Proteaseinhibitoren zurückgeführt werden könnte. (Experientia [Basel] **14.** 146—47. 15/4. 1958. Prague, Pharm. and Biochem. Res. Inst.) H. FRANK. 4614

E. L. Noach, E. Kuipers und **S. E. De Jongh,** *Die Wechselwirkung zwischen Antipyreticis und der Nebennierenrinde.* Durch die Abnahme des Geh. der Nebenniere der Ratten an Ascorbinsäure stellen Vff. fest, daß zentrale (Salicylate, p-Aminophenolderivv. u. Pyrazolonderivv.) u. periphere Antipyretica (Chininhydrochlorid oral) die Nebennierenrinde mittels erhöhter ACTH (Adrenocorticotropes Hormon)-Ausschüttung durch die Hypophyse stimulieren. Chinincarbonat u. Chininäthylcarbonat kommt infolge geringer Resorption aus den Magen–Darm-Trakt eine solche Wrkg. nicht zu. Adrenalektomie sensibilisiert die Ratten für eine Temperaturherabsetzung sowohl durch periphere als auch durch zentrale Antipyretica. Cortison kann bei diesen Tieren weder in hohen noch in niedrigen Dosen die n. Körpertemp. u. die durch Phenacetin hervorgerufene Hypothermie beeinflussen. Der Einfl. der Corticosteroide auf die Körpertemp. ist demnach nicht auszuschließen, weil das hier verwendete Cortison nicht unbedingt das für diese Wrkg. spezif. zu sein braucht. Die biol. Bedeutung der Nebennierenrindenstimulation durch Antipyretica ist ungeklärt. (Acta physiol. pharmacol. neerl. **6.** 165—78. 1957. Leiden, Univ. of Leiden, Pharmacol. Dep.) CHR. FOLESKY. 4615

Leslie E. Geiger und **Peter Cervoni,** *Die Wirkung von d-Lysergsäurediäthylamid auf spinale Reflexe.* Bei nichtanästhesierten Spinalkatzen war die Amplitude von monosynapt. Reflexen, welche von den vorderen Wurzeln aufgenommen wurden, nach intravenöser Verabreichung von *d-Lysergsäurediäthylamid* in einer Dosierung von mehr als 200 μg/kg verstärkt, während die polysynapt. Aktivität gleichzeitig herabgesetzt war. (Proc. Soc. exp. Biol. Med. **99.** 179—81. Okt. 1958. Army Chemical Center, Md., U. S. Army Chemical Warfare Labb., Clinical Res. Division.) WOLFGANG ALBRECHT. 4620

Günter Naumann und **Johannes Wilde,** *Untersuchungen zur Frage der pharmakologischen Beeinflussung des Bluteiweißspektrums.* Die Beeinflussung der Bluteiweißkörper durch *Megaphen* (*Chlorpromazin,* BAYER) u. *Chloralhydrat* wurde bei Katzen untersucht. Um die Serumeiweißkörper in eine gewisse Bewegung zu bringen, wurden die Tiere gleichzeitig durch intramuskuläre Injektionen einer hitzeabgetöteten Vaccine von Brucella abortus Bang immunisiert. Täglich erhielten die Katzen 10 mg Megaphen intramuskulär oder 5—10 ml einer 1%ig. Chloralhydratlsg. oral. Die Albumin- u. Globulinfraktionen des Serums wurden elektrophoret. bestimmt. In den 3 Versuchsreihen konnte ein mathemat. gesicherter Immunisierungseffekt, der sich in einer prozentualen Veränderung der Serumeiweißkörper ausdrückte, nachgewiesen werden. Ein statist. gesicherter Einfl. von Megaphen oder Chloralhydrat auf das Serumeiweißspektr. konnte aber nicht gezeigt werden. (Ärztl. Forsch. **12.** I/476—81. 10/10. 1958. Leipzig, Univ.-Hygiene Inst.) G. KIMMERLE. 4620

Archie B. Carran, *Stabilität der Aktivierungshöhe während der Adaptation gegenüber einem Stress.* Die zur Festlegung der Stabilität der Adaptation auf einen Stress von geisteskranken Versuchspersonen vom Vf. entwickelte Meth. erstreckt sich auf die Best. der basalen Hautresistenz (BSR; basal skin resistance), die als inverse Funktion der Aktivität oder „Aktivierungshöhe" des sympath. Nervensyst. zu betrachten ist. Die Unterss. wurden an 16 Geisteskranken durchgeführt, die einer Therapie mit tranquilisierenden Verbb. der *Phenothiazin*-Klasse (im einzelnen nicht genannt) oder mit *Marsilid* („energizer") unterworfen bzw. nicht medikamentös behandelt wurden [unbehandelte (a) u. behandelte Personen (b)]. Ausführliche Beschreibung der Meth. zur Best. der BSR. — Die Unterss. ergaben, daß die Veränderungen der anfänglichen Ruhewerte der BSR von der Relaxationsperiode zur Stroboluxbehandlung zwecks Stress-Auslösung zwischen a u. b nicht wesentlich waren, daß jedoch die Veränderung der BSR während der gesamten Relaxationsperiode zwischen a u. b signifikant unterschiedlich war, wobei der Anstieg der BSR bei b ausgeprägter war als bei a. (Science [Washington] **129.** 784. 20/3. 1959. Cincinnati, Ohio, Longview State Hosp., Labor. of Exp. Psychopathol.) H. KOCKERT. 4620

Daniel Liebowitz und **John V. Carbone,** *Der dämpfende Effekt von anticholinergisch wirksamem Oxyphenoniumbromid auf die durch Reserpin stimulierte Magensekretion.* Bei gleichzeitiger Verabreichung von 20 mg *Oxyphenoniumbromid* (I) u. *Reserpin* (II), Dosis 0,5 bzw. 0,32mg täglich über eine Woche, an n. Erwachsene wurde durch I der nach II-Verabreichung zu beobachtende Anstieg der freien Salzsäure im Magen unterdrückt. Die Acidität des Magensafts ging unter die Kontrollwerte zurück. (Proc. Soc. exp. Biol. Med. **100.** 27—28. Jan. 1959. San Francisco, Calif., Univ. of California, School of Med., Dep. of Med.; San Francisco Hosp. [U. C. Service], Gastrointestinal Labor.) WOLFGANG ALBRECHT. 4620

U. Lanz und **H. Thölen,** *Die Wirkung des 6-Allyl-6.7-dihydro-5H-dibenzo-*[c.e]*-azepins* („*Ilidar*" *Roche*) *auf die Glomerulardurchblutung des Kaninchens.* Vff. stellten fest, daß zwischen der Dosierung von Ilidar (I; intravenöse Injektion von 2,5—10 mg/kg) u. der Zahl der gegenüber den Kontrollen zusätzlich durchbluteten Glomerula von Kaninchennieren eine statist. gesicherte Abhängigkeit besteht. Bei einer Dosis von 5 mg

I/kg ist die maximale pharmakodynam. I-Wrkg. auf die Glomerulardurchblutung erreicht. — Diese Ergebnisse bestätigen die bei Hunden beobachtete Steigerung der Nierendurchblutung durch I. I bewirkt demnach eine Eröffnung vorher nicht durchbluteter Glomerula. Ob der bei Patienten mit chron. Nephropathie festgestellten Verbesserung der Nierendurchblutung durch I derselbe Wirkungsmechanismus zugrunde liegt, können Vff. nach den vorliegenden Verss. nicht entscheiden. (Experientia [Basel] **14.** 148. 15/4. 1958. Basel, Med. Universitätsklinik.) H. FRANK. 4620

A. Ss. Tiganow, L. I. Golubych, W. M. Kamenskaja und **L. I. Lando,** *Erfahrung bei der Anwendung von Meratran und Frenquel bei Kranken mit paranoider Schizophrenie.* Durch die Gabe von *Meratran* (**I**) in der täglichen Dosis von 0,006—0,01 g über 5—12 Tage wurden bei 4 Kranken mit paranoider Schizophrenie die Symptome der Erkrankung verstärkt. Es kam zu einer Steigerung der Halluzinationen, der Affektstörungen, der motor. Unruhe u. zu Schlaflosigkeit. Bei der Umstellung auf *Frenquel* (**II**; 0,4—0,5 g täglich 19—41 Tage lang) kam es bei kleineren Dosen zu einer kurzdauernden Besserung im EEG (Elektroencephalogramm), bei höheren Dosen blieb das EEG unverändert. **II** hat neurolept. Eigg., die jedoch schwächer sind als die von Aminazin (**III**) u. Reserpin (**IV**). Unter der Behandlung mit **III** u. **IV** kam es zu klin. Besserung u. Normalisierung des EEG. (Журнал Невропатологии и Психиатрии имени С. С. Корсакова [Korssakow J. Neuropathol. Psychiatr.] **58.** 600—15. 1958. Moskau, Inst. für Psychiatrie des Minist. für Gesundheitswes. der RSFSR; Zentral-Inst. für ärztl. Fortbldg., Lehrstuhl für Psychiatrie.) G. BREHM. 4620

D. D. Fedotow, N. N. Stanischewskaja und **W. W. Borinewitsch,** *Vorläufige Ergebnisse über die Behandlung einiger psychischer Krankheiten mit Meratran. Meratran* [**I**; Hydrochlorid von α-Piperidyl-(*2*)-benzhydrol] wird in der Dosierung von 0,001 g bis zu einer Tagesdosis von 0,006 g bei Kranken mit Schizophrenie angewandt. Empfohlen wird **I** bei apath.-abol. Syndrom u. katatonem Stupor. Kontraindiziert ist **I**, da es die Symptome der Erkrankung verschlimmert, bei der halluzinator.-paranoiden Schizophrenie. **I** hat beim Gesunden eine stimulierende Wrkg. auf das Zentralnervensyst.: die Stimmungslage wird gehoben, die Denkfähigkeit u. Arbeitsfähigkeit erhöht. Daneben bestehen auch Wrkgg. auf das vegetative Nervensystem. (Журнал Невропатологии и Психиатрии имени С. С. Корсакова [Korssakow J. Neuthropaol. Psychiatr.] **58.** 592—99. 1958. Minist. für Gesundheitswes. der UdSSR, wiss. Forsch.-Inst. für Psychiatrie.) G. BREHM. 4620

L. Decsi und **J. Méhes,** *Die Wirkung von Beruhigungsmitteln (Tranquillisern) auf den Gehirnstoffwechsel.* Es wurden *Chlorpromazin* (**I**), *Captodiamin* (Covatin; **II**), *Benactycin* (**III**) u. *Miltown* (Meprobamat; **IV**) in ihrer Wrkg. auf die oxydative Phosphorylierung (OP) u. die *Adenosintriphosphatase* (**V**)-Aktivität des Gehirns in vitro verglichen. **I, II** u. **III** hemmen qualitativ in gleicher Weise die OP im Sinne einer Entkoppelung u. setzen die Aktivität der **V** z. T. (**I** u. **III**) erheblich herab. **IV** beeinflußt die OP nur mäßig, die **V**-Aktivität wird ebenfalls nur relativ wenig gesenkt. **II** läßt **V** auch in Konzz. bis zu $3 \cdot 10^{-3}$ mol. unbeeinflußt. Vff. schließen aus den Ergebnissen, daß die Entkopplung der OP allein nicht genügt, um eine zentrale, I-ähnliche Wrkg. zu erzeugen, da z. B. **II** sich in seinem Gesamtwirkbild als reines Sedativum darstellt. (Experientia [Basel] **14.** 145—46. 15/4. 1958. Pécs, Hungary, Med. Univ., Inst. of Pharmacol.) H. FRANK. 4620

N. K. Bhide und **R. A. Aimen,** *Pharmakologie des tranquillisierenden Prinzips aus Paspalum scrobiculatum-Samenkörnern.* Samenkörner von Paspalum scrobiculatum LINN (Gramineae) wurden bei Raumtemp. mit A. extrahiert, der Extrakt wurde eingedampft, der Trockenrückstand mit verd. HCl aufgenommen, die verd. Säure vom Ungelösten abgetrennt, die saure Lsg. auf dem Wasserbad bis zur Trockne eingedampft u. der Rückstand, d. h. die akt. Fraktion (**I**), in dest. W. gelöst. — In Tierverss. wurde **I** nach peroraler bzw. intravenöser oder intraperitonealer Injektion getestet: Nach peroralen Gaben an Hunde wurden die Tiere in einen Ruhezustand mit fehlendem Umweltinteresse versetzt; höhere I-Dosen verursachten Tremor, Rigidität der Gesichtspartien u. dem menschlichen Parkinsonismus ähnliche Symptome. Die Wrkg. hielt ca. 6—8 Std. an. Blutdruckeffekte wurden an Hunden u. Katzen nicht beobachtet. Größere I-Mengen verursachten bei Kaninchen klon. Krämpfe u. Exitus. Die durch Hexobarbiton bei Mäusen verursachte Schlafzeit war nach I-Injektion signifikant verlängert. **I** besaß im Tiervers. keine eindeutig parasympathomimet. Wirkung. — **I** ist lösl. in kochendem u. angesäuertem W., in A., Chlf. u. Ae. u. kann aus alkal.-wss. Lsgg. mit Ae. extrahiert werden, was auf seinen Alkaloidcharakter hindeutet. Die wss. Lsg. von **I** zeigt im UV grüne Fluorescenz. **I** ist noch nach Aufbewahren in stark sauren oder alkal. Lsgg. u. Erhitzen dieser Lsgg. auf 100° biol. aktiv. (Nature [London] **183.** 1735—36. 20/6. 1959.

New Delhi, Safdarjang, All India Inst. of Med. Sci., Dep. of Pharmacol. u. B. J. Med. Coll., Dep. of Pharmacol.) H. KOCKERT. 4627

M. Koltay und **I. Szórády,** *Über die klinische Bedeutung der Ataraktica (Tranquillantien) unter besonderer Berücksichtigung ihrer Anwendung in der Kinderheilkunde.* Übersichtsarbeit (97 Literaturangaben) über die therapeut. Bedeutung der Ataraxie u. die wichtigsten Ataraktica. Bes.: *Meprobamat, Hydroxyzin, Captodiamin, Methylpentinol, Azacyclonol, Benactyzin.* Es wird über Erfahrungen in der Kinderheilkunde u. auf die Gefahren der Anwendung hingewiesen. (Mschr. Kinderheilkunde **106.** 493—99. Dez. 1958. Szeged, Ungarn, Univ., Kinderklinik.) G. KIMMERLE. 4627

Carlos Manso, Angelo Taranta und **Irwin Nydick,** *Die Wirkung der Aspirinverabreichung auf die Glutaminoxalessigsäuretransaminase und die Glutaminbrenztraubensäuretransaminase im Serum von Kindern.* Wie an 9 Kindern festgestellt wurde, ist nach Verabreichung von *Aspirin* u. *Na-Salicylat* in 50% der Fälle die Aktivität der *Glutaminoxalessigsäuretransaminase* u. der *Glutaminbrenztraubensäuretransaminase* im Serum erhöht. Eine mögliche Leberschädigung als Ursache dieser Veränderungen durch die Mittel wird diskutiert. (Proc. Soc. exp. Biol. Med. **93.** 84—88. Okt. 1956. Irvington, N. Y., Irvington House, Cornell Univ., Med. School, Dep. of Med.; New York City, N. Y., Cornell Univ., Med. Coll., Sloan-Kettering Div.) WOLFGANG ALBRECHT. 4627

M. Kroutil, J. Zemánek und **J. Lenfeld,** *Schwächung der antiexsudativen Wirkung von Phenylbutazon und γ-Ketophenylbutazon durch Amidopyrin.* Durch Tierverss. wurde die antiexsudative Wrkg. von Phenylbutazon u. γ-Ketophenylbutazon sowohl allein als auch in Kombination mit Amidopyrin untersucht. Dabei stellte sich heraus, daß die kombinierten Präpp. die geringste Wrkg. ausüben. (Českoslov. Fysiol. **7.** 329—30. Juli 1958. Olomouc, Farmakol. ústav lékařské fakulty PU.) E. L. SCHMELING. 4627

Gabriel L. Plaa, James M. Fujimoto und **Charles H. Hine,** *Primidonvergiftung auf Grund seiner biologischen Umwandlung in Phenobarbital.* 3 Epileptiker, die mit *Primidon* [I; *Mysolin, 5-Phenyl-5-äthylhexahydropyrimidindion-(4.6)*] behandelt worden waren, zeigten Intoxikationserscheinungen, wie sie nach Gaben von *Phenobarbital* (II) beobachtet werden. Von Ratten, die I erhalten hatten, wurde der Urin gesammelt, mit Chlf. extrahiert, der Extrakt mit Phosphatpuffer auf p_H 7,5 gebracht, Chlf. entfernt u. papierchromatograph. im Vgl. mit II untersucht. Das alkoh. Eluat der aus dem Urinextrakt stammenden Flecken zeigte im UV-Spektr. Anteile, die Eigg. eines Barbiturats mit den Charakteristika von II hatten. (J. Amer. med. Assoc. **168.** 1769—70. 29/11. 1958. New Orleans, La., School of Med., Dep. of Pharmakol.) HEINRICH HERMANN. 4627

Parkhurst A. Shore, Julius Axelrod, C. Adrian M. Hogben und **Bernard B. Brodie,** *Beobachtungen über das Stoffwechselverhalten von Dromoran im Hund und seine Ausscheidung im Magensaft. d- u. l-Dromoran* (I; *3-Hydroxy-N-methylmorphinan*) zeigten im Hund das gleiche Stoffwechselverhalten. Bereits 45 bzw. 90 Min. nach intraperitonealer Injektion von 10 mg I/kg waren der I-Geh. des Plasmas, des Fetts, der Nieren, von Muskeln, Lungen, Herzen u. Lebern auf Werte <0,4—6,0 mg/kg bzw. 0—1,0 mg/kg abgesunken, während der Geh. des Magensafts an I nach 90 Min. noch immer 12 mg/kg betrug. Mit Hilfe einer modifizierten Nachweismeth. für I im Urin (Ausschütteln mit Chlf. u. Gegenstromverteilung zwischen Bzl., 3%ig. Amylalkohol u. 0,1 mol. Phosphatpuffer vom p_H 7,4) oder im Plasma (Ausschütteln mit Bzl. u. quantitative Messung der Absorption des Methylorangekomplexes) wurde festgestellt, daß ca. 60% der intraperitoneal injizierten I-Menge unverändert im Urin ausgeschieden wurden, während die Umwandlung des Restes ungewiß blieb. Nordromoran (3-Hydroxymorphinan) konnte nicht als Stoffwechselprod. nachgewiesen werden. Dies wurde durch Verss. erhärtet, die ergaben, daß I durch Nuclein- u. Mitochondrien-freie Hundeleberhomogenate im Gegensatz zu anderen N-Methylverbb. nicht demethyliert wurde. (J. Pharmacol. exp. Therapeut. **113.** 192—99. Febr. 1955. Bethesda, Md., US Dep. of Health, Education and Welfare, Public Health Service, Nat. Inst. of Health, Nat. Hearth Inst., Labor. of Chem. Pharmacology und Labor. of Kidney and Electrolyte Metabolism.) H. KLUGE. 4627

W. Schaumann, *Beeinflussung der analgetischen Wirkung des Morphins durch Reserpin.* Werden Mäuse 3½ Std. vor einer subcutanen Injektion von 12 mg *Morphinhydrochlorid* (I)/kg mit einer subcutanen Injektion von *Reserpin* (II; 1 mg/kg), *Rescinnamin* (III; 10 mg/kg), *Serpentin* (10 mg/kg) oder *Raubasinphosphat* (10 mg/kg) vorbehandelt, so kommt es nur durch die sedativ wirkenden Rauwolfiaalkaloide II u. III zu einer Abschwächung der I-Analgesie. Diese antagonist. Wrkg. von II auf I wird durch intraperitoneale Verabreichung von *Iproniazid* (IV; 100 mg/kg), das die Monoaminooxydase hemmt, aufgehoben. Nach Inaktivierung der Monoaminooxydase durch

IV verstärken *Dihydroxyphenylalanin* u. *5-Hydroxytryptophan* die analget. Wrkg. von **I** bei Mäusen. Es wird angenommen, daß bei Schädigung der Fähigkeit des Gewebes Serotonin u. Noradrenalin zu binden, **II** verhindert, daß diese Substanzen im Zentralnervensyst. ihre Funktion ausüben. Die **I**-Analgesie wird durch eine zentrale Freisetzung von Noradrenalin bewirkt, die nicht zustande kommen kann, wenn das Gehirn durch die Wrkg. von **II** an Noradrenalin verarmt ist. (Naunyn-Schmiedebergs Arch. exp. Pathol. Pharmakol. **235.** 1—9. 12/9. 1958. Frankfurt, Univ., Pharmakol. Inst.)
G. KIMMERLE. 4627

Erich Muscholl, *Die Wirkung thiolopriver Substanzen auf Membran- und Aktionspotential des Rattenzwerchfells.* Am isolierten Rattenzwerchfell wurde die Wrkg. von *Salyrgan* (*Mersalyl, Na-Salz* des *3-Hydroxymercury-2-methoxypropylamids* des *Salicylsäureglykolsäureäthers*), *Oxarsan* (*Oxophenarsin, 3-Amino-4-hydroxybenzol-1-arsenoxyd*) u. *Kupferglykokoll,* die die SH-Gruppen des Gewebes blockieren, untersucht. Diese Substanzen verursachten eine Muskelkontraktur u. eine Depolarisierung des Muskels. (Naunyn-Schmiedebergs Arch. exp. Pathol. Pharmakol. **235.** 23—32. 12/9. 1958. Mainz, Univ., Pharmakol. Inst.) G. KIMMERLE. 4628

P. G. Waser, *Über die Wirkungsweise von cholinergischen und anticholinergischen Stoffen.* Die Wirkungsweise einiger cholinerg. u. cholinolyt. Stoffe wie Cholinergica, Spasmolytica, Ganglienblocker u. Curarestoffe wird besprochen. (Schweiz. med. Wschr. **87.** 577—85. 18/5. 1957. Zürich, Univ., Pharmakol. Inst.) H. BENISCHKE. 4628

G.-A. Krüger, *Zur Frage der Antidotwirkung bei der Verwendung lang wirkender Muskelrelaxantien. Imbretil* (*Hexamethylen-bis-*[*carbaminoylcholinbromid*]; **I**), ein in Dosierungen von 0,03—0,08 mg/kg anwendbares, bzgl. der Dauer der Wrkg. gut steuerbares Muskelrelaxans mit vollkommener Erschlaffung, ohne nachteilige Wrkgg. auf Kreislauf u. vegetative Funktionen besitzt im *Prostigmin* (**II**) ein wirksames Antidot. In Dosen von 1,5 mg **II** tritt meist sofort ein Erfolg ein, soweit nicht zu große Narkosetiefe die Spontanatmung beeinträchtigt. Bei Dosierungen von **I** bis zu 0,05 mg/kg ist eine **II**-Gabe nicht erforderlich. Nach Einsetzen der Eigenatmung als Folge der **II**-Gabe nach höheren **I**-Dosierungen (bis 0,08 mg/kg) sind fast mit Sicherheit ausreichende Werte der Atemleistung zu erwarten. **I** hat keine Histaminausschüttung zur Folge. (Ärztl. Wschr. **13.** 892—95. 3/10. 1958. Wiesbaden, Krkhs. Paulinenstift.)
U. TAUSENDFREUND. 4628

Seymour Ehrenpreis, *Wechselwirkung von Curare und verwandten Substanzen mit dem für Acetylcholin receptorähnlichen Protein.* Die aus dem elektr. Organ des Zitteraals (*Electrophorus electricus*) durch Ammoniumsulfatfraktionierung erhaltenen Proteine waren in der Lage, die folgenden Substanzen in verschied. hohem Maße aus ihren Lsgg. zu binden (abnehmende Bindungsstärke in der Reihenfolge der aufgezählten Verbb.): Curare (**I**; *d-Tubocurarin*), *Dimethylcurare, Dodecylpyridiniumchlorid* (**II**), *Prostigminsulfat* (**III**), *Eserinsalicylat* u. *Methylpyridiniumjodid;* **I** wurde auch in Ggw. von **III** u. *Decamethonium* gebunden. Intakte Zellen aus dem Gewebe des elektr. Organs zeigten etwa die gleiche Reihenfolge der Bindungsfähigkeit gegenüber vorst. genannten Substanzen. — In Vergleichsunterss. wurde festgestellt, daß Rinderserumalbumin keine (Ausnahme: **II**) der genannten Verbb. zu binden vermochte. — Die **I**-bindende Komponente wurde durch weitere Fraktionierung des Ammoniumsulfatextraktes noch weiter gereinigt. Vf. konnte dabei eine Proteinfraktion gewinnen, die in Konzz. von 0,5 mg/ml (Ionenstärke $\mu = 0{,}1$; p_H 7,5) mit **I** (2 mg/ml) einen Nd. gab. Der 50% der Proteine dieser Fraktion enthaltende Nd. konnte durch längere Dialyse gegen 0,1 μ Phosphat, p_H 7,5, weiter gereinigt werden; ein Teil (ca. 20%) ging dabei in Lsg., der übrige Teil wurde durch Dialyse (p_H 9) solubilisiert. Es wird vermutet, daß dieses solubilisierte Material mit einem für Proteine charakterist. UV-Spektr. in der Lage ist, hochspezif. Komplexe mit **I** u. **I** verwandten Verbb. zu bilden, woraus seine receptorähnlichen Eigg. resultieren. — Unter den gleichen Bedingungen gaben Chondroitinsulfat (3 mg/ml), Desoxyribonucleinsäure (2 mg/ml) u. Proteine anderer Fraktionen keinen Nd. mit **I**. (Science [Washington] **129.** 1613—14. 12/6. 1959. New York, N. Y., Columbia Univ., Coll. of Phys. and Surg., Dep. of Neurol.) H. KOCKERT. 4628

Franzjosef Friehoff, Karl-Adolf Rosenkranz und **Walter Schroeder,** *Klinische und experimentelle Untersuchungen über die Wirksamkeit des Weißdorns* (*Crataegus oxyacantha*). Bei Herzkranken werden die Wrkgg. von einem standardisierten, wss. Gesamtextrakt aus Blättern, Blüten u. Früchten von Crataegus oxyacantha (**I**; *Esberiacard,* SCHAPER u. BRÜMMER, Salzgitter) untersucht. **I** erhöht den O_2-Druck u. bewirkt durch seine Verstärkung der coronaren Durchblutung eine Leistungssteigerung des Herzens. Außerdem hat **I** blutdrucksenkende u. bradycarde Eigenschaften. **I** wird zur Behandlung der Coronarinsuffizienz empfohlen; es genügt aber allein nicht zur Therapie einer

Herzdekompensation. (Ärztl. Forsch. **12.** I/506—13. 10/10. 1958. Bochum, Bergmannsheil, Med. u. Neurol. Klinik.) G. KIMMERLE. 4630

J. M. Benforado, *Untersuchungen von Veratrumalkaloiden.* 26. Mitt. *Vergleich der Herzwirkung einiger tertiärer N-acylierter Alkaloide.* (25. vgl. C. **1958.** 9565.) Unterss. am Herz–Lungen-Präp. vom Hund über die Herzwrkg. von *Veratridin* (**I**), *Cevadin* (**II**), *Veratroylzygadenin* (**III**), *Vanilloylzygadenin* (**IV**), *Germidin* (**V**), *Neogermitrin* (**VI**), *Germitetrin B* (**VII**), *Protoveratrin A* (**VIII**) u. *Protoveratrin B* (**IX**) nach kontinuierlicher Infusion zeigen zunächst positiv inotrope Wrkgg. der Verbb. unter Verminderung des rechten Vorhofdrucks. Im weiteren Verlauf der Infusionen treten Störungen der n. Herztätigkeit auf, wobei nach **V**, **VI**, **VII**, **VIII** u. **IX** vorschnelle ventrikuläre Kontraktionen mit Bigeminalrhythmus u. ventrikuläre Tachykardie vorherrschen, während nach **II** Sinustachykardie u. nach **I**, **III** u. **IV** Änderungen im atrioventrikulären EKG u. 2:1 Herzblock auftreten. Die minimale DL der untersuchten Verbb. lag außer für **II** (200 μMol/kg) zwischen 1—30 μMol/kg. (J. Pharmacol. exp. Therapeut. **119.** 412—25. Aug. 1957. Boston, Mass., Harvard Med. School, Dep. of Pharmacol.) R. LAFFERENZ. 4630

G. Zbinden, A. Pletscher und **A. Studer,** *Regionäre Unterschiede der Reserpinwirkung auf enterochromaffine Zellen und 5-Hydroxytryptamingehalt im Magen–Darm-Trakt.* Besprechung der Wrkg. von Injektionen von *Reserpin* bei Meerschweinchen u. Kaninchen auf die histochem. Rkk. der enterochromaffinen Zellen des Dünndarms u. der Pylorusregion des Magens. (Schweiz. med. Wschr. **87.** 629—31. 1/6. 1957. Basel, F. Hoffmann-La Roche & Co. A.G., Med. Forschungsabteilung.) H. BENISCHKE. 4630

F. Zinnitz und **O. Hammer,** *Ein neuer Weg der Ulcustherapie.* Das durch Blokkierung sympath. Ganglien wirksame, die Durchblutung vermindernde *Di-[p-isopropylmethylaminophenyl]-sulfat* (PHAHERMA, MANETSTÖTTER u. Co., München) hat sich bei der Behandlung frischer u. frisch rezidivierter Ulcera des Magens gut bewährt. Die Ulcera bildeten sich unter der Therapie zurück u. waren röntgenolog. nicht mehr nachweisbar. (Med. Mschr. **12.** 740—44. Nov. 1958. Leipzig, Univ., Med.-Klin.-Inst.) HEINRICH HERMANN. 4645

Ruth Lotmar, *Über den Einfluß physikalischer Anwendungen auf die Ionendurchlässigkeit der Haut.* Der Austritt von Ionen durch die intakte Haut wurde an Kaninchen nach intravenöser Injektion von $Na_2{}^{35}SO_4$ bestimmt u. die Einfll. physikal. Faktoren ermittelt. Kontaktwärme, Galvanisation, UV- u. IR-Licht steigern den Ionenaustritt; Mikrowellen, Ultraschall u. UKW ergaben keine Steigerung. (Arch. physik. Therap. **10.** 43—52. Jan./Febr. 1958. Zürich, Univ., Rheumaklinik u. Inst. für physikal. Therap.) H. MATTHIES. 4661

Ruth Lotmar, *Über den Einfluß verschiedener pharmakologisch-chemischer Maßnahmen auf die Ionendurchlässigkeit der Haut (Kohlensäure, Schwefelwasserstoff, Hyaluronidase und andere).* (Vgl. vorst. Ref.) Mit $Na_2{}^{35}SO_4$ als intravenös gegebene Testsubstanz wurden bei Kaninchen die Ionenauswanderung aus der Haut u. die Beeinflussung dieses Vorganges durch *Kohlensäure* (**I**), H_2S, O_2, *Pyridyl-(3)-carbinol* (**II**; *Ronicol*, ROCHE), *Hyaluronidase* (**III**; *Hyason*, ORGANON), *Calciumgluconat* (SANDOZ; **IV**) und *Gerbsäure* (**V**; *Tannin*) untersucht. Bei H_2S, O_2, **IV** u. **V** konnte keine Beeinflussung festgestellt werden. Die Durchblutungssteigerung durch **II** oder die Permeabilitätssteigerung durch **III** haben eine Steigerung der Ionenauswanderung zur Folge. Bei **I** kommt es nach Beendigung der Einw. zur verstärkten Ionenauswanderung. (Arch. physik. Therap. **10.** 392—99. Sept./Okt. 1958.) H. MATTHIES. 4661

Earl H. Mitchell, *Die Behandlung des Alkoholismus mit Calciumcarbimidcitrat.* 38 Alkoholiker wurden 11 Monate lang mit *Ca-Carbimidcitrat* (*Temposil*, LEDERLE, AMER. CYANAMID Co., Pearl River, N. Y.) behandelt. Bei 30 von ihnen trat Alkoholentwöhnung ein. Nebenerscheinungen wurden nicht beobachtet, außer einer relativen Leucocytose u. einer gesteigerten Sulfobromphthaleinretention bei einigen Patienten. (J. Amer. med. Assoc. **168.** 2008—09. 13/12. 1958. Washington, Med. Cent., Dep. of Psychiatry.) HEINRICH HERMANN. 4670

Gunnar Christiansson, *Störungen des Magnesiumstoffwechsels und ein Vergiftungsfall mit einem magnesiumhaltigen Abführmittel.* Übersicht über die Physiologie u. Pharmakologie des Mg. Bericht über einen schweren Fall von Mg-Vergiftung bei einem 2½ jährigen Kinde, verursacht durch 50 cm^3 Bitterwasser. Durch intravenöse Injektion von Ca-Gluconat wurde eine sofortige Besserung erzielt. (Nord. Med. **60.** 1428—32. 2/10. 1958. Stockholm, Kronprinsessan Lovisas barnsjukhus.) S. BECKMANN. 4675

Dorothy Benning, *Das Auftreten einer Quecksilbervergiftung in Ohio.* Bei der Verarbeitung einer Hg–Cu-Amalgam-Verb. wurde bei 36 damit beschäftigten Personen ein Wundwerden der Mundschleimhaut beobachtet, 22 davon hatten Tremor, andere Schwierigkeiten beim Schreiben, Persönlichkeitsänderungen u. andere Symptome. Die Hg-Konz. in der Luft betrug zwischen 1 u. 7,5 mg/m^3 (MAK-Wert 0,1 mg/m^3). Die Auf-

nahme von Hg war durch die Atemluft, durch perorale u. percutane Zufuhr möglich. Hg-Konzz. im Blut u. Harn zeigten keine direkte Beziehung zu den Symptomen der Hg-Vergiftung. Höhere Hg-Harnwerte wurden vorwiegend bei Personen gefunden, die lange Zeit exponiert waren. Eine 3jährige Nachbeobachtung nach Sanierung des Betriebes zeigte eine Besserung der leichten Erkrankungsfälle u. einen Rückgang der Symptome bei den stärker betroffenen Personen. (Ind. Med. Surgery **27.** 354—63. Juli 1958. Columbus, Ohio, Dep. of Health, Ind. Nursing Consultant.)
H. Zeller. 4681

F. Pharmazeutische Chemie. Desinfektion.

A. C. Bellaart, *Untersuchung von in den Niederlanden gezüchteten Rhabarberwurzeln.* (Vgl. C. **1954.** 604.) Aus chines., in den Niederlanden gezüchtetem *Rhabarber* gewinnt man durch Extraktion mit 5% Bzl. enthaltendem CH_3OH (I) ein Gemisch von Monoglucosiden von Anthrachinonderivv., F. (nach Umkristallisieren aus I) 213 bis 215°, unlösl. in Chlf., Ae., Bzl. u. Toluol, schwer lösl. in kaltem I, A. u. Aceton (II), lösl. in Mischungen von A., I, II u. Wasser. Papierchromatograph. Unterss. mit 50 n-Butylalkohol + 10 A. + 40 W. zeigen, daß die Mischung mindestens 3 Glucoside enthält. Die Hydrolyse der Mischung führt zu *Chrysophanol, Emodin, Rhein* u. (wahrscheinlich) *Physcion* u. Reduktionsprodd. der Glucoside. Die laxierende Wrkg. des Rhabarbers wird nur teilweise durch die Glucoside verursacht, so daß er noch andere Verbb. mit stärkerer Wrkg. enthalten muß, vermutlich die Reduktionsprodukte. (Pharmac. Weekbl. **93.** 1077—83. 13/12. 1958. Eindhoven, TH, Labor. voor organ. Chemie.) W. Wesly. 4782

F. Kaczmarek und **B. Małek,** *Die Isolierung von Alkaloiden aus einjährigem Tollkirschenkraut.* Die beste Alkaloidausbeute (0,52% mit 90,4% *l*-Hyoscyamin) wird durch Extraktion des mit 12%ig. NH_4OH alkalisierten Pflanzenmaterials mit Bzl., Überführung mit verd. H_2SO_4 in lösl. Sulfate, Extraktion der erneut mit NH_4OH auf p_H 9 eingestellten wss. Lsg. mit Chlf. u. Kristallisation des Rückstands der Chloroformlsg. aus Bzl. erhalten. Ein reineres Prod., aber mit schlechter Ausbeute, wird durch Extraktion mit Trichloräthylen gewonnen. Einjähriges Tollkirschenkraut ist mit 0,759% Alkaloidgeh. ein vollwertiger Rohstoff. (Biul. pańWstwowego Inst. naukowego, leczniczych Surowców roślinnych w Poznaniu **2.** 1—6. März 1956. Poznań.) F. Urban. 4782

D. Gröger, *Zur Züchtung des Mutterkorns.* Bei Verss. mit 75 verschied. Wildgräsern als Wirtspflanzen für einen im wesentlichen *Ergocristin* bildenden Stamm von *Claviceps purpurea* ergab sich, daß durch einen Wechsel der Wirtspflanze der genet. stark fixierte Geh. der Mutterkornsklerotien an in W. unlösl. Alkaloiden kaum beeinflußt wird; es kommt im wesentlichen nur zu Schwankungen im Geh. an in W. lösl. Alkaloiden. Durch Röntgenbestrahlung erzielte Mutterkornmutanten zeigen z. T. beträchtliche Veränderungen in der Alkaloidführung u. im Habitus der saprophyt Kulturen. Eine der Mutanten bildet Leukosklerotien. (Abh. dtsch. Akad. Wiss. Berlin, Kl. med. Wiss. **1956.** Nr. 7. 243—49. 1957. Gatersleben, Inst. für Kulturpflanzenforschung der Dtsch. Akad. der Wiss.) F. v. Gizycki. 4782

J. Böswart, M. Karmazin und **P. Horák,** *Einige Erkenntnisse über die Bedeutung von Umweltfaktoren für die Biochemie des Mutterkorns.* Beziehungen zwischen dem Alkaloidgeh. u. der An- oder Abwesenheit bestimmter „Bioelemente" im Boden sind nicht nachzuweisen. Verss., den Einfl. des verwendeten Impfstoffs, des Bodens u. des Klimas auf Alkaloidgeh. u. Farbe der erzielten Sklerotien festzustellen, hatten kein eindeutiges Ergebnis. Innerhalb einer einzelnen Ähre waren die nahe der Basis sitzenden Sklerotien alkaloidreicher als die höher sitzenden; der Geh. war abhängig von der Zahl der gebildeten Sklerotien (Maximum bei 6 Sklerotien pro Ähre) u. war bei Sklerotien aus sek. Infektion höher als bei solchen aus primärer. Zusammenhänge zwischen N-Geh., Fettgeh. u. Alkaloidgeh. der Sklerotien waren nicht festzustellen, ebensowenig ein Einfl. des Impfstoffs auf den N-Geh. der Wirtspflanze u. des Sklerotiums. (Abh. dtsch. Akad. Wiss. Berlin, Kl. med. Wiss. **1956.** Nr. 7. 231—35. 1957. Prag, Inst. für Heilpflanzenforschung.) F. v. Gizycki. 4782

M. Hecht und **W. Schirmer,** *Beziehungen zwischen Größe und Alkaloidgehalt des Mutterkorns.* Bei n. entwickelten Mutterkornsklerotien ist keine Beziehung zwischen der Größe bzw. dem Gewicht u. dem Geh. an Alkaloiden festzustellen. (Abh. dtsch. Akad. Wiss. Berlin, Kl. med. Wiss. **1956.** Nr. 7. 219—30. 1957.) F. v. Gizycki. 4782

H. Speichert, *Der Alkaloidgehalt im polnischen Mutterkorn.* Mutterkorn aus den Mittelprovinzen enthält mehr Alkaloide als aus anderen Gegenden Polens. Sklerotien mittlerer Größe sind am gehaltreichsten. Im Mittel werden 0,016—0,15% festgestellt.

(Biul. państwowego Inst. naukowego, leczniczych Surowców roślinnych w Poznaniu **2.** 7—12. März 1956. Poznań.) F. URBAN. 4782

F. Gstirner und **A. Bopp,** *Über den Gerbstoff in Folia Myrtilli.* Aus einem aus Folia Myrtilli mit Methanol hergestellten Extrakt wurde nach der Chlorophyllentfernung mit Chlf., Bleiacetatfällung, Spaltung des Nd. mit H_2SO_4, Neutralisation mit $Ba(OH)_2$, Ausschüttlung mit Essigester, Verdampfen des letzteren, Aufnahme des Rückstandes mit Aceton u. nochmaliger Fällung mit Bzl. eine hellbraune, amorphe Substanz erhalten. — Die an dieser Substanz durchgeführten qualitativen Farb- u. Fällungs-Rkk. entsprachen denen eines kondensierten Gerbstoffes. Nach der papierchromatograph. Trennung (Butanol–Eisessig–W. = 4:1:5) wurde von der Hauptsubstanz (R_F 0,80) in einem BECKMAN-Quarzspektrophotometer das Absorptionsspektr. aufgenommen. Es wurde ein Hauptmaximum zwischen 330 u. 335 mμ u. zwei Nebenmaxima bei 260 mμ u. 300 mμ festgestellt. Danach dürfte zwar ein kondensierter Gerbstoff, aber kein Catechin vorliegen. (Arch. Pharmaz. Ber. dtsch. pharmaz. Ges. **290/62.** 330—34. Juli 1957. Bonn, Univ., Pharm. Inst.) HEINZ SCHULZ. 4782

Bogusław Borkowski, Krystyna Drost und **Bożena Pasichowa,** *Vorkommen von Salsolin im Kraut einiger Salsolaarten.* Das Kraut der in Polen vorkommenden *Salsola kali L.*, geerntet während der Fruchtreife, enthält 0,20% Alkaloide. Auch *S. ruthenica* u. *S. soda L.* enthalten 0,19—0,20% Alkaloide. Chromatograph. wurde das Auftreten nur eines Alkaloids, wahrscheinlich Salsolin (spasmolyt. u. blutdrucksenkende Wrkg.), festgestellt. (Acta polon. pharmac. **16.** 57—61. 1959. Poznań, Akad. Med., Zakł. farmakognoz.) F. URBAN. 4782

Armando Novelli, *Senecioarten der Argentinischen Republik.* 2. Mitt. *Senecio pampeanus.* Die auf sandigen oder etwas salzigen Böden gedeihende Pflanze *Senecio pampeanus* liefert bei Extraktion der getrockneten Blätter mit A. 0,125% eines aus absol. A. umkristallisierbaren grünlichen Rückstandes. Die Kristalle vom F. 232—234° enthalten mindestens 2 Alkaloide, von denen eines papierchromatograph. (R_F 0,48), durch F. (244°), Analyse, spezif. Drehvermögen ($[\alpha]_D^{20}$ —57,7°), Jodmethylat, Pikrat u. Hydrolyse als *Senecionin* identifiziert wird. Auch *Retronecin* wird aus F. (164—165°, korr.), Drehvermögen ($[\alpha]_D^{27}$ 51,4°) u. F. des Pikrats der Diacetylverb. (145—146°, korr.) nachgewiesen. (An. Farmác. Quím. São Paulo **9.** 39—44. März/April 1958. Buenos Aires, Univ., Fac. de Farm. y Bioquím., Inst. de Quím. org. [Orig.: span.]) R. K. MÜLLER. 4782

E. Haack, F. Kaiser, M. Gube und **H. Spingler,** *Die Chemie der „Gitalinfraktion".* Die *Gitalinfraktion* (I) wird durch Extrahieren der getrockneten Blätter von Folia *Digitalis purpurea* mit kaltem W., Entfernen eines Teiles der mitgelösten Verunreinigungen aus der wss. Lsg. u. Extraktion der Wirkstoffe mit einem in W. unlösl. Lösungsm. gewonnen. I stellt die natürliche Mischung der infolge von Fermenteinw. durch Abspaltung von Glucose entstandenen Sekundärglykoside dar. Die biol. Wertigkeit der I im Meerschweinchentest beruht im wesentlichen auf den neu gefundenen Glykosiden *Gitaloxin* (16-Formylgitoxin, II) u. *Verodoxin* (16-Formylstrospesid, III). II u. III sind die beiden ersten in der Natur aufgefundenen Herzglykoside, die mit HCOOH verestert sind. *Verodigen* (IV) ist eine I von bestimmter Glykosidzus., die nur aus kontrollierten Drogen gewonnen wird. IV enthält 40—50% *Digitoxin* + *Gitoxin* + II, wobei der II-Geh. nicht unter 13% liegen darf, 2—3% III, 4—6% *Strospesid,* 1—2% *Odorosid H* + die 3 Aglykone *Digitoxigenin, Gitoxigenin* u. *Gitaloxigenin* (Aglykon von II). I enthält außerdem nicht herzwirksame Ballaststoffe, die die Resorption der akt. Digitalisglykoside entscheidend beeinflussen. Die geringe Haltbarkeit von Digitaliszubereitungen u. Differenzen in der biol. Wirksamkeit von Reinglykosiden sind durch die Eigg. von II u. III zu erklären. Zur Trennung u. Best. der Digitalisglykoside wird eine Modifizierung der papierchromatograph. Meth. von KAISER (C. **1956.** 2558) beschrieben. (Arzneimittel-Forsch. **6.** 176—82. April 1956. Mannheim, C. F. Boehringer u. Soehne G. m. b. H.) M. NEGWER. 4790

Edward Stempel, Leo Greenberg und **Arnold Urdang,** *Eine Auswertung der antibakteriellen Wirksamkeit und relativen Stabilität von Novobiocinnatrium in ausgesuchten Salbengrundlagen.* Zur Unters. diente *Albamycin* (*Novobiocinnatrium*; I; UPJOHN Co.), das in verschied. hydrophobe bzw. hydrophile Salbengrundlagen eingebettet wurde. Auswertung erfolgte an 18 Std. alter Kultur von *Mikrococcus pyogenes var. aureus 209 P.* Unter den mit Wasser mischbaren Trägern scheint die hydrophile Salbe U.S.P. XV die beste zu sein (15% Verlust/Monat). Von den abwaschbaren Absorptionsbasen ist die Grundlage nach HICKMAN-BURLAGE-LLOYD (12% Cetyl-, 16% Stearylalkohol, 8% Ethofat 60/60, 21% Propylenglykol, 43% Paraffinöl) die wirksamste (verlustfrei). Von den Fettabsorptionsgrundlagen werden empfohlen: Falba–W. (2:1; 7% Verlust/Monat) oder Hydrosorb–W. (2:1; verlustfrei). Optimale Konz. von I: 1,0 mg/g Grundlage. (Amer. J. Pharmacy Sci. support. publ. Health **130.** 116—22. April 1958. Brooklyn, N. Y., Long Island Univ., Brooklyn Coll. of Pharmacy.) C. FREESE. 4792

Gerd Griesser, *Ein neues Verbandmaterial aus einem plastischen Kunststoff. Klinische und bakteriologische Untersuchungen.* Beschreibung der Eigg. des als Verbandmaterial verwendeten fl. u. rasch erstarrenden Kunststoffes *Nobecutan* (**I**; im Acetylacetat gelöste Methacrylsäureester). Unters. der bakteriostat. Wrkg., die auf einer Beimengung von *Tetramethylthiuramdisulfid* als Desinficiens beruht, u. Darlegung der mit I gemachten klin. Erfahrungen. (Dtsch. med. Wschr. **82.** 964—67. 14/6. 1957. Tübingen, Univ., Chirurg. Klinik.) M. NEGWER. 4794

D. K. de Jongh, *Über die Entwicklung neuer Heilmittel.* Vortrag. — Geschichtliche Übersicht über die letzten Jahrzehnte, bes. die neuzeitlichen Forschungsverfahren. (Pharmac. Weekbl. **93.** 1117—26. 27/12. 1958.) W. WESLY. 4800

Stanisław Biele, Halina Homrowska, Helena Lange und **Jerzy Lange,** *Grundlagen zur Festlegung von Normen für N-Methylacetamid für Injektionszwecke.* Zwischen der akuten Toxizität u. dem Brechungsindex von *N-Methylacetamid,* das für Injektionen verwendet wird, besteht ein direkter Zusammenhang. Dem höchsten gemessenen Wert n_D^{30} 1,4292 entspricht die DL_{50} 4,2—4,3 g/kg Gewicht weißer Mäuse bei intravenöser Injektion. Die anderen physikal. u. chem. Eigg. sind uncharakterist. u. können höchstens zur ergänzenden Kontrolle bestimmt werden. (Acta polon. pharmac. **15.** 457—61. 1958. Warszawa, Inst. Farmac.) F. URBAN. 4806

H. Ch. Gabsch und **M. Büchner,** *Elektrophoretische und polarographische Untersuchungen an ACTH-Präparaten.* Unterss. an verschied. Chargen von *ACTH-Präpp.* (**I**) des AWD u. anderer Herstellerfirmen. Bei der Papierelektrophorese auf Papier SCHLEICHER u. SCHÜLL 2043b bei einem p_H 5,5 bzw. 8,6 (MICHAELIS-Puffer) werden 3 bzw. 4 Fraktionen erhalten. Einzelne Chargen von **I** sind stark mit Ballaststoffen beladen, die biol. inakt. sein dürften. Polarograph. I-Aufnahmen mit dem HEYROVSKY-Polarographen, Modell V 301, gegen Boden-Hg bei $t = 20^0$ u. $E = 1:150-1:500$ in Kobaltpuffer mit Zinkzusatz, zeigen gleichfalls bei denselben Chargen Qualitätsunterschiede insofern, als der „Eiweißcharakter", hervorgerufen durch den ACTH-Geh., verschied. stark ausgeprägt ist. Allerdings gestatten diese Unterss. nur eine rein übersichtliche Qualitätsprüfung der einzelnen **I.** (Pharmazie **11.** 133—35. Febr. 1956. Dresden-Friedrichstadt, Stadtkrankenhaus.) M. NEGWER. 4808

I. Hahn, W. Hohlweg und **H. Seel,** *Insulin und Insulinlösungen.* 1. Mitt. (2. vgl. C. **1959.** 13257.) Entwürfe für den Nachtrag zum DAB 6 betreffs *Insulin* (**I**) u. **I**-Lsgg. u. Erläuterungen zu den Entwürfen. (Pharmazie **11.** 88—91. Febr. 1956. Berlin, Charité, Inst. für Endokrinologie.) M. NEGWER. 4808

A. B. Paterson, E. C. Wright und **D. S. P. Patterson,** *Spurenelemente bei der Tuberkulinproduktion.* Der für die Tuberkulinproduktion empfohlene Nährboden, dessen Spurenelemente eine best. gute Ausbeute an Tuberkuloprotein gewährleisten, hat folgende Zus.: Asparagin 900 g, KH_2PO_4 81 g, Na-Citrat·2 H_2O 68 g, $MgSO_4 \cdot 7\, H_2O$ 113 g, Fe-Citrat 23 g, $ZnSO_4 \cdot 7\, H_2O$ 2 g, $CuSO_4 \cdot 5\, H_2O$ 0,31 g, $Co(NO_3)_2 \cdot 6\, H_2O$ 0,1 g, $CaCl_2$ 5 g, Glucose 750 g, Glycerin reinst 7,5 g in 75 Liter dest. Wasser. (Tubercle **39.** 275—81. Okt. 1958. Weybridge, Surrey, Ministry of Agric., Centr. Veter. Labor.) E. FISCHOEDER. 4812

R. Kalvoda, *Oscillographische Polarographie in der pharmazeutischen Analyse und Arzneimittelkontrolle.* (Vgl. C. **1956.** 4801, 12629 u. C. **1958.** 12488.) Beschreibung der Anwendung der oscillograph. Polarographie in der pharmazeut. Analyse. Es wurde eine App. benutzt, die die $dV/dt = f(V)$-Kurven am Leuchtschirm der Kathodenstrahlröhre zeichnet. Aus der Lage der Einschnitte auf der oscillograph. Kurve ist es möglich, qualitative Bestimmungen durchzuführen. Zur quantitativen Best. dient die Messung der Einschnittstiefe, die Komparationstitration u. die oscillograph. Titration. Das Verh. verschied. *Arzneimittel,* wie *Sulfonamide, Lokalanästhetica, Acridinderivv., Hypnotica, Alkaloide, Hormone, Vitamine, Antibiotica, Flavonoide* usw. wird beschrieben. Von folgenden Verbb. sind oscillograph. Kurven abgebildet: *Sulfadiazin* (**I**), *Elkosin* (**II**), **I** + *Sulfadimidin* (**III**), **I** + *Sulfamerazin* (**IV**) + **III**, **I** + **II** + **III** + **IV**, *Sulfathiazol* + **III**, *Nupercain* + *Intercain, Trypaflavin* (**V**) + *Rivanol, Atebrin* + **V**, *Morphin* + *Papaverin,* Umwandlung von *Physostigmin* in *Rubereserin, Veronal, Luminal.* (Pharmazie **11.** 101—09. Febr. 1956. Prag, Tschechoslowak. Akad. der Wiss., Polarograph. Inst.) M. NEGWER. 4880

Kiyoshi Kawase, *Über Versuche zur Identifikation der chinesischen Droge „Cangzhu".* In der 6. revidierten Ausgabe der japan. Pharmakopoe ist unter „okera" (chines.: „cangzhu") die Atractylodes japonica KOIDZUMI genannt, während es sich bei der chines. Droge ursprünglich um das Rhizoma von Atractylodes lancea DE CANDOLLE handelt. Während „okera", aus dem „*Atractylon*" gewonnen wird, spezif. auf *Vanillinhydrochlorid*-Lsg. reagiert (sofort tiefe u. anhaltende Rotfärbung), zeigt „*Atractylol*" (Eudesmol), ein

Hauptbestandteil von A. lancea, diese Rk. nicht. (Annu. Rep. Tokyo Coll. Pharmacy **1955**. 339. Dezember 1955. [Orig.: japan.]) F. MOSSNER. 4880

Tadeusz Jasiński, *Titration von Pikraten einiger Amine in nichtwässerigen Medien.* Das Aminpikrat wird in 10 ml Eisessig oder in einer Mischung von Eisessig u. Essigsäureanhydrid gelöst, mit einem Tropfen einer 0,5% ig. Methylviolettlsg. in Eisessig versetzt u. mit 0,1n $HClO_4$ in Eisessig bis zur Grünfärbung titriert. Der Fehler der Best., untersucht an 20 verschied. Aminen, beträgt +0,68 bis −0,96%. (Acta polon. pharmac. **14.** 45—46. 1957. Gdańsk, Akad. Med., Zakł. Chem. farmac.) F. URBAN. 4880

R. Pohloudek-Fabini und **K. König**, *Über das papierchromatographische Verhalten der Sympathicomimetica.* 1. Mitt. *Beiträge zur Analytik einiger Sympathicomimetica.* Vff. verwenden zur papierchromatograph. Trennung von Corbasil (**I**), Adrenalin (**II**), Adrenalon (**III**), Pentedrin (**IV**), Aludrin (**V**), Tyramin, Adrianol, Suprifen (**VI**), Effortil (**VII**), Nor-Ephedrin (**VIII**), Veritol (**IX**), Apophedrin, Ephedrin (**X**), Benzedrin, Pervitin, Butedrin u. Cardiazol (**XI**) PARTRIDGE-Gemisch (n-Butanol–Eisessig–W. 4:1:5) u. SCHLEICHER & SCHÜLL-Papier 2043b mgl. Vff. trennen **II/X, IV/X, VI/X, V/VII, VI/IX, II/III IX/IX, X/XI, II**/Jenacain (**XII**), **V/XII, I/XII** u. Coffein/**XI**. Mit wassergesätt. Isoamylalkohol lassen sich Coffein/**X** trennen. **I/II/V** u. **VIII/X** lassen sich mit 80% ig. wss. Phenollsg. bzw. auf phenolimprägniertem Papier mit 0,01 nHCl trennen. (Pharmazie **13.** 131—35. März 1958. Greifswald, Univ., Pharmaz. Inst.) S. ERBE. 4880

R. Pohloudek-Fabini und **K. König**, *Über Farbreaktionen zum Nachweis von Sympathicomimetica auf Papierchromatogrammen.* 2. Mitt. *Beiträge zur Analytik einiger Sympathicomimetica.* (1. vgl. vorst. Ref.) Vff. untersuchen die Sichtbarmachung der Flecke der in der 1. Mitt. genannten Sympathicomimetica auf dem Chromatogramm. Geprüft wurden 2 Ninhydrinreagentien, diazotiertes p-Nitranilin, diazotierte Sulfanilsäure, Berliner-Blau-Reagens, Kaliumferricyanid, Joddämpfe, gesätt. Ammoniummetavanadatlsg., modifiziertes DRAGENDORFF-Reagens u. modifiziertes FOLIN-Reagens (I). Am besten geeignet erscheint **I** (0,1% ig. β-naphthochinonsulfonsaures Na in 5% ig. Sodalsg.). (Pharmazie **13.** 135—38. März 1958.) S. ERBE. 4880

D. Gr. Constantinesco und **Rodica Oteleanu**, *Bestimmung von Quercetin und Rutin.* Freies *Quercetin* (**I**) in Handelspräpp. u. in Pflanzen wird durch Colorimetrieren der gelben Färbung (470 mμ) ermittelt, die bei Zusatz von $SbCl_3$ zu einer methanol., eine Spur Essigsäure enthaltenden Lsg. auftritt. *Rutin* (**II**) <0,02 g/100 ml stört die Best. nicht. Der **II**-Geh. wird nach Hydrolyse des glykosid. gebundenen **I** mit verd. HCl u. Best. des Gesamt-**I** nach derselben Meth. errechnet. Dazu wird die Differenz beider Bestimmungen (= gebundenes **I** in %) durch 2,0195 dividiert. (Acta polon. pharmac. **14.** 27—32. 1957. Bukarest, Inst. für pharmaz. Unterss. u. Arzneimittelkontrolle.) F. URBAN. 4880

P. Tantivatana und **S. E. Wright**, *Bestimmung von Digoxin und Digitoxin in Digitalis lanata.* Die Trennung von *Digoxin* (**I**) u. *Digitoxin* (**II**) erfolgt papierchromatograph. auf formamidimprägniertem Papier ohne vorherige Abtrennung der Pigmente. Als Fließmittel wurden verwendet Isobutylketon–Isopropyläther–Formamid (100 zu 25:gesätt.). Wegen des relativ hohen Dampfdruckes ist das Syst. wenig temperaturabhängig. Die quantitative Best. erfolgte colorimetr. mit 0,125% ig. Xanthydrol in Eisessig. Die Extraktion der Glykoside aus den getrockneten Blättern erfolgte durch Maceration mit 20% ig. wss. A. u. Chloroformextraktion des wss. A.-Auszuges. Der **I**-Geh. von 6—8 Wochen getrockneten Blättern von Digitalis lanata beträgt ca. 0,15%, der **II**-Geh. ca. 0,04%. (J. Pharmacy Pharmacol. **10.** 189—93. März 1958. Sidney, Univ., Pharmacy Dep.) S. ERBE. 4880

L. K. Ssuchomut, *Mikrokristallographische Reaktionen auf das Alkaloid Echinopsin.* Zur Identifizierung des Alkaloids *Echinopsin* eignen sich die Mikrofällungs-Rkk. mit modifiziertem DRAGENDORFF-Reagens (**I**), mit Palladiumchlorwasserstoffsäure (**II**) u. ammoniakal. Pikrinsäurelsg. (**III**). Je 1 Tropfen der wss. Lsg. von Echinopsin u. Reagens werden unter dem Mikroskop zusammen gebracht. Mit **I** entstehen bis zur Verdünnung von 1:50000 gelborange gefärbte Nadeln; mit **II** bis zu 1:4000 gelbbraune Nadelbüschel, mit **III** bis 1:10000 lange, schmale gelbgrüne Nadeln in sehr großen Büscheln. (Аптечное Дело [Apothekenwesen] **7.** Nr. 5. 27—29. Sept./Okt. 1958. Moskau, Pharmaz. Inst., Lehrstuhl für Technol. der Arzneimittel u. galen. Präpp.) H.-W. GRAMM. 4880

Leszek Krówszyński und **Franciszka Weremczuk-Kroze**, *Komplexometrische Bestimmung kleiner Mengen Atropin in Verschreibungen. Atropin* (**I**)-Sulfat (1—5 mg/ml 1nH_2SO_4) wird durch Zusatz einer Lsg. von $BiONO_3$ + KJ bei n. Temp. als **I**-*Jodobismutat* gefällt. Der Nd wird mit einer Lsg. von KJ + $NaHSO_4$ auf einem G 4-Filter gewaschen u. mit 2 ml warmer 10% ig. HCl gelöst. Nach Zusatz von 4 ml 8% ig. Thioharnstofflsg. u. 10 ml Boratpuffer wird mit 0,01 mol. Komplexon III-Lsg. gegen Methylenblau bis zum Farbumschlag grün–blau titriert. 1 ml der Komplexonlsg. entspricht 2,17021 mg I. Die Meth. eignet sich zur Best. von I auch in Extractum Belladonnae siccum. Aus Extrakten u. Pulvern wird I mit Chlf. in Ggw. von etwas NH_4OH isoliert u. nach Verdampfen des Lösungsm. in I-Sulfat übergeführt. (Dissertat. pharmac. [Warszawa] **9.** 189—96. 1957. Lublin, Akad. Med., Zakł. Chem. farmac.) F. URBAN. 4880

Zi-tschen Fan, *Quantitative Bestimmung von l-Ephedrin, d-Pseudoephedrin und ihrer Summe in Ephedrakraut.* In einer einzigen Einwaage von Ephedrakraut kann sowohl die Summe der Alkaloide als auch der Geh. an *l-Ephedrin* (I) u. *d-Pseudoephedrin* (II) ermittelt werden. Der Gesamtalkaloidgeh. wird durch Wasserdampfdest. des Krautes u. Ausschütteln des alkalisierten Destillates mit Ae. acidimetr. ermittelt. Wegen der verschied. opt. Aktivität von I-Hydrochlorid u. II-Hydrochlorid (I $-34,22^0$; II $+63,33^0$ in 2,25%ig. Lsg.) kann der %-Geh. an I u. II aus der opt. Drehung des mit HCl austitrierten Ae.-Rückstandes, der die Alkaloide als Hydrochloride enthält, ermittelt werden. (Аптечное Дело [Apothekenwesen] **7.** Nr. 5. 9—17. Sept./Okt. 1958. Moskau, Pharmaz. Inst., Lehrstuhl für Technol. der Arzneimittel u. galen. Präpp.) H.-W. GRAMM. 4880

Ss. M. Tschaikowskaja, *Die biologischen Methoden der Aktivitätsbestimmung von Antibiotica.* Übersicht an Hand der nichtsowjet. Literatur. — 71 Literaturangaben. (Антибиотики [Antibiotika] **12.** Nr. 3. 3—17. 1959.) O. LEBTAG. 4880

Daniel Herbert Efron und **Wiesława Zlakowska,** *Untersuchungen über eine neue Bestimmungsmethode von Pyrogenen.* Die Best. von *Pyrogenkörpern* wird durch Ermittlung der *Leukergie* 6—21 Std. nach Injektion bei Kaninchen durchgeführt. Es läßt sich damit noch 1 γ/kg Körpergewicht bestimmen. Der Test ist in dest. W., in physiol. NaCl-Lsg. u. in 0,5%ig. Vitamin C-Lsgg., nicht in Vitamin B_1-Lsgg. durchführbar. Eine quantitative Meth. zur Best. der Leukergie wird beschrieben. (Acta polon. pharmac. **14.** 55—71. 1957. Warszawa, Inst. Matki i Dziecka, Zakł. Farmakolog., Inst. Leków, Zakł. Farmakolog.) F. URBAN. 4880

J. L. Friedl, *Bericht über die Prüfung sporicider Eigenschaften bei Desinfektionsmitteln.* Das von ORTENZIO, STUART u. FRIEDL (J. Assoc. off. agric. Chemists **36.** [1953.] 480) beschriebene Verf. zur Züchtung von Sporen bestimmter Resistenz u. ihrer Prüfung gegenüber Desinfektionsmitteln wird in mehreren Laboratorien überprüft. Als Testorganismen dienen Bacillus subtilis u. Clostridium sporogenes, sowie B. anthracis u. Cl. tetani. Die Desinfektionsmittel waren solche auf Basis Kresylsäure u. CH_2O. Die Ergebnisse der Unterss. waren übereinstimmend u. das Verf. wird zur amtlichen Einführung empfohlen. (J. Assoc. off. agric. Chemists **38.** 280—87. 15/5. 1955. Washington, D. C., U. S. Dep. of Agric., Plant Pest Control Branch.) PH. FRESENIUS. 4880

Sterling Drug, Inc., New York, N. Y., V. St. A., *Arzneimitteltablette.* Das im Kern oder in einer inneren Schicht enthaltene Medikament kann einen erst im Darmsaft lösl. Überzug tragen u. ist von einer Schicht umgeben, welche ein im Speichel lösl. Medikament trägt. Die äußere oder eine zwischen den beiden Mitteln eingebrachte Schicht enthält eine Signalsubstanz, die z. B. durch ein Geschmacksignal zu erkennen gibt, wann das äußere Medikament abgelöst ist. (**E. P. 800 973** vom 20/6. 1955, ausg. 3/9. 1958. A. Prior. 13/8. 1954.) K. KOEBKE. 4767

Rhein-Chemie G. m. b. H., Deutschland, *Herstellung von Trockenpräparaten von tierischen oder pflanzlichen Zellgeweben* durch Abkühlen auf tiefe Tempp., z. B. -80^0 u. rasche Temperaturerhöhung u. gleichzeitige Entwässerung unter Zuführung von warmer Luft. Vor der Temperaturerhöhung wird das Gewebe vorteilhaft in eine inerte Atmosphäre, z. B. O_2, gebracht. Die Trocknung geschieht im Vakuum. Man erhält dabei sehr haltbare u. nicht verderbliche Trockenpräparate. (**F. P. 1 149 505** vom 6/4. 1956, ausg. 27/12. 1957.) M. F. MÜLLER. 4791

Istituto Sieroterapico Italiano S. p. A., Mailand (Erfinder: **Fiorenzo Capucci** und **Franco Piccolboni,** Neapel), Italien, *Herstellung von stabilen Injektionslösungen der 6.8-Thioctsäure,* dad. gek., daß man den in W. suspendierten Wirkstoff mittels NH_3 unter Einstellen auf ein p_H von 7,7—7,8 in Lsg. bringt, die Lsg. unter Aufrechterhaltung des p_H-Wertes mit einer wss. Thioharnstoff–Phenol-Lsg. u. einem entsprechenden Phosphatpuffer versetzt, filtriert u. unter N_2 abfüllt. — *Leberschutzmittel.* (**D. A. S. 1 056 784** Kl. 30h vom 19/3. 1957, veröff. 6/5. 1959. It. Prior. 24/5. 1956.) W. HEYER. 4807

Troponwerke Dinklage & Co., Köln (Erfinder: **Fritz Külz,** Frankfurt/M.), *Herstellung von 1-(3'.4'-Dihydroxyphenyl)-2-(α-methyl-γ-phenylpropylamino)-1-oxopropan* der Formel I, dad. gek., daß man 1-(3'.4'-Dihydroxyphenyl)-propandion-(1.2) in Ggw. von 1-Phenyl-3-aminobutan (II) der katalyt. Hydrierung in einem organ. Lösungsm., bes. A., u. in Ggw. eines Pd-Katalysators unterwirft, wobei die zum Benzolkern β-ständige Carbonyl-

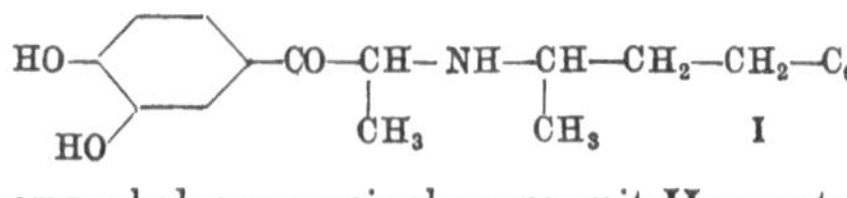
I

gruppe mit der Aminogruppe des Aralkylamins zusammentritt, oder daß man einen Disulfonsäureester, bes. dem Di-p-toluolsulfonsäureester, eines 3.4-Dihydroxy-α-halogenpropiophenons mit **II** umsetzt u. das Reaktionsprod. zur Abspaltung der Sulfonsäuregruppe (bes. mit Säure), verseift oder daß man schließlich 3.4-Dihydroxy-α-halogenpropiophenon mit II umsetzt. Die so erhältlichen Racemate bilden Hydrochloride, deren F. 182—183° bzw. 201—203° beträgt. — Aus 5,0 (g) 3.4-Dihydroxyphenylpropandion (F. 100°) u. 4,1 **II** in 50 cm^3 reinem CH_3OH u. 0,5 eines 10%ig. Pd-Hydroxyd-$BaSO_4$-Katalysators fällt nach Hydrierung eine Base mit einem F. 141—143° (aus Essigester) an. Die analoge Base bei 3.4-Dihydroxy-α-brompropiophenon als Ausgangsprod. hat einen F. von 140—143° (nach Sintern bei 138°). — *Bronchospasmolyt.* wirksame Substanzen. (**Schwz. PP. 316625, 316626** u. **316627** vom 11/8. 1950, ausg. 30/11. 1956. Dän. Prior. 9/8. 1949. **Zusätze zu Schwz. P. 312793; C. 1957. 7251.**)
W. HEYER. 4807

Österreichische Stickstoffwerke Akt.-Ges. (Erfinder: **Otto Schmid**), Linz, Österreich, *Herstellung von Polymethylen- oder Phenylen-bis-carbaminsäureestern*, dad. gek., daß man ein Diamin bei 0—5° in Ggw. eines säurebindenden Mittels mit einem ein tert. N-Atom enthaltenden Chlorkohlensäureester oder dessen quaternären Ammoniumverb. umsetzt u. das Reaktionsprod. gegebenenfalls quaterniert. — Beschrieben wird die Herst. eines Chlorkohlensäureesters aus m-Dimethylaminophenol u. $COCl_2$ in Chlf. bei 0—5° u. dessen Rk. mit N.N'-Dimethylhexamethylendiamin in NaOH unter Bldg. von *Hexamethylen-1.6-bis-[N-methylcarbaminsäure-m-dimethylaminophenylester]*, F. 88—91° (KOFLER). *Bis-brommethylat*, F. 174—176°. — *Tetramethylen-1.4-bis-[N-methylcarbaminsäure-m-dimethylaminophenylester]*, F. 72—75°, aus N.N'-Dimethyltetramethylendiamindihydrochlorid. *Hexamethylen-1.6-bis-[N-methylcarbaminsäurepyridyl-(3)-ester]*, aus 3-Hydroxypyridin. — *p-Phenylen-bis-[N-methylcarbaminsäure-m-dimethylaminophenylester]*, F. 156° (*Bis-brommethylat*, F. 172—177°), aus N.N'-Dimethyl-p-phenylendiamindihydrochlorid. — *Therapeutica.* (**Oe. P. 195438** vom 7/1. 1956, ausg. 10/2. 1958.) S. BÖTTCHER. 4807

Österreichische Stickstoffwerke Akt.-Ges., Linz (Erfinder: **Otto Schmid** und **Gerhard Zölß**, Linz, und **Leopold Rippel**, Wien), Österreich, *Herstellung von Polymethylen- oder Phenylen-bis-carbaminsäureestern*, dad. gek., daß man Diamine in der Wärme in einem inerten Gasstrom mit ein tert. N-Atom enthaltenden Kohlensäureestern oder ihren quaternären Ammoniumverbb. umsetzt u. die Reaktionsprodd. gegebenenfalls noch quaterniert. — *Hexamethylen-bis-[N-methylcarbaminsäure-m-dimethylaminophenylester]* (**I**), F. 88—91° (KOFLER), durch 3 std. Rühren von geschmolzenem Kohlensäure-bis-[m-dimethylaminophenylester] u. Hexamethylen-bis-[N-methylamin] unter N_2 bei 150°. **I** wird mit Methylbromid zum *Bis-brommethylat*, F. 173° (Zers.), quaterniert. — *Dekamethylen-bis-[N-methylcarbaminsäure-m-dimethylaminophenylesterbrommethylat]*, F. 168° (Zers.), aus Dekamethylen-bis-[N-methylamin]. — *Hexamethylen-bis-[N-methylcarbaminsäurepyridyl-(3)-esterbrommethylat]*, F. 149° (Zers.) u. *-chinolyl-(3)-ester*, F. 121,5—123° [*Bis-brommethylat*, F. 207—212° (Zers.)], aus Kohlensäure-bis-pyridyl-(3)-ester, F. 87—89°, bzw. -chinolyl-(3)-ester, F. 149—153,5°, die aus 3-Hydroxypyridin bzw. -chinolin u. $COCl_2$ hergestellt wurden. — *Therapeutica.* (**Oe. P. 195439** vom 12/9. 1956, ausg. 10/2. 1958.) S. BÖTTCHER. 4807

N. V. Nederlandsche Cocainefabriek (Erfinder: **Marinus Johannes Weidema**), Amsterdam, Holland, *Herstellung substituierter Aminoacetylxylidine-(2.6)* der Formel I (X = mono- oder disubstituierte NH_2-Gruppe). Man erhitzt ein Acetylxylidin-(2.6) (**II**) mit Monohalogenessigsäure u. ersetzt im gebildeten Monohalogenacetylxylidin-(2.6) das Halogenatom durch eine substituierte NH_2-Gruppe. — Z. B. erhitzt man gleiche Gewichtsteile II u. Monochloressigsäure 10 Std. auf 170—180°, dann das Reaktionsprod. im Autoklaven mit Diäthylamin 8 Std. auf 105—110° u. bildet das Oxalat (F. 151,5—153,5°) u. das Pikrat (F. 218,5—220,5) der erhaltenen Base. — *Lokalanästhetica.* (**Holl. P. 88288** vom 4/5. 1955, ausg. 16/5. 1958.) F. BÖHM. 4807

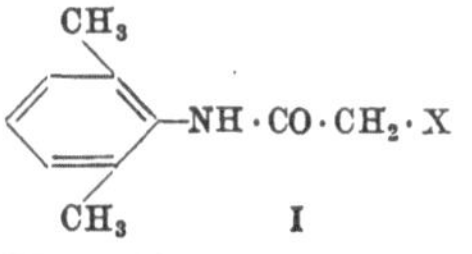

Farmaceutici Italia Soc. An. (Erfinder: **Carlo Alberti, Alberto Vercellone, Giuseppe Polasek** und **Piera del Rio**), Mailand, Italien, *Stabile injizierbare 1.4-Dikaffeeylchinasäure* (**I**). Man erhält das Präp., indem man I durch therapeut. wirksame anorgan. oder organ. Basen, gegebenenfalls unter Zusatz von alkylsubstituierten Amiden niedriger Fettsäuren u. Polyvinylpyrrolidon als Lösungsvermittler, in wasserlösl., stabile, sterilisierbare Salze umwandelt u. in Ampullen abfüllt. Als anorgan. Basen verwendet man Oxyde, Hydroxyde oder Carbonate des Li oder Mg, als organ. Basen prim., sek. oder tert. aliphat. Amine, Tetraalkylammoniumhydroxyd, Hexamethylentetramin, Cholin oder Methionin. —

1 g I wird warm mit 0,12 (cm^3) Aminoäthanol (**II**) in 10 W. gelöst u. in der Wärme filtriert: Salz des II-Monohydrats, F. 196—200° (Zers.). Das Prod. ist in W. wenig, in 50%ig. wss. Dimethylformamidlsg. gut löslich. — Analog gewinnt man mit Li_2CO_3 nach Umkristallisieren das *Li-Salztrihydrat*, $[\alpha]_D$ —18,7° (c = 0,535; W.), in W. lösl. zu 0,5%. — Mit Cholin nach Umkristallisieren aus W. u. A. das *Salz*, F. 181° (Zers.); $[\alpha]_D$ —18,3°. — Mit Hexamethylentetramin ein *Salz* mit $[\alpha]_D$ —30° (c = 0,975; W.); F. unscharf, bei 200° geschwärzt, bei 300° noch nicht geschmolzen. In W. zu 1%, in organ. Lösungsm. zu 10% löslich. — Weitere Beispiele. (**Oe. P. 200 726** vom 21/12. 1955, ausg. 25/11. 1958. It. Prior. 28/12. 1954.) G. WELTZIEN. 4807

Farmaceutici Italia Soc. An. (Erfinder: **Claudio Pasini** und **Severina Coda**), Mailand, Italien, *Herstellung von Murexinchloridhydrochlorid.* Man setzt Malonylmonochlorid bei n. Temp. mit Cholinchlorid in Ae. um, läßt (nach Entfernung des Ae.) den Rückstand bei etwas erhöhter Temp. in Ggw. von A. u. HCl mit 4(5)-Formylimidazol reagieren, entfernt das gebildete Reaktionswasser mittels Bzl. durch azeotrop. Dest. u. reinigt schließlich den Rückstand in bekannter Weise. — *Therapeuticum.* (**D. A. S. 1 064 070** Kl. 12p vom 29/4. 1958, veröff. 27/8. 1959.) A. BRÖSAMLE. 4807

Chemie Grünenthal G.m.b.H., Stolberg/Rheinland (Erfinder: **Siegfried Herrling** und **Herbert Keller**, Stolberg, und **Heinrich Mückter**, Aachen), *Herstellung von Derivaten des Benzimidazols* der allg. Formel I, worin X = Alkylrest mit 1—4 C-Atomen, der gegebenenfalls OH-Gruppen enthält; Y = Halogen; R_1—R_4 = Cl, Alkylreste, H, NO_2- oder Aminogruppen. Ein o-Phenylendiamin, das an der einen Aminogruppe durch einen p-Halogenbenzylrest substituiert ist u. im Benzolkern durch die Substituenten R_1 bis R_4 substituiert sein kann, wird mit einem Aldehyd X·CHO umgesetzt; es entsteht eine SCHIFFsche Base der Formel **II**, welche durch Oxydation in das entsprechende Benzimidazolderiv. übergeht. Dieses wird gegebenenfalls in ein Salz umgewandelt. — 4 g N-[p-Chlorbenzyl]-o-phenylendiaminhydrochlorid werden in 5 cm^3 75%ig. A. gelöst, in eine gekühlte Lsg. von 6 g Cu-Acetat, 100 cm^3 W. u. 3,5 cm^3 Butyraldehyd eingetragen. Es wird 15 Min. bei 80—90° erwärmt: *1-[p-Chlorbenzyl]-2-propylbenzimidazol*, F. 115—117°. — Mit Acetaldehyd entsteht in analoger Weise *1-[p-Chlorbenzyl]-2-methylbenzimidazolhydrat*, F. 67—68°. *Hydrobromid*, F. 227—228°; *Nitrat*, F. 178—179° (Zers.); *Perchlorat*, F. 219—221°; p-Sulfosalicylat, F. 224—227°; p-Toluolsulfonat, F. 212—214°. In W. leichtlösl. Salze, in A. gut löslich. — *Therapeutica* mit *fungistat.* u. *spasmolyt. Wirkung.* (**Oe. P. 197 375** vom 3/10. 1956, ausg. 25/4. 1958.)

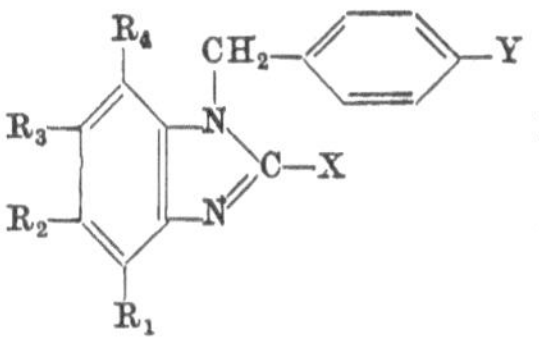

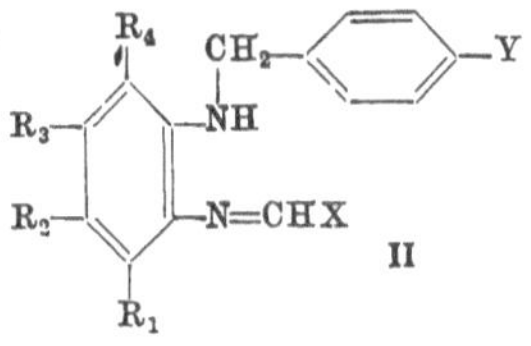

II

M. F. MÜLLER. 4807

Farbenfabriken Bayer Akt.-Ges., Leverkusen (Erfinder: **Udo Wörffel, Robert Behnisch** und **Fritz Mietzsch †**, Wuppertal), *Herstellung von 5-Sulfanilamido-3-äthyl-1.2.4-thiodiazol* (I). Man setzt 5-Halogen-3-äthyl-1.2.4-thiodiazol, bes. die 5-Chlorverb., mit p-Acetylamino- bzw. p-Nitrobenzolsulfonsäureamid um u. verseift bzw. red. das Reaktionsprod. zu **I**, F. 198—199°. — *Bakteriostat.* Wirksamkeit. (**D. A. S. 1 063 172** Kl. 12p vom 18/4. 1957, veröff. 13/8. 1959.) A. BRÖSAMLE. 4807

Ciba Soc. An., Schweiz, *Herstellung von 1-Aza-6-[tert.-aminoalkylamino]-thioxanthonen,* dad. gek., daß man 1-Aza-2.4.9-trimethylthioxanthone, die in 6-Stellung eine veresterte OH-Gruppe besitzen, mit tert.-Aminoalkylaminen oder Hydroxyalkylaminen umsetzt, im letzteren Fall die freie OH-Gruppe verestert, u. das Reaktionsprod. mit einem sek. Amin umsetzt oder daß man 1-Aza-2.4.9-trimethylthioxanthone, die in 6-Stellung eine NH_2-Gruppe tragen, mit veresterten tert.-Aminoalkanolen umsetzt. — *1-Aza-2.4.9-trimethyl-6-diäthylaminoäthylaminothioxanthon,* F. 118—118,5°, *Hydrochlorid,* F. 228—229°), durch 5std. Kochen von 1-Aza-2.4.9-trimethyl-6-chlorthioxanthon (I) u. N.N-Diäthyläthylendiamin u. Aufarbeiten aus 10%ig. Essigsäure. **I**, F. 162—163°, wurde aus 2-Chlor-3-cyan-4.6-dimethylpyridin u. 2-Methyl-5-chlorthiophenol-Na hergestellt, wobei zunächst *4.6-Dimethyl-3-cyan-*, F. 101—102°, dann *4.6-Dimethyl-3-carboxy-2-[5'-chlor-2'-methylphenylmercapto]-pyridin,* F. 155—156°, entsteht. — *1-Aza-2.4.9-trimethyl-6-diäthylaminopropylamino-*, F. 62—63° (*Hydrochlorid,* F. 235—236°), *-6-morpholinoäthylamino-*, F. 133—135° (*Hydrochlorid,* F. 258—260°), *-6-dimethylaminoäthylamino-*, F. 136—137°, *-6-[N-(β-hydroxyäthyl)-N-butylaminoäthylamino]-*, F. 109 bis 110° (*Hydrochlorid,* F. 137°), *-6-dibutylaminoäthylamino-* (*Hydrochlorid,* F. 211 bis 213°), u. *-6-[1'-(N-äthyl-N-{2''-hydroxyäthyl}-amino)-propyl-(2')-amino]-thioxanthon,* F. 103—105° (*Hydrochlorid,* F. 198—199°), aus **I** u. N.N-Diäthylpropylendiamin-(1.3), N-(β-Aminoäthyl)-morpholin, N.N-Dimethyläthylendiamin, N-Butyl-N-[β-hydroxyäthyl]-äthylendiamin, N.N-Di-(n-butyl)-äthylendiamin bzw. 2-Amino-1-[N-äthyl-N-(2'-hydroxyäthyl)-amino]-propan. — Als Ausgangsstoffe wurden ferner hergestellt: *1-Aza-2.4.9-trimethyl-6-aminothioxanthon*, F. 189—191°, aus **I** u. NH_4OH, u. *1-Aza-2.4.9-trimethyl-6-[β-hydroxyäthylamino]-thioxanthon*, F. 193—195°, aus **I** u. Äthanolamin. — *Therapeutica*. (**F. P. 1 165 205** vom 14/12. 1956, ausg. 20/10. 1958. Schwz. Prior. 23/12. 1955.) S. Böttcher. 4807

Mallinckrodt Chemical Works, St. Louis, übert. von: **August H. Homeyer,** Webster Groves, und **George B. De La Mater,** St. Johns, Mo., V. St. A., *Dihydroisokodein*, F. 203,6—204,6°, erhält man durch Behandeln, bes. durch Erhitzen, von Dihydrokodein mit Al-Isopropylat, -tert.-Butylat, -Äthylat, -2-Äthyl-1-hexylat (erhalten aus Isopropylat mit 2-Äthyl-1-hexanol u. Fraktionieren des Reaktionsgemisches), 4-Methyl-2-pentylat u. -Laurylat in einem Lösungsm., wie Bzl., Toluol oder Xylol; es wirkt *analget.*, wie der Ausgangsstoff. (**A. P. 2 813 096** vom 27/7. 1953, ausg. 12/11. 1957.) G. Krauss. 4807

F. Hoffmann-La Roche & Co. Akt.-Ges., Basel (Erfinder: **Heinrich Kläui,** Riehen), Schweiz, *Wasserlösliche Vitamin-A-Ester* erhält man durch übliche Veresterung von Vitamin-A-Alkohol (**I**) mit einem Säurehalogenid des Reaktionsprod. von Polyäthylenglykol (Mol.-Gew. 600—2000) bzw. dessen Monoalkyläthern (Mol.-Gew. 350 bis 750) mit einem Dicarbonsäureanhydrid mit 4—5 C-Atomen in Ggw. eines bas. Mittels (Pyridin) u. bes. in Ggw. eines Lösungsm. (Toluol) bei vorzugsweise 0—20°. — Es werden hergestellt: **I**-*Methoxypolyäthylenglykol-„350“-bernsteinsäureester*, n_D^{20} 1,5335; VZ. 102,6%, bezogen auf den berechneten Wert; Ausbeute 61%; lösl. in W., Chlf., Bzl., A.; die wss. Lsgg. trüben sich bei 40°. — *Polyäthylenglykol-„1000“-di-*(**I**-*succinat*). — Die neuen Vitamin-A-wirksamen Verbb. eignen sich *zum Vitaminisieren* u. *zur Herst. pharmazeut. Präparate*. (**D. A. S. 1 023 461** Kl. 12o vom 7/1. 1957, veröff. 30/1. 1958. **E. P. 797 977** vom 11/1. 1957, ausg. 9/7. 1958. Beide Schwz. Prior. 16/1. 1956.) R. Link. 4809

N. V. Organon (Erfinder: **Jacobus Petrus Josephus Neutelings,** Roosendaal), Oss, Holland, *Herstellung von thyreotropem Hormon*. Man scheidet das Hormon auf an sich bekannte Weise aus einem Rückstand von Hypophysenvorderlappen aus, aus dem adrenocorticotropes Hormon bereits durch Extraktion mit säurehaltigem Aceton entzogen war. (**Holl. P. 90 037** vom 20/12. 1956, ausg. 15/1. 1959.) H. Nebelsiek. 4809

Armour & Co., Chicago (Erfinder: **Charles William Frank Damaskus,** La Grange), Ill., V. St. A., *Herstellung von ACTH mit verstärkter subcutaner Wirkung*, dad. gek., daß man einen vorzugsweise von Rindern oder Schafen gewonnenen ACTH-Extrakt in wss. Lsg. mit 0,005—10% Pyridoxin versetzt, die Lsg. auf ein p_H von 3,5—5,5, bes. 4,7—4,8, einstellt u. bei 30—150°, bes. bei 75—125°, vorzugsweise bei 90—100°, bebrütet. Die ACTH-Lsg. wird zweckmäßig mit einem Reduktionsmittel, wie Cystein, stabilisiert. (**D. A. S. 1 055 756** Kl. 30h vom 23/11. 1956, veröff. 23/4. 1959. A. Prior. 28/11. 1955.) W. Heyer. 4809

Dr. Karl Thomae G. m. b. H. (Erfinder: **Johannes Keck**), Biberach/Riß, *Gewinnung eines am Uterus und Ligamentum pubicum wirksamen Wirkstoffes aus Ovarien* durch Extraktion von bes. Schweineovarien mit angesäuerten, H_2O-haltigen, mit W. mischbaren Lösungsmitteln, wie CH_3OH, Dioxan, Acetonitril, bes. Aceton, oder mit verd. Säuren allein, bes. 0,01—1 n HCl, u. Abscheidung des Wirkstoffes aus dem Extrakt mit Aceton, Dioxan oder Acetonitril. Der Wassergeh. des Extraktionslsg. beträgt ca. 20—90%. (**D. A. S. 1 061 035** Kl. 30h vom 21/10. 1957, veröff. 9/7. 1959.) W. Heyer. 4809

Knud Abildgaard-Elling, Dänemark, *Herstellung von 1-Methyl-17-äthinylöstradiol*, F. 138—139°, dad. gek., daß man 1-Methylöstron mit einer Grignard-Verb. aus Phenyl-Mg-Bromid u. C_2H_2 oder einer C_2H_2-Alkaliverb., die durch Rk. von C_2H_2 mit Alkalimetall in fl. NH_3 oder in einem tert. Alkohol hergestellt wurde, umsetzt u. das Reaktionsprod. hydrolysiert. (**F. P. 1 164 197** vom 27/8. 1954, ausg. 7/10. 1958. Dän. Priorr. 27/8. u. 16/12. 1953.) S. Böttcher. 4809

Olin Mathieson Chemical Corp., New York, N. Y., übert. von: **Helmuth Cords,** New Brunswick, N. J., V. St. A., *Reinigung von Steroiden*. Man behandelt rohe, z. B. durch biol. Hydroxylierung gewonnene Steroidfraktionen mit Haloalkanen u. zerlegt die erhaltenen Addukte anschließend zur Gewinnung der gewünschten reinen Verbindungen. — Man löst z. B. rohe krist. Verb. Epi-F (durch biol. Hydroxylierung von 11-Desoxy-17-hydroxycorticosteron mit Aspergillus niger gewonnen) in warmem Chlf., läßt abkühlen, trennt die Kristalle, F. 206—209°; $[\alpha]_D^{23}$ 88°, ab, löst das Addukt in Methanol u. verdampft das Lösungsmittel. Als Rückstand hinterbleibt die reine *Verb. Epi-F*. — Analog: *Chloroformaddukt des $\Delta^{5,16}$-Pregnadien-3β-ol-20-ons*, F. wie das freie

Steroid; $[\alpha]_D^{23}$ —20°. — *Chloroformaddukt des Hydrocortisons,* F. 204—207°; $[\alpha]_D^{25}$ 129,2°. — *Zwischenprodd.* für die Herst. von *Heilmitteln.* (**A. P. 2 849 460** vom 17/11. 1953, ausg. 26/8. 1958.) U. Sievers. 4809

Chas. Pfizer & Co., Inc. (Erfinder: **Gerald David Laubach**), *Als nervenentspannende Mittel geeignete Steroide* werden die 5 folgenden genannt: *3α-Hydroxypregnan-20-on, 3α.21-Dihydroxypregnan-20-on, 3β-Hydroxypregnan-20-on, 3β.21-Dihydroxypregnan-20-on, 21-Hydroxypregnan-3.20-dion,* die in Verbindung mit einem geeigneten pharmazeut. Träger angewendet werden, z. B. in A. u. wss. Glucoselsg. mit einem Polysorbat als Emulgierungsmittel. (**Aust. P. 211 006** vom 4/4. 1956, ausg. 21/11. 1957. A. Priorr. 12/7. u. 22/12. 1955.) K. Demmler. 4809

American Cyanamid Co., New York (Erfinder: **Seymour Bernstein,** Pearl River, und **Robert Herman Lenhart,** Ridgefield Park), N. Y., V. St. A., *9α-Halogen-4-pregnen-16α.17α.21-triol-3.11.20-trione und ihre Ester.* Man oxydiert z. B. 9α-Fluor-4-pregnen-11β.16α.17α.21-tetraol-3.20-dion-16.21-diacetat mit CrO_3 in Ggw. von Pyridin 20 Std. bei n. Temp. → *9α-Fluor-4-pregnen-16α.17α.21-triol-3.11.20-trion-16.21-diacetat,* F. 223 bis 224°; $[\alpha]_D^{25}$ 98°; daraus erhält man durch übliche Verseifung mit Alkalihydroxyd den freien Alkohol. — Analog: *9α-Chlor-4-pregnen-16α.17α.21-triol-3.11.20-trion-16.21-diacetat,* F. 226,5—229,5°; $[\alpha]_D^{25}$ 165°. — *Heilmittel.* (**D. A. S. 1 059 448** Kl. 12o vom 14/8. 1957, veröff. 18/6. 1959. A. Prior. 20/8. 1956.) U. Sievers. 4809

G. D. Searle & Co., Chicago, übert. von: **Leonard N. Nysted,** Highland Park, Ill., V. St. A., *Heterocyclische Derivate von 20-Aminomethyl-5-pregnen-3-ol.* Man red. z. B. N-(3β-Acetoxy-5-pregnen-20α-ylcarbonyl)-piperidin mit $LiAlH_4$ in Ae. → *20α-Piperidinomethyl-5-pregnen-3β-ol,* Hydrochlorid, F. 270—300° (Zers.). — Analog: *N-(3β-Acetoxy-5-pregnen-20α-ylcarbonyl)-pyrrolidin* → *20α-Pyrrolidinomethyl-5-pregnen-3β-ol.* — N-(3β-Acetoxy-5-pregnen-20α-ylcarbonyl)-morpholin → *20α-Morpholinomethyl-5-prenen-3β-ol, Hydrochlorid,* F. 285—295° (Zers.). — *Heilmittel.* (**A. P. 2 846 432** vom 31/10. 1957, ausg. 5/8. 1958.) U. Sievers. 4809

Merck & Co., Inc., Rahway, übert. von: **David Taub,** Metuchen, und **Norman L. Wendler,** Summit, N. J., V. St. A., *1.4-Pregnadien-11β.17α.21-triol-3.20-dion-21-acetat* (I), F. 238—243°, erhält man durch Bromierung von 1-Allopregnen-11β.17α.21-triol-3.20-dion-21-acetat in $CHCl_3$ mit Br_2 sowie in Ggw. von Essig- u. p-Toluolsulfonsäure → *1.2.2-Tribromallopregnan-11β.17α.21-triol-3.20-dion-21-acetat,* welches durch Erwärmen mit Essigsäure auf dem Wasserbad umgelagert wird → *1.2.4-Tribromallopregnan-11β.17α.21-triol-3.20-dion-21-acetat.* Dieses wird durch Rk. mit NaJ u. anschließende Behandlung mit $Na_2S_2O_3$ übergeführt in *4-Brom-1-allopregnen-11β.17α.21-triol-3.20-dion-21-acetat;* daraus durch Dehydrobromierung mit LiCl in Dimethylformamid → **I.** — *Heilmittel.* (**A. P. 2 856 416** vom 29/2. 1956, ausg. 14/10. 1958.) U. Sievers. 4809

Schering Akt.-Ges. (Erfinder: **Emanuel Kaspar, Otto Engelfried** und **Martin Schenck**), Berlin, *17-Ester von 17α-Äthyl-17β-hydroxy-Δ^4-3-ketosteroiden der Androstan- beziehungsweise Östranreihe.* Man führt z. B. 17α-Äthinyl-19-nortestosteronacetat durch Rk. mit Äthylenglykol in üblicher Weise in sein *3-Äthylenketal,* F. 163—165°, über u. hydriert dieses mit H_2 in Ggw. von Pd (5%)-$BaSO_4$ in Methanol → *17-Äthyl-19-nortestosteronacetat,* F. 103—105°. — Analog: 17-Äthinyltestosteronacetat-3-äthylenketal, F. 184—185°; daraus → *17-Äthyltestosteronacetat.* — *Heilmittel.* (**D. A. S. 1 057 109** Kl. 12o vom 23/2. 1957, veröff. 14/5. 1959.) U. Sievers. 4809

Upjohn Co., übert. von: **Milton E. Herr,** Kalamazoo, Mich., V. St. A., *11β.17β-Dihydroxy-17α-methylandrostan-3-one.* Man hydriert z. B. 11β-Hydroxy-17α-methyltestosteron in A. mit H_2-Pd-Kohle → *11β.17β-Dihydroxy-17α-methyl-5α-androstan-3-on,* F. 250°; $[\alpha]_D^{24}$ 23°; aus der Mutterlauge läßt sich nach chromatograph. Aufarbeitung *11β.17β-Dihydroxy-17α-methyl-5β-androstan-3-on,* F. 182—184°; $[\alpha]_D^{24}$ 32°, gewinnen. — *Heilmittel.* (**A. P. 2 842 570** vom 5/12. 1955, ausg. 8/7. 1958. **E. P. 801 024** vom 21/11. 1956, ausg. 3/9. 1958. A. Prior. 5/12. 1955.) U. Sievers. 4809

Monsanto Chemical Co., St. Louis, Mo., übert. von: **Virgil W. Gash,** Dayton, Ohio, V. St. A., *21-O-Acylsalicylate von Steroiden* erhält man durch übliche Veresterung der freien 21-Alkohole mit reaktionsfähigen Derivv. von Acylsalicylsäuren, bes. mit den Säurechloriden u. -bromiden. — Es werden beschrieben: *Δ^4-Pregnen-17α.21-diol-3.11.20-trion-21-(O-acetylsalicylat),* F. 226—230°. — *Δ^5-Pregnen-3β-ol-20-on-3-(O-acetylsalicylat),* F. 174—176°. — *Cortisonacetylsalicylat,* F. 228—230°. — *Heilmittel.* (**A. P. 2857404** vom 18/11. 1955, ausg. 21/10. 1958.) U. Sievers. 4809

Standard Pharmaceutical Works Ltd., Calcutta, Indien, *Kulturmedium zur Penicillinerzeugung* auf biol. Wege, enthaltend außer stärke- oder/u. eiweißhaltigen Stoffen (I) Senföl- oder Sesamöl- oder Erdnußölkuchen oder deren Gemische. Als

C-Quelle dient ein Disaccharid, z. B. Lactose. Als I sind Sojabohnen- u./oder Baumwollsamenmehl genannt. Hohe Ausbeute, auch an Penicillin G. — Mengenbeispiele. (**E. P. 786 117** vom 1/9. 1955, ausg. 13/11. 1957. Ind. Prior. 14/9. 1954.) H. SCHINDLER. 4811

Farbenfabriken Bayer Akt.-Ges., Leverkusen (Erfinder: **Fritz Ziegler,** Wuppertal-Elberfeld), *Herstellung schwerlöslicher kristallisierter Streptomycin- und Dihydrostreptomycinsalze,* dad. gek., daß man Streptomycin (**I**)- oder Dihydrostreptomycin (**II**)-salze mit Salzen von am Kern substituierten Kresotinsäuren bzw. die freien Streptomycinbasen mit den freien Kresotinsäuren in wss. Medium umsetzt. — Es werden hergestellt: **I**- u. **II**-Salz der *p-Cyclohexyl-o-kresotinsäure,* F. (aus Methanol u. Wasserzusatz) 149—153° (Braunfärbung u. Zers.) bzw. 178—181° (Braunfärbung u. Zers.). — **II**-Salz der *p-Isobutyl-o-kresotinsäure,* F. (aus A.-W.) 172—173° (gelbbraune Fl.), zers. sich bereits bei 146° unter Schrumpfung. — Die Verbb. besitzen eine Zus. von 3 (Mol) Kresotinsäure u. 1 Streptomycinbase. — *Depotpräparate.* (**D. B. P. 963 514** Kl. 12o vom 26/3. 1955, ausg. 9/5. 1957. Anmeldung bekanntgemacht 22/11. 1956. **A. P. 2 857 375** vom 15/3. 1956, ausg. 21/10. 1958. D. Prior. 25/3. 1955.) R. LINK. 4811

Laboratoires Français de Chimiothérapie (Erfinder: **Henry Penau,** Paris, und **Guy Hagemann,** Vincennes, Seine), Frankreich, *Herstellung von Salzen des Benzyliden-(m-sulfonsäure)-isonicotinoylhydrazons mit basischen Antibiotica,* dad. gek., daß man das freie Benzyliden-(m-sulfonsäure)-isonicotinoylhydrazon mit dem freien bas. Antibioticum oder dessen Salzen in einem fl. Medium, wie W. oder einem organ. Lösungsm., worin wenigstens ein Reaktionsteilnehmer lösl. ist, umsetzt u. die erhaltenen Reaktionsprodd. durch Kristallisation oder Fällung mit einem geeigneten organ. Lösungsm. (Aceton) abtrennt. — Es werden die *Benzyliden-(m-sulfonsäure)-isonicotinoylhydrazonsalze* von *Streptomycin, Dihydrostreptomycin, Framycetin* u. *Erythromycin* hergestellt. — Wasserlösl. *Tuberkulostatica,* die besser wirksam als die Summe der Ausgangskomponenten u. bes. gut verträglich sind. — (**D. A. S. 1 021 363** Kl. 12o vom 4/7. 1955, veröff. 27/12. 1957. **Schwz. P. 328 608** vom 12/5. 1955, ausg. 30/4. 1958. Beide F. Prior. 15/7. 1954.) R. LINK. 4811

Parke, Davis & Co., V. St. A. (Erfinder: **William Howard Edgerton**), *Herstellung von Estern* der allg. Formel I, worin R einen Alkylrest mit 7—19 C-Atomen bedeutet,

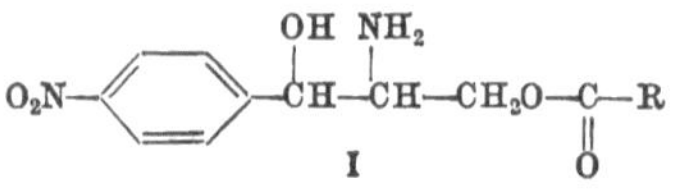

I

dad. gek., daß man ein Säuresalz des 1-[p-Nitrophenyl]-2-aminopropandiols-(1.3) mit einem Acylhalogenid oder -anhydrid umsetzt u. das entstehende Salz des 1-[p-Nitrophenyl]-2-amino-3-acyloxypropanols-(1) einer N-Dichloracetylierung unterwirft. — Beschrieben wird die Herst. von *D-(+)-threo-1-[p-Nitrophenyl]-2-dichloracetamido-3-palmitoyloxy* (**II**)-, F. 90°, *-3-stearoyloxy-,* F. 91—92°, $[\alpha]_D^{26}$ +5,75° u. *-3-lauroyloxy-propanol-(1),* F. 79—80°, $[\alpha]_D^{26}$ +8,4°, aus D-(—)-threo-1-[p-Nitrophenyl]-2-aminopropandiol-(1.3)-hydrochlorid, u. Palmitoyl-, Stearoyl- bzw. Lauroylchlorid über *D-(+)-threo-1-[p-Nitrophenyl]-2-amino-3-palmitoyloxy-,* $[\alpha]_D^{26}$ +6,2° (1,46%, Dimethylacetamid), +9,5° (0,9%, A.), *-3-stearoyloxy-* bzw. *-3-lauroyloxypropanol-(1)* u. anschließende Rk. mit Dichloressigsäuremethylester. — *dl-threo-***II**, F. 90—91°, u. *l-(—)-***II**, F. 87—89°, $[\alpha]_D^{26}$ 5,1° (Äthylacetat), über *l-(—)-threo-1-[p-Nitrophenyl]-2-amino-3-palmitoyloxy-propanol-(1),* F. 70—79,5° (**F. P. 1 160 683** vom 22/10. 1953, ausg. 24/7. 1958. A. Prior. 14/1. 1953.) S. BÖTTCHER. 4811

American Cyanamid Co., New York, N. Y. (Erfinder: **Jerry Robert Daniel McCormick,** New City, N. Y., und **Neva-Tay Kathleen Smith,** Park Ridge, N. J.), V. St. A., *Gewinnung von reinem Tetracyclin* (**I**) aus Lsgg., die durch katalyt. Red. von Chlor-**I** in einem inerten Lösungsm. (niedermol. Alkanole mit 1—4 C-Atomen, gegebenenfalls im Gemisch mit niedermol. Alkoxyäthern) hergestellt wurden, dad. gek., daß man den p_H-Wert der Reduktionslsg. vor der Fällung mit W. auf 4,5—7,5, bes. 5,7—6,5, einstellt u. 5—10 Gew.-% eines oder mehrerer Alkalisulfite u./oder Ammoniumsulfit zusetzt. Aus der Lsg. krist. unmittelbar hellstrohfarbenes **I** aus. Ohne Anwendung von Sulfiten erhält man unter denselben Bedingungen ein **I**, das nur dunkelsenffarben ist (Extinktionswerte 0,129 bzw. 0,285). (**D. A. S. 1 005 060** Kl. 12o vom 22/11. 1955, veröff. 28/3. 1957. A. Prior. 6/12. 1954.) R. LINK. 4811

Chas. Pfizer & Co., Inc., Brooklyn, N. Y., übert. von: **Charles R. Stephens jr.,** Waterford, Conn., V. St. A., *Desdimethylaminotetracycline* (**I**; Tetracyclin) erhält man durch Behandeln von **I**, Chlor-**I** oder Oxy-**I** mit metall. Zn in schwachsaurem Medium (Mineralsäure, Eisessig; Antibioticakonz. 1—20%, bes. 5%) bei 0—40° u. Abtrennen von *Desdimethylamino-***I**, *-chlor-***I** bzw. *-oxy-***I** als leuchtend gelbe Kristallpulver nach 2 bis 10 std. Rk. durch Filtration der Reaktionsmischung, Gefriertrocknung des Filtrats, Lösen des leuchtend gelben Materials in Methanol u. Fällen mit konz. HCl oder Zugabe von W. zum Filtrat, Extraktion der gebildeten Fällung mit Ae., Chlf. oder CH_2Cl_2

Waschen der Lösungsmittelextrakte mit dest. W., bes. Äther, Abdampfen des Lösungsm., bes. Ae. im Vakuum, Verreiben des Rückstandes mit Methanol u. Kristallisation. Die neuen Antibiotica können aus wss. Lsg. auch direkt mit einem mit W. nicht mischbaren organ. Lösungsm. extrahiert u. die erhaltene Lsg. dann wie vorst. aufgearbeitet werden. Man erhält z. B. das krist. *Methanolsolvat* von *Desdimethylaminochlor*-I, F. 155—160°; $[\alpha]_D^{25}$ —305° (1% in Dimethylformamid); pK_a 7,4 u. 8,9 (in 50% Dimethylformamid u. 50% W.), ferner *Desdimethylamino*-I, F. 170—175° (Zers.); UV-Absorptionsmaxima in Methanol-0,01 nHCl 222, 264 u. 363 mμ; log ε = 4,18, 4,21 u. 4,16, in Methanol-0,01 n NaOH 269 u. 377 mμ; log ε = 4,24 u. 4,21, u. *Desdimethylaminooxy*-I, F. 217—218° (Zers.); $[\alpha]_D^{25}$ —137° (1% in Methanol), +47° (1% in Aceton); pK_a 6,9 u. 8,8 (in 50% Methanol u. 50% W.). — Die Verbb. sind mikrobiol. wirksam gegen Aerobacter aerogenes, bes. gegen die resistenten Stämme AC2 u. MT2, Escherichia coli, Proteus, Pseudomonas aeruginosa, Salmonella typhosa, Klebsiella pneumoniae, Salmonella paratyphi A u. B, Bacillus subtilis, Staphylococcus aureus, Streptococcus faecalis, Brucella bronchiseptica, Candida albicans, Mycobacterium ranae, smegmatis, phlei, Nr. 607, butyricum u. berolinense (Tabelle), sind sehr wenig tox. u. dienen als *Wachstumsanregungsmittel für Tiere.* — Vgl. D. B. P. 946 444; C. **1957.** 3082. (**A. P. 2 786 077** vom 22/10. 1954, ausg. 19/3. 1957.) R. LINK. 4811

Rudolf Gewalt und **Erich Stein** (Erfinder: **Rudolf Gewalt** und **Alonso Altschul**), Deutschland, *Kaltsterilisieren durch ein baktericides Gas.* Man sterilisiert mit 3—6 at bei 20—60° durch ein Gasgemisch aus Äthylenoxyd u. CO_2 im Verhältnis 1:9—1:25. — Diagramm, 5 Zeichnungen. (**F. P. 1 174 185** vom 12/4. 1957, ausg. 6/3. 1959. D. Priorr. 3/7. 1956 u. 26/1. 1957.) G. WELTZIEN. 4833

G. Analyse. Laboratorium.

George L. Kehl, Hyman Steinmetz und **Warren J. McGonnagle,** *Die Gewinnung von Einschlüssen für analytische Zwecke durch einen Ultraschallschlaghammer.* Einschlüsse in der Größenordnung von über 0,01 mm werden durch einen Schlaghammer, der mit Ultraschallfrequenz betrieben wird, aus den Schliffen herausgeschlagen. Zur Beobachtung u. Einstellung dient eine Mikroskopapparatur. — Beschreibung der Anlage u. Ergebnisse. (Metallurgia [Manchester] **55.** 151—54. März 1957.) K. STEIN. 5012

J. Almond, *Ein einfacher Gaseinlaß zur Verwendung mit Vakuumsystemen.* Beschreibung der Vorrichtung. (J. sci. Instruments **35.** 70. Febr. 1958. Newcastle-upon-Tyne, King's Coll., Brit. Coke Res. Assoc.) C. GOTTFRIED. 5026

E. E. Klaus und **M. R. Fenske,** *Die Verwendung der ASTM-Steigung zur Vorausberechnung von Viscositäten.* (Sitzungsbericht.) Vff. vergleichen die ASTM-Steigung (slope) u. den Viscositätsindex mit den Änderungen der Viscositäten mit der Temp., wobei die Vor- u. Nachteile der ASTM-Steigung krit. diskutiert werden. Außerdem werden Meßverff. für den Bereich von —65 bis 700° F sowie die Wege zur Aufstellung, Handhabung (Interpolation u. Extrapolation) u. Fehlerabschätzung der ASTM-Steigung bzw. der ASTM-Viscositäts-Temperatur-Kurven angegeben. Als Untersuchungs-Fll. kamen Mineralöle, Ester anorgan. u. organ. Säuren sowie ölige Hochpolymere zur Anwendung. (ASTM Bull. **1956.** Nr. 215. 87—94. Juli. Pennsylvania State Univ., Petroleum Ref. Labor.) WOLFGANG WAGNER. 5040

Jaromír Zatřepálek, *Ein Beitrag zur Bestimmung des Molekulargewichtes mit Thermistoren.* Es wird ein korr. Schema gebracht, welches die Best. des Mol.-Gew. nach KINCL (C. **1956.** 13503) mit Thermistoren tschechoslowak. Produktion gestattet. (Chem. Listy **52.** 2417. Dez. 1958. Praha, Výzk. ústav pro farm. a biochem.) O. KNESSL. 5044

Ju. A. Bankowski, *Über die photometrische Bestimmung des Molekulargewichtes organischer Verbindungen.* Nach dem Vorgang von CUNNINGHAM u. Mitarbeitern (C. **1953.** 106) wird die photometr. Best. des Mol.-Gew. organ. Basen auf jenen Fall ausgedehnt, in welchem die Pikrate dieser Basen in ihren Lsgg. nicht das LAMBERT-BEERsche Gesetz befolgen. In diesem Falle ist eine Eichkurve zu zeichnen, wobei eine Lsg. von 2 mg *Pikrinsäure*/Liter, in 10 ml 50%ig. NaOH bei 18° auf 50 ml verd., photometriert u. das Mol.-Gew. nach einfacher Formel berechnet wird. Die alkal. Lsg. ist stärker gefärbt, die Messung wird beim ersten Maximum (380 mμ) durchgeführt. Messungen an 7 Basen illustrieren das Verfahren. — Als geeigneter zur photometr. Best. wird eine warme (70—80°) *$KBiJ_4$*-Lsg. empfohlen, mit welcher man eine saure Lsg. der Prüfbase schüttelt, wobei ihr Salz $RHBiJ_4$ ausfällt; es wird abfiltriert, 1—2mal mit 5%ig. KJ-Lsg., sodann mit W. u. A. gewaschen, 5—6 Std. bei 140° getrocknet, sodann in Aceton gelöst u. unter Hinzuziehung einer Eichkurve photometriert. Die Berechnung des Mol.-Gew. erfolgt nach derselben einfachen Formel $M_1 = M_2 (P - N_2)/N_2$; M_2 = Mol.-Gew. der angeschlossenen Gruppe (Pikrinsäure bzw. $HBiJ_4$), P = Einwaage, N_2 = Gewicht der angeschlossenen Gruppe. Die Ergebnisse werden durch 20 Bestimmungen verschied. organ. Basen mit einem relativen Fehler von $\pm 2-2{,}4\%$ belegt. Gemessen wurde im PULFRICH-Photometer. (Известия Академии Наук Латвийской ССР [Nachr. Akad. Wiss. LettSSR] **1957.** Nr. 8. 137—42. Chem. Inst. der Akad. der Wiss. der LettSSR.) A. v. WILPERT. 5044

Ss. A. Terterjan, *Eine graphische Methode zur Bestimmung des Molekulargewichts aromatischer Kohlenwasserstoffe.* Aus dem Wert $D.^{20}{}_4$ der Paraffin-Naphthen-Fraktion (D_{PN}), deren Mol.-Gew. (M_{PN}) u. aus $D.^{20}{}_4$ der aromat. KW-stoffe (D_{Ar}), kann man das Mol.-Gew. (M_{Ar}) der Aromaten nach 2 Diagrammen ermitteln. Im Diagramm eines Erdöls wird D_{PN} auf der Abszisse, M_{PN} auf der Ordinate aufgetragen. Eine Begrenzungslinie links für Paraffine u. eine rechts für Naphthene sind durch Gerade für gleiches M_{PN} verbunden. Das zweite Diagramm (Abszisse D_{Ar}, Ordinate M_P mit gleichem Kp.) gibt die Korrektur an, die von dem im ersten Diagramm gefundenen Mol.-Gew. abzuziehen ist, um M_{Ar} zu errechnen. Die Abweichungen des errechneten M_{Ar} vom experimentellen Wert betragen bei 14 untersuchten Fraktionen 0,7—10,3%, bei den aus M_{Ar} errechneten Werten für die mittlere Zahl aromat. Ringe maximal 0,05, meist 0,01—0,03. (Химия и Технология Топлива и Масел [Chem. Technol. Brennstoffe Öle] **1957.** Nr. 5. 4—7. Mai. Aserbaidshan. Wiss. Forschungsinst. für Erdölind.) R. K. MÜLLER. 5044

S. Claesson, M. Gehatia und **L. O. Sundelof,** *Eine Diffusionszelle aus Glas zur Messung der freien Diffusion in Flüssigkeiten.* Die ausführlich beschriebene Diffusionszelle ist vollständig aus Glas gefertigt, sie enthält keine Schliffe u. mit Fett zu dichtende Stellen, ist beständig gegen aggressive organ. Fll. u. ist völlig dicht. (J. Chim. physique Physico-Chim. biol. **54.** 894—95. Nov./Dez. 1957. Uppsala, Univ., Inst. Chim. phys.) O. FUCHS. 5048

Josef Pavlů und **Václav Škramovský,** *Einfaches selbsttätiges Gerät zum periodischen Einsaugen von Gasen.* Beschreibung des Gerätes, bei dem die Menge des eingesaugten Gases, die Länge des Einsaugintervalls u. die Sauggeschwindigkeit auf einfache Weise voneinander unabhängig geändert werden können. (Chem. Listy **53.** 27—28. Jan. 1959. Praha, Karlova univ., Fak. všeobec. lékař., Biochem. pracoviště, Onkolog. labor.; Odd. pro klin. chem.) M. RYBA/Prag. 5048

Elio Scarano, *Ein Mikrogaserzeuger.* Die wesentlichsten Bestandteile dieses Mikrogaserzeugers sind ein starkwandiges, auf dem Boden durchbohrtes Probierglas, das in der unteren Hälfte mit Glaswolle ausgefüllt ist, u. eine Flasche aus Polythen, deren Halsweite dem Durchmesser des Probierglases entspricht. Um z. B. H_2S zu erzeugen, schüttet man auf die Glaswolle etwas FeS u. steckt das Probierglas in die mit HCl gefüllte Polythenflasche. (Ricerca sci. **28.** 1695. Aug. 1958. Roma, Univ., Ist. di chim. analyt.) D. ROST. 5048

George F. Wells, *Präzisionsmeßapparat zur Kontrolle des Niveaus in einer Falle mit flüssigem Stickstoff.* Beschreibung der Vorrichtung. (Rev. sci. Instruments [N. S.] **29.** 893—95. Okt. 1958. Oak Ridge, Tenn., Oak Ridge Nat. Labor., Chem. Div.) C. GOTTFRIED. 5048

A. J. C. Hall und **J. G. Hayes,** *Strichartige Zwischenschichtmarkierungen (interstitial graticules).* Vff. beschreiben einen neuen Typ von strichartigen Zwischengittermarkierungen. Die Markierungen werden dicht unter der Oberfläche von Glas durch Einführen von Ionen von einer Oberflächenmarkierung von *Ag* oder *Cu* in die Lücken der Glasstruktur u. nachfolgende Reduzierung zu einer sichtbaren Form. 2 Methoden werden beschrieben, eine gasförmige u. eine elektrolytische. Bei der ersten Meth. wird die auf der Glasoberfläche angebrachte Ag-Markierung in einem Luftstrom, der 1% SO_3 enthält, auf 300° erhitzt, nach Reinigung mit heißer Chromsäure 25 Min. in H_2 auf 400° erhitzt. Bei der elektrolyt. Meth. wird die eine Oberfläche mit der Ag-Markierung, die andere mit einem Graphitüberzug versehen; das Glas wird hierauf in einem Ofen auf die gewünschte Temp. gebracht, wobei es gleichzeitig in Kontakt mit Cu- oder Pt-Elektroden ist. Die angelegten Gleichstromspannungen lagen zwischen 50 u. 100 V. Nach Abkühlen wird wie oben reduziert. (Austral. J. appl. Sci. **9.** 207—15. Sept. 1958. Melbourne, Defence, Sci. Serv., Defence Stand. Labor., Dep. of Supply.) C. GOTTFRIED. 5048

Antonín Blažek, *Elektronische Thermowaage mit gleichzeitiger Aufzeichnung der differential-thermoanalytischen Kurven sowie der Analysekurven der gasförmigen Zersetzungsprodukte.* Eingehende Beschreibung der Konstruktion einer Thermowaage mit gleichzeitiger Möglichkeit der Aufnahme von differential-thermoanalyt. Kurven u. Entnahme der gasförmigen Zersetzungsprodd. zur Analyse. — Die Gewichtsänderungen werden mit einem Lichtstrahl u. Spiegel am Waagebalken auf eine Photozelle übertragen; zugleich wird mit einem rückgekoppelten Solenoid der Ausschlag der Waage kompensiert. Der Temperaturanstieg sowie differential- u. thermogravimetr. Kurven werden mit automat. Schreibern festgehalten. Die Funktion der Vorr. wird durch

Wiedergabe der Kurven verschied. Mn-Salze u. des $FeSO_4$ belegt. (Hutnické Listy **12.** 1096—1103. Dez. 1957. Praha, Českoslov. akad. věd, Hutnický ústav.) H. TŮMA. 5052

Max Straschill, *Schnellmethoden zur Ermittlung des Reinheitsgrades von Anoden.* Überblick. (Metallwaren-Ind. Galvano-Techn. **49.** 520—29. Dez. 1958.) F. VIER. 5052

C. S. G. Phillips, *Gaschromatographie.* Allg. Überblick über die Gaschromatographie. (Physical Methods for Chemical Analysis Paper No. PM VI p. **1956.** 1—2. Oxford, Univ.) W. LUCHSINGER. 5062

Jan Brodský und **Jiří Zmítko,** *Aufbereitung und Eigenschaften von Kieselgur als Träger für die Gaschromatographie.* Es wird die Aufbereitung der pulverigen Kieselgur zur chromatograph. Benutzung beschrieben. Die Körnung wurde mit Hilfe von dest. W. u. nachfolgendem Trocknen u. Glühen auf 500—550° während 1 Std. durchgeführt. Die Ausbeute der engen Fraktion war 30%. Mit dieser Meth. können Massen von beliebiger Korngröße dargestellt werden. (Chem. Listy **52.** 2012—13. Okt. 1958. Gottwaldov, Výzk. ústav synthet. kaučuku.) K. SETÍNEK/Prag. 5062

Jaroslav Joklík und **Vladimír Bažant,** *Capillarenbrecher zur Verwendung in der Gaschromatographie.* Die beschriebene Vorr. dient zum Dosieren fl. Proben, die in einer Glascapillare eingeschmolzen sind. Zum Einlegen der Capillare in die App. dient ein Syst. von 3 Glashähnen. Die Capillare wird in einem anzuwärmenden Cu-Block mit einer Hebeleinrichtung zerbrochen. Nach je 20 Proben muß das Glas aus der App. entfernt werden. (Chem. Listy **53.** 277—78. Febr. 1959. Praha, Chem. ústav CSVA, Oddělení organ. technol.) K. SETÍNEK/Prag. 5062

Jaroslav Janák und **Karel Tesařík,** *Automatisierung des Gaschromatographen für Volumenmessung.* Nach einer krit. Betrachtung der bekannten Ausführungen der direkten Volumenmessung der Fraktionen bei der Gaschromatographie wird eine neue automat. Meßvorr. beschrieben, die den Austritt der Fraktionen unter konstantem Druck registriert. Die Gase werden über KOH aufgefangen, als Trägergas dient CO_2. Durchschnittsfehler bei 2-ml-Proben 0,4 Vol.-%, bei 5-ml-Proben 0,25 Vol.-%. (Z. analyt. Chem. **164.** 62—69. 1958. Brno, ČSR, Tschechoslowak. Akad. der Wiss., Labor. für Gasanalyse.) M. LASER. 5062

L. J. Schmauch, *Ansprechzeit und Strömungsempfindlichkeit bei Anzeigegeräten für die Gaschromatographie.* Zur Beurteilung der Eignung eines Anzeigegerätes für die Gaschromatographie werden als Charakteristika die Ansprechzeit u. die Strömungsempfindlichkeit des Gerätes gewählt. Erstere muß kurz sein, um die Auflsg. in der Säule entsprechend wiederzugeben u. Bandverbreiterungen u. Asymmetrien zu vermeiden, die zu Überlappungen führen. Letztere muß niedrig genug sein, damit die Leistung nicht bedeutsam von Schwankungen in der Strömungsgeschwindigkeit beeinflußt wird. Für beide Parameter werden neue Meßverff. angegeben. Die Ansprechzeit wird aus der Wiedergabe einer augenblicklichen Änderung der Gaszus. durch den Detektor bestimmt. Vf. mißt sie an 4 verschied. Wärmeleitfähigkeitszellen u. einer Gasdichtewaage bei verschied. Strömungsgeschwindigkeiten. Die Strömungsempfindlichkeit wird durch Beobachtung der Detektorleistung als Funktion der Gasgeschwindigkeit an 3 Wärmeleitfähigkeitszellen gemessen. Die Auswrkg. der Ansprechzeit auf Spitzenhöhe, Bandenbreite, Verweilzeit, Bandentrennung u. berechnete theoret. Bödenzahl wird mathemat. bestimmt. Verss. zeigen die Wrkg. der Ansprechzeit auf die Trennung benachbarter Banden u. wie beide Parameter sich mit den Arbeitsbedingungen ändern. (Analytic. Chem. **31.** 225—30. Febr. 1959. Whiting, Ind., Standard Oil Co., Res. Dep.) GERHARD SCHULZE. 5062

A. E. Messner, D. M. Rosie und **P. A. Argabright,** *Beziehung zwischen der Ansprechempfindlichkeit von Wärmeleitfähigkeitszellen, dem Molekulargewicht und der Struktur. Quantitative gaschromatographische Analyse.* Vff. untersuchen 9 Reihen organ. Verbb. (*n-Paraffine, verzweigte Paraffine, Cycloparaffine, Olefine, aromat. KW-stoffe, Ketone, Alkohole, Ester der Essigsäure, Äther*) sowie *Ar*, N_2, O_2, *CO* u. CO_2 u. finden, daß zwischen der relativen therm. Anzeigeempfindlichkeit u. dem Mol.-Gew. in strukturell ähnlichen, homologen Reihen eine lineare Beziehung der Form Anzeigeempfindlichkeit = A + B·Mol.-Gew. besteht. Die niedrigen Glieder der Reihen zeigen Abweichungen von dieser Gleichung. Der durchschnittliche Variationskoeff. beträgt für diese Verbb. 2,8. Zur Unters. gelangen Mischungen der entsprechenden Verb. mit Bzl. (Standardempfindlichkeit 100). Während eines Durchlaufs müssen die Arbeitsbedingungen zur Erzielung reproduzierbarer Analysenergebnisse konstant gehalten werden. Die relative Empfindlichkeit des therm. Anzeigegeräts erweist sich als unabhängig von der Temp., der Konz,. der Art des Gerätes u. der Strömungsgeschwindigkeit des Trägergases im Bereich von 33—120 ml/Minute. Die Werte sind daher auf alle Gaschromatographen übertragbar, sofern sie therm. Anzeigegeräte u. He als Trägergas verwenden. Auf Grund obiger

Beziehung lassen sich Voraussagen über die therm. Empfindlichkeit unbekannter Verbb. treffen, wobei der Verzweigungsgrad als strukturelles Merkmal berücksichtigt werden muß. (Analytic. Chem. **31.** 230—33. Febr. 1959. Linden, N. J., Esso Res. and Engng. Co.) Gerhard Schulze. 5062

W. S. Boyle und **K. F. Rodgers jr.,** *Wirkungseigenschaften eines neuen Tieftemperaturbolometers.* Vff. beschreiben ein neukonstruiertes IR-Bolometer zur Verwendung bei Tempp. des fl. He, das als empfindliches Element einen C-Widerstand enthält. (J. opt. Soc. America **49.** 66—69. Jan. 1959. Murray Hill, N. J., Bell Telephone Labors., Inc.) C. Gottfried. 5063

Jaroslav Šponar, *Ein einfaches photoelektrisches Gerät für Lichtstreuungsmessungen.* Die Konstruktion wird ausführlich dargestellt, u. die Anwendungsmöglichkeiten werden aufgezählt (Winkelabhängigkeitsmessungen der red. Streuintensität, Trübungs- u. nach einer einfachen Umstellung auch Depolarisationsmessungen). Mit Verwendung von CS_2 als Standard u. einem Plexiglasarbeitsstandard wurde die Eichung mit Fluorescein- u. Serumalbumin-Lsgg. durchgeführt. Die Frage verschied. Brechungsindexkorrekturen wird besprochen. (Chem. Listy **53.** 429—32. April 1959. Praha, Výzk. ústav hematol. a krevní transfuse.) I. Frič. 5063

Pavel Kratochvíl und **Blahoslav Sedláček,** *Ein Differentialrefraktometer.* Beschreibung von Konstruktion u. Arbeitsweise des Gerätes, mit dem man Brechungsindexdifferenzen im Bereich von $1 \cdot 10^{-2}$ E. auf $\pm 0,1\%$ reproduzierbar messen kann. Das Gerät besteht aus einer Hg-Lampe, monochromat. Filter, Spalt, Linse u. zweiteiliger Küvette mit Temperiermantel. Die Konstruktion der Küvette ermöglicht eine gleichzeitige Messung der durch die Lsg. u. das Lösungsm. gebildeten Spaltbilder. Es wird eine Linse von großer Brennweite benutzt, wobei durch autokollimative Anordnung eine Verlängerung des Gerätes vermieden wird. (Chem. Listy **52.** 2414—17. Dez. 1959. Praha, Čs. akad. věd, Chem. ústav, Fys. chem. odd.) M. Ryba. 5063

J. L. Oncley, M. Ludwig und **T. E. Thompson,** *Mikrokomparator-Beleuchtungssystem für verbesserte Auflösung von Rayleigh-Diffusiometerdiagrammen.* Beschreibung des Beleuchtungssyst. durch das eine 2—5fache Erhöhung der Meßgenauigkeit gegenüber den bisher üblichen Messungen erreicht wird. (Rev. sci. Instruments [N. S.] **29.** 985—87. Nov. 1958. Boston, Mass., Harvard Univ., Med. School, Dep. of Biol. Chem.) C. Gottfried. 5063

I. Ketskeméty, L. Gargya und **E. Salkovits,** *Über eine neue photoelektrische Meßeinrichtung zur Untersuchung der Fluorescenzpolarisation.* Das angegebene Verf. zur Best. der Fluorescenzpolarisation fluorescierender Lsgg. arbeitet mit zwei Sekundärelektronenvervielfachern, die getrennt Strahlen mit horizontalem bzw. vertikalem elektr. Vektor messen u. deren elektr. kompensierte Signale von einem Oscillographen angezeigt werden. Das Verf., das ohne Verwendung depolarisierender Glasplatten arbeitet, gestattet sowohl bei longitudinaler als auch bei transversaler Beobachtung auch bei kleinen Schichtdicken die Best. der von der Sekundärfluorescenz herrührenden Polarisation, wie am Beispiel alkal. Fluorescein-Lsgg. in W.-Glycerin-Gemischen gezeigt wird. Der Vgl. der Meßwerte mit der Theorie zeigt gute Übereinstimmung (durchschnittlicher relativer Fehler $< 1\%$). (Acta Univ. Szegediensis, Acta physica chem. [N. S.] **3.** 16—20. 1957. Szeged, Univ., Inst. Exp. Phys.) J. Rudolph. 5063

Robert H. McFarland, Richard A. Anderson, Mohammed Nasim und **Donald G. McDonald,** *Verbessertes UV-Filter zur Isolierung der 2537 Å-Linie einer Quecksilberniederdrucklampe.* Zur Darst. des UV-Filters werden 98% hydrolysierter, käuflicher Polyvinylalkohol in der 10fachen Menge W. auf dem Wasserbad bis zur Lsg. erwärmt. Die klare, viscose Fl. wird hierauf auf eine saubere Glasplatte gegossen; nach Abkühlen u. Ablösen des ca. 0,25 mm dicken Films wird dieser 5 Sek. in einer Lsg. von 1 g J_2 u. 2 g KJ in 100 cm^3 W. angefärbt. Die Durchlässigkeit der obigen Hg-Linie beträgt 26%. (Rev. sci. Instruments **29.** 738—39. Aug. 1958. Manhattan, Kans., State Coll.) C. Gottfried. 5063

M. H. Greenblatt, *Befestigen eines Calciumfluoridfensters an Glas.* Die Befestigung des CaF_2-Fensters an Glas erfolgt mittels schm. AgCl. Die Einzelheiten des Verf. werden genau beschrieben. (Rev. sci. Instruments **29.** 738. Aug. 1958. Princeton, N. J., RCA Labor.) C. Gottfried. 5063

Silvio Guidarelli, *Über den Beitrag des Gitters zur Vergrößerung eines Spektrographen.* (Atti Fondaz. Giorgio Ronchi Contr. Inst. naz. Ottica **13.** 101—05. März/April 1958.) C. Gottfried. 5063

W. W. Nalimow und **W. W. Nedler,** *Beurteilung der Ergebnisse einer halbquantitativen spektrographischen Analyse mit der Poissonschen Verteilung.* Um das Gesetz der Fehlerverteilung bei der halbquantitativen Best. zu erfassen, wurden Bestimmungen an 8 Standardproben durchgeführt, wobei jede Probe 10—15mal im Wechselstromkohlebogen analysiert u. die Fehlerwahrscheinlichkeit mit ganzen Zahlen kodifiziert wurde. Es ergab sich, daß dann die Verteilung nach POISSON eine bessere Übereinstimmung erbrachte als die übliche mit der Berechnung des quadrat. Fehlers, obgleich auch hier Abweichungen vorkommen. Wesentlich bei dieser Berechnungsart ist, daß man nicht die Analysenergebnisse, sondern die Fehler (falsche Zuordnung zu einem anderen Gehaltsbereich: so bezeichnet „2" einen Fehler um 2 Bereiche), der Vielfalt der Konzentrationsintervalle entsprechend, einordnet u. eine geeignete Größe (hier λ) auswählt. Dann zeigt die quantitative Best. eine n., die halbquantitative eine POISSONsche Verteilung, während die qualitative eine binom. Verteilung ergibt. (Журнал Аналитической Химии [J. analyt. Chem.] **13.** 379—87. Juli/Aug. 1958. Moskau, Inst. für wiss. Informat. der Akad. der Wiss. der UdSSR.) A. v. WILPERT. 5063

Nelda Paulin und **Luigi Zanotti,** *Bestimmung von charakteristischen Farben nach einer objektiven Methode.* Nach einem Überblick über die allg. Entw. physikal. Farbmeßmethoden, Farbkarten sowie Licht- u. Farbentheorien behandeln Vff. Prinzip u. Arbeitsweise verschied. gebräuchlicher Photometer. Als Beispiel einer objektiven Farbmessung mit Remissionsfiltern werden Bauart u. Meßtechnik des photoelektr. *Tristimulusphotometers J 20* nach HILGER näher beschrieben. (Tinctoria [Milano] **56.** 47—60. Febr. 1959.) A. SANDER. 5064

Balwant Singh und **Sarwan Singh,** *Volumetrische Untersuchungen über Oxydations-Reduktions-Reaktionen.* 7. Mitt. *Reduktion mit Eisen(II)-äthylendiammoniumsulfat. Cersulfatmethode.* (6. vgl. Research Bull. Panjab Univ. No. **78** [1955]. 141; 5. vgl. C. **1957.** 13440.) Zur indirekten Best. von $KClO_3$, $KBrO_3$, KJO_4, $K_2Cr_2O_7$, $K_3[Fe(CN)_6]$, $KMnO_4$, $K_2S_2O_8$, H_2O_2 u. $Ce(SO_4)_2$ vermischt man eine bekannte Menge der Substanz zur Red. mit überschüssiger eingestellter Fe(II)-Äthylendiammoniumsulfat (I)-Lsg. $[FeSO_4 \cdot (CH_2 \cdot NH_3)_2SO_4 \cdot 4H_2O]$ u. säuert mit H_2SO_4 auf 1—2n, für $KClO_3$ u. $KBrO_3$ auf 4—6n an. Zur $KClO_3$-Best. erwärmt man 10 Min. auf 80° unter CO_2 u. läßt abkühlen. Zur $K_3 \cdot [Fe(CN)_6]$-Best. versetzt man mit 5 ml frisch bereiteter 1%ig. $FeCl_3$-Lsg., 20 ml 1n HCl, 30 ml W. u. überschüssiger I-Lösung. Man filtriert das gebildete $Fe_3[Fe(CN)_6]_2$, wäscht mit W. u. säuert das Filtrat mit H_2SO_4 an. In jedem Falle wird das überschüssige I mit $Ce(SO_4)_2$-Lsg. u. Ferroin als Indicator zurücktitriert. (Analytica chim. Acta [Amsterdam] **14.** 213—16. 1956. Hoshiarpur, Panjab Univ. Coll.) H. PLUSKAL. 5066

Balwant Singh und **Sarwan Singh,** *Volumetrische Untersuchungen über Oxydations-Reduktions-Reaktionen.* 8. Mitt. *Oxydation mit Cersulfat. Eisen(II)-äthylendiammoniumsulfatmethode.* (7. vgl. vorst. Ref.) Fe^{2+}, Cu_2^{2+}, SCN^-, $S_2O_3^{2-}$, NO_2^-, O_2^{2-}, $C_2O_4^{2-}$, *Hydrochinon* u. *Brenztraubensäure* werden in saurer Lsg. durch *Ce(IV)* oxydiert Zu ihrer Best. vermischt man die gewogene Substanz mit überschüssiger $Ce(SO_4)_2$-Lsg. u. säuert mit H_2SO_4 auf 1—2n bzw. bei der SCN^--Best. auf 4—6n an. Für die Best, von Cu_2Cl_2 u. SCN^- erwärmt man 10 Min. u. läßt abkühlen. Zur Best. von NO_2^-, $C_2O_4^{2-}$, Hydrochinon u. Brenztraubensäure erwärmt man auf 60°. In jedem Falle wird das überschüssige $Ce(SO_4)_2$ mit Fe(II)-Äthylendiamoniumsulfat (I)-Lsg. (l. c.) unter Verwendung von Ferroin als Indicator zurücktitriert. Zur Einstellung der $Ce(SO_4)_2$-Lsg. dient ebenfalls I-Lösung. Der Fehler der Best. beträgt $< 1\%$. (Analytica chim. Acta [Amsterdam] **14.** 505—08. 1956. Hoshiarpur, Panjab Univ. Coll.) H. PLUSKAL. 5066

Balwant Singh und **Sarwan Singh,** *Volumetrische Untersuchungen über Oxydations-Reduktions-Reaktionen.* 9. Mitt. *Reduktion mit Eisen(II)-Äthylendiaminsulfat. Natriummetavanadatmethode.* (8. vgl. vorst. Ref.) 0,35—0,95 mval $KBrO_3$, *Kaliummetaperjodat*, $K_2Cr_2O_7$, $K_3[Fe(CN)_6]$ (I), $KMnO_4$, $K_2S_2O_8$, H_2O_2, $Ce(SO_4)_2$ u. $NaVO_3$ können wie folgt volumetr. bestimmt werden: Die zu bestimmende Verb. wird mit 20 ml W. + 20 ml Säuregemisch (75 ml konz. H_2SO_4 + 75 ml H_3PO_4 [D. 1,75] auf 500 ml mit W. auffüllen) + Überschuß (20 ml) eingestellter 0,05n $FeSO_4(CH_2NH_3)_2SO_4 \cdot 4H_2O$ (II)-Lsg. versetzt. Der Überschuß an II wird mit 0,05n $NaVO_3$-Lsg. gegen *Diphenylbenzidin* als Indicator zurücktitriert. Bei der Best. von I werden 5 ml frisch bereiteter 1%ig. $FeCl_3$-Lsg., 20 ml 1n HCl, 30 ml W. u. 20 ml II-Lsg. zugegeben. Der Nd. von $Fe_3[Fe(CN)_6]_2$ wird abfiltriert, mit W. nachgewaschen u. das Filtrat mit Säurelsg. versetzt u. wie oben weitergearbeitet. (Analytica chim. Acta [Amsterdam] **15.** 277—78. Sept. 1956. Hoshiarpur, Panjab Univ. Coll.) H.-G. MOSLÉ. 5066

J. Bersier, P. Bersier, W. Trueb und **F. Hügli,** *Ein Beitrag zum Problem der Membranelektrode. Die Bestimmung des Äquivalenzpunktes mit Hilfe des Membranpotentials.* 1. Mitt. *Fällungstitrationen von Silbersalzen.* Das feinporige Membransyst. von Al_2O_3-Deckschichten wurde als Membranelektrode bei argentometr. Fällungstitrationen benutzt. Die Reproduzierbarkeit der Potentialsprünge ist gut. Das Potential ist bes. in der Nähe des Äquivalenzpunktes zeitabhängig. Daher muß nach jedem

Reagenszusatz eine bestimmte Zeit (15—60 Sek.) gewartet werden. Der Fehler der Endpunktsanzeige beträgt 0—4%. (Helv. chim. Acta **42.** 55—60. 2/2. 1959. Winterthur, Technikum Winterthur, Abt. für Chem.) M. LASER. 5066

A. Hickling, J. Maxwell und **J. V. Shennan,** *Inverse Polarographie mit stationären Amalgamelektroden.* 1. Mitt. *Grundprinzipien und Verfahren.* Zur Best. von elektrolyt. reduzierbaren Metallen, auch wenn sie in sehr kleinen Konzz. vorliegen, wird ein Verf. beschrieben. Durch Elektrolyse (10 Min., 0,1—0,2 A) an einer ruhenden Hg-Kathode (Oberfläche ca. 1 cm^2) werden aus der zu untersuchenden Lsg. die zu bestimmenden Metalle als Amalgam abgeschieden. Das Amalgam wird anschließend in eine mit Boden-Hg versehene u. mit gesätt. K_2SO_4-Lsg. beschickte Zelle gebracht. Gegen die EMK der Kette Amalgam/Hg_2SO_4-Bodenelektrode wird eine Gegenspannung angelegt. Bei stetigem Verringern dieser Gegenspannung werden infolge des Inlösunggehens der Metalle aus dem Amalgam charakterist. stufenförmige Strom-Spannungs-Kurven erhalten. Die maximale Stromstärke ist durch die Diffusionsgeschwindigkeit des im Amalgam gelösten Metalls bedingt (vgl. C. **1955.** 7619) u. somit der Metallkonz. proportional. Für die einzelnen Metalle charakterist. sind nicht die in diesem Falle konzentrationsproportionalen Halbstufenpotentiale, sondern die von der Konz. unabhängigen Potentiale beim Stromanstieg infolge des einsetzenden Auflösungsvorganges: *Cu* (+0,30 V gegen n-H_2-Elektrode), *Pb* —0,15, *Tl* —0,26, *Cd* —0,41, *Zn* —0,78 u. *Mn* —1,12. (Analytica chim. Acta [Amsterdam] **14.** 287—95. 1956. Liverpool, Univ., Dep. of Inorgan. and Phys. Chem.) E. MOISAR. 5066

Kenneth T. Marvin und **Lawrence M. Lansford,** *Die Herstellung großer Mengen reinen Wassers.* Beschreibung u. schemat. Darst. einer Anordnung zur Herst. von täglich 50 Gall. doppelt dest. W. mit der elektr. Leitfähigkeit von $0{,}7 \cdot 10^{-6}$ mho (SIEMENS). Der App. besteht aus Borsilicatglas, wird elektr. beheizt u. besitzt automat. Kontrollvorrichtungen. — Arbeitsverfahren. (Analytic. Chem. **30.** Nr. 4. Part. I. 551—52. April 1958. Galveston, Texas, US Fish and Wildlife Serv.) H. ECKSTEIN. 5072

Toshiyasu Kiba, *Neue Analysen mit starker Phosphorsäure.* Übersicht. — 39 Literaturangaben. (Chem. and chem. Ind. [Kagaku to Kogyo] **11.** 730—36. Sept. 1958. Kanazawa, Daigaku. [Orig.: japan.]) E. MAEKAWA. 5072

M. L. Monpetit, *Ein Calorimeter zur genauen Bestimmung der spezifischen Wärme im Temperaturgebiet zwischen 20 und 80° K.* Ein adiabat. Calorimeter, das die an die zur Best. der spezif. Wärme vorliegende Probe abgegebene Energie mißt, u. die Eichung des Thermometers zur Best. der Temperaturdifferenz werden beschrieben. (J. Physique Radium **19.** 58 S—59 S. Aug./Sept. 1958.) H. FAHLENBRACH. 5084

Michel Olette, *Nernst-Magnus-Calorimeter zur Messung von Wärmekapazitäten bis 1600°.* Ein adiabat. Metallblockcalorimeter wird geschrieben. Die Temp. wird mit Widerstandsthermometer mit einer Abweichung von 0,3/1000° gemessen. Es wurde mit Rein-Al geeicht. Der Mittelwert weicht um 0,03% vom Wert des NATIONAL BUREAU OF STANDARDS ab. (C. R. hebd. Séances Acad. Sci. **244.** 891—94. 11/2. 1957.) H. K. HOFMEISTER. 5084

a) Elemente und anorganische Verbindungen.

Warren M. Wise, *Titrimetrische Bestimmung von Wasserstoff, der als Wasser und/oder Fluorwasserstoffsäure in Urantetrafluorid und Magnesiumfluorid vorliegt.* In UF_4 oder MgF_2 eingeschlossenes H_2O oder H_2F_2 werden bestimmt, indem diese Stoffe in einem Strom trockenen N_2 auf 500° erwärmt u. die Gase bei 300° über Na_2CO_3 geleitet werden, das mit H_2F_2 unter Bldg. von H_2O reagiert. Der Gasstrom wird durch eine abgemessene Menge KARL FISCHER-Reagens geleitet u. das überschüssige Reagens mit Methanol von bekanntem Wassergeh. zurücktitriert. Die Genauigkeit der Best. betrug bei einem Geh. von 30—40 p.p.m. H_2 (H_2O bzw. H_2F_2, auf H_2 umgerechnet) bei UF_4 $\pm 13\%$, bei MgF_2 $\pm 16\%$. (Analytic. Chem. **31.** 1001—03. Juni 1959. St. Charles, Mo., Mallinckrodt Chem. Works, Uranium Div.) W. BETHKE. G 238

P. Baertschi und **M. Thürkauf,** *Vereinfachte Schwimmermethode zur Bestimmung des D_2O-Gehalts in Wasser.* Die Best. von D_2O-Gehh. zwischen 0,1 u. 99,9% D_2O mit einer Genauigkeit von 0,01—0,002% D_2O gelingt mit einer wesentlich vereinfachten Dichtebest. nach der Schwimmermethode. Tabellen zur Best. der Zus. werden angegeben. Für die Wärmeausdehnung des Schwimmers u. für anomale O-Isotopenzuss. werden Korrekturen angebracht. (Helv. chim. Acta **42.** 282—93. 2/2. 1959. Basel, Univ., Physikal.-chem. Inst.) M. LASER. G 240

M. A. V. Devanathan, Q. Fernando und **P. Peries,** *Mikrobestimmung von Natriumthiosulfat nach der coulometrischen Pulsationsmethode.* In Ergänzung zu der C. **1957.** 9734 referierten Arbeit beschreiben Vff. ein auf gleicher Basis beruhendes Verf. zur

$S_2O_3^{2-}$-Best. mit aus KJ elektrolyt. hergestelltem J durch coulometr. Impulszählung. Die Genauigkeit des Verf. beträgt bei Thiosulfatmengen zwischen 50 u. 100 mg/Liter 1%. In dieser Größenordnung des Thiosulfatgeh. ist die Anwendung der sehr empfindlichen u. genauen amperometr. Meth. nicht notwendig. — Das Verf. kann auch zur Mikrobest. des J durch Rücktitration des $Na_2S_2O_3$-Überschusses verwendet werden. — 2. Abb. (Schaltskizzen). (Analytica chim. Acta [Amsterdam] **16.** 292—93. März 1957. Colombo, Ceylon, Univ., Dep. of Chem.) H. ECKSTEIN. G 253

J. R. Humphreys jr., *Probeentnahme und Analysen auf Verunreinigungen in flüssigen Natriumsystemen.* Vf. beschreibt eine App. zur Probeentnahme von fl. Na aus mit Na gekühlten Reaktorleitungen. Die Probe wird unter Vakuum entnommen u. in der gleichen Vorr. bei ca. 450° destilliert. Die Zus. des Rückstands kann nach radiobiol. bzw. chem. Methoden erfolgen. Diese App. kann auch zur Probeentnahme von *K*, *K–Na*-Legierungen, *Cs* u. *Rb* verwendet werden. (Chem. Engng. Progr., Symposium Ser. **53.** Nr. 20. 7—10. 1957. Lemont, Ill., Argonne Nat. Labor.) H. G. MOSLÉ. G 272

H. F. Hourigan und **J. W. Robinson,** *Bestimmung von Natrium in Aluminium-Kupfer-Legierungen unter Benutzung eines Flammenphotometers.* Al u. Cu beeinflussen die Intensität einer Na-Flamme. Vff. entwickelten eine flammenphotometr. Meth. zur Best. von Na in Al-Cu-Legierungen. Die Na-Konz. wird mit Hilfe von Eichkurven ermittelt. Si stört nicht. Die Meth. ist rasch u. für Routineanalysen geeignet. (Analytica chim. Acta [Amsterdam] **16.** 161—64. Febr. 1957. Birmingham, Post Office, Engng. Dep.) P. SCHARNER. G 274

Guillermo Berraz, *Amperometrische Bestimmung von Kationen, die mit 8-Hydroxychinolin fällbar sind.* Das Verf. zur Best. kleiner *Al*-Mengen beruht auf der Fällung der Al^{3+} mit überschüssiger *8-Hydroxychinolin* (I)-Lösung. In einem aliquoten Teil des Filtrats wird der **I**-Überschuß gegen $KBrO_3$ (**II**)-Lsg. in Ggw. von KBr u. HCl titriert, wobei lösl. 5.7-Dibrom-8-hydroxychinolin gebildet wird, also mit dem Verbrauch von 4 Äquivalenten Br je Mol. **I**. Störungen der Titration sind möglich 1. durch starke Oxydationsmittel wie Cl_2, das durch Erwärmen ausgetrieben wird, während nichtflüchtige mit überschüssigem KBr red. werden u. das gebildete Br_2 ausgekocht wird (mäßige Mengen NO_3^- stören übrigens nicht); 2. durch Reduktionsmittel, welche **II** verbrauchen würden. Man kann diese vor dem Vers. mit der stöchiometr. Menge **II** in saurer Lsg. oxydieren, falls nicht auch das Oxydationsprod. wieder stört. Deshalb dürfen J^- nicht zugegen sein, während Acetate u. Tartrate nicht stören. Ein Leervers. ist nötig. Bei diesem wie beim Hauptvers. wird der Endpunkt amperometr. mit 2 ident. Indicatorelektroden (dead stop endpoint) festgestellt. Der Vers. dauert 45—60 Min.; in allen jenen Fällen, in denen die Beseitigung von Störsubstanzen mehr Zeit erfordert, als die vereinfachte Meth. Gewinn bringt, ist die ursprüngliche Meth. von BERG (1927) vorzuziehen, in der die Fällung ausgewaschen, in HCl gelöst u. in dieser Lsg. **I** bestimmt wird. Mit den zur Makroanalyse üblichen Geräten erreicht man für ca. 1 mg Al einen relativen Fehler von $< 1\%$. Genaue Beschreibung des App. u. der Ausführung. (Rev. Fac. Ing. Quím. **36.** 65—76. 1957.) W. METZENER. G 294

M. Perkins und **G. F. Reynolds,** *Die polarographische Bestimmung von Aluminium.* 1. Mitt. *Allgemeine Einleitung. Polarographie von Solochromviolett RS in Gegenwart von Aluminium.* Nach einer Übersicht über verschied. Verff. zur Best. von *Al*, einschließlich der direkten polarograph. Meth. wird die von WILLARD u. DEAN (C. **1951.** I. 3397) beschriebene Beobachtung näher untersucht, daß die Reduktionsstufe von Di-o-hydroxyazofarbstoffen in Ggw. von Al in eine Doppelstufe aufgespalten wird. Bei unveränderter Gesamtstufenhöhe (z. B. von *Solochromviolett RS*) ist der negativere Teil der Doppelstufe (— 0,46 u. — 0,64 V gegen Boden-Hg; p_H 4,5—4,6) proportional der Al-Konzentration. Während in Ggw. von Be, B, Ca, Mg, Mn u. Zn keine Beeinflussung der Stufe des Al-Farbstoffkomplexes stattfindet, wird deren Höhe durch die gleichfalls reduzierbare Komplexe liefernden Ionen Co, Fe, Ni, Ti u. V vergrößert. Eine Erniedrigung der Al-Komplexstufe erfolgt andererseits durch F^-, Oxalat u. Citrat. (Analytica chim. Acta [Amsterdam] **18.** 616—24. Juni 1958. Woolwich, Ministry of Supply, Chem. Insp.) E. MOISAR. G 294

M. Perkins und **G. F. Reynolds,** *Die polarographische Bestimmung von Aluminium.* 2. Mitt. *Bestimmung kleiner Mengen Aluminium in Berylliummetall.* (1. vgl. vorst. Ref.) Eine direkte Best. geringer Mengen *Al* in Be nach der vorst. beschriebenen Meth. wird durch das in großem Überschuß vorhandene Be gestört. Zur Abtrennung des Al wird die salzsaure Lsg. der Probe mit Na-Acetat auf p_H 5 gepuffert u. mit einer Lsg. von 8-Hydroxychinolin (**I**) versetzt. Die entstandene Al-I-Verb. wird zuerst mit Chlf. ausgeschüttelt u. daraus durch erneute Extraktion mit 5n HNO_3 abgetrennt. Nach Zusatz von H_2O_2 wird zur Zers. des **I** mehrfach mit HNO_3 u. H_2SO_4 abgeraucht. Der in 5n $HClO_4$

aufgenommene Rückstand wird zur Entfernung von Fe u. anderen störenden Metallen elektrolysiert, wobei Hg als Kathode dient. Nach beendeter Elektrolyse wird die schwach saure Lsg. mit *Solochromviolett RS* versetzt u. wie l. c. beschrieben das Al polarograph. bestimmt. (Analytica chim. Acta [Amsterdam] **18.** 625—31. Juni 1958.) E. MOISAR. G 294

Yachiyo Kakita, Minoru Hosoya und **Minoru Amano,** *Schnelle Bestimmung von Aluminium in Spritzgußzinklegierungen.* Vff. beschreiben eine Best. von Al in einer Spritzguß-Zn-Al-Legierung mit ca. 4% Al, ohne zuvor Zn, Fe, Cu, Cd u. Mg abzutrennen, die mit Oxin mit dem Al mit ausgefällt wurden. Fe, Zn, Cu u. Cd werden mit viel KCN, Mg durch EDTA-Lsg. maskiert. Al-Oxinat wird gravimetr. oder bromometr. bestimmt. (Nippon Kinzoku Gakkai-Si [J. Japan Inst. Metals] **21.** 551—54. Sept. 1957. [Orig.: japan.; Auszug: engl.]) C. GOTTFRIED. G 294

Alexej Dragomirecký, *Bestimmung von Aluminium in Messing und einigen anderen Kupferlegierungen.* Aufstellung der Eichkurve zur Al-Best. mit *Aluminon* in Ggw. von *Thioglykolsäure* bei p_H 5,2—5,6 u. Ausführung der Bestimmung. Die sehr rasche (30—40 Min.) u. genaue Meth. ist bes. für Serienbestimmungen geeignet. (Hutnické Listy **10.** 550—52. Sept. 1955. Panenské Břežany, Výzk. úst. kovů.) E. ROTTER. G 294

Olof Samuelson und **Bertil Sjöberg,** *Trennung des Calciums und Aluminiums von Eisen durch eine Ionenaustauschmethode.* Die Probelsg. wird durch eine Säule (15 × 180 mm) des stark bas. Anionenaustauschers Dowex-2 in der Citratform gegeben. Dabei werden Al u. Fe quantitativ gebunden; Ca — u. ebenso Mg u. Mn — werden mit 300 ml W. (2 ml/Min.) eluiert u. können im Eluat bestimmt werden (vgl. C. **1956.** 1684). Im zweiten Schritt läßt man konz. HCl von unten her (apparative Anordnung vgl. Original) durch die Säule aufsteigen, so daß das W. aus der Säule in den Trichter über dem Harzbett gedrückt wird. Es enthält einen großen Teil des Al u. Fe. Man mischt die überstehende Lsg. mit ca. 75 ml konz. HCl u. läßt sie wieder abwärts durch das Harzbett fließen. Fe wird readsorbiert u. Al fließt durch bzw. wird mit weiteren 75 ml konz. HCl eluiert. Nach Zerstörung des Citratanions wird Al im Eluat gravimetr. als Oxinat bestimmt. Maximaler relativer Fehler ±0,5%. Das Fe kann mit W. u. 1n HCl-Lsg. eluiert werden. Zur Trennung der 3 Gruppen Ca, Mg, Mn — Al — Fe, ohne Regeneration der Säule, wurden 4 Std. benötigt. Die Meth. wurde für Kalkanalysen verwendet. Sie eignet sich auch zur Best. von Al in SiO_2, das gleichzeitig Na, Ca u. Fe enthält. (Analytica chim. Acta [Amsterdam] **14.** 121—25. 1956. Göteborg, Chalmers TH, Dep. of Engng. Chem.) F. UMLAND. G 354

Marguérite Grat-Cabanac, *Colorimetrische Eisenbestimmung mit α.α'-Dipyridyl.* Bei Anwendung der vom Vf. (C. **1958.** 12205) entwickelten colorimetr. Fe-Best. in Pt-Legierungen mittels α.α'-Dipyridyl bleibt die Farbbldg. aus, wenn zum Ausfällen des Pt Zn-Pulver verwendet wird. Vf. findet, daß die Meth. exakte Werte liefert, solange das Verhältnis Zn : Fe < 25. Wenn das Verhältnis > 25, ist die resultierende Färbung blasser u. bleibt schließlich ganz aus. Dagegen ergeben sich keine Schwierigkeiten, wenn man Pt mit Na-Hypophosphit fällt. (Analytica chim. Acta [Amsterdam] **17.** 348. Sept. 1957. Toulouse, Fac. des Sci.) J. KUSCHEL. G 354

A. I. Polewoi, *Stativ zur Bestimmung von Gasen in Metallen durch die spektralanalytische Methode.* Zur Spektralanalyse von Gasen in Metallen unter Vakuum wird eine neue App. beschrieben, die eine Parallelbest. von 4 Proben ermöglicht. Eine Spezialkonstruktion bewirkt einen konstanten Einfallswinkel des Lichtes auf den Kondensor, wodurch das Verf. bei der Parallelbest. von N u. O im *Stahl* sehr genau ist. (Заводская Лаборатория [Betriebs-Lab.] **24.** 884—85. 1958. Stalino, metallurg. Werk.) D. ROST. G 354

M. D. Perkass, *Röntgenographische Bestimmung der Tiefe der entkohlten Schicht.* (Vgl. C. **1957.** 8308.) Die Breite der Linie (1 1 0)—(0 1 1) des Martensitgitters wächst linear mit dem C-Gehalt. Die oberflächliche Entkohlung beim 3std. Tempern bei 1260° der Stähle U9A (0,88 [% C]), SK70 (0,65), SK 50 (0,50) wird durch schichtweises Anätzen mit 10%ig. HNO_3 u. röntgenograph. Unters. verfolgt. Der C-Geh. steigt mit zunehmender Tiefe linear an u. erreicht unabhängig von der Stahlsorte bei ca. 1,0—1,1 mm Tiefe seinen endgültigen Wert. In einem vor dem Walzprozeß bei 1260° geglühten Walzstahl 50CHFA ist die entkohlte Schicht 0,2 mm tief. (Заводская Лаборатория [Betriebs-Lab.] **22.** 1458—60. 1956. Zentrales wiss. Forsch.-Inst. für Schwarzmetallurgie.) H. HUBER-EMDEN. G 354

A. Ss. Demjantschuk, *Die Bestimmung von Kohlenstoff in Stählen mit Hilfe des Stiloskops.* Beschrieben wird eine neu ausgearbeitete spektralanalyt. Meth. der Schnellanalyse von C in Stählen u. in Schweißnähten mittels des Stiloskops. Die Vorr. u. ihre elektr. Schaltung wird erläutert. Zur C-Best. werden neben der 4267,27 Å-Linie noch die im Rotbereich des Spektr. liegenden Linien 6578,03 u. 6582,85 Å benutzt. Die Genauigkeit der Best. ist hoch. Die Bestimmungsdauer beträgt 2—3 Minuten. (Автоматическая

Сварка [Automat. Schweissen] **11.** Nr. 11. 37—39. Nov. 1958. Paton-Inst. für Elektroschweißen der Akad. der Wiss. der UkrainSSR.) H. Hochstein. G 354

Miroslav Šícha, *Potentio-coulombometrische Bestimmung von kleinen Kohlenstoffmengen in Stählen und Carbiden.* Ausführliche Arbeitsanleitung u. Skizzen einer empfindlichen Meth. zur Serienbest. kleiner C-Mengen in Stählen u. Carbiden mit der Empfindlichkeitsgrenze von 0,003—0,004 mg C. Bei höherer Empfindlichkeit des Galvanometers ist die Best. mit höherer Genauigkeit möglich. Die Meth. wird zur Ausführung von Betriebsanalysen angewandt. (Hutnické Listy **10.** 535—42. Sept. 1955. Ostrava, Vítkovické železárny K. Gottwalda.) E. Rotter. G 354

A. Ss. Demjantschuk, *Gleichzeitige Bestimmung von Kohlenstoff und anderen Beimengungen in Stählen und Gußeisen mit Hilfe der Spektralmethode.* Die schnelle Best. der Begleitelemente in Stahl u. Gußeisen kann spektrophotometr. nach der von Kudelja u. Demjantschuk beschriebenen Meth. (vgl. C. **1955.** 3929) erfolgen. Zur Best. werden eine Gegenelektrode (1,6 oder 2,5 mm Durchmesser) u. folgende Linienpaare verwendet: Bei Stahl für Al 3082,742 (Fe-Linie 3083,742; 0,25—2%), V 2908,817 (2880,756; 0,05 bis 1,5%), W 2397,091 (2391,474; 0,7—3,5%), Si 2516,123 (2509,122; 0,02—2,5%), Mn 2701,7 (2689,212; 0,1—2,5%), Cu 3273,962 (3286,755; 0,02—1,5%), Mo 2636,670 (2644,0; 0,15—1%), Ni 2316,037 (2327,394; 0,02—2,0%), Ni 2416,138 (2415,063; 2—5%), Ti 3239,038 (3222,069; 0,02—1%), Cr 2677,159 (2689,212; 0,02—4%), C 2296,86 (2304,73; 0,02—0,5%), C 2296,86 (2279,924; 0,5—2,0%). Bei Gußeisen Si 2881,60 (2880,70; 0,15—3,5%), Mg 2802,69 (2806,98; 0,005—0,12%), Mn 2939,30 (2936,91; 0,15—3,5%), C 2996,86 (2304,73; 2,0—6,0%). — Es werden immer gleichzeitig 2 Platten belichtet: eine mit Diapositivemulsion u. eine mit Spektralemulsion zur Best. von C. (Автоматическая Сварка [Automat. Schweissen] **11.** Nr. 8. 41—45. Aug. 1958. Paton-Inst. für Elektroschweißen der Akad. der Wiss. der UkrainSSR.) H. Tůma. G 354

Milan Kroupa, *Polarographische Schwefelbestimmung in Stahl.* Arbeitsweise (Abb.) der polarograph. *S*-Best. in Stahl u. Gußeisen. Die Meth. ist wegen der längeren Dauer weniger für Betriebs- u. Serienanalysen als für Kontroll- u. Schiedsunterss. u. vor allem für die mikrochem. Best. geeignet. (Hutnické Listy **11.** 39—40. Jan. 1956.) E. Rotter. G 354

W. H. McCurdy jr., W. J. A. Vanden Heuvel und **A. R. Casazza,** *Quantitative Trennung von Kupfer, Cadmium und Zink durch Fällung der Sulfide mit Thioacetamid.* Vff. untersuchen die Bedingungen der Cu-, Cd- u. Zn-Sulfidfällung mit Thioacetamid als Fällungsmittel u. bestimmen die Cd- u. Zn-Mengen, die mit Kupfersulfid, u. die Zn-Mengen, die mit Cadmiumsulfid in stark saurer Lsg. ausfallen. Nur bei Cd–Zn-Gemischen ist die Zn-Beimengung so groß, daß eine Umfällung des CdS-Nd. zur quantitativen Trennung notwendig ist. Zur Unters. der isolierten Sulfide werden radiochem., polarograph. u. komplexometr. Verff. benutzt. Zwei Trennungsmethoden unter Verwendung optimaler Bedingungen werden angegeben u. auf Analysen von Gemischen mit 10 bis 100 mg Cu, Cd u. Zn angewendet. (Analytic. Chem. **31.** 1413—17. Aug. 1959. Princeton, N. J., Princeton Univ., Dep. of Chem.) Gerhard Schulze. G 358

Přemysl Beran und **Jan Doležal,** *Anwendung der oscillographischen Polarographie in der quantitativen Analyse.* 9. Mitt. *Nachweis und Bestimmung von Rhodium neben Platin, Palladium und Gold.* (8. vgl. C. **1958.** 13868.) In Ggw. von Rh-Ionen in einer Lsg. von 0,1 mol. HCl u. 0,6 mol. NaCl sind an den dE/dt–E-Kurven charakterist. „Ausläufer" (Dorne) erkennbar. Diese durch katalyt. H-Abscheidung verursachte Erscheinung erlaubt 0,02% Rh in Pt bzw. 0,005% Rh in Pd u. Au nachzuweisen. Die Konz. wird am besten durch Standardzugabe ermittelt, da Pt, Pd u. Au die Dornhöhe beeinflussen. (Chem. Listy **52.** 2403—04. Dez. 1958. [Orig.: tschech.]; Collect. czechoslov. chem. Commun. **24.** 1341—43. April 1959. [Orig.: deutsch]. Praha, Karlova univ., Ústav pro chem. analyt.) P. Zuman/Prag. G 364

J. Xavier und **Priyadaranjan Rây,** *Rubeansäure und ihre Derivate als colorimetrische Reagentien.* 1. Mitt. *Spektrophotometrische Bestimmung von Kobalt, Nickel, Palladium, Silber und Ruthenium mit Rubeansäure.* (Vgl. C. **1959.** 5253.) Zur Best. von $\leq$ 0,1 mg *Co* versetzt man 2—3 ml der schwach sauren Lsg. mit 2—3 ml Pyridin u. 1 ml 0,1%ig. Rubeansäure (I)-Lsg. (hergestellt nach Wollner, J. prakt. Chem. **29.** [1884.] 129), füllt mit A. auf 20 ml auf, stellt p_H 6,5—7,2 ein, füllt auf 25 ml mit A. auf u. mißt die opt. Dichte bei 400 mμ gegen eine Blindprobe. Bei Ggw. von Ni fügt man zu dessen Maskierung vor dem Auffüllen 1 ml 1%ig. KCN-Lsg. u. 5 ml W. hinzu u. mißt die Absorption innerhalb von 30 Minuten. Bei Ggw. von Cu u. Ag versetzt man die Lsg. mit 5 ml fast gesätt. Harnstofflsg., 3 ml W., 2 ml Pyridin u. 1 ml I-Lsg., stellt p_H 6,5—7,2 ein, fügt 1 ml 1%ig. KCN-Lsg. hinzu u. füllt mit A. auf 25 ml auf. $\leq$ 4 p.p.m. Fe neben 2 p.p.m. Co können durch Zugabe von 1 ml 0,5%ig. NaF-Lsg. maskiert werden. Die Absorption ist sofort zu messen. — Zur Best. von > 1 p.p.m. *Ni* versetzt man die schwach saure Ni-Lsg. mit 15—20 ml Pyridin, bei Ggw. von Cu u. Ag mit 3—5 ml fast gesätt. Harnstofflsg. u. weiter mit 1 ml 0,1%ig. alkoh. I-Lsg., stellt p_H 9,8—10,5 ein, füllt mit A. auf 25 ml auf u. mißt die opt. Dichte innerhalb 30 Min. bei 530 mμ gegen eine Blindprobe. < 10 p.p.m. Fe stören nicht. Zur Best. von $\leqq$ 10 p.p.m. *Pd* versetzt man die saure Pd-Lsg. mit 5 ml Pyridin u. 1 ml 0,1%ig. I-Lsg., stellt p_H 4,2—7,0 ein, füllt mit A. auf 25 ml auf u. mißt die opt. Dichte bei 410 mμ gegen eine Blindprobe. Bei Ggw. von Cu, Co, Ni, Pt(IV), Au(III), Mo(VI), V(V), Ag usw. versetzt man die Pd-Lsg. mit 1—5 ml 1%ig. wss. Dinatriumversenatlsg. u. 3 ml Pyridin, stellt p_H 5—7 ein, behandelt im Schütteltrichter mit 0,1%ig. alkoh. I-Lsg. (Gesamtvol. 15—20 ml) u. schüttelt 2—3mal mit je 5 ml Isoamylalkohol. Man füllt die Extrakte auf 25 ml mit Isoamylalkohol auf, filtriert zum Trocknen durch ein Papierfilter u. mißt die opt. Dichte bei 410 mμ gegen eine Blindprobe. Zur Best. von 3—20 μg/ml *Ag* stellt man p_H 4,0—4,6 ein, z. B. auch durch Zugabe von 10 ml $NaCH_3COO$-Puffer (140 ml 0,2n CH_3COOH + 60 ml 1n $NaCH_3COO$-Lsg.) nach der Reagenszugabe, fügt 1 ml 0,1%ig. alkoh. I-Lsg. hinzu, füllt mit W. auf 25 ml auf u. mißt die opt. Dichte innerhalb von 30 Min. bei 390 mμ gegen eine Blindprobe. Es stören alle Ionen, die Ndd. oder eine Färbung mit I bilden. Zur Best. von $\leqq$ 4 p.p.m. *Ru* versetzt man die Lsg. mit 2—5 ml 12n HCl u. A. (1 : 1) u. 1 ml 0,2%ig. I-Lsg., erwärmt 30 Min. auf dem Wasserbad, füllt mit A. u. 6n HCl (1 : 1) auf 25 ml auf u. mißt die opt. Dichte bei 670 mμ gegen eine Blindprobe. Das Beersche Gesetz ist für alle angegebenen Methoden u. Konzz. erfüllt. (J. Indian chem. Soc. **35.** 432—44. Juni 1958. Calcutta, Indian Assoc. for the Cult. of Sci., Dep. of Inorg. Chem.) H. Pluskal. G 365

Stanislav Král, *Chemische Analyse von hochhitzebeständigen Legierungen.* Auswahl der für diese Legierungen bes. geeigneten quantitativen Bestimmungsmethoden für *C, P, S, Mn, Si, W, Nb, Ni, Co, Mo, V, Ti* u. *Cr*, wobei in der Literatur nicht bekannte Arbeitsgänge eingehend beschrieben werden. (Hutnické Listy **11.** 376—78. Juni 1956. Kladno, SONP.) E. Rotter. 5280

A. Ss. Sserdjukowa und **Ju. T. Kapitanow,** *Anwendung radiometrischer Methoden zur gleichzeitigen getrennten Bestimmung des Uran-, Thorium-, Radium- und Kaliumgehaltes in sauren Eruptivgesteinen.* Die Meth. der gleichzeitigen getrennten Best. des Geh. an U, Th, Ra (Gleichgewichts-Ra) u. K aus den Ergebnissen der α-, β- u. γ-Strahlenmessungen wird eingehend beschrieben. Die Koeffizienten zur Berechnung der Gehh. in den 4 Gleichungen (für U, Th, Ra u. K) wurden berechnet. Bei den Diskriminationsmessungen wurde die Lage des Diskriminators so eingestellt, daß die γ-Strahlung der U-Gruppe nicht mit registriert wurde. Es empfiehlt sich dabei, Gemische mit hohem Geh. an radioakt. Elementen zu verwenden. Die App. soll hochempfindlich sein (sie soll noch 10mal schwächere Strahlen als die des Standards registrieren); die Stabilität der Arbeitsbedingungen (bei länger andauernden Messungen; die Meßzeiten betrugen je nach Strahlenart 5 Min. bis 1½ Std.) soll gewährleistet sein. Die Auswahl der Standards ist sehr wichtig, namentlich soll das U-Gleichgewichtseichmaß in seiner Zus. jener der untersuchten Proben sehr nahe kommen u. zuverlässig sein. — Die Messungen wurden mit sauren Eruptivgesteinen durchgeführt u. ergaben brauchbare Resultate, da Nachprüfungen mit künstlichen Gemischen, die fast 10mal weniger U enthielten, auch befriedigend ausfielen. Als Material für die Gleichgewichtseichmaße wurde Soda (Na_2CO_3) gewählt (leichter strahlungsfrei herzustellen als Quarzsand). Sorgfältiges Vermischen ist wesentlich, während die Korngröße die Ergebnisse wenig beeinflußt. Ein Emanieren wurde nicht beobachtet. Die Meßfehler betrugen für Ra $\pm$20, für U, Th u. K $\pm$10% (beim Ra durch das Schwanken der Koeffizienten bei den γ-Diskriminationsmessungen so hoch). (Журнал Аналитической Химии [J. analyt. Chem.] **13.** 88—94. Jan./Febr. 1958. Moskau, Vernadsky-Inst. für Geochem. u. analyt. Chem. der Akad. der Wiss. der UdSSR.) A. v. Wilpert. 5292

Pavel Povondra und **Jaroslav Vébr,** *Technische Analyse von Naturfluoriten.* Die Zers. von *Fluoriten* (I) durch Abrauchen mit $HClO_4$ + H_3BO_3 nach Schrenk u. Ode wurde nachkontrolliert u. als sehr geeignet für techn. Analysen von I gefunden. Auf dieser Grundlage wurde ein schnelles Verf. zu obigem Zweck ausgearbeitet: 1 g feingepulverte u. bei 100° getrocknete Probe wird mit 15 ml $HClO_4$ (1 : 3), die mit H_3BO_3 bei 50° gesätt. wurde, kurz gekocht u. danach zur Trockne abgeraucht. 5 ml konz. HCl u. 80 ml warmes W. werden zugegeben, u. nach 10 Min. wird die ausgeschiedene H_2SiO_3 filtriert u. auf übliche Weise unter wiederholtem Abrauchen mit HF bestimmt. Der Rückstand wird nach Auslaugen mit verd. HCl u. warmem W., Filtration u. Glühen als $BaSO_4$ gewogen. Die Gesamtfiltrate werden im 250-ml-Meßkolben zur Marke verd., u. in einem aliquoten Teil wird Ca durch Titration gegen 0,1mol. Komplexon III-Lsg. in stark alkal. Medium mit Murexid als Indicator bestimmt. Bei kleinem Geh. an Metallen der analyt. NH_3-Gruppe genügt ihre Maskierung mit Triäthanolamin, bei höheren Fe- u. Al-Konzz. ist ihre vorherige Fällung mit Urotropin erforderlich. Die Korrektur auf $CaCO_3$ wird bei kleinen Mengen desselben gasvolumetr. ermittelt; größere Menge $CaCO_3$ sind auf die übliche Weise mit verd. Essigsäure zu entfernen. (Chem. Listy **52.** 2008—09. Okt. 1958 [Orig.: tschech.]. Collect. czechoslov. chem. Commun. **24.** 637—40. Febr. 1959 [Orig.: deutsch]. Chvaletice, Mangan. u. kyz. závody.) K. KÁMEN/Prag. 5292

b) Organische Verbindungen.

E. Abramson und **J. Laurent,** *Über die Mikrobestimmung von Spuren Stickstoff in organischen Substanzen nach einer modifizierten Methode von Pregl–Dumas.* Für eine Mikrobest. von N nach einem modifizierten Verf. von PREGL-DUMAS wurde ein Ultramikroazotometer (Vol. 0,25 ml) mit Mikrolitereinteilung entwickelt. Als Verbrennungsofen wurde eine App. von HOESLI, als Waschlsg. eine nach Erhitzen auf 100° u. 24std. Absitzen 3mal filtrierte 50%ig. Lsg. von KOH u. als CO_2-Quelle Kohlensäureschnee benutzt. Die von GYSEL eingeführte Mischung $CuO/PbCrO_4$ wurde durch Co-Oxyd ersetzt. Arbeitsweise: 1—2 mg der Substanz werden in einem Porzellanschiffchen in den Ofen eingeführt, die App. durch Durchleiten von ca. 45 ml CO_2 gereinigt u. die Probe unter Durchleiten von 2 Blasen CO_2/Sek. verbrannt. (Mikrochim. Acta **1959.** 786—91. Paris, Fac. de Sci., Labor. de Micro-Analyse, Serv. de Chim. Biol.)
W. KARCHER. 5352

J. D. Mullen, *Die Bestimmung von Stickstoff in Nitrocellulose.* Die Probe wird in konz. H_2SO_4 gelöst, nach 5 Min. mit Salicylsäurelsg. (100 g in 900 ml konz. H_2SO_4 u. 100 ml Eisessig) versetzt, völlig gelöst, in einen Reduktionskolben übergeführt, mit W. vorsichtig verd., gekühlt, unter N_2 mit überschüssiger $TiCl_3$-Lsg. versetzt, 45—50 Min. zur Red. der Nitrosalicylsäure stehengelassen u. danach unter Zusatz von SCN- gegen $NH_4Fe(SO_4)_2$-Lsg. zurücktitriert. Das Verf. gibt bei genauer Einhaltung der Bedingungen sehr genaue Werte. (Analytica chim. Acta [Amsterdam] **20.** 16—19. 1959. Northrand, Transvaal, African Expl. and Chem. Ind. Ltd., Res. Dep.) E. DEHMLOW. 5352

Břetislav Buděšínský, *Halbmikrobestimmung von Carbonyl. Eine neue Bestimmungsart von Phenylhydrazin und Hydroxylamin.* Auf Grund der Unters. der Oxydation von *Phenylhydrazin* (I), *2.4-Dinitrophenylhydrazin* (II) u. *Hydroxylamin* (III) mit Cu^{2+} wurde eine Meth. zur Best. von I bis III durch potentiometr. Titration in *Pyridin* (IV) gegen *0,05mol. Cu(II)-Acetatlsg.* (V) in A. + IV (1 : 1) ausgearbeitet. Die Titration von I u. II kann auch zur indirekten Best. der *CO-Funktionsgruppe* (VI) benutzt werden. Alle Titrationen werden in N_2-Atmosphäre durchgeführt. Die Best. von I bis III (Hydrochloride) erfolgt durch direkte Titration von 5 ml Probelsg. in IV gegen V. Die Ergebnisse für I u. II sind genauer als jene für III; die wahrscheinliche mittlere Abweichung beträgt ±0,11 bzw. ±0,46%. Der Titer von V wird komplexometr. oder potentiometr. mit reinstem I-Hydrochlorid als Ursubstanz jeweils nach 3 Tagen eingestellt. Best. von VI: 0,15—0,2 mgVal bzw. ca. 25 mg Probe werden in kleinem verschließbarem Gefäß in 5 ml IV gelöst, genau gewogene 38—40 mg I-Hydrochlorid hinzugegeben u. nach 5 Min. Einleiten von N_2 wird die Fl. im verschlossenen Gefäß 15 Min. im sd. Wasserbad erwärmt. Nach Abkühlen wird der Geh. von überschüssigem I in der Lsg. sofort im N_2-Strom gegen V titriert. Der Potentialsprung im Äquivalenzpunkt beträgt 100—140 m V, u. die Potentiale stellen sich in 15—30 Sek. ein. Anstatt I kann auch II, nicht jedoch III verwendet werden. Für einige VI-haltige Verbb. (Campher, Benzophenon, Xanthon, MICHLERs Keton, Alizarin, Anthrachinon, Glucose, Ascorbinsäure u. a.) ist die Meth. wegen des nicht quantitativen Verlaufes der Rk. mit I bzw. II unverwendbar. Hingegen geben einige Verbb. ohne VI (Phloroglucin, Resorcin, Phthalid u. a.) mit I u. II die Rk. von VI. (Chem. Listy **52.** 2292—95. Dez. 1958. Praha, Výzk. ústav pro farmac. a biochem.)
K. KÁMEN/Prag. 5364

F. A. Leisey und **J. F. Grutsch,** *Spuren ungesättigter Kohlenwasserstoffe durch coulometrische Titration.* Zur Best. von ungesätt. KW-stoffen werden diese durch coulometr. erzeugtes Br_2 oxydiert. Der Endpunkt wird amperometr. bestimmt. Als Elektrolyt dient eine Mischung aus 30 ml Eisessig, 13 ml Methanol, 7 ml 1n KBr-Lsg. u. 0,1 g $Hg(CH_3COO)_2$. Man stellt die Indicatorelektrodenspannung auf 200 mV, rührt magnet. u. stellt den Elektrolysenstrom je nach Br_2-Verbrauch auf 1—5 mA. Das erzeugte Br_2 ist der Zeit des Stromdurchgangs direkt proportional. Ein geringer Br_2-Überschuß erhöht den Indicatorstrom (Vergleichsstrom), wodurch mit einem Relais der Strom unterbrochen wird. Zu Beginn jeder Best. erzeugt man Br_2, bis dieser Vergleichsstrom erreicht ist, gibt die Probe hinzu u. titriert coulometr. bis zum gleichen Endpunkt. (Analytic. Chem. **28.** 1553—55. Okt. 1956. Whiting, Ind., Standard Oil Co., Res. Dep.)
H. PLUSKAL. G 520

Jaroslav Franc, *Die Chromatographie organischer Verbindungen.* 1. Mitt. *Trennung von Thiosemicarbazonen aliphatischer Ketone durch Papierchromatographie.* Für den

Bedarf des technolog. Betriebs wurde die Trennung kleiner Mengen von aliphat. Ketonen auch bei Überschuß eines von ihnen durch Papierchromatographie ihrer Thiosemicarbazon (I)-Derivv. u. ihre empfindliche Sichtbarmachung mit ammonikal. $AgNO_3$-Lsg. (schwarze Flecken) bzw. mit EHRLICHschem Reagens (1%ig. p-Dimethylaminobenzaldehydlsg. in 2n HCl; gelbe Flecken; im UV-Licht hellblau bis orange) ausgearbeitet. Ein ähnliches Verf. eignet sich auch für die Trennung von Aldehyden. — Die I-Derivv. wurden durch 1 std. Erwärmen von 1 ml Keton u. 1 g I unter Rückfluß auf dem Wasserbad dargestellt; nach Abkühlen u. Verdünnen mit wenig W. wurde ausgeäthert u. die Ae.-Lsg. direkt auf mit 30%ig. alkoh. *Formamid* (II)- bzw. *Dimethylformamid* (III)- bzw. 20%ig. *Acetamid* (IV)-Lsg. imprägniertem WHATMAN-Papier Nr. 1 absteigend bei 26—31° chromatographiert. Angegeben wurden folgende R_F-Werte einzelner I-Derivv. von Ketonen in den Systemen Cyclohexan-n-Butanol = 25 : 1 (S_1), Chlorcyclohexan (S_2), CCl_4 (S_3), Chlorbenzol (S_4) (in S_1 u. S_2 folgen nacheinander die R_F-Werte beim Imprägnieren mit II, IV u. III, in S_3 u. S_4 mit II u. III): *Cyclohexanon* (V): S_1 0,05, 0,10, 0,14; S_2 0,12, 0,33, 0,53; S_3 0,12, 0,42; S_4 0,32, 0,79; *2-Methyl*-V: S_1 0,13, 0,23, 0,22; S_2 0,30, 0,54, 0,66; S_3 —, 0,51; S_4 0,60, 0,84; *3-Methyl*-V: S_1 0,11, 0,20, 0,20; S_2 0,29, 0,50, 0,62; S_3 0,30, 0,51; S_4 0,57, 0,83; *4-Methyl*-V: S_1 0,10, 0,18, 0,19; S_2 0,27, 0,48, 0,60; S_3 0,28, 0,50; S_4 0,55, 0,83; *Cyclopentanon*: S_1 0,03, 0,06, 0,08; S_2 0,07, 0,20, 0,41; S_3 0,08, 0,37; S_4 0,23, 0,74; *2-Methylpentanon*: S_1 0,07, 0,13, 0,15; S_2 0,21, 0,45, 0,54; S_3 0,22, 0,48; S_4 0,47, 0,80; *3-Methylpentanon*: S_1 0,06. 0,10, 0,12; S_2 0,16, 0,38, 0,52; S_3 0,19, 0,46; S_4 0,43, 0,79; *Dimethylketon*: S_1 0,016, 0,03, 0,04; S_2 0,035, 0,09, 0,21; S_3 0,02, 0,26; S_4 0,08, 0,59; *Methyläthylketon*: S_1 0,03, 0,05, 0,09; S_2 0,09, 0,22, 0,26; S_3 0,08, 0,42; S_4 0,22, 0,71; *Diäthylketon*: S_2 —, 0,49, —; S_3 0,22, 0,56; S_4 0,47, 0,79; *Äthylpropylketon*: S_1 0,21, 0,25, 0,30; S_2 0,40, 0,63, 0,73; S_3 0,37, 0,59; S_4 0,70, 0,84; *Methylbutylketon*: S_1 0,18, 0,18, 0,25; S_2 0,40, 0,60, 0,66; S_3 0,41, 0,59; S_4 0,70, 0,82; *Methylisobutylketon*: S_1 0,18, 0,19, 0,26; S_2 0,39, 0,59, 0,68; S_3 0,33, 0,59; S_4 0,63, 0,82; *Methylamylketon*: S_1 0,32, 0,35, —; S_2 —, 0,80, —; S_3 0,61, —; S_4 0,84, 0,85. Die R_M-Werte einzelner Derivv. in den angeführten Systemen wurden graph. dargestellt; daraus ist ersichtlich, daß der Wert ΔK bei der Verwendung von II u. IV als verankerten Phasen in allen Systemen prakt. derselbe ist, während er bei III die Hälfte dieses Wertes beträgt, was die Verschlechterung der Trennung einzelner Homologen verursacht. Vf. erörtert weiter die Beziehung zwischen der Größe von ΔK u. Gesamtenergie der intermol. H-Brücken, die zwischen der stationären (bzw. mobilen) Phase u. der zu trennenden Verb. vorkommen. — Als prakt. Beispiele werden die semiquantitative Best. von Methylcyclohexanonen im techn. V bzw. von p-Toluylaldehyd im techn. Dimethylterephthalat beschrieben (R_F des I-Deriv. in S_2-II 0,13). (Chem. Listy **52.** 2311—15. Dez. 1958 [Orig.: tschech.]; Collect. czechoslov. chem. Commun. **24.** 2096—2101. Juli 1959 [Orig.: deutsch]. Pardubice-Rybitví, Výzk. ústav organ. syntes.) J. VANĚČEK/Prag. G 700

Ludvík Sokol, *Analyse von Phenolen und Kohlenwasserstoffen durch Gas-Flüssigkeits-Chromatographie.* Vf. beschreibt ein Gerät zur Gas-Flüssigkeits-Chromatographie. Es wurde ganz aus Glas konstruiert u. kann bis 300° arbeiten. Die Leitfähigkeitsmeßzellen, mit W-Draht (0,045 mm — 7 Ω), waren 14 cm lang; die WHEATSTONE-Brücke wurde von einer 16 V-Bleibatterie gespeist, u. die resultierenden Potentiale wurden an einem Einfachbandschreiber mit dem Bereich von 0—3 mV registriert. Das Gerät wurde mit 2 Säulen, 160 cm lang, 6—10 mm im Durchmesser, versehen. Für die Analyse u. Trennung von KW-stoffen u. Ketonen wurden als Träger Sterchamol, akt. Al_2O_3, zerkleinerte Kieselgurziegel u. als Katalysator für die Wassergas-Rk. Ferrochrom u. als stationäre Phase Methyl- u. Methylphenylsiliconöl, Paraffin, o-Nitrodiphenyl, Vakuumfett, $\alpha.\beta$-Dinaphthylsulfon oder $\beta.\beta$-Dinaphthylsulfon verwendet. Für die Trennung der Phenole wurde als bestes stehendes Mittel Siliconöl mit Dinaphthylsulfon auf Sterchamol gefunden. Die relativen Elutionszeiten der Phenole sind angeführt. Die Eignung der einzelnen Arten von Trägern u. stationären Phasen auf Grund der Literaturangaben u. eigenen Erfahrungen wird diskutiert. (Chem. Listy **52.** 1726—34. Sept. 1958 [Orig.: tschech.]; Collect. czechoslov. chem. Commun. **24.** 437—47. Febr. 1959 [Orig.: deutsch]. Záluží, Stalinovy závody, Fys. labor. výzk.) K. SETÍNEK/Prag. G 1060

Jaroslav Franc, *Bestimmung von p-Methyltoluylat neben Dimethylterephthalat durch Papierchromatographie.* Zur Kontrolle des techn. *Dimethylterephthalats* (I) wurde eine chromatograph. Meth. zur Trennung der Hydroxamsäure des *p-Methyltoluylates* (II) von den analogen Derivv. des *Monomethylterephthalates* (III) u. I ausgearbeitet. Bei der Sichtbarmachung dieser Verbb. mit $FeCl_3$ entsteht aus dem Papier eine blaue Färbung, welche man quantitativ mit Standards bekannter Konz. vergleichen kann. Die Konzentrierung von II im techn. I stützt sich auf die verschied. Löslichkeit dieser Derivv. in A.; II ist im Gegensatz zu I u. III in A. gut löslich. *Best. von* II *im techn.* I: 5 g I werden warm in 50 ml 96%ig. A. gelöst. Nach Abkühlen der Lsg. werden die abgeschiedenen Kristalle abgesaugt u. 3mal mit 10 ml A. gewaschen. Das Filtrat wird auf 20 ml eingeengt u. abgekühlt. Die ausgeschiedenen Kristalle werden erneut abgesaugt, u. zum Filtrat werden 40 ml Hydroxylaminlsg. zugegeben (1 Teil 5%ig. Hydroxylaminhydrochloridlsg. in A. wird kalt mit 2 Teilen 5%ig. alkoh. KOH-Lsg. gemischt; das abgeschiedene KCl wird filtriert). Nach 10 Min. langem Kochen wird abgekühlt, filtriert u. auf 25 ml aufgefüllt. Auf chromatograph. Papier Whatman Nr. 4 werden 25 μl aufgetragen u. absteigend in n-Butanol–A.–W. (2 : 2 : 1) ca. 45 Min. chromatographiert. Die trockenen Chromatogramme werden mit 2%ig. $FeCl_3$-Lsg. in Butanol–A. (1 : 4) besprüht. Die Flecken der Hydroxamsäuren des **III** u. **I** bleiben am Ausgangspunkt, **II** besitzt R_F 0,78, u. die Intensität dieses Fleckes wird mit einer Konzentrationsskala verglichen. Erfassungsgrenze 0,05% **II**. *Konzentrationsskala von* **II**: 10 ml alkoh. Lsg. von 0,025 g **II** wird mit 40 ml Hydroxylaminlsg. gemischt u. 10 Min. auf 100° erwärmt. Nach Auffüllen auf das ursprüngliche Vol. werden Anteile zu 5, 10, 20 μl pipettiert; dies entspricht 0,05, 0,10 u. 0,20% **II** bei der techn. Analyse. (Chem. Listy **52**. 2004—05. Okt. 1958 [Orig.: tschech.]; Collect. czechoslov. chem. Commun. **24**. 302—04. Jan. 1959 [Orig.: deutsch]. Pardubice-Rybitví, Výzk. ústav organ. synth.) B. Meloun. G 1220

Andrzej Waksmundzki, Jarosław Ościk und **Zbigniew Frelek,** *Papierchromatographie von Nitrotoluidinen. 2. Mitt. Trennung und Nachweis isomerer Mononitroderivate des p-Toluidins.* (1. vgl. C. **1959**. 4921.) Unter den l. c. beschriebenen Versuchsbedingungen wurden die R_F-Werte von *2-Nitro-p-toluidin* (**I**; 0,50) u. *3-Nitro-p-toluidin* (0,78) ermittelt. Eine Trennung dieser Verbb. von den Nitro-o-toluidinen gelingt eindimensional nur zum Teil; so lassen sich **I** u. 4-Nitro-o-toluidin (R_F 0,46) nicht trennen. Eine Trennung aller 6 Isomere gelingt hingegen durch zweidimensionale Papierchromatographie. Hierzu wird in der 1. Richtung wie l. c. angegeben u. nach Behandeln des getrockneten Streifens mit 5%ig. Ameisensäure mit n-Hexan in der 2. Richtung entwickelt. (Ann. Univ. Mariae Curie-Skłodowska, Sect. AA **10**. 17—24. 1955, herausgeg. 1957. Lublin, Univ., Kat. Chem.-Fiz.) E. Moisar. G 1310

d) Medizinische und toxikologische Analyse.

L. Telegdy-Kováts, *Manometrische Methoden.* Übersicht über die Anwendungsmöglichkeiten manometr. Methoden in biochem. u. bakteriolog. Laboratorien. — Beispiele. (Periodica polytechn. [Budapest], Elektrotechn. **1**. 187—97. 1957. Budapest, Polytechn. Univ., Inst. of Food Chem.) W. Wagner. 5725

W. Putzeys, J. Casier und **R. Leyten,** *Mikrobestimmung von niederen, reduzierenden und nichtreduzierenden Zuckerarten in biologischen Lösungen.* Man bestimmt die Zuckerarten nach Somogyi (J. biol. Chemistry **160**. [1945.] 161) durch Chromatographie. Die Empfindlichkeit beträgt 0,01 mg Glucose je Chromatogrammfleck. Eine Korrektur wird mit einem auf der Höhe des Chromatogramms entnommenen Papierblindwert angebracht. Unterss. über die Verteilung der Reduktionswerte zeigen, daß in einer bestimmten Richtung ein Gradient der Gewichtsverteilung über das Papier besteht. Daher muß in einer bestimmten Richtung — meist der Längsrichtung des Filtrierpapiers — chromatographiert werden. Verdünnung u. längere Reaktionszeit haben in gewissen Grenzen keinen Einfl. auf die Ergebnisse. (Agricultura [Louvain] [2] **6**. 239—57. Juni 1958.) W. Wesly. 5725

Mieczysław Trząski und **Zenon Lisowski,** *Vereinfachtes Verfahren zur quantitativen Zuckerbestimmung im Urin.* Die Zuckerbest. im Harn wird mit Hilfe folgender Lsgg. durchgeführt: Lsg. 1 : 17,3 (g) $CuSO_4 \cdot 5H_2O$/500 ml W., Lsg. 2: 70,0 85%ig. Milchsäure, 76,6 NaOH, 10,0 Na_2CO_3, 3,2 $K_4Fe(CN)_6$, 5,0 KSCN/500 ml Wasser. Vor der Best. werden gleiche Voll. beider Lsgg. vermischt. Die Harnprobe wird in 1 ml der heißen Lsg. getropft, bis eine Fällung von Cu_2O erscheint. 2 ml Reagens entsprechen 4 mg Glucose. Die Zuckerkonz. soll $< 1\%$ betragen. (Farmacja polska **14**. 345—46. 31/10. 1958.) F. Urban. 5732

J. P. Comer, *Reagenspapier für den halbquantitativen spezifischen Nachweis von Glucose in Urin.* Vf. entwickelt ein Reagenspapier, dem der *Glucose* (**I**)-Nachw. von Keston zugrunde liegt. Mit **I**-Oxydase, Meerrettichperoxydase, o-Toluidin u. F.D.C.-Gelb (Farbstoff) präpariertes Filtrierpapier wird in die Urinprobe getaucht, herausgenommen u. nach 1 Min. mit einer Farbskala verglichen. **I**-%-Gehh. in ( ): Gelb (0), hellgrün (0,10), dunkelgrün (0,25), blaugrün (0,50), dunkelblau (2). Rationelles Arbeiten ermöglicht 4 Bestimmungen/2 Minuten. Saccharose, Galaktose, Lactose, Xylose, Fructose reagieren nicht. Gesamtgenauigkeit 96%. Bei **I**-Gehh. zwischen 0—0,50% zeigt das Papier genauere Werte als der Benedict-Test, der bei **I**-Gehh. von 1—2% genauer ist. 36 getestete Arzneimittel im Urin stören den **I**-Nachw. ebensowenig wie Temperatur- bzw. p_H-Änderungen. Ascorbinsäure stört. Das Reagenspapier ist lichtgeschützt monatelang haltbar. (Analytic. Chem. **28.** 1748–50. Nov. 1956. Indianapolis, Ind., Eli Lilly & Co. Analyt. Res. Dep.) J. KUSCHEL. 5732

Billy Baggett, Lewis L. Engel und **Linda L. Fielding,** *Die Bestimmung von Hydroxysteroiden.* Die Meth. beruht auf der Darst. von Acetatestern der steroiden Hydroxylgruppen mit Acetanhydrid in Pyridin aus acylierbaren neutralen Lipiden, anschließender Umwandlung der Acetate in Acethydroxamsäure mit alkal. NH_2OH, wobei die Acethydroxamsäure mit Fe^{3+} einen purpurfarbenen Chromogenkomplex (I) bildet, aus dessen Farbintensität der ursprüngliche Geh. an OH-Gruppen spektrophotometr. bei 560 mμ gemessen wurde. Auf diese Weise wurde von folgenden Reinsteroiden der I-Geh., beruhend auf dem Vgl. mit dem Chromogengeh. von Cholesterylacetat als Standard, bestimmt: *Cholesterin, Koprostanol, Cholestanol, Epikoprostanol, Epicholestanol, Testosteron, Pregnan-3α.10α-diol, Allopregnan-3β.16α.20β-triol, Desoxycorticosteron* u. *Progesteron.* Die Meth. fand Anwendung auf Best. von acylierbaren, neutralen Hydroxysteroiden in *Urin*-Extrakten gesunder u. kranker Personen. Die endokrine Ausscheidung neutraler Lipide variierte recht erheblich. Zufuhr von 300 mg Testosteron/24 Std. übte bei einem Arthritiskranken eine starke Erhöhung der acylierbaren Lipide in der Urinabscheidung aus. (J. biol. Chemistry **213.** 87–97. März 1955. Boston, Mass., Huntington Mem. Hosp. of Harvard Univ. at the Massachusetts General Hosp., Med. Labor., and Harvard Med. School, Dep. of Biol. Chem.) CARL FREESE. 5732

S. C. Bokhorst en **L. J. Poortvliet,** Scheikunde voor analisten. Dl. 3. Organische scheikunde. Groningen: J. B. Wolters. 1959. (160 S. m. Abb.) hfl. 7,90.

T. A. Krjukowa, Ss. I. Ssinjakowa und **T. W. Arefjewa,** Die polarographische Analyse. Moskau: Gosschimisdat. 1959. (772 S. m. Abb.) 34 Rbl. 50 Kop. [russ.]

Hans Neff, Grundlagen und Anwendung der Röntgen-Feinstruktur-Analyse. München: R. Oldenbourg Verlag. 1959. (447 S. m. 348 Abb. u. 49 Taf.) DM 73,—.

H. Angewandte Chemie.

I. Allgemeine chemische Technologie.

D. E. Matschke und **D. A. Dahlstrom,** *Miniaturhydrocyclone. — Energiebedarf und Wirkungsgrad der Feststoffentfernung.* 1. Mitt. *Energiebedarf.* Aus Ergebnissen von Verss. in Hydrocyclonen aus Glas von 10–40 mm Durchmesser leiteten Vff. Formeln ab, die den Energiebedarf als Funktion der Kapazität darstellen. In der Praxis treten Abweichungen von 4–5% von den mit dieser Formel ermittelten Werten auf. (Chem. Engng. Progr. **54.** Nr. 12. 60–64. Dez. 1958. Evanstone, Ill., Univ., Chem. Engng. Dep.; Palatine, Ill., Eimco Corp.) GERHARD GÜNTHER. 5828

Aladár Lienerth, *Die Prüfung der Vakuumbeständigkeit chemischer Apparate.* Beschreibung der Prüfvorr. u. Zusammenfassung der Meßergebnisse zur Prüfung der Vakuumbeständigkeit. (Magyar Kémikusok Lapja [Z. Ver. ung. Chemiker] **13.** 275–78. Juli/Aug. 1958. Vegyipari, Gépek és Mezögazdasági Iparok Tanszék, Gépkisérleti Állomás.) G. HALMI. 5842

M. M. Saitzew, A. I. Makarow, I. L. Tarnawski und **A. Ja. Zeitlin,** *Abgasreinigung von Staub bei der Ferromanganschmelze.* Die Feinreinigung der Abgase eines Ferromanganschmelzofens wird mit Erfolg in einem näher beschriebenen Elektrofilter mit einer vorangehenden Vorbereitung des Gases in einem rohrförmigen Zerstäuber bei optimaler Gasgeschwindigkeit (1,5 m/Sek.) in optimalem Rohrwiderstand (300 bis 350 mm Wassersäule) durchgeführt. Es werden Angaben über die Zus. u. Eigg. des Staubes in Abgasen von Ferromanganschmelzöfen sowie über die bei Verwendung des Zerstäubers u. Elektrofilters erreichbaren Reinheitswerte des Gases gemacht. (Сталь [Stahl] **19.** 181–88. Febr. 1959. Kossogorsk, Hüttenwerk.) H. HOCHSTEIN. 5850

Donald E. Garrett, *Industrielle Kristallisation in Trona.* Beschreibung der Apparaturen, die in Trona für die Kristallisation von *Boraten, Sulfaten, Carbonaten, Chloriden* u. *Phosphaten* verwendet werden. Besonderer Wert wird darauf gelegt, sowohl im techn. wie im Versuchsmaßstab nur standardisierte Apparaturen zu verwenden. (Chem. Engng. Progr. **54.** Nr. 12. 65–69. Dez. 1958. Trona, Calif., American Potash & Chem. Corp.) GERHARD GÜNTHER. 5868

J. A. Brink jr., *„Ein Cascadenimpactor" für adiabatische Messungen.* Beschreibung eines App. zur Best. der Teilchengrößenverteilung von Aerosolen, bes. von hygroskop. Säurenebeln, u. Mitt. von Versuchsergebnissen. (Ind. Engng. Chem. **50.** Nr. 4. 645–48. April 1958. Everett, Mass., Monsanto Chemical Co.) GERHARD GÜNTHER. 5888

Aurelio O. Cruz, Angelita M. Tuason und **Corazon M. Mendoza,** *Untersuchungen über die Herstellung hydraulischer Bremsflüssigkeiten aus Ricinusöl.* Vff. prüften eine Reihe von Mischungen aus Ricinusöl (I) u. Lösungsmittel, jeweils unter Zusatz von 0,1%

Hydrochinon als Antioxydans, auf ihre Brauchbarkeit als Bremsöl in Kraftfahrzeugen. Mehrere Mischungen erfüllten die SAE-Spezifikationen, am besten 26,7 I + 66,7 *Butanol* + 6,7 *Äthylenglykol*. (Philippine J. Sci. **86**. 331—37. Dez. 1957. Manila, Inst. für Wiss. u. Technol.) GERHARD GÜNTHER. 5892

C. G. Addingley, *Kunststoffe in Förderbändern, insbesondere für Bergwerke.* Die Entw. von Förderbändern auf Polyvinylchloridbasis u. die Testmethoden werden ausführlich beschrieben. Prüfergebnisse werden mit denen von Kautschukbändern verglichen. (Plast. Inst., Trans. and J. **26**. Nr. 65. 227—50. Juli 1958. Brit. Belting & Asbestos Ltd.) R. SCHÄFF. 5892

K. Schoenemann, *Die Vorausberechnung industrieller Reaktoren.* Nach Darst. der allg. Problematik befaßt sich Vf. mit den speziellen Problemen, die bei Rkk. in Gasphase bzw. in fl. Phase bzw. in Mischphase auftreten. Danach sind die wichtigsten Faktoren bei Gasphasenvorgängen die Temperaturverteilung innerhalb des Reaktors u. bei reiner Flüssigkeitsphase die Strömungsverteilung. Bei Mischphasen kommt zusätzlich zu diesen beiden Faktoren der Lösungsgeschwindigkeit des Gases noch eine besondere Bedeutung zu. Als Test-Rkk. für die 3 Fälle wählte Vf. die katalyt. Chlorierung von *Bzl.* nach RASCHIG mit *HCl* u. *Luft*, die Herst. von *Furfurol* durch Hydrolyse von *Xylose* in wss. Lsg. mit *HCl* sowie die katalyt. Hydrierung von *Glucose* in wss. Lsg. zu *Sorbit* im Rieselverfahren. (Génie chim. **77**. 89—101. April 1957. Darmstadt, TH, Inst. für technolog. Chem.) GERHARD GÜNTHER. 5896

Sakae Yagi, *Chemisch-technologische Untersuchung von Reaktionsvorgängen und neuere industriell-chemische Apparaturtypen für Durchführung von Reaktionen.* Übersicht über die Gruppierung von sogenannten Einheitsprozessen, einige chem.-technolog. Fragen der apparativen Gestaltung chem.-techn. Rkk. u. Beispiel einiger neuer Apparattypen, wie z. B. solche zur katalyt. Zers. von Mineralölen (systemat. Tabelle), in Verbund arbeitende Einzelansätze für kontinuierliche Operationen sowie Apparate für 2-Phasengegenstromreaktionen. — 44 Literaturangaben. (J. chem. Soc. Japan, ind. Chem. Sect. Kōgyō Kagaku Zassi] **58**. 161—65. März 1955. [Orig.: japan.]) L. SCHULER. 5896

Josef Haken, *Fortschritte der Wirbelschichttechnik in der technischen Praxis.* Kurze Übersicht. (Chemie [Praha] **9**. 604—08. Aug. 1957. Ústí nad Labem, Průmyslová škola chem.) J. SCHNEIDER. 5906

Badische Anilin- & Soda-Fabrik Akt.-Ges., Ludwigshafen/Rh., *Granulieren schmelzbarer Stoffe.* Die geschmolzenen Stoffe, z. B. Polyäthylenwachs, Farbstoffe, Pharmazeutica, werden durch eine Düse, in der sich ein Kolben hin u. her bewegt, der den Fluß des geschmolzenen Stoffes period. unterbricht, auf eine gekühlte Fläche getropft. — Zeichnung. (**E. P. 789 685** vom 17/6. 1955, ausg. 29/1. 1958. D. Prior. 19/6. 1954.) W. MATTHAES. 5801

Electrolytic Zinc Co. of Australasia Ltd., Melbourne, Victoria, Australien, *Verminderung der Korrosion von Wärmeaustauschern*, die zum Kühlen der Röstgase von Zinksulfiderzen dienen. Die Abgase werden vor Eintritt in den Wärmeaustauscher, möglichst sofort nach Verlassen des Röstofens auf $< 850^0$, bes. auf $< 800^0$, abgekühlt, indem man kalte Luft oder kalte Gase, vorzugsweise in berechneten Mengen, den Röstgasen zusetzt. Gekühlte Röstgase können hierzu auch im Kreislauf verwendet werden. (**E. P. 742 093** vom 16/7. 1953, ausg. 21/12. 1955. Aust. Prior. 15/8. 1952.) W. GRÄGER. 5815

Herbert J. Adair (Erfinder: **Richard L. Riley**), V. St. A., *Aerosoltreibstoff.* In der „Aerosolbombe" nach A. P. 2 321 023 ersetzt man einen Teil der Treibgase (Fluorchlor-KW-stoffe, Handelsnamen: Freon, Genetron oder Isotron) durch ein stöchiometr. Gemisch aus Na_2CO_3 u. Citronensäure, die nicht miteinander reagiert haben dürfen. Das Prod. besteht aus 10—50 (%) Treibgasen, die als letztes unter einem Druck von 2,8 bis 4,9 kg/cm² eingepumpt werden, 20—95 W., 2—10 stöchiometr. Mischung u. dem Aerosol. — Ausführungsbeispiele für ein *insekticides, desodorierendes Aerosol* u. künstlichen *Schnee.* (**F. P. 1 172 183** vom 1/2. 1957, ausg. 6/2. 1959. A. Priorr. 2/2. u. 13/11. 1956.) G. WELTZIEN. 5821

Permutit Co. Ltd., London (Erfinder: **Theodore Roger Ernest Kressman** und **Ernest Malcolm Wilkinson**), *Anionenaustauschharze* mit 2 oder mehr N-Atomen je Austauschgruppe erhält man durch Rk. eines aliphat. oder aromat. Polymerisats, z. B. Polystyrol, das durch Divinylbenzol oder Divinylketon vernetzt ist u. Halogenalkylgruppen enthält, mit ω-Mono- oder ω-Dialkylaminoalkylhalogen bei 30^0 u. Umsetzen des Reaktionsprod. mit einem prim. oder sek. Amin. Das Reaktionsprod. hat eine Austauschkapazität von 2,5—3,07 mVal/g Harz. (**E. P. 808 844** vom 23/11. 1955, ausg. 11/2. 1959.) L. STADELMANN. 5827

Farbwerke Hoechst Akt.-Ges., vormals Meister Lucius & Brüning, Frankfurt/M. (Erfinder: **Josef König** und **Helmuth Landau,** Gersthofen über Augsburg, **Hans Karl Platzer,** Stettenhofen über Augsburg), *Herstellung dünner Diaphragmen* durch ein- oder beiderseitiges Beschichten von Geweben mit einer Suspension von Kunststoffpulver in Lösungsmitteln (I), der lösl. Feststoffe (II) zugesetzt sind, anschließendes therm. Fixieren der aufgebrachten Schichten, Entfernen des I u. Herauslösen der II mit einem Mittel, in dem Kunststoffteilchen (III) u. Stützgewebe unlösl. sind, dad. gek., daß eine Suspension von hochmol. III prakt. einheitlicher Größe in einer organ. Fl. verwendet wird, die auf die hochmol. III weder lösend noch quellend wirkt u. in der niedermol. Anteile, bes. des gleichen Kunststoffes gelöst sind, die nach Entfernen des I die III gegenseitig u. mit dem beschichteten Material an ihren Berührungspunkten verbinden, so daß keine Deformation der III eintritt. — Beispiel: 40 (Gewichtsteile) eines trockenen Gemisches aus 60 NaCl u. 40 feinkörnigem Polyvinylchlorid (VI) einheitlicher Teilchengröße, das noch 10—15% niedermol., in Aceton (IV) lösl. Anteile enthält, werden mit 60 IV zu einer Suspension (V) verrührt, wobei die lösl. Anteile gelöst werden. Die V wird auf Ober- u. Unterseite eines VI-Gewebes gestrichen u. bei 110^0 fixiert. Nach dem Herauslösen des NaCl durch heißes W. ist das Diaphragma betriebsbereit. (**D. A. S. 1 047 164** Kl. 81 vom 28/11. 1957, veröff. 24/12. 1958.) M. BÖTTCHER. 5831

Carbonisation et Charbons Actifs, Frankreich, *Entwässern und Trocknen von Luft* unter Verwendung von Tonen, bes. von Montmorillonit. Der durch Schlämmen mit W. von Quarz u. anderen Verunreinigungen befreite Rohton wird 6 Std. mit H_2SO_4 bei 100^0 behandelt, danach mit W. gewaschen u. 2—3 Std. mit Kalkmilch bei 100^0 erhitzt. Das abgesaugte Prod. wird bei Tempp. bis zu 80^0 getrocknet u. danach 2—3 Std. bei 180^0 therm. behandelt. Das erhaltene Entwässerungsmittel ist neutral. — An Stelle von Kalk kann Bentonit auch mit einer wss. Suspension von MgO bei 100^0 2—3 Std. verrührt werden. Die Weiterbehandlung geschieht wie vorst. beschrieben. (**F. P. 1 104 924** vom 19/5. 1954, ausg. 25/11. 1955.) · M. F. MÜLLER. 5855

Säurebau und Keramikwerke Bendorf/Rhein, Zweigniederlassung der Dr. C. Otto & Comp. G. m. b. H., Bendorf/Rhein, *Kristallisieren von Salzen,* bes. $FeSO_4$, aus warmen Konzentraten. Man läßt die Lsg. längs der Innenwände vertikaler, von außen gekühlter Rohre herabfließen, in denen von unten nach oben ein Luftstrom fließt. Am unteren Ende der Rohre wird die krist. M. einem Saugfilter zugeführt. — Vorr., Zeichnungen. (**It. P. 495 856** vom 4/3. 1952. D. Prior. 5/3. 1951.) K. KOEBKE. 5869

Solvay & Cie. (Erfinder: **Charles Deprez** und **M. Nestor Daras**), Brüssel, Belgien, *Nachweis der Bildung explosibler Gasgemische* (I) vor Erreichen der unteren Explosionsgrenze, bei dem eine chem. Verb. aus dem I erzeugt u. die sich dadurch ergebende Druckänderung an einem Meßgerät angezeigt wird, dad. gek., daß in regelmäßigen Abständen eine Probe des zu überwachenden I entnommen wird, an dieser Probe die chem. Verb. erzeugt wird u. die dabei auftretende Druckänderung auf ein Manometer einwirkt, in welchem, sobald diese Druckänderung einen gewünschten Betrag erreicht, eine Elektrolytlsg. 2 Graphitelektroden berührt u. dadurch ein elektr. den Anzeiger steuernder Stromkreis geschlossen wird. Dient bes. zum Nachw. von H_2- u. Cl_2-Gemischen bei der Überwachung des Arbeitens elektrolyt. Zellen. (**D. A. S. 1 007 526** Kl. 42 l vom 17/12. 1952, veröff. 2/5. 1957. **Oe. P. 178 310** vom 14/1. 1953, ausg. 26/4. 1954. **Schwz. P. 307 672** vom 10/1. 1953, ausg. 16/8. 1955. Alle Belg. Prior. 6/2. 1952.) W. v. HUHN. 5889

Rohm & Haas Co. (Erfinder: **Lawrence Joseph Exner** und **Peter La Roche de Benneville**), Philadelphia, Pa., V. St. A., *Herstellung von Polysiloxanen* der Formel $A \cdot (CH'_2)_{m-1}C(R'_2)O[-Si(R'_2)O]_nC(R'_2)(CH_2)_{m-1}A$ durch Rk. von Verbb. der Formel $A(CH_2)_{m-1}C(R'_2)OH$ mit Verbb. der Formel $Cl[Si(R_2)O]_{n-1}Si(R_2)Cl$ (m = ganze Zahl von 1—3; n = positive Zahl von einem mittleren Wert von 2—9, bes. 3—4; A = —CN oder —COOR^0; R^0 = Cyclohexyl oder Alkyl mit 1—18 C-Atomen; R′ = H oder Alkyl mit 1—8 C-Atomen, alle R′ können bes. CH_3 u. auch untereinander verschieden sein; R = Alkyl mit 1—5 C-Atomen, wie CH_3, C_2H_5, C_3H_7, Isopropyl, Butyl, Amyl). Die Reaktionsprodd. sind Öle, die ihre Viscosität bei Temperaturänderung, z. B. bis —51^0, wenig ändern u. chem. indifferent sind. Verwendung als *hydraul. Fll.*, z. B. bei Bremsen, Stoßdämpfern. — In 198 (Teile) Methyl-α-hydroxyisobutyrat, 170 Triäthylamin u. 310 trocknes Bzl. bei 0—5^0 204,4 α.ω-Dichlorpolydimethylsiloxan (3,2 Siloxangruppen im Mittel) in 185 Bzl. eintropfen lassen, ohne Kühlung rühren; Temperaturanstieg auf 39^0. Nach 16 Std. abfiltrieren u. das Filtrat bei Kp.$_7$ 45^0 rektifizieren, das braune Öl in Solventnaphtha einige Min. kochen, etwas Aktivkohle zusetzen u. bei Kp.$_{15}$ 100^0 erneut rektifizieren: $CH_3O \cdot CO \cdot C(CH_3)_2O[Si(CH_3)_2O]_{3,2}C(CH_3)_2 \cdot COOCH_3$. — $n\text{-}C_4H_9O \cdot CO \cdot C(CH_3)_2O[Si(CH_3)_2O]_{3,2}C(CH_3)_2 \cdot COO\text{-}n\text{-}C_4H_9$, Kp.$_{20}$ 100^0. — Das entsprechende *Hexylderiv.* hat Kp.$_{1,5}$ 100^0. — $n\text{-}C_8H_{17}O \cdot CO \cdot C(CH_3)_2O[Si(CH_3)_2O]_{3,7}C(CH_3)_2 \cdot COO\text{-}n\text{-}C_8H_{17}$,

Kp.$_{1,1}$ 100°. — $(CH_3)_2C(CN)O[Si(CH_3)_2O]_{3,7}C(CN)(CH_3)_2$, Kp.$_{2,7}$ 100°. (**F. P. 1 148 119** vom 27/3. 1956, ausg. 4/12. 1957. **Jap. A. S. 948/1958** vom 2/3. 1956, veröff. 15/2. 1958. **D. A. S. 1 049 374** Kl. 12o vom 23/3. 1956, veröff. 29/1. 1959. **E. P. 804 119** vom 1/3. 1956, ausg. 5/11. 1958. Alle A. Prior. 30/3. 1955. **A. P. 2 836 611** vom 30/3. 1955, ausg. 27/5. 1958.) M. PANKOW. 5893

United States Atomic Energy Commission, Washington, D. C. (Erfinder: **Frank Baldwin Quinlan** und **William Earl Roake,** Richland, Wash.), V. St. A., *Keramisches Spalt- oder Brütstoffelement für Kernreaktoren.* Zur Herst. wird ein Pulver aus Spalt- oder Brütmaterial (z. B. UO_2) in eine Metallkapsel eingeschlossen, deren Durchmesser dann durch Drehstauchung red. wird. Die Metallkapsel besteht z. B. aus einer Legierung aus 1,5 (%) Sn, 0,12 Fe, 0,10 Cr u. 0,05 Ni, Rest Zr, oder aus Al mit Stahlmantel. (**D. A. S. 1 055 143** Kl. 21g vom 23/9. 1958, veröff. 16/4. 1959. A. Prior. 13/11. 1957.) H. KESSEL. 5895

United Kingdom Atomic Energy Authority, London (Erfinder: **William Fairhurst,** Leyland, Preston), England, *Kernbrennstoffelement* mit lamellierter Schutzhülle. Wenigstens einige der Lamellen sind in Abständen genutet oder geschlitzt, wobei die Abschnitte zwischen den Nuten oder Schlitzen so abgebogen sind, daß das in Längsrichtung strömende Kühlgas sowohl um das Brennstoffelement herum als auch längs entlanggeführt wird. (**D. A. S. 1 056 288** Kl. 21g vom 21/1. 1958, veröff. 30/4. 1959. E. Prior. 6/2. 1957.) H. KESSEL. 5895

Badische Anilin- & Soda-Fabrik Akt.-Ges., Ludwigshafen/Rh., *Feinverteilte Feststoffe geringen Schüttgewichts.* Eine koll. Lsg. der Stoffe wird durch ein erhitztes Rohr oder Rohrsyst. gepumpt, wobei darin ein Druck aufrechterhalten wird, der zumindest dem krit. Druck des Dispersionsmittels der Lsg. entspricht u. wobei die Wärmezufuhr so geregelt wird, daß die krit. Temp. des Dispersionsmittels zumindest am Ende des Rohres erreicht wird u. wobei gleichzeitig ein Teil der Lsg. dort vom Druck, bes. bis auf n. Druck entlastet wird. Die Feststoffe werden von dem aus dem Rohr tretenden Dispersionsmitteldampf derart abgetrennt, daß Kondensation des Dampfes erst auftritt, wenn der Feststoff abgeschieden ist. Als Dispersionsmittel dient eine Mischung von W. mit einem organ. Lösungsm.; der Wärmeinhalt des Dispersionsmitteldampfes dient zur Rektifikation des Dispersionsmittels nach der Druckentlastung u. Abtrennung des Aerogels, worauf das rektifizierte Dispersionsmittel zur Herst. neuer Dispersionen zurückgeführt wird. Beispiel für Gewinnung eines Si-Aerogels aus Silicasol u. CH_3OH. — Zeichnung. (**E. P. 796 647** vom 16/10. 1956, ausg. 18/6. 1958. D. Prior. 2/12. 1955.) W. MATTHES. 5897

D. Napier & Son Ltd. (Erfinder: **Bernard Frederick Adams Lane** und **Philip Ranasden**), *Katalytische Reaktionen.* In einer Reaktionskammer ist ein Einlaß für die zu zers. Fl., z. B. H_2O_2, u. am anderen Ende ein Auslaß für die Reaktionsprodd. vorgesehen, während sich im Innern der Kammer das eigentliche Katalysatorbett befindet. Dabei besteht dieses aus Kügelchen des entsprechenden Katalysatormetalls, z. B. bei der Zers. von H_2O_2 aus Ag, das noch von einer 2. Metallschicht überzogen ist. Diese Kügelchen sind dem Einlaßende gegenüber dicht gepackt angeordnet, während vor dem Auslaßende — dieses vollkommen ausfüllend — ein dichter Ballen oder Haufen aus Ag-Gaze sich befindet, den die Reaktionsprodd. in jedem Falle durchströmen müssen, so daß auf diese Weise erreicht wird, daß die Rk. vollständig abläuft, also kein unzers. Material entweichen kann. (**Aust. P. 206 427** vom 15/12. 1955, ausg. 21/3. 1957. E. Prior. 15/12. 1954.) H. NEBELSIEK. 5905

W. A. Ssipjagin und **A. F. Ssatschkow,** Die Entstaubung der Grubenluft. Moskau; Metallurgisdat. 1958. 13 Rbl. 75 Kop. [russ.]

III. Elektrotechnik.

C. G. Keel, *Was sind gedruckte Schaltungen?* Begriff, Herst. u. Anwendung von gedruckten Schaltungen an Stelle der Drahtverbindungen zwischen Elektronenröhren, Widerständen, Kondensatoren (Kunststoffpreßplatten mit dünn aufgewalzten Cu-Folien). (Z. Schweisstechn. [Zürich] **48.** 77—78. 10/3. 1958.) W. WESLY. 5952

T. W. Watson, *Verwendung von Siliconen in der Glasindustrie.* Vf. gibt einen Überblick über die Verwendung von Siliconen zur Imprägnierung von Glasgeweben, deren Nutzung für elektr. Isolationszwecke durch die geringe Wärmebeständigkeit der früher verwendeten Kunstharze stark beschränkt war. Er berichtet über Verss., die Oberflächenwiderstandsfähigkeit durch Behandlung mit Siliconverbb. zu verbessern. Diese wurde durchgeführt durch die Behandlung mit Monoalkyldichlorsilanen, Alkyl-Wasserstoff-Polysiloxanen u. Polymeren von Polysiloxanen. In Tabellen werden die Werte für Wasserabstoßung usw. gegeben. (J. Soc. Glass Technol. **42.** Trans. 195—203. Aug. 1958.) L. KÜHNERT. 5956

Alfons Krause, *Chemie ferromagnetischer Eisenoxyde.* Übersicht über die Herst. ferromagnet. Fe-Oxyde. Synthet. Fe_3O_4 wird am besten durch Rk. von $Fe(OH)_2$ mit γ-Fe_2O_3 in alkal. Lsg. erhalten. Eine weitere Möglichkeit ist die Red. von α-Fe_2O_3 mit H_2. γ-Fe_2O_3, erhalten durch Entwässern von γ-FeOOH bei 300°, durch Entwässern von amorphem Polyortho-Fe(III)-hydroxyd oder durch Hydrolyse von $K_2O \cdot 2\,Fe_2O_3$, zeigt auf Grund seines höheren Geh. an — $Fe\langle^{O}_{O}\rangle Fe$-Bindungen gegenüber Fe_3O_4 eine höhere magnet. Aktivität. — 26 Literaturangaben. (Przemysł chem. **37.** 637—39. Okt. 1958. Poznań, Uniw., Zakł. Chem. nieorgan.) F. URBAN. 5958

Zdeněk Ministr, *Eigenschaften und Anwendung von Sinterdauermagneten.* Eigg. gesinterter u. gegossener Alni-Dauermagneten; Vor- u. Nachteile beider Herstellungsverfahren. Konstruktion der Form für Sinterdauermagneten hinsichtlich Preßtechnik in der Pulvermetallurgie u. Beschreibung eines neuen Verf. zur Verbindung des Sinterringmagnets mit der Welle. Eigg. ferrit. Magnete, von Magneten aus feinsten Pulvern u. von Bi–Mn-Magneten. (Hutnické Listy **10.** 389—96. Juli 1955. Vestec u. Prahy, Výzk. úst. pro práškovou metalurgii.) E. ROTTER. 5958

J. L. Meijering und **G. D. Rieck,** *Die Funktion von Zusätzen in Wolfram für Glühfäden.* Die bei hohem Erhitzen von W-Doppelwendeln auftretenden Verformungen (Durchhängen, stufenförmige Einbuchtungen) lassen sich durch Zusätze von einigen Gew.-% K_2O, Al_2O_3 oder SiO_2 vermeiden. Eine Funktion dieser Zusätze ist es, so stabile Verbb. (K–Si-Wolframate, W-Bronzen) zu bilden, daß sie als selbständige Phase im W erhalten bleiben u. beim Ausziehen der Drähte draht- oder röhrenförmige Struktur annehmen. Rekristallisation kann nur innerhalb einer solchen Röhre erfolgen. Nur dort, wo diese Röhren Löcher enthalten, können sich benachbarte Kristalle vereinigen. Infolge dieser Struktur ist ein Abgleiten senkrecht zur Drahtachse kaum noch möglich. An Hand von theoret. Modellen u. mit LAUE-Diagrammen wird die Röhrenstruktur nachgewiesen. (Philips' techn. Rdsch. **19.** 113—21. 1957/58. Eindhoven, Labor. der Philipswerke.) HELMUT SCHMIDT. 5972

Siemens-Schuckertwerke Akt.-Ges., Berlin und Erlangen (Erfinder: **Markus Biermann** und **Ekkehard Schillmann,** Berlin), *Dünne Halbleiterschichten* aus Elementen der 3. u. 5. Gruppe des Period. Syst., bes. für *Hall-Spannungsgeneratoren.* Zur Herst. wird auf einen Träger die eine Komponente als dünne Folie aufgebracht u. dann die andere ebenfalls als dünne Folie oder durch Aufstreichen, Aufdampfen oder Aufstäuben. Schließlich wird durch Erhitzen auf die Reaktionstemp. eine Halbleiterschicht von stöchiometr. Zus. gewonnen. — Prakt. werden die Komponenten in einem solchen Verhältnis niedergeschlagen, daß die leichter verdampfende vor dem Erhitzen im Überschuß vorliegt. (**D. A. SS. 1 041 582** Kl. 21c vom 30/7. 1955, veröff. 23/10. 1958 u. **1 046 739** Kl. 21c vom 30/7. 1954, veröff. 18/12. 1958.) H. KESSEL. 5953

Clevite Corp., Cleveland, Ohio, V. St. A., *Herstellung kleiner geformter Halbleitereinkristalle.* Zur Verringerung des Verlustes beim üblichen Zerschneiden wird das polykrist. Halbleitermaterial in entsprechenden Formen dem Zonenschmelzen unterworfen. — Abbildungen. (**E. P. 797 205** vom 26/8. 1954, ausg. 25/6. 1958. A. Prior. 22/9. 1953.) O. STEIL. 5953

Corning Glass Works, V. St. A. (Erfinder: **James K. Davis**), *Widerstandskörper.* Ein Keramik- oder Glaskörper trägt über einer elektr. leitenden Metalloxydschicht (z. B. aus Sn-Oxyd mit einem Geh. von mindestens 6% Sb_2O_3) eine 2. elektr. leitende Metalloxydschicht von gleicher oder anderer Zus., deren spezif. Widerstand mindestens das 10fache von dem der 1. Schicht beträgt. (**F. P. 1 159 853** vom 27/9. 1956, ausg. 3/7. 1958. A. Prior. 30/9. 1955.) H. KESSEL. 5955

Corning Glass Works, V. St. A. (Erfinder: **James K. Davis**), *Widerstandskörper.* Eine elektr. leitende Metalloxydschicht (z. B. aus Sn-Oxyd mit einem Geh. von mindestens 6% Sb_2O_3) liegt auf einem Glaskörper, der prakt. frei von Alkaliionen ist u. z. B. aus einem Erdalkali-Aluminosilicat-Glas besteht. Die Schutzschicht besteht aus keram. Material oder einer elektr. leitenden Metalloxydschicht von gleicher oder anderer Zus. wie die 1. Schicht, aber von mindestens 10fachem spezif. Widerstand. (**F. P. 1 159 854** vom 27/9. 1956, ausg. 3/7. 1958. A. Prior. 30/9. 1955.) H. KESSEL. 5955

Telegraph Construction & Maintenance Co. Ltd. (Erfinder: **Edward Ingram Cooke**), London, England, *Insekticides Mittel für Thermoplasten* (Polyätylen, Polyvinylchlorid, Guttapercha u. Celluloseacetat) sind Fettsäureester (I) des Pentachlorphenols, bes. von Fettsäuren mit 3—20 C-Atomen, z. B. Pentachlorphenollaurat. Die **I** werden der M. in Mengen von 2—10% zugesetzt oder oberflächlich, bes. in Melamin–CH_2O-Harzüberzügen aufgebracht. — Herst. von *elektr. Kabeln.* (**D. A. S. 1 052 678** Kl. 39b vom 11/5. 1957, veröff. 12/3. 1959. E. Prior. 17/5. 1956.) G. TEWES. 5957

Westinghouse Electric Corp., V. St. A. (Erfinder: **William Schneider** und **Aubrey W. Worthington**), *Isolierschicht.* Mehrere übereinanderliegende Schichten bestehen abwechselnd aus Glimmer u. einem warmhärtbaren Kunstharzbindemittel, das 30—60 (Gew.-%) eines fl. Vinyl-Aryl-Monomers u. 70—40 eines darin gelösten ungesätt. Polyesters enthält. (**F. P. 1 103 475** vom 15/4. 1954, ausg. 3/11. 1955. A. Prior. 21/4. 1953.) H. KESSEL. 5957

International Nickel Co., Inc., New York, N. Y., V. St. A., übert. von: **Henry Joseph Round,** New Barnet, und **Kenneth Gerald Hinton,** Stratford-on-Avon, England, *Magnetostriktive Vorrichtung zur Umwandlung von elektrischen in mechanische Schwingungen und umgekehrt* besteht aus einer bin. Legierung mit 2—6% Co, Rest Ni. Bes. beträgt der Co-Geh. 4%. Die Legierung besitzt einen hohen Nutzeffekt bei der Umwandlung der mechan. Energie in die elektr. u. umgekehrt u. eignet sich bes. für diesen Zweck in Echolotapparaturen. — Abbildung. (**A. P. 2 829 047** vom 2/4. 1954, ausg. 1/4. 1958. E. Prior. 2/4. 1953.) H. HOCHSTEIN. 5959

International Nickel Co., Inc., New York, N. Y., V. St. A., übert. von: **Charles Alfred Clark,** Birmingham, England, *Aus binärer Ni–Co-Legierung mit 16,8% bis 18,8% Co hergestellter magnetostriktiver Gegenstand* besitzt eine hohe Wirksamkeit in der Umwandlung elektr. Energie in mechan. Energie oder ist umgekehrt bei den Feldstärken nicht in der Lage, das magnetostriktive Element in den Zustand der magnet. Sättigung zu bringen. Zweckmäßig besteht die zu verwendende Ni-Co-Legierung aus mindestens 15 u. unter 20 (%) Co, Rest Ni, zusammen mit ca. 0,04 C, 0,03 Si, 0,05 Mn, 0,01 S u. 0,5 Fe. — Abbildung. (**A. P. 2 836 492** vom 20/12. 1955, ausg. 27/5. 1958. E. Prior. 23/12. 1954.) H. HOCHSTEIN. 5959

Clevite Corp., Cleveland, Ohio, V. St. A., *Herstellung großer piezoelektrischer Kristalle.* In den Schlitz eines Kristallhalters wird ein Keimkristall mit der Z-Achse in Schlitzrichtung eingesetzt u. dann in eine Nährlsg. gebracht. — Abbildungen. (**E. P. 797 844** vom 28/9. 1955, ausg. 9/7. 1958. A. Prior. 29/9. 1954.) O. STEIL. 5961

Mallory Batteries Ltd., London, England, *Galvanisches Element* mit einer amalgamierten Zn-Anode, einem zinkathaltigen Elektrolyten u. einem O_2-abgebenden Kathodendepolarisator. Dabei enthält der Elektrolyt mindestens die Hälfte der Zn-Menge, die das Element bei Zellentemp. aufzunehmen imstande ist. Diese Menge an Zinkat soll mindestens 8 Äquivalent-% der Alkalimenge betragen. Die Anode hat eine Oberfläche von mindestens 125 cm^2/g verfügbaren O_2 aus dem Kathodendepolarisator. — Zeichnungen. (**Holl. P. 90 084** vom 30/1. 1946, ausg. 16/2. 1959.) H. NEBELSIEK. 5971

British Thomson-Houston Co. Ltd., England, *Leuchtstoffe,* welche unter der Einw. von kurzen UV- oder von Kathodenstrahlen rotes Licht anssenden. Man vermischt für die Herst. der Leuchtstoffe ZnO oder ZnO u. MgO mit $MnCO_3$ oder einer wss. Lsg. von $MnCl_2 \cdot 4\,H_2O$ u. einer wss. Lsg. von As_2O_5, trocknet das Gemisch bei 105—120°, erhitzt 5 Min. auf 700—1110° an der Luft, mischt das erhaltene Pulver innig nach dem Abkühlen u. erhitzt es nochmals an der Luft 10 Min. bis 2 Std. auf 920—1120°. (**F. P. 1 155 490** vom 6/6. 1956, ausg. 5/5. 1958. E. Prior. 6/6. 1955.) T. OPPERMANN. 5975

Westinghouse Brake & Signal Co. Ltd., London, England, *Herstellung von Trockengleichrichtern.* Man bringt auf die Oberfläche eines Körpers von metall. Ti oder TiO_2 eine Schicht von Cu, $Cu(NO_3)_2$, MgO, ZnO, PbO, FeO, NaOH, Na_2CO_3, $NaHSO_4$, erhitzt in einer prakt. O_2-freien Atmosphäre, bis die Schicht mit dem Ti bzw. TiO_2 reagiert, kühlt in einem O_2- oder H_2O_2-haltigen Medium ab u. bringt eine Gegenelektrode aus Ta, Te, Au, Pd, Pb, Bi, Ag, Cd, Ni, Cu, Sn, Alkalimetall, As, Sb, C, Co, Ga, In, Fe auf. (**It. P. 492 007** vom 30/3. 1951.) K. KOEBKE. 5977

Westinghouse Electric Corp., East Pittsburgh, übert. von: **Charles G. Kepple,** Pittsburgh, Pa., V. St. A., *Träger für gedruckte Schaltungen.* Auf eine Seite einer Kunstharz im A-Zustand enthaltenden Faserstoffbahn wird ein warmhärtender Kunstharzlack (im A-Zustand) als Klebschicht aufgetragen u. feinkörniges Material, z. B. Fe, Al, Cu, $CaCO_3$, $MgCO_3$, teilweise in diese eingebettet. Der warm getrocknete u. das Kunstharz jetzt im B-Zustand enthaltende Faserstoff wird mit den Körnern nach außen mit einem Stapel kunstharzgetränkter Bogen unter Aushärtung verpreßt. Gedruckte Schaltungen bildende Metallschichten haften fest auf der rauhen Oberfläche. Das Kunstharz für die Klebschicht wird z. B. aus 450 (Gewichtsteilen) Phenol, 150 Kresol, 9 wss. NH_3 (26° Bé), 520 CH_2O-Lsg. (37%) u. 60 Methylabietat hergestellt. — Zeichnung. (**A. P. 2 739 881** vom 19/6. 1953, ausg. 27/3. 1956.) E. WEISS. 5983

Permutit Co. Ltd., London, England, *Elektrolyseverfahren* in einer Zelle, bei der die Elektroden abwechselnd durch kation. u. anion. Diaphragmen abgeteilt sind, u. in der die zum Stromdurchfluß erforderliche Spannung durch eine kontinuierliche Zirkulation einer Lsg. zwischen den beiden Elektrodenkammern vermindert wird, die ein geringeres Entladungspotential besitzt als die zu behandelnde Lsg., u. an der Kathode eine Umkehr-Rk. gegenüber der Anode stattfindet. (**E. P. 764 068** vom 22/1. 1954, ausg. 19/12. 1956. D. Prior. 22/1. 1953.) G. Apel. 5993

IV. Wasser. Abwasser.

E. L. Streatfield, *Die Wasseraufbereitung für Hochdruckkessel und die Verhütung von Korrosionen in den Kondensatoren.* Es werden abgehandelt die Entstehungsmöglichkeiten von Korrosionen, die Aufbereitung des Kesselspeisewassers durch Ionenaustauscher, bes. im Hinblick auf Entfernung von Kieselsäure, die Behandlung des Kesselwassers mit Antioxydantien (NaOH, Na_3PO_4, Na_2SO_3, $NaNO_2$, Tanninen) u. Mitteln zur Aufrechterhaltung eines günstigen p_H-Wertes (NH_3, Cyclohexylamin, Morpholin, Hydrazin) sowie die Verhütung von Korrosionen in den Kondensatoren u. Rückflußsystemen mit langkettigen aliphat. Aminen (n-Oktadecylamin). Auf bes. Verhältnisse für Kesselanlagen, die den krit. Druck überschreiten, wird hingewiesen. (Bull. Centre belge Étude Doc. Eaux **1958/IV.** 288—92. Houseman and Thompson Ltd.) W. Schönborn. 6030

—, *Literaturübersicht über die Veröffentlichungen im Jahre 1957 betreffend Aufbereitung häuslicher und industrieller Abwässer und die Wasserreinigung.* Die Übersicht behandelt Arbeiten über Abwasserfragen der Lebensmittel- u. Zuckerindustrie, von Molkereien, Schlachthöfen, chem. u. pharmazeut. Werken, Kohle- u. Erdölaufbereitungsanlagen, von Beizereien, Plattierungsanlagen, Papierfabriken, Gerbereien u. Textilwäschereien. — Ferner werden die Arbeiten über radioakt. Abwässer aus der Kernspaltungstechnik u. die Möglichkeiten ihrer Beseitigung bzw. Unschädlichmachung besprochen. — 391 Literaturhinweise. (Sewage ind. Wastes **30.** 717—56. Juni 1958.) H. Eckstein. 6036

Clair N. Sawyer, *Einwirkung synthetischer Netzmittel auf die Verfahren zur Abwasseraufbereitung.* Die ausführlich beschriebenen Verss. zur Feststellung der Einw. synthet. Netzmittel (Detergentien) (I) auf die Beseitigung fester Bestandteile u. von Fetten aus Abwässern zeigten folgende Ergebnisse: 1. Die Beseitigung suspendierter Feststoffe in den z. Z. vorhandenen u. zu erwartenden Konzz. mittels Absetzbecken wird durch die **I** nicht meßbar beeinflußt. 2. Fette lassen sich dagegen in Ggw. von **I** nicht restlos entfernen. 3. Die Beseitigung der **I** mittels Absetzbecken nimmt mit steigendem **I**-Verbrauch ab. 4. In Abwasserschlamm angereicherte **I** nähern sich der Giftigkeitsgrenze. 5. Alle Alkylsulfate, -ester u. -amine sind — unabhängig von der Natur ihrer hydrophilen Gruppe — biol. „weich" u. verursachen bei der Abwasseraufbereitung keine Schwierigkeiten. 6. *Alkylbenzolsulfonate* (ABS), *Alkylphenoxypolyäthylenglykole* (**II**) u. *Polyäthylenglykole* sind biol. „hart" u. entweichen in beträchtlichen Mengen in die Abläufe biol. Reinigungsanlagen. 7. ABS u. **II** sind weitgehend für das Schäumen in Belebtschlammanlagen verantwortlich. 8. Das Schaumproblem in Belebtschlammanlagen steht mit dem Belüftungsgrad u. der Tiefe des Belüftungsraumes sowie der Konz. an Antischaummitteln in engem Zusammenhang. 9. Die biol. Zers. der Seife verursacht Schäumen der **II**. 10. Der Luftbedarf wächst mit steigendem **II**-Geh., die nur schwer O_2 aufnehmen. 11. Die **II** verbleiben im Sommer bis zu 30 Tagen in strömendem Wasser. — 15 Abbildungen, 24 Literaturnachweise. (Sewage ind. Wastes **30.** 757—75. Juni 1958. Cambridge, Mass., Inst. of Technology.) H. Eckstein. 6036

M. F. Ippolitow, *Die Anwendung von Hydrocyclonen für die Aufhellung von industriellen Abwässern.* Zur Aufhellung industrieller Abwässer wurden kegelförmige Hydrocyclone u. Spezialkonstruktionen wegen ihrer Wirtschaftlichkeit mit Erfolg angewandt. Die untersuchten Abwässer enthielten 100—600 mg/Liter an Schwebestoffen. Die beste Aufhellung wurde bei 50—75 m^3/Std. erzielt. Eine Druckänderung innerhalb 0,3 bis 1,7 at war ohne Einfluß. Die Wasserverluste mit dem Schlamm betrugen 0,3—3,1% des geklärten Wassers. (Водоснабжение и Санитарная Техника [Wasserversorg. sanit. Techn.] **1958.** Nr. 12. 3—6. Dez.) A. Reimer. 6040

E. Sherman Chase, *Die Aufbereitung häuslicher und gewerblicher Abwässer durch Flotation.* Beschreibung der Arbeitsweise einer Schaumflotationsanlage ohne u. mit Kreislaufverf. zur Abscheidung der suspendierten Feststoffe (Fließdiagramme), auch nach vorausgegangener Flockung der Abwässer. Beispiele für Abwässer aus der Papier-, Konserven-, Nahrungsmittel-, Öl- u. Fettindustrie, aus der Kohleaufbereitung, sowie für häusliche Abwässer. Verf. der Schlammkonz. durch Eindicken. — 31 Literaturhinweise. (Sewage ind. Wastes **30.** 783—91. Juni 1958. Boston, Mass., Partner, Metcalf and Eddy.) H. Eckstein. 6042

Ross E. McKinny und **James M. Symons,** *Synthetische Reinigungsmittel.* Nach einem Überblick über die synthet. Reinigungsmittel u. ihre Eigg. wird auf die Schwierigkeiten eingegangen, die Syndets innerhalb der Kläranlage auf chem. oder biol. Wege unschädlich zu machen. — 4 Abbildungen. (Water Sewage Works **105.** 425—27. Okt. 1958. Cambridge, Mass., Massachusetts Institute of Technology.) M. Gremminger. 6044

Nandor Porges, Aaron E. Wasserman, William J. Hopkins und **Lenore Jasewicz,** *Die Oxydation radioaktiver Glucose durch belüfteten Schlamm.* Vff. untersuchten *Glucose,* deren C_1 u. C_6 durch ^{14}C ersetzt waren, auf ihren Abbauverlauf mittels Messung der CO_2-Entw. u. Rückstandsbildung. Die ausführlich beschriebenen Messungen wurden manometr. mit dem Warburg-Respirometer u. dem Sinterglasbelüftungsapp. (vgl. C. **1953.** 2659) durchgeführt. Ergebnisse: Die beiden markierten C-Atome verhalten sich in bezug auf die Oxydierbarkeit der Glucose ganz verschied.: C_1 u. C_2 werden in unterschiedlichem Maße in das Zellenmaterial des Schlammrückstands eingebaut; ein wesentlicher Teil der Radioaktivität verbleibt in der überstehenden Lsg. u. wird, wenn überhaupt, nur langsam aufgebraucht. Der Abbau des Zuckers war innerhalb 4 Std. prakt. vollständig. Der Restanteil des ^{14}C entspricht etwa dem während der Assimilierung abgebauten Teil, der des $^{14}C_6$ ist wesentlich größer (auf Kosten der $^{14}CO_2$), C_1 ist für den Abbau leichter zugänglich als C_6, dieses wird bei längerer Belüftung allmählich auch oxydiert (nach $5^1/_2$ Std. bei C_1 gegen 48 Std. bei C_6). — 14 Literaturhinweise. (Sewage ind. Wastes **30.** 776—82. Juni 1958. Philadelphia, Pa., U. S. Dep. of Agriculture.) H. Eckstein. 6048

L. N. Falkowskaja, *Die Entseuchung von Wasser durch Ultraschall.* Unterss. über die Gesetzmäßigkeit der baktericiden Wrkg. des Ultraschalls u. seine Anwendung zur Entseuchung des Trinkwassers zeigten, daß für den erforderlichen baktericiden Effekt die Intensivität der Schwingungen plattenförmiger Vibratoren nicht ausreicht. Ultraschallanlagen mit einer Intensivität von 1,0—1,2 W/cm² gewährleisten die Vernichtung von 90—95% der Bakterien. Zur Entseuchung des Flußwassers muß die Leistungsfähigkeit der Ultraschallanlage eine Intensivität der Schwingungen von mindestens 2 W/cm² erreichen. Für die industrielle Verwertung sind die Generatoren mit Magnetostriktvibrator am geeignetsten. Optimal ist die Beschallungsdauer von 60 Sekunden. Der maximale Effekt tritt ein, wenn die Dicke der Wasserschicht $^1/_4$—$^1/_2$ der Wellenlänge beträgt. (Водоснабжение и Санитарная Техника [Wasserversorg. sanit. Techn.] **1958.** Nr. 12. 8—10. Dez.) A. Reimer. 6050

J. C. Coss und **N. L. Nemerow,** *Farbmessung mit dem Flußwassercolorimeter.* Ausführliche Beschreibung der Anordnung, die auf der Lichtstärkemessung des von der Wasserprobe reflektierten Lichts beruht. Anwendungsbeispiele u. Angaben zur Berechnung der Lichtstärke unter Berücksichtigung der Luminescenz, der λ u. der Reinheit (= Lichtdurchlässigkeit) der Wasserprobe. — Zur prakt. Durchführung der Farbkontrollen sind Vergleichsfarb-Lsgg. für jeden Einzelfall der Flußwasserunterss. erforderlich, nur Gruppenkategorien, wie Küstenzuflüsse, Mittel- u. Hochgebirgsflüsse können nach Vorprüfung mit den gleichen Farbstandard-Lsgg. geprüft werden. — Die mit dem Flußwassercolorimeter ermittelten Farbwerte gelten als Unterlage für die Beseitigung der Ursachen der färbenden Verunreinigungen. — 7 Abbildungen. (Sewage ind. Wastes **30.** 804—11. Juni 1958. Raleigh, N. C.,North Carolina State Coll. of Agricult. and Engng.) H. Eckstein. 6056

W. Harmanowicz und **C. Sikorowska,** *Bestimmung von Cadmium in Wasser mit Hilfe der Papierchromatographie.* Der Rückstand der eingedampften Probe, in der neben Cd auch Pb, Fe, Zn u. Cu enthalten sein dürfen, wird mit 0,5 ml HCl (1 :1) aufgenommen u. auf Whatman Nr. 4-Papier aufgetragen. Entwickelt wird aufsteigend mit einer Mischung von Aceton, Acetylaceton, 30%ig. Essigsäure u. Amylalkohol. Die R_F-Werte betragen für Zn 0,85, Fe 0,60, Cu 0,45, Cd 0,18 u. Pb 0,08. Die Best. von Cd erfolgt durch Eluieren des ausgeschnittenen Fleckes mit wss. alkal. KCN-Lsg. u. Colorimetrieren der Färbung nach Zusatz von Dithizon in Chlf., wobei noch 0,05 mg Cd/Liter W. erfaßt werden können. (Roczniki państwowego Zakładu Hig. **9.** 121—26. 1958. Warszawa, PZH.) F. Urban. 6060

Georges Trepaud, Frankreich, *Entsalzen von Wasser* durch Gefrieren bei mäßig tiefen Tempp., z. B. —5 bis —10°, unter Hinterlassung einer Rückstandslsg., die von dem Eis getrennt wird. Das Eis wird unter Zuleitung eines schwach erwärmten Luftstroms oberflächlich zum Schmelzen gebracht, bis das dabei abfließende W. den gewünschten geringen Salzgeh. hat. — 4 Zeichnungen. (**F. P. 1 104 852** vom 12/5. 1954, ausg. 24/11. 1955.) M. F. Müller. 6015

Hans Otto Hettche, Hamburg, *Entfernung von Urochrom* (**I**) *aus Wasser* durch Adsorption an Oxyde oder Hydroxyde von Erdmetallen u. Metallen. Bes. gut ist prä-

formiertes Al_2O_3 geeignet. Beispiel: Brunnenwasser mit 4 (mg/Liter) bas. I u. 2,8 saurem I wird durch eine Al_2O_3-Säule von 11 cm Durchmesser u. 12 cm Höhe geleitet; man erhält 20 Liter/Std. Reinwasser. — Man kann auch mindestens 200 von Verbb. der Erdmetalle, der Metalle der Fe-Gruppe oder des Cu dem W. zusetzen u. dann mit Alkali- oder Erdalkalihydroxyd oder einem geeigneten Carbonat die entsprechenden Hydroxyde, zweckmäßig Gemische von ihnen, fällen. Diese werden anschließend mit dem adsorbierten I mechan. abgetrennt. Der End-p_H-Wert soll nicht über 7,5, am besten zwischen 6,5 u. 7,0, liegen. Zur Regenerierung des beladenen Materials kann das aufgenommene I mittels Säuren oder Laugen wieder entfernt werden. — Beispiele: Brunnenwasser mit 12,4 I wird mit $Al_2(SO_4)_3$ bzw. $FeCl_3$ bzw. $CuSO_4$ u. $Ca(OH)_2$ behandelt. (**D. B. P. 950 837** Kl. 85b vom 20/11. 1954, ausg. 31/10. 1956. Anmeldung bekanntgemacht 12/4. 1956.)
E. LINDEMANN. 6025

Sun Oil Co., Philadelphia, Pa., übert. von: **William F. Oxford jr.**, Beaumont, Texas, V. St. A., *Kesselsteinverhütung und Korrosionsschutz in Wasserumlaufsystemen* durch Ausbldg. eines Schutzfilms auf den Metalloberflächen der Anlage. Man erhält eine potenzierte Wrkg. durch gleichzeitigen Zusatz eines acylierten polymeren Aminoalkohols (I) u. eines acylierten Polyamins (II) zum umlaufenden Wasser. Als I dienen dimeres oder trimeres Triäthanolamin mit mindestens einem Monocarbonsäurerest von 10 bis 20 C-Atomen, erhalten durch Rk. der genannten Aminoalkohole, z. B. mit Palmitin-, Öl-, Stearin-, Ricinol-, Abietinsäure, Ricinusöl oder Tallöl. Als II werden Alkylenpolyamine der Formel $NH_2(CH_2CH_2NH)_nH$ benutzt, bei denen $n = 2-7$ ist u. welche ein Acylradikal RCO enthalten, in dem R ein aliphat., hydroaliphat. oder Abietylrest mit 9 bis 19 C-Atomen ist. Ferner kommen in Betracht 1-Aminoimidazoline der Formel I, 1-Aminoimidazoline als Arylderivv. mit mindestens einer NH_2-Gruppe in der Seitenkette, Diimidazoline der Formel II. R′ ist ein aminoaliphat. Rest mit 2—12 C-Atomen u. 1—6 N-Atomen. R″ ist entweder $-CH_2$- oder ein aminoaliphat. Rest mit 4—10 C-Atomen u. 1—4 N-Atomen. Die II können als solche oder in Form von Salzen, z. B. mit Essig-, Oxyessig-, Schwefel-, Chlorwasserstoff- oder Phosphorsäure, verwendet werden. Die Stoffe können in Substanz oder als von I u. II je 0,2—2 g/Liter enthaltende wss. Lsgg. dem W. in solcher Menge zugesetzt werden, daß dieses je 5—150 mg/Liter davon enthält. — Beispiele. (**A. P. 2 720 490** vom 19/1. 1954, ausg. 11/10. 1955.)
E. LINDEMANN. 6031

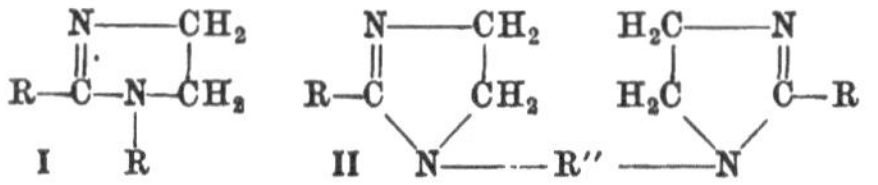

Werner Gey, Großsteinberg, und **Rolf Goerz**, Grimma, *Entphenolung von Abwässern.* Sie erfolgt mit O_2-haltigen organ. Lösungsmitteln geringer Wasserlöslichkeit, wobei die Lösungsmittelreste durch Einspritzen von Wasserdampf oder der entsprechenden Menge W. in das Lösungsmittel-Phenol-Gemisch von den Phenolen abgetrieben werden u. das dabei entweichende Lösungsmittel-Wasserdampf-Gemisch in die azeotrop. Destillationskolonne zurückgeführt wird. Das Gemisch kann verflüssigt u. in diesem Zustand in die Kolonne zurückgeführt werden oder nach der Verflüssigung in eine Lösungsmittelschicht u. eine Wasserschicht getrennt u. gesondert der Kolonne zugeführt werden. — Schemat. Zeichnung. (**D. P.** [**DDR**] **16 266** Kl. 85c vom 9/10. 1956, ausg. 28/1. 1959 [Wirtschaftspatent]. **Zusatz zu D. P. [DDR] 12 726; C. 1957. 11153.**)
W. WITTHOLZ. 6043

A. I. Schatenstein, Je. A. Jakowlew u. a., Die Isotopenanalyse des Wassers. 2. Aufl. Moskau: Akad. der Wiss. der UdSSR. 1957. (235 S.) 14 Rbl. [russ.]

V. Anorganische Industrie.

Eiji Munekata, *Allgemeine Entwicklungsrichtung der maschinellen Salzgewinnung in Japan.* Übersicht über die Entw. der letzten 20 Jahre, die Verff., den Gesamtwert der Salzindustrie Japans sowie bes. der maschinellen Verff. (im Vakuum usw.), Korrosionsfragen usw., mit 20 Literaturangaben. (J. chem. Soc. Japan, ind. Chem. Sect. [Kōgyō Kagaku Zassi] **58.** 631—34. Sept. 1955. Asahi Kasei A.G. [Orig.: japan.])
L. SCHULER. H 274

Ss. I. Kusnetzow und **Ss. F. Washenin**, *Das Ausbringen von Schwefel in die Lösung bei der Auslaugung von Bauxiten nach dem Bayer-Verfahren.* In Unterss. über den Einfl. von Menge u. Bindungsart des in Bauxiten enthaltenen S u. des Geh. an SiO_2 auf die Ausbringungsgeschwindigkeit bei der Auslaugung durch 120—137 g/Liter Al_2O_3 u. 326—335 g/Liter Na_2O_{ges} enthaltende Lsgg. sowie über den Einfl. der sich in der Lsg. sammelnden S-Verbb. wird in graph. Darst. die Abhängigkeit der extrahierten S-Menge von der Zeit u. vom SiO_2-Geh. des Bauxits festgestellt. Vff. nehmen an, daß der aus dem Bauxit ausgebrachte Sulfid-S mit SiO_2 in der Tonerdeschlempe wenig lösl. Verbb. der Art $l \cdot NaHS \cdot m \cdot SiO_2 \cdot n \cdot H_2O$ ($l \cdot < m$) eingeht. (Цветные Металлы [Nichteisenmetalle] **30.** Nr. 4. 49—51. April 1957. Uraler Polytechn. Inst.) H. Linné. H 294

Intertrade Akt.-Ges. (Erfinder: **Bruno Lattuada**), Zürich, Schweiz, *Ozonisieren von Luft mittels Ozonisierungsröhren*, dad. gek, daß die zu konditionierende Luft durch einen Glaszylinder geleitet wird, der innen u. außen je eine mit Durchbrechungen versehene Elektrode, z. B. gelochte Bleche, aufweist, wobei die Elektroden selbstspannend auf den Zylinderflächen aufliegen. — Abbildungen. (**Schwz. P. 333168** vom 21/9. 1955, ausg. 29/11. 1958.) K. Demmler. H 239

Alpine Chemische Akt.-Ges., Kufstein-Schaftenau, Österreich (Erfinder: **Friedrich Schätzler,** Aerzen ü. Hameln), *Herstellung von Wasserstoffperoxyd-Anlagerungsverbindungen beziehungsweise Perverbindungen* durch Rk. zwischen einer H_2O_2-Lsg. u. einem wasserfreien Reaktanten, dad. gek., daß der Geh. an H_2O_2 der H_2O_2-Lsgg. zwischen 65 u. 100 Gew.-% liegt u. dem Verhältnis von H_2O_2 zu W. in den Anlagerungsverbb. entspricht, wobei die H_2O_2-Lsg. in ein durch Einblasen eines Gas- oder Luftstromes erzeugtes Wirbelschichtbett des Reaktanten eingedüst wird. (**D. A. S. 1 063 582** Kl. 12i vom 18/6. 1958, veröff. 20/8. 1959. Oe. Prior. 4/7. 1957.) K. Demmler. H 241

Kynim Osakeyhtiö-Kymmene Aktiebolag (Erfinder: **Runar Mauritz Rafaelsson**), Kuusankoski, Finnland, *Herstellung von Alkaliperoxyden durch Oxydation autoxydabler organischer Substanzen,* wie Hydrazobenzol in Lsg. mit O_2 in Ggw. von W. u. Alkali, Ausscheidung des entstandenen Alkaliperoxyds in Form einer Suspension in der Reaktionsmischung u. Red. der oxydierten organ. Substanz mit Hilfe von Alkaliamalgam zwecks Rückführung in den Kreislauf, dad. gek., daß die Hydrazobenzollsg. an dem unteren Ende einer geschlossenen, am anderen Ende mit einer Ableitung versehenen, in im wesentlichen vertikaler Richtung langgestreckten, bes. rohrförmigen Reaktionslaufbahn eingeführt wird u. durch dieselbe unter Zuführung von O_2 in der Nähe der Einflußöffnung mit einer solchen Geschwindigkeit kontinuierlich zum Strömen gebracht wird, daß infolge der Reaktionsgeschwindigkeit sowie des Strömungsverlaufes u. der Ausdehnung der Reaktionsbahn in Abhängigkeit der zugeführten Reaktionskomponente eine gewünschte Menge des Hydrazobenzols oxydiert wird, währenddessen die ausfallenden Alkaliperoxydkristalle in Suspensionsform von dem Strom mitgerissen werden, um, ohne sich zu sedimentieren, weiter zum entgegengesetzten Ende der Reaktionsbahn zu strömen u. dort zusammen mit der Azobenzollsg. in bekannter Weise abgezogen sowie von dieser außerhalb der Reaktionsbahn separiert zu werden, wobei die von dem Alkaliperoxyd befreite Azobenzollsg. durch einen bekannten Reduktor in den Kreislauf zurückgeführt wird. Ein Teil des Reaktionsgemisches kann aus der Reaktionsbahn vor dem oberen Austragsende abgeleitet u. in der Nähe der Zuführungsöffnung in die Reaktionsbahn zurückgeführt werden. (**D. A. S. 1 063 131** Kl. 12i vom 19/7. 1957, veröff. 13/8. 1959. Schwed. Prior. 30/7. 1956.) K. Demmler. H 241

Knapsack-Griesheim Akt.-Ges., Knapsack bei Köln, *Herstellung von wasserfreiem reinem Hydrazin* unter Verwendung von O_2-freien Ausgangsstoffen, dad. gek., daß trockene Hydrazoniumhalogenide (bes. -chloride bzw. -bromide) zusammen mit Verdünnungsmitteln (NH_4Cl, NH_4Br) innig gemischt u. bei 80—250° (bes. 140—180°) mit überschüssigem trockenem NH_3-Gas zu wasserfreiem Hydrazin u. NH_4Cl bzw. NH_4Br umgesetzt werden, wobei gleichzeitig das Hydrazin mit dem NH_3-Strom gasförmig aus der Reaktionszone entfernt wird. (**D. A. S. 1 045 993** Kl. 12i vom 2/12. 1955, veröff. 11/12. 1958.) E. Miessgang. H 243

General Aniline & Film Corp., New York, N. Y., V. St. A., *Herstellung von CO.* Petroleumkoks wird kontinuierlich im Gegenstrom zu CO_2-Gas durch die Reaktionszone eines elektr. Widerstandsofens geführt, wobei eine Reaktionstemp. von 900—2000° (bes. unter 1000°) aufrechterhalten wird u. die zugeführte CO_2-Menge 0,1—25 (bes. 0,5—10) cu.ft./sq.ft. Ofenquerschnitt beträgt. Das CO wird kontinuierlich abgeführt. — Abbildung. (**E. P. 801 657** vom 10/9. 1956, ausg. 17/9. 1958. A. Prior. 11/10. 1955.) E. Miessgang. H 260

Food Machinery & Chemical Corp., New York, N. Y., V. St. A., *Herstellung von CS_2* durch katalyt. oder nichtkatalyt. Rk. von CH_4 u./oder C_2H_6 enthaltendem Gas mit S bei Tempp. zwischen 450 u. 700°. Das KW-stoffhaltige Gas soll mindestens 96 Mol.-% CH_4 u./oder C_2H_6 u. nicht mehr als 4 Mol.-% KW-stoffe mit 3 oder mehr C-Atomen u. nicht mehr als 0,7 Mol.-% KW-stoffe mit 4 oder mehr C-Atomen enthalten. — Verfahrensschemata. (**E. P. 802 425** vom 4/6. 1956, ausg. 8/10. 1958. A. Prior. 6/6. 1955.) E. Miessgang. H 260

Monsanto Chemical Co., St. Louis, Mo., übert. von: **John E. Malowan**, Dayton, Ohio, V. St. A., *Reinigung von phosphoriger Säure*, die im Gemisch mit H_3PO_4 vorliegt, dad. gek., daß das Gemisch, das mindestens 35% H_3PO_3 enthält, auf unter 15° gekühlt u. hierbei durch selektive Kristallisation H_3PO_3 abgetrennt wird, worauf in annähernd stöchiometr. Verhältnis NH_4OH zwecks selektiver Abscheidung von krist. $NH_4H_2PO_4$ zugegeben u. dieses abgetrennt wird, wodurch die Konz. an H_3PO_3 in der Mutterlauge wieder erhöht wird. (**A. P. 2 857 246** vom 16/7. 1952, ausg. 21/10. 1958.)
A. GRADL. H 264

VEB Farbenfabrik Wolfen, Wolfen, Kr. Bitterfeld (Erfinder: **Hans Niehuus**, Bitterfeld, **Rudolf Stephan**, Wolfen, **Friedrich Wolf**, Leipzig, **Franz Tränkel**, Bobbau, und **Manfred Morgner**, Wolfen), *Entfernen von Alkalichloriden aus Alkalihydroxydlaugen durch Dialyse* erfolgt mittels einer Vorr., deren in wss. bzw. alkal. Medien quellfähige, aber unlösl. Membrane (I) aus einem kondensierte, polare Gruppen enthaltendem Kunstharz besteht. Bes. besteht I aus einem durch Kondensation von Phenolsulfosäure, die bis zu 30% durch Phenol ersetzt sein kann, u. einer Aldehydgruppen enthaltenden Verb. aufgebautem Kunstharz, wobei I durch Kunststoffe, Asbest oder Glas verstärkt ist. Gemäß Zusatzpatent kann I auch aus einem Kondensationsharz aus einem aromat. Amin, z. B. m-Phenylendiamin, einer aliphat. Aminoverb., z. B. Polyäthylendiamin oder Dicyandiamid, u. CH_2O bestehen. — Vorrichtung. (**D. A. SS. 1 041 486** Kl. 12 l vom 4/12. 1956, veröff. 23/10. 1958 u. **1 056 103** [Zusatz-Pat.] Kl. 12 l vom 14/3. 1957, veröff. 30/4. 1959.)
K. WOLK. H 272

Ciba Akt.-Ges., Basel (Erfinder: **Fritz Kern**, Binningen, und **Waldemar Schornstein**, Arlesheim), Schweiz, *Trennen von Niob und Tantal in Form ihrer Chloride.* Das Ausgangsmaterial, ein die Oxyde des Nb u. Ta enthaltendes Erz, wird mit Cl_2 u. einem Reduktionsmittel bei 400—1000° unter rascher Abkühlung in $NbOCl_3$ u. $TaCl_5$ übergeführt, u. diese werden unmittelbar der Kondensation bzw. Sublimation unterworfen. (**D. A. S. 1 056 105** Kl. 12m vom 30/1. 1957, veröff. 30/4. 1959. Schwz. Prior. 6/2. 1956.)
H. NEBELSIEK. H 331

A. A. Maklakow, A. I. Melnikow, A. W. Morosow und **E. P. Ostaptschenko**, *Herstellen eines Bariumwolframats.* $(NH_4)_2WO_4$ u. $(NH_4)_2CO_3$ werden je im Verhältnis 3:10 in W. gelöst, auf 60° erwärmt u. in eine warme Lsg. von $Ba(NO_3)_2$ (1 Teil auf 7 Teile W.) gegossen. Ausfallendes $BaWO_4$ u. $BaCO_3$ werden abgetrennt, bei 100° getrocknet u. bei 1400° geglüht: $BaWO_4 + 2\ BaCO_3 \rightarrow Ba_3WO_6 + 2\ CO_2$. (**UdSSR. P. 113 045** vom 29/5. 1957, gedruckt 28/5. 1958.)
B. PANKOW. H 337

Firma Hermann C. Starck (Erfinder: **Max Wille**), Berlin, *Schwermetallcarbide, -boride, -silicide und deren Gemische* werden durch Erhitzen von gepulverten Gemischen, die aus den zur Bldg. der Stoffe befähigten Komponenten bestehen, erhalten, wobei das Erhitzen der Gemische durch Aufleiten eines mit den Komponenten chem. nicht reagierenden Gases in atomarem oder ionisiertem Zustand (H_2) erfolgt. — Beispiel: Herst. von *W-Carbid.* (**D. B. P. 972 550** Kl. 12i vom 11/11. 1953, ausg. 13/8. 1959. Anmeldung bekanntgemacht 31/10. 1956.)
K. WOLK. H 337

James Donald Hall, Shaker Heights, Ohio, V. St. A., *Gewinnung von Metallsalzen.* In eine wss. Lsg., die wenigstens 5 Gew.-% HCOOH, CH_3COOH, H_2SO_4, HCl, HF, HNO_3 oder H_3PO_4 enthält, wird ein Metall (ausgenommen Pb in einer Lsg. von schwefliger Säure), z. B. Co, Ni, Cr oder Ni–Cu- u. Co–Cu-Legierungen, eingebracht u. SO_2 in die Lsg. eingeleitet oder eine Lsg. von SO_2 zugefügt u. das entstehende Metallsalz von der Reaktionsmischung abgetrennt. Metalle, die in der elektrolyt. Spannungsreihe unter H stehen, werden in Sulfide umgesetzt. (**E. P. 800 868** vom 22/8. 1955, ausg. 3/9. 1958.)
W. MATTHAES. H 356

Max Ziegler, Göttingen, *Abscheiden von Salzen der Übergangsmetalle* aus ihren wss. Lösungen. Man versetzt die Lsgg. mit Alkalirhodaniden oder anderen lösl. Rhodaniden sowie Polyäthylenglykolestern oder Polypropylenglykolestern u. extrahiert mit einem Extraktionsmittel oder trennt den Nd. ab. Man kann damit Trennungen von Co u. Ni, Nb u. Ta oder Fe u. Ni durchführen; ebenso dient das Verf. zum Reinigen beliebiger Salze der Übergangsmetalle. (**D. A. S. 1 060 370** Kl. 12n vom 16/8. 1957, veröff. 2/7. 1959.)
H. NEBELSIEK. H 356

I. I. Tschernjajew, W. N. Tschulkow, W. G. Tronew, O. N. Adrianowa, A. L. Chrenowa, E. A. Sawari, G. W. Galkin, G. L. Tschewaschewa und **R. A. Nisamutdinowa**, *Entfernen von Au- und Ag-Cyaniden aus A-Kohle* durch mehrmalige Extraktion mit fl. wasserfreiem NH_3 bei erhöhtem Druck (7—8 at). — Beispiele. (**UdSSR. P. 113 040** vom 9/9. 1957, gedruckt 30/5. 1958.)
B. PANKOW. H 360

Industrial Distributors (1946) Ltd. (Erfinder: **Jan Frans Henri Custers, Henry Brooke Dyer** und **Robert William Ditchburn**), Johannesburg, Südafrikanische Union,

Verbesserung der Farbe fahlgelber oder brauner Diamanten. Die Diamanten werden einer Bestrahlung unterworfen, wobei die Kristallstruktur derart beeinflußt wird, daß das Absorptionsvermögen gegen das rote Ende des sichtbaren Spektr. zu erhöht wird. Es erfolgt Bombardierung mit Positronen, Mesonen, Neutronen oder Elektronen. Energie der Elektronen zwischen 0,4 u. 1,0 MeV, Stromdichte des Elektronenstrahls zwischen 15 u. 25 μAmp. je cm^2 Diamantoberfläche. Als Strahlungsquelle können auch radioakt. Co u. radioakt. Cs verwendet werden. Erwärmung des Diamanten auf ca. 450°. (**Schwz. P. 332 126** vom 18/4. 1955, ausg. 15/10. 1958. Südafrikan. Prior. 19/4. 1954.) E. MIESSGANG. 6149

VI. Silicatchemie. Baustoffe.

W. W. Wargin und **Je. W. Poduschko,** *Glasschmelzen im elektrischen Feld hoher Frequenz.* Es sind eine Meth. des Glasschmelzens mit elektr. Strömen hoher Frequenz im elektromagnet. Feld eines Kondensators entwickelt u. entsprechende Anlagen geprüft worden. Ihr Wirkungsgrad ist bedeutend höher als bei Flammöfen. Die Qualität von in Hochfrequenzanlagen (H.) erschmolzenem Glas ist nach einigen Kennzahlen besser, nach anderen nicht weniger gut als die des aus Flammöfen stammenden Glases. In H. ist eine Erzeugung von opt., farbigen, Pyrex- u. hochschm. Spezialgläsern möglich. Die H. können mit Erfolg als Werksöfen benutzt werden. Für period. Erschmelzen von Spezialgläsern u. halbtechn. Versuchsschmelzen sind sie unersetzlich, da sie kein Vorerhitzen benötigen. (Стекло и Керамика [Glas u. Keram.] **15.** Nr. 6. 16—19. Juni 1958.) E. v. PEZOLD. 6174

M. Ch. Karapetjanz, *Über die Temperaturabhängigkeit der Zähigkeit von Silicatgläsern.* Es werden 3 ganz allg. gehaltene Funktionsgleichungen auf ihre Anwendbarkeit zur Berechnung der Viscosität geprüft. Dabei erweist es sich, daß die Meßpunkte im Diagramm η/t (Viscosität/Temp.) im allg. auf Geraden liegen, deren Neigungswinkel jedoch von der chem. Zus. der Silicate abhängt. Bei qualitativ gleicher, quantitativ unterschiedlicher Zus. schneiden sich diese Geraden in einem gemeinsamen Punkt. Die Auswertung der Kurvenbilder, an Beispielen von Na- u. Pb-Silicaten aufgezeichnet, ermöglicht eine relativ genaue Berechnung der η für gegebene t, wenn Meßdaten über Silicatgläser ähnlicher Zus. (auch bei 3 Komponenten: SiO_2 u. 2 Metalloxyde) vorliegen. (Стекло и Керамика [Glas u. Keram.] **15.** Nr. 1. 22—25. Jan. 1958. Moskau, Chem.-Technolog. Mendelejew-Inst.) A. v. WILPERT. 6200

Karl Schilling, *Über die Lichtbeugung an Ultraschallwellen in optischen Gläsern zur Bestimmung ihrer elastischen Konstanten.* Die durch einen Piezoquarz erzeugten US-Wellen lassen beim Auftreffen auf den Untersuchungskörper, der sich im parallelen Strahlengang einer monochromat. Lichtquelle von hoher Leuchtdichte befindet, charakterist. Beugungsbilder entstehen, die bes. gut auswertbar sind, wenn der Untersuchungskörper die Form eines Dreikantprismas besitzt. Mit Hilfe von Formeln, die der Vf. ableitet, lassen sich aus den Radien der konzentr. angeordneten Beugungskreise die elast. Konstanten der untersuchten opt. Gläser berechnen. Aus einer einzigen Beugungsaufnahme kann man den Elastizitätsmodul, den Torsionsmodul u. den Querkontraktionskoeff. bestimmen. (Silikattechnik **8.** 423—33. Okt. 1957. VEB Jenaer Glaswerk Schott u. Gen., Jena.) F. THOMAS. 6200

M. Y. Bakr, *Beziehungen zwischen Färbung und Eisenoxyd in ägyptischen Kaolinen und Tonen.* Der Hauptfärbungsbestandteil in ägypt. Tonen u. Kaolinen ist das Fe_2O_3. Mit Hilfe eines Colorimeters lassen sich an Stelle der langsamen u. umständlichen chem. Analyse die Fe_2O_3-Verunreinigungen mengenmäßig schnell u. genau bestimmen. Vf. stellt eine Gleichung auf, die es erlaubt, die Höhe des Fe_2O_3-Geh. vor u. nach der Schmelze mit Na_2CO_3 in hochwertigen ägypt. Tonen u. Kaolinen zu berechnen. (Sprechsaal Keram., Glas, Email **92.** 205—07. 20/4. 1959.) R. WALCKER. 6208

Hans Hadwiger, *Prüfungsvorschriften im Emaillierwerk. Die Auftragsfähigkeit.* Es werden die Faktoren beschrieben, die die Auftragsfähigkeit eines Emails beeinflussen, u. gezeigt, wie diese bestimmt werden kann. Vf. kommt zu dem Ergebnis, daß die Ablaufeigg. eines Emails, zusammen mit dem spezif. Gewicht, Werte ergeben, die die Auftragseigg. eines Emailschlickers erkennen lassen. — Mittels der „Trichtermeth." kann nun die Ausflußgeschwindigkeit bestimmt werden. — Ist diese, der Rückstand u. das spezif. Gewicht des Schlickers bekannt, so können die Auftragsbedingungen des Schlickers ständig überprüft werden, wodurch die Erzeugung eines gleichmäßigen Fertigprod. gewährleistet ist. (Glas-Email-Keramo-Techn. **10.** 6—8. Jan. 1959.) R. WALCKER. 6212

T. T. Arandarenko und **D. N. Polubojarinow,** *Über die Verwendung von Tonerdehydrat für die Gewinnung tonerdereicher Werkstücke.* Es werden behandelt: Techn. Darst., Zerkleinerung u. Aufbereitung von Tonerdehydrat, Herst. von feindispersem

Tonerdehydrat durch chem. Kondensation, Mullit u. Korundscherben aus verschied. tonerdehaltigen Rohstoffen. Als entscheidend für die Eigg. des Scherbens wird die Dispersität des Ausgangsstoffes erkannt. Verunreinigungen u. chem. Struktur der Rohstoffe sind, bes. bei Korund, nur von geringem Einfluß. (Огнеупоры [Feuerfeste Mater.] **23.** Nr. 10. 467—76. 1958.) G. PRETZSCHNER. 6216

M. Mehmel, *Vorschläge und Anregungen zu einem technischen Verfahren zur Herstellung von Magnesiumsilicatkeramik aus Kieserit.* Es werden Anregungen gegeben für die Entw. eines techn. Verf. zur Erzeugung von Magnesiumsilicaten aus Kieserit u. Quarz. Ferner werden verschied. Möglichkeiten für die Beseitigung der frei werdenden H_2SO_4 erörtert, ein schemat. Ablauf der techn. Verff. gegeben u. das Prinzip des Wirbelstrom- u. des Trommelofens mit Ölfeuerung dargelegt. Es besteht die Möglichkeit, sehr hochwertige Steatit- u. Forsteriterzeugnisse in wirtschaftlich tragbarer Form in Zukunft in größerem Umfang herzustellen. (Glas-Email-Keramo-Techn. **10.** 8—12. Jan. 1958.) R. WALCKER. 6216

Raisaku Kiyoura und **Toshiyuki Sata,** *Die Beständigkeit von stabilisierten Dolomitziegeln gegen chemische Korrosion.* Zwischen synthet. Dolomitziegeln u. natürlichen feuerfesten Steinen bestehen große Unterschiede. An 19 Standardschlacken nach dem 3-Komponentensyst. $CaO-SiO_2-R$ mit einem Mol-Verhältnis $Fe_2O_3/Al_2O_3 = 1$ wurden Erweichungspunkte (I) zwischen 1150—1550° ermittelt. Bei stärker bas. Schlacken liegen sie höher. Dem Zerfall von an SiO_2-reichen Schlacken kann durch Zugabe von kleinen Mengen P_2O_5 oder B_2O_3 begegnet werden. Mit steigendem Phosphatgeh. sinken die I bei gleichzeitigem Ansteigen der Korrosionsneigung. (Gypsum & Lime [Tokyo] **1958.** Nr. 36. 31—38. Sept. [Orig.: japan.; Auszug: engl.]) G. FRIKELL. 6218

W. Schaburnikow, *Schlackenmaterialien für den Wohnungsbau.* Es wird die Erzeugung eines hydraul. Bindemittels beschrieben, das ein Gemisch aus 20—25% gebranntem, aus der Carbidproduktion stammendem CaO u. 75—80% Feuerungsschlacke ist. Die Komponenten werden getrocknet, zerkleinert, mit etwas Schlackenportlandzement u. Baugips versetzt u. gemahlen. Zur Erzeugung von 1 t *Zement* werden 480 kg granulierte Hochofenschlacke, 480 kg Abfälle der Carbidproduktion, 20 kg Gips u. 20 kg Schlackenzement benötigt. Die so hergestellten hydraul. Bindemittel gehören zu der Gruppe der langsam abbindenden, was ein langes Lagern des Schlackenbetons unter feuchtwarmen Bedingungen erfordert. Aus 1 (Teil) Bindemittel u. 3 Schlacke wird ein Schlackenbeton hergestellt. Das erstere besteht aus 10% Portlandzement (Marke 300) u. 90% Ferrochromstaub. (Строительные Материалы [Baumaterialien] **4.** Nr. 12. 29—30. Dez. 1958.) E. v. PEZOLD. 6222

B. Koltunowskaja, *Ein Verfahren zur Gewinnung von Mikroporitbeton.* Mikroporit wird aus 40 (Gew.-%) Ton, 10 Kalk u. 50 W. hergestellt. Sein Volumengewicht schwankt zwischen 0,6 u. 0,85 t/m³, die mechan. Festigkeit zwischen 20 u. 35 kg/cm². Er weist jedoch einige Nachteile (große Schrumpfung u. daher ungleichmäßige Plattenstärke) auf, die durch Herst. von *Mikroporitbeton* (I) beseitigt werden. Bei dessen Erzeugung werden die Formen mit Schlackenbimsstein (5—40 mm, Volumengewicht 0,6 bis 0,85, Porosität 50%) gefüllt, mit Pulpe (50% W.) übergossen u. im Autoklaven mit Dampf behandelt, wobei die Dauer der I-Behandlung um 2 Std. kürzer ist als beim Mikroporit. Die Erzeugnisse sind von guter Qualität, ohne Risse u. Schrumpfung, haben eine Feuchtigkeit von 20—22% u. erfordern fast keine zusätzliche Trocknung. Das Volumengewicht von I hängt von dem des Schlackenbimssteins ab u. schwankt zwischen 0,72 u. 0,95 t/cm³. Die Druckfestigkeit liegt zwischen 35 u. 60 kg/cm². Aus I wurden in halbtechn. Umfang große, mit einem Silicatüberzug versehene Blöcke hergestellt. (Строительные Материалы [Baumaterialien] **4.** Nr. 12. 28—29. Dez. 1958.) E. v. PEZOLD. 6224

A. A. Pirogow, *An der Luft trocknender hochfeuerfester Magnesiabeton.* Das Verf. verbindet die Einführung betonartiger Massen in das temperaturbeständige Periklasgerüst mit der Bldg. hochfeuerfester Materialien von ausgezeichneter Volumenbeständigkeit bis 1750°. Vf. erläutert die Technologie u. die physikal. u. therm. Eigg. des erhaltenen Magnesiabetons. Ausführlich wird der Mechanismus des Aushärtens in Abhängigkeit von Temp., Druck u. Fremdstoffen untersucht. (Огнеупоры [Feuerfeste Mater.] **23. 10.** 445—53. 1958. Ukrain. Wiss. Forsch.-Inst. für feuerfeste Stoffe.) G. PRETZSCHNER. 6224

A. Dietzel und **H. Saalfeld,** *Untersuchungen an einem Dachziegel des Jahres 1565.* 400 Jahre alte Dachziegel wurden chem. (chem. Analyse, DTA), mineralog. (Zählrohr u. Guinieraufnahmen) u. keram. (Gefüge, Porengröße) untersucht. Außerdem wurden die Frostbeständigkeit durch Best. des Sättigungswertes S u. die mechan. Festigkeit geprüft.

Beim Vgl. mit heutigem Ziegelmaterial zeigen sich folgende Unterschiede: der alte Ziegel hat eine erst bei 200° entweichende Wassermenge von 0,84% gebunden, wahrscheinlich eine Folge der Feldspatverwitterung, das Gefüge ist grobporiger, eine Textur fehlt, was wahrscheinlich die Frostbeständigkeit begünstigt hat. Der S-Wert liegt zwischen 0,81—0,86, nimmt also beim Vgl. mit heutigem Ziegelmaterial eine Mittelstellung ein, die auch durch Prüfung des Frostverh. bestätigt wird. Die Werte für mech. Festigkeit liegen niedriger als bei neueren Ziegeln. (Ber. dtsch. keram. Ges. e. V. **36.** 89—92. April 1959. Max-Planck-Inst. für Silikatforschung, Würzburg.) F. THOMAS. 6228

Hanna Pawlowska, *Qualitative und quantitative spektrographische Glasanalyse.* Zur qualitativen Analyse wird das Glaspulver in die Bohrung der unteren Kohlenelektrode gebracht u. mittels Abreißbogen verdampft. Für die quantitative Analyse wird das getrocknete Glaspulver mit Kohlenstaub als Puffer u. mit $SrCO_3$ als innerer Standard vermischt verwendet. Zum Vgl. werden genau analysierte Gläser als Etalone benützt. (Építöanyag [Baumaterial] **10.** 254—57. Juli 1958. Warschau, Forsch.-Inst. für Glas u. Keramik.) J. PLANK. 6242

K. P. Asarow und **W. Je. Gorbatenko,** *Bestimmung der optischen Kennwerte von Emaille- und Glasurüberzügen.* Es wird ein auf die Materialoberfläche aufsetzbares photoelektr. Handgerät zur Glanz- bzw. Weiß- u. Farbmessung an Emaille- u. Glasurüberzügen beschrieben. Dabei stehen Lichtquelle u. Photoelement unter einem Winkel von 45 u. 45° bzw. 90 u. 45° zur Materialoberfläche, wobei im letzteren Falle die diffuse Reflexion ϱ gemessen wird. Die Meßwerte werden mit einem Glanz- bzw. Weißstandard verglichen. Zur Beurteilung der Farbe eines Objektes wird mit 4 verschied. Lichtfiltern gearbeitet; die 4 zugehörigen ϱ-Werte werden miteinander oder mit einem Vergleichsobjekt verglichen. (Стекло и Керамика [Glas u. Keram.] **15.** Nr. 7. 36—40. Juli 1958.) H. HUBER-EMDEN. 6242

P. H. Dal, bearbeitet von **Hermann Harkort,** *Der Vorgang der Peptisation von Tonen für die granulometrische Analyse.* Beim Dispergieren von Tonsuspensionen ist eine mechan. (I) u. eine kolloidchem. (II) Peptisation erforderlich. Für I empfiehlt Vf. neben Vibratoren durch Ultraschall bes. den Ultra-Turax von JANKE u. KUNKEL. Für II werden 3 Gruppen von Peptisatoren u. ihre Wirkungsweise angegeben. Sodann werden 2 Vorschriften für die granulometr. Analyse beschrieben. Aus den Unterss. ergab sich, daß bei der Peptisation von Ton jede der möglichen Rkk. nämlich: Neutralisation, Kationenaustausch, Anionenadsorption u. Ionen-Rkk. in homogenen Auflösungen vorkommen. (Sprechsaal Keram., Glas, Email **92.** 73. 20/2. 1959.) R. WALCKER. 6248

Rudolf Bárta und **Karel Špičák,** *Tridymitisierter Dinas und seine Erzeugungsmöglichkeiten.* Prüfung u. Beurteilung der braunen *Dinas*-Prodd. mit hohem *Tridymit*-Geh. von Banská-Belá. (Hutnické Listy **10.** 709—15. Dez. 1955. Praha, Vys. škola chem.-technol.) E. ROTTER. 6256

Giuseppe Tattini, Mailand, Italien, *Mittel gegen das Beschlagen von Glas,* enthaltend 73 (%) Cocosfett, 10 Glycerin, 4 Mirbanöl, 10 Anilinschwarz, 2 Dachsfett, 1 Wacholderöl, 1 Kautschuk. Die Mischung wird in dünner Schicht aufgetragen u. poliert. (**It. P. 494 089** vom 21/10. 1952.) K. KOEBKE. 6169

Union Carbide & Carbon Corp., New York, N. Y., übert. von: **Robert A. Cupper,** Forest Hills, Pa., V. St. A., *Konzentrat für Formtrennmittel bei der Glasverformung,* bestehend aus 9—99 (Gewichtsteilen) eines C_{2-6}-Glykols (Kp. 130—250°), 0,8—40 Ester oder Äther (I), die einen C_{12-18}-Alkylrest u. soviel Äthylenoxydgruppen enthalten, daß sie wasserlösl. sind, 0,3—8 Zucker u. 0,1—4 einer koll. Graphitsuspension, die ca. 10 koll. Graphit u. 90 eines mit W. mischbaren Suspensionsmittels (II) enthält. — Beispiel für I: Ölsäureester eines Polyäthylenglykols vom Mol.-Gew. ca. 600; für II: Butylenglykol. Das Konzentrat wird z. B. mit W. so verd., daß das fertige Formtrennmittel 1,4 (Gewichtsteile) Glykol, 0,2 I, 0,075 Zucker, 0,025 Graphitsuspension u. 75 W. enthält. (**A. P. 2 784 108** vom 20/9. 1954, ausg. 5/3. 1957.) E. DREWS. 6181

Heraeus Quarzschmelze G. m. b. H. (Erfinder: **Wilhelm Heinrich Heraeus,** Hanau, und **Heinrich Mohn,** Hailer), *Hüllen für Gasentladungsstrahler* aus Quarz. Die für die Erhöhung der Lebensdauer zu fordernde Reinheit von elektr. leitenden Elementen, wie Metalle, C, Metalloide, wird erreicht, wenn an das zu verarbeitende Quarzglas bei der Verarbeitungstemp. von 1600—2200° unmittelbar an der Verarbeitungsstelle Halogen, bes. Cl_2, in solcher Menge zugeführt wird, daß die Verunreinigungen als Chloride entfernt werden. Das Cl_2 wird mit 40—180 cm/Sek. Geschwindigkeit auf die Oberfläche des Schmelzlings geleitet. (**Schwz. P. 331 783** vom 30/10. 1954, ausg. 30/9. 1958. D. Prior. 31/10. 1953.) G. FRIKELL. 6201

National Research Development Corp., London, England, *Erzeugung dünner, durchsichtiger, elektrisch leitender Zinnoxyd- oder Indiumoxydschichten* auf hitzebeständigem, nichtleitendem Material, wie Glas. Auf der zu behandelnden Oberfläche schlägt man durch Kathodenzerstäubung in Ggw. von zur vollständigen Oxydation ungenügender Mengen O_2 Sn oder In nieder. Anschließend wird in O_2-haltiger Atmosphäre bis zur vollständigen Oxydation erhitzt. — Die Kathodenzerstäubung erfolgt z. B. bei einem Druck von 0,05 mm Hg in einer Ar-Atmosphäre, die Spuren O_2 enthält, die Oxydation z. B. 5 Min. bei 350°. So behandeltes Glas kann durch elektr. Strom erwärmt werden. (**Holl. P. 89 651** vom 1/9. 1952, ausg. 15/12. 1958.) F. BÖHM. 6203

General Motors Corp., Detroit, Mich., V. St. A., übert. von: **Curtis Dwight Ortman**, *Herstellen feuerfester Körper*. Ein Gemisch aus 68—76(%) tafelförmigem Korund, 6—12 Ton u. ca. 12—26 Mullit oder mullitbildenden Gemenge wird zu Körpern geformt, die nach dem Trocknen bei ca. 1410° gebrannt werden. Die Körper werden zum Auskleiden von *Brennöfen* verwendet u. eignen sich auch als Brennkapseln u. Brennwagenbeläge. (**E. P. 793 290** vom 27/6. 1956, ausg. 16/4. 1958. A. Prior. 3/10. 1955.) F. REINHART. 6211

Fletcher Enamel Co., übert. von: **Haven M. Zimmerman**, Dunbar, W.Va., V. St. A., *Emailüberzüge auf Metall*, wie *Stahl*, die sehr fest haften u., selbst wenn Sprünge vorhanden sind, genügend Schutz gegen *Korrosion* bieten. Von einer Mischung, bestehend aus 110—160 (Gewichtsteilen) Flint, 290—390 Feldspat, 300—340 wasserfreiem Borax, 15—75 calcinierter Soda, 15—80 $NaNO_3$, 60—90 CaF_2, 9—15 $CaCO_3$ u. <5 Fe_2O_3, werden $^1/_8$—$^3/_8$ oz./sq.ft. aufgebracht u. bei 1300—1700° F während 3—8 Min. gebrannt. (**A. P. 2 828 218** vom 10/2. 1954, ausg. 25/3. 1958.) G. FRIKELL. 6213

Alfred Edouard Borel, Neuchâtel, und **Jean Pierre Borel**, Vevey, Schweiz, *Gasdichte Hülle für Meßinstrumente an Öfen*. Zur Verhinderung korrodierender Angriffe von Ofengasen, die zur Verfälschung der Meßergebnisse führen, wird das Thermoelement in ein Paar ineinandersteckender, einseitig geschlossener Metallröhren aus bei Tempp. von 800—1200° gasdurchlässigem chromplattiertem Stahl gesteckt. Die Gasdichtigkeit wird erreicht durch Einführen einer Zwischenschicht (**I**), die den gleichen Ausdehnungskoeffizienten wie das Röhrenmaterial aufweist u. innerhalb des Meßbereiches erweicht, ohne beim Abkühlen zu kristallisieren. Zus. der glasigen **I**: 68 (%) SiO_2; 4 Al_2O_3; 0,7 Fe_2O_3; 6 CaO; 0,5 MgO; 13 Na_2O; 7,3 K_2O u. 0,5 B_2O_3. (**A. P. 2 844 637** vom 31/8. 1953, ausg. 22/7. 1958. Schwz. Prior. 5/9. 1952.) G. FRIKELL. 6213

Paul Stork, Mülheim/Ruhr (Erfinder: **Fritz Math**, Selb), *Metallprofile in keramischen Massen*. Die Metallprofile (**I**) werden vor dem Einbetten in die keram. Massen mit einer Schutzschicht aus Graphit oder einer graphithaltigen M. umhüllt, die zweckmäßig dieselben Schwindungseigg. hat wie die keram. Einbettmasse. Gegebenenfalls wird als Schutzschicht ein Gemenge aus Graphit u. Gelatine oder Kollodium benutzt. Für die Herst. der **I** werden Legierungen von Cr u. Ni oder aus Fe-Cr-Al-Co oder W-, Mo-, Ta- u. Metalle der Pt-Gruppe verwendet. (**D. B. P. 970 952** Kl. 80b vom 2/7. 1950, ausg. 19/3. 1959. Anmeldung bekanntgemacht 28/1. 1954.) F. REINHART. 6221

Carlfors Bruk, E. Björklund & Co. Kommanditbolag (Erfinder: **Karl Gustaf Winqvist**), Huskvarna, Schweden, *Herstellung von Gasbeton*. Einer hydraul. erhärtenden Mörtelmischung wird ein pulverförmiger, gasbildender Stoff, z. B. Al, in Form einer pastenartigen Dispersion zugesetzt. Diese besteht z. B. aus 50 (Gew.-%) Al-Pulver, 14 Petroleum, 1 Stearinsäure, 1 Al-Stearat u. 34 Ammoniumlinoleat. Dieser Paste können zur Erhöhung der Lagerbeständigkeit 1 $K_2Cr_2O_7$ zugesetzt werden. Beim Gebrauch wird die Paste in warmem W. aufgeschlämmt u. der Betonmasse zugesetzt. (**Schwz. P. 329 295** vom 6/9. 1954, ausg. 14/6. 1958. Schwed. Prior. 4/11. 1953.) HANS HOFFMANN. 6225

VII. Agrikulturchemie. Schädlingsbekämpfung.

A. Karim und **M. U. Chowdhury**, *Der Abbau von organischen Abfällen* (*Müll*). Getrocknete u. gemahlene Müllproben (10 g) werden in 250 ml ERLENMEYER-Kolben mit a) dest. W., b) dest. W. + 0,01 g $CaCO_3$, c) dest. W. + $CaCO_3$ + 1 ml Impflsg. (Suspension eines gut verrotteten Kompost), versetzt u. nach 15, 90, 180 u. 240 Tagen der Zersetzungsgrad unter aeroben, anaeroben u. überfluteten Bedingungen gemessen. Der schnellste Abbau erfolgte unter aeroben Verhältnissen; bei der Vorbehandlung c) wurde der Abbau leicht beschleunigt im Vgl. zu a) u. b). Nach 90 Tagen betrug der Trockensubstanzverlust 27%, nach 240 Tagen 32%. Ein Zeitraum von 90 Tagen wird daher für ausreichend erachtet, um eine gute Kompostierung des Mülls zu erreichen. Die N-Verluste waren unter aeroben Bedingungen am niedrigsten. Die Gesamtverluste betrugen bei c) nach 90 Tagen (aerob): 30 (%) Protein, 47 Cellulose, 35 Fette u. Wachse, 29 Gesamtfurfurol u. 26 Lignin. Lignin wird demnach am schwächsten abgebaut. Das C:N-Verhältnis verschiebt sich von 15:1 auf ca. 13:1. — Die Verkompostierung von organ. Müll lieferte ein Düngerprod., das im N-Geh. Kuh- u. Pferdemist erheblich überlegen ist (ca. 5,3% gegenüber 0,5—2,3%), im Geh. an energet. verwertbarem organ. Material diesem etwa entspricht. Der K-Geh. lag bei 6,68% K_2O, der P-Geh. bei 1,63% P_2O_5. (Soil Sci. **85.** 51—54. Jan. 1958. Dacca Univ., Ostpakistan.) WILFRIED WERNER. 6294

H. H. Krusekopf, *Böden von Missouri — die genetische Entwicklung großer Bodengruppen.* Die Verteilung der großen Bodengruppen in Missouri (Planosole, Brunizeme, graubraune Podsolböden u. alluviale Böden) wird in Zusammenhang mit folgenden bodenbildenden Faktoren betrachtet: Klima, Muttergestein, Vegetation, Topographie u. Relief, Zeit. Jeder dieser Faktoren — allein oder in Kombination — hat zur Ausbldg. des Charakters der einzelnen Bodentypen beigetragen. — Die einzelnen Bodengruppen werden eingehend beschrieben (Profil). (Soil Sci. **85.** 19—27. Jan. 1958. Columbia, Univ. of Missouri, Agric. Exp. Stat.) WILFRIED WERNER. 6300

R. D. Krebs und **J. C. F. Tedrow,** *Die Entstehung von rotgelben Podsolen und verwandten Böden in New Jersey.* Auf Grund der Ergebnisse eingehender physikal., chem. u. mineralog. Unterss. stellen Vff. eine Hypothese über die genet. Entw. der rotgelben Podsole u. der damit verwandten Böden von New Jersey auf. (Soil Sci. **85.** 28—37. Jan. 1958. Rutgers, New Jersey Agric. Exp. Station.) WILFRIED WERNER. 6300

Imréné Dezsö, *Prüfungsdaten über Plastizität und Adhäsion bei einigen Bodentypen Ungarns.* Vf. bestimmte die obere u. untere Grenze der Plastizität u. Adhäsion ungar. Schwarzerden, Wald- u. Wiesenböden. Die Verss. ergaben, daß die ARANYsche Bindigkeitszahl mit dem von ATTERBERG bestimmten oberen Grenzwert der Fließgrenze übereinstimmt, die Werte weichen nur um $\pm$ 1 ab. Die Plastizität ungar. Schwarzerden ist sehr groß, bei Waldböden weist der B-Horizont stets eine höhere Plastizitätszahl auf als die übrigen Horizonte (infolge der Anhäufung koll. Substanzen). Während bei den Schwarzerden u. Waldböden die Adhäsionsgrenze zwischen der unteren u. oberen Grenze der Plastizität liegt, lag bei den geprüften Wiesentonböden die Adhäsionsgrenze unter der unteren Grenze der Plastizität. (Agrokémia és Talajtan **7.** 75—82. 1958. Gödöllö, Agrarwiss. Univ.) J. PLANK. 6302

B. P. Warkentin und **R. D. Miller,** *Bedingungen, durch welche die Entstehung von Montmorillonit–Polyacrylsäure-Bindungen beeinflußt werden.* Die Entstehung der *Ton-Polyacrylsäure* (**I**)-Bindung in Abhängigkeit von Tonkonz., Elektrolytkonz. u. I-Konz. u. -Polymerisationsgrad (Mol.-Gew.) wird in Suspensionen von Na-Montmorillonit u. I in NaCl-Lsgg. untersucht. Die Entstehung der Bindung wird durch Erhöhung der Ton- u. Elektrolytkonz. (NaCl) begünstigt. Die optimale I-Konz. (ausgedrückt in % des Tonanteils) betrug bei beiden Polymerisationsgraden 0,2%. Oberhalb dieser Konz. wirkte das niedermol. Präp. dispergierend, unterhalb dieser Konz. förderte es die Flockung. Durch Zusatz von Na-Polymetaphosphat, welches von den Tonkrist. ebenfalls adsorbiert wird, wurde die Ton-I-Bindung kompetitiv bei niedrigen I-Konzz. gehemmt, jedoch nicht bei hohen I-Konzentrationen. — Die Bindung der beiden Polyionen erfolgt zwischen den positiv geladenen Montmorillonitkristallkanten u. den negativ geladenen Carboxylgruppen von I. Vff. berechnen, daß eine I-Konz. von 0,2% (bezogen auf Ton) gerade zur Absättigung der Bindungskapazität ausreicht, was in Übereinstimmung zur experimentell ermittelten Optimalkonz. steht. (Soil Sci. **85.** 14—18. Jan. 1958. Ithaca, N. Y., Cornell Univ., Coll. of Agric.) WILFRIED WERNER. 6302

Andor Klimes-Szmik und **Béla Kazo,** *Über die Anwendung eines ungarischen Kunststoffes auf bewässerten Böden.* Es wurde die Wrkg. von *Solakrol* (**I**) auf tiefgründigen, kalkigen, degradierten Wiesenböden untersucht. Im ersten Jahr wurde der Boden mit 2,5 (dz/ha) **I**, im folgenden Jahr mehrere Parzellen mit 2, 4 u. 6 **I** behandelt (Einarbeitung in die obere Bodenschicht bis 15 cm Tiefe). Zur Erkennung des Einfl. von **I** auf den Wasserhaushalt u. die Struktur des Bodens wurden in 0—30 cm Tiefe fortlaufend Feuchtigkeitsmessungen ausgeführt. Weiter wurden Menge der wasserfesten Krümmel, Wasserdurchlässigkeit, Volumgewicht u. Porositätsverhältnisse bestimmt. Der Boden war stark degradiert, in der unbehandelten Parzelle betrug die Menge der wasserfesten Krümmel weniger als 25%, u. davon waren ungefähr nur 1% größer als 1 mm. Bei Einw. von **I** überschritt die Menge der wasserfesten Krümmel 50%. Auf dem vorbehandelten Boden wurde eine erhöhte Paprikaernte erzielt, der Mehrertrag war der **I**-Menge proportional. (Agrokémia és Talajtan **6.** 297—310. Dez. 1957. Budapest, Agrochem. Forsch.-Inst.) J. PLANK. 6302

Andor Klimes-Szmik und **Ferenc Göde,** *Über die konservierende Wirkung von Solakrol auf die Bodenkrümmel.* Vff. untersuchten die Wrkg. von *Solakrol* (**I**; ungar. Polyacrylpräp. zur Erhaltung der Krümeligkeit des Bodens) in Vegetationstöpfen u. im Freiland. Insgesamt wurden 5 Versuchsreihen ausgeführt, davon eine auf zur Alkalisierung neigendem sandigem Lehmboden, zwei in Vegetationstöpfen u. zwei im Freiland mit zur

Verkrustung neigendem kalkigem Lehmboden tiefer Kulturschicht. Die Verss. ergaben, daß I ein wirksames Bodenverbesserungsmittel darstellt. (Agrokémia és Talajtan **6.** 109—28. Sept. 1957. Budapest, Agrochem. Forsch.-Inst.) J. PLANK. 6302

László Hargitai, *Der Einfluß einiger Faktoren auf die organischen Stoffe der Böden.* Zum Studium der auf der Bodenoberfläche u. darunter befindlichen Schichten verlaufenden Humifikationsvorgänge wurden ausführliche Verss. ausgeführt u. der Einfl. äußerer Faktoren, wie Frost, Trockenheit, höhere Temp. auf den Humifikationsgrad der organ. Stoffe untersucht. Es wurden die mit Laub bedeckte oberste Bodenschicht eines Eichenwaldes u. die tieferen Schichten bis zur humusreichen untersucht. Ergänzt wurden die Unterss. durch solche an Wiesen-, Steppen- u. Alkalibodenproben. Aus den Proben wurden mit 0,5%ig. NaOH- bzw. 1%ig. NaF-Lsg. Extrakte bereitet u. deren Lichtabsorption im PULFRICH-Photometer gemessen. Der Quotient der Extinktionswerte $E_{NaOH}:E_{NaF}$ ist die Stabilitätszahl, deren Anstieg auf stabile gut ausgebildete Humusstoffe deutet. Die im sichtbaren Spektr. aufgenommenen Absorptionskurven laufen beinahe parallel u. ihre Verschiebung weist auf den Grad der Humifikation hin. Die Frostwrkg. ist bei rohen organ. Stoffen ausgeprägter als bei jungen Bodenschichten. Bei Alkaliböden werden durch Frosteinw. wie auch durch Trocknen die natronalkal. Extrakte dunkler, die Stabilitätszahl fällt stark ab. (Agrártudományi Egyetem Agronóm. Kar Kiadványai [Ber. Fak. Agronom. Univ. Agrarwiss.] **4.** Nr. 9. 1—19. 1957.)
J. PLANK. 6304

E. M. Romney, G. V. Alexander, G. M. le Roy und **K. H. Larson,** *Der Einfluß von stabilem Sr auf die* ^{90}*Sr-Aufnahme durch Pflanzen aus Böden.* Durch Zugabe steigender Mengen $Sr(NO_3)_2$ u. $SrSO_4$ zu 3 verschied. Bodentypen (saure Sande, neutrale sandige Lehme u. Kalkböden) wurde untersucht, ob die ^{90}Sr-Aufnahme durch Bohnen u. Klee mittels dieser Trägerverdünnung vermindert werden kann. — Es zeigte sich, daß bei Zugabe von 0,1—5,0 mval Sr/100 g Boden die ^{90}Sr-Aufnahme durch die Pflanzen erhöht wird, u. zwar bes. stark bei saurer Boden-Rk. u. niedrigem Geh. an nativem Sr. Dieser Effekt ist auf die Verdrängung des ^{90}Sr aus dem Sorptionskomplex in die Bodenlsg. durch das stabile Sr zu erklären, wodurch es leichter verfügbar wird. — Die Gesamtaufnahme an Sr stand in linearer Korrelation zum Geh. des Bodens an „austauschbarem" Sr (n-NH_4-Acetat) u. wird durch zunehmenden Geh. an „austauschbarem" Ca vermindert. Die absol. Sr-Aufnahme war bei $Sr(NO_3)_2$-Zugabe höher als bei $SrSO_4$-Zugabe. — Vff. schließen aus ihren Unterss., daß eine Zurückdrängung der ^{90}Sr-Aufnahme durch durch die Pflanzen aus ^{90}Sr-verseuchten Böden unter prakt. Verhältnissen nicht über eine Trägerverdünnung zu erreichen ist, da die erforderlichen Sr-Mengen höher als 5 mval/100 g Boden, d. h. höher als ca. 5 t Sr/acre liegen. (Soil Sci. **87.** 42—45. Jan. 1959. Los Angeles, Calif., Univ. of California, School of Med.) WILFRIED WERNER. 6304

Jerome B. Sohn und **Michael Peech,** *Die Sorption und Fixierung von Ammonium durch Böden.* In Proben von insgesamt 31 hinsichtlich Textur, p_H-Wert u. Geh. an organ. Substanz sehr verschied. Mineral- u. organ. Böden wurden nach NH_4-Sättigung u. unterschiedlicher Weiterbehandlung die NH_4-Sorption u. die NH_4-Fixierung bestimmt. — Es zeigte sich, daß Humusböden erheblich mehr NH_4^+ nichtaustauschbar fixieren als Mineralböden. Saure Böden mit hohem Geh. an organ. Substanz sorbierten u. fixierten die größten NH_4-Mengen. Jedoch bestand zwischen dem Aciditätsgrad u. dem NH_4^+-Sorptionsvermögen keine gesicherte Korrelation, da auch neutrale u. alkal. Mineralböden eine erhebliche NH_4-Bindung zeigten. Nach Zerstörung der organ. Substanz durch H_2O_2 fixierten die Böden zwischen 10 u. 87% weniger NH_4^+. Es kann daraus geschlossen werden, daß im Mittel aller untersuchten Böden ca. 50% des gesamten fixierten NH_4^+ über eine Rk. mit der organ. Substanz des Bodens festgelegt sind. — Vergleichsverss. über die K- u. NH_4-Fixierung der Böden zeigten deutlich, daß bei hohem Geh. an organ. Substanz mehr NH_4^+ als K fixiert wird, während mit zunehmender Oxydation der organ. Substanz K u. NH_4^+ annähernd gleich fixiert werden. Die K-Fixierung dürfte demnach vorwiegend durch die Tonmineralkomponente des Bodens erfolgen. (Soil Sci. **85.** 1—9. Jan. 1958. Ithaca, N. Y., Cornell Univ., Coll. of Agric.) WILFRIED WERNER. 6304

F. J. Stevenson, A. P. S. Dhariwal und **M. B. Choudhri,** *Ein weiterer Hinweis auf das natürliche Vorkommen von fixiertem Ammonium in Böden.* (Vgl. C. **1957.** 9193.) Im Profil einer Lößbraunerde mit Illit als Haupttonmineralkomponente u. eines montmorillonit. Lößplanosols wird das C:N-Verhältnis mit zunehmender Tiefe enger. Vff. untersuchen die Ursachen dieser Erscheinung. Es zeigt sich, daß in den tieferen Horizonten der Huminsäuregeh. stetig abnimmt, daß diese N-Fraktion also nicht für die Einengung des C:N-Verhältnisses verantwortlich sein kann. Als verantwortlicher Faktor muß vielmehr das in allen Böden vorkommende natürlich fixierte NH_4^+ angesehen werden, das mittels einer HF-Extraktion aus den mit $Na_4P_2O_7$, NaOH u. H_2O_2 zur Entfernung der organ. Substanz vorbehandelten Bodenproben freigesetzt wurde. Der Geh. an fixiertem N stieg in der illit. Braunerde von 6,5% des Gesamt-N im A_1-Horizont auf 51,7% des Gesamt-N im C-Horizont an, im montmorillonit. Lößplanosol von 6,0% (A_1) auf 38,1% (C) des Gesamt-N. Der fixierte N liegt offensichtlich in Ton–NH_4-Komplexen vor, wobei Illit mehr NH_4^+ festzulegen vermag als Montmorillonit. — Vff. schließen aus ihren Ergebnissen, daß es unrichtig ist, den nach dem KJELDAHL-Verf. erhaltenen N als „organ. N" des Bodens zu bezeichnen. Dies ist nur zulässig, wenn die Böden mit Sicherheit kein fixiertes NH_4 enthalten. (Soil Sci. **85.** 42—46. Jan. 1958. Urbana, Ill., Illinois Agric. Exp. Station, Dep. of Agronomy.) WILFRIED WERNER. 6304

Katumi Hosoda und **Hideo Takata,** *Untersuchungen über das kolloidchemische Verhalten von Schwarzerdeböden in Japan.* 2. Mitt. *Über die Fixierung von Phosphat in Daisen-Bara-Böden.* (1. vgl. C. **1959.** 15482.) Die Menge des von mehreren japan. Oberflächenböden auf vulkan. Ascheböden aufgenommenen Phosphats hängt von der Bodenart u. der Phosphatgabe ab. — Zahlentafeln, Diagramme. (Trans. Tottori Soc. agric. Sci. [Tottori Nogaku-Kwaiho] **11.** 251—31. März 1958. [Orig.: japan.; Auszug: engl.]) W. WESLY. 6304

R. L. Halstead, K. F. Nielsen und **A. J. MacLean,** *Phosphor- und Kaliumabgabe an Luzerne in Böden aus verschiedenen Tiefen.* Bodenproben aus 3 verschied. Orten in Ostontario u. aus drei Tiefen wurden auf P- u. K-Abgabe an Luzerne im Gewächshausvers. untersucht. Resultate: Die P-Abgabe der Oberflächenschicht war bei 4 Proben beträchtlich größer als diejenige tieferer Schichten. Der Anteil an organ. P vom Gesamt-P variierte von 18—53% in der Oberflächenschicht u. von 5—66% in den tieferen Schichten. Die Menge an säurelösl. P nahm bei 5 Böden mit der Tiefe zu. Die Mengen an bicarbonatlösl. P war bei 5 Böden in der Oberschicht höher als in den tieferen Schichten. (Canad. J. Soil Sci. **37.** 61—70. Febr. 1957. Ottawa, Ontario, Chem. Div., Sci. Serv. and Field Husbandry Div., Exp. Farms Serv., Canada Dep. of Agric.) B. SCHEIFELE. 6304

J. A. Smith und **B. C. Matthews,** *Freigabe von Kalium durch 18 Ontarioböden während kontinuierlicher Bepflanzung im Treibhaus.* Ontarioböden wurden 8mal hintereinander mit Luzerne bepflanzt u. auf die Freigabe von nichtaustauschbarem K an die Luzerne untersucht. Resultate: Die Freigabe an K stand in enger Beziehung zum Tongeh. der Böden. Austauschbares K unter 100 lbs./acre ergab niedrige Erträge u. niedrigen K-Geh. der Luzerne. Extrem hohe Gehh. an austauschbarem K führten zu übermäßigem Verbrauch von K durch die Pflanzen oder zu K-Fixierung durch den Boden. Böden, die nahezu Gleichgewicht an austauschbarem K aufwiesen, zeigten enge Beziehung zwischen K-Zufuhr u. Geh. an austauschbarem K. (Canad. J. Soil Sci. **37.** 1—10. Febr. 1957. Guelph, Ontario, Ontario Agric. Coll., Dep. of Soils.) B. SCHEIFELE. 6304

Tom Eastwood und **James Watts,** *Die Wirkung von Kaliumdüngung auf die Qualität von Kartoffelchips.* 3. Mitt. *Chipfarbe.* (2. vgl. C. **1959.** 14232.) Verss. ergaben, daß durch höhere K-Gaben nur eine geringe Beeinflussung der Chipfarbe erzielt wurde. Von anderen Faktoren waren noch Kartoffelsorte, N-Geh., Wetterbedingungen u. Kulturmaßnahmen von Bedeutung. Außerdem war eine bessere Farbe bei Gaben von KCl als bei K_2SO_4 festzustellen. (Amer. Potato J. **33.** 255—57. Aug. 1953.) W. KNÖPKE. 6304

Tom Eastwood und **James Watts,** *Die Wirkung von Kaliumdüngung auf die Qualität von Kartoffelchips.* 4. Mitt. *Spezifisches Gewicht.* (3. vgl. vorst. Ref.) Bei Düngung mit KCl wurde das spezif. Gewicht von Kartoffelknollen erniedrigt, während es bei Gaben von K_2SO_4 höher lag. Menge u. Herkunft des K-Düngers hatten dagegen keinen Einfl. auf die Lagerfähigkeit der Knollen u. den Geschmack der Chips. (Amer. Potato J. **33.** 265—68. Sept. 1956.) W. KNÖPKE. 6304

Lajos Ábrahám, *Einfluß der Fischteiche und Wasserspeicher von Hortobagy auf die Alkali-(Szik-)Böden.* In der ungar. Literatur wird des öfteren die Ansicht vertreten, Alkaliböden könnten durch Anlegen von Fischteichen verbessert werden. Verss. ergaben, daß dies unter Verhältnissen, wie sie im Hortobagy-Gebiet bestehen, nicht der Fall ist. (Agrokémia és Talajtan [Agrochem. u. Bodenkunde] **6.** 29—42. Mai 1957. Budapest, Agrochem. Forschungsinst.) J. PLANK. 6304

Ferenc Koczor und **Imre Prettenhoffer,** *Einfluß der Melioration, der Mineraldüngung und der Bodentype auf die qualitativen Eigenschaften des Reiskornertrages.* Ausgedehnte Verss. auf kalkarmen, sauren, neutralen, schwach alkal. Alkaliböden (Szik) u. Wiesenböden nach Melioration mit Kalkschlamm, Kalksteinpulver, Gips usw. u. anorgan. Düngung zu verschied. Vegetationszeiten wurden zwischen 1951 u. 1954 ausgeführt. Die angewendeten Meliorationsverff. u. Materialien wie auch Kunstdüngerkombinationen hatten auf den Kornertrag keinen nennenswerten Einfluß. Superphosphat hatte, vor der Saat gestreut, eine geringe verbessernde Wirkung. (Növénytermelés [Pflanzenbau] **8.** 1—14. März 1959.) J. PLANK. 6304

Keizaburō Kawaguchi, Yoshirō Matsuo und **Kōsuke Waki,** 6. Mitt. *Untersuchungen über die Bildung von Paddy-Böden. Bewegung der aktiven Oxyde in Bodenprofilen eines schlecht drainierten trocknen Paddy-Feldes.* (4. vgl. C. **1959.** 12973.) Obgleich schon viele Jahre vergangen waren, seit der Anbau von Reis begonnen hatte, war eine Anhäufung von akt. Fe_2O_3 unterhalb der Pflugsohle makroskop. kaum zu beobachten, es sei denn bei schlechter Drainage des Feldes. Akt. Oxyde wurden ausgewaschen, nachdem man begann, den Boden als Paddy-Feld zu nutzen. Bei Boden A häuften sich dann akt. Mn-Oxyde im Horizont unter der Pflugsohle an. Im Boden B wurden akt. Mn- u. Fe-Oxyde angehäuft. Abnahmen von akt. Al in der Pflugsohle werden verursacht durch die Abwärtsbewegung von Tonen, obgleich die Drainage nicht gut war. (J. Sci. Soil Manure, Japan [Nippon Dozyo-Hiryo-Gaku Zasshi] **27.** 233—36. Sept. 1956. [Orig.: japan.; Auszug: engl.]) WILFRIED WERNER. 6304

J. B. D. Robinson, *Eine Bemerkung über die Blattaderchlorose von Kaffeeblättern.* Die eingehend beschriebenen Symptome (Aufhellung u. später Vergilben der Blätter zwischen den Blattadern) traten bes. in der Zeit des intensiven vegetativen Wachstums auf. Durch eine Blattbesprühung mit einer 0,25%ig. *$FeSO_4$*-Lsg. konnten die chlorot. Erscheinungen weitgehend behoben werden: 4 Wochen nach der Behandlung zeigten die jungen Blätter wieder die n. grüne Farbe, wogegen ältere Blätter nicht mehr vollständig ergrünten, jedoch eine merkliche Erhöhung des Chlorophyllgeh. erkennen ließen. — Die Verss. bestätigten demnach, daß es sich bei den beobachteten Mangelsymptomen um eine Fe-Chlorose handelt. (East African agric. J. Kenya, Tanganyika, Uganda, Zanzibar **20.** 195—97. Jan. 1955. Kenya, Dep. of Agric., Coffee Res. Stat.) WILFRIED WERNER. 6304

Robert G. Hill, *Das Problem der Blaubeerchlorose.* Die auf Hochlandböden in Ohio auftretende Gelbfärbung von Blaubeerlaub, verbunden mit verkümmertem Wuchs u. Unfruchtbarkeit, beruht nach der Blattanalyse auf *Fe*-Mangel. Offenbar ist die Pflanze zum Unterschied von benachbarten anderen Pflanzenarten nicht fähig, das Boden-Fe nutzbar zu machen. Einigen Erfolg hatte die schwerer durchführbare Verbesserung der Boden-Rk. auf ca. p_H 5,0. Zeitlich auf die Saison beschränkte Abhilfe brachte mehrmalige Blattsprühung mit 0,5%ig. Lsgg. von *$FeSO_4$* oder *$(NH_4)_2Fe(SO_4)_2$*. Im Boden waren solche Verbb. nicht wirksam. Erfolg hatte die Bodenanwendung der chelat. Fe-Verbb. *Ferro Sene* (BERSWORTHY CHEMICAL Co.) u. *Sequestrene NAFe* (ALROSE CHEMICAL Co.), von denen je Pflanze 100 g im Boden verteilt wurden. Einmalige Anwendung genügte für mindestens 2 Vegetationsperioden. Nach 30 Tagen verschwanden die chlorot. Symptome, nach 11 Monaten im Frühjahr zeigten die Pflanzen kräftigen Wuchs, Knospen u. tiefgrünes Laub. Nach Vorverss. sind schon 40 g der Verbb. je Pflanze wirksam. Die Verbb. wirkten auch als Blattsprays (2 lbs./100 gall. W.). (Proc. annu. Meeting Ohio State horticult. Soc. **108.** 164. 166. 168. 170. 172. 174. 176. 9.—11/2. 1955. Wooster, Ohio, Ohio Agric. Exp. Stat.) EBERHARD MÜLLER. 6304

James M. Beattie, *Mulch als Bodenbehandlungssystem für Weinstöcke.* Ein Teil eines Weingartens wurde 7 Jahre lang mit Weizenstroh 10—12 in. hoch gemulcht (a), während ein anderer Teil wie gewöhnlich durch Graben, Hacken u. Ansaat von Deckpflanzen bearbeitet wurde (b). In beiden Fällen wurden jährlich 40 bzw. 80 lbs. *N*/acre bzw. kein N angewandt. Neben erheblich stärkerem Triebvermögen war bei a nach 6—7 Jahren der Geh. der Blattstiele an *N*, *P*, *K* u. *Mn* erheblich höher als bei b, während der Geh. an *Ca* u. *Mg* niedriger war. In den 7 Jahren betrug der mittlere Jahresertrag bei a 17,4 lbs., bei b 12,2 lbs. Trauben je Weinstock. Der höchste Ertrag bei a wurde in den ersten 6 Jahren mit 40 lbs. N/acre, im 7. Jahr ohne N-Gabe erzielt. Offenbar lieferte dann der zers. Mulch genügend N. Der Geh. der Trauben an lösl. Stoffen war bei a etwas niedriger, der Säuregeh. etwas höher als bei b. Es ist anzunehmen, daß dieser Nachteil durch längeres Reifenlassen der Trauben bei a ausgeglichen werden kann. (Proc. annu. Meeting Ohio State horticult. Soc. **108.** 154—60. 162. 164. 9.—11/2. 1955. Ohio Agric. Exp. Stat.) EBERHARD MÜLLER. 6304

O. Verona, *Herbicide und biologische Fruchtbarkeit des Bodens.* Unterss. mit gebräuchlichen Unkrautmitteln (*2.4-D, 2.4.5-T, MCPA* usw.) zeigen, daß diese bei den angewandten Dosen den Mikroorganismen des Bodens nicht schaden, aber durch diese in ihrer Wrkg. geschwächt werden können. — 68 Literaturhinweise. (Agric. ital. **58** ([N. S.] **13**). 55—31. Febr. 1958. Pisa, Oss. fitopatol., Sez. Patolveget.) R. K. MÜLLER. 6306

A. K. Eglite, *Herbicid MG-T gegen Quecke.* Zur Vernichtung der Quecke wurde das Präp. MG-T entwickelt, das zu 33% aus Maleinsäurehydrazid als Wirkstoff besteht. Infolge seiner nachteiligen Wrkg. auf die Kulturpflanzen erfolgt das Bespritzen des aufgegangenen Unkrautes mit MG-T einige Tage vor der Saatbestellung. Benutzt werden

3—10%ig. wss. Lsgg./20—30 kg/ha. Zur Verstärkung der Wrkg. werden 0,1% an OP-10 oder OP-7 als Benetzungsmittel bei der Anfertigung der Lsg. zugesetzt. Bei Verss. setzten 30,0 kg/ha MG-T die Queckengrünmasse auf dem Acker von 87,3 (Kontrolle) auf 3,0 dz/ha herab u. steigerten den Haferkornertrag von 3,1 (Kontrolle) auf 7,6 dz/ha. Auf zweikeimblättrige Unkräuter ist die Wrkg. von MG-T geringer als die von 2.4-D. Für Menschen u. Tiere ist MG-T unschädlich. (Защита Растений от Вредителей и Болезней [Pflanzenschutz] **3.** Nr. 6. 40—41. Nov./Dez. 1958.) E. LINTER. 6312

H. F. Winter, *Jetzt können wir Mehltau bekämpfen.* Künstlich mit Erwinia amylovora infizierte Kulturen von Jonathanäpfeln u. Bartlettbirnen wurden zu Beginn der Blüte, 24 Std. später u. beim Verblühen mit Lsgg. von handelsreinem *Streptomycin* (**I**)*-sulfat* u. *-nitrat*, einem sehr unreinen fl. I-Konzentrat, *Agrimycin* (**II**; ein antibiot. Sprühpräp. mit Netzmittel, CHARLES PFIZER Co.), *Terramycinhydrochlorid* (**III**) sowie *Tetracyclin* (**IV**) sprühbehandelt. **I** in der Konz. 100 p.p.m. akt. Wirkstoff hatte die stärkste Wrkg., auch 50 p.p.m. wirkten noch gut. **II** (100 p.p.m.) ergab ebenfalls nahezu vollständige Unterdrückung des Befalls. **III** u. **IV** waren weniger wirksam. Bei natürlich infizierten Kulturen der gleichen Sorten war die Wrkg. von **I** u. **II** bei gleicher Anwendung ebenfalls ausgezeichnet. (Proc. annu. Meeting Ohio State horticult. Soc. **108.** 57—61. 9.—11/2. 1955. Ohio Agric. Exp. Stat.) EBERHARD MÜLLER. 6312

Arthur E. Mitchell und **Dale Kretchman,** *Fruchtbräunung bei Jonathanäpfeln und ihre Beziehung zu Schäden durch Kälte und Spritzchemikalien in Michigan 1957.* Nach den Erfahrungen der Vff. kann die Fruchtbräunung der bes. empfindlichen Sorten Jonathan u. Golden Delicious infolge Tempp. unter 62° F um die Blütezeit durch gleichzeitig angewandte Spritzmittel, wie *Phygon, Ferbam, Glyodin, Niacide A* u. *Hg*-Verbb. verstärkt werden. (Annu. Rep. Secretary State horticult. Soc. Michigan **87.** 59—64. 1957. Michigan State Univ.) EBERHARD MÜLLER. 6312

E. J. Klos, *Bekämpfung bakterieller Blattfleckigkeit bei Pfirsichbäumen — Fortschrittsbericht.* Ohne Wrkg. waren Herbstspritzungen mit *Bordeauxmischung* sowie aufeinanderfolgende Spritzung von *$CuSO_4$* u. *$Ca(OH)_2$*, ferner $CuSO_4$ mit Netzmittel *Triton B-1956* u. *Captan.* Eine Verminderung des Befalls ergaben Sommerspritzungen mit *$ZnSO_4$ + Kalk, Streptomycin* u. *Streptomycin + Captan.* (Annu. Rep. Secretary State horticult. Soc. Michigan **87.** 86—87. 1957. Michigan State Univ., Dep. of Bot. and Plant Pathol.) EBERHARD MÜLLER. 6312

J. H. Davidson, *Bodenbegasungsbehandlungen zur Wachstumsverbesserung von Obstbäumen.* Zur Bekämpfung von wurzelschädigenden Nematoden wurden im Herbst *Methylbromid* (**I**; odoriertes Präp. *Dowfume MC 2*), *Äthylendibromid* (**II**; *Dowfume W 85* mit 12 lbs. **II**/gall.) u. *1.3-Dichlorpropen* angewandt. In Vorverss. wurde **I** (1 lb./100 sq.ft.) unter gasdichten Decken auf den künftigen Pflanzstellen (je 10 sq.ft.) angewandt, **II** (144 bzw. 180 lbs./A.) 8—10 in. tief in den Boden injiziert. Stammumfang u. Ertrag der im folgenden Fühjahr gepflanzten Kirschbäume betrugen nach 4 Jahren das mehrfache gegenüber unbehandelt. In einem ausgedehnteren Vers. wurde der Erfolg der Begasung mit **I** u. **II** zuerst 2 Jahre nach dem Pflanzen an der viel höheren Anzahl u. Länge der Triebe deutlich. (Annu. Rep. Secretary State horticult. Soc. Michigan **87.** 93—97. 1957. Midland, Mich., Dow Chemical Co.) EBERHARD MÜLLER. 6312

I. A. Pastac, *Die Nitrofarbstoffe und die Winterbehandlungen.* (Vortrag.) Überblick über die Wirksamkeit von Wintersprühmitteln auf Basis *DNC* in der Schädlingsbekämpfung. — 10 Literaturhinweise. (Chim. et Ind. **79.** 610—14. Mai 1958.)
E. RIEDEL. 6312

E. H. Floyd und **B. A. Tower,** *Mit Insekticiden imprägnierte Streu zur Bekämpfung der Körperläuse [Eomenacanthus stramineus (Nitz.)] beim Geflügel.* Gemahlene u. getrocknete Zuckerrohrrückstände werden mit *Lindan* (80 g/100 kg) imprägniert u. als Streu für Hühnerställe verwendet. Dadurch wird Geflügel, das stark mit Läusen [*Eomenacanthus stramineus* (NITZ.)] infiziert ist, in 10 Tagen insektenfrei. Die Streu ist auch nach 5½ monatigem Gebrauch noch voll wirksam, nach 8 Monaten ist die insekticide Wrkg. verschwunden. Die imprägnierte Streu behält ihre Wirksamkeit auch noch nach 16monatiger Lagerung in Ballen. Bei geringeren Konzz. (1,1—10 g/100 kg) ist die insekticide Wrkg. nur unvollkommen. (Poultry Sci. **35.** 896—900. Juli 1956. Baton Rouge, La., Louisiana Agric. Exp. Stat.) K. BOHLE. 6312

B. A. Areschnikow, *Neue phosphororganische Präparate für die Bekämpfung der Schildwanze.* Zur Vernichtung der Schildwanze wurden Winterweizensaaten, auf denen diese Schädlinge angesetzt waren, bespritzt: mit wss. 0,19%ig. Chlorophoslsg. (**I**), 0,30%ig. Methylmercaptophosemulsion (**II**), 0,30%ig. Emulsion des Thioisomers des Mercaptophos (**III**), 0,30%ig. Emulsion von Vinylphosphat (**IV**). Die nach 11 Tagen festgestellte Mortalität des Schädlings betrug: bei **I** 93%, bei **II** 93%, bei **III** 75% u. bei **IV** 65%. Bei weiteren Unterss. mit **I** hielt dessen tox. Wrkg. auf die Wanzen auf den bespritzten Pflanzen bis zu 5 Tagen an. Konzz. bis 0,4% zeigten keine Beschädigungen der Pflanzen. 0,20%ig. Gebrauchs-Lsgg. behielten bei Aufbewahrung in Glaskristallisatoren bei 20—22° ihre tox. Wrkg. 20 Tage lang. (Защита Растений от Вредителей и Болезней [Pflanzenschutz] **3.** Nr. 6. 39—40. Nov./Dez. 1958.) E. LINTER. 6312

W. Wachtendorf, *Zur Bekämpfung des Fichtenrindenwicklers, Laspeyresia pactolana Zll.* Die Bekämpfung der Raupen des Fichtenrindenwicklers (Laspeyresia pactolana Zll.) konnte mit den Wirkstoffen *Systox, Bayer 4410, Bayer 4455* (jeweils 0,1—0,2%) u. *Metasystox* (0,2—0,5%) erfolgreich durchgeführt werden. Am aussichtsreichsten ist die Spritzung während der ersten Entwicklungsstadien im Sommer (Juli/August), aber auch im Spätsommer kann bei günstiger Witterung gespritzt werden. (Anz. Schädlingskunde **29.** 177—79. Nov. 1956. München, Inst. für angew. Zool.) W. KNÖPKE. 6312

György Filep, *Rasche Analyse und Bewertung von Bewässerungswasser.* Die Beurteilung des W. geschieht am besten mittels des „Natronifizierungsquotienten" [= 100 mgÄquivalent Na/mgÄquivalent (Ca + Mg + K + Na)]. Wenn der Wert des Quotienten für das W. kleiner ist als für den Boden, so ist das W. zur Bewässerung geeignet. Die Zus. der Gewässer ist veränderlich, daher ist eine stete Überwachung nötig. Zur Beurteilung sind p_H, CO_3^{2-}, HCO_3^-, Cl^-, SO_4^{2-}, Ca^{2+}, Mg^{2+}, K^+ u. Na^+, Alkalität, Trockenrückstand, Sodaäquivalent, Gesamthärte, temporäre u. permanente Härte zu bestimmen. (Agrokémia és Talajtan [Agrochem. u. Bodenkunde] **7.** 65—74. 1958. Debrecen, Orsz. Mezőgazd. Minőségvizsg. Int.) J. PLANK. 3622

Vaszilij Kutz, *Über Gesetzmäßigkeiten bei der biologischen Bestimmung (mit Aspergillus niger) der pflanzenzugänglichen Nährstoffe.* Das vom Vf. u. GUTSCHY ausgearbeitete Verf. hat letzterer weiterentwickelt (Zemljiste i biljka **4.** [1955.] 131) unter Benutzung der von MITSCHERLICH angegebenen Funktion, wonach die dort eingeführte Konstante weder von der Pflanzenart noch vom Boden, sondern nur von dem in kleinster Konz. anwesenden assimilierbaren Element abhängig ist. Diese Annahme bereitet bei der prakt. Anwendung der Meth. Schwierigkeiten. Zur Klärung untersuchte Vf. die Funktion u. stellte fest, daß die von MITSCHERLICH angegebenen Konstanten nur unter bestimmten Bedingungen unveränderlich sind. Er empfiehlt zur Best. der Konstanten die Benutzung von zwei Kulturreihen u. gibt Formeln an, deren Richtigkeit eigene u. die Verss. von GUTSCHY bestätigen. Die Anwendungsmöglichkeit wurde auch auf den Fall ausgedehnt, daß mehrere Elemente in kleinster Konz. vorliegen. (Agrokémia és Talajtan [Agrochem. u. Bodenkunde] **7.** 83—96. 1958. Budapest, Forschungsinst. der Fleisch-, Konserven- u. Kälteind.) J. PLANK. 6324

C. V. Fife, *Eine Bewertung von Ammoniumfluorid als spezifisches Extraktionsmittel für aluminiumgebundenes Bodenphosphat.* 1. Mitt. *Einleitende Untersuchungen an Nichtbodensystemen.* Die Löslichkeit von Al-gebundenem Phosphat aus Wavellit u. Fe-gebundenem Phosphat aus Rockbridgeit in 0,5n NH_4F steigt mit steigendem p_H-Wert an, was auf die Bldg. von lösl. Fluoroferrat- bzw. -aluminationen zurückgeführt wird. Während die PO_4-Löslichkeit in Fe-Systemen aber schon im Bereich des Neutralpunktes ein Minimum erreicht, wird PO_4^{3-} aus Al-Systemen noch bei stark alkal. Rk. spezif. gelöst. Vf. hält daher eine alkal. NH_4F-Lsg., die genügend alkal. ist, um eine Bindung von Phosphat an freie Fe-Oxyde zu verhindern, für am besten geeignet für die Extraktion von Al-gebundenem Phosphat, vorausgesetzt, daß Fe-gebundenes Phosphat ausschließlich in Formen vorliegt, welche stabil gegen Hydrolyse sind (wie z. B. Rockbridgeit). (Soil Sci. **87.** 13—21. Jan. 1959. Univ. of New Zealand, Massey Agric. Coll.) WILFRIED WERNER. 6324

Charles J. Schollenberger und **Colin W. Whittaker,** *Verbesserte Bestimmung der Carbonate in Böden.* Die Meth. zur Carbonatbest. in Böden, bei der das durch n-HCl entwickelte CO_2 in einer 0,2n $Ba(OH)_2$-Vorlage sorbiert u. der $Ba(OH)_2$-Überschuß mit 0,2n HCl rücktitriert wird, wird durch Entw. einer speziellen App. modifiziert, wodurch eine erhöhte Genauigkeit u. Reproduzierbarkeit erreicht wurde: Im geschlossenen Syst. wird die Luft durch eine Membranpumpe umgewälzt, um eine quantitative CO_2-Sorption zu gewährleisten; Reaktions- u. Adsorptionsgefäß werden gleichzeitig geschüttelt; Rücktitration erfolgt ebenfalls im geschlossenen System. Das Reaktionsgefäß kann thermostat. erwärmt werden, was bei Anwesenheit von Dolomit von Wichtigkeit ist. (Soil Sci. **85.** 10—13. Jan. 1958. Wooster, Ohio, Agric. Exp. Stat.; Beltsville, Md., U.S. Dep. of Agric., Agric. Res. Serv., Soil and Water Conserv. Res. Div.) WILFRIED WERNER. 6324

Vincenzo Averna, *Ausblicke auf die Anwendung elektrocapillarer Analysen zur Bestimmung der elektrischen Aufladung von Bodenkolloiden.* 2. Mitt. (1. vgl. C. **1959.** 15819.) In Fortsetzung früherer Unterss. werden die Verss. mit *Nigrosin* (**I**; elektronegativ), *Alizarin* (**II**; amphoter) u. *Vesuvin* (**III**; elektropositiv), jedoch unter Zusatz von Elektrolyten, wie *NaCl*, $CaCl_2$ u. NH_4Cl, fortgeführt. Die Messungen des elektrocapillaren

Aufsteigens von I, II u. III mit diesen Elektrolyten, die Wrkg. dieser u. von *Bentonit* (IV) in 5 Bodenextrakten verschied. Zus. (6,50—98,50% Lehm, 1,50—93,50% Sand u. 8,325—1,17% Humus) u. die p_H-Best. (6,10—8,05) sind in Tabellenform wiedergegeben. Die Ergebnisse zeigen, daß NaCl, $CaCl_2$ u. NH_4Cl das Aufsteigen von I positiv, von II negativ u. von III kaum beeinflussen. Das anorgan. Koll. IV beeinflußt das Aufsteigen von I, II u. III positiv, $Al(OH)_3$ u. $Fe(OH)_3$ das aller 5 Bodenextrakte ebenfalls positiv. (Ann. Sperimentaz. agrar. [N. S.] **9.** 605—17. 1955.) G. PLATZER. 6324

J. H. Stoeckeler und **J. L. Thames,** *Das „Lake States" zur Bestimmung der Tiefe von Bodenfrost.* Es wird ein Gerät zur schnellen Messung der Tiefe des Bodenfrostes auf organ. u. Mineralböden beschrieben. Es handelt sich um eine graphierte Stahlbodensonde, welche in einem Führungsrohr gleitet u. durch Bleigewichte von bekanntem Gewicht u. bekannter Fallhöhe in den gefrorenen Boden eingetrieben wird. (Soil Sci. **85.** 47—50. Jan. 1958. St. Paul, US Dep. of Agric., Forest Serv., Lake States Forest Exp. Stat.) WILFRIED WERNER. 6324

Hans Fürst und **Reiner Gluch,** *Ultraspektroskopische Untersuchungen an Hexachlorcyclohexan.* Vff. beschreiben ein Verf. zur IR-spektroskop. Best. des γ-Isomeren in einem Isomerengemisch von *Hexachlorcyclohexan* (I). Als geeignet zur Best. des γ-Isomeren erwiesen sich die Absorptionsbanden bei 667, 687, 847 u. 909 cm^{-1}. Zur Aufstellung der Eichkurven wurden Modellgemische verwendet, die in ihrer Zus. den Mittelwerten aus techn. I-Rohwirkstoffen verschied. Herkunft entsprachen. Der Geh. an β-Isomeren betrug 10% u. an δ-Isomeren 8% bei allen Gemischen. Der γ-Geh. wurde in Intervallen von 0,5% von 8 auf 20% gesteigert, der α-Geh. nahm in entsprechendem Verhältnis ab. Von diesen Gemischen wurden Lsgg. in CS_2 von 100 mg/cm^3 angefertigt u. untersucht. Die Fehlergrenze der Bestimmungsmeth., bezogen auf den γ-Geh. in I, beträgt 0,5% absolut. (Chem. Techn. **9.** 538—40. Sept. 1957. Dresden, TH, Inst. für organ. u. organ.-techn. Chem.) C. GOTTFRIED. 6328

J. R. Geigy Akt.-Ges. (Erfinder: **Hans Gysin,** Basel, und **Enrico Knüsli,** Riehen), Schweiz, *Unkrautbekämpfungsmittel,* gek. durch die Verwendung von Verbb. der Formel I, worin R_1—R_6 H oder KW-stoffreste bedeuten, in Verbindung mit festen Trägerstoffen. — Man erhält diese Triazine leicht aus z. B. Cyanurchlorid u. NH_3, prim. oder sek. Aminen. — Beispiele: 2-Äthylamino-4-isopropylamino-6-diäthylamino-symm.-triazin; 2.4.6-Tris-[äthylamino]-symm.-triazin; 2.4-Bis-[äthylamino]-6-diäthylamino-symm.-triazin. (**Schwz. P. 335 569** vom 14/1. 1955, ausg. 28/2. 1959.) H. NEBELSIEK. 6313

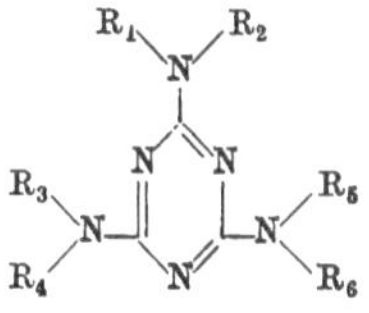

I

Ciba Akt.-Ges., Basel (Erfinder: **Richard Sallmann,** Binningen, **Ernst Beriger,** Allschwil, und **Max Geiger,** Riehen), Schweiz, *Schädlingsbekämpfungsmittel.* Man verwendet als solches Salze, bes. Dihydrochlorid, des Formamidindisulfids. Diese Salze zeichnen sich durch gute fungicide Wrkg. gegen verschied., im Pflanzenschutz eine wichtige Rolle spielende Pilze aus, wie Septoria apii oder echter Apfelmeltau. Anwendung in Form von Stäube- oder Spritzmitteln. (**Schwz. P. 334 528** vom 17/6. 1955, ausg. 31/1. 1959.) H. NEBELSIEK. 6313

Juan Nebrera Escobar, Madrid, Spanien, *Insekticides Mittel,* bestehend aus einem Gemisch aus *O.O-Dimethyldithiophosphat von Diäthylmercaptosuccinat* (I) u. einem Terpen-KW-stoff unter Zusatz von Pyrethrum oder einem anderen Insekticid. Um den ekelhaften Geruch des I zu beseitigen, behandelt man I mit NaOCl. Nach dem Abtrennen des NaOCl-Überschusses verd. man das Gemisch mit üblichen Trägerstoffen oder löst es in Bzl., Xylol oder dergleichen. — *Verwendung zur Bodenbearbeitung.* (**E. P. 800 411** vom 4/8. 1955, ausg. 27/8. 1958. Span. Prior. 4/4. 1955.) H. NEBELSIEK. 6313

—, Stand und Leistung agrikulturchemischer Forschung. 6. Frankfurt/M.; Sauerländer. 1959. (VII + 151 S. m. Abb.) 8° = Landwirtschaftliche Forschung. Sonderh. 12. DM 27,—.

VIII. Metallurgie. Korrosion.

J. Adamiczka und **A. Molicka-Haniawetz,** *Bisherige Ergebnisse der Flotationsanreicherung von Galmeierzen.* Es werden Verss. zur Anreicherung des Zn-Hauptminerals *Smithsonit* aus poln. Galmeierzen durch Flotation beschrieben. Smithsonit kommt neben Dolomit, dolomit. Kalkstein u. Limonit in 10—40 μ großen Körnern vor. Nach Mahlen des Erzes wird der den Körnern anhaftende Schlamm durch Zusatz von Wasserglas u. Stärke entfernt. Die Flotation erfolgt mit 0,6 kg/t *Hexadecylamin* in Form seines Hydrochlorids oder Acetats als Sammler. Durch Flotation werden nur Körner $>20\ \mu$ erfaßt. Die kleineren Körner verbleiben im Schlamm. Das Erz wird von 7 auf ca. 17%

bei 50% Verlust an *Zn* angereichert. (Prace Inst. Hutniczych **10.** 269—75. 1958. Inst. Met. nieżelaznych.) F. URBAN. 6362

K. Żmudziński und **J. Wójtowicz,** *Synthese und Anwendungsversuche einiger Thiokohlensäuren zur Flotation von Galmei und Zinkblende.* Während *Alkylxanthogenate,* ROCSSR′, keinerlei Sammlerwrkg. beim Flotieren zeigen, hat *Diamyltrithiokohlensäureester* starke Sammlereigenschaften. Beide Verbindungstypen haben keine polare Gruppe u. unterscheiden sich nur in der Zahl der S-Atome im Molekül. Da Monoalkyltrithiocarbonate, RSCSSK (R = Äthyl, Propyl, Butyl, Amyl, Hexyl, Benzyl), keine besondere Wrkg. bei der Flotation zeigen, ist auch die Zahl der S-Atome im Mol. nicht entscheidend. (Prace Inst. Hutniczych **10.** 361—67. 1958. Inst. Met. nieżelaznych.) F. URBAN. 6362

J. G. House und **M. E. Brooks,** *Induktives Schmelzen in einer Magnesium-Sandgießerei.* Beschrieben wird ein Netzfrequenz–Induktions-Schmelzofen in einer Sandgießerei, bes. zum Schmelzen von Mg sowie auch von verschied. Arten von Gießereischrott. Die betrieblichen Merkmale des Induktionsofens werden mit denen eines gasgefeuerten kippbaren Schmelzofens verglichen u. die Instandhaltungsprobleme des Induktionsofens erörtert. Die Anwendungsmöglichkeit mehrerer Induktionsöfen zum Vorschmelzen von Mg-Legierungen in der Automobilindustrie wird beschrieben, wo es sich gezeigt hat, daß diese Art von Schmelzöfen saubere Mg-Legierungen wirtschaftlich zu erzeugen in der Lage sind. (Mod. Castings **33.** Nr. 3. 77—80. März 1958. Bay City, Mich., Dow Chemical Co.) H. HOCHSTEIN. 6370

K. Scherzer, *Induktionsschmelzen.* Übersicht über die Anwendung des von LEIGH (C. **1959.** 4950) beschriebenen Induktionsschmelzofens zum Schmelzen von verschied. Metallen, bes. von *legierten Stählen, Bronze* u. anderen *Cu-Legierungen* u. *Mg.* (Metal Ind. [London] **88.** 145—46. 153. 24/2. 1956.) W. WESLY. 6370

Th. Türk, *Neue Elektroöfen zum Aufkohlen, Zunderfreihärten und Anlassen.* (Werkstatt u. Betrieb **89.** 321—25. Juni 1956. Dortmund.) M. GEHLEN-KELLER. 6370

J. W. Suiter, *EinigeDruckeinflüsse auf die Abschmelzelektrode beim Bogenschmelzen.* Im Anschluß an Unterss. von BEALL u. Mitarbeitern (vgl. C. **1958.** 3729) wird das betreffende Bogenschmelzverf. auch auf niedrigere Drucke angewandt. Positive u. negative Ti-Elektroden u. negative Stahlelektroden (0,1% C) wurden im elektr. Lichtbogen bei 10—650 mm Hg in einer *Ar*-Atmosphäre u. bei 10^{-1} bis 10 mm Hg im Vakuum geschmolzen. Die pro kg geschmolzenes Metall aufgewandte Energie steigt kontinuierlich mit sinkendem Druck bis 10 mm Hg, um bei noch geringeren Drucken nur noch wenig anzusteigen. Bei negativen Elektroden ist der Einfl. geringer als bei positiven. Eine Abnahme der Menge geschmolzenen Metalls pro aufgewandte Energie bei geringen Drucken ist auf instabile Bögen zurückzuführen. Diese konnten durch Anwendung genügend kurzer Bögen verhindert werden. (J. electrochem. Soc. **106.** 47—49. Jan.1959. Ottawa, Ontario, Dep. of Min. and Techn. Surveys, Mines Branch.) M. LASER. 6370

Heinrich Sebastian, *Gasbeheizte Durchlauföfen für Rohre.* Ein indirekt beheizter, vollautomat. geregelter Rollenherdofen zur Durchlaufglühung von Rohren wird beschrieben u. eine Formel zur Errechnung der optimalen Durchlaufgeschwindigkeit mitgeteilt. Diese Formel gestattet es, den Einfl. der einzelnen Faktoren auf die Durchlaufgeschwindigkeit zu übersehen u. die zur Aufstellung von Glühvorschriften erforderlichen Betriebsverss. auf ein geringes Maß zu beschränken. (Z. Metallkunde **50.** 177—79. März 1959. Menden/Sauerland.) H. HOCHSTEIN. 6370

S. Černoch, J. Ponevάč und **S. Tomčo,** *Neue Wege in der oxydierenden Antimonröstung.* Zur Verbesserung des Ausbringens beim oxydierenden verflüchtigenden Rösten von Sb-Konzentrat wurden Verss. in einem Wirbelschichtofen durchgeführt. Jedoch zeigte sich hierbei, daß die große Gewichtsabnahme an Feststoff nicht die Ausbildung einer Wirbelschicht zuließ u. die Erweichungstemp. des Materials so niedrig lag, daß sein Zusammenbacken auf dem Wirbelbett nicht zu vermeiden war. Dieses Konzentrat kann daher nur in der Schwebe verflüchtigend behandelt werden. Beschrieben wird ein Schweberöstofen mit in wärmetechn. u. pyrometallurg. Hinsicht verbesserter Ausführung, der ohne Abscheidung der festen Phase im Arbeitsraum mit fontänenartiger Röstgasführung arbeitet. (Neue Hütte **4.** 159—64. März 1959. Košice, ČSR.) H. HOCHSTEIN. 6370

L. N. Scheludjakow und **G. S. Kirjakow,** *Komplexes Ausbringen der Schwermetalle aus Silicatschmelzen durch Zementation mit flüssigem, mit Kohlenstoff gesättigtem Gußeisen.* 20 g Haldenschlacke eines Cu-Schmelzwerkes, enthaltend 0,57 (%) Cu, 1,31 Pb, 9,1 Zn, 32,8 Fe, 1,3 S, 32,0 SiO_2, 2,2 CaO, 2,0 MgO, 4,3 Al_2O_3 u. 1,3 BaO, wurden in einem Graphittiegel mit 20 g mit C gesätt. Gußeisen bei 1200, 1250, 1300, 1350 oder 1400° 5—60 Min. im Kryptolofen erhitzt. Je nach der Temp. wurden 60—97 (%) *Cu,* 77—96 *Pb,* 30—97 *Zn* u. 8—33 *Fe* ausgebracht, wobei ein *Gußeisen* mit 4—10% *Cu* sowie Sublimate von *PbO* u. *ZnO* erhalten wurden (4—20% PbO, 96—80% ZnO). Dabei verbrennt der C des Gußeisens zu CO u. CO_2. Seine Menge bleibt jedoch annähernd konstant (4,4—4,9% bei 1250—1400°), da er aus den Graphittiegelböden nachgelöst wird. Eine Steigerung der Cu-Menge im Gußeisen erhöht die Ausbringung von Pb, Zn u. Fe, senkt jedoch eine wenig die des Cu. Die scheinbaren Aktivierungsenergien der Zementationsprozesse betrugen (in der Klammer Reduktionsgrad): Cu (35—55%) 50, Pb (30—60%) 20, Zn (5—10%) 45 u. Fe (10%) 25 kcal/Mol (analoge Daten für die Red. von Cu, Pb u. Zn durch C in Gußeisen sind unbekannt). Die Steigerung der Ausbringung von Pb, Zn u. Fe durch Cu kann als Rk. des Cu mit den Sulfiden dieser Metalle gedeutet werden. Pb bildet eine in Fe unlösl. Sonderphase oder PbO, Zn bildet ZnO. (Известия Академии Наук Казахской ССР, Серия Химическая [Nachr. Akad. Wiss. KasachSSR, Ser. Chem.] **1958**. 29—37.) A. v. WILPERT. 6380

L. N. Scheludjakow, G. S. Kirjakow und **L. Ss. Ljubimowa,** *Komplexes Ausbringen der Metalle aus den geschmolzenen Schlacken der Bleischachtschmelze durch Zementation mit flüssigem, mit Kohlenstoff gesättigtem Gußeisen.* Die Durchführung der im vorst. Ref. angegebenen Verss. (10—60 Min. bei 1250—1400°) mit einer Pb-Schlacke der Zus. 0,45(%) Cu, 2,0 Pb, 11,2 Zn, 27,7 Fe, 24,0 SiO_2 u. 9,4 CaO ergab, daß, je nach der Temp., nach 30 Min. Zementation mit Cu-freiem Gußeisen 94—99(%) *Cu*, 90—98 *Pb*, 40—90 *Zn* u. 6—20 *Fe* ausgebracht werden. Bei Abschaltung des Luft-O_2 wurden 2 Arten Sublimat erhalten: 0,3—3 u. 58—60% *Pb*. Zugabe von Cu zum Gußeisen steigert die Ausbringung. Bei Zusatz von Pb zur Schlacke erhält man unter der Gußeisenschicht eine fl. Pb-Phase. Bei Zusatz der 1,3—1,6fachen Menge des theoret. erforderlichen Na_2S gingen 80—90% des Cu in den Stein über, der 29—43% Cu_2S u. 20—22% FeS enthielt. Die Aktivierungsenergien betrugen: Cu (bei 40—60%ig. Reduktionsgrad) 20, Pb (40—80%) 13, Zn (25%) 37, Fe (10%) 25 kcal/Mol. Die Konz. des Fe in der Schlacke sinkt fast konstant mit der Temp., u. zwar bei 1250° mit der Geschwindigkeit von 0,06%/Min., bei 1300, 1350 u. 1400° um je 0,063, 0,095 bzw. 0,19%/Minute. Die Ausbringung ist in 30 Min. in der Hauptsache beendet. Zugabe von Cu (0—4%) steigert die Ausbringung des Zn bei 1300° (60 Min.) von 62 auf 75%, die von Fe von 17 auf 20%; bei 1350°: Zn von 81 auf 96, Fe von 20 auf 32%. Die Sublimate enthalten (ohne Luftabschluß) 1,6—21,4% Pb (als PbO) u. 79—62% Zn (ZnO). Ein höherer Cu-Zusatz bewirkt keine weiter steigende Ausbringung, da das Cu im Gußeisen nicht stärker lösl. ist. (Известия Академии Наук Казахской ССР, Серия Химическая [Nachr. Akad. Wiss. KasachSSR, Ser. Chem.] **1958. 38—45.**) A. v. WILPERT. 6380

Keith S. Milliken, *Vereinfachung einer Formel für das Raffinieren durch Zonenschmelzen.* (Vgl. C. **1955**. 9890.) Die vereinfachte Form einer Formel zur Berechnung der Verteilung der Verunreinigungen nach einer best. Anzahl von Zonendurchgängen wird angegeben. (J. Metals **7**. Trans. AIME **203**. 838. Juli 1955. Ottawa, Ontario, Canada.) F. VIER. 6380

C. T. Marek und **C. B. Ward,** *Gasdrucke in Grünsandformen.* Theoret. Betrachtung u. Ermittlungsmeth. mit Angabe von Verfahrenswerten. (Mod. Castings **34**. Nr. 1. 87—93. Juli 1958. Lafayette, Ind., Purdue Univ.; Ohio, Wright-Patterson AFB.) H. HOCHSTEIN. 6382

Arthur Woods, *Möglichkeiten der Herstellung von Hohlkernen.* Modellplattenkonstruktion, das Reißen der Masken, Formzusammenbau, Herst. der Kerne. (Fonderie belge **1957**. 165—73. 202. Juli/Aug.) K. HILLINGER. 6382

M. Lepère, *Die Möglichkeiten des „Taccone"-Formverfahrens.* Grundzüge u. Vorteile der Formherst. mittels elast. Membran nach TACCONE. Modelltypen. Charakterist. Merkmale des erforderlichen Sandes. Vorschriften für die Formkastenkonstruktion. Einfl. auf die Handformerei. (Fonderie belge **1957**. 159—63. Juli/Aug.) K. HILLINGER. 6382

M. Pasquet, *Entwicklung der Eisenerzaufbereitung in Deutschland.* Übersicht über Lage, Alter, Struktur u. chem. Zus. der deutschen Fe-Erze, die geschichtliche Entw. u. heutige Ausführung der Aufbereitungsverff., die Ergebnisse von 2 Betrieben u. die Zukunftsentw.: Verbesserung der bestehenden Anlagen, Unters. der noch nicht ausgebeuteten Erze u. Entw. des KRUPP-RENN-Verfahrens. — 20 Literaturangaben. (Annales Mines **1959**. 79—102. Febr. IRSID.) W. WESLY. 6390

M. S. Kurczatow, *Über Eisenkoks und Erz-Kohle-Briketts.* Unter Berücksichtigung bisheriger sich widersprechender Erfahrungen mit Eisenkoks u. Erz-Kohle-Briketts u. auf Grund eigener Erfahrungen schließt Vf., daß die bisherige Anwendung von Eisenkoks zur Roheisenherst. nicht zweckmäßig ist. Einfacher u. nützlicher sind Erz-Kohle-Briketts ohne Überschuß an zur Red. nötigem Kohlenstoff. Zur Herst. dieser Briketts eignet sich Koks oder Kokskohle, gegebenenfalls können andere feste Brennstoffe verwendet werden, wenn das Erz entsprechend vorbehandelt wird. Am günstigsten ist es, wenn Reduktions- u. Schmelzvorgang sehr nahe beieinanderliegen. (Koks-Smoła-Gaz **1.** 125—27. Okt./Dez. 1956.) A. BABCZYŃSKI. 6390

H. Kenworthy und **A. G. Starliper,** *Das Schmelzen von Eisenerzen aus Ost-Texas im elektrischen Ofen — ein Fortschrittsbericht.* Erze aus Texas mit <25% Fe werden im elektr. Ofen geschmolzen u. mit >95% Ausbeute als Roheisen gewonnen, das durch Raffinieren von *C, Si* u. *P* befreit wird. (U. S. Dep. Interior, Bur. Mines, Rep. Invest. **5427.** 1—12. 1958. Rolla, Mo., Bur. of Mines, Region IV.) W. WESLY. 6400

William S. Webb, *Entschwefelung von Kupolofeneisen zum Einsatz in den Siemens-Martin-Ofen.* Ein Kupolofeneisen mit niedrigem S-Geh. wird in einem für längere Perioden kontinuierlich arbeitenden u. bis zu 100% Stahlschrott im Einsatz verarbeitenden MBC-Ofen (Metallurgical Blast Cupola) hergestellt. Die Anlage sowie der Kupolofenbetrieb werden beschrieben. Es wird mit 930° F warmem Wind geblasen. Normalerweise besteht die Charge aus 90% Stahlschrott, 10% Gußeisen bei einem Kokssatz von 4,5/1. Der C-Geh. des erzeugten Kupolofeneisens beträgt ca. 4%. Der S-Geh. im abgestochenen Eisen wird durch die Schlackenzus. geregelt. Zweckmäßig ist hierin das Verhältnis ($CaO + MgO$)/($SiO_2 + Al_2O_3$) höher als 1,2—1,0. Eine hohe Schlackentemp. u. ein geringer FeO-Geh. sind erforderlich. Beim Einsatz in den SIEMENS-MARTIN-Ofen macht der Kupolofeneisenanteil ca. 30—35% aus. — Diskussion. (Proc. Conf., nat. Open Hearth Committee Iron Steel Divis., Amer. Inst. Mining metallurg. Engr. **39.** 212—18. 1956.) H. HOCHSTEIN. 6400

J. F. Wallace und **E. B. Evans,** *Anordnung von Steigern bei Gußstücken aus Grauguß.* Krit. Überblick über die Literatur. — 35 Schrifttumsstellen. (Mod. Castings **33.** Nr. 3. 39—45. März 1958.) H. HOCHSTEIN. 6402

David Matter, *Überblick über die Technologie von Gußeisen mit Kugelgraphit.* (Mod. Castings **33.** Nr. 3. 24—26. März 1958. Canton, Ohio, Ohio Ferro Alloys Corp.) H. HOCHSTEIN. 6404

Werner Jähnig, *Das Einbringen von Magnesium in Gußeisenschmelzen nach einem im Zentralinstitut für Gießereitechnik entwickelten Verfahren.* Zur gleichmäßigen Zuführung von Mg in eine Gußeisenschmelze ist eine Vorr. entwickelt worden, bei welcher ein Mg-Stab mittels einer Kurbel u. einer Anzahl Rollen vorwärtsbewegt wird. Das Gerät ist mit einem Stutzen an der Gießpfanne befestigt. Durch einen in das Pfannenfutter eingebauten Düsenstein wird der Stab weitergeführt. Als Material für die Düse ist Graphit gewählt worden. Der Arbeitsablauf unter Verwendung dieses Gerätes wird geschildert. Als Mg-Träger wird die *AZM-MgAl6*-Legierung mit 5,5—6,5(%) Al, 0,5—1,5 Zn, 0,05—0,4 Mn, bis 0,2 Si, bis 0,1 Cu u. über 90 Mg benutzt. Sie wurde preßhart u. bichromatisiert in Profilstangen von 15 mm Durchmesser verwendet. Es werden Angaben über die Graphitkugelausbldg. u. die Eigg. des unter Anwendung der neuen Meth. hergestellten Gußeisens gemacht. (Freiberger Forschungsh., Reihe B, Heft **31.** 173—87. 1958.) H. HOCHSTEIN. 6404

Verne Pulsifer, *Einige Gefügebetrachtungen über Gußeisen mit Kugelgraphit.* Der Erstarrungsprozeß von Gußeisen mit kugeliger Graphitausbldg. wird mit der Annahme beschrieben, daß die Graphitkugeln sich in der Nähe der Liquiderskurve in einem n. Keimbildungsprozeß bevorzugter bilden als bei Tempp. nahe bei oder unterhalb der Soliduskurve. Diese Annahme wird durch mehrere Beobachtungen u. Unterss. an schnell erstarrendem Kokillenguß unterstützt. Ein Diagramm wird mitgeteilt, welches den Mechanismus u. die Strukturen erklärt, die von der Bldg. des MgS im sphärolith. Gußeisen herrühren. (Mod. Castings **33.** Nr. 3. 46—48. März 1958.) H. HOCHSTEIN. 6404

Ludwig Kolb, *Die Herstellung von nickelfreiem unmagnetischem Gußeisen.* Die Herst. eines unmagnetisierbaren Graugusses auf *Mn*-Basis ist ohne *Ni*-Zusatz möglich. Zwischen eutekt. C-Geh. u. S-Geh. einerseits u. maximaler C-Sättigung im γ-Mischkristall u. Si-Geh. andererseits bestehen ähnliche Beziehungen wie bei n. perlit. Grauguß, vorausgesetzt, daß die übrigen Legierungselemente bei ca. 12(%) *Mn,* 1,5—2 *Cu* u. 1 *Al* konstant gehalten werden. Die Ursache einer mehrfach beobachteten Schwierigkeit der spanabhebenden Bearbeitbarkeit ist in der Kaltverfestigung der austenit. Grundmasse in weitaus stärkerem Maße zu suchen als im Carbidgeh. des Gefüges. Bes. Gehh. ab 0,08 Cr u. anderen Carbidstabilisatoren werden für diese Erscheinung verantwortlich gemacht. Der Nachw., daß durch *Ti*-Zusätze von 0,15—0,30% auch in Ggw. geringer Mengen von Carbidstabilisatoren die spanabhebende Bearbeitbarkeit so weit verbessert wird, daß die Legierungen techn. brauchbar sind, konnte erbracht werden. (Freiberger Forschungsh., Reihe B, Heft **31.** 217—40. 1958.) H. HOCHSTEIN. 6404

Walter Feicke und **Peter Rack,** *Verschleißfeste Gußteile mit homogenem Zwischenstufengefüge.* Erörtert werden die techn. Möglichkeiten einer werkstofflichen Veredlung von Gußeisen für den Maschinenbau zwecks Erzielung einer höheren Verschleißfestigkeit. Es wird auf die Besonderheiten u. Schwierigkeiten in der Herst. von Gußeisen mit acicularer Gefügeausbldg. eingegangen. Unterss. an *Cu–Mo-* u. *Mo*-legiertem Gußeisen sowie an *Mn*-haltigem Kugelgraphiteisen zeigen die Möglichkeit der Anwendung der Zwischenstufenvergütung in Salzbädern zum Zwecke der Erreichung einer hohen Gleichmäßigkeit der Gefügeausbldg. u. einer hohen Härte. Diese nachträgliche Wärmebehandlung ermöglicht die mechan. Bearbeitung vor dem Erreichen der vorgeschriebenen Härte. (Freiberger Forschungsh., Reihe B, Heft **31.** 129—59. 1958.) H. HOCHSTEIN. 6404

W. H. Mayo, S. B. Prellwitz und **M. B. Jacobs,** *Einfluß der Blockdicke auf die Güte von unberuhigtem Stahl.* Der Grad, bei welchem in einem unberuhigten Stahlblock die größte zentrale S-Konz. auftritt, u. die Intensität der Seigerung ändern sich mit der Blockgröße. Die Intensität der S-Seigerung in einer aus einem 22 Zoll dicken unberuhigten Stahlblock gewalzten Bramme kann gleich groß oder größer sein als die aus dickeren Blöcken hergestellten Brammen, doch liegt die Spitze der größten S-Seigerung in dem 22-Zoll-Block höher im Block. Umgekehrt kann die Intensität der S-Seigerung in einer aus einem 29 Zoll dicken unberuhigten Block gewalzten Bramme geringer sein als in einem 22-Zoll-Block, aber die Spitze der maximalen S-Seigerung tritt bei einer niedrigeren Höhe im Block auf u. erscheint an zwei oder mehr Höhenlagen, wobei die Spitze bei der niedrigeren Höhe von geringerer Intensität ist. Zusammenfassend wird festgestellt, daß die Blockdicke wegen der in die Bleche übergehenden Seigerungen zu beachten ist. Durch Vergleichsunterss. an zwei auf verschied. Anlagen hergestellten 29-Zoll-Blöcken wird festgestellt, daß andere Faktoren die Seigerungsmerkmale mindestens in ebenso starkem Maße wie die Blockdicke zu beeinflussen vermögen. Einer von diesen Faktoren ist der S-Geh. in der Pfanne. (Proc. Conf., nat. Open Hearth Committee Iron Steel Divis. Amer. Inst. Mining metallurg. Engr. **39.** 146—65. 1956.) H. HOCHSTEIN. 6408

C. F. Schrader, *Einfluß der Blockdicke auf die Tiefzieheigenschaften von Stahl.* Der größte Seigerungsgrad, bes. an S-Seigerungen, ist bei allen Blockgrößen mit 22 bis 28,5 Zoll Dicke im wesentlichen gleich. Der in den Tiefziehstählen festgestellte Unterschied in der Härte ist eine Funktion der Blockgröße. Die mittlere OLSEN-Duktilität zwischen Blockkopf u. dem Mittelpunkt der Blöcke ist geringer als 0,005 Zoll. Auch hierbei ist ein wesentlicher Unterschied bei den Blöcken zwischen 22 u. 28,5 Zoll Dicke nicht ermittelt worden. Der relative Unterschied in der Tiefziehgüte erweist sich in den aus den verschieden starken Blöcken hergestellten Blechen auch als unwesentlich. Ein Unterschied in der Korngröße oder der Carbidverteilung liegt nicht vor. — Diskussion. Proc. Conf., nat. Open Hearth Committee Iron Steel Divis., Amer. Inst. Mining metallurg. Engr. **39.** 166—71. 1956.) H. HOCHSTEIN. 6408

A. J. K. Honeyman, *Die Metallurgie der Tiefziehstähle.* Angegeben wird die chem. Zus. eines Tiefziehstahles u. erörtert werden hierbei die Einfll. der C-, S-, P- u. Mn-Gehh. sowie der Korngröße u. des Gefüges auf die Tiefziehfähigkeit. Es werden Angaben über das Warmwalzen in einer Richtung bei der Herst. von Tiefziehblechen u. von dessen Einfl. auf die Festigkeitseigg. des Warmbleches gemacht. Erörtert wird der Einfl. des Kaltverformungsgrades auf die Festigkeitseigg. sowie auf das Verh. des Tiefziehbleches (Fließfigurenbldg.), wobei bes. das Verf. eines mit Al stabilisierten Stahles besprochen wird. Die grundlegenden Theorien der Fließvorgänge u. des Alterns unter besonderer Berücksichtigung der Temp., der Streckgrenzendehnung u. der die Alterungsgeschwindigkeit beeinflussenden Faktoren werden behandelt u. Angaben über die Tiefzieheigg. u. die Oberflächengüte von Stahlblechen gemacht. (Sheet Metal Ind. **34.** 51—65. Jan. 1957. Steel Co. of Wales Ltd.) H. HOCHSTEIN. 6408

Wolfgang Pitsch und **Angelica Schrader,** *Die Ausscheidungsform des ε-Carbids im Ferrit und im Martensit beim Anlassen.* Nach dem Anlassen von massiven Stahlproben in denen C übersätt. gelöst war, wurden im Ferrit ausgeschiedene Teilchen beobachtet, die aus zwei Scharen jeweils paralleler Bänder oder Fasern bestehen, die senkrecht zueinander verlaufen. Durch Elektronenbeugung wurde festgestellt, daß es sich um ε-Carbidteilchen handelt, die mit $[1\,1\,0]_\varepsilon$ in Längsrichtung der Bänder u. parallel zu $\langle 1\,0\,0\rangle_\alpha$ des ferrit. Muttergitters gewachsen sind. Dabei entstehen auf den $\{1\,0\,0\}_\varepsilon$-Ebenen des Ferrits Carbidnetzwerke. Diese besitzen kein gemeinsames durchgehendes Kristallgitter, sie sind jedoch so orientiert, daß die $[1\,\bar{1}\,1]_\varepsilon$-Kristallrichtung in beiden Bänderscharen übereinstimmt. Diese besondere Teilchenform läßt sich eindeutig erklären, wenn eine kohärente ε-Carbidausscheidung angenommen wird, die dem von JACK für die Bldg. des hexagonalen ε-Carbids im annähernd kub. raumzentrierten Gitter des Martensits aufgestellten Zusammenhang gehorcht. Die Bldg. zweier voneinander unabhängiger Bänderscharen unmittelbar nebeneinander zeigt, daß bei der untersuchten ε-Carbidausscheidung eine ganz bestimmte Ähnlichkeitsbeziehung zwischen den Kristallgittern des ε-Carbids u. des Ferrits maßgeblich wirksam war: Die Ähnlichkeit zwischen der Atomanordnung in der Längsrichtung [1 1 0]ε der Carbidbänder u. der ⟨1 0 0⟩α-Richtung des Ferrits. Die über die ε-Carbidausscheidung im Ferrit gewonnenen Aussagen gelten ebenfalls für die Bldg. des ε-Carbids beim Zerfall des Martensits. Die besondere Form einzelner, im Ferrit ausgeschiedener ε-Carbidteilchen deutet darauf hin, daß bei diesen Carbidteilchen die Ausscheidung möglicherweise von [$\bar{2}$ 1 1]α-Versetzungslinien ihren Ausgang genommen hat. Das Teilchenwachstum bei einer solchen Carbidbldg. gehorcht wieder der bereits erörterten Gesetzmäßigkeit. (Arch. Eisenhüttenwes. **29.** 715—21. Nov. 1958. Düsseldorf, MPI für Eisenforsch.). H. HOCHSTEIN. 6408

Yûnoshin Imai und **Masao Izumiyama,** *Die Behandlung von abgeschrecktem Stahl bei Temperaturen unter 0°.* 4. Mitt. *Bestimmung der Stabilisierung von Restaustenit.* (3. vgl. C. **1959.** 1256.) Unterss. über die Stabilisierung von Austenit nach Teilumwandlung in Martensit an Proben mit 1(%) *C*, 0,14 *Al*, 0,04 *Ti*, 1 *Ni* u. 0,03 *Sn* zeigen, daß die Stabilisierung von Ti u. Al wirksam bestimmt wird. Es wird angenommen, daß die Stabilisierung auf der Wrkg. von gelösten Zwischenatomen (z. B. *N*) beruht. (Nippon Kinzoku Gakkai-Si [J. Japan Inst. Metals] **22.** 7—11. Jan. 1958. [Orig.: japan.; Auszug: engl.]) W. WESLY. 6408

A. Heuvers, *Das Gießen von Stahl in Formen.* Übersicht über Art u. Ausführung der neuzeitlichen Genaugußverff. für Stahl, seine Nachbehandlung, Eigg. u. Erprobung. (VDI-Z. **101.** 561—67. 11/5. 1959. Bochum.) W. WESLY. 6408

Otto Krisement, *Zur Kinetik des Anlassens von Martensit.* (Vgl. C. **1957.** 3176.) Mit dem mikrocalorimetr. Verf. wurde das isotherm. Anlassen des Martensits an einem Stahl mit 1,03 Gew.-% C im Temperaturbereich von Raumtemp. bis 260° gemessen. Die Ergebnisse ließen sich ebenso wie zum Vgl. herangezogene dilatometr. Messungen durch das Zeitgesetz $f(t) = A + B \cdot t^{1+m}$, $m \approx -0{,}9$ darstellen, in dem f(t) den zur Zeit t ausgeschiedenen Bruchteil bezeichnet. Die Form des Zeitgesetzes kann so gedeutet werden, daß innerhalb der ersten drei Versuchsmin. die Keimzahl beim isotherm. Anlassen rasch zunimmt u. daß die Ausscheidungen ungefähr mit $t^{0,1}$ wachsen. Das Zeitgesetz ist keine Leitkurve im üblichen Sinne. Zwar wird die Temperaturabhängigkeit des Koeff. B von Raumtemp. bis 100° durch die Diffusion bestimmt, doch ist der Koeff. A keineswegs temperaturunabhängig. Aus Befunden wird geschlossen, daß beim Anlassen des Martensits nicht nur eine C-Ausscheidung innerhalb der Martensitnadeln erfolgt, sondern daß auch eine Diffusion des C vom Martensit in den Restaustenit stattfindet, wodurch dessen mittlerer C-Geh. erhöht wird. Der Restaustenitgeh. der Proben betrug 6%. Der Zerfall des Restaustenits konnte von den Anlaßkurven abgetrennt u. durch ein Zeitgesetz beschrieben werden. Aus dessen Form folgte, daß die vorhandene kleine Restaustenitmenge unmittelbar in Carbid umgewandelt wird, wobei der erforderliche C aus dem Martensit eindiffundiert. Ein Vgl. mit Verss. über die Carbidausscheidung in einem austenit. Stahl zeigte, daß die Keimbildungshäufigkeit im Restaustenit wesentlich größer ist. Die Temperaturabhängigkeit des Restaustenitzerfalls ergab die unverhältnismäßig hohe Aktivierungsenergie A = 39000 cal/Mol, die wesentlich größer ist als die Aktivierungsenergie der Diffusion des C im Austenit. (Arch. Eisenhüttenwes. **29.** 723—29. Nov. 1958. Düsseldorf, MPI für Eisenforsch.) H. HOCHSTEIN. 6408

Vicente Mazzarella, *Vorläufige Mitteilung über die Herstellung von Schnelldrehstählen aus Bleiglanz.* Bei Schnelldrehstählen kann *S* oder *P* vorteilhaft durch *Pb* ersetzt werden. Vf. zeigt in Verss., daß man Stähle mit Pb-Gehh. bis 0,15% aus Bleiglanz herstellen kann, wenn dessen S-Geh. (bis 0,20%) durch eine entsprechende Menge *Mn* derart kompensiert wird, daß der Stahl schmiedbar bleibt; bei Pb-Gehh. >0,40% ist dies nicht mehr möglich. In besonderen Verss. wird gezeigt, daß Pb gleichmäßig im Stahl verteilt ist. — 25 Literaturhinweise. (Bol. Assoc. brasil. Metais **14.** 153—80. April 1958. São Paulo, Inst. de Pesquisas Tecnol.) R. K. MÜLLER. 6408

Ernesto Díaz-Varela und **Ceano Vivas,** *Stahl für Präge- und Tiefziehbleche.* Übersicht über die Anforderungen an kaltgewalztes Präge- u. Tiefziehstahlblech: Plastizität, Faserung, Gefüge; „skin pass" oder Hartwalzen; Alterung; Stahlgewinnung. — 27 Literaturhinweise. (Inst. Hierro Acera **12.** 1—27. Jan./März 1959.) R. K. MÜLLER. 6408

J. Pitaud, *Die halb rostfreien, schweißbaren und zähen Baustähle in den Vereinigten Staaten.* Zus., Eigg. u. Anwendung der in den Vereinigten Staaten erzeugten halb rostfreien, schweißbaren, zähen Baustähle. — 18 Schrifttumshinweise. (Rev. du Nickel **24.** 105—15. Nov./Dez. 1958.) W. WESLY. 6410

Hans Haller und **H. Thier,** *Kaltverformte Büchsen aus Manganhartstahl.* Büchsen aus Mn-Hartstahl wurden nach dem Rollen in geeigneten Werkzeugen an ihren Innenflächen kaltverformt, wodurch die Härte anstieg. Es genügen schon kleine Formänderungsgrade von 5—10%, um eine genügend große Einhärtung zu erzielen. Da der Mn-Hartstahl nach dem Abschrecken austenit. ist u. eine Härte von nur 28—33 R_C besitzt, wird durch eine Kaltverformung die Härte mit 44—47 R_C erhöht u. damit eine höhere Standzeit erreicht. (Werkstatt u. Betrieb **89.** 449—50. Aug. 1956. Augustsehn/Oldenburg; Grevenbroich.) H. HOCHSTEIN. 6410

Tomoaki Katsumata, *Über die Eigenschaften von ölgetemperten Drähten für Ventilfedern.* 2. Mitt. Die geprüften Drähte übertreffen jene aus Schweden. Erörterung der chem. Zus. u. Wärmebehandlungen. Besonderes Augenmerk ist auf die Kornvergröberung des Austenits zu richten, die bei Überhitzung in der Behandlung eintritt. (Tetsu to Hagane [J. Iron Steel Inst. Japan] **41.** 349—51. März 1955. Sumitomo Elektr. A.-G. [Orig.: japan.]) L. SCHULER. 6410

Pierre Coulomb, *Physikalische und metallurgische Eigenschaften der Eisen–Silicium-α-Legierungen.* Literaturüberblick. — 83 Schrifttumsstellen. (Métaux **33.** 431—40. Nov. 1958. Paris, École des Mines, Centre de Rech. Métallurg.) F. VIER. 6410

Bolesław Paczuła, *Grundlagen der Herstellung von Ferrolegierungen.* Übersicht über das Hochofenverf., den elektrotherm., metallotherm. u. H_2-Reduktionsprozeß. (Wiadomości Hutnicze **15.** 8—11. Jan. 1959.) F. URBAN. 6418

S. W. K. Morgan und **J. Lumsden,** *Zinkschachtofenbetrieb.* Beschrieben wird ein Zn-Schachtofen für Zn–Pb-Erze, der mit hoch-CO-haltigem Ofengas betrieben wird. Die Anwendung eines neu entwickelten Pb-Spritzkondensators erlaubt die Kondensation von Zn aus hoch-CO_2-haltigen Gasen. (J. Metals **11.** 270—75. April 1959. Avonmouth, England, Imperial Smelting Corp. Ltd.) F. VIER. 6426

G. T. Wever, *Der Einfluß und die Regelung von Verunreinigungen bei der elektrolytischen Gewinnung von Zink.* Die meisten der bekannten Elemente können im Elektrolyten bei der Zn-Gewinnung als Verunreinigungen auftreten. Der schädliche Einfl. folgender Elemente wird erörtert: *Fe, Co, Ni, Cu, As, Sb, Ge, Sn, Se, Te, Cd, Pb, Cl, F* u. *Mn.* Zur Regelung der Verunreinigungen werden folgende Verff. angewendet: Auswahl der Erze oder Konzentrate, Rösten, Auslaugen u. Reinigung, Zn-Staubreinigung sowie Sonderreinigungsmethoden. Durch Zusatzmittel, wie Leim, Metallsalze, β-Naphthol, kann eine Regelung der Verunreinigungen während der Elektrolyse vorgenommen werden. (J. Metals **11.** 130—34. Febr. 1959. Salt Lake City, Utah.) H. HOCHSTEIN. 6426

E. Freni, *Elektrolytische Raffination des Bleis in der Hütte San Gavino Monreale.* Die in einer 3 t/Tag (später 15 t/Tag) verarbeitenden Versuchsanlage durchgeführte elektrolyt. Raffination des Pb mit *Amidosulfonsäure* als Elektrolyt ergab Verbesserungen bes. dann, wenn Bi-enthaltendes Werkblei raffiniert werden muß. Hohe Reinheit des Raffinatbleis (99,98—99,998% Pb) u. gute Stromausbeuten werden dabei erhalten. Eine moderne Anlage zur Raffination des gesamten von der Hütte erzeugten Werkbleis ist in Bau. — 22 Literaturangaben. Diskussion. (Metallurgia ital. **49.** 107—23. Febr. 1957. Montevecchio, Soc. Ital. del Piombo e dello Zinco, Centre Studi Piombo Fond. San Gavino Monreale.) E. MIESSGANG. 6430

Masao Terasawa, *Untersuchung über Blei und seine Silicium enthaltenden Legierungen.* 1. Mitt. *Zugeigenschaften von Blei mit Siliciumzusatz.* Unterss. von 0,008—0,850% Si enthaltendem Pb zeigen, daß die mechan. Eigg. (bes. die Zugfestigkeit) bei Zimmertemp. durch Si-Zusätze bis zu einem Geh. von 0,035% verbessert werden. (Nippon Kinzoku Gakkai-Si [J. Japan Inst. Metals] **22.** 1—3. Jan. 1958. [Orig.: japan.; Auszug: engl.]) W. WESLY. 6430

Vladimír Malík, *Die in Polen verwendeten Messinge mit niedrigem Kupfergehalt und Siliciumbronze.* Erfahrungen mit den billigen, in Polen eingeführten Mn-Messingen [2—5(%) *Mn*; 2—4 *Pb*; bis 1,5 *Fe*; 45,6—50 *Cu*; Rest *Zn*] u. Si-Bronzen (2,8—5 *Si*; 0,5—1,5 *Mn*; bis 5 *Zn*; bis 2,5 *Fe*; bis 0,6 *Pb*; Rest *Cu*). (Slévárenství **6.** 354—57. Nov. 1958. Brno, Stát. výzk. ústav materiálu a technol., Slévárenský výzk.) H. TŮMA. 6432

—, *Flugzeuggestelle aus nickelreichen Legierungen.* Eigg., Bearbeitung u. Anwendung von *Inconel X* mit 15(%) *Cr*, 7 *Fe*, 2,5 *Ti*, 1,0 *Al*, Rest *Ni* als Werkstoff für Flugzeuggestelle. (Aircraft Product. **21.** 122—26. April 1959.) W. WESLY. 6434

Ernst Dachselt, *Probleme der Tonerdeindustrie.* Bericht über Probleme u. Verff. der Al-Erzeugung in histor. Sicht. (Forsch. u. Fortschr. **30.** 360—64. Dez. 1956. Greiz.) G. KAHL. 6446

Bruno Beyer und **Hellmuth Seliger,** *Über den Einfluß der Preßbedingungen und rekristallisationshemmender Zusätze auf den Preßeffekt von Aluminiumknetlegierungen.* Verss. über den Einfl. der Preßbedingungen auf den Preßeffekt von Al-Legierungen ergaben, daß durch ein doppeltes Strangpressen, wie es zur Herst. kleiner Profile Anwendung findet, der Preßeffekt im allg. beseitigt wird. Bei großen Umformungsverhältnissen wird auch bei Profilen, die aus gegossenen Blöcken stranggepreßt wurden, der Preßeffekt nicht mehr beobachtet. Ferner wirkt sich die sogenannte Schwierigkeitsstufe bei gleichen Umformungsverhältnissen ungünstig auf den Preßeffekt aus. Rundstangen ergeben die besten Festigkeitseigg.; eine höhere Preßtemp. beim zweiten Strangpressen übt unter gewissen Bedingungen einen günstigen Einfl. aus. Durch *Zr*-Zusätze zu *AlCuMg* üblicher Zus. läßt sich die Grenze für die Beseitigung des Preßeffektes zu größeren Umformungsverhältnissen verschieben. Dadurch ist es möglich, den Preßeffekt auch nach doppeltem Strangpressen zu erhalten. Dieser ist vom Umformungsverhältnis u. von der Profilform abhängig. Als günstig haben sich Zr-Gehh. von 0,2 bis 0,4% bei einem gleichzeitigen *Mn*-Geh. von 0,5—0,8% erwiesen. Das Rekristallisationsverh. von *AlZr*-, *AlMnZr*- u. Zr-haltigen *AlCuMg*-Legierungen wird zur Deutung der Versuchsergebnisse erörtert. — 34 Schrifttumsangaben. (Neue Hütte **4.** 165—73. März 1959. Bitterfeld.) H. HOCHSTEIN. 6446

W. Köster, *Zur Aushärtungskinetik einer Aluminium–Magnesium–Zink-Legierung mit und ohne Chromzusatz.* Der zeitliche Verlauf der Zugfestigkeit, Dehnung, elektr. Leitfähigkeit u. Thermokraft von 2 Al-Legierungen mit 3,5(%) Mg u. 6,2 Zn, deren eine einen Zusatz von 0,2 Cr hatte, wurde bei 20—225° 70 Tage lang verfolgt. In der 1. Stufe, während der sich Mg- u. Zn-reichere Komplexe in homogener Phase bilden, tritt Kalthärtung auf, ohne daß die Dehnung beeinflußt wird. Leitfähigkeit u. Thermokraft werden erniedrigt. Die 2. Stufe, die zu einer Ausscheidung der metastabilen hexagonalen Phase $MgZn_2$ führt, ist bei ihrem Beginn durch eine Abnahme der Dehnung u. eine weitere Erhöhung der Zugfestigkeit gekennzeichnet. In der 3. Stufe von ca. 175° an scheidet sich vorzugsweise die stabile tern. Phase ab. Sie zeigt das typ. Bild einer Warmaushärtung. Durch Cr-Zusatz wird die Ausscheidung beschleunigt. — 17 Literaturangaben. (Aluminium **34.** 694—99. Dez. 1958. Stuttgart, MPI für Metallforsch.) F. VIER. 6446

G. Dassetto, *Einfluß von Wärme auf die Festigkeitseigenschaften von Freileitungsseilen.* Aus einem Vgl. der mechan. Eigg. verschied. Werkstoffe für Freileitungsseile in Abhängigkeit von Temp. u. Dauer der Einw. ergibt sich die Überlegenheit der *AlMgSi*-Leitlegierungen (*Aldrey* bzw. *Almélec* bzw. *Silmalec* bzw. *Elran*). (Aluminium **34.** 716—18. Dez. 1958. Zürich.) F. VIER. 6446

M. Paganelli, *Röntgenographische Bestimmung der Rekristallisationskurven der Legierung Aluman 30.* (Alluminio **28.** 163—68. April 1959. Ist. Sperim. Metalli leggeric, Mem. Rapp. [9] **1958.** Nr. 220. 3—8. — C. **1959.** 11394.) K. RUMPF. 6446

L. Mori, *Charakteristica der Umlaufbiegefestigkeit der Legierung Inafond C4S* Unterss. an Gußstücken aus *Inafond C4S* mit den theoret. Gehh. von 4,5% *Cu* u. 2,5% *Si* in Abhängigkeit von der Lage der Probenentnahme in der Kokille u. der Temp. derselben in mechan. u. struktureller Hinsicht werden beschrieben. (Alluminio **28.** 169—75. April 1959. Ist Sperim. Metalli leggeri, Mem. Rapp. [9] **1958.** Nr. 221. 2—8. Novara, Ist. Sper. Metalli Legg., Div. Ric.) K. RUMPF. 6446

E. Zurbrügg, *Verbinden von Aluminium mit Fremdmetallen. Verbindungsverfahren.* (Vgl. C. **1956.** 11834.) Beschrieben werden Klemm-, Kleb-, Löt- u. Schweißverbindungen. (Aluminium Suisse **6.** 174—80. Sept. 1956. Aluminium-Industrie Akt.-Ges., Neuhausen/Rhf.) F. VIER. 6446

L. F. Mondolfo und **A. Roy,** *Ein Verfahren zur Herstellung von Titan–Aluminium-Legierungen durch Reduktion von Titanoxyd.* Das im einzelnen beschriebene Verf. besteht in der Red. von TiO_2 mit Al unter Bldg. einer Al-reichen Ti-Legierung, die man mit Mg oder einer Mg–Zn-Legierung auslaugt, um den Al-Überschuß zu beseitigen, bis man eine Al-arme Ti-Legierung erhält. Schließlich entfernt man die letzten Spuren Mg u. Zn durch Destillation. Die Al-Gehh. der Al–Ti-Legierungen (Zahlentafeln) schwanken zwischen 6,58 u. 55,5%. (Light Metal Age **15.** Nr. 9/10. 11. 12. 14. 16. Okt. 1957. Illinois Inst. of Technol., Metallurg. Engng.) W. WESLY. 6448

L. F. Mondolfo und **A. Roy,** *Ein Verfahren zur Herstellung von Titan–Aluminium-Legierungen durch Reduktion von Titanoxyd.* 2. Mitt. *Zukunftsmöglichkeiten.* (1. vgl. vorst. Ref.) Die Planung der techn. Gewinnung von Ti–Al-Legierungen aus TiO_2 wird beschrieben. (Light Metal Age **15.** Nr. 11/12. 16—17. Dez. 1957.) W. WESLY. 6448

Lajos Haskó, *Entwicklungsrichtungen der Uranindustrie.* Literaturübersicht über die neueren Verff. in der U-Industrie, Aufschließen mit $(NH_4)_2CO_3$, Gewinnung mit Hilfe von Ionenaustauschern u. mit organ. Lösungsmitteln, neuartige Abwasservernichtungsmethoden. — 27 Literaturangaben. (Magyar Kémikusok Lapja [Z. Ver. ung. Chemiker] **13.** 313—16. Sept. 1958. Pécsi Uránércbánya Vállalat Tervezö Irodája.) G. HALMI. 6448

J. Stephenson, *Das Vakuumgießen von Uran.* Der Aufbau eines Ofens zum Schmelzen u. Gießen von U unter Vakuum wird beschrieben u. es werden Angaben über Besonderheiten der Ofenkonstruktion u. seines Betriebes gemacht. Der Ofen ist vielseitig im Betrieb u. eine große Mannigfaltigkeit von Abgüssen sowohl für die laufende Produktion als auch als Einzelguß wird erzielt. Die Erfahrung zeigt, daß das Vakuumgießen von U einfach u. sauber durchführbar ist u. sich in einem verbesserten Reinheitsgrad des U äußert. (J. Inst. Metals **87.** 174—80. Febr. 1959. Harwell, Berks., Atomic Energy of Canada Ltd.) H. HOCHSTEIN. 6448

Bernhard Blumenthal, *Plutonium.* Erörtert werden Gewinnung, Toxicität u. Eigg. von Pu, das vorwiegend als Brennelement zur Energiegewinnung in Kernreaktoren dient. — 18 Literaturangaben. (J. Metals **11.** 125—29. Febr. 1959. Chicago, Univ.) H. HOCHSTEIN. 6448

J. Oakley, *Eine Methode zur Ermittlung der Formfüllcharakteristica von Pulvern.* Nach einer Erörterung der Standardmethoden zur Prüfung des Fließens u. der scheinbaren Dichte von Metallpulvern, wird eine Vorr. beschrieben, die eine Best. der Formfüllcharakteristica für Pulver ermöglicht. (J. Inst. Metals **87.** 26—28. Sept. 1958. Ipswich, Suff., Manganese Bronze and Brass Co. Ltd.) F. VIER. 6474

P. Hersch, *Routineeinrichtung zur Bestimmung der Oberfläche von Metallpulvern.* Eine vereinfachte Abwandlung der N_2-Adsorptionstechnik bei niedriger Temp. zur Best. der Oberfläche von Metallpulvern wird erörtert u. die entsprechende Vorr. beschrieben. (J. Inst. Metals **86.** 509—11. Aug. 1958. Inveresk, Midlothian, Arthur D. Little Res. Inst.) F. VIER. 6474

Fritz Fraunberger und **Annemarie Külb,** *Verfolgung von Sintervorgängen an Mischungen mit wenigstens einer magnetischen Komponente nach der Wechselfeldmethode.* Mit einer einfachen, mit geringem Aufwand zu handhabenden Meth. lassen sich Sinterprobleme in den Fällen verfolgen, bei denen die Kenntnis der Schwerpunktkonz. oder die Ermittlung von Sinterzeiten hinreichend ist. Benutzt werden die HOPKINSON-Tempp., die ebenfalls wie die CURIE-Tempp. eine lineare Abhängigkeit von der Konz. aufweisen. (Z. Metallkunde **50.** 179—81. März 1959. München, Univ.) H. HOCHSTEIN. 6474

G. C. Kuczinski und **I. Zaplatynskyj,** *Dichteverteilung in Metallpulverpreßlingen.* Dichtemessungen an aus Ni-Pulver durch einseitigen Druck hergestellten Preßlingen ergaben, daß der dichteste Teil des Preßlings an der äußeren Peripherie am Kopf u. der am wenigsten dichte Teil am Boden auftritt. Die Dichte in der Nähe der zylindr. Oberflächen nimmt gleichmäßig mit der Höhe vom Kopf zum Boden hin ab. Die Dichteschwankung nimmt mit dem Verhältnis Höhe/Durchmesser zu. (J. Metals **8.** Nr. 2. Sect. 2 Trans. AIME **206.** 215. Febr. 1956. Notre Dame, Ind., Univ.) H. HOCHSTEIN. 6474

John L. Everhart, *Die Planung von Metallpulverbauteilen.* Eigg. u. Anwendung einer Reihe von Metallpulvermischungen für Bauteile. — 9 Literaturangaben. (Materials Design Engng. **49.** Nr. 4. 113—24. April 1959.) W. WESLY. 6474

L. B. Monosmith und **W. G. Fisher,** *Fortschrittsberichte über keramische Stoffe.* 1. Mitt. *Vergleich zwischen keramischen Stoffen und Carbiden.* Tabellar. Zusammenstellung der Kennwerte von Schneidwerkzeugen aus verschied. keram. Stoffen u. aus W-(Ti-)Carbiden. (Metalwork. Product. **101.** 325—28. 22/2. 1957. Rockford, Ill., Sundstrand Machine Tool Co., Machine Tool Div.) W. WESLY. 6476

George H. De Groat, *Fortschrittsberichte über keramische Stoffe.* 2. Mitt. *Bericht über ausgedehnte Prüfreihen.* (1. vgl. vorst. Ref.) An mehreren Werkstoffen (Stählen, Gußeisen, Messing, Meehanite) mit keram. Stoffen ausgeführte Schneidversuche. (Metalwork. Product. **101.** 329—32. 22/2. 1957.) W. WESLY. 6476

R. M. Goldhoff, *Die Wahl des Verfahrens zum Extrapolieren von Spannungsbruchwerten.* Vgl. der 3 Parameter u. Musterkurven, die man gewöhnlich bei Unterss. bei hohen Tempp. anwendet u. der Genauigkeit der Extrapolierung. (Materials Design Engng. **49.** Nr. 4. 93—97. April 1959. General Electric Co.) W. WESLY. 6480

W. N. Findley, W. I. Mitchell und **D. D. Strohbeck,** *Wirkung des Grades der Belastung in kombinierten Biege-Torsions-Dauerfestigkeitsprüfungen von 25S-T6-Aluminiumlegierungen.* Die Unterss. ergaben bei zunehmender mittlerer Schubspannung des Spannungswechsels eine Abnahme der Dauerfestigkeit bei allen untersuchten Belastungen. Die Wrkg. der Spannungsrelaxation bei hohen mittleren Spannungen wurde untersucht. (Trans. ASME **78.** 1481—87. Okt. 1956. Urbana Ill., Univ. of Illinois.) F. VIER. 6480

W. R. Backer und **E. J. Krabacher,** *Neue Techniken für die Untersuchung der Vorgänge beim Zerspanen von Metall.* Beschreibung neuer Verff. u. Vorr. zur Messung der beim Zerspanen von Metallen auftretenden Kräfte u. zur Analyse der Spanbildung. (Trans. ASME **78.** 1497—1505. Okt. 1956. Cincinnati, Ohio, Cincinnati Milling Machine Co.) F. VIER. 6480

E. Fukushima, *Über einen neuen Rauhigkeitsmesser.* Ein unter Verwendung der opt. Reflexion arbeitender Rauhigkeitsmesser zur Best. der Oberflächenrauhigkeit wird beschrieben. (Métaux **33.** 125—32. März 1958. Tokio.) F. VIER. 6480

D. A. Stewart, *Die Bestimmung der Verformbarkeit von Metallblechen.* Zweck, Ausführung, Zubehör u. Auswertung der Verff. zur Biege- u. Ziehprüfung von Metallblechen. (Materials Design Engng. **48.** Nr. 7. 100—02. Dez. 1958. General Electric Co., Aircraft Gas Turbine Div.) W. WESLY. 6480

H.-D. Weise, *Erfahrungen bei der zerstörungsfreien Prüfung von Schweißnähten in Rohren.* Aus den Erfahrungen an Prüfungen von Rohrschweißnähten mit Ultraschall ergibt sich, daß es zweckmäßig ist, diese Prüfung nur als Vorprüfung anzusetzen, da nur wenige Echos eine klare Deutung erlauben. Die fraglichen Stellen sind dann genauer mittels Röntgen- oder γ-Strahlen zu untersuchen. Die zerstörungsfreie Prüfung von Schweißnähten an Rohren kleineren Durchmessers stellt hohe Anforderungen an den Prüfer. (Schweissen u. Schneiden **8.** 355—58. 360—63. Okt. 1956. Ratingen.) F. VIER. 6480

Jack C. Bokros und **Philip C. Rosenthal,** *Flüssige Emulsionsautoradiographie von Metallen.* Beschrieben wird das Verf. der Autoradiographie in seiner Anwendung auf Metalle, bes. auf aufgekohltes Reineisen, u. es werden Angaben über bekannte fl. Emulsionen gemacht, wobei eine Emulsion, die 80% Ag-Halogenid enthält, eine Korngröße von 0,1—0,5 μ aufweist u. gegen β-Teilchen mit Energien bis zu 400 keV empfindlich ist. Bei der Anwendung dieses Verf. auf Reineisen, das aufgekohlt wird, zeigt die Autoradiographie eine sehr hohe Korngrenzenaktivität, die im Ferrit durch ein 168std. Glühen einer aufgekohlten Probe bei 538° mit nachfolgender Wasserabschreckung erzeugt ist. Diese Fe-Probe ist zuvor bei 838° 91 Std. lang aufgekohlt u. vor der 138std. Glühung im W. abgeschreckt worden. Die Korngrenzenaktivität ändert sich von Korngrenze zu Korngrenze. Sie rührt wahrscheinlich von der verringerten C-Löslichkeit im Ferrit bei Glühtemp. her. Autoradiographie von Martensit zeigen eine willkürliche C-Verteilung im Austenit mit keinen anormalen Korngrenzeneffekten. Keine der Autoradiographien der oberhalb der $\alpha \rightarrow \gamma$-Umwandlungstemp. aufgekohlten Reineisenproben liefert irgendeinen Nachw. von einer beschleunigten C-Korngrenzendiffusion im Austenit. (J. Metals **8.** Nr. 2. Sect. 1. Trans. AIME **206.** 286—88. Febr. 1956. Univ. of Wisconsin.) H. HOCHSTEIN. 6484

Zdzisław Kotarba, *Überhitzen von Feinblechen beim heißen Walzen.* Übersicht über Ursachen u. Verhinderung des Zusammenklebens dünner Bleche im Stoß nach dem Walzen. (Wiadomości Hutnicze **15.** 13—17. Jan. 1959.) F. URBAN. 6490

A. Geleji, *Eine neue Walztheorie.* (Acta techn. Acad. Sci. hung. **19.** 199—243. 1957. — C. **1959.** 12042.) F. URBAN. 6490

Otto Emicke, *Walzdruck und Lebensdauer von Wälzlagern für Warm- und Kaltwalzwerke.* (Neue Hütte **4.** 174—78. März 1959. Freiberg/Sa.) H. HOCHSTEIN. 6490

D. L. Rall und **W. H. Giedt,** *Wärmeübergang und Temperaturverteilung in einem Metallschneidwerkzeug.* Eine Technik zum Messen der Temperaturverteilung in einem Schneidwerkzeug u. zum Berechnen des Wärmeflusses zu dem Werkzeug wird angegeben. Die früheren Annahmen, daß die Wärmeverluste an den Seiten des Werkzeuges zu vernachlässigen sind, werden bestätigt. — Diskussion. (Trans. ASME **78.** 1507—15. Okt. 1956. Redwood City u. Berkeley, Calif., Detroit Controls Corp. u. Univ. of California.) F. VIER. 6490

Werner Küppers und **Paul H. Huppertz,** *Die spanlose Formgebung von Feinblechen aus nichtrostendem Stahl.* Übersicht über die Eigg. von ferrit. u. austenit. rostfreien Stählen u. die Ausführung des Tiefziehens, Drückens u. Profilwalzens. (Nickel-Berichte **17.** 179—85. Juni 1959. Krefeld.) W. WESLY. 6490

W. Johnson, *Untersuchung über einige Metallbildungs- und Formgebungsvorgänge.* Behandelt werden die Vorgänge beim Ziehen eines zylindr. Blechkörpers aus einem flachen Rohstück sowie bei einem Flächenradialziehen unter bes. Berücksichtigung der plast. Biegung, des Matrizenprofilradius u. der Dickenveränderungen. Das Ziehvermögen u. seine Abhängigkeit vom Schmiermittel wird erörtert u. es werden Angaben über das Weiterziehen von Näpfen gemacht. Die Faltenbldg. an den Flanschteilen der Rohstücke wird beschrieben. Behandelt werden ferner die Vorgänge der Wanddickenverringerung eines Ziehnapfes durch Verminderung des Zwischenraumes zwischen Druckstempel u. Matrize sowie das Rohrziehen. Das Auffinden u. Messen von Restspannungen in kaltgezogenen Rohren, Einpressungen durch Schlagbeanspruchungen sowie das Münzprägestanzen werden beschrieben. (Sheet Metal Ind. **34.** 41—50. Jan., 121—27. Febr. 1957.) H. HOCHSTEIN. 6490

Marian Chyla, *Induktionshärten.* Übersicht über Entw., Technik u. Vorteile des Verfahrens. (Wiadomości Hutnicze **15.** 23—27. Jan. 1959.) F. URBAN. 6492

Rudolf Keilitz, *Über die Herstellung von hochsiliciumhaltigen Überzügen auf Eisenwerkstoffe durch Gasdiffusion.* Ermittelt werden die Arbeitsbedingungen zur Erzeugung brauchbarer Si-reicher Schichten auf Eisenwerkstoffen, bes. auf handelsüblichen Fe–C-Legierungen. Bei der Best. des Einfl. von C zeigte sich, daß Gußlegierungen mit über 0,8% C die einwandfreiesten Schichten ergeben. Liegt freier C als Graphit vor, so muß vor der Silicierung entkohlt werden. Eine Silicierung ohne Entkohlung ergibt stark poröse Schichten, weil Graphit unverändert in der Schicht eingelagert wird. Die Silicierungstemp. ist so hoch wie möglich zu wählen, weil mit der Temp. die Schichtbildungsgeschwindigkeit steigt u. gleichzeitig feinkrist. Schichten entstehen. Die Silicierungszeit ist in Abhängigkeit von der gewünschten Schichtstärke zu wählen, so z. B. 60 Min. für Schichtstärken von 0,1—0,5 mm bei 1000° Silicierungstemperatur. Zwischenschichten aus *Cu* oder *Ni* bringen keine verbesserte Haftfähigkeit der Si-reichen Schichten; auch wird keine Veredlung der Schicht durch Legierungsbldg. erreicht. Die Si-reichen Schichten haben im Mittel einen Si-Geh. von 13,6—14,0%; als Endprod. wird die Verb. Fe_3Si festgestellt. Die Eigg. der Si-reichen Schichten werden aufgezeigt u. Hinweise für eine großtechn. Durchführung einer Gassilicierung gegeben. — 13 Literaturangaben. (Freiberger Forschungsh., Reihe B, Heft Nr. **31.** 189—216. 1958.) H. HOCHSTEIN. 6492

George Burton und **R. L. Matchett,** *Elektronenstrahlen — ein neues Schweißverfahren.* Grundzüge, Ausführung, Zubehör u. Anwendung des im Hochvakuum betriebenen, für schwere schmelzbare Metalle dienenden Elektronenstrahlenschweißverf., bei dem die Schweißwärme durch Beschießung der Oberfläche mit schnell beweglichen Elektronen erzeugt wird. (Metalwork. Product. **103.** 901—04. 22/5. 1959.) W. WESLY. 6506

L. Bescond, *Kupfer und seine Legierungen in der Industrie. Das Schweißhartlöten.* Grundzüge, Ausführung, Zubehör, Anwendung des Verf. des Schweißhartlötens u. Eigg. der erzeugten Verbindungen. (Cuivre, Laitons, Alliages **1959.** Nr. 47. 3—10. Jan./Febr.) W. WESLY. 6506

Friedrich-Carl Althof und **Gerhard Hoffmann,** *Zur Nutzanwendung des Eisen–Kohlenstoff-Diagramms in der Schweißtechnik.* Vff. diskutieren ausführlich das Fe–C-Diagramm mit bes. Berücksichtigung der Ausscheidungs- u. Rekristallisationsvorgänge. Der Einfl. der Wärmebehandlung bzw. der beim Schweißen von Stahl auftretenden Tempp. auf das Gefüge wird an Hand des Fe-C-Diagramms aufgezeigt. (Schweißtechnik [Wien] **12.** 93—101. Juli. 105—12. Aug. 1958. Rostock, Univ., Inst. für Werkstoffkunde u. Schweißtechnik.) H.-G. MOSLÉ. 6506

W. M. Rogerson, *Aluminiumlegierungen zum Schweißen.* Bezeichnung u. Eigg. der für geschweißte Konstruktionen geeigneten Al-Legierungen u. Wahl des Schweißverfahrens. (Machine design **28.** Nr. 8. 103—06. 19/4. 1956. Pittsburgh, Pa., Aluminium Co. of America, Alcoa Process Developm. Labor. Joining Sect.) W. WESLY. 6506

A. Rose, *Die Bedeutung der Zeit–Temperatur-Umwandlungsschaubilder und ihre Anwendung in der Schweißtechnik.* Das Umwandlungsverh. der Stähle u. seine Darst. in Umwandlungsschaubildern wird erörtert, die Anwendung dieser Bilder auf das Schweißen u. die daraus auf die Schweißrißempfindlichkeit zu ziehenden Schlüsse werden erläutert. Das Warmbadhärten, das Stufenschweißen u. das Lichtbogenschweißen mit Schleppbrenner werden beschrieben. (Schweissen u. Schneiden **8.** 442—49. Nov. 1956. Düsseldorf.) F. VIER. 6506

F. Danhier, *Ein neues automatisches Kohlensäure–Schutzgas-Schweißverfahren.* Beschreibung des *Arcosarc*-Verf., eines automat. CO_2-Schutzgasschweißverf. mit sichtbarem Lichtbogen unter Verwendung eines endlosen Automatenschweißdrahtes, bestehend aus einem Metallmantel, der einen Kern aus Desoxydationsmitteln u. wasserfreien, schlackenbildenden Stoffen (mit ca. 60% Ti-Oxyd) enthält. (Arcos **1957.** 2993 bis 3005. Brüssel, S. A. Arcos.) W. WESLY. 6506

A. Pollack, *Neue Verfahren der Metallreinigung.* Überblick über neue Verff. (Emulsionsentfettung, Entfettung durch saure Metallreiniger, mit organ. Lösungsm., Ultraschallreinigung u. elektrolyt. Entfettung). — 14 Literaturangaben. (Industrieblatt **57.** 41—46. Febr. 1957.) M. GEHLEN-KELLER. 6508

E. Reichle und **H. Stützle,** *Schleifen und Läppen von Hartmetallstählen.* Beschreibung einer Maschine zum Schleifen u. Läppen von Hartmetallstählen, die die an solche Maschinen zu stellenden Forderungen im wesentlichen erfüllt. (Industrie-Rdsch. **11.** Nr. 6. 37—38. Juni 1956.) L. WIESNER. 6510

Walter Burkart, *Wasserlösliche Polierpasten.* Zur Schaffung fettfreier Metalloberflächen eignen sich wasserlösl. Polierpasten; als Bindemittel dienen wasserlösl. oder in

W. emulgierbare Stoffe; die Polierpulver sind anorgan. Verbb., meist Oxyde, die nicht in den Entfettungsmitteln lösl. sind. (Industrieblatt **56.** 65—67. 25/2. 1956. Karlsruhe, Menzerna-Laborr.) W. WESLY. 6510

Walter Reichel, *Die Kühlschmierung beim Schleifen, Honen, Läppen und Polieren.* Übersicht über Art, Eigg. u. Anwendung von Kühlschmiermitteln. — 20 Schrifttumshinweise. (Industrieblatt **56.** 53—57. 25/2. 142—46. 25/4. 1956.) W. WESLY. 6510

N. P. Pienaar, *Eine elektrolytische Methode für die Wiedergewinnung von Eisen und Säure aus erschöpften schwefelsauren Beizflüssigkeiten.* Bericht über Laboratoriumsverss. zur elektrolyt. Wiedergewinnung von H_2SO_4 u. *Fe* aus verbrauchten Beizen in einer Diaphragmazelle. Das Verf. erscheint für die Praxis brauchbar u. wirtschaftlich. — 18 Literaturangaben. (South African ind. Chemist **12.** 51—58. März 1958. Messrs. Stewarts and Lloyds of South Africa Ltd.) W. SKALIKS. 6512

T. F. Barnhart, *Wiedergewinnung der Säure aus erschöpften Beizlaugen.* Für einen von RUTHNER ausgearbeiteten, nach den Formeln $FeSO_4 + 2\,HCl = FeCl_2 + H_2SO_4$; $FeCl_2 + H_2O = FeO + 2\,HCl$ vor sich gehenden Prozeß zur Wiedergewinnung der Beiz-H_2SO_4 wurde eine Versuchsanlage eingerichtet. Schema, Fließbild. Die erschöpfte Beizlauge, in einem Graphitwärmeaustauscher mit Dampf erhitzt u. bei 50 Torr in einer gummiausgekleideten Kammer zum Teil eingeengt, wird in 2 glasemaillierten, mit Kühlmänteln u. Rührern versehenen Kesseln absatzweise mit gasförmiger HCl behandelt; diese wird zunächst völlig absorbiert, die zum Schluß entweichende geringe Menge wird in den mit frischer Lauge gefüllten 2. Kessel geleitet. H_2SO_4 u. $FeCl_2$ werden in mit Haube versehener gummierter Schleuder getrennt; erstere geht nach Entgasen mit heißen Flammgasen in einem Rieselturm wieder als Beizsäure in den Betrieb, $FeCl_2$ wird in einem gasbeheizten Röstofen zersetzt. Das sehr reine, in W. abgeschreckte FeO kann nach Sintern dem Hochofen zugeführt werden, HCl geht ebenfalls zum Entgasungsturm, nach dessen Verlassen sie in 21%ig. wss. HCl-Lsg. absorbiert wird, während die säurefreien Gase nach Passieren eines Schlußwäschers ins Freie entweichen. Aus der 21%ig. HCl-Lsg. wird gasförmige HCl durch Erhitzen ausgetrieben u. geht zu den Reaktionskesseln, die abgekühlte wss. Säure wieder zur Absorption. Außer dem leicht verwertbaren FeO gehen alle Reagentien bei diesem BLAW-KNOX-RUTHNER-Verf. im Kreislauf, zu ersetzen ist nur die beim Spülen des gebeizten Fe verloren gehende H_2SO_4 u. etwaige zufällige Verluste an HCl. (Sewage ind. Wastes **30.** 296—300. März 1958. Pittsburgh, Pa., Blaw-Knox Co., Chem. Plants Div.) H. MÜHLMEISTER. 6512

G. A. Howell, *Die Behandlung verbrauchter Beizflüssigkeiten.* Die Probleme der Behandlung von erschöpften Beiz-Fll. werden diskutiert. Zunächst scheint die Verminderung des Vol. durch Einschränkung des Wasserverbrauches, bes. von Spülwasser erforderlich. Spülwasser kann beim Ansatz frischer Beiz-Fl. eingesetzt werden. Auch der in der Stahlindustrie übliche Verbrauch an H_2SO_4 kann durch möglichst weitgehende Ausnützung red. werden. Bei dem im Versuchsstadium befindlichen BLAW-KNOX-RUTHNER-Prozeß fallen nur H_2SO_4, die wiederverwendet wird, u. Eisenoxyd an, das im Hochofen verarbeitet wird. Dieses Syst. würde demnach kein Abwasserproblem kennen, ist aber in prakt. u. ökonom. Hinsicht noch nicht durchgearbeitet. Bei einem anderen Verf. wird die erschöpfte Beiz-Fl. mit Kokereiabgasen behandelt. NH_3 u. H_2S reagieren mit dem Ferrosulfat. Das FeS wird oxydiert, wobei elementarer S als Nebenprod. gewonnen wird. Aus den Endlaugen krist. weißes $(NH_4)_2SO_4$ (**I**). Auch bei diesem Prozeß entsteht im wesentlichen kein Abwasserproblem. Nachteile sind der hohe Anfall an I. Außerdem stimmen Kokereiabgase u. erschöpfte Beiz-Fl. in den erforderlichen Mengen selten überein. Als drittes Verf. wird die meist übliche Neutralisation mit Kalk oder Dolomit besprochen, wobei dem Vorteil der niederen Kosten die Schwierigkeit der Unterbringung der sehr erheblichen Schlammassen gegenübersteht. (Sewage ind. Wastes **29.** 1278—81. Nov. 1957. Pittsburgh, Pa., United States Steel Corporation.) H.-E. KLOTTER. 6512

K. A. van Oeteren-Panhäuser, *Kalk als Neutralisationsmittel. Eine Betrachtung des Materials.* Beschreibung der Herst. von Kalkmilch zur Verwendung als Neutralisationsmittel für Beiz- u. andere Abwässer. (Beiztechnik **6.** 130—32. Nov. 1957.) H. ECKSTEIN. 6512

Max Straschill, *Herstellen von metallischen Überzügen aus wässerigen Lösungen mit Hilfe einfacher Tauchverfahren.* Beschreibung der einfachen Tauchverff., der Siede- u. Ansiedeverff., der Kontakt- u. der Anreibeverfahren. Beispiele: *Verkupfern, Verzinken, Verzinnen* u. *Versilbern.* (Beiztechnik **6.** 127—30. Nov. 1957.) H. ECKSTEIN. 6516

D. J. Fishlock, *Galvanische Verchromung.* Allg. Übersicht über die Eigg. u. Anwendungsweise von Cr-Überzügen (Korrosionsschutz, Risse, Herst. von Glanznickelüberzügen als Grundlage u. a.). (Chem. and Ind. **1956.** 977—80. 22/9. 17 Monford Street, Landsdown, Bath.) W. SKALIKS. 6518

L. Bosdorf und **K. Müller**, *Beitrag zur stromlosen Vernicklung von Aluminium.* Das Vernickeln von Al-Oberflächen mit $NaH_2PO_2 \cdot H_2O$ enthaltenden Ni-Salzlsgg. wird beschrieben. Nach Behandeln mit wss. *$PdCl_2$*-Lsgg. können auch anod. oxydierte Oberflächen auf diese Weise vernickelt werden. (Aluminium **35.** 391—93. Juli 1959. Düsseldorf u. Solingen.) F. VIER. 6520

A. Pollack, *Der chemische Oberflächenschutz von Leichtmetallen.* Engl. Fassung der C. **1958.** 8751 referierten Arbeit. (Metal Treatment Drop Forging **25.** 236—38. Juni 1958.) M. GEHLEN-KELLER. 6528

J. P. Chilton und **U. R. Evans**, *Die Korrosionsbeständigkeit von Schweißstahl.* Diskussion zu der C. **1956.** 11064 referierten Arbeit. (J. Iron Steel Inst. **186.** 98—101. Mai 1957.) H. HOCHSTEIN. 6538

T. A. Turco, *Korrosionen durch vagabundierende Ströme.* Die Korrosion durch vagabundierende Ströme läßt sich bekämpfen durch kathod. Schutz (Polarisation), Isolation mittels Bitumenüberzügen, Wicklungen usw., elektr. Drainage usw. (Pitture e Vernici **13.** 589—92. Sept. 1957.) B. SCHEIFELE. 6538

Jean Chauvin, *Das Blei in der Bauindustrie.* Zusammenfassender Bericht über die mechan. u. radiolog. Eigg. von Pb u. sein Korrosionsverhalten. (Corrosion et Anticorrosion **6.** 223—28. Juni 1958.) H.-G. MOSLÉ. 6538

David Schlain, Charles B. Kenahan und **Doris V. Steele**, *Verhalten von Titan gegen galvanische Korrosion in organischen Säuren.* Es wurden die galvan. Korrosionseigg. von Ti im Kontakt mit handelsüblich reinem *Al*, *Cu* oder *rostfreiem Stahl* (*Typ 302*) in 10%ig. *Ameisen-*, *Essig-*, *Milch-*, *Citronensäure* u. 1- u. 9%ig. *Oxal-* u. 1%ig. *Weinsäure* bei 35° untersucht. Die Begasung der Lsgg. erfolgte entweder durch Zuführung von Luft, He oder durch natürliche Lufteinwirkung. Ti war, ob allein oder in Kontakt mit einem anderen Metall, gegen die meisten erwähnten organ. Säuren korrosionsbeständig. In 1- u. 9%ig. Oxalsäure zeigte Ti in Kontakt mit *Al* jedoch Korrosion. In Lsgg., in denen Ti edler ist im Vgl. zu Al findet ebenfalls bei Ti Korrosion statt. Bei *Cu* zeigt sich Korrosion im Luftstrom in 10%ig. Essigsäure. (U. S. Dep. Interior. Bur. Mines Rep. Invest. **1956.** Nr. 5189. 1—17. Jan.) G. FRIKELL. 6538

—, Engineering metallurgy. New York, London; Pitman. 1957. (XXI + 516 S. m. Abb., Tab. u. Diagr.) = Metallurgy series, edited by **Frank T. Sisco.** 45 s.

—, Printing metals. Revised ed. London; Fry's Metal Foundries Ltd. 1959. (VIII + 93 S. m. Taf., Tab. u. Diagr.) (Keine Preisangabe.)

Karl Hamann und **Werner Funke**, Die Schutzwirkung organischer Inhibitoren in wässeriger Lösung gegenüber Eisen. Als Ms. gedr. Köln, Opladen; Westd. Verl. 1958. (71 S. m. 31 Abb.) 4° = Forschungsberichte des Wirtschafts- u. Verkehrsministeriums Nordrhein-Westfalen. Nr. 653. DM 18,70.

Ernst Jenckel und **Helmuth Huhn**, Das Verkleben von Aluminium mit carboxylsubstituierten Polystyrolen. Als Ms. gedr. Köln, Opladen; Westd. Verl. 1958. (42 S. m. 16 Darst.) 4° = Forschungsberichte des Wirtschafts- u. Verkehrsministeriums Nordrhein-Westfalen Nr. 656. DM 11,60.

IX. Organische Industrie.

Michel Niclause, *Kinetik und Mechanismus der langsamen Reaktion zwischen Sauerstoff und einer organischen Substanz.* Vf. befaßt sich mit langsam verlaufenden Rkk. zwischen mol. O_2 u. organ. Moll. RH. Die hierbei stattfindenden Prozesse vermag er mit einem Wettbewerb verschied. Kettenmechanismen, die alle ein gemeinsames Radikal als Kettenträger haben, zu erklären. Es wird auf die besondere Rolle von Peroxyden bei solchen Vorgängen eingegangen. Nach ganz ähnlichen Prinzipien können langsame Oxydationen therm., photochem. oder induzierter Natur von vielen organ. Substanzen in gasförmiger oder fl. Phase dargestellt werden. (Ind. chim. belge **23.** 1197—1214. Nov. 1958. Nancy, Faculté des sciences.) GERHARD GÜNTHER. 6582

Edward R. Atkinson, David Rubinstein und **Edward R. Winiarczyk**, *Reaktion von konjugierten Dienen mit Kupfer(I)-chlorid.* Vff. untersuchen die Rk. von konjugierten Dienen mit *Cu_2Cl_2* mit dem Ziel, ein Verf. zur Abtrennung dieser Verbb. aus KW-stoffgemischen zu finden. In Abwesenheit von Methanol (I) erfolgte die Rk. von *Isopren* bzw. *Piperylen* mit Cu_2Cl_2 nur langsam u. mit schlechten Ausbeuten. In Ggw. von I (2—3%) erfolgte die Absorption der Diene (aus KW-stoffgemischen mit mindestens 20% Diengeh.) rasch u. quantitativ. Durch Erhitzen auf 70—130° wurden die absorbierten Diene wieder in Freiheit gesetzt. Neben I erwiesen sich W., A., n-Propylalkohol, Essigsäure u. Nitromethan als Katalysatoren wirksam, während Isopropylalkohol, Diäthylenglykol, Ae., Benzoesäure u. Phenol unwirksam waren. Bei der Rk. von *Styrol* (II) mit Cu_2Cl_2 erfolgt unter Wärmeentw. u. Volumenvergrößerung die Bldg. einer Anlagerungsverb. von 2 Mol II mit 1 Mol Cu_2Cl_2. Die Ggw. von I beschleunigt die Reaktion. Die Verb. zerfällt oberhalb 35° wieder in die Komponenten, so daß auf dem Wege über die Cu_2Cl_2-Additionsverbb. eine Abtrennung des II aus KW-stoffgemischen (bes. von Äthylbenzol) möglich ist. Auf die gleiche Weise ist auch eine Abtrennung von *Vinyltoluol* möglich, wobei jedoch wegen der geringeren therm. Stabilität des gebildeten Komplexes bei tiefen Tempp. gearbeitet werden muß. Ein Gemisch von *Divinylbenzol* u. *Äthylvinylbenzol* reagierte bei Raumtemp. rasch mit Cu_2Cl_2; der gebildete Komplex war bis 75° stabil. *α-Methylstyrol* reagierte weder in Ggw. noch in Abwesenheit von I mit Cu_2Cl_2. (Ind. Engng. Chem. **50.** 1553—56. Okt. 1958. Cambridge, Mass., Dewey and Almy Chem. Co., Div. of W. R. Grace & Co., Res. Div.) K. FRENKLER. H 500

Union Oil Co. of California, V. St. A., *Trennung von Gemischen organischer Verbindungen,* die mindestens eine aromat. Komponente enthalten, durch Adsorption an ein WERNER-Komplexsalz, das auf 1 (Mol) Metallsalz 2 einer heterocycl. Stickstoffbase enthält. Getrennt werden können folgende Gemische: o- u. p-, o- u. m-, p- u. m-Äthyltoluol, Mesitylen–Pseudocumol, Cumol–Mesitylen, Cumol–Pseudocumol, p-Cymol–p-Diäthylbenzol, o- u. m-Cymol, m-Cymol–Mesitylen, Prehnitol–Durol, Durol–Isodurol, Prehnitol–Isodurol, Cyclohexan–Bzl., Methylcyclohexan–Toluol, Bzl.–n-Heptan, Bzl.–2.3-Dimethylpentan, Methylcyclopentan–Bzl., Picen–Chrysen, Picen–1.2.5.6-Dibenzanthracen, Tetralin–Naphthalin, Tetralin–Dekalin, Diphenyl–Diphenylmethan, Anthracen–Phenanthren, 1-Methylanthracen–1-Methylphenanthren, Naphthalin–Diphenyl, 1- u. 2-Methylanthracen bzw. -naphthalin, 1- u. 2-Äthylnaphthalin, p-Di-[n-propyl]-benzol–Hexamethylbenzol, o- u. p-, m- u. p-Cymol, 2.5-Dimethylfuran–Bzl., Anthrachinon–Anthracen, Bzl.–Thiophen, 2-Methylthiophen–Toluol, o-Xylol–Thiophen, Naphthochinon–Naphthalin, Methyl-o- u. -p-, -o- u. -m-, -p- u. -m-Toluylat, 1- u. 2-Nitro-, 1- u. 2-Aminonaphthalin, Anilin–Nitrobenzol, o- u. p-Toluidin, o- u. p-Nitrotoluol, o- u. p-Dichlorbenzol, o- u. p-Chlortoluol, o- u. p-Methylanisol, Cumarin–Vanillin, Furan–Thiophen, p- u. m-Na-Kresylat, K-Terephthalat u. -Isophthalat, Dimethylterephthalat u. -isophthalat, Dimethyliso- u. -o-phthalat, Na-o- u. p-Toluolsulfonat, Na-1-Methylnaphthalin-3- u. -4-sulfonat, Östriol–Östron, Östriol–Östradiol, Picolin- u. Nicotinsäure, Thymol–Menthol, Na-2-Naphthol-6- u. -8-sulfonat, p- u. o-Aminobenzaldehyd, Benzidin–p-Semidin, 2.4- u. 2.5-Dinitrochlorbenzol, Isosafrol–Piperonal, o- u. Isovanillin, Vanillin u. o-Vanillin, o- u. p-Phenylendiamin, p-Phenetidin–Phenacetin, Isoeugenol–Vanillin, p- u. m-Methylthiophenol, Diazoamino- u. p-Aminoazobenzol, N.N-Dimethylanilin–Anilin, Methyl- u. Äthylbenzoat, Tere- u. Isophthalodinitril, p- u. m-Tolunitril, Methylsalicylat–p-Hydroxymethylbenzoat, p- u. m-Methylacetanilid, p- u. m-Aminobenzolsulfonamid, Na-Anthranilat u. -Phthalamat, α- u. β-Picolin, 2.4- u. 2.6-Lutidin. — Als Komplexe werden genannt: Ni-Tetra-[3-cyanpyridin]-, -[3-amidopyridin]-, -[äthylisonicotinat]-, -[4-hydroxymethylpyridin]-, -[3-äthyl-4-methylpyridin]-, -[4-acetylpyridin]-, -[4-cyanpyridin]-, -[methylisonicotinat]-, -[isonicotinamid]-, -[3-brompyridin]-, -[4-aminopyridin]-, -[isothionicotinamid]-, -[4-benzylpyridin]-, -[3-aminopyridin]-, -[2.3-dibrompyridin]-, -[isochinolin]- u. -[4-vinylpyridin]-dithiocyanat, Ni-Tetra-[4-äthylpyridin]- u. -[4-methylpyridin]-diformiat, Ni-Tetra-[4-methylpyridin]-dinitrit, Mn-Tetra-[4-äthylpyridin]-dichlorid, -dicyanid, -dicyanat u. -dithiocyanat, Co-Tetra-[4-methyl- u. -äthylpyridin]-, Fe-Tetra-[4-methyl- u. -äthylpyridin]-dithiocyanat, Ni-Tetra-[γ-picolin]-dithiocyanat, -[4-methylpyridin]-dichlorid u. -azid, -[4-(n-propyl)-pyridin]-dithiocyanat, Cu-Tetra-[γ-picolin]-dithiocyanat, Hg-Tetra-[γ-picolin]-azid, Ni-Hexa-[1-hexylamin]-dithiocyanat, Co-Tetrapyridindicyanat, Fe-Tetrapyrroldithiocyanat, Cd-Tetra-[γ-picolin]-dicyanid, Ag-Dipicolinazid, Cr-Tetrapyridinsulfat, Ti-Tri-[isochinolin]-triammindioxalat, Mn-Tetra-[isochinolin]-dithiocyanat u. Zn-Tetra-[4-methylpyridin]-dichlorid. — Als Stickstoffbasen werden genannt: 4-Methyl-, -Äthyl-, -[n-Propyl]-, -Isopropyl-, -[n-Butyl]-, -[n-Hexyl]-, -Vinyl-, -Fluor-, -Chlor-, -Brom-, -Hydroxy-, -Hydroxymethyl-, -Methoxy-, -Amino-, -Cyan-, -Acetyl- u. -Chlormethylpyridin, Methylisonicotinat, 3-Methyl-, -Äthyl-, -[n-Propyl]-, -Isopropyl-, -[n-Butyl]-, -Vinyl-, -Chlor-, -Hydroxy-, -Methoxy-, -Acetyl-, -Cyanpyridin, Äthylnicotinat, 3.4-Dimethyl-, 3.4-Diäthyl-, 3-Methyl-4-äthyl-, 4-Methyl-3-äthyl-, -[n-hexyl]- u. -cyan-, 4-Chlor-3-methyl-, 4-Acetyl-3-methyl-, 4-Methoxy-3-äthylpyridin u. Isochinolin, ferner Pyrrole, Piperidine, Picoline, Pteridin, Triazol, Chinolin, Chinaldin, Pyrimidin, Pyrazin u. ihre Derivate. — Beispiel: Aus einer 10%ig. $NiCl_2$-Lsg. u. 2 (Mol) KSCN stellt man eine wss. Lsg. von $Ni(SCN)_2$ her u. setzt unter Rühren bei 25° 4 γ-Picolin zu, die in 1 eines Gemisches aus p-, m- u. o-Xylol gelöst sind. Der blaue krist. Komplex wird abfiltriert, im Luftstrom getrocknet u. mit wss. HCl gespalten. Der Geh. an p-Xylol hat sich verdreifacht. Die Operation kann wiederholt werden. (**F. P. 1 168 194** vom 17/12. 1956, ausg. 4/12. 1958.)

S. BÖTTCHER. 6557

Dow Chemical Co., V. St. A., *Dehydrochlorierung chlorierter Kohlenwasserstoffe und Phenole,* dad. gek., daß man ein Gemisch der Dämpfe mit H_2 über eine Wirbelschicht eines mit Cu(I)-Halogeniden imprägnierten Al_2O_3-Katalysators von 350—550° leitet. Der Katalysator wird durch Behandeln mit Luft u. Wasserdampf bei 350—550° regeneriert. — Beispiel: Über eine Wirbelschicht aus aktiviertem Al_2O_3, mit 15% $CuCl_2$, das durch Äthylengas zu Cu_2Cl_2 red. wurde, leitet man bei 480° äquimol. Dampfmengen von 1.1.2-Trichloräthan u. Wasserdampf, kondensiert u. dest. 50 (%) *Vinylchlorid*, 40 *Vinylidenchlorid* (I), 7 *Dichloräthylen* u. 3 Trichloräthan. I kann nochmals in den Reaktor zurückgeführt werden. — Beschrieben wird ferner die Herst. von *Pentachlorbutadien* aus Hexachlorbutadien-(1.3); *Bzl.*, *Mono-*, *Di-*, *Tri-*, *Tetra-* u. *Pentachlorbenzol* aus Hexachlorbenzol; *Bzl.*, *Mono-* u. *Dichlorbenzole* aus Hexachlorcyclohexan; *Bzl.*, *Mono-* u. *Dichlorbenzole* aus Trichlorbenzolen; *1.2.4-*, *1.2.3-Trichlor-*, *o-*, *m-* u. *p-Dichlorbenzol*, *1.2.4.5-*, *1.2.3.4-Tetrachlorbenzol*; *2.3.4.6-Tetra-*, *2.3.4-*, *2.3.6-*, *2.4.6-Tri-*, *2.4-*, *2.5-*, *2.6-Di-*, *o-*, *m-*, *p-Monochlorphenol* aus 2.3.4.6-Tetrachlorphenol. (**F. P. 1 168 110** vom 11/12. 1956, ausg. 4/12. 1958.) S. BÖTTCHER. 6557

Harry Roland Leech, Grappenhall, **Robert le Grice Burnett,** Overton, und **Imperial Chemical Industries Ltd.,** London, England, *Organische Fluorverbindungen.* (**E. P. 633 678** vom 17/11. 1947, ausg. 19/12. 1949. — [F. P. 974 899]; C. **1954.** 2489.) J. MÜHLEISEN. 6565

Imperial Chemical Industries Ltd., London, England (Erfinder: **Jan Muray** und **Kenneth Duncan Wadsworth**), *Herstellung von fluorhaltigen organischen Verbindungen.* Die Fluorierung von organ., noch H am C enthaltenden Verbb., die nach E. P. 633 678 mit ClF_3 in Ggw. eines inerten Lösungsm. erfolgt, wird mit ClF an Stelle von ClF_3 durchgeführt. (**E. P. 760 489** vom 15/10. 1953, ausg. 31/10. 1956. **Zusatz zu E. P. 633 678; s. vorst. Ref.**) J. MÜHLEISEN. 6565

Eulampsiu Slatineanu, Frankreich, *Herstellung organischer Verbindungen,* dad. gek., daß man im Autoklaven CH_4 mit CO oder C_2H_2 umsetzt, wobei ein Gas- u. Wärmekreislauf stattfindet. Man erhält, je nach Druck (500—700 at) u. Katalysator (CaC_2, Kalkstickstoff), *aliphat.*, *aromat.*, *verzweigte*, *ungesätt. KW-stoffe*, auch *Ketone* u. *Amide.* — Schema der Anlage. (**F. P. 1 168 051** vom 6/12. 1956, ausg. 4/12. 1958.) S. BÖTTCHER. H 500

Rheinpreussen Akt.-Ges. für Bergbau und Chemie, übert. von: **Herbert Kölbel,** Moers, und **Robert Langheim,** Homberg, *Hydrierung von Kohlenmonoxyd.* Hierbei wird mit einem Katalysatorwirbelbett gearbeitet. Durch dieses werden eine Vielzahl von Kühlrohre geführt, die mit einer Kühl-Fl. beschickt werden. Hierdurch wird die Temp. in dem Wirbelbett konstant gehalten. — Vorr., Zeichnungen. (**A. P. 2 852 350** vom 22/12. 1953, ausg. 16/9. 1958. D. Prior. 27/12. 1952.) E. KAHLES. H 500

Robert Neville Haszeldine, England, und **Hyman Iserson,** V. St. A., *Herstellung tetrahalogenierter Methane,* dad. gek., daß man ein Carbonylhalogenid bei 100—450°, bes. 300—450°, mit einem P-, As-, Sb- oder Bi-Halogenid umsetzt. — In einem inoxydablen Autoklaven versetzt man 208,5 (g) PCl_5 mit 45,7 $COCl_2$ u. erwärmt unter Rühren 19½ Std. auf 362—374°. Nach Waschen mit KOH u. Fraktionierung erhält man 35,5 CCl_4, Kp. 76°. — Beschrieben wird ferner die Herst. von CF_3Cl aus PCl_5 u. COF_2, u. von CF_2Cl_2 aus COF_2 u. PCl_2F_3. (**F. P. 1 161 185** vom 9/10. 1956, ausg. 22/8. 1958. E. Prior. 12/10. 1955.) S. BÖTTCHER. H 510

Robert Neville Haszeldine, England, und **Hyman Iserson,** V. St. A., *Herstellung tetrahalogenierter Methane,* dad. gek., daß man ein Carbonylhalogenid der allg. Formel COXY, worin X = F, Cl oder Br u. Y = Cl oder Br bei 250—1400° in Ggw. von mit $FeCl_3$ imprägnierter Aktivkohle mit einem Carbonylfluorid der allg. Formel COFX umsetzt. — Beschrieben wird die Rk. von COF_2 mit $COCl_2$ unter Bldg. von CF_2Cl_2 u. CO_2; die Herst. von CF_2Cl_2, CF_3Cl u. CF_4 aus COF_2 u. $COCl_2$; CF_2Cl_2, CF_3Cl, $CFCl_3$, CF_4, CCl_4 u. aus $COCl_2$ u. COF_2. — Weitere Beispiele mit veränderten Versuchsbedingungen u. Ausbeuten. (**F. P. 1 161 191** vom 10/10. 1956, ausg. 22/8. 1958. E. Prior. 12/10. 1955.) S. BÖTTCHER. H 510

Texas Co., New York, übert. von: **George B. Arnold,** Fishkill, und **Howard V. Hess,** Glenham, N. Y., V. St. A., *Behandlung von Reaktionsprodukten der Kohlenmonoxydhydrierung mit basisch anorganischem Material.* Zur Abtrennung der Oxydationsprodd. der CO-Hydrierung wird die wss. Phase nach dem Ablassen in die Dampfform übergeführt. In einer Reaktionszone werden die in der wss. Phase enthaltenen Prodd., wie Alkohole, Säuren, Ester, Aldehyde u. Ketone, mit einem aus bas. Alkali- oder Erdalkaliverbb. oder deren Gemisch bestehenden Bett bei 500—1000° F u. einer Raumgeschwindigkeit von 1—10 Vol./V u. Std. in Kontakt gebracht. Hierbei werden noch mittels Wasserdampf die Ester hydrolysiert u. die Säuren decarboxyliert. — Zeichnung. (**A. P. 2 830 068** vom 26/11. 1954, ausg. 8/4. 1958.) E. KAHLES. H 550

United States of America, übert. von: **William A. Zisman,** Washington, D. C., und **Jaques G. O'Rear,** Prince Georges County, Md., V. St. A., *Aliphatische oder aromatische Fluoräther* der Formel $[H(CF_2)_n(CH_2)_x-O-]_mR$ (**I**), erhält man bei der

Rk. von Polyfluoralkanolen mit wss. Alkalihydroxyd u. einem Toluolsulfonsäureester unter Erwärmen, wobei eine Esterkomponente ein KW-stoff- oder ein halogenierter KW-stoffrest sein soll. $mH(CF_2)_n(CH_2)_xOH + mp\text{-}CH_3C_6H_4SO_3\text{—}R \xrightarrow{\text{wss. NaOH}} [H(CF_2)_n\text{-}(CH_2)_x\text{—}O\text{—}]_mR + mp\text{-}CH_3C_6H_4SO_3Na + mH_2O$. In den Formeln ist R KW-stoff oder Halogen-KW-stoff, n ist 2—20, x ist 1—3. — 7 H-Dodekafluorhexylcarbinol, NaOH in wss. Lsg. u. Methyl-p-toluolsulfonat werden 16 Std. am Rückfluß erhitzt, alsdann gekühlt u. mit 6 n wss. NaOH der überschüssige Sulfonsäureester zersetzt. Man extrahiert mit einem Gemisch aus Ae. u. Bzl. u. dest. den Extrakt. Man erhält *1H.1H.7H-Dodekafluorheptoxymethan* der Formel $H(CF_2)_6CH_2\text{—}O\text{—}CH_3$, $Kp._{20}$ 81—82°, n_D^{20} 1,3614, $D.^{20}_4$ 1,6323. — Mit Hexamethylenglykol-1.6-bis-(p-toluolsulfonat) erhält man *1.6-Bis-(1H.1H.7H-dodekafluorheptoxy)-hexan*, $Kp._{0,3}$ 142°, n_D^{20} 1,316. $D.^{20}_4$ 1,5776. Nichtbrennendes, nichtkorrodierendes Lösungsm., Dielektrikum, Schmiermittel, Wärmeübertragungsmittel. (**A. P. 2824141** vom 6/1. 1954, ausg. 18/2. 1958.) G. KÖNIG. H 550

Shell Development Co., Emeryville, übert. von: **Curtis W. Smith** und **Douglas G. Norton**, Berkeley, und **George B. Payne**, Albany, Calif., V. St. A., *Hydroxyäther* erhält man aus Äthylenbindungen enthaltenden organ. Verbb. u. prim. oder sek. Alkoholen in Ggw. von H_2O_2 u. einer Säure mit einer Ionisationskonstante von $>1{,}86 \cdot 10^{-5}$ bei 25°, z. B. Wolframsäure, Poly- u. Heteropoly-W-säuren wie Se-, P-, Bi-, Mo-Wolframsäure, Chromsäure, Trifluoressigsäure, p-Toluolsulfonsäure. Inerte Verdünnungsmittel können vorhanden sein. Das Verhältnis Alkohol:H_2O_2 soll 10:1 bis ca. 50:1 betragen. — 13,5 (Mol) Allylalkohol u. 1 90%ig. H_2O_2 geben, mit 5 g WO_3 bei 35° behandelt, *Monoallylglycerinäther* u. *Glycerin*. — Allylalkohol u. Methanol → *Glycerinmethyläther*, Kp. 111—112°. — Cyclohexen u. A. → *2-Äthoxycyclohexanol* u. *1.2-Cyclohexandiol*. — 2-Buten u. Methanol → *3-Methoxy-2-butanol* u. *2.3-Butandiol*. — 1,5 (Mol) 1-Decen (Kp. 170—171°), 25 Methanol, 1 90%ig. H_2O_2 u. 10 g WO_3 bei 55—60° → *2-Methoxydecanol-(1)*, *1-Methoxydecanol-(2)* u. *1.2-Decandiol*, Kp. 143—158°. — 1-Dodecen u. A. → *1-Äthoxy-2-dodecanol* u. *1.2-Dodecandiol*. Wird tert. Butylalkohol an Stelle von A. eingesetzt, so erhält man keinen Hydroxyäther. — Methyloleat (Kp. 166—172°) u. Methanol → *Methyl-9.10-dihydroxystearat* u. *Methyl-9-(10)-hydroxy-10-(9)-methoxystearat*. — Fischöle u. Polyisobutylene mit Methanol → gemischte Polymethoxypolyhydroxyverbindungen. — Cyclohexen u. Methanol in Ggw. von H_2SO_4 mit H_2O_2 bei 55° → *2-Methoxycyclohexanol* u. *1.2-Cyclohexandiol*. Werden an Stelle von Methanol Phenol u. Benzylalkohol eingesetzt, so erhält man *2-Phenoxy-* u. *2-Benzyloxycyclohexanol*. Gleicherweise kann man auch mehrwertige Alkohole, wie Diäthylenglykol, Pentaerythrit, Sorbit, umsetzen. (**A. P. 2808442** vom 16/6. 1953, ausg. 1/10. 1957.) G. KÖNIG. H 550

Soc. des Usines Chimiques Rhône-Poulenc, Frankreich (Erfinder: **Henri Normant**), *Herstellung von Glykolmonoäthern $RR'\cdot C(OH)\cdot CH_2OR''$*, dad. gek., daß man Carbonylverbb. in Ggw. von Mg in Tetrahydrofuran mit Chlormethyläthern $ClCH_2OR''$ umsetzt. — *1-Äthoxy-2-methylheptanol-(2)*, $Kp._{12}$ 87—90°, n_D^{19} 1,4281, $D.^{19}_4$ 0,866; daraus mit HCOOH *2-Methylheptanol*, $Kp._{11}$ 51°. — Analog die Glykoläther (R'' im Orig. nicht definiert!) aus folgenden Carbonylverbb.: Aceton, $Kp._{764}$ 128°; Methyläthylketon, $Kp._{14}$ 48°; Methylisobutylketon, $Kp._{12}$ 65°; Methylamylketon, $Kp._{11}$ 87°; Methylisobutenylketon, $Kp._{10}$ 66°; Methylheptenon, $Kp._{12}$ 102°; Acetophenon, $Kp._{11}$ 109°; Benzylmethylketon, $Kp._{16}$ 130°; Benzylidenaceton, $Kp._{0,5}$ 112—114°; Isopropylacetophenon, $Kp._{0,5}$ 104°; β-Jonon, $Kp._{0,7}$ 111—112°; p-Isopropylbenzylmethylketon, $Kp._{0,4}$ 109—111°; Diisobutylketon, $Kp._{17}$ 103°; Cyclopropylphenylketon, $Kp._{11}$ 128—132°; Benzophenon, $Kp._{0,5}$ 126°; Cyclohexanon, $Kp._{12}$ 88°; Methylisobutylketon, $Kp._{12}$ 48°; Äthylbutylketon, $Kp._{10}$ 84°; Heptanal, $Kp._{11}$ 103°; Acrolein, $Kp._{13}$ 51°; Crotonal, $Kp._{10}$ 64°; Penten-(2)-al, $Kp._{15}$ 85°; Benzaldehyd, $Kp._{12}$ 120—122°; Veratrumaldehyd, $Kp._{0,3}$ 137—140°; Piperonal, $Kp._{0,4}$ 125°. (**F. P. 1163002** vom 19/7. 1956, ausg. 22/9. 1958.) S. BÖTTCHER. H 570

Rohm & Haas Co., V. St. A. (Erfinder: **John Joseph Nedwick** und **John Robert Snyder**), *Herstellung von Vinylthioäthern*, dad. gek., daß man ein Mercaptan u. einen Alkohol in einem inerten Lösungsm. in Ggw. eines Alkalikatalysators bei $<10°$ unter Druck mit C_2H_2 sättigt u. das Reaktionsgemisch unter Druck auf 100—200° erhitzt. — *Dodecylvinylsulfid*, $Kp._{1,7}$ 124—126°, aus Dodecylmercaptan in Methylal, in Ggw. von Na in n-Butanol bei 0° u. 16,8 kg/cm³ mit C_2H_2 versetzt. Bei einem Druck, der das Gemisch fl. hält, wird 5,6 Min. auf 188—190° erhitzt u. anschließend fraktioniert. — *β-Hydroxyäthylvinylsulfid*, $Kp._{20}$ 85—86°, aus Mercaptoäthanol. — *tert.-Butylvinylsulfid*, aus tert.-Butylmercaptan. — *$C_2H_5OOCCH_2SCH{=}CH_2$*, $Kp._{20}$ 83—85°, aus Äthylmercaptoacetat. — *3.6-Dithiaoctadien-(1.7)*, $Kp._{13}$ 92°, aus Äthandithiol. — *1.4-Bis-[vinylmercaptomethyl]-benzol*, F. 60—61°, aus 1.4-Xylylendithiol. — *ω.ω'-Bis-[vinylmercapto]-propan*, $Kp._{0,3}$ 60°, n_D^{25} 1,5514, *-butan*, $Kp._{0,75}$ 81°, u. *-pentan*, $Kp._{0,24}$ 85,5°, aus Propan-1.3-, Butan-1.4- bzw. Pentan-1.5-dithiol. — *n-Butylvinylsulfid*, $Kp._{54}$ 72 bis 73°, aus n-Butanthiol. — Analog *Methyl-*, Kp. 67—67,5°, n_D^{25} 1,4826, *Äthyl-*, Kp. 92 bis 92,5°, $D.^{25}_4$ 0,8723, n_D^{25} 1,4735, *Isopropyl-*, Kp. 104,5—105°, $D.^{25}_4$ 0,8505, n_D^{25} 1,4645, *Isobutyl-*, $Kp._{115}$ 74,5—75,5°, $D.^{25}_4$ 0,8539, n_D^{25} 1,4660, *sek.-Butyl-*, $Kp._{115}$ 73—74°, $D.^{25}_4$ 0,8556, n_D^{25} 1,4683, *2-Äthylhexyl-*, $Kp._{10}$ 88,8°, n_D^{25} 1,4602, *Decyl-*, $Kp._5$ 114 bis 116°, n_D^{20} 1,4715, *tert.-Dodecyl-*, $Kp._{1,5}$ 88—89°, *Tetradecyl-*, $Kp._{0,15}$ 105—106°, *Octadecyl-*, $Kp._{0,45}$ 160—165°, u. *Cyclohexylvinylsulfid*, $Kp._9$ 71°, n_D^{25} 1,5097, $D.^{25}_{25}$ 0,9492, aus Methyl-, Äthyl-, Isopropyl-, Isobutyl-, sek.-Butyl-, 2-Äthylhexyl-, Decyl-, tert.-Dodecyl-, Tetradecyl-, Octadecyl- bzw. Cyclohexylmercaptan. — *Phenylvinylsulfid*, $Kp._7$ 74°, aus Thiophenol. — *Benzylvinylsulfid*, $Kp._{10}$ 101—104°, aus Benzylmercaptan. — *2-Aminobenzylvinylsulfid*, $Kp._5$ 110,5—112°, aus 2-Aminobenzylmercaptan. — *2-Aminoäthylvinylsulfid*, $Kp._{20}$ 66—67°, aus 2-Aminoäthylmercaptan. — Analog *Phenoxyäthyl-*, $Kp._{0,65}$ 89°, n_D^{25} 1,5633, $D.^{25}_{25}$ 1,0791, *Tetrahydrofurfuryl-*, $Kp._{10,5}$ 84°, n_D^{25} 1,5097, $D.^{25}$ 1,0393, u. *Thenylvinylsulfid*, $Kp._3$ 78°, n_D^{25} 1,5972, $D.^{25}_{25}$ 1,1868. (**F. P. 1 159 862** vom 4/10. 1956, ausg. 3/7. 1958. A. Prior. 5/10. 1955.) S. BÖTTCHER. H 600

Ciba Akt.-Ges., Basel, Schweiz, *Herstellung von Carbonsäureestern oder -amiden*, die eine quaternäre Ammoniumgruppe enthalten u. polymerisierbar sind, dad. gek., daß man Ester oder Amide polymerisierbarer Carbonsäuren mit tert. Aminogruppe mit Epichlorhydrin (**I**) oder N-Methylolchloracetamid (**II**) quaterniert. — Beschrieben wird die Quaternierung von N-[β-Diäthylaminoäthyl]-acrylamid mit I zu $[CH_2{=}CHCONHCH_2\cdot CH_2\cdot N(C_2H_5)_2\cdot CH_2\cdot CH{-}CH_2]^+Cl^-$ (CH—CH₂ über O) u. mit **II** zu $[CH_2{=}CHCONHCH_2CH_2\cdot N(C_2H_5)_2\cdot CH_2CONHCH_2OH]^+Cl^-$, die sich in 50%ig. wss. Lsg. polymerisieren lassen. — Analog können N-[β-Dimethylaminoäthyl]-acrylamid oder die Acrylamide von 3-Dimethylaminopropylamin oder Aminopropylmorpholin verwendet werden. (**Oe. P. 194 834** vom 26/10. 1954, ausg. 25/1. 1958. Schwz. Prior. 30/10. 1953.) S. BÖTTCHER. H 810

Ethyl Corp., New York, N. Y., übert. von: **Rex D. Closson**, Northville, Mich., V. St. A., *Essigsaure Salze*, in denen ein H-Atom in α-Stellung durch ein Alkali- oder Erdalkalimetall bzw. durch Zn substituiert ist, erhält man durch Rk. der entsprechenden Metallamide mit wasserfreien essigsauren Salzen. — Durch Rk. von $NaNH_2$ mit $CH_3\cdot COONa$ bei Tempp. bis 235° erhält man unter NH_3-Entw. *α-Natrium-Na-Acetat* in 89,5%ig. Ausbeute, berechnet auf $NaNH_2$. — *Zwischenprodukte*. (**A. P. 2 850 528** vom 21/6. 1954, ausg. 2/9. 1958.) J. MÜHLEISEN. H 810

National Distillers & Chemical Corp., übert. von: **Virgil L. Hansley** und **Stuart Schott**, Cincinnati, Ohio, V. St. A., *Acetessigester* erhält man kontinuierlich durch Rk. von Na mit der äquimol. Menge A., worauf man das feinverteilte feste C_2H_5ONa (1 Mol) direkt mit 3—5 Mol $CH_3COOC_2H_5$ in Ggw. von Bzl. bei 20—30 lbs./sq.in. u. $>100°$ umsetzt, das A.-Bzl.-Azeotrop abdest. u. den Destillationsrückstand mit CO_2 behandelt. (**A. P. 2 843 623** vom 1/10. 1954, ausg. 15/7. 1958.) O. MÜLLER-MEININGEN. H 870

National Distillers & Chemical Corp., übert. von: **Werner C. Muller**, Roslyn, N. Y., und **Franklyn D. Miller**, Cincinnati, Ohio, V. St. A., *Herstellung von Acetessigester* (**I**) erfolgt durch Rk. eines Überschusses an $CH_3COOC_2H_5$ (**II**) mit einem Na-haltigen Kondensationsmittel u. anschließende Neutralisation des Reaktionsgemisches mit wss. Mineralsäure, worauf man das erhaltene Gemisch aus **I**, **II**, A. u. mineralsaurem Na-Salz (**III**) in Ggw. von soviel W. dest., daß im oberen Teil der Destillationsvorr. ein mol. Rückflußverhältnis von 2—10 : 1, im unteren von 2—9 : 1 herrscht. Man erhält hierbei als Kopfprod. ein wss. Gemisch aus **II** u. A., als Bodenprod. ein wss. Gemisch aus **I** u. dem **III**, die man voneinander trennt. (**A. P. 2 843 624** vom 30/12. 1955, ausg. 15/7. 1958.) O. MÜLLER-MEININGEN. H 870

Ohio State University Research Foundation, V. St. A. (Erfinder: **George M. Omietanski**), *Herstellung von Hydraziniumsalzen*, dad. gek., daß man Chloramin in wss. Lsg. in einem inerten organ. Lösungsm. oder in Gasphase mit einem tert. Amin umsetzt. — Ein Gasgemisch aus Chloramin (hergestellt aus Cl_2 u. NH_3), NH_3 u. N_2 wird bei —30° in fl. Trimethylamin eingeleitet. Die hygroskop. weiße M. wird aus A.-Äthylacetat umkrist.: 95%ig. Ausbeute an *1.1.1-Trimethylhydraziniumchlorid*, F. 245°. In wss. Lsg. erhält man eine geringere Ausbeute. — Beschrieben wird ferner die Herst. von *1.1.1-Triäthyl-*, F. 177—178°, *Hexadecyldimethyl-*, F. 226—237°, *1-[2-Hydroxyäthyl]-1.1-dimethyl-*, F. 160—163°, *1-[2-Hydroxyäthyl]-1.1-diäthyl-* (*Pikrat*, F. 179,5 bis 180,5°), *Diäthylcyclohexyl-*, F. 169—172°, *1.1-Dimethyl-1-phenyl-*, F. 187—188° (*Hexachlorplatinat*, F. 156—157°), *1.1-Diäthyl-1-phenyl-*, F. 197—198° (Zers.), *Dimethyl-p-tolylhydraziniumchlorid*, F. 166° (Zers.) u. *1-Amino-N-methylmorpholiniumchlorid*, F. 196—198°, aus Triäthyl-, Hexadecyldimethylamin, N.N-Dimethyl-, N.N-Diäthylaminoäthanol, Diäthylcyclohexylamin, N.N-Dimethyl-, N.N-Diäthylanilin, Dimethyl-p-toluidin bzw. N-Methylmorpholin. — Analog *1.1.1-Tripropyl-* (*Hexafluor-*

platinat, F. 202,5—203,5°), *-Tributyl-* (*Hexafluorplatinat*, F. 87,5—88,5°), *-Trihexyl-* (*Hexafluorplatinat*, F. 80—81°), *-Triheptyl-*, F. 65,5—66,5° (*Hexafluorplatinat*, F. 98 bis 99°), *n-Octadecyldimethyl-*, F. 167—172° (*Hexafluorplatinat*, F. 154—176°), *Diäthyl-[3-hydroxypropyl]-*, F. 115—116°, *Bis-[2-hydroxyäthyl]-methyl-*, *Bis-[2-hydroxyäthyl]-phenyl-*, sublimiert bei 206—210°, *Tris-[2-hydroxyäthyl]-*, F. 178—180°, *Dimethyl-[2-cyanäthyl]-*, *Dimethyl-* u. *Diäthyl-[3-aminopropyl]-*, *β-[p-Octylphenoxyäthoxy]-äthyldimethyl-* (*Hexafluorplatinat*, F. 76°), *1-[3-Bis-(β-hydroxyäthyl)-aminopropyl]-1-[β-hydroxyäthyl]-1-[n-octadecyl]-* (*Hexafluorplatinat*, F. 186—194°), *Bis-[2-hydroxyäthyl]-dihydroabietyl-*, F. 201—206°, *Phenyldi-[n-propyl]-* (*Hexafluorplatinat*, F. 135—136°), *Hydroxybenzyldimethyl-*, F. 103—110°, *Hydroxy-bis-[dimethylaminomethyl]-benzyldimethyl-*, *1.1-Dimethyl-1-[antipyryl-(4)]-hydraziniumchlorid*, F. 147° (*Hexafluorplatinat*, F. 176 bis 180°), *Amino-N-[β-hydroxyäthyl]-morpholiniumchlorid*, F. 152—154°, *2-Heptadecyl-3-amino-4.4-bis-[hydroxymethyl]-oxazoliniumchlorid*, F. 201°, *8-Aminonicotiniumchlorid*, *1-Aminohexamethylentetraminiumchlorid*, F. 190—196° (*Hexafluorplatinat*, F. 203°), *Aminobruciniumchlorid*, F. 254° (*Hexafluorplatinat*, F. 204°) u. *1-Aminochininiumchlorid*, F. 166—168°, aus Tri-n-propyl-, Tri-n-butyl-, Trihexyl-, Triheptyl-, Octadecyldimethylamin, 3-Diäthylaminopropanol, Methyldi-, Phenyldi- u. Triäthanolamin, Dimethylaminopropionitril, Dimethyl- u. Diäthylaminopropyl-, p-Octylphenoxyäthoxyäthyldimethyl-, N.N.N'-Tris-[2-hydroxyäthyl]-N'-octadecyl-1.3-propylendi-, Bis-[2-hydroxyäthyl]-dihydroabietylamin, Di-n-propylanilin, Dimethylaminomethylphenol, Tris-[dimethylaminomethyl]-phenol, Aminopyrin, β-Hydroxyäthylmorpholin, 4.4-Bis-[hydroxymethyl]-2-heptadecyloxazolin, Nicotin, Hexamethylentetramin, Brucin bzw. Chinin. — *Korrosionsinhibitoren, Wasch- u. Flotationsmittel, Desinfektionsmittel.* (**F. P. 1165100** vom 29/10. 1956, ausg. 17/10. 1958. A. Prior. 31/10. 1955.) S. BÖTTCHER. H 900

Pharmacia, Kemisk Fabrik ved Magnus Jensen, Dänemark, *Herstellung bisquaternärer Alkylammoniumverbindungen* der allg. Formel I (R_1, R_2, R_4 u. R_5 = Alkylgruppen mit höchstens 4 C-Atomen oder zusammen mit N = heterocycl. Ring; R_3 = Alkylgruppe mit höchstens 2 C-Atomen; Q_1 u. Q_2 = CH_3 oder H; n_1 u. n_2 = 1 oder 2; Y = O oder S; X_1 u. X_2 = Halogen oder Säurerest),

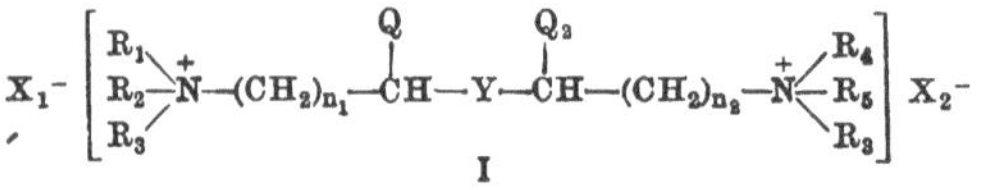

I

dad. gek., daß man eine Verb. $(R_1R_2)N-(CH_2)_{n1}-CH(Q_1)-YH$ mit einer Verb. $(R_4R_5)N-(CH_2)_{n2}-CH(Q_2)-X$ umsetzt u. das Reaktionsprod. mit Alkylierungsmitteln quaterniert. — *2-Diäthylaminoäthyl-2'-dimethylaminoäthyläther*, Kp.$_{15}$ 103°, aus Diäthylaminoäthanol-Na u. Dimethylaminoäthylchlorid (**III**) oder aus Dimethylaminoäthanol-Na u. Diäthylaminioäthylchlorid (**II**). *Bis-methojodid*, F. 262°. *Bis-äthobromid*, F. 261°. *Bis-äthosulfat* u. *bitartrat*, F. 182°. — *2-Dimethylaminoäthyl-2'-dipropylaminoäthylätherdihydrochlorid*, aus Dipropylaminoäthylchlorid. *Bis-methojodid.* — *2-Dimethylaminoäthyl-3'-diäthylaminopropyläther*, Kp.$_{12}$ 106—108°, aus Diäthylamino-n-propanol. *Äthobromid*, F. 228°. — *2-Diäthylaminoäthyl-2'-dimethylaminoisopropyläther*, aus Dimethylaminoisopropylchlorid. *Bis-äthosulfat.* u. *-monosuccinat.* — *Bis-[dimethylaminoäthyl]-sulfid*, Kp.$_{12-14}$ 103—107°, aus Dimethylaminoäthanthiol. *Bis-methojodid*, F. 276°. *Bis-äthobromid*, F. 245—248°. — *[Dimethylaminoäthyl]-[diäthylaminoäthyl]-sulfid*, Kp.$_{13}$ 126—127°, aus Diäthylaminothiol u. Na bzw. aus Thioharnstoff, **II** u. **III**. *Bis-methojodid*, F. 274°. *Bis-äthobromid*, F. 229°. — *Bis-[diäthylaminoäthyl]-sulfid. Bis-hydrochlorid*, F. 243—245°. *Bis-methojodid*, F. 261°. *Bis-äthobromid*, F. 225°. (**F. P. 1164163** vom 25/3. 1953, ausg. 7/10. 1958. Dän. Priorr. 25/3. 1952 u. 14/1. 1953.) S. BÖTTCHER. H 920

Shell Development Co., Emeryville, übert. von: **Vernon W. Buls,** Walnut Creek, und **Rupert C. Morris,** Berkeley, Calif., V. St. A., *Phosphonsäureester* der Formel **I** oder **II** erhält man bei der Rk. von Verbb. der Formel $(R_4O)(RO)\cdot P\cdot R_2$ (**III**) mit $(X-R_1-O)_2-P(=O)\cdot R_5$ (**IV**) oder $(R_4O)(RO)\cdot P\cdot R$ (**V**) mit $(X-R_1-O)_2P(=O)R_2$ (**VI**), bei 100—250°, wobei die Ausgangsstoffe vorteilhaft in stöchiometr. Mengen zur Einw. gelangen. Man kann auch $(RO)_3P$ mit einem Alkalisalz von Dialkylphosphiten der Formel $(MO)P(OR)_2$, wobei M = Alkalimetall u. R = Alkylgruppe mit 1—12 C sind, auf 100—250° erhitzen u. **VI** zusetzen, wonach **II** erhalten wird. In **I, II, III, IV, V** u. **VI** bedeuten R Alkyl mit 1—12 C, R_2 wie R oder die Gruppe R—O; R_1 Alkylengruppe mit 1—8 C; R_4 niedrige Alkylgruppe u. X Br oder Cl. — Bis-[2-bromäthyl]-benzolphosphonat wird bei ca. 160° mit Tributylphosphit tropfenweise versetzt u. am Rückfluß 2½ Std. behandelt. Entstandenes Butylbromid wird abgeleitet. Man erhält ein öliges

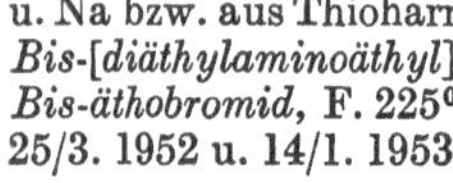

I

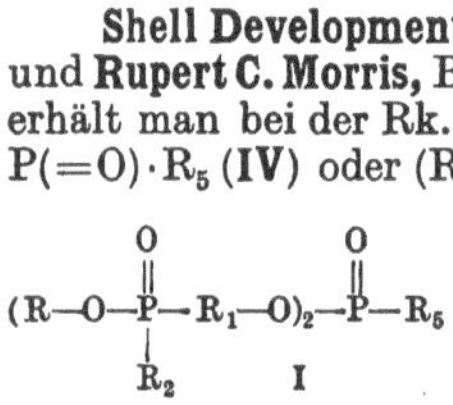

II

Prod. von *Bis-[2-(di-n-butylphosphono)-äthyl]-benzolphosphonat*, Kp.$_{0,014}$ 168—190°, D.$^{20}_{4}$ 1,1055, n_D^{20} 1,4757. — Es werden ferner hergestellt: *Bis-[2-(di-n-butylphosphono)-äthyl]-butanphosphonat*; *Bis-[2-(propylpropanphosphinico)-2-(äthyl)-äthyl]-benzolphosphonat*; *Bis-[2-(diallylphosphono)-propyl]-benzolphosphonat*; *Bis-[2-(allyläthylphosphono)-äthyl]-benzolphosphonat*; *Bis-[2-(methallyläthanphosphinico)-propyl]-decanphosphonat*; *Bis-2-(äthylbenzolphosphinico)-äthyl]-butanphosphonat*; *Bis-[2-(propylphenylphosphono)-äthyl]-benzolphosphonat*; *Bis-[2-(dimethallylphosphono)-butyl]-butanphosphonat*; *Bis-[2-methoxy-äthyläthanphosphinico)-butyl]-benzolphosphonat*. — *Plastifizierungsmittel* für natürliche u. synthet. Harze, *Zusatzmittel für synthet. u. natürliche Schmiermittel, hydraul. Flüssigkeit.* (**A. P. 2 807 636** vom 13/4. 1953, ausg. 24/9. 1957.) G. KÖNIG. H 980

Esso Research and Engineering Co., Elizabeth, N. J., übert. von: **Delos E. Bown**, Baytown, Texas, V. St. A., *Gewinnung von aromatischen Kohlenwasserstoffen* (C_8—C_{10}) *mit Methylgruppen in p-Stellung* aus KW-stoffgemischen, wobei das Gemisch gekühlt wird u. die dabei entstehenden Kristalle abfiltriert werden. Der Filterkuchen wird mit 20 bis 45 Gew.-% CCl_4 gemischt u. das Gemisch gekühlt. Die ausfallenden Kristalle werden filtriert u. bestehen aus einem Kristallkomplex von CCl_4 u. p-Methyl-Verb.; durch Abstreifen wird CCl_4 vom 2. Filterkuchen entfernt. — Zeichnungen. (**A. P. 2 847 486** vom 19/9. 1955, ausg. 12/8. 1958.) E. KAHLES. H 1010

American Oil Co., Texas City, übert. von: **Joe T. Kelly**, Galveston, **Robert J. Lee** und **Harmon M. Knight**, La Marque, Texas, V. St. A., *Herstellung von p-tert.-Butylalkylbenzol* durch Alkylieren von Monoalkylbenzol, dessen Alkylrest 1—4 C-Atome aufweist. Das zu alkylierende Alkylbenzol, wie Toluol, wird bei 20—50° während 5 Min. bis 2 Std. mit einem Polyisobutylen mit 2—4 Isobutylenresten, wie Diisobutylen, in Ggw. eines fl. modifizierten BF_3-Hydratkatalysators umgesetzt. Der Katalysator besteht aus BF_3-Monohydrat u. einem Modifizierungsmittel, wie Alkanol, Alkenol, Alkandiol, Alkendiol, Alkanon oder Alkenon, mit nicht mehr als 7 C-Atomen bzw. Polyolefinen u. cycl. Polyolefinen, wobei der Katalysator einen Geh. an BF_3 von 66—74 (Gew.-%) aufweist. Das Volumenverhältnis von KW-stoffen zu fl. Katalysator beträgt 3—15. Es werden tert.-Butylalkylbenzolisomere erhalten, wobei das Reaktionsprod. prakt. reines p-tert.-Butylalkylbenzol darstellt. (**A. P. 2 836 634** vom 14/10. 1955, ausg. 27/5. 1958.) E. KAHLES. H 1010

Standard Oil Co., übert. von: **David A. McCaulay**, Chicago, Ill., und **Arthur P. Lien**, Highland, Ind., V. St. A., *Herstellung von sekundärem Alkyltoluol.* Als Einsatzgut dienen Toluol u. ein oder mehrere sek. Alkylbenzole, Di-sek.-alkylbenzole, Tri-sek.-alkylbenzole, wobei die Alkylgruppen Isopropyl- u. sek. Butylreste sind. Das Mol-Verhältnis von Toluol zu sek. Alkylbenzolen ist mindestens 1. Zu dem Einsatzgut werden 3—50 Mol fl. HF je Mol Alkylbenzol u. mindestens 1 Mol BF_3 je Mol sek. Alkylgruppe gegeben u. das Gemisch auf —40 bis 40° genügend lange gehalten, damit die gewünschte Umsetzung stattfindet. Nach dem Abtrennen der Säurephase HF + BF_3 wird aus der KW-stoffphase das m-sek.-Alkyltoluol gewonnen. — Zeichnung. (**A. P. 2 795 632** vom 27/11. 1953, ausg. 11/6. 1957.) E. KAHLES. H 1010

American Cyanamid Co., New York, N. Y., V. St. A., *Benzophenonäther.* Zur Herst. von Äthern von Hydroxybenzophenonen der allg. Formel I, in der R für eine prim. Alkylgruppe mit mehr als 1 C-Atom u. R^1 für Methyl oder Äthyl steht, wobei R u. R^1 verschieden sind, erhitzt man ein Gemisch aus einem substituierten Benzoylchlorid der allg. Formel II u. einem 1.3-Dialkoxybenzol, dessen Alkoxygruppen weniger als 3 C-Atome besitzen u. gleichartig sind, in Ggw. eines FRIEDEL-CRAFTS-Katalysators (III) auf oberhalb 50°, gibt das Reaktionsprod. in eine wss. Lsg. einer Säure, entfernt die flüchtigen Bestandteile durch eine Wasserdampfdest. u. filtriert das Prod. ab. Verwendet man hierbei $AlCl_3$ als III, so findet die Desalkylierung der in o- u. p-Stellung zur —CO-Gruppe befindlichen Alkoxygruppen *in situ* statt. Man kann auch die Desalkylierung in einer besonderen Stufe durchführen, wodurch reinere Prodd. erhalten werden. In diesem Falle verwendet man als III $TiCl_4$, BF_3, $SnCl_4$, $ZrCl_4$ oder $ZnCl_2$ u. leitet HBr durch das Prod. der Kondensation. Verwendet man hierbei HCl an Stelle von HBr, so erhält man ein 2.4.4'- oder ein 2'.4'.4-Trialkoxyoxybenzophenon. Das bei der Kondensation von II in Ggw. von $TiCl_4$ anfallende Kondensationsprod. besteht aus einem 2.4.2'.4'-Tetraalkoxybenzophenon. — 2-Methoxy-4-butoxybenzoylchlorid + 1.3-Dimethoxybenzol + Chlorbenzol bei 10° mit $AlCl_3$ → *4-Butoxy-4'-methoxy-2.2'-dihydroxybenzophenon.* — Absorptionsmittel für UV-Strahlen. (**E. P. 792 653** vom 11/6. 1956, ausg. 2/4. 1958. A. Priorr. 18/7. 1955 u. 25/5. 1956.) R. SCHWECHTEN. H 1180

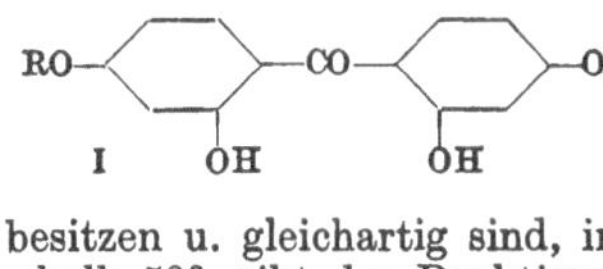

I

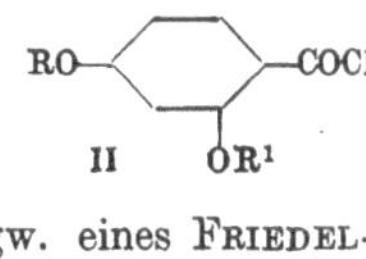

II

Chempatents, Inc. (Erfinder: **Ralph Landau, Robert Baldwin Egbert, Alfred Saffer** und **David Brown**), *Herstellung von sehr reinem Dimethylterephalat* aus CH_3OH u. Terephthalsäure. Man setzt die Säure mit CH_3OH in Ggw. eines wenig akt. Katalysators, wie ZnO, bis zu einer 88—92%ig. Umwandlung um, gewinnt durch fraktionierte Kristallisation des Prod. aus CH_3OH Dimethylterephthalat, das dann einer fraktionierten Dest. unterworfen wird. (**Aust. P. 212 054** vom 3/5. 1956, ausg. 30/1. 1958. A. Prior. 24/6. 1955.) J. MÜHLEISEN. H 1220

Shell Development Co., New York, N. Y., übert. von: **Frederick F. Rust**, Orinda, und **Glenn Fuller**, Berkeley, Calif., V. St. A., *Herstellung von Methylolgruppen enthaltenden gesättigten, nichtaromatischen organischen Verbindungen*, erfolgt durch Anlagerung von CH_2O oder solches abgebenden Verbb. an Verbb. der allg. Formel $(R)_3C\cdot C(A)H\cdot C(R)_3$, worin R = H oder einen nichtaromat. KW-stoffrest u. A = H, OH oder einen Alkylrest bedeutet, in Ggw. eines Peroxyds bei 60—200° in der gasförmigen oder fl. Phase. Als gesätt. Verbb. werden vorteilhaft Paraffine mit mindestens 3 C im Mol., Cycloparaffine u. die entsprechenden Alkohole angewendet. Die Paraffine sollen geradkettig oder wenig verzweigt sein. Vorteilhaft finden sek. Alkohole Verwendung. — 2,14 (Mol) Cetan, 0,05 Di-tert.-butylperoxyd u. 0,5 handelsübliches Formalin in A. werden bei 131—135° umgesetzt. Man kühlt u. trennt die wss. von der organ. Phase. Die wss. Phase wird mit dem gleichen Vol. W. versetzt u. 3 Tropfen konz. Salzsäure hinzugefügt. Man dest. bei n. Druck bis 25 ml anfallen. Aus der organ. Phase wird nichtumgesetztes Cetan abdest. u. das Bodenprod. mit dem Destillationsrückstand der wss. Phase vereinigt. Man mischt mit W. u. konz. HCl, verd. mit Dioxan u. erhitzt am Rückfluß 6 Stunden. Nach Abkühlung wird in W. gegossen, die organ. Phase abgetrennt u. in Äther gelöst. Man erhält nach dem Waschen mit wss. Na-Bisulfitlsg. u. Trocknen über $MgSO_4$ $C_{17}H_{35}OH$, Kp.$_{,1}$ 144—147°. — Cyclohexan → *Cyclohexylcarbinol.* Cyclopentan → *Cyclopentylcarbinol.* — Die Alkohole können zu den entsprechenden Olefinen dehydratisiert werden u. diese ergeben bei der katalyt. Hydrierung die gesätt. KW-stoffe. Es werden Drucke angewendet, um die fl. Phase aufrechtzuerhalten. (**A. P. 2 818 440** vom 4/11. 1955, ausg. 31/12. 1957.) G. KÖNIG. H 1870

Pennsalt Chemicals Corp., übert. von: **Francis E. Lawlor**, Wyndmoor, und **Maurice E. Miville**, Springfield Township, Pa., V. St. A., *Chlorierte Polyphenyle* erhält man durch Erhitzen von Benzolhexachlorid (I) mit gegebenenfalls kernhalogenierten aromat. KW-stoffen (II), die mindestens 2 H-Atome im Kern enthalten, auf 130—225° in Ggw. von $AlCl_3$ unter Halogenwasserstoffabspaltung, wobei auf 100 Gewichtsteile I 50—20 II u. 2—30 $AlCl_3$ kommen. — 2000 g α- u. β-Isomere von I, 2000 g Trichlorbenzol (III) u. 91,4 g $AlCl_3$ werden langsam bis 215° erhitzt, wobei bei 70° HCl-Entw. einsetzt. Nach Waschen mit verd. HCl, W. u. Filtrieren erhält man durch Abdestillieren von 2282,3 g III 806,7 g eines schwarzen Teerprod., das in seiner durchschnittlichen Zus. einem Pentachlorbiphenyl entspricht u. durch Dest. in verschied. Fraktionen zerlegt werden kann. — Dielektrika, Schmier- u. Imprägniermittel, hydraul. Stoffe u. Zusätze zu Farben, Lacken u. Wachsen. (**A. P. 2 859 252** vom 13/4. 1954, ausg. 4/11. 1958.) J. MÜHLEISEN. H 2210

E. I. du Pont de Nemours & Co., übert. von: **Edward G. Howard jr.**, Wilmington, Del., V. St. A., *Herstellung von 2.3.5-Trichalcogenpyrrolidinen* der allg. Formel I, in der

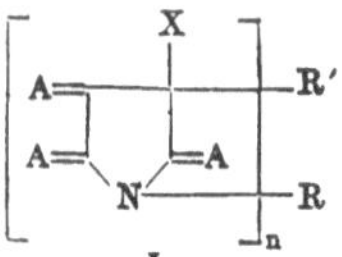

I

A = O oder S (auch alternierend); R u. R' = H, aber eines von beiden auch mono- oder divalenter organ. Rest, bes. z. B. gesätt. KW-stoffrest (C_{1-18}; vorzugsweise $C_{<12}$) u. ZEREWITINOFF-akt. H; X = monovalenter negativer Rest, aber frei von aminwasserstoffhaltigen Gruppen, der beispielsweise am Bzl. zu >50% nach „meta" dirigiert u. daselbst eine C—C-Doppelbindung zu $>0{,}84\cdot 10^{-4}$ dyn polarisiert; n = 1 oder 2. — Die Verbb. stellen ein Gemisch von in Resonanz befindlichen Strukturisomeren dar, haben sauren Charakter, sind wasserlösl. u. bilden mit den Metallen der I.—VIII. Gruppe des Period. Syst. u. seinen Untergruppen Salze u. Komplexe. Die gelborangegefärbten Lsgg. in W. ähneln einer starken Säure, pK_a = 2,0—3,0; UV-Absorption: Spitze bei 2300 bis 2700, bes. aber 2340—2680 Å, im sauren, neutralen u. bas. Medium, sek. Spitze bei 3400—3700, bes. bei 3420—3670 Å, im sauren u. neutralen Medium; IR-Absorption: im 5,6 μ-Bezirk eine schwache, im 5,8 μ-Bezirk eine starke Bande. — Aus starken wss. Säuren können die Mono- oder Dialkalisalze krist. werden, aus schwachen Säuren wird jedoch die freie Säure von I erhalten. — Metalle der II.—VIII. Gruppe bilden sehr säurebeständige, tiefgefärbte Verbb. mit I, die aus 25%ig. H_2SO_4 oder HCl umkrist. werden können, falls in 1.4-Stellung von I je ein freies H vorhanden war. — Die Darst. dieser Verbb. wird mit guter Ausbeute in aliphat. Alkoholen durch CLAISEN-Kondensation in Ggw. starker Basen aus Verbb. der allg. Formel R''AC(=A)—(A=)CAR'' (R'' =

KW-stoffrest C< 8) mit solchen der allg. Formel R'[CH(X)—C(=A)—NH]n—R bewirkt, wobei letztere nach Hydrolyse der Amidgruppe eine Säure liefern sollen, deren Ionisation $> 1 \cdot 10^{-8}$ beträgt u. deren Substituent X nur durch kovalente Kräfte an das α-C-Atom des Säureamids gebunden wird. Reaktionstemp. 20—150°, bes. aber 25—60°. — In 7,9 g Methanol werden 2,3 Na gelöst, dann eine Lsg. von 11,8 Dimethyloxalat in 79 Methanol u. 10,2 Malonamid langsam zugesetzt. Das ausgeschiedene Na-Salz des *4-Carbamyl-2.3.5-trioxopyrrolidins* wird aus W. bei 100° umkrist. u. als orangegelbe Kristalle erhalten. Kristallisation erfolgt auch aus 25—28%ig. H_2SO_4. Über einen Kationenaustauscher wird das leicht gelbgefärbte *4-Carbamyl-2.3.5-trioxopyrrolidin*, F. 230—235°, pK_a 2,8, erhalten. Dessen Di-Na-Salz zeigt spezif. Wrkg. *gegen* den Pilz *Candida albicans.* Cu-Salz blaßblaue Fällung. Die Darst. u. Zus. der Fe(III)-, Cu(II)-, Ag-, Ba-, Mn(II)-, Co(II)-, Ni(II)-, Sn(II)-, Pb(II)- u. Al-Salze wird erläutert. — Aus N.N'-Dimethylmalonamid + Dimethyloxalat → *1-Methyl-4-(N-methylcarbamyl)-2.3.5-trioxopyrrolidin*, F. 215° (Zers.), gelbe Platten; dessen *Mono-Na-Salzmonohydrat*, F. 184 bis 188° (erstarrt bei 195°, dann F. 240°), gelb, federartig. Es bildet unlösl. Salze mit Ca-, Ba-, Zn-, Cu- u. Pb-Ionen. Das Na-Salz entwickelt eine Kathodoluminescenz im grüngelben Gebiet. — Aus N.N'-Diallylmalonamid (F. 144—145°, Darst. aus Diäthylmalonat + Allylamin) + Dimethyloxalat + $NaOCH_3$ → *1-Allyl-4-(N-allylcarbamyl)-2.3.5-trioxopyrrolidin*, F. 98—100°, blaßgelbe Kristalle; es bildet unlösl. Salze mit Ag-, Pb-, Hg-(II), Cu-(II) Cd-, Zn-, Ca-, Ba-, Co-, Ni- u. Fe(III)-Ionen. Cu-Salz als *Fungicid* bes. *gegen Tomatenmehltau*, wirksam. — Aus Malonnitril, Triäthanolamin u. H_2S in absol. A. wird Cyanthioacetamid, F. 121—123°, gewonnen, das mit Diäthyloxalat u. $NaOC_2H_5$ zu *4-Cyan-5-thio-2.3-dioxopyrrolidin, Hydrat*, F. 240—250° (Zers.), goldene Plättchen; *Mono-Na-Salz*, F. 243—246° (Zers.), braungoldene Plättchen, kondensiert. Wss. Lsgg. zeigen mit Cu^{2+} grünschwarze, mit Ag^+ tiefrotschwarze, mit Hg^{2+} lichtgelbe u. mit Pb^{2+} tiefgelbe Fällungen. — Außerdem wurden folgende *2.3.5-Trioxopyrrolidine* beschrieben: *1-Phenyl-4-acetyl-*, F. 170—171° (Zers.), pK_a 2,25 (in Bzl./A.); *1-Phenyl-4-(N-phenylcarbamyl)-*, F. 168° (Zers.), gelbe Nadeln, pK_a 2,25 (in Bzl./Ae.), dessen *2.4-Dinitrophenylhydrazon*, F. 230—232°, dunkelrote Kristalle, IR-Spektr. Absorptionsbande bei 5,6, 5,8 u. 5,95 μ, UV-Spektr. Maxima bei 2620 u. 3580 Å (aus A.); *1-Cyclohexyl-4-(N-cyclohexylcarbamyl)-*, F. 188—189° (Zers.), gelbliche Nadeln, pK_a 3,1 (in Bzl./A.), UV-Spektr. Maxima bei 2410 u. 2420 Å; *1-(3-Trifluormethylphenyl)-4-[(N-3-trifluormethylphenyl)-carbamyl]-*, F. 145—146°, hellgelbe Nadeln, pK_a 2,05 (in Bzl./A.), UV-Spektr. Maxima bei 2680 u. 3580 Å, *2.4-Dinitrophenylhydrazon*, F. 205—208°, orangefarbige krist. M.; *1-(2-Methyl-5-isopropylcyclohexyl)-4-[N-(2-methyl-5-isopropylcyclohexyl)-carbamyl]-*, *Monohydrat*, F. 98—102°, gelbe Kristalle, UV-Spektr. Maxima bei 2380 u. 3530 Å; *1-Phenyl-4-benzoyl-*, F. 183—184°, gelbliche Kristalle. — Als Zwischenprodd. sind beschrieben: N.N'-Didodecylmalonamid, F. 118—120°, weiße Kristalle; N.N'-Bis-(3-trifluormethylphenyl)-malonamid, F. 160—161°, weiße Nadeln; 2-Methyl-5-isopropylcyclohexylamin, n_D^{25} 1,4620; N.N'-Bis-(2-methyl-5-isopropylcyclohexyl)-malonamid, F. 174—187°; N.N'-Hexamethylen-bis-(α-cyanacetamid), F. 149—150°. — Fungicide, Pigmentfarben, lösl. Farben für Lacke u. Emailles, Pigmente für Kunstharze u. plast. Massen, Oxydationskatalysatoren für ungesätt. Öle sowie für Aralkyl-KW-stoffe zu aromat. Carbonsäuren. (**A. P. 2 832 790** vom 28/9. 1954, ausg. 29/4. 1958.)

K. Gäbelein. H 3081

N. P. Fedorenko, Verfahren der Acetylengewinnung. Moskau; 1958. (114 S. m. Abb.; 1. Bl. Skizzen). 3 Rbl. 65 Kop. [russ.]

Paul Hölemann und Rolf Hasselmann, Die Anreicherung von Phosphor- und Schwefelverunreinigungen in Acetylen-Flaschen. Als Ms. gedr. Köln, Opladen: Westdeutscher Verl. 1959. (26 S. m. Abb.) 4° = Forschungsberichte des Landes Nordrhein-Westfalen. Nr. 739. DM 7,90.

Robert Nelson Meals and Frederick Minton Lewis, Silicones. New York: Reinhold. 1959. (278 S. m. Abb. u. Diagr.) 10° = Reinhold plastics applications ser. $ 5,95.

X. Färberei. Organische Farbstoffe.

—, *Neue Fasern, Farbstoffe und Textilhilfsmittel.* Badische Anilin- & Soda-Fabrik, AG., Ludwigshafen/Rh.: *Rongal A* ist ein Reduktionsmittel bes. für das Zweiphasendruckverfahren. Auf Grund besonderer Eigg. des Prod. eignet es sich für die Schnellfixierung von Küpenfarbstoffen u. verkürzt die Dämpfzeit. — *„Decrolin löslich konzentriert"*, ein Merkblatt beschreibt die Anwendung des Bleich- u. Abziehmittels als Reduktions- u. Ätzmittel im Textildruck. Das Prod. dient zum Weißätzen von ätzbaren Färbungen auf Geweben aus Acetat, Triacetat, Polyamid, Polyestern, Wolle u. Seide. — *Perapret WFA* eignet sich als Appreturmittel für Textilien aller Art, bes. für Perlon- oder Nylonstrümpfe u. für Wirkwaren. Die ca. 55%ige wss. viscose Dispersion ist mit kaltem oder warmen W. beliebig verdünnbar u. trocknet bei Tempp. über 40° zu einem harten in W. unlösl. Film. — *Diglykol* dient als wasserlösl. Weichmachungsmittel für

Papier, Leim u. Textilien. Das Prod. ist eine farb- u. geruchlose, neutrale u. hygroskop. Fl., die auch als Trocknungsmittel für inerte Gase u. als Heiz-Fl. Verwendung findet. — *Emulphor 0/Emulphor 0 Typ 1178c* ergeben sehr stabile Wachsemulsionen, z. B. für Selbstglanzbohnermassen. — Ciba AG., Basel: *Cibanonkupferrot FR* ergibt als Selbstfarbstoff u. als Kombinationskomponente Bois-de-rose, Vieux-rose-, Lachs-, Kupfer- u. Rotbraunnuancen, bes. für Wäsche u. Innendekorationsartikel. Der Farbstoff egalisiert gut, deckt tote Baumwolle u. weist sehr gute Allgemeinechtheiten auf. — *Cibacetgelb GWL mikrodispers* eignet sich bes. zum Färben von Spinnkuchen, für Foulardfärbungen u. für den Druck. Das Prod. färbt Polyester-, Acetat-, Triacetatfaserstoffe u. Acrilan in einem rotstichigen Gelb mit sehr guten Echtheitseigg., die Färbungen sind weiß ätzbar. — Farbenfabrik Bayer AG., Leverkusen: *Indanthrengrau EGR Suprafix Teig* bedruckt Baumwolle u. andere vegetabil. Fasern sowie Chemiefasern aus regenerierter Cellulose. Auf Grund vorzüglicher Licht- u. Waschechtheit bes. für Vorhang- u. Dekorationsartikel geeignet. Das Prod. findet nach dem Rongalit–Pottasche- sowie nach dem Zweiphasen–Druck-Verf. Anwendung. — *Acraminweiß TC/Acrapon TC* ist eine Pigmentweißpaste zur Erzielung von Mattweißeffekten im Textildruck. Es enthält das zur Fixierung erforderliche Bindemittel u. wird mit Acrafix WEC als Vernetzungskomponente kombiniert. Acrapon TC dient als Verschnittverdickung für die Druckpasten im Filmdruck. Gute Beständigkeit gegen chem. Reinigungsmittel. — *Acraminblau F4GA extra konz.* läßt sich auf Grund sehr guter Allgemeinechtheiten mit den übrigen Acraminfarbstoffen kombinieren u. ermöglicht so die Herst. ätzbarer, klarer Blau- u. Lindgrüntöne. — *Astrazongoldgelb GLD/Astrazonorange RRL/Astrazongelbbraun GGL* färben u. bedrucken Dralon- u. andere Acrylfasertypen. — *Astrazonrot 5 BL/Astrazonbordo BL* färben Dralon u. andere Acrylfasern mit sehr guter Licht- u. Naßechtheit. Astrazon 5 BL ergibt weinrote u. BL violettstichige Bordotöne. Beide Prodd. sind wie die drei vorgenannten Farbstoffe als Mischkomponenten in Kombination mit anderen Astrazon-L-Marken verwendbar. — *Siriuslichtviolett FBBL* färbt Mischgewebe aus Baumwolle u. Reyon bzw. Zellwolle in klaren, blaustichigen Violettönen. — *Cotolanechtgrün FGL* eignet sich bes. für die Apparaturfärberei auf Grund sehr guten Egalisiervermögens, guter Löslichkeit u. Härtebeständigkeit. Der Farbstoff dient bes. zur Herst. lebhafter Färbungen für die Damenbekleidung aus Wirk- u. Strickgarnen. — *Isolanschwarz GL/Isolanschwarz RL* färben Wolle, Seide, Polyamidfasern u. andere Mischungen. Sehr gute Löslichkeit, vorzügliche Lichtechtheit sowie Wasser-, Wasch-, Walk-, Schweiß-, Meerwasser-, Bügel- u. Dekaturechtheit. — *Phthalogenbrillantblau IF 3 GK/Phthalogentürkis IFBK/Phthalofix FN* in der Garnfärberei ist ein spezielles Vorbehandlungsmittel, welches auch die Färbung von Garnen aus Baumwolle u. regenerierter Cellulose mit den beiden Farbstoffen ermöglicht. — Farbwerke Hoechst AG., Frankfurt/M.: *Levapon NSW/Levapon WSG* sind nichtionogene bzw. anionakt. Waschmittel. NSW ermöglicht eine neutrale u. saure Wäsche von loser Wolle, Stranggarn oder Stückware. WSG ergibt bei der Ausrüstung von Wollstücken, bes. Kammgarn- u. Streichgarnartikeln, einen vollen Griff. — *Leomin WG* dient als bes. ausgiebiger nichtionogener Weichmacher für Reyon, Zellwolle, Baumwolle sowie vollsynthet. Fasern. Die weiße Paste wird durch Übergießen mit heißem W. gelöst. Das Prod. kann sowohl im Färbebad als auch in der Nachavivage eingesetzt werden. Der Weichmacher kann auch in der Hochveredlung angewandt werden. — *Leomin PE* ist ein anionakt. Prod., das als Präparationsmittel für unpräparierte oder gefärbte Polyesterfasern dient. Die gelbliche, viscose Fl. löst sich leicht durch Übergießen mit heißem Wasser. — *Leonil CB* ist ein hochwirksames Netz- u. Reinigungsmittel für die NaOCl-Bleiche. Das Prod. ist in kaltem oder warmem W. gut löslich. — *Leonil N* ist eine gelbliche, gallertige Paste, die in warmem W. sehr gut lösl. ist. Das Prod. dient als universell anwendbares Netzmittel für alle Faserarten. Das Netzmittel ist gegen die Härtebildner des W., Säuren, Alkalien sowie Oxydations- u. Reduktionsmittel sehr beständig. — *Hostapon MT Teig/ Anionakt. Waschmittel auf Fettbasis.* Die ausgezeichnete Waschwrkg. kommt sowohl in neutralen als auch in alkal. u. schwach sauren Flotten zur Geltung. Das Prod. erzeugt ohne gesonderte Avivage weichen gefälligen Warengriff. — *Hostapur A konz./Anionakt. Netz-, Wasch- u. Reinigungsmittel.* Die bräunlichgelbe Paste ist in warmem W. gut lösl. u. gegen hartes W., Säuren u. Alkalien sowie in der Textilausrüstung gebräuchliche Bleichmittel beständig. Sehr gute Waschwrkg. gegenüber Fett- u. Pigmentverschmutzungen. — *Emulgator L* ist eine Kombination anionakt. Verbb. mit Lösungsvermittlern. Der Emulgator bleibt bei Raumtemp. oder Wärmeeinw. bis 40° unverändert, aber frostempfindlich. — J. R. Geigy AG., Basel: *„Farbstoffe für Vigoureuxdruck“*. Diese Karte zeigt die wichtigsten Irgalan-, Irganol-S- u. Eriochromfarbstoffe im Vigoureuxdruck auf Wollkammzug. — *Cuprophenylschwarz BWL/Cuprophenylschwarz GWL* liefern auf Kunstseide u. Zellwolle sowie auf Baumwolle sehr echte Schwarznuancen. Auf Grund dieser hohen Echtheitseigg., bes. zum Färben von Kleider-, Sportblusen-, Regenmantelstoffen, Trikotagen, Nähgarnen u. Waschartikeln aller Art geeignet. Beide Prodd. eignen sich auch für Kunstharzappreturen u. die Halbwollfärberei. — Die Musterkarte „*Setacyl-Farbstoffe auf Polyesterfasern*“ enthält genaue Arbeitsvorschriften für Färbung u. Nachbehandlung sowie eine ausführliche Echtheitstabelle. — „*Foulard-Jigger-Färbungen auf Viscose-Futterstoff*“ heißt ein Zirkular, welches Typfärbungen u. eine Auswahl Modetöne zeigt. — *Diazophenylechtscharlach 2 GL/Diazophenylechtscharlach RL* färben reine volle Rottöne von sehr guter Licht-, Wasser-, Wasch- u. Schweißechtheit. Die sehr gute Löslichkeit erlaubt den Einsatz in der Apparaturfärberei u. für das Foulard-Verfahren. — *Irganolorange GRLS*, dieser Wollfarbstoff dient bes. in der Färberei von Trikotagen, von Sport u. Badeartikeln zur Erzielung unübertroffener Lichtechtheit u. bestechender Reinheit der Farbtöne. — *Irganolrot RLS* ergibt auf Wolle, Seide u. Polyamidfasern u. deren Mischungen reine, volle Rottöne in sehr guten Echtheiten. Der Farbstoff eignet sich auch für den Druck. — *Irgalanbordeaux GL* färbt u. bedruckt Wolle, Seide u. Polyamidfasern. — ROHNER AG., Pratteln: *Ronagengelb 14 G* ergibt auf Baumwolle u. Viscosegeweben grünstichige Gelbdrucke von sehr guter Lichtechtheit. — *Diazoechtrot SW* erzielt in Verbindung mit *Naphthanilid SW* in der Apparaturfärberei volle, lebhafte gelbstichige Rottöne. Sehr gute Lichtechtheit u. leichte Löslichkeit. — *Ronagenmarineblau IB* färbt bedeutend lichtechtere Marineblautöne als die bereits bekannten Marineblaumarken. Der Farbstoff ergibt auf Baumwolle u. Viscosegeweben nach dem Säuredampf- u. dem Entwickler N-Verf. eine volle Entwicklung. Das Prod. ist auch für die Rouleaux- oder Filmdruckmaschine geeignet. — *Ronagengoldgelb IFG* erzielt auf Baumwolle- u. Viscosegeweben einen Goldgelbton, der bisher nur durch Mischung mit anderen Farbstoffklassen erzielt werden konnte. Sehr gute Echtheitseigg. u. hohe Ausgiebigkeit. — SANDOZ AG., Basel: *Sandothrenkupferrot F-NR* ist ein Warmfärber von gutem Egalisier- u. Durchfärbevermögen. Die Marke „extra Pulver für Färbung“ kommt für gewöhnliche Färbeverff. u. für das Pad-Jig-Verf. in Frage; „Pulver ultradispers“ für alle mit Vorpigmentierung mit unverküptem Farbstoff arbeitenden Verff., bei welchen eine rasche Verküpung Bedingung ist. Das Prod. eignet sich bes. für den Wasch-, Koch-, Buntbleiche-, Dekorations- u. Allwetterartikel. (Melliand Textilber. **40.** 681—84. Juni 1959.) P. ECKERT. 7018

E. P. Sommer, *Remazolfarbstoffe — eine chemisch neue Gruppe der Reaktivfarbstoffe.* Vf. beschreibt Entw. u. Chemismus der Reaktivfarbstoffe, die nach ihrer chem. Struktur in 3 Klassen unterteilt werden: Cyanurdichloride (Procionfarbstoffe), Cyanurmonochloride (Cibacronfarbstoffe) u. Vinylsulfone (Remazolfarbstoffe). Der Einsatz der letzteren in der Praxis der verschied. Färbe- u. Druckverff. wird ausführlich beschrieben. Der Einfl. von Kunstharzausrüstungen auf die Lichtechtheit von Remazolfärbungen wird erörtert. (Amer. Dyestuff Reporter **47.** P895—P899. 15/12. 1958. New York, N. Y., Carbic Color & Chem. Co., West Warwick, R. I., Hoechst Chem. Corp.) H. SONTAG. 7020

W. Je. Rosstowzew und **R. M. Trachtenberg,** *Das Färben von Geweben unter dem Einfluß des elektrischen Stroms.* Mittels eines bes. entwickelten Geräts wurden Proben von Baumwoll- u. Wollgeweben mit Säurefarbstoffen gefärbt, wobei an zwei Stellen zwischen je zwei Walzen (im Abstand von ca. 20 mm) elektr. Strom von ca. 80 V u. 7—8 A durchgeleitet wurde. Durch die Erhöhung der Temp. bis zum Sieden wird der Färbeprozeß beschleunigt. Die Farbechtheit (Reib-, Seifenechtheit) war teilweise die gleiche wie beim Färben ohne elektr. Strom, teilweise besser. (Текстильная Промышленность [Textil-Ind.] **19.** Nr. 4. 55—58. April 1959.) N. STSCHERBINA. 7020

Akihiko Yabe und **Masako Hayashi,** *Untersuchung über Fluorescenzbleichmittel. Über Fluorescenzsensibilisierung von Fluorescenzfarbstoffen.* Bei wiederholten Prüfungen auf Waschechtheit zeigt Baumwolle, die mit einem *Fluorescenzfarbstoff* der Triacylstilbenreihe (*Kaycoll BW*) gefärbt war, eine Zunahme der Fluorescenzaktivität. Diese Art Sensibilisierung durch die Wrkg. des Waschmittels im Färbebad ist bes. ausgesprochen bei anion. Detergentien. Erörterung auf Grundlage von Theorien u. Dekoagulation u. Kristallisation. — 10 Diagramme. (J. chem. Soc. Japan, ind. Chem. Sect. [Kōgyō Kagaku Zassi] **58.** 345—52. Mai 1955. [Orig.: japan.]) L. SCHULER. 7028

Kan Inukai und **Kenzō Hosokawa,** *Über fluorhaltige Anilinabkömmlinge als Naphtholbasen.* Hergestellt u. mit *Naphthol AS* gekuppelt werden: *o-Fluoranilin* (I), *m-* u. *p-Fluoranilin, 3-(Trifluormethyl)-6-, -2-* u. *-4-nitranilin, o-* u. *m-* (II) u. *p-(Trifluormethyl)-anilin.* Die Farbstoffe sind orange bis rot. Beste Hitzeechtheit, Wasch- u. Reibechtheit usw. zeigen die Farbstoffe aus **I** u. **II**. Die Absorptionsspektren der Farbstoffe werden hinsichtlich der Stellung der Substituenten erörtert. (J. chem. Soc. Japan, ind. Chem. Sect. [Kōgyō Kagaku Zassi] **58.** 592—94. Aug. 1955. Nagoya, Staatl. Ind. Forschungsinst. [Orig.: japan.]) L. SCHULER. 7052

Shinya Kitahara und **Hachirō Hiyama,** *Untersuchung über die Analyse von Farbstoffbestandteilen mittels Papierchromatographie. 2. Mitt. Über Papierchromatographie von Reduktionsprodukten von Benzidinfarbstoffen und deren Abkömmlingen.* Durch saure Red. mit $SnCl_2$ werden 27 *Benzidinazofarbstoffe* gespalten u. die Prodd. papierchromatograph. mit Butanol-HCl (4:1) oder 2%ig. wss. HCl entwickelt u. mit $FeCl_3$ bzw. NH_4OH die Flecken sichtbar gemacht. Tabelle der Fleckenfärbungen u. R_F-Werte der Spaltprodd. der folgenden Farbstoffe: *Kongorot, Benzopurpurin 4 B, Direktblau 2 B, Diamin Skye Blue, Direktviolett RN, Acetopurpurin 8 B, Kupplungsorange Extra, Pyraminorange R, Toluylenorange G, Echtrot F, Benzoorange R, Direktbraun M. Direktrot G, Benzoechtrot GL, Kongoorange R, Benzobraun CB, Kongokorinth G, Brillantbordeaux NS, Direktschwarz BH, Diamineralblau CVB, Kongorubin, Direktbraun 3G, Direktgrün G, Direktdunkelgrün, Kongobraun G, Direktechtschwarz HW* u. *Tiefschwarz extra.* (J. chem. Soc. Japan, ind. Chem. Sect. [Kōgyō Kagaku Zassi] **58.** 620—25. Aug. 1955. Osaka, Städt. Univ. [Orig.: japan.]) L. SCHULER. 7086

Celanese Corp. of America, New York, N. Y., V. St. A., *Färben von Textilmaterial aus Celluloseacetat.* Man färbt *Cellulosetriacetatmaterial* mit Dispersionsfarbstoffen in Ggw. von Verbb., die Lösungsmittel für die Farbstoffe darstellen u. Substantivität zu der Faser besitzen, z. B. Alkylphosphaten, wie Tripropyl-, -butyl-, -amyl- oder -hexylphosphat, oder Alkylestern von aromat. Carbonsäuren, wie Dimethyl-, -äthyl-, -propyl- oder -allylphthalat, oder Kondensationsprodd. von Diäthanolamin mit langkettigen Fettsäuren. Man kann die Fasern auch vor der Färbung mit einer wss. Dispersion der genannten Verbb. imprägnieren. (**E. P. 791 392** vom 25/1. 1955, ausg. 5/3. 1958. A. Priorr. 26/1. u. 2/12. 1954.) F. BÖHM. 7021

Farbwerke Hoechst Akt.-Ges., vormals Meister Lucius & Brüning, Frankfurt/M. (Erfinder: **Rudolf Lademann, Ludwig Orthner,** Frankfurt/M., und **Karl Horst,** Hofheim), *Färben von geformten Gebilden aus sechsgliedrige carbocyclische Ringe enthaltenden Polyestern mit sauren Farbstoffen.* Man färbt in Ggw. von wasserunlösl. oder -schwerlösl. organ. Basen mit Farbstoffen, bei denen das Verhältnis der Zahl der sauren Gruppen zu der Summe der Zahl von aromat. u. heterocycl. Ringen 1 : > 1 beträgt. Das Verf. ist nur für solche Polyesterfasern geeignet, die aus einer 0,25%ig. wss. Emulsion von Methylbenzylaminoäthylbenzoat (I) im Flottenverhältnis 1 : 40 bei 95—100° in 1 Std. mindestens 3,8% dieser Verb. aufnehmen, was durch Titration mit $HClO_4$-Lsg. in Eisessig gegen Kristallviolett festgestellt werden kann. — Man färbt z. B. 1 Min. bei 125° mit Dimethylformamid vorbehandelte Kunstseide aus Polyäthylenglykolterephthalat 1 Std. in sd. Flotte, die 2 (%, bezogen auf Fasergewicht) 1-Amino-4-phenylaminoanthrachinonsulfonsäure-(2), 3 Ameisensäure (85%ig), 5 I, 0,5 Kondensationsprod. aus Phenol mit 20 Mol Äthylenoxyd u. 6 Benzoesäurebenzylester enthält. (**D. A. S. 1 054 058** Kl. 8m vom 7/3. 1956, veröff. 2/4. 1959.) F. BÖHM. 7021

Farbwerke Hoechst Akt.-Ges., vormals Meister Lucius & Brüning, Frankfurt/M. (Erfinder: **Joseph Nüsslein, Hugo Bartl,** Frankfurt/M., und **Carl Kuch,** Hofheim), *Bedrucken von Textilmaterial aus Celluloseacetatfasern* mit H_2SO_4-Estern von Leukoküpenfarbstoffen. Man erhält farbtiefere u. egalere Drucke, wenn man der Druckpaste Diglykoläther von Phenolen, Naphtholen oder hydrierten Naphtholen zusetzt. Eine Druckpaste enthält z. B. neben 60 (Teilen) Na-Salz des H_2SO_4-Esters der Leukoverb. von $\beta.\beta'$-Dibromdibenzpyrenchinon 100 Kondensationsprod. aus 1 (Mol) β-Naphthol u. 2 Äthylenoxyd. (**D. A. S. 1 054 961** Kl. 8n vom 16/2. 1956, veröff. 16/4. 1959.) F. BÖHM. 7023

Badische Anilin- & Soda-Fabrik Akt.-Ges., Ludwigshafen/Rh. (Erfinder: **Manfred Kracht, Hans Funk,** Ludwigshafen/Rh., und **Werner Dietrich,** Mannheim), *Verhütung der Korrosion von beim Färben von Textilgut verwendeten Metallbädern,* die Sn, Pb, Cd u. Bi enthalten. Man setzt den Färbebädern, in welchen die Textilien, die später mit den Metallbädern in Berührung kommen, gefärbt werden, Acetylenmono- oder -polyalkohole, z. B. 3 g/Liter Butin-(2)-diol-(1.4), zu. (**D. A. S. 1 055 492** Kl. 8m vom 23/11. 1957, veröff. 23/4. 1959.) F. BÖHM. 7023

E. I. du Pont de Nemours & Co., übert. von: **William W. Prichard,** Wilmington, Del., V. St. A., *Phthalimidine* der allg. Formel I, in der Ar = aromat. Ring, R_1 u. R_2 = H oder Substituenten u. R_3 = Substituenten bedeuten, lassen sich aus Ketaldiminen der Formel Ar—C(R)=N—R′, in der R = H oder ein aliphat. oder aromat. Rest u. R′ = gesätt. aliphat. oder aromat. KW-stoff, oder deren Oxa- oder Azaderivv. bedeuten u. keinen ZEREWITINOFF-akt. H aufweisen, in Ggw. von 0,1% Ni- oder Co-Carbonylkatalysator (als Metall berechnet) bei 100—1000 atü u. 225 bis 450° mit CO in Ggw. von inerten organ. Lösungsmitteln darstellen. Gegebenenfalls kann die Katalysatormenge von 0,1—10% (als Metall

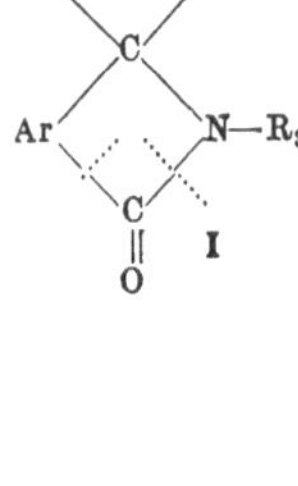

I

vom Gewicht der Ketaldimine berechnet) oder von 0,5—2% bei 100—500 atü Druck u. bei Vorliegen von Co-Carbonyl u. N-Benzylidenanilin variiert werden. Im Reaktionsgemisch können bis zu 5% W. toleriert werden. — 20 Teile N-Benzylidenanilin ($C_6H_5 \cdot CH{=}N-C_6H_5$) + 100 Bzl. + 1 Co-Carbonyl + CO (bis 200 atü), erhitzt auf 325° für 1 Std. → 17,5 *2-Phenylphthalimidin*, F. 163—164°. Gesamtausbeute: 82,6%. — Folgende *-phthalimidine* wurden beschrieben: *6-Methoxy-2-phenyl-*, F. 183° (aus Chlf./Methanol); *6-Chlor-2-phenyl-*, F. 213—216°; *2-Methyl-*, F. 114—116°; *2-Phenyl-3-methyl-*, F. 81—81,5°; *2.3-Diphenyl-*, F. 193—196,5°; *2-Phenyl-6-dimethylamino-*, F. 142—148°, *Hydrochlorid*, F. 193—196°; *2-(1-Naphthyl)-*, F. 191—193°; *2-(p-Diäthylamino)-phenyl-*, F. 180—182°. — Außerdem wurde aus ($C_6H_5CH{=}N-CH_2-)_2$ das *N.N'-Äthylen-bis-phthalimidin*, F. 235,5—237°, hergestellt. — *Zwischenprodd. bes. zur Herst. von Farbstoffen u. organ. Pigmenten.* (**A. P. 2 841 591** vom 18/6. 1952, ausg. 1/7. 1958.) K. GÄBELEIN. 7049

Sandoz Akt.-Ges., Basel, Schweiz, *Herstellung von grünen Anthrachinonfarbstoffen.* Man kondensiert eine *1-Aminoanthrachinon-2-sulfonsäure* der Formel **I**, in der R ein Phenyl oder Diphenylrest ist, der eine freie NH_2-Gruppe enthält u. durch SO_3H-, Alkyl—, Oxyalkyl— substituiert sein kann, während X für H, Halogen oder SO_3H u. Y für H oder Halogen steht, in nichtmol. Verhältnis mit wenigstens einer anderen Säure derselben Formel u./oder mit wenigstens einem gelben Azofarbstoff (**II**), in wss. Lsg. in Ggw. eines Säurehalogenids (**III**) der Formel $Z-OC-\underset{A}{C}{=}\underset{H}{C}-CO-Z$, worin A für H, CH_3, Cl oder Br u. Z für Cl oder Br steht. Auf ein Mol. **III** sollen wenigstens 2 Moll. **I** u./oder **II** kommen. (**It. P. 495 630** vom 23/8. 1952.) K. KOEBKE. 7059

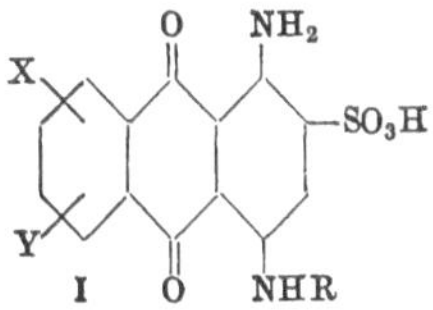

I

XIa. Farben. Anstriche. Lacke. Naturharze.

E. Koppitz, *Die chemische Untergrundbehandlung des Eisens.* Übersicht über die chem. Untergrundbehandlung von Fe vor dem Aufbringen von Anstrichen, die Anforderungen an die chem. Vorbehandlung u. die mit der Anwendung der Verff. verknüpften Fehlermöglichkeiten. (Plaste u. Kautschuk **4.** 319—22. Aug. 1957. Magdeburg.) W. WESLY. 7090

B. Ja. Gorowoi, G. N. Perschin, Ss. N. Milowanowa und **A. L. Mikerina**, *Bakterizide Lackfarbenmaterialien.* Von den bakteriziden Substanzen [*p-Nitrophenol* (**I**), *Pentachlorphenol* (**II**), *Na-Pentachlorphenolat, Zn-Äthylen-bis-dithiocarbamat* (**III**), *Na-Äthylen-bis-dithiocarbamat, Na-Trichlorphenolat* u. *Antisepticum AB* (**IV**)], welche man in die Lackfarben *Nitroemail DM weiß* u. Pentaphthal-*Emailfarbe 560* in Form ihrer Lsgg. in organ. Lösungsmitteln oder als Trockenpulver einführte, erwies sich **IV** als am geeignetsten für die Desinfektion von Möbeln u. medizin. Apparaturen. Es kann als Trockenpulver einen Teil der Füllstoffe ersetzen, verändert die Farbe der Emaille nicht u. verbessert ihren Glanz, erhöht die Haltbarkeit der Lackschicht u. garantiert deren bakterizide Aktivität für ca. 400 Tage. **IV** u. bes. **I** halten die Alterung der Lackschicht durch Wärme- u. Lichteinfl. auf. Die bakterizide Aktivität der Lackschicht erklärt sich dadurch, daß die Präpp. mittels Diffusion durch die Poren der Lackschicht an die Oberfläche derselben gelangen. In W. unlösl. bakterizide Substanzen (**III, II**) verleihen der Lackschicht keine bakterizide Wirksamkeit. (Медицинская Промышленность СССР [Med. Ind. UdSSR] **11.** Nr. 9. 18—25. Sept. 1957. Allunions Wiss. Forsch.-Inst. für med. Instrumente u. Ausrüstung u. Allunions Wiss. Chem.-Pharmazeut. Ordshonikidse-Forsch.-Inst.) E. RENTZ. 7096

M. Heilmann, *Die Verwendung von Maleinatölen.* Überblick über die Einsatzmöglichkeiten von Maleinatölen bei der Herst. von Anstrichmitteln. (Farbe u. Lack **61.** 564—65. Dez. 1955. Bayreuth.) M. WINIKER. 7096

Chas. R. Brown, *Verdünnungs- und Lösungsmittel.* Behandelt werden Bzl.- u. Bzn.-KW-stoffe, Ester, Ketone, Alkohole u. deren Anwendung als Lackverdünner. (Ind. Finishing **34.** Nr. 11. 40—54. Sept. 1958.) B. SCHEIFELE. 7100

E. R. Allen, *Mechanismus der Wash primer-Wirkung.* Untersucht wurden die chem. Veränderungen, die im Laufe der Zeit in dem aus Zn-Tetroxychromat, Polyvinylbutyral u. Phosphorsäure in Äthyl- u. Butylalkohol bestehenden Wash primer WP-1, Mil-C-15328 A, eintreten. Zu diesem Zwecke wurde eine Phasenregelunters. des Syst. $ZnO-CrO_3 \cdot H_2O$ vorgenommen, Veresterung u. Hydrolyse der Harzkomponente durch Phosphorsäure untersucht u. die Mischung einer Fraktionierung unterworfen. (Corrosion [Houston] **14.** Nr. 10. 54. Okt. 1958. New Brunswick, N. J., Rutgers Univ., School of Chem.) B. SCHEIFELE. 7106

H. Stecher, *Probleme der chemischen Lichtfilterung.* Übersicht über die Ansprüche, die an einen guten UV-absorbierenden Lack gestellt werden u. die Verwendungszwecke eines derartigen Anstriches. (Seifen-Öle-Fette-Wachse **82.** 700—01. 7/11. 1956. Schorndorf/Wttbg.) H. BECKER. 7106

Jerzy Zawadzki, Jerzy Baczewski und **Jerzy Weber,** *Vergleichende Untersuchungen der Qualität von Lackschutzüberzügen.* Es wurden Korrosionsprüfungen in 3%ig. NaCl-Lsgg. an verschied. Emaillen auf Fe durchgeführt. Mikrokrist., dünne Phosphatschichten bilden den besten Untergrund für Epoxydemaillen. Die optimale Schichtdicke beträgt 20—30 μ. Dünnere Überzüge sind wenig korrosionsfest, dickere haben schlechtere mechan. Eigenschaften. (Prace Inst. Mechaniki **6.** Nr. 23. 73—86. 1958. Warszawa.) F. URBAN. 7106

Martin Kühn, *Neuartige Rostschutzanstriche, theoretische Grundlagen und praktische Aussichten.* (Vortrag.) Überblick über neuartige Haftgrundanstriche auf Basis Phosphonate, organ. Chromate, alkal. Filmbildner bzw. irreversibler Emulgatoren. — 25 Literaturhinweise. (Farbe u. Lack **61.** 552—61. Dez. 1955. Düsseldorf.) M. WINIKER. 7106

Hans Ernst Scheiber, *Außenanstriche in den Wintermonaten.* Allg. Ausführungen bzgl. des Aufbaues winterfähiger Anstrichmittel. (Farbe u. Lack **61.** 499—501. Nov. 565—68. Dez. 1955. Bremen.) M. WINIKER. 7106

P. A. Dunn, *Epoxydharze für Tubenlacke.* Vf. berichtet über Chemie, Eigg. u. industrielle Anwendung von Epoxydharzen, wobei auf ihre Eignung für die Innenlackierung von Al-Tuben näher eingegangen wird. (Chem. Products chem. News **20.** 447—50. Nov. 1957. Aero Res. Ltd.) L. KEMPF. 7106

G. Jangg und **W. Spund,** *Der „Atlas"-Weather-Ometer — ein modernes Materialprüfgerät zur kurzfristigen Prüfung auf Wetterbeständigkeit.* Beschreibung des Geräts sowie seiner Arbeitsweise u. Einsatzmöglichkeiten. (Farbe u. Lack **61.** 561—63. Dez. 1955. Wien, TH, Inst. für chem. Technol. anorgan. Stoffe.) M. WINIKER. 7158

M. H. Swann, *Direkte colorimetrische Bestimmung von Nitrocellulose in Lacken.* Die Meth. zur Best. von Nitrocellulose (**I**) in Lacken beruht auf der Bldg. der gelben Färbung, die **I** mit Alkali in Ggw. von Aceton gibt. A u s f ü h r u n g: Ca. 2 ml Lack werden mit Aceton zu 25 ml verdünnt. Ein $\leqq$ 40 mg **I** enthaltender aliquoter Teil der Lsg. wird mit Aceton zu 10 ml verd. u. nach Zusatz von 10 ml 10%ig. wss. KOH 1 Std. unter Rückfluß erwärmt. Nach Abkühlen auf Raumtemp. wird die Lsg. mit Aceton–W. (2 : 1) zu 50 ml ergänzt u. die Extinktion der gelben Lsg. bei 425 mμ gemessen. Die Meth. erwies sich als geeignet zur Best. von **I**-Lacken, die ca. 30% **I** neben Trikresylphosphat oder Dibutyl- u. Dioctylphthalat enthalten. (Analytic. Chem. **29.** 1504—05. Okt. 1957. Aberdeen Provinz Ground, Coating and Chem. Labor.) K. F. MÜLLER. 7158

Fabriques de Produits Chimiques de Thann et de Mulhouse, Frankreich (Erfinder: **Robert Mas**), *Herstellung von feingepulvertem* TiO_2 als *Pigment* durch Suspendieren in einer Fl. u. Zerteilen der Suspension zu Tropfen, deren Größe von der Konz. der Suspension abhängt. Die Fl. wird aus jedem Tropfen abgedampft. — 4 Abbildungen. (**F. P. 1 105 534** vom 26/5. 1954, ausg. 5/12. 1955.) S. BÖTTCHER. 7093

Hartford National Bank & Trust Co., Hartford, Conn., V. St. A., übert. von: **Ferdinand Anne Kröger** und **Willy Hoogenstraaten,** Eindhoven, Holland, *Leuchtstoffe,* bestehend aus Zn-Silicat oder dessen Gemisch mit Be-Silicat, bes. mit der Kristallstruktur des Phenakits, das mit 1—300 Atomen Al u. Ga auf 1000 Atome Zn bzw. Zn + Be aktiviert ist. — Zur Herst. suspendiert man z. B. 448 (g) ZnO, 12,5 BeO u. 185 SiO_2 in einer 0,5 g-Mol Al- u. Ga-Nitrat enthaltenden wss. Lsg., verdampft zur Trockne, erhitzt 2 Std. auf 400° u. darauf 2 Std. bei 1000—1300°, bes. bei 1200°, gegebenenfalls in Ggw. eines reduzierend wirkenden Gasgemisches (H_2, Dampf u. N_2). (**A. P. 2 714 581** vom 10/10. 1951, ausg. 2/8. 1955. Holl. Prior. 17/10. 1950.) W. GRÄGER. 7093

Radio Corp. of America, übert. von: **Thomas W. Edwards,** Lancaster, und **Gilmore E. Crosby,** Millersville, Pa., V. St. A., *Überzugsverfahren für phosphorescierende stoffe* wie *Zn-* u. *ZnCd-Sulfid,* die als Bildschirmüberzüge Verfärbungen erleiden. Durch Suspendieren dieser Sulfide in wss. *Silicat*-Lsg., die ein lösl. *Mg*-Salz u. *Alkalihydroxyd* enthält u. einen p_H-Wert von 10,3—11 aufweist, werden nach dem Trocknen Sulfide erhalten, die einen Überzug von 0,63 (Gew.-%) SiO_2 u. 0,62 Mg haben, der feuchtigkeitsbeständig ist u. das Verfärben verhindert. — Z. B. werden 11,5 lbs. ZnS mit *Ag*-Aktivator in 46 lbs. W. aufgeschlämmt, mit 667 cm³ 5%ig. Wasserglas ($SiO_2 : K_2O = 3{,}4$) verrührt, dann werden 1488 cm³ einer wss. Lsg. von $MgSO_4 \cdot 7\,H_2O$ (0,25 g/cm³) zugefügt u. mit 10%ig. *KOH* ein p_H-Wert von 10,5 eingestellt. Nach 30 Min. Stehen wird der Nd.

abgetrennt, gewaschen u. getrocknet. (**A. P. 2 817 599** vom 25/10. 1954, ausg. 24/12. 1957.) G. FRIKELL. 7093

Jean Wilhelm, Frankreich, *Farben- und Lackentfernungsmittel,* bestehend aus einer wss. Lsg., welche im Liter 75 g $NaHCO_3$ u. 150 g $KHCO_3$ enthält. (**F. P. 1 129 150** vom 18/7. 1955, ausg. 16/1. 1957.) M. F. MÜLLER. 7101

Michel Mallet, Frankreich, *Schutzüberzugsmittel,* welches nach dem Auftragen auf Holz oder Eisen u. Trocknen einen leicht entfernbaren Überzugsfilm bildet. Es besteht aus einem Gemisch von 77 (%) Polyvinylacetatemulsion, 8 einer Siliconölemulsion, 5 einer Dioctylphthalatemulsion, 5 Bienenwachsemulsion u. 5 Celluloseesteremulsion. — In weiteren Beispielen sind die Emulsionsgemische mit Zusätzen eines Pigments, eines Weichmachungs- u. Dispergiermittels beschrieben. (**F. P. 1 153 976** vom 8/6. 1956, ausg. 31/3. 1958.) M. F. MÜLLER. 7107

Hercules Powder Co., übert. von: **William H. Markwood jr.,** Wilmington, **George B. Feild,** New Castle County, Del., und **George M. Taylor,** Kennett Square, Pa., V. St. A., *Überzugsmittel.* Man polymerisiert *3.3-Bis-(chlormethyl)-oxet* der Formel I in einem inerten Lösungsm. (n-Hexan, Cyclohexan, Bzl., Toluol, Methylenchlorid, Chlf., CCl_4, Dichlorbenzol, Nitropropan, Nitrobenzol) bei -80^0 bis $+80^0$, bes. $< +20^0$, in Ggw. von 0,001—10%, bes. 0,1 bis 4%, eines Katalysators, wie BF_3 oder dessen Komplexverbb. mit Äthern, Säuren oder Salzen. Dem Polymerisat setzt man zweckmäßig ein Stabilisierungsmittel zu, bes. hochsubstituierte Phenole, wie Di-tert.-butyl-p-kresol, o.p-Diamylphenol, p-Octylphenol, Benzoylresorcin, oder Alkylnaphthole. Das Polymerisat, das eine spezif. Viscosität von 0,3 (gemessen bei 50^0 in 1%ig. Cyclohexanonlsg.) hat, wird in einem Lösungsm., bes. Cyclohexanon, zu ca. 15—20%ig. Lsg. gelöst, auf Metall, Glas oder Faserstoffe aufgetragen u. nach dem Trocknen auf Schmelztemp. $> 180^0$, bes. auf ca. 195—210^0, erhitzt. Auch das geschmolzene Polymer kann mit Faserstoffen zu einheitlichen Massen verarbeitet werden. (**A. P. 2 722 340** vom 2/9. 1954, ausg. 1/11. 1955.) W. GRÄGER. 7107

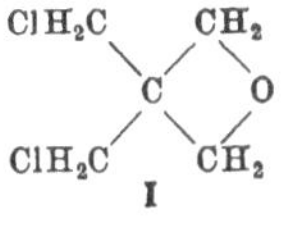
I

Koppers Co., Inc., übert. von: **Philip A. Marsell,** Emsworth, und **Charles H. Teller,** Mount Lebanon, Pa., V. St. A., *Überziehen von Oberflächen* von Folien u. dgl. mit feinverteiltem Material, wie Mineral- oder Metallpulver, Glimmer oder Talkum, Asbest oder anderen Fasern. Auf die horizontal geführte Oberfläche, die mit einem klebenden, möglichst thermoplast. Bindemittel vorher überzogen ist, werden die Teilchen mittels Luftstrom, in dem diese Teilchen parallel ausgerichtet sein sollen, senkrecht aufgebracht, so daß eine einheitlich bedeckte Oberfläche entsteht. — Vorrichtung. (**A. P. 2 701 774** vom 3/11. 1947, ausg. 8/2. 1955.) W. GRÄGER. 7107

Imperial Chemical Industries Ltd., England, *Auskleidungsmaterial für Lager- und Transportbehälter* für Motortreibmittel u. Schmieröle, bestehend aus einem Mehrschichtenprod. in Form von Kunststoffgeweben (I) mit Kunstharzschichten u. einer Bindezwischenschicht aus natürlichem oder künstlichem Kautschuk oder einem lösl. Nylon. — Das Kunstfasermaterial besteht aus einem Polyamid, oder einem aromat. Polyester, z. B. Polyäthylenterephthalat, oder einem Polyurethan, einem Polymeren von Vinylcyanid oder aus einem Cellulosederiv. von großer mechan. Widerstandsfähigkeit. Die Kunstharzdeckschicht wird gebildet aus einem Alkydharz, z. B. aus Äthylenglykol, Glycerin u. Adipinsäure, das z. B. mit einem Polyisocyanat, wie m-Toluylendiisocyanat, modifiziert ist. — Vgl. E. P. 779 247; C. **1959.** 2295. (**F. P. 1 095 700** vom 3/2. 1954, ausg. 6/6. 1955. E. Priorr. 20/2. u. 11/11. 1953.) M. F. MÜLLER. 7107

Mearl Corp., übert. von: **Leon M. Greenstein,** New York, N. Y., V. St. A., *Herstellung eines perlmutterartigen Materials.* Man erhitzt die Ausgangsstoffe, wie Perlenessenz, Guanin, $PbCl_2$, ZnO, Hg_2Cl_2, bis zur Sublimationstemp. u. läßt sie beim Abkühlen auf einem klaren plast. Film, der gegebenenfalls wasserlösl. ist (Nitrocellulose, Celluloseacetat, Gelatine), niederschlagen. Die sublimierten Stoffe können auch in den filmbildenden Lsgg. suspendiert werden. Die so hergerichteten Filme werden auf glatte Oberflächen aufgebracht. (**A. P. 2 713 004** vom 25/1. 1951, ausg. 12/7. 1955.) W. GRÄGER. 7107

Edsger Wybe van Dijk, Zeist, Holland, *Wetterbeständige reflektierende Folie,* bestehend aus, bes. galvan. oder chem. geglänztem, anod. oxydiertem Al mit in eine Lackschicht eingebetteten Glaskugeln. Die Schichten können in jedem Stadium eingefärbt, auch kann noch eine Lackschicht aufgebracht werden. (**E. P. 724 961** vom 9/3. 1953, ausg. 23/2. 1955.) E. WEISS. 7107

Petrochemicals Ltd., England, *Herstellung von chloriertem Polyäthylen.* Man leitet Cl_2 in eine wss. Suspension des Polyäthylens, die ein Netzmittel enthält, oder in eine Suspension oder Lsg. in einem indifferenten organ. Lösungsm., z. B. CCl_4, bis

5—45 Gew.-% Cl aufgenommen sind. — Gegenüber dem Ausgangsmaterial ist die Transparenz u. die Weichheit der *Folien* des Chlorprod. verbessert. (**F. P. 1 155 130** vom 15/5. 1956, ausg. 23/4. 1958. E. Priorr. 27/5. 1955 u. 7/2. 1956.) M. PANKOW. 7173

XIb. Plaste (Kunstharze. Plastische Massen).

P. Piganiol, *Anwendung der Radiochemie bei plastischen Materialien.* Vf. untersuchte die Anwendungsmöglichkeiten energiereicher Strahlung bei Kunststoffen u. erörtert vor allem die wirtschaftlichen Gesichtspunkte. Die Polymerisation bestimmter Monomerer u. die Vernetzung einiger Polymerisate zeigen günstige wirtschaftliche Aspekte. Für Pfropf-Rkk. sind noch keine eindeutigen Schlußfolgerungen möglich. (Ind. Plast. mod. **10.** Nr. 10. 28—35. Dez. 1958. Cie. St.-Gobain.) R. SCHÄFF. 7170

B. H. Maddock, H. J. Nalepa und **B. Zurkoff,** *Schneckenstrangpressen bei kontrolliertem Druck.* Das Bakeliteverf., den Arbeitsdruck der Schneckenstrangpresse durch eine Ventilspindel am Extruderkopf auf die optimalen Bedingungen für die verschied. Kunststoffe einzustellen, die Grundlagen der Meth. u. Anwendungsbeispiele für Polyäthylen, Polystyrol u. Vinylharze werden erörtert. (Rubber Plastics Age **39.** 1075—80. 1100. Dez. 1958. Bound Brook, N. J., Bakelite Co., Developm. Dep.) R. SCHÄFF. 7170

H. Kretzschmar, *Stand und Aussichten von Plastwerkstoffen für Buchdecken.* Die Verwendung von *Polyvinylchlorid* als Buchdeckenwerkstoff wird erörtert. (Technik **10.** 540—43. Sept. 1955. Leipzig.) R. SCHÄFF. 7172

A. Diena, *Undacel, ein akustisches Isoliermaterial für Gebäude.* Neuartige Isoliermatten „*Undacel*" aus PVC, welche sich bes. zur Isolierung einzelner Stockwerke untereinander eignen u. welche nach Vorbehandlung mit öligen Substanzen zur Verhinderung eines zu innigen Kontaktes mit dem Zement zwischen den einzelnen Fußbodenschichten verlegt werden. Es handelt sich um bes. schweres u. undurchlässiges Material, dessen spezielle Profilierung zur Schalldämpfung beiträgt. (Materie plast. **23.** 595—97. Juli 1957.) G. PIEKARSKI. 7172

R. Reichherzer, *Über das Verhalten weichgemachter Polyvinylchloridmischungen gegen Extraktionsmittel.* Folien aus PVC-Mischungen mit verschied. Weichmachern wurden in verschied. Lösungsmitteln gelagert, um die Widerstandsfähigkeit der zugesetzten Weichmacher zu untersuchen. Die Menge der aus den Folien herausgelösten Weichmacher wurde bei Mineralöl aus der Differenz der Foliengewichte vor u. nach der Lagerung festgestellt u. bei flüchtigen Lösungsmitteln durch Verdunsten erst an der Luft u. dann bei 70°. Einen gegen sämtliche Extraktionsmittel beständigen Weichmacher gibt es nicht, doch lassen sich Mischungen herstellen, die gegen bestimmte Fll. widerstandsfähig sind. PVC-Mischungen, die mit den Phthalaten der C_8—C_{10}-Alkohole hergestellt wurden, besitzen für die meisten Zwecke ausgezeichnete Wasserbeständigkeit. PVC-Polymerweichmacher P202 u. P206 werden von 30%ig. Alkohol nicht angegriffen. Für Erzeugnisse, die mit Bzn. in Berührung kommen, sind Trikresylphosphat, Dimethylglykolphthalat, bes. Weichmacher P204 zu empfehlen. Gegen Mineralöl sind Mischungen mit den Weichmachern P29, P202 u. P204 beständig. Die Einsatzmöglichkeit der Weichmacher-PVC-Mischungen muß vorher geprüft werden, wenn es sich um wss. Reinigungsmittel handelt, wie z. B. Seifenlösungen. (Mitt. chem. Forsch.-Inst. Wirtsch. Österreichs **12.** 129—31. Okt. 1958. Wien, Kunststoff-Inst.) K. WEKUA. 7172

Werner Laeis, *Allzu bequeme Polystyrole?* Zusammenfassender Überblick über den derzeitigen Stand der Technik auf dem Gebiet der *Polystyrole.* (Plastverarbeiter **9.** 361—66. Okt. 1958. Köln-Delbrück.) M. WINIKER. 7172

Steenbruge, *Die Polyester.* Gegenüberstellung von 3 Vernetzungstypen von härtbaren Polyesterharzen mit verschied. Verhältnis von Poly- zu Monomerenanteil. Schilderung der Eigg. vor der Härtung; Beschreibung von peroxyd. Katalysatoren u. von Aktivatoren (organ. Co-Salze, Dimethylanilin, Laurylmercaptan) u. Angaben über ihre Anwendung, ihre mechan. u. elektr. Eigg. u. das Verh. gegenüber Chemikalien. (Pensez Plast. **1958.** Nr. 125. 3—7. Okt.) Nr. 133. 3—8. Dez. W. WILLENBERG. 7176

A. F. Moissejew und **L. D. Wischnewski,** *Siliciumorganische Verbindungen und ihre Anwendung.* Allg. Übersicht über die Darst. niedrig- u. hochmol. siliciumorgan. Verbb. u. über die Anwendungen der hochpolymeren siliciumorgan. Verbb. in der Technik. (Химия в Школе [Chemie in d. Schule] **13.** Nr. 6. 9—21. Nov./Dez. 1958.) E. KLEVER. 7188

N. Iotenko, *Organisation der Herstellung von Holzfaserplatten aus den Abgängen der Holzverarbeitung.* Das Rohmaterial (Späne verschied. Bearbeitung) wird sortiert, getrocknet, mit Bindemittel vermischt, gepreßt u. geformt. Als Bindemittel dient Xylenol (oder Phenol)-Formaldehydharz, das aus Xylenol, Formalin, calcinierter Soda

u. NH_3 hergestellt wird. (Строительные Материалы [Baumaterialien] **4.** Nr. 10. 27—29. Okt. 1958. Kiew, Stadtsowjet für Wirtschaft, Verwaltung für Baumaterialien.) A. v. WILPERT. 7204

Imperial Chemical Industries Ltd. (Erfinder: **Richard Harold Barclay Buteux, Johnson Ralph Cann** und **Jack Witherington Cornforth**), *Herstellung von Schläuchen aus thermoplastischem synthetischem Material.* Die geschmolzene M. wird durch eine ringförmige Düse ausgepreßt, deren Kern etwas über die äußeren Wände herausragt u. eine Platte trägt, so daß der Materialstrom nach allen Seiten eine kurze Strecke rechtwinklig zu seiner Ausstoßrichtung abgelenkt wird (Zeichnung). Das Verf. eignet sich bes. zur Verarbeitung von Polyäthylenterephthalat u. Polyäthylen. (**Aust. P. 206 133** vom 1/2. 1955, ausg. 14/3. 1957. E. Prior. 8/2. 1954.) A. KALIX. 7171

Titangesellschaft m. b. H., Leverkusen (Erfinder: **Daniel Kaufman,** Fords, N. J., V. St. A.), *Herstellung von (Dihalogencyclopentenyl)- beziehungsweise (Tetrahalogencyclopentyl)-cyclopentadienyltitan- beziehungsweise -zirkoniumdihalogeniden,* dad. gek., daß man 1 (Mol) Di-(cyclopentadienyl)-titan- bzw. -zirkoniumdihalogenid, bes. in Ggw. eines inerten Lösungsm. (CCl_4, Chlf., Hexan, Cyclohexan, PAe., Tetrachloräthan), mit 1 bzw. wenigstens 2 Cl_2, Br_2 oder J_2 umsetzt. — Z. B. löst man 0,69 (g) Di-(cyclopentadienyl)-titandichlorid in 100 cm^3 heißem CCl_4, leitet 1 Std. Cl_2 mit einer Geschwindigkeit von 50 cm^3/Min. ein, bis die Lsg. orangefarben geworden ist, filtriert das Reaktionsgemisch, dampft das Filtrat im Vakuum ein u. erhält 0,25 orangefarbenes *Cyclopentadienyl-(dichlorcyclopentenyl)-titandichlorid* als Rückstand. — Analog: *Cyclopentadienyl-(tetrabromcyclopentyl)-titandichlorid,* gelborangefarbene Kristalle. — *Cyclopentadienyl-(dibromcyclopentenyl)-titandichlorid.* — *Cyclopentadienyl-(tetrachlorcyclopentyl)-zirkoniumdichlorid,* weiße, nach Campher riechende Kristalle. — *Cyclopentadienyl-(tetrajodcyclopentyl)-titandichlorid.* — *Cyclopentadienyl-(tetrachlorcyclopentyl)-titandibromid,* orangefarbene Kristalle. — *Cyclopentadienyl-(tetrajodcyclopentyl)-titandijodid.* — *Cyclopentadienyl-(tetrabromcyclopentyl)-titandifluorid,* gelborangefarbene Kristalle. — *Cyclopentadienyl-(tetrabromcyclopentyl)-titandibromid,* orangefarbene Kristalle. — *Katalysatoren zur Herst. Polymerer.* (**D. A. S. 1 032 738** Kl. 12o vom 3/10. 1956, veröff. 26/6. 1958.) R. LINK. 7171

Goodyear Tire & Rubber Co. (Erfinder: **Newell Richard Bender**), *Verbesserungen bei der Herstellung von biegsamen Zellkörpern,* die man durch Rk. einer fl. Mischung aus einem H-haltigen, polymeren Material, wie Polyester, Polyesteramide oder Polyäther, einem Polyisocyanat u. W. erhält. In dieses Gemisch leitet man während der Rk. Luft, N_2 oder O_2, u. zwar ½—20 cm^3 auf 100 g des Gemisches. Das Endprod. zeigt bessere Porengröße, Porengleichmäßigkeit u. Festigkeit der Zellstruktur. (**Aust. P. 206 247** vom 18/8. 1955, ausg. 14/3. 1957. A. Prior. 25/2. 1955.) H. NEBELSIEK. 7171

Ethyl Corp., New York, N. Y., übert. von: **James H. Dunn** und **Percy W. Trotter,** Baton Rouge, La., V. St. A., *Polymerisation von Vinylverbindungen,* bes. *Vinylchlorid,* in wss. Emulsion in Ggw. von 4—8% Emulgator, z. B. Na-Laurylsulfat, u. eines im Monomeren lösl. Katalysators, z. B. Lauroylperoxyd, bei bes. 15—100°. Die Prodd. haben niedere D. u. sind zur Herst. von porösen Formprodd. mit guten therm. u. elektroisolierenden Eigg. geeignet. (**A. P. 2 843 576** vom 3/12. 1953, ausg. 15/7. 1958.) H. SCHINDLER. 7173

Western Electric Co., Inc., New York, N. Y., V. St. A., *Dehydrieren polymerer Vinylkohlenwasserstoffe,* dad. gek., daß man ca. 2 Std. unter Luftzutritt auf ca. 200 bis 300° erhitzt, dann in nichtoxydierender Atmosphäre auf 850—1300°, bis der Geh. an H ca. 1% (3—6) des C beträgt. Geeignet zur Herst. *opt. Filter.* (**It. P. 493 425** vom 12/4. 1952. A. Prior. 28/4. 1951.) K. KOEBKE. 7173

National Lead Co., V. St. A., übert. von: **Daniel Francis Herman** und **Sholem Silberstein,** *Zusätze zur Verhinderung des Verfärbens von Cadmiumsalzen.* Bas. Cd-Salze, die zur Stabilisierung von Kunstharzen verwendet werden, zeigen beim Erhitzen bei 170° eine Verfärbung. Um diese Verfärbung zu vermeiden, mischt man sie mit 1—25, bes. 5% einer Verb. $R(OH)_2$ (R = organ. Rest mit 2—12 C-Atomen, wie Alkylen, Hydroxyalkylen, Aminoalkylen, Aminohydroxyalkylen, Acylen, Carboxyacylen, Arylen). — So mischt man je 95 (Teile) einbas. Cd-Caprylat mit je 5 Äthylenglykol, Propylenglykol, Butandiol-(1.3), 2-Methylpentandiol-(1.3), Octandiol-(4.5), Glycerin, Pentaerythrit, Diäthylenglykol, Dipropylenglykol, Glycerylallyläther, Citronensäure, Glykolsäure, Brenzcatechin, Resorcin u. einbas. Cd-Benzoat mit Dipropylenglykol. Diese Mischungen dienen zum *Stabilisieren von Harzen,* wie *Vinylhalogenidharzen.* (**F. P. 1 134 627** vom 3/11. 1955, ausg. 15/4. 1957. A. Prior. 24/11. 1954.) M. PANKOW. 7173

Ethyl Corp., New York, N. Y., übert. von: **Lester S. Cohen** und **Joseph R. Zietz,** Baton Rouge, La., V. St. A., *Poly-β-methylstyrol* mit Mol.-Gew. ca. 3000 u. F. ca. 250°

erhält man aus dem Monomeren bei $<-100^0$ in Ggw. eines Al-Halogenids oder von BF_3. Einpolymerisieren von halogenierten Monoolefinen, wie Vinylhalogeniden, Tri- oder Tetrachloräthylen oder Allylchlorid, ist vorgesehen. Harte, weiße Prodd. für Formmassen, Überzüge. — Beispiele. (**A. P. 2 839 517** vom 3/8. 1953, ausg. 17/6. 1958.)
H. SCHINDLER. 7173

M. W. Kellogg Co., V. St. A. (Erfinder: **Billy Frank Landkrum** und **Louis Anthony Errede**), *Herstellung von Chinodimethanverbindungen*, die polymerisierbar sind u. die mit J_2 unter Bldg. von 1.4-Di-[jodmethyl]-benzolen, -naphthalinen bzw. -heterocyclen reagieren, dad. gek., daß man entsprechende Ringverbb., wie p-Xylol, 1.4-Dimethylnaphthalin, 2-Chlor- oder 2-Fluor-p-xylol, bei 700—1300° u. ca. 400 mm während <1 Sek. pyrolysiert u. die Dämpfe in einem Chlf.-CCl_4-, Toluol- oder n-Hexanbad von -80^0 abkühlt. Die 1.4-Chinodimethane können in Chlf.-CCl_4, Toluol oder Hexan bei -180 bis -50^0 gelöst u. bei -80 bis $+150^0$ homopolymerisiert oder mit einem anderen Chinodimethan bei -80 bis $+100^0$ copolymerisiert werden. — Beschrieben wird die Pyrolyse von p-Xylol bei 5 mm u. 700° in einem Quarzrohr, wo die Dämpfe 0,05 Sek. verweilen. Abgekühlt wird in einem mit Eis u. Aceton auf -80^0 abgekühlten Chlf.-CCl_4-Bad. Unter Rühren bildet sich an der Oberfläche eine Schicht des Polymeren, während aus der Mutterlauge durch Zusatz von J_2 *1.4-Di-[jodmethyl]-benzol*, F. 176 bis 177°, gewonnen wird. — Beschrieben wird ferner die Pyrolyse von 2-Fluor-p-xylol, die Homopolymerisation von *2-Fluor-1.4-chinodimethan* u. die Herst. von *2-Fluor-1.4-dijodmethylbenzol*, F. 148—150°; die Pyrolyse von 1.4-Dimethylnaphthalin zu *1.4-Naphthochinodimethan* u. die Herst. von *1.4-Di-[jodmethyl]-naphthalin*, F. 151—153°; die Pyrolyse von Pseudocumol zu *2-Methyl-1.4-chinodimethan* (**I**); die Copolymerisation von 1.4-Chinodimethan (**II**) u. **I** durch Pyrolyse von p-Xylol bei 980° u. 4,3 mm u. 1.2-Dimethyl-4-chlormethylbenzol bei 850° u. 46 mm, Auffangen in Hexan von -80^0 u. Erwärmen der Lsg. auf 20—25°, wonach das Polymere filtriert u. gewaschen wird. — Beschrieben wird ferner die Copolymerisation von **II** mit 2-Chlor-1.4-chinodimethan (**III**), die Homopolymerisation von **III**, **I** u. 2.5-Chinopyrazinyldimethan (aus 2.5-Dimethylpyrazin); die Herst. des Trifluoressigsäureesters, $CH_3 \cdot C_6H_4 \cdot CH_2OCO \cdot CF_3$, $Kp._{32}$ 109—110°, $D.^{23}$ 1,1837, n_D^{22} 1,4454, F. ca. 5°, dessen Hydrolyse zu *p-Tolylcarbinol*, F. 55—57°; die Telomerisation von **II** mit Thiophenol u. Nitrosylchlorid; die Polymerisation von **II** mit O_2 u. PCl_3 bzw. mit SO_2, wobei Cl, P bzw. S eingebaut werden; die Herst. von *p-Xylylendichlorid* (aus **II** u. HCl in Ae.), *p-Xylylendicyanid* u. Hydrolyse zu *p-Tolylessigsäure*, F. 86,5—87,5°; *p-Xylylendithiocyanat*, F. 132—134° [aus **II** u. $Pb(SCN)_2$], das sich zu *p-Xylylendimercaptan*, F. 41—41,3°, red. läßt; polymeres p-Xylylperoxyd; Copolymerisation von **II** mit Maleinsäureanhydrid, Diäthylmaleat, Diäthylfumarat, Styrol, Acrylnitril u. Chloranil. — Die Prodd. sind als Öle, Wachse u. Harze für *Isolierstoffe*, *Schmierölzusätze* u. *Weichmacher* zu verwenden. (**F. P. 1 162 769** vom 9/11. 1956, ausg. 17/9. 1958. A. Prior. 11/7. 1956.)
S. BÖTTCHER. 7173

Monsanto Chemical Co., St. Louis, Mo., übert. von: **Earl W. Gluesenkamp**, Dayton, Ohio, V. St. A., *Addukte* erhält man durch Behandeln von anorgan., mit W. gelbildenden oder Ionenaustauschereigg. besitzenden festen Stoffen (**I**) mit kation. Hochpolymeren (**II**), bes. mit einem Mol.-Gew. von 2000—100000 u. höher oder deren Mischpolymeren, mit linearer C-Kette. — Aus 10 (Teilen) Methacrylsäuredimethylaminoäthylester, 386 Eisessig, 0,2 K-Persulfat in 90 W. bei 70° wird ein Polymeres hergestellt; 0,665 davon werden in 650 W. mit 1 Bentonit (**B**) verrührt, das W. wird im Vakuum bei n. Temp. entfernt u. das Addukt zuerst über $CaSO_4$ u. dann über P_2O_5 getrocknet. Das Polymere ist nach dem Röntgenspektr. adsorptiv an die Oberfläche des **B** gebunden. Mit **B** werden ferner umgesetzt: Polyvinylbutylpyridiniumbromid (aus 2-Vinylpyridin mit Benzoylperoxyd u. Rk. des Polyvinylpyridins mit n-Butylbromid in Nitrobenzol bei 55°), das Mischpolymere aus Styrol u. Methylvinylpyridin u. quaternisiert mit n-Butylbromid, HCl, Essigsäure oder p-Toluolsulfonat; das Mischpolymere aus Styrol u. 2-Methyl-5-vinylpyridin, deren Hydrochloride, Hydroacetate, p-Toluolsulfonate; das Mischpolymere aus 35% Methacrylsäure u. 65% Methacrylsäuredimethylaminoäthylester, aus Styrol u. Maleinsäuremono-β-dimethylaminoäthylester, aus Polyvinylpyridin u. Acrylsäurenitrilhydrosulfat, 70% 2-Vinylpyridin u. 30% Acrylnitril, Acrylamid u. Acrylnitril; Polyvinylchloracetatpyridiniumsalz; Polyacrylamid; Polyvinylchloracetattrimethylaminsalz; Polyvinyl-2-chloräthyläther. Mit den gleichen Polymeren kann auch Na-Bentonit umgesetzt werden. Als **I** können noch Tone, Silicagel, Al_2O_3, Montmorillonit, Gibbsit, Al-Silicate, gelbildende Oxyde u. Hydroxyde von Erdalkalien, Al, Fe u. V, gelbildende Phosphate, Sulfide u. Sulfate von Schwermetallen, Silicaxerogele u. -aerogele, Hectorit, Beidellit, Nontronit, Saponit, Kaolinit u. Attapulgit verwendet werden; als **II** Polymere aus Aminoalkylacrylaten u. -methacrylaten, Vinylpiperidin, N.N-Dimethylvinylamin u. deren Mischpolymere mit Styrol oder anderen äthylenungesätt. polymerisierbaren Verbb., wie Äthylen, Propylen, Isobutylen, α-Methylstyrol, Vinylacetat, Vinylformiat, Acrylnitril, Vinylchlorid, Vinylidenchlorid, Alkylacrylate u. -methacrylate, Alkylmaleinate u. -fumarate u. deren quaternäre Verbb. mit HCl, H_2SO_4, Methylchlorid, Dodecylbromid, Methyl-p-toluolsulfonat, Methylsulfat, Äthylnitrat, Phosphatestern, Alkyl- oder Arylsulfonylhalogeniden; ferner polymere Sulfonium-, Phosphonium- u. Arsoniumverbindungen. — Die Addukte dienen zum *Verbessern* der *Eigg.* von *festen* oder *fl. organ. Stoffen,* wie *natürlichem* oder *synthet. Kautschuk, Bohrölschlamm, Schmierfetten* u. *Schmierölen, Textilien, plast. Massen, Anstrichmitteln, Firnissen, Überzugsmassen, Papier, thermoplast.* u. in der *Wärme härtbaren Harzen, Klebstoffen, Polyacrylnitril-* u. *Polyesterfasern.* (**A. P. 2 795 545** vom 14/4. 1953, ausg. 11/6. 1957.) G. KRAUSS. 7173

Isoleringsaktiebolaget WMB, Göteborg (Erfinder: **Lars Sten Robert Norrhede,** Alvängen), Schweden, *Herstellung von in Trichloräthylen löslichem, wärmehärtbarem Phenolharz.* Man läßt die Ausgangskomponenten Phenol CH_2O mit einem bas. Katalysator, z. B. NH_4OH, in der Wärme (ca. 78°) in Ggw. von Trichloräthylen miteinander reagieren. Dabei hält man das Mol.-Gew.-Verhältnis von Trichloräthylen:Phenol bei ca. 0,72:1 u. von Phenol:CH_2O bei ca. 0,62:1. Dem Reaktionsgemisch wird zwecks Aufbaus der Mol.-Struktur des Harzes ein Verzögerungsmittel, bes. Methanol, zugesetzt. Die geeignete Mol.-Struktur wird mit Hilfe des Brechungsindex des gebildeten Harzes festgestellt. Dieser Index soll ca. 1,4900 bzw. 1,4800—1,5100 sein. — Verwendung der so erhaltenen Phenolharze als Imprägniermittel für organ. Faserstoffe. (**D. A. S. 1 028 334** Kl. 39c vom 28/4. 1955, veröff. 17/4. 1958. Schwed. Prior. 3/5. 1954.) H. NEBELSIEK. 7177

S. C. Johnson & Son, Inc. (Erfinder: **Sylvan Owen Greenlee**), V. St. A., *Herstellung von harzartigen Kondensationsprodukten* auf Esterbasis, bestehend aus einem Ester einer substituierten Hydroxyarylcarbonsäure oder einem Ester aus einem Alkohol u. einer aliphat. Säure mit wenigstens 10 C-Atomen. — Ricinusöl wird bei 85° mit 4.4-Bis-[4-hydroxyphenyl]-pentansäure (I) verrührt, wobei ein N_2-Strom eingeleitet wird. Die Temp. wird allmählich auf 215° erhöht u. dann 6 Std. bei 215—230° gehalten. Man erhält ein halbfl. Prod. mit der SZ. 13,5. — An Stelle von Ricinusöl kann auch epoxydiertes Butyloleat verwendet werden. — Aus Glycerin, Ölsäure u. Phthalsäureanhydrid wird ein Alkydharz hergestellt. Dieses wird mit H_2O_2 epoxydiert u. danach mit I verestert. Man gewinnt ein hartes Harz, SZ. 17,1, Erweichungspunkt 80°. — Die Kondensationsprodd. dienen zur Herst. von *Lacken, Leimen, Filmen, Formprodukten.* (**F. P. 1 150 886** vom 3/5. 1956, ausg. 21/1. 1958. A. Prior. 14/7. 1955.) M. F. MÜLLER. 7177

Hudson Foam Plastics Corp., V. St. A., übert. von: **Christopher L. Wilson,** *Herstellung verbesserter Polyester* durch Erhitzen mit Alkylcarbonaten oder -sulfiten, bis die SZ. infolge Veresterung auf den gewünschten Wert gefallen ist. Nimmt man Carbonate oder Sulfite von mehrwertigen Alkoholen, so erhält man Polyester mit reaktionsfähigen Hydroxyalkylgruppen. — 30 g Dipropylenglykoladipatpolyester (SZ. 49,5, OH-Z. 22) werden mit 2,34 g Äthylencarbonat bei 190—220° u. 100—200 mm bis zur Beendigung der CO_2-Entw. erhitzt. Das Endprod. hat SZ. 19 u. OH-Z. 51,7. Ein größerer Überschuß an Alkylcarbonat oder -sulfit ist wegen der weichmachenden Wrkg. dieser Stoffe zu vermeiden. (**F. P. 1 137 167** vom 5/12. 1955, ausg. 24/5. 1957. A. Prior. 7/12. 1954.) M. PANKOW. 7177

Houillères du Bassin du Nord et du Pas-de-Calais, Établissement public, Frankreich (Erfinder: **Robert Fourcade, Thérèse van de Walle** und **Henri Sack**), *Herstellung selbstflammenlöschender vinylvernetzter Polyester* durch Veresterung von chlorierten organ. 2bas. Säuren, Phosphorsäureestern u./oder Borsäureestern. — Man verestert z. B. 42 (g) Trichlorphthalsäure, 23 Äthylenglykol, 18 Maleinsäure, 15 Trikresylphosphat u. gibt 12 Styrol zu oder 40 Allyltetrachlorphthalat, 12 Allyldiphenylphosphat, 25 Allylphthalat u. 23 Styrol. (**F. P. 1 108 424** vom 7/7. 1954, ausg. 12/1. 1956.) M. PANKOW. 7177

Food Machinery & Chemical Corp., New York, N. Y., übert. von: **Charles A. Heiberger** und **James L. Thomas,** Nitro, W. Va., V. St. A., *Feste Diallylphthalat* (**I**)-*polymere* erhält man durch Polymerisation von **I** bei erhöhter Temp. in Ggw. eines Peroxyds als Katalysator (organ. Peroxyde oder Hydroperoxyde), W. u. 1—50, bes. 10—25% eines Kettenreglers der allg. Formel **II** (X = Cl, OH; R = Methyl, Äthyl, Propyl; m = 0—4; n = 0 bis (4—m); die Gesamtzahl der C-Atome der R soll weniger als 5 sein], bezogen auf **I**, wobei die Polymerisation unterbrochen wird, bevor Gelbldg. erfolgt. — 600 (Teile) W. werden mit 2 tier. Leim u. 35 Dimethylbenzylalkohol (**II**) unter Rühren auf 80° erhitzt u. dann 165 **I** u. 10 Benzoylperoxyd zugesetzt. Nach

II

21 Std. wird auf 30° abgekühlt, die untere organ. Schicht abgetrennt u. mit 3 Vol. Methanol unter Rühren versetzt, wodurch das feste Polymere ausfällt, das mit Methanol gewaschen wird, Ausbeute 76; VZ. 428; JZ. 58; Viscosität einer 5%ig. benzol. Lsg. 0,82 cP; das Polymere gibt in Aceton klare Lsgg.; es zeigt beim Schmelzen bei 85° u. 5000 lbs./sq.in. nach 10 Min. thermoplast. Verh., wobei nach dem Abkühlen u. 3maligem Wiederholen des Schmelzens der F. auf 105° steigt; lösl. in Bzl., Toluol, Diallylphthalat; unlösl. in aliphat. KW-stoffen, Methanol u. niedermol. Alkoholen. — *Zwischenprod.* zur Herst. von *Polymeren* u. *plast. Massen.* (**A. P. 2 832 758** vom 19/2. 1954, ausg. 29/4. 1958.) G. KRAUSS. 7177

Food Machinery & Chemical Corp., San José, Calif., übert. von: **Frank P. Greenspan,** Buffalo, und **Rupert E. Light,** Kenmore, N. Y., V. St. A., *Epoxydierte Kohlenwasserstoffharze,* die ihrerseits durch Polymerisation von Petroleumfraktionen, die ungesätt. alicycl. Verbb. wie Cyclopentadien enthalten, entstehen, werden mit Peressigsäure erhalten, die Ausgangspolymerisate sollen ein Mol.-Gew. von 150—250000 haben u. als Endprodd. 1—4% Epoxydsauerstoff aufweisen. — *Filmbildner.* — Beispiele. (**A. P. 2 833 747** vom 20/10. 1954, ausg. 6/5. 1958.) H. SCHINDLER. 7177

General Aniline & Film Corp., New York, N. Y., übert. von: **Albert Bloom,** Summit, und **Eldred V. Welch,** North Plainfield, N. J., V. St. A., *Härten von Epoxydharzen.* Der D. A. S. 1 034 855; C. **1959.** 5315, ist nachzutragen, daß das fl. Härtungsmittel aus 5—95 (%) eines Phenylendiamins u. 95—5 Toluylendiamin, Diaminonaphthalin oder N-Alkyl (mit 1—5 C-Atomen)-phenylendiamin bestehen kann. (**A. P. 2 853 467** vom 4/1. 1956, ausg. 23/9. 1958.) G. TEWES. 7177

Rohm & Haas Co., V. St. A., übert. von: **Sidney Melamed,** *Herstellung von substituierten Amiden und ihren Polymeren.* Die nach Jap. A. S. 273/1958; C. **1959.** 11730 erhaltenen ungesätt. Amide können nach dem Block-, Lösungs- oder Emulsionsverf. mit acycl. Azokatalysatoren (Azodiisobutyronitril u. a.) allein oder zusammen mit anderen mischpolymerisierbaren Verbb. polymerisiert werden. Ebenso wie die Monomeren dienen diese Polymeren als *Modifiziermittel* in Aminoplasten, Alkyd-, Epoxy-, Phenolaldehydharzen. Sie können mit Alkylenoxyden, Aldehyden u. Disäuren vernetzt werden. Die wasserlösl. Polymeren dienen zum *Appretieren* u. *Überziehen* von Papier, Leder, Textilien, auch zusammen mit Leim, Gelatine, Dextrin, in Farbemulsionen, auch z. T. als *Blutplasmaersatz.* — Man erhitzt N-Vinyloxyäthyllactamid mit 2% Dimethylazoisobutyrat 16 Std. auf 75°; wasserlösl., zum *Appretieren* von *Baumwolle* geeignetes Produkt. (**F. P. 1 141 971** vom 8/12. 1955, ausg. 12/9. 1957. A. Prior. 8/12. 1954.) M. PANKOW. 7181

E. I. du Pont de Nemours & Co., übert. von: **Hilmer E. Winberg,** Wilmington, Del., V. St. A., *Ungesättigte Ester von Hydroxyalkylcarboxyalkylaminen* der allg. Formel $CH_2{=}C(R){-}COO(CH_2)_{2\text{ oder }3}{-}N(R_1)_{2-n}{-}(R_2COOR_3)_n$ (R = H, HC_3; R_1 u. R_3 = Alkyl, bes. mit 1—4 C-Atomen; R_2 = Alkylen mit 1—6 C-Atomen; n = 1 oder 2) erhält man durch Rk. einer Acrylsäureverb. mit einem eine Carbalkoxygruppe enthaltenden Hydroxy-tert.-amin. — Aus N-Methyläthanolamin u. Acrylsäuremethylester in Methanol in Ggw. von Phenothiazin als Stabilisierungsmittel bei 40° → β-Hydroxyäthyl-β-carbomethoxyäthylmethylamin, $C_7H_{15}NO_3$, Kp.$_1$ 83—85°; n_D^{25} 1,4505, daraus mit Methacrylylchlorid in trockenem Dioxan in Ggw. von Triäthylamin bei 10—20° → *Methyl-β-carbomethoxyäthyl-β-methacryloxyäthylamin,* $C_{11}H_{19}NO_4$, Kp.$_{0,02}$ 75°; n_D^{25} 1,4544; gibt mit Azodiisobutyronitril bei 75—80° ein *wasserklares Polymeres;* mit Acrylnitril in Ggw. von H_2O_2 ein in Dimethylformamid bei 250° lösl. *Mischpolymeres.* — Propanolamin + Chloressigsäure → γ-Hydroxypropyliminodiessigsäure, $C_7H_{13}NO_5$, F. 197—199° (Zers.), daraus mit Methanol → Dimethyl-γ-hydroxypropyliminodiacetat, $C_9H_{17}NO_5$, Kp.$_{1,5}$ 138°; n_D^{25} 1,4579, + Methacrylylchlorid → *Dimethyl-γ-methacrylyloxypropyliminodiacetat,* $C_{13}H_{21}NO_6$, Kp.$_{0,4}$ 140°; n_D^{25} 1,4614, polymerisiert zu einem wasserklaren Polymeren. — $\beta.\beta$-Dimethyl-γ-methylaminopropanol + Bromessigsäuremethylester → Methyl-$\beta.\beta$-dimethyl-γ-hydroxypropylmethylaminoacetat, $C_9H_{19}NO_3$, Kp.$_{0,1}$ 81°; n_D^{25} 1,4481, + Methacrylylchlorid → *Methyl-$\beta.\beta$-dimethyl-γ-methacrylyloxypropylmethylaminoacetat,* $C_{13}H_{23}\cdot NO_4$. Die tert. Amine bilden mit Alkylhalogeniden, Alkylsulfaten oder Alkylarylsulfonaten die entsprechenden *quaternären Verbindungen.* Durch Verseifung der Carbalkoxygruppe erhält man *neutrale* oder *saure Aminosäuren.* Die Polymeren lassen sich mit sauren Farbstoffen färben. — Vgl. A. P. 2 739 949; C. **1957.** 6605. (**A. P. 2 705 228** vom 15/5. 1952, ausg. 29/3. 1955.) G. KRAUSS. 7181

Farbenfabriken Bayer Akt.-Ges., Leverkusen (Erfinder: **Wilhelm Thoma,** Leichlingen, **Günther Loew** und **Hermann Bernhard,** Köln), *Weiche Polyurethanschaumstoffe* werden durch Rk. von Polyoxyverbb. [gegebenenfalls isocyanatmodifizierte Polyester u. Polyäther, Poly (O u. S)-mischäther u. Hydrierungsprodd. von CO-Äthylenmischpolymerisaten], Polyisocyanaten u. W. in Ggw. von Beschleunigern (tert. Aminen) unter Zusatz von bes. 1—3% der M. an Kohlensäureestern (Pyrokohlensäuredimethylester, Diäthylcarbonat, Glykolcarbonat u. Orthokohlensäureäthylester), Acetalen (Acetaldehyddialkylacetal, Malondialdehydtetraalkylacetal u. Formale), Ketalen (Acetondialkylketal) u. Acyliminoalkyläthern (Acetiminoäthyläther) erhalten. Letztere können bis zu 20% der Reaktionsmasse zugegeben werden u. bewirken nicht nur eine besondere Weichheit der Prodd., sondern lassen auch die Verringerung der D. zu. — Verwendung für Polsterzwecke, Verbandzeug u. als Futtermaterial für Bekleidungszwecke u. als Puderschwamm. (**D. A. S. 1 047 419** Kl. 39b vom 13/9. 1956, veröff. 24/12. 1958.) G. TEWES. 7181

Giovanni Sala, Mailand, Italien, *Herstellung von Holzkunststoff,* der neben einem Vinylpolymerisat (Bindemittel) u. Holzmehl (**I**) je nach gewünschter Härte noch Al-Stearat, Gips (**II**) oder Zement (**III**) enthält. Man mischt z. B. 100 (Teile) „Vinavil Montecatini", 100 **I,** 50 **III,** 50 **II,** 30 W., 0,01 Farbpigment zu einer Paste, verformt, läßt 5 Tage bei 50—60°, 10 Tage bei n. Temp. trocknen. (**It. P 494 092** vom 31/10. 1952.) K. KOEBKE. 7199

Polymer Corp., Reading, Pa., übert. von: **Louis L. Stott,** Wyomissing, Pa., und **Laurence R. B. Hervey,** West Concord, Mass., V. St. A., *Polyamidpreßpulver* enthalten neben bes. bis zu 85 (%) Füllstoffen Gemische von verschiedenen Polyamiden mit verschiedenem F., bes. 15—70 des Gemisches an niedriger schmelzendem Polycaprolactam oder Polyhexamethylensebacat neben hochschmelzendem Polyhexamethylenadipat, letzteres bes. mit Teilchengröße $<40\ \mu$. Es können niedrige Preßtempp. angewendet werden. Beim Sintern werden bes. maßgenaue Formkörper erhalten, z. B. *Lager.* (**A. P. 2 852 485** vom 22/4. 1954, ausg. 16/9. 1958.) G. TEWES. 7205

British Celanese Ltd., übert. von: **Donald Finlayson, Boleslaw Krzesinski** und **Antoni Harcolinski,** Spondon, England, *Gefärbte Celluloseacetatpulver.* Man erhitzt ein Gemisch aus Celluloseacetatpulver (**I**) u. Farbstoffen (**II**) oder Pigmenten in Pulverform in dünner Schicht unter Bewegung des Gutes auf mindestens 120°, bes. 190—210°. Ein Zusammenschmelzen des **I** darf hierbei nicht erfolgen. Das fertige Prod. ist beständig gegen Entmischen. Als **II** eignen sich farbige anorgan. Pigmente, wie Preußischblau, Ultramarin oder Chromgelb, ferner Wollfarbstoffe, Küpen- u. Azofarbstoffe u. Phthalocyanine, bes. solche Farbstoffe, die keine Sulfonsäure-, saure Schwefelsäureester- u. Carboxylgruppen enthalten u. in Form von wss. Dispersionen **I** unterhalb 100° zu färben vermögen, z. B. Azofarbstoffe aus diazotiertem p-Aminoacetanilid u. p-Phenylphenol (gelb), 1-Amino-4-phenylaminoanthrachinon (violettblau), 1-Amino-4-acetylaminoanthrachinon (blaustichiges Rot), 4.4'-Diamino-3.3'-dinitrodiphenylmethan (gelb). Man kann bei dem Verf. auch nicht farbige Pigmente, wie TiO_2 oder $BaSO_4$, verwenden. — *Verwendung in Formpulvern, zur Herst. von Filmen u. dergleichen.* (**A. P. 2 837 437** vom 12/5. 1953, ausg. 3/6. 1958. E. Prior. 29/5. 1952.) R. SCHWECHTEN. 7205

XII. Kautschuk.

Ch. Vervloet, *Abriebprüfung von rußgefüllten Vulkanisaten im Laboratorium.* Der Abrieb von Vulkanisaten aus mit HAF- u. ISAF-Ruß gefülltem Synthesekautschuk im Vgl. zu Naturkautschuk, der Abrieb von Vulkanisaten aus ölgestrecktem Naturkautschuk mit 25 (Teilen) Dutrex 55 u. 62,5 HAF-Ruß auf 100 Kautschuk im Vgl. zu Vulkanisaten aus Naturkautschuk mit 50 HAF-Ruß, Abriebwiderstand von Vulkanisaten aus Naturkautschuk mit verschied. Füllstoffen, die Streckung von Naturkautschuk (100) mit verschied. Ölen (je 25) u. die Aufbereitung von ölgestreckten, homogenen Naturkautschuk-Ruß-Mischungen wurden untersucht u. die Befunde u. die Folgerungen daraus werden erörtert. (Kautschuk u. Gummi **11.** Nr. 12 WT 336—42. Dez. 1958. Delft, Rubber-Stichting.) R. SCHÄFF. 7220

A. R. Payne, *Gleichwertige Effekte der Zeit und Temperatur bei der Deformation von Elastomeren.* Das mechan. Verh. von Kautschuken wird bekanntlich durch Temperaturerniedrigung (Erhöhung) oder durch Steigerung (Verminderung) der Deformationsgeschwindigkeit (Frequenz) in gleicher Weise beeinflußt. Das vom Vf. beschriebene Beispiel basiert auf Literaturangaben über das Kriechen von Elastomeren bei Scherbeanspruchung u. die Rückfederung (recovery) u. zeigt, daß das in einem kurzen Zeitintervall bei verschied. Tempp. gemessene prozentuale Kriechen (oder Rückfederung) eines Kautschuks zu einer verallgemeinerten Rückfederung/log Zeit-Kurve gehört. Ferner wird gezeigt, wie das Temp.-Zeit-Verh. von Kautschukvulkanisaten (auch mit Füllstoffen) durch eine einfache Funktion beschrieben werden kann. Indices der Tieftemperatureinsatzfähigkeit von Kautschuk u. die Voraussage des Langzeitverh. werden aus dieser Temp.-Zeit-Äquivalenz abgeleitet. Kurven werden für Naturkautschuk, GR-S, Neoprene GN u.

Butaprene angegeben. (Plastics **23.** 182—84. Mai 1958. Shawbury, Brit. Rubber Manuf. Res. Ass.) R. SCHÄFF. 7220

C. V. Coles und **R. J. W. Byrde,** *Die fungiciden Eigenschaften von Kohlenteerdestillaten.* 1. Mitt. *Untersuchung der fungiciden Wirksamkeit der Komponenten von Kohlenteerdestillaten.* Vff. stellten fest, daß die hochsd. *Teersäuren* diejenigen Komponenten der Kohlenteerdestillate darstellen, die die größte Fungicidwrkg. auf Ceratostomella fimbriata, den Erreger der Wurzelfäule bei Hevea brasiliensis, ausüben. (J. Rubber Res. Inst. Malaya **14.** 459—71. Juni 1956.) C. GRIMME. 7222

T. Torii, K. Hoshii und **S. Isshiki,** *Eine Betrachtung über den Isolierwiderstand von Gummi und Vinylverbindungen.* Zur Ermittlung des spezif. Widerstands von weichgemachten Polyvinylchloridharzen u. mit Füllstoff versehenem Gummi wird die Änderung des spezif. Widerstands in Abhängigkeit von der Menge des zugesetzten Weichmachers u. Füllstoffes gemessen. Es zeigt sich, daß der spezif. Widerstand der gemessenen Proben nicht unbedingt groß zu sein braucht, wenn Weichmacher mit hohem spezif. Widerstand Verwendung findet. (J. Soc. Rubber Ind. Japan **29.** 869—73. 1956. Fujikura Cable Works. [Orig.: japan.; Auszug: engl. S. 941]) E. KUNTZ. 7224

P. Baumann, *Die neue deutsche Kautschuksynthese.* Nach einem einleitenden Überblick über die wirtschaftliche Bedeutung des Kautschuks u. den heutigen Stand der Kautschukerzeugung u. einem Ausblick in die Zukunft schildert Vf. das Verf. der BUNAWERKE HÜLS zur Erzeugung von Butadien u. Synthesekautschuk (Kaltkautschuk Typ Buna Hüls K). Die wirtschaftlichen Aspekte (Rohstoffe, Anlagekapital u. Kautschukpreis) werden erörtert. (Chimia [Schweiz] **12.** 233—45. 15/8. 1958. Marl, Chem. Werke Hüls A. G.) R. SCHÄFF. 7224

G. M. Bartenew und **L. A. Wischnitzkaja,** *Der Einfluß disperser Füllmittel auf die Relaxationseigenschaften von Gummi.* Die Relaxation strukturierter Polymere läßt sich in folgende Vorgänge unterteilen: a) Orientierung der Kettenglieder, Dauer 10^{-3} bis 10^{-6} Sek.; b) Umlagerung u. Gleiten der Segmente — die in Std. bzw. Min. erfolgt; c) Umlagerung von Vernetzungsbindungen u. Kettenspaltungen — die „chem." Relaxation, deren Dauer Monate bzw. Jahre betragen kann. In Ggw. von Füllmitteln tritt noch eine Art der Relaxation (d) ein, die mit dem Abreißen der Ketten von den Teilchen des Füllmittels zusammenhängt. Die Unters. der Relaxationsvorgänge an gefüllten Vulkanisaten aus synthet. Kautschuk *SKS-30* (**I**) bei 22° zeigt, daß bei Anwendung eines inakt. Füllstoffs (Kreide) die gewöhnliche Relaxation die Vorgänge a), b) u. d) einschließt, wobei b) u. d) etwa gleich schnell verlaufen, während c) wesentlich langsamer vor sich geht u. einen deutlichen linearen Abschnitt in den Koordinaten wahre Spannung σ/Zeit aufweist, wobei die σ-Werte von der Konz. des Füllmittels unabhängig sind, während bei Anwendung eines akt. Füllmittels, wie *Kanalruß* (**II**), d) u. c) sich als meßbar erweisen. Hierbei verläuft d) bei geringen **II**-Konzz. langsamer, bei höheren **II**-Konzz. schneller als c). Gleichzeitig ist aus den Relaxationskurven zu entnehmen, daß die dort auftretenden linearen Abschnitte nicht nur mit dem Verlauf der chem. Vorgänge, sondern auch mit der Zerstörung der Bindungen zwischen **I** u. **II** zusammenhängen. (Коллоидный Журнал [Kolloid-J.] **18.** 135—44. März/April 1956. Moskau, Wiss. Forsch.-Inst. der Gummiind.) W. DAWYDOFF. 7226

E. F. Powell und **S. W. Gough,** *Prinzip konstanter Kraft bei Abriebprüfungen.* Ein grundlegendes Prinzip (konstante Geschwindigkeit der Energiezerstreuung an der Oberfläche, die unter Abrieb steht) wird als Kriterium für den Vgl. der Brauchbarkeit der Testanordnung bei den verschied. Laborprüfmethoden auf Verschleißfestigkeit vorgeschlagen. Eine Modifikation der LAMBOURN-Maschine wird beschrieben. Die Beziehung zwischen solchen Daten u. Praxisergebnissen wird erörtert. Ferner wird über entsprechende Unterss. mit dem modifizierten DUPONT u. U. S. BUREAU OF STANDARDS-Abriebprüfer berichtet. Es wird vermutet, daß eine Beziehung zwischen Abrieb- u. Hochtemperaturflexibilität von Kautschuk besteht. (Rubber Wld. **132.** 201—10. Mai 1955. Birmingham, Fort Dunlop, Dunlop Rubber Co. Ltd.) R. SCHÄFF. 7248

Farbenfabriken Bayer Akt.-Ges., Leverkusen/Rh. (Erfinder: **Hans Pohle** und **Friedrich Lober**), *Verbesserung der Qualität von Kautschukvulkanisaten.* Als Alterungsschutzmittel dient eine Mischung von 75—25 (Teilen) N.N'-disubstituierten p-Phenylendiaminen (N.N'-Diphenyl-, N-Isopropyl-N'-phenyl-, N-Isohexyl-N'-phenyl-, N-Isooctyl-N'-phenyl-, N-Cyclohexyl-N'-phenyl-p-phenylendiamin u. dessen N.N'-Diisopropyl-, -Diisobutyl-, -Diisooctyl- u. -Dicyclohexylderivv.) u. 25—75 6-Alkoxy-(Äthoxy-, Isopropoxy-, sek.-Butoxy-)-2.2.4-trimethyldihydrochinolin. (**F. P. 1 165 784** vom 1/2. 1957, ausg. 29/10. 1958. D. Prior. 8/2. 1956.) M. PANKOW. 7227

Phoenix-Gummiwerke Akt.-Ges., Hamburg (Erfinder: **Walter Stegemann,** Hamburg, **Heinz Esser,** Köln, und **Gottfried Reuter,** Lemforde), *Alterungsschutzmittel* für Kautschuk und Kunststoffe, gek. durch einen Geh. an den Umsetzungsprodd. (I) von aliphat. Azo- oder Hydrazinverbb. mit aromat. Verbb., die teilweise hydriert sein können. Die I können auch verseift sein. (**D. A. S. 1 054 700** Kl. 69b vom 19/5. 1954, veröff. 9/4. 1959.) W. OVERBECK. 7227

E. I. du Pont de Nemours & Co., übert. von: **Peter Kovacic**, Wilmington, Del., V. St. A., *Vulkanisieren von Polychloropren* unter Zusatz von 0,2—5,0% Tetrachlorbenzoldithiol oder dessen Alkali- oder Zn-Salz. (**A. P. 2 842 530** vom 23/4. 1954, ausg. 8/7. 1958.) W. OVERBECK. 7229

Phillips Petroleum Co., übert. von: **Joseph F. Svetlitz**, Phillips, Texas, V. St. A., *Vulkanisationsbeschleuniger für Butadien–Vinylpyridin-Kautschuk*, bestehend aus einer Verb. der Formel $(R)_2N-C(S)-S-S-R'$; R = H, KW-stoff-Rest oder ein Rest, der mit N einen heterocycl. Ring bildet, wobei höchstens ein R = H ist. R' = Alkyl mit 1—16 C-Atomen. Die Gesamtzahl der C-Atome in allen R-Gruppen ist $\leq$20. (**A. P. 2 826 563** vom 29/6. 1953, ausg. 11/3. 1958.) W. OVERBECK. 7229

American Cyanamid Co., New York, N. Y., übert. von: **Robert C. Kinstler**, Dunellen, N. J., **Robert S. Barker**, Port Washington, N. Y., und **Gosta Brunnstrom**, Somerville, N. J., V. St. A., *Beschleunigerzubereitung*. Eine wss. Aufschlämmung von Benzothiazolyldisulfid, 5—15 (% seines Gewichtes) an Aminothiophenol (I) u. gegebenenfalls 3—10 S wird bei einem p_H von 4—7, bes. 5—5,5 u. bei >85°, gegebenenfalls unter Zusatz von 5—15 Stearinsäure bis zur Bldg. von Kügelchen gemischt, die dann abgetrennt werden. I kann auch als Alkalisalz in Lsg. zugesetzt werden. (**A. P. 2 840 564** vom 1/8. 1956, ausg. 24/6. 1958.) W. OVERBECK. 7229

XIII. Ätherische Öle. Parfümerie. Kosmetik.

A. Je. Bednjak, *Gewinnung und Untersuchung des Harzes und des ätherischen Öls aus den Wurzeln von Ferula soongorica L.* Aus den Wurzeln von *Ferula soongorica* wurden durchschnittlich 3% Harz mit 70—75% benzollösl. u. 10—12% in W. lösl. Anteilen isoliert. Es enthält beträchtliche Mengen freier Harzsäuren, Resinole u. Resinotannole mit Gerbstoffcharakter: D. 1,026—1,050, n_D^{20} 1,5215—1,520, SZ. 45—50. Durch Wasserdampfdest. wurde ein farbloses, terpentinartig riechendes, äther. Öl gewonnen, dessen Hauptanteil bei der Fraktionierung zwischen 155—156° übergeht. (Terpenkohlenwasserstoffe, α-Pinen). In der zwischen 160 u. 165° gefundenen Fraktion wurde β-Pinen nachgewiesen. Der über 185° verbleibende Rückstand besteht aus Sesquiterpenen. Das Öl hat die D. 0,8629—0,8637, n_D^{20} 1,4735—1,4735 u. α_D = —29,8 bis —35°. Es kann auf Grund seines Pinengeh. zur Campfersynth. verwendet werden. Bei Prüfung des Öls auf baktericide Eigg. (Kontaktmeth.) wurde keine merkliche Hemmung des Wachstums von Micrococcus pyogenes beobachtet. (Аптечное Дело [Apothekenwesen] **7**. Nr. 5. 18—27. Sept./Okt. 1958. Semipalatinsk, Med. Lehranstalt des Minist. für Gesundheitswesen der KasachSSR.) H.-W. GRAMM. 7262

Teruo Ueda, *Untersuchungen über ätherische Öle von Artemisiaarten in der UdSSR.* Übersicht. — 12 Literaturangaben. (Kagakuno Ryoiki [J. Jap. Chem.] **12**. 875—78. Nov. 1958. Ôsaka, Kôgyôgizyutu-Sikenzyo. [Orig.: japan.]) E. MAEKAWA. 7262

Hans Neumann, *Johanniskrautöl in der Kosmetik.* Allg. Hinweise auf Gewinnung u. Anwendung des Johanniskrautöles. Bes. geeignet erscheint ein mit Weizenkeimöl gewonnenes Johanniskrautöl, da ersteres von allen pflanzl. Ölen das beste Lösungsvermögen für *Hypericin* (I), einem wichtigen photodynam. Wirkstoff des Öles, besitzt. In standardisierten Präpp. beträgt der I-Geh. 0,005—0,007%. (Riechstoffe u. Aromen **7**. 198—99. Juli 1957. Augsburg.) H. SPOHN. 7284

Joachim C. Wischmann, *Hormonoide und Hormone in der Kosmetik.* Vf. nimmt zu der Frage der Verwendung hormonhaltiger Salben als Hautpflegemittel Stellung u. warnt vor der Verwendung hormonhaltiger Cremes mit unbekanntem Hormongeh., die für die behandelnde Kosmetikerin sehr heimtück. sein können. Dagegen können die Wirkstoffe der *Placenta*, die Hormone nur in Spuren enthält, u. die Vf. als *Hormonoide* bezeichnet, bes. in Kombination mit *Serol*, einer fettfreien Salbengrundlage unter gynäkolog. Gesichtspunkten als absol. unschädlich angesehen werden. Die in Serol gelöste Placenta kann die Haut in ihrer gesamten Dicke über Papillen u. Follikel durchdringen u. die *Hormonoide* unter die Hornschichtgrenze der Haut bringen. — Vf. empfiehlt für die Hersteller die freiwillige Anerkennung einer genauen Mengendeklaration über den Hormongehalt. (Riechstoffe u. Aromen **7**. 202—03. Juli 1957. Schopfheim/Baden, Städt. Krankenhaus.) H. SPOHN. 7284

P. Rovesti, *Die hystophile Wirkung der aus Cholesterin und Proteinhydrolysaten bereiteten diadermischen Cytaminester.* Im Rahmen seiner Arbeit, wasserlösl. Aminosäuren durch Veresterung in fettlösl. zu überführen u. dadurch ihre Tiefenwrkg. auf die Haut zu erhöhen, wurden von Vf. die Cholesterylester von Aminosäuren (Valin u. Hystidin) u. mit Cholesterin (I) veresterte Proteolysate der Haut, des Blutes, des Bindegewebes u. des Plasmas dargestellt. Beschreibung der Darst., Reinigung u. Eigg. dieser Ester. In kosmetolog. Unterss. zeigten sämtliche Prodd. gute Tiefenwrkg. sowie gute Heil- u. Nährwrkg. auf die Haut, u. zwar erwiesen sich in dieser Hinsicht die mit I veresterten Proteolysate den Cholesterylaminosäureestern überlegen. (Parfümerie u. Kosmet. **39**. 707—09. Okt. 1958. Ist. di ricerche sui derivati vegetali.) H. SONTAG. 7284

G. Jacini und **M. Barro-Raffel,** *Die Standardbestimmung der organischen Isothiocyanate in den Ölkuchen von Cruciferen.* Zur Best. der Senföle in Ölkuchen aus den Samen von Kreuzblütlern werden 10 g Probe mit 200 ml W. u. ca. 50 ml einer aus Samen von weißem Senf erhaltenen Enzymlsg. (15 g + 50 ml W. 1 Std. maceriert) 3 Std. bei 40^0 (Thermostat) gehalten u. nach Zugabe von 30 ml A. dest.; das Destillat sammelt man in einem 10 ml NH_4OH (1 : 5) enthaltenden 250 ml-Meßkolben (130—140 ml Destillat), gibt aus einem FRESENIUS-Kolben 10 ml 0,1 n $AgNO_3$-Lsg. + 5 ml NH_4OH (1:5), noch 40 ml 0,1 n $AgNO_3$-Lsg. zu, erhitzt 1 Std. auf dem Wasserbad auf ca. 80^0, läßt 12 Std. stehen, füllt auf u. filtriert, säuert 100 ml Filtrat mit 6 ml konz. HNO_3 an, gibt 2—3 ml Fe-Alaunlsg. zu u. titriert den $AgNO_3$-Überschuß mit 0,1 n NH_4SCN-Lösung. (Olii minerali, Grassi Saponi, Colori Vernici **33**. 97—98. April 1956. Staz. sperim. per le Ind. degli Olii e dei Grassi.) R. K. MÜLLER. 7286

J. Stephan Jellinek, *Das physikalisch-chemische Verhalten der Riechstoffe.* Vf. beschreibt seine Verss. zur Ausarbeitung exakter Methoden für die Geruchsbest. von Riechstoffen. 1. Meth.: Best. des Verhältnisses des Schwellenwertes (noch eben wahrnehmbare Konz.) eines Riechstoffes in Mineralöl zu dem in W., 2. Meth.: Best. des Einfl. des Lösungsm. bzw. der Grundmasse auf die Geruchsintensität von Riechstoffen. Hierzu wurden wss. Lsgg. von Riechstoffpaaren in verschied. Konzz. hergestellt u. das Konzentrationsverhältnis ermittelt, das geruchsmäßig der einer 1:1-Konz. dieses Riechstoffpaares in Mineralöl entsprach. Zur quantitativen Auswertung dieser Meth. wird der für jedes Riechstoffpaar spezif. log dieses Konzentrationsverhältnisses gebildet. Vf. führt den „B_{wo}-Wert" („water-oil balance") ein, der den Grad der Geruchsverstärkung angibt, die ein Riechstoff in wss. Lsg. im Vgl. zu einer Lsg. in Mineralöl erfährt u. der sich nach dieser Meth. experimentell ermitteln läßt. Es wird eine Formel zur Berechnung der B_{wo}-Werte (bezogen auf Linalool = 10) abgeleitet. Grenzen der Genauigkeit u. Anwendbarkeit der Meth. werden aufgezeigt. Für 12 bekannte Riechstoffe werden die B_{wo}-Werte aufgeführt. Die Bedeutung dieser Werte für die Praxis der Parfümerie wird an experimentellen Beispielen erläutert. (Parfümerie u. Kosmet. **39**. 696—702. Okt. 1958. Amersfoort/Holland, Polaks Frutal Works.) H. SONTAG. 7292

John E. Clements, *Bericht über Desodorantien und Antischweißmittel. Bestimmung von Borsäure und Phenolsulfonsäure.* Die Methoden des Vf. zur Best. von H_3BO_3 (J. Assoc. off. agric. Chemists **36**. [1953.] 791) u. von Phenolsulfonsäure (J. Assoc. off. agric. Chemists **37**. [1954.] 798) bewähren sich bei Überprüfung u. werden zur amtl. Einführung empfohlen. (J. Assoc. off. agric. Chemists **38**. 351—53. 15/5. 1955. Washington, D. C., Food and Drug Admin. Dep. of Health, Education and Welfare.) PH. FRESENIUS. 7294

William Arthur Poucher, Perfumes, cosmetics and soaps; with special reference to synthetics. 6th ed. Vol. 1; Being a dictionary of raw materials together with an account of the nomenclature of synthetics. London; Chapman & Hall. 1959. (III, XVI + 463 S. m. Taf. u. Diagr.) 75 s.

XV. Gärungsindustrie.

Aleksander Reinhercs und **Wiesław Rzędowski,** *Antibiotica in Lebensmitteln.* Übersicht über das Auftreten von Antibioticis bei Gärvorgängen, ihre Wrkg. als Wachstumsstimulatoren, Heilmittel, Schädlingsbekämpfungs- u. Konservierungsmittel. (Przemysł Spożywczy **12**. 268—72. Juli 1958. Warszawa.) F. URBAN. 7500

A. A. Eddy, *Einige neue Entwicklungen in der Erforschung der Oberflächeneigenschaften von Brauereihefen.* Vf. bespricht das Ausflocken der Hefen u. die Adsorption von koll. Stoffen wie Tanninen u. Bitterstoffen in Abhängigkeit von der elektr. Beladung der Zelloberfläche u. diskutiert die Theorie dieser Probleme. (Rev. Fermentat. Ind. aliment. **13**. 247—53. Nov./Dez. 1958. Nutfield, Surrey, Brewing Ind. Res. Foundation.) K. H. SCHAUERTE. 7506

Miloslav Podhorský, *Faktoren, die die Amylaseproduktion des Schimmelpilzes Aspergillus oryzae unter Bedingungen der Submerskultur beeinflussen.* 1. Mitt. *Der Einfluß der Stickstoffquelle auf die Amylasebildung.* Bei Unterss. über den Einfl. 13 verschied. N-Quellen auf die *Amylase* (I)-Bldg. des Schimmelpilzes *Aspergillus oryzae* in Submerskultur erwies sich *Glutaminsäure* (II) als beste, NH_4NO_3 als zweitbeste N-Quelle. *Melasserückstände* aus der Spiritusbereitung mit hohem II-Geh. stimulierten die I-Produktion sowohl in synthet. CZAPEK-Dox-Medium als auch in Kartoffelknollenwasser beträchtlich. Verd. Branntweinschlempe stellte in Konzz. von 2—4° Bg ein gutes Substrat für die I-Bldg. dar. (Českoslov. Mikrobiol. 2. 286—91. 1957. Praha, Českoslov. akad. věd, Biol. ústav, Mikrobiol. odd.) M. EBERT. 7508

Zdeněk Fencl, Mikuláš Burger und **Karel Beran,** *Amylolytische Wirksamkeit des bei der Gewinnung von Citronensäure abfallenden Myceliums des Schimmelpilzes Aspergillus niger.* Wie Unterss. zeigten, hat das bei der Gewinnung von *Citronensäure* (I) anfallende Pilmycel von *Aspergillus niger* eine beachtliche amylolyt. Aktivität. Zur Herst. eines akt. Präp. mußte die dem Mycel anhaftende I durch Waschen u. Auspressen in der Kälte entfernt werden. Durch Autolyse bei 40° während 24—32 Std. konnte die Dextrinaktivität um ca. 50% erhöht werden. Trocknung des behandelten Mycels erfolgte bei höchstens 40°, zum völligen Trocknen wurde die Temp. bis auf 50° erhöht. Aus Kartoffelmaische mit einem *Stärke* (II)-Geh. von 10% konnte durch Zusatz dieses Präp. (50% bezogen auf die II-Menge) eine A.-Ausbeute von 93,2% der Theorie, durch Zusatz von 15% des Präp. mit 1% getrocknetem Malz (bezogen auf das II-Gew.) eine A.-Ausbeute von 84,4% erzielt werden. Auf Grund dieser Ergebnisse wird das beschriebene Präp. in der Spiritusindustrie teilweise an Stelle von Malz eingesetzt werden. (Českoslov. Mikrobiol. 2. 221—27. Juli 1957. Praha, Českoslov. akad. věd, Biol. ústav, Mikrobiol. odd.) M. EBERT. 7508

E. Urion und **L. Chapon,** *Die Auslösung der Gerstenkeimenergie.* (Vgl. C. **1957.** 11453.) (Amer. Brewer **88.** Nr. 3. 41—47. 84—85. März 1955. Nancy, École de Brasserie. — C. **1956.** 5705.) K. SCHAUERTE. 7540

E. J. Bass und **W. O. S. Meredith,** *Enzyme, die Gerstengummi abbauen.* 4. Mitt. *Untersuchungen über sortenbedingte Unterschiede der Aktivität der Endo-β-polyglucosidase.* (3. vgl. C. **1959.** 4845.) Die cytolyt. Aktivität des grünen Malzes von 9 Gerstensorten, die 1954 auf 4 verschied. Stationen angebaut worden waren, wurde viscosimetr. bestimmt. Sie ist ausgesprochen sortenabhängig u. proportional den Malzeigenschaften. Eine Ausnahme bildet Br. 3833, mit hoher Malzqualität trotz niedriger cytolyt. Aktivität. Diese Anomalität ist noch nicht zu erklären. (Cereal Chem. **33.** 129—35. März 1956.) K. SCHAUERTE. 7540

E. J. Bass, V. M. Bendelow und **W. O. S. Meredith,** *Enzyme, die Gerstengummi abbauen.* 5. Mitt. *Beziehung zwischen Endo-β-polyglucosidaseaktivität und anderen Gersten- und Malzeigenschaften.* (4. vgl. vorst. Ref.) Unterss. an 15 Gerstensorten der Ernte 1956 zeigten, daß die „Cytolyt. Aktivität" (cl.A.) von Grünmalz, gemessen an der Endo-β-polyglucosidaseaktivität eine Sorteneig. ist. Im allg. entspricht hohe cl.A. auch hohen Werten anderer Malzeigenschaften wie Verzuckerungsvermögen, α-Amylaseaktivität, Index des Proteinabbaues, Kaltwasserextrakt u. Malzextrakt. Die deutlichste Beziehung zeigt der Kaltwasserextrakt, der sich damit als günstigste Einzelanalyse zur Best. der allg. Malzqualitäten erwies. Offensichtlich stellt die Cytolyse Stärke u. Protein den Amylasen u. Proteasen zur Verfügung, woraus hohe Extraktwerte resultieren. Zur Best. der Malzqualität kann cl.A. beitragen, aber nicht allein verwendet werden. (Cereal Chem. **34.** 219—25. Juli 1957. Barley and Malt Labor. Dep. of Agriculture Winnipeg.) H. HAEVECKER. 7540

A. H. Cook, *Die Wissenschaft des Brauens.* Vf. gibt einen umfassenden Überblick über die wissenschaftlichen Probleme, die in den einzelnen Stadien des Brauprozesses auftreten u. zeigt den Stand der heutigen Kenntnisse beim Mälzen, Maischen u. Gären. (J. Roy. Soc. Arts **104.** 243—86. 17/2. 1956. Brewing Ind. Res. Foundation.) K. SCHAUERTE. 7544

Poul Gjertsen, *Bestimmung der Kohlenhydrate in Würze und Bier durch Gradient-Elutionsanalyse.* Durch Elution der Kohlenhydrate einer Säule mit Kohle u. Celite mit W.-A.-Lsg. wurden folgende Fraktionen in Würze gefunden: 1. Monosaccharide mit viel Glucose, weniger Fructose u. kleinen Mengen Arabinose, Xylose u. Ribose; 2. eine kleine Fraktion mit vermutlich Isomaltose; 3. eine große Fraktion mit mehr Maltose als Saccharose 4. eine Fraktion mit Tetra- bis- Nonasacchariden; 5. eine Fraktion mit Sachariden > Nonasaccharide. Ähnlich ist das Ergebnis bei Bier. Im einzelnen wurden auf diese Weise ermittelt in Würze u. Bier: Monosaccharide 0,98 u. 0,02 (g/100 ml); Isomaltose 0,08 u. 0,08; Saccharose u. Maltose 5,69 u. 0,07; Trisaccharide 1,29 u. 0,17, Tetrasaccharide 0,26 u. 0,3, Pentasaccharide 0,1 u. 0,08, Hexasaccharide 0,16 u. 0,15, Heptasaccharide 0,15 u. 0,15, Oktasaccharide 0,19 u. 0,17, Nonasaccharide 0,13 u. 0,15, höhere Kohlenhydrate 1,08 u. 1,06, Gesamtkohlenhydrate 10,11 u. 2,4. Diese Werte stimmen mit denen überein, die durch quantitative Papierchromatographie erhalten werden. (European Brewery Convent., Proc. Congr. **1955.** 37—51. Kopenhagen, Carlsberg Breweries, Res.-Labor.) A. GRADL. 7550

Onorato Verona, *Aktivatoren und Inhibitoren der mikrobiellen Aktivität unter besonderer Berücksichtigung der Agentien der Weingärung.* Die Arbeit bringt einen allg. gehaltenen Überblick über Einfl. u. Wrkg. der *Vitamine H*, H_1, B_1, B_2, B_6 von *Nicotinamid, Nicotinsäure, Pantothensäure, Mesoinosit, Triphospho-* (*TPN*), *Diphosphopyridinnucleotid* (*DPN*) u. *Coenzym A.* Ferner werden Begriff u. Mechanismus von *Inhibitoren* besprochen. (Coltivatore giorn. vinicolo ital. [N. S.] **101.** Nr. 5. 16—20. Mai 1955.) E. SPEYER. 7554

Gino Florenzano, *Stabilisierung von Süßweinen.* Übersicht über die Maßnahmen zur Stabilisierung von Südweinen durch Zusätze, durch biochem. Mittel u. durch Behandlung mit Kationen- u. Anionenaustauschern. (Agric. ital **56** [N. S.] **11.** 273—95. Aug. 1956. Firenze, Univ. Ist. d'Ind. agr.) R. K. MÜLLER. 7554

Henry Loft, Frederiksberg, Dänemark, *Züchtung von Schimmelpilzen,* Bakterien u. Hefen. Dem Nährsubstrat wird *Thrombin* in einer Menge von 10 γ/100 g Substrat zugesetzt. (**Dän. P. 82 003** vom 26/9. 1952, ausg. 28/1. 1957.) K. H. KÄHLER. 7507

Hans Smola, Artern, **Gerhard Osswald,** Bad Frankenhausen, und **Hans Söll,** Berlin-Weißensee, *Herstellung von Flocken* aus Gerste u. anderem spelzenreichen Getreide zwecks Verwendung beim *Brauen* als Rohfruchtanteil zum Zwecke der Malzeinsparung. Als Rohstoff dienen bes. die bei der Herst. von Gerstenmalz für Brauzwecke verbleibenden Abputzreste der Gerste, die bes. eine Korngröße <3 mm haben. Das Getreide oder die Getreideabfälle werden mit einem Siebanteil von <2 mm sortiert bebürstet, poliert, geschält bzw. entspelzt, danach nochmals poliert, aspiriert u. gequetscht. (**D. P. [DDR] 13 778** Kl. 6b vom 24/3. 1956, ausg. 9/9. 1957 [Wirtschaftspatent].) M. F. MÜLLER. 7541

Atlas-Werke Akt.-Ges., Bremen (Erfinder: **Hans Kietz,** Bremen, und **Theodor Leman,** Eystrup/Weser), *Verfahren zur Vergütung von Gärungsessig,* dad. gek., daß der Essig beschallt u. erst nach einer Lagerung von einigen Wochen dem Verbrauch zugeführt wird. — Vorrichtung. (**D. B. P. 972 142** Kl. 6e vom 2/10. 1948, ausg. 27/5. 1959. Anmeldung bekanntgemacht 6/12. 1951.) J. KETTNER. 7565

Ernst Schild, Vollbier-Nomogramm zur Bestimmung von Extrakt-, Alkohol- und Stammwürzegehalt mit Hilfe des Zeiss'schen Eintauchrefraktometers. Nürnberg: Carl. 1959. (K.S., 1 Taf. u. 1 Lineal) DM 32,—.

Ernst Schild, Starkbier-Nomogramm zur Bestimmung von Extrakt-, Alkohol- und Stammwürzegehalt mit Hilfe des Zeiss'schen Eintauchrefraktometers. Nürnberg: Carl. 1959. (K.S., 1 Taf. u. 1 Lineal). DM 32,—.

XVI. Nahrungs-, Genuß- und Futtermittel.

S. E. Charm, *Die Kinetik der Bakterieninaktivierung durch Hitze.* In Analogie zu reaktionskinet. Überlegungen läßt sich eine Gleichung für die logarithm. Überlebenskurve von Bakterien bei Hitzeinaktivierung aufstellen. Sie dürfte die Inaktivierungskinetik darstellen. Die Inaktivierungsenergie variiert mit der Bakterienart, ist aber konstant mit der Temp., jedoch wohl p_H-abhängig. Der Häufigkeitsfaktor variiert mit der Temp. u. gering mit dem Medium, aber stark mit der Bakterienart. Die Zunahme der Inaktivierung mit der Temp. rührt her von der steigenden Zahl der Zusammenstöße/Zeiteinheit zwischen den umgebenden Wassermoll. u. wärmeempfindlichen Einheiten sowie von der steigenden Zahl der die Inaktivierungsenergie besitzenden Wassermoleküle. (Food Technol. **12.** 4—8. Jan. 1958. Cambridge, Mass., Massachusetts Inst. of Technol., Dep. of Food Technol.) PH. FRESENIUS. 7634

J. N. Demsey, *Der Einfluß der Behandlung von Dosenkonserven nach der Kühlung auf die Verderbsrate.* Durch unsauberes Arbeiten nach der Kühlung kann die Verderbsrate von Dosenkonserven vergrößert werden. (Proc. techn. Sessions annu. Convent. nat. Canners Assoc. Nr. **1666.** 7—10. 30/1. 1958.) E. LÜCK. 7634

C. W. Bohrer und **J. Yesair,** *Bakteriologische Untersuchungen zur Behandlung von Dosenkonserven nach der Kühlung.* (Vgl. vorst. Ref.) Es wird gezeigt, daß die bakteriolog. Sauberkeit des Kühlwassers wesentlich zur Qualitätsverbesserung beiträgt. Es wird die Kühlung von Dosenkonserven mit gechlortem W. empfohlen. (Proc. techn. Sessions annu. Convent. nat. Canners Assoc. Nr. **1666.** 10—11. 30/1. 1958. Washington Res. Lab., Nat. Canners Ass.) E. LÜCK. 7634

N. S. Kapur, B. S. Bhatia, D. S. Bhatia und **Girdhari Lal,** *Untersuchungen über die nicht enzymatische Bräunung von Lebensmitteln: Zucker-Organische Säure-Modellsysteme.* Bei der Lagerung von gleichen Voll. mol. Lsgg. von Zuckern u. organ. Säuren

in verschlossenen Glasflaschen bei 55 ± 1° ergaben die UV-Absorptionsspektren, daß von *Traubenzucker* (I), *Fruchtzucker* (II), *Saccharose* (III) u. *Galaktose* I (II) die geringste (stärkste) Bräunung verursacht. Von 10 organ. Säuren tragen *Oxal-*, *Malon-*, *Äpfel-*, *Wein-*, *Citronen-* u. *Brenztraubensäure* (**IV**) zur Bräunung bei. Oxalsäure u. **IV** verursachen die höchste Bräunung von **II** u. **III**. Außer Bernstein-, Propion- u. **IV** werden organ. Säuren nicht braun, obwohl sie die Bräunung von Zucker beschleunigen. (Food Sci. [India] **7**. 181—85. Juli 1958. Mysore, Central Food Techn. Res. Inst.)
W. WESLY. 7642

J. J. C. Hinton, *Die Verteilung der Asche im Weizenkern.* Vf. gibt Analysentabellen verschied. Weizensorten über die Ascheverteilung in Aleuronschicht, Endosperm, Pericarp, Testa, hyaliner Schicht, Scutellum u. Keimling. (Cereal Chem. **36**. 19—31. Jan. 1959. St. Albans, Res. Ass. of British Flour Millers, Cereals Res. Stat.)
H. HAEVECKER. 7664

D. G. H. Daniels, *Die Bestimmung und der Sitz von Methoxyhydrochinonglykosiden im Weizenkorn.* Vf. bestimmte die Methoxyhydrochinonglycoside (**a**) in Weizen u. Vermahlungsprodd. mittels 2.6-Dichlorchinon-4-chlorimid. Der Keimling enthielt 0,35 bis 0,47% **a**, d. h., ca. 60—70% der gesamten **a** im Korn, die Kleie 0,02—0,04%. Die Ggw. von Methoxyhydrochinonmonoglucosid konnte nicht bestätigt werden. Zwischen **a** u. Thiamingeh. der Mehlfraktionen besteht weitgehende Parallelität, woraus auf eine ähnliche Verteilung beider im Weizenkorn geschlossen wird. (Cereal Chem. **36**. 32—41. Jan. 1959. St. Albans, Res. Ass. of British Flour-Millers.) H. HAEVECKER. 7664

C. C. Lee, *Bemerkung über die Radioaktivitätsverteilung in Mahlprodukten aus in Gegenwart von ^{90}Strontium gewachsenem Thatcher-Weizen.* In Gewächshausverss. wurden 2 Ernten Thatcher-Weizen in Einzelpflanzen gezüchtet, die bei verschied. Wachstumsstadien 1 bzw. 2 cm^3 $SrCl_2$-Lsg. (0,1 mg/cm^3) mit ^{90}Sr-Geh. erhielten. Die auf der Versuchsmühle erhaltenen Mahlprodd. wurden auf Radioaktivität u. Aschegeh. in Mehl, Futtermehl u. Kleie untersucht. Mit höherem Aschegeh. stieg auch die Radioaktivität an. Die ^{90}Sr-Aktivität lag im Mehl bei 9 bzw. 16%, Futtermittel 29 bzw. 31%, Kleie 62 bzw. 53%. (Cereal Chem. **36**. 194—95. März 1959. Saskatoon, Univ. of Saskatchewan, Dep. of Chem.) H. HAEVECKER. 7670

C. C. Lee, *Die Backfähigkeit und der Maltosewert von Mehl, das mit ^{60}Co-γ-Strahlen bestrahlt worden war.* Untersucht wurden unbestrahlte Mehle (**a**) u. mit Dosierungen von $0{,}25 \cdot 10^6$, $0{,}5 \cdot 10^6$ u. $1{,}0 \cdot 10^6$ r aus einer ^{60}Co-γ-Strahlenquelle bestrahlte Mehle (**b**). Der Rohklebergeh. von **b** aller Dosierungen war erniedrigt. Der durch höheres Gebäckvol. sich ausweisenden Bromatwrkg. bei **a** stand bei **b** eine deutliche Verminderung des Gebäckvol. gegenüber. **b** der höchsten Dosierung zeigten erhöhten Geh. an wasserlösl. N. Ebenso wurde mit steigender Dosierung ein regelmäßiger Anstieg im Maltosewert u. Gasbildungsvermögen beobachtet. Da in Papainextrakten von **b** kein Anstieg der Verzuckerungskraft gefunden wurde, kann dies nicht auf eine Aktivierung der β-Amylase zurückgeführt werden. Andererseits stieg die autolyt. Bldg. von reduzierenden Zuckern aus Mischungen von **a** u. bestrahlten Stärken analog der Dosierung der Bestrahlung. Ähnlich stieg die Verzuckerungskraft für Papainextrakte von **a** für bestrahlte Stärken als Verzuckerungssubstrat. Diese Tatsachen deuten auf eine verstärkte Angreifbarkeit der Stärke in **b** gegen β-Amylase. (Cereal Chem. **36**. 70—77. Jan. 1959. Saskatoon, Univ. of Saskatchewan, Dep. of Chem.) H. HAEVECKER. 7670

William T. Yamazaki, *Mehlgranulierung und Keksqualität.* 1. Mitt. *Wirkung der Weizensorte auf die Eigenschaften der Siebfraktionen.* Die Siebfraktionen eines Hartweizenmehles über einem 325-Maschensieb ergaben keinen großen Unterschied in den Proteingehh., während der Aschegeh. des feineren Mehles (**a**) höher lag als der des gröberen (**b**). Beide Fraktionen ergaben Kekse gleicher aber minderwertiger Qualität. **a** einer Weichweizensorte lag niedriger im Protein- u. Aschegeh. u. gab bessere Kekse als **b**. Die Mischung von **a** u. **b** ergab regelmäßig Gebäcke mit größerem Durchmesser mit einem Maximum bei gleichen Teilen von **a** u. **b**. (Cereal Chem. **36**. 42—51. Jan. 1959. Wooster, Ohio, U. S. Dep. of Agric., Soft Wheat Quality Labor.) H. HAEVECKER. 7670

William T. Yamazaki, *Mehlgranulierung und Keksqualität.* 2. Mitt. *Wirkungen von Veränderungen in der Granulierung auf die Kekscharakteristiken.* (1. vgl. vorst. Ref.) Veränderungen in der Mehlgranulierung durchgemahlener Weichweizenmehle auf Grund verschied. Feuchtigkeitsgeh. des Weizens hatten keinen Wechsel in der Keksqualität (**a**) zur Folge. Jedoch hatten die helleren Siebfraktionen feuchter vermahlener Weichweizen niedrigeren Asche- u. Proteingeh. u. bessere **a** als die gröberen Fraktionen. Bei feuchterer Vermahlung ergab Hartweizen keine großen Unterschiede im Protein- u. Aschegeh. gegenüber trockenerer Vermahlung, jedoch stieg auch hier mit feuchterer Vermahlung **a**, wobei sich die feineren Fraktionen ähnlich wie bei Weichweizen verhielten. Vf.

schließt hieraus, daß außer der Granulierung noch andere Faktoren für **a** von Bedeutung sind. (Cereal Chem. **36.** 52—59. Jan. 1959.) H. HAEVECKER. 7670

L. Ja. Auerman und **E. A. Issakowa,** *Verbesserung der Backeigenschaften von gebeuteltem Roggenmehl durch Erhitzen mit infraroten Strahlen.* Durch kurzes Erhitzen mit IR-Strahlen (8—10 Min.) in einer 1 cm dicken Schicht konnten die biochem. u. Backeig. von gebeuteltem Mehl aus ausgewachsener Gerste stark verbessert werden. Der Säuregeh., die gas- u. zuckerbildende Fähigkeit, der Geh. von in W. lösl. Stoffen u. der Geh. an in W. u. A. lösl. N konnten verringert werden. Das aus mit IR-Strahlen erhitztem Mehl gebackene Brot steht seiner Qualität nach dem aus n. Mehl gebackenen kaum nach. (Хлебопекарная и Кондиторская Промышленность [Brot- u. Konditorei-Ind.] **3.** Nr. 5. 9—12. Mai 1959. Moskau, Techn. Inst. für die Lebensmittelind.) H. TREUMANN. 7674

D. K. Mecham, *Wirkungen von sulfhydryl(gruppen)-blockierenden Reagentien auf die Mischcharakteristiken von Teigen.* In Teigen aus ungebleichtem „hardredspring Weizenmehl" wird der Verlauf der Teigbldg. u. Teigentw. sowie der Punkt des Überknetens im registrierenden Teigmischer stark geändert durch Zugabe spezif. sulfhydrylgruppenblockierender Reagentien [wie *N-Äthylmaleinimid* (**I**), *p-Chlormercuribenzoat, Jodacetamid*] in Beträgen die etwa dem Sulfhydrylgruppengeh. der Mehle äquivalent sind. Die Zeit zur Erreichung der maximalen Teigresistenz wird durch diese Reagentien verkürzt, die Teigresistenz selbst erhöht u. der Grad der Teigerweichung sehr stark erhöht. Die Unterschiede in den Teigknetkurven sind erheblich höher, als die bekannten durch Zugabe von KJO_3 u. NaCl verursachten Änderungen. Ähnliche Wrkgg. wurden auch in ungebleichten Schnellknetmehlen u. einem gebleichten bromathaltigen Patentmehl erzielt. Bei Zugabe von I wurde keine Zerstörung der Gelbpigmente während des Teigknetens beobachtet. (Cereal Chem. **36.** 134—45. März 1959. Albany, Calif., U. S. Dep. of Agric., Agric. Res. Serv.) H. HAEVECKER. 7674

J. W. Lee und **W. F. Geddes,** *Untersuchungen über „Gärverfahren" (brew process) bei der Brotbereitung: Die Wirkung von Zucker und anderen Nahrungsmitteln auf die Backfähigkeit und Hefeeigenschaften.* Vff. untersuchten den „brew process", d. h. die Anwendung von Hefe in fl. Gärsubstraten an Stelle von Vorteigführungen bei der Brotbereitung. *Hefeextrakt* (**a**), d. h. die wasserlösl. Fraktion autolysierter Hefe erwies sich als besseres Nährmittel in Gärungssubstraten als Caseinhydrolysat oder wss. Mehlextrakt oder verschied. synthet. Medien. Diese Gärungs-Fll. wurden hergestellt nach einer Grundformel enthaltend NaCl, Hefe u. Rohrzucker in Succinatpuffer (0,02 m, p_H 5,5). Hefe mit einer Vorgärung (6 Std. bei 37°) in einer Brau-Fl., enthaltend Zucker, NaCl, Trockenmilch u. Puffersalze ergab in Ggw. von **a** verstärkte Gasproduktion u. erhöhten N-Gehalt. Die Ggw. von vergärbarem Zucker ist eine Voraussetzung für die günstigste Wrkg. von **a**. Die Hefeausbeute, der durchschnittliche Durchmesser der Hefezellen u. der Besatz mit sprossender Hefe wurden durch **a** nicht beeinflußt. Glucose oder Rohrzucker wirken in gleicher Weise verbessernd auf Gasproduktion u. Backqualität der Gärflüssigkeit. Bei Anwendung von Maltose allein bleibt diese noch nach 6 Std. bei 37° unvergoren, dagegen ergibt eine Maltose–Glucose-Mischung (9:1) eine erhebliche Verbesserung von Gasproduktion u. Backqualität. Der Maltosegeh. von Brot, das nach dem Gärverf. hergestellt wurde, ist wesentlich höher als bei Brot, das mittels Vorteigführung erhalten wurde. (Cereal Chem. **36.** 1—18. Jan. 1959. St. Paul, Minnesota, Univ. of Minnesota, Dep. of Agric. Chem.) H. HAEVECKER. 7674

Robert L. Downey, *Das Problem der Auflösung der äußeren Haut bei eingedosten grünen Bohnen.* Die Auflsg. der äußeren Haut bei eingedosten grünen Bohnen ist eine erhebliche Verschlechterung der Qualität u. gibt den Bohnen ein schleimiges, schmieriges Aussehen. Die Erscheinung ist abhängig von der Bohnensorte u. der Blanchiertechnik. (Canning Trade **81.** Nr. 44. 9—10. 18/5. 1959. Univ. of Maryland, Dept. of Horticulture.) E. LÜCK. 7684

H. S. R. Desikachar, S. K. Majumder, S. V. Pingale und **V. Subrahmanyan,** *Verfärbung bei Reis: Einige Untersuchungen über ihre Natur und die Wirkung auf den Nährwert.* Die braune Verfärbung eines Handelsmusters von Reis konnte nicht eindeutig durch eine Veränderng der Proteine mittels der MAILLARD-Rk. gedeutet werden. Die Löslichkeit der Proteine u. der Wachstumswert im Fütterungsvers. waren im verfärbten Reis leicht erniedrigt. Weißer polierter Reis konnte in 48 Std. durch Netzen bis zu 25% Wassergeh. braungefärbt werden. Diese Mißfärbung hat mikrobiol. Ursachen. (Cereal Chem. **36.** 78—83. Jan. 1959. Mysore, Central Food Techn. Res. Inst., Div. of Biochem. and Nutr. and Storage and Preserv.) H. HAEVECKER. 7683

John V. Halick und **Vincent J. Kelly,** *Gelatinisierung und Verkleisterungscharakteristiken von Reissorten in bezug zu ihrem Kochverhalten.* Amylogramme von kurzkörnigen (**a**) u. mittelkörnigen (**b**) Reissorten ergaben allg. niedrigere Verkleisterungstempp. (VT) u. kürzere Verkleisterungsreihen als langkörnige Sorten (**c**) mit wenigen atyp. Ausnahmen. Die VT war unabhängig vom Amylosegeh., von dem sich wiederum die maximale Viscosität der heißen Paste u. die Gelbldg. beim Abkühlen abhängig erwies. Die Wasseraufnahmefähigkeit des Ganzkornes bei Tempp. von 72—82° steht bei allen Sorten in enger Beziehung zu den Verkleisterungscharakteristiken. **a** u. **b** mit niedriger VT (64,5—67,5°) absorbierten mehr W als **c**. Soweit **c** mit niedriger VT beobachtet wurden, ähneln sie in der Wasseraufnahmefähigkeit **a** u. **b**. Zwei Sorten mit hoher VT (72,5—79,5°) absorbierten weniger W. als alle anderen untersuchten Sorten. (Cereal Chem. **36**. 91—98. Jan. 1959. Beaumont, Texas, Rice-Pasture Exp. Stat.; Oakland, Calif., Gerber Products Co., Res. Dep.) H. HAEVECKER. 7686

R. A. Anderson und **V. F. Pfeifer**, *Bemerkung zur experimentellen Feuchtvermahlung von Mais mit hohem Amylosegehalt.* Hinweis auf die Anwendung einer bes. Zentrifuge zur Trennung von Kleber u. Stärke u. Verbesserung des Trennungseffektes durch Netzen mit SO_2-haltigem Wasser. (Cereal Chem. **36**. 98—101. Jan. 1959. Peoria, Ill., Northern Utilization Res. and Developm. Div.) H. HAEVECKER. 7686

D. H. Dewey, *Kontrollierte Atmosphären — ein neuer Weg bei der Lagerung von Michigan-Äpfeln.* Die Vorteile niedriger O_2-Konz. (3%) u. erhöhter CO_2-Konz. (2,5 bis 8% je nach Sorte) bei der Kühllagerung von Äpfeln werden besprochen. (Annu. Rep. Secretary State horticult. Soc. Michigan **87**. 46—49. 1957. Michigan State Univ.) EBERHARD MÜLLER. 7688

Pericles Markakis, Gideon E. Livingston und **Carl R. Fellers**, *Quantitative Gesichtspunkte bezüglich der Zersetzung des Farbstoffes in Erdbeeren.* Erdbeersaft wurde papierchromatograph. unter Verwendung eines Butanol–Essigsäure–W. (40:10:25)-Gemisches untersucht, die gefärbten Zonen mit angesäuertem Methanol ausgewaschen, getrocknet u. *dunkelrote Nadeln* (**a**) aufgefunden, deren Spektr. mit dem von *Pelargonidin-3-monoglucosid* (I) ident. war. I wurde in HCl–Citrat-Puffer bei p_H 2 oder 3,4 gelöst u. in Luft verschied. Tempp. ausgesetzt u. nach verschied. Zeiten der **a**-Geh. colorimetr. mit dem BECKMANN-DU-Colorimeter im Vgl. zu einer bekannten I-Lsg. bestimmt. Die Resultate sind graph. dargestellt. Ferner wurden an wss. Lsgg. die Veränderungen von **a** spektrophotometr. bei verschied. p_H sowie in Ggw. von *reinem* O_2, *Ascorbinsäure* (II) u. nach Entfernung der natürlichen II aus dem Saft durch Zugabe von Ascorbinsäureoxydase, in Ggw. von *5-Hydroxymethyl-2-furaldehyd* (III) oder Zusatz von *dl-Alanin, Ca-Pantothenat, Cystin, Gallussäure, Kojisäure,* einer Mischung von Na_3PO_4 u. Na_2HPO_2, *Propylgallat, Quercetin, Riboflavin, Rutin, Sequestrene,* $ZnCl_2$, *Tanninsäure, Thiamin* u. *Thioharnstoff* untersucht. Die Zerstörung von **a** erfolgt möglicherweise durch hydrolyt. Öffnung des Pyrylringes mit Bldg. eines substituierten Chalkons mit weiterer Zersetzung zu einer braunen Verb. mit Phenolcharakter. O_2 u. II in Kombination schädigen **a** mehr als jedes für sich allein. Der Pigmentgeh. des Saftes ist nach Zerstörung von II durch eine Oxydase größer als ohne dieses Vorgehen. Kurzzeitiges starkes Erhitzen schädigt den Pigmentgeh. nur wenig. Er ist unter N_2 größer als unter Luft. III beschleunigt den Zerfall des Pigmentes. Nur Propylgallat, Quercetin u. Thioharnstoff erhalten von den übrigen Substanzen zufriedenstellende Mengen des Pigments. (Food Res. **22**. 117—30. März/April 1957. Amherst, Mass., Univ. of Massachusetts, Dep. of Food Techn.) HEINRICH HERMANN. 7688

George B. Beattie, *Aromen für Süßgetränke, ihre Geschichte und Kennzeichnung.* 7. Mitt. *Limettegetränke.* (6. vgl. C. **1959**. 1634.) Limettesaft, zunächst als Mittel gegen Skorbut verwendet, dient seit der Mitte des 19. Jahrhunderts zur Getränkebereitung. Die heute üblichen trinkfertigen blanken u. trüben Flaschengetränke mit u. ohne CO_2 (aus $NaHCO_3$ + Citronensäure des Saftes) sowie die zur Selbstbereitung dienenden Konzentrate werden im einzelnen mit Eigg. u. dem gesetzlich geforderten Geh. an Saft beschrieben; eine Verstärkung mit Essenzen zur Geschmacksverbesserung sollte nur mit terpenfreien äther. Ölen erfolgen, Metallgefäße außer rostfreiem Mo-haltigen Stahl vermieden werden. (Perfum. essent. Oil Rec. **49**. 124—29. März 1958.) H. MÜHLMEISTER. 7706

George B. Beattie, *Aromen für Süßgetränke, ihre Geschichte und Kennzeichnung.* 8. Mitt. *Pampelmusengetränke.* (7. vgl. vorst. Ref.) Getränke mit Pampelmusensaft erscheinen vereinzelt seit 1882, allgemeiner erst seit 1930, häufig in Mischung mit dem Saft anderer Citrusfrüchte. Sie werden, verschied. gezuckert, mit wechselndem Saftgeh. u./oder Essenzen hergestellt, die Arten werden im einzelnen besprochen. (Perfum. essent. Oil Rec. **49**. 318—24. Juni 1958.) H. MÜHLMEISTER. 7706

E. Benk, *Zusammensetzung von Tomatensaft.* Vf. teilt Analysendaten von von ihm selbst hergestellten Tomatensäften sowie von solchen des Handels mit u. vergleicht dieselben mit Literaturangaben. — 6 Hinweise. (Flüssiges Obst **22**. Nr. 4. 14—15. April 1955. Reutlingen, Chem. Landesuntersuchungsanst.) M. WINIKER. 7706

R. Descartes de Garcia Paula und **Abrahão Iachan**, *Beitrag zur Kenntnis des Guaraná (Paullinia cupana).* Guaraná (Paullinia cupana) lieferte wie Kaffee ein coffeinhaltiges, anregendes, jedoch kalt genossenes Getränk. Die papierchromatograph. Unters. zeigt Tanninflecken mit R_F 0,13, 0,44, 0,62 u. 0,74; der Fleck mit R_F 0,13 der Pflanze selbst ist beim Getränk durch die Ggw. von Zucker verzerrt, der Fleck mit R_F 0,13 fehlt hier. Die besten Ergebnisse werden mit 80% Butanol + 20% Essigsäure, mit W. gesätt., als Lösungsm. u. mittels mit NH_3 behandelter 0,1n $AgNO_3$-Lsg. als Entwickler erhalten. 100 ml Getränk enthalten $<$30 mg Guaranátannin, eine Flasche enthält Extrakt aus $<$0,6 g Guaranásamen. (An. Farmác. Quím. São Paulo **9.** 12—16. Jan./Febr. 1958. Rio de Janeiro, Inst. nac. de Tecnol.) R. K. MÜLLER. 7720

C. Edith Weir, H. Wang, Marion L. Birkner, Jean Parsons und **Betty Ginger**, *Untersuchungen über das enzymatische Zartmachen von Fleisch.* 2. Mitt. *Organoleptische und histologische Untersuchungen von Fleisch nach Behandlung mit flüssiges Papain enthaltenden Zartmachern.* (1. vgl. C. **1957.** 8671.) Rippenfleischstücke wurden durch Behandlung mit fl. Papain, Kochsalz u. hydrolysiertes pflanzl. Protein enthaltenden Präpp. zartgemacht. Die Dehnbarkeit der Muskelfaser änderte sich nicht. Sarcolemma u. Muskelfaserhaut wurden aufgelöst. Die histolog. Veränderungen fallen im gekochten, nicht im rohen Fleisch auf. Die Erhöhung der Zartheit durch Anwendung der Präpp. wurde durch Lagerung des Fleisches über $>$48 Std. oder durch Lagerung unter 40° F vor dem Kochen nicht beeinflußt. Die Zartheit war deutlicher, wenn die gefrorenen Stücke vor der Zubereitung aufgetaut wurden. Beim Auftauen bei 70°F war eine breiige Konsistenz der Oberfläche u. bes. starke Zunahme der Zartheit durch das ganze Stück zu beobachten. (Food Res. **23.** 411—22. Sept./Okt. 1958.) PH. FRESENIUS. 7750

H. Wang, C. Edith Weir, Marion L. Birkner und **Betty Ginger**, *Untersuchungen über das enzymatische Zartmachen von Fleisch.* 3. Mitt. *Histologische und organoleptische Untersuchungen von Enzymzubereitungen von drei verschiedenen Herkünften.* (2. vgl. vorst. Ref.) Die Fähigkeit eines Enzyms zur Hydrolyse von Hämoglobin u. Gelatine geht nicht mit seiner Aktivität als Zartmacher Hand in Hand. Es wird eine Unterscheidung getroffen zwischen anfänglicher Zartheit u. Kaurückstand. Die anfängliche Zartheit wurde interpretiert als verknüpft mit Auflsg. von Sarcolemma u. Muskelfaserhaut u. mit verringerter Muskelfaserdehnbarkeit. Der Kaurückstand ist verknüpft mit Abbau von Kollagen u. Elastinfaser. Enzyme pflanzlichen Ursprungs (Ficin, Papain, Bromelin) beeinflussen beide Gruppen von Strukturen u. Eigenschaften. Mikrobielle u. Pilzenzyme beeinflussen hauptsächlich die anfängliche Zartheit (Rhozyme P 11, Pilzamylase). Histolog. Daten allein werden bei anderen mikrobiellen Enzymen u. den Pankreasenzymen Viokase u. Trypsin erhalten. In Stücken von Semitendinosus wird eine zartmachende Wrkg. erst durch größere Mengen Enzym als in Stücken von M. longissimus dorsi erzielt. (Food Res. **23.** 423—38. Sept./Okt. 1958.) PH. FRESENIUS. 7750

A. E. Teeri, M. E. Loughlin und **D. Josselyn**, *Der Nährwert von Fisch.* 1. Mitt. *Der Nicotinsäure-, Riboflavin-, Vitamin B_{12}- und Aminosäuregehalt verschiedener Salzwasserarten.* Vff. haben das frische Muskelfleisch verschied. Fische sowie Schalentiere, Hummern, Garnelen u. konservierte Fische auf den Geh. an Feuchtigkeit, Proteinen (**a**), Nicotinsäure, Riboflavin u. Vitamin B_{12} untersucht u. die Resultate tabellar. wiedergegeben. Die **a** enthalten große Mengen Leucin, Alanin, Asparaginsäure, Lysin, Glutaminsäure, mäßig viel Serin, Threonin, Arginin, Glycin, Valin u. Phenylalanin u. wenig Methionin, Cystin, Prolin, Tryptophan. Bei einigen Arten kommen Histidin, Tyrosin u. Taurin vor. (Food Res. **22.** 145—50. März/April 1957. Durham, New Hampshire, Univ. of New Hampshire, Agricult. Exp. Stat., Dep. of Agricult. and Biol. Chem.)
HEINRICH HERMANN. 7752

W. Duane Brown und **A. L. Tappel**, *Identifizierung des rosafarbenen Pigments in konserviertem Thunfisch.* Das rosafarbene Pigment im Thunfisch tritt beim Kochen auf u. wird bei Luftzutritt lohfarben. Bei Zugabe einer reduzierenden Substanz (Na-Hydrogensulfit) kehrt die Rosafärbung zurück. Das Pigment ist unlösl. in W., Aceton-Ae.-Gemisch, PAe., Chlf., verd. HCl, Eisessig oder Pyridin. Eine Unters. des Pigments mit dem BECKMANN-DR-Spektrophotometer im Vgl. zu einer Modellsg. [0,08 mol. Lsg. einer Nichthämsubstanz (Nicotinamid, Cholin, Betain, Histidinhydrochlorid, Diphosphopyridinnucleotid, Na-Nitrit) u. 0,0023 mol. Lsg. eines Reduktionsmittels (Vitamin C, Na-Sulfit, Na-Ascorbat, Glutathion, Cysteinhydrochlorid) ergab dessen Charakter als Hämochrom. Dieses entsteht aus dem Häm des Fischmyoglobins u. Resten von Hämoglobin mit denaturiertem *Globin* (**a**) oder *Nicotinamid* (**b**) oder **a** u. **b** zusammen. Das Pigment kann durch Zugabe von Hämochrom bildenden u. von reduzierenden Substanzen stabilisiert werden. (Food Res. **22.** 214—21. März/April 1957. Davis, Calif., Univ. of California, Dep. of Food Technol.) HEINRICH HERMANN. 7752

H. Fenner und **J. G. Archibald,** *Bor in Kuhmilch.* Vff. stellten durch Fütterungsverss. bei Milchkühen fest, daß der B-Geh. der Milch mit dem B-Geh. des Futters ansteigt. Gaben von täglich 300 mg B, als Borax verfüttert, erhöhten den B-Geh. nach 2 Monaten um das 2,5fache, nämlich von 270 auf 663 μg pro Liter Milch. (J. Dairy Sci. **41.** 803—06. Juni 1958. Amherst, Mass., Massachusetts Agricult. Exp. Stat., Dairy and Animal Science Dep.) E. WIEHR. 7756

I. I. Peters, C. A. Mulay und **R. R. Shrode,** *Die prozentuale Veränderlichkeit der Leitfähigkeit.* Milch von 400 Kühen wurde auf ihre Leitfähigkeit, Geh. an Lactose u. Gefrierpunktserniedrigung untersucht. Der Gefrierpunkt des Milchserums lag bei 9% der Proben nach Zusatz von 3% W. außerhalb der Toleranzgrenze von —0,5335°. Diese Proben hatten den niedrigsten Geh. an Lactose u. zeigten auch die stärksten Abweichungen hinsichtlich der Leitfähigkeit. (J. Milk Food Technol. **22.** 71—73. März 1959. Texas Agricultural Experiment Station, College Station, Dep. of Dairy Science.) E. LÜCK. 7756

R. K. Eskew, N. C. Aceto, H. I. Sinnamon und **E. F. Schoppet,** *Die Dispergierbarkeit von durch Schaumtrocknung hergestellten fetthaltigen Milchprodukten.* Vollmilch sowie kakaohaltige u. mit Lactose oder Milchsäure angereicherte Vollmilch wurde nach dem Schaumverf. (vgl. C. **1958.** 10804) getrocknet. Auf diese Weise getrocknete Prodd. waren besser dispergierbar als die handelsübliche Ware. Lagerung von mehr als einem Jahr bei 73° F rief keine Veränderung in der Dispergierbarkeit hervor, bei Lagerung bei 100° F trat eine geringe Verschlechterung auf. (J. Dairy Sci. **41.** 753—60. Juni 1958. Philadelphia, Pa., Eastern Regional Res. Labor.) E. WIEHR. 7756

L. G. Harmon und **T. I. Hedrick,** *Fettretention und Ausbeute an Quark bei Verwendung von Säurewecker verschiedenen Fettgehalts.* Vff. stellten Quark mit Säurewecker aus homogenisierter u. nichthomogenisierter Milch verschied. Fettgeh. her. Der Ausgangsfettgeh. im Mich-Säurewecker-Gemisch betrug 0,176—0,378%. Davon wurden 63,83 bis 89,89% im Quark zurückgehalten. Der durchschnittliche Fettgeh. des gewaschenen Bruchs schwankte von 0,725% (Magermilch-Säurewecker) bis 2,189% (Säurewecker aus homogenisierter Vollmilch). In der Molke wurden im Mittel 0,069% Fett (Magermilch-Säurewecker) u. 0,113% Fett (Säurewecker aus nichthomogenisierter Vollmilch) gefunden. Verwendung von homogenisierter Vollmilch für die Bereitung des Säureweckers bedingte gegenüber der von nichthomogenisierter Vollmilch ein Absinken des Fettverlusts in der Molke. Die Ausbeute betrug bei einem Geh. von 21% Gesamtfeststoffen 1,80—1,87 kg Quark/kg Milchfeststoffe u. 0,387—0,396 kg Quarkfeststoffe/kg Milchfeststoffe. Höchste Ausbeute wurde bei Verwendung eines Säureweckers von ca. 2% Fettgeh., geringste bei Verwendung von Magermilch zur Säureweckerbereitung erzielt. (Milk Dealer **48.** Nr. 3. 47—48. 78—80. Dez. 1958. East Lansing, Mich., Michigan State Univ., Dep. of Dairy.) HANS THIELE. 7760

Charles S. Wales und **L. G. Harmon,** *Veränderungen des Diacetylgehalts von Bauernsahnekäse, die durch Organismen verursacht wurden, die zu dem Verderb in Beziehung stehen.* Frischer Sahnekäse wurde mit Geotrichum candidum (**a**), Mucor plumbeus (**b**), Rhodotorula flava (**c**), Pseudomonas fluorescens (**d**), Ps. tralucida, Ps. fragi (**e**), Achromobacter butyri, A. eurydice (**f**), Alcaligenes metalcaligenes, Bacillus firmus, Micrococcusflavus u. Escheria coli inoculiert u. vorher u. 3 Tage später auf p_H sowie Geh. an *Diacetyl* (**I**) u. *Acetylmethylcarbinol* (**II**) untersucht. Graph. Darst. des **I**-Geh. in Sahnekäse nach Inoculation mit verschied. Mikroorganismen bei verschied. Temperaturen. Der **I**-Geh. des Käses steigt unter der Einw. von Escheria coli; alle anderen Bakterien lassen ihn absinken. Der **II**-Geh. steigt unter der Einw. von **a, b, c, d, e** u. **f.** (Food Res. **22.** 170 bis 175. März/April 1957. East Lansing, Mich., Michigan State Univ., Agricultural Exp. Stat.) HEINRICH HERMANN. 7760

H. Uotila, *Über den Einfluß der Länge der Aufbewahrungszeit im Gärungskeller auf die Qualität und die Haltbarkeit von Emmentaler Käse.* Eine über die n. verlängerte Aufbewahrungszeit von Emmentaler Käse im Gärungskeller bei ca. 24° bewirkt die Ausbldg. größerer Hohlräume, eine Herabsetzung des Milchsäure- u. NaCl-Geh. u. eine Verbesserung der Qualität u. Haltbarkeit. (Karjantuote **42.** 205—09. 24/4. 1959.) S. BECKMANN. 7760

Artturi I. Virtanen und **Into Aikkinen,** *Die Qualität der AIV-Salzsilage.* (Vgl. C. **1959.** 979.) Die Qualität von Gärfutter, das mit Zusatz von *AIV-Siliersalz* hergestellt war, war bei Klee-Timothee zu 69,0% gut (p_H $<$4,0) u. zu 20,1% befriedigend (p_H 4,0 bis 4,2), bei Rübenblatt entsprechend 72,6 bzw. 12,8%, bei Futterrüben 94,9 bzw. 2,9%, bei Futterraps 73,2 bzw. 5,4%. Die AIV-Lsg. ist zur Herst. von Gärfutter, bes. aus Klee, dem AIV-Salz überlegen. Beim Silieren mit AIV-Salz muß höherer Druck (ca. 500 kg/m²) angewendet werden. Von Silagen, die mit Zusatz von *Calcifor* hergestellt wurden, waren ca. $^{2}/_{3}$ von geringer Qualität u. ca. $^{1}/_{5}$ völlig verdorben. (Karjatalous **35.** 161—62. 26/6. 1959.) S. BECKMANN. 7782

Irja Uotila, *Über Mineralstoffbeifütterung an Rinder während des Weidegangs.* Mineral. Futtermittel wurden von Milchkühen u. Färsen während des Weidegangs verschied. gern genommen: Knochenmehl, NaCl u. bes. NaH_2PO_4 wurden bevorzugt, dagegen Futterkalk u. Futterphosphat ungern gefressen. Der Bedarf an Mineralstoffen u. die Wirtschaftlichkeit der zusätzlichen Mineralstoffverfütterung werden erörtert. (Karjatalous **35.** 163—65. 26/6. 1959.) S. BECKMANN. 7786

Attila Vértes, *Die Rückstrahlung als ein Mittel der Lebensmittelanalyse.* Das Elektronenreflexionsvermögen von Lebensmitteln ist gering. Wenn diese aber mit Stoffen aus Elementen höherer Ordnungszahl vermischt bzw. gefälscht werden, so steigt die Rückstrahlung stark an. Vf. beschreibt eine auf dieser Erscheinung basierende neue Meth. zur Best. der Art u. des Grads der Fälschung. Die Probe wird in einen strahlensicheren Bleiturm gelegt, darüber seitlich das β-strahlende Isotop angebracht u. die reflektierte Strahlung mit einem Zählrohr gemessen. Da die Reflexion von Temp. u. D. u. sogar vom Aggregatzustand unabhängig ist u. die Impulse mit der Menge des stärker reflektierenden Anteils linear ansteigen, kann mit dieser Meth. die Fälschung von Lebensmitteln mit anorgan. Stoffen nachgewiesen werden. (Élelmezési Ipar [Verpflegungs-Ind.] **12.** 259—62. Aug./Sept. 1958.) J. PLANK. 7788

W. Ss. Grshiwo und **M. Ss. Berch,** *Die Anwendung der Fällungschromatographie zur Bestimmung des Gehaltes an Kupfersalzen in Konserven.* 15 g Konserven werden getrocknet u. im Muffelofen bei 500° verascht. Die Asche wird mit 5 ml konz. HNO_3 behandelt u. zur Trockne eingedampft. Der Rückstand wird mit 2 ml 2n HNO_3-Lsg. bebehandelt, die Lsg. in ein Reagensglas filtriert, das Filtrat vorsichtig mit 2n Alkalilsg. bis zum Auftreten von unlösl. Flocken neutralisiert, danach mit 2n HNO_3-Lsg. bis zur Auflsg. der gebildeten Flocken tropfenweise versetzt. Das Vol. der Lsg. soll 3 ml, das p_H ca. 2,5—3 betragen. In der HNO_3-Lsg. wird das Cu wie folgt nachgewiesen: Ein Glasrohr mit etwas Watte wird mit einem Gemisch, bestehend aus 100 (Gewichtsteilen) Al_2O_3 u. 1 Rubeanwasserstoffsäure gefüllt, abgedichtet (die Höhe des Adsorbens soll höchstens 4 cm betragen) u. mit 0,1 ml der obigen Lsg. in der Kolonne versetzt. In Abhängigkeit von der Konz. an rubeansaurem Cu bildet sich ein schwarzer bis hellgrauer Niederschlag. Hierauf wird 1 ml obiger Lsg. mit 1 ml dest. W. versetzt u. hiervon 0,1 ml in eine 2. Kolonne wie oben eingetragen (2fache Verdünnung). Diese Verdünnung u. die chromatograph. Unters. werden so lange wiederholt, bis die Kolonne durch Cu nicht mehr gefärbt wird. Die chromatograph. nachweisbare Mindestmenge beträgt 0,42 mg Cu/kg Produkt. Die erhaltenen Werte decken sich nahezu mit den polarograph. erhaltenen. (Консервная и Овощесушильная Промышленность [Konserven- u. Dörrgemüse-Ind.] **13.** Nr. 12. 32—34. Dez. 1958. Zentr. Wiss. Forschungsinst. der Konserven- u. Dörrgemüse-Ind.) OTTO MAIER. 7790

George E. Keppel, *Bericht über Urin in Getreide.* In mehreren Laborr. ausgeführte Unterss. über die colorimetr. Best. von Urin an Weizenkörnern (mit *p-Dimethylaminobenzaldehyd*) nach dem von BUCKLEY u. WHINERY (Cereal Chem. **24.** [1947.] 380) angegebenen Verf. ergaben z. T. falsche (zu hohe) Werte. (J. Assoc. off. agric. Chemists **41.** 343—47. Mai 1958. Cincinnati, Ohio, Dep. of Health, Education and Welfare, Food and Drug Admin.) W. WESLY. 7796

William T. Yamazaki, *Anwendung von Hitze bei der Bewertung von Mehlen für die Keksherstellung.* Vf. untersuchte Weichweizenmehle im heizbaren Mixographen auf ihre Eignung zur Herst. von Keksen. Auf Versuchsmühlen hergestellte durchgemahlene Mehle mit mangelhafter Keksqualität als Sorteneig. ergaben einen früheren u. bei niedrigeren Tempp. eintretenden Viscositätsanstieg als bessere Qualitäten. Eine hohe negative Korrelation bestand zwischen der Fähigkeit der Mehle, mit steigender Temp. schwach alkal. Lsgg. zu binden. Die Messungen zeigten nicht die als Sortenmerkmal gegebenen Unterschiede in der Hitzedurchdringung der Teige und den damit verbundenen Verlusten an flüchtigen Bestandteilen. (Cereal Chem. **36.** 59—69. Jan. 1959. Wooster, Ohio, US Dep. of Agric., Soft Wheat Quality Labor.) H. HAEVECKER. 7798

Werner F. Daum, John E. De Vries und **Byron S. Miller,** *Die polarographische Bestimmung von Cystin in Weizen- und Mehlhydrolysaten.* Als günstigste Bedingungen zur vollständigen Hydrolyse von Weizen u. Mehl ermittelte Vf. die Behandlung im Autoklaven mit 4n HCl während 30 Min. bei 15 lb. Druck. Die polarograph. Best. von Cystin geschah mittels Eichkurven, die durch Zugabe von reinem Cystin zu Hydrolysaten, in denen das ursprüngliche Cystin zerstört war, erhalten wurden. Der durchschnittliche Cystingeh. von Mehlen aus 11 Weizenmustern verschied. Herkunft betrug 1,88% des gesamten Proteingeh. in guter Übereinstimmung mit den auf chem. u. mikrobiol. Wege ermittelten Werten. (Cereal Chem. **36.** 176—85. März 1959. Neodesha, Kans., Standard Oil Comp.) H. HAEVECKER. 7798

P. Dasskalow, R. Tenow und **T. Russew,** *Methoden zur Bewertung von Tomatensorten für die Konservenindustrie.* Es wird vorgeschlagen, Tomaten nach ihrem Geh. an verwertbarer Trockensubstanz (vT) wie folgt zu bewerten: In 1 kg wird durch Erwärmung auf 80° der Geh. an Gesamttrockensubstanz bestimmt, danach durch Erwärmung der nicht verwertbaren Teile (Samen, Haut u. a.) auf 80° deren Trockensubstanz bestimmt, die Differenz ergibt die vT der Tomaten. In den untersuchten Sorten betrugen die Abfälle 0,69—2,49%. Der Geh. an Eiweiß u. vT nimmt mit steigendem Cellulosegeh. ab. Die Bewertung erfolgt auch nach der Farbe des Prod. durch colorimetr. Best. des Durchlässigkeitskoeff. („Farbstärke") in einer mit Na_2SO_4 entwässerten u. mit Chlf. extrahierten Einwaage (Tomaten oder Tomatenpaste). Die höchste Sorte hat die Farbe bis zu 21, Sorte 1 bis zu 26 u. Sorte 2 über 26. Für die Herst. von gutem Saft oder Paste eignen sich Tomaten mit mindestens 3,4(%) Zucker, ca. 0,4 Säure (umgerechnet auf Citronensäure) u. höchstens 0,2 Cellulose. (Консервная и Овощесушильная Промышленность [Konserven- u. Dörrgemüse-Ind.] **13.** Nr. 12. 24—27. Dez. 1958. Bulgar. Volksrepublik.) OTTO MAIER. 7808

Albrecht Fincke, *Über den Nachweis hydrierter Fette in Kakaobutter mittels der Isoölsäurebestimmung.* Vf. nimmt zunächst zu den Ausführungen von SCHADE (C. **1958.** 12267) krit. Stellung u. gelangt hierbei zu deren Ablehnung. Sodann berichtet Vf. über eigene Unterss. an 54 Kakaokern-Extraktionsfetten mittels der Halbmikrometh. von GROSSFELD u. PETER zum Nachw. von *Isoölsäuren* (I). Im Mittel wurden 0,02% I gefunden. Ein Zusammenhang zwischen I-Zahl u. JZ. wurde nicht festgestellt. Unterss. an zahlreichen Hartfett–Kakaobutter-Mischungen ergaben, daß mit dieser Meth. schon ein 2%ig. Zusatz von hydrierten Fetten zu Kakaobutter sicher nachgewiesen werden kann. (Gordian **58.** Nr. 1390. 17—21. 28/10. 1958. Köln, Wissenschaftl. Forschungs- u. Beratungsstelle des Fachverbandes der Süßwarenind. Detmold.) M. WINIKER. 7832

V. R. Wenner, *Schnellbestimmungen von Salzen und Ionen in Milch.* 1. Mitt. *Bestimmung von Natrium, Kalium, Magnesium und Calcium durch Flammenphotometrie.* Vf. beschreibt eine Meth., nach der 4—6 Milchproben täglich von einer Arbeitskraft auf Na, K, Ca u. Mg untersucht werden können. Alle anderen Stoffe außer den zu bestimmenden Kationen wurden durch Ausfällen mit HCl u. Behandlung mit dem Kationenaustauscher Dowex-50 abgetrennt. Flammenphotometr. konnten in der salzsauren Lsg. bis 60 (p.p.m.) K u. Ca, bis 10 Na u. von 10—60 Mg nebeneinander bestimmt werden. (J. Dairy Sci. **41.** 761—68. Juni 1958. Vevey, Nestlé Products, Res. Laborr.)
E. WIEHR. 7856

Daniel Edwards, *Das Problem der Wasserzugabe zu Milch.* Absichtliche oder unabsichtliche Milchverfälschungen durch Zugabe von W. lassen sich durch Gefrierpunktsbest. relativ leicht nachweisen, da reines W. u. reine Milch verhältnismäßig konstante Gefrierpunkte haben. Bei einer Toleranz von 3% u. einem mittleren Gefrierpunkt der Milch von — 0,550° würden also alle Milchproben mit einem Gefrierpunkt unter — 0,534° nicht zu beanstanden sein. Neuerdings hat man jedoch gefunden, daß ein mittlerer Gefrierpunkt von — 0,543° den tatsächlichen Verhältnissen viel näher kommt. Die Messung erfolgt durch Unterkühlen u. langsames Erwärmen bis zum Gleichgewicht fest/flüssig der wss. Phase. Zu diesem Zeitpunkt erfolgt die Ablesung. Vf. gibt eine eingehende Darstellung der Entw. des HORTVET-Kryoskops, das aus Kältebad, Probengefäß u. Hg-Thermometer besteht, bis zum modernen Gerät, das mit einem elektr. „Thermistor"-Thermometer ausgestattet ist u. die Ablesung auf 0,001° genau erlaubt. Neben Vorteilen wie geringer Probenmenge, Schnelligkeit der Best., Wegfall der Eiseinsaat, direkter Ablesung u. a. liegt bei diesen Geräten gerade in ihrer einfachen Handhabung die Gefahr einer zu oberflächlichen Bedienung. Die Meth. erlaubt die Best. von 3% Fremdwasser, wenn der Gefrierpunkt der unverfälschten Milch nicht bekannt ist, u. von 0,5% Fremdwasser, wenn dieser bekannt ist. Änderungen des Gefrierpunktes, z. B. rasse- oder fütterungsbedingt, können bei einer Toleranz von 3% unberücksichtigt bleiben. Zweifelhafte Ergebnisse können durch Best. des Gefrierpunktes der betreffenden unverfälschten Milch oder durch Heranziehung anderer Methoden zur Best. des Fremdwassergeh. gesichert werden. (Amer. Milk Rev. Milk Plant Monthly **20.** Nr. 11. 70—72. Nov. 1958.) HANS THIELE. 7856

Georg Roeder, *Zur butyrometrischen Fettbestimmung im Rahm.* Zunächst werden die gebräuchlichsten Verff. der butyrometr. Fettbest. in Rahm u. ihre Zuverlässigkeit besprochen. Sodann wird über Erfahrungen mit einer neuen, von SCHULZ u. KLEY vorgeschlagenen Modifikation des „Wägeverfahrens" (C. **1956.** 4302) berichtet. — 37 Literaturhinweise. (Milchwissenschaft **14.** 194—203. Mai 1959. Stuttgart u. Gießen.)
M. WINIKER. 7856

D. E. Madden und **J. R. Brunner,** *Vergleichende Messungen zur Beurteilung der Genauigkeit von kleinen Lactometern für die Bestimmung der gesamten festen Bestandteile in Kuhmilch.* Milchproben von ca. 350 Kühen verschied. Rassen wurden auf den Geh. an festen Bestandteilen untersucht. Die mit dem kleinen WATSON-Lactometer erzielten Ergebnisse stimmten mit denen der gravimetr. Best. überein. Das in den Niederlanden gebräuchliche kleine QUEVENNE-Lactometer war weniger genau. (J. Dairy Sci. **41.** 783—88. Juni 1958. East Lansing, Mich., Michigan State Univ., Dep. of Dairy.)
E. WIEHR. 7856

Owen W. Parks und **F. J. Doan,** *Empfindlichkeit des Plattentests und der Triphenyltetrazoliumprobe zum Nachweis von Antibioticis in Milch.* Mit dem Plattentest lassen sich günstigstenfalls in Milch 0,02 Einheiten *Penicillin O* (I) u. 0,013 Einheiten *Penicillin G* (II) pro ml nachweisen. Die Empfindlichkeit des Tests läßt sich durch Alternlassen der Agarplatten (wenigstens 24 u. höchstens 72 Std.) im Kühlschrank steigern. *Aureomycin* (III) läßt sich bis zu 0,055 γ/ml u. *Dihydrostreptomycin* (IV) bis zu 0,75 γ/ml nachweisen, wenn die Alterungszeit des Agars auf 250 Std. erhöht wird. Mit der Tetraphenyltetrazoliumprobe lassen sich unter Verwendung von Streptococcus thermophilus (ATCC 7952) 0,02 Einheiten **I,** 0,006 Einheiten **II,** 2 γ **III** u. 0,075 γ **IV** pro ml Milch nachweisen. (J. Milk Food Technol. **22.** 74—76. März 1959. University Park, Pa., Pennsylvania Agric. Exper. Stat.) E. LÜCK. 7856

B. J. Liska, und **H. E. Calbert,** *Ein Test zur Bestimmung von Milchsäurebakteriophagen mit 2.3.5-Triphenyltetrazoliumchlorid.* Die Hemmung des Wachstums von Milchsäurebakterienkulturen durch Bakteriophagen konnte mittels der Farb-Rk. mit *2.3.5-Triphenyltetrazoliumchlorid* innerhalb von 4½ Std. nachgewiesen werden. Der ca. 12—16 Std. dauernde Lackmustest wurde an Empfindlichkeit übertroffen. (J. Dairy Sci. **41.** 776—82. Juni 1958. Madison, Wis., Univ. of Wisconsin, Dep. of Dairy and Food Ind.)
E. WIEHR. 7856

Fritz Günther Keitel, Deutschland, *Haltbare Gemüsesäfte.* Man unterzieht Säfte von Gemüsen mit einem natürlichen geringen Geh. an Säuren, z. B. Karotten, Sellerie Rote Rüben, Gurken, Tomaten u. dgl., einer Schnellgärung mit Milchsäure erzeugenden Bakterien. — Das zerkleinerte Pflanzenmaterial wird abgepreßt u. der Saft auf 35—38° erhitzt, dieser mit Milchsäurebakterien versetzt, der Gärbottich mit CO_2 aufgefüllt u. 12 Std. unter Rühren die M. zu p_H 3,4—4,5 vergoren, die Gärung abgebrochen, zur Vitaminisierung Saft von Schwarzen Johannisbeeren u. Hefe zugesetzt, gegebenenfalls mit in W. gelöstem Agar-Agar homogenisiert, bei 55—60° heiß auf sterile Flaschen gefüllt u. 10 Min. bei 60° pasteurisiert. Gegebenenfalls kann bis zu 3% Zucker zugesetzt werden. (**F. P. 1 178 657** vom 5/7. 1957, ausg. 13/5. 1959.) G. WELTZIEN. 7707

Jacques Ducourouble, Seine-Maritime, Frankreich, *Brausetabletten.* Man verwendet eine 3schichtige Tablette, bestehend aus 35—45 (%) Wein- oder Citronensäure, 55—65 Na_2CO_3 u. einer neutralen Zwischenschicht aus einem weniger reaktionsfähigen Salz oder Saccharose, Lactose, Glucose u. dgl., wobei einer oder allen 3 Schichten Geschmacksstoffe u. Konservierungsmittel zugesetzt werden. — Zeichnung. (**F. P. 1 178 247** vom 6/7. 1957, ausg. 5/5. 1959.) G. WELTZIEN. 7707

Soc. An. des Produits Alimentaires Knorr Thayngen, Schweiz, *Kochsalzfreies Glutamatsalz.* Man mischt 481 (kg) wasserfreie Glutaminsäure mit 427 W., neutralisiert kalt mit NH_3, bis die Temp. auf 60° steigt u. man eine Lsg. von *NH_4-Monoglutamat* (I) vom p_H 7—8 erhält. Die Lsg. wird langsam (24—30 Std.) auf ca. 10° gekühlt. Die Kristalle werden zentrifugiert u. im Trockner auf p_H 5,0—6,5 gebracht. Ausbeute: 301 **I.** Man mischt 20—50 (Teile) **I** mit 15—40 kochsalzfreier Hefe, 10—30 einer Mischung aus K-Chlorat, -Tartrat oder -Citrat sowie 5—20 Zusatzmitteln (Fette, Gemüseextrakte u. dgl.) zu einem *Diätsalz.* (**F. P. 1 178 416** vom 27/7. 1956, ausg. 11/5. 1959. Schwz. Prior. 29/7. 1955.) G. WELTZIEN. 7715

Zigarettenfabrik Kosmos G. m. b. H. (Erfinder: **Günther Milleville** und **Gerhard Winkler**), Memmingen, *Entschärfen von Rauchtabak,* bes. saurem Schneidegut, dad. gek., daß der Tabak im Blatt oder im Schnitt mit Amidosulfonsäure (I) behandelt wird. Man bringt z. B. 1—2% in Form einer wss. oder alkoh. Lsg. auf. (**D. A. S. 1 061 674** Kl. 79c vom 6/6. 1958, veröff. 16/7. 1959.) K. KOEBKE. 7735

Anton Bauer, Linz, Österreich, *Konservierung von Rauhfutter.* Um minderwertiges Heu, das bisher nur als Streu verwendbar war, als Futter verwenden zu können u. das Schimmeln während der Lagerung zu verhindern, mischt man 100 (kg) frisch eingebrachtes Rauhfutter mit 0,5, minderwertiges mit 1,0, verstaubtes mit 1,5 einer Salzmischung aus 50 (Gewichtsteilen) Viehsalz, 30 $CaCO_3$, 10 $Ca_3(PO_4)_2$, 10 Schlemmkreide als Haftmittel u. mindestens 0,02 Anisöl zur Anregung der Freßlust. Je nach

Art des Viehes können noch andere Mineralien zugesetzt werden. (**Oe. P. 202 848** vom 30/10. 1957, ausg. 10/4. 1959.) G. WELTZIEN. 7783

Dr. Plate G. m. b. H., Bonn, *Silieren von Grünfutter.* Zur Förderung der Gärung benutzt man ein Siliersalz (2‰ des Gärfuttergemisches) aus einem Formiat–Nitrit-Gemisch, dem man zur Verhinderung des Klumpens ein Metallstearat u. tierphysiol. Mengen Spurenelemente zusetzt. — 81 (kg) Ca-Formiat, 14 $NaNO_2$, 4,95 Rohphosphat, 1 Al-Stearat u. 0,056% Spurenelemente, nämlich: 35 $FeSO_4$, je 7 $MnSO_4$, $CuSO_4$, $CoSO_4$ u. 0,11 KJ. (**Oe. P. 202 849** vom 17/3. 1958, ausg. 10/4. 1959.) G. WELTZIEN. 7783

Industrial Processes, Inc., übert. von: **Frank R. Ofner**, Spokane, Wash., V. St. A., *Herstellung von Futtermitteln aus den abgetrennten Feststoffen und den flüssigen Bestandteilen von Müllereiabfällen.* Weizenwaschwässer werden 16—24 Std. nach ihrem Anfall in Zentrifugen oder Klärbehältern nach Verdickung von einem Teil ihres Wassergeh. befreit. Das abgetrennte W. wird filtriert u. geht in den Waschprozeß zurück. Der abgesetzte Schlamm wird mittels einer Schlämmpumpe einem Vakuumfilter oder einer Filterpresse zugeführt. Der Filterrückstand wird in Trockentrommeln bis auf Wassergehh. von 12—18% getrocknet u. in Mischern mit anderen Futtermitteln vermischt. Man erhält Futtermittel mit hohem Protein- u. Fettgehalt. — Vorrichtung. (**A. P. 2 835 984** vom 28/9. 1953, ausg. 27/5. 1958.) H. KARST. 7787

Industrial Processes, Inc., übert. von: **Frank R. Ofner**, Spokane, Wash., V. St. A., *Herstellung von Futtermitteln aus Müllereiabfällen.* Das in Zentrifugen von dem Weizen abgetrennte Waschwasser wird innerhalb 16—24 Std. in Klärbehälter gefüllt, wo es verdickt. Die M. wird dann mit Schlammpumpen Vakuumfiltern zugeführt. Der ca. 63 bis 68 (%) W. enthaltende Filterrückstand wird in rotierenden Trockentrommeln bei ca. 77—82° bis auf einen Wassergeh. von ca. 12—14 getrocknet. Das abgesackte Prod. ist sofort verkaufsfähig u. weist hohen Proteingeh. auf. — Vorrichtung. (**A. P. 2 835 985** vom 13/12. 1952, ausg. 27/5. 1958.) H. KARST. 7787

Iowa State College Research Foundation (Erfinder: **Wise Burroughs**), Ames, Io., V. St. A., *Futtermittel für Wiederkäuer.* Den Futtermitteln für Kälber, Lämmer u. dgl., z. B. Alfalfamehl, Melasse, Mineralsalzen, bes. $CaCO_3$, Vitaminen, Sojabohnen- u. Baumwollsaatmehl, werden ca. 0,003—3 mg einer synthet. östrogenen Substanz, wie *Stilböstrol, Diäthylstilböstrol, Östradiol, Östron, Dianisylhexen, Genistin, Genistein, Methyltestosteron, Diensterol* u. *Hexöstrol*, innig beigemischt. Das Lebendgewicht der gefütterten Tiere wird erheblich erhöht u. die Qualität des Fleisches verbessert. (**E. P. 799 095** vom 1/12. 1954, ausg. 30/7. 1958.) H. KARST. 7787

—, Symposium: Fruchtsaft-Konzentrate. Bristol 1958. Zürich: Juris-Verlag. 1959. (413 S. m. Abb.) 8° = Internat. Fruchtsaft-Union. Berichte der Wissenschaftl.-techn. Kommission. sfr. 30,—.

XVII. Fette. Seifen. Wasch- u. Reinigungsmittel. Wachse. Bohnermassen usw.

J. R. Chipault, O. S. Privett, G. R. Mizuno, E. Christense Nickell und **W. O. Lundberg**, *Der Einfluß ionisierender Strahlungen auf Fettsäureester.* Vff. untersuchten unter verschied. Bedingungen den Einfl. von β- (aus einem VAN DE GRAAF-Beschleuniger) u. γ-Strahlen auf Methylpalmitat, -oleat, -linolat, Maisölmethylester, Maisöl, Schmalz, Butterfett, Na-Oleat, Na-Linolat u. Methyllinolat–Harnstoff-Einschlußverbindung. Analysiert wurden die Gehh. an Peroxyd, ungesätt. u. gesätt. Fettsäuren (in mMol/kg). In Ggw. von O_2 entstanden beträchtliche Mengen von Peroxyden u. Carbonylverbindungen. Geschmack u. Geruch waren verändert, ohne daß dies mit der Bldg. gesätt. oder ungesätt. Ketone bzw. der Peroxyde parallel ging. Durch die freien Radikale u. deren Eintritt in den Reaktionsablauf entstehen bei Linolaten ähnlich der Autoxydation konjugierte Dien-Peroxyde. Jedoch sind die Ketten-Rkk. wegen der hohen Konz. freier Radikale um so kürzer, je energiereicher die Strahlung ist. Antioxydantien wie Propylgallat hemmen die Rkk. weniger als bei normaler Autoxydation. Nur ein Teil der Carbonylverbb. war flüchtig. In Ggw. von Luft bilden sich Ozon u. N-Oxyde, die sekundär auf die Geschmacksstoffe einwirken können. Ebenso zeigen sich organolept. Veränderungen auch bei Bestrahlung im Vakuum. Es entstehen ebenfalls Carbonylverbb., vermutlich aus den Estergruppen der Fette. Die Tempp. während u. nach der Bestrahlung hatten auf die chem. u. organolept. Veränderungen einen gewissen Einfluß. (Ind. Engng. Chem. **49.** 1713—20. Okt. 1957. Austin, Minn., Univ. of Minnesotta, Hormel Inst.) H. OTTERBACH. 7870

Moacir Silva, *Die Öle der Macahuba und ihre technische Verwendung.* (Rev. brasil. Quím. **44.** 381—82. 384. Nov. 1957. — C. **1957.** 5437.) R. K. MÜLLER. 7894

Antoni Rutkowski, Zdzisław Makus und **Aleksandra Stefaniuk**, *Einfluß des Reifungsgrades des Rapssamens auf die Stabilität des Öles.* Mit dem Reifungsgrad des

Samens fällt die Aktivität der Lipase u. steigt der Geh. an Tocopherolen von 31,4 auf 44,6 mg%. Trockenmasse u. die Stabilität des Öles nehmen mit der Reife zu. Unreifer Samen muß schnell getrocknet u. gleich verarbeitet werden. (Roczniki Technol. Chem. Żywności **2.** 91—99. 1957. Warszawa, Inst. Przem. tłuszcz.) F. URBAN. 7894

Senjirō Maruta und **Fumio Iwama,** *Änderungen hinsichtlich des Öls im Verlauf der Reifung und Keimung des Rapssamens.* 45 Tage nach der Blüte erreicht der Ölgeh. in *Rapssamen* mit etwa 48% einen Höchstwert. Mit der Reifung nimmt die Ölmenge für eine bestimmte Zahl Samen gleichmäßig zu. Die JZ. steigt bis zum 25.—35. Tag nach der Blüte stark an u. sinkt bei weiterer Reifung etwas. Die SZ. nimmt mit der Reifung ab. 24 Std. nachdem der Same in W. (30^0) getaucht wurde, nimmt der Ölgeh. bis zum 10. Tag ab. Im Verlauf der Keimung nimmt VZ. u. SZ. deutlich zu, die JZ. bleibt konstant. — 4 Diagramme. (J. chem. Soc. Japan, ind. Chem. Sect. [Kōgyō Kagaku Zassi] **58.** 605—07. Aug. 1955. Kofu, Yamanashi Univ. [Orig.: japan.]) L. SCHULER. 7894

Kyōsuke Nishizawa, Shunroku Kanno, Shōgo Tada und **Shirō Okuyama,** *Untersuchung über Fettspaltung nach Twitchell.* 30. Mitt. *Über die Eigenschaften eines für die Fettspaltung nach Twitchell negativen Katalysators, gebildet während längerer Lagerung von Öl.* (29. vgl. J. chem. Soc. Japan, ind. Chem. Sect. [Kōgyō Kagaku Zassi] **49.** [1946.] 191.) Vff. untersuchen die Spaltung von *Sojaöl* bzw. *Rapsöl* mit TWITCHELL-*Reagens* (I) bzgl. des Einfl. von Vorbehandlungen, Temp., Dauer usw. Erörterung des Spaltungschemismus unter der Annahme eines negativen Katalysators, der die Spaltung hemmt. Eine bestimmte Menge **I**, Waschen mit **I** oder verd. H_2SO_4 bzw. einer Mischung beider, oder Erhitzen scheint den „Hemmkatalysator" (**II**) zu beseitigen u. die Spaltung zu fördern. Vielleicht verbindet sich **II** chem. oder physikal. mit **I.** (J. chem. Soc. Japan, ind. Chem. Sect. [Kōgyō Kagaku Zassi] **58.** 578—82. Aug. 1955. Sendai, Tohoku Univ. [Orig.: japan.]) L. SCHULER. 7906

Jirō Mikumo, Yoshio Mitsui und **Tōru Kusano,** *Saure Guanidinseife.* Eine *saure Guanidinseife,* F. 71,3—72,9^0, Mol.-Gew. 600, Platten aus Aceton-CH_3OH (20 : 1 Mol), bestehend aus 1 Mol *Stearinsäure* (**I**) u. 1 Mol *Guanidinstearat* (**II**), F. 94—96^0, wird aus 0,002—0,005 Mol von **I** u. **II**, gelöst in 25—50 cm^3 CH_3OH oder A., nach 15 Std. Stehen bei Raumtemp. erhalten. Dieselbe Verb. entsteht nach 1 Woche Stehen einer Lsg. von 0,6 g **II** in 2 Liter W. bei 30^0, wahrscheinlich nach vorheriger Hydrolyse des **II.** — 3 Photos. (J. chem. Soc. Japan, ind. Chem. Sect. [Kōgyō Kagaku Zassi] **58.** 595—96. Aug. 1955. Nagoya Univ. [Orig.: japan.]) L. SCHULER. 7910

Gerd Richter, *Synthetische oberflächenwirksame Grundstoffe.* Kurzer Überblick über Entw. u. Chemie der wichtigsten synth. oberflächenakt. Stoffe unter bes. Berücksichtigung des *Mersols* bzw. *Mersolats.* — 10 Literaturangaben. (Chem. Techn. **9.** 156 bis 158. März 1957. Leuna.) H. SPOHN. 7912

Seizaburō Sakakibara, Tarō Ihara, Yutaka Utsuhara und **Saburō Komori,** *Herstellung kationischer oberflächenaktiver Mittel aus höheren Fettalkoholen, Formaldehyd und Acrylnitril.* Je 1 Mol CH_2O (als Paraformaldehydemulsion) u. *Decyl-, Dodecyl-, Myristyl-, Hexadecyl-* u. *Oleylalkohol* werden bei 25^0 bzw. über dem F. des Alkohols gemischt (Bldg. von $ROCH_2OH$) u. dann in Ggw. von 30%ig. methanol. KOH (10 Gew.-% von I) mit 1—4 Mol *Acrylnitril* (**I**) in 2—3$^1/_2$ Std. durch allmähliches Erhitzen auf 30—50^0 zur Rk. gebracht. Die Prodd. werden in Ae. gelöst, filtriert u. mit W. gewaschen. Nach Abdest. von Ae. u. W. fraktionierte Dest. der jeweiligen in 36—48% Ausbeute erhaltenen *Alkyl-2-cyanoäthylformale* (**II**), $ROCH_2OCH_2CH_2CN$. *Decyl* -[*cyanäthylformal*], F. —2 bis —1,4^0, Kp.$_2$ 134—141^0, analog: *Dodecyl-*, 15,3—16,4^0, 162—165^0/1,5; *Myristyl-*, 25,2—26,9^0, 184—187^0/2; *Hexadecyl-*, 31,9—33,2^0, 144—203^0/2, u. *Oleyl-*, —11 bis —10^0, 142—150^0/1,5 mm (D. u. n in Tabelle). — Durch katalyt. Hydrierung von 20 g **II** mit RANEY-Ni u. 20 g ca. 5n NH_4OH in 94%ig. A. bei 70 at H_2 u. 70—90^0 u. wiederholte fraktionierte Dest. werden folgende *3-Aminopropylformale*, $ROCH_2OCH_2 \cdot CH_2CH_2NH_2$ (**III**), erhalten: *Decyl-*, fl. Kp.$_2$ 125—137^0; *Dodecyl-*, F. — 0,7^0, Kp.$_2$ 150 bis 155^0; *Myristyl-*, 9^0, 175—186^0/2; *Hexadecyl-*, 20^0, 190—194^0/2, u. *Oleyl-*, —5^0, 193—197^0/2 mm. Die Oberflächenspannung der Hydrochloride u. Acetate von **III** werden bei 16^0 mit dem DUNOUY-Tensiometer bestimmt. Die Acetate zeigen in Lsg. bei gewissen krit. Konzz. (je nach C-Zahl des Alkyls) Tiefstwerte von etwa 30—35 dyn/cm. — 4 Tabellen. (J. chem. Soc. Japan, ind. Chem. Sect. [Kōgyō Kagaku Zassi] **58.** 616—19. Aug. 1955. Osaka Univ. [Orig.: japan.]) L. SCHULER. 7912

M. S. Furry, P. L. Bensing und **J. L. Kirkley,** *Auswertung der Wirksamkeit von optischen Aufhellern und oxydierenden Bleichmitteln an Baumwolle.* 1. Mitt. *Waschen nicht verschmutzter Abschnitte im Launder-Ometer.* Proben von einem gebleichten u. einem anderen, ungebleichten Baumwollgewebe wurden 30mal im „LAUNDER-Ometer" bei 60^0 oder bei 40^0 gewaschen unter Verwendung verschied. Waschmittel mit dreierlei opt. Aufhellern u. fünferlei chlor- bzw. sauerstoffhaltigen Bleichmitteln. Außerdem wurde das Gewichtsverhältnis Gewebe: Lsg. variiert. Die Messungen des Weißgrades an zwei verschied. Apparaten, die eine Zerlegung des Lichtes gestatten, u. die visuelle Beurteilung bei Tageslicht u. bei Tageslichtlampen mit UV-Zusatz stimmten im allg. überein. Die Ergebnisse sind graph. u. tabellar. dargestellt u. ausführlich besprochen. Die chem. Schädigung, gemessen als Viscosität einer Lsg. des Gewebes in Tetraminkupferhydroxyd u. die Bruchfestigkeit laufen parallel u. sind am größten nach Waschen in Ggw. von Ca- oder Na-Hypochlorit. (Amer. Dyestuff Reporter **48.** Nr. 8. 59—67. 20/4. 1959. U.S. Dep. of Agric., Agricultural Res. Serv., Clothing and Housing Res. Div.) R. JUNGE. 7912

M. S. Furry, P. L. Bensing, R. K. Taube, N. D. Poole und **E. S. Ross,** *Auswertung der Wirksamkeit von optischen Aufhellern und oxydierenden Bleichmitteln an Baumwolle.* 2. Mitt. *Waschen und Trocknen natürlich verschmutzter Kopfkissenbezüge mit Haushaltmaschinen.* (1. vgl. vorst. Ref.) Verschmutzte Kopfkissenbezüge u. saubere Gewebestücke wurden zusammen in einer Haushaltwaschmaschine mit einem aufheller- u. einem bleichmittelhaltigen Waschmittel gewaschen u. im Hause, im Freien, in der elektr. oder der gasbeheizten Trommel getrocknet. Ein Vgl. der opt. Messungen mit den in der 1. Mitt. gewonnenen Ergebnissen zeigt, daß es mit Hilfe des „LAUNDER-Ometers" u. sauberen Stücken möglich ist, unter entsprechenden Versuchsbedingungen die relative Wirksamkeit von Aufhellern u. Bleichmitteln in Haushaltwaschmaschinen zu beurteilen. Dagegen läßt sich auf diese Art nicht ein bestimmter Weißgrad voraussagen, der auf einem natürlich verschmutzten Gewebe erzielt werden kann. Die chem. u. mechan. Schädigung ist nach dem Trocknen im Freien größer als nach den anderen Trockenverfahren. Gebrauch verursacht ca. 50% der gesamten chem. Schädigung. (Amer. Dyestuff Reporter **48.** Nr. 8. 67—73. 20/4. 1959.) R. JUNGE. 7912

D. D. Nanavati, Shara Dasgupta und **J. S. Aggarwai,** *Bestimmung der trans-Isooleinsäuren in hydrierten Fetten.* Vff. finden weitgehende Übereinstimmung bei der quantitativen Best. der trans-Isooleinsäure bei unter verschied. Bedingungen hydrierten Erdnuß- u. Baumwollsaatölen a) durch IR-Spektrographie (Absorption bei 10,36 μ unter Abzug des Elaidinsäuregeh.), b) nach der von COCKS u. Mitarbeitern (Analyst **56.** [1931.] 368) modifizierten TWITCHELL-Bleisalz–Alkohol-Methode. (J. Indian chem. Soc. **34.** 885—88. Dez. 1957. Poona, Nat. Chem. Labor.) H. OTTERBACH. 7932

Antoni Rutkowski und **Zdzisław Makus,** *Modifizierter Schnelltest zur Bestimmung der Oxydierbarkeit von Speiseölen.* Die beschriebene Schnellmeth. ist für Rapsöl (0,08 bis 0,6 g Einwaage), nicht aber für Schmalz geeignet. Die Probe wird in Chlf. gelöst u. auf Filtrierpapier aufgetragen. Nach Eindunsten des Lösungsm. unter Lichtausschluß wird der Fleck mit UV-Licht bei 20° bestrahlt. Die entstandenen Peroxyde werden jodometr. bestimmt. Die Abhängigkeit des Peroxydgeh. von der Belichtungsdauer wird graph. aufgetragen. Die Ergebnisse sind mit den Werten nach dem SWIFT-Stability-Test u. nach dem SCHAAL-OVEN-Test vergleichbar, lassen sich aber in einer viel kürzeren Zeit (1 Std.) erhalten. (Roczniki Technol. Chem. Żywności **2.** 79—90. 1957. Warszawa, Inst. Przem. tłuszcz.) F. URBAN. 7934

Unilever Ltd. (Erfinder: **Ronald Vincent Owen** und **Norman Albert Hurt**), *Neutralisierung von Ätzalkali in Ablaugen der Seifenherstellung.* Man schüttelt die Ablauge heftig mit fetten Ölen, bis das Alkali sich mit den Glyceriden umgesetzt hat. (**Aust. P. 211 744** vom 30/11. 1955, ausg. 9/1. 1958. E. Prior. 8/12. 1954.) J. MÜHLEISEN. 7911

Monsanto Chemical Co. (Erfinder: **Lloyd Eugene Weeks**), *Reinigungsmittel,* bestehend aus 10—60% Fettsäurealkanolamiden, die sich von Tallölfettsäuren herleiten, u. 90—40% Kondensationsprodd. aus 5—20 (Mol) Äthylenoxyd u. 1 Tallöl. (**Aust. P. 205 480** vom 25/11. 1954, ausg. 14/2. 1957. A. Prior. 27/11. 1953.) C. LÜTTGEN. 7913

Willy Weiss, Oberlahnstein/Rh., *Stückförmige Reinigungs- und Körperpflegemittel* aus synthet., oberflächenakt. Stoffen erhalten zur Verbesserung der Lager- u. Gebrauchsfähigkeit sowie der Hautverträglichkeit einen Zusatz von Kondensationsprodd. aus Fettstoffen, wie Neutralfetten, Wachsen u./oder Harzen, mit Alkylolaminen bes. Monoalkylolaminen mit > 2 C-Atomen im Alkylrest, deren charakterist. Hydroxylgruppe sich in Isostellung befindet. (**D. A. S. 1 051 442** Kl. 23e vom 8/1. 1954, veröff. 26/2. 1959.) C. LÜTTGEN. 7913

Union Carbide Corp., New York (Erfinder: **Arthur Burns Steele jr.,** Ossining, New York, N. Y., **Edward James Mills jr.,** Charleston, und **Donald George Leis,** St. Albans, W.Va.), V. St. A., *Herstellung eines oberflächenaktiven, hydrophilen Polyglykoläthers* durch Rk. eines einwertigen aliphat. Alkohols mit Alkylenoxyden, dad. gek., daß man den Alkohol zunächst in an sich bekannter Weise mit einem Gemisch aus 5 bis 95% Äthylenoxyd (**I**) u. 15—85% Propylenoxyd (**II**) in solcher Menge umsetzt, daß eine hydrophobe Verb. mit einem Mol.-Gew. von mindestens 1000 entsteht, u. anschließend das Prod. mit einer ca. das 0,8—1,2fache des Gewichts des hydrophoben Prod. betragenden I-Menge reagieren läßt. In einem Autoklav werden 480 g Butanol, in dem 30 g Na gelöst wurden, bei 110—115° mit einem Gemisch von 893 g I u. 16967 g II umgesetzt, bis der Druck auf Null abgefallen ist. Das Prod. wird bei 115° mit weiteren 17606 g I umgesetzt. Das Reaktionsprod. enthält nach Raffinierung 0,93 (Teile) Polyoxyäthylenkette je 1 Hydrophobkette. Trübungspunkt 60°. — *Netz-, Emulgier-* u. *Dispergiermittel.* (**D. A. S. 1 054 239** Kl. 39c vom 31/8. 1956, veröff. 2/4. 1959. A. Prior. 2/9. 1955.) J. MÜHLEISEN. 7913

Soc. Industrielle des Dérivés du Soufre, Nord, Frankreich, *Herstellung von Reinigungsmitteln.* Man vermischt eine wss. Lsg. von synthet. organ., oberflächenakt. Substanzen, z. B. Na-Alkylsulfat (Teepol), Laurylalkoholsulfonat (Sipon L 30), Na-Alkylarylsulfonat (Sinnopon LS), derartig mit wasserfreien, wasserbindenden Salzen (z. B. wasserfreiem Na_2CO_3, wasserfreiem Na-Borat) u. Phosphaten (z. B. Na-Poly-, Na-Hexametaphosphat), daß das Gemisch Gasbläschen (z. B. Luftbläschen) aufnimmt. Man erhält auf diese Weise eine leicht zerreibbare M., welche sofort mittels eines Siebes pulverisiert werden kann. (**F. P. 1 099 166** vom 12/2. 1954, ausg. 31/8. 1955.) T. OPPERMANN. 7917

Unilever N. V., Rotterdam, Holland, *Stabile, homogene, wässerige Reinigungsmittelmischung,* welche, bezogen auf die gesamte Komposition, folgende Bestandteile enthält: 7—10 (Gew.-%) eines K-Salzes einer höheren Alkylarylsulfonsäure, die wenigstens eine Alkylarylgruppe mit 8—10 C-Atomen enthält, bes. *Dodecyl[propylentetramer]-benzolsulfonat,* 5—8 des Na- oder K-Salzes einer niederen Alkylbenzolsulfonsäure, welche eine oder zwei Alkylgruppen enthält, jede mit nicht mehr als 3 C-Atomen, 10—27 *Tetrakaliumpyro-* oder *Pentakaliumtripolyphosphat* u. 4—7 eines Fettsäuremonoalkanolamids mit ca. 8—12 C-Atomen im Acylrest oder des Kondensationsprod. eines solchen Alkanolamids mit einem Mol Äthylenoxyd oder eines Fettsäuredialkanolamids mit ca. 8—12 C-Atomen im Acylrest, dad. gek., daß sie ferner noch 0,1—6, vorzugsweise 0,25—1 u. bes. 0,5—0,7, eines Paares von Cellulosederivv. enthält, die in einer Lsg. der anderen Bestandteile eine gleichmäßige, stabile Suspension bilden u. von denen wenigstens eines schmutztragende Eigg. aufweist. Das eine der Cellulosederivv. ist ein Salz einer Carboxymethyl- oder einer Carboxymethylhydroxyäthylcellulose, das andere ein Salz einer Carboxymethylmethylcellulose. (**Oe. P. 201 207** vom 2/11. 1957, ausg. 10/12. 1958. A. Prior. 2/11. 1956.) T. OPPERMANN. 7917

Farbwerke Hoechst Akt.-Ges., vormals Meister Lucius & Brüning, Frankfurt/M. (Erfinder: **Josef Kaupp, Guido v. Rosenberg,** Gersthofen, und **Günter Koenig,** Suzano Est, Sao Paulo, Brasilien), *Herstellung von die Härte bzw. den Stockpunkt von Wachspasten bzw. -suspensionen erniedrigenden esterartigen Produkten.* Weiterbldg. des Verf. der D. A. S. 1 011 872, dad. gek., daß man die nicht veresterten COOH-Gruppen durch Zusatz eines organ. Amins oder einer zur Seifenbldg. befähigten anorgan. bas. Verb., bes. von Äthanolamin, Triäthanolamin, Morpholin oder Na-, Ca- oder Zn-Hydroxyd oder NH_3, ganz oder teilweise neutralisiert. (**D. A. S. 1 056 597** Kl. 12o vom 2/4. 1957, veröff. 6/5. 1959. **Zusatz zu D. A. S. 1 011 872; C. 1958. 2306.**) O. MÜLLER/Meiningen. 7925

XVIIIa. Holz. Cellulose. Zellstoff. Papier. Papierdruck. Celluloid. Linoleum.

G. N. Christensen und **K. E. Kelsey,** *Die Sorption von Wasserdampf durch die chemischen Bestandteile des Holzes.* Verkürzte Wiedergabe der C. **1959.** 13972 referierten Arbeit. (Holz Roh- u. Werkstoff **17.** 189—203. Mai 1959. Madison, Wis., Forest Serv., U.S. Dep. of Agric., Forest Products Labor.) R. SCHÖLLHORN. 7952

Josef Matějka und **Štefan Krajči,** *Die Lösungsgeschwindigkeit von Kalkstein zur Herstellung von Sulfitturmsäure.* Zwecks Ausarbeitung einer besseren Prüfmeth. wurden Faktoren ermittelt, welche die Lösegeschwindigkeit (L) von Kalkstein beeinflussen. L steigt: a) bei Verwendung kleineren Kalksteins, b) proportional der Säurekonz., c) bei steigender Strömungsgeschwindigkeit der Säure bis zu 400 ml/Min., über 400 nur mehr wenig. 2. Die L bleibt konstant innerhalb 15 Min. Versuchsdauer. — 3. Aus Dolomit wird $CaCO_3$ schneller gelöst als $MgCO_3$. 4. HCl verhält sich ähnlich wie SO_2. Diese Erkenntnisse führten zur folgenden Prüfmeth. (ČS-Norm 72115): Der Kalkstein wird in dest. W. ausgekocht, bei 110° getrocknet. 100 g = 20 Stück, 1,5—2 cm groß von ähnlicher Form, werden geprüft. Aus einem Vorratsgefäß fließen 3 Liter 1%ig. HCl/Min. bei 20° in einen Trichter auf einem höheren lotrechten Glasrohr, das unten gebogen ist u. von unten in das zylindr. Prüfgefäß einmündet. Die Säure durchfließt den Kalkstein auf einer darüberbefindlichen Siebplatte u. fließt durch einen Überlauf (Glasrohr in

Gefäßmitte) in ein darunterbefindliches Auffanggefäß. Nach 15 Min. wird der Säurezufluß abgestellt, der Kalkstein schnell gewaschen, getrocknet, gewogen. Die Meth. liefert gut reproduzierbare Werte. Manche Kalksteine trüben die Lsg., der im Auffanggefäß sich absetzende Nd. wird zum Gewicht des ungelösten Rückstandes zugezählt. (Papír a Celulosa **13.** 247—51. Nov. 1958. Bratislava, Slov. vys. Škola, Kat. chem. technol. anorg.) H. DEMUS. 7962

L. M. Whitmore jr. und **A. J. Wiley,** *Chemische Nebenprodukte aus Sulfitablaugen.* Besprechung von Verff. zur Gewinnung von SO_2, *Milchsäure, Aceton, Butanol, A.* u. *Hefe* aus Sulfitablaugen. Die Gewinnung von *A.* u. *Hefe* hat in den USA bereits wirtschaftliche Bedeutung. (Chem. Engng. Progr. **54.** Nr. 12. 80a—d. Dez. 1958. Appleton, Wisc., Sulfite Pulp Manufacturers' Res. League.) GERHARD GÜNTHER. 7962

Futoru Yoshimura und **Masamichi Maruoka,** *Katalytische Carbonisierung von Lignin mit einigen Chemikalien.* In einem elektr. Ofen wird Eichen-*Lignin* (18,5% CH_3O) bei einer Erhitzungsgeschwindigkeit von 5°/Min. bis 600° mit u. ohne Zusatz wechselnder Mengen $ZnCl_2$, $CaCl_2$, P_2O_5 bzw. *NaOH* verkohlt. Die Menge an entweichendem Gas u. Teer wird bestimmt u. die Zus. ermittelt. Die Aktivität der erhaltenen Kohlen wird nach dem Methylenblauverf. bestimmt. Beste Aktivierung wird erzielt mit $ZnCl_2$ u. mit P_2O_5. Zwischen Aktivität u. Zus. des Gases u. Teers besteht keine Beziehung. — 5 Tabellen. (J. chem. Soc. Japan, ind. Chem. Sect. [Kōgyō Kagaku Zassi] **58.** 571—74. Aug. 1955. Sakai, Naniwa Univ. [Orig.: japan.]) L. SCHULER. 7966

George H. Eick, *Tallöl und Terpenderivate.* Übersicht über die Chemie des Tallöls, das als Nebenprod. der zunehmenden alkal. Zellstoffherst. ein billiger Ausgangsstoff für Fettsäuren (Linolensäure usw.) u. Abietinsäuren ist. Gereinigte Tallölfraktionen (Acintole) werden immer mehr zur Herst. von Anstrichmitteln (mit Alkydharzen usw.), Estern, als Zusatz zu Zement, zum Waschen von Citrusfrüchten, zur Flotation u. in der Gummi- u. Waschmittelindustrie verwendet. — Das bes. beim Sulfatzellstoffverf. in großen Mengen anfallende Rohterpentin liefert α- u. β-Pinen (Acintene A bzw. B), die zu Säuren, Peroxyden, Polymerisaten usw. umgesetzt werden, u. raffiniertes Terpentin (Acintene P), das als Lösungsm. für Wachse usw. benutzt wird. (J. chem. Educat. **34.** 613—14. Dez. 1957. New York, N. Y., Arizona Chem. Co.) K. BLUMRICH. 7966

D. J. Coulter, *Druckereirollen.* Probleme des Rollendruckverf. werden erörtert. Bes. eignen sich für die Druckfarbenaufnahme Rollen aus Polyurethan. (Trans Proc. Instn. Rubber Ind., Proc. **5.** P 112—28. Okt. 1958. Blackley, Manch., Hexagon House Imp. Chem. Ind.) R. SCHÄFF. 7988

A. Wiedermann, *Über einige Eigenschaften der Graupappe und die sie beeinflussenden Faktoren.* (1. u. 2. Mitt.) Überblick über D., Dicke u. Inhomogenitätskoeff. (bei verschied. Arbeitsdrucken) von Graupappen aus unbearbeiteter Makulatur u. den Einfl. der Herstellungsbedingungen auf diese Eigenschaften. (Ind. Lemnuli Celulozei Hîrtiei [Ind. Holzes, Cellulose Papiers] **4.** 265—69. Juli. 351—56. Sept. 1955.) R. K. MÜLLER. 7992

Frans Paerels, *Arbeitssparendes Verfahren für die Messung der Dickenquellung.* Die Arbeitsweise eines Gerätes zur automat. Messung der Dickenquellung unter gleichzeitiger Verwendung mehrerer Kleinproben mit Kantenlängen von 25×35 mm wird beschrieben. Das Gerät zeigt unmittelbar die Dickenquellung in % der ursprünglichen mittleren Trockendicke an u. kann nach Kombination mit einer Schreibtrommel zur Aufzeichnung des Quellungsverlaufes verwendet werden. Kleinste (größte) Trockendicke aller Proben 0 (85) mm; größte meßbare Quellung 50%; größte Probenanzahl 5. Für Schnellprüfungen werden Quellproben bei 38° innerhalb von 30 Min. empfohlen. Eine Umrechnung der Schnelltestwerte auf die 24std. Quellung bei 20° ist nicht möglich. Bei wasserabstoßenden Platten sind die mit kleinen Proben erhaltenen Ergebnisse befriedigender als die mit größeren Proben. (Holz Roh- u. Werkstoff **15.** 367—70. Sept. 1957. Zürich, Fahrni Inst. A.G. für Holzforschung u. -verwertung.) S. MÜLLER. 8004

J. Cyrot, *Bestimmung der oximierbaren Gruppen in abgebauter Cellulose.* Die bei der Oxydation von *Cellulose* (I) entstehenden Carbonylgruppen lassen sich durch eine Oximierungs-Rk. unter Verwendung von Hydroxylamin (II) u. anschließende colorimetr. Best. der gebundenen N_2-Menge quantitativ erfassen. Folgende Vorschrift wird angegeben: I wird mit der 0,5 mol. Lsg. des Hydrochlorids von II bei p_H 6,8 in Ggw. von Na-Acetat bei 20—30° oximiert. 0,5 g des Oximierungsprod. werden zusammen mit 15 cm³ konz. H_2SO_4 in einem zu geschmolzenen Pyrexglasrohr 2—6 Std. auf 460° erhitzt. Nach dem Abkühlen wird der Rohrinhalt mit W. in einen Kolben gespült, ferner unter Eiskühlung Zusatz von 50 cm³ 30%ig. Sodalsg., Austreiben des NH_3 mit Wasserdampf, Auffangen von 80 cm³ Kondensat in einem Meßzylinder, Zusatz von 5 cm³ NESSLERsche Lsg., Auffüllen auf 100 cm³, Best. des NH_3-Geh. auf colorimetr. Wege (4300 Å, Verwendung einer Eichkurve). Der Carbonylgruppengeh. (in mMol/100 g) in I berechnet sich aus 0,588 a/b, wo a = NH_3-Menge (in $^1/_{10}$ mg) in 100 cm^3 Lsg., b = Menge des eingesetzten Oximierungsprod. in g. (Chim. analytique [4] **39.** 449—53. Dez. 1957. Inst. textile de France, Labor. de Chim.) O. FUCHS. 8006

S. A. I. Soc. Applicationi Industriali, Treviso, Italien, *Holzkonservierung* am rohen Holz oder am fertig verarbeiteten Gegenstand, dad. gek., daß man einen fl. wärmehärtenden Kunststoff ins Innere des Holzes bringt (Injizieren, Anwendung von Unter- u./oder Überdruck, „Wasserverdrängung") u. thermoelektr. (Hochfrequenzfeld mit 15—20·10^6 Perioden) härtet. (**It. P. 495 859** vom 26/4. 1952.) K. KOEBKE. 7953

British Celanese Ltd., übert. von: **Frederick Ernest King,** London, England, *Plastifizieren von Celluloseacetat* (I). Man plastifiziert I mit einem Essigsäuretiter von 52—56% mit 10—55% (bezogen auf das Gewicht des I) Pentaacetat von 2.2.6.6-Tetramethylolcyclohexanols oder seiner im Kern mono- oder dimethylsubstituierten Derivv. (II) Als II eignet sich z. B. 2.2.6.6-Tetramethylol-4-methylcyclohexanol. Die erhaltenen Massen sind bes. zur Herst. von Filmen geeignet. (**A. P. 2 844 483** vom 10/7. 1956, ausg. 22/7. 1958. E. Prior. 19/7. 1955.) R. SCHWECHTEN. 7971

Canadian International Paper Co., Montreal, Quebec, Canada, übert. von: **Jacques A. Villefroy** und **William R. Saxton,** Hawkesbury, Ontario, Canada, *Herstellung von Alkalicellulose* (I). Während der Alkalisierung werden zur NaOH oder anschließend zur I geringe Mengen lösl. Salze des Co, Mn oder Fe u. außerdem etwas größere Mengen an Wein- oder Citronensäure oder deren Salzen, welche die Ausfällung der als Reifungsbeschleuniger dienenden Metallkatalysatoren verhindern, zugesetzt. (**A. P. 2 841 579** vom 15/4. 1954, ausg. 1/7. 1958. Can. Prior. 6/4. 1954.) K. FABEL. 7971

British Cellophane Ltd. (Erfinder: **Edward George Sanderson** und **Maurice Arthur Maloney**), *Verbesserung der Oberfläche von transparenten Celluloseschichten* erfolgt durch Überziehen mit einer dünnen Schicht eines Antiklebemittels, das eine wss. Lsg. eines Salzes von einem aliphat. Amin mit einer Carbonsäure oder mit HCl darstellt, u. anschließendes Trocknen. — Ein Cellulosefilm wird bei 60° mit einer Lsg. von 0,1 g Δ^9-Octadecenylaminacetat, 5,0 g Glycerin in 94,9 g W. überzogen, wodurch die Schlüpfrigkeit verbessert wird. (**Aust. P. 211 965** vom 19/7. 1955, ausg. 23/1. 1958. E. Prior. 3/8. 1954.) J. MÜHLEISEN. 7971

Shell Development Co., San Francisco, übert. von: **Aaron Wachter,** Oakland, und **Thurston Skei,** Lafayette, Calif., V. St. A., *Dampfförmig wirkendes Korrosionsschutzmittel,* mit dem bes. *Packmaterial,* wie *Papier, imprägniert* sein kann, bestehend aus einem Gemisch eines Dicycloalkylammoniumnitrits mit einem Dampfdruck von wenigstens 0,0001 mm Hg bei 21° (Dicyclohexylammoniumnitrit) u. eines Cycloalkylaminsalzes einer 1- oder 2 wertigen Carbonsäure mit $<$ 19 C-Atomen u. einer Dissoziationskonstanten von 10^{-3} bis 10^{-8} (Laurin-, Stearin-, Palmitin-, n-Butter-, Öl-, Malein-, Fumar-, Oxal-, Phthal-, Malon-, Bernstein-, Pimelin- oder Benzoesäure), in dem der Cycloalkylrest nicht $>$ 25 C-Atome aufweist, wobei das Verhältnis von Nitrit: Aminsalz zwischen 20 u. 0,3, bes. 5 u. 1, liegen soll. (**A. P. 2 711 360** vom 21/10. 1950, ausg. 21/6. 1955.) W. GRÄGER. 7987

Robert R. Myers jr., Chicago, Ill., V. St. A., *Zugerichtete Druckform.* Die auf dünner Folie hergestellte Druckform wird rückläufig verzinnt u. mit einer dickeren Metallplatte versehen. Auf die letztere wird mit einem Klebstoff eine gelochte thermoplast. Kunststoffplatte gelegt u. auf diese eine Metallplatte, z. B. aus Stahl, Messing. Das Ganze wird unter Erhitzen zwischen Preßplatten auf die erforderliche Dicke gebracht. (**A. P. 2 800 856** vom 6/11. 1953, ausg. 30/7. 1957.) K. KITTLER. 7989

Standard Register Co., Dayton, übert. von: **Howard H. Pickrel,** Bucyrus, Ohio, V. St. A., *Papierflachdruckfolie* mit einem Überzug folgender Zus.: 10—40 g Na-Carboxymethylcellulose, 10—40 g Melamin–Formaldehyd-Harz, 5—20 g NH_4NO_3, 5—20 cm^3 NH_4OH, 0—50 cm^3 Glycerin, 300—800 cm^3 Wasser. Der Überzug wird 30 Sek. bis 30 Min. auf 200—400° F erhitzt. (**A. P. 2 805 621** vom 10/2. 1954, ausg. 10/9. 1957.) K. KITTLER. 7989

Columbia Ribbon and Carbon Mfg. Co., Inc., Glen Cove, N. Y., V. St. A., *Herstellung von Flachdruckflächen.* (Nachtrag zu F. P. 1 114 447; C. **1958.** 1462.) Um die Wasserabsorptionsbeständigkeit u. die Güte des Druckes nicht zu beeinträchtigen, darf die das hydrophile Kolloid enthaltende Lsg., bezogen auf das Trockengewicht der Überzugsmasse, nur bis zu 20% mineral. Füllstoffe enthalten u. muß eine Viscosität von 10—30 cP. aufweisen. (**Oe. P. 197 840** vom 8/10. 1954, ausg. 27/5. 1958.) M. PANKOW. 7989

XVIIIb. Textilfasern.

Andor Lörinc, *Untersuchung der Wirksamkeit von Textilhilfsmitteln. Mercerisiernetzmittel.* Vergleichende Unterss. der Wirksamkeit verschied. Mercerisiernetzmittel hinsichtlich des Glanzes, der Erhöhung der Festigkeit u. Egalisierungsvermögen beim Färben. (Magyar Textiltechn. [Ungar. Textiltechn.] **11.** 159–61. April 1959. Budapest, Szerves Vegyipari és Müanyagipari Kutató Intézet.) G. HALMI. 8028

I. W. Bykowa, *Schlichten mit Polyvinylalkohol.* Für das Schlichten von Baumwollketten (auch für hydrophobe synthet. Fasern) wird *Polyvinylalkohol* empfohlen. Der Verbrauch für 1 t Garn Nm 65 soll bei ausgezeichneten Eigg. des geschlichteten Garns 30 kg betragen. (Текстильная Промышленность [Textil-Ind.] **19.** Nr. 2. 56. Febr. 1959. Iwanowo, Wiss. Textilforschungsinst.) N. STSCHERBINA. 8030

A. R. Smith, *Einige Beobachtungen über die Chloraufnahme von mit Dimethyloläthylenharnstoff behandelten Geweben.* Textilien auf Cellulosebasis lassen sich chlorunempfindlich mit Dimethyloläthylenharnstoff ausrüsten, wenn man bei genügend hoher Temp. härtet (160°) u. geeignete Katalysatoren verwendet ($MgCl_2$ oder Zinknitrat, nicht aber Ammoniumsalze). Wäscht man das Gewebe nicht sofort danach aus, so kann nach Lagerung u. bes. nach dem Waschen Chloraufnahme beobachtet werden. Zur raschen Feststellung von Lagerschäden kann das Gewebe 13 Std. bei 80° in feuchter Atmosphäre gelagert werden. — Eine Erklärung der Effekte ist möglich, wenn man Kondensation des Dimethyloläthylenharnstoffs zu Ketten annimmt, deren Ätherbindungen leicht durch Katalysatorreste in feuchter Luft oder beim Waschen gespalten werden. (Amer. Dyestuff Reporter **48.** Nr. 8. 49–53. 20/4. 1959. Oldbury, England, B. I. P. Chemicals Ltd.) R. JUNGE. 8032

Herman B. Goldstein, *Chemische Behandlungen von baumwollener Rundwirkware.* Das „Permafresh-Norane-Finish“, für das einige Arbeitsvorschriften gegeben werden, gestattet eine permanente Ausrüstung von baumwollener Rundwirkware. Die mit Hilfe von Harnstoff-CH_2O-Harzen erzielbaren Eigg. sind vielseitig (z. B. wasserabweisend, knitterfest, krumpfecht usw.). Es werden die verschied. Faktoren besprochen, die zur Erzeugung optimaler Effekte bei der chem. u. mechan. Behandlung des Gutes beachtet werden müssen. (Amer. Dyestuff Reporter **48.** Nr. 8. 45–49. 20/4. 1959. Wood River Jct., Ri., Sun Chemical Corp., Warwick Chem. Div.) R. JUNGE. 8044

Jenö Görög, *Chemisches und Biologisches über die Röste von Bastfasern.* Betrachtungen über die bei der Bastfaserröste verwendeten Verfahren. Beschreibung der Abkürzung der Vorröste, Verwendung von Detergenten bzw. Netzmitteln. (Magyar Textiltechn. [Ungar. Textiltechn.] **11.** 155–58. April 1959.) G. HALMI. 8048

Walmir A. Teixeira de Carvalho, *Das „batching oil“ der Jute- und Malvefasern.* Zur Verbesserung der brasilian. Jute- u. Malvefaser genügt meist eine mechan. Behandlung („Auskämmen“) nicht. Bei Jute wird schon mit bloßem Einfetten mit Mineralölemulsion ein befriedigendes Ergebnis erzielt, wenn man die Faser danach 24–48 Std. reifen läßt. Bei Malve ist darüber hinaus ein Weichmachen mit chem. wirkenden Mitteln oder oberflächenakt. Stoffen (1 : 2 mit W. verd.) erforderlich, um gute Festigkeitswerte zu erreichen. (Bol. do INT **7.** Nr. 15. 8–27. Sept. 1956.) R. K. MÜLLER. 8052

R. Jeffries, *Quellung und Hohlraumbildung in Cellulosesekundäracetat.* 1. Mitt. *Der Mechanismus der Hohlraumbildung.* Prodd., die Cellulosesekundäracetat enthalten, werden techn. durch Behandlung mit heißem W. mattiert. Hierbei entstehen in den Fäserchen kleine mit Fl. gefüllte Hohlräume, die beim Trocknen nicht zusammenklappen u. durch Lichtbrechung den Mattierungseffekt bewirken. Vf. untersucht den Mechanismus der Hohlraumbildung. Er konnte nachweisen, daß sie eine allg. Erscheinung im Syst. Celluloseacetat–Lösungsm.–Nichtlösungsm. ist. Sie ist auch nicht auf Cellulosesekundäracetat beschränkt, sondern konnte auch bei anderen gequollenen Polymeren beobachtet werden. Vf. hält die Hohlraumbldg. in der Hauptsache für einen Teillösevorgang von Polymeren mit niedrigem Mol.-Gewicht. Er nimmt an, daß die Hohlräume in Wirklichkeit mit Polymerlsg. gefüllte Taschen sind. (J. Textile Inst., Trans. **49.** T 192–T 213. April 1958.) F. LANG. 8076

R. Jeffries, *Quellung und Hohlraumbildung in Cellulosesekundäracetat.* 2. Mitt. *Der Einfluß von oberflächenaktiven Substanzen und Salzen.* (1. vgl. vorst. Ref.) Vf. versucht die Wrkgg. von oberflächenakt. Substanzen u. Salzen bei der Mattierung von Fasern aus Cellulosesekundäracetat aufzuklären. Die Erhöhung der Mattierungseffekte durch ion. Netzmittel (kation. mehr als anion.) wird einer Absorption des Netzmittels im Inneren der Faser zugeschrieben. Die anorgan. Salze können in 2 Gruppen eingeteilt werden. Die erste scheint den Effekt zu verstärken, die zweite abzuschwächen. Zur 1. Gruppe gehören Salze, die nur einwertige Ionen enthalten, in die zweite solche mit mindestens einem zweiwertigen Ion. Diskussion der möglichen Reaktionsmechanismen. (J. Textile Inst., Trans. **49.** T 214–T 222. April 1958.) F. LANG. 8076

Masamitsu Nagano, Hiroharu Takeshima und **Takaichi Ōtsubo,** *Untersuchung über Polyvinylalkoholfasern.* 3. Mitt. *Grundviscosität von wärmebehandeltem Polyvinylalkohol und dessen Verspinnung.* Aus der Unters. des Einfl. der 2std. Wärmebehandlung bei 100–150° auf die Grundviscosität [η], die HUGGINS-Konstante h von *Polyvinylalkohol* (I) mit $\bar{P}$ = 1350 in Lsg. ergibt sich: Mit steigender Temp. nimmt [η] zu u. h ab; die Maxima bzw. Minima werden bei ca. 120° erreicht. Die Zugfestigkeit von Fasern aus wärmebehandeltem I ist höher als die von Fasern aus gewöhnlichem I. — 7 Tabellen. (Chem. High Polymers [Tokyo] **12.** 79–85. 1955. Okayama, Kurashiki Reyon Co. [Orig.: japan.]) L. SCHULER. 8080

Minoru Oda und **Yasaku Wada,** *Abhängigkeit der Dichte von Polyvinylalkoholfasern von der Feuchtigkeit.* Mit dem Flotationsverf. werden Proben von Vinylonfasern (DP. 1600,3 den.) aus 3 Stadien der Verarbeitung auf die Feuchtigkeitsabhängigkeit der D. geprüft. Bei 25° u. Feuchtigkeit 0 zeigt unbehandelte Faser (I) 1,298, wärmebehandelte (II) 1,327 u. formalisierte (III) 1,278 g/cm³. Die Kurven für den Zusammenhang Feuchtigkeitswiedergewinnung–D. zeigen für I u. II ein Maximum bei ca. 2% Wiedergewinn (an Feuchtigkeit) u. fallen dann langsam mit weiterer Feuchtigkeitszunahme ab. Die Kurve für III läßt kein Maximum erkennen u. zeigt mehr abrupten Abfall. Dies läßt gegebenenfalls Schlüsse zu auf die Natur des in diesen Fasern adsorbierten Wassers. — 5 Diagramme. (Chem. High Polymers [Tokyo] **13.** 415–19. 1956. Tokyo, Univ. [Orig.: japan.; Auszug: engl.]) L. SCHULER. 8080

H. Zuber, K. Traumann und **H. Zahn,** *Nachweis und Bestimmung von Cystein in Wolle mit Fluor-2.4-dinitrobenzol.* Verschied. vorbehandelte Wollproben wurden 2mal mit Fluor-2.4-dinitrobenzol in Acetatpuffer, p_H 5,2 bei 60° je 3 Std. umgesetzt, das adsorbierte Dinitrophenol durch Behandlung mit 0,1n HCl (10–20 Std. bei 20°) entfernt, mit Aceton extrahiert u. 15–20 Std. bei 105° mit 6n HCl hydrolysiert. Die Die Abtrennung des gebildeten S-Dinitrophenylcysteins (I) erfolgte durch Hochspannungspapierelektrophorese bei p_H 1,93, 6000 V u. 6–8 A während 180 Minuten. Das durch seine UV-Absorption lokalisierte I wurde ausgeschnitten, mit 0,03n HCl eluiert u. die Konz. spektralphotometr. bei 320–340 mμ gemessen. Die erhaltenen Werte werden im Hinblick auf die bei der Hydrolyse, der Elektrophorese u. beim Eluieren auftretenden Verluste (32–34%) korr. u. mit den durch colorimetr. Best. erhaltenen verglichen, wobei letztere fast stets höher liegen. (Proc. int. Wool Textile Res. Conf., Australia Vol. C **1955.** C 127–C 136, herausgeg. 1956. Heidelberg, Univ., Chem. Inst.) E. SCHWERDTFEGER. 8108

Ciba Akt.-Ges. (Erfinder: **Otto Albrecht** und **Armin Hiestand**), Basel, Schweiz, *Netzmittel für Mercerisierflotten,* enthaltend *Schwefelsäureester* des *2-Äthylbutanols-(1)* oder eines seiner Salze, ferner Formale bzw. Acetale von Alkoholen mit ≧3 C-Atomen u. einen Lösungsvermittler. — Ein geeigneter Netzer enthält: 2 (Teile) 2-Äthylhexanol, 3,5 Diäthylenglykolmonoäthyläther, 3 Diäthylenglykolmonobutyläther, 0,4 *Diisobutylcarbinolformal* (I) 42,6 Na-Salz des sauren Schwefelsäureesters von Äthylbutanol (43%ig. wss. Lsg.) u. 37 Na-Salz des sauren Schwefelsäureesters des Äthylhexanols (34%ig. wss. Lsg.). — Hiermit versetzte Mercerisierlaugen schäumen nicht. (**Schwz. P. 331 119** vom 29/12. 1953, ausg. 15/8. 1958. **Zusatz zu Schwz. P. 329 338; C. 1959. 8438.**) H. MÖLLERING. 8033

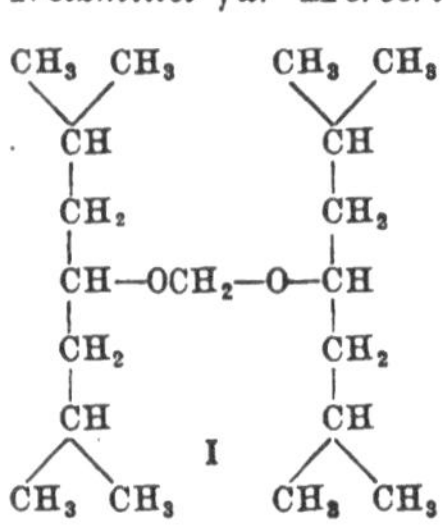
I

Courtaulds Ltd. (Erfinder: **Ernest Edward Tallis** und **Norman Samuel Wooding**), London, England, *Herstellung von Fäden oder Fasern aus regenerierter Cellulose,* die eine dicke Haut, nicht geriefte Oberfläche u. hohe Festigkeit besitzen. Man setzt einer eine Kochsalzreife von 5–18 aufweisenden *Viscose* 0,5–10% (bezogen auf Cellulose) Polyäthylenoxyd mit einem mittleren Mol.-Gew. von 300–10000 zu u. verspinnt in ein Fällbad, dessen H_2SO_4-%-Geh. das 0,8–1,5fache des NaOH-Geh. der Viscose beträgt. Die erhaltenen Fäden werden in einem heißen verd. Säurebad verstreckt. (**D. A. S. 1 053 718** Kl. 29b vom 8/5. 1956, veröff. 26/3. 1959. E. Prior. 9/5. 1955.) F. BÖHM. 8075

American Viscose Corp., Philadelphia, übert. von: **Marion R. Lytton,** West Chester, Pa., V. St. A., *Herstellung von Viscosekunstseide,* die nur Hautstruktur besitzt. Man verspinnt eine Viscose mit einer Salzzahl >6, die 0,2–4 (%) (bezogen auf Cellulose), die eine wasserlösl. Verb. der Formel $R-C_6H_4-N[(C_nH_{2n}O)_xH, (C_nH_{2n}O)_yH]$ (I) enthält, in ein Bad, das 10—25 Na_2SO_4, 3—15 $ZnSO_4$ u. nicht mehr als das 1,3fache des NaOH-Geh. der Viscose an H_2SO_4 enthält (R = aliphat. Rest mit 6—24 C-Atomen; n = 2 oder 3; x + y = 6—75). **I** ist z. B. das Additionsprod. von 10 (Mol) Äthylenoxyd u. 1 p-Dodecylanilin. (**A. P. 2 849 274** vom 6/11. 1954, ausg. 26/8. 1958.) F. BÖHM. 8075

American Viscose Corp., Philadelphia, übert. von: **Wayne A. Sisson**, Media, **John P. Hollihan jr.**, Chester, Pa., und **John A. Howsmon**, Wilmington, Del., V. St. A., *Herstellung von Viscosekunstseide*, die nur Hautstruktur besitzt. Man verspinnt eine Viscose, die 4—8 (%) Cellulose (I), 4 bis 8 NaOH, 30—50 CS_2 u. 0,2—4 (bezogen auf I) einer alkalilösl. Verb. der Formel **II** enthält, in ein Bad, das 10—25 Na_2SO_4, 3—15 $ZnSO_4$ u. nicht >8,5 H_2SO_4 enthält (R = aliphat. Rest mit 8—18 C-Atomen; x = 2 oder 3; n + m = 5—100). **II** ist z. B. das Kondensationsprod. von 14 (Mol) Äthylenoxyd u. 1 Cocosnußöl. (**A. P. 2 852 334** vom 3/11. 1954, ausg. 16/9. 1958.)

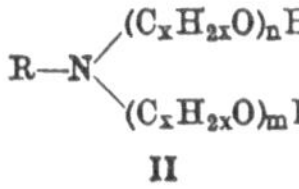

II

F. BÖHM. 8075

Vereinigte Glanzstoff-Fabriken Akt.-Ges., Wuppertal (Erfinder: **Richard Elssner**, Randerath, und **Hugo Elling**, Oberbruch), *Herstellung von Fäden oder Fasern mit niedriger Dehnung und hoher Festigkeit.* Man verspinnt eine *Viscose*, die neben üblichen, die Entquellung des Fadens im Spinnbad unterstützenden Mitteln, wie äthoxylierten Aminen, äthoxylierten Fettsäuren oder äthoxylierten Fettalkoholen, Mono- oder Polyaminen, quaternären Ammoniumbasen oder deren äthoxylierten Derivv., 0,3—5 Gew.-% eines lösl. Alkalisalzes einer starken Säure, bes. Na- oder K-Sulfat, -Chlorid oder -Nitrat, enthält, in ein $ZnSO_4$-haltiges Bad. Anschließend wird in einem Zwischenbad, das zweckmäßig 0,5—5% CH_2O enthält, u. einem erwärmten sauren Bad in üblicher Weise, gegebenenfalls unter Streckung, nachbehandelt. (**D. A. S. 1 052 054** Kl. 29b vom 4/1. 1958, veröff. 5/3. 1959.) F. BÖHM. 8075

J. P. Bemberg Akt.-Ges. (Erfinder: **Horst Frind**), Wuppertal, *Herstellung von Fäden und Filmen aus Kupferoxydammoniakcelluloselösung* mit hohen Festigkeitswerten. Man verspinnt die Lsg. in ein Bad, das wenigstens 2 (Mol/Liter) Alkalisalze oder 0,1 lösl. Erdalkalisalze u. bis zu 8 NH_3 enthält, u. mit NH_3 Komplexe bildenden lösl. Salzen prakt. gesätt. ist. Die koagulierten Gebilde werden stark verstreckt, dann durch Säure zers. u. gewaschen. — Ein Spinnbad enthält z. B. 0,8 $CaCl_2$, 3,7 NH_3 u. 0,1 $CuCl_2$. (**D. A. S. 1 053 719** Kl. 29b vom 11/5. 1956, veröff. 26/3. 1959.) F. BÖHM. 8075

Chemstrand Corp. (Erfinder: **George Edloe Ham**), *Herstellung von Polyamidfasern.* Man polymerisiert ein Gemisch aus ε-Caprolactam mit bis zu 30% Aminosäuren, bes. Leucin, Glycin, Alanin, Tyrosin u. α-Aminoisobuttersäure, gegebenenfalls in einem inerten Gas durch Erhitzen auf 100—250°. Das Mischpolymerisat gibt flexible u. leichter färbbare Fasern. (**Aust. P. 210 007** vom 2/3. 1956, ausg. 19/9. 1957. A. Prior. 28/3. 1955.) C. LÜTTGEN. 8081

Farbenfabriken Bayer Akt.-Ges. (Erfinder: **Robert Schnegg, Erich Istel** und **Heinrich Gold**), Deutschland, *Bleichen von synthetischen Polymeren*, wie Polyestern, Polyamiden oder Polyurethanen, mit solchen Bleichmitteln, die Carboxyl-, Amino-, alkoh. OH-, Ester-, Isocyanatgruppen enthalten, die mit den Polymeren reagieren. Solche Verbb. sind folgende (wobei **A** eine Gruppe der nebenst. Formel bedeutet u. **A'** die gleiche Gruppe ohne den COOH-Rest): $C_6H_5 \cdot CH:CH$ 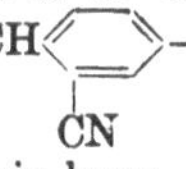 —**A** (I), wobei die CN-Gruppe durch $-SO_2CH_3$ ersetzt sein kann, $\mathbf{A'} \cdot C_6H_4 \cdot \mathbf{A}$, $\mathbf{A} \cdot C_6H_4 \cdot C_6H_4 \cdot \mathbf{A}$,

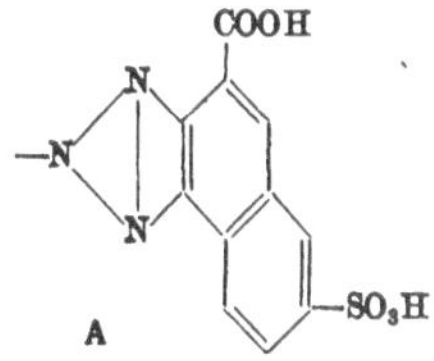

A

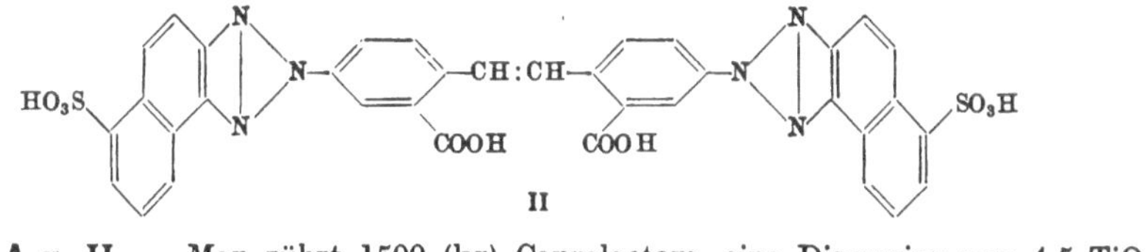

II

$\mathbf{A} \cdot C_6H_4 \cdot \mathbf{A}$ u. **II**. — Man rührt 1500 (kg) Caprolactam, eine Dispersion von 4,5 TiO_2 in 45 W., 3,75 CH_3COOH u. 0,5 **I** bei 260°, wobei man in 2 Std. evakuiert, u. verarbeitet nach 6 Std. auf Fäden usw. **I** erhält man durch Diazotierung von 4-Amino-2-cyanstilben u. Kuppeln mit 3-Carboxy-2-aminonaphthalin-6-sulfonsäure u. Oxydation des Azofarbstoffs mit ammoniakal. $CuSO_4$-Lösung. (**F. P. 1 155 365** vom 3/8. 1956, ausg. 25/4. 1958. D. Prior. 10/8. 1955.) M. PANKOW. 8081

Farbwerke Hoechst Akt.-Ges., vormals Meister Lucius & Brüning, Frankfurt/M. (Erfinder: **Paul Schlack, Ludwig Herele, Kurt Jehle** und **Paul Möller,** Bobingen), *Herstellung gekräuselter Fasern aus einem Fadenkabel aus polymerem ε-Caprolactam.* Dieses wird nach der Streckung um das Mehrfache seiner Länge unter Spannung durch Auswaschen mit heißem W. prakt. von Monomeren befreit, dann unter Aufrechterhaltung der Spannung auf einen Feuchtigkeitsgeh. von $<10\%$, bes. 2—6%, getrocknet, mittels einer Stauchkräuselvorr. mit beheizter, mit Anpreßklappe versehener Stauchkammer heiß, bes. bei 105—125°, gekräuselt u. dann auf Stapel geschnitten. (**D. B. P. 971 078** Kl. 29a vom 9/10. 1949, ausg. 15/1. 1959. Anmeldung bekanntgemacht 28/8. 1952.) F. BÖHM. 8081

Farbenfabriken Bayer Akt.-Ges., Leverkusen (Erfinder: **Hermann Schnell** und **Gerhard Fritz,** Krefeld), *Herstellung von hochmolekularen, faser- und filmbildenden Polycarbonaten* durch Umesterung von Diestern der Kohlensäure mit Dihydroxyverbb. in Ggw. von bas. Katalysatoren, z. B. Na-Äthylat, die im Verlaufe, bes. gegen Ende, der Polykondensation durch Zusatz von basenbindenden Stoffen (I) zu der Schmelze neutralisiert werden. Dabei setzt man bes. flüchtige **I** ein u. entfernt gegebenenfalls deren Überschuß durch Verdampfen oder Sublimieren aus der Schmelze. — Beispiele für **I**: aromat. Sulfonsäuren, organ. Säurehalogenide, organ. Chlorkohlensäureester, Dialkylsulfate, organ. Cl-Verbb., saure Salze mehrbas., anorgan. Säuren, bes. aber bei den Umesterungstempp. im Hochvakuum flüchtige **I**, wie Dimethylsulfat, Chlorameisensäurephenylester u. Benzoylchlorid. — Ein Gemisch aus etwa gleichen (Teilen) 2.2'-Bis-(4-Hydroxyphenyl)-propan u. Di-o-kresylcarbonat, 0,007 CaH_2 u. 0,01 Na-Benzoat wird aufgeschmolzen. Bei 140—200° u. 20 Torr dest. die Hauptmenge des abgespaltenen Phenols ab. Nach 3 std. Erhitzen auf 280° u. 0,5 Torr werden zu der hochviscosen Schmelze 0,1 NH_4HSO_4 gerührt u. ½ Std. weitererhitzt. Man erhält eine hochviscose Schmelze eines Polycarbonats, K-Wert = 49, gemessen in m-Kresol. Diese Schmelze ist bei Verarbeitungstempp. bis $>300°$ ohne Zers. u. CO_2-Abspaltung beständig. Die aus der Schmelze hergestellten Formkörper widerstehen erhöhten Tempp., auch in Ggw. von W., über lange Zeiträume. (**D. A. S. 1 031 512** Kl. 39c vom 21/12. 1955, veröff. 4/6. 1958.) H. NEBELSIEK. 8081

Bjorksten Research Laboratories, Inc. (Erfinder: **Luther L. Yaeger**), Madison, Wis., V. St. A., *Herstellung organischer Überzüge* auf Gegenständen aus O im Mol. enthaltenden Werkstoffen, bes. *Glas* oder *Glasfasern,* bei dem der Überzug mittels einer unter Anwendung eines Alkylenhalogensilans gebildeten Haftschicht (**H**) mit dem Gegenstand verbunden ist, dad. gek., daß die **H** unter Anwendung eines gegebenenfalls substituierten Vinylhalogensilans gebildet wird. Vor dem Aufbringen der Deckschicht (Alkyd-, bes. ungesätt. Polyesterharz) kann die **H** mit W. oder einem ungesätt. Alkohol behandelt werden. — Vgl. E. P. 722 414; C. **1955.** 11318. (**D. A. S. 1 034 075** Kl. 75c vom 24/2. 1953, veröff. 10/7. 1958. A. Prior. 27/2. 1952.) E. WEISS. 8083

A. B. Pakschwer, A. A. Konkin und **G. N. Kukin,** Taschenbuch der analytischen Kontrolle bei der Herstellung künstlicher und synthetischer Fasern. Moskau: Gislegprom. 1957. (566 S.) 22 Rbl. [russ.]

XIX. Brennstoffe. Erdöl. Mineralöle.

Wojciech Świętosławski, *Über die richtige Verwertung von Steinkohle und Kohlederivaten.* Übersicht über poln. Unterss. auf dem Gebiet der Kohleveredlung. (Koks-Smoła-Gaz **1.** 5—6. Jan./März 1956.) F. URBAN. 8126

Douglas E. Cooper, *Messung der Brennstoffverteilung mit ^{14}C-Tracer.* Die Brennstoffverteilung in einem 8-Zylinder-Motor (V 8) wurde durch Markierung des *Bleitetraäthyls* (I), das im Brennstoff mit 3 ml/gallon enthalten war, mit ^{14}C (0,05 mC/ml) geprüft. Die Verbrennungsgase jedes Zylinders wurden getrennt in $Ba(OH)_2$-Lsg. aufgefangen, CO_2 regeneriert u. die Aktivität in der Ionisationskammer gemessen. Es zeigte sich, daß die Verteilung an I nicht gleichmäßig ist, sondern in den verschied. Zylindern zwischen 2,55 u. 3,72 ml/gallon schwankt. Die Versuchsanordnung wird näher beschrieben. (Nucleonics **15.** 136—40. Juni 1957. Ferndale, Mich., Ethyl Corp., Res. Labor.) W. KARCHER. 8128

Henri Griffon, Henri Heim de Balsac und **Max Serruys,** *Der Einfluß der Homogenität vergaster Gemische auf den thermischen Wirkungsgrad von Automotoren und auf den Gehalt der Auspuffgase an Kohlenoxyd.* An mehreren Typen französ. Automotoren wurde die Wrkg. der Homogenität der von den Vergasern herkommenden Gasgemische untersucht. Dabei wurde mit u. ohne Zerstäuber zwischen Vergaser u.

Zylinderzufuhrleitungen gearbeitet. Heterogene Gemische aus Vergasern begünstigen eine ungleichmäßige Verteilung der Brennstoffe unter die verschied. Zylinder eines Motors, so daß sich nur schwer ohne übermäßiges Brennstoffangebot ein einwandfreies Arbeiten erreichen läßt. Solche Gemische verringern damit den therm. Wirkungsgrad u. erhöhen den Geh. an unverbranntem Material in den Auspuffgasen. Die Verss. ergaben, wie an Hand von Kurven gezeigt wird, daß bei Motoren mit 4 Zylindern in allen Fällen u. bei allen Geschwindigkeiten durch zusätzliche Homogenisierung der Brennstoffe eine wesentliche Verminderung des Brennstoffverbrauchs, bezogen auf die Leistungseinheit, zu erreichen ist. Bei der Unters. der Auspuffgase wurde ein sogenannter Giftigkeitsindex I eingeführt, das ist die Größe des jeweiligen Verhältnisses CO/CO_2 im Auspuffgas. Bei allen Motorentypen ergab sich durch Homogenisieren eine wesentliche Erniedrigung des CO-Geh. bzw. von I (z. B. bei 1500 U/Min. ging der CO-Geh. von ca. 3,8 auf ca. 0,8% zurück, I fiel von ca. 3,1 auf 0,3). Ähnliche Verhältnisse wurden auch hier bei allen Geschwindigkeiten beobachtet. (C. R. hebd. Séances Acad. Sci. **246.** 3156—58. 2/6. 1958.) E. ROEDER. 8128

Andrzej Grossman, *Betrachtungen über selektive Kohlenmahlung.* Mit steigendem Vermahlungsgrad des Kohleeinsatzes muß der Anteil gut verkokender Kohlen erhöht werden, um besseres Verbacken zu erzielen. Nach der Meth. „Sovaco" läßt sich dieser Nachteil vermeiden. Die Korngrößenverteilung poln. Koksöfenbeschickungen wird nach den Angaben von BURSTLEIN überprüft. (Koks-Smoła-Gaz **3.** 168—74. Sept./Okt. 1958. Gliwice, Politechn. Śląska, Kat. Chem. Techn. Wegla.) F. URBAN. 8134

Julian Nadziakiewicz und **Ginter Kulikowski,** *Möglichkeiten der Herabsetzung des Bindemittelverbrauchs bei Erzeugung von Formkoks nach dem Verfahren J.Ch.P.W.* Die zur Herst. von Koksbriketts notwendige Bindemittelmenge kann durch Zusatz von W. mit verminderter Oberflächenspannung von 8—10% auf 4% ohne Nachteil für die Festigkeit des daraus erhaltenen Kokses vermindert werden. Bei Anwendung von $>10\%$ Bindemittel ist der Einfl. des W. auf das Zusammenbacken nicht mehr vorhanden. Prakt. kann Schwelwasser oder eine W.-Pech-Emulsion verwendet werden. (Koks-Smoła-Gaz **3.** 180—84. Sept./Okt. 1958. Inst. Chem. Przeróbki Węgla.) F. URBAN. 8136

Andrzej Grossman und **Mikołaj Lenartowski,** *Kokereichemische Industrie und die Nutzung der Kernumwandlungen.* Übersicht über die Herst. u. Anwendung von Graphit im Reaktorbau aus Kokereiprodd., sowie Möglichkeiten der Verwertung der Kernenergie u. von Isotopen in der Kokereitechnik. (Koks-Smoła-Gaz **1.** 18—23. Jan./März 1956.) F. URBAN. 8142

Józef Solcewicz, *Einige Probleme der chemischen Verarbeitung von Kohle.* Übersicht über das Verkoken wenig backfähiger Kohlen. (Koks-Smoła-Gaz **1.** 2—5. Jan./März 1953.) F. URBAN. 8142

Roman Szybiak, *Neue Meßmethoden thermischer Koeffizienten des Kohleeinsatzes von Koksöfen.* Die Meth. von MILLARD gibt fehlerhafte therm. Koeffizienten der Beschickung von Koksöfen, da die ermittelten Wärmeübergänge für den ausgeglühten, nicht für den in Betrieb befindlichen Einsatz gelten. Einwandfreie Werte liefert dagegen die calorimetr. Best. der Arbeit beim Verkoken bei adiabat. Widerstandsheizung. (Koks-Smoła-Gaz **1.** 26—27. Jan./März 1953.) F. URBAN. 8142

Charles H. Prien und **Michael Perch,** *Pyrolyse von Kohle und Schieferöl.* Neuester Stand der Technik an Hand von zahlreichen Schrifttumsangaben (Jahresbericht 1953, vgl. C. **1959.** 7003). (Ind. Engng. Chem. **50.** Nr. 9. [Part II.] 1401—05. Sept. 1958. 11. Jahresübersicht — Bericht für 1957.) K. O. MÜLLER. 8142

Julian Nadzakiewicz, *Das Problem der Koksqualität.* Bei Anwendung des Kohletyps 33 neben den wertvolleren Typen 34 u. 35—37 zur Herst. von Hüttenkoks ist das Problem der richtigen Zus. des Einsatzes u. der Korngröße ausschlaggebend für die Koksqualität. (Koks-Smoła-Gaz **1.** 14—18. Jan./März 1956.) F. URBAN. 8144

W. Gründer, *Die Verfahrenstechnik der Kokskohlenherstellung.* Da die Kokskohle hauptsächlich zur Herst. metallurg. Kokses dient, werden die Anforderungen des Hüttenmannes an diesen beschrieben. Daraus ergeben sich die Eigg., die die Kokskohle (Gas-, Fett-, Eßkohle oder deren Mischung) besitzen muß. In diesem Zusammenhang wird ihre Analyse behandelt: flüchtige Bestandteile (BOCHUMER-Probe), Wasser-, Asche- u. S-Gehalt. Die Kokskohle ist Reinfeinkohle, die durch Aufbereitung der Rohfeinkohle 0 bis 10 mm erhalten wird. Zur Verbreiterung der Kokskohlenbasis werden gegebenenfalls Nußsortimente zerkleinert u., wie auch aschearme Staubkohle, der Kokskohle zugesetzt. Die allg. bei 0,7 mm begrenzte Rohfeinkohle kann mit 4—5% W. durch Windsichter entstaubt werden. Meistens erfolgt Trennung der Feinkohle durch Feinkornsetzen im auf- u. abwärtsbewegten Wasserstrom nach der D. in Reinkohle, Mittelgut, Berge. Die Setzprodd. werden zentrifugiert. Die anfallende Staubkohle 0—0,7 mm muß meistens wegen zu hohem Aschegeh. weiter sortiert werden: 1. Flotations- oder 2. Convertolverfahren. Bei 1 werden die Hydrophobie der Kohle u. die Hydrophilie der Berge durch Zusatz von Steinkohlenteer-, Holzteerölen oder Mischungen aus Stein- u. Braunkohlenteerölen verstärkt. Die Reinkohle fällt als Konzentrat (Schaum) an u. wird von einem rotierenden Teller gegen einen Blechmantel geschleudert. Bei 2 wird Mineralöl zugesetzt u. es fällt eine Öl–Kohle-Paste an, die leicht zu entwässern ist. Beide Verff. sind sehr aufwendig. Die Kokskohlenaufbereitung wird an einem Stammbaum u. einem Mengenstrombild gezeigt. Die Verfahrenstechnik der Kokskohlenherst. ist dad. gek., daß man die in den Kornklassen 0—0,7 u. 0,7—10 mm nach verschied. Verff. getrennt hergestellte Kokskohle schließlich wieder zusammenführt. — Besondere Bedeutung kommt der Vergleichsmäßigung der Kokskohlenmischung zu, die am besten in Prallmühlen erfolgt (schonende Zerkleinerung des groben Kornes bei nur geringer Zunahme des Feinstanteiles). Die Wirkungsweise solcher Mühlen wird an zwei Blockdiagrammen illustriert. (Chemie-Ing.-Techn. **30.** 573—76. Sept. 1958. Berlin, TU.) E. EDLER. 8144

Jerzy Szuba, *Analyse des Verlaufs der Abscheidung flüchtiger Produkte aus dem Rohgas bei der Hochtemperaturentgasung von Kohle.* 1. Mitt. *Die Vorlage.* Auf Grund von Stoff- u. Wärmebilanzen wird gefolgert, daß die Vorlage nur bei gleichmäßiger Kühlwasserzufuhr (5 m^3/t Kohle) einwandfrei arbeiten kann. Das Kühlwasser soll mit 70—75⁰ ankommen u. das Rohgas auf höchstens 90⁰ abkühlen, um es noch über dem Taupunkt zu halten. Unter diesen Bedingungen wird Wasserdampf nicht kondensiert u. andererseits das Gas, das an W. noch ungesätt. ist, mit Wasserdampf nicht angereichert. (Koks-Smoła-Gaz **1.** 28—33. Jan./März 1956.) F. URBAN. 8148

Jerzy Kowalski und **Jadwiga Klose,** *Erfahrungen bei Extraktion von Phenolatlaugen.* Aus Acetonextrakten von Carbol- u. Kreosotölen lassen sich Phenole mit NaOH extrahieren, wenn die Konz. der NaOH-Lsg. 20% übersteigt. Daneben wird auch die Acetonschicht entwässert. Bei bestimmten Konzentrationsverhältnissen treten hier nicht nur 2, sondern auch 3 Schichten auf. Bei Anwendung von NaOH-Lsgg. <20% tritt stets nur 1 Schicht auf. Aus einer mindestens 20%ig. NaOH, die 10% Phenol enthält, läßt sich mit Aceton nicht nur Phenol, sondern auch teilweise W. u. NaOH extrahieren. Aus diesem aceton. Extrakt wird durch Zusatz von KW-stoffen oder Ae. NaOH gefällt. Damit lassen sich Phenole aus alkal. Phenolat-Lsgg. direkt extrahieren. A., nicht aber Methanol, zeigt ähnliches Verh. wie Aceton, erreicht aber dessen Selektivität nicht. (Koks-Smoła-Gaz **3.** 184—89. Sept./Okt. 1958. Wrocław, Politechn., Kat. Chem. Techn. Węgla brun.) F. URBAN. 8174

J. Kula, E. Mańka, A. Śmiegielski und **M. Wnęk,** *Ein neues Schema der Verarbeitung von Naphthalin- und Carbolöl.* Da saure u. bas. Bestandteile der Teeröle durch Bldg. von azeotropen Gemischen mit Naphthalin die destillative Trennung der Öle erschweren, wird vorgeschlagen, die sauren Bestandteile aus dem Leicht-, Carbol- u. Naphthalinölgemisch zuvor alkal. zu extrahieren. Das so gereinigte Öl läßt sich leicht fraktionieren: Fraktion 1 (bis 170⁰) enthält niedrigsd. Pyridinbasen u. neutrale KW-stoffe, 2 (170—210⁰) höher sd. Basen, Inden, Cumaron u. Benzonitril, 6 (215—225⁰) Naphthalin. (Koks-Smoła-Gaz **1.** 33—36. Jan./März 1956.) F. URBAN. 8176

W. C. Winning, *Einige Beobachtungen über das Viscositäts–Temperatur-Verhalten von Kohlenwasserstoffen.* Vf. stellt fest, daß über den Bereich von 32—210⁰ F das Viscositäts–Temp.-Verh. von n-Alkanen (n-Paraffine, n-Alkylbenzole, n-Alkylcyclopentane u. n-Alkylcyclohexane) als einfache Formel $W = C - QZ$ geschrieben werden kann, worin $Q = 1$ u. W eine Viscositätsfunktion sowie $W = \log (0,93 + \log V)$ ist. C ist eine für jeden KW-stoff charakterist. Konstante, Z ist eine Temperaturfunktion über einen Bereich von 100—210⁰ F u. kann annähernd ausgedrückt werden: $Z = \log (T + 195)$. Oberhalb 100—210⁰ F können alle KW-stoffe u. deren Gemische durch die gleiche Formel ausgedrückt werden. Die Viscositäts–Temp.-Funktionen W u. Z bleiben unverändert, während Q über 1 kommen kann. Da das Viscositäts–Temp.-Verh. der n-Methylenketten, wie sie durch die n-Alkane dargestellt sind, ein Grundschema darstellen, kann das Verh. anderer KW-stoffe durch den einfachen Koeff. Q damit in Beziehung gebracht werden. Meßergebnisse im Original. (J. Inst. Petroleum **45.** 9—15. Jan. 1959. New Jersey, N. J., Standard Oil Co.) K. O. MÜLLER. 8186

Milan Dostálek und **Miloš Spurný,** *Freisetzung von Erdöl durch die Tätigkeit von Mikroorganismen.* 1. Mitt. *Orientierender Versuch auf einem Erdölfeld.* Zur Unters. der Beziehung zwischen der Vermehrung sulfatreduzierender Bakterien in einem Erdöllager u. der Beeinflussung von dessen Ausbeute wurde mit Hilfe des hydrostat. Drucks ein Versuchsfeld mit *Desulfovibrio* in Mischkultur mit Bakterien der Gattung *Pseudomonas,* die Erdöl-KW-stoffe zerlegen, infiziert. Diese Bakterien verbreiteten sich im Verlaufe des Experiments über die ganze Lagerstätte, ihre Zahl stieg um $2,4 \cdot 10^3$/ml an. Ein direkter Einfl. konnte nicht nachgewiesen werden. Im Versuchsverlauf waren

2 Phasen erkennbar: in der 1. erfolgte Vermehrung der Bakterien, in der 2. unterblieb eine solche. Während die tägliche Durchschnittsausbeute an Öl in der 1. Periode prakt. unbeeinflußt blieb, stieg in dieser Zeit der Wassergeh. an. In der 2. sank die Wassermenge auf das Ausgangsmaß ab, doch erhöhte sich die Ölausbeute merklich. Sie lag schließlich für das ganze Feld im Vgl. zur Ausbeute vor Versuchsbeginn um 6,85% höher, während der 2. Phase allein um 12,7%. Auf Grund der Veränderung des Verhältnisses Öl/W. während des Experimentes wird angenommen, daß der wirksame Prozeß bei der Erhöhung der Ölausbeute durch Bakterien auf Änderungen der Zwischenoberflächenspannung im Syst. Öl/W./Gebirgsart beruht. (Československ. Mikrobiol. **2.** 300—06. 1957. Brno, ústav pro naftový výzkum.) M. EBERT. 8188

N. Vasilache, *Vorbereitung von Erdöl für die Verarbeitung.* Beim Transport u. bei der Verarbeitung von Erdöl stören Verunreinigungen, die die Emulsionsbldg. fördern, ferner W. u. Salze. Die Maßnahmen zur Beseitigung dieser Störungsursachen werden erörtert. (Petrol şi Gaze **6.** 108—13. März 1955.) R. K. MÜLLER. 8190

A. Ss. Ssuleimanow, *Zur Frage der Demulgierung von Erdölemulsionen.* Kiesabbrände demulgieren Erdöle aus Vorkk. in Aserbaidshan bei 50° bis zu einem der Norm entsprechenden Wassergehalt. Man verbraucht 5—10% Abbrand, bezogen auf den Rohstoff bei einer optimalen Kontaktzeit von 1 Stunde. Bei 30° sind 10% des Reagens u. 2 Std. erforderlich. (Азербайджанское Нефтяное Хозяйство [Erdöl-Wirtsch. Aserbaidshan] **37.** Nr. 8. 39—40. Aug. 1958.) A. HELMS. 8190

Shū Kambara und **Kumakazu Ōkita,** *Entschwefelung von Petroleumdestillaten durch organische Persäuren.* Je 100 cm³ eines arab. *Gasolins*, Kp. 23—205°, mit 0,043% *S* werden bei Raumtemp. mit 15—20 cm³ verschied. Mischungen aus H_2O_2 u. *Essigsäure* geschüttelt (10000 Schüttelcyclen bei 200 Cyclen/Min.), um die organ. S-Verb. zu oxydieren. Nach Waschen mit verd. NaOH u. W. ist der S-Geh. bis auf 0—0,004% verringert, ohne beobachtbaren Einfl. auf die übrigen Eigg. des Gasolins. (J. chem. Soc. Japan, ind. Chem. Sect. [Kōgyō Kagaku Zassi] **58.** 229—30. März 1955. Tokyo, TH. [Orig.: japan.]) L. SCHULER. 8194

Ernst Terres, Kurt Esser und **Claus Schott,** *Über die Zerlegung der Fraktionen der atmosphärischen Destillation eines deutschen Erdöls und die Identifizierung ihrer Bestandteile.* 2. Mitt. *Zerlegung der aromatischen Extrakte der Kerosen- und Gasölfraktion.* (1. vgl. C. **1959.** 995.) Vff. berichten über die weitere Aufarbeitung der Extraktfraktionen, die bei der Zerlegung des aromat. Extraktes der Kerosenfraktion erhalten wurden. Auch die Hauptfraktionen der Gasölextraktphase werden weiter untersucht. (Brennstoff-Chem. **39.** 321—29. 12/11. 1958. Karlsruhe, TH, Carl-Engler- u. H.-Bunte-Inst.) O. BÄR. 8194

B. W. Poljanin, *Abhängigkeit der Menge der Koksbildung beim katalytischen Cracken an einem Katalysator aus Aluminiumsilicatkugeln von den Parametern der technologischen Verhältnisse der Anlage.* Wenn die Umlaufgeschwindigkeit des Al-Silicatkatalysators beim Cracken v ist, ist die Koksabscheidung auf dem Katalysator proportional $1/v^{0,5}$. Auf das Öl bezogen, nimmt sie mit der Zahl der Umläufe des Katalysators zu, mit der Volumgeschwindigkeit (w) des Öls ab. Es werden Gleichungen für die Berechnung der Menge der Koksabscheidung aus den Bedingungen des Verf. abgeleitet. Ein Nomogramm für die Best. der Temp. der Mitte des Reaktionsraums aus w u. v wird gegeben. (Химия и Технология Топлива и Масел [Chem. Technol. Brennstoffe Öle] **1957.** Nr. 12. 32—68. Dez. Kuibyschew, Erdölverarbeitungsfabrik.) R. K. MÜLLER. 8196

Antal László und **András Németh,** *Partielle Oxydation des Methans zu Acetylen und Synthesegas.* Beschreibung des Reaktors (720 Stück Brennelemente zur Verbrennung von 2000 Nm³ CH_4/Std.) des technolog. Verf., der therm. Bilanz u. Auswertung der Versuchsergebnisse. (Magyar Kémikusok Lapja [Z. Ver. ung. Chemiker] **13.** 384—85. Dez. 1958. Veszprém, Magyar Ásványolaj és Földgáz Kísérleti Intézet. G. HALMI. 8200

N. C. Petcu, *Der Einfluß der Geschwindigkeit der Erdgase beim Durchgang durch aktive Kohle auf die Benzingewinnung.* Auf Grund einer Behandlung der Adsorption nach der Theorie der Molekularkinetik u. der Capillarkondensation werden Gleichungen für die optimale Gasgeschwindigkeit beim Durchleiten von Erdgas durch akt. Kohle zur Gewinnung größerer Mengen an Bzn. abgeleitet u. mit experimentellen Ergebnissen verglichen. (Petrol şi Gaze **6.** 100—03. März 1955.) R. K. MÜLLER. 8200

I. W. Roshkow, Je. N. Kornilowa, B. A. Englin, *Die chemische Stabilität äthylierter Benzine verschiedener Kohlenwasserstoffzusammensetzungen.* Durch volumetr. Best. der O_2-Aufnahme bei 100° wird die Fähigkeit von Flugzeugbenzinkomponenten zur Autoxydation, ferner der Einfl. von 0,33 (Gew.-%) *Tetraäthylblei* (I) u. 0,004 *p-Hydrxydiphenylamin* (II) bestimmt. I beschleunigt allg. die Autoxydation. Baku-Bzn. auf

Naphthengrundlage (vorwiegend sechsgliedrige Naphthene), katalyt. Crackbenzin u. Alkylate besitzen mit **I**-Zusatz ähnliche Oxydationseigg.; Alkylbenzole sind dagegen weniger stabil. Nach Zusatz von **II** gilt folgende Stabilitätsreihenfolge: katalyt. Crackbenzin > Alkylate > Baku-Bzn. ≫ Alkylbenzole; von letzteren erweisen sich Isopropyl- u. Isobutylbenzol als bes. leicht oxydierbar. (Азербайджанское Нефтяное Хозяйство [Erdöl-Wirtsch. Aserbaidshan] **37.** Nr. 1. 34—36. Jan. 1958.) H. HUBER-EMDEN. 8200

Heinz Steinle, *Schmiermittel für Kältemaschinen mit Frigen 22.* Beim Betrieb von Kältemaschinen mit F 22 an Stelle von F 12 treten bei Verwendung von Mineralschmierölen Betriebsschwierigkeiten auf, die auf Mischungslücken beim Syst. F 22–Schmieröl zurückzuführen sind. Dieses wird an Hand von Diagrammen erläutert u. die Möglichkeiten zur konstruktiven Lösung auftretender Schwierigkeiten angedeutet. Von der Materialseite können diese Schwierigkeiten durch Verwendung von vorzugsweise sek. Polykieselsäurebutylester mit einer Viscosität von 55 cSt bei 20° überwunden werden, was billiger ist. Die Eigg. dieses Schmiermittels werden mitgeteilt. Bei Tempp. < —78° entmischen sich Lsgg. von F 22 in diesen Estern u. umgekehrt nicht. Weiter teilt Vf. Zähigkeit, Kältefließfähigkeit, Stockpunkt solcher Mischungen mit. Das chem. Verh. des F 22 wird erörtert. Abschließend werden prakt. Verss. mit dem neuen Schmiermittel beschrieben. (Kältetechnik **8.** 12—14. Jan. 1956. Stuttgart, Robert Bosch GmbH.) E. EDLER. 8220

Toshio Sakurai, *Schmierung und Erscheinungen der Oberflächenchemie.* Übersicht. — 50 Literaturangaben. (J. chem. Soc. Japan, ind. Chem. Sect. [Kōgyō Kagaku Zassi] **58.** 829—34. Nov. 1955. Tokyo, TH. [Orig.: japan.]) L. SCHULER. 8220

Gyula Nyul, Andreas Vámos und **Paul Zakar,** *Raffination von Motorenschmierölen mit Kresol.* Vff. haben an ungar. u. österreich. Motorenöldestillaten Raffinationsverss. mit Kresol in einer kontinuierlichen Gegenstromkolonne durchgeführt. Sie haben die Wrkg. der Temperaturgradienten, den Einfl. der Kolonne u. des W. auf die Leistung u. die Oxydationsstabilität der Kresolraffinate untersucht. Die Unterss. haben ergeben, daß die Anwendung eines Temperaturgradienten u. die richtige Einteilung der Wasserkonz. die Kresolraffination begünstigt, die höchste Ausbeute bei Anwendung eines H_2O-freien Kresols u. die Einführung des H_2O in die Nähe des Kolonnenbodens erzielt wird. Die Leistung der Kolonne kann auf Kosten der Ausbeute gesteigert werden, wenn man auf die Anwendung des W. verzichtet. Nachraffination von Kresolraffinaten ist nicht unbedingt erforderlich, wenn das Solventraffinat stark raffiniert ist, wie es der Vgl. mit dem furfurolraffinierten Öl zeigt. (Erdöl u. Kohle **11.** 621—24. Sept. 1958. Veszprém-Budapest, Ungar. Erdöl- u. Erdgas-Forschungsinst.) K. WEKUA. 8220

Klöckner-Humboldt-Deutz Akt.-Ges. (Erfinder: **Othmar Werner**), *Herstellen von als Brikettierungsmaterial zu verwendender granulierter Braunkohle mit einer Korngröße von 0—3 mm.* Die in einer Hammermühle gebrochene Kohle wird in einem Windsichter von den Teilchen von 0—3 mm getrennt, in einer 2. Mühle erneut gemahlen u. der hierbei in einem Zentrifugalseparator anfallende Anteil von 0—3 mm zusammen mit dem ersten feinen Mahlprod. getrocknet, wobei für den Transport des Materials heiße Luft oder Brenngas benutzt wird. (**Aust. P. 205 596** vom 16/11. 1954, ausg. 21/2. 1957.) K. DEMMLER. 8137

Lionel Francis Kelly (Erfinder: **Reginald Paul Donnelly, Ronald Albert Broadbent** und **Noel Edward Platell**), *Brikettieren von Holzkohle.* Die durch Erhitzen von Holz auf ca. 850° erhaltene u. zerkleinerte Holzkohle wird mit ca. 20 Gew.-% beim Erhitzen des Holzes gewonnenem Teer gemischt, das Gemisch verformt u. bis zur Verkokung bzw. Polymerisation des Teeres auf 300—500° erhitzt. Vor dem Zusatz von Teer können noch 10—20 Gew.-% Holzessig zugefügt werden. (**Aust. P. 210 518** vom 7/10. 1954, ausg. 31/10. 1957.) K. DEMMLER. 8137

Badische Anilin- & Soda-Fabrik Akt.-Ges., Deutschland, *Verfahren zur Umsetzung von Kohlenoxyd und Wasserdampf in Kohlendioxyd und Wasserstoff bei gewöhnlichem oder erhöhtem Druck.* Man verwendet zum Erhitzen des Frischgases mittels des umgesetzten Gases („Kontaktgas") Wärmeaustauscher, wobei als Wärmeüberträger W. dient. — 3 Schemata der Anlage. (**F. P. 1 095 658** vom 15/1. 1954, ausg. 6/6. 1955.) T. OPPERMANN. 8153

Babcock & Willcox Co., New York, übert. von: **Theodore S. Sprague,** Hewlett, N. Y., V. St. A., *Synthesegaserzeugung.* In die Reaktionszone wird fester, pulverisierter Brennstoff, freien O_2 enthaltendes Gas in einer zur vollständigen Verbrennung nicht ausreichenden Menge u. überhitzter Dampf eingeführt. Die Temp. wird in der Reaktionszone auf ca. 2500° F gehalten. Vor Austritt des Synthesegases aus dem Reaktor wird dieser in dessen oberem Teil indirekt gekühlt u. gibt seine Wärme an von W. durchflossene

Rohre ab, um das W. zu überhitzen. Der gesätt. Dampf wird hierauf zur Einführung des pulverisierten Brennstoffes in den Reaktor benutzt. (**A. P. 2 851 346** vom 7/12. 1953, ausg. 9/9. 1958.) W. Hauswald. 8155

Heinrich Koppers G. m. b. H. (Erfinder: **Joseph Daniels**), Essen, *Erzeugung von Brenngas aus staubförmigen oder feinkörnigen Brennstoffen* durch Vergasung in der Schwebe mittels Luft u. gegebenenfalls Wasserdampf, wobei der Brennstaub mit einem kalten oder mäßig vorgewärmten Teilstrom des Vergasungsmittels einer in den Reaktionsraum führenden gekühlten Mischdüse zugeleitet wird, in der sich das Staub–Luft-Gemisch mit dem hochvorerhitzten Hauptstrom der Vergasungsmittel bei einer solchen Strömungsgeschwindigkeit mischt, daß die Rk. erst nach Austritt des Gemisches aus der Mischdüse im Reaktionsraum einsetzt; nach D. B. P. 971 077. Der Brennstaub wird erfindungsgemäß in Einzelströme aufgeteilt, die mittels der erforderlichen Menge des Teilstromes des Vergasungsmittels sowie mit dem hochvorerhitzten Hauptstrom des Vergasungsmittels je einer gekühlten Mischdüse zugeführt werden. — Vorr., Zeichnungen. (**D. B. P. 971 788** Kl. 24e vom 1/9. 1942, ausg. 26/3. 1959. Anmeldung bekanntgemacht 16/7. 1953. **Zusatz zu D. B. P. 971 077; C. 1959. 10770.**) W. Hauswald. 8157

Metallgesellschaft Akt.-Ges., übert. von: **Friedrich Danulat**, Frankfurt/M., und **Paul Schmalfeld**, Bad Homburg vor der Höhe, *Entgasen von feinverteilten oder gepulverten Brennstoffen.* Mindestens auf Entgasungstemp. der festen Brennstoffe erhitzte Wärmeträger werden mit den zu entgasenden Brennstoffen gemischt. Das Gemisch wird abwärts in eine Entgasungszone geleitet. Die gasförmigen Prodd. werden an der Oberfläche des nichtfluidisierten Bettes abgezogen, während das Gemisch aus Wärmeträger u. Brennstoffrückstand vom Boden der Zone einer Verbrennungszone zugeführt wird. In dieser Zone wird ein Teil des Entgasungsrückstandes verbrannt u. die Wärmeträger werden dadurch wieder erhitzt. Die Wärmeträger werden nach ihrer Wiedererhitzung der Mischzone wieder zugeleitet. — Zeichnungen. (**A. P. 2 788 314** vom 22/7. 1950, ausg. 9/4. 1957. D. Prior. 3/8. 1949.) E. Kahles. 8157

Esso Research and Engineering Co., übert. von: **Byron V. Molstedt**, Baton Rouge, La., V. St. A., *Verkoken von Kohlenwasserstoffölen*, wobei ein körniger Feststoff als Wärmeträger durch die Verkokungs- u. die Erhitzungszone im Kreislauf geführt wird. Nur der Teil der Feststoffe (Koks) wird im Kreislauf geführt, der eine genügend kleine Korngröße aufweist. Die größeren Koksteilchen werden aus dem Syst. abgezogen. Das Wirbelgas hat eine Geschwindigkeit von 0,1—2,5 ft./Sek. — Vorr., Zeichnung. (**A. P. 2 847 365** vom 21/4. 1954, ausg. 12/8. 1958.) E. Kahles. 8161

Jan Bellinga, Almelo, Holland, *Herstellung brennbarer Gase aus gasbildenden Kraftstoffen.* Es wird eine Vorr. benutzt, welche aus einer 1. Kühlzone, einer gasbildenden Zone sowie einer 2. Kühlzone besteht. Die beiden aufeinanderfolgenden, jedoch entgegengesetzt gerichteten Blas(gasbildenden)-Schritte werden von einem einzelnen gasbildenden (Blas-) Schritt in der gleichen Richtung wie die Richtung des letzten Blas(gasbildenden)-Schrittes gefolgt, worauf sich wieder zwei aufeinanderfolgende, jedoch entgegengesetzt gerichtete Blas(gasbildende)-Schritte anschließen, denen ein einzelner gasbildender (Blas-) Schritt folgt, wobei die Richtung des 1. Blas(gasbildenden)-Schrittes die gleiche ist wie die des vorhergehenden gasbildenden (Blas-) Schrittes, u. der gasbildende (Blas-) Schritt, der den erwähnten beiden Blas(gasbildenden)-Schritten folgt, die gleiche Richtung besitzt wie der vorhergehende Blas(gasbildende)-Schritt. — Zeichnungen. (**Holl. P. 89 109** vom 13/5. 1955, ausg. 15/9. 1958.) E. Kahles. 8163

Porocel Corp., übert. von: **John G. Miller**, Philadelphia, Pa., und **James V. Weir**, Merchantville, N. J., V. St. A., *Trockenmittel* für paraffin. KW-stoffe, die COS, CS_2 u. R—SH=Schwefelverbb. enthalten, erhalten durch Rk. von akt. Al_2O_3 (I) mit der verd. Lsg. einer Mineralsäure (H_2SO_4, HCl) in genügender Menge, um das I für die Umwandlung der genannten S-Verbb. in H_2S inakt. zu machen, ohne dabei seine Kapazität für trockne Gase nach seiner Reaktivierung wesentlich zu vermindern. Man reaktiviert das I, ohne es auszuwaschen, durch Erhitzen auf eine genügend hohe Temp. für genügend lange Zeit, um jede freie Säure aus dem I auszutreiben. (**A. P. 2 841 564** vom 5/5. 1953, ausg. 1/7. 1958.) P. Unger. 8195

Atlantic Refining Co., Philadelphia, Pa., übert. von: **Leonard N. Leum**, Media, und **Paul M. Pitts**, Secane, Pa., V. St. A., *Kreisprozeß zur Entfernung von H_2S aus hocherhitzten Gasströmen ohne Verminderung der Temperatur* bei hydrierenden *Entschwefelungen*, bevor der hocherhitzte Produktenstrom in die katalyt. Reformierung geht, wobei der H_2S die einzige saure Komponente des Gasstromes ist. Anschließend erfolgt die Regenerierung des Behandlungsmittels für die Entfernung des H_2S; man leitet den Gasstrom bei 600—1000° F über Körner aus Erdalkalihydroxyd, die in Erdalkalisulfide umgewandelt werden, während der Gasstrom frei von H_2S wird. Man unterbricht die Behandlung des Gasstromes mit dem festen Behandlungsmittel, verwandelt die Erdalkalisulfidkörner in die Erdalkalihydroxyde durch Behandlung mit einem O_2-haltigen Gas u. einer wss. Lsg. von Alkalihydroxyden u. Alkalisulfiden zurück, entfernt die so gebildeten Alkalipolysulfide (in wss. Lsg.) von den Erdalkalihydroxydteilchen u. leitet den zu behandelnden Gasstrom erneut darüber. (**A. P. 2 845 382** vom 23/4. 1954, ausg. 29/7. 1958.) P. Unger. 8195

Shell Development Co., Emeryville, Calif., V. St. A., übert. von: **Willem Johan Pieters, Lucas Alders** und **Johannis Doorn**, Amsterdam, Holland, *Flotationsentparaffinierung.* Bei der Entparaffinierung von Ölen durch Flotation wird ein Gemisch von festem Paraffin u. Öl in ein Ölprod., das weniger Paraffin enthält als die Mischung u. ein Paraffinprod., das eine geringere Menge Öl enthält als die Mischung, getrennt, indem man ein Gas durch die Mischung zu deren Oberfläche in Ggw. von ca. < 1 Gew.-% einer getrennten wss. Phase leitet. Dabei bilden sich ein paraffinhaltiger Schaum u. eine zurückbleibende Ölphase. Man verwendet beim Durchleiten des Gases eine geringe Menge eines mindestens teilweise oberflächenakt. Stoffes, z. B. ein Kondensationsprod. aus einem chlorierten KW-stoff u. Naphthalin. (**A. P. 2847356** vom 15/9. 1953, ausg. 12/8. 1958. Holl. Prior. 19/9. 1952.) P. Unger. 8195

Phillips Petroleum Co., übert. von: **Norman C. Carter**, Bartlesville, Okla., und **John S. Cromeans**, Louisville, Ky., V. St. A., *Isomerisieren von flüssigen Kohlenwasserstoffen zur Gewinnung von Motortreibstoffen mit hoher Octanzahl.* Eine isomerisierbare KW-stofffraktion, die mindestens einen aromat. KW-stoff u. einen cycloparaffin. KW-stoff enthält, wird in einen aromaten- u. cycloparaffinreichen Anteil u. einen Anteil mit wenig Aromaten u. Cycloparaffinen zerlegt. Der letztere wird in Ggw. eines Mo-Oxydkatalysators auf einen Tonerde- oder Tonerde–Kieselsäure-Träger bei 780—885° F u. 100—950 lbs./sq.in. u. einem Wasserstoff : KW-stoff-Verhältnis von 0,03: 1 bis 10 : 1 isomerisiert. — Zeichnung. (**A. P. 2 805 269** vom 22/5. 1951, ausg. 3/9. 1957.) E. Kahles. 8201

Standard Oil Co., Cleveland, Ohio, V. St. A., *Isomerisierungskatalysator*, bestehend aus einem Kieselsäure–Tonerde-Träger mit einer Oberfläche von 110—235 m^2/g u. 1—6% Cr-Oxyd. — Verbesserung der Octanzahl von Benzin. (**E. P. 801 166** vom 27/12. 1956, ausg. 10/9. 1958. A. Prior. 30/12. 1955.) E. Kahles. 8201

Houdry Process Corp., Philadelphia, Pa., V. St. A., *Einleiten der Umwandlung von Kohlenwasserstoffen in Gegenwart eines Edelmetallkatalysators*, dad. gek., daß das katalyt. Material bei hohen Temppp. ($<480°$, bes. $>370°$) u. bei ca. 4—15 at in Ggw. eines heißen, inerten Gases vor der Red. mit H_2 getrocknet wird. Nach dem Trocknen wird die Erhitzung des zirkulierenden Gases abgestellt, bis das Katalysatorbett auf $<170°$ abgekühlt ist. Dann wird das Katalysatorbett evakuiert u. danach in Ggw. von H_2 bei 8 at auf 170—200° erhitzt. Schließlich steigert man den H_2-Druck auf einen Enddruck von 21—66 at u. die Temp. am Reaktoreinlaß auf ca. 400° u. beginnt mit dem Einleiten der KW-stoffcharge. — Zeichnung, Diagramm. (**Oe. P. 202 248** vom 26/2. 1958, ausg. 10/2. 1959. A. Prior. 26/4. 1957.) T. Oppermann. 8201

British Petroleum Co. Ltd., London (Erfinder: **John Arthur Edgar Moy** und **Bernhard Whiting Burbidge**, Sunbury-on-Thames, England), *Katalytische Reformierung von Kohlenwasserstoffen*, dad. gek., daß ein katalyt. Reformat ganz oder teilweise bei 450—580° u. Drücken von nicht $>4{,}55$ kg/cm^2 ohne in die Reaktionszone zurückgeführtem oder von außen zugesetztem H_2 mit im wesentlichen Cr-Oxyd auf Al-Oxyd u. eine geringe Menge La oder Lanthanone (als Oxyd) u. gegebenenfalls Alkalimetalle (als Oxyd) enthaltenden Katalysatoren in Kontakt gebracht wird. Unter „Lanthanonen" wird eine Mischung von Seltenen Erden verstanden, die im wesentlichen La, Ce u. Nd sowie geringe Mengen anderer Seltener Erden enthält. (**D. A. S. 1 060 076** Kl. 23b vom 6/12. 1957, veröff. 25/6. 1959. E. Prior. 7/12. 1956.) E. Kahles. 8201

Standard Oil Co., Chicago, Ill., übert. von: **William F. Pansing**, Highland, Ind., V. St. A., *Reformieren von Kohlenwasserstoffen.* In mehreren getrennten Zonen werden fluidisierte Feststoffbetten aufrechterhalten. Vorerhitzte KW-stoffe u. H_2 werden von unten in die 1. dieser Zonen eingeleitet. Aus jeder Zone fließen die Feststoffteilchen in eine einzige Abstreifzone, durch die ein Abstreifgas nach oben strömt. Aus der Abstreifzone gelangen die Feststoffteilchen in eine Regenerierzone, in der die auf den Feststoffteilchen anhaftenden C-haltigen Ndd. durch Abtrennen bei 1100° F entfernt werden. Aus der Regenerierzone fließen die heißen Feststoffteilchen getrennt zu jeder der getrennten Reformierungszone zurück. Durch Regelung der Zufuhr u. Abzug der Feststoffteilchen wird die Temp. der 1. Reformierungszone auf 850—940° F gehalten, während die Temp. der letzten Reformierungszone auf über 975° F eingestellt wird, während die Temp. in den einzelnen Zonen dazwischen auf eine entsprechende Temp. zwischen den Tempp. der 1. u. letzten Zone gehalten wird. Die KW-stoffdämpfe steigen durch die verschied. Zonen nach oben. In der 1. Zone findet hauptsächlich die Dehydrierung der KW-stoffe statt, während in der letzten Zone die Isomerisierung vorherrscht. — Vorr. Zeichnung. (**A. P. 2 766 185** vom 6/2. 1953, ausg. 9/10. 1956.) E. KAHLES. 8201

Standard Oil Co., Chicago, übert. von: **Glenn M. Webb**, Western Springs, Ill., V. St. A., *Hydroformieren von Kohlenwasserstoffen*. Erdölschwerbenzin vom Kp. 180 bis 375° F wird mit einem Katalysator in Kontakt gebracht, der aus einem Tonerdeträger mit 0,1—1 Gew.-% Pt u. 0,1—1 Gew.-% Ir, bezogen auf Al_2O_3, besteht. Die Hydroformierung wird bei 800—1050° F, 100—100 lbs./sq.in. mit einem H_2-Durchsatz von 1000—10000 cu.ft./barrel Öl u. einer Raumgeschwindigkeit von 1—10 durchgeführt. (**A. P. 2 848 377** vom 19/10. 1953, ausg. 19/8. 1958.) E. KAHLES. 8201

Koppers Co., Inc., Pittsburgh, Pa., V. St. A., übert. von: **Adolf Schmalenbach**, Essen, *Extraktive Destillation* zur Gewinnung von niedrigsd., Bzl. u. Homologe enthaltenden Konzentraten aus einem an Bzl. angereicherten Waschöl. In einer Kolonne wird das Waschöl oben eingeleitet, während diesem Waschöl im Gegenstrom Dampf entgegenströmt. Überkopf wird ein Gemisch von niedrig- u. höhersd. KW-stoffen abgezogen. Dabei wird in der Kolonne zwischen dem Kopf der Kolonne u. der Eintrittsstelle des Waschöls in die Kolonne ein Konzentrat von höher sd. KW-stoffen auf einer solchen Temp. gehalten, daß diese über dem Kondensationspunkt des Dampfes liegt. Das abziehende Gemisch aus niedrig- u. höhersd. KW-stoffen wird fraktioniert kondensiert. Das naphthalinhaltige Kondensat wird, nach der Entfernung des W. durch Ausfrieren u. Verdampfen, an einer oberhalb der Einführungsstelle des Waschöls u. unterhalb der Abzugsstelle für die KW-stoffe liegenden Stelle in die Destillationskolonne zurückgeführt. — Zeichnung. (**A. P. 2 785 114** vom 11/8. 1951, ausg. 12/3. 1957.) E. KAHLES. 8203

Ruhrchemie Akt.-Ges., Oberhausen (Erfinder: **Walter Rottig**), *Gewinnung von hochklopffesten Benzinen aus Primärprodukten der katalytischen Kohlenoxydhydrierung*, dad. gek., daß beim Überleiten derselben über natürliche u./oder künstliche Gemische oder Verbb., die aus SiO_2 u. Al_2O_3 bestehen, bei Tempp. oberhalb 250° eine Vorbehandlung mit Al_2O_3 bei 200—500°, bes. 300—450°, vorgeschaltet wird. (**D. A. S. 1 041 935** Kl. 12o vom 20/3. 1953, veröff. 30/10. 1958. **Zusatz zu D. A. S. 1 036 837; C. 1959. 8372.**) E. KAHLES. 8207

Socony Mobil Oil Co., Inc., New York, N. Y., V. St. A., *Farbstabilisierung von Heizölen sowie Steigerung ihrer Sedimentationsfestigkeit* durch Anwesenheit einer geringen Menge eines Additivs aus einem oder mehreren Formaldiminen der Formel **A**, in der n eine ganze Zahl von 1—6 bedeutet, oder der Formel **B**, in der R einen n. aliphat., einwertigen KW-stoffrest mit 8—18 C-Atomen pro Rest bedeutet. (**E. P. 798 062** vom 27/10. 1954, ausg. 16/7. 1958.) P. UNGER. 8217

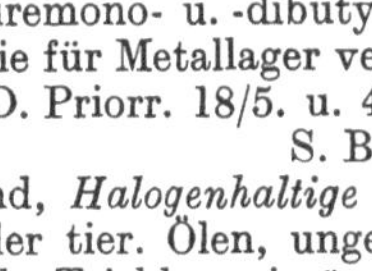
A

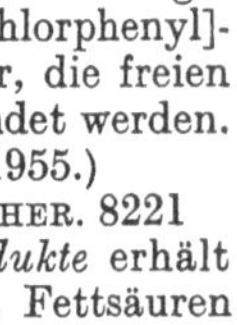
B

Farbenfabriken Bayer Akt.-Ges., Deutschland, *Herstellung von Sulfiden polyhalogenierter Phenole*. Zu D. A. S. 1 024 089; C. **1958.** 13359 ist zu ergänzen: Die genannten Sulfide werden allein oder im Gemisch mit Phosphinsäuren (Bis-[p-chlorphenyl]-phosphinsäurebutylester, p-Chlorphenylphosphonsäuremono- u. -dibutylester, die freien Säuren oder ihre Stearylaminsalze] Ölen zugesetzt, die für Metallager verwendet werden. (**F. P. 1 153 498** vom 15/5. 1956, ausg. 11/3. 1958. D. Priorr. 18/5. u. 4/7. 1955.) S. BÖTTCHER. 8221

Frederick Hilton, Addlestone, Surrey, England, *Halogenhaltige Produkte* erhält man durch Erhitzen von ungesätt. pflanzlichen oder tier. Ölen, ungesätt. Fettsäuren oder deren Estern mit einer Halogenverb. (PCl_3, CCl_4, Trichloressigsäure) in Ggw. eines Telomerisierungskatalysators (z. B. Benzoyperoxyd (**I**) oder Di-tert.-butylperoxyd) auf 70—150°, notfalls unter Druck. — Aus 100 cm³ Olivenöl, 700 cm³ CCl_4, 4 g **I** nach 11 Std. unter Rückfluß → Prod. mit 9,5 Cl-Gehalt. — Ferner werden umgesetzt: Ricinusöl, dessen Dehydratisierungsprod., Oiticicaöl u. Holzöl. — *Schmieröl, Weichmacher* u. *Lösungsmittel*. (**E. P. 781 426** vom 5/4. 1954, ausg. 21/8. 1957.) G. KRAUSS. 8221

Shell Development Co., New York, N. Y., übert. von: **Lyman E. Lorensen**, Berkeley, Calif., V. St. A., *Fließpunkterniedriger für paraffinhaltige Mineralschmieröle* sind öllösl. lineare Polymere der allg. Formel **I**, in der mindestens ein R ein KW-stoffrest mit mindestens 8 C-Atomen, R′ ein C_{2-10}-Alkylenrest u. x die Anzahl der Monomeren ist, wobei **I** ein Mol.-Gew. von mindestens 3000 hat. — Beispiele: $HO[C_{18}H_{37}Si(C_6H_5)OC_4H_8O]_xH$ vom Mol.-Gew. 3300; $HO[HSi(C_{12}H_{25})\cdot O\cdot CH_2\cdot CH_2\cdot O)_xH$ vom Mol.-Gew. 7550. (**A. P. 2 796 406** vom 13/12. 1954, ausg. 18/6. 1957.) E. DREWS. 8221

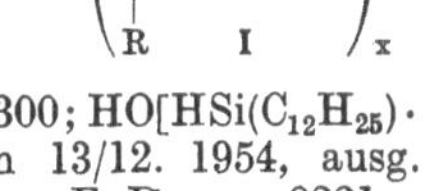
I

XXIV. Photographie.

Gevaert Photo-Producten N. V., Mortsel, Belgien, *Härten von Gelatine,* bes. für *photograph.* Material. Man setzt der Gelatinelsg. Carboxylgruppen enthaltende Ester zu, die erhalten werden durch Rk. von Polyvinylalkohol mit Maleinsäure oder deren Derivv., wie Maleinsäureanhydrid oder Monomethylmaleinat. Die Ester sollen mindestens 10% Vinylmaleinathalbester enthalten. (**Holl. P. 89 302** vom 17/11. 1955, ausg. 15/10. 1958.) F. Böhm. 8603

Eastman Kodak Co., übert. von: **Richard V. Young** und **George S. Dundon,** Rochester, N. Y., V. St. A., *Rasch erstarrende Überzüge bildende Proteinemulsion.* Der mindestens 2, bes. 3—8%, Protein (I) enthaltenden wss. Emulsion ($p_H < 5$) werden $^1/_4$—50, bes. $^1/_2$—10%, eines in W. lösl. Al-Salzes, z. B. $Al_2(SO_4)_3$, zugesetzt (bezogen auf das Gewicht des I). Ein damit hergestellter Überzug wird einem (<0, 1 Vol.-%) NH_3 enthaltenden Gas ausgesetzt. Der Überzug erstarrt rasch, z. B. in 5 Sek., u. kann mit warmer Luft getrocknet werden. — *Lichtempfindliche u. Barytschichten photograph. Papiere.* (**A. P. 2 710 815** vom 9/9. 1953, ausg. 14/6. 1955.) E. Weiss. 8603

Eastman Kodak Co., übert. von: **William H. Griggs** und **Martin Salo,** Rochester, N. Y., V. St. A., *Durchscheinendes Photorohpapier.* Rohpapier für photograph. Zwecke in einer der üblichen Qualitäten mit einer Opazität von 72% (gemessen im Bausch & Lomb-Opazimeter) wird ein- oder beidseitig, durch Tauchen oder Aufsprühen mit einem Überzug von α-Methylpolystyrol (I) versehen. Das I kann unverd. aufgetragen werden, dann wendet man dazu Tempp. um 60° an, um eine da für geeignete Viscosität herbeizuführen, es kann auch eine Lsg. in KW-stoffen angewandt werden, ferner der Zusatz von Weichmachern, wie Dioctylphthalat u. Dibutylsebacat. Nach einer Trocknung bei 200° ist die Opazität auf 52—55% zurückgegangen. (**A. P. 2 805 160** vom 9/2. 1953, ausg. 3/9. 1957.) A. Kalix. 8603

Kodak-Pathé, Frankreich, übert. von: **Jean Elmore Jones,** *Supersensibilisierung.* Als Grundsensibilisatoren werden Cyaninfarbstoffe der allg. Formel I verwendet, als Supersensibilisatoren Verbb. der allg. Formel $M(X)_2$, in der M ein Zn- oder Cd-Atom, X ein Cl- oder Br-Atom ist. In I sind R u. R′ Alkyl- oder Aralkylgruppen, X ein Säureradikal, Z u. Z′ stellen die zur Bldg. eines 5- oder 6gliedrigen Heterocyclus nötigen Atome dar, wie er in Cyaninfarbstoffen üblich ist, m u. n sind 1 oder 2.

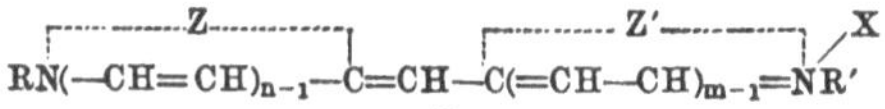

I

Die I werden in Mengen von 0,1—0,3 g auf 1 g-Atom Ag in der Emulsion, die $M(X)_2$ in Mengen von 5—35 g verwendet, das Verhältnis I:$M(X)_2$ soll 1:10 bis 1:200 betragen. Die beschriebene Kombination verstärkt die Empfindlichkeit von AgCl- u. AgCl/Br-Emulsionen bes. im Gebiet von 490—550 mμ. — Die gleiche Wrkg. wird erreicht, wenn statt I Cyaninfarbstoffe der allg. Formel II verwendet werden. In dieser ist R″ eine Alkylgruppe, die übrigen Symbole haben dieselbe Bedeutung wie in I.

II

Die Verbesserung der Empfindlichkeit liegt bei dieser Kombination bes. im Gebiet von 550—350 mμ. (**F. PP. 1 150 697** u. **1 150 698** vom 8/3. 1956, ausg. 16/1. 1958. A. Prior. 8/3. 1955.) A. Kalix. 8305

Eastman Kodak Co., übert. von: **George W. Sawdey** und **James A. van Allan,** Rochester, N. Y., V. St. A., *Farbstoffe für Ultraviolettfilterschichten* bilden Thiazolidonderivv. der allg. Formel I. Hierin ist R_1 eine Aryl- oder Aralkylgruppe, R_2 eine Phenyl-, Alkylphenyl-, Alkoxyphenyl-, Carboxyphenyl- oder Sulfoxyphenylgruppe, bzw. ein Alkalisalz davon. R ist der Rest 1.4a-Dimethyl-7-isopropyl-1.2.3.4.4a.9.10.10a-oktahydrophenanthryl-(1)-methyl („Rosylrest"; II). — Beispiel: *2-Phenylimino-3-rosyl-5-(o-sulfobenzal)-4-thiazolidon* (Na-Salz), *5-[2.4-Bis-(carbomethoxy)-benzal]-2-phenylimino-3-rosyl-4-thiazolidon* (Na-Salz), *5-[3-(2.4-ditert.-amylphenoxyacetoxy)-benzal]-2-phenylimino-3-rosyl-4-thiazolidon, 2-Benzylimino-5-(p-äthoxybenzal)-3-rosyl-4-thiazolidon,* Strukturformeln im Original. (**A. P. 2 784 087** vom 20/9. 1954, ausg. 5/3. 1957.) A. Kalix. 8613

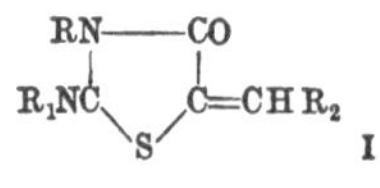

I

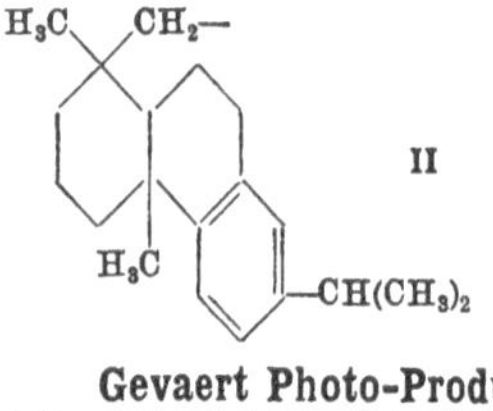

II

Gevaert Photo-Producten, Mortsel (Erfinder: **Jozef Frans Willems,** Wilrijk, und **Albert Emiel van Hoof,** Berchem), Belgien, *Gerbende Entwickler.* An Stelle der bisher verwendeten Ascorbinsäure wird als Oxydationsschutzmittel für die als Entwicklersubstanz verwendeten Polyphenole *Ascorbinsäureborat* (**I**) oder ein wasserlösl. Salz davon verwendet. — Beispiel: 6 g Brenzcatechin, 2 g KOH, 1 g Äthylendiamintetraessigsäure, 6 g **I**-K-Salz in 1 Liter Wasser. (**D. A. S. 1 060 715** Kl. 57b vom 4/9. 1958, ausg. 2/7. 1959. Holl. Prior. 5/9. 1957.) A. KALIX. 8619

General Aniline & Film Corp., New York (Erfinder: **Lawrence Gerald Welliver**, Binghamton), N. Y., V. St. A., *Trockenes Gemisch zur Herstellung von Silberbildbleichbädern.* Als Konservierungsmittel enthält das Gemisch außer den üblichen Bestandteilen (Alkaliferricyanid u. Halogenierungsmittel) Borsäureanhydrid, gegebenenfalls noch Pufferungsmittel u. etwas Ferrocyanid. — Beispiel: 50 g K-Ferricyanid, 5 g K-Ferrocyanid, 15 g NaBr, 11 Dinatriumphosphat, 10 BrO_3 zur Herst. von 1 Liter Bleichlösung. (**D. A. S. 1 062 114** Kl. 57b vom 6/5. 1958, veröff. 23/7. 1959. A. Prior. 15/5. 1957.) A. KALIX. 8625

Adox-Fotowerke Dr. C. Schleussner G. m. b. H., Frankfurt/M. (Erfinder: **Karl Dietzel**, Neu-Isenburg), *Kopierverfahren.* Um Negative (oder Diapositive) mit den verschiedensten Gradationen auf ein u. dieselbe lichtempfindliche Schicht kopieren zu können, durchstrahlt man die Vorlage mit dem Kopierlicht u. außerdem noch ein oder mehrere Male mit den Strahlen einer zweiten Lichtquelle, wobei die Intensitätsverhältnisse der beiden Lichtquellen so geregelt werden, daß die auf eine bestimmte Schicht fallende Lichtmenge aller Teilbestrahlungen gleich ist. (**D. A. S. 1 058 367** Kl. 57b vom 22/6. 1957, veröff. 27/5. 1959.) A. KALIX. 8625

Battelle Development Corp., V. St. A., übert. von: **James Philip Ebert**, *Aufladung von xerographischen Schichten.* Zur Vermeidung der Bldg. von „Ladungsmustern" u. zur Erzielung einer absol. gleichmäßigen Ladungsverteilung wird die Aufladung der Schicht mit einem dicht darüber angeordneten, unbewegten Gitter von parallelen Drähten durchgeführt, die einander abwechselnd an verschied. Stromquellen angeschlossen sind, u. zwar in der Weise, daß in schnellem Wechsel einmal die eine u. dann die andere Hälfte der Drähte aufgeladen wird. (**F. P. 1 150 711** vom 20/3. 1956, ausg. 17/1. 1958. A. Prior. 22/3. 1955.) A. KALIX. 8625

Ciba Akt.-Ges., Basel, Schweiz, *Herstellung von Farbstoffbildern.* Zur Gewinnung von Kopierfilmen, die frei von lichtstreuenden Farbstoffaggregaten sind, wird das Verf. der sogenannten prim. Farbstoffbldg. angewandt, bei der die Oxydationsprodd. des Entwicklers mit dem unverbrauchten Entwickler zu gelbbraunen Farbstoffen kuppeln u. die so gewonnenen Farbstoffbilder in ihrer Gradation durch Baden in essigsauren Lsgg. von bas. Farbstoffen verbessert werden. Als **I** werden sulfitarme oder sulfitfreie Lsgg. von solchen Verbb. verwendet, die neben einer cycl., bes. aromat. gebundenen OH- oder NH_2-Gruppe mindestens eine weitere, in o- oder p-Stellung dazu gebundene OH- oder NH_2-Gruppe aufweisen, z. B. Brenzcatechin, o- u. p-Aminophenol, 1-Anilino-β-naphthol, Pyrogallol oder 1-Phenyl-6-pyrazolidon. Nachgefärbt wird z. B. mit Diamantfuchsin. Die so hergestellten Bilder eignen sich bes. zum Kopieren auf Linsenrasterfilmen. (**Oe. P. 197 199** Kl. 57b vom 24/3. 1955, ausg. 10/4. 1958. Schwz. Prior. 29/3. 1954.) A. KALIX. 8631

Karl Wahl (Erfinder: **Emmy Wahl** geb. **Echterhoff**), Schaan, Liechtenstein, *Herstellung von Farblinienrastern.* Bei der Anfertigung von Blöcken aus Hunderten von dünnen Farbfolien, aus denen dann durch Querschneiden die Farblinienraster gewonnen werden, werden die Flüssigkeitsschichten, die die Folien bilden sollen, nach einem elektrostat. Sprühverf. auf eine Unterlage (**I**) u. aufeinander aufgetragen. Vor dem Aufsprühen jeder Lsg. muß die darunterliegende Schicht entladen werden, wenn als **I** nicht eine Metallplatte verwendet wird. Ebenso werden gegebenenfalls anzubringende Zwischenschichten, Schutzschichten, Deckschichten für die lichtempfindliche Schicht usw nach diesem Verf. aufgetragen. (**D. A. SS. 1 058 837** u. **1 058 838** Kl. 57b vom 4/9. 1958, veröff. 4/6. 1959.) A. KALIX. 8633

Aladdin Industries, Inc., Nashville, Tenn., übert. von: **Harold T. Lyman**, Milford, und **Harold J. Yanosik**, Bridgeport, Conn., V. St. A., *Photographische Herstellung elektrisch leitender Muster.* Ein elektr. isolierender, chem. inerter Träger wird mit einer Silberhalogenidemulsion überzogen, diese Schicht unter einem Diapositiv des Musters belichtet u. entwickelt. Das Silberbild wird herausgeätzt u. die Gelatine an diesen Stellen ausgewaschen. Die übriggebliebene Halogensilberschicht wird belichtet u. reduzierend entwickelt. Nach dem Trocknen u. Abbürsten wird auf die Silberstellen zusätzlich Metall, z. B. Cu, elektrolyt. niedergeschlagen. (**A. P. 2 854 386** vom 7/2. 1955, ausg. 30/9. 1958.) K. KITTLER. 8645

Agfa Akt.-Ges. (Erfinder: **Wolfgang Lässig** und **Eberhard Günther**), Leverkusen, *Herstellung von Flachdruckformen auf photographischem Wege,* die zum Drucken mit Fettfarben geeignet sind, dad. gek., daß man Silberbilder durch Oxydation in Schwermetall- u./oder Silbersalzbilder (**I**) überführt u. diese mit organ. Verbb. (**II**) umsetzt, die SH-, SeH- oder NH-Gruppen enthalten, mit deren Hilfe die betreffenden organ. Verbb. mit den Schwermetall- u./oder Silberionen der bei der Oxydation entstandenen Salze im Vgl. zu diesen schwerer lösl. salzartige oder Komplexverbb. bilden. Außerdem sollen die betreffenden organ. Verbb. einen oder mehrere langkettige n. oder verzweigte, gesätt. oder ungesätt. KW-stoffreste mit mindestens 12 C-Atomen tragen; 2. daß man die **I** mit **II** der allg. Formel **I** umsetzt. Darin steht X für S oder Se, Z u. Y sind wahlweise ein Heteroatom O, N, S u. Se, die entweder in offener Anordnung oder als Ringglieder eines Heterocyclus vorliegen, R einen langkettigen n. oder verzweigten, gesätt. oder ungesätt. KW-stoffrest mit mindestens 12 C-Atomen, der entweder an einem der beiden Atome Y u. Z direkt oder mittels weiterer verbindender Gruppen bzw. an einem der Ringglieder des Heterocyclus gebunden ist; 3. daß man die **I** mit **II** der allg. Formel **A** umsetzt, worin —HN—C=N— einen Teil eines 5gliedrigen Heterocyclus u. R einen langkettigen n. oder verzweigten, gesätt. oder ungesätt. KW-stoffrest mit mindestens 12 C-Atomen bedeutet, der an einem der Ringatome direkt oder über Zwischenglieder gebunden ist; 4. daß man von einem Silberbild ausgeht, das nach dem Silbersalzdiffusionsverf. erzeugt worden ist. **D. A. S. 1 058 844** Kl. 57d vom 26/4. 1957, veröff. 4/6. 1959.) K. Kittler. 8645

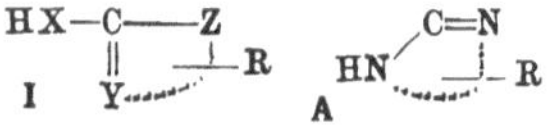

Azoplate Corp., Summit, N. J., V. St. A., übert. von: **Wilhelm Neugebauer,** Wiesbaden, und **Jakob Barthenheier,** Eddersheim/M., *Herstellen einer Flachdruckform.* Eine Folie z. B. aus Pergamentpapier wird mit einer Diazoverb. lichtempfindlich gemacht u. dann mechan. mit dem Druckmuster versehen. Danach wird mit der wss. Lsg. eines in W. lösl. organ. Koll., z. B. Dextrin, überzogen, getrocknet u. von der Rückseite belichtet, um die Diazoverb. an den Druckstellen in eine hydrophobe, Druckfarbe annehmende Substanz u. an den freien Stellen in eine hydrophile Substanz überzuführen. (**A. P. 2 810 342** vom 13/1. 1949, ausg. 22/10. 1957.) K. Kittler. 8645

Youngstown Arc Engraving Co., übert. von: **William J. Gutknecht,** Youngstown, Ohio, V. St. A., *Prägematrize,* deren Elemente in 2 verschied. Niveaus liegen. Die beiden Muster werden nacheinander photomechan. aufgebracht u. geätzt. (**A. P. 2 854 336** vom 7/3. 1955, ausg. 30/9. 1958.) K. Kittler. 8645

Eastman Kodak Co., Rochester, N. Y., V. St. A., übert. von: **Martin Hepher** und **Hans M. Wagner,** Harrow, Wealdstone, England, *Lichtempfindliche Schicht für photomechanische Zwecke,* erhalten aus der Lsg. eines natürlichen, synthet., cyclisierten oder oxydierten Kautschuks unter Zusatz eines Chlorkautschuks u. eines hydrophilen Polymerharzes mit polaren Gruppen. Die Säurebeständigkeit wird erhöht durch Zusatz von (ca. 1—5%) in W. unlösl. Arylazidverb., z. B. 4.4'-Diazidostilben, 4.4'-Diazidobenzophenon. (**A. P. 2 852 379** vom 4/5. 1955, ausg. 16/9. 1958.) K. Kittler. 8647

General Aniline & Film Corp., New York, N. Y., V. St. A., *Lichtempfindliches Material für die Diazotypie* enthält eine Zwischenschicht aus Al_2O_3-Pigment, bes. γ-Al_2O_3, mit einer Teilchengröße von ≤ 10, bes. 0,02—0,04 μ. Als Bindemittel hierfür dienen N-haltige bas. bis amphotere Polymere, wie Casein. (**Holl. P. 85 134** vom 12/2. 1954, ausg. 15/5. 1957.) F. Böhm. 8647

Eastman Kodak Co., übert. von: **Edward M. Weigel,** Rochester, N. Y., V. St. A., *Schutzschicht für Filmbilder.* Auf die fertiggestellten Bilder wird eine Lsg. aufgetragen, die 1,0—10% Polyvinylphthalat mit 50—75% Phthalylgruppen (**I**) in so viel NH_3 gelöst enthält, wie dem stöchiometr. Äquivalent von **I** entspricht. Zweckmäßig werden noch ca. 0,24% eines Netzmittels, wie Saponin, Fettalkoholsulfonate usw., zugesetzt, ebenso 0,05—0,5% wasserlösl. Polyäthylenglykol. (**A. P. 2 798 004** vom 26/1. 1954, ausg. 2/7. 1957.) A. Kalix. 8655

Chemische Fabrik Dr. Fritz Voigt (Erfinder: **Gerhard Adler** und **Fritz Voigt**), Hamburg, *Filmpackung für Röntgenreihenaufnahmen.* Das zum lichtdichten Verpacken des Films verwendete Packpapier enthält außer den üblichen Füllstoffen noch solche, die bei der Einw. von Röntgenstrahlen fluorescieren u. dadurch eine solche Verstärkerwrkg. ausüben, daß bei der Aufnahme auf den Film keine besondere Verstärkerfolie oder Leuchtschirm erforderlich ist, z. B. Bi-Oxyd. (**D. A. S. 1 056 927** Kl. 57b vom 22/11. 1957, veröff. 6/5. 1959.) A. Kalix. 8655

Redaktionsschluss: 16. Oktober 1959.

Patentrückzitate.

Nachfolgend stehen diejenigen Patente, die nicht im Textteil referiert sind, da ihr Inhalt bereits in einem Patent eines anderen Landes wiedergegeben wurde.

Die 1. Spalte enthält die Patentnummer.
Die 2. Spalte enthält das Land, in welchem das identische Patent herausgegeben ist.
Die 3. Spalte gibt die Nummer des identischen Patentes an.
Die 4. Spalte enthält die Zentralblattstelle, an der das identische Patent referiert ist und die 5. Spalte gibt, soweit es die römischen Ziffern (I-XXIV) betrifft, die Untergruppen der Abteilung H. (Angewandte Chemie) bzw. F. (Pharmazie) oder G. (Analyse) an; z. B. heißt X, daß es sich um ein Patent handelt, das die Färberei (Abt. H, Untergruppe X) betrifft. Bezüglich der römischen Kapitelnummern vgl. die Kapitelübersicht im Autoren- und Patentregister 1959.

Deutsche Patente [München] (D.B.P.).

872493	Frz.	1043726	C. 55. 3933	G
887901	Eng.	702936	C. 56. 1155	VIII
920098	Frz.	1055954	C. 55. 9210	XIb
925370	Frz.	1021264	C. 54. 5200	XVII
	Schwz.	286052	C. 54. 2508	XIa
929206	Oest.	176847	C. 54. 3334	IX
	Belg.	508246	C. 57. 14197	IX
932184	Frz.	1080107	C.50/54.3579. S.	IX
552	Frz.	1077267	C.50/54.3580. S.	IX
938310	Oest.	189194	C. 58. 1654	F
939045	Frz.	1070757	C.50/54.4203 S.	I
940165	Eng.	718413	C.50/54.4355. S.	XIX
944129	Frz.	1063701	C.50/54.2864. S.	IX
577	Frz.	1068476	C.50/54.2137. S.	X
945126	Frz.	1073727	C. 56. 3176	XVI
946665	Eng.	755176	C. 58. 3177	XIb
948191	Frz.	1117086	C. 58. 4300	VI
783	Schwz.	313996	C. 58. 2841	V
951301	Frz.	1081098	C.50/54.2146. S.	XIb
723	Frz.	1093025	C. 58. 803	F
953168	Frz.	1095772	C. 57. 13184	IX
954447	Frz.	1074016	C. 56. 9548	I
955147	Eng.	731391	C. 57. 6225	F
505	Eng.	745495	C. 58. 14452	IX
956271	Frz.	1112430	C. 58. 4946	XIb
505	Frz.	1091377	C. 58. 4627	IX
506	Frz.	1110841	C. 58. 4934	IX
945	Frz.	1065666	C.50/54.1306. S.	IX
957465	Frz.	1084648	C. 57. 6568	VI
958474	Frz.	1088613	C. 58. 561	IX
480	Frz.	1093885	C. 58. 9396	XXIV
648	Eng.	759105	C. 57. 7498	IX
959579	Amer.	2687985	C. 55. 9943	XIX
960352	Amer.	2759024	C. 57. 8647	IX
961129	Eng.	765361	C. 58. 9630	XII
349	Amer.	2691656	C. 56. 2546	F
469	Belg.	500302	C.50/54.4206. S.	III
962117	Frz.	1121255	C. 57. 11163	XIb
608	Oest.	193894	C. 59. 2596	VII
963183	Eng.	735420	C. 57. 8362	IX
185	Oest.	188853	C. 57. 10826	F
194	Frz.	1100539	C. 58. 2287	XIb
332	Ind.	52984	C. 57. 8071	IX
423	Frz.	1130370	C. 59. 1585	VII
980	Frz.	1099804	C. 59. 8014	XIX
981	Eng.	768579	C. 58. 3422	V
995	Frz.	1138178	C. 58. 9918	XIb
964326	Oest.	186782	C. 57. 10287	F
594	Frz.	1122492	C. 58. 8475	IX
595	Frz.	1111099	C. 58. 4636	XIb
973	Eng.	748683	C. 59. 6254	IV
965404	Oest.	194085	C. 59. 4631	IX
571	Eng.	746486	C. 57. 5153	XIX
923	Oest.	191614	C. 58. 4043	XIb
966297	Eng.	721506	C. 55. 9479	XIX
470	Frz.	1001985	C. 50/54.3501. S.	VI
477	Frz.	1138085	C. 59. 1266	VIII
502	Eng.	757406	C. 59. 8411	IX

966684	Frz.	961022	C.50/54.3574. S.	IX
967037	Eng.	768055	C. 58. 6943	VI
433	Oest.	189147	C. 57. 9537	XV
665	Frz.	1046219	C. 55. 7544	VIII
792	Frz.	1073424	C.50/54.3421. S.	F
964	Eng.	762821	C. 58. 3173	XIa
968032	Eng.	743942	C. 57. 1834	XIX
064	Eng.	726206	C. 56. 7123	XIX
453	Eng.	690825	C. 54. 3769	I
671	Eng.	759477	C. 58. 5815	XIb
723	Frz.	1111531	C. 58. 891	XVIIIb
902	Frz.	1079253	C.50/54.3567. S.	IX
973	Eng.	757531	C. 58. 2881	XIb
969000	Oest.	176314	C. 54. 8662	VIII
083	Eng.	736146	C. 56. 7059	V
233	Eng.	784880	C. 59. 4635	X
388	Eng.	753131	C. 57. 9509	VIII
497	Frz.	1062192	C. 55. 5671	XIb
676	Eng.	764723	C. 59. 4280	VI
698	Schwd.	134279	C. 53. 3458	III
770	Eng.	749702	C. 57. 9802	XVII
843	Oest.	186626	C. 58. 4327	IX
976	Frz.	975364	C. 52. 1079	VIII
970010	D. P.			
	(DDR)	7426	C.50/54. 654.S.	XXIV
071	Belg.	522056	C. 58. 11408	XIX
194	Eng.	777521	C. 58. 11929	V
200	Schwz.	323613	C. 59. 2670	XXI
241	Eng.	747272	C. 57. 5425	XIb
324	Frz.	1074764	C.50/54. 648.S.	XXI
342	Oest.	174933	C. 54. 644	VIII
386	Eng.	707277	C. 55. 168	F
434	Frz.	942094	C. 50. I. 457	IX
458	It.	480848	C. 57. 10844	III
673	Amer.	2730552		
		u. 553	C. 57. 6899	IX
722	Oest.	177525	C. 55. 1103	F
773	Eng.	747225	C. 57. 1753	F
846	Frz.	1065321	C. 55. 7776	VIII
864	Holl.	79482	C. 58. 9027	I
903	Eng.	696003	C. 55. 8022	VIII
971091	Frz.	1102066	C. 58. 1441	XII
144	Frz.	1018470	C. 54. 5368	I
238	Frz.	1016937	C. 56. 2881	IX
239	Amer.	2786082	C. 58. 14499	IX
343	Eng.	735521	C. 56. 4603	XIX
375	Frz.	1066270	C. 55. 2260	F
399	Holl.	75200	C. 50/54.1367. S.	XVIIIa
411	Frz.	1073050	C. 56. 9006	III
	Frz.	1073047	C. 56. 13227	III
436	Amer.	2440206	C.49. E. 3397	XXIV
467	Eng.	736123	C. 56. 9072	XXIV
500	Frz.	1054122	C. 55. 2029	F
508	Eng.	768209	C. 57. 13222	XIX
522	Oest.	185119	C. 58. 258	VIII
558	Eng.	729303	C. 56. 9335	XIX
559	Frz.	1004940	C. 54. 1137	XIII
588	Eng.	712585	C. 55. 6828	VI

971600	Schwz.	304742	C. 56.	7975	XXIV
618	Amer.	2586796	C. 54.	919	XVIIIb
633	Eng.	732210	C. 56.	7965	XVIIIb
656	D. P. (DDR)	1750	C. 54.	3285	F
786	Frz.	1051410	C. 55.	2741	I
	Eng.	734577	C. 56.	7410	I
804	Frz.	1048505	C. 56.	5998	XIX
836	Oest.	177413	C. 54.	7240	F
862	Frz.	1077859	C. 56.	8791	XIX
864	Frz.	1139301	C. 58.	8225	XVIIIb
888	Amer.	2592355	C. 54.	2529	XVIIIb
897	Frz.	962006	C. 49. E.	1829	XIX
899	Schwz.	322479	C. 58.	7356	XIII
914	Amer.	2608525	C. 53.	7214	XIX
921	Frz.	1107661	C. 56.	13850	IX
971950	Eng.	748269	C. 57.	3126	IX
953	Eng.	717932	C. 55.	6424	XVIIIa
954	Frz.	1109067	C. 59.	1329	XXIV
957	Amer.	2566346	C. 53.	3301	VI
972001	Eng.	735521	C. 56.	4603	XIX
022	Frz.	1041444	C. 55.	8479	VII
044	Holl.	80710	C. 59.	934	VII
090	Eng.	670413	C. 53.	3012	XVI
216	Belg.	521102	C. 58.	5821	XIII
223	Eng.	764731	C. 58.	4072	XIX
249	It.	389424	C. 42. II.	2560	XXII
256	Frz.	949639	C. 50. II.	108	IX
307	Eng.	739270	C. 56.	4803	F
357	Frz.	1064004	C.50/54.	3658. s.	XIX
381	Frz.	1107537	C. 56.	13897	XIX

Auslegeschriften der Patentanmeldungen des Deutschen Patentamtes München (D.A.S.).

1001996	Frz.	1096257	C. 58.	4574	F
1002340	Oest.	193881	C. 59.	3974	IX
490	Eng.	767068	C. 59.	5350	XXII
757	Eng.	749194	C. 57.	8594	F
1003005	Frz.	1082588	C.50/54.	3484. s.	III
209	Eng.	749156	C. 58.	802	F
378	Eng.	750461	C. 57.	10887	XIa
1004173	Frz.	1095327	C. 58.	1984	IX
313	Frz.	1059990	C. 59.	8416	XIX
1005505	Eng.	772635	C. 58.	3452	IX
515	Frz.	1080339	C.50/54.	3564. s.	IX
957	Amer.	2781397	C. 59.	8391	IX
1006420	Frz.	1111032	C. 58.	4965	XVIIIb
492	Oest.	173754	C.50/54.	4206. s.	III
560	Belg.	518428	C. 59.	7997	XVII
850	Eng.	754789	C. 57.	8291	F
1007060	Frz.	1100465	C. 57.	7823	XVIIIb
325	Frz.	1103802	C. 58.	4033	IX
758	Frz.	1099622	C. 58.	1698	IX
1008299	Oest.	191899	C. 59.	567	F
572	Eng.	750201	C. 59.	673	XXIV
717	Eng.	776275	C. 58.	1715	XII
734	Frz.	1095128	C. 57.	3137	XIb
740	Oest.	191871	C. 58.	10731	F
853	Frz.	1078204	C.50/54.	3639. s.	XVII
1009188	Frz.	1082744	C.50/54.	3530. s.	VII
1010730	Frz.	1126724	C. 57.	10892	XII
1011244	Oest.	186085	C. 57.	8935	VIII
418	Oest.	182104	C. 56.	6245	IX
1012300	Oest.	190056	C. 58.	11610	F
316	Eng.	760031	C. 58.	1677	VI
407	Frz.	1125526	C. 58.	4641	XII
604	Frz.	1131047	C. 59.	2229	F
605	Amer.	2647902	C. 54.	11493	F
822	Eng.	785873	C. 58.	12868	XXIV
911	Amer.	2777843	C. 59.	4569	F
914	Eng.	735803	C. 59.	973	XII
1013268	Eng.	762446	C. 58.	3133	V
280	Frz.	1104950	C. 58.	9613	IX
286	Oest.	191896	C. 59.	566	F
628	Schwz.	299359	C. 55.	2741	I
1014096	Amer.	2734080	C. 57.	5115	IX
277	Eng.	742912	C. 57.	3641	V
325	Frz.	1126684	C. 58.	5839	XVIIIa
476	Eng.	776822	C. 58.	14152	VI
508	Eng.	763525	C. 57.	13522	XIX
530	Eng.	744576	C. 57.	8906	V
714	Frz.	1061315	C. 55.	9183	VIII
989	Frz.	1116654	C. 58.	9063	IX
1015167	Eng.	773121	C. 58.	3491	XIX
170	Frz.	1095851 bis 854	C. 57.	3953	IX
1015196	Frz.	1140263	C. 58.	1995	XIa
579	Eng.	744947	C. 57.	2842	VI
603	Frz.	1128258	C. 59.	1288	XII
1016014	Amer.	2803613	C. 58.	9943	XVIIIa
390	Frz.	1121327	C. 57.	10919	XXII
449	Frz.	1116459	C. 58.	4945	XIb
694	Schwz.	317108	C. 58.	13360	IX
908	Amer.	2779136	C. 58.	2546	VI
928	Frz.	1088020	C. 57.	6298	XIb
1017147	Frz.	1140424	C. 59.	2249	I
157	Frz.	1101188	C. 58.	1698	IX
307	Amer.	2773780	C. 58.	3173	XIa
367	Oest.	195638	C. 59.	971	XIb
607	Eng.	750638	C. 59.	3643	IX
793	Frz.	1116841	C. 59.	10078	XIb
1018066	Oest.	192376	C. 59.	2620	IX
404	Eng.	785088	C. 59.	1576	V
414	Amer.	2724725 u. 726	C. 58.	13101	IX
570	Frz.	1093031	C. 58.	1149	X
769	Amer.	2766145 bis 150	C. 58.	1726	XVI
827	Amer.	2741577	C. 57.	3124	IX
849	Schwz.	321867	C. 59.	8436	IX
1019280	Amer.	2768065	C. 58.	1670	V
289	Frz.	1099323	C. 58.	1698	IX
290	Schwz.	320305	C. 58.	1729	XVII
	Frz.	1110903	C. 58.	12569	XVIIIb
300	Frz.	1152941	C. 59.	2308	XIII
307	Eng.	735974	C. 56.	11073	IX
463	Frz.	1115963	C. 58.	4638	XII
602	Frz.	1087656	C. 58.	830	VI
651	Eng.	736580	C. 56.	10120	IX
786	Amer.	2761816	C. 57.	13853	XIX
830	Amer.	2706681	C. 56.	5957	VIII
979	Frz.	1134580	C. 58.	4946	XIb
1020007	Eng.	763642	C. 58.	1949	V
185	Oest.	193602	C. 58.	7272	XIb
316	Eng.	759260	C. 57.	13457	V
326	Frz.	1154311	C. 59.	6293	IX
441	Eng.	760087	C. 58.	6630	F
787	Eng.	770500	C. 58.	1712	XIb
1021136	Eng.	725318			
	Frz.	1070819	C. 56.	253	VIII
164	Oest.	196622	C. 59.	3989	XIb
282	Eng.	775311	C. 59.	1992	XX
344	Frz.	1131169	C. 59.	622	IX
364	Holl.	83377	C. 59.	3625	VII
482	Oest.	190590	C. 59.	8433	III
522	Eng.	771179	C. 59.	3490	XIX
857	Amer.	2767220	C. 59.	7961	IX
978	Eng.	769411	C. 58.	6932	I

1 022 008	Frz.	1 132 474	C. 58.	6113	XII
200	Frz.	1 125 080	C. 58.	1423	VIII
212	Frz.	1 148 215	C. 59.	2898	F
222	Amer.	2 692 275	C. 56.	571	IX
355	Oest.	192 057	C. 58.	3690	F
378	Frz.	1 131 676	C. 59.	3983	X
585	Frz.	1 152 026	C. 59.	2969	IX
1 023 221	Frz.	1 137 620	C. 59.	4980	XIb
225	Frz.	1 122 506	C. 57.	12906	XIb
456	Frz.	1 088 264	C. 57.	6325	XIX
563	Frz.	1 134 848	C. 58.	9926	XIII
583	Amer.	2 801 222	C. 59.	5261	I
753	Frz.	1 149 446	C. 59.	3645	IX
761	Frz.	1 119 189	C. 58.	893	XVIIIb
1 024 077	Frz.	1 154 844	C. 59.	3976	IX
078	Frz.	1 154 298	C. 59.	3638	VIII
497	Amer.	2 773 844	C. 59.	8391	IX
677	Oest.	194 064	C. 59.	5240	F
1 025 106	Oest.	179 024	C. 56.	254	VIII
150	Frz.	1 135 936	C. 58.	13895	VIII
302	Frz.	1 138 158	C. 58.	8485	XIa
395	Austr.	203 315	C. 59.	5923	I
763	Schwz.	298 140	C. 55.	2330	XVIIIa
843	Eng.	772 852	C. 58.	6069	V
857	Frz.	1 129 073	C. 59.	1269	IX
886	Eng.	788 335	C. 59.	8413	XV
1 026 022	Eng.	769 958	C. 58.	4633	XIa
068	Schwz.	318 828	C. 58.	6688	XIb
075	Eng.	768 640			
	Amer.	2 804 448	C. 59.	973	XII
295	Frz.	1 115 244	C. 58.	9061	IX
315	Frz.	1 138 327	C. 59.	3654	X
522	Frz.	1 135 621	C. 58.	6687	XIb
681	Eng.	781 615	C. 58.	9597	VI
738	Frz.	1 146 206	C. 59.	3296	IX
751	Oest.	193 889	C. 59.	3235	F
769	Frz.	1 067 534	C. 55.	8720	VIII
809	Eng.	715 448	C.50/54.	4208. S.	III
1 027 120	Frz.	1 139 411	C. 58.	2546	VI
199	Frz.	1 142 082	C. 59.	2969	IX
348	Eng.	778 935	C. 58.	6975	XIa
	Frz.	1 137 464	C. 59.	8419	XIa
354	Frz.	1 105 873	C. 58.	4669	XIX
397	Frz.	1 148 952	C. 59.	5308	XIa
654	Eng.	748 239	C. 57.	2856	IX
675	Frz.	1 146 773	C. 59.	4343	XVIIIb
1 028 074	Frz.	1 114 860	C. 58.	2317	XVIIIb
125	Oest.	187 521	C. 57.	10287	F
263	Frz.	1 133 152	C. 59.	636	XIa
291	Eng.	765 282	C. 59.	570	F
332	Frz.	1 146 425	C. 59.	4980	XIb
728	Eng.	785 576	C. 59.	4022	XIX
735	Frz.	1 138 084	C. 58.	11706	XXI
851	Frz.	1 097 753	C.50/54.	2112. S.	VIII
868	Frz.	1 111 156	C. 57.	4269	XVI
974	Amer.	2 769 691	C. 58.	1671	V
982	Frz.	1 145 427	C. 59.	2964	IX
988	Schwz.	317 447	C. 58.	7267	X
989	Frz.	1 113 018	C. 58.	4322	IX
1 029 125	Oest.	194 183	C. 58.	7553	F
362	Amer.	2 729 677	C. 56.	10105	VII
506	Eng.	787 379	C. 59.	5636	X
781	Frz.	1 128 746	C. 57.	10353	XV
817	Frz.	1 135 304	C. 59.	2616	IX
821	Eng.	789 787	C. 59.	6648	XIb
822	Frz.	1 096 273	C. 58.	1426	IX
	Amer.	2 732 398	C. 59.	8719	IX
825	Frz.	1 138 000	C. 59.	2231	F
1 030 015	Frz.	1 126 057	C. 57.	12905	XIb
018	Oest.	179 898	C. 55.	3499	XIb
038	Belg.	516 879	C. 56.	12967	VIII
299	Frz.	1 097 028	C. 57.	7207	XVIIIb
324	Eng.	740 708	C. 57.	5702	IX
1 030 336	Amer.	2 746 997	C. 57.	6604	XIb
337	Frz.	1 152 028	C. 59.	4631	IX
496	Eng.	759 854	C. 57.	11749	XVII
518	Eng.	766 736	C. 59.	8411	XIb
521	Eng.	770 966	C. 58.	3433	VII
819	Eng.	757 547	C. 57.	10585	V
	Frz.	1 095 749	C. 57.	10585	V
1 031 090	Frz.	1 148 141	C 59.	950	VIII
103	Frz.	1 111 375	C. 57.	3687	XVI
116	Oest.	192 629	C. 58.	9590	I
312	Frz.	1 111 253	C. 58.	4327	IX
313	Frz.	1 127 384	C. 59.	1223	F
576	Oest.	196 534	C. 59.	352	XIX
619	Amer.	2 806 793	C. 59.	1641	XVI
784	Schwz.	320 306	C. 58.	10500	IX
786	Frz.	1 117 985	C. 57.	13195	XII
792	Frz.	1 122 000	C. 59.	8418	IX
795	Eng.	784 897	C. 59.	1556	F
821	Frz.	1 149 816			
		u. 817	C. 59.	287	VIII
891	Schwz.	318 179	C. 58.	2242	III
914	Eng.	768 288	C. 58.	6716	XIX
915	Eng.	770 729	C. 59.	1323	XIX
1 032 191	Eng.	752 109	C. 57.	10306	V
260	Frz.	1 147 538	C. 59.	2904	F
296	Frz.	1 082 372	C. 56.	7080	VIII
641	Frz.	1 105 145	C. 57.	6587	VIII
724	Eng.	787 361	C. 59.	1906	III
743	Oest.	191 862	C. 59.	1902	I
746	Eng.	762 181	C. 59.	8411	IX
866	Eng.	787 716	C. 59.	7299	X
925	Belg.	521 654	C. 58.	2566	VIII
1 033 176	Eng.	791 991	C. 59.	7333	XVIIIa
206	Eng.	774 956	C. 59.	4303	IX
209	Schwz.	325 459	C. 58.	13583	F
291	Eng.	775 082	C. 59.	2580	III
421	Oest.	176 980	C. 55.	1365	VIII
422	Eng.	769 458	C. 58.	2844	V
604	Frz.	1 057 670	C. 55.	7308	VIII
648	Amer.	2 768 143	C. 58.	2016	XVIIIa
651	Amer.	2 662 848	C. 54.	6339	IX
652	Amer.	2 805 219	C. 59.	3971	IX
663	Eng.	773 037	C. 59.	3236	F
692	Oest.	191 924	C. 58.	13628	VIII
823	Amer.	2 763 619	C. 58.	7643	XX
906	Frz.	1 106 869	C. 57.	13807	VIII
907	Frz.	1 133 468	C. 58.	10200	VIII
1 034 157	Eng.	755 344	C. 58.	5780	V
158	Amer.	2 789 037	C. 58.	9613	IX
172	Frz.	1 111 202	C. 58.	4031	IX
295	Eng.	790 060	C. 59.	5308	XIa
624	Frz.	1 082 273	C.50/54.	2119. S.	IX
628	Frz.	1 152 901	C. 59.	6295	IX
636	Oest.	195 932	C. 59.	4569	F
792	Frz.	1 098 845	C. 59.	919	V
1 035 114	Schwz.	322 979	C. 59.	592	V
117	Eng.	789 403	C. 59.	4274	V
130	Eng.	784 536	C. 59.	6895	F
134	Eng.	794 158	C. 59.	4570	F
156	Holl.	81 615	C. 59.	1657	XIX
289	Eng.	789 120	C. 59.	9407	X
361	Frz.	1 143 304	C. 59.	6312	XIb
645	Frz.	1 076 370	C. 56.	7111	XVII
737	Eng.	776 463	C. 58.	13606	III
790	Frz.	1 152 607	C. 59.	4270	III
905	Frz.	1 125 474	C. 58.	3158	VIII
1 036 007	Frz.	1 055 373	C. 54.	11293	VIII
193	Frz.	1 063 355	C. 55.	8518	XV
221	Amer.	2 635 946	C. 55.	2084	XIa
245	Amer.	2 721 221	C. 56.	8214	IX
264	Amer.	2 798 092	C. 59.	1606	IX
268	Frz.	1 109 668	C. 57.	1826	XVIIIa
269	Amer.	2 744 144	C. 57.	5992	IX

1036607	Frz.	1078857	C. 56.	6804	VIII
836	Amer.	2777752	C. 58.	2541	V
843	Eng.	746611	C. 57.	4529	IX
845	Frz.	1123311	C. 58.	10784	IX
853	Frz.	1128939	C. 59.	224	F
1037046	Amer.	2809923	C. 59.	2663	XIX
075	Eng.	726245	C. 56.	3950	F
146	Eng.	771139	C. 59.	2607	VIII
429	Eng.	775328	C. 58.	11343	IV
453	Amer.	2813108	C. 59.	6234	F
461	D. P. (DDR)	14047	C. 58.	14394	F
645	Amer.	2768870	C. 59.	4664	XVIIIb
944	Oest.	195320	C. 59.	264	VI
1038022	Frz.	1135398	C. 59.	2963	IX
031	Oest.	191903	C. 58.	10733	F
041	Amer.	2811522	C. 59.	5900	F
049	Oest.	190511	C. 58.	10733	F
081	Eng.	785380	C. 58.	11945	VIII
286	Frz.	1083612	C. 57.	3389	VIII
540	Frz.	1106491	C. 58.	4970	XIX
554	Eng.	771435	C. 59.	894	F
560	Amer.	2768977	C. 58.	4969	XIX
576	Eng.	755112	C. 57.	11147	VIII
764	Frz.	1092610	C. 56.	13252	VIII
1039061	Frz.	1153727	C. 59.	3237	F
165	Frz.	1140787	C. 58.	3172	XIa
515	Amer.	2777843	C. 59.	4569	F
522	Frz.	1152894	C. 59.	5633	IX
527	Frz.	1107786	C. 57.	1046	IX
748	Frz.	1102786	C. 57.	3404	XIb
1040012	Amer.	2810000	C. 59.	3973	IX
017	Eng.	774946	C. 58.	2871	IX
	Schwz.	330480	C. 59.	8439	IX
024	Eng.	789269	C. 59.	4904	F
043	Amer.	2817676	C. 59.	8393	VII
370	Frz.	1117490	C. 58.	13401	XXIV
529	Frz.	1130416	C. 59.	3338	XVIIIb
538	Frz.	1130879	C. 59.	2634	XIII
539	Frz.	1136236	C. 59.	2308	XIII
554	Oest.	191881	C. 59.	958	IX
560	Amer.	2774763	C. 58.	13057	F
581	Oest.	192433	C. 59.	615	VIII
721	Eng.	723187	C. 58.	9034	V
777	Belg.	530489	C. 59.	4674	XXIV
790	Eng.	777306	C. 59.	1284	XIb
1041011	Eng.	785366	C. 58.	13143	XIX
026	Eng.	793750	C. 59.	7291	IX
032	Frz.	1113947	C. 58.	8759	IX
036	Frz.	1131591	C. 59.	4986	XIII
054	Frz.	1067898	C. 55.	10862	IX
192	Frz.	1126766	C. 58.	1189	XIX
256	Frz.	1100580	C. 57.	7492	VIII
339	Eng.	784886	C. 59.	8413	XVI
460	Eng.	789585	C. 59.	7673	XVIIIb
475	Schwz.	326944	C. 59.	3257	I
499	Amer.	2772280	C. 58.	6677	IX
684	Eng.	763283	C. 59.	8411	XII
689	Amer.	2809184	C. 59.	3989	XIb
694	Eng.	730255	C. 57.	4813	VIII
726	Eng.	771064	C. 59.	2267	VII
793	Frz.	1147423	C. 59.	2672	XXIV
990	Frz.	1062126	C. 55.	658	I
1042161	Eng.	765408	C. 58.	1708	XIa
239	Eng.	772977	C. 59.	8340	XII
288	Frz.	1147539	C. 59.	4022	XIX
363	Amer.	2665991	C. 55.	4961	XVII
451	Frz.	1138308	C. 59.	2261	VI
552	Eng.	792006	C. 59.	5268	V
557	Frz.	1108282	C. 57.	3641	V
570	Frz.	1107337	C. 58.	4029	IX
811	Amer.	2731421	C. 56.	11588	XVII
817	Amer.	2751287	C. 58.	13668	XIX
1042901	Frz.	1081415	C. 56.	12966	VIII
1043270	Frz.	1061247	C.50/54.	2939. s.	XVIIIb
300	Schwz.	320737	C. 58.	6938	V
308	Amer.	2807651	C. 59.	5296	IX
309	Amer.	2796443	C. 59.	7959	IX
312	Frz.	1133554	C. 59.	2970	IX
319	Eng.	786350	C. 59.	6319	XIII
327	Frz.	1133190	C. 58.	14158	VII
331	Eng.	764322 u. 324	C. 58.	2520	F
332	Amer.	2820736	C. 59.	5901	F
336	Eng.	750363	C. 57.	3079	F
343	Frz.	1084038	C. 58.	1986	IX
470	Frz.	1112713	C. 57.	5087	III
555	Eng.	778026	C. 59.	1279	XIa
636	Amer.	2750262	C. 58.	14443	VIII
640	Oest.	195125	C. 59.	7955	VIII
777	Eng.	778627	C. 58.	6416	XVI
781	Frz.	1159948	C. 59.	6978	XIII
1044024	Eng.	777377	C. 58.	9619	X
044	Eng.	767125	C. 58.	5261	XIX
045	Holl.	85839	C. 58.	14540	IX
047	Eng.	782715	C. 58.	12862	XX
051	Eng.	762965	C. 58.	9657	XIX
052	Eng.	787121	C. 58.	14446	IX
059	Frz.	1095348	C. 58.	561	IX
072	Amer.	2778814	C. 58.	8506	XVII
080	Eng.	791169	C. 59.	5647	XII
321	Eng.	788997	C. 59.	6645	XIa
346	Eng.	732008	C. 56.	12718	XVIIIb
347	Frz.	1097403	C. 57.	5446	XVIIIb
395	Oest.	186860	C. 57.	3420	XVIIIa
410	Eng.	781532	C. 59.	4319	XIb
757	Eng.	766492	C. 59.	631	X
779	Amer.	2782100	C. 58.	4596	V
810	Amer.	2789117	C. 59.	1887	F
1045024	Eng.	786435	C. 58.	13396	XIX
025	Austr.	200447	C. 59.	7007	XIX
086	Amer.	2739070	C. 57.	2375	XXIV
088	Frz.	1127682	C. 58.	226	I
096	Eng.	781202	C. 59.	2329	XVIIIb
304	Eng.	779128	C. 58.	14152	VI
357	Amer.	2820690	C. 59.	6340	XVIIIb
378	D. P. (DDR)	12060	C. 57.	11687	V
379	Amer.	2834650	C. 59.	8680	V
388	Frz.	1107534	C. 57.	1567	XIX
396	Frz.	1108113	C. 57.	1496	F
402	Eng.	797976	C. 59.	9734	IX
405	Eng.	740307	C. 57.	6530	F
406	Oest.	193379	C. 59.	3650	IX
416	Eng.	794856	C. 59.	6294	IX
417	Amer.	2808414	C. 58.	8420	F
582	Eng.	747475	C. 57.	9812	XIX
583	Amer.	2719108	C. 56.	10832	XIX
584	Frz.	1080164	C. 50/54.	3640. s.	XVII
967	Eng.	728237	C. 56.	5441	XVIIIb
972	Oest.	190029	C. 56.	1736	XVIIIb
979	Eng.	782056	C. 58.	14417	I
1046001	Eng.	799627	C. 59.	7257	V
019	Frz.	1080519	C. 58.	4966	XVIIIb
025	Frz.	1087588	C. 57.	6282	IX
029	Frz.	1136620	C. 59.	1291	XIII
035	Amer.	2818430	C. 59.	9068	XIb
043	Eng.	794392	C. 59.	8654	F
061	Amer.	2756260	C. 58.	2872	IX
256	Oest.	195577	C. 59.	1554	F
319	Frz.	1123617	C. 57.	4254	XIb
322	Eng.	791370	C. 59.	7673	XVIIIb
592	Austr.	201720	C. 59.	3299	IX
594	Amer.	2805130	C. 58.	11049	V
614	Amer.	2819277	C. 59.	5903	F
616	Amer.	2810757	C. 59.	2596	VII

1046619	Eng.	782333	C. 59.	1943	IX
808	Eng.	722466	C. 55.	9164	I
809	Eng.	765246	C. 58.	11700	XIX
826	Amer.	2735790	C. 57.	827	XVIIIb
872	Amer.	2737459	C. 57.	3156	XVIIIb
1047166	Eng.	757719	C. 58.	8796	XVIIIb
178	Eng.	772831	C. 58.	3420	V
196	Frz.	1114392	C. 58.	7894	IX
197	Eng.	794489	C. 59.	6895	F
198	Amer.	2818408	C. 59.	7570	F
206	Frz.	1153477	C. 59.	4962	IX
208	Amer.	2766296	C. 58.	4325	IX
351	Frz.	1108998	C. 57.	566	XVII
371	Amer.	2705184	C. 56.	7965	XVIIIb
425	Eng.	780538	C. 59.	1623	XIb
755	Eng.	795433	C. 59.	918	V
761	Eng.	775418	C. 58.	11662	IX
765	Eng.	787976	C. 59.	4965	IX
779	Frz.	1054809	C. 56.	9840	VII
782	Frz.	1149293	C. 59.	5632	IX
800	Frz.	1115421	C. 58.	2600	XVIIIa
890	Eng.	727686	C. 58.	12795	III
967	Oest.	194035	C. 58.	9916	XIa
986	Eng.	759374	C. 58.	14520	XVIIIb
1048270	Frz.	1107517	C. 57.	535	VII
417	Eng.	785055			
		u. 788175	C. 59.	1622	XIb
667	Frz.	1126294	C. 57.	10103	XXI
696	Frz.	1089862	C. 57.	9789	XIb
778	Amer.	2717833	C. 58.	10831	XXIV
895	Eng.	793151	C. 59.	4628	IX
921	Amer.	2704762	C. 56.	9071	XXIV
1049036	Eng.	761383	C. 58.	13132	XVII
053	Oest.	197537	C. 59.	3578	F
055	Austr.	167728	C. 59.	896	F
056	Eng.	797176	C. 59.	896	F
091	Eng.	715999	C. 55.	9206	XIb
092	Eng.	792995	C. 59.	9745	XIb
095	Amer.	2809171	C. 59.	5264	III
098	Amer.	2809959	C. 59.	318	XIb
399	Eng.	705103	C. 56.	4595	XVIIIa
516	Eng.	773116	C. 58.	5221	X
517	Frz.	1147632	C. 58.	14459	XIa
518	Eng.	786438	C. 58.	9611	VIII
519	Belg.	518429	C. 56.	7383	XVII
523	Eng.	754432	C. 57.	12332	XVII
573	Frz.	1101368	C. 57.	9231	XIb
589	Eng.	783868	C. 59.	322	XIb
834	Eng.	745890	C. 57.	12028	XII
840	Eng.	785659	C. 59.	3011	XIX
849	Frz.	1124276	C. 58.	12823	IX
868	Oest.	191408	C. 58.	6337	F
869	Frz.	1129627	C. 59.	625	IX
992	Eng.	787371	C. 59.	4637	X
993	Eng.	784353	C. 59.	1950	X
1050050	Oest.	195112	C. 58.	14425	VI
055	Eng.	786960	C. 59.	5643	XIb
110	Eng.	773123	C. 58.	6079	VII
257	Eng.	757129	C. 58.	13145	XX
298	Frz.	1106094	C. 58.	4352	XVII
322	Amer.	2794701	C. 58.	7863	V
324	Eng.	771411	C. 58.	1672	V
325	Eng.	743141	C. 56.	13255	IX
330	Frz.	1124935	C. 58.	14447	IX
339	Eng.	750363	C. 57.	3079	F
344	Eng.	748287	C. 57.	269	IX
345	Eng.	775813	C. 58.	4932	IX
548	Eng.	752780	C. 57.	12623	XII
703	Oest.	191359	C. 58.	3191	XVI
741	Eng.	711939	C. 56.	904	XIX
742	Eng.	788699	C. 59.	5954	IX
744	Frz.	1123664	C. 58.	10505	IX
747	Frz.	1104616	C. 58.	4030	IX
1050755	Frz.	1115750	C. 58.	8413	F
759	Frz.	1120676	C. 58.	9631	XIII
773	Eng.	738928	C. 57.	6639	XIX
777	Frz.	1140368	C. 59.	603	VII
941	Frz.	1110256	C. 57.	2071	XIa
946	Amer.	2769754	C. 58.	2321	XIX
998	Eng.	768633	C. 58.	11677	XII
1051002	Eng.	743917	C. 57.	2867	XIb
004	Eng.	790195	C. 59.	6970	XIb
102	Eng.	724938	C. 56.	886	XVI
109	Eng.	770687	C. 58.	4962	XVIIIa
179	Eng.	757129	C. 58.	13145	XX
261	Amer.	2794702	C. 58.	6364	V
266	Frz.	1111980	C. 58.	266	IX
275	Eng.	767162	C. 58.	5806	IX
276	Frz.	1109586	C. 58.	5214	IX
	Frz.	66245	C. 58.	13358	IX
278	Amer.	2716139	C. 56.	6809	IX
435	Eng.	794586	C. 59.	287	VIII
436	Frz.	1099120	C. 57.	6602	XIa
488	Holl.	86329	C. 59.	9089	XVIIIa
495	Eng.	774749	C. 58.	9360	XIb
501	Eng.	786146	C. 59.	7646	XIb
502	Eng.	775539	C. 59.	2999	XVII
563	Schwz.	320207	C. 58.	6081	VII
626	Eng.	799715	C. 59.	7669	XVIIIa
637	Schwz.	323942	C. 59.	3351	XXIV
715	Frz.	1137776	C. 58.	4004	VI
786	Eng.	784668	C. 59.	305	X
822	Austr.	200436	C. 59.	5269	V
829	Frz.	1107592	C. 57.	6251	V
830	Eng.	786800	C. 58.	12507	V
832	Eng.	763182	C. 58.	4325	IX
836	Frz.	1116053	C. 57.	293	XVIIIa
838	Eng.	714883	C. 55.	6849	IX
850	Eng.	761114	C. 58.	6044	F
1052020	Eng.	788997	C. 59.	6645	XIa
023	Amer.	2706723			
		u. 724	C. 56.	2572	VI
055	Frz.	1142291	C. 58.	14482	XVIIIb
057	Norw.	82325	C. 55.	8064	XVIIIb
066	Frz.	1058115	C. 55.	3208	F
109	Frz.	1068075	C. 55.	4719	XII
220	Frz.	1102308	C. 56.	10823	XVI
294	Eng.	779181	C. 58.	4300	VI
371	Eng.	768814	C. 57.	13775	V
382	Eng.	778266	C. 58.	6646	V
384	Eng.	751305	C. 57.	2060	IX
407	Eng.	744425	C. 57.	3394	IX
586	Frz.	1127618	C. 57.	10302	I
607	Frz.	1088447	C. 57.	6290	XIa
636	Eng.	768875	C. 58.	7207	F
639	Eng.	721484	C. 55.	10576	F
640	Frz.	1064359	C. 55.	3209	F
688	Amer.	2716097			
		102			
		u. 103	C. 57.	1575	XXIV
690	Frz.	1088429	C. 57.	9227	XIb
743	Frz.	1082934	C. 56.	12725	XIX
797	Amer.	2707144	C. 56.	4018	XVIIIa
798	Amer.	2707145	C. 56.	4018	XVIIIa
889	Eng.	716956	C. 56.	3973	VI
915	Frz.	1126830	C. 58.	11072	VIII
980	Eng.	770338	C. 58.	6676	IX
997	Schwz.	316150	C. 57.	12332	XVII
1053121	Belg.	520517	C. 59.	8404	XIX
139	Eng.	764418	C. 57.	11182	XVIIIb
239	Frz.	1147539	C. 59.	4022	XIX
388	Amer.	2773763			
		u. 764	C. 58.	6075	VI
389	Eng.	746037	C. 57.	4857	XVIIIb
490	Frz.	1135624	C. 59.	1607	IX
497	Frz.	1058800	C. 56.	14181	IX

1053501	Amer.	2806043	C. 59.	6895	F
514	Oest.	193386	C. 59.	2267	VII
515	Oest.	191408	C. 58.	6337	F
721	Frz.	65364	C. 57.	2365	XVIIIb
730	Frz.	1118429	C. 57.	3351	F
733	Eng.	774855	C. 58.	7209	F
1054003	Frz.	1093739	C. 57.	8078	XIa
056	Amer.	2802754	C. 58.	13935	XVIIIb
060	Frz.	1123298	C. 58.	13638	X
083	Frz.	1095607	C. 57.	12932	XVIIIb
093	Schwz.	316150	C. 57.	12332	XVII
231	Frz.	1062638	C. 55.	1861	XII
426	Eng.	792182	C. 59.	3348	XIX
439	Amer.	2801152	C. 58.	12800	V
441	Eng.	722594	C. 55.	10653	XVIIIa
457	Eng.	797982	C. 59.	3014	XX
463	Frz.	1129627	C. 59.	625	IX
464	Oest.	187905	C. 58.	511	F
626	Frz.	1084357	C. 57.	3430	XIX
701	Oest.	197073	C. 59.	321	XIb
703	Frz.	1131761	C. 58.	12544	XIb
980	Frz.	1113806	C. 58.	8518	XIX
981	Amer.	2812324	C. 59.	2965	IX
986	Eng.	802978	C. 59.	6891	F
987	Eng.	802979	C. 59.	6891	F
994	Amer.	2816936	C. 59.	4628	IX
1055162	Amer.	2579397			
		u. 398	C. 53.	7006	XIX
173	Oest.	188687	C. 57.	8101	XVIIIb
180	Eng.	760659	C. 59.	1557	F
230	Amer.	2740737	C. 57.	5716	XIb
231	Amer.	2740738	C. 57.	5716	XIb
235	Amer.	2727015	C. 57.	2859	IX
337	Eng.	781640	C. 59.	896	F
491	Eng.	759329	C. 57.	10092	XVIIIb
519	Frz.	1114902	C. 58.	9345	IX
521	Amer.	2702817	C. 55.	10140	IX
525	Amer.	2806840	C. 59.	3991	XIb
526	Frz.	1138634	C. 59.	2944	VII
542	Frz.	1109611	C. 58.	5513	IX
543	Frz.	1088348	C. 58.	603	XIX
724	Frz.	1108805	C. 58.	12832	XIa
804	Eng.	738033	C. 57.	5426	XIb
805	Eng.	786783	C. 59.	7648	XIb
818	Frz.	1117543	C. 58.	5520	XIa
931	Oest.	194234	C. 58.	11103	XVI
932	Frz.	1140501	C. 58.	5247	XVI
1056143	Eng.	791106	C. 59.	224	F
311	Amer.	2758099	C. 58.	602	XIX
	Eng.	718523	C. 55.	6587	I
	Frz.	1049599	C. 56.	2564	I
312	Oest.	197515	C. 59.	8434	XIX
327	Frz.	1134081	C. 57.	10896	XIII
370	Oest.	199881	C. 59.	7309	XIb
373	Frz.	1133954	C. 58.	14463	XIb
594	Amer.	2740708	C. 57.	262	VIII
615	Amer.	2694687	C. 55.	10150	XIb
820	Frz.	1146869	C. 59.	7979	XIb
821	Eng.	733624	C. 56.	6258	XII
1057079	Frz.	1066305	C. 55.	11094	IX
128	Frz.	1149632	C. 59.	4307	IX
328	Frz.	1126684	C. 58.	5839	XVIIIa
339	Amer.	2726231			
		u. 234	C. 57.	2072	XIb
340	Eng.	788842	C. 59.	3319	XIb
379	Austr.	206795	C. 59.	4609	VII
592	Amer.	2753257	C. 57.	13480	VIII
598	Eng.	755600			
	Amer.	2779801	C. 58.	1141	IX
707	Eng.	781930	C. 58.	14180	X
712	Frz.	1102226	C. 58.	13397	XIX
863	Frz.	1123995	C. 57.	4563	XVIIIa
873	Schwz.	328110	C. 59.	4675	XXIV
937	Amer.	2776964			
		u. 965	C. 57.	13226	XX
1058036	Amer.	2735760	C. 56.	14153	V
037	Frz.	1125934	C. 58.	14169	IX
047	Frz.	1096646	C. 58.	1698	IX
	Frz.	67168	C. 59.	1939	IX
057	Amer.	2813090	C. 59.	3682	XVIIIa
177	Eng.	772030	C. 58.	9620	X
185	Amer.	2724684	C. 57.	2636	XIX
208	Oest.	188852	C. 57.	8290	F
252	Eng.	746037	C. 57.	4857	XVIIIb
256	Amer.	2711402	C. 56.	7671	XIb
304	Frz.	1101980	C. 56.	11053	VII
483	Eng.	791651	C. 59.	4276	V
490	Frz.	1108981	C. 57.	1297	IX
662	Oest.	185912			
	Frz.	1110304	C. 59.	1278	X
733	Amer.	2766222	C. 57.	14147	XIb
1059001	Eng.	780275	C. 58.	5806	IX
137	Frz.	1138795	C. 59.	4926	I
149	Oest.	195037	C. 59.	227	F
176	Eng.	794629	C. 59.	5309	XIa
181	Amer.	2775576	C. 58.	4636	XIb
360	Eng.	769121	C. 58.	6641	I
394	Amer.	2668785	C. 55.	4242	XVIIIb
401	Eng.	719445	C. 56.	12424	XVII
421	Frz.	1111586	C. 58.	4931	IX
440	Frz.	1113259	C. 58.	3776	XVIIIb
441	Frz.	1126966	C. 58.	9360	XIb
442	Frz.	1155007	C. 59.	5629	IX
595	Frz.	1144397	C. 59.	3655	X
1060087	Oest.	196557	C. 59.	215	F
089	Eng.	766628	C. 58.	11608	F
094	Eng.	785670	C. 59.	5242	F
095	Eng.	776131	C. 58.	5167	F
136	Frz.	1105724	C. 57.	7507	XIb
137	Eng.	774620	C. 59.	1959	XIb
378	Eng.	762849	C. 58.	1143	IX
526	Schwz.	323608	C. 58.	14456	X
529	Frz.	1113220	C. 58.	14181	XIa
587	Eng.	702884	C. 55.	6596	VI
654	Oest.	193386	C. 59.	2267	VII
657	Frz.	1119189	C. 58.	893	XVIIIb
1061073	Eng.	752045	C. 57.	11730	XIa
078	Frz.	1095677	C. 58.	4943	XIb

Deutsche Patente (D.P. [DDR]).

13412	DAS.	1020011	C. 59.	3640	IX
786	Oest.	164535	C. 50. II.	2983	XIV
839	DAS.	1004810			
	DAS.	1008916	C. 59.	10075	XIb
14008	Frz.	1124420	C. 59.	1646	XVIIIa
808	Frz.	1148930	C. 59.	3301	IX
15182	Oest.	195108	C. 59.	9072	XII
303	Oest.	190613	C. 58.	1151	XIa
567	DAS.	1037753	C. 59.	4949	VII
604	Frz.	1156528			
	Oest.	199867	C. 59.	6970	XIb
943	DAS.	1018296	C. 58.	13128	XVI

Amerikanische Patente (A.P.).

2459717	Frz.	944320	C. 50. I.	2436	XIX
2483158	Frz.	954152	C. 50. II.	489	XIX
2650931	Frz.	1053155	C. 50/54.	2925. S.	XVII
2661292	Oest.	183649	C. 58.	1475	XXIV
2691579	Frz.	1099431	C. 57.	7831	XXIV
2698306	Eng.	777132	C. 59.	956	IX
308	DBP.	943494	C. 58.	2580	XIb
856	DBP.	934886	C. 58.	14171	IX
2700639	Eng.	723489	C. 57.	6326	XIX
2701326	Belg.	500302	C. 50/54.	4206. S.	III
2703332	Eng.	727343	C. 58.	4966	XVIIIb
772	Eng.	767009	C. 59.	2328	XVIIIb
2705672	DAS.	1012420	C. 58.	3782	XIX
2710307	Schwz.	317643	C. 58.	9028	III
871	Eng.	737103	C. 57.	5748	XXIV
2713078	Frz.	1113005	C. 57.	2035	III
2714556	Eng.	718382	C. 56.	5959	VIII
2717874	Frz.	1027760	C. 56.	1411	IV
2719086	DBP.	964654	C. 59.	8384	XXIV
2721800	Eng.	751446	C. 59.	8410	XXIV
877	Eng.	706742	C. 59.	8409	XIX
2723223	Frz.	1059932	C. 50/54.	4358. S.	XIX
2724011	Eng.	717814	C. 50/54.	2762. S.	III
174	Frz.	1049403	C. 55.	10617	VIII
665	DAS.	1032761	C. 59.	5000	XVIIIa
2725298	Eng.	746186	C. 58.	13147	XXIV
2726154	Frz.	1068793	C. 56.	3467	XXIV
235	Eng.	753148	C. 57.	12308	IX
436	Eng.	735852	C. 56.	10118	VIII
2727081	Eng.	724369	C. 59.	914	III
932	DBP.	915692	C. 55.	1370	IX
2728158	Eng.	717879	C. 56.	5114	VI
659	Frz.	1105049	C. 58.	14489	XXIV
724	Eng.	703964	C. 55.	8705	IV
725	Eng.	703964	C. 55.	8705	IV
2729575	Eng.	669212	C. 54.	3380	XXIII
2730439	DBP.	960435	C. 57.	8327	VI
2731710	Frz.	1131521	C. 59.	6628	VIII
2732303	Frz.	1116147	C. 59.	1330	XXIV
316	Frz.	1088876	C. 58.	6139	XXIV
368	Eng.	754125	C. 57.	9788	XIb
2733218	Eng.	791089	C. 59.	5672	XIX
278	Frz.	1140390	C. 59.	3968	IX
2734015	DBP.	881987	C. 53.	6315	F
2735769	Frz.	1109067	C. 59.	1329	XXIV
2737461	Eng.	727470	C. 56.	7944	XIa
479	DBP.	950496	C. 57.	7535	XIX
2738326	Frz.	1088713	C. 57.	14182	XIX
328	Frz.	1134151	C. 59.	8758	XIX
2739085	Eng.	761678	C. 58.	14145	III
148	Frz.	1087261	C. 58.	9664	XXIV
149	Frz.	1107475	C. 59.	1003	XXIV
891	Frz.	1111062	C. 59.	1002	XXIV
2741597	Eng.	736438	C. 56.	13295	XIX
647	Eng.	770221	C. 59.	3646	IX
2742358	Eng.	743766	C. 59.	1331	XXIV
2743295	Eng.	728511	C. 59.	8410	IX
2744011	Eng.	706476	C. 55.	10856	VIII
929	Frz.	1088680	C. 57.	13812	IX
2746883	Belg.	518443	C. 56.	6530	XIa
2748117	Eng.	743272	C. 58.	3978	F
158	Austr.	164483	C. 59.	623	IX
2749337	Frz.	1072316	C. 50/54.	3426. S.	F
2751296	Frz.	65803	C. 59.	3696	XXIV
309	Eng.	751797	C. 59.	5680	XXIV
2753375	Eng.	768062	C. 57.	13812	IX
621	Eng.	727108	C. 56.	12123	VIII
2754202	Frz.	1097812	C. 57.	10060	VIII
322	Eng.	750638	C. 59.	3643	IX
930	Frz.	1098843	C. 58.	1141	IX
2755285	Eng.	771147	C. 57.	10827	F
2756145	Frz.	1116659	C. 59.	1664	XXIV
2758968	DAS.	1017095	C. 58.	8440	IV
991	Frz.	1095772	C. 57.	13184	IX
995	Eng.	753803	C. 59.	973	XII
2759816	Eng.	747589	C. 59.	4675	XXIV
818	DAS.	1035474	C. 59.	6352	XXIV
2760863	Eng.	741470	C. 58.	13148	XXIV
875	Frz.	1065028	C. 50/54.	3502. S.	VI
878	Frz.	1060507	C. 50/54.	3662. S.	XIX
2762792	Frz.	1092704	C. 58.	4623	IX
844	Frz.	1123311	C. 58.	10784	IX
2763536	Belg.	529000	C. 58.	3740	VIII
553	Eng.	726543	C. 59.	5680	XXIV
609	Eng.	757024	C. 59.	8411	XIb
676	Frz.	1114887	C. 58.	9908	IX
2765507	Eng.	729057	C. 56.	11841	VIII
2766263	Frz.	1079102	C. 50/54.	1977. S.	F
278	DBP.	964329	C. 59.	8384	F
284	Frz.	1097930	C. 58.	1140	VIII
301	Oest.	182104	C. 56.	6245	IX
310	Eng.	775686	C. 58.	9347	IX
2767164	Frz.	1083354	C. 58.	14526	XIX
	DAS.	1014693	C. 58.	5848	XIX
209	Frz.	1083354	C. 58.	14526	XIX
	DAS.	1014693	C. 58.	5848	XIX
649	DBP.	925149	C. 55.	9716	XXIV
2768132	Eng.	772979	C. 57.	13812	IX
173	Eng.	761542	C. 58.	3165	IX
178	Frz.	1131504	C. 59.	2268	VII
179	Frz.	1131504	C. 59.	2268	VII
180	Frz.	1131504	C. 59.	2268	VII
181	Frz.	1131504	C. 59.	2268	VII
224	Frz.	1089126	C. 58.	261	IX
427	Frz.	1061276	C. 55.	10617	VIII
966	Eng.	752889	C. 57.	10065	IX
2769265	Eng.	657428	C. 52.	1728	VIII
790	Frz.	1071457	C. 50/54.	3589. S.	XIa
835	Austr.	207412	C. 59.	3970	IX
843	Frz.	1091377	C. 58.	4627	IX
2770561	Frz.	1119477	C. 58.	9592	III
631	Frz.	1124824	C. 59.	7980	XIb
632	Frz.	1124823	C. 59.	7980	XIb
662	Eng.	772143	C. 59.	4304	IX
2771492	Eng.	762183	C. 58.	13633	IX
2772286	Frz.	1124620	C. 58.	14176	IX
988	Frz.	1140550	C. 58.	7009	XXI
2773916	Frz.	1087554	C. 57.	6283	IX
2774664	Eng.	749167	C. 58.	258	VIII
774	Eng.	772151	C. 58.	3165	IX
783	Frz.	1114392	C. 58.	7894	IX
2775567	Frz.	1119166	C. 58.	3485	XVIIIb
633	Frz.	1111222	C. 58.	6392	IX
2777781	Frz.	1147158	C. 59.	3694	XXIII
819	DBP.	958325	C. 57.	10655	XIX
874	Frz.	1083354	C. 58.	14526	XIX
	DAS.	1014693	C. 58.	5848	XIX
2778733	Frz.	1068305	C. 56.	3427	IX
821	DBP.	951990	C. 59.	4633	IX
851	Eng.	754295	C. 58.	3742	IX
856	DBP.	929728	C. 56.	1446	IX
862	Eng.	752200	C. 57.	10880	IX
2779788	Eng.	749543	C. 58.	5791	VII
792	Eng.	756896	C. 57.	9779	IX
804	Frz.	1110947	C. 58.	3741	IX
2780547	DAS.	1030180	C. 59.	1668	XXIV
581	DBP.	957589	C. 57.	8691	XIX
605	Eng.	752514	C. 58.	3182	XII
2782110	Frz.	1084652	C. 58.	830	VI
148	DBP.	922346	C. 55.	8734	IX
191	Eng.	749156	C. 58.	802	F
221	Eng.	731053	C. 56.	12689	IX

2784178	DBP.	958759	C. 58.	11082	X
184	Frz.	1134746	C. 59.	8419	XVIIIb
2785079	DBP.	934655	C. 56.	3728	XVIIIa
103	Eng.	763168	C. 58.	3114	F
159	Frz.	1107107	C. 58.	2573	IX
185	Eng.	735974	C. 56.	11073	IX
2786048	Frz.	1090839	C. 58.	852	IX
2787586	Frz.	1145377	C. 59.	2964	IX
641	Frz.	1152901	C. 59.	6295	IX
646	Eng.	772484	C. 58.	556	IX
2788268	DAS.	1017407	C. 58.	11936	VII
341	Frz.	1090838	C. 58.	853	IX
2789054	DBP.	960607	C. 58.	3495	XXIV
095	Frz.	1110679	C. 58.	6367	VI
110	Oest.	186631	C. 58.	1651	F
2790012	Frz.	1103519	C. 56.	11053	VII
764	Eng.	779491	C. 58.	3200	XVIIIb
797	Eng.	778728	C. 58.	14127	F
2791490	Eng.	757703	C. 59.	6644	XIa
561	Eng.	682897	C. 56.	11815	III
591	Frz.	1092984	C. 58.	804	F
2792310	Eng.	756010			
		u. 011	C. 57.	5967	V
391	Oest.	191899	C. 59.	567	F
405	Frz.	1124620	C. 58.	14176	IX
418	Oest.	190051	C. 58.	7547	F
432	Eng.	763544	C. 58.	14446	IX
433	Eng.	763544	C. 58.	14446	IX
436	DBP.	960988	C. 58.	12247	IX
2793967	Frz.	1087567	C. 57.	2327	VIII
981	DAS.	1022180	C. 59.	6325	XV
984	Eng.	784426	C. 59.	2335	XIX
2794042	Eng.	763113	C. 58.	5805	IX
830	DBP.	965399	C. 59.	9055	IX
835	Eng.	741113	C. 56.	11792	F
2795486	Holl.	79475	C. 58.	12798	V
529	Eng.	772322	C. 58.	3400	F
565	Eng.	769595	C. 59.	7981	XIb
596	Eng.	754165	C. 58.	1190	XIX
2796372	Frz.	1088700	C. 58.	3162	VIII
419	Frz.	1115726	C. 58.	9067	IX
442	DAS.	1015788	C. 58.	11952	IX
660	Schwd.	138422	C. 54.	9622	VIII
2797222	DAS.	1014546	C. 58.	11318	F
	Eng.	773467	C. 59.	8412	F
244	Eng.	758993	C. 58.	1702	IX
979	DBP.	909454	C. 55.	3487	IX
2798873	Eng.	762761	C. 59.	7892	F
2799557	DAS.	1001974	C. 57.	8387	XVI
575	Eng.	751551	C. 57.	10330	VIII
675	Oest.	189194	C. 58.	1654	F
680	Eng.	769282	C. 58.	7549	F
686	Eng.	744187	C. 56.	13834	VII
2800430	Eng.	776247	C. 58.	9103	XIX
431	Eng.	777049	C. 58.	9106	XIX
446	Oest.	182798	C. 58.	13327	III
2801171	DAS.	1003586	C. 58.	13947	XXIV
208	Eng.	781706	C. 58.	9393	XIX
266	Schwz.	262269	C. 50. II.	227	IX
273	Eng.	734264			
		498			
		u. 763	C. 58.	13669	XIX
920	Eng.	774865	C. 58.	6992	XVII
961	Frz.	1114948	C. 58.	8754	VIII
986	Schwz.	313379	C. 59.	8436	XXI
2802863	DAS.	1028565	C. 59.	1222	F
876	Frz.	1094711	C. 57.	8067	IX
2803539	Eng.	745898	C. 57.	5408	VIII
617	Frz.	1145238	C. 59.	10078	XIb
657	Eng.	768735	C. 58.	6045	F
662	DBP.	958837	C. 59.	7653	XIII
2804444	Frz.	1100638	C. 57.	6004	XIb
473	Frz.	1116816	C. 58.	9613	IX
2804483	DBP.	963506	C. 59.	5956	IX
2805147	Frz.	1084527	C. 57.	3121	VIII
241	DAS.	1036251	C. 59.	4289	VII
954	DAS.	1017721	C. 58.	12253	XIa
992	Eng.	767169	C. 58.	5256	XVIIIb
2806016	DBP.	956988	C. 58.	7275	XIb
797	Eng.	745962	C. 58.	2591	XVI
867	Frz.	1150779	C. 59.	1605	IX
2807596	Eng.	768013	C. 59.	3350	XIX
600	Frz.	1134416	C. 59.	5646	XII
606	Eng.	767801	C. 59.	6675	XVIIIb
631	DAS.	1015447	C. 59.	8385	X
2808332	Eng.	784886	C. 59.	8413	XVI
350	Eng.	760751	C. 58.	8788	XVIIIa
425	Frz.	1086987	C. 57.	7787	IX
2809099	Frz.	1107788	C. 56.	13896	XIX
118	Eng.	716479	C. 56.	1705	VI
185	Frz.	1138852	C. 59.	6312	XIb
974	Frz.	1124620	C. 58.	14176	IX
992	Frz.	1112474	C. 58.	1427	IX
2810732	Eng.	769127	C. 58.	2276	IX
733	Eng.	765903	C. 59.	1283	XIb
755	Frz.	1127820	C. 57.	8088	XV
2811447	Frz.	1128934	C. 57.	9800	XVI
464	Eng.	784190	C. 59.	1001	XXI
567	DAS.	1024943	C. 59.	7292	IX
2812249	DAS.	1023228	C. 59.	614	VIII
301	Eng.	762965	C. 58.	9657	XIX
328	Eng.	767921	C. 59.	1250	VII
356	Frz.	1145427	C. 59.	2964	IX
2813113	Eng.	757355	C. 57.	8068	IX
843	Eng.	772527	C. 59.	4325	XII
857	Schwz.	328270	C. 59.	3906	F
868	Eng.	784670	C. 59.	4310	X
902	Frz.	1145059	C. 59.	2267	VII
995	DAS.	1005651	C. 57.	10845	III
2814648	Eng.	737626	C. 56.	10336	IX
832	DBP.	961921			
	Eng.	770816	C. 58.	1186	XVIIIb
2815382	Frz.	1152941	C. 59.	2308	XIII
2816030	Eng.	752446	C. 59.	8410	XXIV
082	Frz.	1144633	C. 59.	4642	XIb
143	DAS.	1009178	C. 57.	14134	IX
913	DAS.	1032242	C. 59.	3978	IX
	Eng.	771329	C. 57.	14208	IX
926	Frz.	1154298	C. 59.	3638	VIII
928	Frz.	1154844	C. 59.	3976	IX
2817580	Frz.	1058949	C. 56.	13528	V
637	Frz.	1108194	C. 57.	1566	XIX
647	Frz.	1103368	C. 57.	6327	XIX
693	Eng.	766027	C. 58.	5848	XIX
2818403	Eng.	771155	C. 59.	2338	XXIV
420	Frz.	1098766	C. 56.	2595	IX
421	Frz.	1098765	C. 56.	2595	IX
2819170	DAS.	1007689	C. 58.	2546	VI
252	Frz.	1138853	C. 59.	6312	XIb
274	Frz.	1142261	C. 59.	3310	X
302	DAS.	1026900	C. 59.	8386	XIa
947	DAS.	1006837	C. 58.	1672	V
955	Eng.	729603	C. 56.	4551	VII
2820067	DAS.	1011410	C. 58.	1141	IX
081	Austr.	202409	C. 59.	5924	III
756	Eng.	782056	C. 58.	14417	I
768	Belg.	511361	C. 55.	7344	XVII
803	DBP.	932512	C. 56.	2052	XVIIIa
805	Frz.	1135304	C. 59.	2616	IX
2821461	Norw.	81359	C. 55.	6825	V
485	Eng.	771736	C. 59.	1658	XIX
2822255	Frz.	1138308	C. 59.	2261	VI
411	DAS.	1009617	C. 58.	14170	IX
2823101	DBP.	956038	C. 57.	7141	V
102	Eng.	787394	C. 58.	13330	V
221	DBP.	955860	C. 57.	6284	IX

2823993	Frz.	1149380	C. 59.	949	VIII
2824100	DAS.	1002346	C. 58.	7311	F
117	DBP.	926845	C. 55.	7320	IX
120	DAS.	1030326	C. 58.	14124	F
433	DBP.	961631	C. 59.	8384	I
821	DBP.	965597	C. 58.	1473	XXII
843	Eng.	746611	C. 57.	4529	IX
880	Schwz.	317108	C. 58.	13360	IX
881	Frz.	1100197	C. 58.	1702	IX
900	Frz.	1125625	C. 58.	14417	I
2825625	Eng.	793527	C. 59.	9093	XVIIIb
628	Eng.	756965	C. 57.	6863	V
633	Frz.	1077224	C. 56.	3400	V
701	Frz.	1110846	C. 58.	4627	IX
712	DAS.	1046879	C. 59.	6972	XIb
731	Frz.	1126678	C. 59.	1664	XXIV
735	Eng.	746953	C. 58.	4272	F
742	DAS.	1009625	C. 58.	11077	IX
2826482	DAS.	1035116	C. 59.	2932	V
483	DBP.	934884	C. 56.	5938	V
489	Eng.	772515	C. 59.	6949	VIII
526	Eng.	654331	C. 52.	2951	XXII
561	Eng.	751499	C. 57.	2341	XIb
589	Eng.	783634	C. 59.	5961	X
600	Eng.	758464	C. 58.	6335	F
2827362	Eng.	772831	C. 58.	3420	V
363	Eng.	772832	C. 58.	3420	V
456	Eng.	784536	C. 59.	6895	F
493	Oest.	176847	C. 54.	3334	IX
	Belg.	508246	C. 57.	14197	IX
586	Frz.	1112713	C. 57.	5087	III
2828202	Frz.	1134002	C. 58.	12527	VIII
2829044	DAS.	1010740	C. 58.	6965	VIII
046	Eng.	780290	C. 58.	12524	VIII
093	Austr.	165759	C. 59.	1936	VIII
118	Frz.	1098893	C. 57.	3674	XIb
151	Eng.	734824	C. 56.	4836	VII
967	Eng.	751029	C. 58.	553	VIII
2830013	Eng.	792573	C. 59.	350	XIX
056	DAS.	1019308			
		u. 309	C. 59.	3582	F
062	Eng.	790082	C. 59.	6302	X
063	DAS.	1030829	C. 59.	8654	F
104	Frz.	1093459	C. 57.	8652	IX
935	Eng.	794158	C. 59.	4570	F
995	DAS.	1005518	C. 57.	13750	F
2831007	DBP.	942989	C. 57.	3127	IX
027	Frz.	1153727	C. 59.	3237	F
874	Frz.	1107486	C. 57.	2597	IX
880	Frz.	1143340	C. 59.	6347	XIX
898	Frz.	1130242	C. 59.	1942	IX
2832677	Austr.	200447	C. 59.	7007	XIX
783	Eng.	767317	C. 58.	2572	IX
797	DBP.	954958	C. 58.	2519	F
804	DAS.	1007323	C. 58.	3977	F
2833613	DAS.	1039023	C. 59.	7298	X
664	Frz.	1104023	C. 57.	12569	I
730	Eng.	790527	C. 59.	7310	XIb
744	Oest.	189190	C. 58.	1373	F
745	DBP.	932700	C. 56.	9287	VII
759	Frz.	1107931	C. 59.	1294	XIV
760	Oest.	193364	C. 59.	1216	F
808	DAS.	1040015	C. 59.	5296	IX
2834713	Eng.	740299	C. 56.	13784	F
738	DBP.	949884	C. 57.	3098	I
753	Frz.	1116841	C. 59.	10078	XIb
778	DAS.	1003212	C. 57.	10882	IX
816	DBP.	830950	C. 52.	5485	IX
2835556	DAS.	1001245	C. 57.	8362	IX
569	Frz.	1125947	C. 58.	1420	VIII
637	Eng.	765468	C. 58.	3416	I
638	Eng.	769026	C. 58.	2541	V
657	DAS.	1007998	C. 58.	13113	XIb
2835669	Oest.	186641	C. 58.	13856	F
	Frz.	1091685	C. 58.	1987	IX
679	Eng.	773189	C. 58.	6629	F
688	DAS.	1028268	C. 58.	12287	XIX
713	DAS.	1001258	C. 58.	11904	F
719	DAS.	1023100	C. 59.	10031	III
2836487	Frz.	1140607	C. 59.	284	VIII
576	Frz.	1144302	C. 59.	4640	XIa
605	DAS.	1001978	C. 57.	10346	XIb
2837399	Eng.	785153	C. 59.	3346	XIX
430	Eng.	785873	C. 58.	12868	XXIV
449	Frz.	1081680	C. 56.	4849	VIII
466	Holl.	81060	C. 59.	669	XIX
554	Frz.	1097162	C. 58.	3165	IX
2838424	DAS.	1033400	C. 59.	4659	XVIIIa
506	Oest.	195932	C. 59.	4569	F
526	DAS.	1012299	C. 58.	6044	F
530	DAS.	1025413	C. 59.	224	F
559	DAS.	1007768	C. 58.	6966	IX
560	Frz.	1150898	C. 59.	2284	IX
566	DAS.	1007316	C. 58.	3452	IX
570	DBP.	949288	C. 57.	7791	IX
918	DBP.	950854	C. 58.	2536	I
2839371	DAS.	1014783	C. 58.	9106	XIX
416	DBP.	951158	C. 57.	7460	I
464	Eng.	764418	C. 57.	11182	XVIIIb
473	DBP.	926844			
	Eng.	716770			
	Schwz.	302531	C. 56.	263	IX
478	DBP.	950325	C. 57.	3404	XIb
480	Frz.	1135818	C. 58.	1439	XIb
483	DAS.	1015220	C. 58.	9629	XII
509	Eng.	783837	C. 59.	7645	XIb
550	Eng.	762122	C. 58.	10789	XIa
551	Eng.	762123	C. 58.	4323	IX
562	DBP.	923367	C. 55.	8014	VII
575	Frz.	1132433	C. 59.	2618	IX
577	Frz.	1123664	C. 58.	10505	IX
585	DAS.	1023036	C. 59.	3237	F
2840444	DBP.	950004	C. 57.	5420	X
450	DAS.	1000356	C. 57.	5679	V
508	Schwz.	314852			
		bis 859	C. 58.	2820	F
514	DAS.	1004316	C. 57.	10098	XIX
536	DBP.	939289	C. 56.	13270	XIb
540	Eng.	773655	C. 59.	7978	XIb
555	Amer.	2776969	C. 58.	7844	F
574	DBP.	959186	C. 58.	7309	F
618	Frz.	1144265	C. 59.	3295	IX
627	Frz.	1087943	C. 58.	14145	III
2841473	Eng.	766764	C. 59.	11337	I
481	Eng.	754666	C. 57.	4578	XX
482	DAS.	1015641	C. 58.	12226	VII
483	DAS.	1015642	C. 58.	11646	VII
531	DAS.	1036254	C. 59.	3651	IX
598	DBP.	957030	C. 58.	14492	F
604	Eng.	783018	C. 59.	316	XIb
614	DBP.	924752	C. 56.	5410	IX
2842422	DAS.	1010940	C. 59.	8385	XVIIIb
455	Eng.	769281	C. 59.	1283	XIb
516	DBP.	954292	C. 57.	5718	XII
519	DAS.	1004803	C. 57.	11733	XIb
521	DBP.	958702	C. 57.	8952	XIb
544	DAS.	1031305	C. 59.	8986	F
567	Schwz.	326364	C. 59.	2232	F
580	DAS.	1026314	C. 59.	296	IX
597	Frz.	1109258	C. 56.	11848	IX
607	Frz.	1092903	C. 56.	10573	III
2843448	Eng.	784668	C. 59.	305	X
527	DAS.	1018588	C. 58.	10452	F
568	DAS.	1025136	C. 59.	5644	XIb
582	Eng.	773519	C. 59.	1646	XVIIIa
608	DAS.	1037448	C. 59.	8255	F

2843609	DAS.	1037448	C. 59.	8255	F
611	DBP.	953167	C. 58.	14491	F
613	DAS.	1040008	C. 59.	3941	V
631	DAS.	1020022	C. 59.	8985	F
2844452	DBP.	884637	C. 57.	6076	I
551	Belg.	519092	C. 57.	6936	XIX
558	Eng.	766721	C. 58.	8200	XIa
561	Eng.	744336	C. 57.	4833	XIb
564	Eng.	754803	C. 58.	1715	XII
565	Eng.	754804	C. 58.	1715	XII
566	DBP.	952385	C. 57.	3966	XIb
608	Eng.	757038	C. 57.	6924	XVII
612	Frz.	1092607	C. 57.	14135	IX
	Belg.	524516	C. 59.	8405	IX
617	DBP.	926842	C. 55.	8734	IX
633	DAS.	1031775	C. 59.	7632	IX
736	DAS.	1047331	C. 59.	9696	III
944	DBP.	947711	C. 57.	3366	I
2845340	Frz.	1119839	C. 58.	12806	VII
354	Eng.	789565	C. 59.	4332	XVI
381	DAS.	1017748	C. 58.	14494	XIII
404	Eng.	779854	C. 59.	3933	III
416	Eng.	741519	C. 57.	297	XVIIIb
419	Frz.	1146773	C. 59.	4343	XVIIIb
440	DAS.	1016702	C. 58.	9247	IX
442	DBP.	962073	C. 58.	12246	IX
443	Eng.	787371	C. 59.	4637	X
471	DAS.	1036344	C. 59.	4592	III
659	Frz.	1140326	C. 59.	1962	XII
2846290	DAS.	1037431	C. 59.	6597	V
291	Eng.	714555	C. 55.	6104	V
296	DBP.	921263	C. 55.	9409	I
307	DBP.	963296	C. 57.	13535	XXIV
365	DAS.	1017311	C. 58.	9105	XIX
391	DBP.	953550	C. 57.	4864	XIX
400	Eng.	723212	C. 55.	10650	XVII
408	DBP.	964988	C. 58.	3756	XIb
417	Eng.	765893	C. 58.	14463	XIb
434	Eng.	779508	C. 59.	1948	X
444	DBP.	912569	C. 55.	1376	IX
455	DAS.	1030342	C. 59.	8255	F
456	DAS.	1015430	C. 58.	14127	F
480	Eng.	778749	C. 58.	9909	IX
487	DAS.	1024510	C. 59.	7325	XVI
853	DAS.	1026768	C. 59.	5263	I
2847281	Eng.	757547			
	Frz.	1095749	C. 57.	10585	V
285	Eng.	778810	C. 58.	8442	V
293	DAS.	1026124	C. 58.	13886	VII
306	DBP.	937325	C. 57.	6636	XIX
363	Eng.	720388	C. 55.	10898	XIX
364	DBP.	961474	C. 57.	14187	XIX
389	Eng.	759095	C. 58.	1738	XVIIIb
397	Oest.	186416	C. 57.	2867	XIb
482	Frz.	1105791	C. 58.	4027	IX
715	Eng.	755165	C. 58.	2585	XII
2848302	DAS.	1012594	C. 59.	5600	V
370	Eng.	769999	C. 58.	7845	F
422	DAS.	1013023	C. 58.	6431	XIX
441	Eng.	775122	C. 58.	9074	XIb
462	Eng.	700044	C. 54.	11309	X
463	Eng.	750330	C. 57.	8886	F
472	Eng.	790822	C. 59.	296	IX
473	Eng.	744153	C. 56.	12433	XIX
475	Schwz.	316731	C. 58.	559	IX
495	Frz.	1113411	C. 58.	4029	IX
2849107	DAS.	1002104	C. 57.	11762	XIX
289	DAS.	1003958	C. 57.	14127	VIII
290	DAS.	1049837	C. 59.	10033	V
325	Eng.	742659	C. 57.	11449	XVIIIb
327	Eng.	785318	C. 59.	5349	XXII
377	DAS.	1002102	C. 57.	10916	XIX
411	DAS.	1010736	C. 58.	10817	XVIIIb
2849447	Eng.	790745	C. 59.	7299	X
463	DAS.	1000815	C. 57.	13433	F
466	DBP.	949886	C. 57.	9514	IX
491	Frz.	1136236	C. 59.	2308	XIII
495	DAS.	1009624	C. 58.	13383	XVI
502	Eng.	767779	C. 58.	4869	F
506	DAS.	1002343	C. 58.	2518	F
507	DAS.	1002344	C. 58.	11979	XVI
2850386	Frz.	1078839	C. 56.	6756	F
411	DBP.	928809	C. 56.	13902	XXIV
428	Eng.	769287	C. 58.	3397	F
436	Eng.	764731	C. 58.	4072	XIX
454	Frz.	1087493	C. 57.	3429	XIX
455	DAS.	1013026	C. 58.	5550	XIX
542	DBP.	923249	C. 56.	264	IX
2851334	DBP.	940348	C. 56.	10095	V
335	DBP.	923845	C. 55.	6591	V
342	Eng.	792006	C. 59.	5268	V
345	Eng.	790957	C. 59.	5345	XIX
355	Oest.	175782	C. 54.	1381	XVIIIa
379	DBP.	960504	C. 57.	12047	XVIIIb
435	DAS.	1004340	C. 57.	8103	XVIIIb
444	Eng.	762156			
		bis 161	C. 58.	7274	XIb
446	Eng.	762156			
		bis 161	C. 58.	7274	XIb
447	Eng.	762156			
		bis 161	C. 58.	7274	XIb
448	Eng.	762156			
		bis 161	C. 58.	7274	XIb
451	DAS.	1038282	C. 59.	6310	XIb
469	Frz.	1100845	C. 58.	1985	IX
472	DAS.	1027670	C. 59.	1961	XII
474	DAS.	1022227	C. 58.	11662	IX
487	Frz.	1144410	C. 59.	2617	IX
2852340	DBP.	966806	C. 58.	7582	VII
342	DAS.	1023459	C. 58.	13609	V
344	Eng.	742913	C. 57.	3703	XIX
354	Eng.	797182	C. 59.	4672	XIX
360	Oest.	193776	C. 59.	1993	XX
381	Frz.	1109800	C. 59.	1666	XXIV
382	DAS.	1003587	C. 58.	9108	XXIV
406	Eng.	785388	C. 59.	9061	XIa
413	DAS.	1006146	C. 57.	12023	XIa
414	Eng.	785610	C. 59.	992	XVIIIb
428	Frz.	1137502	C. 58.	888	XVIIIa
439	Eng.	757769	C. 57.	5741	XIX
460	DAS.	1041180	C. 59.	8274	I
465	Eng.	785440	C. 59.	7009	XIX
469	Frz.	1099953	C. 57.	7216	XIX
472	DAS.	1011104	C. 58.	4970	XIX
484	Eng.	792580	C. 59.	6313	XIb
486	Eng.	733198			
	Belg.	515754	C. 56.	7375	XII
510	Oest.	191424	C. 58.	4573	F
525	DAS.	1025881	C. 58.	12535	IX
548	DBP.	967826	C. 58.	11663	IX
575	Eng.	787240	C. 59.	2616	IX
2853132	DAS.	1024284	C. 58.	12517	VII
359	Frz.	1108051	C. 56.	14190	X
397	DBP.	903984	C. 54.	7063	XIa
414	Eng.	770966	C. 58.	3433	VII
415	Eng.	776169	C. 58.	7245	VII
416	DAS.	1046938	C. 59.	9368	VII
417	DAS.	1046391	C. 59.	7932	VII
439	Frz.	1080920	C. 56.	14544	XIX
446	DAS.	1037609	C. 59.	6913	I
460	Eng.	776490	C. 59.	586	I
474	Eng.	775495	C. 58.	3177	XIb
487	DAS.	1028571	C. 59.	7895	F
492	Schwz.	312724	C. 57.	11727	X
503	DAS.	1022226	C. 58.	9626	XIb
504	DBP.	954645	C. 57.	8952	XIb

2853515	Eng.	734187	C. 56.	5689	IX
525	Schwz.	310136	C. 57.	9218	IX
2854313	Eng.	749097	C. 57.	3642	V
316	DAS.	1019282	C. 58.	12218	V
338	DAS.	1047617	C. 59.	7352	XXIV
380	Eng.	798074	C. 59.	8648	F
403	DAS.	1034303	C. 59.	5673	XIX
409	Eng.	708982	C. 55.	8297	XIX
410	Frz.	1068290	C. 50/54.	2214. S.	XXIV
422	DAS.	1033890	C. 59.	6313	XIb
439	Eng.	762156			
		bis 161	C. 58.	7274	XIb
468	Frz.	1095923	C. 58.	854	IX
480	DBP.	949651	C. 57.	1531	IX
	DBP.	956679	C. 57.	8649	IX
	Eng.	783369	C. 58.	7336	IX
491	Frz.	1147969	C. 59.	3638	IX
2855367	DAS.	1008852	C. 58.	13387	XVII
374	DBP.	848571	C. 53.	295	XIb
379	Oest.	192118	C. 58.	9922	XIb
383	DAS.	1006157	C. 58.	12835	XIb
384	DBP.	838217	C. 52.	6957	XVIIIb
390	Eng.	745546	C. 57.	3122	IX
406	DBP.	952980	C. 57.	6900	F
	DBP.	956047	C. 57.	5652	F
417	DBP.	962792	C. 59.	8384	XIb
418	Frz.	1099969	C. 57.	6573	VII
421	Eng.	742501	C. 56.	5698	XIa
450	Frz.	1126690	C. 58.	3140	VI
2856259	Schwz.	281744	C. 55.	3219	I
268	DAS.	1006100	C. 57.	13491	XIa
303	DBP.	951391	C. 57.	3106	VI
310	Eng.	786543	C. 59.	6337	XVIIIa
311	Frz.	1080106	C. 56.	5720	XVIIIb
319	DBP.	954410	C. 57.	4838	XIV
350	DBP.	949001	C. 57.	3704	XIX
375	Eng.	790505	C. 59.	8007	XVIIIb
2856434	Eng.	770073	C. 57.	13207	XVII
436	Frz.	1113712	C. 58.	4322	IX
439	DBP.	947737	C. 57.	5126	XIb
445	Eng.	737026	C. 57.	1305	XIb
2857238	Eng.	722597	C. 56.	7388	XVIIIb
242	DAS.	1045996	C. 59.	9360	V
255	Frz.	1110109	C. 57.	303	XIX
274	DAS.	1012176	C. 58.	7939	XXIV
384	DAS.	1023039	C. 58.	12191	F
405	DBP.	953976	C. 57.	13433	F
414	Eng.	781533	C. 59.	1606	IX
2858197	Eng.	783370	C. 58.	12218	V
203	DBP.	946624	C. 57.	2047	VII
229	Eng.	786819	C. 59.	3339	XVIIIb
252	Oest.	193546	C. 58.	6625	F
259	DBP.	944891	C. 57.	3965	XIb
279	Eng.	729806	C. 57.	303	XIX
283	Frz.	1116799	C. 58.	5840	XVIIIb
294	DAS.	1018226	C. 58.	4338	XIb
301	Eng.	729157	C. 56.	12132	X
304	Eng.	783503			
		505			
		u. 506	C. 59.	660	XVIIIa
346	Belg.	528982	C. 58.	4670	XX
2859105	Schwz.	301456	C. 55.	10609	VII
112	Frz.	1119872	C. 58.	9066	IX
124	Frz.	1092720	C. 58.	1119	VI
136	Eng.	704143	C. 55.	2105	XVIIIb
172	Eng.	779850	C. 59.	1988	XIX
186	Frz.	1124355	C. 57.	10840	I
198	Frz.	1062576	C. 55.	1861	XII
221	Eng.	787299	C. 59.	8334	X
225	Frz.	1153600	C. 59.	5344	XIX
258	Frz.	66957	C. 59.	3294	IX
2860083	DBP.	970125	C. 59.	2306	XII
2867171	Eng.	754155	C. 57.	8402	XX

Australische Patente (Aust. P.).

158790	DAS.	1009021	C. 59.	8385	III
160307	Eng.	725751	C. 57.	557	XIb
362	Frz.	1078332	C. 56.	7063	VI
681	Schwz.	283588	C. 56.	4524	F
161403	Schwz.	313463	C. 58.	8729	III
413	Frz.	1064004	C. 50/54.	3658. S.	XIX
163374	Frz.	1080051	C. 56.	6805	VIII
472	DBP.	944629	C. 57.	3428	XIX
705	Amer.	2687985	C. 55.	9943	XIX
164012	Frz.	63620	C. 56.	11081	XIb
041	DBP.	957872	C. 57.	10098	XIX
089	Frz.	1088784	C. 58.	4071	XIX
105	Frz.	1092338	C. 57.	3690	XVII
271	Eng.	733198			
	Belg.	515754	C. 56.	7375	XII
358	Frz.	1058836	C. 50/54.	1171. S.	F
467	Eng.	735686	C. 56.	12076	F
526	Eng.	712798			
		719737			
		728810	C. 55.	8939	III
644	Frz.	1080164	C. 50/54.	3640. S.	XVII
737	Amer.	2746859	C. 59.	8390	VIII
839	Eng.	742819	C. 58.	9856	F
165318	Frz.	1080559	C. 50/54.	4155. S.	F
380	Amer.	2803532	C. 59.	1934	VIII
383	DAS.	1017095	C. 58.	8440	IV
402	Frz.	1076994	C. 50/54.	3420. S.	F
166321	Frz.	1083144	C. 56.	7934	VIII
743	Frz.	1086712	C. 57.	833	XIX
836	Eng.	711141	C. 55.	3501	XIb
167109	Oest.	187905	C. 58.	511	F
167183	Eng.	757901			
		u. 995	C. 58.	4371	XXII
226	Frz.	1094713	C. 57.	3422	XVIIIb
272	Eng.	721302	C. 55.	9943	XIX
286	Schwd.	148906	C. 58.	13357	IX
414	Eng.	737439	C. 57.	3395	IX
561	DAS.	1012557	C. 58.	9037	VI
578	Eng.	762774	C. 58.	11123	XXI
605	Eng.	748892	C. 58.	12580	XXIV
615	DBP.	968557	C. 58.	11347	VI
639	Frz.	1101893	C. 58.	11633	III
674	Eng.	749064	C. 56.	12095	I
688	Eng.	745941	C. 57.	11182	XVIIIb
782	Eng.	757327	C. 57.	4576	XIX
907	Eng.	771314	C. 58.	9906	VIII
944	Frz.	1076386	C. 56.	3708	XIa
980	DBP.	922401	C. 55.	6358	I
168011	Eng.	757934	C. 57.	11386	F
037	Eng.	762845	C. 58.	12517	VII
052	Frz.	1087523	C. 57.	3994	XIX
200390	Eng.	760184	C. 58.	9632	XIII
550	DBP.	951056	C. 57.	4518	VII
201123	DAS.	1005192	C. 57.	10584	III
397	Amer.	2795573	C. 59.	4319	XIb
416	Frz.	1125235	C. 59.	2340	XXIV
421	Eng.	755783	C. 58.	3161	VIII
429	Frz.	1109893	C. 57.	1543	XIa
492	DBP.	957506	C. 58.	11375	X
582	DAS.	1008570	C. 58.	10830	XXIV
595	Schwz.	323988	C. 59.	2607	VIII
597	Eng.	770527	C. 58.	13895	VIII
746	Amer.	2802819	C. 59.	4245	F

202114	Eng.	787856	C. 59.	2557	F
245	Eng.	776315	C. 58.	13895	VIII
266	Eng.	767141	C. 59.	7229	F
363	Eng.	773519	C. 59.	1646	XVIIIa
389	DAS.	1028264	C. 59.	1659	XIX
404	Belg.	529092	C. 59.	4007	XVII
486	Amer.	2802757	C. 59.	1293	XIV
595	Eng.	777041	C. 59.	2930	IV
700	Eng.	771496	C. 59.	5596	III
757	Eng.	776057	C. 59.	1983	XVIIIb
203503	Eng.	765423	C. 58.	12816	VIII
512	Frz.	1125307	C. 57.	5745	XXI
515	Frz.	1131677	C. 59.	3983	X
516	Frz.	1132804	C. 59.	1938	IX
584	DAS.	1004152	C. 57.	9482	V
587	Eng.	752751	C. 58.	8730	III
639	Eng.	764919	C. 57.	13223	XIX
678	Frz.	1104242	C. 58.	11340	III
690	Frz.	1122298	C. 59.	5317	XII
694	Eng.	770412	C. 59.	4902	F
794	Amer.	2757165	C. 58.	4944	XIb
906	Eng.	779500	C. 58.	13859	F
910	Eng.	778640	C. 58.	13076	III
912	Frz.	1128816	C. 57.	10353	XV
987	DAS.	1009358	C. 58.	2820	F
204003	Eng.	767603	C. 57.	13853	XIX
032	Frz.	1106113	C. 57.	11977	III
100	DAS.	1000575	C. 57.	7762	VI
515	DAS.	1023230	C. 59.	1936	VIII
205161	Eng.	768946	C. 58.	8162	V
197	Frz.	1135967	C. 59.	5969	XIb
289	DBP.	965568	C. 58.	10767	VII
405	DAS.	1030616	C. 59.	3625	VII
429	Eng.	775777	C. 58.	11122	XX
448	DBP.	889446	C. 53.	8934	F
449	Eng.	675422	C. 53.	4913	F
479	Eng.	774556	C. 59.	3333	XVII
516	Eng.	758224	C. 58.	1927	F
	Eng.	764665	C. 58.	4326	IX
517	Eng.	773486	C. 58.	5166	F
539	Eng.	776184	C. 58.	9591	I
540	DAS.	1029355	C. 58.	11048	V
550	DAS.	1021365	C. 58.	11026	F
574	Eng.	755796	C. 57.	13494	XIb
575	Eng.	755519	C. 58.	7927	XVIIIb
576	Eng.	755519	C. 58.	7927	XVIIIb
577	Eng.	749705	C. 58.	6708	XVIIIb
588	Frz.	1114496	C. 58.	4946	XIb
601	Frz.	1116501	C. 58.	1465	XVIIIb
602	Frz.	1119228	C. 58.	7549	F
614	Amer.	2796340	C. 58.	10497	VIII
616	Eng.	758625	C. 57.	7768	VII
624	DAS.	1006258	C. 57.	13860	XXIV
627	Frz.	1121436	C. 58.	6934	III
637	DAS.	1004153	C. 57.	8614	III
639	DAS.	1008298	C. 58.	2226	F
642	Frz.	1112719	C. 58.	9890	VII
651	Oest.	191418	C. 58.	6396	IX
657	Holl.	85839	C. 59.	9694	I
661	Amer.	2746998	C. 57.	6894	IX
687	DAS.	1003899	C. 57.	11191	XIX
688	Eng.	783048	C. 58.	11027	F
701	Eng.	786438	C. 58.	9611	VIII
710	Eng.	775691	C. 59.	1649	XVIIIb
713	Eng.	761933	C. 58.	1733	XVIIIa
716	Eng.	755478	C. 57.	3958	X
717	Eng.	757215	C. 57.	5147	XVIIIb
719	DBP.	951865	C. 57.	9777	IX
722	Eng.	757219	C. 57.	4289	XIX
724	Frz.	1112503	C. 57.	2878	XVI
726	Frz.	1114462	C. 58.	8774	XII
737	Amer.	2799612	C. 58.	6951	VII
743	Eng.	758024	C. 58.	14443	VIII
205744	Frz.	1116350	C. 57.	580	XIX
754	Eng.	772635	C. 58.	3452	IX
755	Eng.	780975	C. 58.	11050	V
764	Eng.	763645	C. 58.	9363	XII
770	Holl.	85446	C. 59.	5329	XVII
776	DAS.	1003451	C. 57.	8899	I
780	Amer.	2763660	C. 57.	4193	F
781	Amer.	2752637	C. 57.	8083	XIb
784	Eng.	778014	C. 59.	296	IX
792	Frz.	1143043	C. 58.	11094	XIV
795	Frz.	1110937	C. 57.	8350	VIII
796	Eng.	771754	C. 58.	1379	F
801	DAS.	1019656	C. 58.	11078	IX
803	Eng.	776131	C. 58.	5167	F
813	Eng.	768310	C. 58.	8440	IV
821	DBP.	940118	C. 57.	268	IX
822	Frz.	1112207	C. 59.	3012	XIX
823	Eng.	750513	C. 57.	12028	XII
825	Frz.	1112405	C. 57.	10861	VII
827	Eng.	757934	C. 57.	11386	F
828	Eng.	758497	C. 57.	8032	III
831	Schwz.	314910	C. 57.	6588	IX
838	Eng.	760948	C. 58.	6715	XIX
839	Eng.	772680	C. 58.	12501	I
840	Eng.	776247	C. 58.	9103	XIX
841	Eng.	776247	C. 58.	9103	XIX
842	Eng.	776189	C. 59.	1322	XIX
847	Eng.	765468	C. 58.	3416	I
851	Frz.	1116028	C. 57.	834	XIX
854	Eng.	768116	C. 59.	1322	XIX
857	DBP.	955683	C. 57.	5735	XVIIIb
870	Eng.	756165	C. 57.	10346	XIb
872	Eng.	749479	C. 57.	2342	XIb
873	Eng.	750629	C. 57.	2607	XIb
874	Schwz.	314910	C. 57.	6588	IX
877	Amer.	2707190	C. 57.	1752	F
878	Frz.	1115726	C. 58.	9067	IX
879	DAS.	1004584	C. 57.	13215	XVIIIb
892	Frz.	1112873	C. 57.	3077	F
893	DAS.	1011801	C. 58.	3141	VI
895	Frz.	1116692	C. 57.	10893	XII
914	DAS.	1006770	C. 57.	11194	XX
920	DBP.	943928	C. 57.	1332	XXIV
921	Oest.	189472	C. 58.	7890	VIII
925	Eng.	763107	C. 58.	3783	XIX
930	Eng.	769767	C. 59.	898	F
935	Amer.	2710795	C. 57.	6263	VII
942	DBP.	963984	C. 58.	2612	XIX
943	Eng.	785342	C. 58.	12500	I
948	Amer.	2789983	C. 58.	5167	F
953	Oest.	191887	C. 59.	565	F
954	DAS.	1001979	C. 57.	11162	XIb
959	Frz.	1147045	C. 58.	11094	XIV
966	Eng.	765025	C. 59.	956	IX
972	Eng.	778026	C. 59.	1279	XIa
979	Eng.	767779	C. 58.	4869	F
980	Oest.	193620	C. 59.	7627	VIII
991	Frz.	1140906	C. 58.	4892	I
206010	Eng.	788027	C. 58.	12507	V
011	DAS.	1007751	C. 57.	10586	V
017	Eng.	773563	C. 59.	2251	III
037	Eng.	778880	C. 58.	9919	XIb
043	Frz.	1108139	C. 57.	5719	XIII
046	Frz.	1097513	C. 57.	5133	XII
049	DBP.	954959	C. 57.	12840	F
	DBP.	951985	C. 57.	9461	F
050	Frz.	1116125	C. 57.	12281	VI
051	Belg.	531614	C. 59.	567	F
054	Oest.	183749	C. 56.	7054	I
072	Belg.	531553	C. 59.	958	IX
085	Frz.	1112213	C. 57.	3415	XVI
094	Eng.	773552	C. 58.	8154	I
118	Eng.	775478	C. 59.	3579	F

206127	DBP.	951828	C. 57.	5455	XIX
137	Eng.	770411	C. 58.	7843	F
148	DAS.	1002747	C. 57.	10332	IX
152	Frz.	1147419	C. 59.	3604	I
155	Schwz.	316765	C. 57.	13518	XVIIIb
161	DAS.	1003240	C. 58.	4593	I
163	Eng.	783740	C. 58.	12543	XIb
184	DBP.	943769	C. 57.	4246	IX
186	DAS.	1008573	C. 58.	12868	XXIV
187	Frz.	1099843	C. 58.	888	XVIIIa
191	Eng.	767826	C. 58.	10735	F
212	Oest.	189983	C. 59.	3268	VI
218	Oest.	191424	C. 58.	4574	F
221	Eng.	790287	C. 59.	242	G
223	Eng.	780613	C. 58.	7911	XV
232	Oest.	187623	C. 57.	4568	XVIIIb
233	Eng.	778106	C. 58.	12775	F
243	DAS.	1028485	C. 59.	250	III
251	Eng.	775459			
		u. 460	C. 58.	13911	XIa
265	DAS.	1014548	C. 58.	6099	IX
279	Oest.	193883	C. 59.	1882	F
281	Oest.	193546	C. 58.	6625	F
283	Eng.	781549	C. 59.	657	XVII
285	Eng.	787156	C. 58.	10449	F
295	Eng.	773897	C. 59.	1623	XIb
296	Eng.	753326	C. 58.	1398	V
305	Schwz.	325452	C. 58.	14149	V
310	Amer.	2792077	C. 58.	11637	V
314	DAS.	1018387	C. 59.	3340	XVIIIb
318	DAS.	1017748	C. 58.	14494	XIII
330	Frz.	1119189	C. 58.	893	XVIIIb
334	Amer.	2719156	C. 56.	6276	XVIIIb
351	Oest.	188134	C. 57.	8105	XIX
354	Eng.	772313	C. 58.	11118	XIX
363	Frz.	1124996	C. 58.	9592	III
368	Frz.	1119373	C. 57.	4558	XVI
389	DAS.	1007624	C. 58.	7307	XXIV
394	Amer.	2796394	C. 59.	1600	VIII
398	Eng.	780984	C. 58.	4290	I
402	Eng.	773124	C. 58.	11343	IV
407	DAS.	1005667	C. 58.	13669	XIX
416	Frz.	1140871	C. 59.	1289	XII
439	Eng.	773563	C. 59.	2251	III
449	Eng.	765246	C. 58.	11700	XIX
472	DAS.	1014545	C. 58.	11024	F
475	Eng.	759667	C. 58.	12834	XIb
478	Eng.	762156			
		bis 161	C. 58.	7274	XIb
479	Eng.	762156			
		bis 161	C. 58.	7274	XIb
480	Eng.	762156			
		bis 161	C. 58.	7274	XIb
481	Eng.	762156			
		bis 161	C. 58.	7274	XIb
486	Eng.	760603	C. 58.	9859	F
494	Frz.	1128990	C. 58.	11658	VIII
502	DAS.	1023459	C. 58.	13609	V
506	Frz.	1136614	C. 58.	10470	III
512	DAS.	1017328	C. 59.	571	F
531	Frz.	1112397	C. 58.	12861	XIX
546	Amer.	2734018	C. 57.	8012	F
552	Eng.	749719	C. 59.	3985	XIa
554	Frz.	1110971	C. 58.	4322	IX
555	Frz.	1113906	C. 57.	2896	XXII
558	Frz.	1100185	C. 57.	11190	XIX
563	Frz.	1118435	C. 57.	13189	XIa
567	DBP.	955539	C. 57.	10371	XIX
568	Eng.	762156			
		bis 161	C. 58.	7274	XIb
579	Oest.	192391	C. 58.	4032	IX
588	Eng.	776535	C. 58.	6706	XVIIIa
589	Eng.	776066	C. 58.	7923	XVIIIa
206597	Schwz.	323988	C. 59.	2607	VIII
600	DAS.	1009453	C. 58.	11657	VIII
635	DAS.	1011422	C. 58.	12190	F
671	Schwz.	322069	C. 59.	1223	F
731	Amer.	2761862	C. 58.	12481	F
733	Belg.	531677	C. 59.	8405	F
799	Eng.	764198	C. 58.	12483	F
856	Eng.	793379	C. 59.	6898	F
971	Eng.	761034	C. 59.	4343	XVIIIb
207014	Eng.	777556	C. 58.	14396	F
015	DAS.	1015807	C. 59.	9671	F
038	Oest.	191086	C. 58.	6920	F
040	Frz.	1118767	C. 57.	13497	XII
041	DAS.	1005057	C. 57.	12621	XIb
043	Frz.	1104961	C. 58.	1435	XIa
049	Oest.	187304	C. 57.	4254	XIb
051	Amer.	2755284	C. 57.	3348	F
053	Oest.	191405	C. 58.	4571	F
057	Frz.	1119897	C. 58.	1715	XII
088	Amer.	2702241			
	Amer.	2698558			
	Eng.	730054	C. 57.	2365	XVIIIb
089	Frz.	1144224			
	Oest.	196546	C. 59.	345	XVIIIb
092	DAS.	1007164	C. 57.	13844	XVIIIa
096	Oest.	194085	C. 59.	4631	IX
287	Eng.	793558	C. 59.	4247	F
300	DAS.	1032761	C. 59.	5000	XVIIIa
472	Frz.	1143296	C. 59.	2302	XIb
534	Eng.	773426			
		u. 427	C. 58.	11673	XIb
585	Eng.	794856	C. 59.	6294	IX
596	Oest.	198854	C. 59.	5925	III
824	Eng.	779281	C. 58.	12275	XVIIIa
852	Eng.	779557	C. 59.	3316	XIb
939	Amer.	2796435	C. 58.	14391	F
944	Frz.	1144884	C. 59.	603	VII
985	Oest.	191431	C. 59.	7958	IX
998	Eng.	779435	C. 59.	7287	VIII
208037	DBP.	958196	C. 57.	10336	IX
045	D. P.				
	(DDR)	13783	C. 58.	9349	IX
047	Frz.	1118477	C. 57.	12637	XVIIIb
058	Eng.	753163	C. 57.	14121	VIII
059	Eng.	753164	C. 57.	14121	VIII
061	Amer.	2708206	C. 57.	6224	F
074	Frz.	1137501			
		u. 502	C. 58.	888	XVIIIa
078	DBP.	963150	C. 57.	10584	V
081	DAS.	1013736	C. 58.	12501	III
084	Frz.	1140024	C. 58.	12253	XIa
098	Eng.	787049	C. 58.	11700	XIX
205	Frz.	1144664	C. 59.	2607	VIII
256	Eng.	772775	C. 59.	1909	IV
209907	Amer.	2783227	C. 58.	9354	X
908	Amer.	2783228	C. 58.	10210	X
917	DBP.	960202	C. 57.	13132	F
921	Eng.	769706	C. 59.	219	F
929	Amer.	2760884	C. 58.	2314	XVIIIb
210018	Frz.	1149863	C. 59.	3978	IX
019	DAS.	1012176	C. 58.	7939	XXIV
029	DAS.	1000822	C. 57.	6531	F
030	DAS.	1007620	C. 58.	14211	XXIV
031	DAS.	1014079	C. 58.	11702	XIX
033	Frz.	1136331	C. 59.	3642	IX
034	DAS.	1028188	C. 59.	3934	III
035	DAS.	1007774	C. 58.	8416	F
039	Eng.	787187	C. 59.	597	VI
042	Eng.	777068	C. 59.	1947	X
102	DAS.	1025888	C. 58.	13055	F
105	DAS.	1021072	C. 58.	14419	III
119	Eng.	761904	C. 58.	7277	XII
170	Amer.	2746992	C. 57.	10010	F

210186	DAS.	1023230	C. 59.	1936	VIII
198	Eng.	772573	C. 59.	5575	F
219	DAS.	1009311	C. 58.	9028	III
232	Holl.	85165	C. 59.	10006	F
233	Schwz.	325459	C. 58.	13583	F
234	Amer.	2726220	C. 57.	3422	XVIIIb
253	DAS.	1023627	C. 58.	11990	XVIIIb
256	DAS.	1012414	C. 58.	4366	XIX
266	Frz.	1109057	C. 57.	12907	XIb
268	Eng.	768708	C. 58.	2020	XVIIIb
276	DAS.	1035823	C. 59.	2626	XIa
279	DBP.	955930	C. 58.	3496	XXIV
283	Frz.	1136470	C. 59.	2964	IX
291	Eng.	792151	C. 59.	4597	V
534	Frz.	1132937	C. 58.	1422	VIII
576	Amer.	2769730	C. 58.	6127	XVIIIa
583	Eng.	772185	C. 58.	6657	VII
585	Eng.	795174	C. 59.	4310	IX
901	Amer.	2735790	C. 57.	827	XVIIIb
905	Holl.	86359	C. 59.	7227	F
923	DAS.	1015430	C. 58.	14127	F
924	DBP.	959393	C. 59.	3310	X
926	DBP.	956889	C. 57.	9807	XVIIIb
942	Frz.	1154844	C. 59.	3976	IX
952	Eng.	796049	C. 59.	5598	V
997	Eng.	785576	C. 59.	4022	XIX
211014	DAS.	1011392	C. 57.	10093	XVIIIb
019	DAS.	1039992	C. 59.	6301	X
025	Eng.	767617	C. 59.	2589	VI
038	Oest.	194133	C. 58.	10216	XIb
049	Oest.	191862	C. 59.	1902	I
054	DAS.	1024953	C. 59.	563	F
078	DAS.	1008488	C. 58.	5227	XIb
092	Eng.	789128	C. 59.	245	I
093	Oest.	193859	C. 59.	1879	F
524	DAS.	1040555	C. 59.	9062	XIa
529	Eng.	788082			
		122			
		u. 196	C. 58.	9573	F
530	Eng.	788082			
		122			
		u. 196	C. 58.	9573	F
531	DAS.	1020750	C. 58.	14210	XIX
548	DAS.	1012112	C. 58.	3728	VII
550	Frz.	1134878	C. 59.	2616	IX
553	Oest.	190524	C. 58.	7261	IX
563	Eng.	777494	C. 57.	13822	XIb
575	DAS.	1013636	C. 57.	13813	IX
614	Frz.	1144726	C. 59.	3348	XIX
637	Frz.	1138279	C. 59.	1315	XVIIIb
650	Eng.	782688	C. 59.	616	VIII
651	Frz.	1119064	C. 58.	866	XIb
668	DAS.	1005225	C. 57.	9555	XIX
690	Eng.	775325	C. 58.	10789	XIa
716	Eng.	791802	C. 58.	14482	XVIIIb
721	Amer.	2800471	C. 59.	5235	F
735	Amer.	2804422	C. 59.	894	F
737	DAS.	1014490	C. 58.	5824	XIV
748	Eng.	761308	C. 58.	4631	X

211764	Eng.	796049	C. 59.	5598	V
785	Frz.	1091885	C. 58.	3692	F
802	Frz.	1144712	C. 59.	950	VIII
820	Amer.	2737518	C. 57.	8298	F
827	DAS.	1006769	C. 57.	11193	XX
835	Frz.	1134580	C. 58.	4946	XIb
840	Eng.	784194	C. 59.	1216	F
870	Eng.	758020	C. 57.	7815	XVII
883	DAS.	1028511	C. 59.	3690	XIX
884	Frz.	1139864	C. 58.	5786	VI
898	Frz.	1119206	C. 57.	4263	XV
923	DAS.	1009182	C. 58.	13086	VII
924	Amer.	2734890			
		u. 891	C. 57.	3406	XIb
930	DBP.	947368	C. 57.	7157	VII
933	Frz.	1137945	C. 58.	1473	XXI
961	Eng.	783590	C. 59.	1240	V
962	Amer.	2816100	C. 59.	5993	XVIIIa
966	Frz.	1134849	C. 58.	9925	XIII
984	DAS.	1018227	C. 58.	10199	VIII
990	Eng.	788079	C. 58.	13936	XVIIIb
212009	Frz.	1134848	C. 58.	9926	XIII
017	Frz.	1152663	C. 59.	2328	XVIIIb
025	Amer.	2766554	C. 57.	10594	VII
	Amer.	2791605	C. 58.	6657	VII
035	DAS.	1003587	C. 58.	9108	XXIV
037	Frz.	1146481	C. 59.	1266	VIII
038	DAS.	1002198	C. 58.	4075	XXIV
045	DAS.	1013514	C. 58.	14489	XXIV
056	Oest.	192530	C. 58.	9953	XIX
101	Oest.	191431	C. 59.	7958	IX
139	Frz.	1140031	C. 58.	1726	XVI
149	DAS.	1033579	C. 59.	3933	III
155	DAS.	1019671	C. 58.	9342	VIII
177	DAS.	1013166	C. 58.	8520	XXIV
180	Eng.	787124	C. 58.	14445	IX
217	Frz.	1150400	C. 59.	4630	IX
222	Amer.	2830046	C. 59.	7890	F
243	DAS.	1024087	C. 59.	360	XXIV
248	Oest.	193021	C. 59.	3260	III
252	Eng.	794230	C. 59.	7916	III
267	DAS.	1010964	C. 58.	9300	F
268	Frz.	1114985	C. 58.	9955	XX
271	Eng.	785574	C. 58.	10452	F
273	Oest.	193363	C. 59.	1586	VII
279	DAS.	1029124	C. 59.	3238	F
288	Frz.	1149412	C. 59.	7289	VIII
291	DAS.	1015963	C. 58.	6400	XIa
313	DBP.	950280	C. 57.	3398	X
316	Frz.	1140031	C. 58.	1726	XVI
317	Eng.	785616	C. 58.	12278	XVIIIb
378	Frz.	1145174	C. 58.	9873	G
380	DBP.	956351	C. 57.	9234	XII
382	Amer.	2767153	C. 58.	11085	XIa
385	DAS.	1009613	C. 57.	12605	IX
387	Eng.	785312	C. 58.	12860	XIX
388	Amer.	2735808	C. 57.	2854	VIII
395	Eng.	794372	C. 59.	912	I
397	Eng.	790857	C. 59.	7680	XIX

Belgische Patente (Belg. P.).

493878	Dän.	75044	C. 56.	5934	I
496349	Frz.	1024974	C. 56.	7412	XVII
395	Frz.	1023321	C. 55.	10835	V
497721	Amer.	2665249	C. 55.	4965	XVIIIa
499743	DBP.	887661	C. 54.	1108	VIII
502841	Frz.	1027760	C. 56.	1411	IV
503110	Amer.	2503291	C. 51.	I. 1644	I
507012	Frz.	1054791	C.50/54.	4336. s.	XVII
081	Frz.	1045084	C.50/54.	3527. s.	VII
887	Oest.	174122	C. 54.	165	III

510623	Frz.	1059932	C.50/54.	4358. s.	XIX
511002	Frz.	1059990	C. 59.	8416	XIX
388	Amer.	2716144	C. 57.	2634	XIX
995	Eng.	719882	C. 55.	11718	XIX
513726	Frz.	1061513	C.50/54.	4336. s.	XVII
514529	Frz.	1064004	C.50/54.	3658. s.	XIX
515060	Frz.	1085513	C. 57.	9480	II
350	DBP.	932344	C. 56.	6002	XXIV
516406	DBP.	963232	C. 58.	4069	XIX
517719	Frz.	1076987	C.50/54.	3423. s.	F

517720	Frz.	1078467	C.50/54.	3423. s.	F
743	Frz.	1072978	C.50/54.	3580. s.	IX
947	DBP.	952436	C. 57.	7754	V
518258	Eng.	771073	C. 58.	306	XIX
925	Frz.	1076346	C. 55.	7355	XIX
519219	Amer.	2710801	C. 59.	6686	XXIV
627	Frz.	1077750	C.50/54.	2880. s.	X
732	Frz.	1099380	C. 57.	6643	XXIV
854	Frz.	1077267	C.50/54.	3580. s.	IX
520086	Frz.	1080107	C.50/54.	3579. s.	IX
132	Schwz.	322256	C. 58.	9956	XX
243	Amer.	2713545	C. 58.	3459	XIa
387	Frz.	1080164	C.50/54.	3640. s.	XVII
400	Schwz.	310823	C. 56.	9862	IX
567	Frz.	1080907	C. 56.	12439	XXIV
521090	Amer.	2684283	C.50/54.	3493. s.	V
179	Frz.	1080341	C.50/54.	4343. s.	XVIIIb
481	Frz.	1081401	C.50/54.	3559. s.	VIII
755	Eng.	755946	C. 58.	13668	XIX
522117	Oest.	190305	C. 58.	1396	III
299	Eng.	727498	C. 56.	8214	IX
354	Eng.	761455	C. 58.	4025	VIII
603	Frz.	1086930	C. 57.	8652	IX
523161	Eng.	760136	C. 57.	14099	V
182	Frz.	1088700	C. 58.	3162	VIII
356	Frz.	66026	C. 58.	10497	VIII
419	Eng.	754432	C. 57.	12332	XVII
530	Frz.	1091765	C. 58.	3689	F
524453	Frz.	64759	C. 58.	10207	IX
798	DBP.	962792	C. 59.	8384	XIb
897	Frz.	1089104	C. 58.	1975	VIII
525059	Frz.	1087168	C. 57.	4577	XIX
428	DAS.	1016841	C. 58.	9316	III
622	Amer.	2778721	C. 59.	8391	F
749	Eng.	735420	C. 57.	8362	IX
526237	Eng.	674412	C. 54.	3570	IX
395	Eng.	739431	C. 59.	8410	XXIV
497	Oest.	189604	C. 58.	4662	XVIIIb
524	Frz.	1107475	C. 59.	1003	XXIV
857	Frz.	1093935	C. 57.	4834	XIb
901	Frz.	65525	C. 58.	10794	XIb
527175	Oest.	181668	C. 59.	8432	III
596	Eng.	762891	C. 58.	6436	XXI
682	Eng.	745150	C. 57.	8397	XIX
528400	Oest.	190223	C. 58.	9011	F
439	Frz.	1103589	C. 57.	12639	XVIIIb
820	Eng.	749222	C. 57.	4285	XIX
946	Frz.	1111531	C. 58.	891	XVIIIb
529154	Eng.	781471	C. 59.	2947	VII
241	DBP.	957590	C. 57.	9257	XIX
530	Eng.	752407	C. 58.	3422	V
577	Frz.	1101485	C. 57.	12337	XVIIIb
729	Frz.	1091684	C. 58.	1692	VIII
781	Frz.	1089237	C. 57.	8375	XII
807	Eng.	761360	C. 58.	2611	XIX
850	DBP.	953074	C. 59.	8384	F
870	Frz.	1103238	C. 57.	9167	F
530010	Amer.	2730456			
		u. 457	C. 57.	7217	XXIII
120	Eng.	746806	C. 57.	5086	I
153	Frz.	1108173	C. 57.	1032	VII
183	Frz.	1104721	C. 58.	6111	XIb
221	Frz.	1103389	C. 56.	12130	IX
371	Frz.	1145125	C. 59.	1599	VIII
625	Amer.	2802819	C. 59.	4245	F
626	DBP.	954331	C. 59.	8384	F
652	Oest.	185010	C. 57.	1836	XIX
735	Frz.	1101233	C. 57.	5440	XVII
849	DBP.	954553	C. 57.	6606	XIb
859	DBP.	940118	C. 57.	268	IX
891	Eng.	751446	C. 59.	8410	XXIV
531017	DBP.	943769	C. 57.	4246	IX
043	Oest.	186784	C. 57.	10567	F
531142	Frz.	1112749	C. 58.	4607	VII
390	DBP.	956951	C. 58.	10451	F
403	DAS.	1016685	C. 58.	9034	V
588	Frz.	1102698	C. 56.	12983	XIa
698	Eng.	762871	C. 58.	14127	F
794	Frz.	1130911	C. 58.	14463	XIb
819	Schwz.	317136	C. 58.	14488	XXIV
829	Frz.	1112397	C. 58.	12861	XIX
975	Frz.	1108549	C. 59.	587	III
995	DBP.	947571	C. 57.	5109	VIII
996	Oest.	183965	C. 57.	4525	VIII
532103	Amer.	2739965	C. 59.	1663	XXIV
245	Frz.	1109684	C. 59.	1329	XXIV
585	Frz.	1134746	C. 59.	8419	XVIIIb
659	Frz.	1094533	C. 59.	1262	VIII
761	Eng.	776057	C. 59.	1983	XVIIIb
533010	Eng.	761021	C. 57.	13450	I
047	Amer.	2708628	C. 57.	209	F
110	Frz.	1124420	C. 59.	1646	XVIIIa
180	DBP.	963508	C. 58.	560	IX
249	Frz.	1134227	C. 58.	11945	VIII
347	DAS.	1015391	C. 58.	11044	I
471	Austr.	202650	C. 59.	1599	VIII
493	Frz.	65658	C. 59.	5949	VIII
525	Eng.	781489	C. 58.	13139	XVIIIb
590	Frz.	1113679	C. 58.	13403	XXIV
598	Eng.	766492	C. 59.	631	X
676	Eng.	794105	C. 59.	8280	V
755	DBP.	965399	C. 59.	9055	IX
796	Frz.	1113721	C. 58.	13352	VIII
846	Frz.	1116841	C. 59.	10078	XIb
913	Eng.	752547	C. 58.	805	F
534107	DAS.	1016230	C. 58.	11375	X
211	DBP.	953965	C. 57.	6598	X
217	Frz.	1115375	C. 59.	5314	XIb
352	Frz.	1116344	C. 57.	498	F
481	DBP.	953787	C. 57.	5707	X
510	Frz.	1116604	C. 57.	262	VIII
557	DBP.	951828	C. 57.	5455	XIX
660	DBP.	957123	C. 57.	13131	F
	Eng.	762706	C. 59.	8411	F
665	Frz.	1116083	C. 57.	266	IX
678	Frz.	1083729	C. 56.	14545	XIX
688	Amer.	2785947			
		u. 949	C. 58.	5545	XVIIIb
705	DAS.	1001785	C. 58.	6681	X
807	DAS.	1018860	C. 59.	1887	F
833	Frz.	1117822	C. 58.	4940	XIa
868	DAS.	1018861	C. 59.	1887	F
	DAS.	1018862	C. 59.	6894	F
	DAS.	1018863	C. 59.	5903	F
903	DBP.	955539	C. 57.	10371	XIX
923	Eng.	768288	C. 58.	6716	XIX
950	Frz.	1123311	C. 58.	10784	IX
951	DBP.	936328	C. 56.	7388	XVIIIb
974	DAS.	1005064	C. 58.	5164	F
979	Frz.	1117954	C. 58.	9106	XIX
535020	Eng.	765898	C. 58.	5807	IX
037	DBP.	938147	C. 56.	13864	XIa
047	DAS.	1019418	C. 58.	9663	XXIV
084	DBP.	958646	C. 57.	10305	V
085	Frz.	1120572	C. 58.	8190	IX
140	Amer.	2764585	C. 57.	13751	F
141	DBP.	960720	C. 57.	8297	F
182	DBP.	952633	C. 57.	11664	F
191	Oest.	189195	C. 58.	1653	F
205	Eng.	757241	C. 57.	8401	XIX
217	DBP.	961436	C. 58.	14492	V
235	DBP.	961537	C. 58.	2569	IX
	DAS.	1000818	C. 58.	9347	IX
239	Eng.	764053			
		u. 248	C. 58.	1985	IX
242	DBP.	964327	C. 57.	13130	F

535251	DBP.	964774	C. 58.	5164	F
262	Oest.	188834	C. 57.	8105	XIX
331	Eng.	709721	C. 55.	1618	XIa
332	DBP.	945496	C. 57.	305	XX
337	Frz.	1099024	C. 58.	10506	X
340	Frz.	1118612	C. 58.	8805	XIX
351	Frz.	1122018	C. 58.	5850	XXII
371	DBP.	952090	C. 57.	8651	IX
387	Eng.	768867	C. 58.	4001	V
436	Frz.	1103519	C. 56.	11053	VII
437	Amer.	2702812	C. 56.	201	F
442	Frz.	1118672	C. 58.	892	XVIIIb
452	DAS.	1036852	C. 59.	6233	F
490	Frz.	1118729	C. 59.	1664	XXIV
525	Oest.	191405	C. 58.	4571	F
	Schwz.	324532	C. 58.	13904	IX
560	Frz.	1123634	C. 58.	6688	XIb
577	Eng.	757524	C. 57.	8069	IX
578	Eng.	757525	C. 57.	8069	IX
600	Frz.	1119389	C. 58.	9891	VII
601	Frz.	1123648	C. 58.	13886	VII
617	Frz.	1122029	C. 57.	13495	XIb
625	DBP.	956261	C. 57.	12020	X
676	Holl.	85772	C. 59.	9434	XVIIIb
678	Eng.	758684	C. 57.	6632	XVIIIb
699	DBP.	957662	C. 57.	8940	IX
727	Frz.	1093322	C. 58.	13144	XIX
729	DAS.	1002353	C. 59.	898	F
749	Eng.	773824	C. 58.	5807	IX
790	DBP.	931226	C. 56.	1170	XIb
795	Oest.	190681	C. 58.	1994	XIa
796	Eng.	775917	C. 58.	5848	XIX
798	Amer.	2761885	C. 58.	1700	IX
844	Frz.	1093739	C. 57.	8078	XIa
863	Frz.	1120873	C. 58.	2315	XVIIIb
866	DBP.	957386	C. 57.	8365	X
869	Eng.	769202	C. 58.	4970	XIX
887	DBP.	952923	C. 57.	4576	XIX
921	Oest.	189744	C. 58.	9299	F
922	D. P. (DDR)	14047	C. 58.	14394	F
965	Eng.	768303	C. 58.	5511	IX
979	Eng.	766336	C. 58.	9069	X
981	Frz.	1118638	C. 57.	12640	XVIIIb
982	Frz.	1118733	C. 57.	12640	XVIIIb
991	Frz.	1123669	C. 57.	13530	XXII

535998	Frz.	1124481	C. 59.	1665	XXIV
536033	Eng.	766338	C. 58.	11385	XII
144	Oest.	191424	C. 58.	4574	F
162	Frz.	1119984	C. 57.	4551	XIII
212	DBP.	934512	C. 56.	11107	XXIV
230	DBP.	951567	C. 57.	12258	F
	DBP.	954874	C. 58.	5167	F
232	DAS.	1028744	C. 59.	3239	F
234	Frz.	1108236	C. 58.	4592	I
261	DAS.	1004768	C. 57.	10647	XVIIIb
262	Eng.	775879	C. 58.	6426	XVIIIb
299	Eng.	788230	C. 59.	4978	XIa
389	Schwz.	317908	C. 57.	11194	XX
407	Amer.	2709176	C. 56.	7364	IX
417	Eng.	767125	C. 58.	5261	XIX
437	Frz.	1125444	C. 58.	13662	XVIIIa
460	Oest.	194055	C. 59.	2328	XVIIIb
468	Eng.	766992	C. 58.	1929	F
469	Eng.	766993	C. 58.	1929	F
477	Amer.	2803613	C. 58.	9943	XVIIIa
486	Frz.	1107661	C. 56.	13850	IX
503	Eng.	767896	C. 58.	8519	XX
508	Amer.	2785139	C. 58.	9951	XIX
540	Eng.	764731	C. 58.	4072	XIX
576	DAS.	1024954	C. 59.	8386	VIII
582	Eng.	765156	C. 58.	3744	IX
587	Austr.	203156	C. 59.	2251	III
633	Amer.	2775606	C. 57.	11435	IX
663	Frz.	1125499	C. 58.	12529	IX
702	DBP.	951952	C. 57.	6032	XIX
740	DAS.	1004422	C. 57.	13796	VII
	Amer.	2752283	C. 57.	11698	VII
	Amer.	2811476	C. 59.	3279	VII
779	DAS.	1002298	C. 58.	2541	V
783	Oest.	187223	C. 57.	6329	XXI
809	Frz.	1120949	C. 58.	607	XXI
816	DBP.	944454	C. 57.	1573	XXI
826	Amer.	2784071	C. 58.	4914	VII
868	Austr.	202620	C. 59.	6683	XIX
870	DBP.	927270	C. 55.	7766	VII
873	Frz.	1113505	C. 57.	3143	XIII
996	Eng.	768760	C. 58.	4032	IX
997	DAS.	1000822	C. 57.	6531	F
537018	Eng.	767186	C. 58.	1701	IX
019	Eng.	767187	C. 58.	1701	IX
059	Frz.	1125523	C. 58.	14184	XIb

Canadische Patente (Can.P.).

486247	Amer.	2506130	C. 50/54. 3481. S.		III
489600	DBP.	855289	C. 50/54. 3584. S.		X
490236	Eng.	566394	C. 48. I.	149	IV
251	Amer.	2423686	C. 48. II.	340	I
300	Amer.	2416608	C. 48. II.	679	XIX
491946	Schwz.	271645	C. 52.	1409	X
	Frz.	941120	C. 50. I.	634	XVI
955	Eng.	733892	C. 56.	7121	XIX
990	Amer.	2508323	C. 51. II.	2113	IX
991	Amer.	2513264	C. 51. I.	1380	IX
992	Amer.	2544071	C. 52.	3074	VII
993	Amer.	2574510	C. 54.	10374	XVII
995	Eng.	715861	C. 56.	9803	F
999	Eng.	699663	C. 55.	6088	F
492027	Amer.	2589287	C. 53.	2046	XVI
	Norw.	79080	C. 53.	6167	XVI
	Schwd.	135628	C. 53.	8234	XVI
035	Amer.	2453105	C. 49. II.	593	IX
059	Amer.	2680067	C. 55.	9710	XX
060	Amer.	2711948	C. 56.	9070	XX
074	Eng.	643045	C. 53.	6984	XIb
075	Eng.	679382	C. 53.	9566	F
096	Amer.	2511244	C. 51. I.	900	F

492097	Amer.	2588808	C. 54.	4530	XIX
102	Amer.	2406667	C. 47.	569	XIX
106	Amer.	2510699	C. 52.	1572	IX
107	Amer.	2586897	C. 53.	1737	XVII
111	Amer.	2496968	C. 51. I.	1778	F
141	Amer.	2498773	C. 51. I.	1101	XVIIIb
147	DBP.	854259	C. 53.	1732	XII
148	DBP.	852902	C. 53.	3486	XII
242	Frz.	1049483	C. 55.	935	XIb
515	Amer.	2567972	C. 52.	8030	V
558	Amer.	2543971	C. 52.	6930	IX
601	Amer.	2616940	C. 53.	7626	III
682	DBP.	905545 u. 546	C. 54.	5184	XIb
683	DBP.	905547	C. 54.	5184	XIb
684	Frz.	1056965	C. 55.	6407	XIb
714	Amer.	2560792	C. 52.	5954	III
493312	Eng.	680344	C. 54.	3327	VIII
381	Amer.	2631110	C. 54.	5825	I
392	Amer.	2591479	C. 53.	3795	VIII
	DBP.	853698	C. 53.	2834	VIII
416	Amer.	2538417	C. 52.	2076	VIII
494183	Amer.	2537064	C. 50/54. 4343. S.		XVIIIb

494186	Eng.	647208	C. 55. 1850	XIa
204	Amer.	2406580	C. 47. 1021	VI
242	Amer.	2453144	C. 49. I. 930	IX
	Frz.	950709	C. 50. II. 1308	XIX
	DBP.	898741	C. 54. 5624	IX
248	Frz.	950208	C. 49. E. 1788	XIb
249	Amer.	2502453	C. 52. 4211	VII
252	Amer.	2636817	C. 56. 562	VIII
259	Frz.	1017750	C. 54. 9147	IX
	DBP.	823452	C. 56. 1739	IX
260	DBP.	831697	C. 55. 7982	F
261	DBP.	825264	C. 52. 5620	F
	Schwd.	133597	C. 53. 3768	F
263	DBP.	839640	C. 54. 3758	F
265	DBP.	830511		
	DBP.	839641	C. 53. 2328	F
267	DBP.	825548	C. 52. 8019	F
271	Frz.	972178	C. 53. 1554	VIII
272	Amer.	2493845	C. 50. II. 2239	VI
280	Amer.	2500388	C. 51. I. 784	IX
	DBP.	817151	C. 52. 2424	X
284	Eng.	648400	C. 53. 3946	VII
	Amer.	2519924	C. 54. 11499	F
286	DBP.	834582	C. 52. 5622	F
304	Eng.	654363	C. 52. 5973	IX
	DBP.	903452	C. 54. 5170	IX
305	Eng.	655886	C. 53. 2026	IX
	DBP.	903453	C. 54. 5171	IX
307	Amer.	2401363	C. 47. 161	XIX
308	Amer.	2456722	C. 49. II. 1449	IX
315	Amer.	2524619	C. 51. I. 2354	VIII
325	Eng.	658766	C. 52. 4345	F
485	Amer.	2559496	C. 50/54. 2858. S.	IX
488	Amer.	2587630	C. 53. 7652	VIII
496434	Amer.	2478201	C. 49. E. 1910	IX
687	Amer.	2465961	C. 49. E. 2011	XIX
688	Frz.	944320	C. 50. I. 2436	XIX
497726	Frz.	954152	C. 50. II. 489	XIX
933	Amer.	2594431	C. 53. 4961	XVII
942	Amer.	2411593	C. 47. 1914	XIX
944	Amer.	2466632	C. 49. E. 815	XVII
945	Amer.	2557647	C. 53. 4472	XIX
946	Amer.	2573579	C. 53. 9693	XIX
947	Eng.	664025	C. 52. 6286	IX
950	Amer.	2405608	C. 47. 301	XIX
951	Amer.	2416227	C. 48. I. 1054	IX
952	Amer.	2440525	C. 49. II. 463	IX
953	Frz.	916756	C. 46. I. 569	XIX
954	Amer.	2560355	C. 54. 8955	XIX
958	Amer.	2555344	C. 52. 2554	F
967	DRP.	699555	C. 41. I. 1197	F
	DRP.	710396	C. 41. II. 3101	F
969	Amer.	2426983	C. 49. E. 2590	XIX
980	Amer.	2625516	C. 54. 3769	I
982	Amer.	2544649	C. 52. 2063	V
498018	Amer.	2413007	C. 47. 815	XVIII
032	Amer.	2526865	C. 51. II. 2537	XVII
033	Amer.	2550398	C. 52. 2050	F
047	Amer.	2667419	C. 55. 4481	XVI
054	Amer.	2775528	C. 58. 293	XVIIIa
072	Amer.	2524684	C. 51. II. 1670	XIb
076	Amer.	2239080	C. 42. I. 2700	VII
087	Amer.	2440743	C. 49. I. 1071	XIX
089	Amer.	2496842	C. 51. I. 1260	XXIV
092	Frz.	1061796	C. 55. 10371	VIII
098	Amer.	2654946	C. 56. 853	VIII
103	Norw.	76371	C. 51. I. 3586	XVIIIb
104	Norw.	76372	C. 51. I. 3586	XVIIIb
136	Amer.	2596067	C. 53. 4132	XVI
140	Amer.	2452712	C. 49. E. 3675	XIX
183	Amer.	2626217	C. 54. 8007	XVI
184	Eng.	665401	C. 53. 156	XVIIIb
210	Schwz.	262614	C. 49. E. 1394	VIII
498262	DBP.	842095	C. 55. 2307	X
263	DBP.	842096	C. 53. 1885	X
264	DBP.	842089	C. 53. 5110	X
285	Eng.	635034	C. 53. 7980	XVIIIb
292	Amer.	2508455	C. 50. II. 2722	III
296	Holl.	75818	C. 50/54. 4280. S.	VIII
301	Amer.	2640774	C. 54. 5882	XVIIIa
309	Amer.	2543610	C. 52. 930	X
310	DBP.	827619	C. 52. 5196	XIX
314	Amer.	2507218	C. 51. I. 247	VIII
334	DBP.	830859	C. 52. 6124	VIII
337	Amer.	2443224	C. 48. II. 1243	XVI
339	Amer.	2534533	C. 52. 4205	V
345	Eng.	661724	C. 53. 2213	XVII
378	Amer.	2567544	C. 52. 5957	V
382	Amer.	2489181	C. 49. E. 2338	XIb
392	Frz.	974684	C. 52. 2076	VIII
396	Amer.	2553325	C. 52. 3255	XIb
406	Amer.	2641537	C. 54. 5197	XVI
407	Amer.	2562440	C. 52. 6139	XIb
417	Amer.	2549099	C. 52. 2585	X
421	Amer.	2467561	C. 49. E. 1611	X
423	DBP.	817625	C. 55. 7093	X
424	Eng.	690956	C. 54. 6360	XIb
425	Eng.	689712	C. 54. 1364	XIa
426	Eng.	689713	C. 54. 1364	XIa
427	Eng.	689711	C. 54. 1364	XIa
429	Amer.	2519606	C. 51. I. 1679	XVI
439	Norw.	77070	C. 51. II. 1794	I
441	DBP.	842213	C. 53. 109	I
445	Frz.	941249	C. 50. I. 94	F
453	Amer.	2473611	C. 49. E. 785	VIII
457	Eng.	712214	C. 55. 3958	VIII
478	Amer.	2469317	C. 49. E. 1111	VII
494	Amer.	2528482	C. 51. II. 1665	IX
495	Amer.	2509509	C. 51. I. 636	V
504	Amer.	2516206	C. 51. I. 2197	F
511	Eng.	655533	C. 53. 4777	XIb
528	Amer.	2513813	C. 51. I. 670	XVI
555	Amer.	2602082	C. 55. 10576	F
572	Amer.	2480010	C. 49. E. 1896	VII
574	Eng.	696455	C. 54. 4937	VIII
575	Amer.	2445208	C. 49. II. 1216	F
578	Amer.	2575443	C. 52. 5986	XIb
581	Amer.	2537030	C. 52. 1090	XIb
587	Amer.	2472912	C. 50. I. 2283	IX
609	Amer.	2481838	C. 49. E. 953	XII
616	Amer.	2537631	C. 52. 3417	XII
619	Eng.	615835	C. 49. E. 949	XIb
620	Schwd.	131861	C. 53. 1120	XXIV
621	DBP.	849651	C. 53. 4316	XXIV
647	Amer.	2576266	C. 53. 8954	III
654	Frz.	983839	C. 54. 842	F
669	Schwz.	274524	C. 52. 6442	X
676	DBP.	860594	C. 53. 5120	XVI
677	Amer.	2496576	C. 53. 7685	XVII
686	Eng.	720720	C. 56. 4231	F
687	Amer.	2526805	C. 51. II. 3233	VIII
689	Amer.	2534676	C. 52. 4360	V
701	Amer.	2454322	C. 49. II. 799	VIII
712	Amer.	2528614	C. 51. II. 2114	X
716	Amer.	2738270	C. 57. 2087	XVIIIa
759	Frz.	1010202	C. 53. 9010	XIb
760	Amer.	2591218	C. 53. 3506	XXI
771	DBP.	818507	C. 52. 1549	I
795	Frz.	956347	C. 50. II. 1061	XIb
806	Amer.	2572191	C. 52. 5971	VIII
807	Amer.	2627475	C. 54. 2921	XIa
811	Amer.	2557109	C. 52. 5635	V
812	Amer.	2557132	C. 52. 4516	V
827	Amer.	2564401	C. 53. 458	XII
860	Amer.	2573862	C. 52. 7725	VII
862	Eng.	696664	C. 55. 2063	VIII

498884	Amer.	2528407	C. 51. II.	1947	V
499642	Schwz.	260742	C. 49. E.	1880	I
651	Amer.	2516891	C. 51. I.	2668	XVI
656	Amer.	2550544	C. 52.	2749	VIII
670	Eng.	693188	C. 54.	6598	XIa
680	Amer.	2530409	C. 51. II.	1669	XIb
690	Schwz.	264306	C. 54.	2927	XII
692	Amer.	2538702	C. 51. II.	2946	VIII
698	Eng.	695929	C. 54.	4028	VIII
704	Amer.	2575511	C. 52.	7234	III
499712	Amer.	2607756	C. 55.	1857	XIb
719	Amer.	2584411	C. 54.	7508	VIII
728	DBP.	928672	C. 56.	3421	VIII
736	DBP.	897647	C. 54.	2733	XVIIIa
737	DBP.	924669	C. 55.	8060	XVIIIa
738	DBP.	900088	C. 55.	2980	V
749	DBP.	840002	C. 52.	6601	VIII
757	Amer.	2447149	C. 49. I.	1071	XIX
758	Amer.	2410891	C. 47.	691	XIX
783	Schwz.	302310	C. 55.	6872	XIII

Dänische Patente (Dän.P.).

77541	Schwz.	303261	C. 55.	8517	XV
78059	DBP.	939863	C. 58.	4592	I
681	Frz.	1074350	C. 50/54.	2864. s.	IX
80414	Amer.	2723280	C. 57.	1001	F
437	Schwd.	128103	C. 51. I.	2364	XIa
546	Frz.	1065321	C. 55.	7776	VIII
585	Frz.	1072750	C. 50/54.	2872. s.	IX
895	Holl.	83524	C. 59.	3238	F
896	Oest.	176846	C. 54.	5579	F
956	Amer.	2557814	C. 53.	3788	VII
81007	Schwz.	283375	C. 54.	4523	XVIIIb
010	Belg.	519741	C. 56.	1675	F
015	Schwz.	304727	C. 56.	2310	VIII
033	Norw.	77701	C. 52.	4205	V
034	Norw.	78857	C. 52.	7701	F
036	Frz.	1033491	C. 54.	6093	VII
052	Norw.	86056	C. 59.	5993	XVIIIa
055	DBP.	919290	C. 55.	10123	VII
056	Eng.	713984	C. 55.	6603	VII
057	DBP.	961670	C. 57.	12879	VII
071	Austr.	200511	C. 59.	4593	III
073	DAS.	1004166	C. 57.	10009	F
074	Oest.	190223	C. 58.	9011	F
075	Frz.	1096826	C. 58.	1428	IX
082	Amer.	2572102	C. 52.	6150	XVII
090	DBP.	954214	C. 57.	9264	XXIV
099	Frz.	1084038	C. 58.	1986	IX
100	DBP.	964858	C. 58.	858	IX
101	Oest.	164510	C. 50. II.	2098	F
102	Schwz.	301596	C. 55.	10812	F
103	Schwd.	132876	C. 53.	4737	F
109	Schwz.	275583	C. 52.	2731	III
113	Eng.	750938	C. 57.	2010	F
127	Amer.	2608463	C. 53.	6552	V
128	DBP.	892594	C. 54.	5160	VII
129	Eng.	714883	C. 55.	6849	IX
130	DBP.	935904	C. 56.	13835	VII
131	DBP.	936929	C. 56.	7086	IX
132	Eng.	708703	C. 55.	1800	F
134	Frz.	1038642	C. 54.	6579	VIII
148	DAS.	1011121	C. 58.	1926	F
149	Frz.	1095979	C. 56.	14118	F
155	Finn.	25992	C. 53.	3640	X
156	DBP.	838826	C. 53.	458	XII
161	Amer.	2675293	C. 55.	8713	VII
175	Eng.	682527	C. 53.	6989	XIV
177	Eng.	717889	C. 55.	5692	XVIIIb
179	Oest.	169809	C. 52.	4058	IX
180	DAS.	1004166	C. 57.	10009	F
181	DBP.	951005	C. 57.	6900	IX
182	Schwz.	280674	C. 55.	3205	F
183	Eng.	732820	C. 57.	2333	IX
190	Schwd.	140918	C. 56.	824	III
205	Finn.	27079	C. 55.	2767	VIII
216	Oest.	175433	C. 54.	6406	XX
222	Eng.	720232	C. 55.	11052	F
225	Norw.	80710	C. 55.	6819	I
228	Belg.	518626	C. 56.	3969	V
229	Schwz.	279520	C. 54.	11548	IX
81230	DBP.	836652	C. 53.	8152	F
232	DBP.	908377	C. 55.	3519	XVIIIb
242	Finn.	25598	C. 52.	6744	III
244	Schwz.	277575	C. 52.	5637	VI
250	DBP.	871598	C. 54.	10314	I
255	Schwz.	295832	C. 54.	10834	XIII
256	Oest.	183515	C. 56.	12966	VIII
262	Finn.	26542	C. 54.	2065	XIb
283	DBP.	886411	C. 55.	2587	XXIV
292	Schwz.	295157	C. 56.	3701	VIII
296	Eng.	737758	C. 58.	13307	F
297	Oest.	182710	C. 56.	3110	F
298	Eng.	735686	C. 56.	12076	F
299	Schwz.	306509	C. 56.	10768	F
300	DBP.	949470	C. 57.	9516	IX
301	Frz.	1069852	C. 56.	8216	IX
302	Eng.	710323	C. 54.	10301	F
305	Norw.	82321	C. 55.	7519	III
312	Frz.	1093324	C. 56.	14115	F
352	Amer.	2656367	C. 54.	11497	F
353	Oest.	177774	C. 54.	9342	F
365	Norw.	78204	C. 53.	293	XIa
366	Schwz.	278476	C. 52.	7578	XIa
367	Amer.	2516136	C. 52.	1270	XIX
368	Frz.	1044745	C. 55.	3760	XVII
397	Schwz.	279909	C. 53.	8205	IX
398	Schwz.	315581	C. 58.	6699	XVI
399	Frz.	1049532	C. 56.	7613	F
401	DBP.	925047	C. 55.	10574	F
402	Frz.	1103327	C. 57.	7179	IX
403	Eng.	753113	C. 58.	1929	F
404	Frz.	1093362	C. 58.	800	F
405	Frz.	1026969	C. 55.	5936	XVIIIb
406	Oest.	191888	C. 59.	567	F
407	Oest.	189176	C. 58.	1656	F
408	Eng.	729597	C. 56.	7937	IX
409	Oest.	180264	C. 55.	5373	F
462	Norw.	79387	C. 53.	3968	XV
464	Oest.	172632	C. 55.	1845	X
467	Schwd.	133124	C. 54.	1782	F
468	Amer.	2661356	C. 55.	8680	F
469	Oest.	175260	C. 54.	841	F
470	Can.	493011	C. 55.	2961	F
471	Amer.	2548173	C. 52.	5173	IX
476	Frz.	1050570	C. 55.	9641	III
500	Oest.	183416	C. 57.	13431	F
501	Schwz.	320582	C. 58.	804	F
502	DBP.	924211	C. 55.	10574	F
503	Eng.	758464	C. 58.	6335	F
504	Frz.	1046739	C. 54.	10543	F
505	Schwz.	311414	C. 56.	12074	F
506	DBP.	930208	C. 56.	5917	F
508	Eng.	726987	C. 56.	11795	F
517	Finn.	26039	C. 54.	164	III
518	Frz.	1092210	C. 56.	10784	III
520	Frz.	55051	C. 54.	7314	XVII
521	Frz.	1081365	C. 56.	11869	XVII
522	Schwz.	315576	C. 57.	12346	XIX
523	DBP.	909495	C. 54.	8170	F

81528	Frz.	1041309	C. 54.	7544	XVIIIa
530	Oest.	184287	C. 56.	11094	XVIIIa
559	Holl.	86225	C. 59.	8652	F
560	Eng.	718230	C. 55.	11636	F
561	Schwz.	298327	C. 56.	3656	F
562	Schwz.	278410	C. 52.	8019	F
567	Oest.	176925	C. 55.	10597	III
569	Frz.	1058841	C. 56.	10359	XVIIIb
578	Amer.	2598562	C. 53.	6755	VII
583	Frz.	1008720	C. 53.	7204	XVIIIa
596	Eng.	756896	C. 57.	9779	IX
598	Frz.	1093931	C. 57.	13795	VII
599	Oest.	176308	C. 54.	4216	F
600	Amer.	2732379	C. 57.	751	F
601	Frz.	62003	C. 58.	4573	F
602	Oest.	186784	C. 57.	10567	F
603	Oest.	182389	C. 56.	3108	F
605	Eng.	717576	C. 56.	6515	VIII
606	Eng.	674021	C. 55.	2767	VIII
607	Frz.	1061276	C. 55.	10617	VIII
615	DBP.	828575	C. 52.	5797	III
618	DBP.	921404	C. 56.	5973	XIa
622	Frz.	1106526	C. 57.	3402	X
623	Oest.	177418	C. 54.	9148	IX
624	Schwd.	140345	C. 55.	4470	XIb
625	Frz.	1023874	C. 54.	10602	XIb
636	Eng.	762582	C. 58.	1681	VII
667	Oest.	176846	C. 54.	5579	F
668	Eng.	723203	C. 56.	196	F
698	Schwz.	304391	C. 55.	6654	XVIIIb
702	Eng.	649428	C. 53.	8705	VII
703	Oest.	178460	C. 54.	8914	XIb
704	Eng.	745566	C. 56.	14530	XVII
705	Oest.	178906	C. 54.	9579	F
706	Frz.	1093931	C. 57.	13795	VII
707	DBP.	940118	C. 57.	268	IX
708	DBP.	910652	C. 55.	5636	VII
709	Ind.	46682	C. 55.	4701	IX
710	Schwz.	311645	C. 57.	9460	F
725	Amer.	2719812	C. 56.	8167	F
726	Frz.	1067850	C. 56.	1173	XIII
81727	Frz.	1066412	C. 55.	4890	F
743	Frz.	1102033	C. 56.	12385	VII
768	Eng.	749543	C. 58.	5791	VII
769	Oest.	179293	C. 55.	1564	F
770	DBP.	889446	C. 53.	8934	F
780	Amer.	2705184	C. 56.	7965	XVIIIb
781	Eng.	737961	C. 56.	13502	F
782	Eng.	686693	C. 54.	2878	F
785	DBP.	910652	C. 55.	5636	VII
800	Oest.	180914	C. 55.	4723	XIV
803	Norw.	82793	C. 55.	8758	XV
804	Schwz.	302534			
		bis 536	C. 56.	870	X
813	DAS.	1004252	C. 58.	12795	III
816	Schwd.	130925	C. 52.	1590	XVII
817	Oest.	188834	C. 57.	8105	XIX
842	DBP.	833941	C. 52.	5500	XV
843	Oest.	173427	C. 53.	7980	XVIIIb
847	DBP.	855549	C. 55.	4968	XVIIIb
848	Eng.	694829	C. 55.	168	F
849	Oest.	178431	C. 54.	9817	F
850	Frz.	1103327	C. 57.	7179	IX
851	Oest.	172655	C. 54.	4487	IX
852	Oest.	186245	C. 57.	7439	F
853	DBP.	924450	C. 55.	7981	F
854	DBP.	836194	C. 52.	7061	F
865	DBP.	922727	C. 56.	1742	X
866	Schwd.	133347	C. 53.	5273	XVII
867	DBP.	910580	C. 54.	8170	F
868	Eng.	757934	C. 57.	11386	F
872	Oest.	182229	C. 56.	2894	XII
873	Oest.	176017	C. 54.	3820	XII
874	DBP.	821423	C. 52.	4856	XII
875	DAS.	1010269	C. 58.	14493	XII
876	Frz.	1099749	C. 57.	3677	XIb
877	Amer.	2781333	C. 59.	3988	XIb
881	DAS.	1025198	C. 58.	12808	VII
884	Norw.	77020	C. 52.	161	XX
887	Frz.	1081074	C. 55.	10374	VIII
890	Schwz.	300626	C. 55.	8071	XXIV

Englische Patente (E.P.).

626095	Frz.	961022	C. 50/54.3574. s.		IX
646171	DBP.	855289	C. 50/54.3584. s.		X
649725	DBP.	966046	C. 59.	8384	XXIV
657830	Schwd.	133954	C. 53.	2806	F
660380	Amer.	2561834	C. 52.	3882	I
662419	Schwz.	289721	C. 59.	8436	XXIV
678963	Frz.	1015879	C. 54.	9903	XIX
681207	DBP.	896297	C. 54.	1164	XXIV
684128	Dän.	75303	C. 55.	1378	IX
688038	Frz.	1032133	C. 55.	9714	XXIV
691006	Amer.	2684986	C. 55.	9670	IX
696646	Frz.	1087261	C. 58.	9664	XXIV
697219	Frz.	1053464	C. 50/54.3482.s.		III
704811	DBP.	916052	C. 55.	2269	I
708017	Frz.	1062155	C.50/54.4360. s.		XIX
041	Belg.	509691	C.50/54.4215. s.		V
911	Frz.	1051262	C. 59.	8416	F
709978	Schwz.	305436	C. 58.	9958	XXIV
710564	Frz.	1062126	C. 55.	658	I
968	DBP.	857099	C.50/54.3483. s.		III
711233	Amer.	2705708	C. 57.	2067	X
423	DBP.	911610	C. 55.	11297	XIb
712966	Amer.	2699392	C. 59.	9452	XXIV
713117	Frz.	1059030	C.50/54.4360. s.		XIX
717456	Amer.	2629741	C.50/54.3526. s.		VII
719920	Amer.	2703756	C. 59.	5680	XXIV
720372	Frz.	1063314	C.50/54.4360. s.		XIX
721064	DBP.	928620	C. 56.	7399	XXIV
723455	DBP.	956579	C. 57.	8906	V
580	Amer.	2626877	C. 54.	8944	XVIIIb
725460	Frz.	1083610	C. 57.	14092	I
572	Schwz.	316729	C. 58.	568	XIa
598	Frz.	66121	C. 58.	13901	IX
727194	Frz.	1082660	C.50/54.3661. s.		XIX
206	Belg.	519480	C. 58.	1113	V
414	Frz.	65026	C. 58.	6107	XIa
825	Amer.	2811475	C. 59.	5000	XVIIIa
728767	Frz.	1072338	C.50/54.4147. s.		F
729531	Frz.	1080164	C.50/54.3640. s.		XVII
730045	Frz.	1071198	C.50/54.2872. s.		IX
349	Schwz.	315911	C. 59.	8436	XXIV
731237	Frz.	1089104	C. 58.	1975	VIII
441	Frz.	1080397	C.50/54.2845. s.		VIII
540	Amer.	2787521	C. 58.	14418	I
732270	Frz.	1075352	C. 56.	14147	III
271	Frz.	1075352	C. 56.	14147	III
379	DBP.	898145	C. 54.	4953	X
411	Amer.	2645104	C. 54.	6822	IX
733100	Holl.	77406	C. 58.	5183	I
397	Amer.	2735767	C. 58.	4976	XXIV
535	Oest.	190305	C. 58.	1396	III
734474	Belg.	523957	C. 59.	8405	XXIV
664	Amer.	2671062			
		u. 063	C. 55.	4711	XIa
932	Frz.	1036121	C. 54.	6646	XXIV
735171	Frz.	1077282	C.50/54.3649. s.		XVIIIb

735793	Frz.	62860	C. 58.	6642	III
737085	Frz.	1064004	C.50/54.3658. s.		XIX
290	Frz.	63037	C. 58.	6642	III
879	Amer.	2776261	C. 59.	8391	III
738675	Amer.	2694717	C.50/54.3674. s.		XXIV
676	Amer.	2697099	C.50/54.3674. s.		XXIV
766	Frz.	1082645	C.50/54.1985. s.		F
739134	DAS.	1009998	C. 59.	8385	III
477	Amer.	2734825	C. 59.	8022	XXIV
990	Austr.	202409	C. 59.	5924	III
740014	Frz.	1104372	C. 58.	4032	IX
171	Frz.	1076128	C. 50/54.2933. s.		XVIIIa
741080	Amer.	2785097	C. 58.	3172	XIa
239	DBP.	949310	C. 57.	8102	XVIIIb
249	Frz.	1100580	C. 57.	7492	VIII
742589	DBP.	941012	C. 56.	10298	F
743204	Frz.	1072787	C.50/54.4297. s		X
210	DBP.	962527			
	Amer.	2776320	C. 57.	12306	IX
306	Frz.	1085647	C. 57.	8068	IX
571	Frz.	1058878	C.50/54.4360. s.		XIX
744377	Belg.	518443	C. 56.	6530	XIa
869	Amer.	2705715	C. 59.	959	IX
966	Frz.	1089126	C. 58.	261	IX
745000	Schwz.	315890	C. 57.	10102	XXI
356	Schwz.	316134	C. 58.	14545	X
704	DBP.	964654	C. 59.	8384	XXIV
857	Belg.	523270	C. 57.	5987	VIII
938	Frz.	1080933	C. 56.	6519	VIII
746226	DAS.	1032761	C. 59.	5000	XVIIIa
507	Amer.	2663725	C. 56.	4282	IX
508	Amer.	2663726	C. 56.	4282	IX
769	DBP.	964717	C. 58.	4059	XVII
991	DAS.	1030486	C. 59.	1949	X
747227	DBP.	958108	C. 57.	8899	I
685	Frz.	1090755	C. 57.	6860	III
844	Schwz.	322028	C. 59.	2252	III
748075	Frz.	1059990	C. 59.	8416	XIX
358	Frz.	1082744	C.50/54.3530. s.		VII
745	Amer.	2716062	C. 59.	674	XXIV
871	DBP.	902679	C. 55.	9183	VIII
884	Schwz.	312643	C. 57.	1828	XVIIIb
940	Frz.	1096345	C. 58.	10502	IX
749326	Frz.	1088876	C. 58.	6139	XXIV
512	DBP.	964054	C. 58.	510	F
841	Schwz.	315389	C. 58.	14166	VIII
850	Frz.	1106491	C. 58.	4970	XIX
750449	Austr.	202211	C. 59.	2233	F
645	Amer.	2718473	C. 56.	13865	XIa
928	Frz.	1092684	C. 56.	6805	VIII
751186	Amer.	2706687	C. 59.	8390	XXIV
418	Frz.	1100602	C. 57.	6595	IX
	Schwz.	326545	C. 59.	8437	IX
493	Frz.	1096265	C. 58.	1651	F
556	Belg.	530017	C. 59.	6288	VIII
623	DAS.	1017521	C. 58.	6063	III
637	Frz.	1119166	C. 58.	3485	XVIIIb
857	Frz.	1102420	C. 57.	8375	XII
934	Frz.	1112430	C. 58.	4946	XIb
983	Amer.	2772157	C. 57.	13771	III
752076	Frz.	1083580	C. 57.	4505	I
148	Amer.	2735765	C. 57.	3708	XXIV
226	Frz.	1098767	C. 58.	1156	XIb
273	Belg.	520636	C. 57.	4239	VIII
770	DAS.	1004985	C. 57.	10657	XX
753137	Amer.	2774713	C. 58.	9616	IX
297	Frz.	1113043	C. 57.	8935	VIII
713	Frz.	1103327	C. 57.	7179	IX
728	Frz.	1097930	C. 58.	1140	VIII
749	Frz.	1127014	C. 58.	3777	XVIIIb
983	Frz.	1072634	C.50/54.2875. s.		X
754053	Frz.	1104727	C. 58.	4030	IX
194	Frz.	1108982	C. 57.	5088	III

754195	Frz.	1108982	C. 57.	5088	III
384	DBP.	940616	C. 57.	9771	VIII
490	Frz.	1101428	C. 57.	6632	XVIIIb
755559	Oest.	186085	C. 57.	8935	VIII
702	Frz.	1114392	C. 58.	7894	IX
956	Frz.	1112152	C. 58.	4326	IX
756042	DBP.	938670	C. 59.	8384	F
247	Frz.	1084261	C. 58.	9038	VI
383	DBP.	962021	C. 58.	2001	XII
688	Frz.	1093000	C. 58.	802	F
834	Frz.	1117394	C. 58.	3445	VIII
871	Frz.	1090186	C. 59.	9054	IX
920	Belg.	520057	C. 56.	2636	XXIV
757118	Belg.	526988	C. 58.	13095	VIII
164	Frz.	1112404	C. 58.	4934	IX
240	Frz.	1095677	C. 58.	4943	XIb
323	Amer.	2734821	C. 57.	4525	VIII
419	Amer.	2678870	C. 55.	5625	V
661	Frz.	1133302	C. 59.	1604	IX
916	Amer.	2717231	C. 57.	3702	XIX
936	Frz.	1093357	C. 57.	10059	VIII
758010	DAS.	1004168	C. 58.	857	IX
057	DBP.	941640	C. 57.	212	F
070	DAS.	1014618	C. 59.	7587	III
082	DBP.	966941	C. 58.	11403	XVIIIa
	Frz.	1027451	C. 56.	2619	XVIIIa
	DBP.	912091	C. 54.	10343	IX
173	Frz.	1095346	C. 58.	209	F
436	Frz.	1088408	C. 57.	7831	XIX
462	Frz.	1093031	C. 58.	1149	X
596	Frz.	1098843	C. 58.	1141	IX
640	Frz.	1075762			
		u. 777	C. 50/54.2891. s.		XIb
934	Frz.	1111244	C. 58.	4325	IX
954	Frz.	1095727	C. 57.	13183	IX
759000	Frz.	1112594	C. 59.	1667	XXIV
003	DAS.	1032092	C. 59.	5351	XXIV
305	Amer.	2766180	C. 57.	13223	XIX
321	DAS.	1026387	C. 58.	13604	III
334	DAS.	1024090	C. 59.	5955	IX
535	Frz.	1093729	C. 57.	6832	F
760002	Frz.	1087782	C. 57.	9234	XII
025	Frz.	1118435	C. 57.	13189	XIa
043	Amer.	2768196	C. 59.	8391	IX
116	DBP.	956491	C. 57.	8947	XIa
279	Austr.	204593	C. 59.	7284	VIII
438	Frz.	1104314	C. 58.	1151	XIa
451	DAS.	1004374	C. 59.	8385	XIb
761027	Amer.	2780644	C. 58.	4943	XIb
062	Amer.	2658841			
		u. 842	C. 54.	10581	VIII
237	Frz.	1077890	C.50/54.1291. s.		VIII
280	DAS.	1028348	C. 59.	5625	VIII
324	Amer.	2801166	C. 59.	6950	VIII
369	Frz.	1065734	C. 55.	7543	VIII
430	Austr.	203315	C. 59.	5923	I
556	Amer.	2690401	C. 56.	3425	VIII
567	Amer.	2658841	C. 54.	10581	VIII
594	Frz.	1098492	C. 58.	855	IX
745	Amer.	2702234	C. 56.	1130	V
762066	Frz.	1076987	C.50/54.3423. s.		F
153	Frz.	1110970	C. 58.	3741	IX
404	Belg.	529000	C. 58.	3740	VIII
472	Frz.	1107163	C. 58.	9093	XVII
542	Frz.	1090555	C. 57.	10329	VIII
590	Frz.	1095035	C. 57.	10060	VIII
594	Oest.	185006	C. 57.	6291	XIa
670	Frz.	1090571	C. 57.	8644	VIII
763044	Frz.	1082693	C.50/54.4158. s.		F
204	Frz.	1088613	C. 58.	561	IX
314	DAS.	1022201	C. 58.	7892	IX
561	DAS.	1009617	C. 58.	14170	IX

763825	DBP.	924029	C. 56.	2027	IX
	DBP.	927873	C. 56.	6245	IX
900	DBP.	961131	C. 58.	1438	XIb
914	Frz.	1123311	C. 58.	10784	IX
932	Frz.	1062280	C.50/54.	3572. S.	IX
945	Frz.	1091690	C. 58.	2574	IX
946	Frz.	1091690	C. 58.	2574	IX
947	Frz.	1091690	C. 58.	2574	IX
953	Frz.	1095771	C. 57.	13183	IX
954	Frz.	1095772	C. 57.	13184	IX
764007	Frz.	1105801	C. 59.	985	XVII
067	Austr.	164040	C. 59.	2581	III
118	DAS.	1006090	C. 58.	7860	III
211	Frz.	1118400	C. 57.	13158	VI
649	DAS.	1010940	C. 59.	8385	XVIIIb
720	Frz.	1112467	C. 58.	8454	VII
765012	Frz.	1125474	C. 58.	3158	VIII
514	Frz.	1118213	C. 58.	9064	IX
560	Frz.	1111124	C. 58.	4322	IX
615	Frz.	1122350	C. 59.	9102	XIX
642	Frz.	1132065	C. 59.	8418	XIa
742	Frz.	64759	C. 58.	10207	IX
811	Frz.	1106094	C. 58.	4352	XVII
766177	Frz.	1111923	C. 58.	820	I
306	Amer.	2773843	C. 59.	8274	I
372	Frz.	1108173	C. 57.	1032	VII
417	Amer.	2727015	C. 57.	2859	IX
484	Frz.	1114912	C. 58.	1395	I
564	Frz.	1120022	C. 58.	9615	IX
623	Frz.	1120338	C. 59.	7911	I
625	DBP.	958496	C. 57.	9553	XIX
714	Amer.	2731473	C. 57.	11382	F
742	Frz.	1118480	C. 58.	9614	IX
766	DAS.	1022597	C. 59.	5955	IX
913	Frz.	1110841	C. 58.	4934	IX
927	Frz.	1112203	C. 58.	9653	XVIIIb
968	Amer.	2761885	C. 58.	1700	IX
767028	DAS.	1009023	C. 58.	6722	XXIV
151	Amer.	2800500	C. 59.	2665	XIX
449	Amer.	2771193	C. 58.	13600	I
722	DBP.	951828	C. 57.	5455	XIX
912	DBP.	954127	C. 58.	9960	XXIV
925	Frz.	1092572	C. 57.	2091	XVIIIb
957	Frz.	1123184	C. 58.	3182	XII
973	Amer.	2773780	C. 58.	3173	XIa
768101	Frz.	1112172	C. 58.	13404	XXIV
122	DBP.	956809	C. 58.	1997	XIb
157	Frz.	1111099	C. 58.	4636	XIb
226	Frz.	1070757	C.50/54.	4203. S.	I
266	DAS.	1015783	C. 58.	6098	IX
452	Schwz.	320588	C. 58.	5453	F
532	Frz.	1133464	C. 59.	6628	VIII
628	DAS.	1031969	C. 59.	3320	XII
643	Frz.	1072316	C.50/54.	3426. S.	F
647	Frz.	1072316	C.50/54.	3426. S.	F
729	Amer.	2778838	C. 59.	5899	F
907	Frz.	1103763	C. 58.	1980	IX
919	Oest.	191085	C. 58.	4869	F
925	Frz.	1124852	C. 58.	3719	VI
769102	Amer.	2772229	C. 58.	4597	V
183	Frz.	1123509	C. 58.	12250	X
500	Frz.	1136244	C. 59.	8373	XIX
632	Frz.	1124824	C. 59.	7980	XIb
813	Frz.	1125666	C. 58.	14175	IX
866	Amer.	2713076	C. 57.	8051	VII
963	DBP.	955591	C. 59.	8384	VII
770254	DAS.	1015220	C. 58.	9629	XII
267	Frz.	1127211	C. 59.	8418	VII
310	Frz.	1105032	C. 58.	2306	XVII
426	DAS.	1002607	C. 57.	7727	F
427	DAS.	1002607	C. 57.	7727	F
516	Belg.	521654	C. 58.	2566	VIII
575	Frz.	1100016	C. 58.	1703	IX
770707	Frz.	1122000	C. 59.	8418	IX
714	Frz,	1122805	C. 59.	615	VIII
828	Oest.	191899	C. 59.	567	F
856	Frz.	1127294	C. 58.	2000	XII
771086	Frz.	1133845	C. 59.	2618	IX
117	Frz.	1091377	C. 58.	4627	IX
308	Oest.	187246	C. 57.	10290	F
324	Frz.	1089237	C. 57.	8375	XII
346	Frz.	1131169	C. 59.	622	IX
710	Amer.	2768942	C. 58.	3128	I
849	Oest.	193878	C. 59.	1219	F
850	Oest.	193877	C. 59.	1219	F
866	DAS.	1012611	C. 58.	2553	VII
772219	Oest.	188853	C. 57.	10826	F
315	Frz.	1120909	C. 57.	2281	F
498	Frz.	1112713	C. 57.	5087	III
578	Amer.	2802798	C. 58.	11414	XIX
693	DBP.	956038	C. 57.	7141	V
773324	Frz.	1116840	C. 58.	4945	XIb
325	Frz.	1116840	C. 58.	4945	XIb
413	Frz.	1140076	C. 59.	3650	IX
431	Frz.	1131504	C. 59.	2268	VII
502	Frz.	1125499	C. 58.	12529	IX
603	DAS.	1004153	C. 57.	8614	III
807	DBP.	948157	C. 57.	5414	IX
	DBP.	951568	C. 57.	4245	IX
774010	Frz.	1134746	C. 59.	8419	XVIIIb
081	Frz.	1082919	C. 58.	2874	IX
101	Amer.	2779686	C. 59.	1947	X
263	Amer.	2803562	C. 58.	10236	XVIIIa
269	Amer.	2750262	C. 58.	14443	VIII
273	DBP.	963232	C. 58.	4069	XIX
527	Austr.	163012	C. 59.	2979	XIb
534	DBP.	965614	C. 58.	14489	XXIV
563	Frz.	1145131	C. 59.	290	IX
789	Frz.	1080353	C.50/54.	2872. S.	IX
	Amer.	2762799	C. 59.	8391	IX
790	Frz.	1088406	C. 58.	903	XXI
794	DBP.	965723	C. 59.	5898	F
	DAS.	1022216	C. 59.	3234	F
	DAS.	1022214	C. 58.	6916	F
896	Oest.	189475	C. 58.	3161	VIII
963	Frz.	1111778	C. 58.	12829	X
984	Frz.	1115726	C. 58.	9067	IX
985	Frz.	1115726	C. 58.	9067	IX
986	Frz.	1115726	C. 58.	9067	IX
987	Frz.	1115726	C. 58.	9007	IX
988	Frz.	1115726	C. 58.	9067	IX
989	Frz.	1115726	C. 58.	9067	IX
990	Frz.	1115726	C. 58.	9067	IX
991	Frz.	1115726	C. 58.	9067	IX
992	Frz.	1115726	C. 58.	9067	IX
775003	DAS.	1006559	C. 58.	4959	XVII
015	DBP.	960918	C. 59.	8384	XIX
065	DAS.	1003177	C. 57.	8945	X
298	DBP.	937289	C. 56.	11083	XIb
334	Frz.	1126353	C. 58.	1189	XIX
356	Austr.	167195	C. 59.	1245	VI
362	Frz.	1099379	C. 58.	2566	VIII
723	DAS.	1007767	C. 57.	14133	IX
949	Frz.	1128375	C. 58.	1977	VIII
950	Amer.	2759019	C. 57.	9775	IX
953	DBP.	953901	C. 57.	9257	XIX
960	Oest.	184022	C. 58.	9906	VIII
776047	Frz.	1115596	C. 58.	4636	XIb
050	DAS.	1007620	C. 58.	14211	XXIV
302	DAS.	1010491	C. 58.	7298	XVIIIb
398	DAS.	1000334	C. 57.	9253	XVIIIb
405	DBP.	964536	C. 58.	2226	F
455	Frz.	1112406	C. 58.	4669	XIX
473	Amer.	2726198	C. 57.	10653	XIX
510	Frz.	1130370	C. 59.	1585	VII
805	Frz.	1132474	C. 58.	6113	XII

776920	Oest.	194085	C. 59.	4631	IX
777020	DAS.	1003927	C. 57.	10303	III
290	Frz.	1144160	C. 59.	2596	VII
501	DBP.	955498	C. 58.	4934	IX
532	DAS.	1006408	C. 58.	2570	IX
542	DBP.	957589	C. 57.	8691	XIX
581	DAS.	1010532	C. 58.	6098	IX
609	DBP.	965399	C. 59.	9055	IX
615	Amer.	2734849	C. 57.	10918	XIX
766	Frz.	1125526	C. 58.	4641	XII
768	Frz.	1118476	C. 57.	12273	I
940	Frz.	1087656	C. 58.	830	VI
942	DAS.	1016841	C. 58.	9316	III
778089	DBP.	963296	C. 57.	13535	XXIV
119	Amer.	2805199	C. 58.	12794	III
131	DBP.	908050	C. 55.	9913	X
233	Amer.	2762793			
	Frz.	1108661	C. 58.	10787	X
254	DAS.	1006578	C. 59.	8385	XVIIIb
272	Frz. 1	130805	C. 59.	7634	IX
316	DAS.	1022730	C. 58.	11699	XIX
374	Oest.	191075	C. 58.	8225	XVIIIb
410	Frz.	1116121	C. 58.	5524	XIb
423	Frz.	1122025	C. 58.	9394	XXIV
559	DAS.	1000232	C. 57.	6643	XXIV
647	Oest.	191903	C. 58.	10733	F
718	Frz.	1087097	C. 58.	11958	X
813	Frz.	1138944	C. 58.	3110	F
779073	DBP.	952818	C. 58.	2836	I
075	Frz.	1103519	C. 56.	11053	VII
102	Frz.	1113310	C. 58.	4934	IX
209	DAS.	1025686	C. 58.	12808	VII
218	Frz.	1108871	C. 58.	1189	XIX
304	Frz.	1124826	C. 58.	4338	XIb
317	Amer.	2762804			
		u. 805	C. 58.	6629	F
355	Frz.	1105045	C. 58.	9920	XIb
391	Frz.	1128860	C. 59.	622	IX
497	Amer.	2750329	C. 57.	10916	XIX
619	DAS.	1031117	C. 59.	4661	XVIIIa
687	Frz.	1128804	C. 58.	7938	XXII
718	DBP.	956676	C. 57.	8646	IX
738	Frz.	1103462	C. 58.	1978	VIII
771	DAS.	1014689	C. 58.	3208	XIX
829	Frz.	1115750	C. 58.	8413	F
994	Frz.	1123975	C. 58.	8154	I
780193	D. P.				
	(DDR)	14047	C. 58.	14394	F
230	Oest.	189878	C. 58.	7259	VIII
338	Frz.	1111015	C. 58.	4324	IX
540	Amer.	2756261	C. 58.	4324	IX
648	Frz.	1152941	C. 59.	2308	XIII
899	Frz.	1133540	C. 59.	2613	IX
944	Frz.	1090839	C. 58.	852	IX
967	Amer.	2774689	C. 58.	2602	XVIIIb
781203	Amer.	2770559	C. 59.	2325	XVIIIa
286	Frz.	1085262	C. 58.	10786	X
289	Frz.	1115493	C. 57.	12932	XVIIIb
479	Oest.	189190	C. 58.	1373	F
543	DAS.	1012917	C. 58.	6919	F
551	Amer.	2790808	C. 58.	13057	F
739	DAS.	1012923	C. 58.	7262	IX
774	Frz.	1139315	C. 58.	11385	XII
783	Frz.	1137226	C. 58.	14462	XIb
940	Amer.	2813078	C. 59.	985	XVII
782216	Amer.	2737501	C. 56.	14144	G
354	Frz.	1108113	C. 57.	1496	F
426	DAS.	1021835	C. 59.	258	V
465	Amer.	2773742	C. 58.	3716	V
620	Frz.	1137212	C. 58.	3141	VI
787	Holl.	85839	C. 59.	9694	I
812	Frz.	1106692	C. 58.	4033	IX
888	DBP.	963090	C. 57.	14092	I
783034	Frz.	1138901	C. 59.	4320	XIb
123	Frz.	1123073	C. 58.	6131	XVIIIb
141	Frz.	1139320	C. 59.	996	XIX
300	Frz.	1117985	C. 57.	13195	XII
382	Frz.	1112238	C. 57.	14174	XVIIIb
	Frz.	1129210	C. 58.	10238	XVIIIb
454	Amer.	2721221	C. 56.	8214	IX
704	Frz.	1105416	C. 58.	1698	IX
741	Frz.	1138853	C. 59.	6312	XIb
742	Frz.	1144633	C. 59.	4642	XIb
752	DAS.	1010494	C. 58.	3777	XVIIIb
806	Frz.	1133394	C. 58.	7634	XVIIIb
832	Amer.	2791618	C. 58.	14184	XIb
840	DAS.	1012795	C. 58.	6649	VI
936	Frz.	1138853	C. 59.	6312	XIb
996	Frz.	1102534	C. 58.	1667	III
784058	Frz.	1129932	C. 58.	14465	XIb
070	DBP.	951271	C. 57.	10333	IX
085	Frz.	1116841	C. 59.	10078	XIb
090	DAS.	1040728	C. 59.	5345	XIX
091	DBP.	962489	C. 58.	1695	VIII
191	Frz.	1115818	C. 58.	13363	X
270	Frz.	1133190	C. 58.	14158	VII
281	DAS.	1025894	C. 59.	4568	F
391	Amer.	2807588	C. 59.	1911	V
514	Oest.	196041	C. 59.	2926	I
539	DBP.	958651			
	DAS.	1004186	C. 57.	8885	F
620	Frz.	1132991	C. 59.	2288	IX
629	Frz.	1145427	C. 59.	2964	IX
681	Frz.	1125500	C. 58.	12532	IX
695	Frz.	1061906	C. 55.	9433	VIII
911	Frz.	1121229	C. 58.	2316	XVIIIb
785045	Frz.	1137203	C. 59.	2968	IX
132	DAS.	1014079	C. 58.	11702	XIX
175	DAS.	1011548	C. 58.	5812	XIa
316	Frz.	1139514	C. 59.	5973	XII
317	Frz.	1149680	C. 59.	3994	XII
348	DAS.	1005935	C. 58.	531	V
486	DAS.	1008707	C. 58.	9070	X
625	DAS.	1005208	C. 57.	10583	III
695	Oest.	193674	C. 59.	6290	VIII
765	DAS.	1002904	C. 57.	8108	XIX
805	DAS.	1030949	C. 59.	352	XIX
818	DAS.	1012025	C. 58.	5841	XVIIIb
877	Frz.	1093415	C. 57.	3121	VIII
951	Amer.	2829176	C. 59.	6635	IX
980	Frz.	1118486	C. 58.	9920	XIb
983	DAS.	1012071	C. 58.	13935	XVIIIb
998	Frz.	1114902	C. 58.	9345	IX
786010	Frz.	1140816	C. 59.	313	XIa
158	Frz.	1131676	C. 59.	3983	X
209	Belg.	525162	C. 58.	13629	VIII
237	DAS.	1025396	C. 58.	13608	V
238	DAS.	1042561	C. 59.	6955	IX
288	DAS.	1037441	C. 59.	4966	IX
303	Frz.	1135398	C. 59.	2963	IX
349	Frz.	1130879	C. 59.	2634	XIII
358	DAS.	1014691	C. 58.	9105	XIX
374	Schwz.	317108	C. 58.	13360	IX
488	Frz.	1139264	C. 58.	4059	XVII
561	Frz.	1124276	C. 58.	12823	IX
562	Oest.	191086	C. 58.	6920	F
635	Oest.	193542			
		bis 544	C. 58.	6920	F
667	Amer.	2712190	C. 58.	7272	XIb
690	DAS.	1029662	C. 59.	4660	XVIIIa
787024	Oest.	190056	C. 58.	11610	F
164	Oest.	193881	C. 59.	3974	IX
225	Oest.	191359	C. 58.	3191	XVI
396	DBP.	962684	C. 58.	2847	VI
459	Frz.	1105873	C. 58.	4669	XIX
486	Frz.	1144224	C. 59.	345	XVIIIb

787 590	Frz.	1 140 277	C. 59.	2265	VII
708	DAS.	1 013 736	C. 58.	12501	III
734	Frz.	1 100 197	C. 58.	1702	IX
904	DAS.	1 011 414	C. 58.	3164	IX
921	DAS.	1 018 046	C. 58.	10500	IX
	Amer.	2 835 691	C. 59.	8395	IX
788 123	Frz.	1 135 940	C. 59.	2620	IX
130	Oest.	193 883	C. 59.	1882	F
154	Frz.	1 098 845	C. 59.	919	V
163	DAS.	1 024 187	C. 59.	313	XIa
311	Belg.	524 505	C. 58.	5849	XIX
357	Frz.	1 104 051	C. 57.	3972	XV
559	Frz.	1 105 484	C. 58.	10544	XIX
599	Frz.	1 130 307	C. 59.	7311	XIb
693	Oest.	193 776	C. 59.	1993	XX
725	DAS.	1 015 447	C. 59.	8385	X
784	Frz.	1 103 802	C. 58.	4033	IX
794	Austr.	207 753	C. 59.	5973	XII
889	Frz.	1 146 206	C. 59.	3296	IX
954	DAS.	1 024 091	C. 59.	5300	IX
989	Amer.	2 772 173	C. 58.	12564	XVII
789 049	DAS.	1 007 765	C. 58.	13902	IX
084	DAS.	1 018 348	C. 58.	10470	III
108	Frz.	1 143 266	C. 59.	8419	XIb
122	Frz.	1 103 577	C. 58.	4013	VII
267	Frz.	1 144 227	C. 59.	8419	XIb
338	DAS.	1 009 311	C. 58.	9028	III
339	DAS.	1 036 258	C. 59.	4568	F
369	Amer.	2 800 471	C. 59.	5235	F
446	Amer.	2 737 445	C. 57.	3370	V
526	DAS.	1 036 344	C. 59.	4592	III
572	Amer.	2 809 170	C. 58.	12501	I
594	DAS.	1 028 264	C. 59.	1659	XIX
732	DAS.	1 001 983	C. 58.	6980	XIb
740	Oest.	189 312	C. 57.	11463	XVII
802	DAS.	1 032 669	C. 59.	3695	XXIV
790 023	DAS.	1 008 114	C. 57.	12056	XXIV
086	Frz.	1 145 238	C. 59.	10078	XIb
131	DBP.	954 308	C. 57.	7542	XXIV
155	Amer.	2 791 571	C. 59.	1312	XVIIIa
162	Frz.	1 145 355	C. 58.	10231	XVI
164	DBP.	956 037	C. 57.	9748	V
197	Frz.	1 123 648	C. 58.	13886	VII
421	DBP.	935 905	C. 59.	9330	F
448	Amer.	2 840 575	C. 59.	7569	F
461	Frz.	1 152 901	C. 59.	6295	IX
476	DBP.	957 872	C. 57.	10098	XIX
594	Frz.	1 154 311	C. 59.	6293	IX
607	DAS.	1 024 962	C. 59.	9420	XIII
685	Frz.	1 095 479	C. 57.	5696	VIII
759	Amer.	2 790 837	C. 59.	9731	IX
760	Amer.	2 790 837	C. 59.	9731	IX
773	DAS.	1 029 494	C. 59.	5924	III
791 125	DBP.	958 924	C. 57.	8881	F
142	DAS.	1 008 450	C. 57.	13135	F
190	D. P. (DDR)	14 269	C. 59.	4633	IX
280	Frz.	1 140 024	C. 58.	12253	XIa
303	Frz.	1 143 296	C. 59.	2302	XIb
364	Amer.	2 772 143	C. 57.	13776	V
385	Amer.	2 784 061	C. 58.	6645	V
410	Oest.	191 435	C. 58.	11049	V
437	DAS.	1 028 102	C. 59.	918	V
551	Frz.	1 147 418	C. 59.	3603	I
638	Amer.	2 785 993	C. 59.	7288	VIII
653	Frz.	1 099 506	C. 57.	10080	XIb
	Frz.	67 079	C. 59.	2631	XIb
658	DAS.	1 028 996	C. 59.	2612	IX
818	Amer.	2 761 806	C. 57.	7156	VII
889	Frz.	1 140 768	C. 58.	9358	XIb
930	Frz.	1 114 985	C. 58.	9955	XX
957	Amer.	2 813 122	C. 59.	9400	IX
792 011	Frz.	1 102 786	C. 57.	3404	XIb
792 156	Oest.	198 695	C. 59.	6321	XIV
199	Frz.	1 132 433	C. 59.	2618	IX
210	DAS.	1 040 501	C. 59.	9058	X
218	Amer.	2 818 430	C. 59.	9068	XIb
237	Frz.	1 143 304	C. 59.	6312	XIb
518	Frz.	1 122 454	C. 58.	9062	IX
542	Amer.	2 819 321	C. 59.	4629	IX
560	DAS.	1 010 507	C. 58.	3714	V
575	Amer.	2 795 600	C. 59.	623	IX
642	Frz.	1 132 908	C. 59.	1604	IX
647	Amer.	2 804 440	C. 59.	314	XIa
724	Austr.	200 436	C. 59.	5269	V
767	Frz.	1 134 151	C. 59.	8758	XIX
793 050	Frz.	1 138 739	C. 59.	6005	XIX
236	DAS.	1 002 344	C. 58.	11979	F
359	Frz.	1 110 332	C. 57.	7218	XXIII
411	DAS.	1 030 333	C. 59.	292	IX
597	DAS.	1 021 361	C. 59.	7569	F
599	DAS.	1 021 351	C. 59.	952	IX
605	DAS.	1 014 136	C. 58.	5780	V
609	Austr.	207 770	C. 59.	6316	XII
639	Frz.	1 138 795	C. 59.	4926	I
670	DAS.	1 032 235	C. 59.	4596	V
946	Frz.	1 130 878	C. 59.	3304	IX
794 165	DAS.	1 034 855	C. 59.	5315	XIb
349	Amer.	2 785 139	C. 58.	9951	XIX
395	DAS.	1 026 124	C. 58.	13886	VII
466	DAS.	1 043 551	C. 59.	9411	XIa
476	DAS.	1 039 529	C. 59.	4307	IX
479	DAS.	1 034 914	C. 59.	5280	VII
555	Amer.	2 780 662	C. 59.	6294	IX
558	Amer.	2 810 000	C. 59.	3973	IX
565	Austr.	164 936	C. 59.	3336	XVIIIa
585	Frz.	1 141 416	C. 58.	6401	XIa
621	DAS.	1 005 988	C. 58.	244	VII
755	DBP.	962 936	C. 58.	14465	XIb
794	DAS.	1 023 568	C. 58.	11053	VI
923	Frz.	1 127 030	C. 58.	1694	VIII
795 042	DAS.	1 036 637	C. 59.	5351	XXIV
076	DAS.	1 011 243	C. 58.	12239	VIII
106	Amer.	2 783 255			
	DAS.	1 002 353	C. 59.	898	F
162	DAS.	1 030 033	C. 59.	5623	VIII
173	Frz.	1 130 688	C. 59.	3004	XVIIIb
176	Frz.	1 146 087	C. 58.	11109	XVIIIa
185	DAS.	1 028 575	C. 59.	295	IX
218	Frz.	1 148 532	C. 59.	048	VIII
388	DAS.	1 031 775	C. 59.	7632	IX
573	DAS.	1 011 409	C. 58.	4929	IX
762	DAS.	1 040 160	C. 59.	4021	XIX
768	Frz.	1 123 298	C. 58.	13638	X
791	DAS.	1 025 841	C. 59.	256	V
889	Frz.	1 128 870	C. 59.	2965	IX
903	Amer.	2 809 993	C. 59.	2284	IX
946	DAS.	1 039 992	C. 59.	6301	X
796 008	Oest.	198 522	C. 59.	5596	III
043	Amer.	2 814 605	C. 59.	7310	XIb
117	Frz.	1 117 729	C. 59.	1664	XXIV
153	Austr.	201 720	C. 59.	3299	IX
327	Frz.	1 114 955	C. 58.	9615	IX
528	DAS.	1 032 654	C. 59.	2645	XVI
543	Frz.	1 112 997			
	Oest.	191 613	C. 58.	5230	XIb
578	DAS.	1 036 240	C. 59.	4937	V
585	Frz.	1 148 009	C. 59.	1629	XIII
586	Frz.	1 148 010	C. 59.	1629	XIII
732	Amer.	2 795 550	C. 59.	8757	XIX
	Amer.	2 795 552	C. 59.	9776	XIX
757	DAS.	1 024 510	C. 59.	7325	XVI
800	DBP.	956 889	C. 57.	9807	XVIIIb
808	Oest.	196 038	C. 58.	14199	XVII
918	DAS.	1 006 099	C. 59.	3983	X
966	DAS.	1 023 829	C. 59.	9691	I

796 982	DAS.	1 021 129	C. 59.	6899	F
997	DAS.	1 040 038	C. 59.	4656	XVII
797 147	Frz.	1 137 207	C. 58.	1727	XVI
174	Frz.	1 133 594	C. 57.	13198	XIII
184	DAS.	1 005 062	C. 58.	11317	F
200	DAS.	1 020 022	C. 59.	8985	F
201	DAS.	1 020 022	C. 59.	8985	F
244	Frz.	1 154 844	C. 59.	3976	IX
261	DAS.	1 000 894	C. 57.	6558	III
264	Frz.	1 156 661	C. 59.	7252	III
307	DAS.	1 010 960	C. 58.	3727	VII
	DBP.	947 369	C. 57.	7157	VII
316	DAS.	1 028 269	C. 59.	6005	XIX
334	Frz.	1 141 653	C. 59.	2335	XIX
381	DAS.	1 034 725	C. 59.	4929	III
474	DAS.	1 012 598	C. 58.	3398	F
607	Austr.	107 455	C. 59.	3941	V
635	DAS.	1 028 566	C. 59.	6232	F
725	Frz.	1 134 754	C. 59.	9353	I
750	Amer.	2 788 310	C. 58.	10245	XIX
838	Frz.	1 134 330	C. 58.	12815	VIII
863	DAS.	1 016 698			
	Amer.	2 786 864	C. 58.	9073	XIb
918	DAS.	1 032 667	C. 59.	5351	XXIV
951	Oest.	189 605	C. 58.	1465	XVIIIb
970	DAS.	1 036 251	C. 59.	4289	VII
989	Frz.	1 111 546	C. 58.	4327	IX
798 006	Amer.	2 790 707	C. 58.	11930	V
010	Amer.	2 787 533	C. 58.	6433	XX
015	Amer.	2 779 753	C. 59.	1622	XIb
018	DAS.	1 038 218	C. 59.	8014	XIX
029	DAS.	1 022 568	C. 58.	11338	I
073	DAS.	1 029 811	C. 59.	256	V
121	DAS.	1 041 912	C. 59.	6301	X
168	Amer.	2 810 659	C. 59.	7311	XIb
174	DAS.	1 040 235	C. 59.	8338	XIb
260	Frz.	1 135 432	C. 59.	290	IX
435	Frz.	1 147 419	C. 59.	3604	I
438	Frz.	1 130 242	C. 59.	1942	IX
501	DBP.	945 503	C. 57.	1517	VI
512	DAS.	1 003 586	C. 58.	13947	XXIV
541	Frz.	1 151 630	C. 59.	3295	IX
565	DAS.	1 019 087			
	DAS.	1 022 796	C. 59.	3660	XIb
568	DAS.	1 047 769	C. 59.	5235	F
569	DAS.	1 046 020	C. 59.	4242	F
579	DAS.	1 029 513	C. 58.	12576	XIX
599	DAS.	1 044 081	C. 59.	9734	IX
601	DAS.	1 008 851	C. 58.	3784	XIX
607	DAS.	1 035 967	C. 59.	5344	XIX
635	DAS.	1 015 169	C. 58.	6432	XIX
782	Oest.	196 560	C. 59.	215	F
846	Oest.	193 882	C. 59.	2902	F
872	Frz.	1 093 322	C. 58.	13144	XIX
968	Amer.	2 792 378	C. 59.	644	XII
799 045	DBP.	964 316	C. 57.	11182	XVIIIb
191	Oest.	196 042	C. 59.	351	XIX
195	DAS.	1 028 789	C. 59.	5291	VIII
224	DBP.	930 448	C. 56.	1204	XXI
278	Amer.	2 799 645	C. 59.	5010	XIX
327	Amer.	2 768 977	C. 58.	4969	XIX
436	DAS.	1 026 287	C. 59.	250	III
489	Frz.	1 128 581	C. 57.	9801	XVI
567	DAS.	1 035 634	C. 59.	7963	IX
620	DAS.	1 031 964	C. 59.	6250	I
624	DAS.	1 037 431	C. 59.	6597	V
753	DAS.	1 016 691	C. 59.	8386	IX
823	Frz.	1 123 617	C. 57.	4254	XIb
901	DBP.	962 648	C. 58.	2016	XVIIIa
923	Frz.	1 147 539	C. 59.	4022	XIX
800 028	DAS.	1 024 357	C. 58.	12291	XXIV
108	DAS.	1 013 166	C. 58.	8520	XXIV
167	DAS.	1 009 083	C. 57.	13857	XX

800 213	DBP.	952 799	C. 57.	11476	XIX
280	Frz.	1 149 293	C. 59.	5632	IX
479	DAS.	1 013 814	C. 58.	568	XIa
481	DAS.	1 013 816	C. 58.	7270	XIa
482	DAS.	1 010 676	C. 57.	13819	XIa
483	DAS.	1 001 693	C. 57.	10044	VII
572	Oest.	194 075	C. 58.	10731	F
614	Amer.	2 816 935	C. 59.	6633	IX
619	DAS.	1 047 770	C. 59.	5235	F
634	Frz.	1 128 816	C. 57.	10353	XV
639	DAS.	1 025 145	C. 59.	4926	I
651	Amer.	2 844 596	C. 59.	9675	F
692	Frz.	1 107 592	C. 57.	6251	V
697	DAS.	1 003 713	C. 57.	13483	IX
732	Amer.	2 544 472	C. 53.	8959	V
736	DAS.	1 037 752	C. 59.	4948	VII
751	DBP.	956 047	C. 57.	5652	F
752	DAS.	1 024 089	C. 58.	13359	IX
794	Amer.	2 794 701	C. 58.	7863	V
815	DBP.	962 274	C. 58.	12502	III
827	DAS.	1 010 970	C. 58.	1698	IX
847	Frz.	1 154 221	C. 59.	4301	IX
801 027	DAS.	1 041 982	C. 59.	8692	VII
029	DAS.	1 028 642	C. 58.	12213	III
060	DAS.	1 039 169	C. 59.	4021	XIX
107	Frz.	1 133 697	C. 58.	12260	XII
151	DAS.	1 042 807	C. 59.	9443	XIX
246	DAS.	1 002 743	C. 57.	8037	V
260	Schwz.	322 821	C. 58.	10221	XIII
275	DAS.	1 019 418	C. 58.	9663	XXIV
406	Amer.	2 782 157	C. 58.	6099	IX
462	DAS.	1 028 106	C. 58.	11337	I
504	DAS.	1 046 262	C. 59.	6978	XIII
524	DAS.	1 014 490	C. 58.	5824	XIV
528	Frz.	1 130 099			
		u. 100	C. 58.	12256	XIb
568	DAS.	1 003 750	C. 57.	11436	IX
614	Amer.	2 813 108	C. 59.	6234	F
674	Frz.	1 153 997	C. 59.	4628	IX
707	Amer.	2 820 830	C. 59.	5630	IX
714	DBP.	928 063	C. 57.	1833	XIX
	DAS.	1 009 752	C. 57.	13851	XIX
717	DAS.	1 019 423	C. 58.	10824	XIX
731	Amer.	2 805 126			
		u. 127	C. 58.	11048	V
793	DAS.	1 030 830	C. 59.	5900	F
829	Amer.	2 837 542	C. 59.	4570	F
830	DAS.	1 014 785	C. 58.	5846	XIX
833	DAS.	1 010 517	C. 58.	6646	V
870	DAS.	1 016 258	C. 58.	11079	IX
913	DAS.	1 046 021	C. 59.	4242	F
917	DAS.	1 035 828	C. 59.	7006	XIX
987	Frz.	1 120 921	C. 58.	893	XVIIIb
802 016	Frz.	1 120 373	C. 58.	10784	IX
067	DAS.	1 004 162	C. 57.	12897	IX
083	DAS.	1 025 621	C. 58.	13645	XIb
094	DAS.	1 026 527	C. 59.	8379	XXI
128	Oest.	191 910	C. 58.	11369	IX
168	Amer.	2 780 607	C. 58.	11120	XIX
186	DAS.	1 035 122	C. 59.	8981	F
189	DAS.	1 014 740	C. 58.	9075	XIb
323	DAS.	1 012 412	C. 58.	11124	XXII
324	Frz.	1 125 299	C. 57.	12906	XIb
332	Amer.	2 734 006	C. 56.	12718	XVIIIb
336	DAS.	1 023 890	C. 59.	286	VIII
356	Amer.	2 762 270	C. 58.	591	XVIIIa
379	Oest.	189 667	C. 57.	12572	III
434	DAS.	1 048 881	C. 59.	9085	XVII
469	DAS.	1 033 649	C. 59.	1311	XVIIIa
515	DAS.	1 014 912	C. 58.	13333	VI
522	Frz.	1 127 820	C. 57.	8088	XV
526	DBP.	963 186	C. 57.	10569	F
	DBP.	964 631	C. 57.	12250	F

802543	Amer.	2827361	C. 59.	7593	V
553	DAS.	1041356	C. 59.	9451	XXIV
589	DAS.	1025670	C. 58.	11119	XIX
612	DAS.	1008959	C. 58.	4971	XIX
716	DAS.	1010070	C. 58.	10734	F
722	DAS.	1002506	C. 57.	11386	F
723	Oest.	191867	C. 58.	10153	F
		191869	C. 58.	10155	F
		191870	C. 58.	10156	F
724	Oest.	191871	C. 58.	10731	F
760	DAS.	1036345	C. 59.	4929	III
775	DAS.	1046023	C. 59.	7565	F
778	Amer.	2807651	C. 59.	5296	IX
793	DAS.	1040312	C. 59.	6682	XIX
796	DAS.	1048275	C. 59.	9401	IX
803159	DAS.	1043316	C. 59.	8389	IX
249	Frz.	1159976	C. 59.	8420	X
287	DAS.	1000337	C. 57.	7181	X
385	Frz.	1118736	C. 57.	5088	III
441	DAS.	1011416	C. 58.	4915	VII
446	DBP.	949231	C. 57.	7158	VII
463	DAS.	1027648	C. 58.	12821	IX
477	DAS.	1046022	C. 59.	4242	F
567	DAS.	1000808	C. 58.	12479	F
768	DAS.	1019468	C. 58.	12539	XIa
783	DAS.	1019560	C. 58.	14490	XXIV
961	DAS.	1022227	C. 58.	11662	IX
804016	DBP.	954366	C. 57.	4577	XIX
051	DBP.	958837	C. 59.	7653	XIII
059	DAS.	1004179	C. 57.	12274	I
068	DAS.	1030344	C. 59.	4630	IX
080	DAS.	1004604	C. 58.	5792	VII
089	Frz.	1142082	C. 59.	2969	IX
097	Amer.	2823218	C. 59.	9054	IX
117	DAS.	1020324	C. 58.	10206	IX
125	DAS.	1011435	C. 58.	3148	VII
141	Oest.	190524	C. 58.	7261	IX
159	Oest.	191897	C. 58.	9299	F
186	DAS.	1027460	C. 59.	604	VII
204	Frz.	1137592	C. 59.	1220	F
205	Frz.	1137592	C. 59.	1220	F
232	Oest.	196060	C. 58.	13853	F
256	DAS.	1037049	C. 59.	6348	XIX
480	DAS.	1020973	C. 59.	2230	F
501	DAS.	1014432	C. 57.	13860	XXIV
502	DAS.	1031913	C. 58.	13939	XIX
514	DAS.	1019311	C. 59.	8651	F
521	Amer.	2708651	C. 56.	6471	F
538	DAS.	1027208	C. 59.	3626	VII
595	DAS.	1014275	C. 58.	6431	XIX
974	DAS.	1035660	C. 59.	1330	XXIV
975	DAS.	1035660	C. 59.	1330	XXIV
981	Frz.	1132121	C. 58.	2883	XIb
983	Oest.	190613	C. 58.	1151	XIa
805045	DAS.	1020429	C. 58.	7933	XIX
155	DAS.	1001264	C. 57.	8650	IX
156	DAS.	1003733	C. 57.	9731	F
166	Oest.	192627	C. 58.	10517	XII
247	Amer.	2830990	C. 59.	9059	X
393	Frz.	1124794	C. 59.	3605	II
517	DAS.	1036822	C. 59.	6256	V
564	DAS.	1011884	C. 58.	7552	F
583	Amer.	2777843	C. 59.	4569	F
584	Amer.	2777843	C. 59.	4569	F
585	Amer.	2777843	C. 59.	4569	F
601	DAS.	1036851	C. 59.	2230	F
805603	DAS.	1018860	C. 59.	1887	F
609	DAS.	1018860	C. 59.	1887	F
618	DAS.	1023032	C. 59.	2963	IX
773	DAS.	1039780	C. 59.	7681	XIX
774	DAS.	1035397	C. 59.	10107	XVIIIb
913	DAS.	1017412	C. 58.	2321	XIX
951	Amer.	2813893	C. 59.	2615	IX
986	DAS.	1030099	C. 58.	13086	VII
806141	DBP.	962435	C. 59.	2230	F
163	DAS.	1009019	C. 58.	7311	XXIV
175	DAS.	1029965	C. 59.	6642	X
538	Amer.	2834736	C. 59.	7585	I
634	DBP.	956261	C. 57.	12020	X
635	Oest.	190935	C. 58.	7351	F
	Oest.	192415	C. 59.	8433	F
638	Oest.	190068	C. 58.	7247	VII
674	DAS.	1041965	C. 59.	8388	IX
695	Austr.	201378	C. 59.	5281	VII
724	Amer.	2753365	C. 57.	5156	XIX
814	DAS.	1000368	C. 57.	6281	IX
851	DAS.	1028571	C. 59.	7895	F
902	DAS.	1041489	C. 59.	4965	IX
807020	Amer.	2816090	C. 59.	5994	XVIIIa
116	DAS.	1036820	C. 59.	3263	V
178	DAS.	1016444	C. 59.	6310	XIb
203	Amer.	2805978	C. 59.	1888	F
214	Frz.	1133519	C. 58.	13369	XIb
215	Frz.	1133519	C. 58.	13369	XIb
216	Frz.	1133519	C. 58.	13369	XIb
227	Amer.	2837464	C. 59.	9331	F
228	DAS.	1006424	C. 57.	8884	F
235	Frz.	1137681	C. 59.	3645	IX
236	Frz.	1136493	C. 58.	4360	XVIIIb
548	Oest.	188332	C. 57.	10882	IX
595	Amer.	2819270	C. 59.	7968	X
682	DAS.	1018871	C. 58.	7313	VII
697	Amer.	2821546	C. 59.	4608	VII
894	Amer.	2763625	C. 58.	13915	XIb
808116	Amer.	2821545	C. 59.	4608	VII
124	DBP.	949466	C. 57.	8942	IX
225	DAS.	1030829	C. 59.	8654	F
298	DAS.	1010067	C. 58.	6101	IX
362	Frz.	1135844	C. 58.	1379	F
485	DAS.	1007996	C. 58.	10509	XIa
486	DAS.	1007996	C. 58.	10509	XIa
487	DAS.	1011148	C. 58.	8203	XIb
488	DAS.	1020184	C. 58.	10215	XIb
489	DAS.	1020184	C. 58.	10215	XIb
571	Frz.	1129801	C. 58.	10216	XIb
574	DBP.	955994	C. 57.	7189	XIb
	DBP.	963555	C. 58.	14465	XIb
623	DBP.	958562	C. 57.	6226	F
629	DAS.	1001586	C. 57.	8404	XXIV
633	Amer.	2814606	C. 59.	7310	XIb
636	DAS.	1005072	C. 57.	7439	F
795	DAS.	1027810	C. 58.	13873	I
955	Amer.	2771472	C. 58.	8770	XIb
967	Oest.	196837	C. 59.	5999	XVIIIb
809113	Amer.	2763671	C. 58.	8138	F
114	Amer.	2763671	C. 58.	8138	F
289	Frz.	1111835	C. 58.	2287	XIb
465	DAS.	1030338	C. 59.	5239	F
493	DAS.	1046044	C. 59.	9330	F
494	Amer.	2805231	C. 59.	2231	F
810439	DAS.	1008250	C. 57.	11182	XVIIIb
718	DAS.	1027338	C. 59.	8673	I

Finnische Patente (Finn.P.).

28116	Oest.	194064	C. 59.	5240	F
143	DAS.	1001854	C. 57.	7477	VII
144	Eng.	710057	C. 55.	1825	VII
163	Eng.	729286	C. 56.	13498	F
164	Amer.	2714082	C. 56.	6792	VII
172	Frz.	1076942	C. 56.	5935	III
174	Eng.	709533	C. 55.	3959	VIII
175	Ind.	47200	C. 55.	9940	XVIIIb
176	Oest.	184295	C. 56.	10069	F
206	Norw.	80035	C. 53.	9672	XVIIIa
231	DBP.	845779	C. 56.	5439	XVIIIa
237	Frz.	1070701	C. 56.	2621	XVIIIb
238	Oest.	194064	C. 59.	5240	F
239	Oest.	188704	C. 57.	12895	IX
241	Eng.	735965	C. 56.	7655	VIII
262	DBP.	915455	C. 55.	2758	VII
264	Eng.	749446	C. 57.	7478	VII
289	Frz.	1072410	C. 56.	2834	F
290	Schwd.	141001	C. 55.	8973	X
292	Oest.	183074	C. 57.	8882	F
293	Amer.	2661356	C. 55.	8680	F
294	Amer.	2651643	C. 55.	8680	F
295	Oest.	188715	C. 57.	12551	F
28296	Schwz.	305712	C. 56.	3181	XVIIIa
297	Frz.	1084852	C. 57.	6897	IX
301	Amer.	2741876	C. 57.	2584	VII
302	Eng.	752976	C. 58.	2868	VIII
320	Frz.	1124420	C. 59.	1646	XVIIIa
321	DBP.	883352	C. 53.	8218	XIb
322	DBP.	883352	C. 53.	8218	XIb
328	Eng.	749543	C. 58.	5791	VII
329	Amer.	2714082	C. 56.	6792	VII
349	Belg.	525701	C. 58.	264	IX
371	Norw.	77925	C. 52.	6445	XIa
373	DBP.	942718	C. 57.	1825	XVIIIa
375	Schwd.	135344	C. 54.	5145	III
382	DBP.	927135	C. 56.	543	VI
387	Norw.	86056	C. 59.	5993	XVIIIa
388	DBP.	932632	C. 56.	4593	XVIIIa
399	DBP.	953977	C. 57.	10033	V
400	Eng.	713984	C. 55.	6603	VII
401	DBP.	921148	C. 55.	9624	F
423	Schwz.	294785	C. 54.	8013	XVIIIa
425	DBP.	812611	C. 52.	2920	VIII
429	Eng.	743845	C. 57.	6020	XVII
442	DBP.	927139	C. 56.	1187	XVIIIa

Französische Patente (F.P.).

57458	Amer.	2485979	C. 49. E.	1379	V
58656	DBP.	855289	C.50/54.3584. s.		X
876	Eng.	697283	C. 54.	4009	V
59698	DBP.	836192	C. 53.	438	VII
62320	DBP.	855567	C. 53.	3946	VII
436	Norw.	82369	C. 55.	9218	XVI
63729	DBP.	949588	C. 57.	1834	XIX
64497	Oest.	182721	C. 56.	3689	VII
543	DBP.	940740	C. 56.	11279	VII
618	Amer.	2709648	C. 56.	11829	VII
65042	DBP.	956222	C. 57.	7756	V
298	Amer.	2757152	C. 57.	8101	XVIIIb
690	DAS.	1030486	C. 59.	1949	X
782	Eng.	755344	C. 58.	5780	V
66131	Ind.	52229	C. 57.	3640	V
775	Eng.	753803	C. 59.	973	XII
914	Amer.	2757208	C. 57.	4821	IX
941	Eng.	769854	C. 58.	4069	XIX
67179	Eng.	770687	C. 58.	4962	XVIIIa
391	Eng.	750201	C. 59.	673	XXIV
618	Eng.	771631	C. 59.	1879	F
650	Eng.	765718	C. 58.	6671	VIII
760	Eng.	788349	C. 59.	2613	IX
795	DBP.	968484	C. 58.	12823	IX
951	D. P. (DDR)	13727	C. 59.	1251	VII
957	Eng.	783564	C. 59.	3665	XIb
68156	DBP.	940609	C. 56.	11857	XIb
327	DAS.	1025621	C. 58.	13645	XIb
352	DAS.	1027191	C. 59.	6597	V
356	DBP.	960752	C. 59.	3653	X
490	Amer.	2779722	C. 58.	6969	IX
636	Oest.	193380	C. 59.	4342	XVIIIb
672	DBP.	962823	C. 59.	3653	X
810	Schwz.	316555	C. 58.	5163	F
851	Eng.	770650	C. 58.	1701	IX
994	Eng.	792236	C. 59.	8727	XIb
69058	DBP.	958924	C. 57.	8881	F
061	Eng.	788828	C. 59.	4624	IX
110	DBP.	963508	C. 58.	560	IX
357	Eng.	770359	C. 59.	7298	X
360	Eng.	768899	C. 58.	6687	XIb
367	DBP.	953065	C. 57.	5419	X
	DBP.	957752	C. 57.	10621	X
69367	DBP.	960351	C. 57.	12017	X
435	DAS.	1033843	C. 59.	6674	XVIIIb
750	DAS.	1000599	C. 58.	5257	XVIIIb
773	Eng.	782775	C. 59.	305	X
863	Eng.	765923	C. 58.	5518	X
986	DBP.	964977	C. 58.	4331	X
70301	DBP.	835982	C. 52.	6303	XVI
1013212	Eng.	718413	C.50/54.4355. s.		XIX
1029640	Belg.	500302	C.50/54.4206. s.		III
1031157	Holl.	80815	C. 58.	14167	VIII
1039922	DBP.	844361	C.50/54.3472. s.		G
1041064	Schwd.	141867	C. 56.	2597	IX
1042951	Belg.	503113	C.50/54.4206. s.		III
1047407	Norw.	82335	C. 55.	7807	XVII
1055424	Eng.	731212	C. 56.	3968	V
1059382	Eng.	724227	C. 59.	621	IX
1064148	Eng.	717589	C. 55.	5928	XVII
1072174	Eng.	717610	C. 55.	6602	VII
302	Belg.	500349	C.50/54.3490. s.		V
1073004	Amer.	2796324	C. 59.	980	XVI
1074698	Amer.	2632710	C. 54.	10621	XVIIIa
901	Amer.	2628915	C. 54.	6805	VI
1075982	Eng.	728997	C. 58.	14174	IX
1076015	DBP.	956222	C. 57.	7756	V
366	Eng.	759765	C. 57.	7143	V
381	Eng.	759766	C. 57.	6864	V
1077163	DAS.	1008722	C. 57.	13776	V
220	Belg.	519091	C. 58.	2869	VIII
994	DBP.	922106	C. 55.	7066	VII
995	Schwz.	307641	C. 56.	8741	VII
1078789	DBP.	938177	C. 56.	13829	VI
1079320	Eng.	742892	C. 57.	11428	VIII
383	Amer.	2681849	C. 55.	5151	V
420	DBP.	949165	C. 58.	4295	V
851	Amer.	2662081	C. 54.	6290	F
1080171	Eng.	757024	C. 59.	8411	XIb
901	Eng.	745552	C. 57.	3642	V
1081758	Eng.	732131	C. 56.	6219	V
1082916	Eng.	768443			
	Belg.	525407	C. 58.	3447	VIII
1083246	Eng.	736386	C. 57.	8937	IX
280	Schwz.	306656	C. 57.	2836	IV
736	Austr.	164794	C. 59.	912	I
851	Eng.	784706	C. 59.	1584	VII

1084926	Eng.	750815	C. 57.	14095	III
1085700	Amer.	2773741	C. 58.	9320	V
1086402	DBP.	937769	C. 56.	9068	XIX
801	Eng.	728392	C. 56.	3968	V
1087531	Eng.	744950	C. 57.	3931	V
573	Amer.	2772255	C. 58.	8773	XII
1088384	Eng.	743295	C. 57.	239	V
765	Eng.	764859	C. 58.	7859	I
920	DBP.	910532	C. 55.	5147	I
930	Eng.	749645	C. 57.	7464	V
1089032	Eng.	760031	C. 58.	1677	VI
372	Eng.	761999	C. 59.	585	I
1090319	Eng.	737858	C. 56.	8188	V
510	Eng.	758417	C. 57.	7464	V
1091394	Oest.	187918	C. 58.	13608	V
880	Oest.	186276	C. 57.	10608	VIII
902	Belg.	524799	C. 58.	13941	XX
1092699	DAS.	1036565	C. 59.	7271	VII
855	DBP.	957443	C. 58.	12794	II
1093024	Eng.	735686	C. 56.	12076	F
140	DAS.	1033116	C. 59.	1992	XX
1094082	Eng.	781287	C. 59.	3260	III
567	Eng.	778705			
		u. 706	C. 58.	3752	XIa
779	DAS.	1041508	C. 59.	9712	VII
1095008	Eng.	776154	C. 58.	8727	I
056	Eng.	747209	C. 57.	4223	V
110	Eng.	769565	C. 58.	3742	IX
812	Belg.	514330	C.50/54.3422, 8.		F
993	Eng.	751106	C. 58.	4640	XII
1096202	Schwz.	279392	C. 52.	6446	XIb
249	DBP.	963177	C. 59.	6964	X
283	Eng.	752353	C. 59.	912	I
306	Amer.	2733182	C. 58.	11383	XIb
331	Eng.	746611	C. 57.	4529	IX
813	Eng.	743172	C. 56.	9891	XIX
954	DAS.	1018866	C. 59.	4996	XVII
1097053	Austr.	166852	C. 59.	6005	XIX
091	Amer.	2730556	C. 59.	5298	IX
445	Eng.	750205	C. 57.	4529	IX
506	Eng.	740051	C. 56.	12096	I
602	DBP.	843585	C. 53.	5966	XIX
665	Eng.	759181	C. 58.	14445	VIII
855	Eng.	769411	C. 58.	6932	I
1098343	DAS.	1008726	C. 58.	1458	XVII
443	Amer.	2726211	C. 57.	231	I
478	DBP.	937286	C. 56.	11819	V
535	DAS.	1004144	C. 58.	1396	I
827	DBP.	950971	C. 57.	2371	XIX
1099162	DAS.	1004631	C. 58.	244	VII
237	Eng.	753242	C. 58.	9909	IX
272	DBP.	942718	C. 57.	1825	XVIIIa
305	Eng.	746843	C. 57.	1328	XX
381	Holl.	82214	C. 59.	1613	X
817	DBP.	958759	C. 58.	11082	X
870	DAS.	1044119	C. 59.	8290	VII
1101345	Eng.	762471	C. 58.	4371	XXII
680	Austr.	167713	C. 59.	4023	XX
1102260	Eng.	787121	C. 58.	14446	IX
418	Belg.	530104	C. 59.	5281	VII
691	Amer.	2778768	C. 58.	7876	VII
1103104	Eng.	747730	C. 57.	2368	XIX
714	Eng.	785694	C. 59.	9728	VIII
913	Amer.	2778837	C. 59.	1277	X
1104579	Austr.	200436	C. 59.	5269	V
778	DBP.	951368	C. 58.	3110	F
1105239	Eng.	751889	C. 58.	3745	IX
405	DAS.	1018040	C. 58.	9614	IX
950	DBP.	957590	C. 57.	9257	XIX
1106871	Eng.	768034	C. 58.	3783	XIX
991	Oest.	190079	C. 58.	6964	VIII
1107017	Eng.	760288	C. 59.	6286	VIII

1107346	Schwz.	319956	C. 57.	9186	IV
1109002	Amer.	2520358	C.50/54.3673, 8.		XXIV
701	Eng.	758013	C. 57.	8934	VIII
844	Amer.	2756493	C. 57.	10075	XIa
864	Eng.	790115	C. 59.	4983	XIb
1110260	Eng.	790195			
		u. 196	C. 59.	6970	XIb
282	Eng.	781471	C. 59.	2947	VII
306	DAS.	1028348	C. 59.	5625	VIII
995	Holl.	82214	C. 59.	1613	X
1111151	Eng.	784520	C. 59.	5263	I
326	DAS.	1010540	C. 58.	7245	VII
503	Eng.	689134	C. 56.	1413	V
1112039	Amer.	2767115	C. 58.	5791	VII
110	DAS.	1003957	C. 58.	257	VIII
763	DAS.	1015227	C. 58.	6964	VIII
773	Eng.	739213	C. 57.	4523	VIII
834	Holl.	78359	C. 58.	9033	IV
1113515	Eng.	776972	C. 58.	9592	III
533	Holl.	84932	C. 59.	7600	VII
633	Belg.	533562	C. 59.	4639	XIa
672	DAS.	1000789	C. 57.	9745	I
918	Eng.	749734	C. 58.	4930	IX
923	Eng.	758019	C. 57.	8918	VII
929	DAS.	1003727	C. 58.	4971	XIX
1114493	DAS.	1021835	C. 59.	258	V
701	Schwz.	324679	C. 59.	5305	X
785	DBP.	955539	C. 57.	10371	XIX
818	Eng.	762123	C. 58.	4323	IX
1115610	Amer.	2794795	C. 59.	5351	XXIV
635	Oest.	190942	C. 58.	9093	XVII
723	Belg.	533226	C. 59.	5645	XIb
728	DBP.	960630	C. 57.	14098	V
737	Eng.	764314	C. 58.	3459	XIa
1116201	Eng.	777369	C. 58.	14148	IV
362	Belg.	534328	C. 59.	8280	V
685	Eng.	761426	C. 58.	3753	XIa
1117082	Oest.	190055	C. 58.	6680	X
763	Austr.	203315	C. 59.	5923	I
781	Eng.	775908	C. 58.	3142	VI
1118040	DBP.	955498	C. 58.	4934	IX
271	Amer.	2792384	C. 59.	6304	X
	Amer.	2807622	C. 59.	6641	X
439	Austr.	206761	C. 59.	5635	X
674	DAS.	1018374	C. 58.	7911	XV
817	Eng.	782056	C. 58.	14417	I
829	Eng.	764022	C. 59.	4275	V
834	Austr.	201720	C. 59.	3299	IX
1119133	Eng.	783450	C. 59.	5261	I
1120450	Eng.	769127	C. 58.	2276	IX
639	Eng.	748320	C. 57.	3950	VIII
1121266	Eng.	763272	C. 58.	9881	V
296	Oest.	193838	C. 59.	3339	XVIIIb
497	DBP.	960487	C. 59.	6302	X
511	Eng.	762122	C. 58.	10789	XIa
543	Amer.	2766296	C. 58.	4325	IX
769	DAS.	1009742	C. 58.	6400	XIa
943	Amer.	2726198	C. 57.	10653	XIX
1122120	Oest.	188687	C. 57.	8101	XVIIIb
240	DAS.	1025686	C. 58.	12808	VII
768	D. P. (DDR)	13595	C. 58.	10758	V
877	Eng.	767037	C. 59.	1323	XIX
941	Eng.	770089	C. 58.	3191	XVI
1123214	D. P. (DDR)	10683	C. 57.	9183	I
216	Holl.	85446	C. 59.	5329	XVII
236	Eng.	768636	C. 58.	7600	IX
308	DAS.	1035617	C. 59.	5634	X
348	Eng.	791261	C. 59.	4929	III
353	DAS.	1019334	C. 58.	10751	I
354	DAS.	1037630	C. 59.	7344	XIX
599	Eng.	785214	C. 59.	8339	XIb

1123671	Eng.	777507	C. 58.	12515	VII
701	Eng.	788230	C. 59.	4978	XIa
968	Eng.	777521	C. 58.	11929	V
1124035	Eng.	765525	C. 59.	4301	IX
107	DAS.	1018387	C. 59.	3340	XVIIIb
321	Eng.	767603	C. 57.	13853	XIX
368	Eng.	774946	C. 58.	2871	IX
944	DAS.	1032725	C. 59.	3941	V
980	Schwz.	325452	C. 58.	14149	V
1125249	Eng.	769756	C. 58.	3755	XIb
285	Oest.	188702	C. 57.	13466	VII
428	Eng.	780046	C. 59.	2614	IX
466	DBP.	961383	C. 57.	11477	XIX
478	Eng.	771549	C. 58.	6683	XIa
479	DAS.	1005223	C. 57.	14181	XIX
517	Eng.	765408	C. 58.	1708	XIa
622	Eng.	769181	C. 57.	11698	VII
665	Eng.	783129	C. 59.	4281	VI
669	Eng.	770729	C. 59.	1323	XIX
699	DAS.	1011104	C. 58.	4970	XIX
770	Eng.	779506	C. 58.	2540	V
805	DAS.	1006837	C. 58.	1672	V
849	DAS.	1024936	C. 58.	12799	V
887	DAS.	1009748	C. 58.	6357	I
1126100	Eng.	771411	C. 58.	1672	V
107	Amer.	2778818			
	Eng.	768787	C. 58.	11965	XIb
223	Amer.	2790801	C. 58.	9349	IX
225	Eng.	781220	C. 58.	9320	V
228	Eng.	775805	C. 59.	917	IV
340	DBP.	965349	C. 58.	10539	XVIIIb
446	DAS.	1005311	C. 57.	13165	VII
708	DAS.	1009163	C. 59.	5922	I
794	DBP.	947701	C. 57.	3931	V
816	DBP.	961668	C. 57.	13164	VII
976	Eng.	771064	C. 59.	2267	VII
1127013	Austr.	202620	C. 59.	6683	XIX
171	Eng.	784353	C. 59.	1950	X
301	DAS.	1007773	C. 58.	13663	XVIIIa
408	Austr.	207818	C. 59.	3993	XII
679	DBP.	947702	C. 57.	2839	V
691	Eng.	774956	C. 59.	4303	IX
813	Eng.	780627	C. 58.	2540	V
815	DBP.	962403	C. 58.	9396	XXIV
835	DAS.	1017973	C. 58.	5786	VI
1128207	DBP.	955082	C. 59.	6301	X
231	DAS.	1013813	C. 58.	9029	III
273	Amer.	2717907	C. 56.	7937	IX
373	Oest.	192924	C. 59.	8433	VII
443	DAS.	1028102	C. 59.	918	V
496	Oest.	188799	C. 57.	10845	III
788	DAS.	1008569	C. 58.	2614	XXIV
806	DBP.	951077	C. 57.	3107	VI
899	Eng.	778226	C. 58.	3133	V
904	Eng.	787976	C. 59.	4965	IX
962	DBP.	957840	C. 57.	10654	XIX
1129383	DBP.	955930	C. 58.	3496	XXIV
495	Eng.	765903	C. 59.	1283	XIb
578	DAS.	1004919	C. 58.	1476	XXIV
584	DAS.	1015643	C. 58.	8453	VII
793	Oest.	193894	C. 59.	2596	VII
812	Oest.	193767	C. 59.	4636	X
864	DBP.	955801	C. 59.	4314	X
887	Eng.	785997	C. 58.	14422	V
1130066	Amer.	2726970	C. 57.	2327	VIII
111	DAS.	1024941	C. 58.	12506	V
222	Eng.	766721	C. 58.	8200	XIa
423	Eng.	778968	C. 58.	9037	VI
426	Amer.	2790000	C. 59.	954	IX
442	DAS.	1023389	C. 58.	13611	VI
456	Oest.	190524	C. 58.	7261	IX
476	Eng.	768074	C. 58.	9364	XII
483	Eng.	774620	C. 59.	1959	XIb
1130517	Amer.	2805225	C. 59.	1614	X
629	Eng.	782423	C. 59.	1912	V
819	Eng.	774004	C. 58.	6998	XVIIIb
886	Amer.	2732390	C. 57.	1294	IX
998	Eng.	781533	C. 59.	1606	IX
1131075	Oest.	189397	C. 57.	11409	VI
097	DBP.	963297	C. 58.	2324	XXIV
141	Eng.	772067	C. 59.	1601	VIII
184	Eng.	786805	C. 59.	3982	X
472	Oest.	173315	C. 53.	5958	XVIIIa
486	Oest.	196041	C. 59.	2926	I
557	Amer.	2818399	C. 59.	7976	XIb
575	Amer.	2810709	C. 59.	6316	XII
641	DAS.	1006098	C. 59.	4315	X
827	Eng.	779938	C. 58.	9908	IX
891	Amer.	2779771	C. 58.	6403	XIb
904	Eng.	769622	C. 58.	8488	XIb
907	Eng.	768206	C. 59.	1284	XIb
939	Eng.	770717	C. 59.	6312	XIb
961	DAS.	1014426	C. 58.	10533	XVIIIa
1132050	DAS.	1012175	C. 59.	252	III
177	DAS.	1015640	C. 58.	4013	VII
395	Eng.	786094	C. 59.	1911	V
449	Eng.	778266	C. 58.	6646	V
468	Amer.	2773742	C. 58.	3716	V
488	Amer.	2783130	C. 58.	7232	V
490	Eng.	773436	C. 58.	14171	IX
525	Amer.	2742977	C. 57.	1800	IX
534	Eng.	787016	C. 59.	1249	VII
544	Eng.	770389	C. 58.	3481	XVIIIa
573	Amer.	2726953	C. 57.	5967	V
593	Amer.	2794702	C. 58.	6364	V
615	Eng.	777535	C. 59.	5334	XVIIIa
741	Oest.	191895	C. 58.	9911	IX
762	DAS.	1019361	C. 58.	5477	III
802	Eng.	776333	C. 58.	1711	XIb
814	DAS.	1020969	C. 58.	12542	XIb
897	Oest.	194006	C. 59.	1279	XIa
930	Eng.	775938	C. 59.	2981	XIb
968	Eng.	781813	C. 58.	11636	V
996	Amer.	2802798	C. 58.	11414	XIX
1133002	DAS.	1017067	C. 58.	12802	VI
005	Eng.	772890	C. 58.	14462	XIb
120	Eng.	782084	C. 58.	11078	IX
144	DAS.	1011346	C. 58.	11054	VI
238	Eng.	789403	C. 59.	4274	V
301	DBP.	933567	C. 57.	1273	V
403	DAS.	1027681	C. 58.	12823	IX
451	Eng.	769953	C. 58.	9922	XIb
471	DAS.	1014515	C. 58.	3202	XVIIIb
555	Amer.	2752637	C. 57.	8083	XIb
745	DAS.	1028967	C. 59.	2292	X
755	Eng.	782480	C. 59.	2284	IX
893	Eng.	770908	C. 58.	6363	V
936	Eng.	777299	C. 58.	9075	XIb
951	Eng.	786668	C. 59.	1607	IX
1134025	DBP.	949465	C. 57.	1318	XVIIIa
051	Amer.	2726220	C. 57.	3422	XVIIIb
052	Eng.	758980	C. 57.	6874	VII
075	Eng.	787760	C. 59.	6650	XIb
099	Eng.	779181	C. 58.	4300	VI
132	DBP.	950846	C. 57.	5679	V
154	Eng.	782061	C. 59.	8007	XVIIIb
174	DBP.	949884	C. 57.	3098	I
211	DAS.	1008913	C. 58.	10791	XIb
298	Eng.	754827	C. 57.	7495	IX
318	Eng.	768486	C. 58.	5849	XX
444	DAS.	1004153	C. 57.	8614	III
478	Eng.	785656	C. 59.	6976	XII
543	Amer.	2794046	C. 58.	13632	IX
544	Amer.	2794047	C. 58.	13632	IX
624	DBP.	963869	C. 58.	531	V
784	DBP.	963331	C. 58.	11664	IX

1134791	Eng.	778398	C. 58.	13629	VIII
804	Amer.	2793936	C. 58.	8162	V
817	Eng.	785342	C. 58.	12500	I
883	DBP.	962648	C. 58.	2016	XVIIIa
897	Amer.	2766554	C. 57.	10594	VII
908	DBP.	954093	C. 57.	8677	XVII
910	DAS.	1007689	C. 58.	2546	VI
913	Eng.	782719	C. 59.	8019	XXI
924	DAS.	1006836	C. 58.	2842	V
1135065	DBP.	951158	C. 57.	7460	I
186	DAS.	1016181	C. 58.	8165	VI
352	Amer.	2801672	C. 59.	989	XVIIIa
353	DAS.	1010821	C. 58.	6140	XXIV
366	DAS.	1025777	C. 59.	2260	VI
439	Eng.	772185	C. 58.	6657	VII
451	Eng.	783281	C. 59.	5282	VII
622	DBP.	955510	C. 57.	8361	IX
643	DBP.	948502	C. 57.	3370	V
832	DAS.	1014969	C. 58.	3133	V
841	Amer.	2772946	C. 57.	11687	V
848	DAS.	1011904	C. 58.	5198	VII
866	Eng.	781279	C. 59.	1627	XII
915	Eng.	786308	C. 58.	13330	V
924	DAS.	1031770	C. 59.	3263	V
949	DAS.	1012700	C. 59.	1906	III
977	Amer.	2723182	C. 57.	240	V
1136004	Eng.	773929	C. 58.	9625	XIb
051	DAS.	1021339	C. 58.	11929	V
139	Eng.	787053	C. 59.	247	II
307	Oest.	189878	C. 58.	7259	VIII
325	Oest.	191145	C. 58.	2900	XVIIIa
343	Eng.	780905	C. 59.	7982	XII
348	DAS.	1014130	C. 58.	6656	VII
359	DAS.	1009181	C. 59.	2616	IX
410	DAS.	1004858	C. 57.	12289	VII
463	DAS.	1030820	C. 59.	5927	V
607	DAS.	1029662	C. 59.	4660	XVIIIa
612	DAS.	1009311	C. 58.	9028	III
745	DAS.	1021107	C. 58.	12217	V
819	Eng.	785657	C. 58.	11662	IX
820	Eng.	781532	C. 59.	4319	XIb
884	Eng.	783868	C. 59.	322	XIb
915	Belg.	532621	C. 59.	4351	XX
1137173	DAS.	1000356	C. 57.	5679	V
174	DAS.	1000357	C. 57.	5679	V
265	Eng.	772031	C. 58.	9919	XIb
274	Amer.	2703768	C. 56.	13866	XIa
358	Eng.	791920	C. 59.	5311	XIb
409	Eng.	780545	C. 59.	10082	XII
558	DBP.	960845	C. 57.	12911	XIII
580	Amer.	2821516	C. 59.	5316	XII
590	Eng.	775415	C. 58.	4289	I
675	Eng.	782064	C. 59.	5298	IX
676	Eng.	785406	C. 59.	1952	XIa
727	Amer.	2802850	C. 58.	10473	V
923	Eng.	777068	C. 59.	1947	X
946	DAS.	1018061	C. 58.	11078	IX
1138063	Amer.	2705239	C. 57.	2017	F
198	DBP.	963509	C. 58.	11953	IX
316	Eng.	786305	C. 59.	626	IX
336	Eng.	781941	C. 59.	1242	V
346	DAS.	1013253	C. 58.	1464	XVIIIb
363	Eng.	773938	C. 59.	5316	XII
386	Amer.	2809891	C. 59.	6628	VIII
396	Eng.	766848	C. 58.	13633	IX
495	DAS.	1033192	C. 59.	3940	V
530	DAS.	1013255	C. 58.	8797	XVIIIb
764	Eng.	778020	C. 59.	1621	XIb
774	DAS.	1009182	C. 58.	13086	VII
776	DAS.	1003698	C. 58.	825	V
836	Eng.	776124	C. 58.	9595	V
1139300	DAS.	1007621	C. 58.	2615	XXIV
363	Eng.	770784	C. 59.	5306	X

1139502	DAS.	1017970	C. 59.	8386	XX
582	Amer.	2760884	C. 58.	2314	XVIIIb
583	Amer.	2805962	C. 58.	6998	XVIIIb
684	DAS.	1030616	C. 59.	3625	VII
766	Eng.	784188	C. 58.	13326	I
867	DAS.	1016725	C. 58.	8743	VII
870	Eng.	776518	C. 58.	7905	XII
871	DAS.	1012620	C. 58.	4307	VII
873	DAS.	1007306	C. 58.	3134	V
881	DAS.	1028078	C. 58.	14205	XVIIIb
950	Amer.	2816818	C. 59.	4274	V
981	DBP.	962073	C. 58.	12246	IX
1140106	Eng.	772518	C. 58.	6950	VII
177	Eng.	786004	C. 58.	9881	V
209	Oest.	195540	C. 59.	1617	XIa
215	DBP.	960000	C. 58.	1148	X
302	DAS.	1011406	C. 58.	3714	V
320	Oest.	193399	C. 59.	3310	X
391	DAS.	1034601	C. 59.	3263	V
457	Eng.	787340	C. 59.	1240	V
472	Amer.	2789037	C. 58.	9613	IX
597	DBP.	956037	C. 57.	9748	V
700	DAS.	1009170	C. 58.	826	V
701	DBP.	958612	C. 57.	9759	VII
726	DBP.	954872	C. 57.	5400	VII
817	Eng.	783754	C. 58.	10473	V
1141119	DAS.	1011217	C. 58.	3462	XIb
216	Eng.	787047	C. 59.	5311	XIb
308	DAS.	1004423	C. 57.	8629	VII
310	DAS.	1004425	C. 57.	8629	VII
434	Austr.	207737	C. 59.	4324	XII
736	Amer.	2759904	C. 57.	9529	XIb
802	Oest.	191903	C. 58.	10733	F
1142456	Eng.	785314	C. 59.	9743	XIb
835	Amer.	2810628	C. 59.	4304	IX
876	Eng.	781206	C. 58.	11677	XII
947	Eng.	754666	C. 57.	4578	XX
956	DAS.	1002754	C. 58.	11077	IX
960	DAS.	1000680	C. 57.	10089	XVIIIa
989	Eng.	776101	C. 59.	4984	XIII
1143080	Amer.	2735790	C. 57.	827	XVIIIb
098	Austr.	207748	C. 59.	3993	XII
179	DAS.	1041461	C. 59.	6301	X
180	DAS.	1041912	C. 59.	6301	X
209	Eng.	767789	C. 58.	8796	XVIIIb
240	Eng.	776735	C. 59.	5973	XII
243	Eng.	783745	C. 58.	12547	XII
251	DAS.	1025080	C. 59.	2294	X
421	Eng.	799715	C. 59.	7669	XVIIIa
449	Oest.	195899	C. 59.	2249	I
514	Amer.	2734004	C. 56.	14219	XVIIIb
587	Amer.	2789135	C. 58.	12531	IX
1144150	Amer.	2724725			
		u. 726	C. 58.	13101	IX
190	DAS.	1020636	C. 58.	11989	XVIIIb
234	Amer.	2752318	C. 57.	8393	XVIIIb
249	Eng.	779324	C. 59.	2973	X
250	Eng.	781749	C. 59.	2974	X
256	DAS.	1017970	C. 59.	8386	XX
289	Eng.	788884	C. 59.	6004	XIX
356	Eng.	781202	C. 59.	2329	XVIIIb
382	Oest.	193059	C. 58.	9392	XIX
505	Oest.	191949	C. 59.	4930	III
590	Eng.	791315	C. 59.	6336	XVIIIa
641	DAS.	1012069	C. 58.	7612	XIb
700	Eng.	787371	C. 59.	4637	X
708	Eng.	785616	C. 58.	12278	XVIIIb
1145051	DAS.	1015308	C. 58.	6422	XVIIIa
200	Eng.	785153	C. 59.	3346	XIX
293	Eng.	787344	C. 58.	12544	XIb
309	Eng.	793328	C. 59.	3993	XII
324	Eng.	785667	C. 59.	1286	XIb
407	Eng.	777913	C. 58.	7228	III

1145692	DAS.	1002298	C. 58.	2541	IV
773	DAS.	1003638	C. 58.	6433	XX
1146098	Eng.	785053			
		u. 229	C. 59.	5302	IX
106	Oest.	193393	C. 58.	10515	XIb
541	DAS.	1025861	C. 59.	1963	XIII
641	Amer.	2800514	C. 58.	11663	IX
675	DAS.	1028717	C. 59.	7299	X
691	DAS.	1008703	C. 58.	7298	XVIIIb
697	Eng.	785174	C. 59.	1623	XIb
749	DAS.	1021823	C. 58.	8512	XVIIIb
890	DAS.	1024676	C. 58.	11112	XVIIIb
962	Eng.	786438	C. 58.	9611	VIII
970	Eng.	787311	C. 59.	2973	X
993	Amer.	2797988	C. 59.	5292	VIII
1147109	DAS.	1018227	C. 58.	10199	VIII
328	DBP.	961921	C. 58.	1186	XVIIIb
402	Eng.	758450	C. 57.	7801	XIb
481	Schwz.	326184	C. 59.	988	XVIIIa
484	Eng.	778102	C. 58.	12289	XXII
509	Eng.	787378	C. 59.	3309	X
857	DBP.	944339	C. 57.	1043	VIII
867	DAS.	1028996	C. 59.	2612	IX
869	DBP.	962429	C. 58.	10782	IX
975	Amer.	2745886	C. 57.	3391	IX
1148031	Oest.	195331	C. 59.	314	XIa
100	Eng.	786016	C. 59.	7983	XIII
113	Eng.	790038	C. 59.	6999	XVIIIb
144	Eng.	784283	C. 59.	6649	XIb
233	DBP.	969731	C. 59.	4967	IX
241	DAS.	1026528	C. 58.	11961	XIa
242	Eng.	790060	C. 59.	5308	XIa
336	DAS.	1037041	C. 59.	5961	X
354	DBP.	960986	C. 58.	2278	IX
358	DAS.	1043551	C. 59.	9411	XIa
375	DAS.	1041616	C. 59.	4638	X
434	Eng.	768436	C. 57.	13534	XXIV
453	Amer.	2776280	C. 59.	359	XXIV
470	DAS.	1000688	C. 58.	4075	XXIV
473	DAS.	1008575	C. 58.	7011	XXIV
490	Eng.	771900	C. 57.	14184	XX
538	Eng.	793212	C. 59.	6913	I
570	Eng.	793135	C. 59.	4968	IX
594	Eng.	783814	C. 59.	6312	XIb
739	Eng.	789112	C. 59.	6651	XIb
762	Amer.	2772164	C. 58.	9958	XXIV
811	Eng.	781510	C. 59.	2329	XVIIIb
812	DAS.	1012071	C. 58.	13935	XVIIIb
1149009	Eng.	785193	C. 59.	9414	XIb
098	Eng.	788433	C. 59.	6642	X
118	Eng.	769220	C. 59.	1984	XVIIIb
309	DAS.	1016689	C. 58.	12246	IX
369	DBP.	963090	C. 57.	14092	I
510	DAS.	1017366	C. 58.	10217	XIb
578	Eng.	795899	C. 59.	6307	XIa
685	DAS.	1012899	C. 58.	13075	I
695	DAS.	1002198	C. 58.	4075	XXIV
1150266	DAS.	1009534	C. 58.	3759	XII
349	DAS.	1011616	C. 58.	10791	XIb
741	Eng.	781558	C. 59.	2293	X
858	DAS.	1012168	C. 58.	2901	XVIIIa
884	Eng.	789859	C. 59.	7645	XIb
1151005	DAS.	1000894	C. 57.	6558	III
113	DAS.	1039992	C. 59.	6301	X
213	DBP.	965321	C. 57.	14138	IX
272	DAS.	1020600	C. 58.	9874	I
367	DAS.	1031449	C. 59.	3655	X
373	DAS.	1028337	C. 59.	2628	XIb
416	DAS.	1030037	C. 59.	4958	VIII
466	DAS.	1027403	C. 58.	12544	XIb
481	DAS.	1013166	C. 58.	8520	XXIV
515	Oest.	199369	C. 59.	7306	XIb
605	DAS.	1015683	C. 59.	359	XXIV
1151622	DBP.	963239	C. 57.	10092	XVIIIb
628	DAS.	1019909	C. 58.	11127	XXIV
684	Eng.	785873	C. 58.	12868	XXIV
724	Eng.	799153	C. 59.	7310	XIb
752	DAS.	1003953	C. 58.	277	XIb
801	Eng.	786907			
		bis 909	C. 58.	13374	XIII
807	Amer.	2804461	C. 59.	2972	X
887	DAS.	1012821	C. 57.	13860	XXIV
890	DAS.	1004046	C. 58.	6723	XXIV
908	Eng.	783917	C. 58.	10784	IX
952	DAS.	1001176	C. 58.	4601	VI
1152106	DAS.	1013514	C. 58.	14489	XXIV
124	Eng.	787379	C. 59.	5636	X
155	DAS.	1007996	C. 58.	10509	XIa
156	DAS.	1011148	C. 58.	8203	XIb
563	Oest.	193675	C. 58.	13099	VIII
610	Eng.	786897	C. 59.	2968	IX
616	Eng.	787049	C. 58.	11700	XIX
859	DBP.	965675	C. 58.	3495	XXIV
870	Amer.	2771472	C. 58.	8770	XIb
880	DAS.	1000233	C. 59.	1004	XXIV
1153060	Holl.	78864	C. 58.	12531	IX
061	DBP.	956675	C. 58.	3496	XXIV
062	DAS.	1003590	C. 58.	3495	XXIV
082	Eng.	787937	C. 59.	1607	IX
170	DAS.	1018226	C. 58.	4338	XIb
239	Eng.	787891	C. 59.	4313	X
300	DAS.	1023769	C. 58.	11373	IX
571	DAS.	1024654	C. 58.	13111	XIa
740	DAS.	1030377	C. 59.	6951	VIII
895	DAS.	1017369	C. 59.	9067	XIb
1154007	Amer.	2808427	C. 59.	4672	XIX
327	Eng.	791993	C. 59.	245	I
555	DBP.	957787	C. 57.	8369	XIb
609	Eng.	787284	C. 59.	7969	X
617	DAS.	1025145	C. 59.	4926	I
721	DAS.	1005838	C. 57.	13860	XXIV
859	Eng.	781258	C. 58.	12537	X
875	DAS.	1028789	C. 59.	5291	VIII
907	Amer.	2776323	C. 58.	3477	XVII
981	DBP.	961529	C. 57.	10365	XVIIIb
1155027	DBP.	965345	C. 59.	3653	X
214	DAS.	1014740	C. 58.	9075	XIb
270	DAS.	1007768	C. 58.	6966	IX
356	DAS.	1037406	C. 59.	7967	X
444	DAS.	1004813	C. 58.	552	VIII
501	DAS.	1020028	C. 58.	11371	IX
510	Amer.	2812338	C. 59.	3644	IX
666	Oest.	195633	C. 59.	5967	XIb
673	Oest.	195632	C. 59.	5967	XIb
728	DAS.	1009615	C. 59.	3293	IX
745	Amer.	2813893	C. 59.	2615	IX
830	DAS.	1004814	C. 57.	13806	VIII
893	DAS.	1018296	C. 58.	13128	XVI
909	DAS.	1028531	C. 59.	1947	X
931	Eng.	790896	C. 59.	4970	IX
983	DAS.	1029965	C. 59.	6642	X
1156025	Eng.	797475	C. 59.	7295	IX
048	DAS.	1032263	C. 59.	4967	IX
049	DAS.	1032744	C. 59.	295	IX
074	DAS.	1029495	C. 59.	9007	I
080	Amer.	2824097	C. 59.	7669	XVIIIa
134	DAS.	1023828	C. 59.	8673	I
231	DAS.	1031908	C. 59.	5636	X
266	DAS.	1035291	C. 59.	1279	XIa
289	DAS.	1009760	C. 58.	5256	XVIIIb
293	DAS.	1020160	C. 58.	12802	VI
294	DAS.	1020160	C. 58.	12802	VI
381	DAS.	1024176	C. 59.	9691	I
658	DAS.	1031275	C. 59.	4313	X
706	Amer.	2810767	C. 59.	4287	VII
746	Oest.	198522	C. 59.	5596	III

1156774	DAS.	1017783	C. 58.	10216	XIb
799	DAS.	1030344	C. 59.	4630	IX
850	Oest.	197790	C. 59.	3663	XIb
998	Amer.	2796418	C. 59.	1275	X
1157875	DAS.	1014534	C. 58.	2868	VIII
930	DAS.	1016443	C. 59.	3660	XIb
1158250	Oest.	196131	C. 59.	1275	X
320	DAS.	1020417	C. 59.	10029	I
372	DAS.	1025803	C. 59.	1321	XIX
379	Oest.	197082	C. 59.	320	XIb
422	Oest.	198945	C. 59.	6970	XIb
521	DAS.	1030475	C. 59.	9007	I
553	Eng.	790745	C. 59.	7299	X
768	Amer.	2806840	C. 59.	3991	XIb
785	DAS.	1027825	C. 59.	3268	VI
850	Eng.	787800	C. 59.	3012	XIX
1159060	Amer.	2829056	C. 59.	4332	XVI
087	DAS.	1004179	C. 57.	12274	I
112	DBP.	880196	C. 53.	7604	F
115	Amer.	2755287	C. 57.	7114	F
	Oest.	177774	C. 54.	9342	F
118	Eng.	735990	C. 56.	7313	F
120	DAS.	1003225	C. 57.	10013	F
	DAS.	1010967	C. 58.	2517	F
121	Eng.	740307	C. 57.	6530	F
123	Eng.	748319	C. 56.	14437	F
124	Amer.	2719862	C. 56.	9530	F
125	Amer.	2784185	C. 59.	4244	F
126	Eng.	749156	C. 58.	802	F
	Eng.	755263	C. 57.	4193	F
155	Eng.	739944	C. 58.	11025	F
156	Eng.	733576	C. 56.	2258	F
162	Eng.	739592	C. 57.	9728	F
168	Amer.	2721200	C. 56.	5364	F
171	Amer.	2687435	C. 55.	10814	F
172	Amer.	2702805	C. 56.	2259	F
173	Amer.	2675396	C. 56.	8990	F
176	Amer.	2733256	C. 57.	999	F
178	Oest.	187114	C. 57.	10882	IX
179	Oest.	188331	C. 57.	9463	F
181	DAS.	1004166	C. 57.	10009	F
437	Eng.	790082	C. 59.	6302	X
479	DAS.	1030160	C. 59.	1977	XVII
480	DAS.	1030160	C. 59.	1977	XVII
496	Oest.	196038	C. 58.	14199	XVII
517	DAS.	1006099	C. 59.	3983	X
561	Eng.	771627	C. 59.	5976	XIII
592	Amer.	2782157	C. 58.	6099	IX
666	Amer.	2768977	C. 58.	4969	XIX
669	DAS.	1034642	C. 59.	3648	IX
699	DBP.	962797	C. 57.	10621	X
705	DAS.	1029357	C. 59.	2322	XVII
724	Eng.	793565	C. 59.	6296	IX
752	Amer.	2806816	C. 59.	7631	IX
767	DBP.	963872	C. 57.	9759	VII
845	DAS.	1039023	C. 59.	7298	X
968	DAS.	1035148	C. 59.	8257	F
1160016	Eng.	794705	C. 59.	6295	IX
025	DAS.	1026737	C. 59.	6935	VII
114	DAS.	1032917	C. 59.	317	XIb
138	DAS.	1030332	C. 59.	292	IX
208	DAS.	1007466	C. 57.	10096	XIX
212	DAS.	1013232	C. 58.	7257	VIII
217	DAS.	1014321	C. 58.	6979	XIb
534	DAS.	1039529	C. 59.	4307	IX
613	D. P. (DDR)	14316	C. 59.	320	XIb
620	DAS.	1005071	C. 57.	8362	IX
673	Eng.	742602	C. 56.	10074	F
679	Eng.	730753	C. 56.	6756	F
680	Eng.	740583	C. 56.	5411	IX
682	DBP.	923722	C. 55.	4647	F

1160684	Amer.	2687434	C. 56.	1103	F
685	Amer.	2711411	C. 56.	12076	F
687	Amer.	2667442	C. 56.	2546	F
688	Eng.	785353 u. 354	C. 58.	7843	F
689	Oest.	180258	C. 55.	3439	F
690	Eng.	747490	C. 58.	207	F
691	DBP.	934170	C. 56.	6362	F
692	Eng.	738415	C. 57.	6529	F
693	DBP.	965036	C. 58.	2516	F
694	DBP.	963333	C. 58.	5454	F
695	Schwz.	326781	C. 59.	4903	F
696	Eng.	728683	C. 56.	6470	F
716	Oest.	193857	C. 59.	3278	VII
723	DAS.	1043534	C. 59.	9693	I
728	DAS.	1019087			
	DAS.	1022796	C. 59.	3660	XIb
925	DAS.	1044066	C. 59.	6292	IX
936	DAS.	1003751	C. 57.	8884	F
982	DAS.	1041178	C. 59.	6914	I
996	DBP.	942148	C. 57.	3113	VII
1161053	DAS.	1040011	C. 59.	7631	IX
160	Amer.	2802853	C. 58.	11952	IX
265	Eng.	794408	C. 59.	8718	IX
312	Eng.	745688	C. 57.	8085	XIII
316	Eng.	756309	C. 58.	801	F
317	Oest.	189184	C. 58.	1375	F
318	Oest.	188713	C. 57.	12549	F
320	DAS.	1008738	C. 57.	11663	F
326	DBP.	955770	C. 57.	10566	F
327	Eng.	774822	C. 58.	7208	F
331	Eng.	764452	C. 58.	2225	F
332	Eng.	773824	C. 58.	5807	IX
341	Amer.	2748132	C. 58.	13857	F
342	Amer.	2748133	C. 58.	13857	F
343	DAS.	1006424	C. 57.	8884	F
344	Oest.	188332	C. 57.	10882	IX
346	Amer.	2786840	C. 57.	12550	F
348	DBP.	958562	C. 57.	6226	F
352	Amer.	2770617	C. 58.	7547	F
354	Oest.	190945	C. 58.	11902	F
	DAS.	1003732	C. 57.	11100	F
356	DAS.	1021367	C. 59.	2559	F
362	DAS.	1006855	C. 59.	898	F
363	Oest.	191879	C. 58.	9855	F
365	DBP.	962613	C. 58.	2517	F
367	DBP.	949885	C. 57.	205	F
368	Oest.	190065	C. 58.	6340	F
369	DAS.	1011883	C. 59.	6299	IX
370	DAS.	1023768	C. 58.	11023	F
374	DAS.	1019656	C. 58.	11078	IX
379	Oest.	193879	C. 59.	3980	IX
984	DAS.	1027205	C. 58.	12824	IX
990	DAS.	1044110	C. 59.	6301	X
1162009	DAS.	1011536	C. 58.	6357	I
051	Amer.	2810000	C. 59.	3973	IX
058	DAS.	1027337	C. 59.	9350	I
117	Oest.	191887	C. 59.	565	F
122	Eng.	781439	C. 58.	12773	F
125	Oest.	190938	C. 59.	2229	F
126	Oest.	190520	C. 59.	2229	F
127	Oest.	193382	C. 59.	1881	F
128	DAS.	1024505	C. 58.	13854	F
129	Oest.	191902	C. 58.	9575	F
488	DAS.	1028774	C. 59.	4980	XIb
905	DAS.	1040711	C. 59.	6914	I
908	DAS.	1018865	C. 58.	5214	IX
912	Schwd.	128711	C. 51.	I. 3539	F
915	Holl.	80522	C. 58.	11904	F
922	Oest.	191405	C. 58.	4571	F
1163028	Oest.	194825	C. 59.	5635	X
089	DAS.	1032528	C. 59.	2301	XIb

1163156	Amer.	2771396	C. 58.	6099	IX
355	DBP.	951570	C. 57.	5361	F
357	Eng.	787741	C. 59.	3911	F
365	Amer.	2766226			
		u. 228	C. 58.	7277	XII
368	DBP.	947304	C. 57.	1799	IX
369	DAS.	1002344	C. 58.	11979	XVI
370	DAS.	1011873	C. 58.	3743	IX
374	DAS.	1000396	C. 57.	6529	F
375	DAS.	1000824	C. 57.	8292	F
376	DAS.	1013288	C. 59.	568	F
377	Oest.	193364	C. 59.	1216	F
380	DBP.	965324	C. 59.	6568	F
382	Eng.	784670	C. 59.	4310	IX
387	DBP.	964057	C. 57.	14069	F
388	DAS.	1025894	C. 59.	4568	F
398	DAS.	1024518	C. 58.	11952	IX
410	DAS.	1004162	C. 57.	12897	IX
419	DBP.	965635	C. 58.	4295	V
594	DAS.	1005073	C. 57.	11716	IX
649	DAS.	1023466	C. 58.	11077	IX
654	DAS.	1023829	C. 59.	9691	I
698	Holl.	86905	C. 59.	7633	IX
699	Holl.	86906	C. 59.	7634	IX
701	Oest.	196823	C. 59.	2266	VII
782	DAS.	1043049	C. 59.	4654	XVI
802	DAS.	1007776	C. 58.	6044	F
820	DAS.	1029827	C. 59.	4632	IX
821	DBP.	960457	C. 58.	6916	F
824	Amer.	2768167	C. 57.	11437	IX
1164108	DAS.	1031758	C. 59.	7967	X
152	Oest.	171411	C. 52.	7224	F
154	DBP.	920934	C. 55.	4412	F
158	Eng.	737366	C. 56.	12071	F
160	Eng.	714449	C. 55.	3440	F
167	DBP.	931495	C. 56.	2834	F
170	DBP.	953975	C. 58.	5756	F
173	Amer.	2658023	C. 55.	4652	F
174	Eng.	755097	C. 58.	2517	F
177	Amer.	2678317	C. 56.	11018	F
178	DBP.	938846	C. 57.	9727	F
179	DBP.	934169	C. 56.	5641	F
180	Eng.	740205	C. 56.	13208	F
183	Eng.	754010	C. 57.	11665	F
185	DAS.	1020342	C. 58.	11025	F
189	DBP.	936507			
	DBP.	937952	C. 56.	9805	F
190	Oest.	185371	C. 58.	1650	F
191	Oest.	191086	C. 58.	6920	F
192	Amer.	2732381	C. 56.	8166	F
193	Oest.	189194	C. 58.	1654	F
200	DAS.	1043335	C. 59.	6229	F
205	Amer.	2763671	C. 58.	8138	F
217	DAS.	1019302	C. 58.	11612	F
225	DBP.	962256	C. 57.	12839	F
229	DBP.	949231	C. 57.	7158	VII
231	DAS.	1021515	C. 59.	9006	I
236	Amer.	2816935	C. 59.	6633	IX
243	DAS.	1018424	C. 58.	2226	F
376	DAS.	1035635	C. 59.	6956	IX
499	Oest.	198951	C. 59.	7647	XIb
504	Eng.	763835	C. 58.	7845	F
506	Eng.	768083	C. 58.	6101	IX
512	Eng.	768821	C. 58.	5163	F
514	DAS.	1015440	C. 58.	8190	IX
522	DBP.	955507	C. 57.	10015	F
524	DAS.	1020030	C. 58.	6042	F
528	DAS.	1020984	C. 59.	6295	IX
530	Oest.	193859	C. 59.	1879	F
533	DBP.	964045	C. 58.	13343	VII
605	Oest.	196060	C. 58.	13853	F
655	Oest.	194498	C. 59.	4590	II
1164868	DAS.	1027336	C. 59.	8274	I
877	Amer.	2835625	C. 59.	3278	VII
1165008	DBP.	951627	C. 57.	3426	XIX
024	DAS.	1032739	C. 59.	6573	F
026	DAS.	1027664	C. 59.	3910	F
039	Eng.	791106	C. 59.	224	F
088	DAS.	1043533	C. 59.	6591	I
106	Eng.	792170	C. 59.	246	I
153	Amer.	2779720	C. 58.	3448	IX
429	DAS.	1006417	C. 58.	2555	VII
435	DAS.	1016018	C. 59.	8726	XIb
569	DAS.	1032438	C. 59.	9007	I
722	DAS.	1046262	C. 59.	6978	XIII
785	DAS.	1011878	C. 59.	1588	VII
854	DBP.	961309	C. 58.	9625	XIb
1166085	Amer.	2819270	C. 59.	7968	X
405	Amer.	2714099	C. 56.	8225	XIb
448	Amer.	2763648	C. 57.	7822	XVIIIb
627	DAS.	1013870	C. 59.	8337	XIb
1167003	Eng.	733875	C. 56.	8708	F
005	Belg.	520686	C. 56.	3383	F
013	Amer.	2691618	C. 56.	203	F
334	DAS.	1046790	C. 59.	10028	I
398	DAS.	1028285	C. 58.	14205	XVIIIb
402	Amer.	2532403	C. 51. II.	2777	F
413	DBP.	950027	C. 58.	2227	F
423	DBP.	932670	C. 56.	11512	F
429	Eng.	749738	C. 57.	7729	F
489	Oest.	189796	C. 57.	12620	XIb
567	DAS.	1019461	C. 58.	10216	XIb
615	Eng.	757869	C. 57.	13185	X
681	DAS.	1006588	C. 58.	1380	F
750	DAS.	1003733	C. 57.	9731	F
1168172	Oest.	197081	C. 59.	316	XIb
217	Oest.	197583	C. 59.	5639	XIa
252	DAS.	1020629	C. 58.	7275	XIb
285	DAS.	1013631	C. 58.	9392	XIX
367	Eng.	793770	C. 59.	6635	IX
425	DAS.	1018623	C. 58.	5228	XIb
449	DAS.	1036840	C. 59.	7959	IX
553	DAS.	1027809	C. 59.	9007	I
566	Amer.	2836612	C. 59.	7271	VII
594	Eng.	799001	C. 59.	9691	I
786	Oest.	196621	C. 59.	317	XIb
803	DAS.	1006982	C. 58.	2536	I
804	DAS.	1034784	C. 59.	9691	I
933	DAS.	1039147	C. 59.	7913	I
951	DAS.	1007903	C. 59.	3983	X
954	Oest.	197079	C. 59.	318	XIb
1169059	DAS.	1024521	C. 58.	11954	IX
064	Amer.	2802829	C. 59.	5637	X
067	Amer.	2816936	C. 59.	4628	IX
087	Amer.	2776668	C. 58.	10221	XIII
178	Oest.	199372	C. 59.	5604	VI
207	DAS.	1014518	C. 58.	8196	X
479	DAS.	1028705	C. 59.	9007	I
603	DAS.	1011396	C. 58.	1432	X
	DAS.	1014519	C. 58.	7604	X
803	Oest.	199116	C. 59.	6967	XIa
1170793	DAS.	1011850	C. 58.	2314	XVIIIb
1171344	DAS.	1035854	C. 59.	4564	F
1172016	DAS.	1020157	C. 58.	9302	F
686	DAS.	1011100	C. 58.	9354	X
936	DAS.	1006383	C. 57.	12017	X
	DAS.	1014958	C. 58.	7927	XVIIIb
	DAS.	1031274	C. 59.	7298	X
971	DAS.	1011849	C. 58.	1432	X
	DAS.	1028968	C. 58.	13637	X
	DAS.	1039480	C. 59.	6639	X
1173105	Eng.	718021	C. 56.	3948	F
110	Amer.	2703779	C. 56.	2329	XV
334	DAS.	1031899	C. 59.	9352	I

1174429	DAS.	1026450	C. 59.	8672	I
729	DAS.	1014962	C. 58.	3169	X
1175347	DAS.	1012383	C. 58.	8434	I
348	DAS.	1012383	C. 58.	8434	I
1176211	DAS.	1035095	C. 59.	5960	X
914	Amer.	2753291	C. 57.	8088	XV
1178782	DAS.	1020956	C. 58.	7897	X

Holländische Patente (Holl.P.).

72245	Eng.	737924	C. 56.	8726	I
74736	Schwz.	291506	C. 54.	11006	F
786	Frz.	1071198	C.50/54.2872. S.		IX
75618	Eng.	690972	C. 53.	7352	F
968	DAS.	1015223	C. 58.	6932	I
76290	Frz.	1088862	C. 58.	4013	VII
77088	Frz.	1030430	C.50/54.2863. S.		IX
115	Belg.	509691	C.50/54.4216. S		V
300	Schwz.	319410	C. 58.	3397	F
804	It.	483012	C. 59.	9010	III
78077	DAS.	1021835	C. 59.	258	V
339	Oest.	185362	C. 57.	13483	IX
345	Frz.	1095772	C. 57.	13184	IX
561	Frz.	1091140	C. 57.	14126	VIII
919	Eng.	758497	C. 57.	8032	III
	DBP.	960181	C. 57.	14092	I
79981	Eng.	716297	C. 58.	13585	F
80067	Amer.	2761885	C. 58.	1700	IX
084	DBP.	960918	C. 59.	8384	XIX
642	Frz.	1076994	C.50/54.3420. S.		F
704	Frz.	1124826	C. 58.	4338	XIb
864	DBP.	866040	C. 53.	3609	F
960	Schwd.	146018	C.50/54.3632. S.		XVI
81916	DBP.	923420	C. 55.	6414	XIV
917	DBP.	923420	C. 55.	6414	XIV
82064	DBP.	901708	C. 54.	9155	XIa
242	Amer.	2655513	C. 54.	11032	VII
280	Schwz.	265912	C. 51. I.	771	V
509	Oest.	198428	C. 59.	5242	F
527	Eng.	738293	C. 56.	9033	IX
756	DBP.	911371	C. 54.	9342	F
790	Frz.	1079180	C.50/54.1333. S.		XIb
83216	Frz.	1028029	C. 54.	5666	XIX
277	Austr.	158777	C. 59.	8396	III
512	Frz.	1059990	C. 59.	8416	XIX
568	Frz.	1077267	C.50/54.3580. S.		IX
848	Oest.	174893	C. 54.	3775	V
865	Frz.	1079211	C.50/54.2121. S.		IX
903	DBP.	953575	C. 57.	7220	XXIV
959	Frz.	1144664	C. 59.	2607	VIII
998	Frz.	1080164	C. 50/54.3640. S.		XVII
84045	Finn.	24821	C. 51. II.	910	XVI
256	Schwz.	326943	C. 59.	4994	XVI
307	Schwz.	326364	C. 59.	2232	F
472	DBP.	886146	C. 54.	2904	VII
488	Frz.	1060365	C. 56.	1169	XIb
524	Frz.	1070929	C. 56.	6198	F
525	Oest.	180063	C.50/54.1975. S.		F
534	Amer.	2692882	C. 58.	4872	F
557	Frz.	1080270	C.50/54.2145. S.		XIb
561	Frz.	1067283	C.50/54.1177. S.		F
614	DAS.	1001986	C. 59.	1886	F
674	DBP.	969581	C. 59.	9737	X
705	Eng.	765525	C. 59.	4301	IX
707	Eng.	777507	C. 58.	12515	VII
789	Frz.	1078332	C. 56.	7063	VI
871	Oest.	183412	C. 58.	211	F
895	DBP.	965637	C. 58.	11319	F
85108	DBP.	936872	C. 57.	4777	F
137	Frz.	1095727	C. 57.	13183	IX
216	Frz.	1030430	C.50/54.2863. S.		IX
301	Frz.	1073424	C.50/54.3421. S.		F
377	Eng.	735686	C. 56.	12076	F
378	Amer.	2731452			
		u. 453	C. 57.	556	XIb
85385	DBP.	945445	C. 57.	1774	V
437	Eng.	766410	C. 58.	6979	XIb
699	DAS.	1039230	C. 59.	7000	XVIIIb
716	Frz.	1099668	C. 58.	1426	IX
785	Amer.	2723938	C. 56.	14116	F
789	Frz.	1146023	C. 59.	4986	XIII
790	Frz.	1127745	C. 57.	11469	XVIIIb
86021	Frz.	1095853	C. 57.	3953	IX
039	Eng.	766012	C. 59.	6235	F
078	Oest.	193767	C. 59.	4636	X
127	DAS.	1028559	C. 59.	5629	IX
353	Amer.	2790743	C. 59.	1921	VII
548	DBP.	946894			
	Eng.	750049	C. 57.	2010	F
595	Frz.	1124794	C. 59.	3605	II
687	Frz.	1066836	C. 55.	9662	VIII
745	DAS.	1013012	C. 59.	3260	III
801	Eng.	749446	C. 57.	7478	VII
821	DBP.	936929	C. 56.	7086	IX
87013	Schwz.	323613	C. 59.	2670	XXI
040	DBP.	921988	C. 55.	9193	IX
074	Frz.	1133139	C. 58.	14445	IX
081	Eng.	765893	C. 58.	14463	XIb
108	DAS.	1041983	C. 59.	7270	VII
130	Eng.	713029	C. 55.	4961	XVII
358	Eng.	785972	C. 59.	2230	F
453	Oest.	193674	C. 59.	6290	VIII
488	Frz.	1112208	C. 57.	4291	XXII
559	Oest.	175869	C. 54.	7521	X
563	DBP.	886248	C. 54.	2687	III
620	Amer.	2725315	C. 56.	11267	III
697	Oest.	197537	C. 59.	3578	F
711	Amer.	2742461	C. 57.	10569	F
713	Eng.	768273	C. 58.	7601	IX
714	DAS.	1019558	C. 58.	11127	XXIV
722	DAS.	1007725	C. 57.	14175	XVIIIb
730	DAS.	1022050	C. 58.	8743	VII
734	DAS.	1005720	C. 57.	14145	XIb
776	Belg.	512885	C. 56.	11532	III
792	Frz.	1136614	C. 58.	10470	III
900	Amer.	2730552			
		u. 553	C. 57.	6899	IX
908	DBP.	938786	C. 56.	12130	IX
911	Schwz.	310829	C. 57.	3132	X
916	Amer.	2731452			
		u. 453	C. 57.	556	XIb
922	Frz.	1092891	C. 58.	1980	IX
925	DBP.	962628	C. 58.	6681	X
931	DBP.	929629	C. 56.	4603	XIX
932	Schwz.	316688	C. 57.	13518	XVIIIb
934	DAS.	1001263	C. 58.	4875	F
935	DBP.	963875	C. 57.	13432	F
937	Frz.	1100504	C. 57.	9792	XII
940	Frz.	1107982	C. 56.	13854	IX
944	Frz.	1105841	C. 57.	2365	XVIIIb
946	DBP.	944552	C. 56.	11509	F
948	Frz.	1130243			
		u. 244	C. 59.	288	IX
950	Eng.	755478	C. 57.	3958	X
953	DBP.	938724	C. 56.	8512	XVIIIb
956	Eng.	765849	C. 58.	4870	F
958	Amer.	2764518	C. 58.	7209	F
962	DBP.	950813	C. 57.	5127	XIb
967	DBP.	951267	C. 57.	6611	XIII
968	Frz.	1110198	C. 57.	582	XIX

87970	Eng.	758907	C. 57.	7753	V
971	Eng.	759464	C. 57.	8036	V
975	Amer.	2727049	C. 56.	13255	IX
977	DAS.•	1014994	C. 58.	10452	F
987	DAS.	1000812	C. 58.	4875	F
993	Eng.	778746	C. 58.	4361	XVIIIb
994	Amer.	2736746	C. 57.	11958	F
88002	Frz.	1150225	C. 59.	225	F
006	DAS.	1010515	C. 58.	7570	V
008	Eng.	759095	C. 58.	1738	XVIIIb
009	Eng.	759095	C. 58.	1738	XVIIIb
012	Frz.	1012986	C. 54.	3105	VIII
016	DAS.	1012597	C. 57.	14138	IX
040	Can.	483080	C. 55.	7814	XVIIIb
046	DBP.	830025	C. 53.	4147	XIX
058	Frz.	1024196	C. 54.	9656	XVIIIa
059	DBP.	887497	C. 54.	4270	XIa
075	DBP.	917006	C. 55.	5179	IX
079	Schwz.	300624	C. 55.	5227	XXIV
088	Eng.	722373	C. 56.	5403	VIII
089	DBP.	935307	C. 56.	5659	I
097	DBP.	913768	C. 56.	225	III
098	Frz.	1073473	C. 56.	5977	XIb
102	DAS.	1017735	C. 58.	2908	XIX
105	DBP.	914246	C. 55.	927	X
110	Eng.	733260	C. 57.	10583	III
115	Frz.	1077787	C. 56.	5448	XIX
124	Frz.	1088308	C. 57.	4544	XIa
126	Eng.	736750	C. 56.	10805	VIII
127	Eng.	723610	C. 57.	6561	IV
128	Eng.	723179	C. 58.	8728	III
137	Frz.	1089024	C. 57.	11159	XIa
139	Oest.	182710	C. 56.	3110	F
140	Frz.	1069736	C. 56.	1739	IX
141	Amer.	2710854	C. 56.	6818	XIb
142	Amer.	2731452	C. 57.	556	XIb
143	Eng.	748583	C. 58.	14183	XIb
144	Eng.	748584	C. 58.	14183	XIb
145	Amer.	2726234	C. 57.	2072	XIb
149	Frz.	1092025	C. 57.	5112	IX
157	Frz.	1096341	C. 58.	1682	VII
160	DBP.	938233	C. 57.	312	XXIV
161	Amer.	2658023	C. 55.	4652	F
162	Eng.	747225	C. 57.	1753	F
164	Eng.	734443	C. 57.	780	VI
165	Frz.	1099245	C. 57.	3672	XIa
166	Amer.	2676099	C. 55.	7811	XVIIIa
169	Eng.	746488	C. 57.	11385	F
171	Eng.	748779	C. 57.	11385	F
174	Eng.	745400	C. 57.	1048	IX
175	Eng.	744928	C. 56.	13857	IX
180	DAS.	1017748	C. 58.	14494	XIII
184	Eng.	753113	C. 58.	1929	F
186	Eng.	772192	C. 58.	3400	F
190	Frz.	1111950	C. 58.	5551	XIX
192	Frz.	1115487	C. 58.	9624	XIb
193	Eng.	769508	C. 59.	321	XIb
202	Eng.	765898	C. 58.	5807	IX
203	Amer.	2749291	C. 57.	5093	V
204	Eng.	770237	C. 58.	9073	XIb
205	Eng.	773824	C. 58.	5807	IX
208	DBP.	964327	C. 57.	13130	F
210	Eng.	777996	C. 59.	2559	F
-216	DBP.	953525	C. 57.	5707	IX
220	Amer.	2740795	C. 57.	8294	F
224	DAS.	1004339	C. 57.	10647	XVIIIb
228	Amer.	2790000	C. 59.	954	IX
234	DBP.	960766	C. 57.	12320	XIb
236	Eng.	766848	C. 58.	13633	IX
256	Amer.	2755276	C. 58.	9858	F
258	DAS.	1014992	C. 58.	11904	F
261	Eng.	783917	C. 58.	10784	IX
264	Frz.	1088933	C. 57.	4540	X

88270	Frz.	1131622	C. 58.	12525	VIII
273	DAS.	1009311	C. 58.	9028	III
276	DBP.	948087	C. 57.	4255	XIb
293	Oest.	181961	C. 56.	4010	XII
297	DAS.	1009312	C. 58.	9028	III
313	Eng.	702196	C. 55.	5177	IX
321	Frz.	1029523	C. 54.	9112	III
324	DBP.	944209	C. 56.	13820	III
345	DBP.	900699	C. 54.	5810	F
348	Frz.	1071708	C. 56.	1402	I
356	DBP.	917866	C. 55.	6656	XVIIIb
360	Eng.	733198	C. 56.	7375	XII
363	Eng.	730418	C. 57.	6875	VII
368	Frz.	1055453			
		u. 454	C. 55.	6407	XIb
376	Amer.	2719386	C. 57.	7470	VI
380	Amer.	2714082	C. 56.	6792	VII
381	Eng.	738339	C. 57.	1769	I
390	Oest.	186861	C. 57.	3967	XIb
410	DAS.	1017095	C. 58.	8440	IV
413	DAS.	1016692	C. 58.	9612	IX
417	DBP.	934167	C. 56.	1997	V
422	Eng.	740319	C. 57.	211	F
424	Frz.	1095269	C. 56.	14549	XXIV
429	Eng.	762891	C. 58.	6436	XXI
434	DBP.	963956	C. 58.	558	IX
439	DBP.	930210	C. 56.	5948	VII
440	Frz.	1084218	C. 58.	1986	IX
442	Oest.	192628	C. 58.	7294	XVIIIa
445	Eng.	743141	C. 56.	13255	IX
448	Eng.	748958	C. 57.	11385	F
450	Eng.	750330	C. 57.	8886	F
452	Eng.	757803	C. 58.	5457	F
453	Oest.	186782	C. 57.	10287	F
454	DBP.	947163	C. 57.	1000	F
457	Frz.	1110846	C. 58.	4627	IX
458	Eng.	750918	C. 57.	8886	F
459	Eng.	751072	C. 57.	12548	F
460	DBP.	957482	C. 58.	2519	F
467	Amer.	2698855	C. 56.	5365	F
471	Ind.	52984	C. 57.	8071	IX
478	Frz.	1118154	C. 58.	2882	XIb
481	Eng.	769124	C. 58.	4349	XVI
482	Frz.	1102159	C. 56.	11292	IX
483	Frz.	1122106	C. 57.	11468	XVIIIb
484	Eng.	765523	C. 58.	6401	XIa
493	DBP.	961023	C. 57.	13752	F
494	Eng.	776282	C. 58.	277	XIb
502	Frz.	1134100	C. 59.	2300	XIb
522	DBP.	917159	C. 55.	10620	VIII
524	DAS.	1000824	C. 57.	8292	F
541	Oest.	181274	C. 55.	6806	F
542	DBP.	940423	C. 56.	11512	F
547	Oest.	180765	C. 56.	2579	VII
549	Can.	484098	C. 53.	6173	XVIIIb
554	DAS.	1019996	C. 58.	11077	IX
570	Oest.	180065	C. 55.	3226	V
572	Eng.	716473	C. 55.	10371	VIII
582	Eng.	695812	C. 54.	5601	V
584	Frz.	1030745	C. 54.	8185	III
600	Amer.	2708787	C. 57.	1020	III
603	Eng.	703676	C. 55.	3456	III
606	Frz.	1062632	C. 56.	9041	XIa
607	DBP.	944571	C. 57.	235	III
611	Eng.	715666	C.50/54.1332. s.		XIb
619	DBP.	899216	C. 54.	8874	III
620	Eng.	737122	C. 57.	8886	F
623	Oest.	178460	C. 54.	8914	XIb
628	DBP.	937524	C. 56.	8217	X
629	Belg.	518380	C. 58.	6933	III
640	Frz.	1088211	C. 57.	14071	F
642	DBP.	933053	C. 56.	6199	F
646	Amer.	2690402	C. 56.	3425	VIII

88657	Eng.	736580	C. 56.	10120	IX
658	Frz.	1091954	C. 56.	9886	XVIIIb
659	Eng.	758235	C. 57.	8036	V
669	Belg.	528067	C. 58.	3715	V
673	Oest.	186085	C. 57.	8935	VIII
674	Belg.	529039	C. 58.	6422	XVIIIa
676	DBP.	937586	C. 56.	4566	IX
679	DBP.	951985	C. 57.	9461	F
	DBP.	954959	C. 57.	12840	F
690	Oest.	188707	C. 57.	11721	X
696	Eng.	767777	C. 58.	10735	F
699	Frz.	1116501	C. 58.	1465	XVIIIb
701	DBP.	957521	C. 57.	9262	XIX
704	DBP.	954372	C. 57.	7471	VI
706	DAS.	1005064	C. 58.	5164	F
708	Frz.	1120181	C. 58.	9349	IX
716	DBP.	952808	C. 57.	12845	F
718	Frz.	1102096	C. 56.	11074	IX
720	DBP.	965326	C. 58.	5456	F
722	Eng.	769756	C. 58.	3755	XIb
723	DAS.	1003451	C. 57.	8899	I
733	DAS.	1004610	C. 59.	897	F
737	Oest.	188853	C. 57.	10826	F
744	DAS.	1006431	C. 57.	11436	IX
746	Frz.	1095327	C. 58.	1984	IX
764	DAS.	1000778	C. 57.	10092	XVIIIb
775	Eng.	736588	C. 56.	5721	XVIIIb
779	Amer.	2723217	C. 57.	2017	F
782	Can.	492429	C. 55.	10379	IX
808	Eng.	703007	C. 55.	1889	XXII
810	Schwz.	292066	C. 56.	11266	I
814	Amer.	2655004	C. 55.	1356	VI
819	Frz.	1049573	C. 56.	3435	XIb
826	Frz.	1035513	C. 54.	5401	IX
829	Frz.	1058743	C. 55.	2794	XIb
834	Eng.	721509	C. 56.	4889	XIX
845	Eng.	726068	C. 56.	11575	XIb
848	Eng.	736448	C. 56.	9032	IX
851	Oest.	178692	C. 54.	9584	F
	Oest.	181689	C. 55.	8215	F
856	Eng.	725201	C. 57.	1563	XVIIIb
868	Eng.	741061	C. 56.	14433	F
877	Frz.	1089488	C. 56.	12967	VIII
878	Oest.	186416	C. 57.	2867	XIb
880	Eng.	739750	C. 57.	11737	XII
883	DBP.	944247	C. 57.	9464	F
885	DBP.	933582	C. 56.	2317	X
889	Frz.	1100595	C. 58.	850	VIII
890	Eng.	734581	C. 56.	5157	XVI
895	Amer.	2745874	C. 57.	2363	XVIIIb
897	Frz.	1105381	C. 57.	1831	XVIIIb
898	DAS.	1012420	C. 58.	3782	XIX
900	Oest.	188410	C. 58.	6973	X
901	Eng.	762478	C. 58.	1739	XVIIIb
904	Frz.	1125734	C. 58.	13913	XIb
905	Eng.	757267	C. 57.	7799	XIb
916	DAS.	1005065	C. 58.	7551	F
922	DBP.	955504	C. 58.	11319	F
923	DBP.	957661	C. 58.	9857	F
925	DAS.	1000822	C. 57.	6531	F
931	Frz.	1123975	C. 58.	8154	I
942	Amer.	2742460	C. 57.	2286	F
950	DAS.	1007621	C. 58.	2615	XXIV
963	Oest.	188854	C. 57.	9533	XIII
973	Oest.	175895	C. 54.	1074	F
983	DBP.	944247	C. 57.	9464	F
985	Frz.	949610	C. 50. II.	108	IX
986	Eng.	697278	C. 54.	8406	F
987	Frz.	1055243	C. 55.	4715	XIb
990	Eng.	741656	C. 57.	7117	F
993	Frz.	1061952	C. 55.	6657	XVIIIb
994	Belg.	521706	C. 57.	9728	F
996	Eng.	770089	C. 58.	3191	XVI

89004	Frz.	1002669	C. 54.	10388	XIX
007	Frz.	1019982	C. 54.	5146	III
011	Eng.	689823	C. 55.	10373	VIII
020	Amer.	2653857	C. 54.	8189	V
024	Schwd.	140808	C. 56.	893	XVIIIa
033	DBP.	906212	C. 55.	1146	X
034	Oest.	179899	C. 55.	2982	VI
036	Eng.	742407	C. 57.	2900	XXIV
041	Belg.	519092	C. 57.	6936	XIX
048	DAS.	1013630	C. 58.	13326	I
059	Eng.	758459	C. 57.	7466	V
065	DBP.	951005	C. 57.	6900	IX
067	Frz.	1094098	C. 57.	4857	XVIIIb
068	Amer.	2744015	C. 57.	6016	XVI
069	Frz.	1093885	C. 58.	9396	XXIV
073	Frz.	1093319	C. 57.	5426	XIb
074	Frz.	1079107	C. 50/54.580, 8.		IX
076	Frz.	1108125	C. 57.	11433	IX
085	Frz.	1132489	C. 58.	8488	IX
086	DBP.	933581	C. 56.	6813	X
092	Eng.	754521	C. 57	10630	XIb
097	DAS.	1004806	C. 57.	11732	IXb
099	Oest.	189308	C. 57.	10886	XIa
104	Eng.	768760	C. 58.	4032	IX
105	DAS.	1011884	C. 58.	7552	F
110	Frz.	1123975	C. 58.	8154	I
117	DBP.	947702	C. 57.	2839	V
119	DBP.	962074	C. 58.	8761	IX
120	Eng.	781439	C. 58.	12773	F
121	DAS.	1005076	C. 58.	8473	IX
127	DAS.	1011243	C. 58.	12239	VIII
152	DBP.	944125	C. 47.	1050	X
153	DAS.	1016692	C. 58.	9612	IX
156	DBP.	855480	C. 53.	2058	XIX
164	Amer.	2746938	C. 57.	11681	I
170	Eng.	758617	C. 58.	6113	XII
190	Frz.	1045825	C. 56.	862	IX
205	Belg.	513852	C. 56.	509	F
206	Frz.	1065725	C. 55.	2039	III
211	Eng.	730014	C. 58.	527	I
218	Eng.	718010	C. 56.	11851	X
222	DBP.	945944	C. 57.	2602	X
228	Eng.	737967	C. 56.	8457	V
229	Frz.	1087975	C. 59.	3013	XIX
230	Eng.	774270	C. 58.	13603	III
235	Eng.	735557	C. 57.	9782	X
236	Oest.	190521	C. 58.	10503	IX
239	Eng.	744579	C. 57.	8362	IX
241	Eng.	743313	C. 56.	8223	XIb
245	DBP.	925044	C. 55.	9449	X
248	Frz.	1099221	C. 56.	11814	III
252	Frz.	1110706	C. 58.	4870	F
253	Eng.	744011	C. 57.	2329	IX
255	Frz.	1105610	C. 57.	6299	XIb
261	Frz.	1111586	C. 58.	4931	IX
266	Eng.	753193	C. 58.	571	XIb
267	Eng.	755709	C. 58.	7006	XIX
269	Frz.	1100066	C. 57.	12637	XVIIIb
270	Eng.	752114	C. 58.	1929	F
271	Frz.	1123683	C. 58.	9626	XIb
274	Frz.	1117646	C. 58.	9063	IX
276	DAS.	1012072	C. 58.	1154	XIb
278	DAS.	1006424	C. 57.	8884	F
282	DBP.	965611	C. 58.	4914	VII
292	Frz.	1127734	C. 57.	12933	XVIIIb
293	Frz.	1127897	C. 59.	2230	F
296	DAS.	1022568	C. 58.	11338	I
304	DAS.	1022731	C. 58.	10823	XIX
307	DAS.	1008488	C. 58.	5227	XIb
326	Eng.	727989	C. 56.	4568	IX
338	Frz.	1092984	C. 58.	804	F
339	Frz.	1092984	C. 58.	804	F
341	Frz.	1094866	C. 57.	7731	F

89364	Frz.	1095386	C. 56.	14189	X
365	Eng.	773236	C. 58.	2872	IX
384	Finn.	26808	C. 55.	2505	III
385	Oest.	173794	C. 53.	8964	VI
396	Frz.	1059008	C. 55.	6635	XII
401	Eng.	715546	C. 55.	6835	VII
402	DBP.	894293	C. 54.	6304	III
414	DBP.	906606	C. 54.	9895	XIX
	DBP.	932032	C. 56.	1198	XIX
418	Oest.	180732	C. 55.	5193	XIb
433	Eng.	723050	C. 55.	9878	V
442	Oest.	188715	C. 57.	12551	F
449	Eng.	748570	C. 57.	291	XVII
453	DBP.	953163	C. 57.	7143	V
456	Eng.	750818	C. 57.	11104	F
459	Frz.	1087206	C. 57.	1053	XIa
461	Ung.	142576	C. 56.	9304	IX
468	Frz.	1110673	C. 57.	2597	IX
470	Oest.	182459	C. 56.	2850	III
473	Frz.	1100182	C. 57.	10079	XIb
474	Frz.	1101847	C. 56.	12401	IX
477	DBP.	937944	C. 56.	7941	X
479	Eng.	756786	C. 57.	8660	XIb
481	Frz.	1110287	C. 58.	860	X
485	Frz.	1103771	C. 58.	11631	I
488	Frz.	1089237	C. 57.	8375	XII
491	DBP.	959748	C. 58.	11958	X
493	Frz.	1106497	C. 57.	781	VI
497	Eng.	756679	C. 57.	8649	IX
498	DBP.	965238	C. 58.	5755	F
507	Oest.	190942	C. 58.	9093	XVII
508	Frz.	1114144	C. 57.	555	XIa
518	Eng.	766565	C. 58.	9351	IX
519	DBP.	945949	C. 57.	754	F
522	Frz.	1119975	C. 58.	9616	IX
523	Oest.	191403	C. 58.	5198	VII
524	Eng.	767317	C. 58.	2572	IX
527	DAS.	1024513	C. 59.	225	F
528	Frz.	1125810	C. 57.	11467	XVIIIa
533	Amer.	2732381	C. 56.	8166	F
537	Oest.	191416	C. 58.	4872	F
541	Oest.	196546	C. 59.	345	XVIIIb
543	DAS.	1021844	C. 58.	13361	IX
557	DAS.	1021845	C. 59.	225	F
561	DBP.	962336	C. 58.	207	F
568	Eng.	794651	C. 59.	5673	XIX
590	Eng.	739592	C. 57.	9728	F
605	Belg.	518626	C. 56.	3969	V
606	Oest.	193158	C. 58.	4946	XIb
610	DAS.	1009182	C. 58.	13086	VII
630	Schwd.	135154	C. 54.	456	XVIIIb
642	Frz.	1069629	C. 56.	2065	XIX
643	Eng.	699977	C. 56.	11533	III
656	Eng.	722816 u. 884	C. 56.	6801	VIII
657	Frz.	1085364	C. 57.	1571	XIX
658	Frz.	1069315	C. 56.	614	XIX
661	Frz.	1070900	C. 56.	613	XIX
665	Amer.	2683739	C. 55.	7785	IX
668	Frz.	1070968	C. 56.	902	XIX
671	Eng.	742819	C. 58.	9856	F
678	Schwz.	313731	C. 57.	5971	VI
684	Frz.	1088408	C. 57.	7831	XIX
688	DBP.	940164	C. 56.	12135	X
698	Eng.	761153	C. 57.	13523	XIX
706	DBP.	962785	C. 58.	6647	V
707	DBP.	947473	C. 57.	2011	F
713	DBP.	964323	C. 59.	8671	I
715	Eng.	757155	C. 57.	11386	F
717	Oest.	191086	C. 58.	6920	F
719	Oest.	186784	C. 57.	10567	F
724	Amer.	2721828	C. 57.	8886	F
727	DAS.	1008333	C. 58.	5779	V

89730	Frz.	1113712	C. 58.	4322	IX
731	Frz.	1113173	C. 58.	4641	XII
732	Eng.	760649	C. 58.	4895	III
734	DAS.	1009617	C. 58.	14170	IX
740	DBP.	964316	C. 57.	11182	XVIIIb
744	Oest.	186860	C. 57.	3420	XVIIIa
745	Eng.	766992 u. 993	C. 58.	1929	F
749	D. P. (DDR)	14047	C. 58.	14394	F
750	Frz.	1122771	C. 58.	8187	IX
751	Eng.	764964	C. 58.	8203	XIb
755	Oest.	188332	C. 57.	10882	IX
766	DAS.	1000387	C. 57.	4775	F
768	Eng.	772978	C. 58.	13370	XIb
772	Eng.	775693	C. 58.	11125	XXII
780	Oest.	192630	C. 58.	7904	XIb
789	Amer.	2783241 u. 242	C. 57.	11102	F
799	DAS.	1020030	C. 58.	6042	F
803	DAS.	1012010	C. 58.	10786	X
814	DAS.	1003729	C. 58.	7844	F
821	Eng.	738839	C. 58.	11355	VII
827	DAS.	1007774	C. 58.	8416	F
830	Oest.	185846	C. 57.	11684	III
838	Eng.	701066	C. 55.	1389	XIb
851	DBP.	939737	C. 57.	530	VI
857	Oest.	170821	C. 52.	7550	III
866	Eng.	707073	C. 55.	4974	XIX
872	DBP.	883785	C. 54.	5147	III
883	DAS.	1002464	C. 57.	11121	III
885	Amer.	2619425	C. 55.	11427	F
892	Frz.	1080106	C. 56.	5720	XVIIIb
894	DBP.	943209	C. 56.	14550	XXIV
895	DBP.	935964	C. 56.	5967	X
904	DBP.	943901	C. 57.	3132	X
912	Amer.	2731417	C. 56.	14547	XIX
916	Frz.	1099257	C. 58.	8470	IX
931	Amer.	2731473	C. 57.	11382	F
936	DBP.	927464	C. 55.	10900	XXI
938	DBP.	957506	C. 58.	11375	X
941	Oest.	188312	C. 57.	7527	XVIIIb
946	Eng.	774135	C. 58.	6136	XIX
947	DBP.	957987	C. 57.	10046	VII
949	Frz.	1109674	C. 57.	549	IX
950	DAS.	1004471	C. 57.	8387	XVI
954	Frz.	1110221	C. 57.	1081	XIX
963	DBP.	945478	C. 57.	280	XII
965	Eng.	760351	C. 57.	13134	F
969	Oest.	190064	C. 58.	6628	F
972	DBP.	952623	C. 57.	6286	X
974	DBP.	944454	C. 57.	1573	XXI
980	Oest.	188332	C. 57.	10882	IX
987	DBP.	950959	C. 57.	3349	F
989	Eng.	761817	C. 58.	4269	F
991	Eng.	775946	C. 57.	12839	F
993	Eng.	793379	C. 59.	6898	F
90009	Eng.	781249	C. 59.	3234	F
024	Frz.	1150933	C. 59.	898	F
033	DAS.	1023862	C. 58.	10477	VI
049	Frz.	1119407	C. 57.	12903	XIa
050	Frz.	1132438	C. 58.	5453	F
051	Frz.	1039360	C. 55.	10871	XIb
053	DBP.	915335	C. 55.	686	IX
057	Frz.	1083774	C. 57.	5716	XIb
061	DAS.	1028078	C. 58.	14205	XVIIIb
068	Frz.	1133519	C. 58.	13369	XIb
074	Frz.	1121252	C. 57.	12569	I
078	Eng.	719472	C. 55.	10406	XVII
082	Oest.	196040	C. 59.	2998	XVII
088	Frz.	1027302	C. 56.	2310	VIII
092	Schwz.	302296	C. 58.	3998	III
095	Schwz.	295672	C. 55.	1379	IX

90 097	DBP.	927 186	C. 55.	9664	VIII
103	Eng.	721 484	C. 55.	10576	F
104	Frz.	1 067 898	C. 55.	10862	IX
106	DAS.	1 003 203	C. 57.	10333	IX
107	Frz.	1 049 755	C. 55.	11047	F
111	Schwz.	304 363	C. 55.	9201	X
112	Schwz.	307 163	C. 56.	6527	X
123	Amer.	2 734 014	C. 59.	2594	VII
126	Eng.	716 479	C. 56.	1705	VI
133	Frz.	1 058 115	C. 55.	3208	F
140	Austr.	163 562	C. 59.	3309	X
141	Austr.	163 563	C. 59.	3309	X
142	Eng.	737 065	C. 56.	9070	XX
144	Frz.	1 085 262	C. 58.	10786	X
149	DBP.	943 075	C. 57.	273	X
152	DBP.	942 345	C. 57.	3668	X
154	Schwz.	311 212			
		312 914			
		bis 919			
		314 551			
		u. 552	C. 57.	10624	X
159	DAS.	1 001 854	C. 57.	7477	VII
162	DBP.	946 558	C. 57.	11441	X
166	DAS.	1 004 617	C. 57.	10012	F
167	DBP.	941 612			
	DAS.	1 002 756			
	Eng.	749 345	C. 57.	10017	F
175	Frz.	1 107 708	C. 57.	1810	XIb
177	DAS.	1 005 234	C. 58.	3493	XXI
187	DBP.	951 865	C. 57.	9777	IX
188	DBP.	958 476	C. 58.	4272	F
193	Frz.	1 113 682	C. 58.	4042	XIb
194	Frz.	1 125 407	C. 59.	566	F
199	Schwz.	325 999	C. 59.	4271	III
201	DBP.	957 123	C. 57.	13131	F
203	Oest.	178 199	C. 54.	7528	XII
212	Eng.	769 664	C. 58.	4365	XIX
213	Eng.	770 907	C. 58.	4368	XIX
214	Amer.	2 732 366	C. 57.	4832	XIb
217	Frz.	1 141 416	C. 58.	6401	XIa
218	Oest.	189 740	C. 58.	6718	XXI
221	Eng.	773 486	C. 58.	5166	F
231	DAS.	1 001 272	C. 58.	2819	F
233	Amer.	2 795 603	C. 58.	10783	IX
236	DBP.	896 297	C. 54.	1164	XXIV
237	DAS.	1 003 498	C. 57.	0494	VII
255	Amer.	2 773 058			
		u. 080	C. 58.	8711	F
262	DBP.	937 372	C. 56.	7314	F
272	DAS.	1 015 802	C. 59.	2231	F
281	Amer.	2 661 349	C. 55.	1159	XIV
290	Frz.	1 103 251	C. 57.	6319	XVIIIb
90 301	DBP.	896 294	C. 54.	9672	XXIV
306	Oest.	175 782	C. 54.	1381	XVIIIa
311	Frz.	1 049 010	C. 56.	3703	IX
312	DBP.	931 795	C. 56.	905	XIX
315	Eng.	716 956	C. 56.	3973	VI
316	Frz.	1 056 398	C. 55.	2055	VII
317	Eng.	717 537	C. 55.	8983	XIb
319	Oest.	179 134	C. 55.	1131	VII
330	Eng.	734 791	C. 56.	7965	XVIIIb
338	DBP.	929 385	C. 56.	314	XIX
349	Frz.	1 092 338	C. 57.	3690	XVII
359	Frz.	1 094 669	C. 56.	8209	VIII
366	Eng.	745 160	C. 57.	3706	XX
369	Frz.	1 097 703	C. 58.	511	F
370	DBP.	934 170	C. 56.	5362	F
372	DAS.	1 005 504	C. 58.	6126	XVII
380	Eng.	756 706	C. 58.	3398	F
383	Eng.	741 444	C. 57.	3396	IX
384	DBP.	946 892	C. 58.	12242	IX
387	DBP.	955 771	C. 57.	12044	XVIIIa
388	Eng.	749 414	C. 57.	10827	F
389	Amer.	2 702 292	C. 56.	7315	F
391	DAS.	1 001 002	C. 57.	9229	XIb
393	Frz.	1 112 749	C. 58.	4607	VII
395	DBP.	960 484	C. 59.	306	X
398	DAS.	1 014 539	C. 58.	8419	XXII
400	Frz.	1 090 690	C. 57.	8931	VIII
405	Oest.	192 914	C. 59.	1217	F
408	DAS.	1 001 681	C. 58.	7550	F
409	DAS.	1 005 961	C. 58.	7551	F
410	DAS.	1 005 960	C. 58.	7550	F
411	Amer.	2 719 156	C. 56.	6276	XVIIIb
412	DBP.	955 539	C. 57.	10371	XIX
413	Frz.	1 099 622	C. 58.	1698	IX
419	DBP.	945 496	C. 57.	305	XX
420	Oest.	195 645	C. 58.	13900	VIII
428	Eng.	761 801	C. 58.	6045	F
438	Frz.	1 132 921	C. 58.	6710	XVIIIb
443	DAS.	1 002 528	C. 57.	9787	XIb
446	Eng.	781 640	C. 59.	896	F
449	DBP.	960 097	C. 58.	13374	XIII
451	DAS.	1 011 425	C. 57.	13750	F
455	Amer.	2 786 067	C. 59.	2299	XIb
462	DAS.	1 008 914	C. 58.	14183	XIb
463	DAS.	1 000 568	C. 57.	8298	F
464	Oest.	191 896	C. 59.	566	F
465	DAS.	1 006 588	C. 58.	1380	F
466	DAS.	1 002 343	C. 58.	2518	F
472	DBP.	963 776	C. 58.	3111	F
473	DAS.	1 017 368	C. 58.	13914	XIb
492	DAS.	1 009 761	C. 57.	12046	XVIIIb

Italienische Patente (It.P.).

441 575	Frz.	984 180	C. 52.	5970	VIII
448 039	Schwz.	261 126	C. 49. E.	944	X
464 564	DBP.	814 996	C. 53.	322	XXIV
465 912	Eng.	687 720	C. 54.	4062	XVIIIb
470 624	Schwz.	289 076	C. 54.	3368	XVII
753	DBP.	839 939	C. 52.	7258	IX
472 237	Frz.	1 097 603	C. 57.	7243	XVIIIb
476 074	Eng.	710 489	C. 55.	9671	IX
486 839	Amer.	2 663 674	C. 55.	3045	XIX
940	Amer.	2 639 276			
	Amer.	2 643 964	C. 54.	9596	III
487 924	Eng.	711 374	C. 55.	7800	XIb
488 020	Eng.	685 359	C. 54.	2947	XIX
242	Oest.	178 350	C. 55.	8500	IX
261	DBP.	926 381	C. 55.	10345	III
331	Frz.	1 059 783	C. 55.	7568	XII
489 410	Schwz.	291 788	C. 54.	7060	X
489 785	DBP.	933 749	C. 56.	1699	V
849	Frz.	1 065 321	C. 55.	7776	VIII
962	Amer.	2 652 408	C.50/54.	2878. S.	X
490 293	Frz.	1 078 832	C.50/54.	2129. S.	IX
342	Frz.	1 092 257	C. 59.	3302	IX
491 345	Eng.	707 462	C. 55.	10631	X
584	Holl.	83 821	C. 59.	6311	XIb
901	Oest.	180 764	C. 55.	6373	VII
492 021	Amer.	2 613 199	C. 54.	4278	XII
137	Amer.	2 734 513	C. 56.	11586	XVI
149	Eng.	729 449	C. 56.	8754	VIII
455	Schwz.	302 163	C. 56.	4847	VIII
465	Frz.	1 064 030	C. 56.	13560	X
478	Amer.	2 665 264	C. 56.	1172	XII
500	Eng.	723 947	C. 56.	4859	XIb
734	Schwz.	295 086	C. 55.	1169	XVIIIa
759	Amer.	2 658 058	C. 54.	8231	XIb

492 804	Norw.	82 611	C. 55.	7807	XVI
808	Frz.	1 064 703	C. 55.	8535	XIX
813	Eng.	701 349	C. 55.	2504	II
814	Oest.	179 544	C. 55.	3717	VIII
815	Oest.	179 605	C. 55.	1419	XXI
821	Eng.	711 930	C. 55.	5942	XIX
834	Norw.	82 056	C. 55.	8039	XIa
841	Frz.	1 063 285	C. 55.	7564	XIb
852	Frz.	1 040 459	C. 55.	6381	VIII
857	DBP.	932 367	C. 56.	11290	IX
864	Eng.	713 910	C. 56.	612	XIX
919	Frz.	1 065 534	C. 55.	7797	XIb
932	Schwz.	317 956	C. 58.	7889	VIII
935	Eng.	712 220	C. 55.	3018	XIb
950	DBP.	898 145	C. 54	4953	X
956	Eng.	730 229	C. 56.	8480	VIII
975	Frz.	1 066 270	C. 55.	2260	F
983	Oest.	182 462	C. 56.	3397	III
493 003	Amer.	2 502 355	C. 51.	I. 1655	VII
020	Eng.	727 882	C. 56.	5995	XVIIIb
021	Eng.	727 889	C. 56.	5995	XVIIIb
025	Oest.	172 949	C. 53.	3960	XIb
026	Schwd.	135 061	C. 54.	10155	XIX
031	Schwz.	302 490	C. 55.	8292	XVIIIb
043	DBP.	895 673	C. 54.	3786	VII
048	Oest.	174 477	C. 54.	210	XIb
050	Frz.	1 048 597	C. 55.	1146	X
059	DBP.	855 710	C. 53.	1724	X
061	Frz.	1 046 369	C. 54.	10630	XXII
067	Frz.	1 035 590	C. 55.	4212	IX
076	Schwz.	304 007	C. 55.	8233	V
087	DBP.	887 091	C. 54.	10107	XIa
090	Eng.	701 729	C. 55.	1173	XVIIIb
091	Frz.	63 814	C. 58.	11655	VIII
092	Frz.	1 061 880	C. 55.	4983	XXIV
123	Frz.	1 061 501	C. 55.	6844	VIII
124	DBP.	948 599	C. 57.	7464	V
147	Frz.	1 070 520	C. 56.	2578	VII
201	Oest.	176 852	C. 55.	4022	XXIV
243	Frz.	1 062 742	C. 55.	6360	III
255	DBP.	893 789	C. 55.	904	V
269	Eng.	717 638	C. 56.	8786	XVIIIb
286	Eng.	722 373	C. 56.	5403	VIII
301	Frz.	995 878	C. 53.	8672	F
322	DBP.	900 697	C. 54.	7086	XVIIIb
328	Eng.	715 420	C. 56.	2891	XIb
329	DBP.	899 339	C. 56.	6487	I
330	DBP.	891 986	C. 54.	9393	IX
340	Holl.	74 517	C. 56.	12969	VIII
350	Schwz.	296 007	C. 54.	11270	IV
351	Eng.	724 155	C. 55.	11657	V
352	DBP.	928 727	C. 56.	1201	XIX
353	Frz.	1 065 386	C. 55.	7587	XIX
356	Eng.	716 843	C. 55.	10616	VIII
358	Eng.	689 349	C. 54.	1112	VIII
361	DBP.	890 049	C. 54.	654	IX
362	Frz.	1 050 581	C. 55.	6656	XVIIIb
363	Eng.	706 892	C. 55.	3539	XIX
365	Frz.	1 066 282	C. 55.	7568	XII
367	Oest.	179 196	C. 55.	1892	XXIV
377	Frz.	1 062 803	C. 55.	3685	F
379	Frz.	1 064 811	C. 55.	5941	XIX
395	Belg.	515 032	C. 56.	878	XII
402	Belg.	501 107	C. 56.	12427	XVIIIa
408	Frz.	1 052 555	C. 55.	487	XVIIIb
409	Eng.	745 665	C. 57.	12601	VIII
410	Frz.	1 052 696	C. 55.	937	XII
413	Eng.	698 753	C. 55.	8024	VIII
414	Eng.	721 357	C. 55.	10170	XIX
421	Oest.	177 359	C. 54.	6405	XX
434	Amer.	2 672 396	C. 56.	877	XIb
435	Amer.	2 669 503	C. 56.	877	XIb
437	Frz.	1 054 594	C. 55.	437	V

493 448	Frz.	63 139	C. 58.	3777	XVIIIb
449	DBP.	942 526	C. 57.	835	XIX
452	Oest.	177 784	C. 54.	9141	IX
453	Frz.	63 139	C. 58.	3777	XVIIIb
455	Frz.	1 058 002	C. 55.	6655	XVIIIb
456	Amer.	2 719 801	C. 57.	5110	VIII
469	DBP.	894 293	C. 54.	6304	III
482	Frz.	1 023 248	C. 55.	2044	V
486	Eng.	709 872	C. 55.	5216	XVIIIb
494	Oest.	179 185	C. 55.	1404	XVII
497	Eng.	718 219	C. 56.	610	XIX
507	Amer.	2 657 112	C. 55.	1384	XIa
521	Eng.	740 724	C. 56.	12686	IX
528	Amer.	2 642 449	C. 54.	2498	IX
567	Eng.	741 637	C. 56.	11093	XVII
570	Ind.	47 996	C. 56.	2906	XVIIIb
571	DBP.	926 185	C. 55.	8735	IX
612	Frz.	1 055 746	C. 55.	1862	XII
613	DBP.	939 537	C. 57.	2327	VIII
623	DBP.	883 203	C. 54.	2283	XIb
625	Frz.	1 042 187	C. 54.	8879	V
632	DBP.	877 896	C. 54.	211	XII
633	Eng.	693 843	C. 55.	687	IX
704	Eng.	672 180	C. 53.	5576	IX
709	DBP.	909 991	C. 55.	11296	XIb
712	Oest.	180 145	C. 55.	3503	XIb
713	Frz.	1 056 742	C. 55.	5396	VI
741	Eng.	730 985	C. 56.	7359	VIII
755	Eng.	702 089	C. 55.	1646	XVIIIb
762	Frz.	1 057 436	C. 55.	8724	VIII
763	Frz.	1 068 817	C. 56.	9058	XVI
765	DBP.	934 650	C. 56.	5688	IX
779	Frz.	1 063 719	C. 56.	3397	III
787	DBP.	904 200	C. 54.	7947	III
800	Frz.	1 069 315	C. 56.	614	XIX
801	Eng.	684 607	C. 54.	11515	IV
802	Eng.	671 617	C. 54.	653	IX
804	Frz.	1 055 900	C. 56.	4844	VIII
812	Eng.	714 378	C. 55.	5619	I
833	Holl.	78 829	C. 58.	13132	XVII
834	DBP.	910 533	C. 54.	10552	I
847	Amer.	2 671 070	C. 55.	10637	XIb
861	Eng.	718 723	C. 56.	859	IX
890	Frz.	1 068 981	C. 56.	2912	XIX
893	Frz.	1 069 009	C. 56.	2624	XIX
903	Eng.	688 339	C. 54.	4960	XIb
904	Frz.	1 022 717	C. 55.	903	V
925	Amer.	2 734 024	C. 57.	3121	VIII
988	Amer.	2 680 124	C. 55.	6870	XII
494 001	Schwz.	290 873	C. 54.	5650	XVI
007	Frz.	1 037 282	C. 54.	9112	III
019	Eng.	717 063	C. 56.	4560	VIII
024	Frz.	1 073 884	C. 56.	11556	VIII
029	Eng.	729 757	C. 56.	8212	IX
041	DBP.	881 647	C. 54.	191	IX
049	Frz.	1 071 071	C. 56.	5687	IX
050	Eng.	738 067	C. 56.	9600	XVIIIb
051	Eng.	731 838	C. 56.	9604	XIX
053	Frz.	1 061 589	C. 55.	1611	X
061	Schwz.	299 671	C. 55.	7089	X
065	Eng.	704 316	C. 54.	10113	XIb
082	Frz.	1 065 859	C. 55.	6840	VIII
094	Eng.	721 415	C. 56.	7100	XII
095	Eng.	719 635	C. 56.	1447	IX
096	Eng.	727 604	C. 57.	8691	XIX
097	Frz.	1 082 346	C. 56.	8209	VIII
098	Eng.	719 633	C. 55.	9481	XIX
099	DBP.	860 048	C. 53.	3475	IX
100	DBP.	860 048	C. 53.	3475	IX
103	Schwd.	136 188	C. 55.	1173	XVIIIb
105	Oest.	177 494	C. 54.	10393	XIX
110	Frz.	1 055 262	C. 55.	5216	XVIIIb
113	DBP.	888 122	C. 54.	4687	III

494114	DBP.	906966	C. 55.	6403	X
115	DBP.	887943	C. 54.	3564	IX
118	Schwz.	307966	C. 56.	8188	V
122	Amer.	2682496	C. 56.	611	XIX
123	Eng.	718578	C. 55.	10897	XIX
132	Amer.	2711991	C. 57.	7494	IX
142	Frz.	1073980	C. 56.	5998	XIX
152	Frz.	1058819	C. 56.	13001	XVIIIa
155	Frz.	1069437	C. 56.	2006	VII
166	Holl.	79994	C. 58.	11340	III
168	Frz.	1068762	C. 56.	2625	XIX
169	Frz.	1062224	C. 55.	9436	VIII
170	Schwz.	311314	C. 56.	13550	VIII
171	DBP.	888854	C. 54.	654	IX
172	DBP.	946624	C. 57.	2047	VII
176	Eng.	736600	C. 56.	7123	XIX
186	Amer.	2628963	C. 54.	7749	X
205	Frz.	1058949	C. 56.	13528	V
207	Frz.	1057368	C. 55.	5905	X
230	Eng.	714555	C. 55.	6104	V
254	Frz.	1063647	C. 55.	5647	VIII
263	DBP.	926243	C. 55.	7559	X
272	Eng.	719313	C. 55.	9149	F
282	Frz.	1071163	C. 56.	8787	XVIIIb
285	Frz.	1078377	C. 56.	10608	XIb
288	Frz.	1045929	C. 54.	8899	VIII
289	Frz.	1063872	C. 55.	8490	VIII
294	Eng.	742479	C. 56.	13565	XIb
295	Frz.	1059578	C. 55.	7076	VIII
299	Oest.	180118	C. 55.	10891	XVIIIb
404	Oest.	179653	C. 55.	2744	III
407	Amer.	2635946	C. 55.	2084	XIa
411	Eng.	695841	C. 55.	3771	XIX
421	Eng.	721207	C. 56.	11070	IX
428	Frz.	1044332	C. 54.	8878	V
433	Amer.	2683131	C. 56.	9312	XIb
434	Frz.	1089286	C. 58.	560	IX
435	Eng.	706967	C. 55.	11484	XIX
437	Amer.	2668522	C. 55.	7124	XIX
444	Amer.	2691007	C. 56.	4288	XIa
455	Frz.	1068518	C. 56.	4005	XIb
466	Eng.	716853	C. 55.	7059	V
474	DBP.	912098	C. 54.	9129	VIII
475	Frz.	1045441	C. 55.	10858	IX
480	Frz.	1066631	C. 56.	2626	XIX
481	Frz.	1071273	C. 56.	2624	XIX
497	Eng.	723435	C. 56.	5165	XVIIIb
498	Eng.	716336	C. 56.	5995	XVIIIb
502	DBP.	883180	C. 54.	2507	XIa
510	DBP.	922734	C. 55.	6366	VI
520	Frz.	1064126	C. 56.	4844	VIII
530	DBP.	887141	C. 54.	8442	VIII
551	DBP.	854793	C. 54.	392	I
552	Frz.	62421	C. 56.	13854	IX
555	DBP.	895041	C. 54.	10594	X
556	DBP.	933222	C. 56.	6515	VIII
559	Frz.	1060066	C. 55.	8511	XIb
560	Schwd.	140325	C. 55.	2819	XIX
563	Schwz.	300933	C. 55.	9164	I
567	Belg.	513521	C. 56.	7948	XIb
583	Frz.	1069001	C. 56.	2579	VII
584	Schwz.	306049	C. 56.	7936	IX
667	Frz.	1065193	C. 55.	9473	XVIIIa
679	DBP.	899696	C. 56.	577	X
710	DBP.	888173	C. 53.	9008	XIb
713	Frz.	1068669	C. 56.	5934	II
714	Frz.	1059507	C. 55.	2106	XVIIIb
717	Eng.	732129	C. 56.	13241	VII
719	Eng.	724190	C. 56.	14186	IX
722	Frz.	1063359	C. 55.	5389	III
738	DBP.	950365	C. 58.	9341	VIII
769	DBP.	933145	C. 56.	4285	X
798	Frz.	1071291	C. 56.	1761	XVII
494820	Frz.	1074551	C. 56.	3461	XIX
869	DBP.	926844	C. 56.	263	IX
871	Eng.	719013	C. 55.	9165	III
885	Frz.	1080514	C. 56.	10783	III
995	Eng.	741468	C. 58.	1135	VIII
495058	Eng.	716157	C. 56.	7691	XIX
060	Oest.	178345	C. 54.	7953	V
066	Eng.	709255	C. 55.	184	III
070	Oest.	177845	C. 56.	11270	III
071	Eng.	717957	C. 56.	7931	VIII
073	Frz.	1073996	C. 56.	2914	XIX
094	Eng.	728291	C. 56.	12142	XII
095	Eng.	721283	C. 56.	8761	X
096	Eng.	719089	C. 55.	8740	X
102	Norw.	79533	C. 53.	4756	VII
104	Amer.	2681268	C. 55.	8234	V
111	Eng.	691403	C. 55.	9425	VII
113	Eng.	712747	C. 55.	7081	IX
120	Eng.	685050	C. 53.	9610	VII
133	DBP.	881658	C. 54.	5853	IX
155	Eng.	706962	C. 55.	2551	XII
156	Eng.	717883	C. 55.	9007	XXI
157	Frz.	1059340	C. 55.	10414	XVIIIb
160	Frz.	1074552	C. 56.	3461	XIX
162	Frz,	1060150	C. 55.	1795	F
166	DBP.	921083	C. 55.	7997	I
169	DBP.	916443	C. 55.	2505	III
171	Oest.	177595	C. 54.	11098	XIX
172	Frz.	1065691	C. 56.	1406	III
183	Frz.	1064892	C. 55.	9662	VIII
196	Schwd.	140989	C. 55.	10174	XX
200	DBP.	910108	C. 54.	11336	XVIIIb
203	Frz.	1041663	C. 54.	7994	XIb
205	Norw.	81717	C. 55.	7053	III
208	Eng.	730789	C. 56.	7630	I
209	DBP.	934771	C. 58.	11645	VII
210	Frz.	1031836	C. 54.	5596	III
220	Oest.	182721	C. 56.	3689	VII
226	Eng.	720513	C. 56.	1448	IX
227	DBP.	922733	C. 55.	6109	VI
338	Belg.	515501	C. 56.	5388	VI
355	Frz.	1068360	C. 55.	8705	V
375	Frz.	1074727	C. 56.	2889	XIa
378	Frz.	1080515	C. 56.	10783	III
393	Eng.	727080	C. 55.	11677	VIII
399	Austr.	164438	C. 59.	913	III
404	Frz.	1062761	C. 55.	1152	XIb
425	Eng.	719523	C. 55.	9167	V
427	Eng.	750001	C. 58.	851	VIII
428	Eng.	730226	C. 56.	11312	XVIIIb
436	Eng.	728695	C. 56.	9312	XIb
438	Frz.	1071963	C. 56.	5964	IX
453	DBP.	894845	C. 54.	6588	IX
470	Schwz.	294084	C. 55.	10130	VIII
495	DBP.	920750	C. 55.	6856	X
496	Frz.	1074020	C. 56.	5172	XIX
508	Eng.	710597	C. 55.	1410	XVIIIa
513	Oest.	169333	C. 52.	2278	XVII
544	Schwd.	141508	C. 56.	567	IX
549	Frz.	1074634	C. 56.	10608	XIb
550	Frz.	1078377	C. 56.	10608	XIb
551	Frz.	1085364	C. 57.	1571	XIX
565	DBP.	904044	C. 54.	6622	XVIIIb
566	Eng.	707320	C. 54.	10824	XIa
588	Frz.	1068464	C. 56.	13005	XVIIIb
654	DBP.	927042	C. 56.	12693	X
655	Frz.	1066388	C. 55.	6647	XVII
659	Eng.	736812	C. 57.	795	VIII
660	DBP.	895478	C. 54.	7257	III
664	Frz.	1066655	C. 55.	3296	XXIV
673	Holl.	80328	C. 58.	14466	XIb
675	Frz.	1051449	C. 56.	10788	V
679	Frz.	1047017	C. 56.	6557	XIX

495680	Frz.	1098917	C. 57.	7218	XXIII
686	Eng.	722398	C. 57.	3642	V
687	Eng.	718687	C. 55.	8042	XIb
700	Eng.	723081	C. 55.	11686	IX
771	Eng.	722980	C. 55.	8733	IX
772	Eng.	739277	C. 56.	7364	IX
773	Eng.	723508	C. 55.	11290	IX
774	Eng.	723293	C. 55.	10351	V
775	Eng.	723757	C. 55.	10351	V
776	Eng.	729502	C. 56.	7936	IX
801	Finn.	26637	C. 54.	5177	IX
802	Finn.	26637	C. 54.	5177	IX
805	Frz.	1022474	C. 54.	3299	II
813	Oest.	175702	C. 54.	3819	XIb
820	Amer.	2737527	C. 57.	269	IX
825	Schwz.	303917			
		bis 926	C. 56.	8224	XIb
831	Oest.	176980	C. 55.	1365	VIII
839	Frz.	1064785	C. 55.	3784	XXIV
862	Frz.	1041444	C. 55.	8479	VII
863	DBP.	885538	C. 54.	881	IX
864	Oest.	179136	C. 55.	1131	VII
865	DBP.	840698	C. 53.	578	F
868	Oest.	182701	C. 56.	2906	XVIIIb
918	Eng.	711860	C. 55.	4450	VIII
928	Eng.	730095	C. 56.	13569	XIII
933	Amer.	2745799	C. 57.	6278	VIII
936	Eng.	711818	C. 55.	5463	XIX
950	Eng.	719004	C. 56.	10783	III
986	DBP.	920146	C. 55.	8292	XVIIIb
990	Amer.	2675362	C. 55.	3501	XIb
496009	Oest.	183767	C. 56.	12668	VII
012	Schwz.	295672	C. 55.	1379	IX
013	Eng.	731438	C. 56.	12685	IX
030	DBP.	932344	C. 56.	6002	XXIV
036	Amer.	2751280	C. 58.	2836	I
038	Eng.	717805	C. 55.	9936	XVIIIa
040	Oest.	179898	C. 55.	3499	XIb
044	DBP.	913871	C. 55.	3292	XXI
045	Amer.	2689799	C. 56.	4307	XVIIIa
082	DBP.	904047	C. 55.	9670	IX
163	Frz.	1069677	C. 56.	2595	IX
164	Frz.	1071691	C. 56.	1693	I
207	DBP.	890253	C. 54.	1835	XIa
222	Eng.	723530	C. 57.	1326	XIX
235	Eng.	726821	C. 56.	254	VIII
259	Eng.	725271	C. 56.	228	V
262	Schwz.	298866	C. 55.	2501	I
266	Belg.	516515	C. 56.	12430	XVIIIb
267	DBP.	904229	C. 55.	6857	X
275	DBP.	931499	C. 56.	5703	XII
276	Frz.	1069413	C. 55.	1646	XVIIIb
277	Eng.	706699	C. 55.	254	XVIIIa
304	DBP.	894622	C. 54.	2724	XII
305	Eng.	697097	C. 54.	11089	XVIIIb
319	Holl.	86167	C. 59.	7962	IX
322	Frz.	1056134	C. 56.	12686	IX
330	Eng.	712268	C. 55.	10149	XIb
331	Eng.	716517	C. 55.	5928	XVII
333	Eng.	733094	C. 56.	5694	X
334	DBP.	921245	C. 55.	4261	XXIV
339	Eng.	705543	C. 54.	10300	F
341	Eng.	714004	C. 55.	6428	XVIIIb
343	Eng.	708595	C. 54.	10795	V
347	Frz.	1067960	C. 56.	14509	XIb
353	Frz.	1063348	C. 55.	5195	XIb
356	Frz.	1068102	C. 55.	8960	VIII
357	Amer.	2646348	C. 54.	8719	XIX
359	Amer.	2616905	C. 54.	8724	XIX
362	Frz.	1070492	C. 56.	271	XIa
367	DBP.	895686	C. 54.	8666	VIII
369	DBP.	931729	C. 56.	4007	XIb
372	Oest.	178199	C. 54.	7528	XII
496377	DBP.	965662	C. 58.	5819	XII
379	Eng.	646587	C. 53.	9296	VIII
	Schwz.	263331	C. 50. II.	338	VIII
380	Eng.	745366	C. 57.	5970	VI
381	Schwz.	314722	C. 57.	6927	XVIIIa
383	Frz.	1040051	C. 54.	7990	XIa
384	Frz.	1071247	C. 56.	2021	VIII
385	Eng.	719913	C. 55.	8536	XIX
387	Frz.	1066697	C. 55.	8023	VIII
388	Eng.	721516	C. 55.	10370	VIII
389	Oest.	190198	C. 58.	1470	XIX
391	Frz.	1069512	C. 55.	7074	VIII
392	Oest.	179024	C. 56.	254	VIII
395	Oest.	181429	C. 55.	8278	XIb
412	Frz.	1024611	C. 55.	8499	IX
415	DBP.	863277	C. 54.	1344	VIII
418	Frz.	1034195	C. 56.	1451	IX
	Frz.	61790	C. 58.	6676	IX
427	DBP.	915456	C. 55.	2039	I
433	Schwz.	297668	C. 55.	7089	X
444	Frz.	1067967	C. 55.	8497	IX
455	Frz.	1078992	C. 56.	11302	XII
606	Frz.	1042208	C. 56.	3145	VIII
607	Frz.	1041406	C. 55.	8257	VIII
613	Amer.	2651605	C. 54.	7979	IX
649	Frz.	1057585	C. 55.	5198	XII
651	Amer.	2676117	C. 56.	14156	VI
667	Schwz.	307965	C. 56.	6780	V
683	Frz.	1079796	C. 56.	9065	XVIIIb
692	Eng.	726068	C. 56.	11575	XIb
703	Eng.	699934	C. 55.	8024	VIII
706	Schwz.	300929	C. 55.	10106	I
744	DBP.	915865	C. 55.	4243	XVIIIb
750	Eng.	717291	C. 56.	9586	XIb
767	Frz.	1072085	C. 55.	2333	XVIIIb
768	Eng.	719400	C. 56.	6258	XII
806	Eng.	707908	C. 55.	4730	XVII
819	Frz.	1029709	C. 54.	6560	III
824	Oest.	177149	C. 55.	4984	XXIV
828	Frz.	1065315	C. 55.	1810	I
829	Eng.	710169	C. 55.	4429	V
833	Frz.	1061044	C. 54.	10855	XIX
836	DBP.	879555	C. 54.	4478	VIII
839	Oest.	178059	C. 54.	9604	VI
842	Schwz.	293502	C. 55.	10130	VIII
851	Schwz.	303970	C. 56.	5665	VI
858	Schwz.	304596	C. 55.	11713	XVIIIb
860	Belg.	516938	C. 56.	5136	X
864	DBP.	914492	C. 55.	3707	V
865	Eng.	726201	C. 56.	5161	XVII
867	Frz.	1072603	C. 56.	2620	XVIIIb
868	Amer.	2696458	C. 56.	10632	XIX
869	Amer.	2720498	C. 57.	2606	XIb
879	Frz.	1070170	C. 55.	9185	VIII
880	Eng.	740252	C. 56.	9277	V
881	Frz.	1070263	C. 56.	6553	XVIIIb
883	Oest.	180736	C. 55.	6154	XIb
886	Austr.	163269	C. 59.	3006	XVIIIb
890	Belg.	517524	C. 56.	4598	XVIIIb
891	Eng.	763337	C. 58.	3158	VIII
893	Eng.	723992	C. 55.	11677	VIII
895	Frz.	1070393	C. 56.	6255	XIb
907	Eng.	714497	C. 55.	9234	XIX
914	Frz.	1058743	C. 55.	2794	XIb
916	Frz.	1059221	C. 55.	8273	XIb
918	Frz.	1062397	C. 56.	532	III
919	Frz.	1062397	C. 56.	532	III
922	Oest.	176412	C. 54.	3328	VIII
925	Schwz.	294084			
		u. 085	C. 55.	10130	VIII
928	Frz.	1068896	C. 56.	904	XIX
933	DBP.	902732	C. 54.	5596	III
934	Schwz.	295584	C. 54.	9421	XVII

496940	Oest.	180732	C. 55.	5193	XIa
941	Oest.	175882	C. 54.	1589	IX
951	DBP.	937224	C. 56.	7368	X
956	DBP.	907737	C. 54.	8013	XVIIIa
959	Frz.	1074722	C. 56.	2624	XIX
960	Oest.	183753	C. 58.	4624	IX
972	Eng.	727528	C. 58.	13639	X
979	Frz.	1069990	C. 56.	3152	IX
984	Eng.	712442	C. 55.	3018	XIb
985	Frz.	1073591	C. 56.	3459	XIX
986	Eng.	732786	C. 57.	5992	IX
988	Frz.	1074831	C. 56.	6805	VIII
989	Eng.	722875	C. 55.	8510	XIb
990	Amer.	2659727	C. 55.	3494	X
497001	Frz.	1045610	C. 54.	10814	VIII
009	Frz.	1052134	C. 55.	10829	III
029	Eng.	721340	C. 56.	7101	XII
031	Belg.	516208	C. 56.	4578	XIb
034	DBP.	923843	C. 55.	7815	XIX
056	Frz.	1023732			
		u. 733	C. 54.	10076	III
094	Frz.	1089162	C. 57.	13812	IX
111	Frz.	1014901	C. 54.	874	VIII
497115	Frz.	1033407	C. 54.	5837	VI
116	Frz.	1030726	C. 54.	8664	VIII
146	Eng.	739156	C. 56.	13242	VII
165	Eng.	730468	C. 57.	1802	X
178	Frz.	1075300	C. 56.	14505	XIa
183	DBP.	925735	C. 55.	9921	XIb
200	Eng.	713036	C. 55.	7310	VIII
209	Frz.	1046512	C. 55.	4263	XXIV
217	DBP.	951315	C. 58.	7857	G
237	DBP.	967208	C. 58.	6074	VI
245	Frz.	1066602	C. 55.	6612	VIII
355	Amer.	2664351	C. 56.	1729	VIII
357	DBP.	875296	C. 54.	1618	XVI
363	Finn.	26902	C. 55.	5411	VIII
365	Oest.	179779	C. 55.	3292	XXIII
370	DBP.	950365	C. 58.	9341	VIII
397	Frz.	1071323	C. 56.	2572	VI
404	Holl.	78622	C. 58.	10517	XII
405	Holl.	78622	C. 58.	10517	XII
649	Frz.	1067554	C. 55.	9214	XII
651	Oest.	181015	C. 55.	6595	VI
670	DBP.	918484	C. 55.	9715	XXIV

Japanische Auslegeschriften (Jap. A. S.).

1957					
10348	Eng.	791765	C. 59.	9770	XVIIIb
10497	Eng.	791920	C. 59.	5311	XIb
10593	Oest.	192631	C. 59.	3657	XIa
10597	Oest.	195108	C. 59.	9072	XII
10599	Amer.	2810628	C. 59.	4304	IX
10694	Eng.	793132	C. 59.	6674	XVIIIb
1958					
46	Frz.	1132506	C. 59.	968	XIb
47	Eng.	766764	C. 58.	11337	I
48	Amer.	2813838	C. 59.	7307	XIb
1958					
49	Amer.	2741630	C. 57.	5156	XIX
165	Eng.	771647	C. 58.	10512	XIb
190	Frz.	1079248	C. 56.	14513	XII
293	DAS.	1006154	C. 58.	3179	XIb
925	Eng.	795713	C. 59.	4963	IX
945	Eng.	766849	C. 58.	8225	XVIIIb
946	Frz.	1143304	C. 59.	6312	XIb
1392	Frz.	1124996	C. 58.	9592	III
1394	DAS.	1005273	C. 57.	13466	VIII

Norwegische Patente (N.P.).

83459	Belg.	508521	C.50/54.4214, S.		V
536	Eng.	754385	C. 58.	1159	XII
869	Frz.	1050312	C.50/54.2929, S.		XVII
84728	Belg.	511840	C.50/54.4218, S.		V
85053	Schwz.	291808	C. 55.	1799	F
060	Schwz.	295242	C. 54.	11254	F
061	Schwz.	291807	C. 54.	11499	F
153	Frz.	1045422	C.50/54.3631, S.		XVI
199	Schwz.	319785	C. 58.	2518	F
932	Eng.	728997	C. 58.	14174	IX
988	DBP.	960486	C. 59.	306	X
86377	Austr.	160137	C. 59.	8396	XIa
501	Austr.	159871	C. 59.	7896	F
555	Austr.	200447	C. 59.	7007	XIX
584	Belg.	531553	C. 59.	958	IX
591	Amer.	2725315	C. 56.	11267	III
604	Eng.	786984	C. 59.	1993	XX
817	Belg.	502263	C.50/54.4217, S.		V
823	Oest.	172597	C. 56.	12657	III
912	Eng.	782028	C. 59.	1649	XVIIIb
920	DBP.	962626	C. 59.	633	X
87001	Schwz.	297827	C. 55.	11268	V
005	Frz.	1080106	C. 56.	5720	XVIIIb
006	Frz.	1088211	C. 57.	14071	F
009	Belg.	528417	C. 58.	7594	VIII
018	Belg.	521191	C. 57.	2340	XIa
019	Eng.	719472	C. 55.	10406	XVII
024	Eng.	747225	C. 57.	1753	F
032	Schwz.	307334	C. 56.	7373	XIb
040	Frz.	1073727	C. 56.	3176	XVI
045	Frz.	1091215	C. 56.	13253	VIII
046	Frz.	1091216	C. 56.	13253	VIII
87057	Belg.	521209	C. 57.	2837	V
058	Eng.	741485	C. 56.	11562	IX
059	Frz.	1105211	C. 57.	12610	X
060	Frz.	1105211	C. 57.	12610	X
074	DBP.	962824	C. 57.	11445	XIa
097	Amer.	2749214	C. 57.	7144	V
098	DAS.	1003203	C. 57.	10333	IX
099	Eng.	734430	C. 57.	2559	F
103	Eng.	733762	C. 56.	3396	III
113	Schwz.	321863	C. 58.	9036	V
130	DAS.	1006770	C. 57.	11194	XX
134	DAS.	1013630	C. 58.	13326	I
135	Eng.	676771	C. 55.	6622	IX
139	Oest.	174667	C. 54.	2464	III
140	DBP.	955622	C. 57.	5676	III
147	Oest.	192060	C. 58.	6040	F
148	Eng.	698767	C. 56.	4230	F
153	Frz.	1087091	C. 57.	8933	VIII
190	Amer.	2751280	C. 58.	2836	I
191	DBP.	933446	C. 56.	10312	I
194	Eng.	687513	C. 55.	1406	XVII
199	Eng.	744941	C. 56.	13834	VII
200	DBP.	926128	C. 55.	7293	V
201	DBP.	944317	C. 57.	1785	VII
202	Eng.	737127	C. 56.	11094	XVIIIa
203	DBP.	921450	C. 55.	8264	IX
	DBP.	936630	C. 56.	7366	IX
204	Amer.	2688031	C. 56.	1736	IX
205	Frz.	1096826	C. 58.	1428	IX
206	Frz.	1096826	C. 58.	1428	IX
207	Frz.	1096826	C. 58.	1428	IX
208	Frz.	1098525	C. 58.	1091	F

87209	Frz.	1096826	C. 58.	1428	IX
215	Belg.	520828	C. 56.	14115	F
220	Eng.	762122	C. 58.	10789	XIa
221	Eng.	767017	C. 58.	3178	XIb
222	Amer.	2731404	C. 57.	8933	VIII
230	Oest.	188044	C. 57.	6870	VI
234	Amer.	2677608	C. 56.	1439	VIII
235	Schwz.	314629	C. 58.	1108	I
236	Frz.	1112749	C. 58.	4607	VII
237	DBP.	940118	C. 57.	268	IX
240	Amer.	2685549	C. 56.	1742	X
244	DBP.	869981	C. 53.	9265	III
245	Finn.	26808	C. 55.	2505	III
246	DBP.	899216	C. 54.	8894	III
253	Eng.	735676	C. 56.	4594	XVIIIa
261	DAS.	1001854	C. 57.	7477	VII
271	Eng.	678998	C. 53.	7895	V
272	DBP.	937285	C. 56.	7337	V
273	Frz.	1090305	C. 58.	8133	F
274	Frz.	1098524	C. 58.	1091	F
275	Eng.	743602	C. 57.	249	VII
276	DBP.	946229	C. 57.	3650	VII
286	DBP.	885310	C. 54.	2923	XIb
304	Oest.	180914	C. 55.	4723	XVI
307	Frz.	1069677	C. 56.	2595	IX
308	Oest.	182709	C. 56.	3380	F
309	Frz.	1098614	C. 58.	803	F
310	Oest.	190498	C. 58.	9385	XVIIIb
311	Frz.	1108128	C. 57.	497	F
325	Eng.	748490	C. 57.	7142	V
326	DAS.	1014330	C. 58.	6965	VIII
334	DBP.	954392	C. 58.	7940	XXIV
335	DBP.	929460	C. 56.	6562	XXIV
345	Eng.	765351	C. 58.	8440	IV
346	DBP.	964858	C. 58.	858	IX
347	Frz.	1082899	C. 57.	14071	F
351	Eng.	776479	C. 59.	8692	VII
360	Eng.	720030	C. 56.	3731	XVIIIb
361	DBP.	873438	C. 53.	7355	F
365	Frz.	1105610	C. 57.	6299	XIb
366	Frz.	1105381	C. 57.	1831	XVIIIb
367	Eng.	752045	C. 57.	11730	XIa
369	Amer.	2731405	C. 57.	8933	VIII
377	Frz.	1053625	C. 55.	1835	IX
396	Frz.	1112749	C. 58.	4607	VII
422	Frz.	1105724	C. 57.	7507	XIb
423	Frz.	1113173	C. 58.	4641	XII
444	Frz.	1089139	C. 58.	10519	XIV
446	Amer.	2651643	C. 55.	8680	F
447	Eng.	726362	C. 56.	9035	IX
448	Oest.	186368	C. 58.	3399	F
449	Frz.	1091885	C. 58.	3692	F
450	DBP.	944950	C. 57.	3080	F
451	Schwz.	311413	C. 56.	9257	F
458	Eng.	698963	C. 55.	1167	XVII
465	Frz.	1086806	C. 57.	3405	XIb
466	Frz.	1090020	C. 57.	5715	XIb
470	DBP.	961670	C. 57.	12879	VII
471	DBP.	930758	C. 56.	2006	VII
482	DBP.	934363	C. 56.	2898	XV
483	Frz.	1105841	C. 57.	2365	XVIIIb
485	DBP.	945509	C. 57.	10288	F
487	Frz.	1071804	C. 56.	11533	III
496	DBP.	902434	C. 54.	7044	VIII
499	Oest.	183965	C. 57.	4525	VIII
509	Finn.	25372	C. 52.	5836	XVIIIa
521	Eng.	737858	C. 56.	8188	V
522	Eng.	714883	C. 55.	6849	IX
524	Frz.	1038642	C. 54.	6579	VIII
525	DAS.	1022806	C. 59.	5624	VIII
87540	Frz.	1099749	C. 57.	3677	XIb
543	Frz.	1088970	C. 58.	1733	XVIIIa
544	DBP.	884150	C. 54.	11349	XXIV
547	Oest.	190068	C. 58.	7247	VII
551	Eng.	742537	C. 57.	14204	XVII
555	Eng.	739827	C. 57.	8639	VIII
556	Belg.	529597	C. 58.	14158	VII
565	Schwz.	309557	C. 56.	10769	F
566	Frz.	1097703	C. 58.	511	F
567	DBP.	963874	C. 58.	8710	F
568	Eng.	758464	C. 58.	6335	F
577	Eng.	734480	C. 57.	7783	VIII
582	Frz.	1060041	C. 55.	9436	VIII
594	Frz.	1053602	C. 55.	8524	XVII
595	DBP.	956048	C. 57.	10029	I
596	DBP.	956048	C. 57.	10029	I
597	Frz.	1068449	C. 55.	8258	VIII
601	DBP.	927518	C. 56.	1405	III
603	Amer.	2730558	C. 57.	2634	XIX
604	Frz.	1045441	C. 55.	10858	IX
610	Eng.	754552	C. 57.	6638	XIX
618	Frz.	1086654	C. 57.	1768	I
619	Eng.	737858	C. 56.	8188	V
627	Frz.	1107163	C. 58.	9093	XVII
630	Eng.	789713	C. 59.	4908	F
649	Eng.	705637	C. 55.	2975	I
661	Oest.	180611	C. 56.	1695	III
670	Oest.	181081	C. 56.	4029	XXII
672	Frz.	1122029	C. 57.	13495	XIb
681	Frz.	1078411	C. 56.	10805	VIII
684	Frz.	1060976	C. 56.	13523	III
686	Frz.	1064168	C. 55.	2505	III
687	Eng.	745546	C. 57.	3122	IX
694	Frz.	1082355	C. 56.	11842	VIII
721	DBP.	925407	C. 55.	8234	V
	DBP.	926782	C. 56.	229	V
722	Eng.	735617	C. 56.	10575	V
723	DBP.	923249	C. 56.	264	IX
724	Frz.	1113173	C. 58.	4641	XII
736	Eng.	757934	C. 57.	11386	F
745	DBP.	876463	C. 54.	2042	VIII
766	Schwz.	299364	C. 55.	4185	V
767	Eng.	776356	C. 59.	1304	XVI
768	Oest.	187905	C. 58.	511	F
769	Oest.	187905	C. 58.	511	F
770	Amer.	2687434	C. 56.	1103	F
771	Frz.	1119189	C. 58.	893	XVIIIb
772	Eng.	729597	C. 56.	7937	IX
773	DBP.	944013	C. 57.	3394	IX
783	Schwz.	293117	C. 54.	6840	XIa
784	Eng.	728510	C. 56.	4574	XIa
787	DBP.	954423	C. 57.	8012	F
789	Frz.	1083581	C. 58.	4950	XIV
790	Amer.	2713038	C. 56.	11036	I
794	Amer.	2701225	C. 56.	1427	VII
807	Eng.	781993	C. 58.	13075	I
810	Amer.	2634278	C. 54.	9420	XVII
811	Holl.	79003	C. 59.	2960	VIII
812	Oest.	185830	C. 57.	6274	VIII
816	Frz.	1096979	C. 56.	13779	F
820	DBP.	937489	C. 56.	9011	VI
831	Eng.	723490	C. 56.	4006	XIb
833	Frz.	1089780	C. 57.	5109	VIII
834	Amer.	2723230	C. 57.	1530	VIII
842	Amer.	2799580	C. 58.	9382	XVIIIa
857	Amer.	2671714	C. 55.	6099	I
884	Belg.	520783	C. 58.	571	XIb
885	Eng.	710065	C. 55.	2275	V
893	Frz.	1082346	C. 56.	8209	VIII

Österreichische Patente (Oe.P.).

178246	Schwz.	315398	C. 57.	8065	VIII
936	Belg.	500302	C.50/54.4206. s.		III
184178	Eng.	735047	C. 57.	6529	F
185021	Frz.	1111898	C. 58.	13943	XXI
901	Frz.	1066696	C.50/54.4209. s.		III
187931	DBP.	955775	C. 57.	10875	VIII
985	Schwz.	322032	C. 58.	14419	III
188352	DBP.	950855	C. 57.	5108	VIII
691	DAS.	1022806	C. 59.	5624	VIII
693	Frz.	1069260	C.50/54.3494. s.		V
803	Frz.	1113535	C. 59.	3937	III
914	Eng.	739652	C. 57.	4240	VIII
959	DBP.	956639	C. 57.	7477	VII
189288	Frz.	1136614	C. 58.	10470	III
	Eng.	773860	C. 58.	12817	VIII
289	DAS.	1009312	C. 58.	9028	III
305	DBP.	960487	C. 59.	6302	X
933	Frz.	1124794	C. 59.	3605	II
190486	Eng.	787378	C. 59.	3309	X
495	Eng.	760136	C. 57.	14099	V
514	Frz.	1080107	C.50/54.3579. s.		IX
540	Frz.	1093852	C. 58.	1976	VIII
912	Eng.	765156	C. 58.	3744	IX
955	DAS.	1014130	C. 58.	6656	VII
191218	Frz.	1134177	C. 59.	287	VIII
219	Frz.	1131540	C. 59.	950	VIII
345	Frz.	1126830	C. 58.	11072	VIII
450	Eng.	775091	C. 59.	3637	VIII
535	DBP.	961917	C. 57.	11190	XIX
853	Eng.	786004	C. 58.	9881	V
860	Eng.	767779	C. 58.	4869	F
864	DAS.	1004616	C. 58.	11079	IX
877	Frz.	1118425	C. 58.	9008	F
925	Frz.	1123217	C. 58.	3444	VIII
192027	Belg.	523695	C. 57.	6602	XIa
034	Eng.	778700	C. 59.	1988	XIX
035	DBP.	950971	C. 57.	2371	XIX
120	DAS.	1000599	C. 58.	5257	XVIIIb
178	DAS.	1020346	C. 58.	6081	VII
216	DAS.	1017879	C. 58.	8755	VIII
345	Frz.	1071952	C.50/54.3488. s.		IV
418	Eng.	718413	C.50/54.4355. s.		XIX
436	Frz.	1076497	C. 56.	11557	VIII
438	Schwz.	315389	C. 58.	14166	VIII
884	DBP.	953789	C. 57.	4853	XVIIIa
892	Holl.	82563	C. 59.	5960	X
911	Frz.	1108177	C. 57.	2596	IX
193222	Frz.	1128830	C. 58.	14419	III
347	DBP.	936388	C. 56.	6219	V
416	Frz.	64279	C. 58.	2271	VIII
495	DAS.	1009311	C. 58.	9028	III
783	DBP.	950988	C. 57.	3375	VI
852	Frz.	1084306	C. 57.	2097	XIX
194068	DBP.	950027	C. 58.	2227	F
211	Frz.	1141925	C. 59.	1603	VIII
214	Frz.	1149506	C. 59.	951	VIII
215	Frz.	1140718	C. 59.	1267	VIII
361	DAS.	1031275	C. 59.	4313	X
382	Eng.	788931	C. 59.	3297	IX
383	Eng.	727989	C. 56.	4568	IX
398	DAS.	1018424	C. 58.	2226	F
399	Amer.	2768202	C. 58.	8709	F
402	DAS.	1001272	C. 58.	2819	F
406	DBP.	949229	C. 57.	7769	VII
410	Frz.	1102220	C. 58.	1461	XVIIIa
415	DBP.	950618	C. 57.	6644	XXIV
610	Eng.	789781	C. 59.	5967	XIb
650	DAS.	1023627	C. 58.	11990	XVIIIb
709	Frz.	1080907	C. 56.	12439	XXIV
791	D. P. (DDR)	14790	C. 59.	5922	I
194823	DAS.	1039992	C. 59.	6301	X
833	Frz.	1154221	C. 59.	4301	IX
836	Eng.	745594	C. 57.	3392	IX
841	Eng.	729597	C. 56.	7937	IX
845	Frz.	1122080	C. 58.	8191	IX
868	DBP.	961628	C. 57.	12289	VII
195101	Frz.	1137501	C. 58.	888	XVIIIa
110	Eng.	790641	C. 59.	5638	XIa
206	Frz.	1092299	C. 56.	8755	VIII
325	DAS.	1025316	C. 59.	924	VI
396	D. P. (DDR)	15154	C. 59.	5666	XVIIIb
410	Frz.	1116495	C. 57.	1568	XIX
416	DAS.	1016712	C. 58.	2222	F
417	DAS.	1014982	C. 58.	6968	IX
418	DBP.	964499	C. 58.	6336	F
420	Frz.	1137564	C. 58.	14391	F
423	Eng.	762713	C. 57.	12254	F
426	Schwz.	282876	C. 53.	8666	F
433	DAS.	1008738	C. 57.	11663	F
435	DAS.	1023039	C. 58.	12191	F
442	DAS.	1001264	C. 57.	8650	IX
456	DAS.	1008324	C. 58.	3496	XXIV
461	Frz.	1104856	C. 58.	11351	VII
549	Amer.	2744870	C. 57.	10372	XIX
650	Frz.	1149219	C. 59.	6949	VIII
652	Frz.	1080616	C. 56.	10595	VIII
713	Frz.	1149885	C. 59.	1602	VIII
737	Frz.	1139264	C. 58.	4059	XVII
750	DBP.	954308	C. 57.	7542	XXIV
822	Eng.	783129	C. 59.	4281	VI
828	Schwz.	325019	C. 59.	2589	VI
897	Eng.	777232	C. 58.	8726	I
898	Eng.	777233	C. 58.	8726	I
904	DAS.	1030327	C. 59.	3679	XVII
905	DAS.	1030329	C. 59.	3679	XVII
909	Frz.	1142082	C. 59.	2969	IX
911	DAS.	1031314	C. 59.	6569	F
920	Frz.	1152112	C. 59.	3338	XVIIIb
921	Frz.	1154527	C. 59.	5301	IX
924	Frz.	1154528	C. 59.	5301	IX
925	Frz.	1154217	C. 59.	5300	IX
926	Frz.	1154216	C. 59.	5300	IX
927	Frz.	1088211	C. 57.	14071	F
942	DBP.	947852	C. 58.	7940	XXIV
946	Schwz.	323988	C. 59.	2607	VIII
196039	Eng.	783658	C. 59.	2322	XVII
062	Amer.	2742460	C. 57.	2286	F
133	Frz.	1148356	C. 59.	946	VIII
169	DAS.	1002767	C. 57.	9759	VII
170	DBP.	963282	C. 58.	2554	VII
347	DAS.	1011849	C. 58.	1432	X
	DAS.	1028968	C. 58.	13637	X
	DAS.	1039480	C. 59.	6639	X
360	DAS.	1009165	C. 58.	307	XIX
362	DBP.	963182	C. 58.	1926	F
423	DAS.	1011280	C. 58.	6724	XXIV
525	DAS.	1033781	C. 59.	2928	III
701	DBP.	955026	C. 58.	1476	XXIV
850	Eng.	771411	C. 58.	1672	V
887	Eng.	779506	C. 58.	2540	V
197007	DAS.	1024201	C. 59.	4664	XVIIIb
012	Eng.	785449	C. 59.	571	F
122	DAS.	1011641	C. 58.	9044	VII
125	DAS.	1019124	C. 58.	7876	VII
200	DBP.	960050	C. 58.	4372	XXIV
397	DAS.	1007750	C. 57.	11124	V
417	Frz.	1131622	C. 58.	12525	VIII
540	DAS.	1015986	C. 58.	4948	XIII
682	Schwz.	326199	C. 59.	3352	XXIV
683	DBP.	955025	C. 57.	10379	XXIV

197801	DAS.	1013631	C. 58.	9392	XIX
802	Eng.	738407	C. 56.	7337	V
843	Frz.	1149816			
		u. 817	C. 59.	287	VIII
966	Eng.	763098	C. 58.	13857	F
198126	DAS.	1008114	C. 57.	12056	XXIV
181	Frz.	1138659	C. 58.	3719	VI
207	D. P. (DDR)	12749	C. 57.	9182	I
234	Eng.	695325	C. 54.	5601	V
239	DBP.	937285	C. 56.	7337	V
390	DAS.	1027809	C. 59.	9007	I
391	DAS.	1026450	C. 59.	8672	I
616	DAS.	1010830	C. 58.	11415	XXIV
617	DBP.	962403	C. 58.	9396	XXIV
729	DAS.	1025396	C. 58.	13608	V
199044	DAS.	1022892	C. 59.	2320	XVI
056	DAS.	1005838	C. 57.	13860	XXIV
167	DAS.	1040005	C. 59.	6912	I
199	DAS.	1036821	C. 59.	4935	V
282	DAS.	1041175	C. 59.	8388	I
321	DAS.	1028566	C. 59.	6232	F
477	Frz.	1154059	C. 59.	2995	XVI
616	Eng.	791315	C. 59.	6336	XVIIIa
791	DAS.	1031934	C. 59.	5241	F
871	Frz.	1148952	C. 59.	5308	XIa
200056	DAS.	1025317	C. 58.	11347	VI
242	DAS.	1001791	C. 57.	8613	I
258	DAS.	1025571	C. 58.	13311	F
259	DAS.	1025572	C. 58.	11905	F
264	Eng.	765282	C. 59.	570	F
339	DAS.	1028336	C. 59.	4639	XIa
394	Frz.	1140424	C. 59.	2249	I
427	Schwz.	290899	C. 54.	5188	XIb
555	DAS.	1039478	C. 59.	6640	X
675	DAS.	1040711	C. 59.	6914	I
200676	DAS.	1040711	C. 59.	6914	I
694	DAS.	1018179	C. 58.	4365	XIX
712	DAS.	1013829	C. 58.	1466	XVIIIb
724	Amer.	2595499	C. 53.	1375	F
725	Schwd.	130367	C. 52.	734	F
730	Amer.	2437965	C. 49. I.	139	XIII
794	Frz.	1148162	C. 59.	8726	XIb
901	DAS.	1018296	C. 58.	13128	XVI
902	Schwz.	321502	C. 58.	8783	XVI
201017	Frz.	1104051	C. 57.	3972	XV
025	DAS.	1030810	C. 59.	4313	X
038	Eng.	777610	C. 58.	14418	I
205	DAS.	1010680	C. 58.	10251	XXII
209	DAS.	1030101	C. 59.	4348	XIX
226	DAS.	1028285	C. 58.	14205	XVIIIb
233	Eng.	757934	C. 57.	11386	F
234	DAS.	1009358	C. 58.	2820	F
237	DAS.	1017328	C. 59.	571	F
291	DAS.	1015599	C. 58.	9076	XIb
293	Frz.	1131389	C. 58.	14460	XIa
412	DAS.	1031620	C. 59.	2646	XVI
546	Frz.	1094646	C. 57.	9517	X
555	Frz.	1105224	C. 58.	1465	XVIIIb
773	DAS.	1030969	C. 59.	2658	XVIIIb
780	Amer.	2530416	C. 51. II.	866	F
857	DAS.	1028333	C. 59.	5313	XIb
858	DAS.	1022379	C. 58.	12258	XIb
860	DAS.	1045093	C. 59.	6313	XIb
983	DAS.	1045772	C. 59.	6989	XVI
994	DAS.	1036050	C. 59.	9452	XXIV
202249	DBP.	964279	C. 58.	6432	XIX
273	DAS.	1038893	C. 59.	6330	XVI
274	DAS.	1007473	C. 58.	1094	F
703	Eng.	741656	C. 57.	7117	F
704	Frz.	1133607	C. 57.	13198	XIII
203148	DBP.	967663	C. 58.	12481	F

Schwedische Patente (Schwed.P.).

141512	Eng.	735693	C. 56.	8486	IX
142138	DBP.	961029	C. 59.	970	XIb
144497	Frz.	1054258	C. 56.	13872	XIb
146706	Oest.	185846	C. 57.	11684	III
797	Holl.	83524	C. 59.	3238	F
148685	Oest.	186635	C. 58.	6918	F
149125	Frz.	1107097	C. 58.	8219	XVIIIa
150003	Eng.	683083	C. 54.	2446	F
004	DBP.	890506	C. 54.	9580	F
023	Amer.	2664383	C. 55.	4230	XVI
033	DBP.	931729	C. 56.	4007	XIb
034	Eng.	712442	C. 55.	3018	XIb
054	Oest.	165041	C. 50. II.	1412	XVI
081	Eng.	705460	C. 55.	161	F
082	DBP.	898902	C. 54.	3109	IX
088	Eng.	639252	C. 53.	6760	VIII
107	Amer.	2730499	C. 56.	13588	XIX
108	Frz.	1066412	C. 55.	4890	F
129	Amer.	2611707	C. 53.	5121	XVII
133	Frz.	1066210	C. 55.	1422	XXIV
134	DBP.	893568	C. 55.	2041	III
155	Schwz.	312565	C. 56.	14189	X
156	Schwz.	312566	C. 56.	14189	X
159	DBP.	884363	C. 53.	9240	F
160	Ung.	142576	C. 56.	9304	IX
161	Frz.	62003	C. 58.	4573	F
183	Frz.	1026700	C. 54.	10384	XVIIIb
184	Eng.	720030	C. 56.	3731	XVIIIb
185	Amer.	2678280	C. 55.	5130	F
186	Eng.	727520	C. 57.	9164	F
187	DBP.	866040	C. 53.	3609	F
191	DBP.	900273	C. 54.	5409	XIb
192	Schwz.	301452	C. 55.	9919	XIb
150193	Oest.	180732	C. 55.	5193	XIb
211	Frz.	1083276	C. 56.	11039	III
212	DBP.	900164	C. 54.	3561	VIII
219	DBP.	859107	C. 53.	6788	XVI
223	Amer.	2638416	C. 54.	10398	XXIV
240	Frz.	1062316	C. 55.	6368	VI
250	DBP.	939807	C. 56.	14495	IX
251	Eng.	735074	C. 56.	14496	IX
259	Eng.	714951	C. 55.	3245	VIII
261	Frz.	1091390	C. 57.	14121	VIII
283	Frz.	1101955	C. 58.	6104	X
284	Oest.	185912	C. 59.	1278	X
285	Frz.	1043994	C. 54.	10843	XVII
296	Amer.	2625531	C. 54.	4279	XII
297	Amer.	2625532	C. 54.	4279	XII
299	Frz.	1068780	C. 56.	14467	VI
300	Eng.	742457	C. 56.	13270	XIb
301	Frz.	65525	C. 58.	10794	XIb
312	Eng.	734141	C. 56.	10582	VII
318	Amer.	2640021	C. 54.	7286	VIII
319	DBP.	953210	C. 57.	7172	VIII
355	DBP.	825254	C. 52.	6761	IX
356	DBP.	892439	C. 54.	452	XVIIIa
357	Eng.	704585	C. 55.	3002	IX
358	Eng.	729003	C. 56.	12347	F
360	Amer.	2742463	C. 57.	2816	F
361	Eng.	688791	C. 54.	1310	F
362	Eng.	724766	C. 56.	9578	IX
366	Schwz.	316768	C. 58.	12817	VIII
382	Oest.	185886	C. 57.	10845	III
383	Frz.	1041688	C. 54.	7740	VIII
388	Frz.	1110726	C. 59.	1276	X
392	DBP.	903624	C. 54.	8168	F

150407	Frz.	1065746	C. 55.	8507	XIa
420	Eng.	730897	C. 56.	8208	VIII
428	Schwz.	307648	C. 56.	11320	XXIV
451	Eng.	719778	C. 55.	10342	I
463	Frz.	1042795	C. 56.	7687	XVIIIb
464	Eng.	716990	C. 55.	8740	X
465	Eng.	750648	C. 57.	5707	X
467	Eng.	702109	C. 55.	1119	V
469	Eng.	681410	C. 54.	3524	F
470	DBP.	861168	C. 53.	4434	VII
471	DAS.	1004617	C. 57.	10012	F
472	Frz.	1107982	C. 56.	13854	IX
473	Schwz.	290801	C. 54.	2258	VII
474	Eng.	718307	C. 55.	8266	IX
478	Frz.	969967	C. 53.	7623	I
479	Dän.	75545	C. 55.	1113	I
490	Frz.	1031531	C. 55.	7053	III
494	Frz.	1099712	C. 57.	7752	III
496	Frz.	1085262	C. 58.	10786	X
497	DBP.	942345	C. 57.	3668	X
502	Schwz.	299994	C. 55.	6888	XVIIIb
504	Eng.	679841	C. 55.	8048	XIII
505	Frz.	1040398	C. 54.	8250	XVII
506	Frz.	1041939	C. 55.	6840	VIII
517	Oest.	183962	C. 56.	11578	XIb
518	Oest.	174475	C. 53.	8723	XIa
523	Oest.	181123	C. 56.	5392	VII
534	Frz.	1066712	C. 56.	2593	VIII
535	DBP.	918305	C. 56.	5961	VIII
540	Finn.	24672	C. 51.	I. 1539	XIV
564	Frz.	1070770	C. 56.	11298	XIa
576	Frz.	1054423	C. 55.	3523	XVIIIb
577	DBP.	829420	C. 54.	866	VI
150581	Eng.	744276	C. 56.	13002	XVIIIa
582	DBP.	895902	C. 54.	3336	IX
583	DBP.	896490	C. 54.	3336	IX
584	Eng.	707924	C. 55.	9448	IX
585	DBP.	910652	C. 55.	5636	VII
586	Amer.	2694067	C. 56.	11511	F
587	Eng.	732820	C. 57.	2333	IX
588	Eng.	757650	C. 57.	6225	F
600	Oest.	190305	C. 58.	1396	III
610	Eng.	736100	C. 56.	6546	XVII
614	Eng.	747226	C. 57.	1255	F
616	Eng.	761455	C. 58.	4025	VIII
621	Schwz.	294345	C. 54.	8231	XIb
622	Frz.	1096187	C. 56.	14196	XIb
649	Norw.	82369	C. 55.	9218	XVI
651	Finn.	26677	C. 54.	5203	XVIIIa
674	Eng.	707320	C. 54.	10824	XIa
688	Eng.	771568	C. 58.	8471	IX
689	Frz.	1076357	C. 56.	7363	IX
692	DBP.	818947	C. 52.	5304	F
730	Dän.	74885	C. 54.	8019	XVIIIb
744	Eng.	721257	C. 56.	4003	XIa
776	Frz.	1006847	C. 56.	2632	XXI
789	Holl.	81527	C. 59.	1224	F
790	Oest.	179293	C. 55.	1564	F
791	Eng.	741618	C. 57.	13752	F
799	Eng.	765619	C. 58.	3432	VII
816	DBP.	885130	C. 54.	1550	F
817	Eng.	678117	C. 53.	4575	F
818	DBP.	854952	C. 53.	5888	F
833	DBP.	941389	C. 57.	2074	XIb
835	DBP.	872860	C. 54.	452	XVIIIa
863	Norw.	78526	C. 53.	304	XVI

Schweizer Patente (Schwz.P.).

283584	Eng.	667094	C. 54.	11599	F
285007	DBP.	855288	C. 59.	8384	X
008	DBP.	855288	C. 59.	8384	X
009	DBP.	855288	C. 59.	8384	X
292208	Belg.	498220	C. 53.	8171	III
293271	Belg.	500302	C.50/54.	4206. S.	III
916	DBP.	855289	C.50/54.	3584. S.	X
917	DBP.	855289	C.50/54.	3584. S.	X
918	DBP.	855289	C.50/54.	3584. S.	X
919	DBP.	855289	C.50/54.	3584. S.	X
298881	Amer.	2737527	C. 57.	269	IX
301837	Eng.	715914	C.50/54.	2934. S.	XVIIIa
917	Frz.	1006171	C.50/54.	4207. S.	III
306050	Frz.	1072787	C.50/54.	4297. S.	X
307199	DBP.	931792	C. 57.	7182	X
779	Frz.	1066696	C.50/54.	4209. S.	III
308111	Frz.	1053464	C.50/54.	3482. S.	III
310139	DBP.	943426	C. 57.	10343	X
513	Belg.	518443	C. 56.	6530	XIa
748	DBP.	957975	C. 57.	11738	XII
311199	Holl.	83563	C. 59.	1555	F
803	DAS.	1005511	C. 58.	7311	F
975	Eng.	745900	C. 59.	8410	F
976	Eng.	745900	C. 59.	8410	F
312548	Eng.	674359	C. 54.	4462	VI
313215	Eng.	750299	C. 59.	1951	XIa
627	Oest.	176935	C. 54.	9635	XIa
314326	Frz.	1064495	C.50/54.	4156. S.	F
336	Eng.	717563	C. 55.	8744	XIa
673	Eng.	752347	C. 58.	1711	XIb
724	Eng.	719507	C. 55.	10653	XVIIIa
792	DBP.	932150	C. 58.	4575	F
819	Frz.	1066269	C. 55.	8522	XVII
928	Amer.	2665249	C. 55.	4965	XVIIIa
315239	Frz.	1057120	C. 55.	3481	VIII
315602	Frz.	1093729	C. 57.	6832	F
607	Amer.	2750309	C. 57.	9508	VIII
859	Frz.	1080164	C.50/54.	3640. S.	XVII
942	Frz.	1078320	C. 56.	10805	VIII
316281	Frz.	1066412	C. 55.	4890	F
288	Eng.	720720	C. 56.	4231	F
291	Amer.	2739924	C. 57.	2562	F
410	Eng.	748706	C. 59.	8410	IX
616	Eng.	740307	C. 57.	6530	F
735	Eng.	743310	C. 57.	8068	IX
317068	Eng.	748522	C. 57.	9807	XVIIIb
107	Amer.	2684331	C.50/54.	1235. S.	I
132	Frz.	1079957	C.50/54.	2890. S.	XIb
218	DBP.	906426	C. 55.	4223	XIa
547	Frz.	1087706	C. 58.	850	VIII
877	Eng.	732131	C. 56.	6219	V
889	DAS.	1003207	C. 57.	12604	IX
890	Austr.	167614	C. 59.	3643	IX
905	Eng.	736187	C. 56.	10604	X
906	Frz.	1108206	C. 57.	2337	X
318074	Eng.	753113	C. 58.	1929	F
125	Amer.	2620342	C. 54.	3572	IX
126	Amer.	2620342	C. 54.	3572	IX
127	Amer.	2620342	C. 54.	3572	IX
324	Eng.	722679	C. 57.	1750	F
388	DBP.	939797	C. 56.	12106	VI
447	Frz.	1072634	C.50/54.	2875. S.	X
620	Eng.	732174	C. 58.	2537	III
638	Frz.	1091685	C. 58.	1987	IX
812	Eng.	750794	C. 58.	14175	IX
823	Frz.	1078113	C.50/54.	2871. S.	IX
319253	Belg.	522840	C. 58.	294	XVIIIa
568	Frz.	1100197	C. 58.	1702	IX
571	Eng.	758472	C. 57.	9225	XIa
779	Eng.	754789	C. 57.	8291	F

319936	Frz.	1091690	C. 58.	2574	IX
955	Frz.	1075422	C.50/54.	3482. S.	III
320715	Frz.	1080341	C.50/54.	4343. S.	XVIIIb
739	Frz.	1090839	C. 58.	852	IX
948	Austr.	201633	C. 59.	1557	F
321105	Frz.	1116785	C. 57.	266	IX
110	DAS.	1006859	C. 59.	1643	XVII
117	Eng.	768443			
	Belg.	525407	C. 58.	3447	VIII
329	Frz.	1093000	C. 58.	802	F
335	Frz.	1093000	C. 58.	802	F
590	Frz.	1090555	C. 57.	10329	VIII
837	DAS.	1011397	C. 58.	3455	X
859	Frz.	1083581	C. 58.	4950	XIV
964	Eng.	761455	C. 58.	4025	VIII
322061	Oest.	189190	C. 58.	1373	F
062	Eng.	739741	C. 58.	802	F
064	Oest.	183870	C. 56.	10297	F
246	Eng.	757406	C. 59.	8411	IX
616	Eng.	761542	C. 58.	3165	IX
629	Eng.	750861	C. 59.	8410	X
986	Frz.	1091401	C. 58.	4031	IX
323060	Belg.	530017	C. 59.	6288	VIII
318	Frz.	1134746	C. 59.	8419	XVIIIb
328	DBP.	964717	C. 58.	4059	XVII
329	Belg.	524799	C. 58.	13941	XX
452	Oest.	190590	C. 59.	8433	III
466	Eng.	765018	C. 58.	2816	F
749	Eng.	779819	C. 58.	4601	VI
755	Frz.	1131224	C. 59.	4270	III
774	Oest.	190051	C. 58.	7547	F
778	Belg.	528041	C. 58.	8139	F
324161	DBP.	957835	C. 57.	9782	X
183	Frz.	1113259	C. 58.	3776	XVIIIb
185	Frz.	1118380	C. 58.	9613	IX
	DAS.	1020328	C. 59.	8386	IX
189	DBP.	954686	C. 57.	7182	X
203	DBP.	922490	C. 57.	1058	XII
434	Oest.	186626	C. 58.	4327	IX
443	Frz.	1113173	C. 58.	4641	XII
602	Frz.	1087656	C. 58.	830	VI
668	Frz.	1092891	C. 58.	1980	IX
989	Oest.	183830	C. 58.	11339	III
325298	Amer.	2753340	C. 59.	8391	F
467	Eng.	753660	C. 59.	8410	XIb
663	Eng.	764632	C. 59.	5237	F
835	Eng.	743913	C. 58.	13886	VII
838	Eng.	745495	C. 58.	14452	IX
844	Eng.	775368	C. 58.	6433	XX
975	DAS.	1023100	C. 59.	10031	III
326157	Frz.	1099850	C. 58.	13087	VII
194	DAS.	1020235	C. 58.	10255	XXIV
548	Amer.	2803652	C. 58.	12536	X
572	Frz.	1094669	C. 56.	8209	VIII
774	Oest.	188713	C. 57.	12549	F
775	Oest.	190061	C. 58.	8135	F
776	DAS.	1007332	C. 59.	8385	F
	Amer.	2678317	C. 56.	11018	F
778	Eng.	767840	C. 59.	562	F
779	Oest.	194077	C. 59.	1884	F
790	Eng.	749417	C. 57.	497	F
798	Frz.	1115750	C. 58.	8413	F
327089	DBP.	962326	C. 57.	11128	VI
175	DBP.	955591	C. 59.	8384	VII
194	Oest.	191383	C. 58.	13873	I
269	DBP.	946309	C. 56.	14437	F
285	DBP.	960487	C. 59.	6302	X
296	Amer.	2745800	C. 57.	12301	VIII
520	Frz.	1115750	C. 58.	8413	F
721	Schwd.	148906	C. 58.	13357	IX
722	Frz.	1108242	C. 57.	799	IX
728	Amer.	2792384	C. 59.	6304	X
	Amer.	2807622	C. 59.	6641	X

327914	Frz.	1115750	C. 58.	8413	F
926	Eng.	756130	C. 59.	889	F
328067	DBP.	946981	C. 57.	3635	I
151	Frz.	1111373	C. 57.	12006	VIII
219	DBP.	969215	C. 58.	12213	III
408	Frz.	1070174	C. 56.	285	XVI
424	Frz.	1134746	C. 59.	8419	XVIIIb
602	Frz.	1108113	C. 57.	1496	F
739	DAS.	1013630	C. 58.	13326	I
865	DAS.	1029064	C. 58.	12213	III
875	Frz.	1125261	C. 58.	10470	III
904	Frz.	1137592	C. 59.	1220	F
908	Oest.	192415	C. 59.	8433	F
329028	Eng.	782056	C. 58.	14417	I
044	Eng.	764053			
		u. 248	C. 58.	1985	IX
051	Eng.	777518	C. 59.	5010	XIX
204	DAS.	1012917	C. 58.	6919	F
274	Oest.	189190	C. 58.	1373	F
357	Eng.	756679	C. 57.	8649	IX
	Amer.	2791566	C. 58.	7317	IX
	Austr.	201493	C. 59.	8401	IX
363	DAS.	1031785	C. 59.	6311	XIb
371	DBP.	938786	C. 56.	12130	IX
381	Oest.	194503	C. 59.	2626	XIa
384	Frz.	1098828	C. 57.	2871	XIII
571	DAS.	1002000	C. 57.	8009	F
711	Frz.	1098845	C. 59.	919	V
717	DAS.	1002343	C. 58.	2518	F
718	Amer.	2786081	C. 58.	7565	I
728	Oest.	185006	C. 57.	6291	XIa
926	DBP.	954059	C. 57.	13433	F
330018	Oest.	189190	C. 58.	1373	F
064	Frz.	1106726	C. 57.	15445	XVIIIb
066	DBP.	966067	C. 58.	3484	XVIIIb
130	Frz.	1103231	C. 59.	4977	X
204	Eng.	776315	C. 58.	13895	VIII
313	DBP.	936507	C. 56.	9805	F
315	DBP.	956951	C. 58.	10451	F
317	DBP.	955594	C. 58.	13305	F
371	Oest.	182709	C. 56.	3380	F
426	Eng.	757215	C. 57.	5147	XVIIIb
483	Frz.	1109258	C. 56.	11848	IX
491	DAS.	1035617	C. 59.	5634	X
495	DAS.	1014129	C. 59.	8385	VII
585	Eng.	756685	C. 58.	1181	XVIIIa
660	Eng.	756130	C. 59.	889	F
666	Oest.	191899	C. 59.	567	F
675	DAS.	1007327	C. 59.	8653	F
677	DBP.	962163	C. 57.	14188	F
	Oest.	194059	C. 59.	8434	F
	Eng.	740959	C. 56.	12348	F
715	DBP.	930448	C. 56.	1204	XXI
729	Frz.	1112719	C. 58.	9890	VII
829	Austr.	200447	C. 59.	7007	XIX
832	Eng.	738883	C. 56.	7944	XIa
331013	Belg.	523440	C. 58.	2246	V
049	DBP.	947826	C. 57.	5655	F
060	Frz.	1108143	C. 57.	2010	F
121	Eng.	756441	C. 57.	12313	X
202	Eng.	750330	C. 57.	8886	F
203	Frz.	1091824	C. 58.	4028	IX
209	DBP.	944431	C. 57.	6903	X
210	Frz.	1111253	C. 58.	4327	IX
216	Eng.	753494	C. 58.	5221	X
220	DBP.	926936	C. 55.	10637	XIb
223	Eng.	785652	C. 59.	1584	VII
306	Belg.	523695	C. 57.	6602	XIa
370	Eng.	758464	C. 58.	6335	F
372	DBP.	934103	C. 56.	5363	F
373	DBP.	934103	C. 56.	5363	F
405	Frz.	1118380	C. 58.	9613	IX
	DAS.	1020328	C. 59.	8386	IX

331419	DAS.	1 004 166	C. 57.	10009	F
480	Eng.	765 087	C. 58.	9353	X
503	DBP.	963 505	C. 57.	14099	V
504	DAS.	1 032 725	C. 59.	3941	V
506	Frz.	1 112 749	C. 58.	4607	VII
507	Amer.	2 785 209	C. 58.	1700	IX
508	Oest.	188 705	C. 57.	13812	IX
512	Frz.	1 134 746	C. 59.	8419	XVIIIb
514	Frz.	1 134 746	C. 59.	8419	XVIIIb
516	Frz.	1 118 213	C. 58.	9064	IX
523	Eng.	787 371	C. 59.	4637	X
524	Eng.	787 299	C. 59.	8334	X
528	Frz.	1 104 822	C. 58.	3768	XVII
533	Frz.	1 107 151	C. 57.	9786	XIb
534	Oest.	190 276	C. 58.	2582	XIb
697	Frz.	1 115 563	C. 57.	752	F
698	DAS.	1 032 890	C. 59.	6897	F
750	Eng.	761 308	C. 58.	4631	X
778	DAS.	1 003 640	C. 57.	10310	VI
841	DAS.	1 005 938	C. 57.	8618	V
842	Eng.	764 022	C. 59.	4275	V
844	DBP.	953 164	C. 57.	7144	V
848	DBP.	963 506	C. 59.	5956	IX
860	DAS.	1 025 140	C. 58.	13113	XIb
981	DAS.	1 001 986	C. 59.	1886	F
983	DAS.	1 037 447	C. 59.	2231	F
986	DBP.	934 103	C. 56.	5363	F
990	DBP.	946 800	C. 58.	2817	F
992	DBP.	945 470	C. 57.	2288	F
993	DAS.	1 000 965	C. 57.	7434	F
	Eng.	773 557	C. 58.	9858	F
995	DBP.	964 327	C. 57.	13130	F
332 008	Frz.	1 092 984	C. 58.	804	F
041	DBP.	940 340	C. 57.	4838	XIV
123	Eng.	779 826	C. 58.	3416	I
125	Eng.	744 576	C. 57.	8906	III
129	Eng.	757 355	C. 57.	8068	IX
132	Frz.	1 145 131	C. 59.	290	IX
135	DAS.	1 039 064	C. 59.	8388	XVIIIb
140	Frz.	1 104 312	C. 58.	863	XIa
141	Frz.	1 080 747	C. 56.	11529	I
142	Frz.	1 107 566	C. 57.	555	XIa
144	Amer.	2 769 801	C. 57.	13847	XVIIIb
145	Frz.	1 099 749	C. 57.	3677	XIb
165	DBP.	958 984	C. 58.	10256	XXIV
328	Oest.	189 194	C. 58.	1654	F
336	Eng.	778 847	C. 58.	14522	F
393	Holl.	85 755	C. 59.	5901	F
445	DBP.	964 316	C. 57.	11182	XVIIIb
457	DAS.	1 010 482	C. 58.	13121	XV
460	Frz.	1 114 912	C. 58.	1395	I
461	Eng.	756 966	C. 57.	8955	XII
463	DAS.	1 020 008	C. 58.	13078	V
464	Eng.	760 774	C. 58.	9035	V
469	DBP.	951 003	C. 57.	3641	V
472	Frz.	1 112 152	C. 58.	4326	IX
480	Oest.	193 380	C. 59.	4342	XVIIIb
487	DAS.	1 012 008			
	Oest.	192 019			
	Frz.	1 136 580	C. 58.	9915	X
490	DBP.	938 147	C. 56.	13864	XIa
492	DBP.	955 539	C. 57.	10371	XIX
495	DBP.	961 131	C. 58.	1438	XIb
498	Frz.	1 101 768	C. 58.	11354	VII
512	DBP.	950 978	C. 57.	4000	XXIV
648	Frz.	1 118 311	C. 57.	2289	F
650	Amer.	2 649 401	C. 55.	4652	F
656	DAS.	1 001 277	C. 57.	8592	F
660	Amer.	2 776 973	C. 59.	3236	F
666	Amer.	2 724 720	C. 56.	7609	F
776	Frz.	1 111 531	C. 58.	891	XVIIIb
777	DAS.	1 006 386	C. 57.	12338	XVIIIb
799	Eng.	746 806	C. 57.	5086	I

332 804	Frz.	1 120 022	C. 58.	9615	IX
806	Eng.	762 849	C. 58.	1143	IX
812	DBP.	964 085	C. 58.	3749	X
813	Eng.	783 634	C. 59.	5961	X
814	Frz.	1 125 810	C. 57.	11467	XVIIIa
820	Frz.	1 129 498	C. 59.	3336	XVIIIa
836	DAS.	1 000 686	C. 57.	6642	XXIV
333 010	Eng.	789 974	C. 59.	6573	F
012	DAS.	1 008 298	C. 58.	2226	F
014	DBP.	925 524	C. 57.	7439	F
056	DAS.	1 004 138	C. 58.	5809	X
058	Frz.	1 103 464	C. 56.	11564	IX
077	DBP.	937 053	C. 56.	14553	F
078	DBP.	963 427	C. 58.	2224	F
	DAS.	1 001 276	C. 57.	8593	F
148	Oest.	189 604	C. 58.	4662	XVIIIb
170	Eng.	782 715	C. 58.	12862	XX
180	Eng.	787 311	C. 59.	2973	X
181	Frz.	1 133 803	C. 58.	3417	III
207	DBP.	950 767	C. 57.	4000	XXIV
208	DBP.	959 613	C. 58.	9396	XXIV
360	DAS.	1 004 184	C. 58.	10453	F
416	DAS.	1 012 112	C. 58.	3728	VII
432	D. P. (DDR)	8 886	C. 56.	11276	VI
493	Frz.	1 123 530	C. 58.	2904	XVIIIb
496	Frz.	1 109 767	C. 57.	1294	IX
498	DAS.	1 010 512	C. 58.	7864	V
499	Eng.	780 627	C. 58.	2540	V
501	Frz.	1 113 048	C. 57.	270	IX
503	Amer.	2 761 885	C. 58.	1700	IX
504	DBP.	951 627	C. 57.	3426	XIX
505	Eng.	768 303	C. 58.	5511	IX
508	DAS.	1 000 373	C. 57.	7175	IX
512	Frz.	1 117 980	C. 59.	3979	IX
514	Amer.	2 666 050	C. 55.	11101	IX
520	Frz.	64 455	C. 57.	5425	XIb
521	Oest.	181 427	C. 55.	7797	XIb
522	Frz.	1 080 844	C. 56.	7101	XII
525	Frz.	1 106 816	C. 57.	6004	XIb
526	Frz.	1 097 835	C. 57.	1329	XXI
527	Eng.	779 069	C. 58.	10515	XIb
528	Eng.	758 236	C. 57.	8661	XIb
529	DAS.	1 023 224	C. 58.	11382	XIb
532	Frz.	1 111 835	C. 58.	2287	XIb
533	Frz.	1 137 880	C. 58.	6709	XVIIIb
711	DAS.	1 041 175	C. 59.	8388	I
712	DAS.	1 021 513	C. 59.	9350	I
720	DBP.	936 207	C. 56.	14552	F
722	Amer.	2 691 618	C. 56.	203	F
724	DAS.	1 007 335	C. 58.	508	F
726	DAS.	1 005 065	C. 58.	7551	F
728	Amer.	2 760 971	C. 58.	2815	F
729	DAS.	1 002 353	C. 59.	898	F
730	Eng.	768 772	C. 58.	7548	F
734	DBP.	938 729	C. 56.	14553	F
736	Eng.	777 691	C. 58.	14522	F
791	Frz.	1 103 464	C. 56.	11564	IX
809	DBP.	937 953	C. 56.	12631	F
847	DBP.	965 349	C. 58.	10539	XVIIIb
869	Frz.	1 099 471	C. 57.	5123	XIa
870	DAS.	1 008 707	C. 58.	9070	X
882	Frz.	1 078 673	C. 56.	5994	XVIIIb
906	DBP.	947 702	C. 57.	2839	V
907	Eng.	783 712	C. 58.	12260	XII
908	Frz.	1 115 851	C. 57.	13195	XII
909	Frz.	1 148 193	C. 59.	1243	V
910	Eng.	749 734	C. 58.	4930	IX
911	Frz.	1 131 887	C. 59.	3648	IX
912	DAS.	1 006 407	C. 57.	11435	IX
916	Eng.	769 773	C. 58.	11369	IX
921	DAS.	1 023 545	C. 58.	11120	XIX
922	Frz.	1 108 051	C. 56.	14190	X

333932	DBP.	945112	C. 57.	3133	X
934	Frz.	1144397	C. 59.	3655	X
937	Oest.	192529	C. 58.	7641	XIX
939	Oest.	193285	C. 59.	3014	XX
334126	Eng.	782313	C. 59.	2564	F
133	DBP.	929551	C. 56.	1972	F
134	Eng.	756713	C. 57.	8296	F
136	DAS.	1014539	C. 58.	8419	F
137	Eng.	755263	C. 57.	4193	F
138	Oest.	190065	C. 58.	6340	F
139	DBP.	939633	C. 57.	206	F
140	Eng.	785352	C. 58.	14523	F
142	Oest.	190641	C. 58.	6341	F
143	Eng.	765617	C. 58.	5454	F
144	Oest.	191903	C. 58.	10733	F
145	DBP.	949657	C. 57.	13129	F
146	DBP.	963775	C. 58.	12535	IX
148	Amer.	2774767			
		u. 768	C. 58.	4873	F
149	DAS.	1033167	C. 59.	6657	XV
153	DAS.	1007327	C. 59.	8653	F
157	DAS.	1003401	C. 58.	7311	XIII
214	DAS.	1001273	C. 58.	2028	XX
221	Oest.	180567	C. 55.	3919	F
251	Eng.	745279	C. 57.	11755	XVIIIb
302	DBP.	961436	C. 58.	14492	V
305	Frz.	1120676	C. 58.	9631	XIII
306	Amer.	2779771	C. 58.	6403	XIb
308	Eng.	776282	C. 58.	277	XIb
309	Frz.	1132497	C. 58.	8490	XIb
312	Amer.	2774767			
		u. 768	C. 58.	4873	F
314	Frz.	1123664	C. 58.	10505	IX
315	Eng.	769622			
		u. 623	C. 58.	8488	XIb
316	Oest.	129403	C. 59.	3305	IX
321	DBP.	962824	C. 57.	11445	XIb
325	Oest.	186351	C. 58.	9355	XIa
327	Frz.	1094184	C. 57.	4834	XIb
328	Frz.	1122106	C. 57.	11468	XVIIIb
344	DAS.	1002627	C. 57.	9816	XXIV
345	DBP.	950618	C. 57.	6644	XXIV
463	DBP.	960099	C. 57.	8290	F
464	DAS.	1005064	C. 58.	5164	F
465	DBP.	960720	C. 57.	8297	F
466	DAS.	1011884	C. 58.	7552	F
467	Oest.	188854	C. 57.	9533	XIII
468	DAS.	1021130	C. 58.	10735	F
469	Eng.	769757	C. 57.	12549	F
470	Amer.	2784185	C. 59.	4244	F
472	Amer.	2789983	C. 58.	5167	F
530	DAS.	1018872	C. 59.	2557	F
531	DBP.	927270	C. 55.	7766	VII
594	Frz.	1097028	C. 57.	7207	XVIIIb
609	DAS.	1012164	C. 57.	11752	XVIIIa
615	DBP.	964231	C. 58.	6363	V
617	Frz.	1137215	C. 58.	8733	V
618	Eng.	776479	C. 59.	8692	VII
619	DBP.	954414	C. 57.	7755	V
620	DAS.	1008731	C. 58.	11026	F
622	Frz.	1122080	C. 58.	8191	IX
623	DAS.	1036249	C. 59.	8387	F
624	DBP.	953701	C. 57.	8070	IX
628	Frz.	1136791	C. 58.	14529	XVII
629	DAS.	1019312	C. 58.	3747	IX
636	Amer.	2730534	C. 57.	6288	X
637	Amer.	2805225	C. 59.	1614	X
638	Eng.	745772	C. 58.	5810	X
639	Eng.	786792	C. 59.	2295	XIa
651	Frz.	1131896	C. 58.	9627	XIb
653	Frz.	1105938	C. 57.	4545	XIb
655	DBP.	955905	C. 57.	7189	XIb
656	Eng.	786960	C. 59.	5643	XIb

334829	Amer.	2602769	C. 53.	9243	F
832	DBP.	951228	C. 57.	5362	F
833	DAS.	1002346	C. 58.	7311	F
835	Eng.	792410	C. 59.	4973	IX
837	Frz.	1125407	C. 59.	566	F
843	DBP.	950551	C. 57.	4777	F
845	DAS.	1002351	C. 57.	13433	F
846	DAS.	1035122	C. 59.	8981	F
847	Eng.	781382	C. 59.	2899	F
848	DAS.	1018412	C. 58.	7313	F
849	Frz.	1089691	C. 57.	14073	F
902	Oest.	194826	C. 59.	2328	XVIIIb
904	Eng.	758907	C. 57.	7753	V
918	Amer.	2656370	C. 55.	3690	F
919	DBP.	937055	C. 56.	14553	F
920	Eng.	728230	C. 56.	7409	F
921	DBP.	942926	C. 57.	9465	F
970	Frz.	1112746	C. 58.	7341	XIX
335048	Eng.	705134	C. 55.	3532	XIX
053	Eng.	772518	C. 58.	6950	VII
054	DAS.	1011883	C. 59.	6299	IX
057	DAS.	1009624	C. 58.	13383	XVI
058	DAS.	1003494	C. 57.	8629	VII
	DAS.	1003982	C. 57.	13795	VII
	DBP.	963282	C. 58.	2554	VII
064	DAS.	1028566	C. 59.	6232	F
065	DAS.	1024510	C. 59.	7325	XVI
066	DAS.	1021360	C. 59.	6233	F
069	Eng.	757822	C. 57.	3661	IX
070	Amer.	2790801	C. 58.	9349	IX
072	Eng.	768206	C. 59.	1284	XIb
073	Eng.	763516	C. 58.	10487	VII
075	DBP.	944882	C. 57.	1539	X
081	Oest.	189796	C. 57.	12620	XIb
082	Frz.	1115493	C. 57.	12932	XVIIIb
083	Oest.	190681	C. 58.	1994	XIa
084	Eng.	770500	C. 58.	1712	XIb
103	DBP.	963297	C. 58.	2324	XXIV
105	DBP.	949383	C. 57.	3436	XXIV
384	DAS.	1008449	C. 57.	13135	F
386	DAS.	1036852	C. 59.	6233	F
387	Eng.	764339	C. 57.	10289	F
388	Eng.	756710	C. 57.	8102	XVIIIb
389	Amer.	2770599	C. 58.	9632	XIII
390	Eng.	775376	C. 58.	3112	F
393	DAS.	1005956	C. 58.	9011	F
395	DBP.	952633	C. 57.	11664	F
401	DAS.	1018424	C. 58.	2226	F
405	DBP.	934544	C. 56.	4232	F
488	DBP.	948686	C. 59.	8255	F
489	DBP.	937054	C. 56.	14553	F
490	Amer.	2602769	C. 53.	9243	F
491	DBP.	945564	C. 57.	9465	F
495	DBP.	944552	C. 56.	11509	F
509	DAS.	1002298	C. 58.	2541	V
510	Frz.	1150400	C. 59.	4630	IX
513	Frz.	1145059	C. 59.	2267	VII
515	Frz.	1099196	C. 58.	1983	IX
517	DAS.	1016702	C. 58.	9347	IX
518	Amer.	2786066	C. 59.	2299	XIb
520	Oest.	190931	C. 58.	6339	F
522	Amer.	2732373	C. 57.	10015	F
	Amer.	2732374	C. 58.	8418	F
527	DAS.	1000393	C. 57.	5992	IX
549	Amer.	2742483	C. 57.	12311	X
550	DAS.	1019418	C. 58.	9663	XXIV
570	DAS.	1011904	C. 58.	5198	VII
587	Eng.	750201	C. 59.	673	XXIV
644	Oest.	191435	C. 58.	11049	V
645	Eng.	772126	C. 57.	13810	IX
647	DAS.	1021361	C. 59.	7569	F
648	Eng.	783025	C. 58.	7262	IX
649	Frz.	1142486	C. 59.	2968	IX

335651	DAS.	1024074	C. 59.	563	F
653	DAS.	1015429	C. 58.	11076	IX
656	DAS.	1008731	C. 58.	11026	F
657	DAS.	1017163	C. 58.	11904	F
658	DAS.	1017164	C. 58.	11904	F
661	DBP.	965326	C. 58.	5456	F
662	DAS.	1000812	C. 58.	4875	F
663	DBP.	961535	C. 58.	5756	F
664	DAS.	1000815	C. 57.	13433	F
665	Eng.	777158	C. 58.	5513	IX
673	DBP.	943166	C. 57.	6224	F
676	Frz.	68240	C. 59.	9434	XVIIIb
677	DAS.	1039064	C. 59.	8388	XVIIIb
680	DAS.	1013288	C. 59.	568	F
682	DAS.	1011890	C. 57.	11105	F
686	DBP.	954420	C. 57.	6833	F
687	DBP.	964053	C. 57.	12547	F
692	Eng.	773824	C. 58.	5807	IX
785	DBP.	946471	C. 57.	4827	X
789	Amer.	2719132	C. 56.	10128	XIa
803	DBP.	930651	C. 56.	2548	F
856	Frz.	1114722	C. 57.	13823	XIb
857	Frz.	1115941	C. 57.	12349	XXII
895	DBP.	963690	C. 57.	13465	VII
897	DAS.	1024749	C. 58.	11702	XIX
939	DBP.	954214	C. 57.	9264	XXIV
940	DBP.	955025	C. 57.	10379	XXIV
941	DBP.	955026	C. 58.	1476	XXIV
942	Frz.	1118729	C. 59.	1664	XXIV
943	DBP.	945673	C. 57.	1332	XXIV
987	Eng.	781539	C. 59.	10102	XVIIIa
336060	Oest.	190940	C. 58.	6335	F
065	Frz.	1122104	C. 58.	10502	IX
067	Frz.	1128938	C. 59.	1553	F
078	Amer.	2744943	C. 57.	2063	IX
079	DAS.	1013288	C. 59.	568	F
145	DAS.	1022730	C. 58.	11699	XIX
160	DBP.	934429	C. 56.	3947	F
163	DBP.	952016	C. 58.	9877	III
256	DAS.	1004918	C. 58.	7012	XXIV
259	DAS.	1013966	C. 58.	2324	XXIV
364	Eng.	781813	C. 58.	11636	V
365	Eng.	788828	C. 59.	4624	IX
367	DAS.	1009583	C. 58.	5237	XV
369	DAS.	1002330	C. 57.	10643	XVII
375	DBP.	940045	C. 56.	12631	F
381	DBP.	958476	C. 58.	4272	F
382	DAS.	1001681	C. 58.	7550	F
383	DAS.	1002352	C. 58.	10506	IX
384	DBP.	944247	C. 57.	9464	F
385	Eng.	741061	C. 56.	14433	F
386	Eng.	783319	C. 59.	2563	F
388	DBP.	964862	C. 58.	6628	F
389	DBP.	964862	C. 58.	6628	F
397	Oest.	193894	C. 59.	2596	VII
399	DAS.	1032257	C. 58.	14496	F
400	Amer.	2756235	C. 57.	8363	IX
401	DAS.	1005969	C. 57.	8074	X
404	Frz.	1130825	C. 59.	4307	IX
514	DAS.	1043529	C. 59.	10028	I
531	DBP.	946471	C. 57.	4827	X
532	DBP.	950950	C. 57.	3401	X
534	DAS.	1001785	C. 58.	6681	X
536	Frz.	1105357	C. 57.	7797	XIa
550	Eng.	768875	C. 58.	7207	F
551	DBP.	944395	C. 57.	1002	F
596	Frz.	1106712	C. 57.	8373	XIb
597	Frz.	1127287	C. 57.	12349	XXII
731	Oest.	186849	C. 57.	5130	XIb
788	DAS.	1015763	C. 59.	8386	XV
796	DAS.	1000008	C. 57.	8392	XVIIIb
797	Frz.	1088406	C. 58.	903	XXI
808	DAS.	1034162	C. 59.	2933	V
809	DAS.	1017601	C. 58.	3135	V

336810	DAS.	1015417	C. 58.	11075	IX
821	DAS.	1032739	C. 59.	6573	F
822	Amer.	2769825	C. 58.	11319	F
823	DAS.	1007777	C. 58.	14493	F
824	Eng.	766628	C. 58.	11608	F
832	Amer.	2744907	C. 57.	207	F
833	Frz.	68240	C. 59.	9434	XVIIIb
921	DBP.	955083	C. 57.	12312	X
942	DBP.	945949	C. 57.	754	F
337073	DAS.	1007621	C. 58.	2615	XXIV
101	DAS.	1010830	C. 58.	11415	XXIV
110	DAS.	1006770	C. 57.	11194	XX
173	Amer.	2744835	C. 57.	6633	XVIIIb
184	DBP.	963870	C. 58.	3175	XIb
185	DBP.	954691	C. 57.	7465	V
186	Eng.	778226	C. 58.	3133	V
188	DAS.	1014088	C. 58.	8757	IX
202	DAS.	1011426	C. 57.	11101	F
206	DAS.	1001273	C. 57.	6026	XVIIIb
207	Oest.	193386	C. 59.	2267	VII
308	DBP.	955807	C. 57.	6222	F
358	DAS.	1027460	C. 59.	604	VII
359	DAS.	1023627	C. 58.	11990	XVIIIb
360	Oest.	193386	C. 59.	2267	VII
406	Frz.	1134638	C. 58.	4076	XXIV
440	Frz.	1140286	C. 59.	3014	XX
493	Eng.	783370	C. 58.	12218	V
494	Eng.	781364	C. 58.	6645	V
496	Frz.	1116028	C. 57.	834	XIX
504	DAS.	1024074	C. 59.	563	F
	DAS.	1003716	C. 57.	12840	F
	DBP.	965234			
		u. 400	C. 57.	10011	F
505	DAS.	1024074	C. 59.	563	F
	DAS.	1003716	C. 57.	12840	F
	DBP.	965234			
		u. 400	C. 57.	10011	F
506	DAS.	1024074	C. 59.	563	F
	DAS.	1003716	C. 57.	12840	F
	DBP.	965234			
		u. 400	C. 57.	10011	F
507	DAS.	1024074	C. 59.	563	F
	DAS.	1003716	C. 57.	12840	F
	DBP.	965234			
		u. 400	C. 57.	10011	F
508	DAS.	1024074	C. 59.	563	F
	DAS.	1003716	C. 57.	12840	F
	DBP.	965234			
		u. 400	C. 57.	10011	F
509	DAS.	1024074	C. 59.	563	F
	DAS.	1003716	C. 57.	12840	F
	DBP.	965234			
		u. 400	C. 57.	10011	F
510	DAS.	1024074	C. 59.	563	F
	DAS.	1003716	C. 57.	12840	F
	DBP.	965234			
		u. 400	C. 57.	10011	F
511	DAS.	1024074	C. 59.	563	F
	DAS.	1003716	C. 57.	12840	F
	DBP.	965234			
		u. 400	C. 57.	10011	F
538	Eng.	776118	C. 57.	10824	F
539	DAS.	1019312	C. 58.	3747	IX
540	DAS.	1020982	C. 58.	6340	F
541	Eng.	759314	C. 59.	5958	IX
543	DBP.	964052			
	Amer.	2764581	C. 58.	3111	F
613	Belg.	520436	C. 58.	3401	F
614	Frz.	1134081	C. 57.	10896	XIII
615	Eng.	793379	C. 59.	6898	F
616	DBP.	934544	C. 56.	4232	F
680	Frz.	1131504	C. 59.	2268	VII
726	DBP.	950978	C. 57.	4000	XXIV

Sowjetische Patente (UdSSR.P.).

109661	D. P. (DDR)	13555	C. 58.	7610	XIb	111879	D. P. (DDR)	10568	C. 56.	14510	XIb
110959	D. P. (DDR)	14358	C. 59.	1621	XIb	112551	D. P. (DDR)	10648	C. 56.	14119	F

Ungarische Patente (Ung.P.).

142826	D. P. (DDR)	9928	C. 57.	8643	VIII	142875	Oest.	189195	C. 58.	1653	F

Herausgeber: Prof. Dr. Heinrich Bertsch, Berlin, u. Prof. Dr. Dr. h. c. Wilhelm Klemm, Münster. Chefredakteure und verantwortlich für den Inhalt: Dr. Eugen Klever, Berlin SW 61, Dessauer Straße 28—31, Fernsprecher: 665421, u. Dr. Heinz Walter, Berlin N 4, Schiffbauerdamm 19, Fernsprecher: 425571.

©

Verlag: Akademie-Verlag GmbH, Berlin W 1, Leipziger Str. 3-4 (Fernsprecher: 220441, Postscheckkonto Berlin 35021), und Verlag Chemie, GmbH, Weinheim/Bergstr. (Fernsprecher: Weinheim 36 35 [Sammelnummer]; Fernschreiber: 04 655 16 chemieverl wnh; Postscheckkonten: Frankfurt/M. 145314 u. Berlin [West] 7430). Bestellnummer: 1007 130. Das Chemische Zentralblatt erscheint wöchentlich. Preis des Jahrganges einschl. Autoren-, Patent-, Sach- u. Formelregister: DM 960,—; einseitig bedruckte Ausgabe: DM 1050,—. Abgabe der Zeitschrift nur mit sämtlichen Registern. Abbestellungen nur bis spätestens 6 Wochen vor Ablauf des Kalenderjahres.
Alle Rechte, auch die der Übersetzung sowie der photomechanischen Wiedergabe, sind vorbehalten. — All rights reserved (including those of translations into foreign languages). No part of this issue may be reproduced in any form, by photoprint, microfilm or any other means, without written permission from the publishers.
Die Wiedergabe von Gebrauchsnamen, Handelsnamen, Warenbezeichnungen usw. in diesem Heft berechtigt auch ohne besondere Kennzeichnung nicht zu der Annahme, daß solche Namen im Sinne der Warenzeichen- und Markenschutz-Gesetzgebung als frei zu betrachten wären und daher von jedermann benutzt werden dürften.
Satz u. Druck: VEB Leipziger Druckhaus, Leipzig, III/18/203. XII. 59.
Veröffentlicht unter der Lizenznummer ZLN 5002 des Ministeriums für Kultur, Hauptverwaltung Verlagswesen.
Printed in Germany.
Die Aufgabe von Anzeigen kann sowohl beim Akademie-Verlag, Berlin, als auch beim Verlag Chemie GmbH, Weinheim/Bergstr., erfolgen

BIOMETRISCHE ZEITSCHRIFT

zugleich Organ der Deutschen Region der Internationalen Biometrischen Gesellschaft

Herausgegeben von

Prof. Dr. O. Heinisch, Leipzig und Prof. Dr. M. P. Geppert, Bad Nauheim

unter Mitwirkung von

A. Augsburger, Nürnberg	K. Freudenberg, Berlin
F. Burkhardt, Leipzig	S. Koller, Wiesbaden
J. Hartung, Hannover	A. Linder, Genf
L. Martin, Brüssel	H. Münzner, Berlin
G. A. Lienert, Marburg	A. Richter, Eberswalde
W. Oehmisch, Berlin	S. Rosin, Bern
W. U. Behrens, Hannover	L. Schmetterer, Hamburg

Erscheinungsweise:

Vierteljährlich ein Heft mit einem Umfang von 72 Seiten im Format 17 × 24 cm mit Abbildungen

Bezugspreis: Je Heft 9,– DM

Die Zeitschrift enthält biometrisch-methodische und biomathematische Beiträge aus den Gebieten der Anthropologie, Bioklimatologie, Biometeorologie, Botanik, Forstwirtschaft, Genetik, Hygiene, Landwirtschaft, Medizin, Mikrobiologie, Pharmakologie, Physiologie, Psychologie, Strahlenbiologie, Veterinärmedizin und Zoologie.

Die Biometrie ist eine junge Wissenschaft; ständig werden neue Verfahren entwickelt, allgemein angewandte präzisiert oder für neue Anwendungsbereiche nutzbar gemacht. Das erfordert auch in Deutschland die Herausgabe einer biometrischen Zeitschrift. Die Vertreter der Biometrie erhalten somit erstmalig Gelegenheit, ihre wissenschaftlichen Arbeiten in einer deutschsprachigen Fachzeitschrift zu veröffentlichen. Gleichzeitig soll sie durch Beiträge, die sich mit den wichtigsten biometrischen Forschungsergebnissen des In- und Auslandes befassen, eine gute Information aller interessierten Wissenschaftler ermöglichen. Ein ausführlicher Referatenteil ist beigegeben.

In der Biometrischen Zeitschrift publizieren teils Naturwissenschaftler, teils mathematische Statistiker. Durch Eingehen auf praktische Beispiele werden die mathematisch-statistischen Beiträge den Naturwissenschaftler zu exakten und zweckmäßigen biometrischen Untersuchungen anleiten.

Bestellungen durch eine Buchhandlung erbeten

AKADEMIE-VERLAG · BERLIN

Demnächst wird erscheinen:

Chemie und Technologie der Silicone

von

Professor Dr. WALTER NOLL, Leverkusen

unter Mitarbeit von

Dr. Oskar Glenz, Leverkusen; Professor Dr. Gerhard Hecht, Wuppertal-Elberfeld; Dr. Walter Krauss, Leverkusen; Dr. Julius Peter, Leverkusen; Professor Dr.-Ing. Hubert Rothert, Berlin; Dr. Bruno Zorn, Leverkusen

Etwa 400 Seiten mit etwa 100 Abbildungen und Tabellen sowie über 2000 Literaturzitaten

Inhaltsübersicht

Vorwort

1. Allgemeiner Teil
2. Herstellung organosubstituierter Silane mit nichtfunktionellen Organogruppen
3. Die monomeren Organosiliciumverbindungen R_nSiX_{4-n}
4. Aus der Chemie der Organosilane mit organofunktionellen Gruppen
5. Herstellung von Organopolysiloxanen
6. Die polymeren Organosiloxane
7. Andere siliciumorganische Polymere
8. Weiterverarbeitung der Organopolysiloxane zu technischen Siliconprodukten
9. Eigenschaften technischer Siliconprodukte
10. Anwendungen technischer Siliconprodukte in verschiedenen Industriezweigen
11. Kieselsäureester
12. Analysenmethoden

Das Werk behandelt das Gesamtgebiet der Silicone, umfassend die Vorprodukte, die Herstellungsverfahren, das physikalisch-chemische Verhalten, das technologische Eigenschaftsbild, die Anwendungstechnik, sowie verwandte Polymere der Silicumchemie in gedrängter, jedoch in die Tiefe gehender Form; es wird im anwendungstechnischen Teil durch Beiträge erfahrener Fachkollegen ergänzt. Eine große Anzahl von Literaturzitaten soll den Zugang zur Originalliteratur erschließen. Systematisch vom Chemischen her aufbauend, möchte das Buch die ganze Mannigfaltigkeit dieser Verbindungsgruppe aufrollen und damit nicht nur den präparativ arbeitenden Chemiker, sondern auch alle am Stoff und seiner Verwendung interessierten Leserkreise ansprechen.

VERLAG CHEMIE · GMBH · WEINHEIM/BERGSTR.

FSC
www.fsc.org
MIX
Papier | Fördert gute Waldnutzung
FSC® C083411

Kolibri 360 GmbH
Ferdinand-Jühlke-Straße 7
99095 Erfurt, Deutschland
produktsicherheit@kolibri360.de